"十三五"国家重点图书出版规划项目

智能制造
系|列|丛|书

增材制造技术

史玉升 等 编著

ADDITIVE MANUFACTURING
TECHNOLOGY

清華大學出版社
北京

图书在版编目(CIP)数据

增材制造技术/史玉升等编著. —北京：清华大学出版社，2022. 11(2023.11重印)
(智能制造系列丛书)
ISBN 978-7-302-60565-2

Ⅰ. ①增…　Ⅱ. ①史…　Ⅲ. ①快速成型技术　Ⅳ. ①TB4

中国版本图书馆 CIP 数据核字(2022)第 064148 号

责任编辑：袁　琦
封面设计：李召霞
责任校对：赵丽敏
责任印制：丛怀宇

出版发行：清华大学出版社
网　　址：https://www.tup.com.cn，https://www.wqxuetang.com
地　　址：北京清华大学学研大厦 A 座　　邮　　编：100084
社 总 机：010-83470000　　邮　　购：010-62786544
投稿与读者服务：010-62776969，c-service@tup.tsinghua.edu.cn
质量反馈：010-62772015，zhiliang@tup.tsinghua.edu.cn
印 装 者：北京嘉实印刷有限公司
经　　销：全国新华书店
开　　本：170mm×240mm　　印　　张：37　　字　　数：744 千字
版　　次：2022 年 11 月第 1 版　　印　　次：2023 年 11 月第 2 次印刷
定　　价：198.00 元

产品编号：078473-01

智能制造系列丛书编委会名单

本书编委会名单

Foreword | 丛书序 1

制造业是国民经济的主体，是立国之本、兴国之器、强国之基。习近平总书记在党的十九大报告中号召："加快建设制造强国，加快发展先进制造业。"他指出："要以智能制造为主攻方向推动产业技术变革和优化升级，推动制造业产业模式和企业形态根本性转变，以'鼎新'带动'革故'，以增量带动存量，促进我国产业迈向全球价值链中高端。"

智能制造——制造业数字化、网络化、智能化，是我国制造业创新发展的主要抓手，是我国制造业转型升级的主要路径，是加快建设制造强国的主攻方向。

当前，新一轮工业革命方兴未艾，其根本动力在于新一轮科技革命。21 世纪以来，互联网、云计算、大数据等新一代信息技术飞速发展。这些历史性的技术进步，集中汇聚在新一代人工智能技术的战略性突破，新一代人工智能已经成为新一轮科技革命的核心技术。

新一代人工智能技术与先进制造技术的深度融合，形成了新一代智能制造技术，成为新一轮工业革命的核心驱动力。新一代智能制造的突破和广泛应用将重塑制造业的技术体系、生产模式、产业形态，实现第四次工业革命。

新一轮科技革命和产业变革与我国加快转变经济发展方式形成历史性交汇，智能制造是一个关键的交汇点。中国制造业要抓住这个历史机遇，创新引领高质量发展，实现向世界产业链中高端的跨越发展。

智能制造是一个"大系统"，贯穿于产品、制造、服务全生命周期的各个环节，由智能产品、智能生产及智能服务三大功能系统以及工业智联网和智能制造云两大支撑系统集合而成。其中，智能产品是主体，智能生产是主线，以智能服务为中心的产业模式变革是主题，工业智联网和智能制造云是支撑，系统集成将智能制造各功能系统和支撑系统集成为新一代智能制造系统。

智能制造是一个"大概念"，是信息技术与制造技术的深度融合。从 20 世纪中叶到 90 年代中期，以计算、感知、通信和控制为主要特征的信息化催生了数字化制造；从 90 年代中期开始，以互联网为主要特征的信息化催生了"互联网＋制造"；当前，以新一代人工智能为主要特征的信息化开创了新一代智能制造的新阶段。

这就形成了智能制造的三种基本范式，即：数字化制造（digital manufacturing）——第一代智能制造；数字化网络化制造（smart manufacturing）——“互联网+制造”或第二代智能制造，本质上是“互联网+数字化制造”；数字化网络化智能化制造（intelligent manufacturing）——新一代智能制造，本质上是“智能+互联网+数字化制造”。这三个基本范式次第展开又相互交织，体现了智能制造的“大概念”特征。

对中国而言，不必走西方发达国家顺序发展的老路，应发挥后发优势，采取三个基本范式“并行推进、融合发展”的技术路线。一方面，我们必须实事求是，因企制宜、循序渐进地推进企业的技术改造、智能升级，我国制造企业特别是广大中小企业还远远没有实现“数字化制造”，必须扎扎实实完成数字化“补课”，打好数字化基础；另一方面，我们必须坚持“创新引领”，可直接利用互联网、大数据、人工智能等先进技术，“以高打低”，走出一条并行推进智能制造的新路。企业是推进智能制造的主体，每个企业要根据自身实际，总体规划、分步实施、重点突破、全面推进，产学研协调创新，实现企业的技术改造、智能升级。

未来20年，我国智能制造的发展总体将分成两个阶段。第一阶段：到2025年，“互联网+制造”——数字化网络化制造在全国得到大规模推广应用；同时，新一代智能制造试点示范取得显著成果。第二阶段：到2035年，新一代智能制造在全国制造业实现大规模推广应用，实现中国制造业的智能升级。

推进智能制造，最根本的要靠“人”，动员千军万马、组织精兵强将，必须以人为本。智能制造技术的教育和培训，已经成为推进智能制造的当务之急，也是实现智能制造的最重要的保证。

为推动我国智能制造人才培养，中国机械工程学会和清华大学出版社组织国内知名专家，经过三年的扎实工作，编著了“智能制造系列丛书”。这套丛书是编著者多年研究成果与工作经验的总结，具有很高的学术前瞻性与工程实践性。丛书主要面向从事智能制造的工程技术人员，亦可作为研究生或本科生的教材。

在智能制造急需人才的关键时刻，及时出版这样一套丛书具有重要意义，为推动我国智能制造发展作出了突出贡献。我们衷心感谢各位作者付出的心血和劳动，感谢编委会全体同志的不懈努力，感谢中国机械工程学会与清华大学出版社的精心策划和鼎力投入。

衷心希望这套丛书在工程实践中不断进步、更精更好，衷心希望广大读者喜欢这套丛书、支持这套丛书。

让我们大家共同努力，为实现建设制造强国的中国梦而奋斗。

周济

2019年3月

Foreword | 丛书序 2

技术进展之快，市场竞争之烈，大国较劲之剧，在今天这个时代体现得淋漓尽致。

世界各国都在积极采取行动，美国的"先进制造伙伴计划"、德国的"工业 4.0 战略计划"、英国的"工业 2050 战略"、法国的"新工业法国计划"、日本的"超智能社会 5.0 战略"、韩国的"制造业创新 3.0 计划"，都将发展智能制造作为本国构建制造业竞争优势的关键举措。

中国自然不能成为这个时代的旁观者，我们无意较劲，只想通过合作竞争实现国家崛起。大国崛起离不开制造业的强大，所以中国希望建成制造强国、以制造而强国，实乃情理之中。制造强国战略之主攻方向和关键举措是智能制造，这一点已经成为中国政府、工业界和学术界的共识。

制造企业普遍面临着提高质量、增加效率、降低成本和敏捷适应广大用户不断增长的个性化消费需求，同时还需要应对进一步加大的资源、能源和环境等约束之挑战。然而，现有制造体系和制造水平已经难以满足高端化、个性化、智能化产品与服务的需求，制造业进一步发展所面临的瓶颈和困难迫切需要制造业的技术创新和智能升级。

作为先进信息技术与先进制造技术的深度融合，智能制造的理念和技术贯穿于产品设计、制造、服务等全生命周期的各个环节及相应系统，旨在不断提升企业的产品质量、效益、服务水平，减少资源消耗，推动制造业创新、绿色、协调、开放、共享发展。总之，面临新一轮工业革命，中国要以信息技术与制造业深度融合为主线，以智能制造为主攻方向，推进制造业的高质量发展。

尽管智能制造的大潮在中国滚滚而来，尽管政府、工业界和学术界都认识到智能制造的重要性，但是不得不承认，关注智能制造的大多数人（本人自然也在其中）对智能制造的认识还是片面的、肤浅的。政府勾画的蓝图虽气势磅礴、宏伟壮观，但仍有很多实施者感到无从下手；学者们高谈阔论的宏观理念或基本概念虽至关重要，但如何见诸实践，许多人依然不得要领；企业的实践者们侃侃而谈的多是当年制造业信息化时代的陈年酒酿，尽管依旧散发清香，却还是少了一点智能制造的气息。有些人看到“百万工业企业上云，实施百万工业APP培育工程”时劲头十足，可真准备大干一场的时候，又仿佛云里雾里。常常听学者们言，CPS(cyber-physical systems，信息物理系统)是工业4.0和智能制造的核心要素，CPS万不能离开数字孪生体(digital twin)。可数字孪生体到底如何构建？学者也好，工程师也好，少有人能够清晰道来。又如，大数据之重要性日渐为人们所知，可有了数据后，又如何分析？如何从中提炼知识？企业人士鲜有知其个中究竟的。至于关键词“智能”，什么样的制造真正是“智能”制造？未来制造将“智能”到何种程度？解读纷纷，莫衷一是。我的一位老师，也是真正的智者，他说：“智能制造有几分能说清楚？还有几分是糊里又糊涂。”

所以，今天中国散见的学者高论和专家见解还远不能满足智能制造相关的研究者和实践者们之所需。人们既需要微观的深刻认识，也需要宏观的系统把握；既需要实实在在的智能传感器、控制器，也需要看起来虚无缥缈的“云”；既需要对理念和本质的体悟，也需要对可操作性的明晰；既需要互联的快捷，也需要互联的标准；既需要数据的通达，也需要数据的安全；既需要对未来的前瞻和追求，也需要对当下的实事求是……如此等等。满足多方位的需求，从多视角看智能制造，正是这套丛书的初衷。

为助力中国制造业高质量发展，推动我国走向新一代智能制造，中国机械工程学会和清华大学出版社组织国内知名的院士和专家编写了“智能制造系列丛书”。本丛书以智能制造为主线，考虑智能制造“新四基”[即“一硬”(自动控制和感知硬件)、“一软”(工业核心软件)、“一网”(工业互联网)、“一台”(工业云和智能服务平台)]的要求，由30个分册组成。除《智能制造：技术前沿与探索应用》《智能制造标准化》《智能制造实践》3个分册外，其余包含了以下五大板块：智能制造模式、智能设计、智能传感与装备、智能制造使能技术以及智能制造管理技术。

本丛书编写者包括高校、工业界拔尖的带头人和奋战在一线的科研人员，有着丰富的智能制造相关技术的科研和实践经验。虽然每一位作者未必对智能制造有全面认识，但这个作者群体的知识对于试图全面认识智能制造或深刻理解某方面技术的人而言，无疑能有莫大的帮助。丛书面向从事智能制造工作的工程师、科研人员、教师和研究生，兼顾学术前瞻性和对企业的指导意义，既有对理论和方法的描述，也有实际应用案例。编写者经过反复研讨、修订和论证，终于完成了本丛书的编写工作。必须指出，这套丛书肯定不是完美的，或许完美本身就不存在，更何况智能制造大潮中学界和业界的急迫需求也不能等待对完美的寻求。当然，这也不能成为掩盖丛书存在缺陷的理由。我们深知，疏漏和错误在所难免，在这里也希望同行专家和读者对本丛书批评指正，不吝赐教。

在“智能制造系列丛书”编写的基础上，我们还开发了智能制造资源库及知识服务平台，该平台以用户需求为中心，以专业知识内容和互联网信息搜索查询为基础，为用户提供有用的信息和知识，打造智能制造领域“共创、共享、共赢”的学术生态圈和教育教学系统。

我非常荣幸为本丛书写序，更乐意向全国广大读者推荐这套丛书。相信这套丛书的出版能够促进中国制造业高质量发展，对中国的制造强国战略能有特别的意义。丛书编写过程中，我有幸认识了很多朋友，向他们学到很多东西，在此向他们表示衷心感谢。

需要特别指出，智能制造技术是不断发展的。因此，“智能制造系列丛书”今后还需要不断更新。衷心希望，此丛书的作者们及其他的智能制造研究者和实践者们贡献他们的才智，不断丰富这套丛书的内容，使其始终贴近智能制造实践的需求，始终跟随智能制造的发展趋势。

2019年3月

Preface | 前言

增材制造是一项集机械、材料、计算机、控制、光电、信息等学科于一体的数字化、智能化制造技术，包括3D打印（三维几何空间：$X+Y+Z$）、4D打印（3D打印＋时空）、5D打印（4D打印＋生命）、6D打印（5D打印＋意识）等。其中：3D打印可成形任意复杂形状的结构/功能构件；4D打印可成形可控的智能构件；5D打印可成形可控的生命器官；6D打印可成形可控的智慧物体。

增材制造技术的优势在于突破了传统制造技术在材料、尺度、结构、功能、智能、生命、智慧等方面的复杂性，必将对各行各业带来深远的影响。从理论上来说，增材制造技术可成形任何材料、可成形任何物体、可应用于任何领域。相对于传统制造技术，增材制造技术对制造业创新的意义主要体现在：提供创新的原动力，提升工艺能力，实现绿色可持续发展，催生新的制造模式，创造智能构件、生命器官和智慧物体等。

增材制造技术通过逐层堆积的方式将粉材、丝材、液材和片材等各种形态的材料成形为三维实体，其发展虽然只有30余年，但其在复杂结构/功能构件的快速制造、个性化定制等方面已显示出了明显优势，因而受到了各国、各行各业的高度重视。但是，该技术发展并不成熟。新工艺、新材料、新装备不断涌现，为了更深入地研究增材制造技术并将其推广应用，培养这方面的科技人才，华中科技大学组织了一批国内长期从事增材制造技术研究和教学的科研人员，综合国内外相关研究成果，撰写了本书。在撰写过程中，兼顾了不同知识背景读者的要求，既保证内容新颖、反映最新研究成果，又有理论知识探讨和应用实例。因此，本书既适用于不同领域的工程技术人员阅读，也可作为相关专业师生的参考书。

全书分为14章。第1章为概述，简述增材制造技术的概念、产生背景、发展历程、技术特点、工艺和材料种类及发展趋势；第2章介绍了增材制造技术的核心元器件，主要包括激光器、振镜式激光扫描系统、熔覆喷头和微喷嘴等关键元器件；第3～10章介绍了目前得到应用的主流增材制造技术，主要包括激光选区烧结(SLS)、激光选区熔化(SLM)、光固化成形(SLA)、熔融沉积成形(FDM)、三维印刷成形(3DP)、激光近净成形(LENS)、电子束选区熔化(EBM)、电弧熔丝增材制造

(WAAM)；第 11 章介绍了电子束熔丝增材制造数值模拟技术；第 12 章介绍了增材制造的数据处理与工艺规划软件；第 13 章介绍了增材制造中的光学三维测量技术；第 14 章介绍了智能构件增材制造的 4D 打印技术。

本书由华中科技大学史玉升牵头编写。具体分工如下：前言和第 1 章由华中科技大学史玉升编写；第 2 章由华中科技大学文世峰、张鸿海和肖峻峰，厦门理工学院谢丹和舒霞云，苏州大学石世宏编写；第 3 章由华中科技大学闫春泽和李昭青编写；第 4 章由华中科技大学魏青松和朱文志，中国地质大学周燕编写；第 5 章由西安交通大学李涤尘和连芩编写；第 6 章和第 7 章由南京师范大学杨继全和李宗安编写；第 8 章由西北工业大学林鑫和于君编写；第 9 章由清华大学林峰编写；第 10 章由华中科技大学余圣甫和汤铭锴编写；第 11 章由华中科技大学庞盛永编写；第 12 章由华中科技大学张李超编写；第 13 章由华中科技大学李中伟和钟凯编写；第 14 章由华中科技大学史玉升和宋波编写。另外，在本书的撰写过程中，华中科技大学博士后陈辉、蔡超、李伟，研究生胡仁志、滕庆、张楠、张金良、田健、党明珠、伍宏志、刘主峰、卓琳蓉、汤桂平等参与了编写工作。

由于本书涉及多学科交叉的前沿新技术，书中难免有疏漏之处，恳请广大读者批评指正！

史玉升
2021 年 11 月

Contents | 目录

第1章

增材制造技术概述

1.1 增材制造技术的基本概念

增材制造(additive manufacturing,AM)属于一种制造技术。它依据设计的三维CAD模型数据,通过数字驱动逐层堆积的方式将粉材、丝材、液材和片材等各种形态的材料成形为三维实体。

自20世纪80年代开始,增材制造技术逐步发展,其间也被称为"材料累加制造"(material increase manufacturing)、"快速原型"(rapid prototyping)、"分层制造"(layered manufacturing)、"实体自由制造"(solid free-form fabrication)、"三维喷印"(3D printing)等。在我国早期,被称为"快速成形""快速制造"或"快速成形制造"等,不同的叫法分别从不同侧面表达了该技术的特点。

从加工过程材料的变化角度看,制造技术可分为以下3种形式:

(1) 等材制造。如铸造、锻压、冲压、注塑等方法,主要是利用模具控形,将液体或固体材料成形为满足设计形状和性能的构件。

(2) 减材制造。一般是指利用刀具或电化学方法,去除毛坯中不需要的材料,剩下的部分即满足设计形状的构件。

(3) 增材制造。利用粉材、丝材、液材和片材等形态的材料,通过某种方式逐层堆积成复杂形状和多种性能的物体。

等材制造中的铸造工艺有3000多年的历史;减材制造中的切削加工有300多年的历史;增材制造中的3D打印仅有30多年的历史。

增材制造具有明显的数字化、智能化特征,其工作过程可以分为如下两个阶段:

(1) 数据处理过程。对计算机辅助设计的三维CAD模型进行平面或曲面分层"切片"处理,将三维CAD数据分解为若干二维数据。

(2) 叠层制作过程。依据分层的二维数据,采用某种工艺制作与数据分层厚度相同的薄片实体,将每层薄片叠加起来,构成三维实体,从而实现从二维薄层到三维实体的制造。从数学角度看,数据从三维到二维是一个"微分"过程,数据从二维薄层叠加成三维实体是一个"积分"过程。由于增材制造工艺将三维复杂结构降为二维结构进行叠层制造,降低了制造维度,所以其在制造复杂结构(如栅格、内流道等)方面较传统方法具有突出优势。

采用增材制造技术,人们可以发挥最大的想象力,创造各种各样的成形方法。例如:采用光化学反应原理,研发出光固化成形方法;利用叠纸切割的物理方法,研发出叠层实体制造方法;利用喷胶黏结方法,研发出三维喷印成形方法;利用金属熔焊原理,研发出金属熔覆成形方法等。上述多种成形方法表明,增材制造技术已经从传统制造技术向多学科融合发展,物理、化学、生物和材料等学科新技术的发展给增材制造技术注入了新的生命力。增材制造给制造业带来了巨大的变革,有可能彻底改造传统的制造模式,使人人都成为设计者、创造者和制造者变为可能。

增材制造包括3D打印(三维几何空间:$X+Y+Z$)、4D打印(3D打印+时空)、5D打印(4D打印+生命)、6D打印(5D打印+意识)等,其发展历程和技术特点见图1-1。3D打印可成形任意复杂形状的结构/功能构件;4D打印可成形可控的智能构件;5D打印可成形可控的生命器官;6D打印可成形可控的智慧物体。

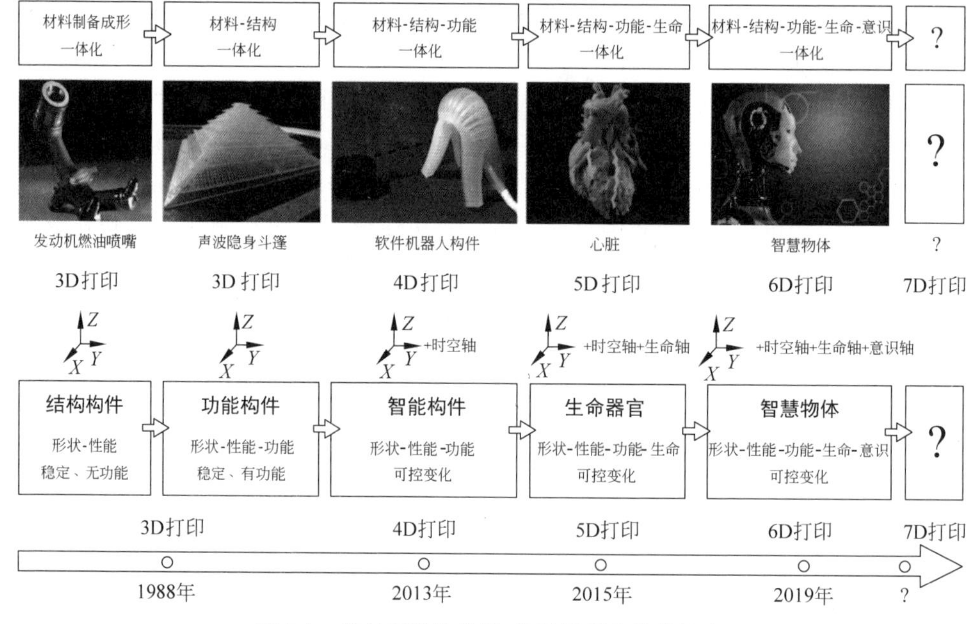

图1-1　增材制造的分类、发展历程和技术特点

1.2　增材制造技术产生的背景

第一阶段,思想萌芽。增材制造技术的核心思想最早起源于美国。早在1892年,美国的Blanther就在其专利中提出了利用分层法制作地形图。1902年,美国的Carlo Baese在一项专利中提出了用光敏聚合物分层制造塑料件的原理。1940年,Perera提出切割硬纸板并逐层黏结成三维地图的方法。直到20世纪80年代

中后期，增材制造技术才开始了根本性发展，出现了一大批专利，仅在1986—1998年间注册的美国专利就达20多项。但这期间增材制造仅仅停留在设想阶段，大多还是一个概念，并没有付诸应用。

第二阶段，技术诞生。标志性成果是5种主流增材制造技术的发明。1986年，美国UVP公司的Charles W. Hull发明了光固化成形（stereo lithography appearance，SLA）技术；1988年美国的Feygin发明了叠层实体制造（laminated object manufacturing，LOM）技术；1988年美国Stratasys公司的Crump发明了熔融沉积成形（fused deposition modeling，FDM）技术；1989年美国得克萨斯大学的Deckard发明了激光选区烧结（selective laser sintering，SLS）成形技术；1993年美国麻省理工学院的Sachs发明了三维印刷（three dimensional printing，3DP）成形技术。

第三阶段，装备推出。1988年，美国3D Systems公司根据Hull的专利，制造出第一台增材制造装备SLA 250，开创了增材制造技术发展的新纪元。在此后的10年中，增材制造技术蓬勃发展，涌现出了10余种新工艺和相应的成形装备。1991年，美国Stratasys公司的FDM装备、Cubital公司的实体平面固化（solid ground curing，SGC）装备和Helisys公司的LOM装备都实现了商业化。1992年，美国DTM公司（现属于3D Systems公司）的SLS装备研制成功。1994年，德国EOS公司推出了EOSINT型SLS装备。1996年，3D Systems公司制造出第一台3DP装备Actua 2100。同年，美国ZCorp公司也发布了Z402型3DP装备。总体上，美国在增材制造装备研制和生产销售方面占全球的主导地位，其发展水平及趋势基本代表了世界增材制造技术的发展历程。另外，欧洲和日本也不甘落后，纷纷进行了相关技术研究和装备研制。

第四阶段，应用推广。随着材料、工艺和装备的日益成熟，增材制造技术的应用范围由模型和原型制作进入产品快速制造阶段。早期增材制造技术由于受到材料种类和工艺水平的限制，主要应用于模型和原型制作，如制作新型手机外壳模型等，因而被称为快速原型（rapid prototyping，RP）技术。

上述5种主流工艺代表了早期的经典增材制造技术。新兴增材制造技术则强调直接制造可装机使用的构件，如金属结构件、高强度塑料构件、陶瓷构件、金属模具等。高性能金属构件的直接制造是增材制造技术由“快速原型”向“快速制造”转变的重要标志之一。2002年，德国研制出激光选区熔化（selective laser melting，SLM）装备，可成形接近全致密的精细金属构件和模具，其强度可达到同质锻件水平。同时，电子束选区熔化（electron beam melting，EBM）装备、激光近净成形（laser engineering net shaping，LENS）装备等金属直接制造装备也涌现出来。这些装备面向航空航天、生物医疗和模具等高端制造领域，直接成形结构复杂和高性能的金属构件，解决了难加工材料和复杂结构的整体制造难题，因此增材制造技术的应用范围越来越广泛，价值越来越明显。

1.3 增材制造技术的发展

1.3.1 增材制造技术在国外的发展概况

国外增材制造技术的发展主要集中在欧美地区，其中美国是增材制造技术的发源地，也是对此技术研究和应用最广泛的国家。美国得克萨斯大学奥斯汀分校的自由曲面制造实验室（Laboratory for Freeform Fabrication）是世界上最早成立的增材制造技术研究中心之一，研究领域涵盖了增材制造技术的各个方面；美国得克萨斯大学埃尔帕索分校设立的3D创新中心（W. M. Keck Center for 3D Innovation）联合了新墨西哥大学、扬斯敦州立大学、洛克希德·马丁公司、诺斯罗普·格鲁曼公司和Stratasys公司，重点研究用于航空航天系统的增材制造技术；美国宾夕法尼亚州立大学联合巴特尔纪念研究所（Battelle Memorial Institute）和西亚基公司（Sciaky Corporation）成立了数字沉积创新材料加工中心（Center for Innovative Materials Processing through Direct Digital Deposition），重点偏向金属、高分子等材料的设计及工业应用研究。欧美地区其他发达国家在各地的科研单位也设立了增材制造技术研究中心。例如，英国谢菲尔德大学设立了先进增材制造中心（Centre for Advanced Additive Manufacturing），重点研究喷墨打印、生物材料激光成形、航空材料激光选区熔化成形、增材制造构件的结构设计、激光选区烧结新材料研究等方向；英国诺丁汉大学成立了增材制造创新中心（EPSRC Centre for Innovative Manufacturing in Additive Manufacturing），针对多功能3D打印技术、3D打印材料体系设计等方面进行创新突破；英国埃克塞特大学设立的添加层制造中心（Centre for Additive Layer Manufacturing）致力于解决增材制造技术与工业应用结合的难题；德国弗朗霍夫激光研究所成立了弗朗霍夫增材制造联盟，着眼于金属、高分子、陶瓷及生物材料的增材制造技术研究，其下属11个研究中心遍布全国；法国设立了陶瓷技术转让中心（Center for Technology Transfers in Ceramics，CTTC），利用喷墨打印、黏结喷射、陶瓷直接沉积等增材制造技术成形难加工脆性材料；比利时鲁汶大学机械工程学院则针对增材制造技术种类进行了深入研究，并应用于实际生产。除了上述欧美国家的科研单位，澳大利亚莫纳什大学成立的莫纳什添加剂制造中心（Monash Centre for Additive Manufacturing）拥有世界上最大的激光选区熔化装备Concept Laser X-Line 1000，并在2015年成形出世界上第一个全金属航空发动机结构样件。新加坡也成立了增材制造中心，研究面向未来制造、海洋应用、医疗组织和建筑打印，几乎囊括了食品、金属、生物等各个领域的增材制造装备，致力于打造东南亚的增材制造强国。

1.3.2 增材制造技术在中国的发展概况

自20世纪90年代初开始，以清华大学、华中科技大学、西安交通大学和北京隆源公司为代表的几家单位，在国内率先开展增材制造技术的研发。清华大学开展了 FDM、EBM 和生物 3DP 技术的研究；华中科技大学开展了 LOM、SLS、SLM 等增材制造技术的研究；北京隆源公司重点研发和销售 SLS 装备；西安交通大学重点研究 SLA 技术，并开展了增材制造生物组织方面的应用研究。随后又有一批高校和研究机构参与到该项技术的研究之中。北京航空航天大学和西北工业大学开展了 LENS 技术研究，中航工业航空制造工艺研究所和西北有色金属研究院开展了 EBM 技术的研究，华南理工大学、南京航空航天大学开展了 SLM 技术的研究等。国内高校和企业通过技术研发和装备产业化改变了该类装备早期依赖进口的局面，通过 20 多年的技术研发与应用推广，在全国建立了数十个增材制造服务中心，用户遍布航空航天、生物医疗、汽车、船舶等行业，改进和提升了我国的传统制造业。

1.4　增材制造技术的特点

1. 适合复杂结构的快速制造

与传统机加工和模具成形等工艺相比，增材制造技术将三维加工变为若干二维加工，大大降低了成形的复杂度。理论上，只要在计算机上设计出加工对象的三维模型，都可以应用该技术在无需刀具、模具及复杂工艺条件下快速地将“设计”变为“现实”。成形过程几乎与加工对象的复杂度无关，可实现“自由制造”，这是传统加工技术无法比拟的。应用增材制造技术可成形出传统方法难加工（如自由曲面叶片、复杂内流道等）甚至是无法加工（图 1-2）的非规则结构，可实现构件结构的复杂化、整体化和轻量化制造，尤其是在航空航天、生物医疗等领域具有广阔的应用前景。

图 1-2　采用增材制造成形的复杂镂空构件

2. 适合个性化定制

与传统大规模批量生产需要大量工装和装备等相比，增材制造技术在快速生产和灵活性方面极具优势。从设计到制造，中间环节少，工艺流程短，特别适合于医疗、文化创意等个性化定制、小批量生产以及产品定型之前的验证性制造，可极大降低制造成本和周期。

3. 适合高附加值产品制造

增材制造技术的诞生仅 30 多年的时间，相比于传统制造技术非常年轻和不成熟。现有大多数增材制造技术工艺的加工速率（主要指单位时间内制造的体积或质量）较低、构件成形尺寸受限（最大约为 2m）、材料种类有限；主要应用于成形单件、小批量的中小尺寸制造，在大规模生产和大尺寸制造等方面不具优势。因此，增材制造技术适合应用于航空航天、生物医疗、珠宝设计等领域中高附加值产品的制造。

1.5 增材制造与制造业提升

立体打印

1.5.1 增材制造技术提供制造业创新原动力

1. 拓展产品创意与创新空间，提升原创能力

创新设计必须考虑实际制造能力，因此不得不牺牲一些创新设计的思想。而增材制造技术则为人们提供了充分想象和创造的平台，可以说“只要你能想到，我就可以做出来”“只有想不到，没有做不到”。与传统的切削加工相比，增材制造技术将三维加工变为若干二维的堆积成形，大大降低了制造复杂度。理论上，只要在计算机上设计出结构模型，就可以应用该技术在无需刀具、模具及复杂工艺条件下快速地将设计变为实物（图 1-3）。产品制造过程几乎与构件的结构复杂性无关，可实现自由制造，这是传统制造方法无法比拟的。设计人员不再受传统制造工艺和资源的约束，只需专注于产品形态创意和功能创新，在“设计即生产”“设计即产品”理念下，追求“创造无极限”。

图 1-3　采用增材制造成形的复杂结构

2. 降低产品创新研发成本，缩短创新研发周期

设计方案进行仿真优化后，将其三维数据转换为标准数据格式（如 STL 文

件)，然后导入增材制造装备中，直接制造出产品。由于简化或省略了工艺准备、试验等环节，产品数字化设计、制造、分析高度一体化，新产品开发定型周期显著缩短，成本降低，“今日完成设计，明天得到成品”得以实现。

以汽车发动机缸盖为例，如果采用传统砂型铸造，工装模具的设计制造周期需要 5 个月左右，但若采用增材制造技术，1 个星期左右就可以整体成形出四气门六缸发动机缸盖砂型。又如，模具是机械、家电、数码等构件制造的基础工具。在批量生产过程中，模具的冷却是关键环节。传统制造工艺往往是利用机加工方法在模具上钻直孔，随着产品结构越来越复杂，直孔冷却难以达到快速和高效的冷却效果，有时甚至会导致产品变形和失效。为此，开发随形冷却技术，即冷却流道尽量与成形产品复杂轮廓保持一致，是提升模具功能的核心内容之一。传统机加工无法制造这种冷却系统，但采用增材制造技术则可实现。德国 EOS 公司使用增材制造技术制造了具有随形冷却流道的注塑模具镶块，使注塑周期由 90s 缩短为 40s，并且每年可生产 40 000 个构件。该镶块单套花费 3.25 欧元，相对于传统制造工艺节省了 19.444 欧元。因此，增材制造技术的应用极大地促进了传统模具的技术进步。

1.5.2　增材制造技术提升制造业工艺能力

1. 少无应力装配整体制造，提高产品质量与性能

增材制造在满足整体化、个性化制造的同时，产品质量与性能也随之大大提高。据悉，一架空客 A380 飞机或波音 747 飞机，分别有 450 多万个构件。从理论上讲，构件越多越不安全，结合部往往就是隐患所在。增材制造技术可以将原来难以整体成形的多个构件集合成一个整体制造出来，减少构件数量。这不但大大减少了装配工作，也使其安全性和可靠性随之提高。现在，增材制造技术已经成功应用到 F-18 战机和波音 787 客机的关键构件制造中。例如，每架 F-18 战机有 80 多个采用激光增材制造成形的构件；波音 787 商用喷气式飞机上有 32 个采用激光增材制造成形的构件，这也是增材制造技术首次应用于大型喷气式飞机，具有里程碑意义。另外，增材制造技术可以优化设计，根据实际需求制造出轻量化构件。这一点对“为减轻一克质量而奋斗”的航空航天企业特别有价值。例如，整体制造内部中空结构，但外形合适、性能优良的构件，用来代替原来那些实心的笨重构件，应用于战机、战车、舰船等武器装备，可有效减轻其质量，从而增加载弹量，极大地提升战斗力。

2. 制造传统工艺无法加工的构件，极大增强工艺实现能力

增材制造突破了结构几何约束，能够制造出传统方法无法加工的非常规结构，这种工艺能力对于实现构件轻量化、优化性能有极其重要的意义。增材制造技术可以将设计者从传统构件制造的思想束缚中解放出来，使其将精力集中在如何更好地实现功能的优化，而非构件的制造上。

3. **提高难加工材料的可加工性,拓展工程应用领域**

增材制造技术可以整体成形传统制造方法难以加工的形状和材料。使用高能束整体成形钛合金、镍基高温合金(图 1-4)、陶瓷(图 1-5)等难加工材料,拓展了高性能材料的工程应用范围。

图 1-4　整体式镍合金转子

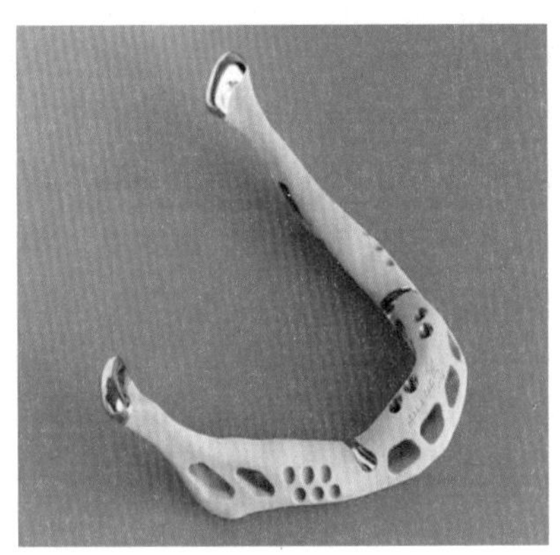

图 1-5　生物陶瓷材料人体器官修复体

1.5.3　增材制造技术实现制造业绿色可持续发展

增材制造技术有助于推进绿色制造。传统的机械加工方式通过去除材料的方式得到构件,会产生大量的边角料和切屑,不仅材料利用率低,而且使用的切削液和产生的切屑等会对环境和人体产生危害。采用增材制造技术,超过 90%的原材料可回收再用,具有明显的节能、节材、减排和无污染的特点。

另外,采用增材制造技术,可将构件内部设计为网状结构(图 1-6),替代实心,以减少材料使用量,降低制造时间和能源消耗量。具有网状内部结构的钛合金发动机叶片,材料使用量减少 70%,SLM 制造时间减少 60%。

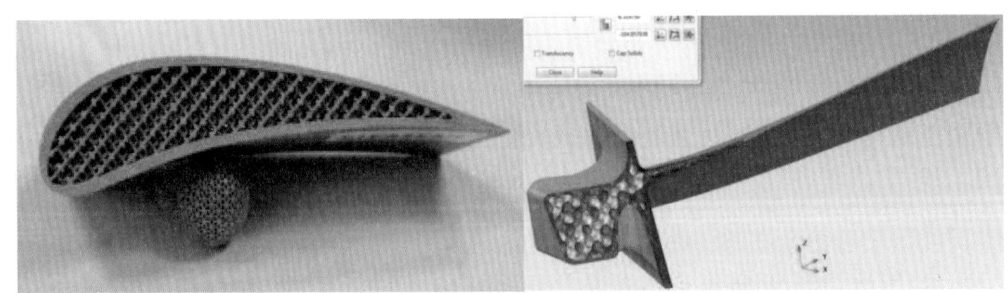

图 1-6　增材制造网状内部结构

增材制造技术在构件修复领域也得到了广泛应用。美国桑迪亚(Sandia)国家实验室和空军研究实验室、英国劳斯莱斯(Rolls-Royce)公司、法国阿尔斯通(Alstom)

公司以及德国弗劳恩霍夫(Fraunhofer)研究所等均对航空发动机涡轮叶片和燃气轮机叶片的激光熔覆修复工艺进行了研究,并成功实现了定向晶叶片的修复。此外,美国国防部研发的“移动构件医院”将增材制造技术应用于战场环境,可以对战场破损构件(如坦克链轮、传动齿轮和轴类构件等)进行实时修复,大大提高了战场环境下的机动性。

1.5.4　增材制造技术催生新的制造模式

1. 变革传统制造模式,形成新型制造体系

集成与融合材料、信息、设计、工艺、装备等,生产个性化、高性能、复杂构件的增材制造技术将全面变革产品研发、制造、服务的模式。

增材制造技术及其制造模式对社会发展方式转变的重要作用日益突出。增材制造技术可直接制造产品,不再需要模具和多级装配,过去的企业和车间可能化简为一台装备,社区和家庭制造可能成为未来生产模式,物流配送环节会大幅减少,地区制造资源差别会减少,集中式的生产模式向分散制造模式转变。

增材制造技术的应用一方面将提升中小企业自身的制造能力,另一方面将催生为广大中小企业提供产品增材制造服务的新模式,培育专业化服务制造企业,从而实现“泛在制造”和“聚合服务制造”的新局面。

2. 支撑个性化定制等高级创新模式实现

增材制造技术使“按需而制”“因人定制”和“泛在制造”等得以实现。增材制造技术的应用将彻底改变传统大规模生产方式单纯追求批量和效率易导致产品供过于求的弊端,促进“按需而制”或“因人定制”的产品个性化制造模式变革,既能实现单件小批量工业产品的制造,又能极大地满足人们生活丰富多彩的需求。增材制造技术的应用将消除传统的产品研制与生产明确分工的界线,化繁琐的业务集成为简约的业务统一,促进产品设计与制造的一体化、高度集成化制造模式的变革,实现“设计即生产”和“设计即产品”。

从产业层面来讲,面对后经济危机时代的挑战,各国都在寻求新的经济增长点和着力培育具有竞争优势的新兴产业,大批量制造已经使得成本和利润不断降低,个性化制造成为社会新的增长点,以增材制造技术为代表的个性化制造产业发展将成为未来拉动经济发展的关键产业。增材制造技术适合多品种个性化制造。增材制造过程不需要模具,产品的单价几乎和批量无关,特别适合小批量产品的制造。对于传统制造业,新产品投入市场极具风险,如果不能被市场接纳,会给企业带来巨大损失。增材制造技术在新产品开发和小批量生产中极具优势,企业可以进行多品种个性化制造,甚至可以提供定制。

从社会层面讲,增材制造技术是继计算机、互联网技术之后又一逐渐应用到百姓生活的技术。利用增材制造技术,可让社会民众充分参与产品的创造,个人的创造力将被极大释放,人的想象力不再被实现手段所制约。创新源泉不断涌现,其直接结果

就是社会创造能力不断提升。人们可以实现个性化、实时化、经济化的产品生产和消费,这种产业模式会逐步改变世界的经济格局,也逐步改变人类的生活方式。

3. 催生专业化创新服务模式

历史发展进程表明,工业革命是社会进步的源泉和动力,会引发整个社会的巨大变革。如同蒸汽机、福特汽车流水线引发的工业革命,增材制造技术作为"一项将要改变世界的技术",已引起全球关注。英国《经济学人》杂志(2012 年第 3 期)则认为增材制造技术将"与其他数字化生产模式一起推动实现第三次工业革命",并认为生产制造将从大型、复杂、昂贵的传统工业过程中分离出来,凡是能接上电源的任何计算机都能够成为灵巧的生产工厂,增材制造象征着个性化和创新制造模式的出现。人类将以新的方式合作进行创造和生产,制造过程与管理模式将发生深刻变革。随着增材制造技术应用的不断拓展,它将不再局限在制造技术领域,而将成为社会创新的工具,使得人人都可以成为创造者,支撑创新型社会的发展。

增材制造技术正在孕育未来工业企业的雏形。人们可以在网站上建立共享创意设计数据的产品库,将自己的设计模型数据上载到网站,需要者可以从网上下载设计模型数据,用增材制造装备制作自己的产品。如美国的 Shapeways 和 Quirky 两家公司已开展了这方面的探索。

Shapeways 公司于 2007 年创立于荷兰,后将总部移至美国纽约市,获得了数千万美元的风险投资。2012 年 10 月,该公司在纽约皇后区的"未来工厂"投入运营。"未来工厂"里的机器,就是 50 台工业 3D 打印机,通过互联网,接受顾客的各种产品的三维设计方案,并在数天内完成产品的打印生产,然后寄送给客户。同时,该公司还为商家和设计者建立了平台,使他们可以再利用该公司的 3D 打印机生产并销售自己设计或收集的产品(图 1-7)。

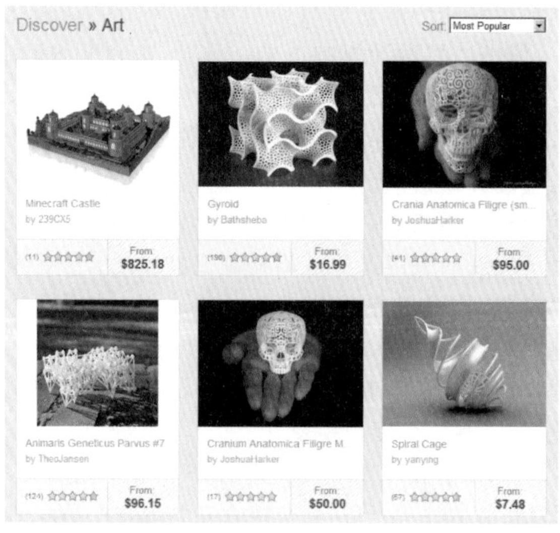

图 1-7 Shapeways 公司网页界面

Quirky公司于2009年成立于美国纽约，获得了近亿美金的风险投资。其特色是众包：公司通过Facebook和Twitter等社交媒体接受公众的产品设计思路，并由公司的注册用户进行评价和投票，如此每周挑出一个产品进行3D打印生产，参与产品设计和修正过程的众包人员可分享30%的营业额。同时，公司还进一步将众包设计改进的过程转化为通过社交媒体来推荐相关产品的过程，从而创造性地拓展了销售市场(图1-8)。

All Quirky Products

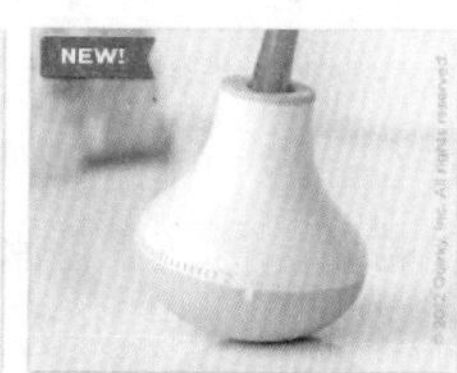

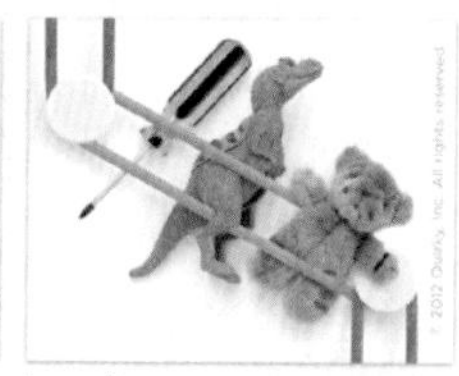

图1-8　Quirky公司网页界面

1.6　增材制造与制造业创新

增材制造技术的优势在于突破了传统等材和减材制造技术在材料、尺度、结构、功能、智能、生命、智慧等方面的复杂性，对各行各样必将带来深远的影响。从理论上来说，增材制造可成形任何材料、可成形任何物体、可应用于任何领域。相对于传统的等材制造和减材制造技术，增材制造在控形控性成形构件的同时，可以创造新材料、生命器官、智慧物体。本书只介绍增材制造大家族中的3D打印和4D打印技术。

1.6.1　增材制造先进材料

1. 提升材料性能

以SLM和LENS两种主流金属增材制造技术为例进行说明。SLM加工过程中，激光与粉末相互作用，形成尺度约为 100μm 的微小熔池，由于激光的快速移动（100～1000mm/s），熔池具有极高的冷却速率（10^3～10^8K/s），快速冷却抑制了晶粒的长大和合金元素的偏析，加之熔池内 Marangoni 流动的搅拌作用，最终获得了晶粒细小、组织均匀的微观结构，大幅度提高了材料的强度。美国 Optomec 公司和洛斯·阿拉莫斯（Los Alamos）国家实验室、欧洲宇航防务集团 EADs 等研究机构针对不同的材料（如钛合金、镍基高温合金和铁基合金等）进行了工艺优化研究，使 SLM 构件的缺陷大大减少，致密度增加，性能接近甚至超过同种材料锻造水平；美国空军研究实验室的 Kobrvn 等优化了 Ti-6Al-4V 的 LENS 成形工艺，并研究了热处理和热等静压等后处理工艺对 LENS 构件的微观组织和性能的影响规律，认为后处理可大大降低 LENS 构件组织的内应力，消除其气孔等缺陷，使构件沿沉积方向的韧性和高周疲劳性能达到锻件水平。北京航空航天大学的陈博等主要研究了钛合金构件的 LENS 成形工艺，并通过热处理制度的优化，使钛合金构件的组织得到细化，性能明显提高，成功应用于飞机大型承力构件的制造。

2. **创造新材料**

利用增材制造技术，通过混合粉末或控制喷嘴同时输送不同的粉末，可以制备金属/金属和金属/陶瓷等梯度材料。美国里海大学的 Fredrick 等研究了利用 LENS 技术制备 Cu 与 AISI1013 工具钢梯度材料的可行性，通过工艺优化以及利用 Ni 作为中间过渡层材料，解决了梯度材料制备过程中两相不相容和熔覆层开裂的问题。美国南卫理公会大学的 MultiFab 实验室利用 LENS 技术制备了同时具有纵向和横向梯度的金属/陶瓷复合材料。美国桑迪亚国家实验室和密苏里科技大学等研究机构也分别研究了 Ti/TiC、Ti-6Al-4V/Inconel 625 和 Inconel 718/Al_2O_3 等不同梯度材料的增材制造工艺。巴基斯坦白沙瓦工程和技术大学的 Kamran Shah 等研究了 LENS 技术制备的 316L/Inconel 718 梯度材料，发现在沉积过程中形成了 NbC 相和 Fe_2Nb 相，生成的碳化物能够选择性地控制梯度材料的硬度和耐磨性。美国宾州州立大学帕克分校的 Lourdes D. Bobbio 等通过定向能量沉积技术制备了 Ti-6Al-4V/Invar 36 梯度材料，结合实验表征和计算分析发现梯度区金属间化合物（FeTi、Fe_2Ti、Ni_3Ti 和 $NiTi_2$）的存在是导致梯度材料在制备过程中断裂的原因。R. Banerjee 等利用 LENS 技术制备了二元钛钒合金梯度材料，发现在制备过程中，梯度合金试样分别发生了魏氏体相变和马氏体相变。波兰华沙董布罗夫斯基军队技术学院的 Tomasz Durejko 等利用 LENS 技术制备了 Fe_3Al/SS316L 薄壁管梯度材料，结果表明梯度材料管具有在 316L 钢和 Fe_3Al 合金两种成分之间过渡平稳、冶金质量高、S 形形状重现性好等特点。华盛顿州立大学的 Vamsi Krishna Balla 等利用 LENS 技术制备了结构和成分梯度变化的 Ti/TiO_2 新型结构，发现在多孔钛表面添加全致密、成分梯度变化的 TiO_2 陶瓷，可显著提高样品的表面润湿性和硬度。

西北工业大学的杨海鸥等研究了 316L/Rene88DT 梯度材料的 LENS 制备工

艺，并总结了熔覆层微观组织和硬度随着梯度材料成分含量不同而变化的规律。西安交通大学的解航等研究了 Ti-6Al-4V/CoCrMo 梯度材料的 LENS 制备工艺。Kamran Shah 等研究了激光直接沉积法制备的 316L/Inconel 718 梯度材料，发现在沉积过程中形成了 NbC 相和 Fe_2Nb 相，生成的碳化物能够选择性地控制梯度材料的硬度和耐磨性。华中科技大学的韩昌骏等利用 SLM 技术制备了钛/羟基磷灰石（Ti/HA）梯度材料，发现随着 HA 含量从 0 增加到 5%，各梯度层的微孔比例从 0.01%增加到了 3.18%（图 1-9）。北京有色金属研究总院的张永忠等采用 LENS 技术制备了 Ti/TiC 功能梯度材料，发现样品的拉伸强度随 TiC 含量变化不大，而韧性随 TiC 添加量的增加而急剧下降。美国里海大学的刘伟平采用 LENS 技术制备了 Ti/TiC 梯度材料，结果表明，与高 TiC 含量的均匀复合镀层相比，梯度材料有效地防止了裂纹的形成。

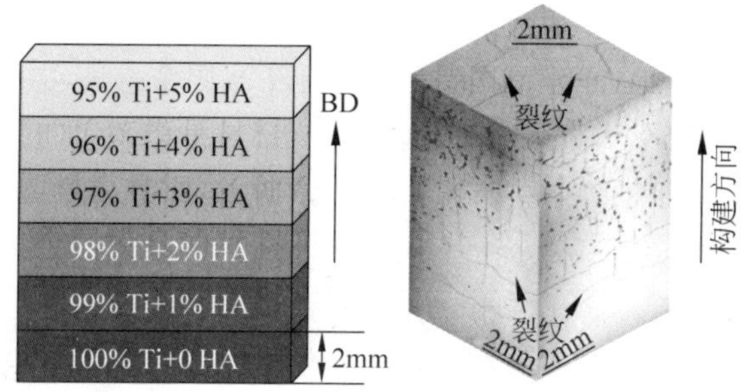

图 1-9　利用 SLM 技术制备的钛/羟基磷灰石（Ti/HA）梯度材料及孔隙分布情况

1.6.2　增材制造先进结构

1. 整体结构

受制造工艺约束，一些构件采用传统制造技术无法实现整体制造，只能分体制造然后再进行焊接或铆接连接。增材制造技术几乎不受制造工艺约束，可实现“化零为整”的整体制造，从而减少加工和装配工序，缩短制造周期，减轻质量，提高装备的可靠性和安全性。美国 GE 公司的应用案例及其效果如下：LEAP 发动机采用增材制造技术整体成形喷嘴，组件由原来的 18 个减少为 1 个整体构件（图 1-10），其质量减少 25%，效益提高 15%；高级涡轮螺旋桨（APT）飞机发动机通过增材制造整体成形出 35%的构件，组件由原来的 855 个减少至 12 个，质量减少 5%，大修时间间隔延长 30%，燃油消耗减少 30%。

美国 NASA 马歇尔航天中心的应用案例及其效果如下：采用激光增材制造技术成形了大量的火箭发动机构件，包括弹簧 Z 向挡板等（图 1-11）；采用激光增材制造技术成形的 RS-25 火箭发动机弯曲接头（图 1-12），与传统设计相比，采用激光增材制造技术优化设计可以减少 60%以上的构件数量、焊缝以及机械加工工序。表 1-1 和表 1-2 为激光增材制造技术与传统制造技术的对比，结果表明采用激光增材制造技术可以大幅降低制造成本与节约时间。

(a)　　　　　　　　　　(b)

图 1-10　采用增材制造技术整体成形喷嘴

（a）LEAP 发动机；（b）整体成形喷嘴

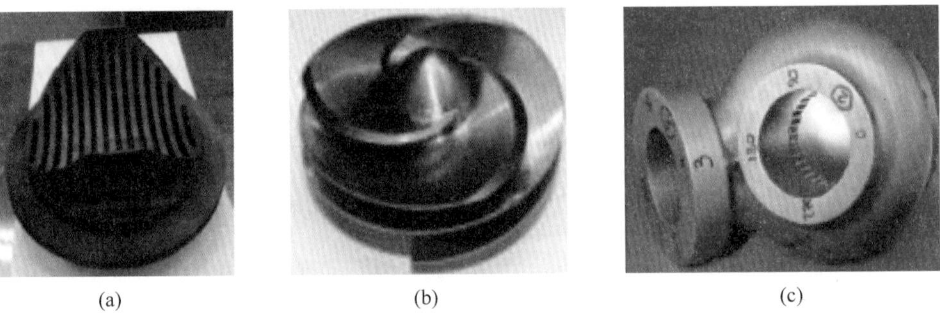

(a)　　　　　　　　　　(b)　　　　　　　　　　(c)

图 1-11　NASA 采用激光增材制造技术成形的典型构件

（a）弹簧 Z 向挡板；（b）诱导轮；（c）泵壳体

图 1-12　NASA 采用激光增材制造技术成形的 RS-25 火箭发动机弯曲接头

表 1-1　NASA 的 RS-25 火箭发动机弯曲接头传统制造设计与激光增材制造设计对比

项　　目	传统制造设计	激光增材制造设计	减少比例/%
构件数量	45	17	62
焊缝	70	26	62
机械加工	147	57	61

表 1-2　NASA 采用激光增材制造技术成形与传统制造技术成形的对比

构件名称	节约成本比例/%	节约时间比例/%
J-2X 发动机燃气发生器导管	70	50
F-1 发动机旋转适配器	—	70
弹簧 Z 向挡板	64	75
定制扳手	—	70
涡轮泵壳体	87	75
涡轮泵诱导轮	50	80

2. 点阵结构

增材制造技术除了可实现“化零为整”外，还可实现结构的轻量化设计制造。轻量化在航天领域的地位举足轻重，因为每减轻 1kg 质量将使航空航天所需的燃料质量减少 30～100kg，从而大幅节约发射成本，提高载荷效率。

采用拓扑优化方法，可以设计出满足性能指标的最优点阵结构，但通常会导致点阵结构中出现传统制造工艺难以加工的复杂三维曲面以及中空结构。增材制造技术为拓扑优化设计的点阵结构提供了一种几乎无工艺限制的制造手段。

空中客车防务与航天(Airbus Defence and Space)公司英国分部采用激光增材制造技术成形出欧洲航天局 Eurostar E3000 的铝合金卫星支架，用于安装遥测和遥控天线。图 1-13 为该支架结构的拓扑优化过程，通过拓扑优化以及激光增材制造工艺，实现由 4 个构件通过 44 个铆钉连接成支架结构的整体制造，实现了减重 35%的同时提高 40%的结构刚度，铝合金支架已经成功地通过了质量检测，具备了卫星装载飞行的资质。

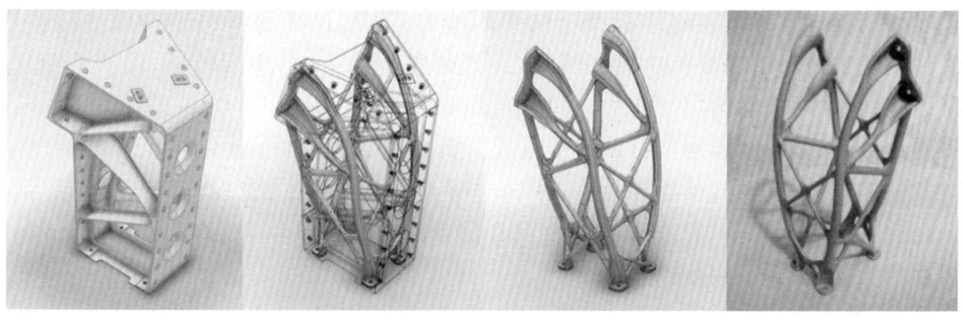

图 1-13　Eurostar E3000 铝合金卫星支架的拓扑优化过程

图 1-14 为欧洲航天局 Sentinel-1 卫星天线支架的拓扑优化设计与激光增材制造过程,通过拓扑优化以及激光增材制造工艺,实现由数个构件铆接而成的天线支架的整体轻量化制造,且质量由 1.626kg 降到 0.936kg,实现了减重 42%。

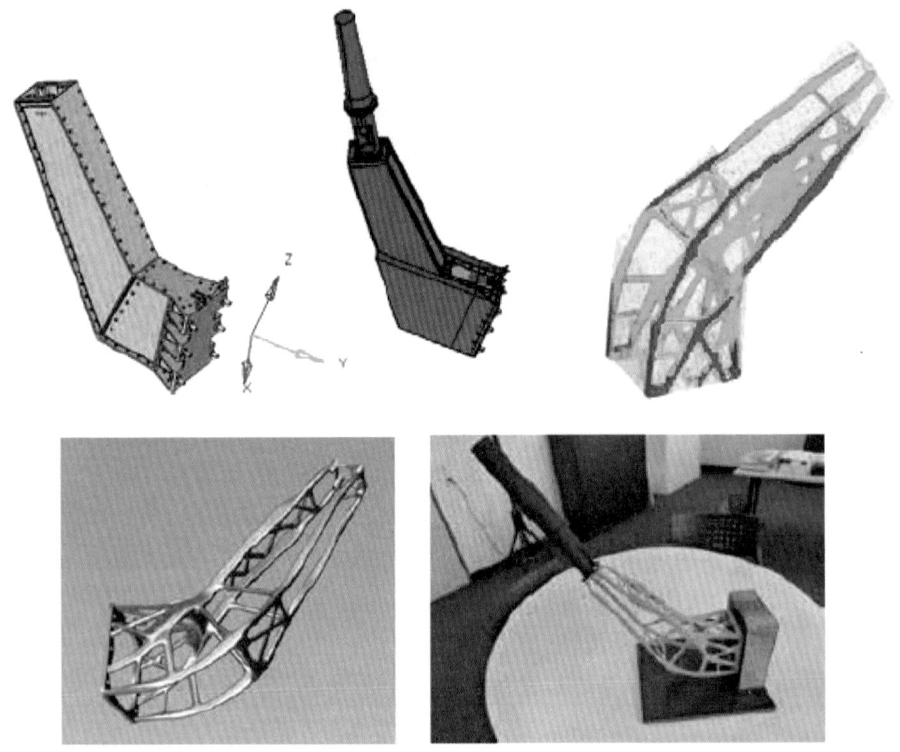

图 1-14　Sentinel-1 卫星天线支架的拓扑优化设计与激光增材制造过程

3. 仿生结构

生物经过 10 多亿年连续的进化、突变和选择,已经形成十分多样的结构。这些生物材料的有限组分构造了复杂的多级结构,并利用这种多级结构实现了多功能性,达到人工合成材料不可比拟的优越性能。例如:珠线结构的蜘蛛丝具有高强度、可延展性、超级收缩性以及定向集水能力;蝴蝶的翅膀具有特殊微纳结构,兼具超疏水性和结构显色功能。然而,天然生物材料的一些主要特征,例如精妙复杂的微纳米结构、不均匀结构的空间分布和取向等,很难使用传统制造方法精确模仿制造出来。因此,利用增材制造技术成形具有类似性能的仿生结构至关重要。

软体动物的贝壳、动物的骨头、牙釉质层等高矿化度生物材料具有质量轻、强度高的特点,尤其是贝壳的珍珠层因具有优异的力学性能(韧性约为 1.24kJ/m^2;强度约为 140MPa;刚度约为 60MPa),一直以来广受关注。贝壳珍珠层是一种复合材料,由 95%的"硬"矿物质相(文石片)和 5%的"软"有机相(蛋白质、脂质、多糖类聚合物)交错排列成夹层结构,其在纳米尺度上具有特殊的有序性和强度。珍珠层的生物矿化形成机制和微观结构为合成新型材料提供了指导思想。美国麻省理工学院的 Buehler 等基于介观分子力学模型，利用 3DP 技术同时成形基于丙烯酸类光敏树脂的刚性材料和柔性材料，用以模拟珍珠层结构的硬相和软相。这种增材制造的仿贝壳结构具有优异的力学性能，其韧性比单一组分大一个数量级。海螺壳的强度比贝壳高一个数量级，但是其复杂的交错微层结构使用传统的方法很难模仿制造。Buehler 等利用相同方法成形了具有二级结构的仿海螺材料，其抗冲击性能比只具有一级结构的材料提高了 70%，且相对于只具有“硬”相的单一组分提高了 85%。

仿生表面减阻，特别是仿鲨鱼皮减阻，是众多减阻方法中的一个热点。鲨鱼皮表面具有顺流向沟槽，能够高效地保存黏液于表面，从而抑制和延迟紊流的发生，减小水体对鲨鱼游动的阻力。鲨鱼的皮肤由固定在柔性真皮层中的坚硬盾鳞构成，这种软硬结合的方式很难通过常规方法成形。北京航空航天大学的 Wen 等利用 3DP 技术在柔性薄膜上制备了仿鲨鱼皮结构(图 1-15)。首先通过显微 CT 成像构建基于灰鲭鲨盾鳞的三维模型，每个盾鳞的大小约为 1.5mm，然后利用杨氏模量分别为 1MPa 和 1GPa 的柔性材料和刚性材料作为基底和盾鳞。成形的盾鳞结构被锚定在基底内部，其结构更接近于真实的鲨鱼皮表面。通过模拟鲨鱼在行进过程中遇到的复杂流动环境，发现在 1.5Hz 垂荡频率下，增材制造仿鲨鱼皮材料相对于水的移动速率提高了 6.6%，能量消耗减少 5.9%。随后 Wen 等又对仿鲨鱼皮表面盾鳞结构的形状和间距与其流体动力学功能之间的联系做了进一步的研究。

图 1-15　增材制造仿鲨鱼皮结构的表面扫描电镜照片

1.6.3　增材制造智能构件

随着高端制造领域对构件的要求越来越高，智能构件的材料-结构-功能一体化制造将是新的发展方向，随之成形技术将向着材料制备与成形一体化、材料-结构一体化、材料-结构-功能一体化的方向发展。如图 1-16 所示，未来的飞行器将由以机械构件为主（依赖全机减重、气动优化、机电加强的飞行器机动性发挥至极限）向以智能构件为主（自适应、自驱动变形变性变功能飞行器就是飞行机器人）的方向发展。但上述的智能构件难以用传统方法制造，2013 年以来提出和发展的 4D 打印技术将为智能构件的制造提供新手段。

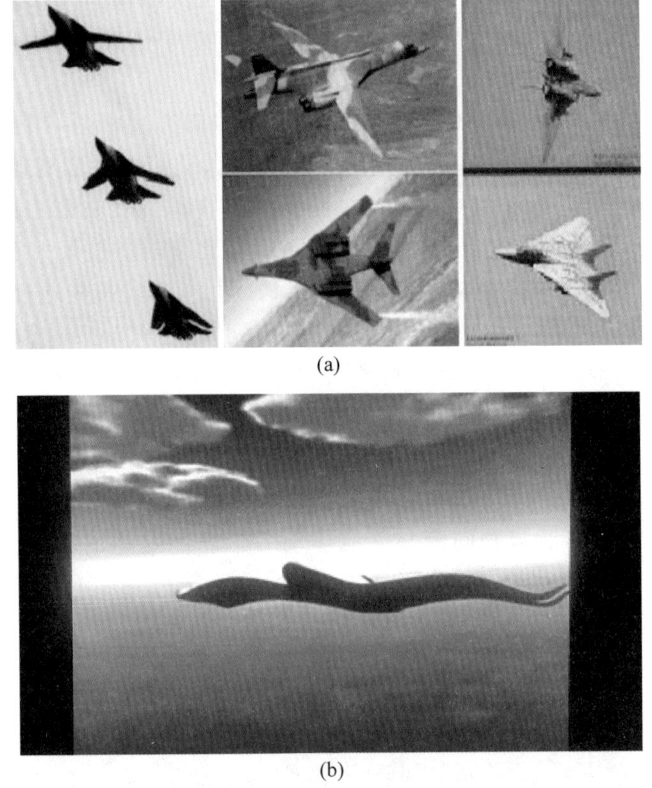

(a)

(b)

图 1-16 机械构件为主的飞行器向智能构件为主的飞行器方向发展

(a) 机械构件为主的飞行器；(b) 智能构件为主的飞行器

4D 打印内涵由最初的 3D 打印智能材料构件形状随时间变化，演变为：通过材料和结构的主动设计和增材制造，使构件的形状、性能和功能在时间和空间维度上实现可控变化，满足变形、变性和变功能的应用需求。4D 打印智能构件可广泛应用于航空航天、生物医疗、软体机器人、汽车等领域。

以航空航天为例进行说明。航空领域的智能变形飞机，可以随着外界环境变化，柔顺、平滑、自主地不断改变外形，保持整个飞行过程中的性能最优，提高舒适性并降低成本。如机翼变化可带来如下好处：①变展长——阻比提高，航程和航时增大；②变弦长——优化升阻比，提升飞行速度和机动性；③变厚度——降低波阻和抑制抖振；④变后掠——提升机翼效率，降低波阻后掠角；⑤变弯度——控制机翼，提高机动性。

航天领域的智能天线，即在发射人造卫星之前，将抛物面天线折叠起来装进卫星体内，在火箭升空把人造卫星送到预定轨道后，具有"记忆"功能的卫星天线在太阳辐照下升温，因而自动展开，回复至抛物面形状。

参考文献

[1] KUMAR S. Selective laser sintering：A qualitative and objective approach[J]. JOM，2003，55(10)：43-47.

[2] PHAM D T，DIMOV S，LACAN F. Selective laser sintering：applications and technological capabilities[J]. Proceedings of the Institution of Mechanical Engineers. Part B. Journal of Engineering Manufacture，1999，213(5)：435-449.

[3] HON K K B，GILL T J. Experimental investigation into the selective laser sintering of silicon carbide polyamide composites[J]. Proceeding of the Institute of Mechanical Engineers. Part B. Journal of Engineering Manufacture，2004，218(10)：1249-1256.

[4] SHI Y S，YANG J S，YAN C Z，et al. An organically modified montmorillonite/nylon-12 composite powder for selective laser sintering[J]. Rapid Prototyping Journal，2011，17(1)：28-36.

[5] GOODRIDGE R D，SHOFNER M L，HAGUE R J M，et al. Processing of a polyamide-12/carbon nanofibre composite by laser sintering[J]. Polymer Testing，2011，30(1)：94-100.

[6] SHI Y，CHEN J，WANG Y，et al. Study of the selective laser sintering of polycarbonate and postprocess for parts reinforcement[J]. Proceedings of the Institution of Mechanical Engineers. Part L. Journal of Materials Design and Applications，2007，221(1)：37-42.

[7] WIRIA F E，CHUA C K，LEONG K F，et al. Improved biocomposite development of poly (vinyl alcohol) and hydroxyapatite for tissue engineering scaffold fabrication using selective laser sintering[J]. Journal of Materials Science：Materials in Medicine，2008，19(3)：989-996.

[8] 王延庆，沈竞兴，吴海全. 3D 打印材料应用和研究现状[J]. 航空材料学报，2016，36(4)：89-98.

[9] 胡捷，廖文俊，丁柳柳，等. 金属材料在增材制造技术中的研究进展[J]. 材料导报，2014(s2)：459-462.

[10] 郑增，王联凤，严彪. 3D 打印金属材料研究进展[J]. 上海有色金属，2016，37(1)：57-60.

[11] 姚妮娜，彭雄厚. 3D 打印金属粉末的制备方法[J]. 四川有色金属，2013(4)：48-51.

[12] 贲玥，张乐，魏帅，等. 3D 打印陶瓷材料研究进展[J]. 材料导报，2016，30(21)：109-118.

[13] 江洪，康学萍. 3D 打印技术的发展分析[J]. 新材料产业，2013(10)：30-35.

[14] 余冬梅，方奥，张建斌. 3D 打印：技术和应用[J]. 金属世界，2013(6)：6-11.

[15] 王华明，张述泉，汤海波，等. 大型钛合金结构激光快速成形技术研究进展[J]. 航空精密制造技术，2008，44(6)：18-23.

[16] 卢秉恒. 西安交通大学先进制造技术研究进展[J]. 中国工程科学，2013(1)：4-8.

[17] LEVY G N，SCHINDEL R，KRUTH J P. Rapid manufacturing and rapid tooling with layer manufacturing (LM) technologies，state of the art and future perspectives[J]. CIRP Annals-Manufacturing Technology，2003，52(2)：589-609.

[18] MURR L E, GAYTAN S M, RAMIREZ D A, et al. Metal fabrication by additive manufacturing using laser and electron beam melting technologies[J]. Journal of Materials Science and Technology, 2012, 28(1): 1-14.

[19] BREMEN S, MEINERS W, DIATLOV A. Selective laser melting[J]. Laser Technik Journal. 2012, 9(2): 33-38.

[20] GU D D, MEINERS W, WISSENBACH K, et al. Laser additive manufacturing of metallic components: materials, processes and mechanisms[J]. International materials reviews, 2012, 57(3): 133-164.

[21] BEAMAN J J, ATWOOD C, BERGMAN T L, et al. Additive/subtractive manufacturing research and development in Europe[J]. WTEC Panel Report, 2004(16): 3-32.

[22] GIBSON I, ROSEN D W, STUCKER B. Additive manufacturing technologies-rapid prototyping to direct digital manufacturing[M]. New York: Springer, 2009: 23-25.

[23] WILLCOCKSON W H. Mars pathfinder heatshield design and flight experience[J]. Journal of Spacecraft and Rockets, 1999, 36(3): 374-379.

[24] GAUTRONNEAU E, BOURY D, CHEVROLLIER A, et al. P80 nozzle low cost technologies[C]. IAC-06-C4. 2. 5.

[25] TRAPANI C D, MATALONI A, GILIBERTI F, et al. Zefiro 40 solid rocket moror technolopment status[R]. AIAA-2014-3890.

[26] LANCOMBE A, LACOSTE M, PICHON T. 3D Novoltex and naxeco sepcarb carbon-carbon nozzle extensions[R]. AIAA-2008-5236.

[27] 蒋凌澜，张利嵩. 功能梯度防热材料在超高声速飞行器热防护上的设计研究[J]. 导弹与航天运载技术，2015(3): 16-21.

[28] EVANS A G. Light weight materials and structures[J]. MRS Bulletin, 2001(10): 790-797.

[29] 方岱宁，裴永茂，曾涛，等. 轻质点阵复合材料与结构设计、制备与表征[C]//第十四届中国科协年会第 11 分会场: 低成本、高性能复合材料发展论坛文集，2012: 1-6.

第2章

增材制造技术的核心元器件

2.1 激光器系统

2.1.1 激光的基本物理原理

1. 普通光源的发光——受激吸收和自发辐射

常见普通光源的发光(如电灯、火焰、太阳等的发光)是由于物质在受到外来能量(如光能、电能、热能等)作用时,原子中的电子会吸收外来能量而从低能级跃迁到高能级,即原子被激发。激发的过程是一个"受激吸收"过程。处在高能级(E_2)的电子寿命很短(一般为 $10^{-9}\sim10^{-8}$s),在没有外界作用下会自发地向低能级(E_1)跃迁,跃迁时将产生光(电磁波)辐射。辐射光子能量为

$$h\nu = E_2 - E_1 \tag{2-1}$$

这种辐射称为自发辐射。原子的自发辐射过程完全是一种随机过程,不同发光原子的发光过程各自独立,互不关联,即所辐射的光在发射方向上是无规则地射向四面八方,且位相、偏振状态也各不相同。因为激发能级有一个宽度,所以发射光的频率也不是单一的,而有一个范围。

根据著名的玻尔兹曼分布规律,处于能级 E 的原子数密度 N 随能级 E 的增加指数减小,即

$$N \propto \exp(-E/kT) \tag{2-2}$$

式中,k 为玻耳兹曼常量;T 为绝对温度。由此可见,在一般的热平衡条件下,处于高能级 E_2 上的原子数密度 N_2 远低于处于低能级 E_1 上的原子数密度 N_1,且上、下两个能级上的原子数密度比为:$N_2/N_1 \propto \exp\{-(E_2-E_1)/kT\}$。例如,已知氢原子基态能量为 $E_1=-13.6$eV,第一激发态能量为 $E_2=3.4$eV,在 20℃时,$kT\approx0.025$eV,则 $N_2/N_1 \propto \exp(-400)\approx0$。可见,在 20℃时,全部氢原子几乎都处于基态,要使原子发光,必须外界提供能量使原子到达激发态,所以普通广义的发光包含了受激吸收和自发辐射两个过程。一般说来,这种光源所辐射光的能量是不强的,加上辐射光向四面八方发射,其能量会被进一步分散。

2. **受激辐射和光的放大**

由量子理论知识可知，一个能级对应电子的一个能量状态。电子能量由主量子数 $n(n=1,2,\cdots)$ 决定。但是实际描写原子中电子运动状态的参数，除能量外，还有轨道角动量 L 和自旋角动量 s，它们都是量子化的，由相应的量子数来描述。对轨道角动量，玻尔曾给出了量子化公式 $L=nh$，但这不严格，因这个式子是在把电子运动看作轨道运动的基础上得到的。严格的能量量子化以及角动量量子化都应该由量子力学理论来推导。

量子理论告诉我们，电子从高能态向低能态跃迁时只能发生在 l（角动量量子数）相差 ±1 的两个状态之间，这就是一种选择规则。如果选择规则不满足，则跃迁的概率很小，甚至接近零。在原子中可能存在这样一些能级，一旦电子被激发到这种能级上时，由于不满足跃迁的选择规则，它在这种能级上的寿命很长，不易发生向低能级的自发跃迁。这种能级称为亚稳态能级。但是，在外加光的诱发和刺激下可以使其迅速跃迁到低能级，并放出光子。这种过程是被"激"出来的，故称为受激辐射。

受激辐射的概念是爱因斯坦于 1917 年在推导普朗克的黑体辐射公式时提出来的。他从理论上预言了原子发生受激辐射的可能性，这是激光的基础。

受激辐射的过程大致如下：原子开始处于高能级 E_2，当一个外来光子所带的能量 $h\nu$ 正好为某一对能级之差 E_2-E_1 时，则该原子可以在此外来光子的诱发下从高能级 E_2 向低能级 E_1 跃迁。这种受激辐射的光子有显著的特点，就是原子可发出与诱发光子完全相同的光子，不仅频率（能量）相同，而且发射方向、偏振方向以及光波的相位都完全一样。于是，入射一个光子，就会发射出两个完全相同的光子。这意味着原来的光信号被放大，这种在受激过程中产生并被放大的光，就是激光。

3. **粒子数反转**

一个诱发光子不仅能引起受激辐射，而且也能引起受激吸收，即处于低能级 E_1 的原子吸收外来光子后向高能级 E_2 跃迁。但只有当处在高能级的原子数目比处在低能级的还多时，受激辐射跃迁才能超过受激吸收，而占优势。由此可见，为使光源发射激光，而不是发出普通光的关键是发光原子处在高能级的数目比低能级上的多，这种情况称为粒子数反转。但在热平衡条件下，原子几乎都处于最低能级（基态）。因此，粒子数反转是产生激光的必要条件。

粒子数如何实现反转分布，涉及两个方面：一是粒子体系（工作物质）的内结构；二是外部作用。所谓工作物质是指在特定条件下能使两个能级间达到非热平衡状态，并实现光放大的物质。不是每一种物质都能做工作物质。粒子体系中有一些粒子的寿命很短暂，只有 10^{-8}s。有一部分寿命相对较长些，如铬离子在高能级 E_2 上的寿命有几毫秒。寿命较长的粒子数能级叫做亚稳态能级，除铬离子外，还有一些亚稳态能级，主要有钕（Nd）离子、氖（Ne）原子、二氧化碳（CO_2）分子、氪（Kr）离子、氩（Ar）离子等。有了亚稳态能级，在一定时间内就可以实现某一能级与亚稳态能级的粒子数反转，从而实现对特定频率辐射光进行光放大。粒子数反转是产生光放大的内因，外因则是对亚稳态能级粒子体系（主要工作物质）增加某种外部作用。由于热平衡中粒子体系处于低能级的粒子数，总是大于处在高能级上的粒子数，要实现粒子数反转，就得给粒子体系增加一种外界作用，促使大量低能级上的粒子反转到高能级上，这种过程被叫作激励，或被称为泵浦，尤如把低处的水抽到高处一样。对固体形的工作物质常应用强光照射的办法，即光激励。常应用的固体工作物质有掺铬刚玉、掺钕玻璃、掺钕钇铝石榴石等。对气体形的工作物质，常应用放电的办法，促进特定储存气体物质按一定的规律经放电而激励。常应用的气体工作物质有分子气体（如 CO_2 气体）及原子气体（如 He-Ne 原子气体）。对半导体工作物质常采用注入大电流的方法，即注入式激励法。常见的半导体工作物质有砷化镓（GaAs）。此外，应用化学反应方法（化学激励法）、超音速绝热膨胀法（热激励），用电子束甚至核反应中生成的粒子进行轰击（电子束泵浦、核泵浦）等方法，都能实现粒子数反转分布。从能量角度看，泵浦过程就是外界提供能量给粒子体系的过程。激光器中的激光能量是由激励装置中其他形式的能量（诸如光、电、化学、热能等）转换而来的。

2.1.2　CO_2 激光器

1. CO_2 激光器的基本结构

图 2-1 所示是一种典型的 CO_2 激光器结构示意图。构成 CO_2 激光器谐振腔的两个反射镜放置在可供调节的腔片架上，最简单的方法是将反射镜直接贴在放电管的两端。

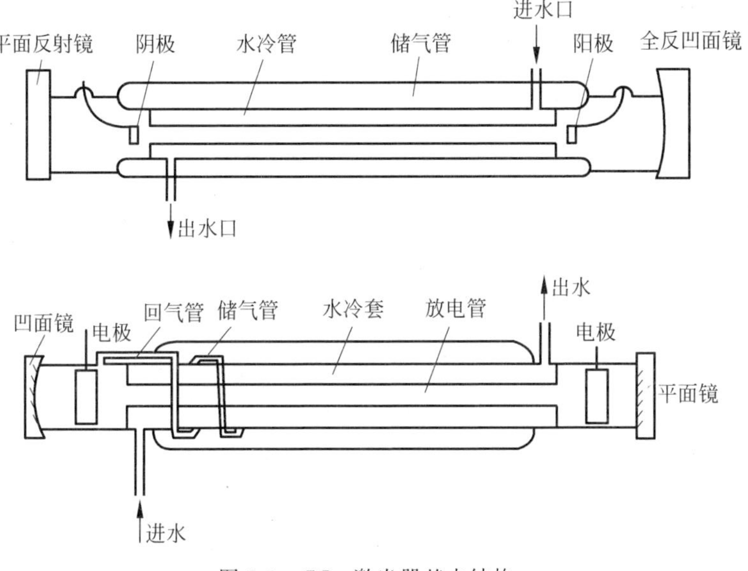

图 2-1　CO_2 激光器基本结构

1）激光管

激光管是激光器中最关键的部分，通常由 3 个部分组成（图 2-1）：放电空间（放电管）、水冷套（管）、储气管。

放电管通常由硬质玻璃制成，一般采用层套筒式结构，能够影响激光的输出以及激光输出的功率。放电管长度与输出功率成正比。在一定的长度范围内，每米放电管长度输出的功率随总长度而增加。一般而言，放电管的粗细对输出功率没有影响。

水冷套（管）和放电管一样，都是由硬质玻璃制成的。它的作用是冷却工作气体，使得输出功率稳定。

储气管与放电管的两端相连接，即储气管的一端有一小孔与放电管相通，另一端经过螺旋形回气管与放电管相通。它的作用是可以使气体在放电管与储气管中循环流动，放电管中的气体随时交换。

2）光学谐振腔

光学谐振腔由全反射镜（全反凹面镜）和部分反射镜（平面反射镜）组成，是 CO_2 激光器的重要组成部分。光学谐振腔通常有 3 个作用：控制光束的传播方向，提高单色性；选定模式；增长激活介质的工作长度。

最简单常用的激光器的光学谐振腔由相向放置的两平面镜（或球面镜）构成。CO_2 激光器的谐振腔常用平凹腔，反射镜采用由 K8 光学玻璃或光学石英加工成大曲率半径的凹面镜，在镜面上镀有高反射率的金属膜——镀金膜，使得波长为 $10.6\mu m$ 的光反射率达到 98.8%，且化学性质稳定。因为 CO_2 发出的光为红外光，而普通光学玻璃对红外光不透，就要求在全反射镜的中心开一小孔，再密封上一块能透过 $10.6\mu m$ 激光的红外材料，以封闭气体。这样就使谐振腔内激光的一部分从这一小孔输出腔外，形成一束激光。

3）电源及泵浦

泵浦源能够提供能量使工作物质中上、下能级间的粒子数翻转。封闭式 CO_2 激光器的放电电流较小，工作电流为 30～40mA。电极采用冷电极，阴极用钼片或镍片做成圆筒状，阴极圆筒面积为 $500cm^2$，阴极与镜片之间加一光阑以防止镜片污染。

2. CO_2 激光器基本工作原理

图 2-2 所示为 CO_2 激光器产生激光的分子能级图。CO_2 激光器的主要工作物质由 CO_2、氮气、氦气 3 种气体组成。其中 CO_2 是产生激光辐射的气体，氮气和氦气为辅助性气体。氦气的作用有两个：一个是可以加速 010 能级热弛预过程，因此有利于激光能级 100 及 020 的抽空；另一个是实现有效的传热。氮气在 CO_2 激光器中主要起能量传递作用，为 CO_2 激光上能级粒子数的积累与大功率高效率的激光输出起到强有力的作用。泵浦采用连续直流电源激励，其直流电源原理为：直流电压为把接入的交流电压，用变压器提升，经高压整流及高压滤波获得高压电

加在激光管。

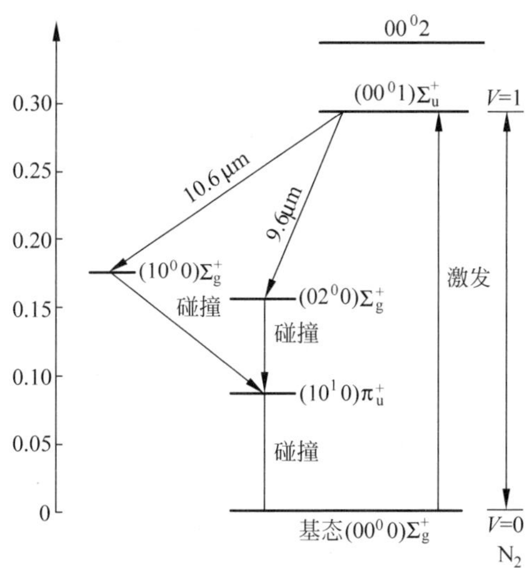

图 2-2　CO_2 分子激光跃迁能级图

CO_2 激光器是一种效率较高的激光器，不易造成工作介质损害，可发射波长为 10.6μm 的不可见激光，是一种比较理想的激光器。CO_2 激光器按气体的工作形式可分为封闭式及循环式；按激励方式可分为电激励、化学激励、热激励、光激励与核激励等。在医疗中使用的 CO_2 激光器几乎百分之百是电激励。与其他分子激光器一样，CO_2 激光器的工作原理和受激发射过程也较复杂。分子有 3 种不同的运动：一是分子里电子的运动，该运动决定了分子的电子能态；二是分子里的原子振动，即分子里原子围绕其平衡位置不停地作周期性振动，该运动决定了分子的振动能态；三是分子转动，即分子为一整体在空间连续地旋转，该运动决定了分子的转动能态。分子运动极其复杂，因此能级也很复杂。在放电管中，通常输入几十毫安或几百毫安的直流电流。放电时，放电管中混合气体内的氮分子由于受到电子的撞击而被激发起来。这时受到激发的氮分子便和 CO_2 分子发生碰撞，氮分子把自己的能量传递给 CO_2 分子，CO_2 分子从低能级跃迁到高能级上形成粒子数反转从而产生激光。

2.1.3　固体激光器

1. 固体激光器的工作原理和基本结构

在固体激光器中，由泵浦系统辐射的光能，经过聚焦腔，使在固体工作物质中的激活粒子能够有效地吸收光能，让工作物质中形成粒子数反转，通过谐振腔，从而输出激光。图 2-3 所示为固体激光器的基本结构，主要由工作物质、泵浦系统、聚光系统、光学谐振腔及冷却与滤光系统等 5 个部分组成。

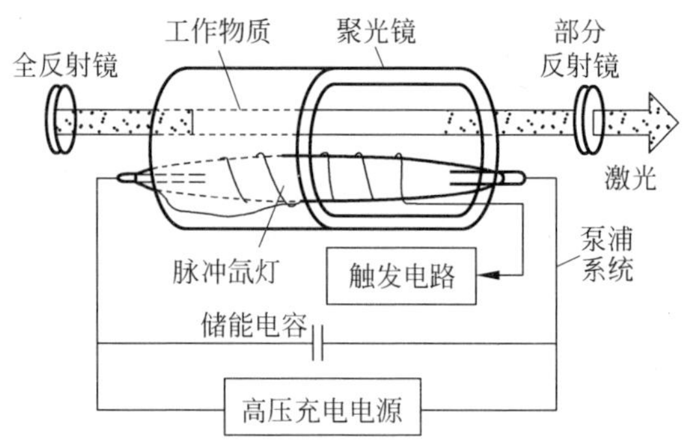

图 2-3 固体激光器的基本结构

1）工作物质

工作物质是激光器的核心，由激活粒子（都为金属）和基质两部分组成。激活粒子的能级结构决定了激光的光谱特性和荧光寿命等激光特性，基质主要决定了工作物质的理化性质。根据激活粒子的能级结构形式，激光器可分为三能级系统（如红宝石激光器）与四能级系统（如 Er：YAG 激光器）。工作物质的形状目前常用的主要有 4 种：圆柱形（目前使用最多）、平板形、圆盘形及管状。

2）泵浦系统

泵浦源能够提供能量使工作物质中上、下能级间的粒子数翻转，目前主要采用光泵浦。泵浦源需要满足两个基本条件：①有很高的发光效率；②辐射光的光谱特性应与工作物质的吸收光谱相匹配。

常用的泵浦源主要有惰性气体放电灯、太阳能及二极管激光器。其中，惰性气体放电灯是当前最常用的。太阳能泵浦常用在小功率器件（尤其是在航天工作中可以将太阳能作为永久能源的小激光器）。二极管（LD）泵浦是目前固体激光器的发展方向，它集合众多优点于一身，已成为当前发展最快的激光器之一。

LD 泵浦的方式可以分为两类：横向，同轴入射的端面泵浦（图 2-4（a））；纵向，垂直入射的侧面泵浦（图 2-4（b））。

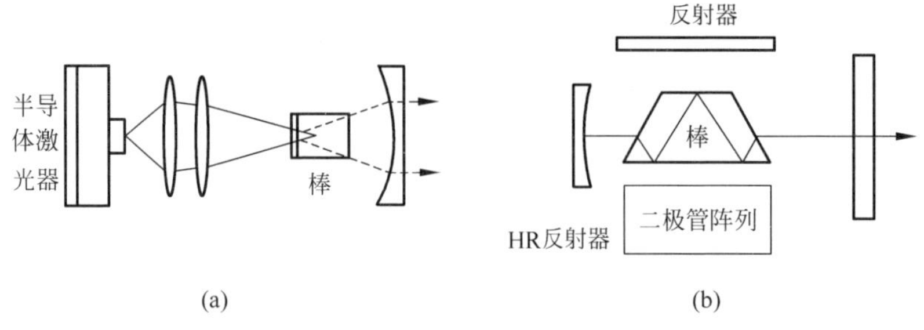

图 2-4 LD 泵浦方式结构示意

（a）端面泵浦方式；（b）侧面泵浦方式

LD泵浦的固体激光器有很多优点，如寿命长、频率稳定性好、热光畸变小等，当然最突出的优点是泵浦效率高，因为它的泵浦光波长与激光介质吸收谱严格匹配。

3）聚光系统

聚光腔的作用有两个：一个是将泵浦源与工作物质有效地耦合；另一个是决定激光物质上泵浦光密度的分布，从而影响输出光束的均匀性、发散度和光学畸变。工作物质和泵浦源都安装在聚光腔内，因此聚光腔的优劣直接影响泵浦的效率及工作性能。图 2-5 所示为椭圆柱聚光腔，是目前小型固体激光器最常采用的聚光腔。

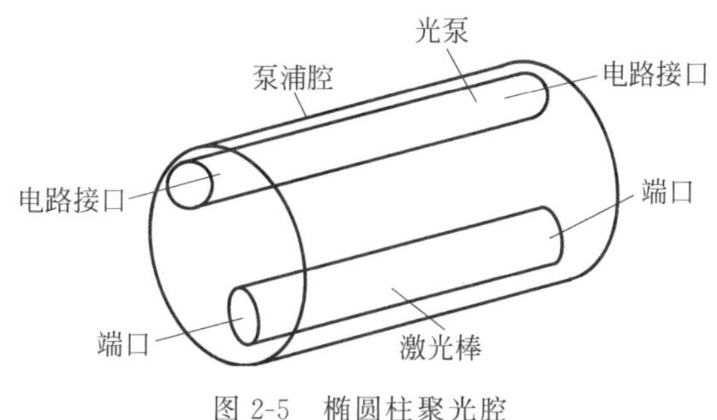

图 2-5　椭圆柱聚光腔

4）光学谐振腔

光学谐振腔由全反射镜和部分反射镜组成，是固体激光器的重要组成部分。光学谐振腔除了提供光学正反馈维持激光持续振荡以形成受激发射，还对振荡光束的方向和频率进行限制，以保证输出激光的高单色性和高定向性。最简单常用的固体激光器的光学谐振腔由相向放置的两平面镜（或球面镜）构成。

5）冷却与滤光系统

冷却与滤光系统是激光器必不可少的辅助装置。固体激光器工作时会产生比较严重的热效应，所以通常需要采取冷却措施，主要是对激光工作物质、泵浦系统和聚光腔进行冷却，以保证激光器的正常使用和保护器材。冷却方法有液体冷却、气体冷却和传导冷却，但目前使用最广泛的是液体冷却方法。要获得高单色性的激光束，滤光系统起了很大的作用。滤光系统能够将大部分的泵浦光和其他一些干扰光过滤，使得输出的激光单色性非常好。

2. 固体激光器的优缺点

1）固体激光器的优点

（1）输出能量大，峰值功率高。在固体激光器中，由于中心粒子的能级结构，能够输出大能量，并且峰值功率高。这个是固体激光器非常突出的优点。

（2）结构紧凑耐用，价格适宜。和其他类型的激光器相比，固体激光器的结构非常简单并且非常耐用，同时价格相对适宜。

（3）材料种类数量多。固体激光器的工作物质的种类非常多，到目前为止至少有 100 多种，而且大有增长的趋势。大量高性能材料的出现，使固体激光器的性能进一步提高。

2）固体激光器的缺点

（1）温度效应比较严重，发热量大。正是由于输出能量大，峰值功率高，导致热效应非常明显，因此固体激光器不得不配置冷却系统，才能保证固体激光器的正常连续使用。

(2) 转换效率相对较低。固体激光器的总体效率非常低。例如：红宝石激光器的总体效率为 0.5%～1%；YAG 激光器的总体效率为 1%～2%，在最好的情况下可接近 3%。可见固体激光器的效率提高还有很大的空间。

2.2 振镜式激光扫描系统

自从 20 世纪 60 年代激光问世以来，激光技术得到了迅猛发展。激光以其高亮度性、高方向性以及高单色性，在各科研领域内得到广泛应用。激光扫描是随着激光打印以及激光照排等应用发展起来的，主要分为光机扫描方式和声光扫描方式。振镜式激光扫描属于光机扫描方式，激光束随着连接在振镜转轴上的反射镜的运动在扫描视场上扫描出预期的图形。振镜式激光扫描系统主要由反射镜、扫描电机以及伺服驱动单元组成。扫描电机采用具有高动态响应性能的检流计式有限转角电机，一般偏转角度在 10°以内。通过振镜轴和轴扫描电机的协调转动，带动连接在其转轴上的反射镜片反射激光束，进而实现整个工作面上的图形扫描。根据反射镜镜片大小以及反射激光束波长的不同，振镜式激光扫描系统可以应用于不同类型的系统。电机以及伺服驱动技术的不断发展，促进了振镜式激光扫描系统性能的不断提高，使其广泛应用于激光扫描的各个领域，如激光打标、激光扫描显示以及激光快速成形等。

在激光快速成形系统中，振镜式激光扫描系统的快速、精确扫描是整个系统高效、高性能运行的基础和核心。用于激光快速成形系统的振镜式激光扫描系统包括采用 F-Theta 透镜聚焦方式的二维振镜激光扫描系统和采用动态聚焦方式的三维振镜激光扫描系统两种类型。振镜激光扫描系统类型的选择主要根据扫描视场大小、工作面聚焦光斑的大小以及工作距离等来决定。

目前适用于激光快速成形系统的振镜式激光扫描系统主要从美国或者德国进口，价格十分昂贵，并且由于是成套装备进口，振镜式激光扫描系统的扫描控制、图形校正等核心技术都掌握在生产厂商手中，后续的维护非常困难。自主设计可适用于激光快速成形系统的振镜式激光扫描系统可以大幅降低激光快速成形系统的成本，有利于激光快速成形系统的推广应用。

振镜式激光扫描系统的设计主要包括扫描控制以及图形精度校正两个主要方面。基于目前个人计算机性能的不断提高，华中科技大学史玉升团队采用基于个人计算机的软件芯片方式，在个人计算机内实现振镜式激光扫描系统的模型转换模块、图形插补模块、数据处理模块以及中断输出模块的扫描控制方案，在保证系统性能的前提下，极大地简化了扫描系统对扫描控制卡的要求。针对振镜式激光扫描系统扫描图形的畸变，提出了采用图形整形、坐标校正以及多点校正等多种方法相结合的扫描校正方案，实现对扫描图形的精确校正。

2.2.1　振镜式激光扫描系统基本理论

1. 振镜式激光扫描系统基本原理

振镜式激光扫描系统主要由执行电机、反射镜片、聚焦系统以及控制系统组成。执行电机为检流计式有限转角电机，其机械偏转角一般在±20°以内。反射镜片黏接在电机的转轴上，通过执行电机的旋转带动反射镜的偏转来实现激光束的偏转。其辅助的聚焦系统有静态聚焦系统和动态聚焦系统两种，根据实际中聚焦工作面的大小选择不同的聚焦透镜系统。静态聚焦方式又包括振镜前聚焦方式的静态聚焦和振镜后聚焦方式的 F-Theta 透镜聚焦方式。动态聚焦方式需要辅以一个 Z 轴执行电机，通过一定的机械结构将执行电机的旋转运动转变为聚焦透镜的直线运动来实现动态调焦，同时加入特定的物镜组来实现工作面上聚焦光斑的调节。

动态聚焦方式相对于静态聚焦要复杂得多。图 2-6 所示为采用动态聚焦方式的振镜式激光扫描系统。激光器发射的激光束经过扩束镜之后，得到均匀的平行光束，然后通过动态聚焦系统的聚焦以及物镜组的光学放大后依次投射到 X 轴和 Y 轴振镜上，最后经过两个振镜，二次反射到工作台面上，形成扫描平面上的扫描点。可以通过控制振镜式激光扫描系统镜片的相互协调偏转以及动态聚焦的动态调焦来实现工作平面上任意复杂图形的扫描。

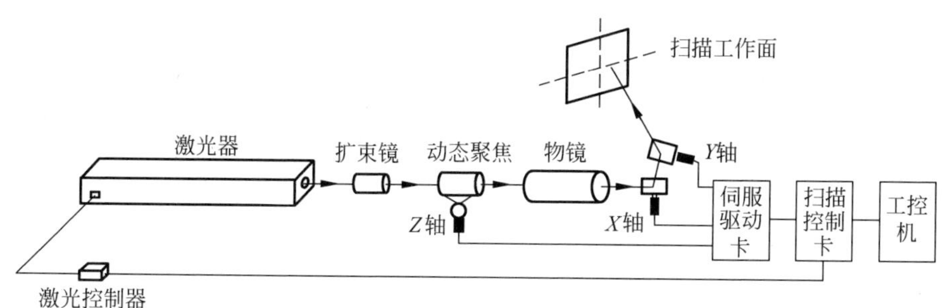

图 2-6　振镜式激光扫描系统示意图

2. 振镜式激光扫描系统的激光特性

1）激光聚焦特性

在进行选择性激光烧结时，一个很重要的参数就是激光束聚焦后激光光斑的大小和功率密度，较小的聚焦光斑能够得到更好的扫描精度，较大的光斑功率密度则能获得更高的扫描效率。激光束是一种在传输过程中曲率中心不断变化的特殊球面波，当激光束以高斯形式传播时，在经过光学系统后仍是高斯光束。激光束的聚焦不同于一般光源的聚焦，其聚焦光斑的大小以及聚焦深度不仅受整个光路影响，也受激光束的光束质量的影响。

激光束的光束质量 M^2 是激光器输出特性中的一个重要参数，也是设计光路以及决定最终聚焦光斑的重要参考数据。衡量激光光束质量的主要指标包括激光束的束腰直径和远场发散角。激光束的光束质量 M^2 的表达式为

$$M^2 = \pi D_0 \theta/(4\lambda) \tag{2-3}$$

式中，D_0 为激光束的束腰直径；θ 为激光束的远场发散角。在经过透镜组变换前后，激光束的束腰直径与远场发散角的乘积是一定的，其表达式为

$$D_0 \theta_0 = D_1 \theta_1 \tag{2-4}$$

式中，D_0 为进入透镜前的激光束束腰直径；θ_0 为进入透镜前的激光束远场发散角；D_1 为经过透镜后的激光束束腰直径；θ_1 为经过透镜后的激光束远场发散角。

由于在传输过程中激光束的束腰直径和远场发散角的乘积保持不变，最终聚焦在工作面上的激光束聚焦光斑直径 D_f 可通过式(2-5)计算：

$$D_f = D_0 \theta_0 / \theta_f \approx M^2 \times \frac{4\lambda}{\pi} \times \frac{f}{D} \tag{2-5}$$

式中，θ_f 为激光束聚焦后的远场发散角；D 为激光束聚焦前最后一个透镜的直径(激光束充满聚焦前最后一个透镜)；f 为激光束聚焦前最后一个透镜的焦距。

从式(2-5)可以看出，激光束聚焦光斑直径的大小与激光束的光束质量及波长相关，同时也受聚焦透镜的焦距、聚焦前最后一个透镜的直径和激光光束直径的影响。实际中对于给定的激光器，综合考虑聚焦光斑要求以及振镜响应性能的影响，通常通过设计合适的透镜以及扩大光束直径的方法来得到理想的聚焦光斑。

2）激光聚焦的焦深

激光聚焦的另一个重要参数是光束的聚焦深度。激光束聚焦不同于一般的光束聚焦，其焦点不仅仅是一个聚焦点，而是有一定的聚焦深度。通常聚焦深度的截取可按从激光束束腰处向两边截取至光束直径增大 5% 处。聚焦深度 h_Δ 可按式(2-6)估算：

$$h_\Delta = \pm \frac{0.08\pi D_f^2}{\lambda} \tag{2-6}$$

由式(2-6)可知，在一定聚焦光斑要求下，激光束的聚焦深度与波长成反比。在相同聚焦光斑要求下，波长较短的激光束可以得到较大的聚焦深度。对于物镜后扫描方式，如果采用静态聚焦方式，其聚焦面为一个球弧面。如果在整个工作面内的离焦误差可控制在焦深范围之内，则可采用静态聚焦方式。如在小工作面的光固化成形系统中，因为其紫外光的波长为 355nm，所以其激光聚焦可以获得较大的焦深，整个工作面激光聚焦的离焦误差可控制在焦深范围之内，其聚焦系统则可以采用较简单的振镜前静态聚焦方式。而在选择性激光烧结系统中，一般采用 CO_2 激光器，其激光束的波长达到 10 640nm，采用简单的振镜前静态聚焦方式很难保证整个工作面上激光聚焦的离焦误差在焦深范围内，所以需采用 F-Theta 透镜聚焦方式或者采用动态聚焦方式。

3. 振镜式激光扫描系统激光的扩束

如果激光束需要传输较长距离，由于激光束的发散角的原因，为了得到合适的聚焦光斑以及扫描一定大小的工作面，通常在选择合适的透镜焦距的同时，需要将激光束进行扩束。激光束扩束的基本方法有两种：伽利略法和开普勒法，如图 2-7 和图 2-8 所示。

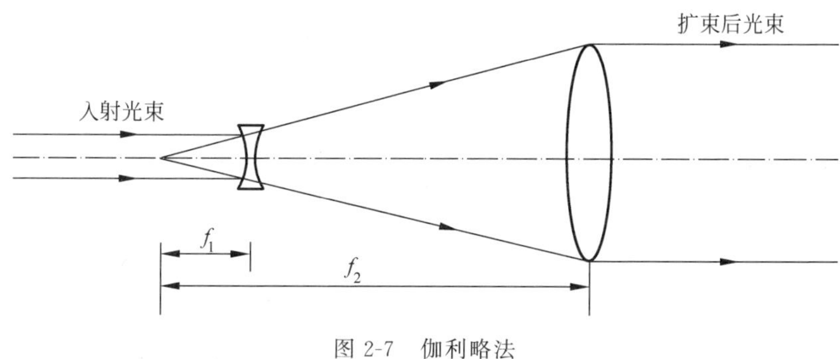

图 2-7　伽利略法

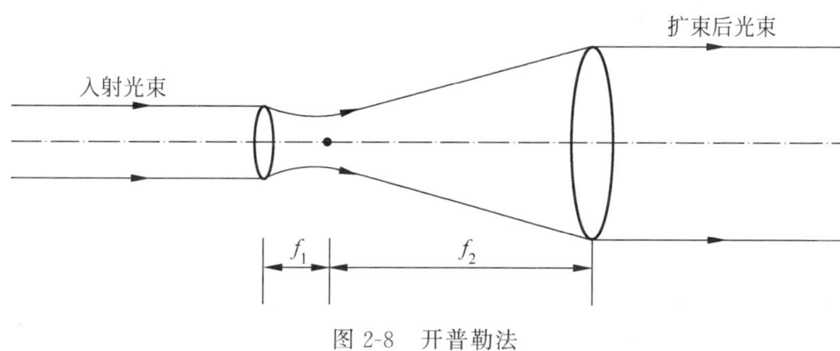

图 2-8　开普勒法

激光经过扩束后，激光光斑被扩大，从而减少了激光束传输过程中光学器件表面激光束的功率密度，减小了激光束通过时光学组件的热应力，有利于保护光路上的光学组件。扩束后的激光束的发散角被压缩，减小了激光的衍射，从而能够获得较小的聚焦光斑。

4. 振镜式激光扫描系统的聚焦系统

振镜式激光扫描系统通常需要辅以合适的聚焦系统才能工作。根据聚焦物镜在整个光学系统中的位置不同，振镜式激光扫描通常可分为物镜前扫描和物镜后扫描。物镜前扫描方式一般采用 F-Theta 透镜作为聚焦物镜，其聚焦面为一个平面，在焦平面上的激光聚焦光斑大小一致。物镜后扫描方式可采用普通物镜聚焦方式或采用动态聚焦方式，根据实际中激光束的不同、工作面的大小以及聚焦要求进行选择。

选择性激光烧结系统中，在进行小幅面扫描时，一般采用聚焦透镜为 F-Theta

透镜的物镜前扫描方式，这样不仅可以保证整个工作面内激光聚焦光斑较小而且均匀，而且可以保证扫描的图形畸变在可控制范围内；在进行大幅面扫描时，因为采用F-Theta透镜的激光聚集光斑过大以及扫描图形畸变严重，已经不再适用，所以一般采用动态聚焦方式的物镜后扫描方式。

1）物镜前扫描方式

物镜前扫描方式是指激光束被扩束后，先经扫描系统偏转再进入F-Theta透镜，最后由F-Theta透镜将激光束会聚在工作平面上，如图2-9所示。

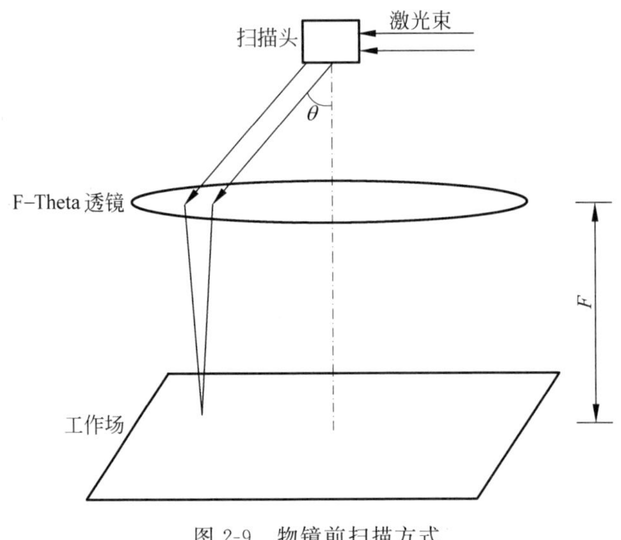

图2-9 物镜前扫描方式

近似平行的入射激光束经过振镜扫描后再由F-Theta透镜聚焦于工作面上。F-Theta透镜聚焦为平面聚焦，激光束聚焦光斑在整个工作面内大小一致。通过改变入射激光束与F-Theta透镜轴线之间的夹角θ来改变工作面上焦点的坐标。

选择性激光烧结系统工作面较小时，采用F-Theta透镜聚焦的物镜后扫描方式一般可以满足要求。相对于采用动态聚焦方式的物镜前扫描方式，采用F-Theta透镜聚焦的物镜后扫描方式结构简单紧凑，成本低廉，而且能够保证在工作面内的聚焦光斑大小一致。但是当选择性激光烧结系统工作面较大时，使用F-Theta透镜就不再合适。首先，设计和制造具有较大工作面的F-Theta透镜成本很高；其次，为了获得较大的扫描范围，具有较大工作面积的F-Theta透镜的焦距都较长，因而会增加应用其进行聚焦的选择性激光烧结装备的高度，从而给其应用带来很大的困难。另外，由式(2-3)可知，焦距的拉长会导致焦平面上的光斑变大，同时由于设计和制造工艺方面的原因，工作面上扫描图形的畸变变大，甚至无法通过扫描图形校正来满足精度要求，导致无法满足应用的要求。

2）物镜后扫描方式

如图2-10所示，激光束被扩束后，先经过聚焦系统形成会聚光束，再通过振镜的偏转，形成工作面上的扫描点，即为物镜后扫描方式。当采用静态聚焦方式时，激光束经过扫描系统后的聚焦面为一个球弧面，如果以工作面中心为聚焦面与工作面的相切点，则越远离工作面中心，工作面上扫描点的离焦误差越大。如果在整个工作面内扫描点的离焦误差可控制在焦深范围之内，则可以采用静态聚焦方式。比如在小工作面的光固化成形系统中，采用长聚焦透镜，能够保证在聚焦光斑较小的情况下获得较大的焦深，整个工作面内的扫描点的离焦误差在焦深范围之内，所以可以采用静态聚焦方式的振镜式物镜前扫描方式。

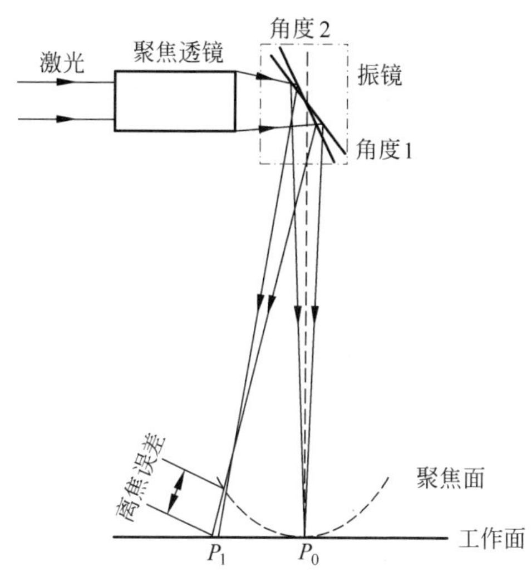

图 2-10　物镜后扫描方式

在选择性激光烧结系统中，一般采用 CO_2 激光器，其激光波长较长，很难在较小聚焦光斑情况下取得大的焦深，所以不能采用静态聚焦方式的振镜式物镜前扫描方式，在扫描幅面较大时一般采用动态聚焦方式。动态聚焦系统一般由执行电机、一个可移动的聚焦镜和静止的物镜组成。为了提高动态聚焦系统的响应速度，动态聚焦系统聚焦镜的移动距离通常较短，一般为±5mm 以内，辅助的物镜可以将聚焦镜的调节作用放大，从而实现在整个工作面内将扫描点的聚焦光斑控制在一定范围之内。

在工作幅面较小的选择性激光烧结系统中，采用 F-Theta 透镜作为聚焦透镜的物镜前扫描方式，其焦距以及工作面光斑都在合适的范围之内，且成本低廉，故可以采用。而在大工作幅面的选择性激光烧结系统中，如果采用 F-Theta 透镜作为聚焦透镜，因为焦距太长而且聚焦光斑太大，所以并不适合。一般在需要进行大幅面扫描时采用动态聚焦的扫描系统，通过动态聚焦的焦距调节，可以保证扫描时整个工作场内的扫描点都处在焦点位置，同时由于扫描角度以及聚焦距离的不同，边缘扫描点的聚焦光斑一般比中心聚焦光斑稍大。

2.2.2 振镜式激光扫描系统的数学模型

在振镜式激光扫描系统扫描过程中，扫描点与振镜 X 轴和 Y 轴反射镜的摆动角度以及动态聚焦的调焦距离是一一对应的，但是他们之间的关系是非线性的，要实现振镜式激光扫描系统的精确扫描控制，首先必须得到其精确的扫描模型，通过扫描模型得到扫描点坐标与振镜 X 轴和 Y 轴反射镜摆角及动态聚焦移动距离之间的精确函数关系，从而实现振镜式激光扫描系统扫描控制。

1. 振镜式激光物镜前扫描方式的数学模型

如图 2-11 所示，入射激光束经过振镜 X 轴和 Y 轴反射镜反射后，由 F-Theta 透镜聚焦在工作面上。理想情况下，焦点距离工作场中心的距离 L 满足以下关系：

$$L = f \times \theta \tag{2-7}$$

式中，f 为 F-Theta 透镜的焦距；θ 为入射激光束与 F-Theta 透镜法线的夹角。

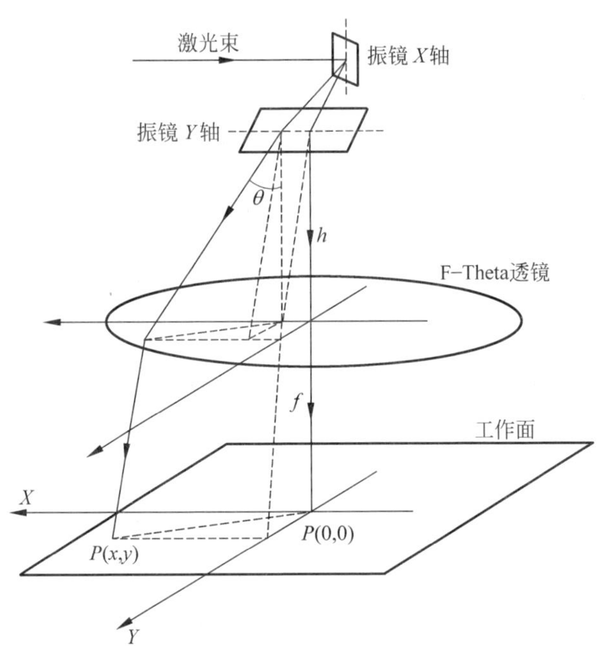

图 2-11 物镜前扫描方式原理图

通过计算可得工作场上扫描点的轨迹：

$$x = \frac{L \cdot \sin 2\theta_x}{\cos(L/f)} \tag{2-8}$$

$$y = \frac{L \cdot \tan 2\theta_y}{\tan(L/f)} \tag{2-9}$$

式中，$L=\sqrt{x^2+y^2}$ 为扫描点离工作场中心的距离；θ_x 为振镜 X 轴的机械偏转角度；θ_y 为振镜 Y 轴的机械偏转角度。

由以上可得振镜式激光物镜前扫描方式的数学模型为

$$\theta_x = 0.5\arcsin\frac{x\cdot\cos(\sqrt{x^2+y^2}/f)}{\sqrt{x^2+y^2}} \tag{2-10}$$

$$\theta_y = 0.5\arctan\frac{y\cdot\tan(\sqrt{x^2+y^2}/f)}{\sqrt{x^2+y^2}} \tag{2-11}$$

以上扫描模型是基于激光束准确从振镜 X 轴反射镜中心入射得出的，实际中采用 F-Theta 透镜聚焦的振镜式激光物镜前扫描方式很难调整准确激光束的入射方向，同时振镜扫描过程中激光束入射 F-Theta 透镜的夹角不能一直保证以 F-Theta 透镜法线为基准来计算，这些都为振镜扫描引入了误差，从而导致最终扫描图形的畸变。不同于激光打标中一般采用短聚焦方式，选择性激光烧结系统中焦距比较长，其扫描图形畸变相应放大，在扫描图形边缘处尤为明显，这就需要后续采用较为复杂的图形扫描校正方案来对扫描图形进行精确校正。

2. 振镜式激光物镜后扫描方式的数学模型

在图 2-12 所示的坐标系中，激光束经过聚焦系统会聚后先后投射到振镜 X 轴反射镜和 Y 轴反射镜上，再经振镜扫描会聚到工作面上；当振镜 X 轴和 Y 轴偏转角为零时，激光束会聚在工作台面上的扫描点坐标为 $O(0,0)$ 点。当振镜 X 轴和 Y 轴偏转一定角度时，激光束会聚到工作面上的扫描点 $P(x,y)$，通过计算可以得出激光束在 XOY 平面上的扫描轨迹。其数学模型包括振镜 X、Y 轴的偏转角度与扫描点坐标间的函数模型，以及动态聚焦移动距离与扫描点坐标间的函数模型。

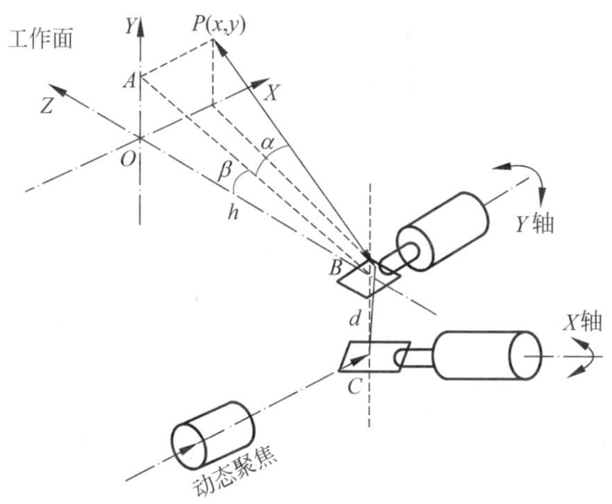

图 2-12　物镜后扫描方式原理图

图 2-12 中,激光束先后通过 X 轴振镜和 Y 轴振镜的反射,投射到工作平面上的某一点 $P(x,y)$。α 为 X 轴振镜的转角,β 为 Y 轴振镜的转角。当 $\alpha=0,\beta=0$ 时,激光束聚焦在工作面的原点 O 点上,这是整个系统的初始点。d 为 X 轴振镜到 Y 轴振镜的距离,h 为 Y 轴振镜到工作面原点 O 的距离。当系统处于初始状态时,振镜 X 轴和 Y 轴偏转角度为零,动态聚焦处于初始位置,激光束从振镜 X 轴反射镜中心会聚到工作面扫描点的光程 $L=h+d$;当激光束会聚在工作面上的扫描点 $P(x,y)$时,在$\triangle AOB$ 中有 $\tan\beta=y/h$,$AB=\sqrt{h^2+y^2}$,在$\triangle ACP$ 中有 $AC=AB+BC=\sqrt{h^2+y^2}+d$,$\tan\alpha=x/(\sqrt{h^2+y^2}+d)$;此时激光束从振镜 X 轴反射镜中心会聚到工作面上扫描点 $P(x,y)$的光程可按式(2-12)计算:

$$L=\sqrt{(\sqrt{h^2+y^2}+d)^2+x^2} \tag{2-12}$$

振镜 X 轴和 Y 轴偏转角度与坐标点 $P(x,y)$之间的函数关系为

$$\theta_x=\alpha/2=0.5\arctan\frac{x}{\sqrt{h^2+y^2}+d} \tag{2-13}$$

$$\theta_y=\beta/2=0.5\arctan\frac{y}{h} \tag{2-14}$$

式中,θ_x 为振镜 X 轴的机械偏转角度;θ_y 为振镜 Y 轴的机械偏转角度。

如果聚焦系统采用动态聚焦方式,扫描到工作面上的扫描点 $P(x,y)$时,动态聚焦系统需要补偿的离焦误差为

$$\Delta L=\sqrt{(\sqrt{h^2+y^2}+d)^2+x^2}-h-d \tag{2-15}$$

在具有较大工作面的选择性激光烧结系统中,一般采用动态聚焦方式的振镜式激光物镜后扫描方式,式(2-13)~式(2-15)共同构成其扫描模型。

2.2.3 振镜式激光扫描系统设计与误差校正

振镜式激光扫描系统是一个光机电一体化的系统,主要通过扫描控制卡控制振镜 X 轴和 Y 轴电机转动带动固定在转轴上的反射镜片偏转来实现扫描。在采用动态聚焦方式的振镜式激光扫描系统中,还需要控制 Z 轴电机转动并结合相应的机械机构来带动聚焦镜进行往复运动实现聚焦补偿。相较于传统的机械式扫描方式,振镜式扫描的最大优点是可以实现快速扫描,因此振镜式激光扫描系统的执行机构需要有很高的动态响应性能;同时为了保证振镜式激光扫描系统的精确扫描,实时和同步地控制振镜式激光扫描系统的 X 轴、Y 轴以及 Z 轴的运动,是实现振镜式激光扫描系统的关键。

目前,生产振镜的主要厂商有美国的 GSI 公司和德国的 Scanlab 公司。GSI 公司主要以生产三维动态聚焦振镜式激光扫描系统为主,其动态聚焦模块及物镜与振镜 X、Y 轴扫描模块是分立的,其三维动态聚焦振镜式激光扫描系统主要性能

参数如表 2-1 所示。

表 2-1　GSI 振镜主要性能参数

振镜型号	HPLK 1330-9	HPLK 1330-17	HPLK 1350-9	HPLK 1350-17	HPLK 2330
激光器类型	CO_2	CO_2	CO_2	CO_2	YAG
波长/nm	10 640	10 640	10 640	10 640	10 640
典型扫描范围/(mm×mm)	400×400	400×400	400×400	400×400	400×400
工作高度/mm	522.7	449.9	464.5	464.5	522.72
动态聚焦入口光斑直径/mm	9	17	9	17	6
聚焦光斑直径/μm	350	295	202	207	40
扫描控制卡	HC/2 或 HC/3	HC/2 或 HC/3	HC/2 或 HC/3	HC/2 或 HC/3	HC/2 或 HC/3

德国 Scanlab 公司也生产多种型号的二维以及三维振镜式激光扫描系统，其二维振镜结合 F-Theta 透镜一般用于小工作范围扫描，多用于激光打标行业；其动态聚焦模块有多种型号，可与不同的振镜扫描头结合使用，其主要振镜式激光扫描系统性能参数如表 2-2 所示。

表 2-2　Scanlab 振镜主要性能参数

动态聚焦型号	varioSCAN 40	varioSCAN 60	varioSCAN 60	varioSCAN 80
XY 轴振镜型号	PowerSCAN 33	PowerSCAN 50	PowerSCAN 50	PowerSCAN 70
激光器类型	CO_2	CO_2	CO_2	CO_2
波长/nm	10 640	10 640	10 640	10 640
XY 扫描头通光孔径/mm	33	50	50	70
扫描范围/(mm×mm)	270×270	400×400	800×800	1000×1000
额定扫描速度/(m/s)	1	1.3	2.7	2
Z 方向焦距调节/mm	±5	±10	±50	±75
聚焦光斑直径/μm	275($M_2=1$)	250($M_2=1$)	500($M_2=1$)	450($M_2=1$)
焦距/mm	515±28	750±50	1350±150	1680±200
扫描控制卡	RTC3 或 RTC4	RTC3 或 RTC4	RTC3 或 RTC4	RTC3 或 RTC4

不管是美国的 GSI 公司还是德国的 Scanlab 公司，它们都通过自己设计的扫描控制卡来控制振镜进行扫描，其扫描图形的插补算法、图形校正以及扫描控制都在扫描控制卡内实现。随着计算机技术以及数控技术的不断发展，研制基于个人计算机的复杂、高速以及高精度的数控系统成为可能。对振镜式激光扫描系统而言，基于个人计算机的数控系统主要包括在计算机内实现对输入图形的复杂插补运算、数据的模型转换、图形校正算法以及通过中断控制方式实现对插补后扫描点的高速、准确的定位控制。

扫描系统的性能是通过在工作面上进行图形扫描来检验的，一个好的扫描系统应该能够快速、精确地在工作面上按照输入图形进行扫描。扫描的速度以及精度都是设计振镜式激光扫描系统的控制系统时需要着重考虑的。同时，精确的误差校正方案也是保证振镜式激光扫描系统扫描精度不可或缺的部分。

1. 振镜式激光扫描系统的系统构成

振镜式激光扫描系统主要由 X 轴和 Y 轴具有有限转角的检流计式电机及其伺服驱动系统、固定于电机转轴上的 X 轴和 Y 轴反射镜片以及扫描控制系统组成。在动态聚焦的振镜式激光扫描系统中，还需要有 Z 轴电机以及通过一定机械结构固定在电机转轴上的动态聚焦透镜。

1）系统执行电机及伺服驱动

振镜式激光扫描系统的执行电机采用检流计式有限转角电机，按其电磁结构可分为动圈式、动磁式和动铁式 3 种。为了获得较快的响应速度，执行电机在一定转动惯量下需具有最大的转矩。目前振镜式激光扫描系统执行电机主要是采用动磁式电机，它的定子由导磁铁芯和定子绕组组成，形成一个具有一定极数的径向磁场；转子由永磁体组成，形成与定子磁极对应的径向磁场。两者电磁作用直接与主磁场有关，动磁式结构的执行电机电磁转矩较大，可以方便地受定子励磁控制。

振镜式激光扫描系统各轴各自形成一个位置随动伺服系统。为了得到较好的频率响应特性和最佳阻尼状态，伺服系统采用带有位置负反馈和速度负反馈的闭环控制系统。位置传感器的输出信号反映振镜偏转的实际位置。用此反馈信号与指令信号之间的偏差来驱动振镜执行电机的偏转，以修正位置误差。对位置输出信号取微分可得速度反馈信号，改变速度环增益可以方便地调节系统的阻尼系数。

振镜式激光扫描系统执行电机的位置传感器有电容式、电感式和电阻式等几类，目前主要采用差动圆筒形电容传感器。这种传感器转动惯量小，结构牢固，容易获得较大的线性区和较理想的动态响应性能。

华中科技大学史玉升团队所设计的振镜式激光扫描系统执行电机采用美国 CTI 公司的 6880 型检流计式有限转角电机，其在较小惯量的情况下具有较高的转矩，其主要技术参数如表 2-3 所示。

表 2-3　CTI6880 型电机主要技术参数

转动角度/(°)	40
转动惯量/(g·cm^2)	6.4
转矩系数/(N·cm/A)	2.54×10^{-5}

在进行扫描时，振镜的扫描方式如图 2-13 所示，主要有 3 种：空跳扫描、栅格扫描以及向量扫描，每种扫描方式对振镜的控制要求都不同。

空跳扫描是从一个扫描点到另一个扫描点的快速运动，主要是在从扫描工作面上的一个扫描图形跳跃至另一个扫描图形时发生。空跳扫描需要在运动起点关闭激光，终点开启激光。由于空跳过程中不需要扫描图形，扫描中跳跃运动的速度

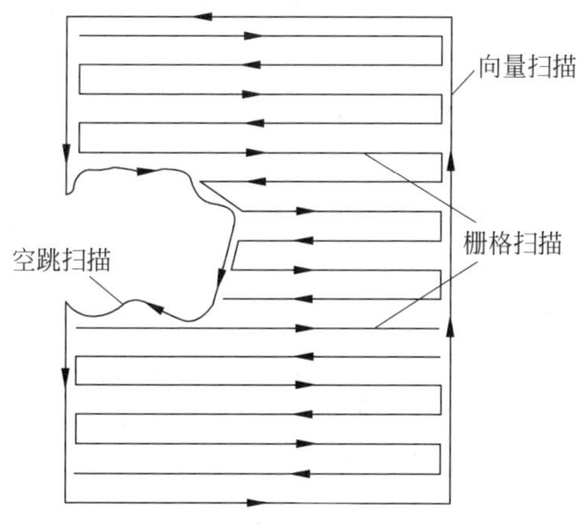

图 2-13　振镜式激光扫描方式

均匀性和激光功率控制并不重要，而只需要保证跳跃终点的准确定位，因此空跳扫描的振镜扫描速度可以非常快。再结合合适的扫描延时和激光控制延时即可实现空跳扫描的精确控制。

栅格扫描是快速成形中最常用的一种扫描方式，振镜按栅格化的图形扫描路径往复扫描一些平行的线段。扫描过程中要求扫描线尽可能保持匀速，激光功率均匀，以保证扫描质量。这就需要结合振镜式激光扫描系统的动态响应性能对扫描线进行合理的插补，形成一系列的扫描插补点，通过一定的中断周期输出插补点来实现匀速扫描。

向量扫描一般在扫描图形轮廓时使用。不同于栅格扫描方式的平行线扫描，向量扫描主要进行曲线扫描，需要着重考虑振镜式激光扫描系统在精确定位的同时保证扫描线的均匀性，通常需要辅以合适的曲线延时。

在位置伺服控制系统中，执行机构接受的控制命令主要是两种：增量位移和绝对位移。增量位移的控制量为目标位置相对于当前位置的增量，绝对位移的控制量为目标位置相对于坐标中心的绝对位置。增量位移的每一次增量控制都有可能引入误差，而其误差累计效应将使整个扫描的精度很差。因此，振镜式激光扫描系统中，执行机构的控制方式采用绝对位移控制。同时，振镜式激光扫描系统是一个高精度的数控系统，不管是何种扫描方式，其运动控制都必须通过对扫描路径的插补来实现。高效、高精度的插补算法是振镜式激光扫描系统实现高精度扫描的基础。

2）反射镜

振镜式激光扫描系统的反射镜片是将激光束最终反射至工作面的执行器件。反射镜固定在执行电机的转轴上面，根据所需要承受的激光波长和功率不同采用不同的材料。一般在低功率系统中，采用普通玻璃作为反射镜基片；在高功率系统中，采用金属铜作为反射基片，以便于冷却散热。同时如果要得到较高的扫描速度，需要减小反射镜的惯量，可采用金属铍（Be）制作反射镜基片。反射镜的反射面根据入射激光束波长不同一般要镀高反射膜以提高反射率，一般反射率可达 99%。

反射镜作为执行电机的主要负载，其转动惯量是影响扫描速度的主要因素。反射镜的尺寸由入射激光束的直径以及扫描角度决定，并需要有一定的余量。在采用静态聚焦的光固化系统中，激光束的直径较小，振镜的镜片可以做得很小。而在选择性激光烧结系统中，由于其焦距较长，为了获得较小的聚焦光斑，需要扩大激光束的直径。尤其是在采用动态聚焦的振镜系统中，振镜的入射激光束光斑尺寸可达 33mm 甚至更大，振镜的镜片尺寸较大，这将导致振镜执行电机负载的转动惯量加大，影响振镜的扫描速度。某些采用高功率 YAG 激光器的选择性激光烧结系统在进行金属粉末间接烧结时，为了获得好的散热效果以及较高的扫描速度，需要采用铍金属镜片作为振镜式激光扫描系统的反射镜。

3）振镜式激光扫描系统的动态聚焦系统

动态聚焦系统由执行电机、可移动的聚焦镜和固定的物镜组成。扫描时执行电机的旋转运动通过特殊设计的机械结构转变为直线运动带动聚焦镜的移动来调节焦距，再通过物镜放大动态聚焦镜的调节作用来实现整个工作面上扫描点的聚焦。

如图 2-14 所示，动态聚焦系统的光学镜片组主要包括可移动的动态聚焦透镜和起光学放大作用的物镜组。动态聚焦透镜由一片透镜组成，其焦距为 f_1；物镜由两片透镜组成，其焦距分别为 f_2 和 f_3，其中 $L_1=f_1$，$L_2=f_2$。在调焦过程中，动态聚焦镜移动距离 Z，则工作面上聚焦点的焦距变化量为 ΔS。由于在动态调焦过程中，第三个透镜上的光斑大小会随 Z 改变，振镜 X 轴和 Y 轴反射镜上的光斑也相应变化，如果要使振镜 X 轴和 Y 轴反射镜上的光斑保持恒定，可以使 $L_3=f_2$。根据基本光学成像公式：

$$\frac{1}{u}+\frac{1}{v}=\frac{1}{f} \tag{2-16}$$

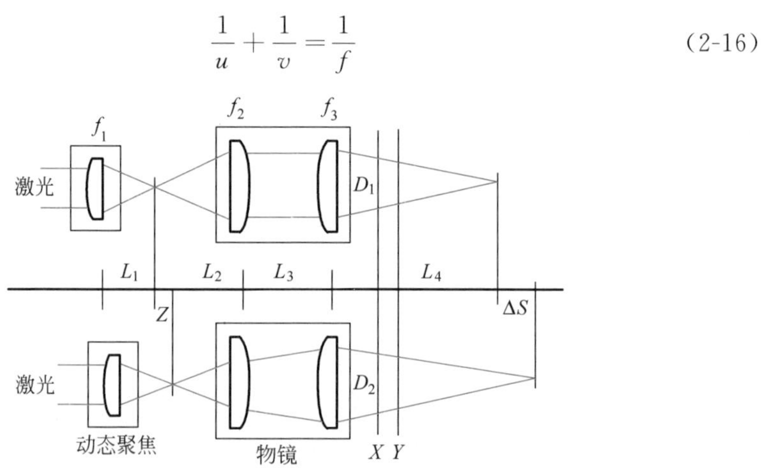

图 2-14　透镜聚焦及光学杠杆原理示意图

可得焦点位置的变化量 ΔS 与透镜移动量 Z 之间的关系：

$$\Delta S=\frac{Zf_3^2}{f_2^2-Zf_3} \tag{2-17}$$

实际中，动态聚焦的聚焦透镜和物镜组的调焦值在应用之前需要对其进行标定。可以通过在光具座上移动动态聚焦来确定动态聚焦透镜移动距离与工作面上扫描点的聚焦长度变化之间的数学关系。通常，为了得到较好的动态聚焦响应性能，动态聚焦镜的移动距离都非常小，需要靠物镜组来对动态聚焦镜的调焦作用进行放大。动态聚焦透镜与物镜间的初始距离为 31.05mm，通过向物镜方向移动动态聚焦透镜可以扩展扫描系统的聚焦长度。动态聚焦的标定值如表 2-4 所示。

表 2-4　动态聚焦标定值

Z 轴运动距离/mm	离焦补偿 ΔS/mm
0.0	0.0
0.2	2.558
0.4	6.377
0.6	11.539
0.8	16.783
1.0	22.109
1.2	27.522
1.4	33.020
1.6	38.610
1.8	44.292

以工作面中心为离焦误差补偿的初始点，对于工作面上的任意点 $P(x,y)$，通过拉格朗日插值算法可以得到其对应的 Z 轴动态聚焦值。对任意点 $P(x,y)$，其对应需要补偿的离焦误差补偿值为

$$\Delta S=\sqrt{(\sqrt{h^2+y^2}+d)^2+x^2}-h-d \tag{2-18}$$

动态聚焦补偿值的拉格朗日插值系数为

$$S_i=\frac{\prod\limits_{k=0,k\neq i}^{9}(\Delta S-\Delta S_k)}{\prod\limits_{j=0,j\neq i}^{9}(\Delta S_i-\Delta S_j)} \tag{2-19}$$

结合表 2-4 中的标定数据和计算得出的拉格朗日插值系数，可以通过拉格朗日插值算法得到任意点 $P(x,y)$ 对应的 Z 轴动态聚焦的移动距离：

$$Z=\sum_{i=0}^{9}Z_iS_i \tag{2-20}$$

在振镜式激光扫描系统中，动态聚焦部分的惯量较大，相较于振镜 X 轴和 Y 轴而言，其响应速度较慢，因此设计中动态聚焦移动距离较短，需要靠合适的物镜

来放大动态聚焦的调焦作用。同时，为了减小动态聚焦部分的机械传动误差，并尽可能减小动态聚焦部分的惯量，采用 20μm 厚、具有较好韧性和强度的薄钢带作为传动介质，采用双向传动的方式来减小其传动误差，其结构示意图如图 2-15 所示。

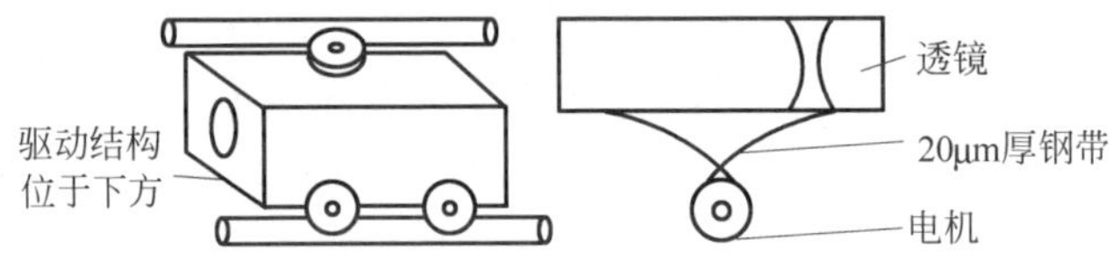

图 2-15　动态聚焦结构示意图

动态聚焦的移动机构通过滑轮固定在光滑的导轨上，其运动过程中的滑动摩擦力很小，极大地减小了运动阻力对动态聚焦系统动态响应性能的影响。采用具有较好韧性的薄钢带双向传动的方式，在尽量小地增加动态聚焦系统惯量的同时，尽量减小运动过程中的传动误差，保证了动态聚焦的控制精度。

2. 振镜式激光扫描系统的扫描控制

图形从输入到最终扫描在工作面上需要经过插补运算、模型转换、图形校正以及中断数据处理等流程，最终形成振镜式激光扫描系统能够接受的位置控制命令。振镜式激光扫描系统接受扫描控制卡的位置控制命令，并跟随位置控制命令的变化在工作面上进行扫描。为了保证扫描系统快速准确地定位，整个系统必须有很好的动态响应性能。同时，系统必须是渐进稳定的，并且具有一定的稳定裕量。为了达到所需的控制效果，必须对扫描图形进行插补，即结合一定的扫描速度、插补周期以及必要的延时，将扫描图形转换成一系列的插补坐标点。插补坐标点经扫描模型转换后形成振镜 X 轴和 Y 轴的机械偏转角度及动态聚焦移动量对应的数字控制量，再经中断控制以一定周期输出控制振镜式激光扫描系统的运动。

基于个人计算机的数控系统的数据处理和运动控制都是在计算机内完成的。在选择性激光烧结过程中，计算机的数据处理可能会非常复杂，产生的数据量也会非常大，并占用大量的系统资源。同时，为了实现精确快速扫描，运动控制的实时性必须得到保证。所以，数据的容量及算法的效率是必须着重考虑的问题。

1）插补算法

位置跟随伺服系统是以输入位置控制命令与实际位置的偏差量来调整控制量的。最理想的控制效果是快速无超调地到达目标位置，运动过程中往往是一个快速加速、匀速然后快速减速的过程。在进行扫描时，理想的情况是扫描点按照设定的扫描速度在工作面上匀速移动，并且在扫描的起点和终点位置能够精确定位。实际中，扫描路径按照一定的插补周期和插补算法转换成若干微小线段，然后按照设定的扫描中断周期提取扫描点数据，从而使整个扫描变成许多微小线段的扫描，使扫描逼近匀速运动。

插补周期、振镜各个轴的运动速度以及必要的扫描延时是插补算法的主要参数。插补周期是影响系统控制精度的关键因素，插补周期越小，插补形成的微小线段越精细，系统的控制精度越高。但是，插补周期的减小会导致插补点的数据量大幅增加，增加系统的运算量。华中科技大学史玉升团队设计的振镜激光扫描控制系统采用的插补周期为 20μs，考虑到对复杂图形进行插补会产生大量的扫描点数据，为此在系统的应用层和驱动层建立了数据缓冲区，通过数据缓冲及异步输出扫描数据点的方法来进行扫描控制。

在振镜式激光扫描系统的扫描控制中，插补算法为绝对式插补算法，即每一个插补点的坐标计算都以工作面坐标中心为基准。如图 2-16 所示，设插补周期为 T，以简单的斜率为 k 的直线段扫描为例，每个插补点的坐标可按式(2-21)和式(2-22)计算：

$$x_n = \frac{vnT}{\sqrt{1+k^2}} \tag{2-21}$$

$$y_n = \frac{kvnT}{\sqrt{1+k^2}} \tag{2-22}$$

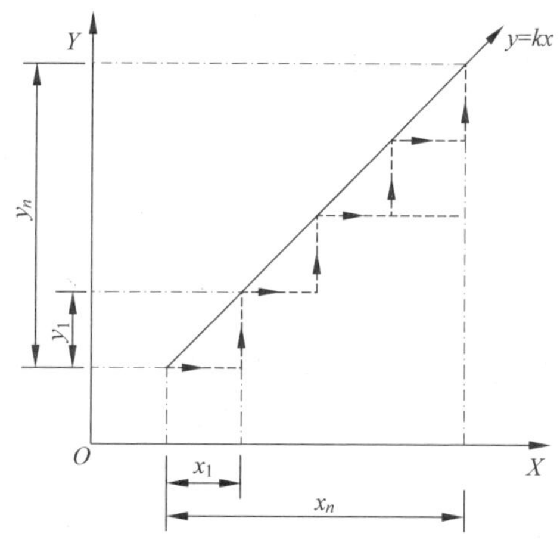

图 2-16　扫描插补示意图

对于采用动态聚焦方式的振镜式激光扫描系统，对于每一个插补点，根据前面的数学模型都可以相应地计算出动态聚焦轴进行离焦误差补偿的插补位置，计算方法如下：

$$Z_n = \sum_{i=0}^{9} Z_i S_i \tag{2-23}$$

实际中的扫描路径可能会非常复杂，同时需要考虑的因素也比较多。振镜式激光扫描系统在扫描过程中主要包括扫描线起、停位置的扫描以及匀速阶段的扫描，其中扫描线起、停位置的扫描决定了整个扫描的精度以及扫描质量。通过设置合理的振镜式扫描运动加速度来匹配振镜的最佳运动曲线，同时结合振镜式扫描运动所需的起、停、延时参数来保证扫描的精度及扫描质量。由于振镜式激光扫描系统一般都需要与某种类型的激光器一起工作,振镜式激光扫描系统的响应性能和激光系统的响应延时都会显著影响扫描精度和扫描效果。一般振镜式激光扫描系统机械运动的响应速度都要低于激光系统的响应速度,因此在进行插补运算时需要考虑匹配的激光器开关延时参数,来保证扫描线扫描起点和终点位置的扫描质量,因而插补算法会复杂得多。

2) 数据处理

将扫描图形输入计算机后,按照设定的扫描路径规划工艺将其转换成一系列的扫描路径,上层应用程序按照设定的插补周期对这些扫描路径进行插补。如果所扫描图形很大且扫描路径比较复杂,则插补后形成的插补点数量会非常庞大,甚至有可能无法分配足够的系统资源来存储这些插补点数据。同时,在 Windows 操作系统环境下,操作系统应用层程序不具有实时控制性能,只有驱动层才能实时响应系统中断,因此必须要通过驱动层的中断例程输出扫描点来保证系统扫描的实时性。设计的振镜式激光扫描控制系统在操作系统的应用层和驱动层各建立一个一定大小的缓存区,两个缓存区之间可以传递扫描点数据及工作状态数据,插补点的生成和扫描点的输出是一个异步进行的过程。

如图 2-17 与图 2-18 所示,数据处理主要包括以下几个部分:

(1) 分别合理地分配应用层插补点存储空间和驱动层数据存储空间;

(2) 将扫描路径经过插补后形成的大量插补点依次存储进应用层插补点存储空间;

(3) 在应用层和驱动层之间进行数据传输;

(4) 在中断例程中提取扫描点数据控制振镜进行扫描。

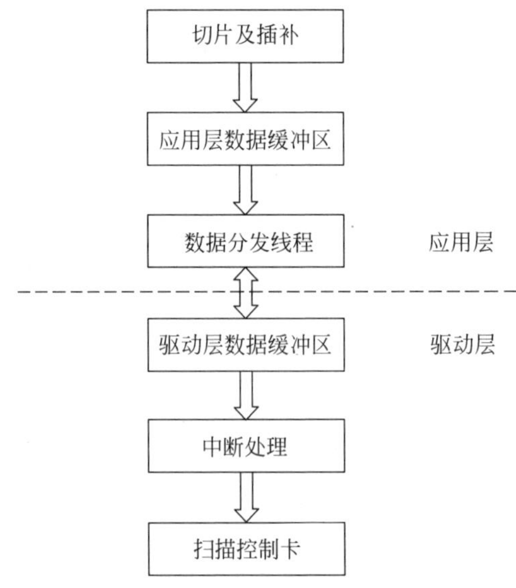

图 2-17　扫描控制流程

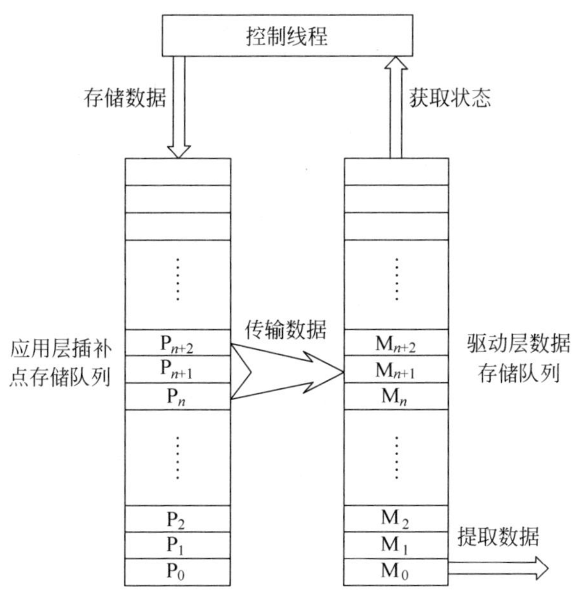

图 2-18　数据处理流

因为上层应用程序分配的插补点存储空间不占用系统的核心内存，所以可以适当地分配较大的空间；而驱动层分配的数据存储空间需要占用系统核心内存，所以必须尽量合理分配。为了在充分利用计算机系统性能的同时又保证整个扫描系统的实时性能，必须综合考虑振镜式激光扫描系统的动态响应性能以及计算机的运算性能。计算机需要对扫描路径进行复杂插补、存储数据、传输数据以及响应中断提取数据进行扫描。由于中断例程的优先级别很高，如果中断周期即插补周期太短，则有可能出现驱动层存储数据被提取完而插补数据来不及传送至驱动层的情况，从而导致扫描暂停。

扫描开始时先对图形的部分扫描路径进行插补形成插补点数据，并通过模型转换以及扫描校正模型计算进行补偿形成最终可输出的数字量扫描点数据，然后将这些扫描点数据依次存储在上层应用程序的存储空间内。当上层应用程序存储空间内的扫描点数据量达到设定的阈值时触发数据传输线程，系统扫描控制线程从应用层存储空间向驱动层存储空间传输扫描点数据；当驱动层存储空间的扫描点数据量达到设定的阈值时触发系统的中断响应例程，系统以一定的中断周期从驱动层存储空间提取扫描点输出至扫描控制卡进行扫描。扫描开始后，上层应用程序不断检测其存储空间状态，只要其存储空间有空余则向其中存储数据；同时系统扫描控制线程不断读取驱动层存储空间状态，只要其存储空间有空余则从上层存储空间提取数据存储至驱动层存储空间。无论是上层应用程序存储空间还是驱动层存储空间都是按照先进先出的队列方式来设计的，它们都维持自己的数据存储和读取指针，以及存储空间满和空的状态标志。这就保证扫描过程中，它们可以进行循环的依次数据读写操作。由于上层应用程序的存储空间设定较大,采用合理的中断周期可以保证数据插补、传输以及扫描的连续进行;当中断周期过小时,系统资源被大量占用,有可能会导致扫描中出现数据量不够而出现暂停。

从控制精度的角度来说,系统的控制周期应该尽可能短。但是如果超出执行机构的响应性能范围,缩短控制周期不仅不能提高系统的控制精度,还会导致系统资源的浪费。合理的插补周期应该以执行机构阶跃响应性能为参照,在振镜式激光扫描系统中,则是要参考振镜式扫描一个最小单步所需的时间。上层应用程序按队列的方式将插补点进行存储,同时扫描控制线程需要不断监测存储空间的状态,在从上层应用程序存储空间向驱动层存储空间传输数据时,需要获取驱动层存储空间的空余量。为了提高数据传输的效率,数据传输方式既可以是块传输也可以是单个数据传输方式。实践证明,选择合理的插补周期,整个数据处理和图形扫描过程可以实时且高效地运行。

3. 振镜式激光扫描系统的误差分析

无论是物镜前扫描方式还是物镜后扫描方式,从输入图形到在工作面上扫描出图形,都要经过光学变换、机械传动以及伺服控制等过程,而整个过程是一个非常复杂的函数关系。理想状况下,输入图形与工作面上的扫描图形是一一对应的、无失真的。但是实际中,光学变换的误差、机械安装误差以及控制上的误差往往都是无法避免的。

1）机械安装误差

激光束从激光器出口到形成工作面上的最终扫描点,一般需要经过扩束准直、反射以及聚焦几个过程。由于机械装置的安装误差会导致激光束偏离整个光路的轴线,每个环节都会不可避免地出现误差。如采用 F-Theta 透镜方式的振镜式激光物镜前扫描方式,扫描振镜的中心轴线与 F-Theta 透镜的法线很难保持一致,从而导致最终扫描图形的偏差。采用动态聚焦方式的振镜式激光扫描系统,其扫描模型中的振镜工作高度与实际振镜的安装高度不可避免地存在误差,这必然导致最终扫描图形的偏差。

2）图形畸变

光学器件本身的像差也会引起扫描图形的失真。F-Theta 透镜方式的振镜式激光扫描系统的 F-Theta 透镜一般采用多片的方式以尽可能减小扫描图形的失真。常见扫描图形失真有枕形失真、桶形失真以及枕-桶形失真,如图 2-19 所示。

如前所述,对于动态聚焦方式的振镜式激光扫描系统,其数学模型为一个精确扫描模型,在不考虑光学以及机械安装等误差的情况下,其扫描的图形应该是不失真的。然而,实际中这些误差是不可避免的,因此一般采用动态聚焦方式的振镜式激光扫描系统扫描图形时会有一定的失真。但这类失真一般通过 9 点校正即可校准。

采用 F-Theta 透镜聚焦方式的振镜式激光扫描系统很难找到一个精确的扫描模型。而且 F-Theta 透镜在焦距增加的情况下像差会加大,尤其在扫描图形接近

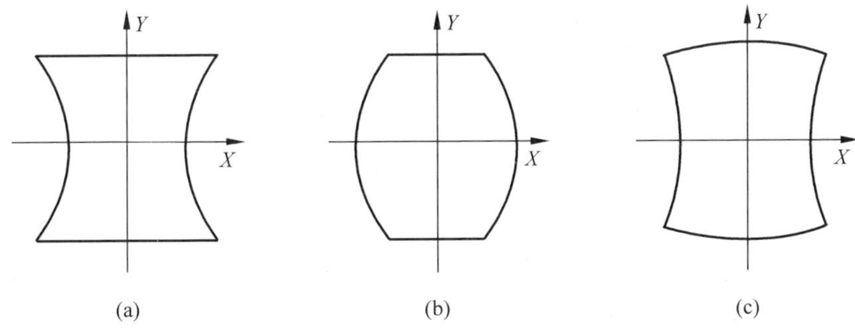

图 2-19　扫描图形失真示意
(a) 枕形失真；(b) 桶形失真；(c) 枕-桶形失真

F-Theta 透镜边缘时，图形失真更加明显。这种情况下仅通过 9 点校正很难实现图形的校准，必须在进行 9 点校正前，先对扫描图形进行整形，待将扫描图形的最大偏差控制在一定范围内(如扫描点的最大偏差小于 5mm)以后，再通过 9 点校正方法对扫描图形进行精确校准。

振镜式激光扫描系统中的误差主要包括激光束的聚焦误差以及在工作面上的扫描图形误差。在激光扫描应用中，工作面大多以平面为主，而采用静态聚焦方式的物镜后扫描方式，其聚焦面为球面，以工作面中心为聚焦基点，则越远离工作面中心，离焦误差越大，激光聚焦光斑的畸变越大。采用 F-Theta 透镜的振镜式激光物镜前扫描方式时，要求入射的激光束为平行光，则聚焦面在理论的焦距处。而实际中，激光束经过光学变换以及较远距离的传输，入射激光束很难保证是平行光，导致聚焦面无法确定。对振镜式激光物镜后扫描方式，离焦误差导致其工作面内的激光聚焦光斑大小以及形状都不一致，需要通过动态聚焦补偿的方法来消除。在工作面较大时，离焦误差的补偿值有可能较大，这就需要聚焦镜移动相应的距离来进行补偿。但实际应用中，为了保证整个扫描系统的实时性以及同步性，运动部件的动态性能以及运动距离应尽可能小。因此，在设计动态聚焦光学系统时，通常会利用光学杠杆原理，在聚焦镜后面加入起光学放大作用的物镜。动态聚焦系统通常由可移动的聚焦镜和固定的物镜组成，通过聚焦镜的微小移动来调节焦距，通过物镜放大聚焦镜的调节作用。

对于采用 F-Theta 透镜的振镜式激光物镜前扫描方式，在激光束需要进行较长距离传输时，可使扩束准直镜尽可能靠近振镜，使进入 F-Theta 透镜的激光束发散尽可能小。考虑到进入扩束镜的激光束有一定的发散，实际中可以采用参数可调的扩束镜，即扩束镜的其中一片透镜可移动来调节扩束镜的出口光束形状，从而在工作面上得到较好的光斑质量。

4. 振镜式激光扫描系统的扫描图形误差校正

决定选择性激光烧结系统制作构件质量的因素有很多，其中最重要的是扫描图形的精度。振镜式激光扫描系统是一个非线性系统。在选择性激光烧结系统中，振镜的工作距离较长，扫描图形的微小失真最终都会在工作面上被放大。如果没有得到符合振镜式激光扫描系统运行规律的非线性系统模型，扫描图形的畸变过大，有可能会导致后续的图形校正根本无法进行。

理想状况下，按照精确的扫描模型，扫描系统可以在工作面上扫描出精确的图形。但在实际中，由于存在离焦误差、机械安装误差以及测量误差等，所扫描的图形会有不同程度的失真。在通常情况下。扫描图形的失真是由这些因素共同作用形成的，所以扫描图像的失真一般是非线性的，而且很难找到一个准确的失真校正模型来实现对扫描图形的精确校正。

如果不考虑中间环节，扫描图形失真即是工作面上扫描点未能跟随扫描输入，即实际扫描点坐标相对理论值存在一个偏差。图形失真校正就是构造一个校正模型，计算扫描图形的实际测量值与理论值之间的偏差，得到图形坐标校正量，然后通过在扫描输入的理论值基础上给予一定校正量，将实际扫描输出点与理论扫描输出点的误差控制在一定范围之内。

对扫描图形的校正主要包括图形的形状校正和精度校正两部分。对图形的形状校正主要是保证 X 方向和 Y 方向的垂直度，为其后的精度校正做准备；图形的精度校正最终保证扫描图形的精度。

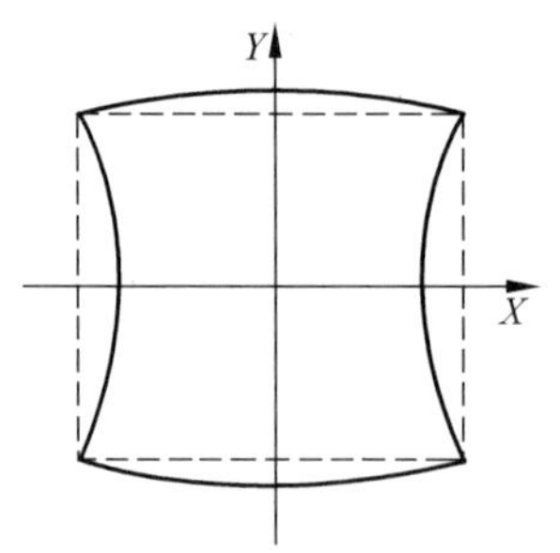

图 2-20　扫描图形整形

1）扫描图形整形

如图 2-20 所示，虚线部分为理论图形，而扫描系统扫描出来的图形有可能出现实线所示的图形失真。这种图形失真一般都比较明显，尤其是在进行较大幅面扫描时，图形边缘部分的失真尤为明显。

图形失真部分的尺寸与图形理论值偏差较大，如果此时采用多点校正的方式进行校正，很难取得好的效果，因此需要通过一定的校正模型对图形进行粗校正，使之接近于理论图形。其校正表达式如下：

$$x' = x + a_x \cdot f(x, y) \tag{2-24}$$

$$y' = y + b_y \cdot g(x, y) \tag{2-25}$$

式中，a_x、b_y 为两个主要的调节参数。通过调整参数对图形进行校正后，图形的枕形失真以及桶形失真得到抑制，为图形的进一步校正打下了基础。对扫描图形整形是以扫描范围的边缘为参考标准，不同于后续的多点校正只是对特征点进行测量，图形整形需要将整个扫描图形的边缘扫描线的扫描误差控制在一定范围之内。对图形整形并不需要对扫描图形的尺寸进行精确校正，一般将整个扫描线的偏差控制在±1mm 以内即可。

2）图形的形状校正

对图形的形状校正主要是对扫描图形 X 方向和 Y 方向的垂直度进行校正，从而防止在后面的精度校正过程中出现平行四边形失真。在后续的图形精度校正中，主要是采用多点校正的方法，如 9 点校正、25 点校正等。如图 2-21 所示，虚线为在进行 9 点校正时需要扫描的作为测量样本的正方形，校正过程中的特征点坐标测量是以坐标轴为基准的，如果坐标轴本身出现偏差，那么特征点的测量坐标同样会出现偏差。由于校正时主要是测量各个短边的长度，如果实际扫描图形为菱形，即使实际测量中每个特征点的误差在误差范围内，扫描图形仍然会有较大的偏差，显然无法进行有效的校正。

如图 2-22 所示，在实际校正过程中，以 X 轴正向坐标轴为基准线，分别测量 Y 轴正、负向坐标轴以及 X 轴负向坐标轴扫描线偏离理论轴线的距离 Δx_1、Δx_2 和 Δy_1，以此作为校正的输入量。以最常用的 9 点校正为例，设校正正方形边长为 $2a$，将扫描图形分为 4 个象限分别进行校正，则校正模型为

$$\Delta x_n = \frac{\Delta x_a}{a} y_n \tag{2-26}$$

$$\Delta y_n = \frac{\Delta y_a}{a} x_n \tag{2-27}$$

式中，n 为象限标号；Δx_n、Δy_n 为第 n 象限内的点 (x_n, y_n) 校正量；Δx_a、Δy_a 为第 n 象限内的 X 方向和 Y 方向的误差量。

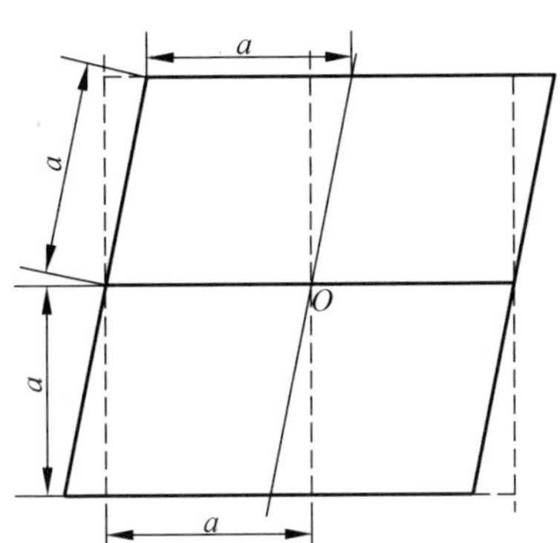

图 2-21　扫描图形的平行四边形失真

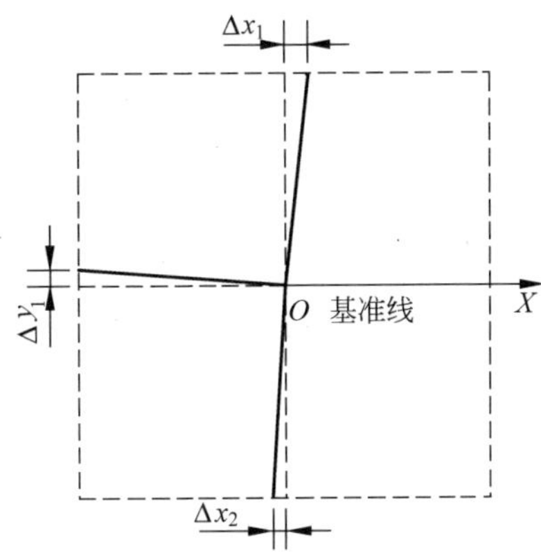

图 2-22　扫描图形的轴线校正

经过多次反复校正后，将轴线误差控制在一定范围之内，可以很大程度上消除后续校正过程中产生平行四边形误差的可能，从而为后续的多点校正打好基础。

3）多点校正模型

影响振镜式激光扫描系统的扫描图形精度的误差因素很多，这些输入误差多为非线性的，而且难以测量。图形精度校正就是要通过对实际图形进行误差测量后，根据测量的误差，找到实际扫描图形与理论扫描图形之间的某种函数关系，通过在扫描模型中加入一定的误差补偿量使实际扫描图形逼近理论扫描图形。其校正模型如下：

$$x' = x + f(x, y) \tag{2-28}$$

$$y' = y + g(x, y) \tag{2-29}$$

式中，$f(x,y)$、$g(x,y)$分别为扫描面上某一点(x,y)在 X 方向和 Y 方向上的误差校正函数。扫描图形的精度校正是通过一个多点网格来进行的。在工作场范围内建立一个多点校正网格，通过建立校正网格特征点理论坐标与实际网格测量坐标之间的函数关系，可以得出校正模型来拟和失真图形。校正模型如下：

$$\Delta x = f(x_0, y_0) = \sum_{i=0}^{n}\sum_{j=0}^{n} a_{ij} x_0^i y_0^j \tag{2-30}$$

$$\Delta y = g(x_0, y_0) = \sum_{i=0}^{n}\sum_{j=0}^{n} b_{ij} x_0^i y_0^j \tag{2-31}$$

式中，点(x_0,y_0)为扫描图形上的理论坐标点；Δx 和 Δy 分别为失真图形上对应点相对于理论坐标点在 X 方向和 Y 方向上的误差分量，通过将误差分量 Δx 和 Δy 反馈回扫描系统达到图形校正的目的。实际中只有特征点的扫描误差量可以通过测量和计算得到，扫描范围内的其他扫描点误差量必须通过校正模型得到。为了确定校正模型中的校正系数，需要在扫描网格中找 k 个特征点(x_1,y_1)，(x_2,y_2)，…，(x_k,y_k)，它们在失真图形中对应的坐标分别为(x'_1,y'_1)，(x'_2,y'_2)，…，(x'_k,y'_k)，基于这 k 个特征点，可以计算出坐标校正模型函数中的各个校正系数。

图形精度的校正主要是通过选取的特征点得到误差信息以及校正的反馈信息，因此，这些特征点的测量精度尤为重要。同时，这些特征点的数量以及选取位置对校正模型的精度也有很大影响。一般情况下，振镜式激光扫描系统的工作幅面为对称结构，所以特征点也应该是对称分布的；同时为了达到最好的校正效果，应该在校正范围的边缘以及中心部分分别选择特征点。根据数据相关性原则，在校正过程中，越靠近特征点的区域受校正的影响效果越明显，因此适当地增加特征点的数量能够提高校正的效果。但是，特征点数量的增加会使校正算法的计算量呈几何级数式增加。因此，特征点的选择需结合实际情况合理决定。

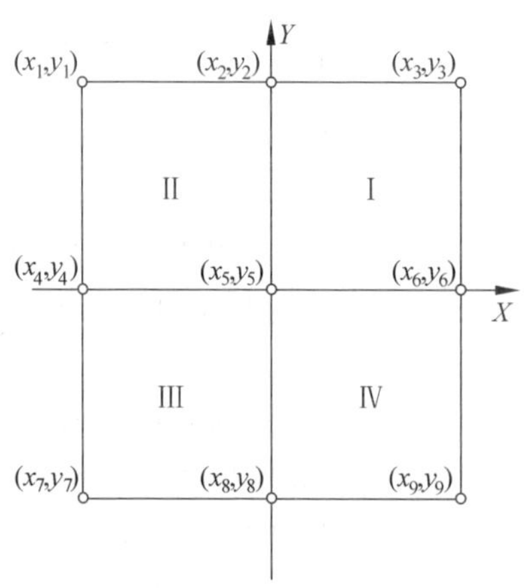

图 2-23　扫描图形的 9 点校正网格

4）多点校正模型应用

在进行校正时，为了提高校正的效率以及精度，通常通过选取合适的特征点，将整个工作幅面分割成对称的区域，然后通过与本区域相关点的信息来确定区域内扫描点的校正模型。综合考虑校正效果以及算法复杂程度，主要采用 9 点校正模型。

如图 2-23 所示，振镜式激光扫描系统最常用的是扫描正方形工作面。选取整个工作面的正方形顶点以及正方形边缘与坐标轴的交点作为特征点，将整个工作面分隔成对称的 4 个区域。每个区域具体的校正模型分别由 4 个相关点来确定。其基本数学模型表达式如下：

$$x_{n+1}=x_n+f(x_n,y_n) \tag{2-32}$$

$$y_{n+1}=y_n+g(x_n,y_n) \tag{2-33}$$

式中，(x_n,y_n)和(x_{n+1},y_{n+1})分别为当前的校正量和下一次扫描需要输入的扫描校正量。在图形的实际校正过程中，很难通过一次或者两次校正就可实现对图形的精确校正，一般需要进行多次校正，每次校正都是在上一次校正的基础上进行的。通过多次累积计算，确定校正模型中函数 $f(x,y)$、$g(x,y)$的校正系数，形成最终的多点校正模型。

2.3　熔覆喷头

熔覆喷头是送料式熔化沉积增材制造系统中的核心部分，是零部件直接 3D 成形、表面强化或破损部位修复再制造的最终执行部件。工作中由熔覆喷头负责激光光束的投射聚焦和熔覆材料（粉末或丝材等）的同步输送，使光、料在相对喷头作连续移动的工作面上精确汇聚并完成熔覆耦合[1]。其中，光束的整形变换聚焦，粉末连续准确、均匀高效地输送至按预定轨迹作扫描运动的光斑内，是保证熔覆与成形质量的前提；光粉之间的几何、物理耦合是熔覆喷头的关键技术。

2.3.1　熔覆喷头光料传输耦合原理

1. 熔覆光路

熔覆喷头需要将输入的激光束按功率大小和加工要求进行不同的处理，包括变换光束尺寸和形状、改变光能密度分布形式等。一般首先将光纤输出的发散光准直，然后再对其进行整形。常见的整形方式有圆形光束整形为圆环形或矩形光束，高斯光束变换为光能均匀分布的平顶光束，单光束分解为多光束等。最后将单光束或多光束聚焦至加工表面，以达到加工所需的光强分布和尺寸形状。工作光斑形状通常有圆形、圆环形、矩形、线形等。喷头内光束的传递、变换、聚焦一般采用透射、反射等方法。根据某些加工成形需求，还可在加工过程中适时改变工作光斑的尺寸和形状，主要方法有：①离焦法，即通过改变喷头与工作面的距离（离焦量）改变工作光斑尺寸；②变位法，一般是改变喷头中准直镜的位置，使光路中光束发散角变化，从而使聚焦光束的焦距随之变化；③自适应镜法，采用自适应反射镜适时改变其型面弧度，使出射光束的发散角变化；④变焦镜组法，即通过同时控制镜组内两个轴向电机和光束均匀化元件，得到不同大小和不同长宽比例的工作光斑。

2. 给料方法

按照粉末材料的添加方式，激光熔覆送粉可以分为预置法和同步送粉法（图 2-24）。

预置法是预先以散铺、黏结或喷涂等方式将粉末材料预置在基体表面上，然后利用激光辐照将其熔化，并通过熔池热传导和对流与基体形成冶金结合的熔覆层。预置法熔覆工艺简单，操作灵活，但获得的熔覆层易出现夹杂、气孔、裂纹、表面不光滑等缺陷；过程难以实现自动化和三维直接成形制造，耗时耗力。同步送粉法是采用载气输送或重力输送的方式，通过熔覆喷头或喷粉管将粉末连续输送到工作光斑内，在激光的作用下粉末材料和基体上表面同时被加热熔化，最后冷却凝固形成熔覆层。同步送粉法具有自动化程度高、成形性好、熔覆速度快、可控性好等特点，可实现三维复杂构件的直接成形。同步送粉法可分为单侧送粉法和同轴送粉法。

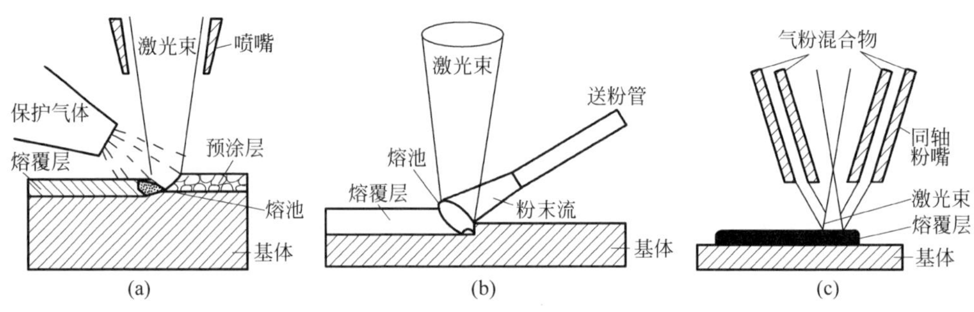

图 2-24　各种熔覆送粉法原理

(a) 预置法；(b) 单侧送粉法；(c) 同轴送粉法

3. 光粉耦合

按照粉束与光束的位置关系，粉末的进给方式可分为单侧送粉与同轴送粉两大类。单侧送粉法中送粉管位于聚焦光束的一侧，粉束与光束轴线之间存在一夹角(图 2-25(a)、(b))。其特点是喷头与送粉管可分离，单一方向加工时调节灵活。对于狭小位置加工，喷头可设计成长焦距，送粉管可单独伸入近距离送粉。另一特点是粉末出口与激光束相距较远，不易出现因为粉末过早熔化黏结而堵塞喷嘴出口的现象。单侧送粉的不足是光与粉只有一个交汇点，加工中须始终保持该交汇点置于工作面上，否则光斑与粉斑将发生偏离错位。而且，单侧送粉具有方向性，不能实现任意方向上的熔覆，难以适应喷头的空间成形运动和复杂构件的成形。

同轴送粉法的激光熔覆过程中粉末流与激光束同轴耦合输出，粉末流各向同性，克服了单侧送粉方向性的限制，可满足任意方向上的熔覆和复杂构件的制造，因此目前的激光熔覆大多采用同轴送粉法。同轴送粉又分为光外送粉和光内送粉。光外同轴送粉是粉末经包围聚焦激光束的环锥形流道或多个对称于聚焦光束布置的倾斜粉管输出，粉束的几何中心与激光束同轴并汇聚到工作光斑内，如图 2-25(c)所示。光内同轴送粉是将光束通过反射或透射聚焦整形为环锥形光束或变换为多光束，单束粉末流从中空的环锥形光束中心或多光束的对称几何中心垂直加工面喷射，实现聚焦激光束同轴包围粉末流，并在工作面上实现耦合，如

图 2-26 所示。

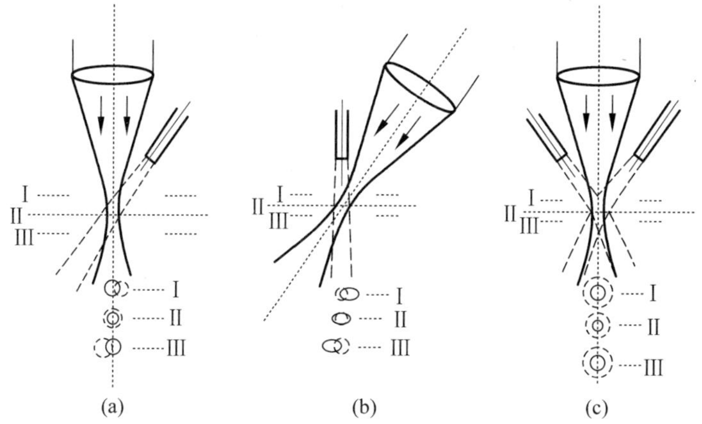

图 2-25　激光束与粉束几何关系

(a) 光束垂直粉束倾斜；(b) 光束倾斜粉束垂直；(c) 光外同轴送粉

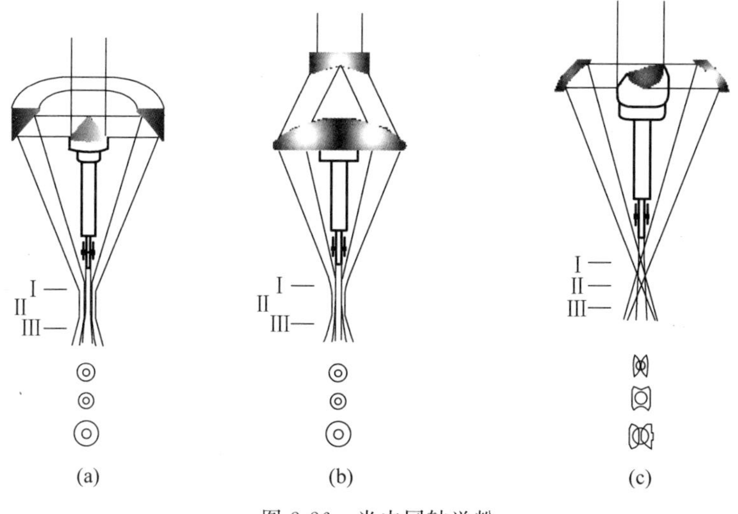

图 2-26　光内同轴送粉

(a) 反射式光内送粉；(b) 透射式光内送粉；(c) 反射式多光束内送粉

2.3.2　熔覆喷头的结构

1. 单侧送粉喷头

为了增加喷头调节粉末入射角度的能力，华南师范大学设计了一种旁轴送粉喷嘴装置[3]。它是通过杆件的相对转动来自由调整送粉喷头的高度和倾斜方向，以适应不同工件的加工要求，并通过数显倾角仪实时确定送粉管的倾斜角度(图 2-27)。为了在熔池附近区域形成惰性保护气体氛围，单侧送粉喷头通常设计成双层管状，

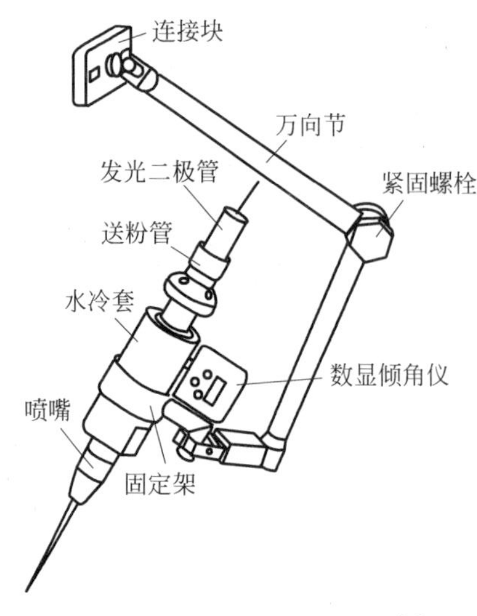

图 2-27　旁轴送粉喷嘴装置[3]

内层输送粉末，外层通入惰性气体，一方面能够防止熔池氧化，另一方面能够减缓粉末流出喷口后的发散，提高粉末利用率。

2. 同轴送粉喷头

与单侧送粉相比，同轴送粉喷头结构较为复杂。它一般包含激光束通道、粉末通道、冷却水通道和导气通道。由于粉末流与激光束同轴输出，扫描各向同性，解决了旁轴送粉喷头扫描方向性的问题。同轴送粉喷头分为两类：光外同轴送粉喷头和光内同轴送粉喷头。光外同轴送粉喷头的研究和应用较早，其特征是环形粉束或多侧粉束围绕光束；光内同轴送粉喷头是我国近年研发的新型喷头，其特征是环形光束或多侧光束围绕单根粉束。

1）光外同轴送粉喷头

光外同轴送粉喷头的基本结构为多层同心锥筒形式，由中心至外依次为激光束通道、粉末通道、导气通道和冷却水通道。激光束通道位于喷头的中心，通道中会通入保护气并朝出光口喷射，以防止镜片被污染或损坏。粉末通道以环形或四管式绕激光束中心同轴布置。粉末通道的外侧设有导气通道，一方面形成气帘防止熔覆层氧化，另一方面拘束粉末流，提高粉末流挺度。冷却水通道对喷头各部分进行冷却。目前，光外同轴送粉喷头主要有四管式同轴送粉喷头和锥环式送粉喷头。

早期美国桑迪亚国家实验室用于激光近净成形技术的同轴喷头采用的是四管式同轴送粉喷头[4]，如图 2-28 所示。四路粉管相对独立，多粉束相交于中心轴上一点。这种送粉喷头可提供稳定、连续的粉末流，且粉末出口离工作面距离较远，不易出现堵塞通道和喷嘴过热的现象。但粉末在圆周方向分布不均匀，且没有气体的拘束，发散角较大，汇聚性不好，粉末的利用率不高。针对这些问题，北京工业大学设计了 4 个具有同轴汇聚气的双层管道的送粉喷头[5]，如图 2-29 所示。每个粉末流的外侧输送汇聚气，在粉末流的外围形成环状气帘，调节粉末流量和汇聚气流量的配比，使粉末流保持出口时的原始状态，并具有较长距离的挺度。

与四管式同轴送粉喷头相比，锥环式送粉喷头的粉末通道为锥形的环状通道，粉末在环形通道上汇聚成锥形粉末流。为了增加粉末的汇聚性和提高粉末的利用率，美国的 Whitfield 设计了 3 个气体流道的送粉喷头（图 2-30）[6]，从外至内分别为汇聚气流道、载粉气流道和导向气流道，通过汇聚气对粉末流的压缩规整和导向气流道的气体传输，粉末流汇聚性增强，更多的粉末可汇入激光光斑。此外，清华大学采用了垂直装卸的分体式同轴送粉喷嘴[7]，华南理工大学研制了环式同轴喷

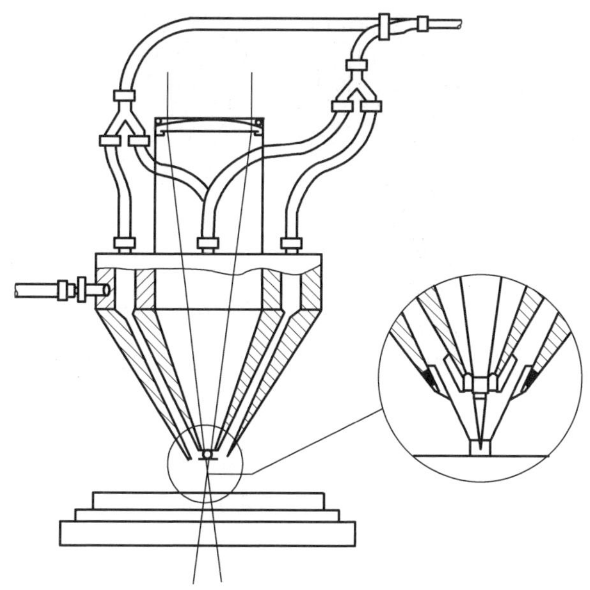

图 2-28 四管式同轴送粉喷头[4]

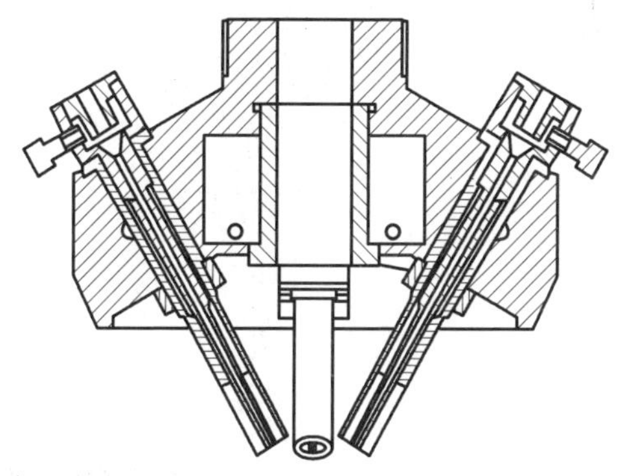

图 2-29 双层管道的送粉喷头[5]

嘴和孔式同轴喷嘴[8-9]，华中科技大学设计了内置式喷嘴[10]，沈阳理工大学研究了卸载式同轴喷嘴[11]，这些喷嘴的粉末流汇聚性都得到了提高。

2）光内同轴送粉喷头

光内同轴送粉喷头由激光束通道、粉末通道、冷却水通道和导气通道 4 个部分组成，其原理如图 2-31(a)所示。激光束主要有中空的圆环锥形聚焦光束或圆周对称分布的多聚焦光束。圆环锥形聚焦光束的光路相对简单，圆周对称分布的多聚焦光束对光路要求较高。苏州大学研制的“光束中空、光内送粉”的激光熔覆喷头结构[12]如图 2-31(b)所示。经准直的平行光束进入喷头上方，首先通过一反射扩束

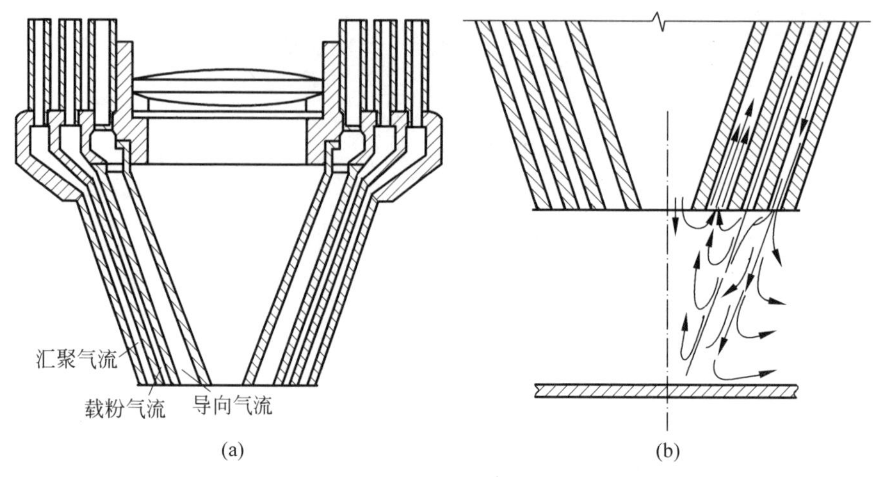

图 2-30　三流道送粉喷头

（a）结构图；（b）气流分布图

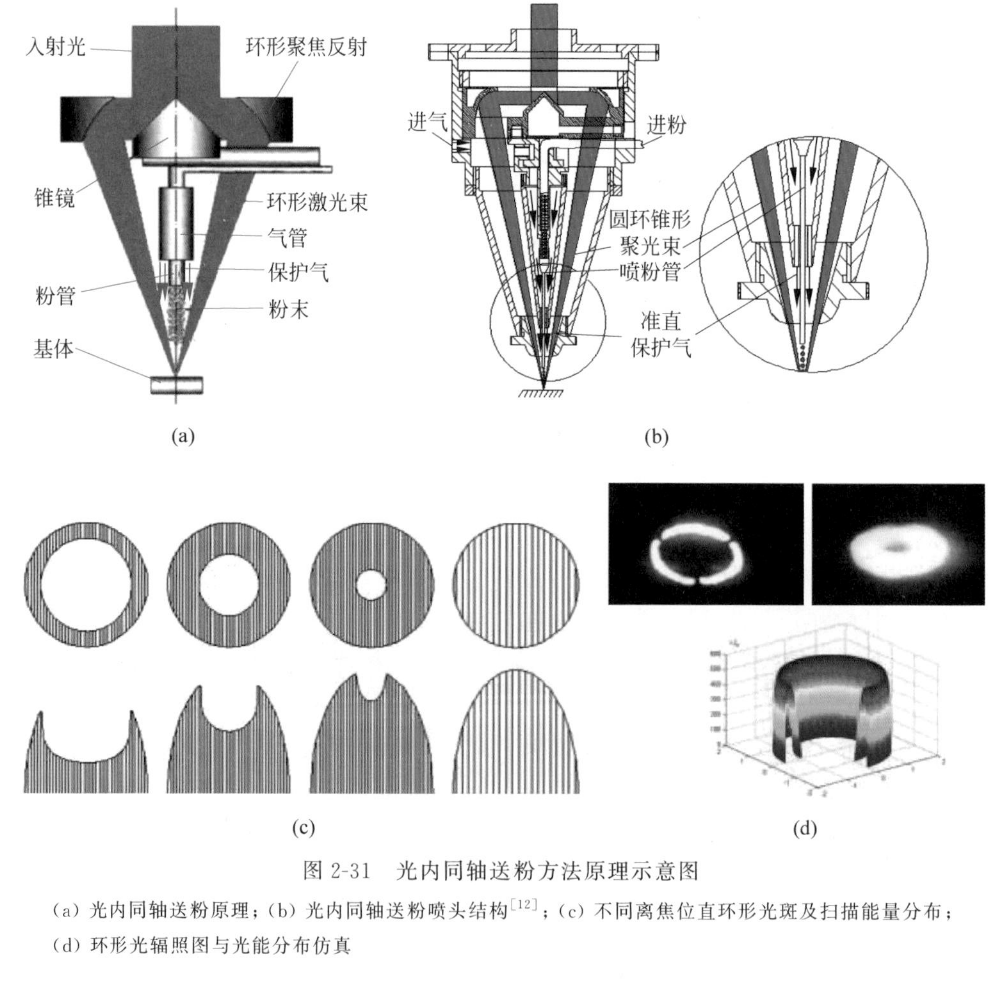

图 2-31　光内同轴送粉方法原理示意图

（a）光内同轴送粉原理；（b）光内同轴送粉喷头结构[12]；（c）不同离焦位直环形光斑及扫描能量分布；（d）环形光辐照图与光能分布仿真

锥镜扩束投射到环形聚焦镜上，再反射为一中空的圆环锥形聚焦光束，在喷头中心位置通过保护镜出射，在喷头外部的聚焦面上得到实心光斑，而在离焦面上均得到环形光斑，如图 2-31(c)所示。利用图 2-31(b)所示的透射光路也可得到圆环锥形光束。圆环锥形光束的工作面较多选择负离焦面，利用环形光斑扫描时，工作面吸收的光能为鞍形分布，如图 2-31(d)所示。其特点是能量峰转向了光斑两侧，且光能分布的中心洼地随环形光斑占空比的增大而增大。相对实心光斑扫描时工作面上的山峰形光能分布，鞍形光能在物理意义上更有利于熔道两侧的大温度梯度散热，有利于熔道两侧或上下层间搭接和边界的融合、流动，从而有利于改善冶金质量和成形表面平整度及粗糙度。

如图 2-31(b)所示，粉末通道在喷头外部通过接口进入喷头，然后穿过圆环锥形聚光束，在位于喷头中心位置转向与圆环锥形聚光束同轴线。导气通道与粉末通道相同，也是由外部进入喷头，进入圆环锥形聚光束中空部位，然后呈环状包围粉末通道。下部采用一双层结构的粉气喷嘴与环锥形光束同轴出射，形成由外到内顺序为光、气、粉同轴的多层结构。

3. 多功能熔覆喷头

为了扩展熔覆喷头的功能，提高成形质量与效率，各种功能性熔覆喷头陆续出现。这些功能性熔覆喷头主要包括变光斑喷头、变粉斑喷头、变向喷头、送丝喷头、宽带喷头和内孔熔覆喷头等。在需要的场合，可将单一功能进行组合，从而成为多功能复合熔覆喷头。

1) 变光斑喷头

将光内送粉喷头上下移动(离焦法)，可实现工作光斑的尺寸变化，如图 2-32(a)所示。在离焦范围内单粉束的直径变化较小，这有利于熔覆过程的稳定控制。图 2-32(b)所示为通过离焦变斑法熔覆变宽件[13]。通过准直镜片上下移动(变位法)，可改变准直光束的发散角，从而改变聚焦焦距，使工作面上的光斑尺寸变化(图 2-33(a))。图 2-33(b)所示为苏州大学与加拿大 Liburdi 公司基于变位法原理

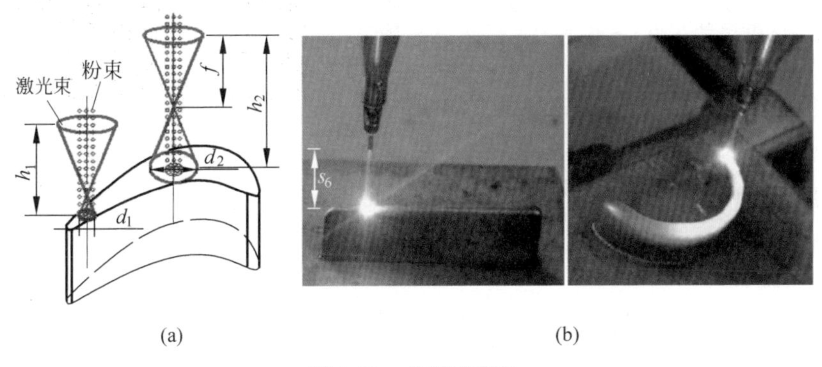

(a)　　　　(b)

图 2-32　离焦变斑法

(a) 光内送粉喷头离焦原理；(b) 离焦变斑熔覆变宽直壁[13]

共同研发的光内送粉变焦喷头。其准直镜通过电机驱动，可通过程序控制实现上下移动变焦。图 2-34 所示是通过改变光路中自适应反射镜的型面凸凹度（自适应镜法），使出射光束的发散角变化，从而改变后一级聚焦镜焦距。德国弗劳恩霍夫研究所开发了一种变焦激光同轴送粉喷头[14]，采用移动镜头组系统（变焦镜组法）改变焦点处的光斑直径，可满足实时改变熔覆宽度的工艺要求。

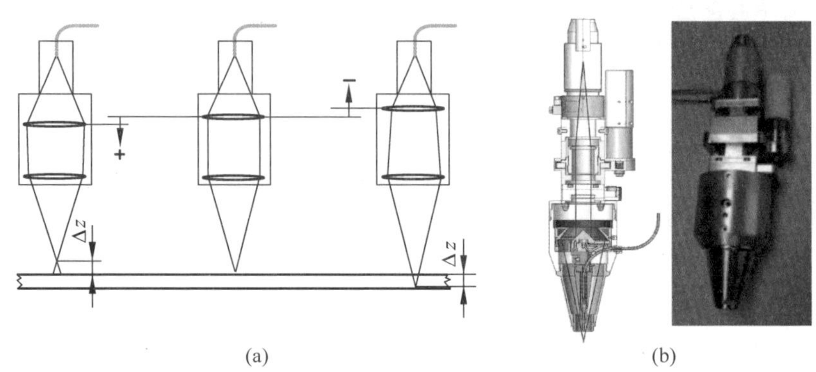

图 2-33　变位法原理与变焦喷头

（a）离焦法原理；（b）光内送粉变焦喷头

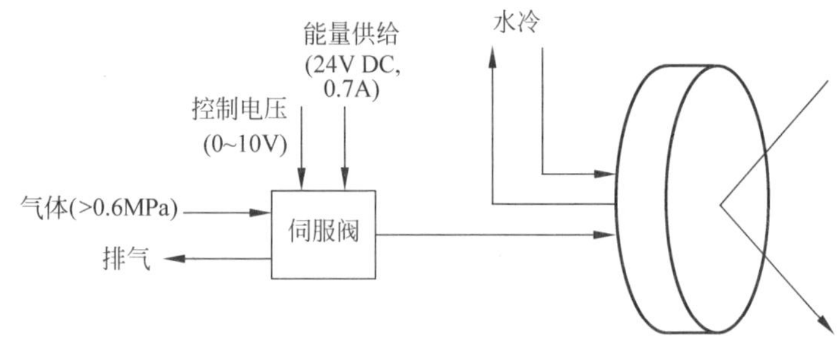

图 2-34　自适应型面镜变斑原理

2）变粉斑喷头

浙江工业大学对粉末汇聚点可调装置开展了研究，主要有铰链滑块式、连杆杠杆式和锥面杠杆式等调节方法[15-17]。通过实时动态调整粉末汇聚点，实现熔覆宽度的改变。苏州大学研制的宽带送粉喷头在双光斑中心采用光内排管送粉[18-19]，当与变斑镜组复合时，可随扫描光斑宽度变化控制喷粉管打开的根数，以控制喷粉宽度与扫描光斑宽度一致。

3）变向喷头

针对大倾角悬垂、扭曲、空心封闭件等复杂结构成形，大型件成形，大型零部件表面局部小结构成形，损伤待修件在线不便拆卸搬运等问题，苏州大学研发了可实现空间大角度自由偏转加工的光内送粉变向 3D 熔覆喷头[20]。如图 2-35 所示，空间变向熔覆喷头可实现空间连续转动变方向 3D 熔覆工艺。

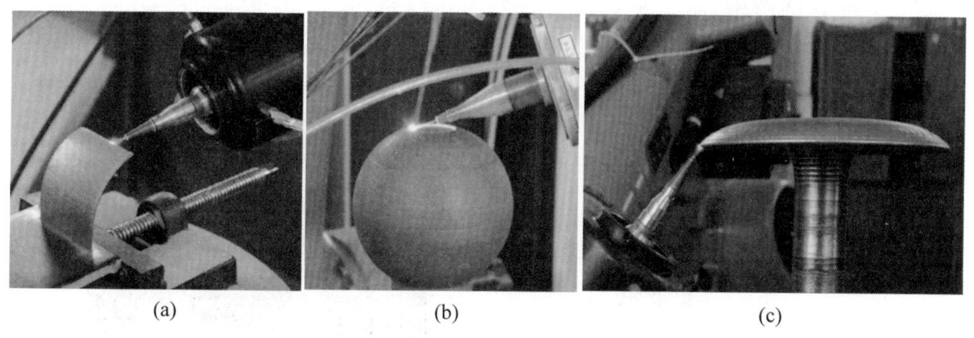

图 2-35　变向喷头空间连续变方向 3D 打印

(a) 悬垂成形[21]；(b) 空心封闭球成形[22]；(c) 大仰角成形[23]

4）送丝喷头

送丝喷头与送粉喷头相比，其材料利用率可达到 100%，且无粉尘污染。目前送丝喷头主要有侧向送丝和光内同轴送丝两种方式。侧向送丝喷头由激光熔覆头和侧向送丝装置组成，激光熔覆头输出光源作用于丝材，侧向送丝装置主要由丝盘、辊轮机构、调节机构、送丝导管、送丝嘴和保护气喷嘴组成[24]，如图 2-36 所示。丝材准直后从送丝嘴中输送至激光束作用区，实现光丝耦合。

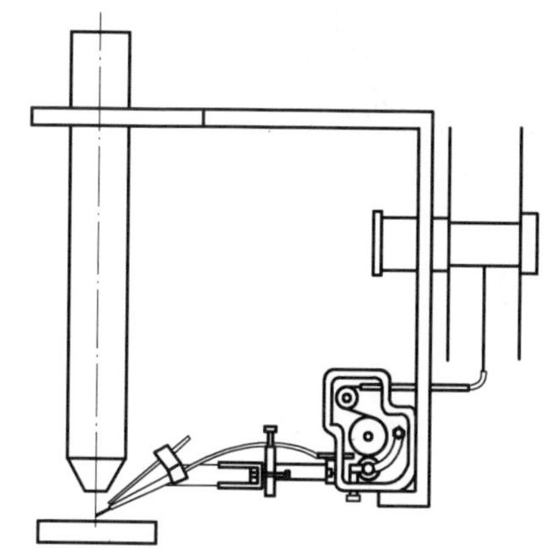

图 2-36　侧向送丝喷头

侧向送丝喷头也不可避免地存在扫描方向性问题。为解决该问题，丝材与激光束同轴输出的光内同轴送丝喷头应运而生。苏州大学设计了一种三光束光内送丝喷头[25]，如图 2-37 所示。通过分光镜将入射光分成三光束，然后通过三块聚焦镜汇聚至工作表面。送丝通道位于汇聚光束中间并与光束同轴，研发的小型送丝机构连接于喷头上方，可将丝材准直后直接输送到喷头内部的送丝通道。德国亚琛工业大学设计的环形光内送丝系统[26]如图 2-38 所示。首先将准直后的平行激光束经轴棱镜转为环形光，然后经第一双折射棱镜后分为两半，形成一个间隙。送丝管安装于该间隙中,激光束经反射镜后与送丝管同轴。反射后的激光束经第二双折射棱镜将两半的光束组合成完整的环形光。最后经非球面透镜聚焦后作用于加工表面,实现了环形光内送丝。

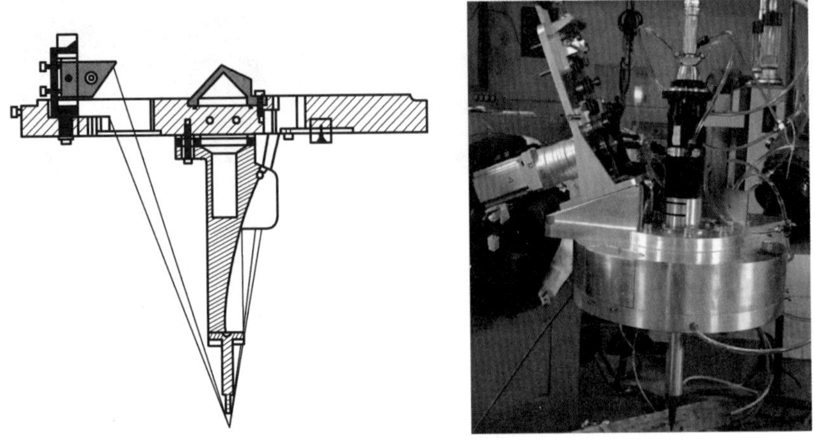

图 2-37　三光束光内送丝喷头

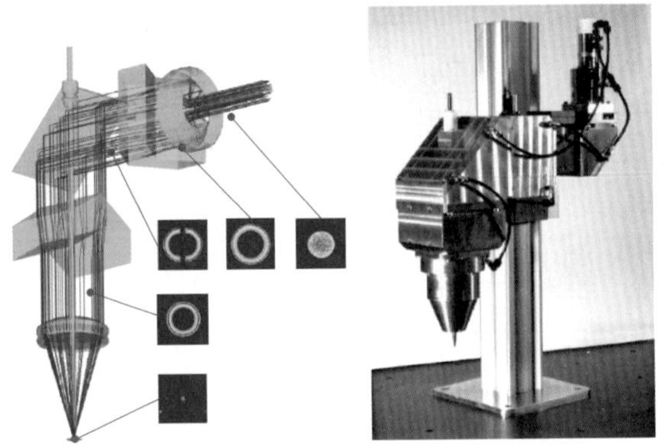

图 2-38　环形光内送丝喷头

5）宽带喷头

随着大功率激光器的使用,宽带熔覆喷头得到了越来越多的应用。华中科技大学研发了光外旁轴宽带送粉激光熔覆系统[27],送粉喷嘴为左右对称的六面体结构,其上表面和下表面为梯形,内部设置多个扩粉柱,将从送料口送入的粉料扩散分流形成平直宽带,如图 2-39(a)所示。图 2-39(b)是武钢华工激光公司研发的光外送粉宽带熔覆喷头,中心出射矩形聚焦光束,在光外两侧喷射矩形粉束汇聚至工作面上的矩形光斑上进行耦合。苏州大学研发了一种光内同轴送粉宽带熔覆喷头[18-19],其原理见图 2-40(a)。激光束经分光棱镜和聚焦镜整形为中空的近矩形双束激光束,双光束间距可调。送粉通道为多根管道组成的排管,安装在双光束中空区域。图 2-40(b)是光内送粉宽带喷头外形。图 2-40(c)是喷头底面照片，反映出中心粉束通道和外围准直气通道，以及外层双光束通道和冷却水接口。图 2-40(d)为宽带喷头进行熔覆工作时的照片。

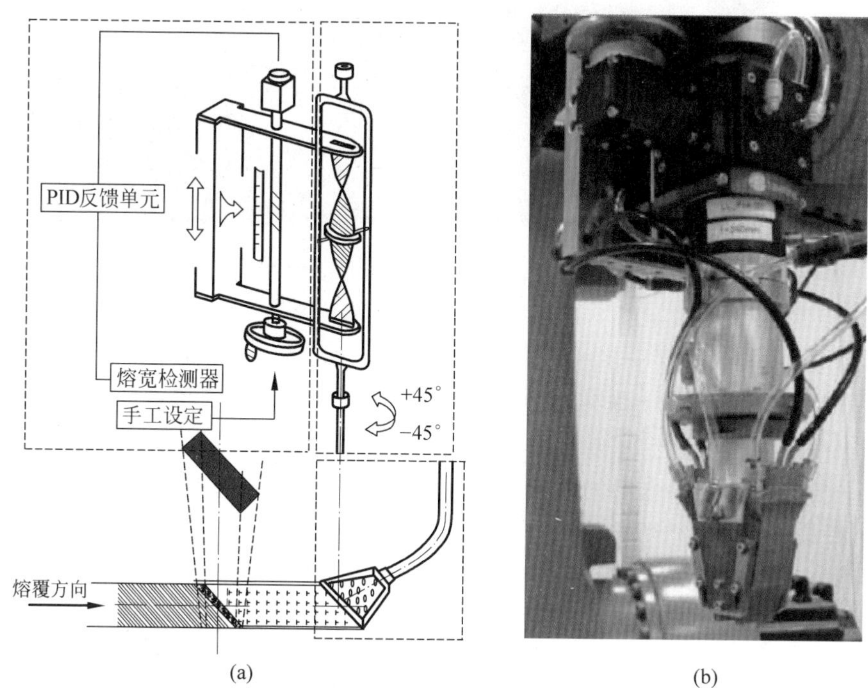

图 2-39　光外宽带熔覆喷头

(a) 光外宽带送粉原理；(b) 光外送粉宽带熔覆喷头实物

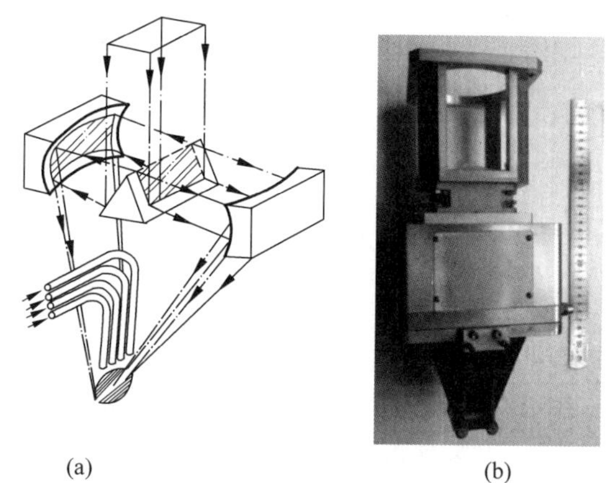

图 2-40　光内同轴送粉宽带熔覆喷头

(a) 喷头原理；(b) 喷头实物；(c) 喷头底面；(d) 宽带喷头熔覆

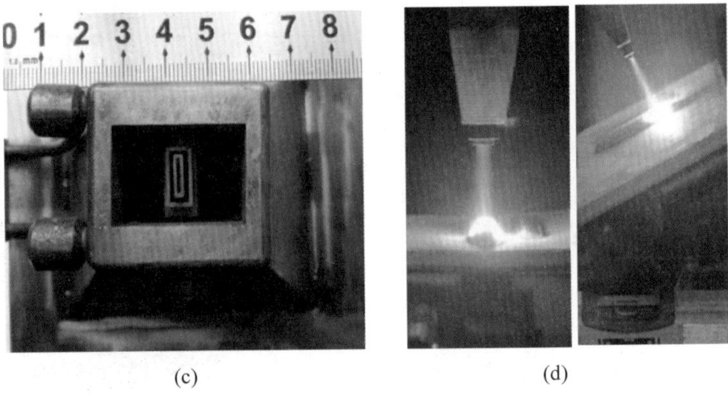

(c) (d)

图 2-40 (续)

6) 内孔熔覆喷头

针对圆筒形、腔体类等复杂内部结构的修复或强化,内孔熔覆喷头[28]得到了应用。内孔熔覆喷头主要包括准直镜模块、聚焦镜模块、反射镜模块和送粉头模块。送粉头采用旁轴送粉的方式。内孔熔覆喷头突出的特点是引入了反射镜模块,可将直线传输的激光束反射至待加工工件表面,从而实现对内孔的加工。图 2-41 是德国 Nutech GmbH 公司研发的深孔喷头和工作照片。

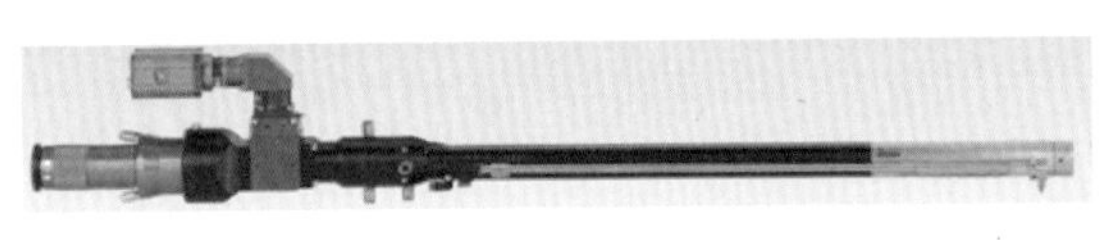

图 2-41 内孔熔覆喷头与深孔加工

2.3.3 熔覆喷头控制技术

1. 喷头送粉控制

激光送粉熔覆的质量取决于激光与粉末流的相互作用,主要是光、粉在空间与熔池的耦合效果。其中,送粉方式及控制对粉末流的物理场分布具有重要影响[29]。目前粉末的输送主要有光外同轴送粉和光内同轴送粉两种控制方法。

1) 光外同轴送粉控制

粉末一般通过送粉器输送至熔覆喷头的粉末通道,送粉速率可通过送粉器精确控制。光外同轴送粉的粉末通道有管式和环式两种形式,如图 2-42(a)和(b)所示。从图中可以看出,管式送粉法相对于环式送粉法,粉末汇聚较为集中,但环式送粉分布较均匀。粉末流的空间分布及与激光的耦合对熔覆成形的质量有重要的影响，粉末流空间分布与粉末通道的几何参数（角度、宽度、高度等）和送粉参数有关。天津工业大学建立了光外送粉喷嘴的物理模型[28-30]，研究了粉末流的空间浓度分布，揭示了激光与粉束的耦合规律，如图 2-42(c)和(d)所示。

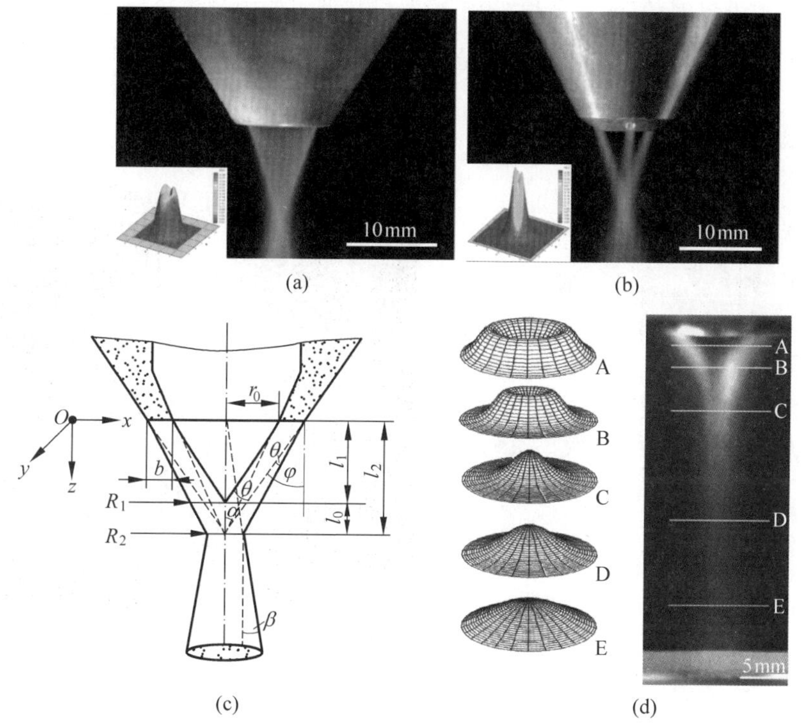

图 2-42　光外送粉粉末分布[28-30]

(a) 管式送粉；(b) 环式送粉；(c) 粉末流场物理模型；(d) 粉末浓度分布

从图 2-42 可以看出，粉末流浓度场呈现了 3 种不同的分布。当 $0<z<l_1$ 时（对应图 2-42(d)A-B 区域），在 Oxy 面内粉末流呈环状分布，激光与粉末流不存在相互作用；当 $l_1<z<l_2$ 时（对应图 2-42(d)C-D 区域），粉末流聚焦，形成粉末流焦柱区，在 Oxy 面内粉末流呈高斯分布，激光束与粉末流之间形成耦合；当 $z>l_2$ 时（对应图 2-42(d)D-E 区域），粉末流发散，形成锥形粉末流区。

2）光内同轴送粉控制

如图 2-43 所示，光内送粉的粉末通道由喷头外部进入到环锥形光束中空无光区，转向与激光束同轴，由单根粉管正向垂直送粉，可使粉末垂直输送到加工面上的光斑中。在粉管外设置了同轴的环形准直气管，形成双层结构。准直气工作时可在粉末周围形成环形气帘，一方面束缚粉束，减小粉末的发散角，增加粉末的空间挺度；另一方面可防止熔池氧化。在准直保护气的作用下，粉末能够保持很好的集束性，加长激光束与粉末束的耦合区间，增加粉末利用率，减小侧壁粘粉和火花飞溅现象，提高构件的表面质量。由于光、粉、气一体同轴，空间长程耦合无干涉，因此喷头可进行大角度偏摆和空间变姿态，完成大悬垂结构成形、空间倾斜面和立仰面的修复强化等。图 2-43 示出了光、粉、气空间耦合情况。粉末在准直保护气作用下正向垂直下落，从截面 4 到截面 1 是光粉耦合的不同离焦面，可见粉末始终被激光束包围，实现了全程“光包粉”，可减低工作中喷头离焦波动产生的敏感性。图 2-44 为在准直气控制下的粉束喷射、光粉耦合与 3D 成形照片。

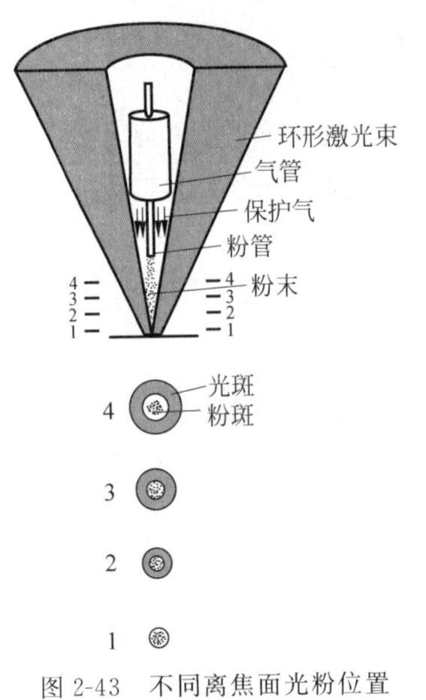

图 2-43　不同离焦面光粉位置

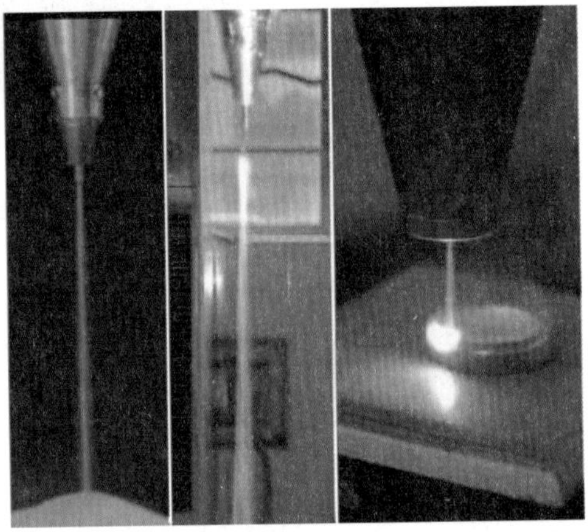

(a)　(b)　(c)

图 2-44　光内送粉、光粉耦合、3D 成形
(a) 光内送粉；(b) 光粉耦合；(c) 3D 成形

2. 喷头熔覆工况测控

智能测控送粉喷头是在喷头上加装多种传感器，以监测喷头组件以及加工过程中熔池等工况信息的变化，从而通过对路径规划、喷头提升量、激光功率、扫描速度及送粉量等参数进行闭环控制，减少喷头组件的损耗和提高熔覆过程的稳定性，提高系统自动化程度和保证熔层质量。其中，熔池温度与堆积高度的测控最为重要。

1) 熔池温度测控

在激光熔覆快速成形过程中，如果保持工艺参数不变，熔池温度也会受基体和粉末材料、构件结构形状、多层堆积过程中的热累积和散热等多种因素的影响。因此，在激光熔覆过程中，精确测量并有效控制熔池温度，对避免熔覆层的过熔或欠熔，保持过程稳定，提高熔池及成形面的几何形貌，控制显微组织，减少各种缺陷等具有重要作用。

清华大学研制了加装温度传感器的送粉喷头[31]，能够监测喷嘴温度。当温度超过设定值时，给出报警信号，防止喷头过热损坏，同时采用了双波长温度传感器检测和控制熔池温度。天津工业大学在送粉喷头上加装了红外温度监控系统与熔覆层高度红外双色检测系统[32]，提高了成形过程的可控性和构件的加工精度。英国诺丁汉大学和德国弗劳恩霍夫研究所联合研发了集多种传感器于一体的送粉喷头[33]，可实时监测喷头组件和熔池的温度，并通过调节激光功率来控制熔池的温度，如图 2-45 所示。

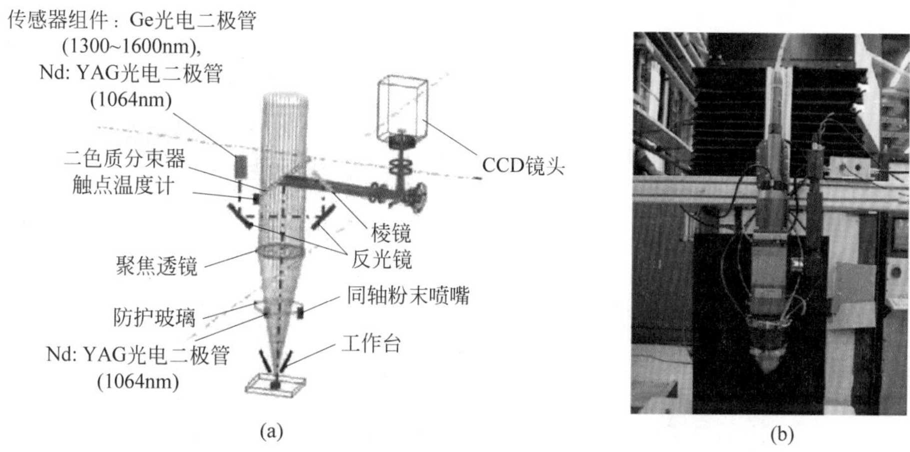

图 2-45　安装了熔池温度传感器的熔覆喷头[33]

(a) 原理图；(b) 实物图

2）工作距离与堆积高度测控

与激光选区熔化(SLM)中的定层高铺粉刮平不同，在激光熔覆成形过程中，理论堆积高度与实际堆积高度值可能不一致。因为实际堆积高度值可能会受到多种不确定或者难以预测的因素影响，包括工艺参数的变化或波动、结构与成形位置的改变、热作用的偏析、温度升降、多道搭接、层间错位等。这些因素都可能使熔覆堆积高度偏离理论设定值。如果堆积高度误差层层累积，会使熔覆喷头的喷嘴与熔池之间的工作距离越来越近或越来越远，造成离焦量变化、光能密度变化、光斑宽度改变，最终导致构件形成上窄下宽或上宽下窄的截面形状，从而影响成形的尺寸形状精度和熔层冶金质量。严重的还可使熔覆失控，堆积终止。随着无人化运行和过程智能化的要求，对其过程进行全闭环测控显得非常重要。

图 2-46 为苏州大学研发的激光熔覆工作距离/堆积高度闭环测控系统示意图[34]。选用高速 CCD 相机为传感器。相机体积小、质量轻，固定在光内送粉喷头上与喷头同步运动。采集的图像信息通过工控机实时处理，得出的堆积高度数据经过控制器计算，反馈的工艺参数作为控制输入，实时传输给控制台，再控制各执行机构。

堆积高度控制首先要保证喷头喷嘴到熔池的工作距离不变。每层提升量可能不再为定值，而是通过闭环控制方法，设为与测得的实际堆积高度一致的值，这种

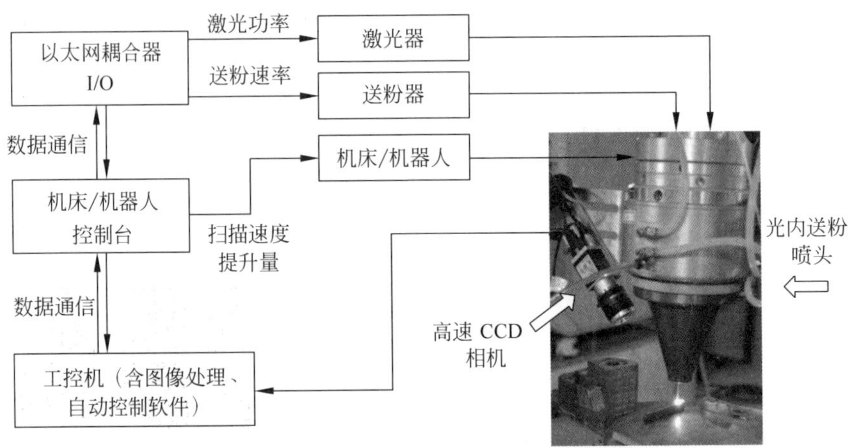

图 2-46　基于高速 CCD 相机的激光熔覆堆积高度闭环测控系统示意图[34]

图 2-47　定距控制下的激光熔覆成形过程与构件

方法称为定距控制。苏州大学采用堆积高度闭环测控系统进行了定距控制实验[35]。如图 2-47 所示，Z 方向的每层提升量不需要预设，而是根据每层实际堆积高度进行随动提升。由于离焦量在闭环控制下保持始终不变，成形过程稳定性、壁厚一致性等都得到极大提高，其表面粗糙度可达到 $Ra=1\sim12\mu m$。

在定距控制的基础上，还可通过变化工艺参数来主动控制堆积高度。美国密歇根大学在喷头周围安装 3 个互成 120°的光电传感器测量激光熔池来获得沉积高度[36]。只有当构件的高度达到期望高度时，熔池发出的光才可通过小孔成像投影到光敏晶体管上。当测得堆积高度高于参考值上限时，开启触发信号降低激光功率，并降低过高区域的生长速度；已达到预定高度的区域则停止沉积，从而实现堆积高度的闭环控制。加拿大滑铁卢大学应用 CCD 相机在线拍摄熔池，通过图像处理得到熔覆堆积高度值，并设计 PID 控制器和变结构控制器，通过变化扫描速度实现了堆积高度随时间变化的闭环控制[37]。苏州大学采用 PI 闭环控制方法，每层变化扫描速度或变化激光功率，可使当前堆积高度受控变化至期望层高值，并同步控制总堆积高度达到期望值[34]。

2.4　微滴喷射系统

2.4.1　微喷嘴流道结构设计

微喷嘴是微滴喷射技术中最为关键的部件之一，微液滴的直径由微喷嘴的大小直接决定。其直径大小、流道形状及内壁光滑程度都是影响喷射能力的重要因素。目前，大部分微滴喷射系统中所用的喷嘴直径在 10～200μm，因此喷嘴的材料及形状要求非常严格，详述如下[1]。

喷嘴几何轮廓及性能要求其流道形状可简化为图 2-48 所示的几何参数示意图，对喷嘴出口处速度分布产生影响的几何因素如下[2]。

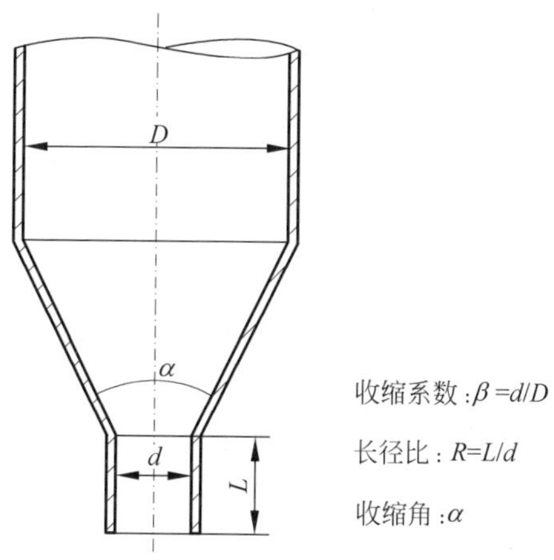

图 2-48　喷嘴几何形状参数示意图

1. 收缩系数 β

喷嘴内流体的流动状态一定程度上反映了上流区域流体的湍流状态。对于确定的流速，β 值的减小可减缓喷嘴出口处射流区域的湍流状态。对于钢板小孔，可认为 β 值为零，在这种理想状态下小孔内是没有湍流现象的。

2. 长径比 R

圆柱式喷嘴所产生的射流边界层处于层流或湍流状态取决于流体的性质及流动状态。当长径比 $R=L/d$ 非常大时，边界层"厚度"可能会达到 $d/2$，此时，边界层将充满整个圆管，形成管流。当圆管的雷诺数 Re 很低时，管内可形成层流，此时，$R=L/d=0.057Re$。对于较大的 R 值，射流的速度分布确定不变。

当管流为湍流状态时，长径比可用以下 3 个公式表示：Latzlo 公式 $R=L/d=0.693(Re)^{0.25}$，Bowlus 和 Brighon 公式 $R=L/d=14.25\lg Re-46$，Coulson 和 Richardson 公式 $R=L/d=0.0288Re$。因此，喷嘴制作中需选择合适的长径比 R，杜绝湍流现象的出现，以保持出口处射流的稳定性。

3. 收缩角 α

喷嘴内壁锥面形成收缩角，选择合适的收缩角可对驱动能量产生汇聚作用。Rouse 提出，当 $15°<\alpha<90°$时，其变化不会对射流状态产生关键的影响。然而小锥度角的喷嘴会导致较大的流阻并形成较小的湍流，大锥度角的喷嘴会在流道收缩区域形成湍流旋涡，因此，需寻找合适的收缩角，使喷嘴内的流动处于稳定状态。Yoshizawa 提出了收缩角 α 的最优值，低速时 $\alpha\approx100°$，高速时 $\alpha\approx30°$。此外，根据文丘里流量计的设计准则，可将 α 值确定为 21°。

4. 喷嘴流道的流线形

当流体流经管道接头、突变截面处时，会产生涡流，发生强烈紊动现象。因此，喷嘴流道的流线化可避免截面突变，防止边界层分离以及由此产生的旋涡现象，减小局部压力损失。

5. 喷嘴内壁光滑度

微米级的流道中，毛细力是对流体流动产生阻力的最大因素。因此，需保持喷嘴内壁光滑，以减小流体与流道的摩擦力。

6. 减小流道压力损失

如前所述，喷嘴流道的压力损失可以分为沿程压力损失和局部压力损失两部分。沿程压力损失是指流体沿直管流动时，由于黏性摩擦和质点的相互扰动而产生的压力损失。黏性摩擦分为内摩擦和外摩擦。内摩擦是指流体分子间的相互摩擦，外摩擦是指流体与管壁的相互摩擦。将喷嘴流道假设为一圆管，管道内流体层流运动时的沿程压力损失为 $\Delta p=\frac{32\mu lv}{d^2}$，与液体黏度 μ、流速 v、流道长度 l 以及流道直径 d 有关。

2.4.2 微喷嘴制造技术

喷嘴是微滴喷射装置中最为重要的部件，目前所使用的喷嘴都在微米级，需达到以下要求才能应用于喷射系统。其一，喷嘴孔内表面要求光滑平整，尽量减小流阻的影响，避免流道出现凹坑、突起、毛刺等破坏喷嘴孔内表面形貌的因素。其二，喷嘴孔应具有高度对称性和垂直方向性，微小的不对称因素或方向的倾斜会造成所形成的射流不稳定，从而导致液滴运动方向偏斜。其三，喷嘴出口光滑、圆整、无缺陷，出口附近的壁面光滑平整。出口的缺陷不仅会造成射流方向偏斜，而且还会导致润湿状态不对称从而影响射流方向及稳定性。其四,喷嘴材料不能与喷射材料发生反应,需保证最低 400℃的高温下不损坏、不变形,且能正常工作。对于阵列喷嘴并行喷射的使用要求,关键在于阵列喷嘴的制作,阵列喷嘴需在一个喷头平面上分布多个喷嘴小孔组成阵列或所需图形,并行喷射的可行性取决于阵列喷嘴的质量,除了上述对一般单孔喷嘴的要求之外,阵列喷嘴各喷嘴孔要求具有极高的一致性。

微米级喷嘴孔的制作方法有很多种,各有优缺点。传统的机械加工方法不能满足微滴喷射技术对小孔质量的要求,可以采用玻璃拉制和电火花加工的方法完成喷嘴的制作。对于制作要求更高的阵列喷嘴,分别采用电火花加工、深硅刻蚀法进行制作。

1. 单喷嘴制作技术

1）玻璃微喷嘴拉制工艺

硼硅酸盐玻璃毛细管(成分见表 2-5)用于喷嘴的制作具有如下优点：①优良的化学稳定性,能抵抗除氢氟酸、浓碱、热硫酸外几乎所有酸、碱、盐的腐蚀；②表面光滑,流阻小；③工作温度高,低于 400℃时可正常工作,可用于需加热降低黏度的流体的喷射；④良好的工艺特性,硼硅酸盐玻璃软化点为(770±10)℃,在此温度下具有良好的可塑性,此外,还可对之进行锯、磨等冷加工；⑤良好的光学特性,透明的玻璃喷嘴有利于使用 CCD 等图像处理系统对喷嘴内径及微液滴产生状况进行实时监测；⑥成本低廉、耐用性好。

表 2-5　硼硅酸盐玻璃组分

组分	SiO_2	Al_2O_3	B_2O_3	Na_2O	K_2O
含量(质数分数)/%	74.8	3.5	14.5	4.5	0.5

玻璃喷嘴制作过程采用玻璃管一次加热→二次加热→磨制→回流的工艺方法,其流程如图 2-49 所示。

图 2-49　玻璃喷嘴制作流程

a）一次加热

一次加热的目的是熔融拉断玻璃管,获取玻璃微针。主要原理是对中空玻璃管局部加热,使之熔融,同时沿玻璃管的轴向施力,使玻璃管在加热区域被拉长,最后拉断。拉制过程中有 3 个关键参数：加热电流、加热圈长度和砝码质量。基本要求是微针的变化长度尽可能短,这样可减小喷嘴内的流阻。

实验装置如图 2-50 所示。该装置有一固定卡头和一活动卡头,活动卡头两侧通过直线轴承与直线导轨相连,可上下平稳运动。活动卡头的底部配有砝码托盘,可以装载不同质量的砝码块。加热丝安装在固定卡头与活动卡头之间的支座上。制作时将玻璃管穿过加热丝装夹在固定卡头和活动卡头之间,当加热丝通电时,硼酸盐玻璃管将受热熔融变形,当温度达到硼酸盐玻璃的塑性加工工艺温度时,在砝码的重力作用下,硼酸盐玻璃管将被拉长进而断裂,形成玻璃微针。经过多次实验,设定 15A 的电流作为初始电流,在这个基准上微调电流,观察拉出的微针长度和加热电流的关系。基本规律是加热电流越大,拉出的微针长度越短。电流在(15±0.25)A 的范围内调整时,微针长度的变化十分明显。必须注意的是,玻璃管必须与加热圈同心,否则拉出的玻璃流道会偏斜,从而影响喷射的方向性。一次加热熔融拉断后所制成的玻璃微针如图 2-51 所示。

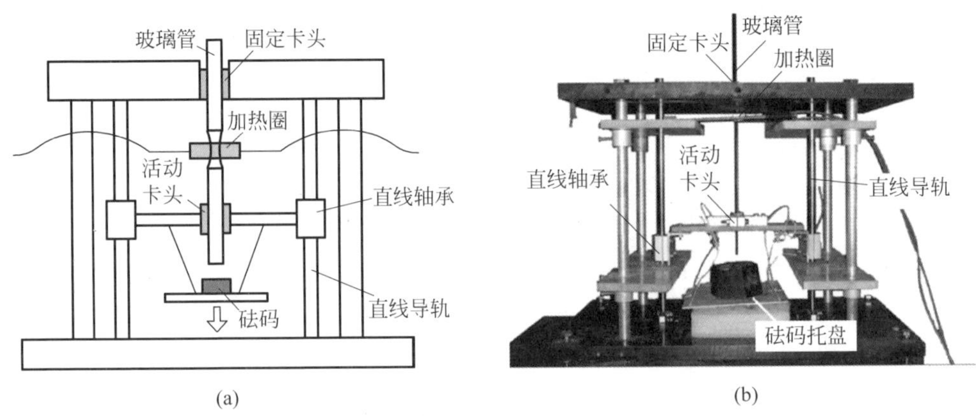

图 2-50　玻璃管拉制装置

(a) 原理;(b) 结构

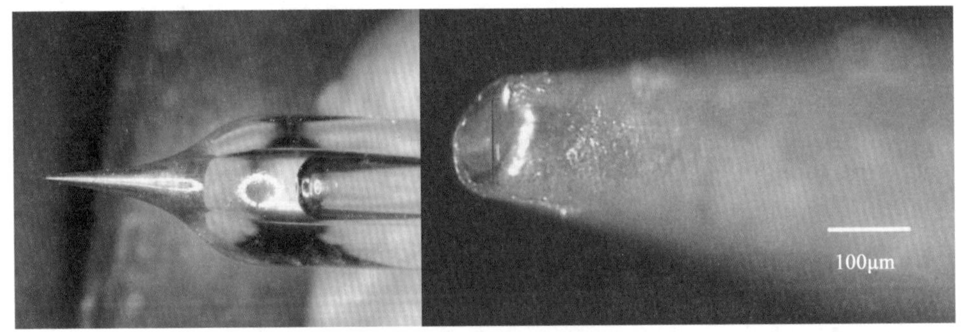

图 2-51　熔融拉断制成的玻璃微针

通过显微镜观测发现,拉断的微针尖端并不封闭,微针头部内径 0.5μm,外径极小,仅为 1.5μm。通过磨制该玻璃微针可获得所需的内径,但它的两个缺点使之并不适合于微喷射:①喷嘴流道长径比非常大导致极大的流阻,克服流阻所需的驱动力也随之增大;②喷嘴出口壁厚极小(对于 100μm 内径的喷嘴,壁厚只有

20μm 左右)，极易被损坏。因此，需进一步处理微针。

b) 二次加热

第二次加热的主要目的是使微针尖端熔化闭合，保证闭合的锥度在 30°～45°之间(最尖端的内孔锥度不到 10°)，目的是缩短流道并保证流道准确的方向性。二次加热采用的装置是如图 2-52 所示的玻璃喷嘴加热装置，3 圈镍铬丝使用 17A 的电流加热。通过放大镜可以观察加热过程中玻璃管的闭合锥度。完成此步骤后得到的玻璃管如图 2-53 所示。

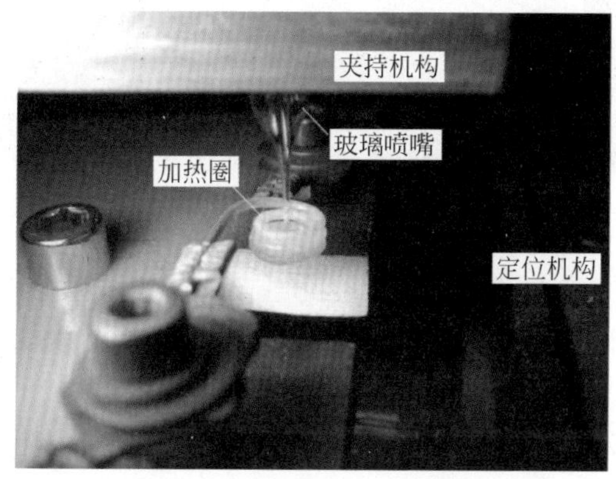

图 2-52　玻璃喷嘴加热装置

图 2-53　二次加热后的玻璃喷嘴

c) 磨制

磨制的目的是将尖端的封闭区域去除，并得到所需的喷嘴内径，此外，还需磨出与轴线垂直的喷嘴出口平面，通过显微镜观察喷嘴内径。图 2-54 为磨制所得的玻璃喷嘴出口端面。

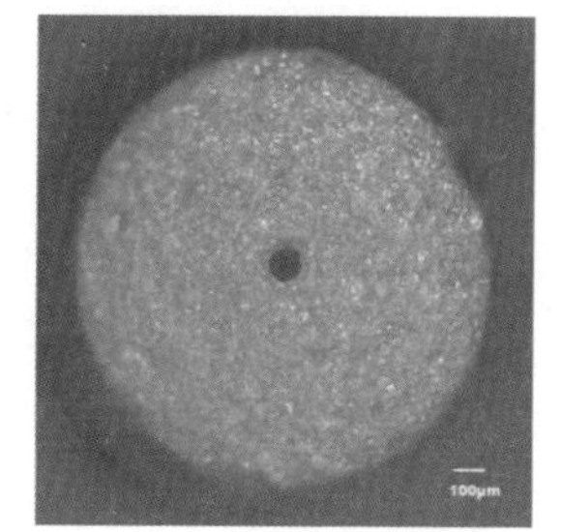

图 2-54　磨制后的喷嘴出口

d) 三次加热

磨制出的喷嘴端面非常粗糙，边缘存在毛刺和尖角。因此需通过第三次加热对喷嘴进行回流处理，从而减小粗糙度和去除尖角，这一处理过程也是在如图 2-52 所示的玻璃喷嘴加热装置上进行的。玻璃熔融后在表面张力的作用下自然形成光滑表面,孔边缘也形成圆角,这样得到的喷嘴理论上具有较小的流阻。然而,过度的熔融会导致玻璃喷嘴孔径缩小甚至再次闭合,所以这一步骤必须控制好加热时间,使玻璃喷嘴表面形成自抛光的同时孔径又不至于明显缩小。实际操作中,对于 17A 的加热电流,该过程在几秒钟之内就能完成,经该过程处理得到的喷嘴如图 2-55 所示。

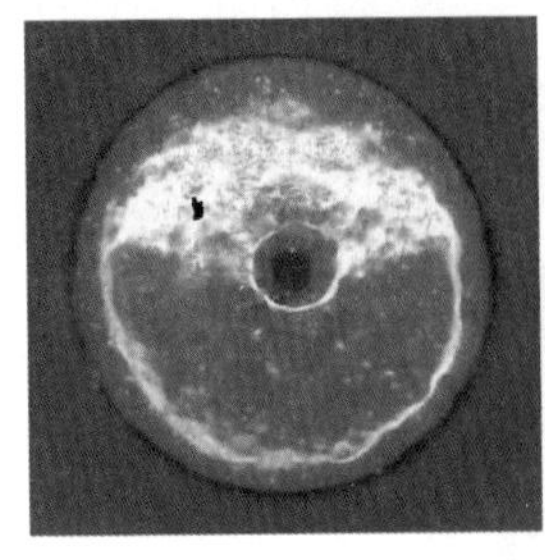
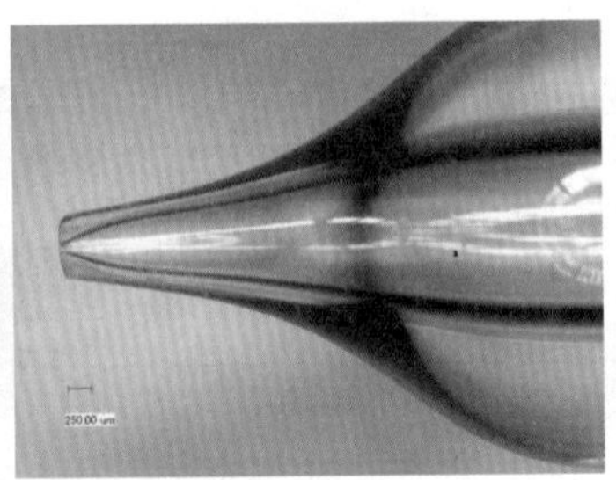
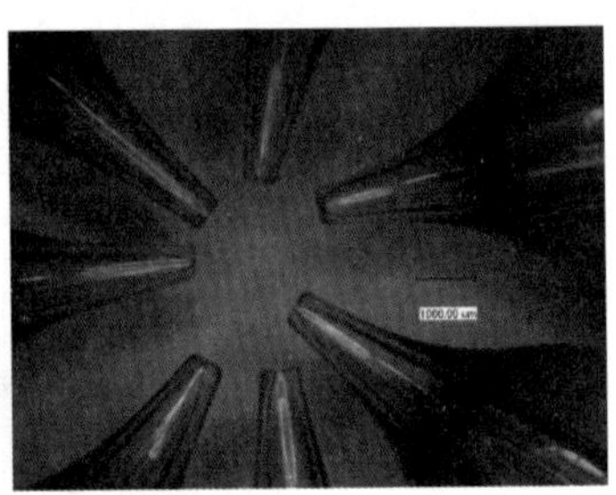

图 2-55　玻璃喷嘴成品

经测试可知,玻璃喷嘴出口外径约 500μm,内径约 50μm,壁厚约 225μm,远大于一次拉制微针的厚度。该喷嘴还具有较高的强度,将此喷嘴从 1m 高的地方跌落,喷嘴还能保持完好。

2) 金属微喷嘴制作工艺

a) 用于金属微喷嘴制作的高效微电火花加工系统

(1) 微电火花机床系统设计。微电火花加工机床常见布局方式有立式和卧式,在此采用卧式布局,由金刚砂轮超精密在线电极磨削、线电火花在线电极磨削共同完成微米级电极加工,主要包括如下 6 个部分:线电火花在线电极磨削装置;金刚砂轮超精密在线电极磨削装置;纳秒脉宽微能脉冲电源;微进给系统;去离子水循环系统;CCD 在线视觉监测与测量系统,如图 2-56 所示。

(2) 微电火花机床结构布局。该电火花机床采用高精度导轨、精密滚珠丝杠及回转主轴,并采用相应的减振措施,降低主轴回转过程中的振动和误差。机床应用复合砂轮线电极磨削法在线制作工具电极,线电极磨削装置置于工作台上,可方便地完成一次装夹工具电极毛坯,先用线电极放电磨削(WEDG)法制作工具电极,然后用此电极进行微电火花加工。这样可以消除电极二次装夹定位误差,大大减少调整时间。如图 2-57 所示,卧式微电火花加工装备共 5 根轴,分别为 X、Y、Z、B_1、B_2,其中 B_1 为工具电极回转主轴,B_2 为砂轮回转主轴。工件电极固定在 XY 平台上,砂轮磨削以及 WEDG 加工时,工具电极随 XY 平台移动,B_1 或 B_2 轴做回转运动;小孔加工和铣削加工时,工件也需要参与运动,即 4 根主轴 X、Y、Z、B_1 均需运动。系统控制主机选用高性能计算机,通过光栅尺实现 X、Y、Z 方向的全闭环运动、图像采集卡获取图像参数、数据采集卡实时采集放电间隙电压、I/O 装备实现人机交互,在计算机的顺序控制和统一调度下,完成预定加工任务。机床系统所具有的功能有:用线电极磨削法加工微细轴;用电火花加工微细孔;加工特殊形状构件;加工各种形状的三维结构。

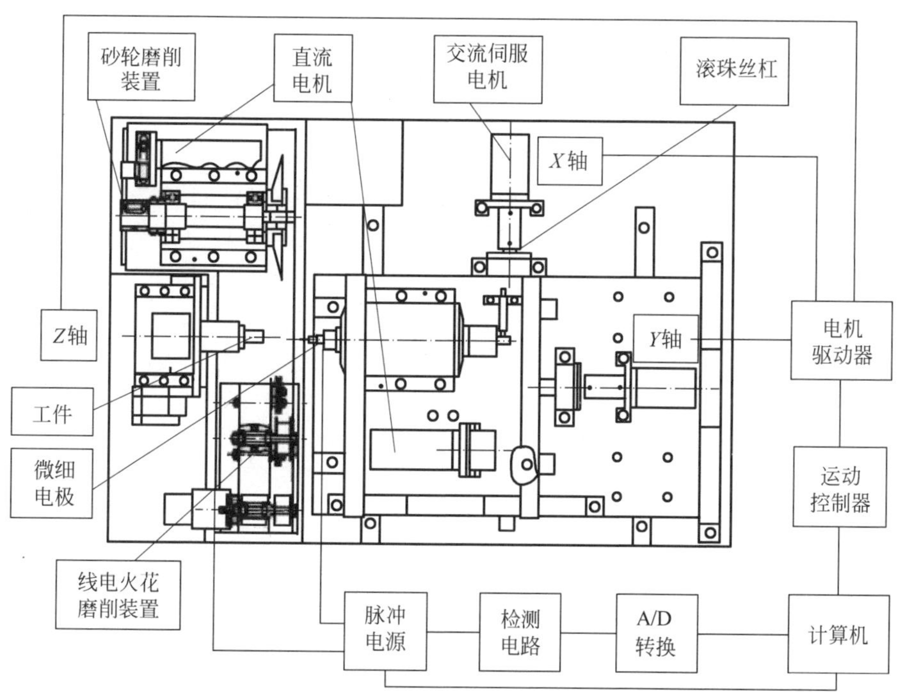

图 2-56　微电火花系统构成

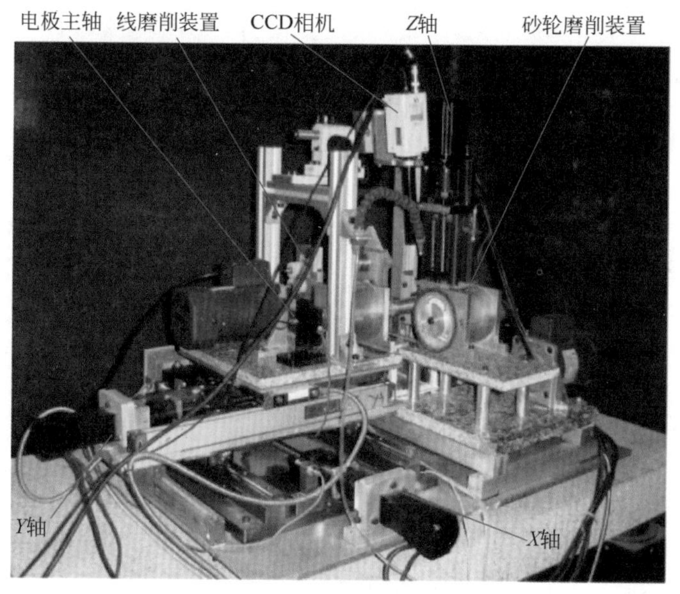

图 2-57　卧式微电火花机床

(3) 微电火花机床控制软件。控制系统的主要功能是控制微电火花加工机床的各执行部件按一定逻辑顺序完成指定的功能。从功能上说,控制系统要实现砂轮磨削、WEDG、微小孔加工、图像监测等功能。控制系统软件的编程基础是运动控制卡、光栅计数卡和图像采集卡提供的软件开发接口。软件要在这些板卡设置和 I/O 操作接口基础上实现砂轮磨削、WEDG、微小孔加工、图像监测等逻辑功能并提供人机交互操作。开发环境采用 VC 6.0+Windows XP,此微电火花加工机床专用控制系统软件采用三层架构(图 2-58),从下到上分别是功能单元封装层、逻辑功能组合层、用户界面层。相邻两层间,下层为上层提供完全服务支持。

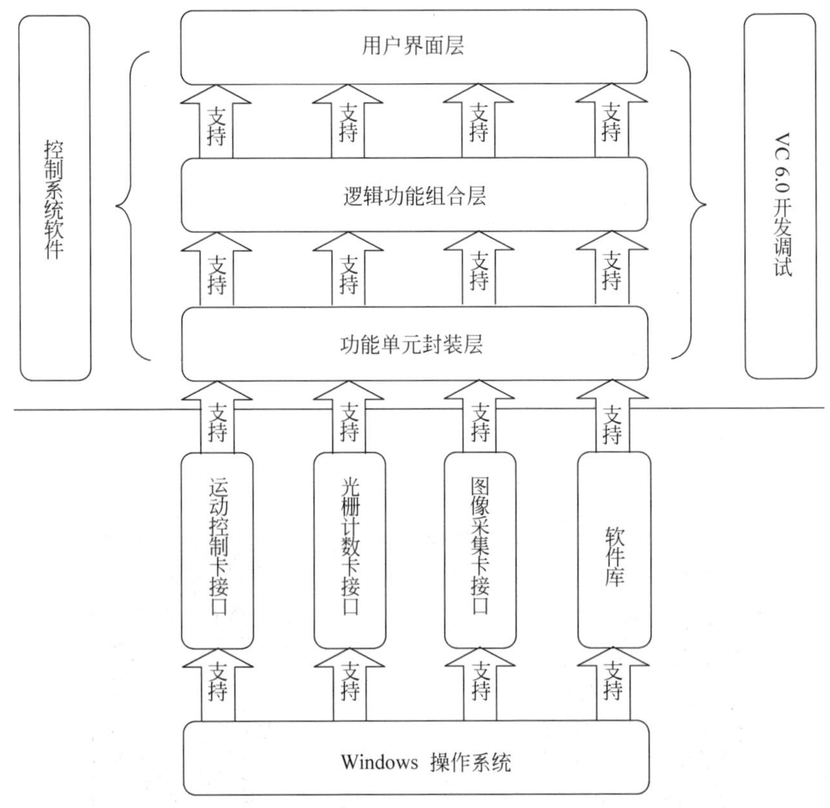

图 2-58 控制系统软件的体系结构

b) 金属微喷嘴制作工艺

(1) 微细电极加工。微细电极加工是微电火花加工技术的关键,采用 3 种不同方式(砂轮磨削、WEDG 加工、复合加工)分别加工微细电极。其加工方法是:将工具电极装夹在回转主轴上,分别通过对应的加工模式来去除工具电极材料,直到微细轴尺寸达到设定值为止。图 2-59(a)~(c)为砂轮磨削得到的工具电极图,其中,砂轮粒度规格为磨 JR 粒度 125,浓度 75,黏结剂 32;单次最大进刀量 50μm。图 2-59(c)中电极最小直径 20μm,长径比为 8:1。

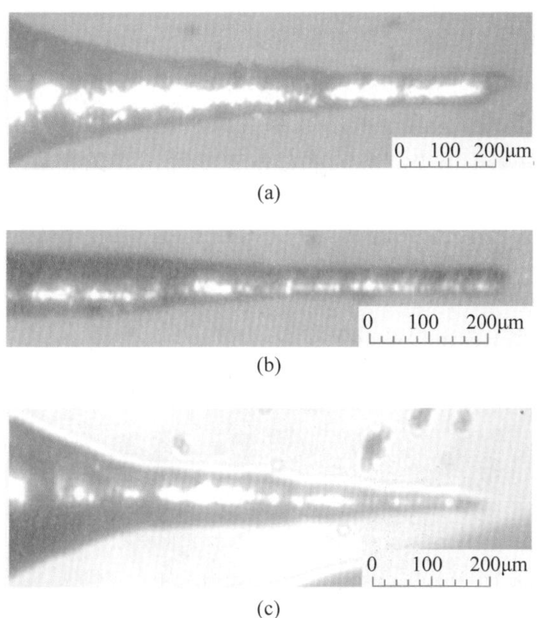

图 2-59　砂轮磨削得到的微细电极

(a) 电极直径 80μm，长度 440μm；(b) 电极直径 50μm，长度 500μm；(c) 电极直径 20μm，长度 160μm

图 2-60 为微电火花加工得到的微细电极，放电参数如下：粗加工开路电压 100V；精加工开路电压 50V；电源脉宽 100ns；工作液为去氧离子水。

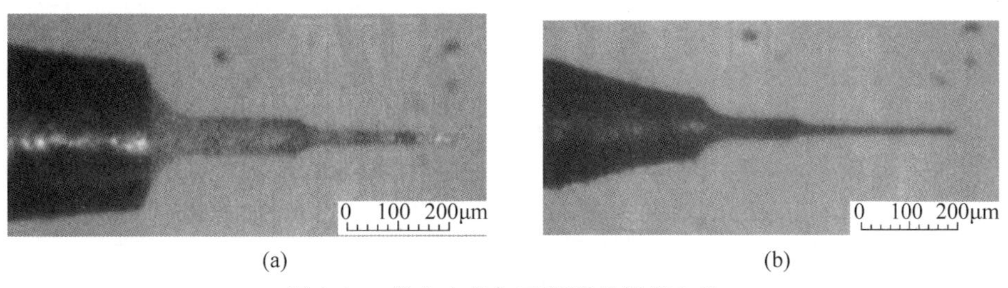

图 2-60　微电火花加工得到的微细电极

(a) 电极直径 25μm，长度 300μm；(b) 电极直径 15μm，长度 340μm

当电极直径偏小时，电极机械夹具设计和制造困难，工具电极选用 ϕ1.4mm 钨杆。考虑到当前实际生产中，微电火花加工多使用 ϕ0.5mm 钨杆，故先将钨杆加工到 ϕ0.5mm。在 3 种不同模式下的加工时间如表 2-6 所示。

表 2-6　电极加工效率比较(长度 800μm)

	砂轮磨削	WEDG	复合加工(砂轮)	复合加工(WEDG)
加工时间/s	266	8564	235	263
开始直径/μm	500	500	500	100
终止直径/μm	80	80	100	80

从表 2-6 的数据中可知，砂轮磨削加工速度在 WEDG 加工速度的 30 倍以上，复合模式的加工速度在 WEDG 加工速度的 10 倍以上，加工效率明显提高。

（2）微小孔加工实验。电火花小孔加工具有加工面积小、加工深度大、排屑困难等难点。因此，微小孔加工已成为衡量电火花加工系统整体性能的重要指标，好的微电火花加工系统必须能有效解决小孔加工的难题。

图 2-61(a)为不锈钢片上加工的 $\phi 100\mu m$ 的微小孔高清图片，图 2-61(b)为铜片上加工的 $\phi 80\mu m$ 的微小孔高清图片。图 2-61(c)、(d)分别为在不锈钢片上加工的微小孔入口端和微小孔出口端，图 2-61(c)所示小孔直径为 20μm，小孔加工深度为 0.3mm。放电参数：开路电压 50～100V；电源脉宽 100ns；工作液为去离子水。

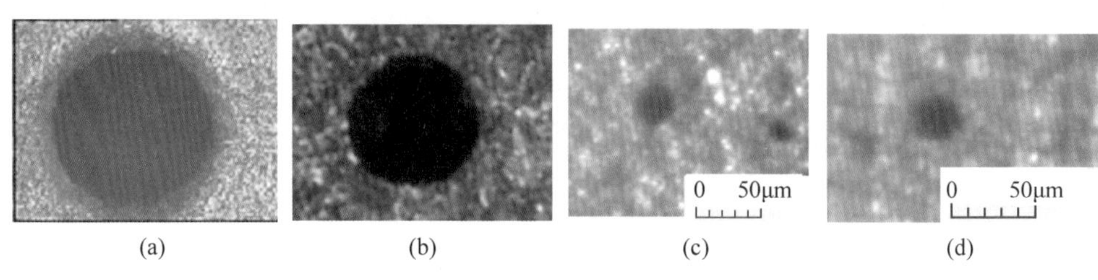

图 2-61　微电火花加工得到的微小孔

(a) $\phi 100\mu m$ 小孔(不锈钢)；(b) $\phi 80\mu m$ 小孔(铜)；(c) $\phi 20\mu m$ 小孔入口端；(d) $\phi 20\mu m$ 小孔出口端

实验中对不同电源参数下的小孔加工效率进行了测试，表 2-7 为不同电压下的加工时间。在不同电压下小孔加工所耗时间各不相同，电源电压越高，所耗时间越少。

表 2-7　小孔加工时间比较　　s

深度/μm	电压/V		
	100	70	50
300	190	470	1325
110	80	195	502

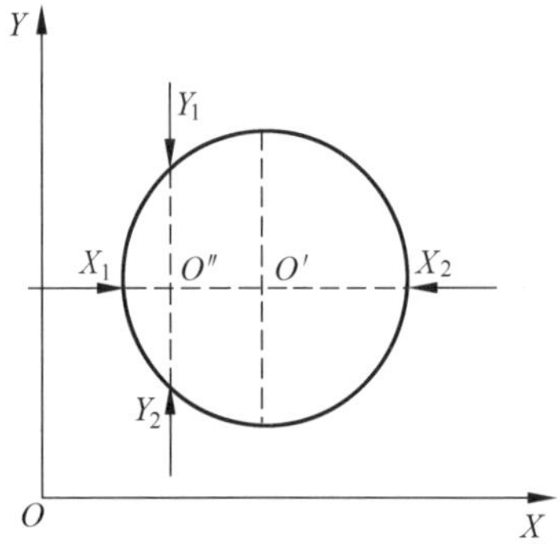

（3）微喷嘴加工实验。在进行微电火花喷嘴中心小孔加工前，首先要进行小孔中心定心。本实验所采用的小孔定心方法为通过获取圆周边界 4 点来确定喷嘴加工中心，如图 2-62 所示。将工具电极移动到与喷嘴外圆壁开路，先让电极相对喷嘴沿 Y 轴负向运动，遇到短路状态后快速返回，记录短路时 Y 轴位置 Y_1；然后让电极相对喷嘴沿 Y 轴正向运动，直到短路状态为止，记录此时 Y 轴位置 Y_2；最后 Y 轴电机运动到喷嘴的 Y 向中心位置 $(Y_1+Y_2)/2$。对于

图 2-62　喷嘴加工小孔定心

X 轴方向,同样重复上面过程,即可找到喷嘴加工中心。

图 2-63 为微电火花加工得到的喷嘴入口端和出口端小孔形状。小孔加工材料为不锈钢,入口端直径 120μm,出口端直径 80μm,小孔深度 0.65mm。为减小小孔内壁加工粗糙度,加工过程中对同一位置进行多次重复加工。此外,在完成微电火花小孔加工后,进一步进行电解反应以达到镜面效果。

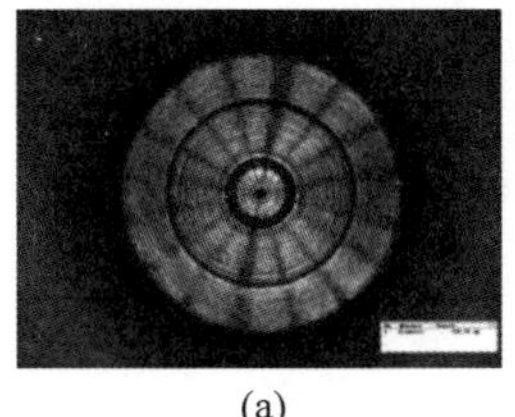
(a)

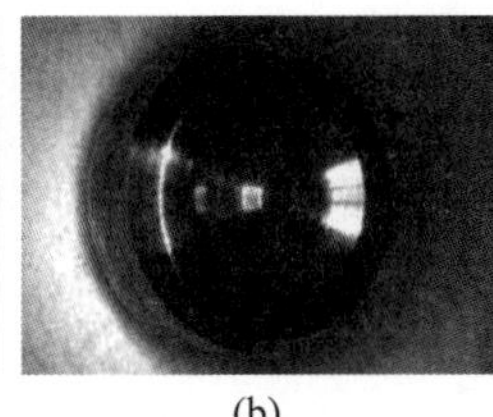
(b)

(c)

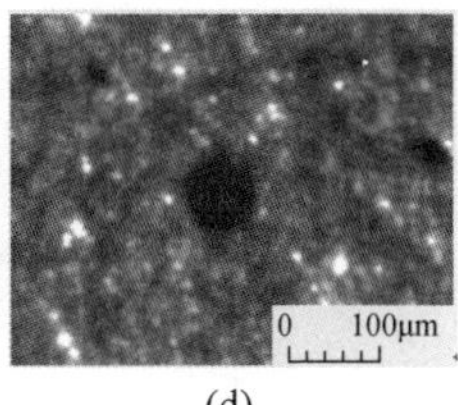

(d)

图 2-63 微电火花加工的喷嘴小孔

(a) 俯视图;(b) 侧视图;(c) 入口引导端(ϕ120μm);(d) 出口端(ϕ80μm)

2. 阵列微喷嘴制作技术

1) 微电火花制作金属微阵列喷嘴

随着封装密度的提高,目前凸点焊球直径已小至 35μm,而用于芯片尺寸封装的 μBGA 直径也已缩小至 150μm,因此要使基于模板式喷嘴的面积阵列凸点喷印技术能够与微电子封装产业的发展匹配,喷孔直径也应越来越小。利用电火花微孔加工技术在不锈钢材料上加工阵列微孔可实现模板式喷嘴的精确制作[9]。

在圆截面微孔的电火花加工中,利用回转电极进行放电加工不但可以保证微孔的圆度,还有利于排屑。为了使所加工微孔的直径接近电极直径,电极的回转精度要求非常高。利用自制电火花微孔加工机床,采用电极在线复合修磨的方式保证电极回转精度。在线复合修磨技术,即在精密回转主轴上装夹较大尺寸电极,在主轴回转的情况下先利用砂轮进行粗磨,再利用线电火花磨削进行精磨。在线复合修磨技术不但保证了最终电极的尺寸精度以及回转精度,而且提高了电极的制作效率。图 2-64 是利用该方法修磨的直径为 15μm 的微电极,图 2-65 所示为利用该微电极在电火花微孔加工机床上加工出的阵列喷嘴。

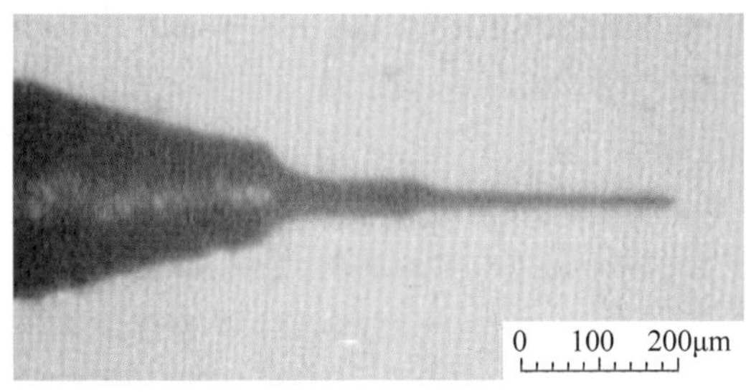

图 2-64 在线复合修磨的微电极

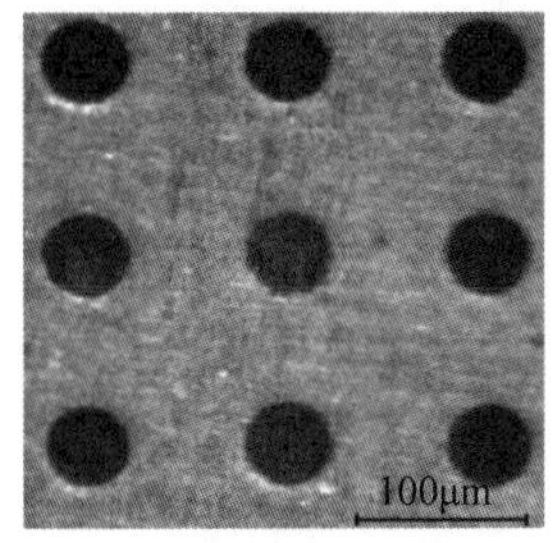

图 2-65 不锈钢阵列喷嘴出口形貌

2）深硅刻蚀制作硅微阵列喷嘴

相比电火花微孔加工方法，微系统加工（MEMS）工艺更容易制作直径精确、均匀、内壁光滑且喷孔数目更多的模板式喷嘴。在诸多干法刻蚀工艺中，电感耦合等离子体反应（ICP）工艺是目前被广泛使用刻蚀硅片的工艺，能在高深径比的结构上进行各向异性的刻蚀，形成平整侧壁。可在硅片上一次性刻蚀出多个较一致的圆柱形或圆锥形微孔，适合阵列喷嘴制作[10-11]。

a）喷嘴制作材料与装备

喷嘴制作使用的材料为 300μm 厚、4in（1in＝2.54cm）单晶硅片；装备主要使用光刻机、ICP 刻蚀机。

b）制作过程

（1）掩膜版设计制作。掩膜版包含了要在硅片上重复生成的图像。设计的掩膜版主体材料是树脂，中间沉积了一层黑色铬膜，形成掩膜版图案，铬不透明，不允许紫外光透过。按 1∶1 比例将阵列喷嘴的实际轮廓图形设计为掩膜版图案。由于目前主要采用正性光刻，因此设计为暗场掩膜版，微孔图形为透明区域，设计的微孔直径为 50～70μm。

（2）旋涂光刻胶。硅片经去离子水冲洗清洁后脱水烘干，在匀胶机上进行旋转涂胶，静止时滴 5mL 正性光刻胶于抛光硅片表面，然后加速旋转，在硅片表面获得均匀的光刻胶膜覆盖，检查光刻胶是否有缺陷或颗粒污染。

（3）软烘。硅片旋转涂布光刻胶后要在温度为 90～100℃ 的热板上软烘 30s，以去除光刻胶中的溶剂，使光刻胶能较好黏附硅片表面，使光刻胶均匀铺展，缓和胶膜内应力。

（4）光刻。在光刻机上，将掩膜版与旋涂光刻胶后的硅片按正确位置对准，以 UV 紫外光曝光掩膜版和硅片，紫外光透过掩膜版上空白区域照射在光刻胶上，激活光刻胶中光敏成分，把掩膜版图形转移到涂胶硅片上。

（5）显影。用化学显影剂溶解光刻胶上被曝光变质的可溶解部分区域，图形通过剩余光刻胶结构体现，留在硅片表面，然后用去离子水冲洗残留物并甩干。

（6）坚膜烘焙。显影后，将硅片置于 120～140℃ 的热板上坚膜烘焙，进一步挥发光刻胶中的溶剂，稳固光刻胶形态，使其黏附性更强。

（7）贴片。喷嘴制作需要在硅片上刻蚀通孔，为防止硅片被刻蚀穿后刻蚀气体腐蚀硅片背面，因此，要将待刻蚀的硅片无光刻胶的背面通过硅油、光刻胶或者石蜡与另外一片硅片贴合后，才能进行刻蚀。

（8）ICP 刻蚀。ICP 刻蚀采用物理刻蚀与化学刻蚀相结合，等离子体物理轰击与刻蚀气体化学反应共同作用。同时，因设计的阵列微孔深径比较高，为实现深小孔的良好加工，还采用了交替复合深刻蚀工艺。这一工艺通过刻蚀和保护循环交替进行来实现各向异性刻蚀。刻蚀气体 SF_6 通入发生各向同性刻蚀，保护气体 CF_4 通入形成钝化层保护侧壁，交替进行实现各向异性深硅刻蚀。该工艺每分钟刻蚀 6～7μm，完成 300μm 通孔需要 1h 左右。

（9）清洗。完成刻蚀后，将硅片浸泡在丙酮中进行超声清洗去除光刻胶。

硅喷嘴制作工艺关键流程如图 2-66 所示。经 ICP 刻蚀加工的孔圆整光洁，尺寸精确，缺陷较少，如图 2-67 所示。阵列孔尺寸偏差较小，形貌一致性高，适合用作阵列孔喷嘴，如图 2-68 所示。

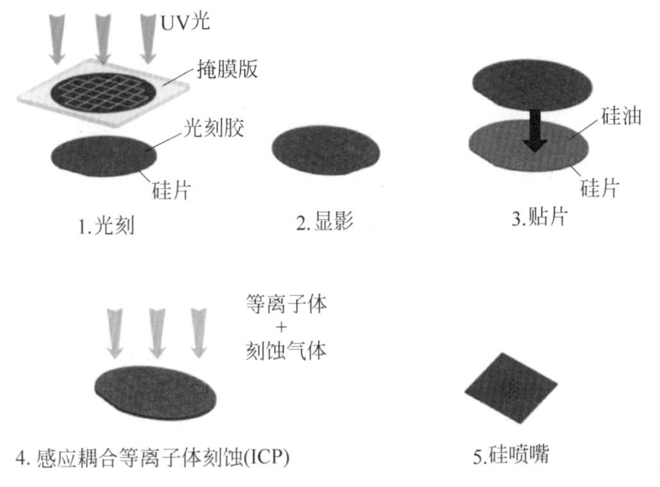

图 2-66　硅喷嘴制作工艺关键流程

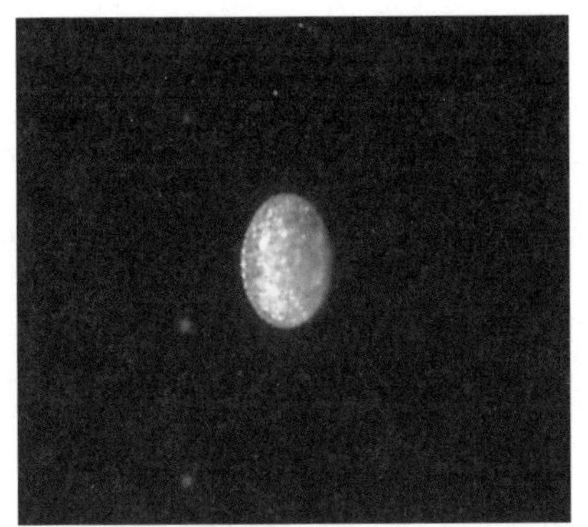

图 2-67　刻蚀加工微孔形貌

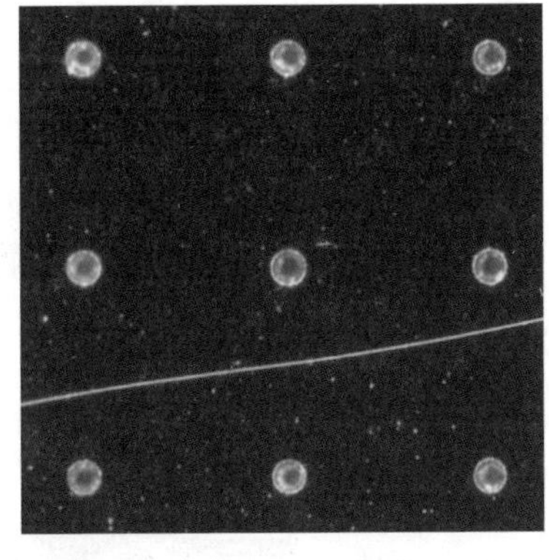

图 2-68　刻蚀加工阵列孔喷嘴

2.4.3　微滴喷射系统应用实例

1. 单喷嘴微滴喷射系统及应用

1）气动膜片式微滴喷射系统及其应用

a）气动膜片式微滴喷射装置

气动膜片式微滴喷射系统构成包括微喷射装置、控制系统、精密运动平台及视觉监控与图像处理系统四大部分，如图 2-69 所示。图 2-70 为自行构建的气动膜片

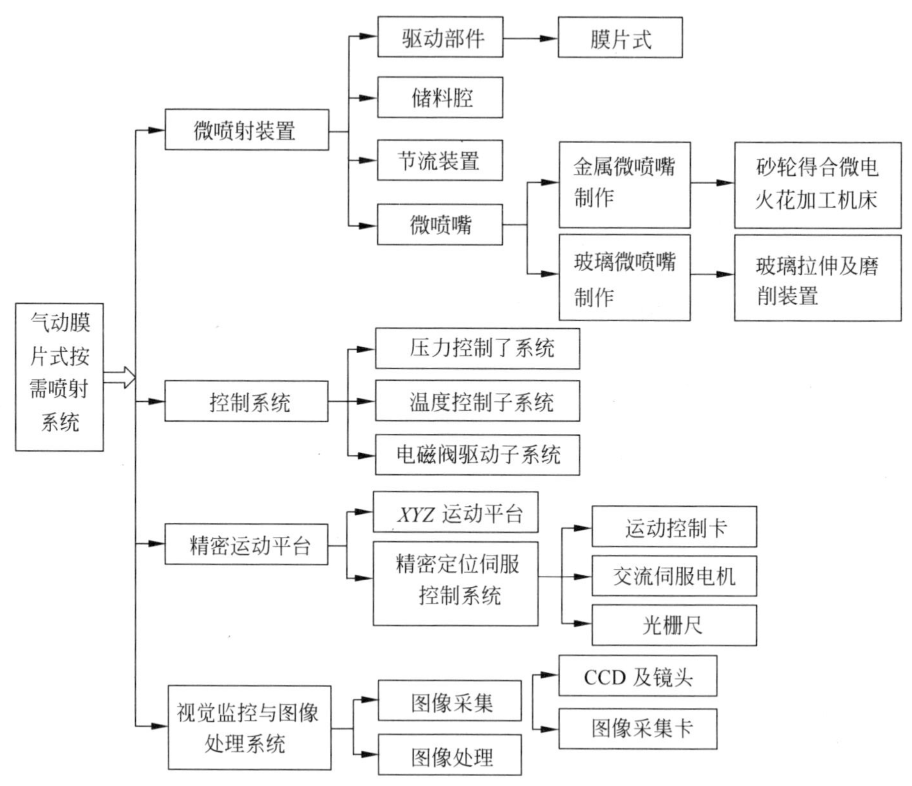

图 2-69　微喷射系统构成框图

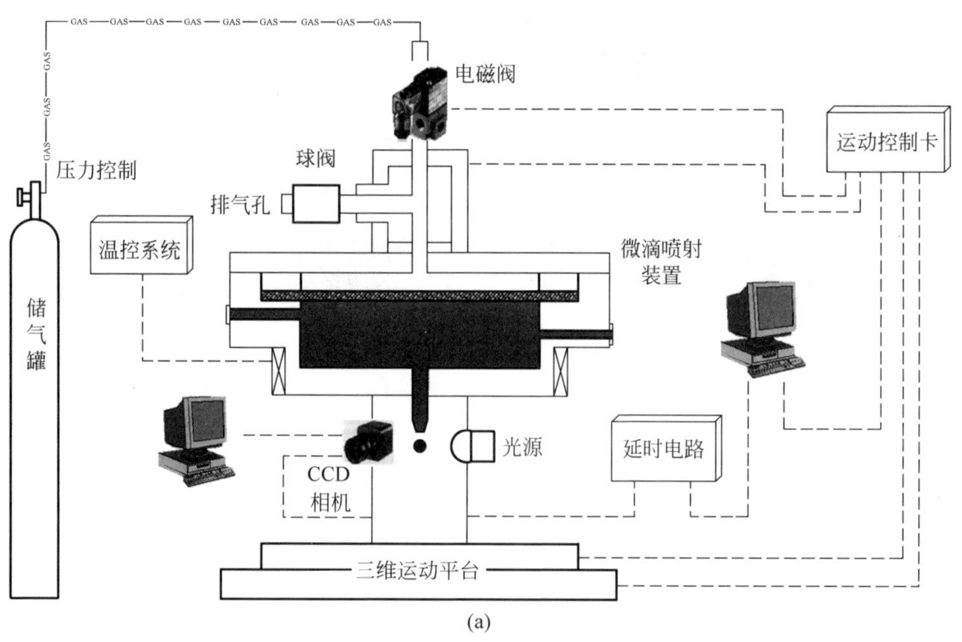

图 2-70　气动膜片式按需喷射实验系统

(a) 系统组成；(b) 实验平台照片

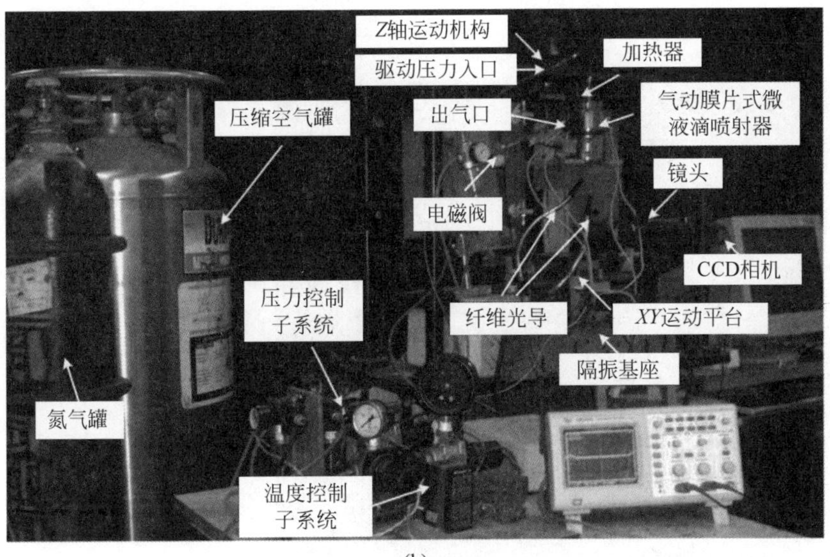

(b)

图 2-70 （续）

式按需喷射实验系统组成和平台照片，包括气动膜片式微滴喷射器、压力控制系统、温度控制系统、电磁阀驱动系统、精密运动平台及视觉监控与图像处理系统。控制软件采用 VC 6.0＋Windows XP 为系统开发环境，其功能模块组成如图 2-71 所示，该软件主要实现系统运动控制和定位、图像采集和分析以及系统状态检测与控制，界面如图 2-72 所示[1,12-16]。

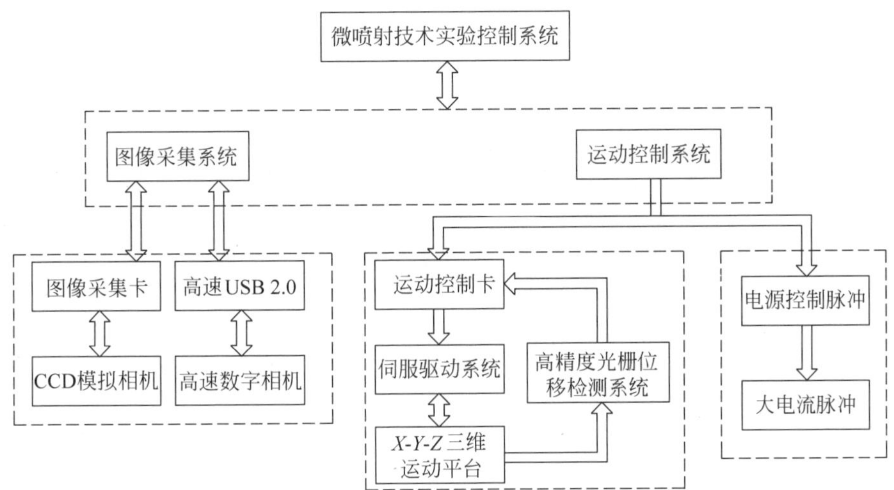

图 2-71　微喷射技术实验平台控制系统组成模块

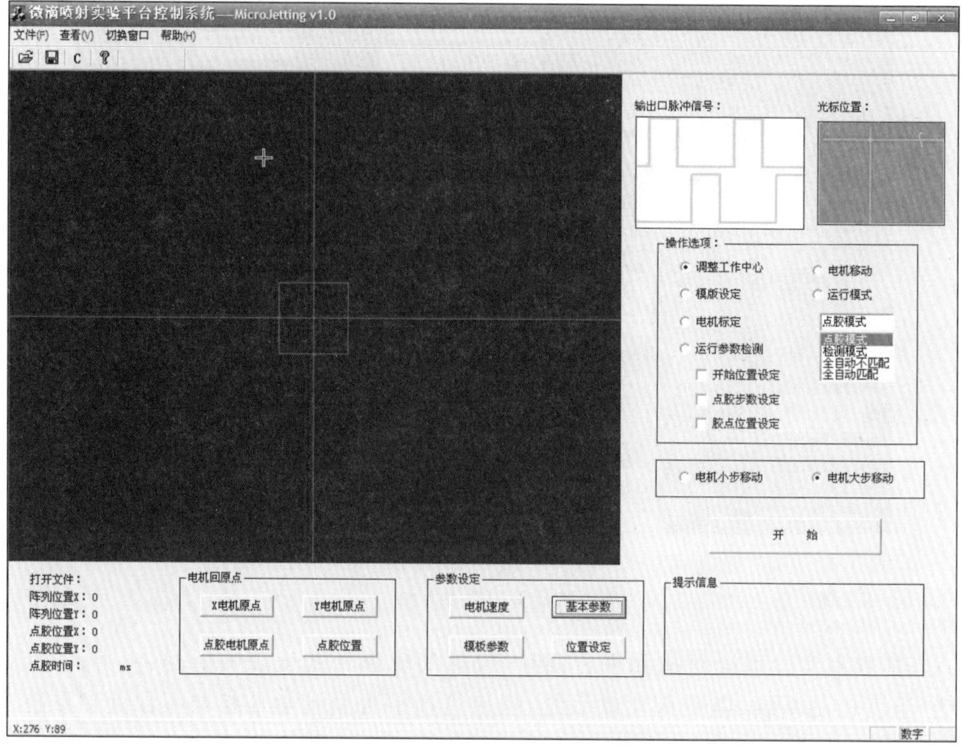

图 2-72 微喷射控制系统软件界面

b）喷射应用

微喷射系统可用于制作聚合物微透镜阵列。图 2-73 为平均接触直径为 171.52μm 的 6×6 微透镜阵列放大 100、150、200 倍的光学显微图。图 2-74 为平均接触直径为 333.28μm 的 9×9 微透镜阵列的光学显微图[17-18]。

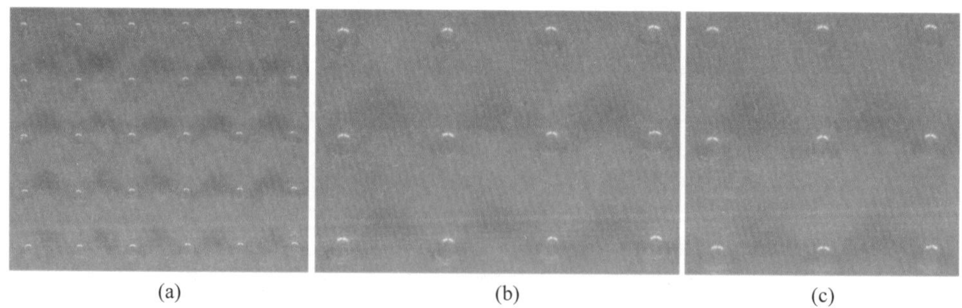

(a) (b) (c)

图 2-73 6×6 微透镜阵列光学显微图

(a) ×100；(b) ×150；(c) ×200

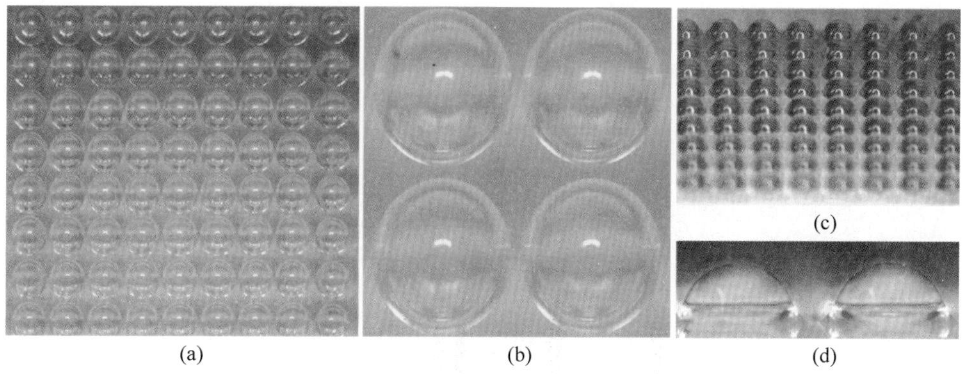

图 2-74　9×9 微透镜阵列光学显微图

(a) 俯视(×50)；(b) 俯视(×200)；(c) 倾斜 45°(×50)；(d) 侧视(×200)

2) 压电膜片活塞式喷射系统及其应用

a) 压电膜片活塞式喷射装置

压电膜片活塞式喷射技术虽然利用了压电驱动，但能在整体高温环境下为压电驱动器创造低温工作条件，不影响压电晶体性能，适用于熔融金属的喷射，而且为并行喷射模式提供了可行基础，与之相结合可产生更高效的压电膜片活塞式并行喷射技术。

压电膜片活塞式喷射以脉冲信号激励压电陶瓷驱动器，产生逆压电效应变形伸长使与之相固连的活塞杆产生位移，推挤喷射腔液体，驱动焊料从喷嘴射出形成液滴。喷射装置结构如图 2-75 所示。装置以压电陶瓷为驱动源，压电陶瓷上端与可调节支架连接，工作时可限制压电晶体只向下伸长变形，下端与活塞杆连接，工作时直接驱动活塞杆向下运动。活塞杆由三段组合而成，每两段连接处与一张金属膜片固连，两张膜片中心与活塞杆固定，周边与装置外壳固定，形成一个隔离工作腔与驱动源的腔体，向其中通入循环水形成冷却水腔，在加热时起冷却作用以保护压电陶瓷，同时确保活塞在垂直方向上能小幅度运动。活塞杆穿过水腔延伸至工作腔，活塞底端面与喷射头侧壁以及喷嘴之间形成喷射腔。储料腔和喷射头通过连接管和过滤网连通，构成材料供给系统。加热棒加热圈在温控器反馈调节下进行加热，将装置保持在稳定的工作温度[11]。

在该装置中双膜片的作用一是形成一个能随活塞运动的冷却腔；二是为活塞杆定位，双膜片要确保活塞杆与喷头侧壁有较高的同轴度以使侧隙均匀，以及保证活塞与喷嘴平面的垂直度；三是确保活塞运动精度，不偏斜、不晃动；四是双膜片在活塞能伸入喷头装置并灵活运动的前提下能良好密封装置。活塞杆的作用一是将驱动源与高温喷射部分分离，并精确传递动作；二是底端平面与喷嘴平面平行，确保在阵列喷嘴入口处产生均匀一致的压力和速度，这是进行并行喷射的基础。

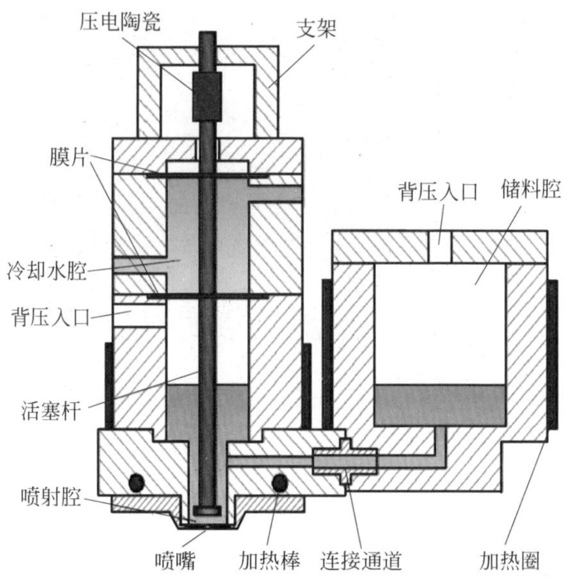

图 2-75　压电膜片活塞式微滴喷射装置结构

b）焊料喷射工艺

（1）焊球阵列制作。以电火花加工的不锈钢单孔喷嘴进行单个焊球喷射，通过控制软件和三维运动平台，在指定位置沉积凸点，形成自定义阵列图形。单孔喷嘴喷射具有较高的稳定性和一致性，凸点阵列中焊球尺寸均匀，沉积位置定位精度较高；缺点是逐点喷射耗时长，效率不高。图 2-76 为以孔径 45μm 电火花加工喷嘴制作的 15×15，间距 150μm，焊球铺展尺寸 80μm 的 $Sn_{63}Pb_{37}$ 焊球阵列。图 2-77 为以孔径 85μm 电火花加工喷嘴制作的 20×20，间距 800μm，焊球铺展尺寸 120μm 的 $Sn_{63}Pb_{37}$ 焊球阵列。图 2-78 为利用焊球制作的“HUST”图案[10-11]。

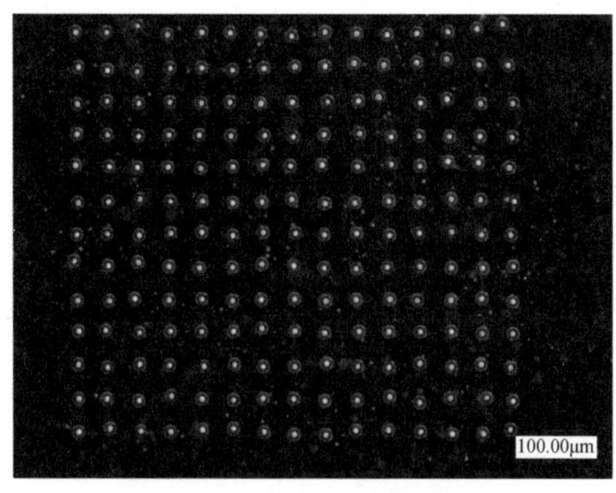

图 2-76　15×15 焊球阵列

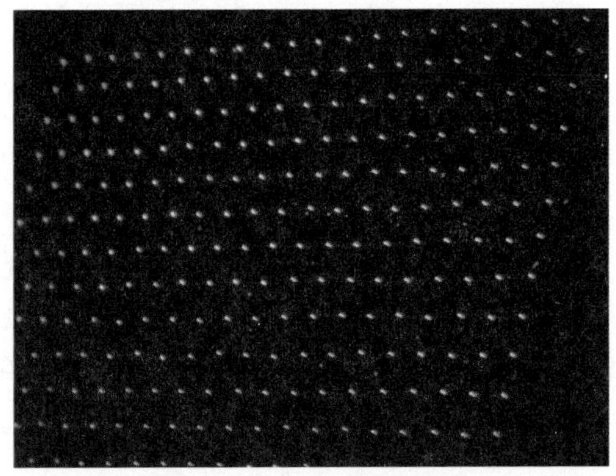

图 2-77　20×20 焊球阵列

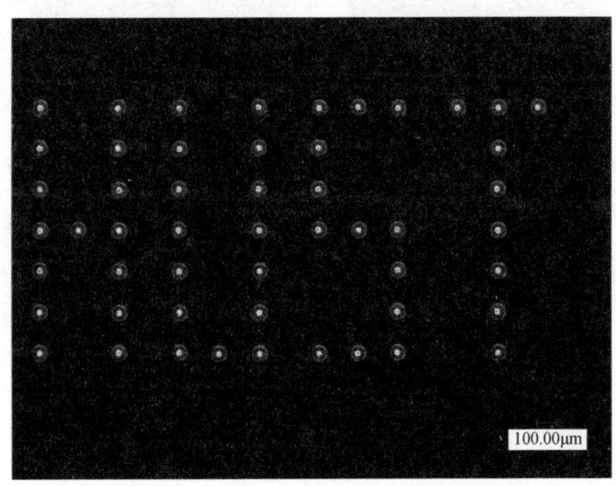

图 2-78　焊料凸点形成的"HUST"图案

(2) 焊料圆柱制作。圆柱栅格阵列(column grid array,CGA)是焊球阵列(ball grid array,BGA)的另外一种形式。其以焊料圆柱阵列代替焊球阵列进行封装。这种阵列可以是完全分布或者部分分布,常见焊料圆柱使用材料为 $Pb_{90}Sn_{10}$,直径约 0.5mm,高度大约在 1.8~2.2mm,焊柱阵列典型节距为 1.27mm。CGA 大部分优缺点与 BGA 相似,但其较之 BGA 的优点是焊料圆柱可以承受因 PCB 电路板与陶瓷载体之间热膨胀系数不匹配而产生的应力;缺点是易受到机械损伤,封装体较高[1]。目前,焊料柱阵列虽然已经开始得以应用,但 I/O 端口数大于 600 的 CGA 尚处于研究中。阵列主要的制作方法有两种:一是预先制备焊柱,然后通过共晶焊料连接焊柱与陶瓷载体;二是采用浇铸的方式形成焊柱阵列。

微滴喷射技术为焊柱阵列制作提供了一个简便、高效、低成本的实现途径。通过产生单个焊料液滴,逐点在竖直方向上沉积,直接在载体上形成焊柱阵列,焊柱直径可通过液滴尺寸控制,高度可通过沉积液滴数目控制,间距可由运动平台控制，焊柱阵列规模尺寸均可柔性定制。此外，利用喷射技术制作的焊柱尺寸可减小，可缩短节距，增大阵列密度，可为实现高 I/O 端口数的 CGA 提供一个可行方法。

焊柱制作实验使用 $Sn_{63}Pb_{37}$，不锈钢喷嘴直径 85μm，电压脉冲时间 0.4ms，温度 260℃，电压 34V。以一定频率将指定数目的焊料液滴沉积在同一位置形成焊柱，然后移动到下一沉积位置，重复此过程得到焊柱阵列。此处因并行喷射方向性尚未完全解决，在焊柱制作这种对喷射方向要求较高的应用中尚不适合使用阵列喷嘴。实验以 10Hz 频率、喷射 15 点组成一个焊柱，制作 5×5 间距 800μm 的焊柱阵列，焊柱直径约为 150μm，高度为 750μm。阵列的整体形态如图 2-79 所示，俯视图如图 2-80 所示。

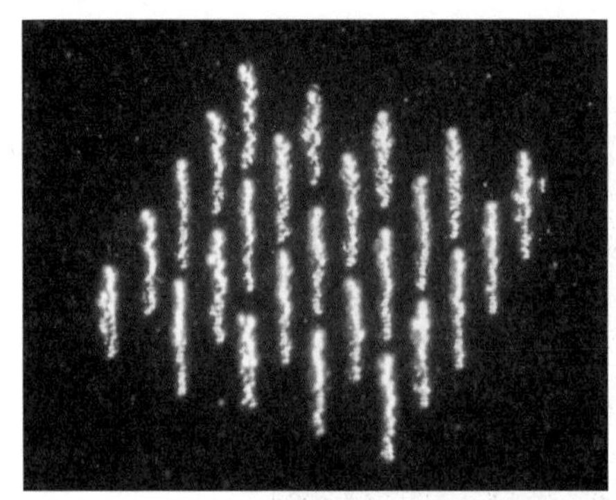

图 2-79　$Sn_{63}Pb_{37}$ 焊柱阵列整体形态

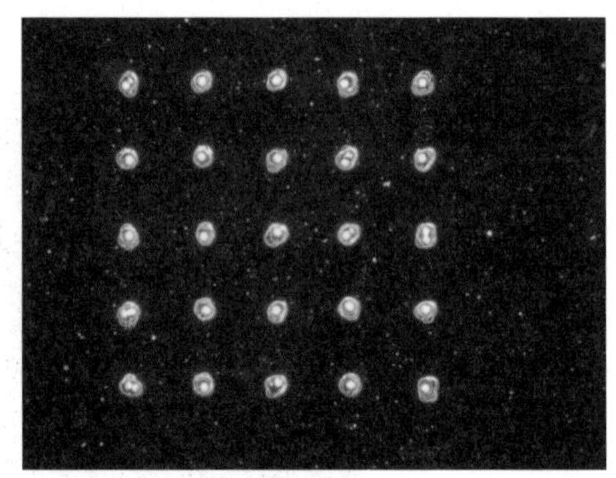

图 2-80　$Sn_{63}Pb_{37}$ 焊柱阵列俯视图

焊柱的具体形貌尺寸与喷射方向、焊料固化速度有关。实验制作的焊柱沉积因方向偏差而存在一些错动，固化速度将决定焊料堆叠时相互作用形成的最终形貌，固化速度过慢可能导致无法堆叠成柱状结构。焊球堆叠沉积成形过程还需要进一步研究。

2. 阵列微喷嘴微滴喷射系统及应用

1）气动膜片活塞式喷射系统

基于模板式喷嘴喷射的气动膜片活塞式喷射装置如图 2-81 所示。该装置由储料腔和喷射头两部分组成，两者通过节流过滤装置相互连接，并且都有加热元件，可通过温控器进行恒温加热。喷射头上半部分为气体工作腔，通过三通接头分别接放气管和电磁阀，由电磁阀控制压缩空气的通断形成脉冲气压。气体工作腔底部即为膜片，膜片连接活塞，活塞底端面与喷射头侧壁以及模板式喷嘴之间形成焊料喷射腔[9]。

利用该装置进行凸点制作的过程如下：首先由加热器将储料腔内的焊料加热到高于熔点以上适当温度；之后利用背压将液态焊料压入喷射腔内，此时喷嘴与活塞处于初始相对位置；然后由脉冲电路控制电磁阀开启，用作驱动的压缩空气

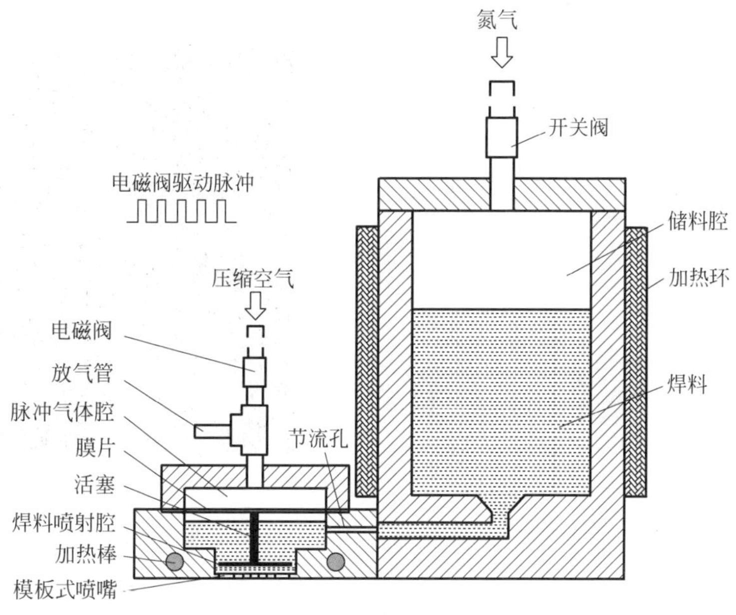

图 2-81　气动膜片活塞式微滴喷射装置结构原理示意图

进入气体工作腔，不锈钢膜片受到气压的作用而产生变形，从而带动固连于一体的活塞冲头快速运动，推挤焊料液体通过模板式阵列喷嘴，当活塞头提供的动能足以克服喷嘴的阻力、外部氛围的压力以及焊料的表面张力时，便会从喷嘴挤出焊料液体，形成射流；最后电磁阀迅速关闭高压气体通道，气体工作腔内气压通过放气管进行快速泄压，膜片回弹并带动活塞头迅速回复，从而使喷嘴内液体受到回拉力，射流在喷口处产生缩颈、拉伸，进而与喷嘴分离形成焊料微滴；微滴在保护气体氛围中飞行，最终沉积在基板或者芯片的焊盘上形成焊球凸点阵列。

2）阵列喷嘴并行喷射应用

采用自制电火花微孔加工机床加工的 3×3 不锈钢阵列喷嘴，进行了面积阵列凸点制作的实验。实验中焊料被加热至 223℃，设定驱动压力为 3.2MPa，调节电磁阀开启时间至稳定喷射。使用硅作为基板材料，基板温度设定为 120℃[9]。

由于微孔加工的精度问题，阵列喷嘴的喷孔直径并不完全一致，与加工时设定的 50μm 有一定的偏差。而不同的喷孔直径会产生不同大小的焊料液滴，并影响最终凸点高度的一致性。因此在实验之前，将所用阵列喷嘴的喷孔按图 2-82 所示的顺序进行编号，并分别测量各个喷孔出口的直径。在进行多次阵列凸点喷印后，对每一喷孔对应的凸点高度进行分别测量，结果列于表 2-8 中。图 2-83 为并行凸点喷印实验中一次喷射形成的面积阵列凸点图案，从图中可以明显看出凸点位置的偏差，产生此偏差的原因可能是喷孔入口的形貌不均一，影响了入口处流场的均匀性，导致射流的方向发生变化，最终不能按照模板式喷嘴的图形喷印出规整的阵列凸点。

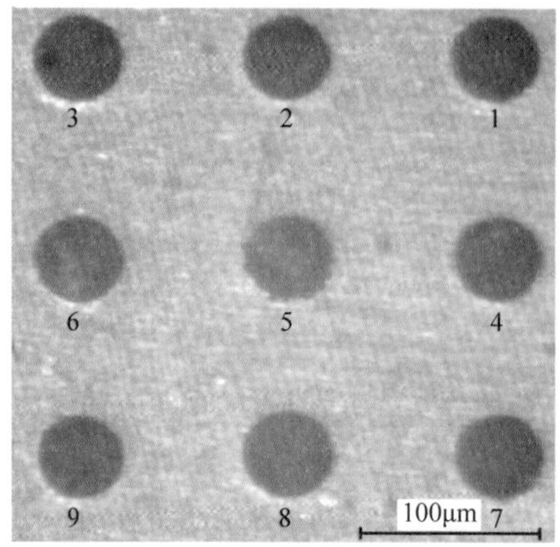

图 2-82 阵列喷嘴的喷孔编号

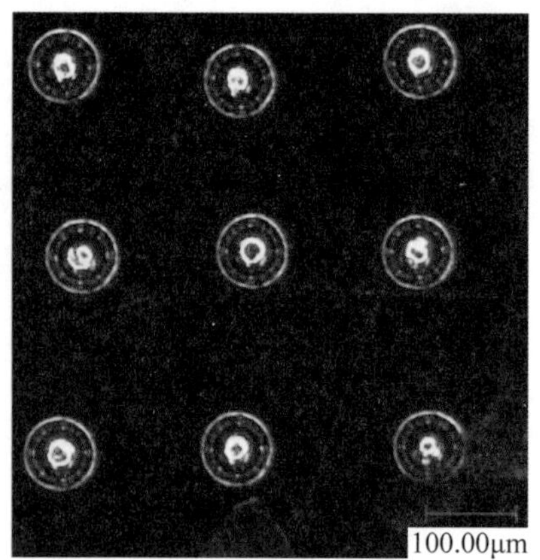

图 2-83 面积阵列凸点图案

表 2-8 喷孔直径与凸点高度 μm

编号	喷孔直径	凸点平均高度	凸点高度标准差
1	50.76	49.47	1.09
2	49.53	47.57	1.08
3	50.68	49.35	1.10
4	49.95	48.22	1.07
5	50.49	49.06	1.08
6	50.82	49.56	1.09
7	50.21	48.62	1.07
8	50.56	49.16	1.07
9	50.34	48.82	1.08

由表 2-8 可以看出，凸点高度的平均值与喷孔直径之间有明显的相关性，喷孔直径越大，形成的凸点平均高度就越高，平均凸点高度的最大偏差为 1.99μm。凸点喷印的稳定性并未因喷孔数量的增加而发生变化，同时凸点尺度差异完全来自喷孔直径的差别，因此在模板式凸点喷印的应用中务必确保阵列喷嘴各喷孔直径高度一致。

参考文献

[1] 叶乔. 高速振镜理论研究及实践[D]. 武汉：华中科技大学，2004.

[2] CHOI Y M，KIM J J，KIM J W，et al. Design and control of a nanoprecision XY scanner [J]. Review of Scientific Instruments，2008，79(4)：045109-1-7.

[3] XIE J，HUANG S H，DUAN Z C，et al. Correction of the image distortion for laser

galvanometric scanning system[J]. Optics Laser Technology, 2005, 37: 305-311.

[4] XIE J, HUANG S H, DUAN Z C. Positional correction algorithm of a laser galvanometric scanning system used in rapid prototyping manufacturing[J]. The International Journal of Advanced Manufacturing Technology, 2005, 26: 1348-1352.

[5] CHEN M F, CHEN Y P. Compensating technique of field-distorting error for the CO_2 laser galvanometric scanning drilling machines[J]. International Journal of Machine Tools and Manufacture, 2007, 47(7): 1114-1124.

[6] STAFNE M A, MITCHELL L D, WEST R L. Positional calibration of galvanometric scanners used in laser Doppler vibrometers[J]. Journal of the International Measurement Confederation, 2000, 28(1): 47-59.

[7] XU M, HU J S, WU X. Precision analysis of scanning element in laser scanning and imaging system[J]. Proceedings of SPIE-Advanced Materials and Devices for Sensing and Imging Ⅱ, 2005, 5633: 315-320.

[8] LI Y J. Beam deflection and scanning by two-mirror and two-axis systems of different architectures: a unified approach[J]. Applied Optics, 2008, 47(32): 5976-5985.

[9] KIM D S, BAE S W, KIM C H, et al. Design and evaluation of digital mirror system for SLS process[C]//Daejeon: 2006 SICE-ICASE Intenational Joint Conference, USA: Piscataway, 2006, 3670-3673.

[10] 齐文,王勇前,曹志刚. 用 Visual C++实现工控设备多线程控制程序[J]. 电子技术应用, 2001(3): 12-16.

[11] 白建华,黄海峰. 开放式 CNC 与现代运动控制技术的发展[J]. 机电工程, 2001, 18(4): 1-4.

[12] 周凯,钱琪. 工控 PC 数控系统及其应用[J]. 机械工人: 冷加工, 2002(4): 38-40.

[13] 崔红娟,邱如金,张翊诚,等. 基于 Windows 平台的数控加工系统中中断技术的应用研究[J]. 组合机床与自动化加工技术, 2003, (11): 25-27.

[14] 王至尧. 中国材料工程大典(第25卷). 材料特种加工成形工程(下)[M]. 北京: 化学工业出版社, 2006: 313.

[15] 靳晓曙,杨洗陈,王云山,等. 激光三维直接制造和再制造新型同轴送粉喷嘴的研究[J]. 应用激光, 2008, 28(4): 266-270.

[16] 王方,郭亮,张庆茂,等. 一种用于激光熔覆的旁轴送粉喷嘴的设计与应用[J]. 机电工程技术, 2013, 42(9): 82-84.

[17] FRANCISCO P J, DAVID M K, JOSEPH A R, et al. Method and system for producing complex-shape objects: US006046426A[P]. 1996-07-08.

[18] 肖荣诗,张正伟,杨武雄,等. 一种激光制造同轴送粉头: CN2869036Y[P]. 2007-02-14.

[19] WHITFIELD R P. Laser cladding device with an improved nozzle: WO2009077870[P]. 2009-10-12.

[20] 钟敏霖,刘文今. 垂直装卸的分体式激光熔覆同轴送粉喷嘴: CN1112276C[P]. 2003-06-25.

[21] 杨永强,黄勇. 环式同轴激光熔覆喷嘴: CN2707772Y[P]. 2005-07-06.

[22] 杨永强,黄勇. 孔式同轴激光熔覆喷嘴: CN2707773Y[P]. 2005-07-06.

[23] 胡乾午,曾晓雁. 一种内置式激光熔覆喷嘴: CN1271236C[P]. 2006-08-23.

[24] 田凤杰. 卸载式激光同轴送粉喷嘴的研制[J]. 中国机械工程, 2011, 22(19): 2298-2302.

[25] 石世宏，傅戈雁，王安军，等. 激光加工成形制造光内送粉工艺与光内送头：CN101148760A[P]. 2008-03-26.

[26] SHI T, LU B, SHEN T, et al. Closed-loop control of variable width deposition in laser metal deposition[J]. International Journal of Advanced Manufacturing Technology. 2018, 97：4167-4178.

[27] BERND B, CHEN H, ANDRES G, et al. Advantages of adaptive optics for laser metal deposition in comparison to conventional optics[C]//SPIE, 2010, 4：1008-1013.

[28] 胡晓冬，朱秀晖，姚建华，等. 一种粉末焦点可调的铰链滑块式激光同轴送粉喷嘴：CN206616273U[P]. 2017-11-07.

[29] 胡晓冬，姚建华，黄立安，等. 一种连杆杠杆式结构粉末汇聚点可调的激光同轴送粉喷嘴：CN206751924U[P]. 2017-12-15.

[30] 胡晓冬，黄立安，姚建华，等. 一种锥面杠杆式结构粉末汇聚点可调的激光同轴送粉喷嘴：CN206616271U[P]. 2017-11-07.

[31] 石世宏，雷定中，傅戈雁. 一种激光宽带熔覆光内送粉装置：CN201420429249. X[P]. 2014-12-10.

[32] 石拓，石世宏，史健军，等. 激光宽带熔覆装置：CN201610879013. X[P]. 2017-02-22.

[33] 石拓，石世宏，傅戈雁，等. 一种同步送粉空间激光加工与三维成形方法及装置：CN201410391618. 5[P]. 2014-12-10.

[34] 石拓，王伊卿，卢秉恒，等. 中空激光内送粉熔覆成形悬垂薄壁件[J]. 中国激光. 2015, 42(10)：72-80.

[35] 石拓. 激光内送粉悬臂结构及变线宽高变量成形方法研究[D]. 西安：西安交通大学，2018.

[36] 史建军. 激光内送粉悬垂结构熔覆成形机理与工艺研究[D]. 苏州：苏州大学，2018.

[37] 李凯斌，李东，刘东宇，等. 光纤激光送丝熔覆修复工艺研究[J]. 中国激光，2014，41(11)：82-87.

[38] 吉绍山，傅戈雁，刘凡，等. 激光熔覆装置：207193395U[P]. 2018-04-06.

[39] OLIVER P, JOCHEN S, MARKUS K H, et al. Annular beam shaping system for advanced 3D laser brazing[J]. Advanced Optical Technologies, 2012, 1(5)：397-402.

[40] 唐霞辉，潘吉兴，秦应雄，等. 一种宽带激光熔覆系统及其送粉喷嘴：CN105331974A[P]. 2016-02-17.

[41] 秦力家. 内孔激光熔覆头及堆焊性能研究[D]. 沈阳：沈阳工业大学，2015.

[42] 杨洸陈. 激光制造中同轴粉末流动量和质量传输[J]. 中国激光，2008(11)：1664-1679.

[43] PINKERTON A J, LI L. Modellingpowder concentration distribution from a coaxial deposition nozzle for laser-based rapid tooling[J]. Journal of Manufacturing Science and Engineering, 2004, 126：33-41.

[44] 张红军，钟敏霖，刘文今，等. 高汇聚温度显示激光快速制造同轴送粉喷嘴的研制[J]. 应用激光，2004, 24(6)：380-404.

[45] 杨洸陈，李会山，刘运武，等. 激光再制造技术及其工业应用[J]. 中国表面工程，2003, 16(4)：43-46.

[46] BI G, SCHURMANN B, GASSER A, et al. Development and qualification of a novel laser-cladding head withintegrated sensors[J]. International Journal of Machine Tools and Manufacture, 2007, 47(3)：555-561.

[47] 石拓，卢秉恒，魏正英，等. 激光金属沉积堆高闭环控制研究[J]. 中国激光，2017，44(7)：296-304.

[48] 石世宏，王涛，孙承峰. 一种激光熔覆熔池离焦量测量装置及其测量方法：CN201410235777.6[P]. 2014-08-13.

[49] MAZUMDER J，DUTTA D，KIKUCHI N，et al. Closed loop direct metal deposition：art to part[J]. Optics and Lasers in Engineering，2000，34(4)：397-414.

[50] FATHI A，KHAJEPOUR A，TOYSERKANI E，et al. Clad height control in laser solid freeform fabrication using a feed forward PID controller[J]. The International Journal of Advanced Manufacturing Technology，2007，35(3)：280-292.

[51] 谢丹. 微光学器件的气动膜片式微滴喷射制造技术研究[D]. 武汉：华中科技大学，2010.

[52] MCCARTHY M J，MOLLOY N A. Reviewof stability of liquid jets and the influence of nozzle design[J]. The Chemical Engineering Journal，1974(7)：1-20.

[53] XIE D，CHANG X，SHU X，et al. Fabrication of micro glass nozzle for micro-droplet jetting[J]. Advances in Mechanical Engineering，2015，7(2)：590849.

[54] 舒霞云. 气动膜片式金属微滴喷射理论与实验研究[D]. 武汉：华中科技大学，2009.

[55] 舒霞云，张鸿海. 一种新型卧式微电火花机床的设计与实验研究[J]. 中国机械工程，2014，25(5)：657-660.

[56] 舒霞云，张鸿海，张丰，等. 用于微喷嘴制作的高效微电火花加工技术[J]. 华中科技大学学报(自然科学版)，2010(2)：48-51.

[57] 张鸿海，舒霞云，谢丹，等. 一种卧式微电火花机床及应用该机床进行在线加工的方法：ZL201010502952.5[P]. 2012-01-25.

[58] 张丰. 砂轮线电极复合磨削微电火花加工系统研究[D]. 武汉：华中科技大学，2008.

[59] 孙博. 面积阵列凸点的模板式喷印技术研究[D]. 武汉：华中科技大学，2012.

[60] 魏行方，张鸿海，舒霞云，等. 面积阵列焊球快速制备技术与装置[J]. 华中科技大学学报(自然科学版)，2013，41(4)：6-10.

[61] 魏行方. 压电膜片活塞式微滴喷射原理与实验研究[D]. 武汉：华中科技大学，2013.

[62] 谢丹，张鸿海，舒霞云，等. 气动膜片式微滴喷射装置理论分析与实验研究[J]. 中国机械工程，2012，23(14)：1732-1737.

[63] 张鸿海，舒霞云，肖峻峰，等. 气动膜片式微滴喷射系统原理与实验[J]. 华中科技大学学报(自然科学版)，2009(12)：100-103.

[64] 肖峻峰. 气动膜片式微滴喷射系统研究[D]. 武汉：华中科技大学，2009.

[65] 谢丹，张鸿海，舒霞云，等. 气动膜片式多材料微液滴按需喷射技术研究[J]. 中国科学：技术科学，2010，40(7)：794-801.

[66] 张鸿海，舒霞云，肖峻峰，等. 一种气动膜片式微滴喷射方法及装置：ZL200910305515.1[P]. 2011-01-26.

[67] XIE D，ZHANG H，SHU X，et al. Fabrication of polymer micro-lens array with pneumatically diaphragm-driven drop-on-demand inkjet technology[J]. Optics Express，2012，20(14)：15186-15195.

[68] XIE D，ZHANG H，SHU X，et al. Multi-materials drop-on-demand inkjet technology based on pneumatic diaphragm actuator[J]. Science China Technological Sciences，2010，53(6)：1605-1611.

第3章

激光选区烧结

3.1 激光选区烧结原理

3.1.1 激光选区烧结成形原理

激光选区烧结(selective laser sintering,SLS)成形技术的原理如图 3-1 所示。首先采用计算机造型软件构建目标构件的三维 CAD 模型,然后通过切片软件将三维实体模型进行逐层切片,并存储为包含切片截面信息的 STL 文件;随后通过铺粉装置在工作缸上均匀铺设一层粉末材料,CO_2 激光器在计算机的控制下,根据各层截面的信息扫描相应区域内的粉末,经过扫描的粉末被烧结在一起,未被激光扫描的粉末仍呈松散状态并作为下一烧结层的支撑;当一层加工完成后,工作台面下降一定的高度(约 0.1~0.3mm),送粉缸上升并进行下一层的铺粉,随后激光扫描该层粉末并将之与上一烧结层连接在一起;如此重复直至所有的截面烧结完毕,清理未烧结的粉末即可得到最终的构件。

整个 SLS 制造过程主要分为预热、成形和冷却 3 个阶段。

1. 预热阶段

在 SLS 成形开始之前,成形腔内的粉末材料通常需要被预热到一定的温度 T_b,并在后续的成形过程中一直维持恒定直至结束。预热的目的主要有:①降低烧结过程中所需要的能量,防止激光能量过大而造成材料分解;②减小已烧结区域和未烧结粉末之间的温度梯度,防止构件翘曲变形。通常,半晶态高分子的预热温度高于其结晶起始温度 T_{ic} 但低于其熔融起始温度 T_{im},该温度区间被称为烧结窗口(sintering window)。非晶态高分子的预热温度则接近其玻璃化转变温度 T_g。

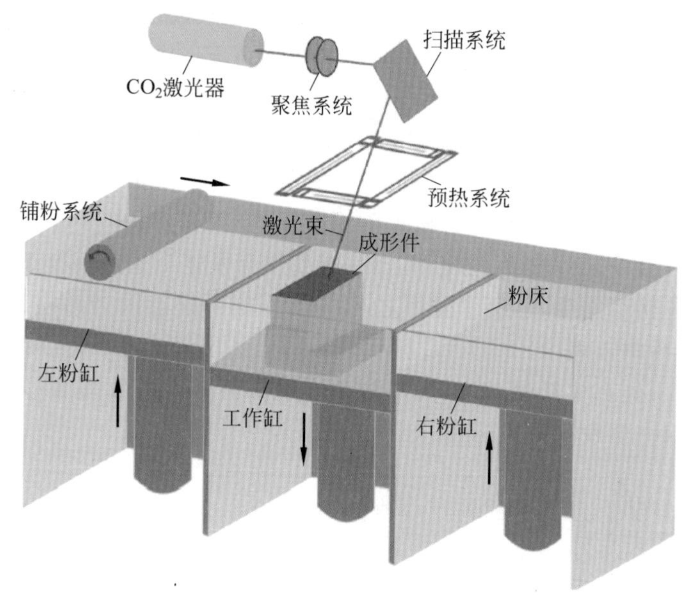

图 3-1　SLS 成形原理示意图

2. 成形阶段

成形阶段实质为预热温度下的粉末铺设和激光扫描的周期性循环过程。在成形第一层之前，需要在工作缸上铺设一定厚度的粉末，以起到基底和均匀化温度场的作用。经过一段缓慢而均匀的升温之后，第一层粉末达到预热温度 T_b 时，激光则开始扫描相应的区域，使该区域内粉末的温度迅速升高至 T_{max} 超过其熔融温度，相邻粉末颗粒之间发生烧结。激光扫描结束后，经过短暂的铺粉延时，使已烧结区域的温度逐渐降至 T_b，然后工作缸下降并进行下一层的铺粉。新铺设的粉末通常需在粉缸内初步预热至 T_f（$T_f < T_b$），目的是降低新粉末对已烧结区域的过冷作用，同时减少从 T_f 预热至 T_b 的时间。当第二层粉末温度达到 T_b 时，激光再次扫描指定区域，使层内的粉末发生熔合，同时使层间也发生连接。重复以上过程，直至整个构件加工结束。

3. 冷却阶段

在成形阶段完成之后，必须使粉床完全冷却才能取出构件。一般地，整个粉床在加工过程中均保持在结晶起始温度 T_{ic} 之上，直至成形结束粉床才整体降温，目的是减小因局部结晶产生非均匀收缩而引起的构件翘曲变形。然而，在实际的成形过程中，即使成形腔和粉床均有预热，成形的构件也会因各种原因产生不同程度的降温，尤其是粉床底部区域。局部降温将考验材料的 SLS 成形性能。烧结窗口较宽的材料成形性能较好，而烧结窗口较窄的材料则更容易受到影响，这在另一方面也对 SLS 装备的温控能力提出了严格的要求。粉床的冷却速率也会对构件的性能造成影响。以半晶态高分子材料尼龙 12 为例，缓慢冷却（1℃/min）有利于其形核与结晶，因而强度提高，韧性降低；当冷却速率较快时（23.5℃/min），其结晶程度低，柔性的非结晶区域增多，因而强度下降，韧性提高。

对于典型的半晶态高分子而言，粉末材料在 SLS 成形不同阶段的受热过程可以通过差式扫描量热（DSC）曲线来描述，如图 3-2 所示。不同序号代表不同位置的材料所处的状态。①为未烧结粉末的预热状态；②为激光扫描状态，此时粉末的温度达到峰值 T_{max}；③为已烧结区域，温度逐渐恢复至预热温度 T_b。这 3 个状态在成形阶段循环出现，在两个循环之间，高分子熔体还会因为新粉的铺设而出现瞬时的过冷（图中未表示）。④～⑥则代表不同烧结层的温度状态。随着加工的进行，上一烧结层具有更低的温度，为了防止因结晶而产生的收缩变形，粉床应尽量维持在烧结窗口温度区间内。

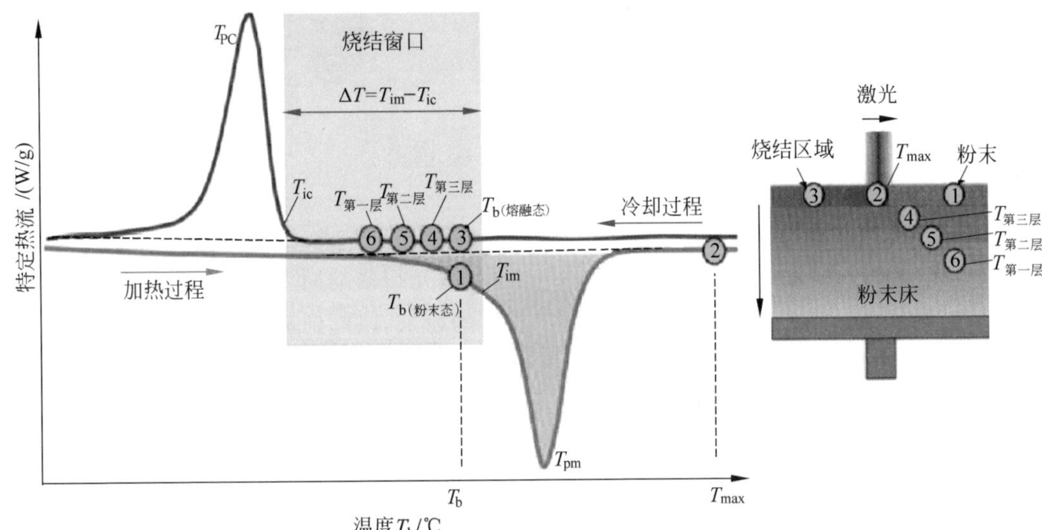

图 3-2　SLS 成形过程中粉末的受热过程

3.1.2　激光烧结机制

烧结一般是指将粉末材料变为致密体的过程。Kruth 等根据成形材料不同，将 SLS 烧结机制主要分为固相烧结、化学反应连接、完全熔融和部分熔融。

固相烧结一般发生在材料的熔点以下，通过固态原子扩散（体积扩散、界面扩散或表面扩散）形成烧结颈，然后随着时间的延长，烧结颈长大进而发生固结。这种烧结机制要求激光扫描的速度非常慢，适用于早期 SLS 成形低熔点金属和陶瓷材料。化学反应连接是指在 SLS 成形过程中，通过激光诱导粉末内部或与外部气氛发生原位反应，从而实现烧结。例如，Slocombe 等采用 SLS 成形 TiO_2、Al 和 C 的混合粉末，通过激光引发的放热反应得到 TiC-Al_2O_3 复合陶瓷。完全熔融和部分熔融是 SLS 成形高分子材料的主要烧结机制。其中，完全熔融是指将粉末材料加热到其熔点以上，使之发生熔融、铺展、流动和熔合，从而实现致密化。半晶态高分子材料熔融黏度低，当激光能量足够时，可以实现完全熔融。部分熔融一般是指粉末材料中的部分组分发生熔融，而其他部分仍保持固态，发生熔融的部分铺展、润湿并连接固体颗粒。其中低熔点的材料叫做黏结剂(binder)，高熔点的称为骨架材料(structure material)。利用 SLS 间接法制备金属、陶瓷构件的过程中，采用高分子材料作为黏结剂均采用了此机制。部分熔融也发生在单相材料中，如非晶态高分子材料，在达到玻璃化转变温度时，由于其熔融黏度大，只发生局部的黏性流动，流动和烧结速率低，呈现出部分熔融的特点。另外，当激光能量不足时，半晶态高分子粉末中的较大颗粒很难完全熔融，也表现为部分熔融。

与注塑成形等传统的高分子加工方法不同，SLS 成形是在零剪切作用力的状态下进行的，烧结的驱动力主要来自于表面张力。许多学者就 SLS 过程中的烧结动力学开展了实验与理论研究。黏性流动是高分子烧结的主要烧结机制，Frenkel 和 Eshelby 等最早提出黏性流动理论来解释粉末的烧结过程，该理论认为黏性流动的驱动力来自于熔体的表面张力，而材料的熔融黏度则是其烧结的阻力。该模型可以简化为两等半径球形颗粒的等温烧结过程(图 3-3)，假设两颗粒点接触 t 时间后形成一个圆形的接触面，即烧结颈，由此可以推导出烧结过程的控制方程，也称为 Frenkel 模型：

$$\frac{\mathrm{d}\theta}{\mathrm{d}t}=\frac{\gamma}{2a_0\eta\theta} \tag{3-1}$$

式中，a_0 为粉末颗粒的半径；γ 为熔体的表面张力；η 为熔体的黏度。Rosenzweig 等通过 PMMA 颗粒的烧结过程验证了 Frenkel 模型的可行性，Brink 等进一步阐明 Frenkel 模型同样适用于半晶态高分子粉末的烧结过程。然而该模型没有考虑在烧结过程中颗粒的大小变化，因此只适用于烧结的初始阶段。Pokluda 等考虑到烧结速率随烧结颈大小的动态变化，将式(3-1)修正为

$$\frac{\mathrm{d}\theta}{\mathrm{d}t}=\frac{\gamma}{a_0\eta}\frac{2^{\frac{5}{3}}\cos\theta\sin\theta(2-\cos\theta)^{\frac{1}{3}}}{(1-\cos\theta)(1+\cos\theta)^{\frac{1}{3}}} \tag{3-2}$$

$$\sin\theta=\frac{x}{a} \tag{3-3}$$

式中，x 为烧结颈半径；a 为粉末颗粒的动态半径。

然而，以上烧结模型均只描述了两个颗粒在等温条件下的烧结过程，而 SLS 是大量粉末无序堆积而成的粉末床烧结，且激光烧结也是非等温的烧结过程。因此 Sun 等提出烧结立方体模型来描述 SLS 成形过程中粉床的致密化过程，烧结速率可以用烧结颈半径随时间的变化率来表示：

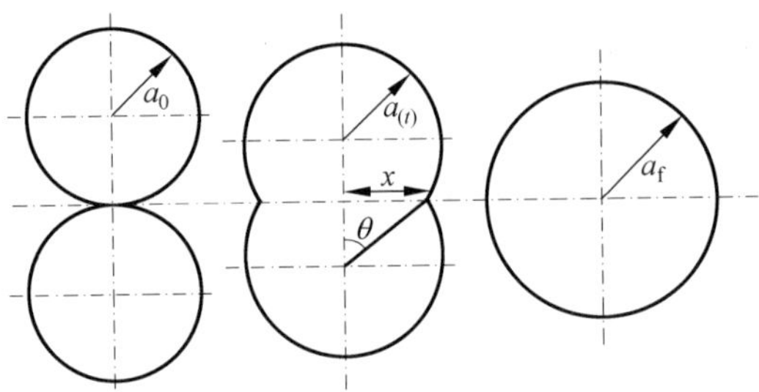

图 3-3　两等半径球形液滴的黏性流动模型

$$\dot{x}=-\frac{3(1-\rho)\pi\gamma a^2}{24\eta\rho^3x^3}\left\{a-(1-\xi)x+\left[x-\left(\xi+\frac{1}{3}\right)a\right]\frac{9(x^2-a^2)}{18ax-12a^2}\right\} \tag{3-4}$$

式中，ξ 为参与烧结的颗粒所占的比例，$\xi=0\sim1$，代表任意两个粉末颗粒形成一个烧结颈的概率，$\xi=1$ 时，代表所有的粉末颗粒都烧结；ρ 为粉床的相对密度。

从以上 SLS 成形的烧结动力学分析可以得出，粉末的致密化速率与材料的表面张力 γ 成正比，与材料的熔融黏度 η 和颗粒半径 a 成反比。

3.2　激光选区烧结装备

目前，世界范围内已有多系列和多规格的商品化 SLS 装备，最大成形尺寸约为 1400mm，智能化程度高，运行稳定。SLS 除了成形铸造用蜡模和砂型外，还可直接成形多种类高性能塑料构件。在 SLS 装备生产方面，华中科技大学史玉升团队从 20 世纪 90 年代末开始研发具有自主知识产权的 SLS 装备与工艺，并通过武汉华科三维科技有限公司实现了商品化生产和销售。该单位最早研制了 0.4m×0.4m 工作面的 SLS 装备，2002 年将工作台面升至 0.5m×0.5m，已超过当时国外 SLS 装备的最大成形范围（美国 DTM 公司研制的 SLS 装备最大工作台面为 0.375m×0.33m）。生产的 SLS 装备可直接成形低熔点塑料，间接成形金属、陶瓷和覆膜砂等材料。2005 年，该单位通过对高强度成形材料、大台面预热技术以及多激光高效扫描等关键技术的研究，陆续推出了 1m×1m、1.2m×1.2m、1.4m×0.7m 等系列大台面 SLS 装备，在成形尺寸方面远远领先国外同类技术（目前，国外最大成形空间为德国 EOS 公司制造的，仅有 700mm 左右），在成形大尺寸构件方面具有世界领先水平，形成了一定的产品特色。在 2013 年更是研发出国际首台“四激光、四振镜、全球超大台面”的快速成形装备。国内外典型商业 SLS 成形装备的参数对比见表 3-1。

表 3-1　典型商业化 SLS 成形装备

国内/外	单位	型号	外观图片	成形尺寸/(mm×mm×mm)	激光器	成形效果	针对材料
国内	武汉华科三维科技有限公司	HK S320		320×320× 450	30W CO_2 激光器	扫描速度 5m/s	PS,覆膜砂
		HK S500		5000×500× 400	55W CO_2 激光器	扫描速度 6m/s	
		HK S800		800×800×500	100W CO_2 激光器	扫描速度 8m/s	PS,覆膜砂
		HK S1000		1000×1000×600	100W CO_2 激光器		
		HK S1200		1200×1200×600	100W CO_2 激光器		
		HK S1400		1400×700×500	100W×2 CO_2 激光器	扫描速度 8×2m/s	
				1400×1400×500	100W×4 CO_2 激光器	扫描速度 8×4m/s	
		HK P320		320×320×650	55W CO_2 激光器	扫描速度 6m/s	PP、PA12 等熔点为 195℃以下的材料
		HK P420		420×420×500	55W CO_2 激光器		

续表

国内/外	单位	型号	外观图片	成形尺寸/(mm×mm×mm)	激光器	成形效果	针对材料
国内	武汉华科三维科技有限公司	HKC250(普通型)		250×250×250	55W CO_2 激光器	扫描速度 5m/s	Al_2O_3、ZrO_2、SiC 等陶瓷材料
		HKC250(高精型)			100W CO_2 激光器		
	湖南华曙高科技有限公司	HT1001P		1000×500×450	100W × 2 CO_2 激光器	扫描速度 2×15.2m/s	PA6、PA12
		403P		400×400×450	60W CO_2 激光器	扫描速度 10m/s	FS 3300PA，FS 3250MF，FS 3400CF，FS 3400GF，Ultrasint X043，Ultrasint X028，FS 4100PA，FS 3401GB

续表

国内/外	单位	型号	外观图片	成形尺寸/(mm×mm×mm)	激光器	成形效果	针对材料
	湖南华曙高科技有限公司	252P		250×250×320	60W CO_2 激光器	扫描速度 10m/s	FS 3300PA，FS 3250MF，FS 3400CF，FS 3400GF，FS 4100PA，Ultrasint X043，Ultrasint X028，FS 1092A-TPU，FS 1088A-2TPU，FS 8100PPS，FS 3401GB
		eForm		250×250×320	30W CO_2 激光器	扫描速度 7.6m/s	FS 3300PA，FS 3250MF，FS 3400CF，FS 3400GF，FS 4100PA，FS 3401GB
国外	EOS公司（德国）	FORMIGA P 110 Velocis		200×250×330	30W CO_2 激光器	扫描速度 5m/s	Al，PA1101，PA1102黑，PA2200，PA2201，PA3200GF，Primecast101，primepartst，PA2105

续表

国内/外	单位	型号	外观图片	成形尺寸/(mm×mm×mm)	激光器	成形效果	针对材料
国外	EOS公司（德国）	EOS P 396		340×340×600	70W CO_2 激光器	扫描速度 6m/s	Al,PA1101,PA1102黑,PA2200,PA2201,PA3200GF,Primecast101,primepartst,PA2105
		EOS P 810		700×380×380	70W CO_2 激光器	扫描速度 2×6m/s	HT-23
	Sinterit公司（波兰）	Lisa		150×200×150	5W CO_2 激光器	XY 方向精度 0.05mm	PA12,PA11,Flexa,TPE

续表

国内/外	单位	型号	外观图片	成形尺寸/(mm×mm×mm)	激光器	成形效果	针对材料
国外	Sinterit公司(波兰)	Lisa Pro		150×200×260	5W CO_2 激光器	XY方向精度0.05mm	PA12,PA11,Flexa,TPE
	Prodways公司(法国)	ProMaker P1000		300×300×300	30W CO_2 激光器	扫描速度3.5m/s	PA12, TPU, PA11-GF,PP, PA11-SX
		ProMaker P2000 ST		250×250×320	100W CO_2 激光器	扫描速度10.2m/s	PA12, PA11, TPU, PA6 PP
		ProMaker P4500 HT		400×400×450	100W CO_2 激光器	扫描速度15.2m/s	PA12, PA11, TPU, PA6 PP

3.3 激光选区烧结材料及其成形工艺

SLS演示

3.3.1 结晶态高分子材料及其成形工艺

随着SLS技术应用领域的不断拓展,成形材料种类少、性能低等问题越来越得到重视。目前成功应用于SLS技术的材料主要为尼龙12(PA12)、尼龙11(PA11)及其复合材料,上述材料几乎占据了SLS材料市场份额的95%以上。耐高温的特种工程塑料聚醚醚酮(PEEK)和柔性材料热塑性聚氨酯弹性体(TPU)才刚投入市场。开发用于SLS的新型材料成为本领域学者的研究重点。研究人员分别研究了尼龙6、聚甲醛、聚对苯二甲酸丁二醇酯(PBT)、聚乙烯(PE)、超高分子聚乙烯(UHMWPE)等材料的SLS成形性能,但是由于材料特性、加工条件和价格因素等多方面原因,这些材料目前尚未得到应用。

聚丙烯(PP)是五大通用高分子材料之一,由于其适用性广、化学性质稳定且生产成本低,已被广泛用于汽车工业、家用电器、电子仪器工业、纺织工业等领域。近年来,已有一些研究尝试将通用型PP用于SLS技术中。张坚等采用深冷粉碎法将市售注塑级PP制备成粉末并用于SLS成形,结果发现其制件翘曲非常严重。Fiedler等评估了多种市售通用型PP的SLS加工性能,结果表明它们的结晶度范围为45%~52%,是尼龙12(约22%)的2倍以上。较高的结晶度导致其SLS构件的收缩变形风险增大,使得该类PP材料的SLS加工性较差。随后,他们通过添加不同含量的共聚物对PP进行共混改性,但是得到的SLS构件的拉伸强度远远低于相应的注塑成形(injection moulding,IM)构件,而且脆性非常大,断裂伸长率在5%以下。Kleijnen等评估了Diamond Plastic公司的商品化PP粉末材料PP CP 22的SLS成形性能,结果表明该材料的性能较差,断裂伸长率不到1%,而且拉伸强度仅为12MPa。因此,本书提供了一种用于SLS技术的新型低等规度PP复合粉末材料及其制备方法,并系统评估和分析了该材料的SLS成形性能。

1. 尼龙12粉末材料及其SLS成形

1) 尼龙12的熔融与结晶特征

尼龙12粉末的SLS过程是一个熔融、固化过程,因此尼龙12粉末的熔融与结晶特性对其烧结工艺性和烧结件质量起决定性作用。结晶聚合物的熔融过程不同于低分子晶体的熔融过程。低分子晶体熔融约在0.2℃左右的狭窄温度范围内进行,熔融过程几乎保持在两相平衡的某一温度下,直到晶体全部熔融为止。而结晶聚合物的熔融发生在一个较宽的温度范围内,此温度范围称为熔程。在熔程内,结晶聚合物出现边熔融边升温的现象。这是因为结晶聚合物中含有完善程度不同的晶体,比较不完善的晶体在较低的温度下熔融,而比较完善的晶体则在较高的温度下熔融。结晶聚合物的熔点和熔程与相对分子质量大小及分布关系不大,而与结晶历程、结晶度的高低及球晶的大小有关。结晶温度越低，则熔点越低、熔程越宽；结晶度越高、球晶越大，则熔点越高。图 3-4 是采用美国 Perkin Elmer DSC-7 型差示扫描量热仪，在升温速率为 10℃/min 下测得的尼龙 12 粉末烧结材料（HS）的 DSC 熔融曲线。

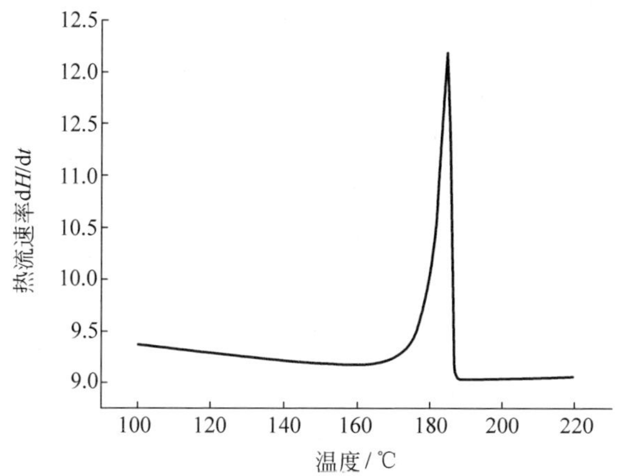

图 3-4　尼龙 12 粉末烧结材料 DSC 升温曲线

由图 3-4 可知，HS 烧结材料熔融峰的起始温度、峰顶温度、结束温度分别为 174.2℃、184.9℃和 186.7℃，由 DSC 测得的熔融潜热为 93.9J/g。HS 烧结材料的熔融峰较陡，熔融起始温度较高，熔程较窄，而且熔融潜热大，这些特征都有利于烧结工艺。由于其熔融起始温度较高，烧结时可提高粉末的预热温度，从而减少烧结层与周围粉末的温度梯度。高的熔融潜热可阻止与激光扫描区域相邻的粉末颗粒因热传导而熔融，有利于控制烧结件的尺寸精度。

尼龙 12 从熔融状态冷却时会产生结晶，结晶速度对温度有很大的依赖性。由于结晶速度是晶核形成速度和晶粒生长速度的总和，因此尼龙 12 结晶速度对温度的依赖关系是二者温度依赖性共同作用的结果。在接近熔点的温度下，尼龙 12 分子链段运动剧烈，晶核不易形成或形成的晶核不稳定，成核的数目少，因而总的结晶速度较小；随着温度下降，晶核形成速度大大增加，同时，由于高分子链具有足够的活动能力，容易向晶核扩散和排入晶格，晶粒生长速度也增大，因而总的结晶速度增大，直到某一温度下，结晶速度达到最大；当温度继续降低时，虽然成核速度继续增加，但因熔体黏度增大，高分子链段扩散能力下降，晶粒生成速度减慢，致使总的结晶速度下降；当温度低于 T_g 时，链段运动被“冻结”，晶核形成和晶粒生长速度都很低，结晶过程不能进行。图 3-5 是 HS 烧结材料从 220℃熔融状态以 10℃/min 的速率降至室温的 DSC 曲线。

HS 烧结材料的结晶起始温度为 154.8℃，结晶峰的峰顶温度为 148.2℃，结晶终止温度为 144.3℃。由此可知，HS 烧结材料的结晶主要发生在 144.3～154.8℃之间，在 154.8℃以上的温度，由于晶核不易形成，HS 烧结材料的结晶速度很慢，

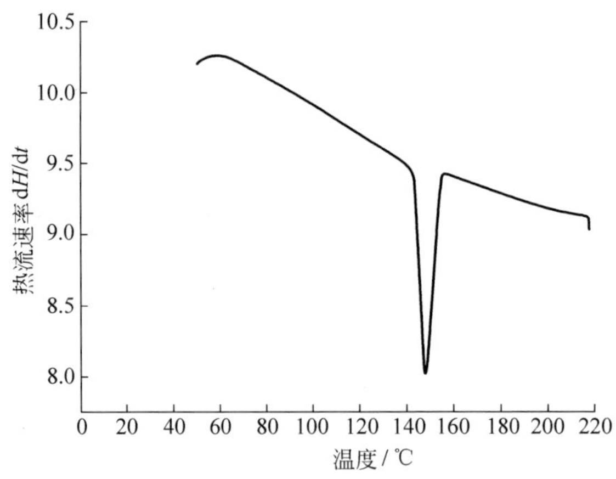

图 3-5 HS 烧结材料 DSC 降温曲线

结晶过程难以进行。在烧结过程中可通过控制操作温度来调整结晶速度，从而减少因结晶产生的收缩应力导致烧结件翘曲的倾向。

2）激光烧结性能

a）粉末几何形貌的影响

虽然尼龙 12 粉末激光烧结时翘曲变形的主要来源是粉末熔化之后的固化收缩和温致收缩，但大量的研究表明粉末几何形貌对激光烧结翘曲变形也有着显著的影响。

图 3-6 所示为通过深冷粉碎法制备的尼龙 12 粉末（法国阿托公司进口），其几何形貌不规则，呈无规则形。深冷粉碎法制备的尼龙粉末，虽然粒径很细，但 SLS 成形性能不好，预热温度超过 170℃，尼龙已经结块，烧结体边缘处严重翘曲以致发生卷曲（图 3-6）。另外，由于粉末过细，粉末的铺粉性能也不好，在不加玻璃微珠的情况下有大量粉末粘在铺粉辊上，铺粉时伴有大量扬尘。

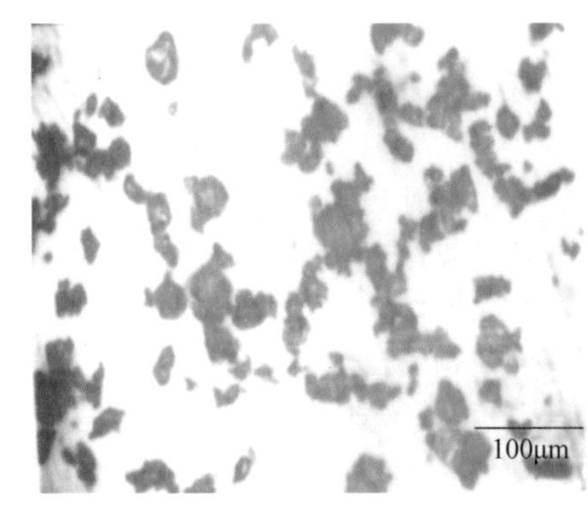

图 3-6 深冷粉碎的尼龙 12 粉末

由图 3-7 可知，深冷粉碎尼龙 12 粉末 SLS 成形时的卷曲十分严重，特别是扫描边线的中间位置，卷曲的形状如半月形，说明中心位置的应力较大。仔细观察发现，卷曲几乎与激光扫描同时发生，即卷曲发生在尼龙的熔化过程中。因此这一现象可以通过粉末烧结的几个阶段来解释：

（1）颗粒之间自由堆积阶段，粉末完全自由地堆积在一起，相互之间各自独立。

（2）形成相互黏结的瓶颈：粉末颗粒相接触的表面熔化，颗粒相互黏结，但还未发生体积收缩。

（3）粉末球化：随着温度的进一步升高，晶体熔化，但此时黏度很高，熔体不能自由流动，但在表面张力的驱动下，粉末趋向于收缩成球形以减小表面积，即所谓的球化。

（4）完全熔合致密化：熔体黏度进一步降低，粉末完全熔化成液体，挤出粉末中的空气，粉末完全熔合成一体。

图 3-7　深冷粉碎的尼龙 12 粉末的单层扫描照片

图 3-8 和图 3-9 分别为非球形粉末和球形粉末的烧结示意图。非球形粉末烧结时，粉末首先相互粘连形成瓶颈，而后发生球化，进而再熔合。由于粉末在球化前已相互粘连，粉末球化的应力使收缩不仅发生在高度方向，也同样存在于水平方向，从而导致激光烧结时发生边缘卷曲现象。

图 3-8　非球形粉末的激光烧结示意图

图 3-9　球形粉末的激光烧结示意图

而球形粉末烧结过程只有瓶颈长大与粉末完全熔化致密化过程，而没有球化过程，因此在水平方向的收缩小。并且球形粉末的堆密度要高于非球形粉末，致密化的体积收缩小。综合以上原因，球形粉末激光烧结时的收缩低于非球形粉末。

b）粉末粒径及其分布的影响

粉末粒径对 SLS 成形有着显著的影响。为研究粉末粒径对预热温度的影响，制备了窄粒径分布的尼龙12粉末，所有粉末的 D_{90} 都小于10μm，测定不同粒径粉末的预热温度，如表3-2所示。如表3-2所示，随着粉末粒径的增加，预热温度升高，同时结块温度也有所增加；当粒径大于65.9μm后，粉末的预热温度超过170℃，SLS成形过程无法进行。

表3-2　粉末粒径对SLS成形预热温度的影响

平均粒径/μm	28.5	40.8	45.2	57.6	65.9
预热温度/℃	166～168	167～169	167～169	168～169	～170

为测定粒径分布对预热温度的影响，将不同粒径的粉末混合进行SLS成形实验，结果如表3-3所示。

表3-3　不同粒径粉末混合对预热温度的影响

粒度/μm	28.5/65.9	28.5/65.9	28.5/65.9	28.5/40.8/65.9	28.5/40.8/65.9
配比	1∶2	1∶1	2∶1	1∶1∶1	2∶1∶1
预热温度/℃	—	—	167～168	～168	167～168
结块温度/℃	169	168	168	168	168

由表3-3可知，粉末的结块温度主要受小粒径粉末的影响，而预热温度的下限则受粗粉末限制，因此粒径分布窄的粉末预热温度窗口宽，而粒径分布宽的粉末预热温度窗口窄。

粉末越细，表面积越大，相应的表面能也越大，烧结温度越低，因此烧结温度随粉末粒径的减小而降低。扫描第一层时，烧结体最容易翘曲变形。激光功率一定时，随粉末粒径的增加，激光穿透深度增加，表面所获得的能量降低，熔体的温度降低。同时，穿透深度越深，烧结深度越高，收缩应力越大。因此，粉末粒径越粗，烧结第一层时越易发生翘曲变形。因为烧结时热量由外向内传递，所以烧结时粗粉末熔化较细粉末慢。若粉末过粗，烧结时部分粉末可能不能完全熔化，在冷却的过程中起晶核的作用，从而加快粉末的结晶化速度。总之，粗粒径粉末对SLS成形十分不利。

对于已成形多层的激光扫描，粉末完全熔化后，其收缩结晶与粉末粒径完全无关。细粉末的烧结温度低，有利于第一层的烧结，但为防止粉末的结块，成形时往往需要维持较低的预热温度，这可能会造成烧结体整体的变形。因此，为获得良好的激光烧结性能，尼龙粉末的粒径需要维持在一定的范围之内。实验表明，尼龙粉末在40～50μm可以获得较好的效果。

c) 粉末分散与团聚的影响

用溶剂沉淀法制备的粉末经干燥后易于团聚。这种团聚属于软团聚，经球磨后可以分散。但粉末粒径很小时，球磨的效果不好，粉末甚至会被磨球压实。粉末在激光烧结过程中，若温度过高，也会结块。结块的粉末若只过筛而不球磨，则颗粒间也会相互团聚。团聚的粉末空隙大，不仅密度低，而且对激光烧结也有显著的影响。

图 3-10 所示为团聚粉末的单层扫描结果，可见边角处卷曲，现象与非球形粉末的结果类似。即便是提高预热温度，这种现象也不能消除，因此团聚粉末的 SLS 成形性能不好。

图 3-10　团聚粉末的单层扫描图

d）成核剂与填料的影响

成核剂可以大幅提高聚合物的力学性能，在结晶聚合物中已得到广泛应用。在制粉时加入成核剂可以获得粒径分布更窄、几何形貌更规则的粉末。在球磨阶段加入少量的二氧化硅（SiO_2）等粉末，可以提高球磨的效率和粉末的流动性。表 3-4 为在制粉阶段加入成核剂后的激光烧结情况。

表 3-4　成核剂对激光烧结的影响

成核剂	无	气相二氧化硅	硅灰石	硅灰石	蒙脱石	滑石粉
质量分数/%	—	0.1	0.1	0.5	0.5	0.5
预热温度/℃	167～169	167～169	168～169	169～170	～170	～170
预热温度窗口/℃	2	2	1	1	<1	<1

由表 3-4 可知，制粉时成核剂（除二氧化硅外）的添加会导致预热温度窗口变窄，成形性能恶化。

溶剂沉淀法制备的尼龙粉末干燥后容易结团，球磨时容易被磨球压实而不易分散。极细的无机粉末可以作为分散剂，破坏粉末间的结合力，并提高球磨的效率。在球磨的过程中加入 0.1%的气相二氧化硅后显示，粉末的流动性增加，团聚块全部消失。用此粉末进行 SLS 成形实验，前几层的预热温度明显升高，预热温度为 169～170℃，与加入其他成核剂类似。可见，气相二氧化硅在激光烧结过程中起到了成核剂的作用。多层烧结后发现烧结体与周围粉体出现裂痕，烧结体也呈透明状，取出后发现透明的烧结体已经凝固。此现象说明二氧化硅的加入加快了结晶的速度，并细化了球晶，因此无机分散剂的加入会使预热温度窗口变窄，不利于 SLS 成形，应避免使用。

填料也具有成核剂的功能，与成核剂的差别主要在于含量的多少和粒径的大小。填料的加入一方面加快了熔体的结晶，使预热窗口温度变窄；另一方面起填充作用，降低了熔体的收缩率。同时填料对聚合物粉末还可以起到隔离剂的作用，相当于在粉末中加入了分散剂，因而阻止了尼龙 12 粉末颗粒间的相互黏结，提高了尼龙粉末的结块温度。表 3-5 是加入 30%不同填料的尼龙 12 粉末材料的预热窗口温度变化情况。

表 3-5　加入不同填料对烧结的影响

填料种类	玻璃微珠（200～250 目）	玻璃微珠（400 目）	滑石粉（325 目）	硅灰石（600 目）
预热温度/℃	167～170	168～170	失败	失败

从表 3-5 中可以看出，玻璃微珠对尼龙 12 粉末的结块温度影响较小，但扩大了预热温度窗口，这可能是因为玻璃微珠尺寸较大，表面光滑且为球形，对结晶的影响较小。非球形的滑石粉、硅灰石的加入使成形性能恶化。

e）尼龙 12 粉末热氧老化的影响

尼龙的老化不仅会影响到制件的力学性能和颜色，对激光烧结性能也有显著的影响。

尼龙的老化主要是热氧化交联和降解，交联会使聚合物的熔点升高和黏度上升，如将尼龙 66 放于 260℃的空气中加热 5～10min，尼龙 66 就变成不溶不熔的状态，因此热氧化交联会使激光烧结时尼龙的熔体黏度显著增高，烧结所需的温度增加。而尼龙的氧化降解会产生部分低聚物，低聚物的熔点会下降，结晶速度加快，并且结晶时会产生大量的球晶，增加聚合物的收缩，降低聚合物的强度。

老化尼龙 12 粉末 SLS 成形时表现为易结块、难熔化、流动性差、易翘曲，多次循环使用的尼龙 12 需要更高的激光能量才能将其完全熔化。即使在尼龙 12 结块时进行激光扫描，烧结体仍然会发生翘曲。所以老化对尼龙 12 的成形十分不利。国内外在用尼龙粉末进行激光烧结时，均需要氮气保护，并且旧粉末需要加入至少 30%的新粉末后才能使用。

2. 制件力学性能

表 3-6 是尼龙 12 SLS 激光制件（原型件）与尼龙 12 模塑件之间的性能比较。由表 3-6 可知，尼龙 12 SLS 原型件的密度为 0.96/cm^3，达到尼龙 12 模塑件密度的 95%，表明烧结性能良好（96%是粉末烧结的上限），这与无定型聚合物的 SLS 成形有很大的差别。尼龙 12 SLS 试样的拉伸强度、弯曲模量和热变形温度等性能指标与模塑件比较接近。但试样的断裂行为与模塑件有较大的差别，模塑尼龙 12 的断裂伸长率达到 200%，而 SLS 尼龙 12 试样在拉伸过程中没有颈缩现象，试样在屈服点时即发生断裂，断裂伸长率仅约为模塑件的 1/10。尼龙 12 SLS 试样的断裂行为属于脆性断裂，这是因为尼龙 12 SLS 试样中少量的孔隙起到应力集中作用，使材料由韧性断裂变为脆性断裂，冲击强度大大低于模塑件。

表 3-6　尼龙 12 粉末激光制件与尼龙 12 模塑件之间的性能比较

性能	密度/(g/cm^3)	拉伸强度/MPa	断裂伸长率/%	弯曲强度/MPa	弯曲模量/GPa	冲击强度/(kJ/m^2)	热变形温度(1.85MPa)/℃
激光烧结尼龙	0.96	41	21.2	47.8	1.30	39.2	51
模塑成形	1.02	50	200	74	1.4	不断	55

3.3.2 非晶态高分子材料及其成形工艺

非晶态聚合物在玻璃化温度(T_g)时,大分子链段运动开始活跃,粉末开始黏结,粉末流动性降低。因此,在SLS过程中,非晶态聚合物粉末的预热温度不能超过T_g,但为了减小烧结件的翘曲,通常略低于T_g。当材料吸收激光能量后,温度上升到T_g以上而发生烧结。非晶态聚合物在T_g时的黏度较大,而根据聚合物烧结机制Frenkal模型的烧结颈长方程可知烧结速率是与材料的黏度成反比的,这样就造成非晶态聚合物的烧结速率很低,烧结件的致密度、强度较低,呈多孔状,但具有较高的尺寸精度。在理论上,通过提高激光能量密度可以增加烧结件的致密度,但实际上过高的激光能量密度往往会使聚合物材料剧烈分解,导致烧结件的致密度反而下降;另一方面,过高的激光能量密度也会使次级烧结现象加剧,导致烧结件的精度下降。因此,非晶态聚合物通常用于制备对强度要求不高但具有较高尺寸精度的制件。

1. 聚碳酸酯

聚碳酸酯(polycarbonate,PC)具有突出的冲击韧性和尺寸稳定性,优良的机械强度和电绝缘性,良好的耐蠕变性和耐候性,以及低吸水性、无毒性、自熄性和较宽的使用温度范围,是一种综合性能优良的工程塑料。在SLS技术发展初期,PC粉末就被用作SLS成形材料,也是研究报道较多的一种高分子激光烧结材料。1993年美国DTM公司(现并入3D Systems公司)的Denucci将PC粉末和熔模铸造用蜡进行了比较,认为PC粉末在快速制作薄壁和精密构件、复杂构件、需要耐高低温的构件方面具有优势。1996年美国桑迪亚国家实验室的Atwood等也对PC粉末采用SLS技术制作熔模铸造构件进行了研究,从烧结件的应用、精度、表面光洁度以及后处理等方面讨论了采用PC粉末的可行性,PC粉末的激光烧结件在熔模铸造方面获得成功应用。为了合理控制烧结工艺参数,提高PC烧结件的精度和性能,许多学者对PC粉末在烧结中的温度场进行了研究。美国得克萨斯大学的Nelson等建立了一维热传导模型,用以预测烧结工艺参数和PC粉末性能参数对烧结深度的影响。英国利兹大学的Childs和Berzins等、美国克莱姆森大学的Williams等、北京航空航天大学的赵保军等也做了类似的工作,他们分别提出了不同的模型来模拟PC粉末在激光烧结过程中的能量传递、热量传输和一些相关问题。香港大学的Ho等在探索用PC粉末烧结塑料功能件方面做了很多工作,他们研究了激光能量密度对PC烧结件形态、密度和拉伸强度的影响,试图通过提高激光能量密度来制备致密度、强度较高的功能件。然而,尽管提高激光能量密度能大幅度提高烧结件的密度和拉伸强度,但过高的激光能量密度会使烧结件强度下降、尺寸精度变差,还会导致制件产生翘曲等问题。他们还研究了石墨粉对PC烧结行为的影响,发现加入少量的石墨能显著提高PC粉床的温度。香港大学的 Fan 等对激光选区烧结过程中 PC 粉末移动对烧结件微观形貌的影响进行了研究。华中科技大学的史玉升、汪艳等从另外一个角度探讨了 PC 粉末在制备功能件方面应用的可能性,他们采用环氧树脂体系对 PC 烧结件进行后处理,经过后处理的 PC 烧结件的力学性能有了很大的提高,可用作性能要求不太高的功能件。

由于 PC 具有较高的玻璃化温度,因而在激光烧结过程中需要较高的预热温度,粉末材料容易老化,烧结不易控制。目前,PC 粉末在熔模铸造中的应用逐渐被聚苯乙烯粉末所替代。

2. 聚苯乙烯

EOS 公司和 3D Systems 公司分别于 1998 年、1999 年推出了以聚苯乙烯(polystyrene,PS)为基体的商品化粉末烧结材料 PrimeCast^{TM} 和 CastForm^{TM}。这种烧结材料同 PC 相比,烧结温度较低,烧结变形小,成形性能优良,更加适合熔模铸造工艺,因此 PS 粉末逐渐取代了 PC 粉末在熔模铸造方面的应用。之后 3D Systems 又推出了商品名为 TureForm^{TM} 的丙烯酸-苯乙烯共聚物粉末材料。由于这些材料都是专利产品,文献报道较少。2007 年英国卡迪夫大学的 Dotchev 等研究了影响 CastForm^{TM} SLS 构件精度的因素,并给出了提高这种材料 SLS 构件精度的几种途径。2008 年香港大学的 Fan 等研究了二氧化硅填充 TureForm^{TM} 在 SLS 过程中的熔融行为。

由于 PS 的 SLS 构件的强度很低,不能直接用作功能构件,因而国内多位研究者试图通过各种不同途径来增加 PS 烧结件的强度。郑海忠和张坚等利用乳液聚合方法制备核-壳式纳米 Al_2O_3/PS 复合粒子,然后用这种复合粒子来增强 PS 的 SLS 构件,研究结果表明,纳米粒子较好地分散在聚合物基体中,烧结件的致密度、强度得到提高。然而,他们都没有给出在增加烧结件致密度的同时,烧结件的精度如何变化。一般来说,较低的致密度是非晶态聚合物 SLS 构件强度低的根本原因,而从机制上讲,通过添加无机填料不能提高烧结件的致密度,因而我们认为在保持较好精度的前提下,添加无机填料很难对非晶态聚合物的 SLS 构件有增强作用。因此,华中科技大学的史玉升等提出先制备精度较高的 PS 初始形坯,然后用浸渗环氧树脂的后处理方法来提高 PS 烧结件的致密度,从而使 PS 烧结件在保持较高精度的前提下,致密度、强度得到大幅提升,可以满足一般功能件的要求。此外,史玉升等还提出通过制备 PS/Polyamide(PA)合金来提高 PS 烧结件的强度。由于 PS 与 PA 之间极性相差较大,因此他们使用 PS-g-MAH(马来酸酐的接枝共聚物)作为相容剂来增加这两种聚合物的相容性,最终成功制备出了这种合金粉末的 SLS 构件,构件的拉伸强度达到 14MPa,可以满足一般功能件的要求。

3. 高抗冲聚苯乙烯

目前,PS 由于其较低的成形温度及较高的构件精度,逐渐取代 PC 成为 SLS 最为常用的非晶态聚合物,但其 SLS 构件强度较低,不易成形复杂结构或薄壁构件。针对上述问题,杨劲松等提出使用高抗冲聚苯乙烯(high impact polystyrene,

HIPS)粉末材料来制备精密铸造用树脂模，并研究了 HIPS 的烧结性能及其烧结件的力学性能、精度，结果表明 HIPS 同样具有较好的烧结性能，但其烧结件的力学性能却比 PS 烧结高得多，可以用来成形具有复杂结构或薄壁结构的构件。同时，杨劲松等还研究了 HIPS 烧结件的渗蜡后处理工艺以及以 HIPS 树脂模作为熔模的精密铸造工艺，并最终得到了结构精细、性能较高的铸件。华中科技大学的史玉升等同样通过“先采用 SLS 制备 HIPS 初始形坯，再进行浸渗环氧树脂的后处理”的方法，制备了精度较高、力学性能可以满足一般要求的 HIPS 功能构件。

4. 聚甲基丙酸甲酯

聚甲基丙酸甲酯(poly methyl methacrylate，PMMA)主要用作间接 SLS 制造金属或陶瓷构件的时聚合物黏结剂。美国得克萨斯大学的研究者使用 PMMA 乳液通过喷雾干燥法制备了聚合物覆膜金属或陶瓷粉末，这种覆膜粉末材料中 PMMA 的含量在 20%左右。PMMA 覆膜粉末材料已经成功用于通过间接 SLS 制备多种材料(包括氧化铝陶瓷、氧化硅/锆石混合材料、铜、碳化硅、磷酸钙等)的成形构件。

3.3.3　覆膜砂及其成形工艺

1. 覆膜砂激光烧结概述

用传统方法制备砂型(芯)时，常将砂型分成几块，然后分别制备，并且将砂芯分别拔出后进行组装，因而需要考虑装配定位和精度问题。而用 SLS 技术可实现砂型(芯)的整体制备，不仅简化了分离模块的过程，铸件的精度也得到了提高。因此，用 SLS 技术制备覆膜砂型(芯)在铸造中有着广阔的前景。然而，目前 SLS 覆膜砂型(芯)仍然存在如下问题有待进一步解决：

(1) 与其他快速成形方法一样，由于分层叠加的原因，SLS 覆膜砂型(芯)在曲面或斜面上呈明显的“阶梯形”，因此覆膜砂型(芯)的精度和表面粗糙度不太理想。

(2) SLS 覆膜砂型(芯)的强度偏低，难以成形精细结构。

(3) SLS 覆膜砂型(芯)的表面，特别是底面浮砂的清理困难，严重影响其精度。

(4) 固化收缩大，易翘曲变形，砂的摩擦大，易被铺粉辊所推动，成功率低。

(5) 覆膜砂中的树脂含量高，浇注时砂型(芯)的发气量大，易使铸件产生气孔等缺陷。

由于以上问题，SLS 制备覆膜砂型(芯)的技术并没有得到广泛应用。为此，国内外许多学者在覆膜砂的 SLS 成形工艺、后固化工艺以及砂型(芯)设计等方面进行了大量的研究，并得出以下结论：

(1) 砂型(芯)的截面积不能太小。如果首层砂型(芯)的截面积太小，由于定位不稳固，铺粉时砂型(芯)容易被铺粉辊所推动，从而影响砂型(芯)的精度。

(2) 不允许砂型(芯)中间突然出现“孤岛”。“孤岛”部分由于没有“底部”固定，容易在铺粉过程中发生移动。但这种情况在砂型(芯)的整体制备时常会出现。如有此情况出现，应考虑砂型(芯)的其他设计方案。

(3) 要避免“悬臂”式结构。由于悬臂处的固定不稳固，除了在悬臂处易发生翘曲变形外，铺砂时还容易使砂型(芯)移动。

(4) 砂型(芯)要尽量避免以“倒梯形”结构进行制备。

由上可知，用 SLS 制备复杂的砂型(芯)十分困难，应用以往的研究结果根本无法制备像液压阀这样的复杂砂型(芯)。因此，这里将从多个角度研究产生这些问题的原因及解决办法。

覆膜砂所用的酚醛树脂为热固性材料，其 SLS 成形特性与热塑性聚合物有着本质的区别。覆膜砂在 SLS 成形过程中会发生一系列复杂的物理化学变化，这些变化对覆膜砂的 SLS 成形有着重要的影响。但以往的研究却没有涉及这方面的内容，因此本节将从热固性树脂性能的角度深入研究覆膜砂的 SLS 成形特性，为覆膜砂的 SLS 成形提供理论基础。

2. 覆膜砂激光烧结实验

实验所用覆膜砂及酚醛树脂均来自重庆长江造型材料(集团)有限公司，固化剂为六次甲基四胺，润滑剂为硬脂酸钙，均采用热法覆膜制备。

在未明确说明情况时默认：覆膜砂原砂为擦洗球形砂，粒度为 100～200 目；树脂熔点为 80～85℃，质量分数为 4%；固化剂质量分数为 10%；预热温度为 50℃；扫描速度为 1000mm/s；扫描间距为 0.1mm；激光功率为 24W；层厚为 0.25mm。

3. 激光加热温度模型

在 SLS 成形过程中，激光的扫描速度很快。例如，以典型的激光扫描工艺(激光扫描速度 $v=1000\text{mm/s}$，激光光斑直径 $\omega=0.3\text{mm}$)进行计算，在激光扫描过程中，激光加热时间仅为 0.3ms。因此，在这么短的加热时间内，热量的传导可以忽略，从而计算粉末被激光照射后的温度。激光加热的热流密度 q 服从高斯分布，即

$$q=\frac{2a_{\mathrm{p}}P}{\pi\omega^{2}}\exp\left(-\frac{2r^{2}}{\omega^{2}}\right) \tag{3-5}$$

式中，a_{p} 为粉末对激光束的吸收率；P 为激光功率；r 为粉末床表面上一点到光斑中心的距离。

覆膜砂粉末床可看作连续均匀介质，因此激光束以恒定的速度 v 沿直线方向运动时，粉末床表面距中心为 r 处所吸收的能量密度为

$$E(r)=\left(\frac{2}{\pi}\right)^{\frac{1}{2}}\frac{a_{\mathrm{p}}P}{\omega v}\exp\left(-\frac{2r^{2}}{\omega^{2}}\right) \tag{3-6}$$

SLS 成形时，激光扫描表面是由大量相互平行的扫描向量组成的。当扫描间距小于激光光斑直径时，将会有部分激光能量输入到相邻的扫描向量上。在扫描面上的任意一点处，光斑直径和扫描间距的大小关系确定了该处被激光照射的次

数，称为加热次数，如图 3-11 所示。

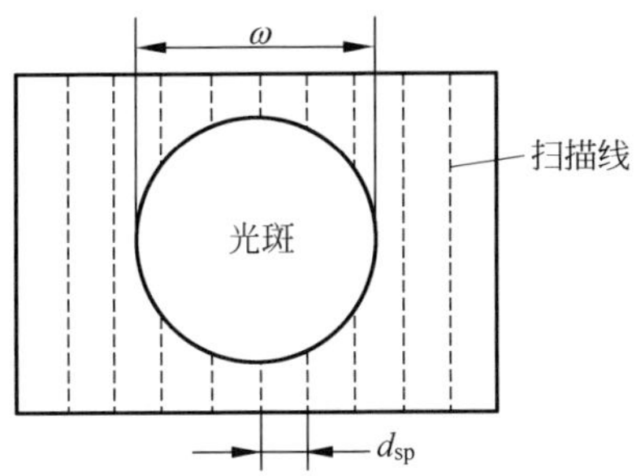

图 3-11　扫描加热次数与光斑直径、扫描间距的关系示意图

在 SLS 成形过程中，输入到粉末床表面的能量取决于各工艺参数（如光斑直径、激光功率、扫描间距、扫描速度等）。图 3-11 说明了扫描加热次数与各工艺参数之间的关系。在粉末床表面上某点处的总能量输入，是多次扫描能量的叠加之和。

在激光扫描过程中，光斑对临近扫描线上某一点的能量输入，之前相当于对该点的预热，之后相当于保温，离扫描光斑中心点最近时温度达到最高。

在 SLS 成形过程中，若扫描线很短，在连续的几个扫描过程中，激光能量线性叠加（即不考虑热量向周围的散失）。设扫描间距为 d_{sp}，假设某一起始扫描线的方程为 $y=0$，则在这之前的第 I 个扫描线方程为 $y=-Id_{sp}$。某一点 $P(x,y)$离第 I 个扫描线的距离为 $y+Id_{sp}$，第 I 个扫描线对 P 点的影响为

$$E(y)=\sqrt{\frac{2}{\pi}}\frac{P}{\omega v}\exp\left[\frac{-2(y+Id_{sp})^2}{\omega^2}\right] \tag{3-7}$$

则多条扫描线的叠加能量为

$$E_s(y)=\sum_{I=0}^{n}\left\{\sqrt{\frac{2}{\pi}}\frac{P}{\omega v}\exp\left[\frac{-2(y+Id_{sp})^2}{\omega^2}\right]\right\} \tag{3-8}$$

因此，经激光加热后的温度为

$$T=T_{bed}+\frac{1}{\rho c_p}\sum_{I=0}^{n}\left\{\sqrt{\frac{2}{\pi}}\frac{P}{\omega v}\exp\left[\frac{-2(y+Id_{sp})^2}{\omega^2}\right]\right\} \tag{3-9}$$

热塑性酚醛树脂的固化温度大于 150℃，为使酚醛树脂在激光加热的短时间内固化，实际烧结温度会更高，接近甚至超过酚醛树脂的分解温度，而烧结覆膜砂时粉末床的预热温度较低，为 50～70℃。在这样的高温度梯度下，热量会很快通过热传导、对流、辐射等方式向周围散失，最极端的情况是扫描线特别长，在进行一次扫描时，之前扫描的能量完全散失。更多的情况是在一个小的区域内温度很快达到平均，能量部分散失，因此，可将激光覆盖区域的温度视为一定值，则

$$T=T_0+\frac{\alpha_p}{c_p\rho}\left(\frac{2}{\pi}\right)^{\frac{1}{2}}\frac{P}{\omega v}\exp\left(-\frac{2r^2}{\omega^2}\right) \tag{3-10}$$

式中，T_0 为激光覆盖区域内覆膜砂的表面温度。覆膜砂增加的能量等于从激光加

热过程中获得的能量$\left(E_{\text{average}}=\dfrac{I_0}{vd_{\text{sp}}}\right.$与通过辐射 q_{r}、对流 q_{e} 和热传导 q_{L} 散失的能量之差：

$$\rho c_p(T_0-T_{\text{bed}})=E_{\text{average}}-(q_{\text{r}}+q_{\text{e}}+q_{\text{L}})_t \tag{3-11}$$

可将式(3-11)变换为

$$T_0=\frac{E_{\text{average}}-(q_{\text{r}}+q_{\text{e}}+q_{\text{L}})_t}{\rho c_p}+T_{\text{bed}} \tag{3-12}$$

式中，$q_{\text{r}}+q_{\text{e}}+q_{\text{L}}$ 为散失能量的总和，因能量的散失随时间 t 的延长而增加，因此 T_0 是激光能量、扫描时间和粉末床温度的函数。在等功率下，扫描线越长，扫描速度越慢，则相临扫描线的扫描时间间隔越长，T_0 也就越低。

4. 覆膜砂的固化机制

用于覆膜砂的酚醛树脂为线型热塑性酚醛树脂，热塑性酚醛树脂是在酸性介质中，由三官能度的酚或二官能度的酚与醛类缩聚而成的。由于在酸性介质中，羟甲基彼此间的反应速度总小于羟甲基与苯酚邻位或对位氢原子的反应速度，因此酚醛树脂的结构一般为

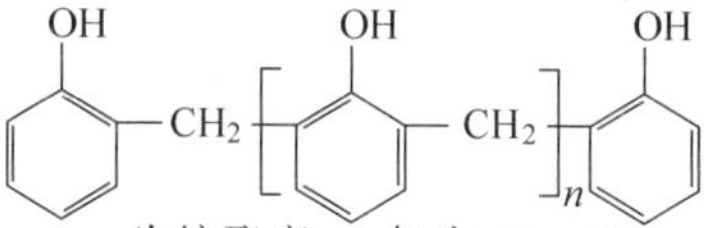

n 为缩聚度，一般为 10～12

酸催化热塑性酚醛树脂的平均相对分子质量一般在 500 左右，相应分子中的酚环大约有 5 个，它是一个包括各种组分的分散性混合物(表 3-7)。

表 3-7 不同相对分子质量酚醛树脂的性能

组分	1	2	3	4	5
质量百分数/%	10.7	37.4	16.4	19.5	16.0
相对分子质量	210	414	648	870	1270
熔点/℃	50～70	71～106	96～125	110～140	119～150

在聚合体中不存在未反应的羟甲基，因此这种树脂在加热时只能熔融不能固化。这种树脂在未固化时强度极低，只有通过加入六次甲基四胺进一步缩聚为体型产物时，才具有一定的强度。六次甲基四胺固化酚醛树脂的反应十分复杂。关于六次甲基四胺固化酚醛树脂的详细机制仍不十分清楚，一般认为使酚醛树脂缩聚成体型聚合物的反应有两种：

一种是六次甲基四胺和包含活性点、游离酚(约 5%)以及少于 1%水分的二阶树脂反应，此时在六次甲基四胺中任何一个氮原子上连接的 3 个化学键可依次打开，与 3 个二阶树脂的分子链反应，例如：

另一种反应是六次甲基四胺在较低温度(130～140℃或更低的温度)下与只有

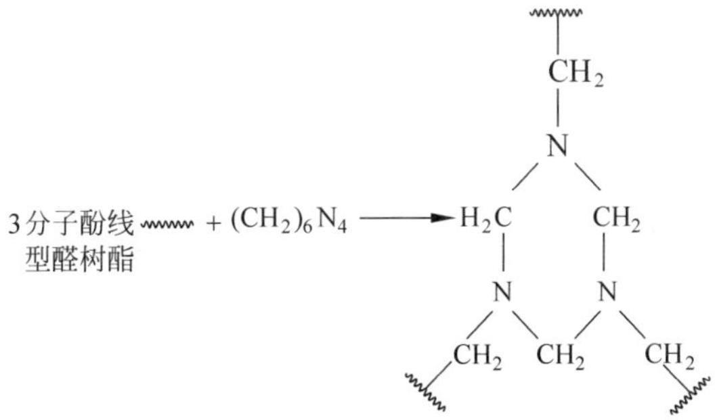

3分子酚线型醛树脂 + $(CH_2)_6N_4$ → H_2C CH_2 N N N CH_2 CH_2 CH_2 CH_2

一个邻位活性位置的酚反应生成二(羟基苄)胺，如：

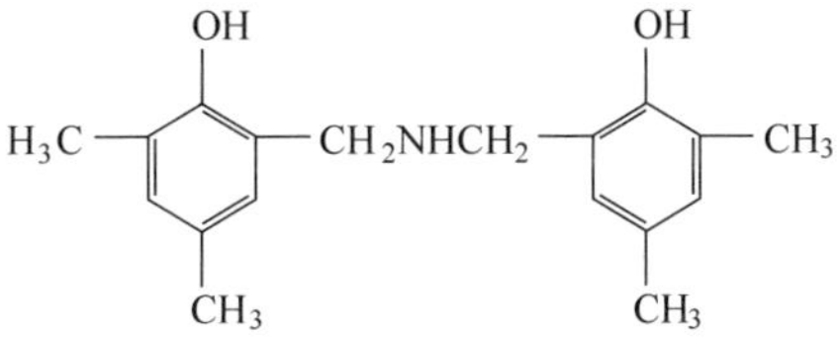

OH OH H_3C CH_2NHCH_2 CH_3 CH_3 CH_3

这一结构不稳定，在较高温度下分解放出甲醛和次甲基胺，若无游离酚则生成甲亚胺，如：

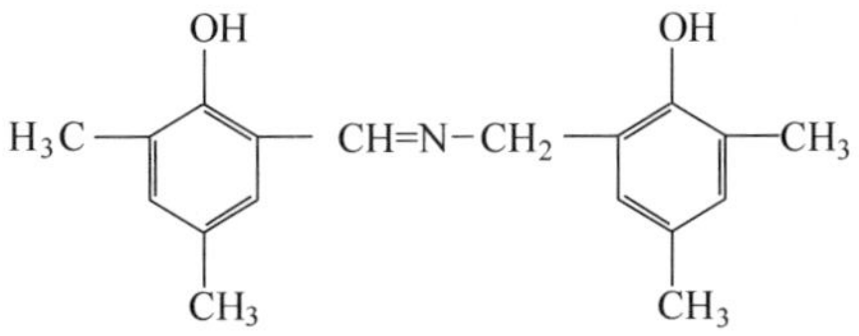

OH OH H_3C $CH{=}N{-}CH_2$ CH_3 CH_3 CH_3

这一产物显黄色，因此可以利用这一性质判断覆膜砂的固化程度。

图 3-12 所示为覆膜砂的 DSC 曲线。由图可见，在 81.6℃和 167.7℃处有吸热峰，而在 150.5℃处有放热峰。81.6℃处的吸热峰为酚醛树脂的熔融峰，150.5℃处的放热峰和 167.7℃处的吸热峰均为酚醛树脂的固化峰。上述结果证明覆膜砂的固化分为两步进行：在较低温度(150.5℃)下酚醛树脂与六次甲基四胺反应生成二(羟基苯)胺和三(羟基苯)胺，但这种仲胺或叔胺不稳定，在较高温度(167.7℃)下进一步分解生成甲亚胺。

5. 覆膜砂的固化动力学

为了更好地了解覆膜砂酚醛树脂的固化反应，确定其 SLS 成形工艺参数及后固化工艺，需要对其固化动力学进行研究。根据基辛格(Kissinger)方程：

$$\frac{\mathrm{d}\left(\ln \frac{\phi}{T_{\mathrm{p}}^{2}}\right)}{\mathrm{d}\left(\frac{1}{T_{\mathrm{p}}}\right)}=-\frac{E_{\mathrm{a}}}{R} \tag{3-13}$$

式中，ϕ 为升温速度；T_{p} 为固化反应的峰顶温度；E_{a} 为表观活化能；R 为摩尔气

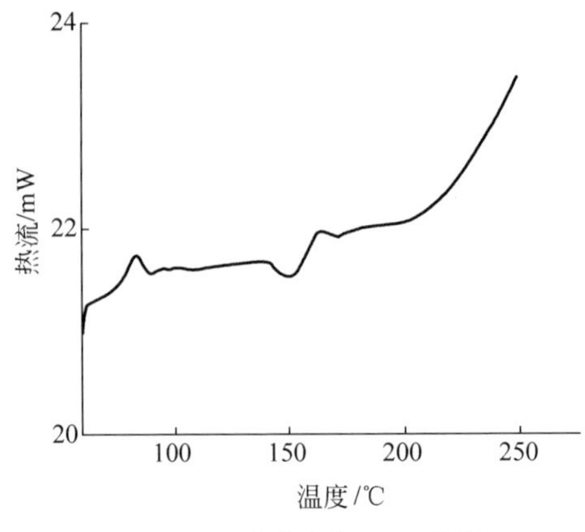

图 3-12　覆膜砂的 DSC 曲线

体常数。以 $\ln(\phi/T_p^2)$ 对 $1/T_p$ 作图得一直线，由直线的斜率($-E_a/R$)可求出表观活化能 E_a。

图 3-13 所示为升温速度分别为 5、10、15、20℃/min 时覆膜砂酚醛树脂固化体系的非等温 DSC 曲线，由此可以得到不同升温速度下的固化特征温度，见表 3-8。

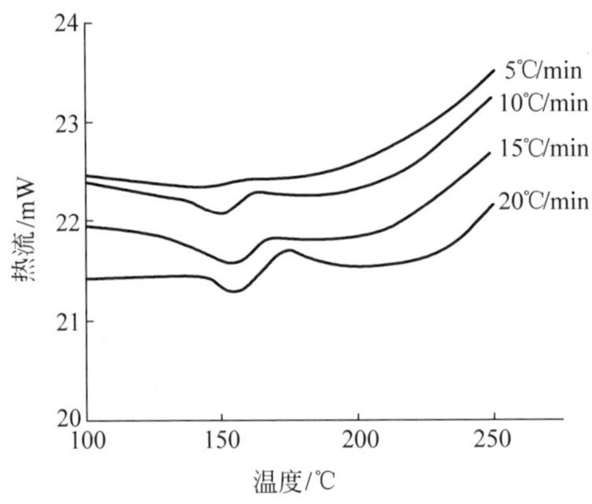

图 3-13　不同升温速度下的非等温 DSC 曲线

表 3-8　不同升温速度下覆膜砂固化的特征温度

ϕ/(℃/min)	第一固化反应			第二固化反应		
	T_i/℃	T_p/℃	T_d/℃	T_i/℃	T_p/℃	T_d/℃
5	133.8	144.1	152.7	155.9	159.8	166.5
10	141.7	150.5	158.7	159.2	166.7	171.4
15	144.0	153.8	161.5	162.5	170.5	178.0
20	145.3	156.0	164.3	167.0	174.7	181.3

根据图 3-13 及表 3-8 的数据，可以计算出覆膜砂固化时的活化能分别为：第

一固化反应，165.17kJ/mol；第二固化反应，145.05kJ/mol。随着升温速度的增加，两步固化反应的起始温度、峰顶温度和终止温度都有所提高，固化时间缩短，峰形变窄。当升温速度分别为5、10、15、20℃/min时，第一固化峰和第二固化峰的顶峰温度之差分别为15.7、16.2、16.7、18.7℃，即随着升温速度的增加，两峰之间的差值增加。

再由阿伦尼乌斯方程就可算出酚醛树脂在不同温度下的反应速度常数 k：

$$k = A\exp\left(-\frac{E_{\mathrm{a}}}{RT}\right) \tag{3-14}$$

式中，A 为常数，其具体值不知，且具体的反应并不十分清楚，但可以用式(3-14)比较在不同温度下的固化速度大小。

6. 覆膜砂的激光烧结固化特性分析

覆膜砂在激光作用下的受热固化与铸造生产中砂型(芯)的加热固化不同。当激光束扫描覆膜砂表面时，表面的覆膜砂吸收能量，由于热能的转换是瞬间发生的，在这个瞬间，热能仅仅局限于覆膜砂表面的激光照射区。通过随后的热传导，热能由高温区流向低温区，因此虽然激光加热的瞬间温度高，但时间以毫秒计。在这样短的时间内，覆膜砂表面的树脂要发生熔化-固化非常困难，仅有部分发生固化。因此覆膜砂在SLS成形过程中的固化机制不同于常规热固化。

1) 激光烧结覆膜砂的红外(IR)分析

图3-14所示为覆膜砂烧结试样以及经150℃和180℃固化的红外谱图。由于覆膜砂中酚醛树脂的含量低，因此一些重要的特征峰变得不明显，六次甲基四胺的特征吸收峰出现在 $1000\mathrm{cm}^{-1}$ 处，但由于受到在 $1083\mathrm{cm}^{-1}$ 处大的吸收谱带的影响，该特征峰的强度很弱。在1509、1453、$1232\mathrm{cm}^{-1}$ 处分别为苯环的面外弯曲振动峰、酚羟基的变形振动峰以及苯环上C—OH的伸缩振动峰，$2800\sim3050\mathrm{cm}^{-1}$ 附近为与碳相连的氢峰，$3370\mathrm{cm}^{-1}$ 附近为酚羟基峰。经150℃固化后，未见明显的峰型变化；而经180℃固化后，$1000\mathrm{cm}^{-1}$ 处的六次甲基四胺特征吸收峰完全消失，说明其完全分解；1509、1453、$1232\mathrm{cm}^{-1}$ 处的峰在树脂经180℃完全固化后均消失了。因此，$1000\mathrm{cm}^{-1}$ 可作为固化剂反应情况的特征峰，而1509、1453、$1232\mathrm{cm}^{-1}$ 可作为树脂固化的特征峰。

$1000\mathrm{cm}^{-1}$ 处为六次甲基四胺的特征吸收峰，虽然其受 $1083\mathrm{cm}^{-1}$ 处大的吸收谱带的影响，强度较弱，但仍能看出随着激光烧结功率的增加，此峰变弱，说明六次甲基四胺在激光烧结过程中部分分解。当激光功率为40W时，此峰完全消失，说明其完全分解。值得注意的是，当功率为40W时，覆膜砂在高波数($2800\sim3600\mathrm{cm}^{-1}$)处的羟基吸收峰和碳氢吸收峰开始减弱，说明在此功率下树脂已经大量分解。但与180℃完全固化的谱图相比，$1509\mathrm{cm}^{-1}$ 和 $1453\mathrm{cm}^{-1}$ 处树脂的固化特征峰仍然存在，说明固化并不完全。而 $1000\mathrm{cm}^{-1}$ 处六次甲基四胺的特征峰已完全消失，说明激光烧结时的瞬间温度极高，六次甲基四胺已完全分解。由此可见

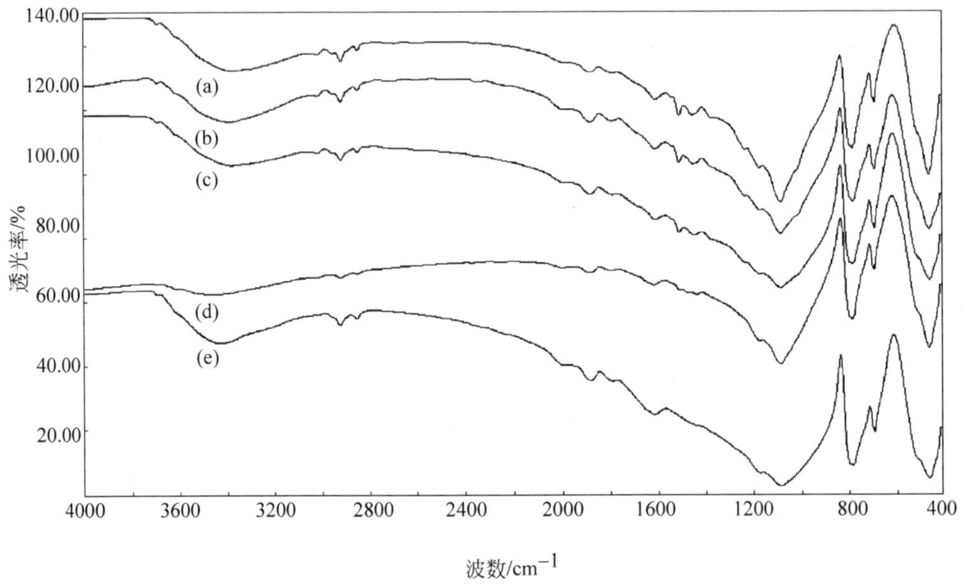

图 3-14　激光烧结及固化覆膜砂的红外谱图

(a) 覆膜砂原砂；(b) 覆膜砂激光烧结试样(激光功率 20W，激光扫描速度 1000mm/s)；(c) 150℃固化的覆膜砂；(d) 覆膜砂激光烧结试样(激光功率 40W，激光扫描速度 1000mm/s)；(e) 180℃固化的覆膜砂

在激光烧结过程中，固化剂的消耗大，树脂的固化和分解同时并存。

2) 激光烧结覆膜砂的 DSC 分析

图 3-15 所示为覆膜砂在不同固化温度下的 DSC 曲线。经 150℃固化后的覆膜砂的熔融峰很小，第一固化峰几乎完全消失，而第二固化峰变化很小，说明在 150℃主要发生第一固化反应。经 180℃固化的覆膜砂两峰都完全消失，说明固化完全。

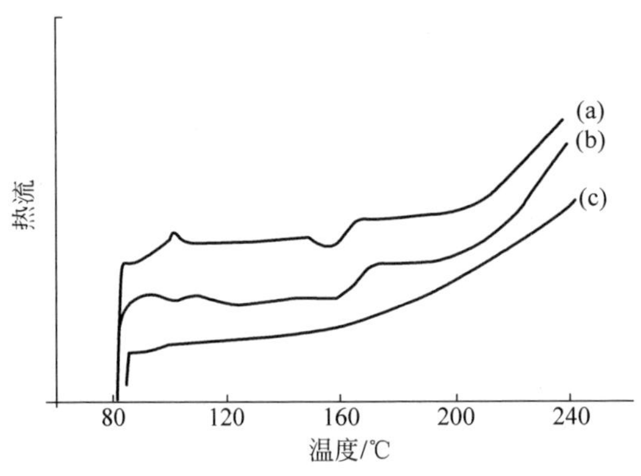

图 3-15　覆膜砂不同固化温度下的 DSC 曲线

(a) 原砂；(b) 150℃固化；(c) 180℃固化

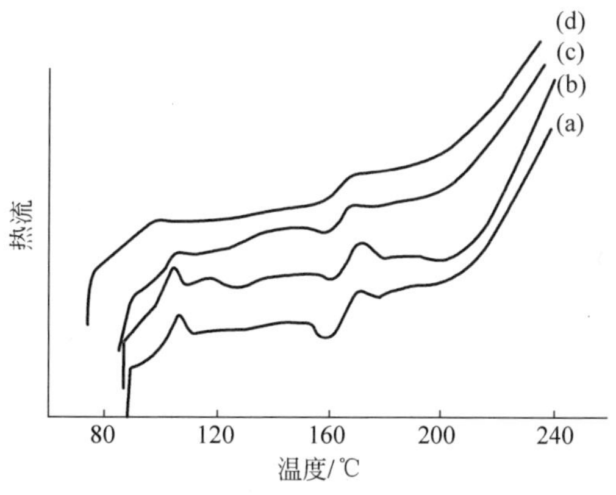

图 3-16 不同激光功率下覆膜砂激光烧结试样的 DSC 曲线

(a) 原砂；(b) 激光烧结试样(激光功率 10W)；(c) 激光烧结试样(激光功率 20W)；(d) 激光烧结试样(激光功率 40W)

图 3-16 为不同激光功率烧结覆膜砂的 DSC 曲线。当激光功率不高时，酚醛树脂熔融峰的位置未见显著变化。但随着激光功率增加，熔融峰的高度降低，热焓减少，说明部分树脂参与了固化。150.5℃处的放热峰和 167.7℃处的吸热峰也随着激光功率的增加而减小，但两峰减小的幅度不同，说明在激光的作用下，同时有两步固化反应，但其反应程度不同。当激光功率达到一定值后，树脂的熔融峰(81.6℃)完全消失，而 150.5℃处和 167.7℃处的固化峰仍然存在，说明所有树脂都参与了固化反应，从而失去了熔融特性，只是固化反应进行的不完全，固化程度低，且交联度不高。当再次升温时未反应完全的基团可继续反应，反应程度提高。当激光功率超过 40W 时，树脂的熔融峰及固化峰全部消失，说明不仅树脂完全失去熔融流动性，而且升温也再无固化反应发生。红外测试的结果表明，当激光功率为 40W 时，仍能见到未反应的基团信息，说明仍保留有可继续反应的活性点，但由于激光功率过高，固化剂已被全部消耗掉，导致加热时不能继续固化。

3) 激光烧结覆膜砂的 TG 分析

酚醛树脂覆膜砂的 TG 曲线如图 3-17 所示。由曲线 1 可见，覆膜砂在 90℃以前失重 0.2%，主要是覆膜砂中含有的水分及酚醛树脂中的低分子挥发物。而温度高于 95℃后，直到 160℃，失重达 0.43%，如果按树脂质量计算约失重 10.7%，主要是第一固化反应放出的低分子挥发物，如 NH_3 等。继续升温直到 250℃，这一过程失重占总重的 0.4%，即占酚醛树脂质量的 10%，这来源于第二固化反应进一步缩合所放出的低分子挥发物。当温度高于 350℃后，覆膜砂中的树脂开始大量分解。

覆膜砂经 150℃固化后(曲线 2)，在 130℃前几乎不失重；高于 130℃后开始慢慢失重；直到 250℃时，失重达 0.4%，即占树脂重量的 10%。这正好与第二固化反应的失重一致，说明经 150℃固化后，第一固化反应基本结束，而第二固化反应

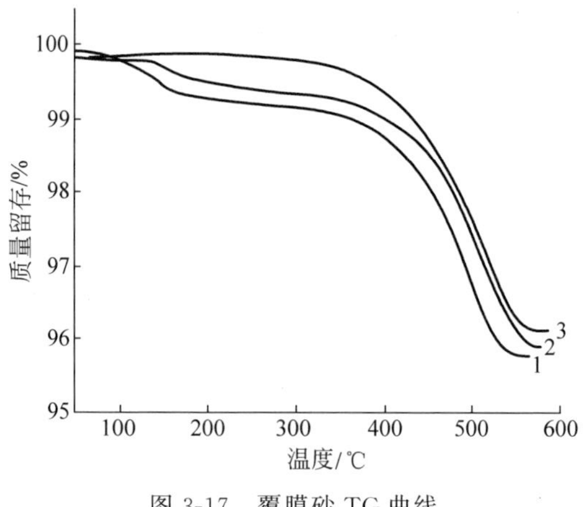

图 3-17　覆膜砂 TG 曲线

还未进行。经 180℃固化的覆膜砂(曲线 3)在 220℃前几乎不失重,说明已完全固化。

7. 覆膜砂的激光烧结特征

覆膜砂的激光烧结特征是覆膜砂在激光作用下发生的一系列物理化学反应。通过对覆膜砂的 SLS 物理模型和热化学性能的研究可知,覆膜砂的激光烧结比热塑性粉末的激光烧结要复杂得多。热塑性粉末在激光烧结时,只有固体—熔融—凝固过程。而覆膜砂在激光烧结时,树脂吸热熔化和化学反应同时发生,性能也随之改变,从而对激光烧结工艺产生显著的影响。此外,固化反应的发生也与激光烧结工艺密切相关。因此覆膜砂的激光烧结特征是树脂固化与激光烧结工艺相互作用的结果。

1) 温度不均匀与固化程度不均匀

激光能量分布不均,呈现正态分布,因此激光加热中心处温度高,周围温度低。由式(3-10)可以计算出距离光斑(光斑半径 0.3mm)中心 0.05、0.1、0.15、0.2mm 处所获得的能量分别为中心能量的 95%、80%、60%和 41%。若被激光加热后中心温度为 200℃,T_0 为 100℃,通过式(3-10)和式(3-14)可以计算出中心处的第一固化反应速度分别为其 1.6、6.3、45.3、393.7 倍,第二固化反应速度分别为其 1.5、5.1、28.5、190.1 倍。虽然经激光烧结后温度会很快达到均匀,但这种差异仍十分显著,因此 SLS 的激光扫描间距不能大于 0.1mm。

由式(3-10)可知,激光烧结温度还与 T_0 有关。而由式(3-12)可知,T_0 随着时间的延长而下降,即激光扫描速度越慢、扫描线越长,则 T_0 越低。若要达到相同的温度,激光功率要相应地增加。因此,当采用相同的激光扫描工艺时,构件的细窄部分往往由于温度高而过烧,粗宽部分则由于温度低而固化不完全,导致砂型(芯)的强度不够,如图 3-18 所示。因此激光烧结工艺参数应随图形变化而变化。

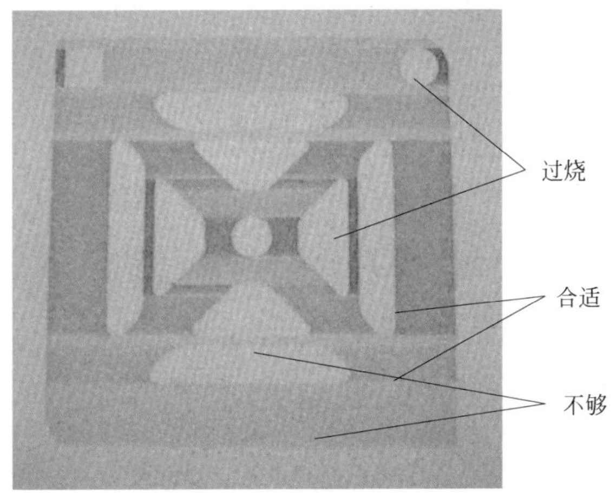

图 3-18　相同激光扫描工艺参数下的砂型(芯)扫描照片

2）高温瞬时特性

激光加热具有加热集中、速度快、冷却快等特点，加热时间以毫秒计，冷却时间也不会超过数秒(图 3-18 的激光烧结不均匀性可以证实)。在这么短的时间内完成覆膜砂表面树脂的熔融—固化几乎不可能。但由于温度高，部分区域甚至已超过了树脂的降解及固化剂的升华温度，因此树脂的熔化、第一固化反应、第二固化反应及其降解反应几乎同时进行。其结果是树脂在未完全熔化的情况下开始固化，因此固化剂不能有效扩散而只与临近的分子发生反应，造成交联度不均匀，部分交联度很高，而另一部分却因固化剂不足而交联不够。固化物不能再熔化，进一步阻止了分子的扩散，通过后固化也不能完全消除这种影响。由于激光加热中心区域温度高，已经超出了树脂中固化剂六次甲基四胺的升华温度，导致经激光烧结后固化剂不足，从而影响到砂型(芯)的最终性能。

3）固化对预热温度的影响

在 SLS 成形过程中，为减小烧结部分与周围粉体的温度差，需要对粉末床进行预热，以达到减少变形的目的。对于结晶性材料，预热温度与熔点有关；而对于无定型材料，预热温度接近材料的玻璃化温度。热塑性酚醛树脂在固化前为线性结构，为非结晶结构，但由于其相对分子质量不高，在 DSC 曲线中看不见明显的玻璃化转变温度，但却存在明显的熔融峰。说明热塑性酚醛树脂的烧结既不同于结晶材料，也不同于无定型材料，预热温度一般在熔点下 20～30℃。

树脂的固化程度低时，在物理性能上表现为流动性降低；但若深度固化，则完全不能熔融，玻璃化转变温度将大幅上升(超过固化温度)，所需要的预热温度也相应提高，因此激光功率高时极易发生翘曲变形。

为防止树脂固化时所引起的预热温度升高问题，需要控制 SLS 成形过程中的固化程度，使树脂处在浅层固化阶段。覆膜砂中部分酚醛树脂固化后，再次加热时焓变将降低，因此酚醛树脂经 SLS 后的固化程度可以通过覆膜砂的 DSC 曲线中两固化峰的焓变大小来确定。不同的 SLS 工艺对固化程度有着不同的影响，如表 3-9 所示。激光扫描速度越低，扫描间距越小，则第一固化反应越完全，第二固化反应程度相对越低，但所需功率密度增加。

表 3-9　激光烧结覆膜砂的 DSC 焓变

序号	扫描速度/(mm/s)	扫描间距/mm	激光功率/W	第一固化反应 ΔH_1(mW/g)	第二固化反应 ΔH_2(mW/g)	$\Delta H_1/\Delta H_2$
原砂	—	—	—	0.189	0.087	2.17
1	2000	0.15	40	0.126	0.055	2.29
2	2000	0.1	36	0.117	0.054	2.16
3	2000	0.05	20	0.105	0.055	1.5
4	1000	0.1	28	0.088	0.049	1.8
5	500	0.05	12	0.042	0.065	0.61

4）气体溢出

在 SLS 成形过程中产生的气体主要来自以下几方面：①覆膜砂中的水分蒸发；②六次甲基四胺分解所放出的 NH_3；③固化中间产物二(羟基苯)胺和三(羟基苯)胺进一步分解放出的 NH_3；④酚醛树脂的高温降解。由覆膜砂的 TGA 曲线可知，水分等低挥发物约占 0.2%，第一步固化反应失重约 0.43%，第二步固化反应失重约 0.4%，若按砂中的有机物质量计算，则分别失重 5%、10.7%和 10%。固体变成气体时体积会迅速增加，激光烧结表面的气体可以自由释放，因而不会对成形造成影响。但表面以下的气体溢出会造成激光烧结部分的体积膨胀，从而导致烧结体变形，特别是在激光功率较大的情况下，会引起表面以下较深处酚醛树脂的固化和降解，大量气体溢出，烧结体下部膨胀，致使 SLS 成形失败。与膨胀相伴随的是酚醛树脂的深度固化所引起的制件严重翘曲变形。因此 SLS 成形时不能单方面地追求高的激光烧结强度。

5）砂间的摩擦

覆膜砂因酚醛树脂含量低，当激光功率不高时，激光烧结前后几乎无密度变化，收缩很小，SLS 成形的失败在很大程度上是由于砂间的摩擦所致。对于覆膜砂，特别是多角形的砂子，因其流动性差，相互啮合产生的阻力大，因此摩擦力很大，而激光烧结体的强度又很低，所以很容易被铺粉辊所推动。

6）覆膜砂的激光烧结特征对精度的影响

在 SLS 成形覆膜砂过程中，砂与砂之间的黏结强度来源于酚醛树脂熔化黏结强度和固化强度，而酚醛树脂固化前强度很低，固化温度远高于熔化温度。激光烧结后覆膜砂温度的高低存在 3 种情况：①达到酚醛树脂的固化温度；②达到酚醛树脂的熔化温度；③低于酚醛树脂的熔化温度。若激光烧结后温度低，酚醛树脂的固化度不够，激光烧结的砂型(芯)强度很低，细小部分极易损坏，因此需要较高的激光能量来达到覆膜砂的固化温度。但由于热传导，高的激光功率能量又会使烧结体周围区域的砂也被加热达到或超过酚醛树脂的熔点而相互粘连，特别是烧结体中间的小孔，浮砂很难清理，严重影响到砂型（芯）的精度和复杂砂型（芯）的制备。降低激光能量对周围区域影响的一个有效措施是降低覆膜砂粉末床的预热温度，并使热量能够很快被带走，除改变激光扫描方式外，加强通风，通过对流带走热量也是一种行之有效的办法。

8. 激光选区烧结覆膜砂型（芯）的后固化

经 SLS 成形的覆膜砂型（芯）的强度较低，不能满足浇注铸件的要求，因此需要再次加温后固化以提高其强度。

为研究不同后固化温度对 SLS 试样拉伸强度的影响，将 SLS 试样放入烘箱中加热，当温度达到预定温度 10min 后关闭加热，进行自然冷却。表 3-10 为不同后固化温度时 SLS 试样的强度。由表 3-10 可知，SLS 试样的后固化强度先随着温度的增加而增加，当温度达到 170℃时，其拉伸强度达到最大值 3.2MPa；而后随着温度的升高，强度逐渐下降，当温度达到 280℃时，其强度已下降到 0.47MPa。以上数据说明，SLS 试样在 150℃以下固化度极低，而到 170℃时完全固化，这与热分析的结果（图 3-15）一致。当温度高于 170℃后，SLS 试样的拉伸强度下降。SLS 试样的颜色也随着后固化温度的升高而发生变化，由黄色、深黄色到褐色再到最终的深褐色，而深黄色时强度最佳，因此从颜色上也可判断固化的情况。

表 3-10　后固化温度对 SLS 试样拉伸强度的影响

后固化温度/℃	150	170	190	210	280
拉伸强度/MPa	2.1	3.2	2.8	2.2	0.47

3.3.4　陶瓷基粉末材料及其成形工艺

1. 基于机械混合法的煤系高岭土多孔陶瓷 SLS 制备及其性能研究

1）实验过程

煤系高岭土和环氧树脂 E12 的微观形貌如图 3-19 所示，煤系高岭土和环氧树脂 E12 均呈不规则形状。图 3-20 为煤系高岭土和环氧树脂的粒径分布图。由图 3-20(a)可知，煤系高岭土粒径分布较宽，从 0.3μm 到 100μm，平均粒径为 27.8μm；由图 3-20(b)可知，环氧树脂 E12 粒径分布相对较窄，平均粒径为 8.9μm。

图 3-21 为采用 SLS 技术制备煤系高岭土多孔陶瓷流程图。首先将煤系高岭土与 15%的环氧树脂进行机械混合，制备适用于 SLS 成形的煤系高岭土/E12 复合粉末。然后将上述复合粉末放入 SLS 装备中成形。由于环氧树脂为非晶态聚合物，其玻璃化转变温度为 70℃左右，为了获得良好的成形效果，在 SLS 成形过程中的预热温度一般比黏结剂玻璃化转变温度低 20～25℃。因此，SLS 成形的预热

图 3-19　粉末原材料 SEM 照片

(a) 煤系高岭土；(b) 环氧树脂

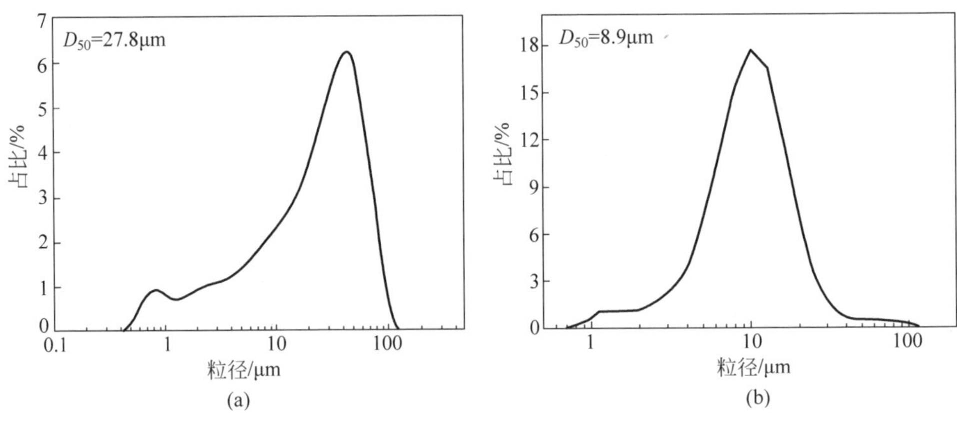

图 3-20　粒径分布

(a) 煤系高岭土；(b) 环氧树脂

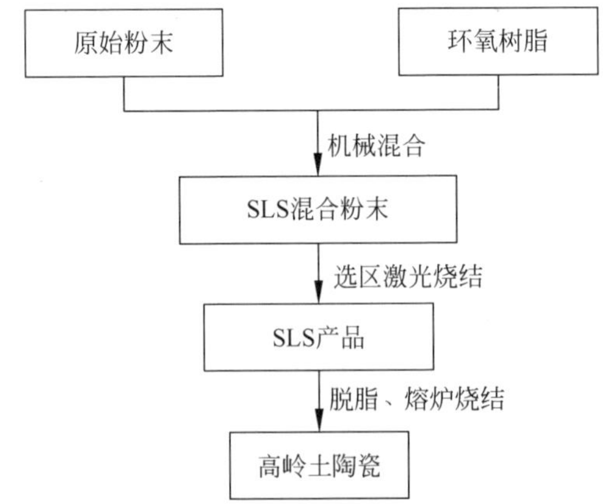

图 3-21　采用 SLS 技术制备煤系高岭土多孔陶瓷流程图

温度定为 45℃。

在 SLS 成形过程中，陶瓷素坯的成形质量与激光能量密度密切相关。激光能量密度的计算公式为

$$e = \frac{P}{vd_{sp}} \tag{3-15}$$

式中，e 为激光能量密度，J/mm^3；P 为激光功率，W；v 为扫描速度，mm/s；d_{sp} 为扫描间距，mm。

由式(3-15)可知，激光功率、扫描速度及扫描间距会影响激光能量密度大小。此外，除了激光能量密度以外，陶瓷素坯的成形质量还与单层层厚有关。当单层层厚过大时，陶瓷素坯分层明显，层与层之间的黏结效果较差，强度较低；当单层层厚过小时，在成形过程中容易受到粉末粒径的影响，而使陶瓷素坯出现翘曲及偏移等问题。根据前期实验，单层层厚为 0.15mm 时较合适。

为了获得最佳的 SLS 工艺参数，采用渐变的激光能量密度对煤系高岭土/环氧树脂 E12 复合粉末进行成形，研究发现当激光能量密度在 0.015～0.409J/mm^3 范围内时，陶瓷素坯可获得较好的成形质量。因此，在该范围内设计三因素三水平正交实验，研究激光功率、扫描速度及扫描间距对陶瓷素坯的尺寸精度、孔隙率及抗弯强度的影响规律，从而获得最佳的 SLS 工艺参数。三因素三水平正交实验如表 3-11 所示。

表 3-11　SLS 正交实验的影响因素及水平值

序号	因素	水平 1	水平 2	水平 3
1	激光功率/W	5	7	9
2	扫描速度/(mm/s)	1800	2000	2200
3	扫描间距/mm	0.11	0.13	0.15

采用最佳的 SLS 工艺参数制备陶瓷素坯后，根据环氧树脂 E12 的热重曲线，制定如下的排胶工艺：从室温以 3℃/min 的升温速率加热至 350℃，然后以 1℃/min 的速率加热至 600℃并保温 1h，最后随炉冷却。

陶瓷素坯完成排胶后，将其放入高温炉中进行烧结，以 3℃/min 的速率从室温升至最高温度并保温 2h，然后随炉冷却，得到煤系高岭土多孔陶瓷。对煤系高岭土多孔陶瓷进行相成分、微观结构、收缩率及力学性能等分析，探究不同烧结温度(1350、1400、1450、1550、1600℃)对其性能的影响规律。

2）SLS 成形参数对陶瓷素坯性能的影响

SLS 成形实验结果见表 3-12，将表 3-12 绘制成图形，如图 3-22 和图 3-23 所示。由图 3-22 可知，陶瓷素坯的尺寸精度包括 X、Y、Z 3 个方向。3 个方向的尺寸误差随着激光功率的增大逐渐增大，随着扫描间距的增大而减小，随扫描速度的增大变化不大。此外，Z 方向上的尺寸误差大于 X 和 Y 方向的。在 SLS 成形过程

中，激光扫描成形煤系高岭土/环氧树脂 E12 复合粉末时，激光加热使环氧树脂发生玻璃化转变，从而将陶瓷颗粒黏结起来。由于粉末之间会发生热传导作用，激光扫描时热影响区的环氧树脂将发生玻璃化转变，出现“次级烧结”。由式(3-15)可知，激光功率增大或扫描间距减小，激光能量密度增大，因此激光扫描的热影响区的面积越大，次级烧结也会愈加严重，导致 X、Y 方向的尺寸误差越大。Z 方向上的尺寸误差较大主要有以下 3 个方面的原因：①试样的上、下表面发生一定程度的次级烧结；②SLS 的成形方式决定了层与层之间的结合相对于平面内的结合性较差；③SLS 成形时，由于试样的周围被粉末包围，激光扫描复合粉末时挥发的气体只能从上表面逸出，进一步增大了层与层之间的孔隙，减弱了层与层之间的结合性。

表 3-12　SLS 成形煤系高岭土粉/E12 复合粉末实验结果

激光功率 /W	扫描速度 /(mm/s)	扫描间距 /mm	Z 向 误差/%	相对密度/%	抗弯强度 /MPa
5	1800	0.11	12.41	39.76	1.830
5	2000	0.13	10.43	37.89	0.984
5	2200	0.15	11.00	36.27	0.594
7	1800	0.13	16.44	37.96	1.080
7	2000	0.15	12.51	37.01	0.920
7	2200	0.11	18.63	38.28	1.290
9	1800	0.15	20.19	37.93	1.060
9	2000	0.11	31.00	38.03	1.200
9	2200	0.13	16.98	37.42	1.050

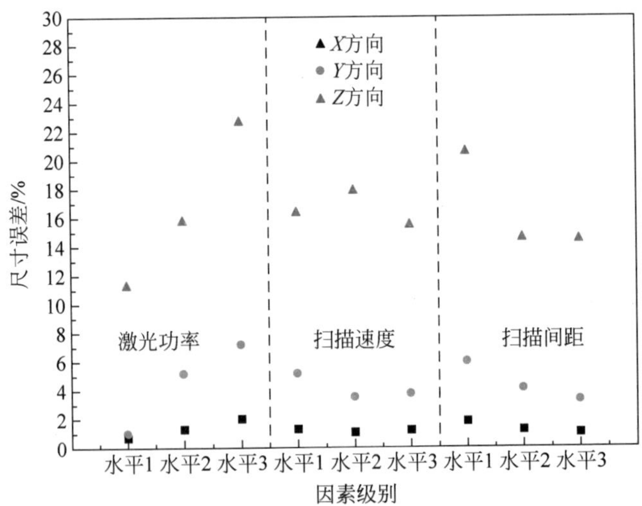

图 3-22　SLS 工艺参数对陶瓷素坯尺寸精度的影响

由图 3-23 可知，激光功率对陶瓷素坯的相对密度和抗弯强度没有明显影响，但随着扫描速度和扫描间距的增大，陶瓷素坯的相对密度和抗弯强度逐渐减小。这是因为随着扫描速度和扫描间距增大，激光能量密度减小，导致环氧树脂熔化不充分，从而无法充分润湿和黏结陶瓷粉末，使得陶瓷素坯的相对密度和抗弯强度减小。

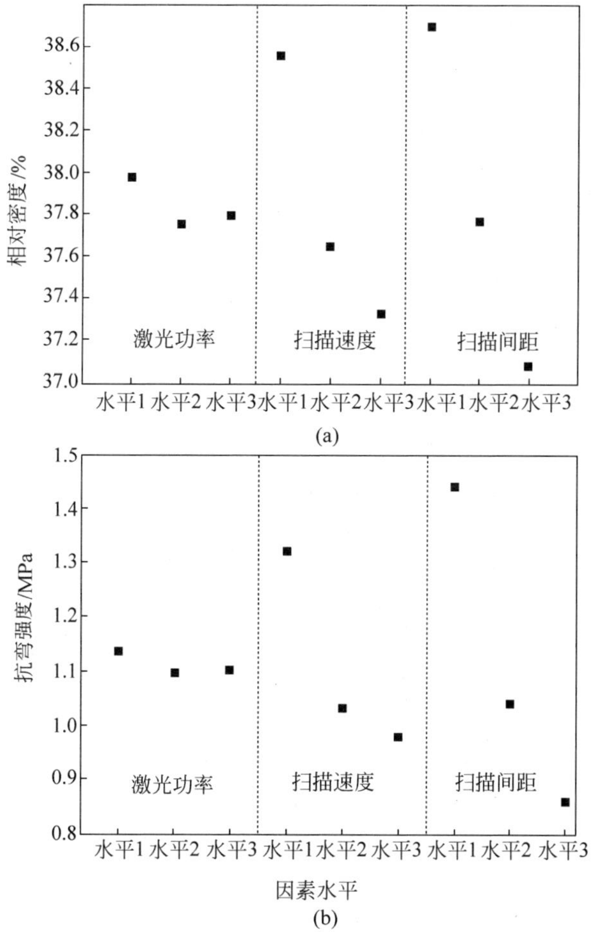

图 3-23　SLS 工艺参数对陶瓷素坯相对密度和抗弯强度的影响

由表 3-11 和表 3-12、图 3-23 可知，最佳的 SLS 工艺参数为：激光功率为 5W，扫描速度为 2000mm/s，扫描间距为 0.13mm，单层层厚为 0.15mm。采用此参数成形煤系高岭土/环氧树脂复合粉末时，陶瓷素坯强度较好，精度较高。该陶瓷素坯 Z 方向上的尺寸精度、相对密度及抗弯强度分别为 10.43%、37.89% 和 0.984MPa。

3）烧结温度对煤系高岭土多孔陶瓷相成分的影响

图 3-24 为不同烧结温度下煤系高岭土多孔陶瓷的 XRD 图。由图可知，煤系高岭土多孔陶瓷中存在莫来石和方石英两种相。随着烧结温度的升高，莫来石相的特征峰强越来越强，而方石英相的特征峰强越来越弱；当烧结温度为 1600℃时，煤系高岭土多孔陶瓷中只有少量方石英。这是由于煤系高岭土在高温烧结时，除了生成莫来石外，还会产生无定型二氧化硅，而无定型二氧化硅在高温下会逐渐转变成方石英，反应方程式如下：

$$3(Al_2O_3 \cdot 2SiO_2)(s) \longrightarrow 3Al_2O_3 \cdot 2SiO_2(s)(\text{莫来石}) + 4SiO_2(s)(\text{无定型}) \tag{3-16}$$

$$SiO_2(s)(\text{无定型}) \longrightarrow SiO_2(s)(\text{方石英}) \tag{3-17}$$

此外，随着烧结温度升高，产生的方石英会逐渐莫来石化，使得煤系高岭土多孔陶瓷中方石英越来越少。反应方程式如下：

$$\begin{aligned} & x(3Al_2O_3 \cdot 2SiO_2)(s)(\text{莫来石}) + ySiO_2(s)(\text{方石英}) \longrightarrow \\ & z(mAl_2O_3 \cdot nSiO_2)(s)(\text{莫来石}) \end{aligned} \tag{3-18}$$

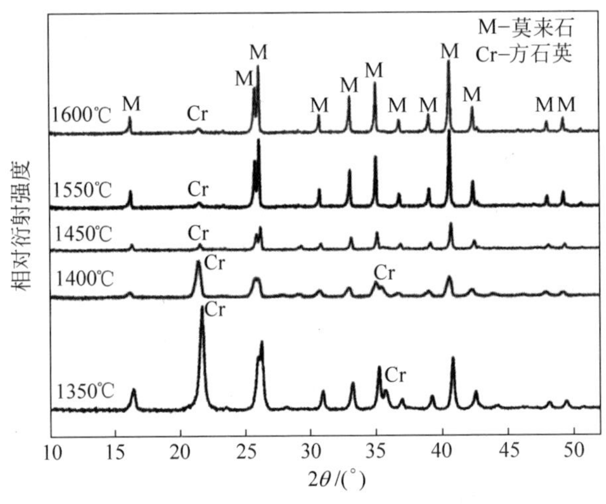

图 3-24　不同烧结温度对煤系高岭土多孔陶瓷相成分的影响

4）烧结温度对煤系高岭土多孔陶瓷微观结构的影响

图 3-25 为不同烧结温度下煤系高岭土多孔陶瓷的 SEM 图。由图可知，陶瓷素坯中陶瓷颗粒之间通过环氧树脂进行连接。当烧结温度为 1350℃时，试样内部存在大量细小颗粒，陶瓷颗粒之间的烧结颈较小，试样内部孔隙较多。当烧结温度从 1450℃上升到 1550℃时，大量细小颗粒熔化，试样微观形貌趋于平整，试样内部孔隙减小，陶瓷颗粒之间的烧结颈增大。当烧结温度为 1600℃时，陶瓷试样微观形貌相对于 1550℃时的微观形貌变化较小，说明煤系高岭土多孔陶瓷烧结已较为完全，此时，陶瓷试样内部孔隙大量减少，微观形貌进一步趋于平整。在烧结过程

中，随着温度的升高，陶瓷内部颗粒的重排和传质愈加剧烈，导致孔隙数量不断减少，颗粒之间的烧结颈面积不断增大，微观形貌趋于平整。

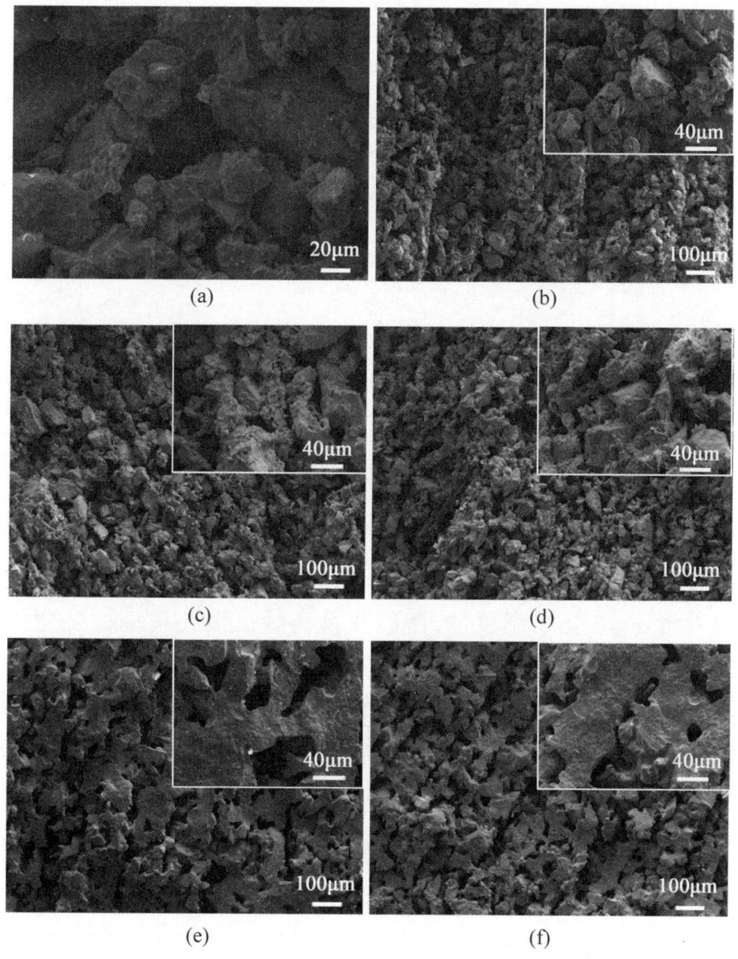

(a)　(b)　(c)　(d)　(e)　(f)

图 3-25　不同烧结温度对煤系高岭土多孔陶瓷微观结构的影响

(a) 陶瓷素坯；(b) 1350℃；(c) 1400℃；(d) 1450℃；(e) 1550℃；(f) 1600℃

5）烧结温度对煤系高岭土多孔陶瓷宏观性能的影响

图 3-26 为不同烧结温度对煤系高岭土多孔陶瓷收缩率的影响规律。可以看出，随着烧结温度的升高，3 个方向上的收缩率不断增大。其中，当烧结温度从 1450℃上升到 1550℃时，收缩率变化最剧烈，从 6.88%（Z 方向）增加到 18.84%（Z 方向）。这是由于当烧结温度升高时，陶瓷试样内部的颗粒重排和传质会使陶瓷试样的孔隙率减少，导致试样发生整体收缩；而在 1450～1550℃范围时，陶瓷试样内部有大量的细小颗粒熔化且颗粒之间的重排和传质较为剧烈，导致此温度范围内的收缩率变化较大。此外，X、Y 方向上的收缩率大小相近，而 Z 方向上的收缩率明显大于 X、Y 方向上的收缩。这是由于 SLS 成形煤系高岭土/黏结剂复合粉

末时，层与层之间的黏结效果较平面内的黏结效果较差，孔隙较多，因此，在高温烧结过程中，Z 方向的收缩较大。

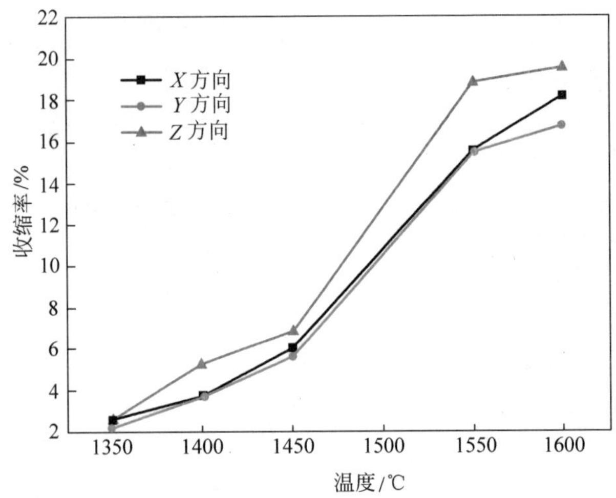

图 3-26　不同烧结温度对煤系高岭土多孔陶瓷收缩率的影响

图 3-27 为不同烧结温度对煤系高岭土多孔陶瓷显气孔率和抗弯强度的影响规律。可以看出，随着烧结温度的升高，煤系高岭土多孔陶瓷的抗弯强度逐渐增大，而显气孔率则不断减小；与收缩率的变化趋势一致，当烧结温度从 1450℃上升到 1550℃时，多孔陶瓷的抗弯强度和显气孔率变化显著，其中，抗弯强度从 6.1MPa 迅速上升到 22.1MPa，而显气孔率从 44.55%急剧下降到 27.49%。这是由于随着烧结温度的升高，陶瓷试样内部颗粒重排和传质过程不断增强且有细小颗粒熔化，使得陶瓷试样内部孔隙不断被填充，且形成的烧结颈越来越大，导致煤系高岭土多孔陶瓷的显气孔率不断减小，而抗弯强度不断增大。

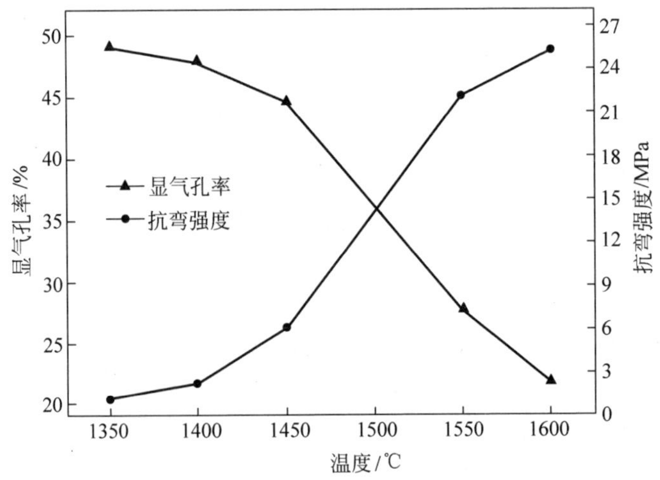

图 3-27　不同烧结温度对煤系高岭土多孔陶瓷显气孔率和抗弯强度的影响

图 3-28 为采用 SLS 技术制备的煤系高岭土多孔陶瓷，其中图 3-28(a)和(b)为多孔陶瓷素坯，图 3-28(c)为多孔陶瓷。制备的 SLS 工艺参数：激光功率为 5W，扫描速度为 2000mm/s，扫描间距为 0.13mm，单层层厚为 0.15mm，烧结温度为 1450℃。

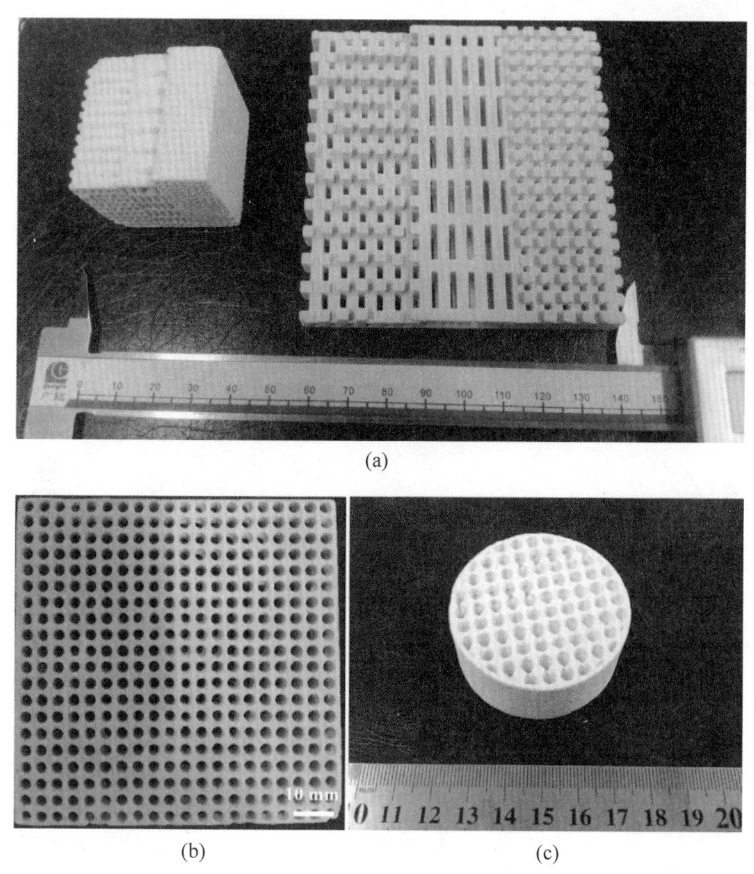

(a)　(b)　(c)

图 3-28　采用 SLS 技术制备的煤系高岭土多孔陶瓷

(a)、(b) 多孔陶瓷素坯；(c) 多孔陶瓷

2. 基于双层包覆法的煤系高岭土多孔陶瓷 SLS 制备及其性能研究

1) 实验过程

此处所用的煤系高岭土粉末由安徽金岩科技有限公司提供，但与前面所用的煤系高岭土粉末在粒径上有所差别。图 3-29 为煤系高岭土粉末的 SEM 图和粒径分布图，由图可知，煤系高岭土粉末为不规则形状，表面较为光滑，粒径分布较宽，平均粒径为 15μm。

图 3-30 为采用 SLS 技术制备煤系高岭土多孔陶瓷流程示意图。首先，采用化学共沉淀法在煤系高岭土表面包覆烧结助剂，沉淀剂分别为 $KMnO_4$ 溶液和

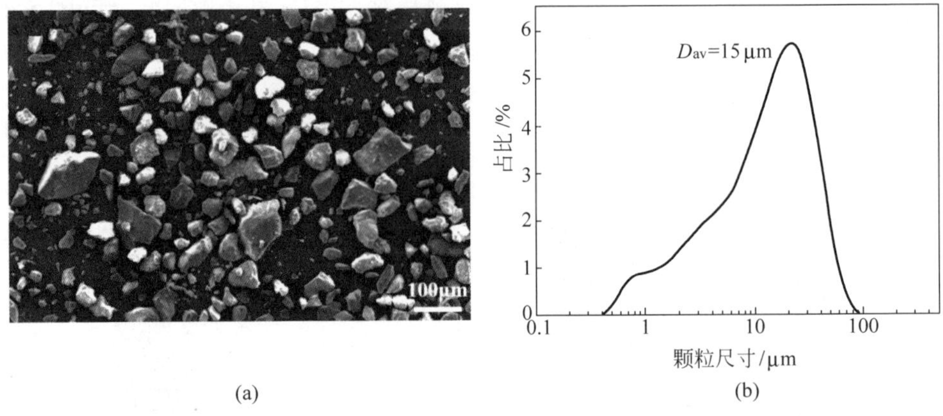

图 3-29 煤系高岭土粉末 SEM 图和粒径分布图

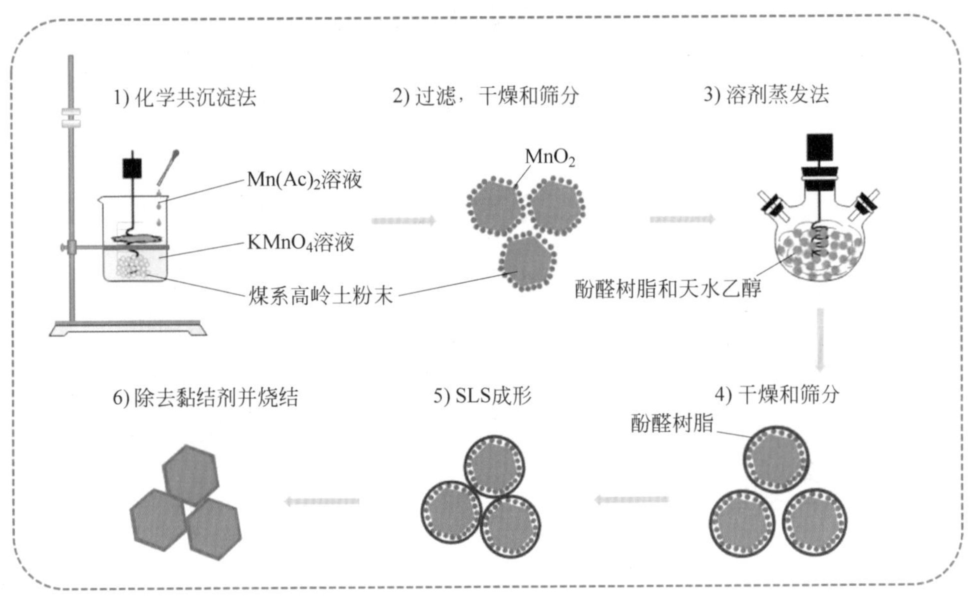

图 3-30 采用 SLS 技术制备煤系高岭土多孔陶瓷流程示意图

$MnC_4H_6O_4 \cdot 4H_2O$($Mn(Ac)_2 \cdot 4H_2O$)溶液，它们之间的化学反应方程式为

$$2KMnO_4 + 3Mn(Ac)_2 \cdot 4H_2O = 5MnO_2 + 2KAc + 4HAc + 10H_2O \tag{3-19}$$

具体实验步骤为：首先，配制 300mL 浓度为 1mol/L 的 $KMnO_4$ 溶液，向 $KMnO_4$ 溶液中加入 300g 煤系高岭土粉末，利用搅拌桨搅拌 1h(400r/min)，使煤系高岭土粉末均匀分布；然后，在搅拌的条件下，缓慢向混合溶液中滴加定量的浓度为 1.5mol/L 的 $Mn(Ac)_2 \cdot 4H_2O$ 溶液(6、18、30、48mL)，继续搅拌 1～2h，使反应充分进行；最后，将上述混合液抽滤 3 次，并放入 80℃烘箱中烘干 8h，然后碾磨过 200 目筛，即可得到 MnO_2 包覆高岭土的复合粉末。

然后，采用溶剂蒸发法将酚醛树脂黏结剂包覆在 MnO_2 包覆的高岭土粉末表面上，具体步骤为：将上述 MnO_2 包覆的煤系高岭土粉末与酚醛树脂按质量比 82∶18 的比例放入烧杯中，加入足量的无水乙醇溶液，在 50℃加热的条件下搅拌直至仅有少量无水乙醇存在，然后放入 50℃烘箱中烘干 24h。最后，将上述粉末碾磨过 200 目筛，即可得到煤系高岭土/MnO_2/酚醛树脂复合粉末。

将煤系高岭土/MnO_2/酚醛树脂复合粉末放入 SLS 装备中进行成形，采用优化过的 SLS 成形参数：激光功率为 5W，扫描速度为 1600mm/s，扫描间距为 0.13mm，单层层厚为 0.13mm，预热温度选为 45℃，得到性能较为良好的陶瓷素坯。

图 3-31 为酚醛树脂的 TG 曲线，由图可知，当温度低于 500℃时，酚醛树脂质量损失较少；当温度从 500℃上升到 650℃时，酚醛树脂质量损失很大；当温度超过 650℃后，酚醛树脂质量基本保持不变，接近 0。因此，根据酚醛树脂的 TG 曲线，制定如下烧结工艺：以 1.5℃/min 的升温速率升到 650℃，并保温 1h；然后继续以 5℃/min 的升温速率升到 1400℃，保温 2h，从而制备出煤系高岭土多孔陶瓷。

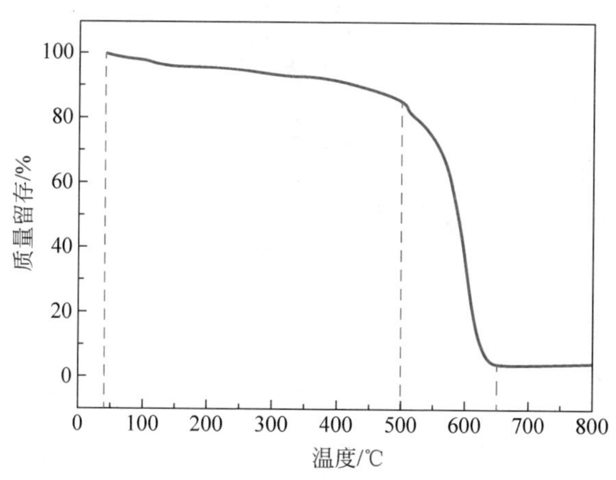

图 3-31　酚醛树脂的 TG 曲线

2）复合粉末性能

表 3-13 为煤系高岭土/MnO_2 复合粉末成分表。可以看出，随着 $Mn(Ac)_2 \cdot 4H_2O$ 溶液含量的增加，MnO_2 含量从 0 上升到 5.17%；当 $Mn(Ac)_2 \cdot 4H_2O$ 溶液含量超过 18mL 时，MnO_2 含量增加缓慢。这是由于当 MnO_2 含量超过一定值时，煤系高岭土表面附着的 MnO_2 已经相对较多，达到饱和状态，而未附着在煤系高岭土表面的 MnO_2 则随着 $KMnO_4$ 溶液一起被抽滤掉了，导致 MnO_2 含量增加缓慢。

表 3-13 煤系高岭土/MnO_2 复合粉末成分表

$Mn(Ac)_2 \cdot 4H_2O$ 溶液体积/mL	Al_2O_3/%	SiO_2/%	MnO_2/%
0	46	51	0
6	44.62	48.13	3.64
18	44.07	47.94	4.52
30	43.88	48.26	4.82
48	43.70	47.22	5.17

图 3-32 为不同 $Mn(Ac)_2 \cdot 4H_2O$ 溶液含量制备的煤系高岭土/MnO_2 复合粉末 SEM 图。由图可知，随着 $Mn(Ac)_2 \cdot 4H_2O$ 溶液含量的增加，煤系高岭土表面越来越粗糙，表明更多的 MnO_2 烧结助剂附着在煤系高岭土颗粒表面上。当 $Mn(Ac)_2 \cdot 4H_2O$ 溶液含量为 6mL 时，附着在煤系高岭土表面的 MnO_2 含量较少(如图 3-32(a)所示)，而当 $Mn(Ac)_2 \cdot 4H_2O$ 溶液含量增加到 18mL 时，煤系高岭土表面已附着了较多的 MnO_2 烧结助剂。

图 3-32 不同 $Mn(Ac)_2 \cdot 4H_2O$ 溶液含量制备的煤系高岭土/MnO_2 复合粉末 SEM 图

(a) 6mL；(b) 18mL；(c) 30mL；(d) 48mL

图 3-33 为 30mL $Mn(Ac)_2 \cdot 4H_2O$ 溶液制备的煤系高岭土/MnO_2 复合粉末 SEM 图和能谱分析，由图可知，煤系高岭土粉末的 Al、O 和 Si 元素分布均匀，Mn 元素均匀分布在标记的区域，证明煤系高岭土表面的细小颗粒为 MnO_2 烧结助剂。

附着在煤系高岭土粉末表面的 MnO_2 烧结助剂在高温烧结过程中将会形成合适的液相，促进烧结过程的进行，从而提高煤系高岭土多孔陶瓷的力学性能。

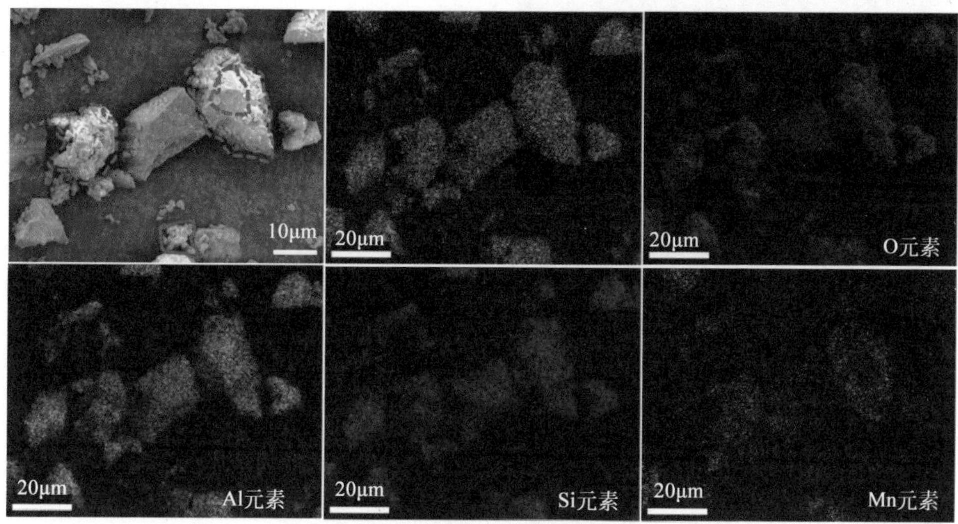

图 3-33　30mL $Mn(Ac)_2 \cdot 4H_2O$ 溶液含量制备的煤系高岭土/MnO_2 复合粉末 SEM 图和能谱分析

图 3-34 为采用溶剂蒸发法制备的煤系高岭土/MnO_2/酚醛树脂复合粉末 SEM 图和粒径分布图。由图 3-34(a)可知，煤系高岭土/MnO_2/酚醛树脂复合粉末颗粒形状近球形。由图 3-34(b)可知，与煤系高岭土粉末粒径相比，煤系高岭土/MnO_2/酚醛树脂复合粉末粒径分布较窄，平均粒径从 15μm 增加到 53μm。这是由于在采用溶剂蒸发法制备煤系高岭土/MnO_2/酚醛树脂复合粉末时，酚醛树脂首先溶于乙醇溶液，然后随着乙醇溶液逐渐减少，酚醛树脂会在煤系高岭土表面析出，从而将煤系高岭土粉末颗粒和 MnO_2 烧结助剂包在一起，导致煤系高岭土/MnO_2/酚醛树脂复合粉末粒径增大。较大的平均粒径和较小的粒径分布有助于提高复合粉末的流动性，在 SLS 成形时可以获得较好的铺粉效果，从而有利于提高陶瓷素坯的成形质量。

图 3-35 为煤系高岭土/MnO_2/酚醛树脂复合粉末铺粉效果图。由图可知，煤系高岭土/MnO_2/酚醛树脂复合粉末的铺粉效果良好，成形区域平整、光洁，有利于提高 SLS 成形时的素坯质量，从而提高煤系高岭土多孔陶瓷的性能。

3) $Mn(Ac)_2 \cdot 4H_2O$ 溶液含量对煤系高岭土多孔陶瓷相成分的影响

图 3-36 为不同 $Mn(Ac)_2 \cdot 4H_2O$ 溶液含量对煤系高岭土多孔陶瓷相成分的影响。由图可知，煤系高岭土多孔陶瓷中存在莫来石相和方石英相，这是由于煤系高岭土在高温烧结时，除了会生成莫来石相外，还会产生无定型二氧化硅，而二氧化硅在高温烧结过程中会逐渐转变成方石英相，具体反应公式如式(3-16)和式(3-17)所示。此外，$Mn(Ac)_2 \cdot 4H_2O$ 溶液含量对煤系高岭土多孔陶瓷的相成分无明显影响，即 MnO_2 烧结助剂对多孔陶瓷的相成分无明显影响。随着 $Mn(Ac)_2 \cdot$

图 3-34　采用溶剂蒸发法制备的煤系高岭土/MnO_2/酚醛树脂复合粉末 SEM 图和粒径分布图

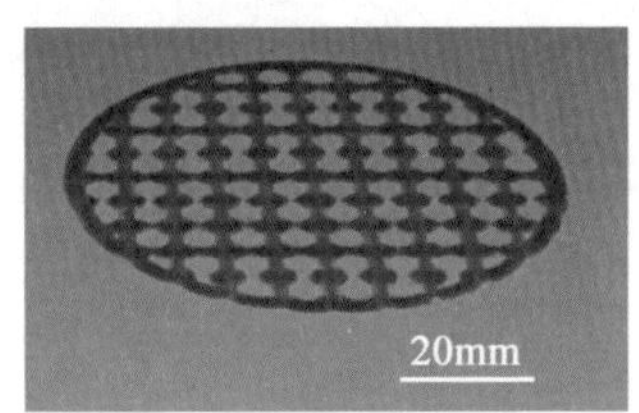

图 3-35　煤系高岭土/MnO_2/酚醛树脂复合粉末铺粉效果图

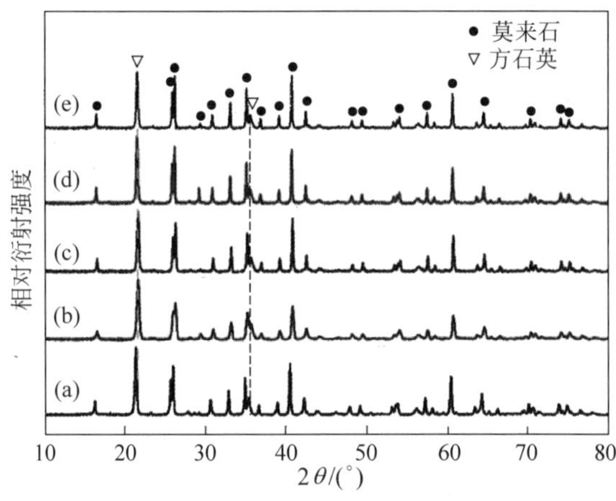

图 3-36　不同 $Mn(Ac)_2 \cdot 4H_2O$ 溶液含量的煤系高岭土多孔陶瓷的相成分

(a) 0mL；(b) 6mL；(c) 18mL；(d) 30mL；(e) 48mL

$4H_2O$ 溶液含量增加，煤系高岭土多孔陶瓷中的莫来石相和方石英相的特征峰强度几乎不变且未检测到新相。这是由于添加的 $Mn(Ac)_2 \cdot 4H_2O$ 溶液含量较少，通过化学共沉淀法生成的 MnO_2 烧结助剂含量较少，因此煤系高岭土多孔陶瓷的相成分几乎不变。

4）$Mn(Ac)_2 \cdot 4H_2O$ 溶液含量对煤系高岭土多孔陶瓷微观结构的影响

图 3-37 为不同 $Mn(Ac)_2 \cdot 4H_2O$ 溶液含量对煤系高岭土多孔陶瓷微观结构的影响。由图可知，煤系高岭土多孔陶瓷具有典型的多孔陶瓷的三维网络骨架结构。如图 3-37(a)、(b)所示，当没有 MnO_2 烧结助剂时，煤系高岭土多孔陶瓷中可见大量的孔隙和细小颗粒，陶瓷颗粒之间的烧结颈面积很小，连接效果较差。当 $Mn(Ac)_2 \cdot 4H_2O$ 溶液含量上升到 18mL 时，煤系高岭土多孔陶瓷微观结构变化显著，微观孔隙和细小颗粒大量减少，陶瓷颗粒之间的烧结颈面积增大，连接效果增强。这是由于在高温烧结时，MnO_2 烧结助剂可以形成合适的液相，从而促进颗粒的重排和传质过程。由于采用化学共沉淀法制备的 MnO_2 为纳米粉末，导致该过程进一步被增强，使得多孔陶瓷的孔隙减少，烧结颈面积增大，同时，煤系高岭土多孔陶瓷也会发生整体收缩。

图 3-37　不同 $Mn(Ac)_2 \cdot 4H_2O$ 溶液含量的煤系高岭土多孔陶瓷微观结构

(a)、(b) 0mL；(c)、(d) 18mL；(e)、(f) 48mL

5) $Mn(Ac)_2 \cdot 4H_2O$ 溶液含量对煤系高岭土多孔陶瓷孔径分布的影响

图 3-38 为不同 $Mn(Ac)_2 \cdot 4H_2O$ 溶液含量对煤系高岭土多孔陶瓷孔径分布的影响。由图可知，$Mn(Ac)_2 \cdot 4H_2O$ 溶液含量对煤系高岭土多孔陶瓷的多孔分布无明显影响，即多孔陶瓷的孔径分布不随 MnO_2 烧结助剂含量的变化而改变。煤系高岭土多孔陶瓷孔径分布均匀，平均孔径为 14.77μm，均匀的孔径分布有助于提高煤系高岭土多孔陶瓷的性能。

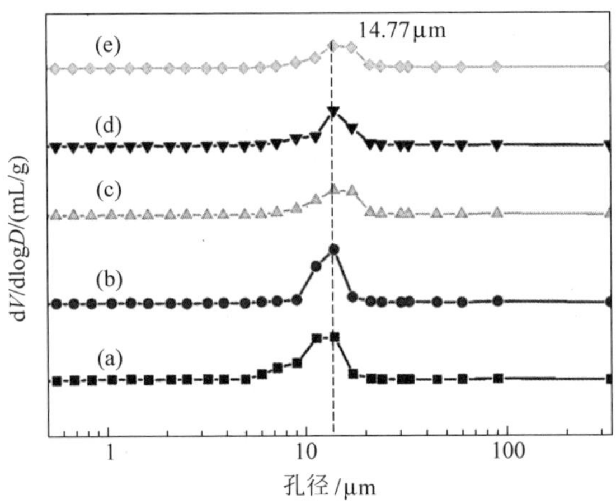

图 3-38　不同 $Mn(Ac)_2 \cdot 4H_2O$ 溶液含量的煤系高岭土多孔陶瓷孔径分布

(a) 0mL；(b) 6mL；(c) 18mL；(d) 30mL；(e) 48mL

6) $Mn(Ac)_2 \cdot 4H_2O$ 溶液含量对煤系高岭土多孔陶瓷宏观性能的影响

图 3-39 为不同 $Mn(Ac)_2 \cdot 4H_2O$ 溶液含量对煤系高岭土多孔陶瓷收缩率的影响。由图可知，当没有 MnO_2 烧结助剂时，煤系高岭土的收缩率较低，为 5.27%。随着 $Mn(Ac)_2 \cdot 4H_2O$ 溶液含量从 0 增加到 18mL，煤系高岭土多孔陶

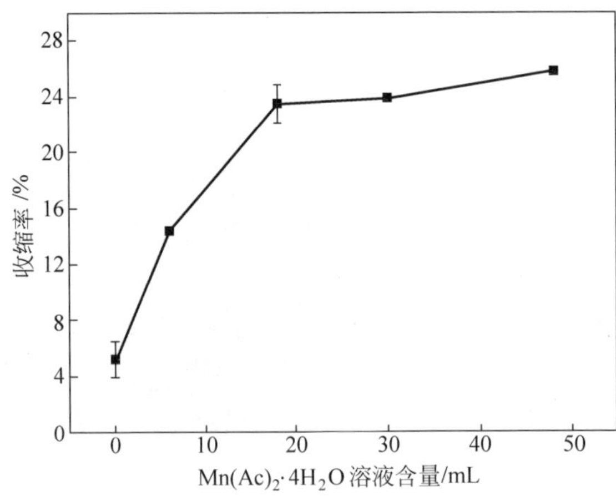

图 3-39　不同 $Mn(Ac)_2 \cdot 4H_2O$ 溶液含量的煤系高岭土多孔陶瓷收缩率

瓷的收缩率从 5.27%上升到 23.5%。当 $Mn(Ac)_2 \cdot 4H_2O$ 溶液含量继续增加时，煤系高岭土多孔陶瓷的收缩率变化较小。这是由于随着 $Mn(Ac)_2 \cdot 4H_2O$ 溶液含量增加，更多的 MnO_2 烧结助剂产生，导致煤系高岭土多孔陶瓷在烧结过程中的颗粒重排和传质被加强，从而使得煤系高岭土多孔陶瓷的收缩率不断增大。当 $Mn(Ac)_2 \cdot 4H_2O$ 溶液含量从 18mL 增加到 48mL 时，由于 MnO_2 烧结助剂增加量较小，所以煤系高岭土多孔陶瓷的收缩率变化较小。

图 3-40 为不同 $Mn(Ac)_2 \cdot 4H_2O$ 溶液含量对煤系高岭土多孔陶瓷显气孔率和抗压强度的影响。由图可知，当没有 MnO_2 烧结助剂时，煤系高岭土的显气孔率最高可达 64.10%。这是由于在 SLS 成形过程中，复合粉末的堆积密度较低且在高温烧结时酚醛树脂黏结剂被烧除，导致煤系高岭土多孔陶瓷孔隙率较高。当 $Mn(Ac)_2 \cdot 4H_2O$ 溶液含量从 0 增加到 18mL 时，煤系高岭土多孔陶瓷的抗压强度从 0.82MPa 增加到 17.38MPa，而显气孔率从 64.10%下降到 48.74%。当 $Mn(Ac)_2 \cdot 4H_2O$ 溶液含量继续增加时，煤系高岭土多孔陶瓷的抗压强度和显气孔率变化幅度变小。随着 $Mn(Ac)_2 \cdot 4H_2O$ 溶液含量的增加，烧结时的颗粒重排和传质过程被有效促进，使多孔陶瓷中的孔隙被不断排除，且颗粒之间形成更大的烧结颈，从而导致煤系高岭土多孔陶瓷的显气孔率不断减小，而抗压强度则不断增加。

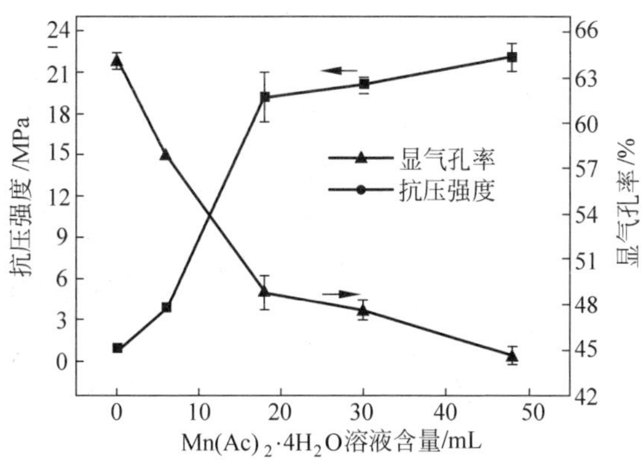

图 3-40　不同 $Mn(Ac)_2 \cdot 4H_2O$ 溶液含量的煤系高岭土多孔陶瓷显气孔率和抗压强度

图 3-41 为不同 $Mn(Ac)_2 \cdot 4H_2O$ 溶液含量对煤系高岭土多孔陶瓷断裂韧性的影响。可以看出，当没有 MnO_2 烧结助剂时，煤系高岭土多孔陶瓷的断裂韧性很低，不到 0.05MPa・$m^{1/2}$。这是由于没有 MnO_2 烧结助剂时，煤系高岭土多孔陶瓷中颗粒之间的孔隙较多，颗粒之间的连接效果较差，导致煤系高岭土多孔陶瓷的断裂韧性很低。随着 $Mn(Ac)_2 \cdot 4H_2O$ 溶液含量增加，煤系高岭土多孔陶瓷的断裂韧性不断增加。这是由于随着 $Mn(Ac)_2 \cdot 4H_2O$ 溶液含量增加，附着在煤系高岭土粉末表面的 MnO_2 烧结助剂含量增加，在高温烧结时 MnO_2 烧结助剂会形成合适的液相，促进颗粒重排和传质的进行，形成了面积更大、强度更高的烧结颈，从

而使得煤系高岭土多孔陶瓷的断裂韧性不断增加。当 $Mn(Ac)_2 \cdot 4H_2O$ 溶液含量为 48mL 时，煤系高岭土多孔陶瓷的断裂韧性可达到 0.53MPa · $m^{1/2}$。

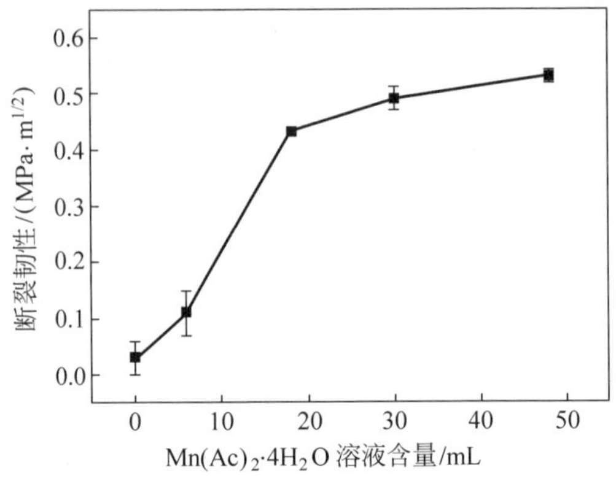

图 3-41　不同 $Mn(Ac)_2 \cdot 4H_2O$ 溶液含量的煤系高岭土多孔陶瓷断裂韧性

图 3-42 为采用 SLS 技术制备的具有纵向贯通孔和横向交叉孔的煤系高岭土多孔陶瓷。$Mn(Ac)_2 \cdot 4H_2O$ 溶液含量为 30mL。SLS 工艺参数为：激光功率为 5W，扫描速度为 1600mm/s，扫描间距为 0.13mm，单层层厚为 0.13mm，预热温度选为 45℃，烧结温度为 1400℃。

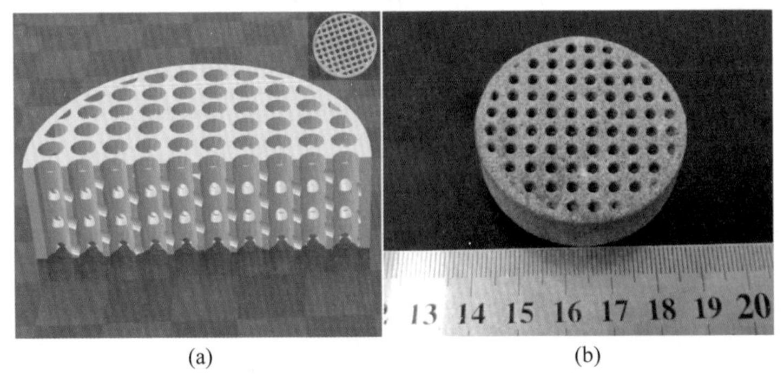

图 3-42　采用 SLS 技术制备的煤系高岭土多孔陶瓷

(a) 多孔陶瓷模型；(b) 多孔陶瓷

3.4　激光选区烧结应用实例

SLS 技术能够制造大型、复杂结构的非金属构件，主要用于制造砂型铸造用的砂型(芯)、陶瓷芯、精密铸造用的熔模和塑料功能构件。目前 SLS 技术已被广泛应用于航天航空、机械制造、建筑设计、工业设计、医疗、汽车和家电等行业。

1. 铸造砂型(芯)成形

SLS 技术可以直接制造用于砂型铸造的砂型(芯),从构件图样到铸型(芯)的工艺设计,铸型(芯)的三维实体造型等都由计算机完成,无须过多考虑砂型的生产过程。特别是一些空间的曲面或者流道,用传统方法制造十分困难。传统方法制造铸型(芯)时,常常将砂型分成几块,然后将砂芯分别拔出后进行组装,因而需要考虑装配定位和精度问题。而用 SLS 技术可实现铸型(芯)的整体制造,不仅简化了分离模块的过程,铸件的精度也得到提高。因此,用 SLS 技术制造覆膜砂型(芯),在铸造中有着广阔的前景。图 3-43 所示为利用 SLS 技术制造的覆膜砂型(芯)的典型例子。

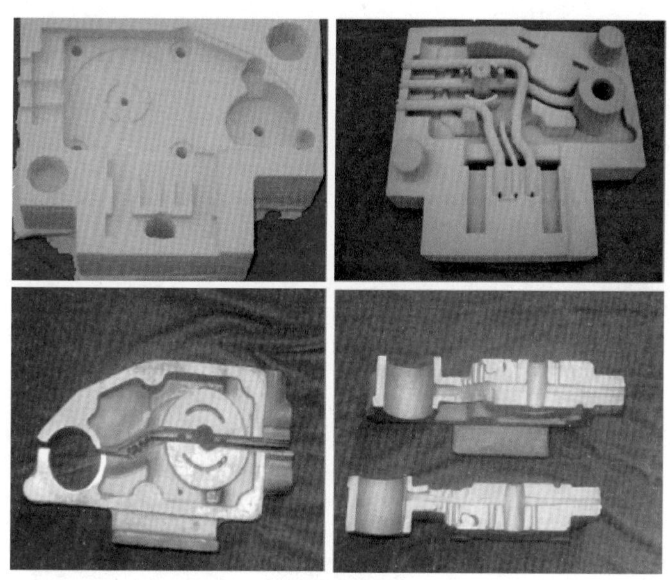

图 3-43　SLS 成形的砂型及其铸件

2. 铸造熔模的成形

传统的熔模要采用模具制造,SLS 技术可以根据客户提供的计算机三维图形,无需任何模具即可快速地制造出熔模,从而大大缩短新产品投入市场的周期,实现快速占领市场的目的。而且 SLS 技术可制造几乎任意复杂形状铸件的熔模,因此它一出现就受到了高度关注,目前已在熔模铸造领域得到了广泛的应用。图 3-44 所示为 SLS 技术制备的熔模,以及用其浇铸的铝合金铸件。

3. 高分子功能构件的成形

用于 SLS 成形的材料主要是热塑性高分子及其复合材料。热塑性高分子可以分为晶态和非晶态两种,由于晶态和非晶态高分子在热性能上的不同,造成了它们在激光烧结参数设置及制件性能上存在巨大的差异。

直接制造是指通过 SLS 成形的高分子制件具有较高的强度,可直接用作塑料

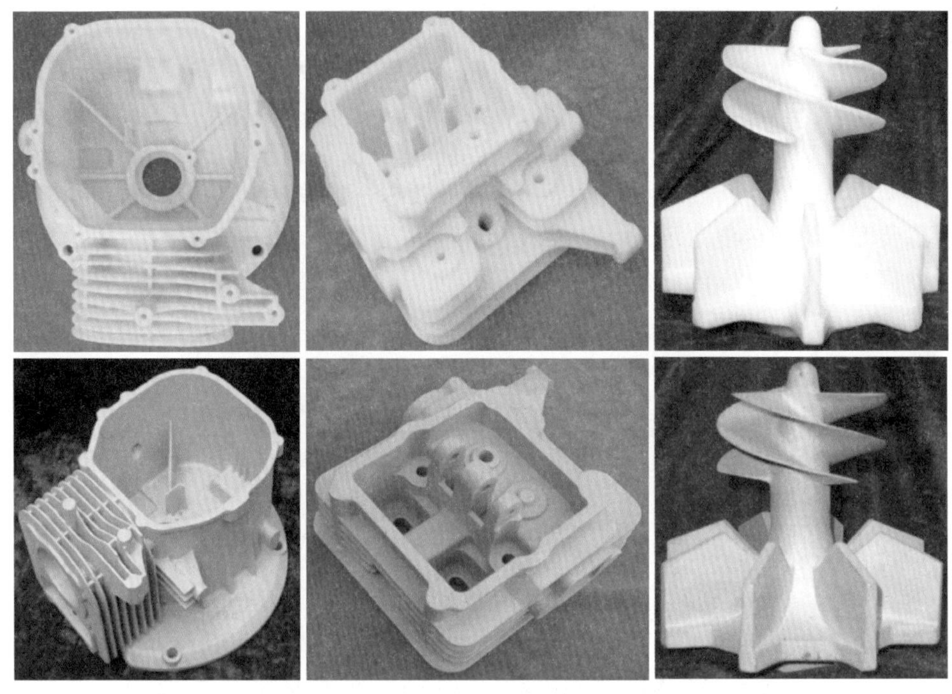

图 3-44　SLS 成形的熔模及其铸件

功能件。一般晶态高分子的预热温度略低于其熔融温度，激光扫描后熔融，溶体黏度较低，烧结速率快，构件的致密度可以达到 90%以上，构件的强度较高，可直接用作功能构件。用于 SLS 的典型晶态高分子包括尼龙 12、聚丙烯等。SLS 直接成形的尼龙功能构件如图 3-45 所示。

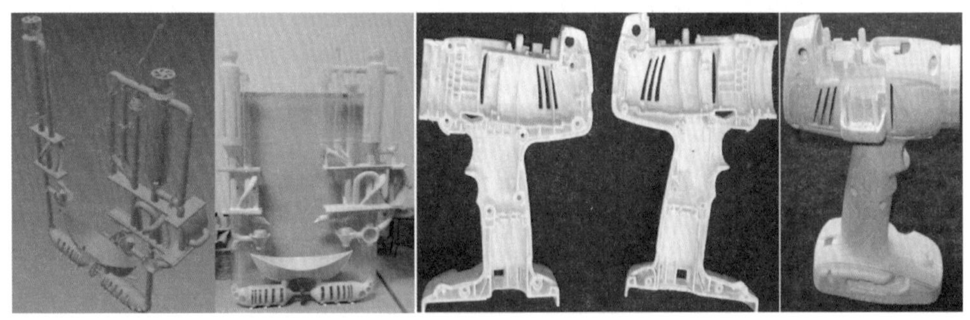

图 3-45　SLS 成形的尼龙构件

目前 SLS 技术中应用最多的材料为热塑性高分子及其复合材料。这类高分子材料通常面临着强度低、耐热性能差等问题，难以直接应用于对材料性能要求较高的军工、航空航天等领域。碳纤维增强热固性树脂(如环氧树脂)复合材料具有优良的化学稳定性、良好的耐热性和机械强度，在军工、航空航天等领域得到广泛应用。通过 SLS 技术可以制造出具有复杂结构的 CF/PA12/EP 三相复合材料构件(图 3-46),经过简单的表面处理后可以作为功能件或者轻质低承载构件使用。

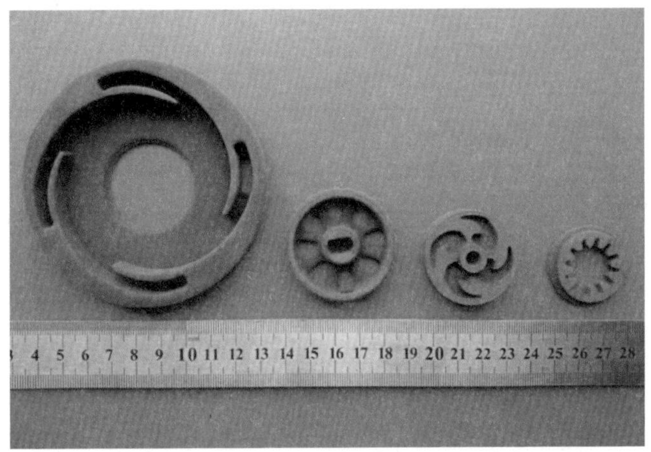

图 3-46　通过 SLS 制造的 CF/PA12/EP 三相复合材料构件

4. 生物制造

这是目前 SLS 领域的研究热点之一。SLS 技术通过计算机辅助设计,可制备结构、力学性能可控的三维通孔组织支架及个性化的生物植入体,实现对孔隙率、孔型、孔径及外形结构的有效控制,从而促进细胞的黏附、分化与增殖,提高支架的生物相容性,因此非常适合对生物高分子进行烧结成形,制造个性化医用植入体和组织工程支架。目前,SLS 技术已广泛用于医学研究和临床实践。适用于 SLS 技术的生物高分子主要为合成高分子材料,包括左旋聚乳酸(PLLA)、聚己内酯(PCL)、聚醚醚酮(PEEK)、聚乙烯醇(PVA)等,并多与生物活性陶瓷材料(如羟基磷灰石(hydroxyapatite,HAp)或 β-磷酸三钙(β-tricalcium phosphate))结合,以获得良好的生物活性。图 3-47 为采用 SLS 技术制备的纯 PVA 多孔支架。

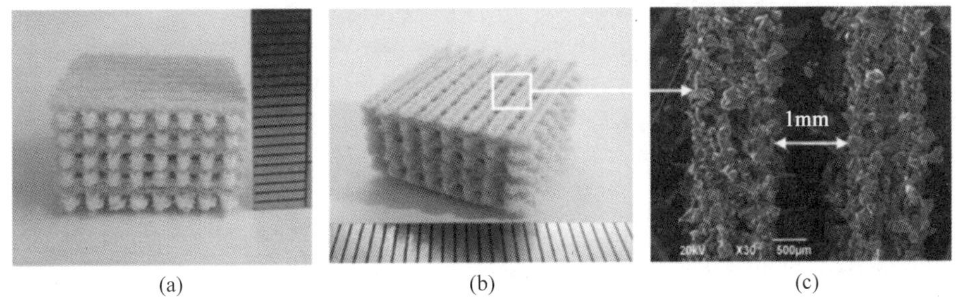

图 3-47　SLS 技术制备的纯 PVA 多孔支架

(a) 侧视图;(b) 等角视图;(c) 支柱表面 SEM 图

参考文献

[1] BRANDT M. Laser additive manufacturing: materials, design, technologies, and applications[M]. Duxford: Woodhead Publishing, 2017.

[2] KUMAR S. Selective laser sintering: A qualitative and objective approach[J]. JOM, 2003, 55(10): 43-47.

[3] VENUVINOD P K, MA W. Rapid prototyping: laser-based and other technologies[M]. New York: Springer Science and Business Media, 2013.

[4] KONG Y, HAY J N. The enthalpy of fusion and degree of crystallinity of polymers as measured by DSC[J]. European Polymer Journal, 2003, 39(8): 1721-1727.

[5] AMADO B A F. Characterization and prediction of SLS processability of polymer powders with respect to powder flow and part warpage[D]. Zurich: ETH Zurich, 2016.

[6] KRUTH J P, LEVY G, KLOCKE F, et al. Consolidation phenomena in laser and powder-bed based layered manufacturing[J]. CIRP Annals-Manufacturing Technology, 2007, 56(2): 730-759.

[7] ROMBOUTS M. Selective laser sintering/melting of iron-based powders[J]. Journal of Materials Processing Technology, 2004, 149(1): 616-622.

[8] SLOCOMBE A, LI L. Selective laser sintering of TiC-Al_2O_3 composite with self-propagating high-temperature synthesis[J]. Journal of Materials Processing Technology, 2001, 118(1-3): 173-178.

[9] GERMAN R M. Sintering theory and practice[J]. Solar-Terrestrial Physics, 1996: 568.

[10] FRENKEL J J. Viscous flow of crystalline bodies under the action of surface tension[J]. J. Phys., 1945(9): 385.

[11] ROSENZWEIG N, NARKIS M. Sintering rheology of amorphous polymers[J]. Polymer Engineering and Science, 2010, 21(17): 1167-1170.

[12] BRINK A E, JORDENS K J, RIFFLE J S. Sintering high performance semicrystalline polymeric powders[J]. Polymer Engineering and Science, 2010, 35(24): 1923-1930.

[13] POKLUDA, O, BELLEHUMEUR C T, VLACHOPOULOS J. Modification of Frenkel's model for sintering[J]. Aiche Journal, 2010, 43(12): 3253-3256.

[14] SUN M, NELSON C, BEAMAN J J, et al. A model for partial viscous sintering[C]//1991 International Solid Freeform Fabrication Symposium, 1991.

[15] 闫春泽. 聚合物及其复合粉末的制备与选择性激光烧结成形研究[D]. 武汉：华中科技大学，2009.

[16] GOODRIDGE R D, TUCK C J, HAGUE R J M. Laser sintering of polyamides and other polymers[J]. Progress in Materials Science, 2012, 57(2): 229-267.

[17] ZHOU W, WANG X, HU J, et al. Melting process and mechanics on laser sintering of single layer polyamide 6 powder[J]. International Journal of Advanced Manufacturing Technology, 2013, 69(1-4): 901-908.

[18] VERBELEN L, DADBAKHSH S, EYNDE M V D, et al. Characterization of polyamide powders for determination of laser sintering processability[J]. European Polymer Journal,

2016,75：163-174.

[19] DRUMMER D,RIETZEL D. FLORIAN K. Development of a characterization approach for the sintering behavior of new thermoplastics for selective laser sintering[J]. Physics Procedia,2010,5(5)：533-542.

[20] ARAI S, TSUNODA S, KAWAMURA R, et al. Comparison of crystallization characteristics and mechanical properties of poly(butylene terephthalate) processed by laser sintering and injection molding[J]. Materials and Design,2017,113：214-22.

[21] SCHMIDT J,SACHS M,ZHAO M,et al. Anovel process for production of spherical PBT powders and their processing behavior during laser beam melting[C]//American Institute of Physics Conference Series. AIP Publishing LLC,2016.

[22] SCHMIDT J,SACHS M, FANSELOW S, et al. Optimized polybutylene terephthalate powders for selective laser beam melting[J]. Chemical Engineering Science,2016,156：1-10.

[23] SAVALANI M M,HAO L,HARRIS R A. Evaluation of CO_2 and Nd：YAG lasers for the selective laser sintering of HAPEX[J]. Proceedings of the Institution of Mechanical Engineers. Part B. Journal of Engineering Manufacture,2006,220(2)：171-182.

[24] GOODRIDGE R D,HAGUE R J M,TUCK C J. An empirical study into laser sintering of ultra-high molecular weight polyethylene(UHMWPE)[J]. Journal of Materials Processing Technology,2010,210(1)：72-80.

[25] KHALIL Y,KOWALSKI A, HOPKINSON N. Influence of energy density on flexural properties of laser-sintered UHMWPE[J]. Additive Manufacturing,2016,10：67-75.

[26] 安芳成. 聚丙烯行业发展现状及市场分析[J]. 化工进展,2012,31(1)：246-251.

[27] FIELDER L. Evaluation of polypropylene powder grades in consideration of the laser sintering process ability[J]. Journal of Plastics Technology,2007,3(4)：34-39.

[28] FIEDLER L, HÄHNDEL A, WUTZLER A, et al. Development of new polypropylene based blends for laser sintering[C]//Proceedings of the Polymer Processing Society 24th Annual Meeting PPS-24,Salerno (Italien),Polymer Processing Society,2008：203-207.

[29] KLEIJNEN R G, SCHMID M, WEGENER K. Nucleation and impact modification of polypropylene laser sintered parts[C]//AIP Conference Proceedings,2016,1779(1)：100004.

[30] TAN W S,CHUA C K,CHONG T H,et al. 3D printing by selective laser sintering of polypropylene feed channel spacers for spiral wound membrane modules for the water industry[J]. Virtual and Physical Prototyping,2016,11(3)：151-158.

[31] CHEN J W, DAI J, YANG J H, et al. Annealing-induced crystalline structure and mechanical property changes of polypropylene random copolymer[J]. Journal of Materials Research,2013,28(22)：3100-3108.

[32] 魏青松,唐萍,吴甲民,等. 激光选区烧结多孔堇青石陶瓷微观结构及性能[J]. 华中科技大学学报,2016,44(6)：46-51.

[33] 刘凯. 陶瓷粉末激光烧结/冷等静压复合成形技术研究[D]. 武汉：华中科技大学,2014.

[34] 史玉升,刘凯,李晨辉,等. 氧化锆构件激光选区烧结/冷等静压复合成形技术[J]. 机械工程学报,2014,40(21)：118-123.

[35] 许林峰. 固相烧结法制备高孔隙莫来石多孔陶瓷的研究[D]. 广州：华南理工大学,2015.

[36] 张锦化. 莫来石晶须的制备、生长机理及其在陶瓷增韧中的应用[D]. 武汉：中国地质大

学,2012.

[37] LI Q,LUO G,LI J,et al. Preparation of ultrafine MnO_2 powders by the solid state method reaction of $KMnO_4$, with Mn(Ⅱ) salts at room temperature[J]. Journal of Materials Processing Technology,2003,137(1-3): 25-29.

[38] LV G,WU D,FU R. Preparation and electrochemical characterizations of MnO_2-dispersed carbon aerogel as supercapacitor electrode material[J]. Journal of Non-Crystalline Solids, 2009,355(50-51): 2461-2465.

第4章

激光选区熔化

4.1 激光选区熔化原理

激光选区熔化

激光选区熔化(selective laser melting,SLM)技术是采用高能激光将金属粉体熔化并迅速冷却的过程。该成形过程利用了激光与粉体之间的相互作用,包括能量传递和物态变化等一系列物理化学过程。

1. 激光能量的传递

在SLM过程中,激光光能转变为热能,并引起材料物态转变。根据激光能量及停留时间的不同,金属粉体通过吸收不同的激光能量而发生不同的物态变化。当激光能量较低或停留时间较短时,金属粉体吸收的能量较少,只能引起金属颗粒表面温度的升高而发生软化变形,仍表现为固态。当激光能量升高时,金属粉体的温度超过了自身的熔点,此时,金属颗粒表现为熔化状态。当激光能量瞬间消失时,熔融金属会快速冷却形成晶粒细小的固态部件。当激光能量过高时,金属熔体会发生气化。SLM过程中,激光能量过高也会引起成形构件的球化、热应力和翘曲变形等缺陷,应尽量避免。

2. 金属粉体对激光的吸收率

金属粉体的激光吸收率对SLM成形构件的性能有直接的影响。激光吸收率的高低很大程度上决定了该金属粉体的成形性能。目前,研究较多的、适用于SLM成形的材料体系主要有激光吸收率较高的钛基、铁基和镍基等合金。

激光与金属粉体作用时,激光能量并未完全被金属粉体吸收,而是满足能量守恒定律,即

$$1=\frac{E_{吸}}{E_0}+\frac{E_{反}}{E_0}+\frac{E_{透}}{E_0} \tag{4-1}$$

式中,E_0 为激光能量; $E_{吸}$ 为被金属粉体吸收的能量; $E_{反}$ 为被金属粉体反射的激光能量; $E_{透}$ 为透过金属粉体的激光能量。

由于金属粉体一般为非透明材料,所以可认为 $E_{透}$ 为0,即SLM过程中,激光能量作用于金属粉体时,只存在吸收和反射两种情况。由式(4-1)可知,当金属粉

体的激光吸收率较低时，激光能量大部分被反射，无法实现金属粉体的熔化；当金属粉体的激光吸收率高时，激光能量大部分被吸收，比较容易实现金属粉体的熔化，激光能量的利用率较高。

综述所述，金属粉体的激光吸收率对SLM过程中的激光利用率及材料成形性能有很大影响，提高金属粉体的激光吸收率也是促进SLM技术发展的重要因素。

3. 熔池动力学

在SLM过程中，高能束的激光熔化金属粉末，连续不断地形成熔池，熔池内流体动力学状态及传热传质状态是影响SLM过程稳定性和成形质量的主要因素。在SLM过程中，材料由于吸收了激光的能量而熔化，而高斯光束光强的分布特点是光束中心处的光强最大，所以在熔池表面沿径向方向存在着温度梯度，也就是熔池中心的温度高于边缘区域的温度。由于熔池表面的温度分布不均匀，带来了表面张力的不均匀分布，因而在熔池表面上存在着表面张力梯度。对于液态金属，一般情况下温度越高，表面张力越小，即表面张力温度系数为负值。表面张力梯度是熔池中流体流动的主要驱动力之一，它使流体从表面张力低的部位流向表面张力高的部位。对于SLM工艺所形成的熔池，熔池中心部位温度高，表面张力小；而熔池边缘温度低，表面张力大。因此，在这个表面张力梯度的作用下，熔池内液态金属沿径向从中心向边缘流动，在熔池中心处由下向上流动。同时剪切力促使边缘处的材料沿着固液线流动，在熔池的底部中心熔流相遇然后上升到表面，这样在熔池中形成了两个具有特色的熔流漩涡，称为马兰戈尼(Marangoni)对流。在这个过程中，向外流动的熔流造成了熔池的变形，会导致熔池表面呈现出鱼鳞状的特征。

4. 熔池稳定性

SLM成形过程是由线到面、由面到体的增材制造过程。在高能激光束作用下形成的金属熔体能否稳定连续存在，直接决定了最终制件的质量优劣。由不稳定收缩理论(pinch instability theory，PIT)可知，液态金属体积越小，其稳定性越好；同时，球体比圆柱体具有更低的自由能。液态金属的体积主要是由激光光斑的尺寸和能量决定的，尺寸大的光斑更容易形成尺寸大的熔池，进入熔池的粉末就会越多，熔池的不稳定程度就增加。同时，光斑太大会显著降低激光功率密度，由此易产生黏粉、孔洞及结合强度下降等一系列缺陷。光斑的尺寸太小，激光辐照的金属粉末就会吸收太多的能量而气化，显著增加等离子流对熔池的冲击作用。因此，只有控制好光斑的尺寸才能保证熔池的稳定性。同时，因球体比圆柱体具有更低的自由能，所以液柱状的熔池有不断收缩形成小液滴的趋势，引起表面发生波动，当符合一定条件时，液柱上两点的压力差促使液柱转变为球体。这就要求激光功率和扫描速度具有合适的匹配性。在SLM过程中，随着激光功率的增大，熔池中的金属液增多，熔池形成液柱的稳定性减弱。一方面，激光功率越大，所形成的熔池面积越大，进入熔池的粉末更多，导致熔池的不稳定性增加；另一方面，当激光功率太大时，熔池深度增大，当液态金属的表面张力无法与其重力平衡时将沿着两侧向下流，直至熔池变宽变浅，使二者重新达到平衡状态。

4.2 激光选区熔化装备

1. 激光选区熔化成形的装备组成

SLM 装备通常包括光路、传动、电路及机械系统等。下面以德国 EOS M290 为例简要介绍 SLM 装备组成。

光路系统包括扫描装置、扩束镜、准直器和光纤(图 4-1)。激光器负责产生高能量的激光束，激光通过光纤传递到扩束系统。为了得到合适的聚焦光斑并实现对一定大小工作面的扫描，通常在选择合适的透镜焦距的同时，需要将激光束进行扩束。激光经过扩束后，激光束传输过程中的功率密度减小，激光束通过时光学组件的热应力减小，从而有利于保护光路上的光学组件。振镜式激光扫描系统是一个光、机、电一体化的系统，主要靠控制振镜 X 轴和 Y 轴电机转动带动固定在转轴上的镜片偏转来实现扫描。在带动态聚焦模块的振镜式激光扫描系统中，还需要控制 Z 轴聚焦镜的往复运动来实现焦距补偿。

传动系统主要包括铺粉传动系统、缸体升降系统等，如图 4-2 所示。铺粉系统包括铺粉装置在 XY 平面上的运动，缸体升降系统包括工作缸和送粉缸沿 Z 轴方向的运动。

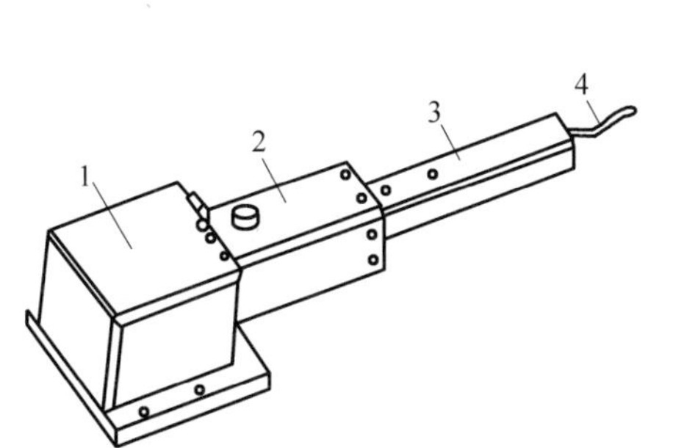

图 4-1　光路系统示意图

1—扫描装置；2—扩束镜；3—准直器；4—光纤

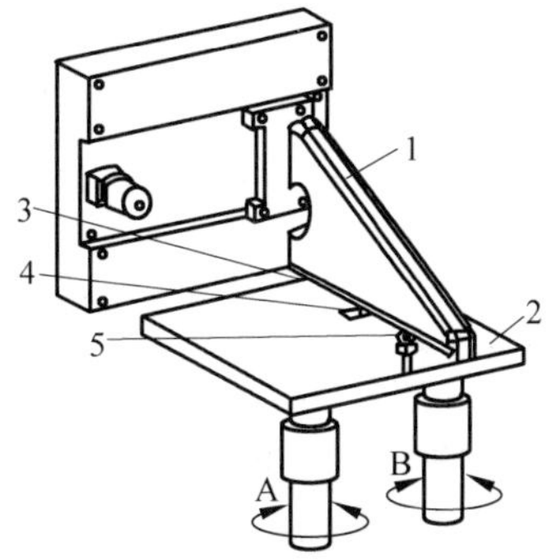

图 4-2　传动系统示意图

1—铺粉装置；2—数显测量计；3—工作平台；4—侧隙规；5—测量带；A—Y 轴调节器；B—X 轴调节器

电路系统包括计算机及其控制模块。计算机负责处理构件模型，将实体构件转化为数字信号，并传递给各控制单元。控制模块主要控制着激光器开闭、激光功率调整、振镜运动、温度检测及机械部分的协调运动等，如图 4-3 所示。

机械系统包括装备腔体、铺粉装备和工作台面，与 SLS 装备机械系统类似，具体参见第 3 章。SLM 装备内外示意图如图 4-4～图 4-6 所示。

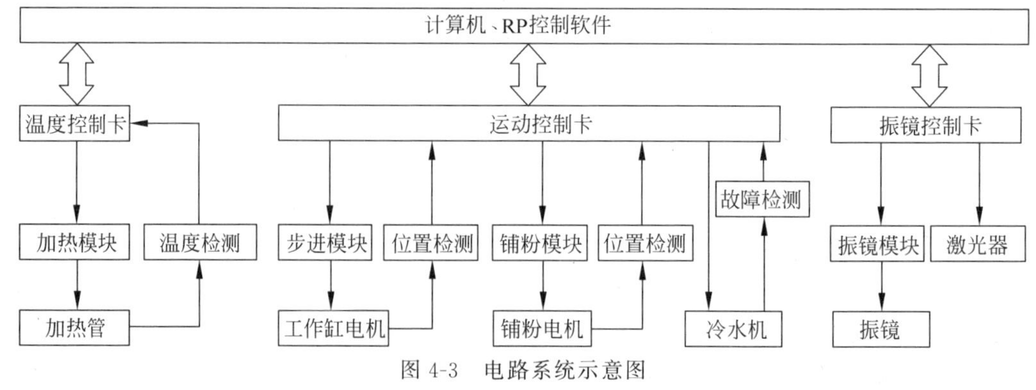

图 4-3　电路系统示意图

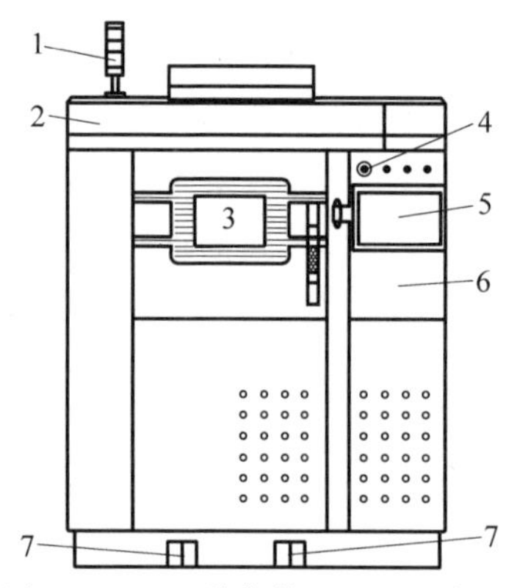

图 4-4　SLM 装备外观正面示意图

1—报警器；2—光学系统盖板；3—成形腔门；4—急停开关；5—监控器；6—旋转架；7—起重脚架

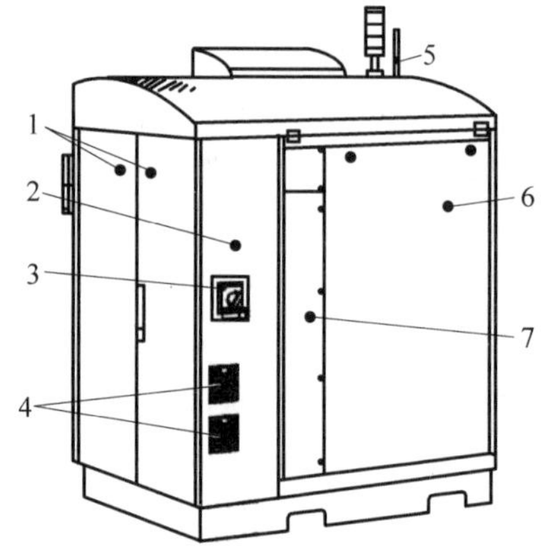

图 4-5　SLM 装备外观侧面示意图

1—开关柜门；2—补偿急停开关；3—总开关；4—配电柜通风盖；5—温度与空气湿度传感器；6—维护盖板；7—机器连接维护盖板

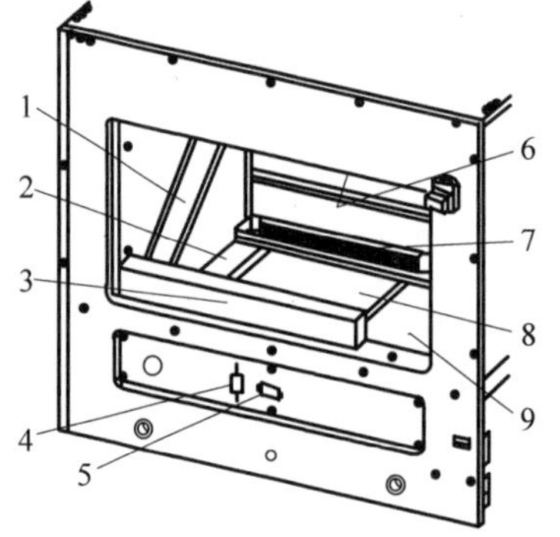

图 4-6　SLM 装备成形腔结构示意图

1—铺粉装置；2—收集平台；3—平台抽出口；4—调整 Y 轴摇臂开关；5—调整 X 轴摇臂开关；6—顶端进气口；7—底端进气口；8—工作平台；9—粉末分配平台

气路系统包括一个粉尘过滤装置和一个氩气净化装置，二者通过两个进出管道与腔体连通，利用一个外接的抽气泵使腔体内气体进行循环。抽气泵将腔体内的气体抽出后首先进入粉尘过滤装置。粉尘过滤装置中包括两个吸附塔，当一个吸附塔饱和后，另一个吸附塔开始工作。吸附塔有一个反冲净化功能，保证吸附塔的吸附功能。粉尘过滤后的气体通入到氩气净化装置，其内设置两个反应塔，将成形腔体内的残余氧气、水蒸气及激光熔化后产生的杂质气体吸收。当其中一个反应塔失效后，另一个反应塔开始工作，并对失效的反应塔进行升温净化，恢复其净化功能。

2. 典型 SLM 装备

单激光 SLM 装备：只有一台激光器作为输出能量源，由单激光束进行扫描成形，其工作模式如图 4-7 所示。

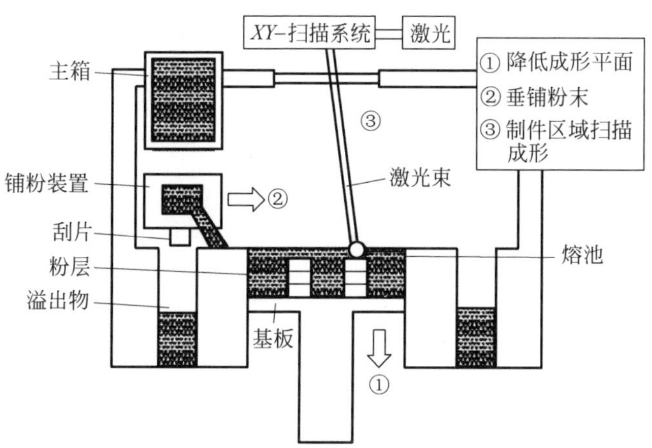

图 4-7　单激光束工作模式示意图

双激光 SLM 装备：由两台激光器作为输出能量源，两束激光可以同时扫描设定区域，也可以分开工作，能显著提升加工效率，如图 4-8 所示。

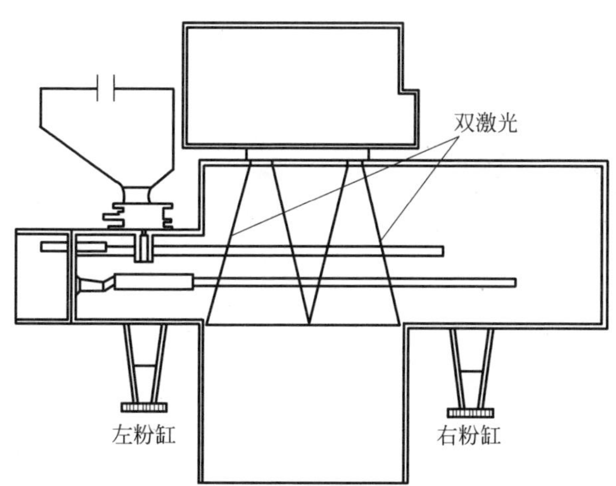

图 4-8　双激光束工作模式示意图

目前，国内外已经有不同规格的激光选区熔化成形商品装备在市场上销售，并大量投入工程应用，解决了航空航天、核工业、医学等领域的关键技术。典型商业化 SLM 成形装备的参数对比见表 4-1。

表 4-1　典型商业化 SLM 成形装备参数对比

国内/外	单位	型号	外观图片	成形尺寸/(mm×mm×mm)	激光器	成形效率	针对材料
国内	武汉华科三维科技有限公司	HK M125		125×125×150	500W 单模光纤激光器，进口	—	不锈钢、钴铬合金、钛合金、镍基高温合金等金属粉末
		HK M280		280×280×300			
		BLT-A100		100×100×100	200W 光纤激光器	—	不锈钢，钴铬合金，钛合金
	西安铂力特增材技术股份有限公司	BLT-A300		250×250×300	500W 光纤激光器	—	铝合金，高温合金，铜合金，不锈钢，钴铬合金，钛合金高强钢，模具钢

续表

国内/外	单位	型号	外观图片	成形尺寸/(mm×mm×mm)	激光器	成形效率	针对材料
国内	西安铂力特增材技术股份有限公司	BLT-S210		105×105×200	500W/200W 光纤激光器	—	钛合金,铝合金,高温合金,钴铬合金,不锈钢,高强钢,模具钢
		BLT-S310		250×250×400	500W 光纤激光器	—	
		BLT-S320		250×250×400	500W×2 光纤激光器	—	

续表

国内/外	单位	型号	外观图片	成形尺寸/(mm×mm×mm)	激光器	成形效率	针对材料
国内		BLT-S400		400×250×400	500W×2 光纤激光器	—	
	湖南华曙高科技有限公司	FS421M		425×425×420	光纤激光器，单激光(1×500W)，双激光(2×500W)	—	FS 316L，FS Ti-6Al-4V，FS AlSi-10Mg，FS GH3536，FS TA15
		FS271M		275×275×340	500W 光纤激光器	—	FS 316L，FS 17-4PH，FS CoCrMo，FS Ti-6Al-4V，FS AlSi-10Mg，FS 18Ni300，FS 420，FS CuSn10，FS Inconel 625，FS Inconel 718，FS 15-5PH，FS CoCrMoW，FS GH3536，FS TA15 等

续表

国内/外	单位	型号	外观图片	成形尺寸/(mm×mm×mm)	激光器	成形效率	针对材料
国内	湖南华曙高科技有限公司	FS121M		120×120×100	200W 光纤激光器	—	FS 316L，FS 17-4PH，FS CoCrMoW，FS CoCrMo，FS CuSn10
		FS121M-E		120×120×100	200W 光纤激光器	—	FS CoCrMoW，FS CoCrMo
	大连美光速造科技有限公司	FF-M500		500×400×300	2×500W 光纤激光器	—	不锈钢，钛合金，模具钢，钴铬合金，铝合金等

续表

国内/外	单位	型号	外观图片	成形尺寸/(mm×mm×mm)	激光器	成形效率	针对材料
国内	大连美光速造科技有限公司	FF-M140		140×140×150	200W 光纤激光器	—	不锈钢,钛合金,模具钢,钴铬合金,铝合金等
国外	EOS 公司(德国)	EOSINT M290		250×250×325	Yb-fibre laser 400W	2～30 mm^3/s	不锈钢,工具钢,钛合金,镍基合金,铝合金
		EOSINT M400		400×400×400	Yb-fibre laser 1000W	—	

续表

国内/外	单位	型号	外观图片	成形尺寸/(mm×mm×mm)	激光器	成形效率	针对材料
国外	3D Systems 公司(美国)	ProX 300		250×250×300	500W 光纤激光器	—	不锈钢,工具钢,有色合金,超级合金,金属陶瓷
	Concept Laser 公司(德国)	Concept M2		250×250×280	200～400W 光纤激光器	2～10cm³/h	不锈钢,铝合金,钛合金,热作钢,钴铬合金,镍合金
	Renishaw 公司(英国)	AM250		245×245×300	200～400W 光纤激光器	5～20cm³/h	不锈钢,模具钢,铝合金,钛合金,钴铬合金,铬镍铁合金

续表

国内/外	单位	型号	外观图片	成形尺寸/(mm×mm×mm)	激光器	成形效率	针对材料
国外	SLM Solutions公司(德国)	SLM 280HL		280×280×350	2×400/1000W 光纤激光器	35cm^3/h	不锈钢,工具钢,模具钢,钛合金,纯钛,钴铬合金,铝合金,高温镍基合金
		SLM 500HL		500×280×325	400/1000W 光纤激光器	70cm^3/h	
	Sodick 公司(日本)	OPM250L		250×250×250	500W 光纤激光器	—	马氏体时效钢与 STAVAX

4.3 激光选区熔化材料及其成形工艺

SLM 演示

4.3.1 模具钢材料及其成形工艺

模具是当代制造业中不可或缺的特殊基础工业装备，主要用于高效大批量生产工业产品中的有关构件和制件，是装备制造业的重要组成部分。在电子、汽车、电机、电器、仪器、仪表、家电和通信等产品中，60%～80%的构件都要依靠模具成形。用模具生产制件所表现出来的高精度、高复杂程度、高一致性、高生产率和低消耗，是其他加工制造方法所不能比拟的。同时，模具又是"效益放大器"，用模具生产的最终产品的价值，往往是模具自身价值的几十倍、上百倍。模具技术水平的高低，已成为衡量一个国家产品制造水平高低的重要标志，在很大程度上决定着产品的质量、效益和新产品的开发能力，是一个国家工业产品保持国际竞争力的重要保证之一。

模具钢是主要的传统模具材料，按照模具工作条件的不同，大致分为冷作模具钢、热作模具钢和塑料模具钢，各种系列模具钢材料种类十分丰富。但是目前用于增材制造直接制造金属模具的材料种类还比较单一，远远不能满足未来生产和发展的需求。从目前可查的研究资料可以看出，用于直接成形金属模具的材料主要为钢铁材料以及部分镍基材料和铜合金，其中钢铁材料的成形研究比较丰富。由于模具钢主体成分 Fe、Cr 元素都容易和 O 发生反应形成氧化膜，模具钢 SLM 成形过程中易发生球化，从而严重影响其成形制件的致密化过程及其机械性能。

模具应用广泛，冷却系统是模具的核心，其冷却阶段在整个成形周期中占比最高，高达 70%以上。尤其是注塑工艺中，一个有效的冷却系统将会极大地提高生产率。此外，熔融的塑料材料会冲蚀型腔，特别是注塑温度在 200～400℃，一些塑料材料在高温下容易产生酸性物质。注塑机的进料管和模具受到高温下磨损和腐蚀的挑战。

随形冷却流道是改善模具冷却特性的、前瞻性的技术，但是传统钻孔、电火花等工艺无法加工。SLM 技术可以直接利用三维 CAD 模型，通过高能量的光纤激光器，直接制造出高致密且结构复杂的金属构件，因此在制造随形冷却水道模具时，SLM 显示了非常强大的潜力。目前用于 SLM 成形随形冷却水道磨具的材料主要有 AISI 420、S136 和 H13 等模具钢系列。图 4-9 为德国 EOS 公司采用 SLM 技术制造的具有复杂内部流道的 S136 构件及模具，使用该冷却水道模具使冷却周期从 24s 减少到 7s，温度梯度由 12℃减少为 4℃，产品缺陷率由 60%降为 0，制造效率增加了 3 件/min。

1. 激光选区熔化成形 AISI 420 组织与性能

1）原材料及粉末

AISI 420 不锈钢（也称 420 不锈钢）属于中碳马氏体不锈钢，由于具有较高的

图 4-9　SLM 制造的具有复杂内部流道的 S136 构件及模具

Cr 含量，可以生成致密的 Cr 的氧化膜，对 HCl、HF 等酸性气体具有良好的抗蚀能力。同时 420 不锈钢还因具有较高的碳含量而具有较高的硬度、强度和耐磨性，适宜制造承受高负荷、高耐磨及腐蚀介质作用下的塑料模具、透明塑料制品模具等。传统工业中，420 不锈钢模具的制备通常采用机加工、电加工等方法，但这些方法无法制造出具有复杂内部流道的金属模具，SLM 为成形 420 不锈钢复杂结构模具构件提供了新的技术途径。

实验采用气雾化的 420 不锈钢粉末，粉末从湖南长沙骅骝冶金粉末公司订制。如图 4-10(a)所示，不锈钢粉末颗粒为球形或近球形，大球表面黏附有少量的小尺寸卫星球(接近 1μm)。不锈钢粉末具有较窄的粒径分布，主要分布在 8～38μm 之间，且呈正态分布，粉末平均粒径为 20μm。通过场发射扫描电镜对粉末进行放大，发现不锈钢颗粒表面存在小于 1μm 的微裂纹(图 4-10(c))，这是由于气雾化过程中快速冷却造成了结晶未闭合区域的形成。如图 4-10(d)所示，粉末颗粒凝固组织为枝状晶和胞状晶的混合组织，粉末内部组织不仅和冷却速度有关，还和液相内温度梯度 G 和固/液界面推进速度(凝固速度)R 有关。随着冷却速度增大，G/R 值逐渐增大，晶面形貌由胞状晶向平面晶转变，或由枝状晶向胞状晶转变。

表 4-2 是 420 不锈钢粉末颗粒的名义成分和采用 EDS 测量的实际成分，包括粉末颗粒的表面和内部。结果表明，气雾化制备的 420 不锈钢粉末的 Cr 含量稍高于名义成分，其他元素的含量都接近名义成分；同时粉末表面的 Cr、Mn、V 含量低于粉末内部的元素含量，粉末表面的 C、Si 元素含量高于粉末内部的元素含量。

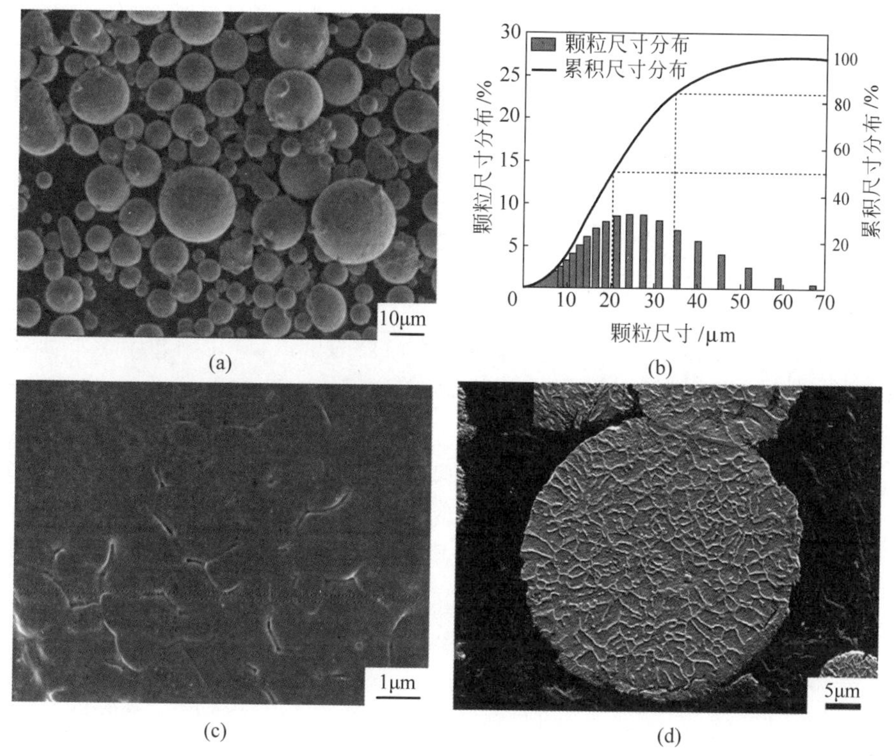

图 4-10　420 不锈钢粉末

(a) 粉末形貌；(b) 粉末粒径分布；(c) 粉末颗粒表面形貌；(d) 粉末微观组织

表 4-2　420 不锈钢名义成分和气雾化粉末 EDS 结果　　%

元素	名义成分（质量分数）	气雾化粉末（质量分数）	
		表面	内部
Cr	12～14	13.9	16.13
Mn	<1	0.73	0.96
Si	<1	0.275	—
V	0.15～0.4	0.32	0.42
C	0.2～0.45	0.36	0.31
Fe	其余		

2）SLM 成形工艺优化

SLM 成形新材料时需要确定合适的成形工艺窗口，不同材料的 SLM 工艺因热物理和化学特性、与激光交互作用机制以及成形装备的不同而存在差异。目前优化成形工艺的方法一般为结合单道、单层、块体成形实验逐步确定合适的工艺，主要优化的成形工艺参数有激光扫描速度、激光功率、扫描间距和扫描层厚等。

a）单道扫描成形

SLM构件的致密化程度受微熔池的温度、液体流态的影响，主要影响的工艺参数有激光扫描速度 v 和激光功率 P。因此设置了25组不同的单道扫描来研究420不锈钢的熔化特性，采用的具体工艺参数如下：激光功率设为100～140W，激光扫描速度为400～800mm/s。先将基板用砂纸打磨，之后用无水乙醇清洗，直至基板待加工区域表面没有明显的划痕。固定基板后，用筛子在基板上铺一层粉末。

通过实验结果确定了如图4-11所示的单道扫描工艺窗口。图中，符号"•"表示成形效果最好的单道，熔化道连续且平直；"∘"表示成形较好的单道，熔化道不稳定，出现扭曲或不连续；"×"表示成形效果最差的单道，熔化的粉末未形成熔化道。根据成形工艺参数和熔化的成形机制，单道扫描工艺窗口可以分为如图4-11中的三个区域。

区域1：未形成连续的熔化道，且存在大量球化。在此区域中采用的激光功率较小、扫描速度较快，熔池冷却速度快，造成了高温熔体极大毛细力和强烈对流。

区域2：连续平直的熔化道。该区域内工艺参数合适，微熔池较稳定，形成了相对稳定的熔化、润湿和凝固过程。该区域参数可被用来优化成形最终构件。

区域3：熔化道不稳定，出现断裂。此区域内，激光能量增加，同时扫描速度减小，金属粉末可以被完全熔化，但是随着更多热量的输入，造成极大的残余应力和熔池的不稳定。

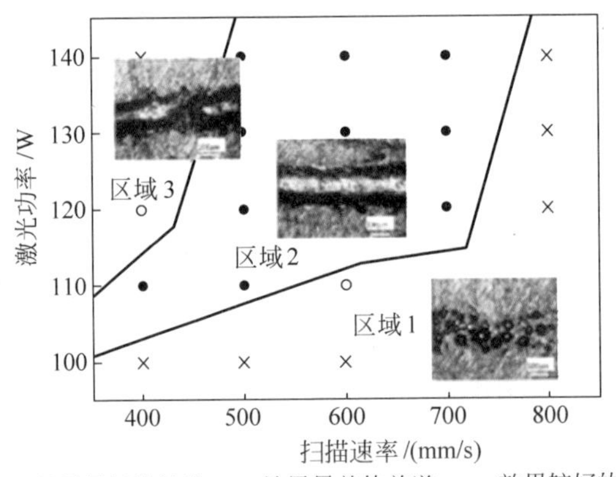

图4-11 单道扫描工艺窗口

为了研究激光功率大小对单道熔池宽度的影响，在工艺窗口研究基础上，选取600mm/s作为激光扫描速度，激光功率设为120～180W，采用二维图像采集软件DS-3000测量单道熔池宽度数据。如图4-12所示，随着激光功率从120W增加到180W，单道熔池宽度从90μm逐渐增加到124μm。随着激光功率的增加，粉末吸收的能量更多，更多的粉体被熔化，同时熔池温度也升高，熔体黏度降低，熔体与基板的润湿效果改善，因此导致了熔池宽度的增加。

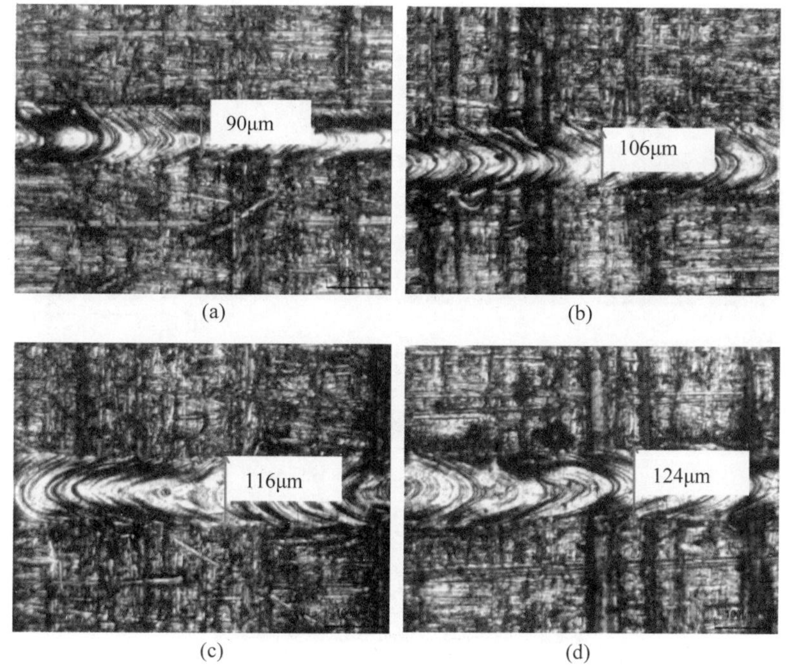

(a) (b) (c) (d)

图 4-12　扫描速度为 600mm/s 时的单道及熔池宽度

(a) 激光功率 120W；(b) 激光功率 140W；(c) 激光功率 160W；(d) 激光功率 180W

为了研究扫描速度对单道宽度的影响，选取 140W 作为固定激光功率，扫描速度分别设为 400、550、650mm/s，成形单道熔池如图 4-13 所示。随着扫描速度的增加，熔池宽度从 126μm 变为 105μm 和 73μm。本研究采用的激光器为连续光纤激光器，粉末被激光辐照的时间与扫描速度成反比，扫描速度越快，单位体积内粉末受激光辐照时间越短，实际吸收激光能量越少。反之，激光扫描速度减小，粉床吸收激光能量增加，更多金属粉末被熔化形成更大的微熔池，同时熔池温度更高、液态金属黏度减少，微熔池在基板上的铺展更宽。当激光扫描速度很快时，激光对粉末床造成冲击，如图 4-13(c)可以看到熔化道之外还有细小的金属球。

综上可以看出，激光功率和扫描速度都对熔池形貌和熔宽有重要影响。因此我们将成形工艺参数扩大，研究其对熔池宽度的影响规律。图 4-14 为单道熔池宽度和成形参数之间的关系。可以看出，扫描速度越大，单道熔池宽度越小，当扫描速度高于 550mm/s 时对熔池宽度的影响更为明显。同时，单道熔池的宽度随着激光功率的增大而增大，但在扫描速度为 600mm/s 和 650mm/s 时，熔池宽度在激光功率超过 160W 后下降，这是由于较高扫描速度下微熔池不稳定造成的。

b) 单层扫描成形

氧含量对单层表面质量的影响。不锈钢材料通常具有良好的抗氧化能力，为了研究气氛中的氧对成形效果的影响，分别在有氧和抽真空通保护气的环境下进

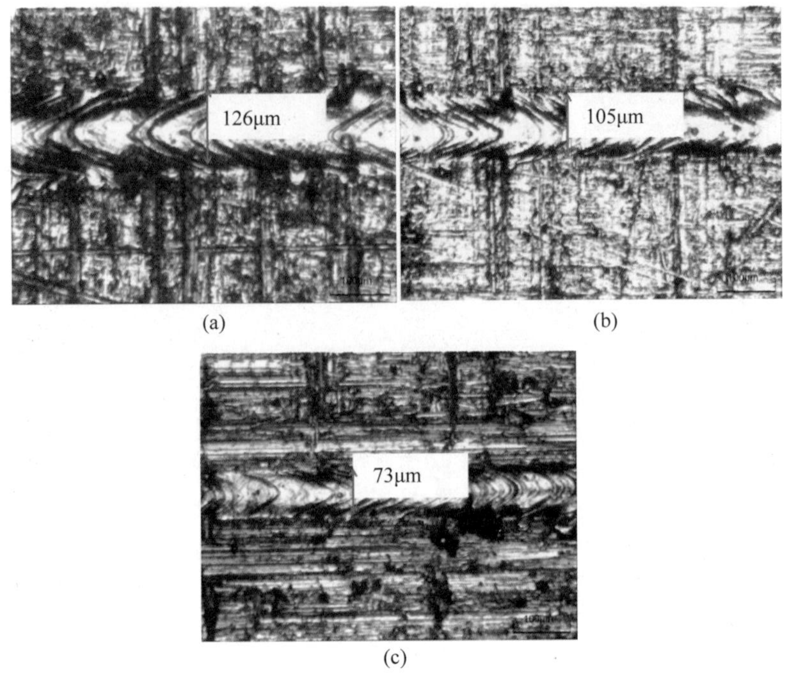

图 4-13　激光功率为 140W 时的单道及熔池宽度

(a) 扫描速度 400mm/s；(b) 扫描速度 550mm/s；(c) 扫描速度 650mm/s

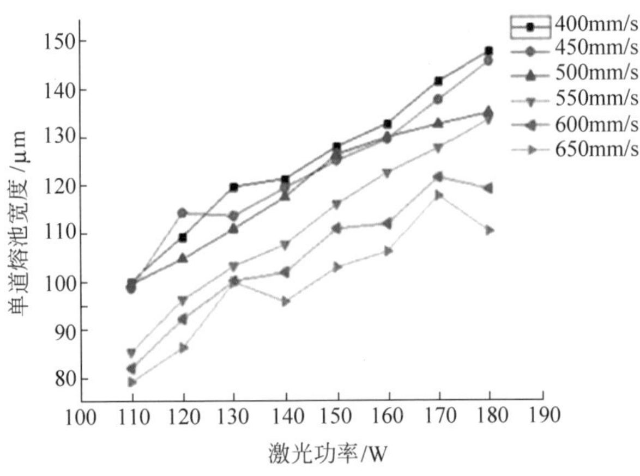

图 4-14　单道熔池宽度和成形参数之间的关系

行成形，氧含量分别为 21%和 0.1%，激光功率为 120W，扫描速度为 550mm/s，扫描间距为 0.07mm。图 4-15 为单层熔覆层形貌，其中图 4-15(a)、(b)为氧含量 21%环境下的成形效果，图 4-15(c)、(d)为氧含量 0.1%环境下的成形效果。从图中可以看出，氧含量较高时成形熔覆层表面球化严重，表面凸凹不平，构件的表面质量较差。不锈钢材料抗氧化是通过形成致密的氧化膜保护基体，而 SLM 成形中形成的氧化膜恶化了道与道、层与层之间的润湿效果，大大降低了成形质量。

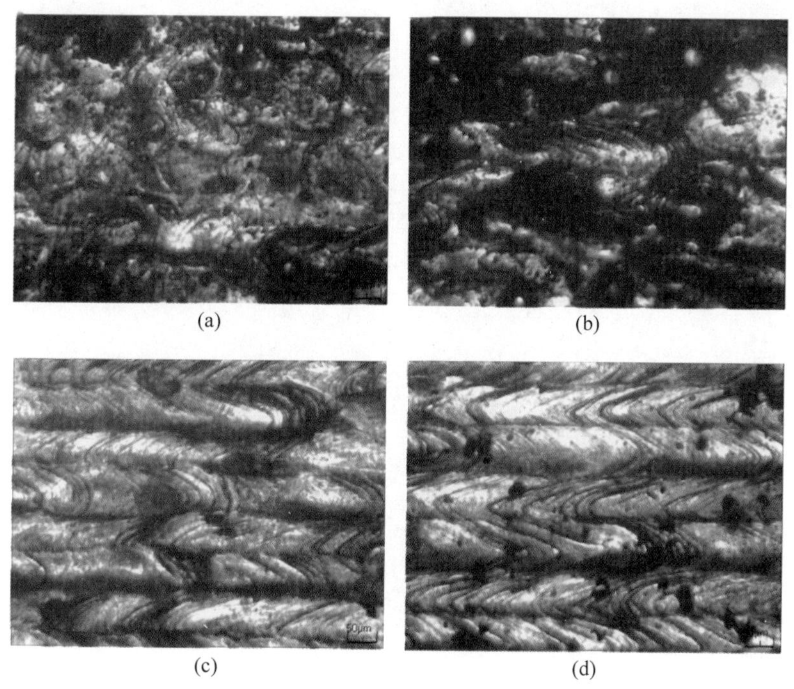

图 4-15　单层熔覆层形貌

(a)、(b) 氧含量为 21%；(c)、(d) 氧含量为 0.1%

扫描间距对单层表面质量的影响。经过之前的单道扫描实验，我们确定了一个较优的扫描速度范围 500～600mm/s，为了减少实验工作量，取较优扫描速度的中间值 550mm/s，研究扫描功率和扫描间距两个变量对成形的影响。激光功率分别为 120、130、140、150W，扫描间距分别为 0.06、0.07、0.08、0.09mm，共计 16 组实验，部分结果如图 4-16 所示。当扫描间距较小(如 h=0.06mm)时，虽搭接率可达到 50%，但其表面不够平整，各个扫描线形成起伏的山峰状。这主要是因为扫描间距过小，扫描线之间的搭接率可达到 50%，搭接过于密集，导致熔池相互堆积，从而使成形表面形成不平整起伏的山峰状，这在多层扫描的情况下会导致孔隙的产生，从而降低 SLM 构件的致密度。当扫描间距较大(如 h=0.09mm)时，搭接率不到 10%，加大扫描功率，搭接区域有所扩大，但并不明显，虽各个扫描线较为平整，但相邻扫描线之间出现明显的凹陷区域，这在多层扫描的情况下会导致孔隙的产生，不利于成形。当扫描间距适中(如 h=0.07mm 和 h=0.08mm)时，成形相对较好：当功率较低时，会出现少量的表面不平整现象；加大功率后，这种现象得到改善；功率为 150W 时，搭接率达 30%～40%，表面基本没有不平整现象，相邻扫描线之间高度基本一致。

在扫描速度为定值的情况下，较优的扫描功率和扫描间距组合如表 4-3 所示，

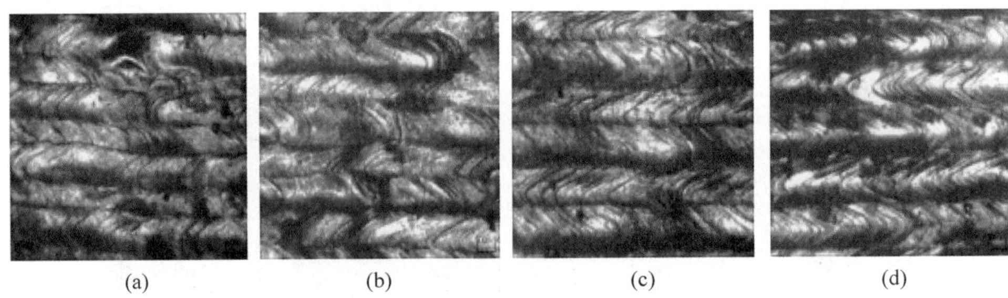

图 4-16　激光功率为 120W 时单层熔覆道形貌
(a) h=0.06mm；(b) h=0.07mm；(c) h=0.08mm；(d) h=0.09mm

打"√"代表成形较好。扫描间距是重要的 SLM 成形工艺参数之一，会直接影响单层成形质量，选择合适的激光功率和扫描速度后，根据熔池的宽度来设置合适的扫描间距可以获得平整的单层熔覆层。

表 4-3　面扫描工艺参数优化

扫描间距/mm	激光功率/W			
	120	130	140	150
0.06				
0.07		√	√	√
0.08	√	√	√	
0.09				

c）块体扫描成形

通过上述研究，我们获取了优化的激光功率-扫描速度-扫描间距的窗口，在此基础上进一步进行块体成形实验。选取如表 4-4 所示的块体成形工艺参数成形试样，采用粉末平均粒径 0.02mm 作为层厚，试样尺寸为 8mm×8mm×8mm(图 4-17)。将成形试样从基板切下后进行清理，使用排水法测量试样致密度，4 次测量取平均值作为结果。

表 4-4　块体成形工艺参数设置

激光功率/W	扫描速度/(mm/s)	扫描间距/mm		
130	450	0.07	0.08	0.09
130	500	0.07	0.08	0.09
130	550	0.06	0.07	0.08
140	500	0.07	0.08	0.09
140	550	0.06	0.07	0.08
150	600	0.07	0.08	0.09

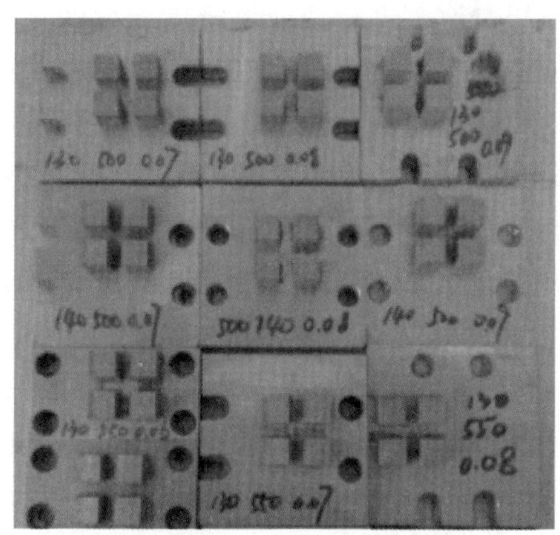

图 4-17　使用不同工艺参数成形的试样(部分)

表 4-5 为块体成形实验的统计结果。从表中可以看出,成形试样的致密度都高于 94%,能够获得最大相对致密度(99.05%)的工艺参数为:激光功率 140W,扫描速度 550mm/s,扫描间距 0.08mm,层厚 0.02mm。块体致密度受多个成形参数的影响,并且这些参数之间也相互关联。

表 4-5　块体成形实验统计结果

序号	激光功率/W	扫描速度/(mm/s)	扫描间距/mm	线能量密度/(J/mm)	体能量密度/(J/mm^3)	致密度/%
1	130	450	0.07	0.289	206.35	94.07
2	130	450	0.08	0.289	180.56	96.39
3	130	450	0.09	0.289	160.50	98.16
4	130	500	0.07	0.260	185.72	97.47
5	130	500	0.08	0.260	162.50	98.86
6	130	500	0.09	0.260	144.45	97.69
7	130	550	0.06	0.236	196.97	96.82
8	130	550	0.07	0.236	168.83	97.00
9	130	550	0.08	0.236	147.73	96.82
10	140	500	0.07	0.280	200.00	94.07
11	140	500	0.08	0.280	175.00	97.84
12	140	500	0.09	0.280	155.56	98.48
13	140	550	0.06	0.255	212.12	97.28
14	140	550	0.07	0.255	181.82	97.69
15	140	550	0.08	0.255	159.09	99.05
16	150	600	0.07	0.250	178.57	96.66
17	150	600	0.08	0.250	156.25	96.91
18	150	600	0.09	0.250	138.89	97.73

图 4-18 为成形试样相对致密度随线能量密度变化的规律。从图中可以看出，当线能量密度从 0.236J/mm 增加到 0.26J/mm 附近时，制件相对致密度一直上升；而当激光线能量密度继续上升时，试样相对致密度开始下降，同时致密度的标准偏差也大大增加。当激光线能量密度增加造成熔池宽度变大时，体能量密度影响变大，即扫描间距（熔池搭接率）影响增大。图 4-19 为不同搭接率下构件纵截面金相图。当搭接率较小时（图 4-19(a)），单道熔池间重合部分较少，当熔池宽度出现波动时，可能会造成相邻熔池之间不能搭接，从而在构件内部产生未搭接的间隙，降低构件的致密度。当搭接率适中时（图 4-19(b)），单道熔池直接完全搭接，熔化道之间的重熔与搭接稳定，成形平面比较平整，保证逐层加工的稳定。当搭接率过大时（图 4-19(c)），后一条熔池与前一条熔池的重熔部分过多，造成熔化道高于前一层，成形平面不平整，导致下一层加工分层厚度不均匀，因而降低了加工稳定性和构件的致密度。

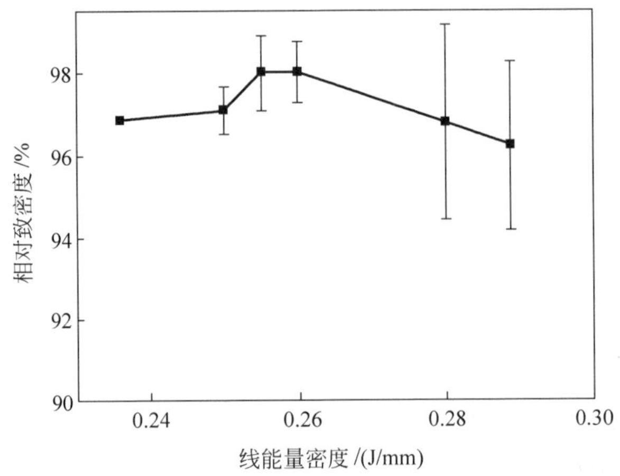

图 4-18　试样相对致密度与线能量密度的关系

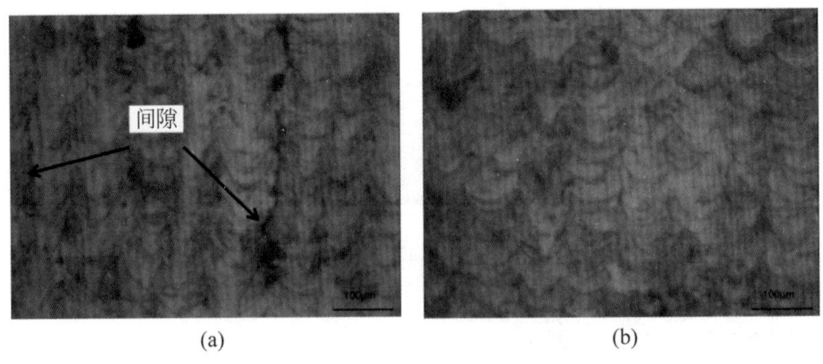

图 4-19　不同搭接率下构件纵截面金相图

(a) 搭接率 22.5%；(b) 搭接率 25.8%；(c) 搭接率 31.9%

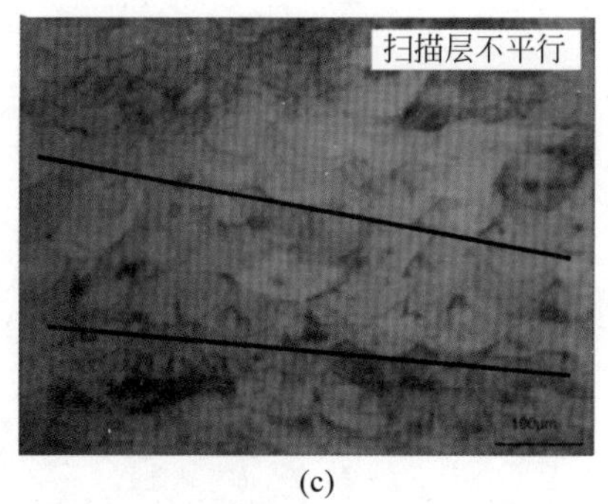

(c)

图 4-19　（续）

图 4-20 为试样相对致密度随体能量密度变化的规律。通过观察体能量密度-相对致密度的数据，对其进行二次拟合，删掉偏差较大的 13 号数据点，得到成形试样相对致密度与体能量密度的关系：

$$\rho = -0.001 \times \psi^2 + 0.559\psi + 53.42 \tag{4-2}$$

式中，ρ 为试样的相对致密度，%；ψ 为激光体能量密度，J/mm^3。此二次拟合的拟合度为 0.6336。该式可为块体成形提供工艺参数的指导，但如需精确地选择工艺参数，还需进行大量工艺实验，建立材料的工艺数据库。

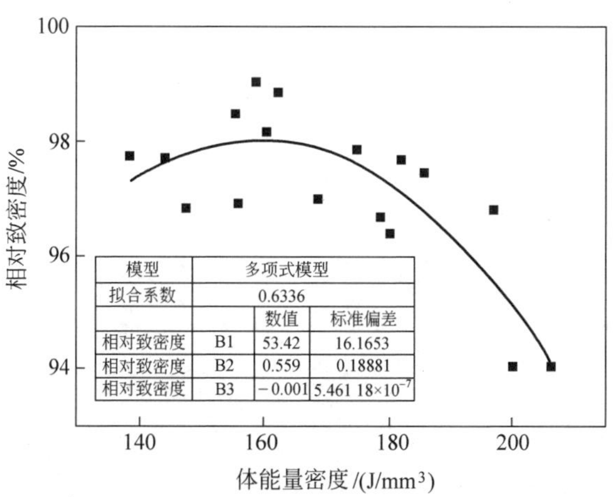

图 4-20　试样相对致密度与体能量密度的关系

图 4-21 为通过上述优化的工艺参数制造出的具有复杂随形冷却水路的模具镶块构件。如图 4-21(a)所示，该模具镶块为了提高冷却的均匀性，设计出了复杂的冷却水路，具有变截面、自由弯曲等特点，传统加工方法无法制造，我们使用 SLM 技术一体成形出了该模具镶块构件，构件后加工量少，使用效果能达到要求。

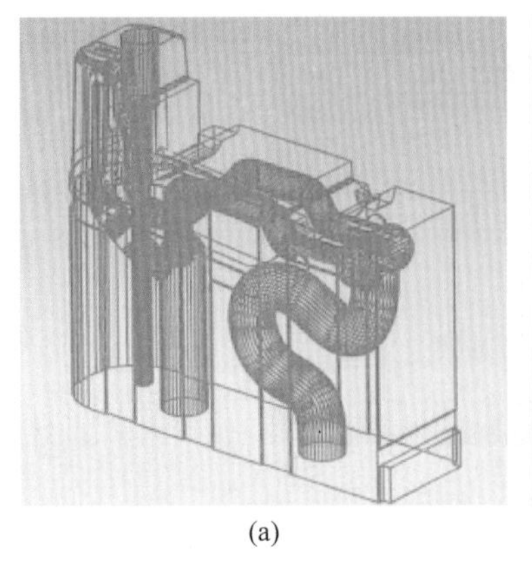

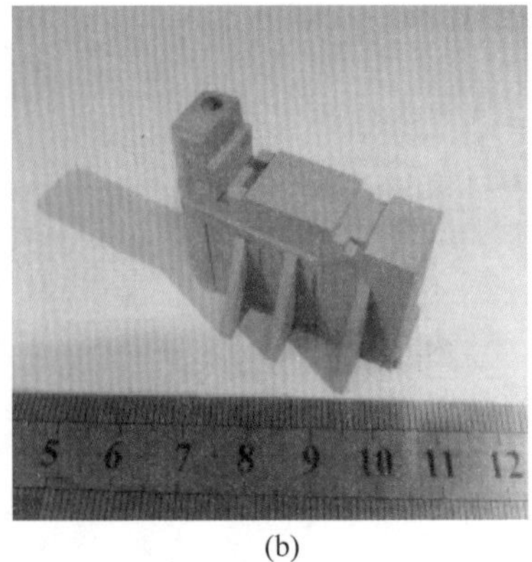

(a) (b)

图 4-21 具有复杂随形冷却水路的模具镶块

(a) CAD 模型；(b) SLM 成形的构件

2. 激光选区熔化成形 S136 组织与性能

1) 原材料及粉末

S136 作为高级马氏体不锈模具钢，具有优异的耐腐蚀性和整体硬化性能，良好的延展性和韧性，优异的淬透性、耐磨性和镜面抛光性能，长期使用后，模腔表面仍与原模一样明亮，常用来作为塑料模具。

本实验选用两种直径为 30mm 的 S136 铸造棒料(瑞典一胜百公司制造)，其成分中合金元素的含量有微量差别，分别命名为 1 号棒料(＃1)和 2 号棒料(＃2)。随后由湖南长沙骅骝粉末冶金公司采用气雾化方法制粉。图 4-22 所示为气雾化后的粉末形貌及其粒径大小和分布情况。粉末形状为近球形，其平均粒径为 25μm，能满足 SLM 的成形要求。

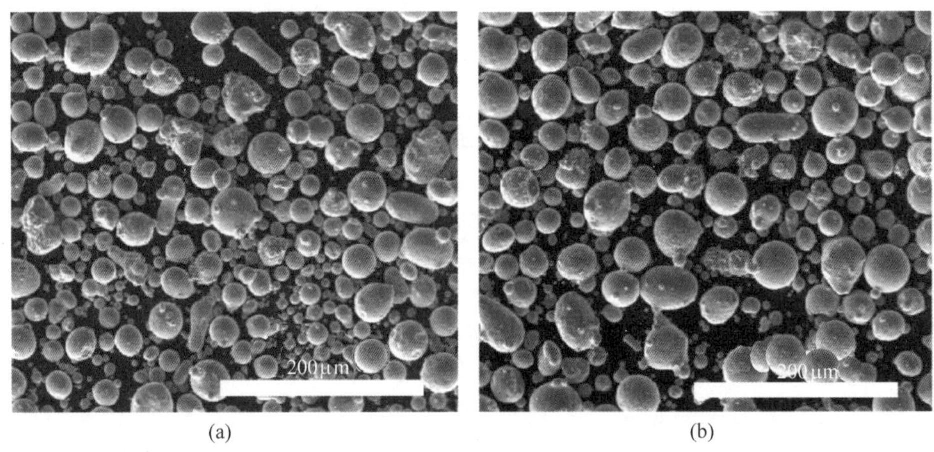

(a) (b)

图 4-22 气雾化制备的 S136 微观形貌及其粒径大小和分布情况

(a) ＃1 微观形貌；(b) ＃2 微观形貌；(c) ＃1 粒径大小分布；(d) ＃2 粒径大小分布

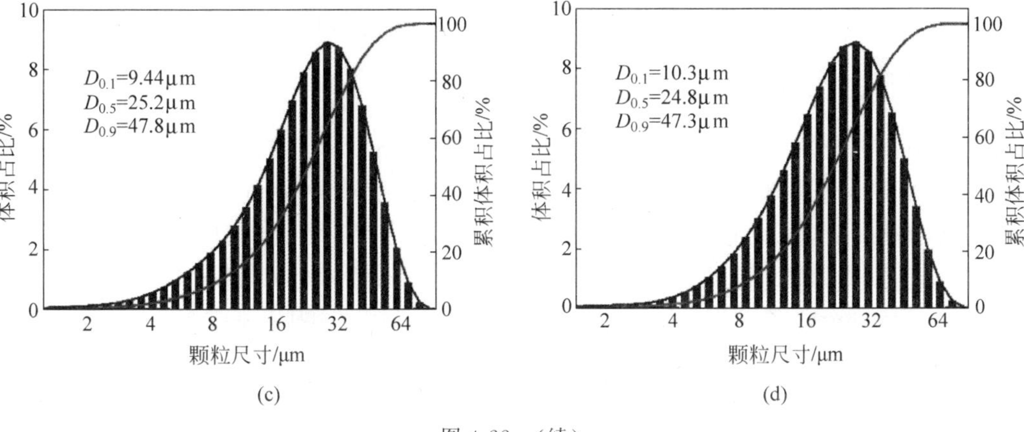

(c)　(d)

图 4-22 （续）

表 4-6 所示为气雾化粉末的化学成分，它由直读电感耦合等离子体发射光谱仪测出（Optima 4300DV，Perkin Elmer Ltd.，美国）。由表 4-6 可知，两种 S136 粉末的主要合金元素，如 Si、Mn 和 Cr 等有微量差别。

表 4-6　两种 S136 粉末的化学成分及含量　%

元素	C	Si	Mn	Cr	V	O	P	S	Fe
＃1	0.29	0.96	0.98	13.55	0.40	0.078	0.01	—	余量
＃2	0.29	0.80	0.56	13.67	0.31	0.034	0.01	—	余量

2）微观组织与相组成分析

图 4-23 所示为＃1 和＃2 粉末和 SLM 制件的 XRD 图谱。结果表明，两种 S136 粉末及其 SLM 构件的 XRD 谱图中均出现了 α 相的（110）特征峰，但值得注

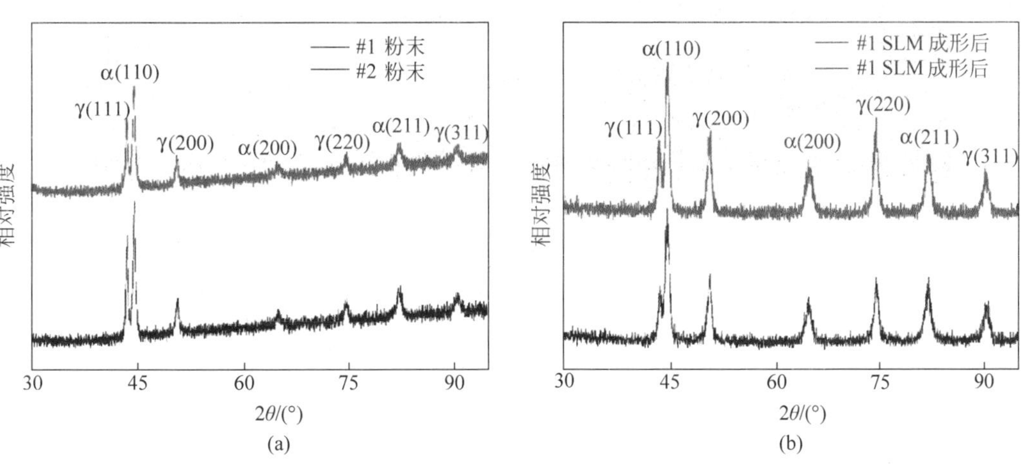

(a)　(b)

图 4-23　粉末和 SLM 制件的 XRD 图谱

意的是，成形后 α(110)特征峰的强度显著增强，同时伴随着 γ 相的减少，且#1制件的 γ 相减少更多。另外，图 4-23(b)中没有发现氧化物的峰，说明成形腔内氧含量得到了有效控制。

图 4-24 是#1和#2试样不同方向的 SEM 图。总体而言，两种试样的晶粒都非常细小。由金属学原理的 Hall-Petch 公式可知，对于致密金属材料而言，晶粒越细小，越有利于金属材料的力学性能。极其细微的晶粒是熔池在凝固过程中快的冷却速率以及较大的过冷度所致。另一方面，从图中可以看出，两种试样微观结构相同：*XY* 面组织中有明显的分界，左侧为等轴晶，右侧为柱状晶，平均晶粒大小相近，约为 0.8μm；*Z* 面均为近六边形的胞状晶，但晶粒大小却存在差异，#1试样平均晶粒尺寸约为 1μm，2#试样平均晶粒尺寸约为 0.5μm，可见在相同的 SLM 工艺下，元素含量的微小差异也会影响晶粒的大小。

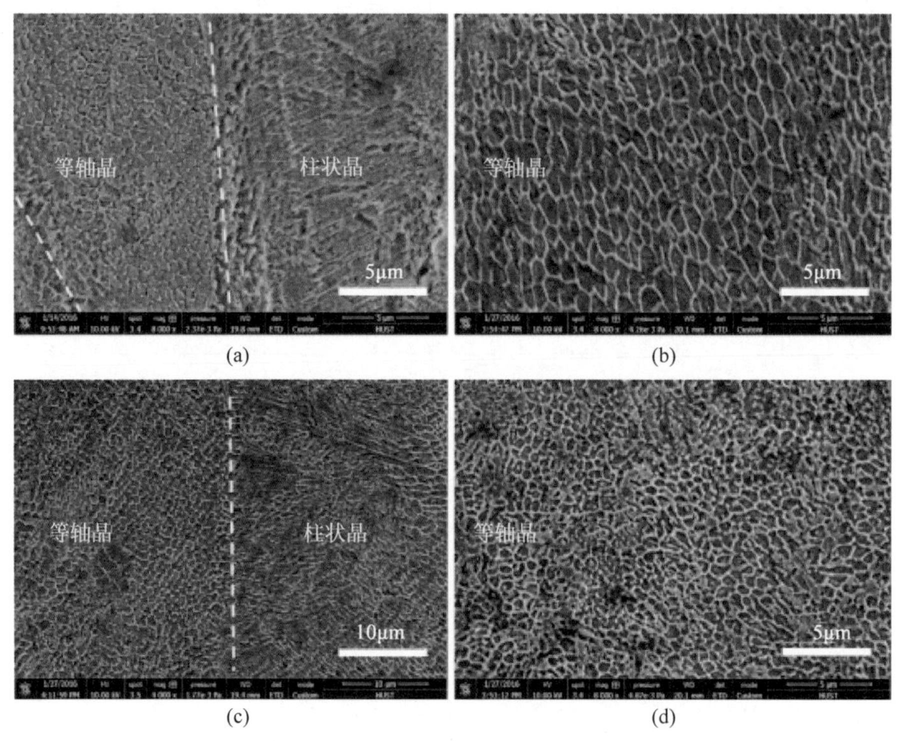

图 4-24　SLM 试样微观形貌

(a) #1试样的 *XY* 面；(b) #1试样的 *Z* 面；(c) #2试样的 *XY* 面；(d) #2试样的 *Z* 面

图 4-25 所示为两种试样表面形貌的 SEM 照片。1#试样表面具有较多的孔洞(图 4-25(a))，孔洞形貌主要为一些不规则形状的小坑(图 4-25(c))。选择图 4-25(a)中的一个小孔对其进行 EDS 线扫描，结果如图 4-25(d)所示，坑内 Si、O 和 Mn 元素的含量增加，而 V、Cr 元素的含量不变，Fe 元素含量减少。该结果表明 Si、Mn 元素易氧化，形成的氧化物难以在激光作用下熔化，从而形成了孔洞。2#

试样却没有发现明显的孔洞，成形效果较好，这与 2＃试样较低的 Si、Mn 含量有关。微观结构及其致密性会影响试样的宏观性能，因此，可以预测两种试样性能会有较大差异。

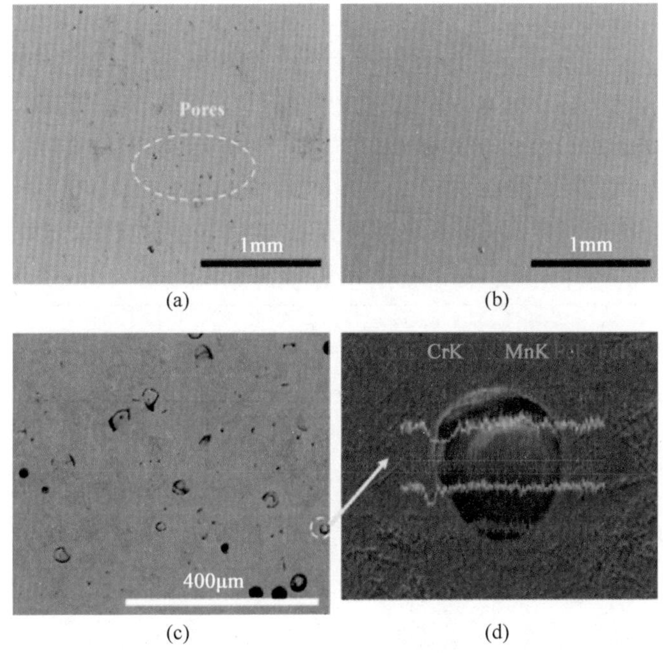

图 4-25 SLM 试样微观形貌

(a) ＃1 试样 *XY* 面；(b) ＃2 试样 *XY* 面；(c) ＃1 试样 *XY* 面的放大图；(d) ＃1 试样 *XY* 面放大图的孔洞 EDS 线扫描

查阅文献得知，不同成形方法所得的 S136 模具钢拉伸性能差别较大，如表 4-7 所示。本实验中的＃1 和＃2 试样拉伸强度值均高于文献[21]中的强度值，说明本实验 SLM 成形工艺参数选择较为恰当。与铸件相比，1＃试样的拉伸强度低了 300MPa，2＃试样的 *Z* 向强度与铸件相当，但延伸率略差。结果表明，2＃试样的拉伸强度与铸件相当，但是存在各向异性。

表 4-7 不同成形方法的 S136 模具钢的拉伸性能对比

模具钢	拉伸强度/MPa		延展率/%	
	XY 面	*Z* 面	*XY* 面	*Z* 面
＃1	664.7±69.2	1186.7±108.9	7.3±1.5	10.6±1.2
＃2	1184.2±122.1	1467.9±14.2	9.2±1.3	11.1±0.7
SLM 件[21]	505±63	1045±83	4.1	6.3
铸件[22]	1430		12	

4.3.2 钛合金材料及其成形工艺

1. Ti-6Al-4V 钛合金激光选区熔化成形工艺研究

1）原粉末材料

实验材料采用等离子旋转电极法生产的 Ti-6Al-4V 合金粉末材料，材料的化学组分见表 4-8。图 4-26 为采用 JSM-7600F 场发射扫描电子显微镜下观察的 Ti-6Al-4V 合金粉末微观形貌，以及采用激光粒度仪（马尔文 3000，MALVERN，MasterMini 颗粒分析装备）检测的粉末粒径分布。结构表明，粉末为规则的球形颗粒，粉末流动性很好。粒径范围为 20～120μm，呈正态分布，平均粒径为 70μm。

表 4-8　Ti6Al4V 钛合金的化学成分

元素	Al	V	Fe	C	O	N	H	Ti
质量分数/%	6.0	4.0	0.12	0.02	0.09	0.01	0.002	其余

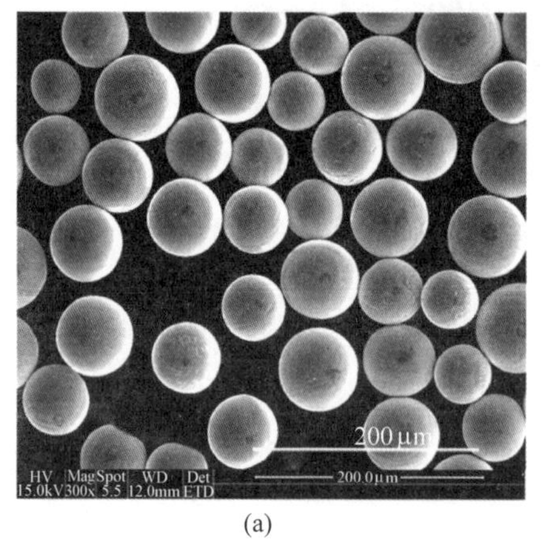

(a)

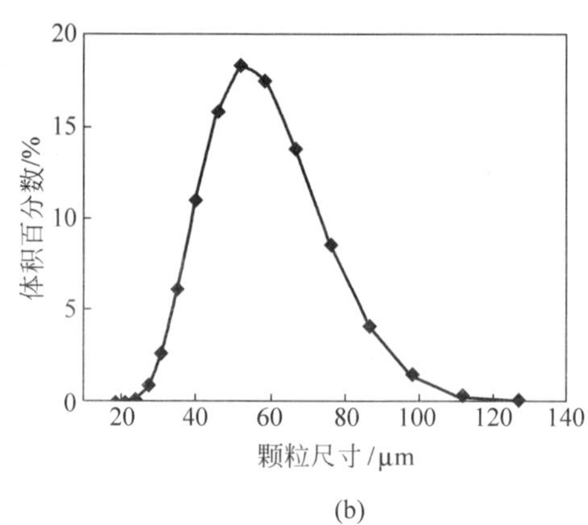

(b)

图 4-26　Ti-6Al-4V 合金粉末形貌及其粒度分布

2）成形工艺优化

a）激光功率和扫描速度对熔覆道形貌的影响

表 4-9 为不同激光功率和扫描速度对应的 Ti-6Al-4V 粉末单道熔覆道的成形轨迹特征。其中，M 表示质量较好的有完整连续形貌的熔覆道；U 表示质量较差的未形成连续的熔覆道；S 表示过熔覆道宽度较激光光斑显著增加的过熔熔覆道。结果表明，SLM 成形 Ti-6Al-4V 粉末的工艺窗口较窄，成形条件较为苛刻。这主要是因为实验中所用的金属粉末颗粒粒径较大，最大的粉末粒径约为 120μm，已经超过了光斑直径（100μm），导致单道熔覆道中有较多的未完全熔化粉末颗粒存在。同时，在 SLM 过程中，能量密度太低会导致粉末颗粒不能完全熔化；能量密度太高会引起严重的过热现象，热影响区显著增加，从而导致熔池的稳定性显著变差。

SLM 成形 Ti-6Al-4V 粉末的熔覆道形貌整体较差，这主要是由于实验中所用的粉末粒径太大，导致激光能量低时粉末不能完全熔化，激光能量高时，熔覆道易出现过熔现象。

表 4-9　不同功率和扫描速度下 Ti-6Al-4V 粉末的 SLM 成形性

激光功率/W 扫描速度/(mm/s)	60	80	100	120	140	160
100	U	M	M	S	S	S
200	U	U	M	M	M	M
300	U	U	U	M	M	M
400	U	U	U	U	U	M
500	U	U	U	U	U	U
600	U	U	U	U	U	U
700	U	U	U	U	U	U

由于在单道熔覆实验中，熔覆道的质量同时受到激光功率、扫描速度和激光光斑尺寸的影响，为了便于研究一定激光光斑尺寸下激光功率和扫描速度的匹配性，定义单道熔覆道的线能量密度 C 为

$$C=\frac{P}{dv} \tag{4-3}$$

式中，P 为激光功率；v 为激光扫描速度；常数 d 为激光光斑尺寸，在本实验中其值为 $100\mu m$。则线能量密度 C 的量纲为 J/mm^2。

图 4-27 为不同激光功率与扫描速度工艺条件下质量较差的典型熔覆道形貌。质量较差的熔覆道主要包括以下 4 种情况：

(1) 激光功率没有达到完全熔化金属粉末的阈值，导致激光扫描路径上粉末不能完全熔化，如图 4-27(a)所示；

(2) 激光扫描速度过高，导致熔覆道中颗粒较大的粉末在短时间内不能完全熔化，如图 4-27(b)所示；

(3) 熔覆道因激光功率太高、扫描速度太慢使其获得的线能量密度太高，导致其热影响区显著增大，熔池显著变宽，基体出现过熔现象，如图 4-27(c)所示；

(4) 熔覆道因扫描速度太快所获得的线能量密度太低，熔覆道的宽度较光斑尺寸显著减小，如图 4-27(d)所示。

法国学者 Fischer[17] 曾对粉末表面吸收激光热量并将热量传递到内部直至整颗粉末达到相同温度的时间进行计算，并用一个简单的公式估算了粉末从表面加热到内部温度均匀的时间 ΔT。ΔT 与粉末材料的热扩散系数 α 及粉末粒径 D 存在一定的近似关系：

$$\Delta T \approx D^2/4\alpha \tag{4-4}$$

Ti-6Al-4V 合金材料的热扩散系数为 $9.3\times10^{-6}\,m^2/s$，本次实验用 Ti-6Al-4V

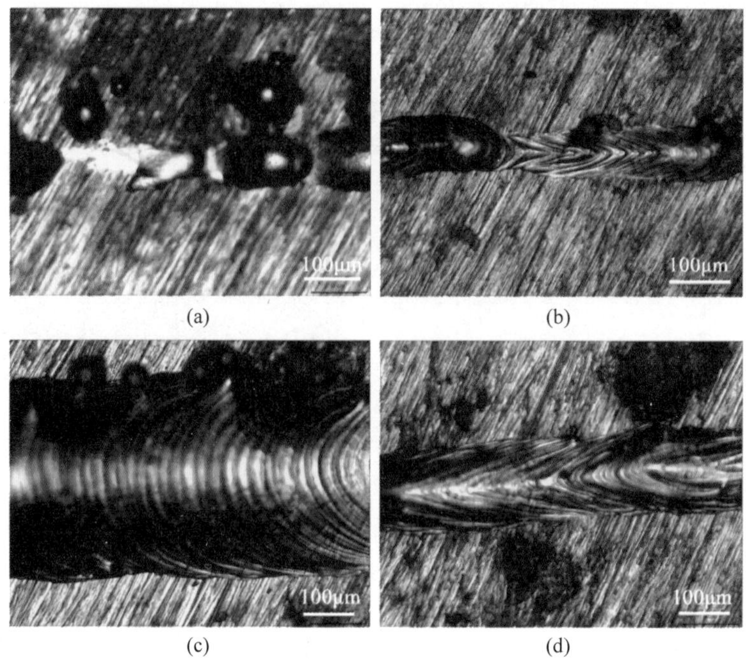

(a) (b) (c) (d)

图 4-27 不同激光功率与扫描速度工艺条件下质量较差的典型熔覆道形貌

(a) 激光功率不足(P=60W,v=100mm/s)；(b) 扫描速度过高(P=100W,v=700mm/s)；(c) 线能量密度过高(P=160W,v=100mm/s)；(d) 线能量密度过低(P=160W,v=600mm/s)

粉末平均粒径为 70μm，激光光斑直径在 100μm 左右。假设单个粉末的颗粒直径为 70μm，根据式(4-4)，该粉末从激光辐射至粉末表面到整体达到同样温度需要的时间约为 132μs，对于最大的约 120μm 左右的粉末，完全熔化则需要 387μs。在一定扫描速度下，激光束完全辐射整个球体颗粒的时间则可以计算出来。当扫描速度从 100mm/s 到 700mm/s 时，粉末颗粒激光照射时间约为 900～130μs。而最大的粉末颗粒完全熔化需要的时间约为 387μs，对应的最高的激光扫描速度为 300mm/s。由此可见，在激光扫描速度过高(超过 300mm/s)时，部分粉末颗粒会出现表面熔化而内部没有完全熔化的现象，粉末之间就会出现黏结，具体表现为熔覆道的不连续或不平整(图 4-27(a)、(d))。由于粉末中存在一些颗粒细小的粉末，这些细小粉末在高扫描速度下能够熔化，这些熔化的粉末和未完全熔化的粉末黏结在一起，同样会形成连续的熔覆道(图 4-27(b))。当粉末材料接受的能量密度超过材料完全熔化所需的能量时，就会因线能量密度过高而产生显著的热影响区(图 4-27(c))，具体表现为熔覆道宽度较光斑尺寸显著增加。

尽管粉末粒径较大的 Ti-6Al-4V 粉末会使单道熔覆道的成形质量下降，但在激光功率和扫描速度匹配良好的条件下，仍然可以成形出质量较好的单道熔覆道(图 4-28)。图 4-29 为激光功率(P=140W)和扫描速度(v=300mm/s)匹配性良好的条件下成形的表面质量、形貌良好的熔覆道，此时最大的粉末颗粒刚好完全熔化。可以看出，此工艺条件下熔覆道连续性良好，宽度与激光光斑尺寸接近，且具有较为一致的熔覆高度以及较为规整的边缘。

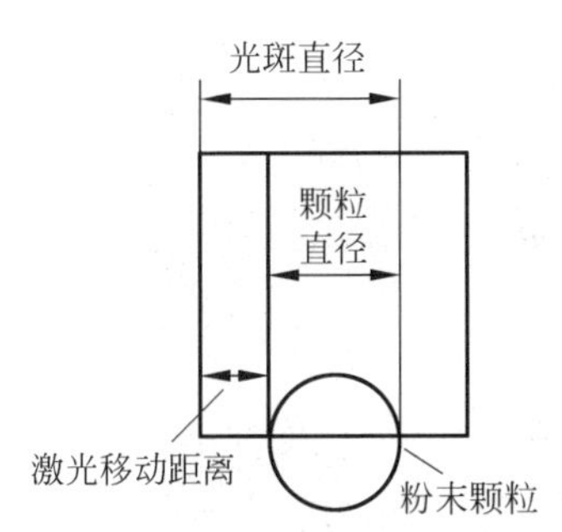

图 4-28　粉末颗粒受激光辐照的时间示意图

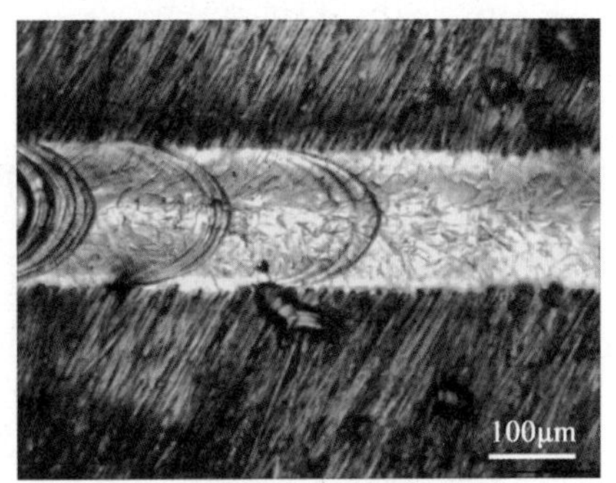

图 4-29　熔覆道质量良好的典型形貌（$P=140\text{W}$，$v=300\text{mm/s}$）

b）扫描间距对熔覆层形貌的影响

在上述实验的基础上，选取 6 组激光功率（P）和扫描速度（v）相匹配的工艺参数，以逐一验证其最佳的扫描间距（h）。表 4-10 所示为在单道熔覆道形貌良好的条件下，不同的扫描间距对单层熔覆层质量的影响。

表 4-10　扫描间距对单层熔覆质量的影响

激光功率/W	扫描速度/(mm/s)	扫描间距/mm						
		0.03	0.04	0.05	0.06	0.07	0.08	0.09
100	200	N	N	N	G	N	N	N
120	400	N	N	N	N	N	N	N
140	200	N	N	N	G	G	N	N
140	400	N	N	N	G	G	N	N
140	500	N	N	N	G	G	N	N
160	500	N	N	G	G	N	N	N

注：G 表示单层熔覆层形貌较好；N 表示单层熔覆层形貌较差。

实验结果表明，平均粒径为 70μm 的 Ti-6Al-4V 粉末对扫描间距的适应性较差，只有扫描间距为 0.06mm 和 0.07mm 时，单层熔覆层的成形形貌较好。除此之外，其他的扫描间距很难成形出平整的单层熔覆层。据此可以判断 SLM 成形 Ti-6Al-4V 粉末的最优扫描间距为 0.06mm 和 0.07mm。在实验中，激光的光斑尺寸约为 100μm，相邻两条熔覆道的临界搭接率约为 33μm，及对应的临界扫描间距为 0.06～0.07mm，与本实验结果完全一致。可见对于粉末颗粒较大的材料，最佳扫描间距约为激光光斑直径的 2/3，及两条熔覆道之间的搭接满足临界搭接条件时，才能形成平整的熔覆层。

图 4-30 为不同工艺参数条件下，典型单层熔覆道的表面形貌。可以看出，当

扫描间距为 0.06mm、扫描功率为 100W、扫描速度为 200mm/s 时，熔覆层的表面形貌较为平整(图 4-30(a))，能够满足连续制造的要求；当扫描间距为 0.09mm、扫描功率为 140W、扫描速度为 200mm/s 时，熔覆层表面显著不平整，表面形貌较差(图 4-30(b))，不能满足连续制造的单层熔覆层形貌要求。

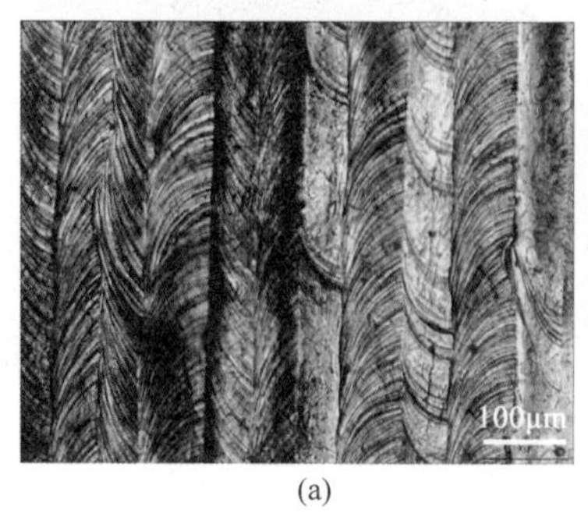

(a)

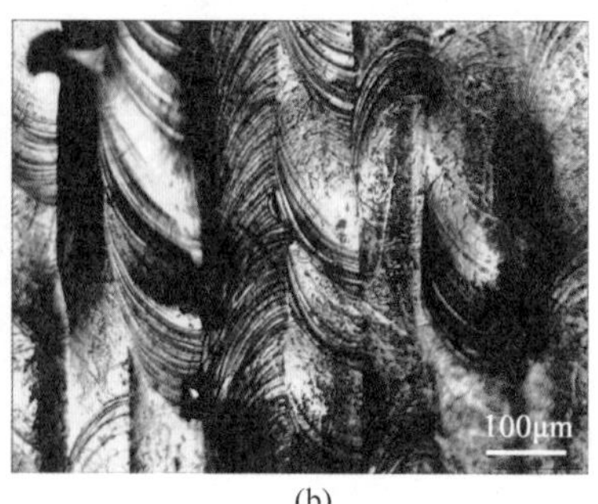

(b)

图 4-30　不同工艺参数条件下，典型单层熔覆道表面形貌

(a) 质量较好熔覆层形貌(P=100W，v=200mm/s，h=0.06mm)；

(b) 质量较差熔覆层形貌(P=140W，v=200mm/s，h=0.09mm)

c) 能量密度综合调控

因 SLM 成形 Ti-6Al-4V 的工艺窗口较窄，为获得致密的制件，需要在固定铺粉层厚以及优化激光功率、扫描速度和扫描间距的条件下，从"线能量密度"角度研究其最适工艺窗口。在实验过程中，为了获得较小的铺粉层厚，逐步调节单层铺粉的厚度，直到一薄层粉末能够均匀地平铺在实验平台上，此时的铺粉层厚即为最小，最终获得的最小铺粉层厚为 0.035mm。

由于在单道实验中没有基板预热环节，而实际制造过程中，SLM 工艺的先一层熔化凝固都相当于为后一层预热，因此，实际制造过程所需的激光功率要比单道实验用的功率稍低。经实验发现，在多层制造中，实际所需激光功率应为单道扫描实验的 90%较为合适。根据阿基米德原理测得不同工艺条件下块体试样的致密度，结果如表 4-11 所示。实验过程中 Ti-6Al-4V 合金的理论密度取 4.439g/cm^3，发现试样的相对致密度最高达到 99%以上。图 4-31 所示为不同相对致密度试样内部典型形貌，可以看出，99%相对致密度试样(图 4-31(a))的内部几乎完全致密，没有宏观缺陷；而相对致密度最低(92.25%)的试样(图 4-31(b))内部存在明显的原始未熔化粉末颗粒。

表 4-11　不同工艺参数条件下试样的致密度

编号	激光功率/W	扫描速度/(mm/s)	扫描间距/mm	密度/(g/cm^3)	致密度/%
1	126	200	0.06	4.390	98.89
2	126	200	0.07	4.395	99.01

续表

编号	激光功率/W	扫描速度/(mm/s)	扫描间距/mm	密度/(g/cm^3)	致密度/%
3	126	400	0.06	4.234	95.38
4	126	400	0.07	4.154	93.58
5	126	500	0.06	4.059	92.25
6	126	500	0.07	4.104	92.45
7	144	500	0.05	4.312	97.14
8	144	500	0.06	4.333	97.61

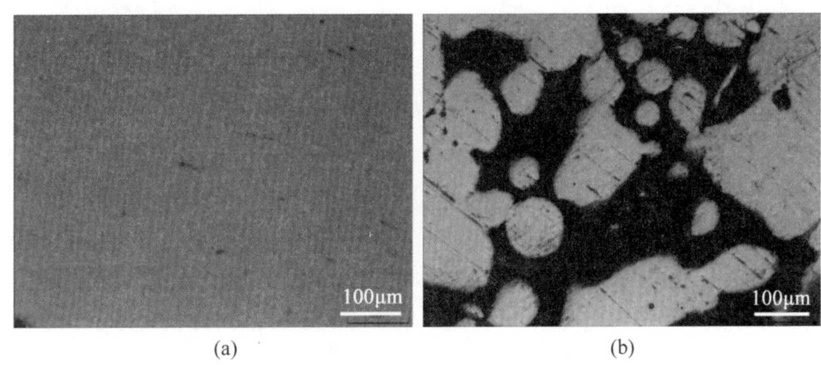

图 4-31　不同相对致密度试样内部典型形貌

(a) 相对致密度 99.01%试样；(b) 相对致密度 92.25%试样

为方便描述扫描间距对熔覆层形貌的影响，突出扫描间距的影响作用，在多层搭接扫描的过程中可以不考虑铺粉层厚和激光光斑尺寸的影响，在线能量密度的基础上引入面能量密度(S)的概念，定义如下：

$$S=\frac{P}{vh} \tag{4-5}$$

式中，P 为激光功率；v 为扫描速度；h 为扫描间距；S 为面能量密度，J/mm^2。结合实验结果，经简单计算可以发现，S 值在 9～10.5J/mm^2 时，其致密度在 99%左右；S 值在 4.5～5J/mm^2 时，其致密度为 94%左右；S 值在 3.6～4.2J/mm^2 时，其致密度在 92%左右；S 值在 4.8～5.8J/mm^2 时，其致密度在 97%左右。通过对数据的线性拟合，我们发现面能量密度与致密度近似有如下关系：

$$\rho=0.3S^2+5S+77 \tag{4-6}$$

式中，ρ 表示相对致密度；S 表示面能量密度。可见，在一定范围内，相对致密度随面能量密度的增加而增大，当面能量密度超过 17J/mm^2 时，相对致密度随面能量密度的增加而减小，这主要是因为面能量密度太大时，熔池会发生过熔，不稳定性显著增加，从而导致制件中存在严重的气孔等缺陷而导致制件的致密度下降。

2. Ti-6Al-4V 钛合金 SLM 组织与性能研究

在上述优化工艺参数基础上，选用的 SLM 成形工艺参数为：激光功率 150W，扫描速率 500mm/s，扫描间距 0.06mm，铺粉层厚 0.035mm。激光扫描方式采用简单的线性光栅扫描，扫描策略如图 4-32 所示。

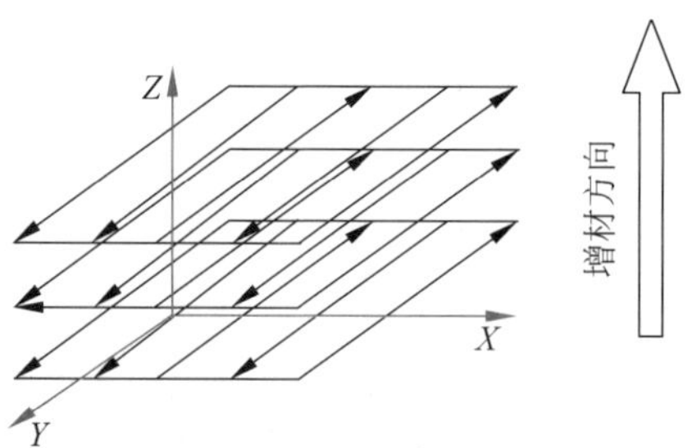

图 4-32　SLM 成形扫描策略

为了研究 SLM 成形 Ti-6Al-4V 试样微观组织与力学性能，用场发射扫描电镜(SEM，JSM-7600F，JEOL，日本，加速电压 15kV，工作距离 8mm)对 SLM 成形 Ti-6Al-4V 试样的显微组织进行表征。在微观表征之前，先用自动抛光机(Ecomet300/Automet300，Buehler，美国)对试样进行打磨和抛光(腐蚀剂为 2.5% HNO_3，1% HF，1.5% HCl，95% H_2O)。利用荷兰帕纳科(PANalytical)公司生产的 X'Pert PRO 型 X 射线衍射仪(X-ray Diffraction，XRD)对原始粉末试样的物相进行表征，同时对试样做取向织构分析。

1) 物相分析

图 4-33 所示为 Ti-6Al-4V 原始粉末及 SLM 工艺成形的试样 X 射线衍射谱(XRD)，可以看出，与原始粉末材料相比，经 SLM 工艺处理后的 Ti-6Al-4V 合金中

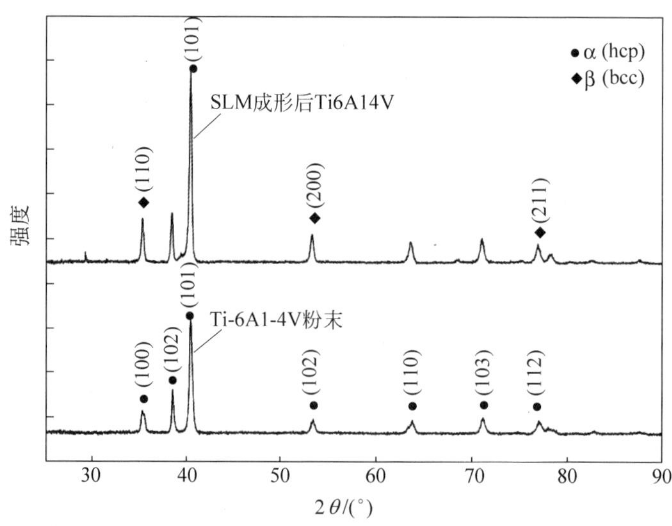

图 4-33　Ti-6Al-4V 原始粉末及 SLM 工艺成形的试样 X 射线衍射谱

α 相和 β 相的比例发生了明显变化，其中 β 相的比例明显增加，这主要是由于在 SLM 过程中，Ti-6Al-4V 合金在经快速冷却的过程中，从 β 相转变为 α 相的过程来不及进行，β 相将转变为成分与母相相同、晶体结构不同的过饱和固溶体，即马氏体组织，其中含有大量的 α 相和初生 β 相。根据物相鉴定的结果可以得到 SLM 成形的 Ti-6Al-4V 合金试样主要为密排六方的结构，其晶格常数分别为：$a=b=2.944, c=4.678, \alpha=\beta=90°, \gamma=120°$。

图 4-34 所示为 XY 平面上经 XRD 测得的 ODF 图及经计算后获得的{0001}面的极图。由图 4-34(a)可以看出，衍射所得的等高线主要集中在一侧，说明试样内部具有丝织构的特征，试样内部有大量细长的晶粒存在，结合显微组织的分析结果，可以

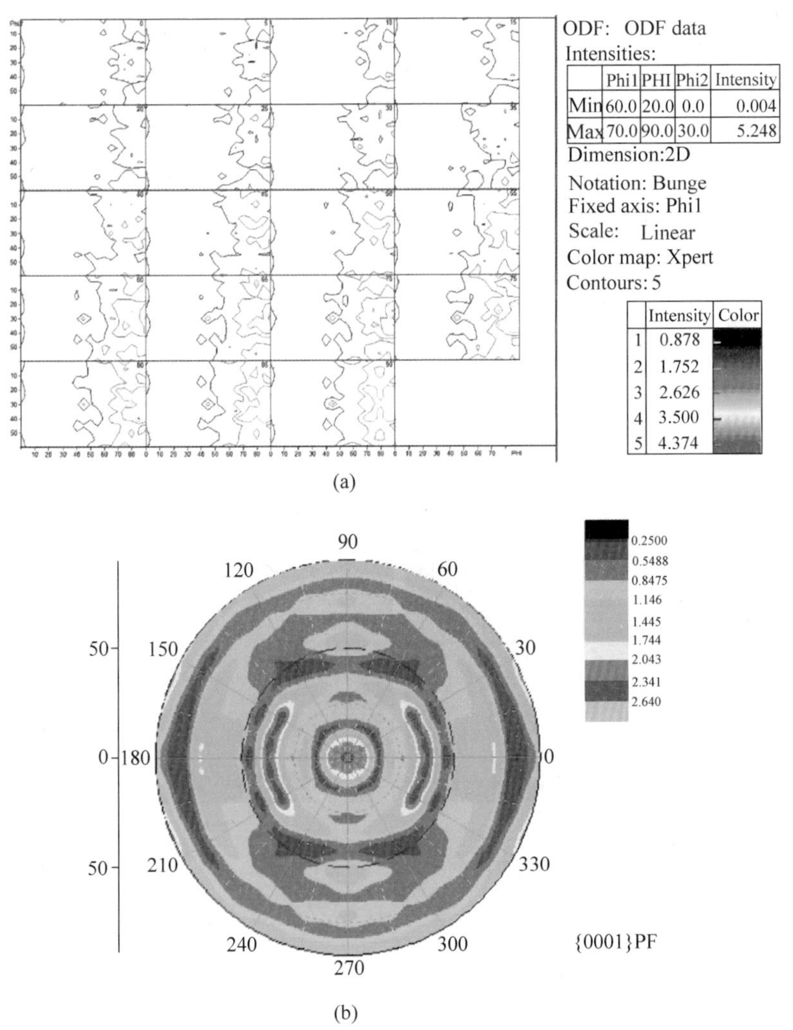

图 4-34　SLM 成形 Ti-6Al-4V 合金在 XY 平面内的 ODF 图和{0001}面的极图

(a) XY 平面上的 ODF 图；(b) {0001}面极图

认为这些细长的晶粒主要是存在于组织内部的针状马氏体。由图 4-34(b)可以清楚地看到材料呈现出的丝织构的极图特征，可以认为材料大部分的{0001}面基本平行于轧面，晶粒平行于轧面法向生长，呈现出比较明显的接近⟨0001⟩的丝织构特征。

图 4-35 所示为 SLM 成形 Ti-6Al-4V 合金在 XZ 平面内的 ODF 图和{0001}

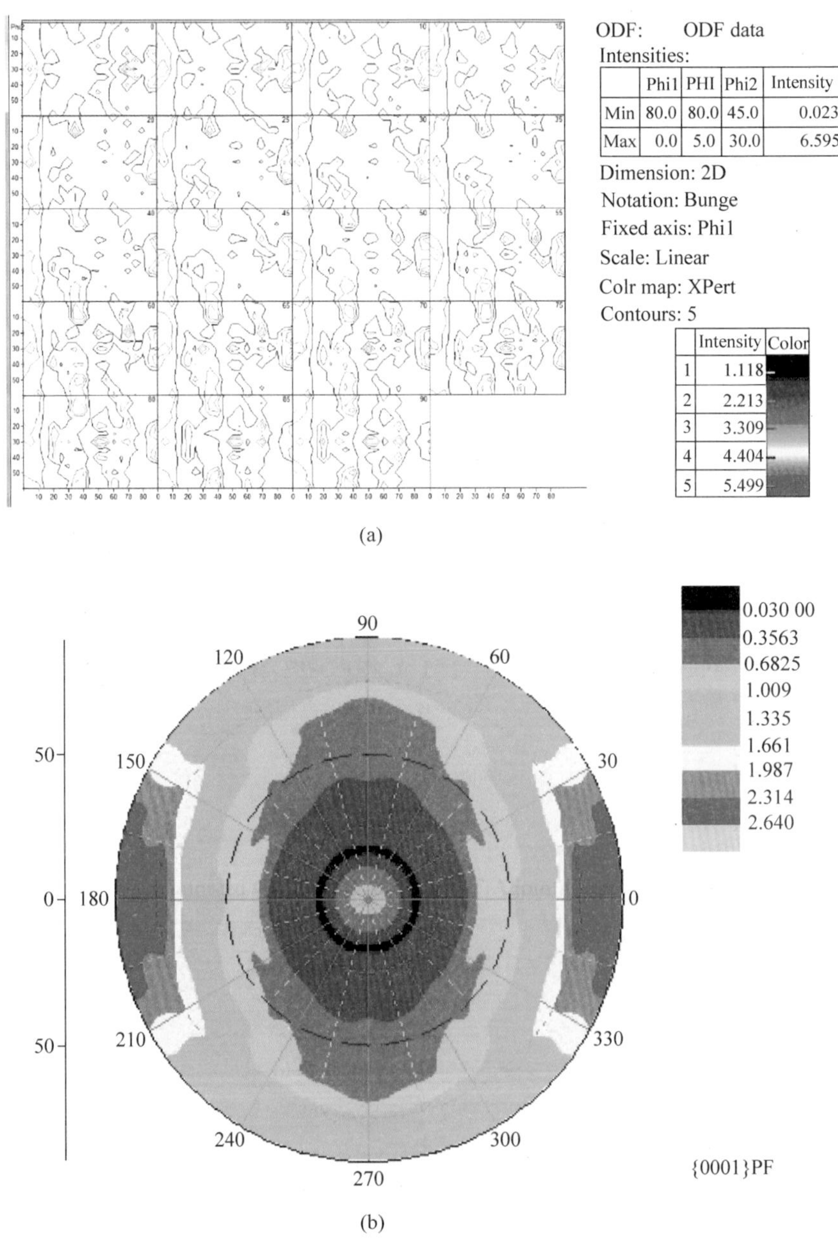

图 4-35 SLM 成形 Ti-6Al-4V 合金在 XZ 平面内的 ODF 图和{0001}面的极图

(a) XZ 平面内的 ODF 图；(b) {0001}面极图

面的极图。由图 4-35(a)可以发现，在 XZ 平面内观察，衍射等高线没有集中在某一区域，说明在此平面内没有出现择优生长方向。由图 4-35(b)可以清楚地看到极密度比较大的位置分布在水平轴的两端，可以近似理解为材料的{0001}面垂直于水平轴向，即材料空间中的晶粒在〈1000〉方向附近出现比较强的丝织构。

假设分析的两个截面分别是同一个空间的顶面和侧面，则在 XY 平面内，在〈0001〉附近方向出现了丝织构特征，而在 XZ 平面内观察，材料在〈1000〉方向附近出现了较强的丝织构特征，对比两者，这正好表明了空间中晶粒的生长情况。可见，SLM 成形的 Ti-6Al-4V 合金材料在空间上表现出了丝织构的特征，这主要是由其中的针状马氏体组织引起的，晶体近似平行于激光束的方向优先生长，即晶体优先在〈1000〉方向生长。

2）微观组织分析

图 4-36 所示为 XY 平面内平行于熔覆道方向 Ti-6Al-4V 合金显微组织形貌。由图 4-36(a)可以看出，SLM 成形的 Ti-6Al-4V 合金的显微组织中熔覆道之间并没有明显的搭接晶界，说明相变在 SLM 成形 Ti-6Al-4V 合金的过程中占有主导地位。同时，可以看到其内部显微组织主要为针状的马氏体组织。这主要是因为在 SLM 过程中，Ti-6Al-4V 合金在快速冷却的过程中，从 β 相转变为 α 相的过程来不及进行，β 相将转变为成分与母相相同、晶体结构不同的过饱和固溶体，即马氏体。而马氏体相变属于无扩散型相变，在相变过程中不发生原子扩散，只发生晶格重构。Ti-6Al-4V 合金的马氏体相变属于典型的切变相变，其晶格重构速度以接近声速的速度转变。此时，体心立方结构的 β 相中的原子作集中的有规律的近程迁移，迁移距离较大时，形成六方 α'；迁移距离较少时，形成斜方 α''。显然，在 SLM 成形的 Ti-6Al-4V 合金的显微组织中，具有大量的针状结构的 α'集束(图 4-36(a))，同时，成集束状的 α'周围也存在有原子只发生近程迁移所形成的 α''(图 4-36(b))。

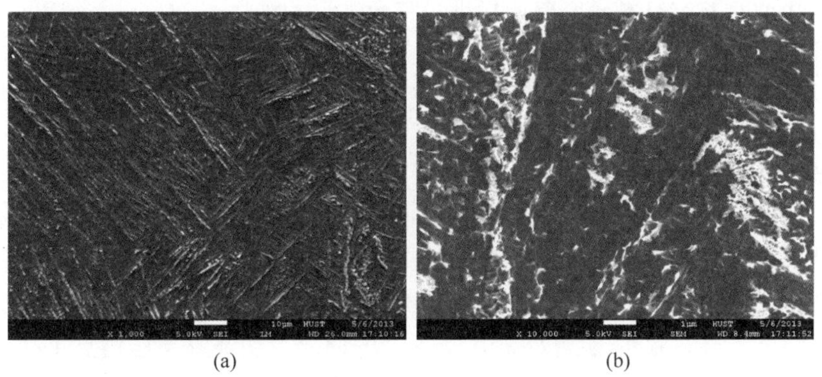

(a)　　(b)

图 4-36　XY 平面内平行于熔覆道方向的 Ti-6Al-4V 合金显微组织形貌

(a) 低倍形貌(×1000 倍)；(b) 高倍形貌(×10 000 倍)

图 4-37 所示为 XZ 平面内垂直于熔覆道方向的 Ti-6Al-4V 合金显微组织形

貌。在低倍扫描电镜下观察其形貌(图 4-37(a)),发现在垂直方向上,其仍然显示为针状的马氏体组织。进一步对其微区放大观察(图 4-37(b)),发现在此方向上 α 集束的短径垂直于观察面,其 α 相与 β 相呈相互交错的位相关系。说明其内部 α 相的生长具有一定的取向性,在微观结构上,制件内部具有织构存在。

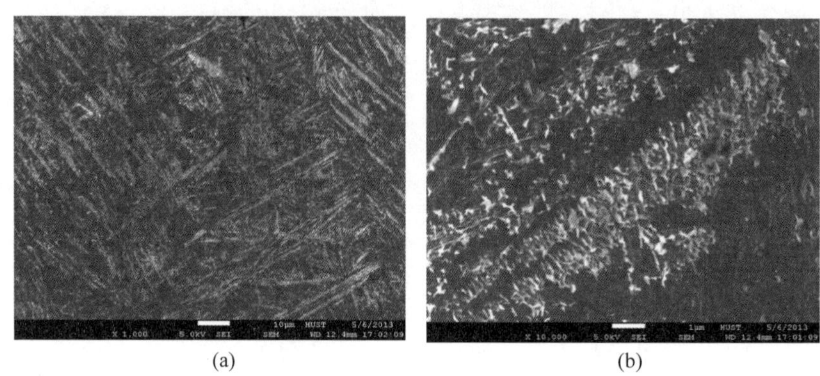

图 4-37　*XZ* 平面内垂直于熔覆道方向的 Ti-6Al-4V 合金显微组织形貌
(a) 低倍形貌(×1000 倍);(b) 高倍形貌(×10 000 倍)

3. Ti-45Al-2Cr-2Nb 钛铝合金激光选区熔化成形工艺研究

1) 原材料粉末

惰性气体雾化法制备钛铝基合金粉末是目前国内外最主流的方法。其制备过程为:首先将一定规格的钛铝合金棒材放入坩埚内熔化,然后通过坩埚底部的喷嘴将产生的高速气体冲击液态金属,使金属液呈喷雾状,最后冷凝形成球形钛铝合金粉末。气雾化法制备的钛铝合金粉末具有氧含量低、球形度高等优点,非常适合 SLM 成形。本实验所选用的原材料为惰性气体雾化的 Ti-45Al-2Cr-5Nb 粉末,粉末材料由北京航空材料研究院所提供。其微观形貌如图 4-38(a)所示,可以看出,钛铝合金粉末颗粒主要为球形或近球形,同时大颗粒表面黏附有尺寸较小的卫星球。钛铝合金粉末粒径分布如图 4-38(b)所示,具有相对较宽的粒径分布,但主要集中在 18~50μm 之间,粉末平均粒径为 27.6μm。

为了验证钛铝合金粉末元素分布,采用 EDS 点能谱随机测量了图 4-39 粉末颗粒的表面成分,其结果如表 4-12 所示。能谱测试表明,气雾化制备的粉末元素的测量成分与名义成分非常吻合。但是,Al 元素含量要略微低于名义成分,这主要是由于 Al 元素熔点相对较低,在熔炼制粉的过程中 Al 元素存在些许的蒸发,导致其含量有所下降;另外,能谱点 3 中 Cr 和 Nb 的含量明显高于能谱点 1、2、4 和名义成分的含量,这主要是由于能谱点 3 的测试位置位于粉末表面“裂纹”的交汇处,在气雾法制粉的过程中,粉末“裂纹”处 Cr 和 Nb 元素易发生偏析,导致其含量上升。

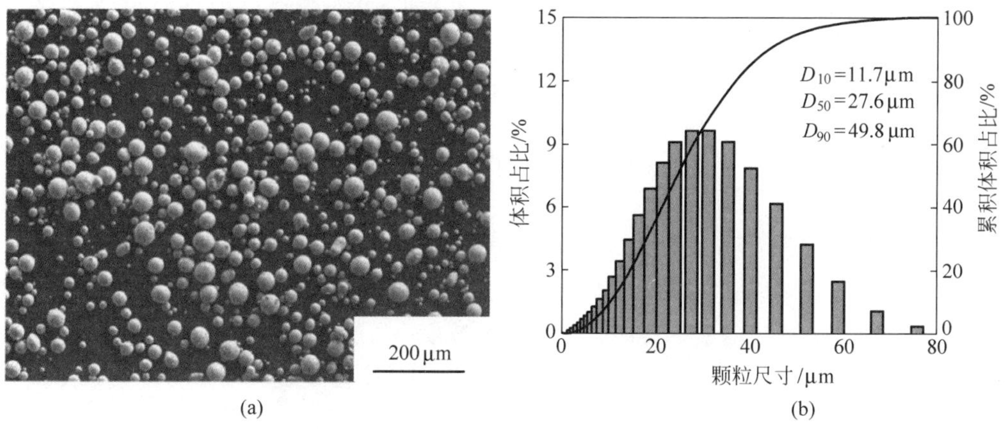

(a)　　(b)

图 4-38　Ti-45Al-2Cr-5Nb 粉末形貌及粒径分布

(a) 粉末形貌；(b) 粉末粒径分布

图 4-39　点能谱测试 Ti-45Al-2Cr-5Nb 粉末

表 4-12　Ti-45Al-2Cr-5Nb 气雾化粉末 EDS 结果和名义成分对比　　%

元素	点 1	点 2	点 3	点 4	名义成分
Ti	48.2	48.6	47.8	48.4	48
Al	44.6	44.3	44.3	44.7	45
Cr	1.9	1.9	2.4	1.8	2
Nb	5.3	5.2	5.5	5.1	5

2）成形工艺优化

由于材料种类不一样，在 SLM 成形过程中热交换特性、物理化学性质以及与激光相互作用的机制均存在差异，因此，需要对特定的材料确定合适的 SLM 成形工艺窗口。一般来说，优化 SLM 成形工艺主要包括如下步骤：①通过单道实验研究，确定最优的激光功率与激光扫描速度组合；②在优化后单道实验研究的基础上，进行单层实验研究，确定最优的激光扫描间距；③在优化后单层实验研究的基础上进行块体制造，确定最优的制造层厚。事实上，在工艺窗口实验中，最重要的是探究优化激光功率与激光扫描速度的最适匹配性。

a）单道扫描成形

i）成形工艺窗口实验与优化

众所周知，SLM 是基于激光点移动扫描成线、线移动扫描成面、面逐层累积叠加成体而形成的一种增材制造技术，因此，单条熔化道是 SLM 成形构件最基本的单元，要保证相邻熔化道之间的良好搭接以及相邻层之间的良好结合，一条高质量、稳定连续的熔化道是必不可少的。因此单条熔化道的成形质量和形貌特征直接决定了 SLM 构件的最终性能。单条熔敷道成形质量受液态金属流动状态、熔池凝固特征等因素的影响，通常情况下，最主要影响的工艺参数有激光功率和激光扫描速度。为此本书设置了 36 组不同的激光功率与激光扫描速度组合来探究 Ti-45Al-2Cr-5Nb 合金单条熔敷道成形特性，设置激光功率为 $P=100\sim350\text{W}$，激光扫描速度为 $v=300\sim800\text{mm/s}$，具体工艺参数如表 4-13 所示。

表 4-13　单条熔敷道扫描工艺参数选择

激光功率 P/W	100	150	200	250	300	350
激光扫描速度 v/(mm/s)	300	400	500	600	700	800

单道实验具体步骤为：选择润湿性与 Ti-45Al-2Cr-5Nb 合金匹配的纯钛基板，将基板上表面用砂纸打磨、抛光并用酒精清洗干净；将基板固定在 SLM 装备的工作台面，并保持基板上表面与工作台面平行；利用铺粉辊在基板上表面均匀地铺上一层厚度约 30μm 的 Ti-45Al-2Cr-5Nb 粉末；将 SLM 装备封闭，抽真空，通入高纯氩气进行保护；采用预先设定的激光参数对 Ti-45Al-2Cr-5Nb 粉末进行单道扫描实验，实验完毕后检测基板上单条熔敷道的微观形貌。单道扫描工艺窗口实验结果如图 4-40 所示。可以很明显地看出，不同的激光功率和激光扫描速度组合，对单条熔敷道的连续性和形貌有显著的影响。根据 SLM 工艺参数和粉末熔化成形机制，单条熔敷道的形貌可以大致分为 3 类：

（1）未形成连续稳定的熔敷道，且熔敷道中存在大量的球化现象（Ⅰ区）。这主要是因为激光功率太小导致能量不足，从而使得部分粒径比较大的颗粒不能完全熔化，因此熔敷道中液态金属太少而导致熔敷道不连续；同时，液态金属极大的毛细力和强烈的对流作用导致熔敷道产生大量的球化现象。

（2）形成连续稳定的熔敷道，熔敷道平直光滑（Ⅱ区）。这主要是由于激光功率和激光扫描速度匹配性良好，具有适中的能量输入。此时，金属粉末可以充分熔化，熔池非常稳定，形成了比较稳定的熔化、湿润和凝固过程。因而单道熔敷道具有光滑、平整、连续和稳定的特点。通常情况下，该区域是优化之后的工艺参数区域，可以用来成形最终的结构和构件。

（3）熔敷道不稳定，甚至出现断裂现象，且熔敷道变得扭曲（Ⅲ区）。这主要是因为激光功率太大而激光扫描速度太小，导致能量输入过高。在这个区间内，虽然金属粉末可以完全熔化，但是由于激光的热影响区显著增大，金属粉末和基板都发生了过度熔化的现象，从而造成了极大的残余应力和熔池的不稳定性，致使熔敷道变得扭曲、不稳定甚至出现断裂。

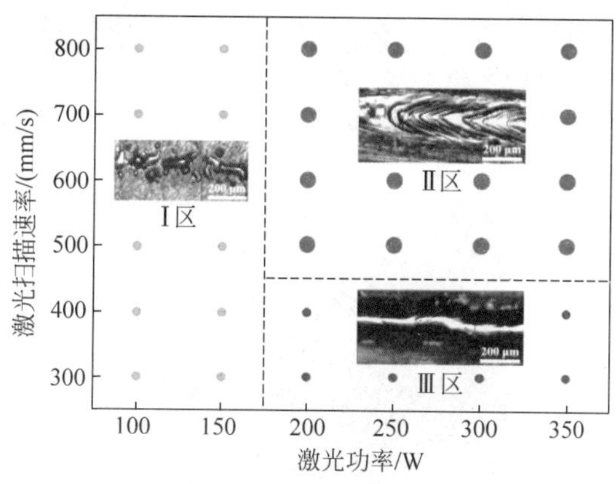

图 4-40　单条熔敷道工艺窗口实验与优化

ii）工艺参数对单道成形质量影响的具体分析

为了具体研究激光功率与激光扫描速度组合对单条熔敷道成形质量的影响，对图 4-40 中的三个区域的工艺参数进行更深入的研究分析。图 4-41 为采用Ⅰ区中工艺参数成形时的几种典型单条熔敷道形貌，工艺参数设置如下：激光功率为 100W，激光扫描速度为 300、500、700mm/s。如图 4-41(a)所示，当激光功率偏低(100W）而激光扫描速度较快(700mm/s)时，单条熔敷道基本上被“未熔区域”所占据，激光扫描轨迹内分布着大量未融合在一起的球形或近球形金属颗粒，其直径大约在 30μm，可以推测这类金属颗粒是由于原始粉末在激光能量输入较低的情况下，其表面发生部分熔化润湿基板后凝固而造成的。另外，也可以很清楚地发现在单条熔敷道内存在大量的金属小球，其直径大约在 2μm，这主要是由于“球化现象”所导致的。当激光能量输入不足时，由于液态金属含量较小，导致熔池与基板的润湿性差，难以平整铺展在基板上，同时，由于激光束对熔池的冲击作用以及熔池内液态金属的流动作用，激光束与液态金属流动时产生的动能会转化为细微球化的表面能，进而形成大量细小的金属球，产生“球化现象”。

当激光功率不变(100W）而激光扫描速度下降为 500mm/s 时，激光能量输入增大，单条熔敷道内“未熔区域”大量减少，如图 4-41(b)所示，同时，大量的粉末颗粒熔化后熔融在一起，形成了图中长度为 200μm 左右的“熔融区域”。另外，在“激光扫描轨迹”内部的“熔融粉末”中可以明显看到烧结颈的存在。此外，由于“球化现象”的存在，在单条熔敷道内也存在直径约为 2μm 的金属小球，但是球化程度随着激光能量输入的增大而大幅减少。随着激光扫描速度进一步降低至 300mm/s，

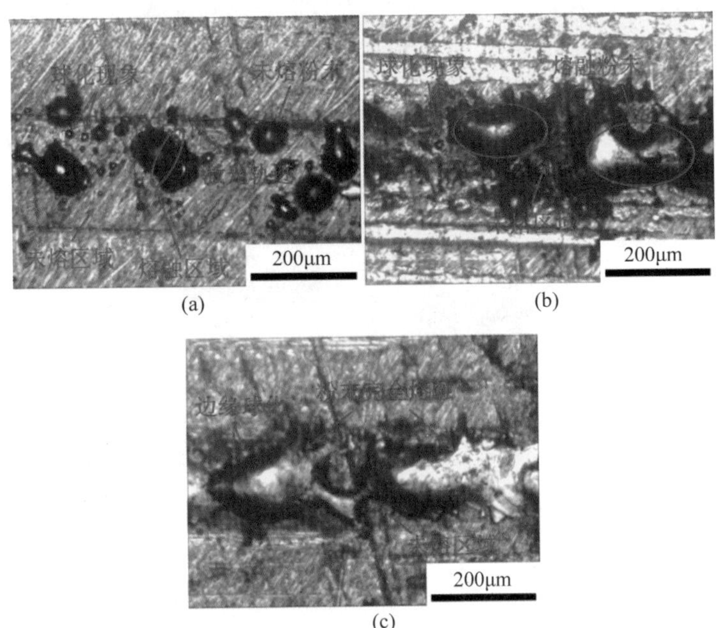

图 4-41　采用Ⅰ区工艺参数成形时几种典型单条熔敷道形貌(激光功率 $P=100$W)

(a) $v=700$mm/s；(b) $v=500$mm/s；(c) $v=300$mm/s

激光能量输入达到最大，"激光扫描轨迹"内"未熔区域"达到最低，同时，随着激光能量输入的增大，更多的原始粉末颗粒发生完全熔融黏结，"熔融区域"的长度进一步扩大，达到 250μm 左右，如图 4-41(c)所示。另外，在单条熔敷道内部的"粉末完全熔融"区域，烧结颈逐步消失，被连续的熔融带所取代。此外，在单条熔敷道的边缘依然可以发现直径约为 2μm 的金属小球，同样还是由于"球化现象"所导致的，但是在激光能量输入达到最大时，球化程度最小。虽然随着能量密度的增加，熔化道的长度增加，但仍未出现稳定连续的熔化道。因此，成形工艺需要进一步优化。

图 4-42 为采用Ⅱ区中工艺参数成形时的几种典型单条熔敷道形貌，工艺参数设置如下：激光扫描速度为 600mm/s，激光功率分别为 200、250、300W。如图 4-42(a)所示，当激光扫描速度适中(600mm/s)而激光功率略微偏小时(200W)时，可以很明显地看出，单条熔敷道基本呈稳定连续的形貌，这主要是由于相对于Ⅰ区，Ⅱ区激光能量输入适中，原始粉末颗粒能吸收充足的激光能量而完全熔融，从而形成稳定连续的熔敷道。同时，可以发现熔敷道呈现出"鱼鳞纹"形状，这主要是由于激光光斑能量近似高斯分布，因而导致熔池中心温度比边缘温度高，熔池在激光光斑离开后快速冷却凝固，热量通过基板、周围原始粉末颗粒和周围环境以热辐射和热对流散失的方式进行热传导，因此熔池边缘温度较低处先结晶，熔池中心后结晶，同时，激光与液态金属的作用以及液态金属结晶时所释放出的结晶潜热非常容易造成熔池中固/液界面的波动，因此熔池呈现出"鱼鳞纹"形状。事实上，在

激光扫描的过程中，这种波动会周期性出现，与传统焊接焊缝形貌非常相似。此外，在图 4-42(a)中，单条熔敷道边缘存在少量的“球化现象”和“不稳定区域”，这是由于在熔池中高温熔体为了较低表面能有收缩成球体的趋势所造成的。当激光扫描速度不变(600mm/s) 而激光功率增加至 250W 时，激光能量输入得到最大程度的优化，单条熔敷道内的“球化现象”与“不稳定区域”完全消失，熔敷道呈稳定、连续、光滑、平整的形貌，如图 4-42(b)所示。另外，可以测出在最优的激光能量输入的情况下，熔敷道的宽度大约为 200μm。随着激光功率进一步增加至 300W，单条熔敷道仍呈现出稳定连续的形貌，但在熔敷道的边缘处出现了少量的“过烧区域”而导致熔敷道表面颜色变深，如图 4-42(c)所示。这主要是由于激光能量输入略微偏高，原始粉末颗粒在吸收充足的能量完全熔化之后，多余的能量仍然被液态金属所吸收，而产生过度熔化的现象。

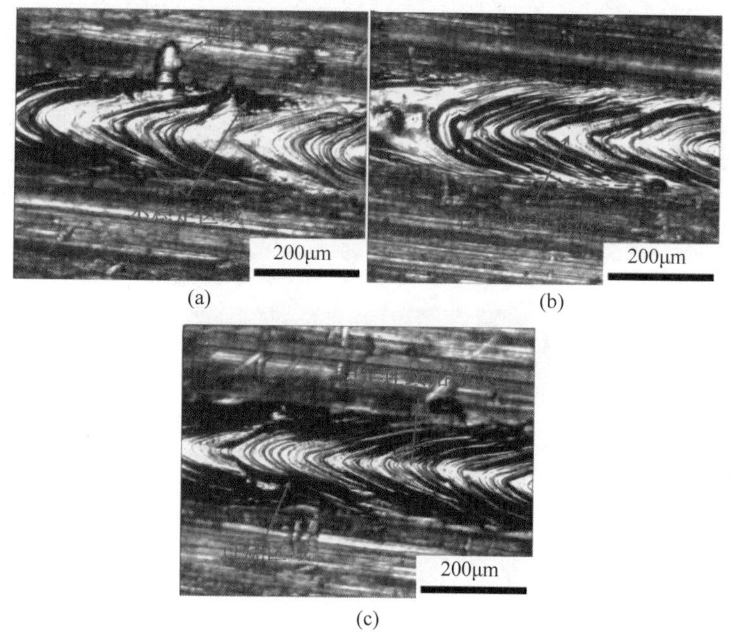

图 4-42　采用Ⅱ区工艺参数成形时几种典型单条熔敷道形貌(激光扫描速度 v=600mm/s)

(a) P=200W; (b) P=250W; (c) P=300W

图 4-43 为采用Ⅲ区中工艺参数成形时的几种典型单条熔敷道形貌，工艺参数设置如下：激光扫描速度为 300mm/s，激光功率分别为 250、300、350W。如图 4-43(a)所示，当激光扫描速度太小(300mm/s) 而激光功率偏大(250W) 时，可以很明显地看出，单条熔敷道出现非常严重的“过烧现象”，从而存在大量的“过烧区域”，这主要是由于相对于Ⅱ区，Ⅲ区激光能量输入太大，导致激光的热影响区显著增大，基板发生过熔，原始粉末颗粒因为吸收过多的激光能量而被过度熔化，因而出现了大量的“过烧区域”。另外，在单条熔敷道内出现明显的裂纹，并且裂纹基

本上是横贯整条熔敷道。这主要是由于激光能量输入太高，造成了金属粉末的过熔，加大了残余应力和裂纹出现的可能性，同时，更多的液态金属进入熔池，造成熔池的不稳定性增加，进而由于熔池温度高造成了熔体气化，气液界面会形成反作用力和高温熔体的飞溅，影响了熔池的稳定，造成熔池的断裂。当激光扫描速度不变（300mm/s）而激光功率增加至 300W 时，激光能量输入更大，单条熔敷道内的过烧情况加剧，出现了更大量的“过烧区间”，同时也伴随着裂纹的产生，如图 4-43(b)所示。随着激光功率进一步增加至 350W，单条熔敷道的过烧情况更严重，整条熔敷道基本上完全过烧而导致熔池颜色变深，如图 4-43(c)所示。另外，由于过高的激光能量输入导致熔池内的液态金属发生飞溅，从而造成“球化”，进一步恶化了熔敷道的稳定性与连续性。

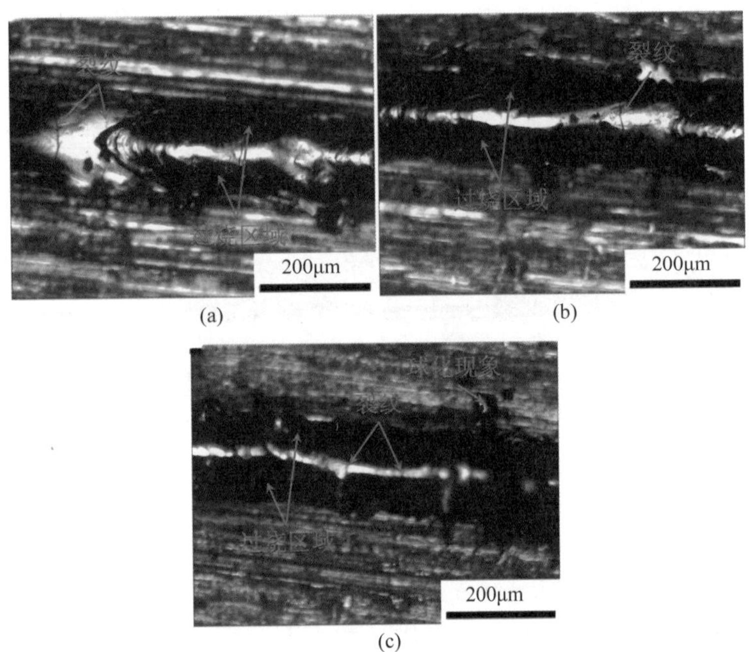

图 4-43　采用Ⅲ区工艺参数成形时几种典型单条熔敷道形貌（激光扫描速度 $v=300$mm/s）

(a) $P=250$W；(b) $P=300$W；(c) $P=350$W

b）单层扫描成形

i）扫描间距对单层表面质量的影响

由于单条熔敷道的形貌与宽度随着激光能量输入的变化发生显著的变化，一般来说，激光能量输入越大，熔敷道的宽度越宽，导致其搭接为平整光滑的单层面时所需的激光扫描间距也不尽相同。故在不同的激光功率与激光扫描速度组合下，最优的激光扫描间距也不一样。理论上来说，在扫描间距合适的条件下，可以成形出表面平滑的单层熔敷层。

通过单道扫描实验中大量的单道扫描工艺实验，制定了一个较优的成形工艺窗口(Ⅱ区),即:激光功率为 200～350W,激光扫描速度为 500～800mm/s。由于优化后的激光功率与激光扫描速度组合形式较多,为了减少实验工作量,选取最优的激光功率(250W)与激光扫描速度(600mm/s)组合,来研究激光扫描间距对单层扫描成形的影响。激光扫描间距 h 分别为 60、80、100、120μm。单层扫描结果如图 4-44 所示。当激光扫描间距较小时($h=60\mu m$),熔敷层中的熔敷道之间的搭接率可达到 50%,但是单层表面不够平整光滑,熔敷道与熔敷道之间形成起伏的“山峰状”,如图 4-44(a)所示。这主要是因为激光扫描间距太小,熔敷道之间的搭接率可达到甚至超过 50%,搭接过于密集的熔敷道导致熔池相互堆积从而形成表面起伏的“山峰”。另外,在熔敷层中可以非常明显地发现“球化现象”,这是由于相邻的两条熔敷道搭接区域太多,导致已经凝固的熔池重新熔化,造成金属液滴飞溅,从而产生球化。由于“山峰状平面”和“球化现象”的发生,在多层扫描的情况下会导致孔隙的产生,从而降低 SLM 构件的致密度与性能。当激光扫描间距 h 增加至 80μm 时,熔敷层中的熔敷道之间的搭接率减少至 40%左右,熔敷层内的“过烧区域”与“球化现象”减少,单层表面平滑度增加,如图 4-44(b)所示。随着激光扫描间距 h 进一步增加至 100μm 时,熔敷层中的熔敷道之间的搭接率为 30%左右,熔敷层内的“球化现象”得到了最大程度的优化,单层表面基本上呈现平整光滑的形貌,如图 4-44(c)所示,此时的激光扫描间距是最优的。当激光扫描间距 h 增加到 120μm 时,熔敷层中的熔敷道之间的搭接率不足 10%,熔敷层中基本上都是未连

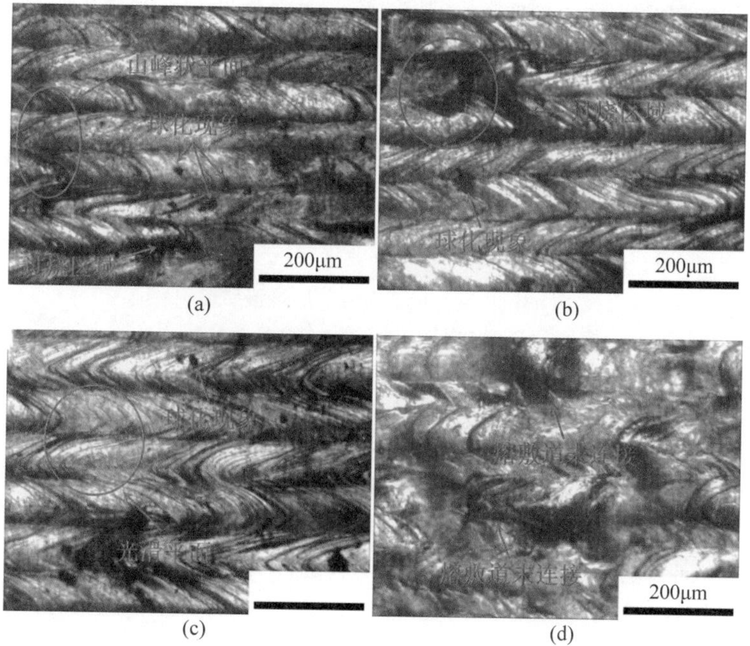

图 4-44　激光功率 $P=250W$、激光扫描速度 $v=600mm/s$ 时,几种典型熔敷层形貌

(a) $h=60\mu m$; (b) $h=80\mu m$; (c) $h=100\mu m$; (d) $h=120\mu m$

接的熔敷道，如图 4-44(d)所示。同时，单层形貌的平滑度变差，相邻的熔敷道之间出现明显的凹陷区域，这样在多层制造时，层与层之间会由于各个部分高低不平产生孔隙，不利于成形。在后期实验中加大扫描功率，虽然搭接区域有所扩大，但熔敷道之间的搭接情况改善并不明显。因此，优化后的激光扫描间距为 100μm。

ii) 氧含量对单层表面质量的影响

高抗氧化性是钛铝合金的三大优点之一。为了研究 SLM 成形过程中氧含量对 Ti-45Al-2Cr-5Nb 成形效果的影响，分别在大气环境和抽真空通保护气环境下进行单层成形，成形环境氧含量分别为 21%和 0.05%(体积分数)，激光功率为 250W，扫描速度为 600mm/s，扫描间距为 100μm。图 4-45(a)和(b)分别为氧含量 0.05%和 21%条件下成形的单层熔覆层形貌。可以看出，当氧含量较低时，在最优的成形工艺下，单熔敷层基本上呈现出光滑平整的形貌，熔敷层内熔敷道之间有序搭接；当氧含量较高时，虽然成形工艺进行了优化，但是单熔覆层表面球化非常严重，存在大量的氧化夹渣与裂纹，并且熔敷层表面凸凹不平，严重影响了 SLM 构件的表面质量。理论上，Ti-45Al-2Cr-5Nb 合金的高抗氧化性是通过形成致密的 Al_2O_3 和 TiO_2 氧化膜保护基体而得到的，而 SLM 成形中形成的氧化膜恶化了道与道、层与层之间的润湿效果，导致在激光扫描的过程中出现了大量的"模糊边界"，从而大大降低了构件质量。

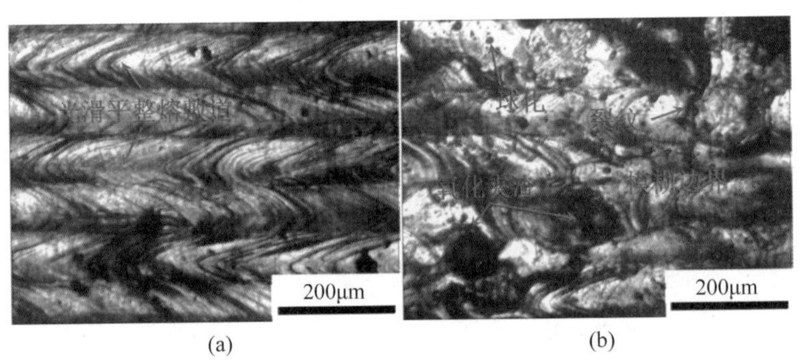

图 4-45 氧含量不同时单层熔覆层形貌

(a) 氧含量 0.05%；(b) 氧含量 21%

c) 块体成形

通过单道扫描和单层扫描的工艺探索研究，获取了最优的激光功率-激光扫描速度-激光扫描间距的工艺窗口。在最优的工艺窗口基础上进行块体成形实验，单层厚度选择为 20μm。为了研究激光功率对 SLM 成形 Ti-45Al-2Cr-5Nb 合金晶粒大小、晶粒取向、织构、相演变与硬度的影响规律，选取表 4-14 中的成形工艺参数成形试样，试样尺寸为 10mm×10mm×10mm。将成形试样从基板切下后用无水乙醇进行清理，去除其表面油污。

表 4-14　块体试样成形工艺参数设置

激光功率/W	激光扫描速度/(mm/s)	激光扫描间距/μm	单层层厚/μm
$P_1=250$	$v=500$	$h=100$	$u=20$
$P_2=300$			
$P_3=350$			

为了便于描述 SLM 成形过程中所有的工艺参数对成形试样的影响规律，引入激光能量密度(E)的概念。激光能量密度的定义为

$$E=\frac{P}{v\times h\times u} \tag{4-7}$$

式中，P 为激光功率；v 为激光扫描速度；h 为激光扫描间距；u 为单层层厚。因此，E 的量纲为 J/mm^3。通过对所有工艺参数进行评估，块体试样分别在激光能量密度为 250、300、350J/mm^3 的条件下进行 SLM 成形，为了便于研究，成形试样分别设定为 E1、E2 和 E3。SLM 块体成形示意图如图 4-46 所示。图 4-46(a)为成形过程示意图，其中，①为激光器与振镜扫描系统；②为纯钛基板；③为工作缸；④为铺送粉刮刀；⑤为送粉缸。图 4-46(b)为激光扫描策略，箭头代表激光扫描方向，扫描方式采用长向量扫描，在制造层 N 与 $N+1$ 之间激光扫描方形进行 90°旋转，最大限度地均化成形内应力，减少块体试样因应力集中而产生变形；块体试样包括 3 个表面：上表面、正面和侧面。

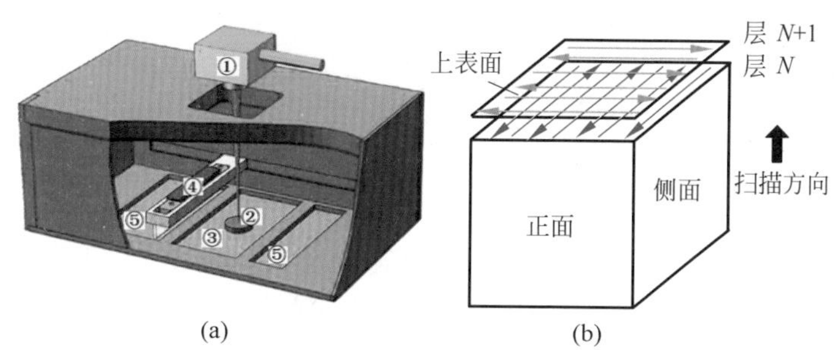

图 4-46　SLM 块体成形示意图
(a) SLM 成形过程示意图；(b) 成形块体试样激光扫描策略

4.3.3　铝合金材料及其成形工艺

1. AlSi-10Mg 铝合金激光选区熔化成形工艺研究

1) 原粉末材料

实验材料用的是气雾化 AlSi-10Mg 合金球形粉末。理论密度为 2.67g/cm^3，熔点为 570～660℃。化学组分见表 4-15，为 AlSi-10Mg 的名义成分。采用 JSM-

7600F 场发射扫描电子显微镜下观察粉末微观形貌，如图 4-47(a)所示。可以看到，粉末多成为球形或者近球形，流动性很好。采用激光粒度分析仪(Mastersizer 3000，MALVERN，英国)检测粉末的粒度，粒径分布见图 4-47(b)，$D_{v10-50-90}$ 分别为 10.0、21.8、38.5μm，平均粒径大小为 21.8μm，粉末的粒度大小整体呈正态分布，符合激光选区熔化成形的材料粒径的要求。

表 4-15 AlSi-10Mg 合金粉末成分

元素	Al	Si	Mg	Mn	Cu	Fe	Ni	Zn
质量分数/%	余量	9.2	0.48	0.21	0.26	0.84	0.17	0.25

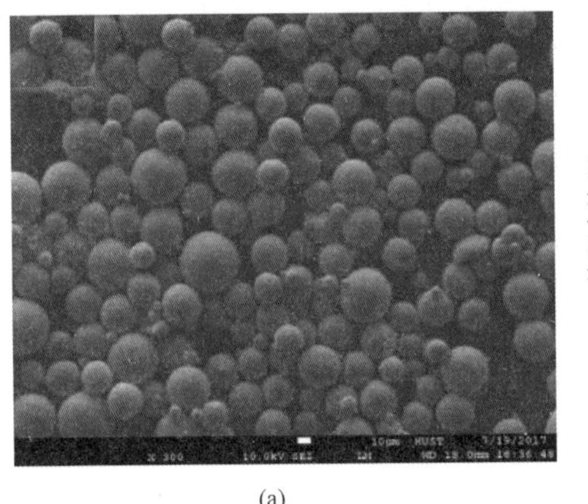

(a)

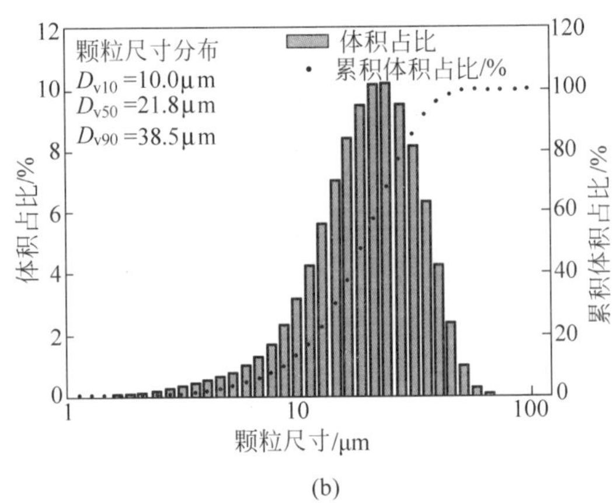

(b)

图 4-47 AlSi-10Mg 合金粉末

(a) 粉末宏观形貌；(b) 粉末粒径分布

2) 成形工艺优化

a) 单道扫描成形

单道扫描是 SLM 成形的基础，单道熔池能反映出激光与 AlSi-10Mg 粉末的作用机制，包括常见的球化现象，腔体内保护气氛的影响，激光功率及扫描速度对熔池性能的影响[14-15]。采用不同工艺参数组合，在铝合金基板上进行铝合金粉末单道熔化实验，通过光学显微镜观察，研究激光功率 100～180W、扫描速度 300～1000mm/s、光斑直径 60～150μm 对单熔化道形貌和宽度的影响规律。在单道扫描的基础上进行多道扫描实验，而扫描间距是多道扫描的关键参数，它影响着成形的表面形貌和质量。同时研究重熔对多道扫描质量的影响，因为重熔可使第一次多道扫描中出现的球化现象、单道熔池之间的搭接不均匀及氧化膜问题得到解决。最终由单道实验得出优化工艺窗口，实验中各个工艺参数范围如表 4-16 所示，单道扫描熔池宽度、激光功率及扫描速度之间的关系如图 4-48 所示。

表 4-16　激光单道扫描工艺参数

激光功率/W	扫描速度/(mm/s)	激光光斑直径/μm	沉积基板厚度/mm	基板材质
100～180	300～1000	60～150	10	铝合金板

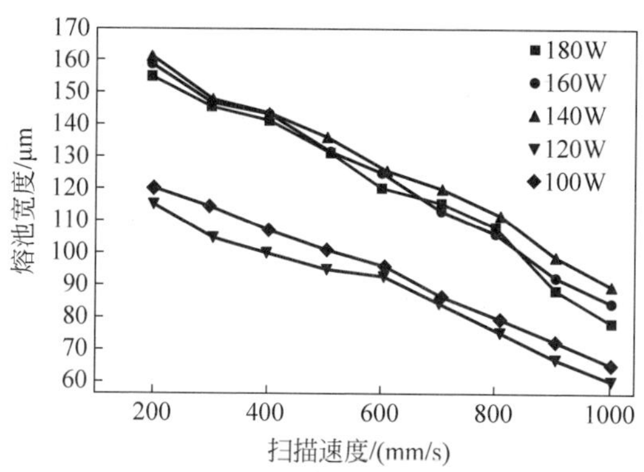

图 4-48　单道扫描熔池宽度、激光功率与扫描速度的关系

基于单道扫描熔池的宽度，分别研究不同扫描间距对单层扫描质量的影响，图 4-49 分别是扫描间距为 0.04、0.06、0.08mm 的 SLM 成形 AlSi-10Mg 的照片。可以看出，扫描间距过小容易产生球化，主要是因为熔池之间堆叠较多，产生过高凸起，易产生球化。除此之外，表面的不平整导致下一扫描层的凸起增加，由于累积效应可导致 SLM 成形 AlSi-10Mg 构件的失效。扫描间距过大会导致某些区域熔化不够完全，或者部分熔池之间部分搭接不够良好，也会影响下层的成形质量。即使扫描间距选择比较适当，球化现象较少，从图 4-49(b)可以看出，表面的平整度还是不太高，尤其是在两个熔池的搭接处。所以，在未铺铝合金粉末之前，对已经扫描过的单层再次进行扫描，即重熔，不仅能使扫描层表面平整，还能去除表面的球化现象及氧化物杂质，有利于层与层之间的熔合。

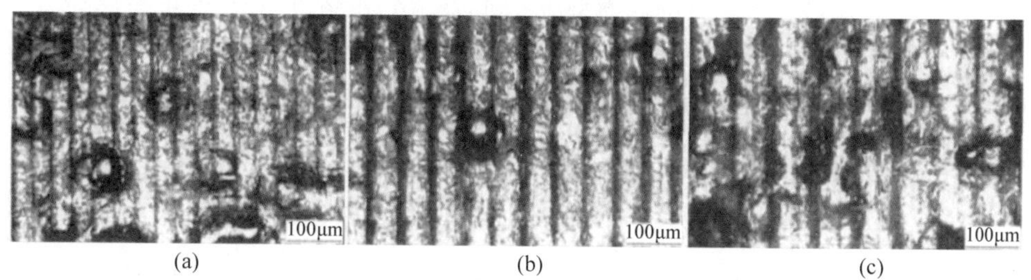

图 4-49　不同的扫描间距下 SLM 成形 AlSi-10Mg 的表面形貌

(a) 扫描间距为 0.04mm；(b) 扫描间距为 0.06mm；(c) 扫描间距为 0.08mm

由于铝合金粉末较易氧化，即使在较低氧气含量条件下也十分容易发生氧化，

在本实验室装备的密封腔体内,抽真空外加通入高纯氩气保护也无法避免氧化物的产生。所以 SLM 成形 AlSi-10Mg 粉末时,重熔再去除氧化物等杂质是一种有效的方法。

图 4-50 是单层 SLM 成形 AlSi-10Mg 粉末未重熔和重熔后表面形貌。可以看出,重熔后的表面形貌比未重熔的表面形貌要好,不仅氧化物较少,表面比较清洁,在熔池与熔池之间的搭接也比较好。因此,重熔后的单层比未重熔的单层,更利于下层的连接,使层与层之间更能致密地结合在一起。然而,即使重熔的效果如此明显,但仍有不足之处。即熔池与熔池之间搭接的地方的氧化物等杂质无法更好地去除掉,因为重熔的扫描路径与第一次扫描的路径完全一致,这样只能最大限度去除熔池表面的氧化物等杂质,在熔池的搭接处依然无法去除。实验通过调节 SLM 装备的软件,把重熔扫描路径的方向进行了改变,即重熔扫描时的方向与第一次扫描时的方向垂直,这样就能把熔池搭接处的氧化物等杂质有效去除,使 SLM 成形的单层表面质量更好。

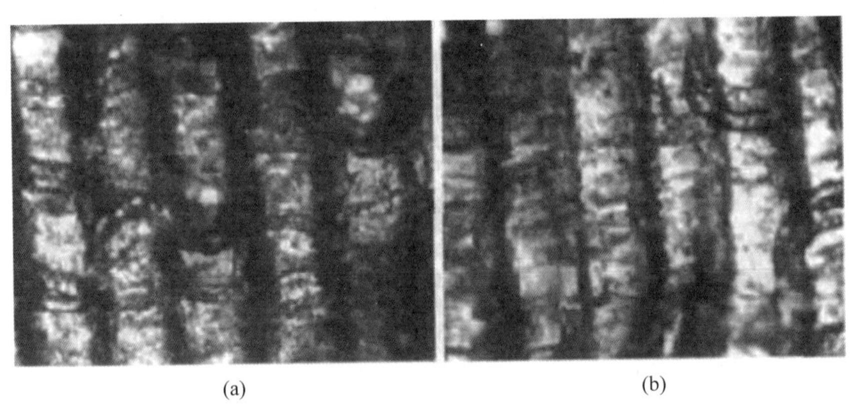

(a) (b)

图 4-50 单层 SLM 成形 AlSi-10Mg 粉末未重熔和重熔后的表面形貌

(a) 未重熔;(b) 重熔

图 4-51(a)是重熔方向与第一次扫描方向一致的表面形貌,图 4-51(b)是重熔方向与第一次扫描方向垂直的表面形貌。可以看出,重熔方向成 90°的单层扫描表面质量比重熔方向一致的更好,其表面更加整洁,氧化物等杂质也比较少。因此,合适的扫描间距(如 0.06mm)及恰当的重熔方式是获得 SLM 成形高质量的 AlSi10Mg 单层的关键。

b) 致密度分析

研究了单道及多道 SLM 成形 AlSi-10Mg 后,获得了比较好的一批工艺参数及手段,可尝试进行块体 AlSi-10Mg 的 SLM 成形。本实验中,块体成形选取的加工参数如下:扫描速度 700~1000mm/s,激光功率 140~190W,扫描间距 0.05~0.07mm,铺粉层厚度 0.02mm,重熔方向与前次扫描成 90°。成形块体件如图 4-52 所示,SLM 成形的 AlSi-10Mg 尺寸为准 10mm×12mm 圆柱件,再使用线切割把构

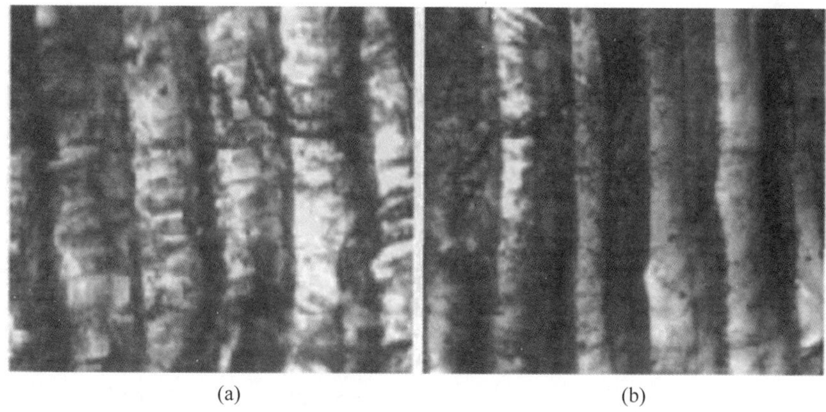

图 4-51　不同重熔方向的单层 SLM 成形表面形貌
(a) 重熔方向未变；(b) 重熔方向成 90°

图 4-52　SLM 成形的直径 10mm×12mm 的 AlSi-10Mg 圆柱件

件从金属基板上切下来。根据阿基米德原理，使用排水法测出试样 1～10 的致密度，测量结果如表 4-17 所示。相对密度为测试密度与真实密度的比值。

表 4-17　不同工艺参数下构件的致密度

试样	激光功率/W	扫描速度/(mm/s)	扫描间距/mm	相对密度/%
1	140	700	0.05	87
2	140	800	0.05	83
3	160	700	0.05	87
4	160	800	0.05	87
5	140	800	0.06	95
6	140	700	0.06	89
7	160	700	0.06	89
8	160	800	0.07	93
9	160	850	0.07	88
10	180	800	0.07	83

由表 4-17 可知：①在其他参数一定时，致密度随功率的增大而略微上升。这是因为激光功率增加导致单位体积内熔化量增加，并且降低熔池的表面张力及黏度，增大了熔池的宽度和深度，提高了焊接的搭接率，使组织更加致密，而且熔池存在时间长，气孔有足够的时间逸出，从而增大了致密度。②在其他条件不变时，扫描速度增加，致密度变化较小。这是因为速度在一定范围内变化导致的激光能量吸收变化比较小。③扫描间距的变化会引起致密度比较大的变化。

由表 4-17 还可知，SLM 成形 AlSi-10Mg 的圆柱件致密度最高只有 95%。图 4-53 是其横截面的形貌，经检测图中黑点是小孔。若想 SLM 构件能够使用，其致密度要≥99%。影响致密度的因素主要有：①铝合金粉末密度比较小，激光扫描时容易对粉末产生冲击，使粉末四处飞溅，造成熔池质量不高；②铝合金热导率高，温度扩散快，熔池未等及时流动就已凝固；③SLM 成形 AlSi-10Mg 合金依然有氧化铝等杂质存在，造成熔池之间、层与层之间不能完全融合，产生空隙。其他影响因素需要进一步通过实验验证，并逐一解决。

图 4-53　致密度为 95%圆柱件的截面

2. AlSi-10Mg 铝合金激光选区熔化组织与性能研究

热处理是提高铸造 AlSi-10Mg 合金力学性能的常用方法，如 T6(固溶处理+完全人工时效)、淬火和时效硬化等。而选区激光熔化成形技术由于其熔化凝固速度快，使得 SLM 技术成形 AlSi-10Mg 合金在不做固溶时效等热处理的状态下都能够得到非常细小的组织，获得优异的力学性能[16-18]。然而，从前面的力学性能测试结果可以看出，SLM 成形 AlSi-10Mg 试样虽然能得到较高的极限抗拉强度和屈服强度，但延伸率却与铸造相当。

具体退火工艺为：分别在 450、500、550℃下保温 2h 进行固溶处理，然后水冷淬火。在固溶处理后，将一半的样品在 180℃的炉中保温 12h 进行人工时效处理，然后所有的样品进行水冷淬火处理至室温。通过对热处理前后样品的显微形貌、相分布、显微硬度及力学性能进行对比，分析热处理工艺对 SLM 成形 AlSi-10Mg 试样的组织及性能的影响规律。

为了研究热处理前后及不同热处理工艺 SLM 成形 AlSi-10Mg 试样组织结构

及合金性能的差异，用场发射扫描电镜(SEM，JSM-7600F，JEOL，日本，加速电压 15kV，工作距离 8mm)对热处理前后 SLM 成形 AlSi-10Mg 试样的显微组织进行表征。在微观表征之前，先用自动抛光机(Ecomet300/Automet300，Buehler，美国)对试样进行打磨和抛光(腐蚀剂为 2.5% HNO_3，1.1% HF，1.5% HCl，95% H_2O)。

图 4-54 是 SLM 成形的 AlSi-10Mg 样品及热处理后的显微结构图。图 4-54(a)为沿扫描方向(X 轴)的单道微观形貌。与铸造 AlSi-10Mg 合金中铝基体有大的棒状或针状 Si 颗粒沉积不同的是，SLM 成形的 AlSi-10Mg 出现了一种全新的共晶硅颗粒。可以观察到沿着熔化道出现了平均晶粒为 1μm 的树枝晶。灰色的胞状结构为 α-Al 基体，基体周围白色的网状物质为针状 Si 晶粒。SLM 成形的 AlSi-10Mg 样品中的 Al 基体周围细小的网状 Si 晶粒可以有效提高合金的机械性

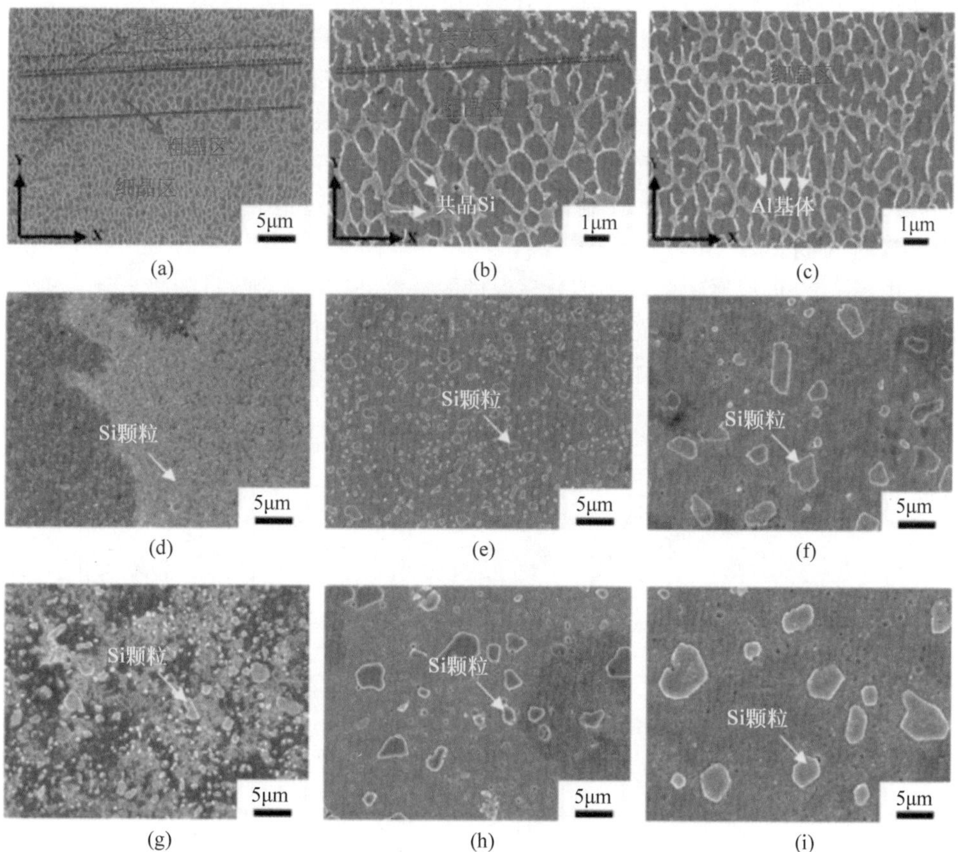

图 4-54　SLM 制备的和经过热处理的 AlSi-10Mg 样品的微观形貌

(a) 具有 3 个不同区域的单道；(b) 单道中粗晶区和过渡区的边界；(c) 熔池内部的细晶结构(不同热处理条件下 SLM-AlSi-10Mg 共晶组织的 SEM 图)；(d) 450℃，2h；(e) 500℃，2h；(f) 550℃，2h；(g) 450℃，2h+180℃，12h；(h) 500℃，2h+180℃，12h；(i) 550℃，2h+180℃，12h

能[21-22]。在单道熔池上，可以区分出 3 个具有不同微观结构的明显区域，即粗晶区(C 区)、过渡区(T 区)和细晶区(F 区)。这 3 个区域经历了不同的热循环。与熔体轨迹边界对应的 C 区和 T 区的平均宽度分别为 6μm 和 3μm，分别用红色实线和红色虚线标示。图 4-54(b)、(c)是 3 个不同区域的放大 SEM 图，可以进一步进行观测。结果表明，熔融边界具有较粗的晶粒。C 区和 T 区的晶粒大小分别为 2～4μm 和 1～2μm，而熔池内部表现出更细的结构，平均晶粒大小为 0.6～0.8μm。同时，值得注意的是，由于 Si 在 T 区的扩散速率增加，使得 Si 在 T 区形成亚晶，从而在一定程度上破坏了共晶的 Al-Si 网络结构。固溶强化对合金的微观结构影响见图 4-54(d)、(e)、(f)。当处理温度从 450℃上升到 550℃时，晶粒变得粗大。而通过图 4-54(g)、(h)、(i)可以看出，在经过 12h 180℃的人工时效处理后，晶粒进一步变粗大。为了研究共晶 Si 颗粒在热处理过程中的尺寸和数量的变化，对不同热处理条件下的 SEM 显微照片进行了详细的图像分析，见图 4-54。

图 4-54 总结了 SLM 成形的 AlSi-10Mg 合金在经过 2h 450℃的固溶强化热处理后大部分 Si 颗粒粒径小于 1μm，且均匀地分散在铝基体中。当固溶温度从 500℃上升到 550℃时，有一部分 Si 颗粒粗化至 2～4μm，可从图 4-54(e)、(f)看出。进一步可以从图 4-54(g)～(i)明显看出 Si 颗粒在经过时效处理后增大至 5μm。Si 颗粒尺寸的增加表明，在 SLM 制备样品时，Al 基体是过饱和的，导致热处理过程中过量的 Si 析出。

由图 4-55 可以看出随着固溶处理温度的提高，Si 颗粒的数目随之下降。Si 颗粒数目的减少可归因于颗粒聚结以及奥斯特瓦尔德熟化，其中大颗粒以小颗粒消失为代价长大。Si 颗粒在自生试样微观结构中的均匀分布可能是由于 Si 相沿 Al-Si 胞界析出所致。

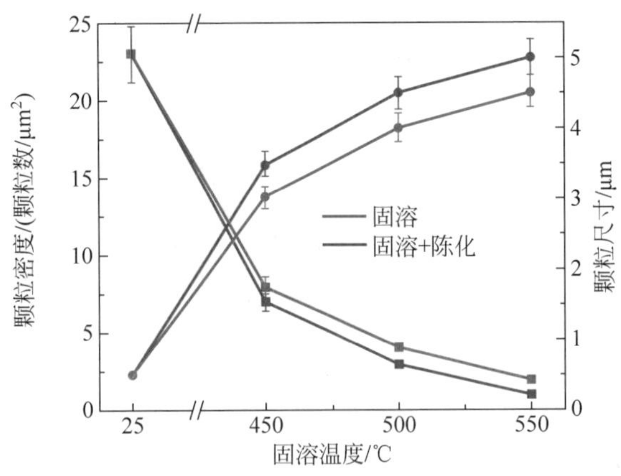

图 4-55 固溶处理与人工时效对 Si 颗粒的粒径与密度的影响规律

如图 4-56 所示，可以用示意图描述 SLM 制备的 AlSi-10Mg 试样在热处理过程中的微观结构演变。如上文所讨论的那样，所制备的 SLM 试样呈现出由过饱和

Al 基体组成的微结构，表面饰有针状 Si 颗粒(红色箭头标示)，名为 A 相。经固溶热处理和人工时效后，共晶 Si 从过饱和 Al 中被排斥，形成以 B 相表示的小 Si 颗粒。在这个阶段，晶粒边界变得模糊。当固溶强化温度升高时，Si 颗粒沿 Al-Si 晶粒边界析出，体积变大并且数量随之明显减少。然后，粗 Si 颗粒均匀分布在 Al 基体表面，用 C 相表示。

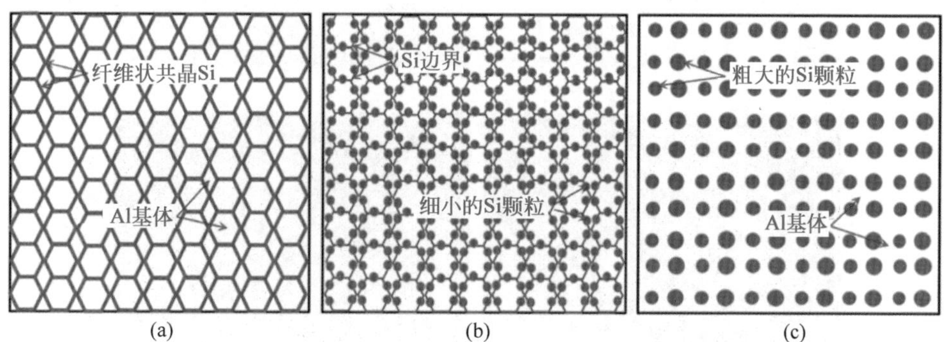

图 4-56　SLM 制备的 AlSi-10Mg 样品在固溶强化和人工时效处理过程中的微观结构演化原理图(蓝色特征代表富硅区，白色特征代表富铝区域)

(a) A 相；(b) B 相；(c) C 相

为了更详细地检测 SLM 处理后试样中 Al、Si 和 Mg 的分布，进行了能量色散 X 射线能谱(EDX)分析，如图 4-57 所示。可以看出，Si 主要分布在 Al 的晶粒边界，而 Mg 相比于 Si 则分布得更加均匀。但 Si 颗粒上的 Mg 含量高于 Al 基体，这可能是因为 Mg 能与 Si 反应形成 Mg_2Si 相，这与 Al-Si-Mg 铸造合金的强化机制有关。

3. Al-15Si 铝合金激光选区熔化组织与性能研究

由于 TiC 具有一系列优点，如较高的弹性模量、高硬度和在 Al 熔池中良好的润湿性等，因此可以被用作 Al 合金较为理想的增强相。尽管有部分学者对 SLM 件的硬度(最大显微硬度为 410HV)和耐磨性(最大磨损率为 $2.94\times10^{-5}mm^3/(N\cdot m)$)进行了初步考察，然而，由 SLM 成形的试件其硬度和耐磨性并不能够满足日益提高的应用要求，还需进一步研究以提升性能。关于 SLM 成形 TiC 增强 Al 合金的研究已有诸多报道，但这些研究主要侧重于加工参数对力学性能的影响和组织演变、粒度分布等方面，并未涉及掺杂的 TiC 对硬度和耐磨性的影响。

这里主要对 SLM 成形 Al-15Si 合金进行研究，其中，Al-15Si 因具有较高的 Si 含量而展现出优越的耐磨性和较高的硬度。重点考察了 TiC 增强相、激光重熔和热处理对显微硬度和耐磨性的影响。成形中通过选择合适的条件以期获得较高的显微硬度和较好的耐磨性，来满足较高的强度和硬度的应用要求。

表 4-18 是 SLM 成形的 Al-15Si 和 Al-15Si/TiC 试样的致密度。可以看出，激光重熔使得构件的致密度增加了约 1%。这是因为激光重熔扫描策略能够将试样

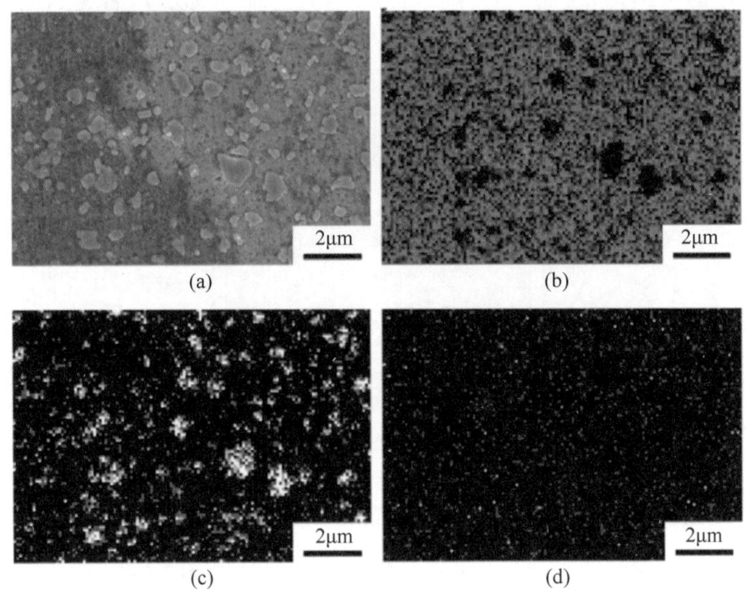

图 4-57　经过 500℃固溶处理 2h 后的 AlSi-10Mg 微观结构

(a) 对应的 SEM 图；(b) Al 的 EDS 图；(c) Si 的 EDS 图；(d) Mg 的 EDS 图

表面的污染物去除，除去其表面氧化膜，并在原子级别提供一个较干净的固-液界面，从而促进了更好的熔化。此外，从表中还可以看出，掺杂了 TiC 试样的致密度比不掺杂的低。这是因为在 SLM 成形过程中，TiC 使 Al 合金溶液的黏度增加，溶液的流动性降低，溶液的流变学行为变差。

表 4-18　不同试样的致密度

试样	Al-15Si	Al-15Si(重熔)	Al-15Si/TiC	Al-15Si/TiC(重熔)
致密度/%	96.92	98.05	96.25	97.13

图 4-58 描述了 Al-15Si 和 Al-15Si/TiC 在不同成形工艺及热处理条件下试样上表面的显微硬度。可以看出，由 SLM 加工得到的试样具有较高的显微硬度值，这是因为 SLM 工艺是一个急速冷却的过程，急冷后获得细小的晶粒，使硬度升高。然而，热处理(退火或淬火)之后，所有试样的硬度值都下降了大约 6%～35%。激光重熔得到的 Al-15Si/TiC 试样硬度值降低最少，大约 6%，这是因为激光重熔过程使得试样中的残余应力降低，使其在 SLM 过程中保持组织结构稳定。此外，TiC 颗粒还能够抑制在负载过程中基体发生的局部变形，因此，其硬度在经过热处理后降低最少。

为了研究 SLM 成形的 Al-Si 合金显微硬度和耐磨性之间的关系，本实验选择了 3 组典型试样。所选试样的摩擦系数(COF)和磨损速率如图 4-59 所示，图 4-60 为其对应的磨损表面。由图 4-59(a)可以看出，在摩擦的初始阶段，试样的摩擦系

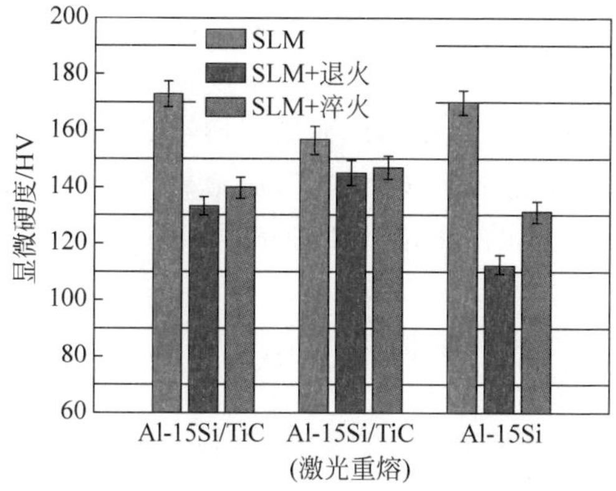

图 4-58　TiC 掺杂和热处理对 Al 合金试样显微硬度值的影响

数变动较大。而当试样表面的氧化膜被破坏，其与摩擦副直接接触摩擦时，试样的摩擦系数值开始变得稳定。

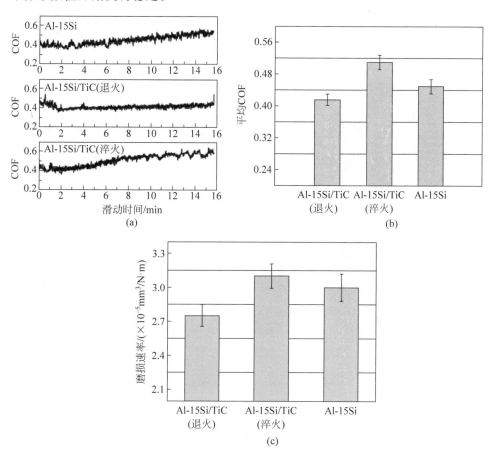

图 4-59　试样的摩擦系数 COF 和磨损速率

(a) 摩擦系数随时间的变化；(b) 平均摩擦系数值；(c) 不同试样的磨损速率

通常情况下，硬度较高其耐磨性也会较好。然而，在本实验中，加入 TiC 和经过热处理得到的样品，其硬度与耐磨性的关系发生改变。如图 4-59(b)、(c)所示，Al-15Si 的显微硬度值较高(170HV)，平均摩擦系数为 0.45，磨损速率为 $3.0\times10^{-5}mm^3/(N\cdot m)$，其摩擦表面破损严重，磨痕较深且磨槽较宽，如图 4-60(a)、(b)所示。而经过淬火得到的 Al-15Si/TiC 试样，其硬度值下降到 147HV，摩擦系数为 0.51，磨损速率为 $3.1\times10^{-5}mm^3/(N\cdot m)$，如图 4-59(b)、(c)所示，其在 3 组试样中性能最差。而且其摩擦表面上明显覆盖着许多被压实的磨屑，如图 4-60(e)、(f)所示。同时淬火 Al-15Si/TiC 试样表面的 TiC 在摩擦过程中脱离基体充当了磨粒，因此在摩擦磨损实验中伴随着磨粒磨损的发生。TiC 脱离是由于在经过淬火处理后，试样的延展性降低，TiC 在基体上的附着能力变弱导致的。

对于经过退火处理的 Al-15Si/TiC 试样，虽然其硬度最低，但其摩擦系数和磨损速率也是最低的，分别为 0.42 和 $2.75\times10^{-5}mm^3/(N\cdot m)$，如图 4-59(b)、(c)所示。其摩擦表面上磨槽较窄，磨屑较少，如图 4-60(c)、(d)所示。在摩擦过程中，磨屑很难从基体中脱离，这是因为退火使得材料延展性提高，TiC 在基体上的附着能力变强。除此之外，TiC 还承担了摩擦过程中施加的大部分力并抑制了表面的塑性变形，因此，由激光重熔和退火得到的 Al-15Si/TiC 试样耐磨性最好。

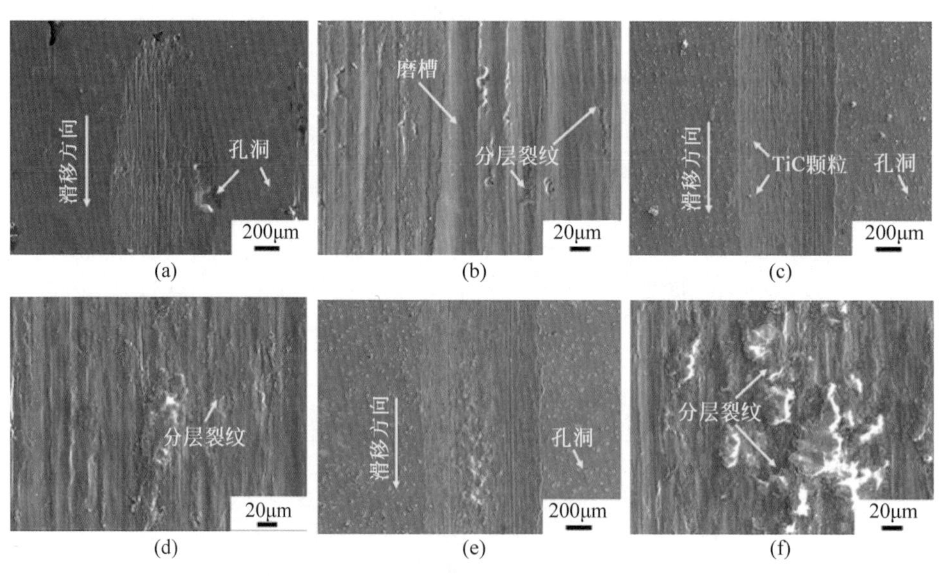

图 4-60 摩擦表面的 SEM

(a)、(b) SLM 成形的 Al-15Si；(c)、(d) 经过退火处理的 SLM 态 Al-15Si/TiC；(e)、(f) 经过淬火处理的 SLM 态 Al-15Si/TiC

通过研究 TiC、激光重熔和热处理对 SLM 成形的 Al-15Si 的致密度、显微硬度和耐磨性的影响，得出如下结论：加入 5%的 TiC，SLM 成形过程中采用激光重熔扫描策略，并经过退火处理后的 Al-15Si/TiC 试样，其性能最好，其致密度为

97.13%，硬度为 145HV，摩擦系数为 0.42，磨损速率为 $2.75\times10^{-5}mm^3/(N\cdot m)$。本研究为将来提高 Al-15Si 的硬度和耐磨性等性能提供了一个重要方法。

4.3.4　镍合金材料及其成形工艺

1. 激光选区熔化成形 Inconel 625 组织与性能

1）原粉末材料

实验材料用的镍基高温合金是气雾化 Inconel 625 合金（Hega-nars，Belgium）球形粉末。理论密度为 $8.44g/cm^3$，熔点为 1290～1350℃。化学组分见表 4-19。在 JSM-7600F 场发射扫描电子显微镜下观察粉末微观形貌，如图 4-61(a)所示。可以看到，粉末多成为球形或者近球形，流动性很好。实验所用粉末在烘箱中烘干 10h，目的是去除水分，便于激光选区熔化成形。采用激光粒度分析仪（Mastersizer 3000，MALVERN，英国）检测粉末的粒度，粒径分布见图 4-61(b)，$D_{v10\text{-}50\text{-}90}$ 分别为 24.4、34.63、58.6μm，平均粒径大小为 34.63μm，粉末的粒度大小整体呈正态分布，符合激光选区熔化成形的材料粒径的要求。需要指出的是，对单颗粉末表面进行观察，发现表面存在黏附的卫星粉末及不平凸起，这类粉末的存在在一定程度上影响了材料的流动性及成形质量，存在潜在的缺陷点。

表 4-19　Inconel 625 合金粉末名义成分

元素	Ni	Cr	Mo	Nb	Fe	Mn	Si	N	Ti	Al	C	O
质量分数/%	余量	21.5	8.8	3.71	0.96	0.47	0.41	0.12	0.03	0.02	0.01	0.08

2）SLM 成形工艺优化

a）单道扫描成形

SLM 成形过程中的三维实体构件是通过一系列的二维平面累积而成的，而每个平面又是由单条的熔化道填充的，稳定连续的熔化道才能保证与相邻熔化道的良好搭接以及层与层之间的结合，因此单条熔化道的形貌特点对最终构件的致密度有至关重要的影响。在工艺实验之前，将要用的粉末置于 55℃干燥炉中保温 10h 烘干，选取预先清理干净的 316L 不锈钢基板作为粉末成形基底，这种不锈钢材料可以很好地与 Inconel 625 高温合金粉末润湿。为了得到成形材料合适的工艺参数，需要针对新材料进行一定的工艺探究，一般成形质量取决于激光功率、扫描速度、铺粉层厚、材料物理性质、材料粒径大小等[18-19]，使用工艺优化过后的参数成形试样可以有效提高致密度和力学性能。选择对成形影响较大的两个因素作为实验变量参数：扫描速度（v）和激光功率（P）。根据实验室熔化金属的经验数据，设置 5 种扫描速度（300、350、400、450、500mm/s）和 6 种激光功率（120、130、140、150、160、170W）。单道的扫描间距设置为 0.1mm，对于块体成形选择的激光扫描间距为 70μm，层厚选择 20μm。图 4-62 显示了在光学显微镜下不锈钢基板上

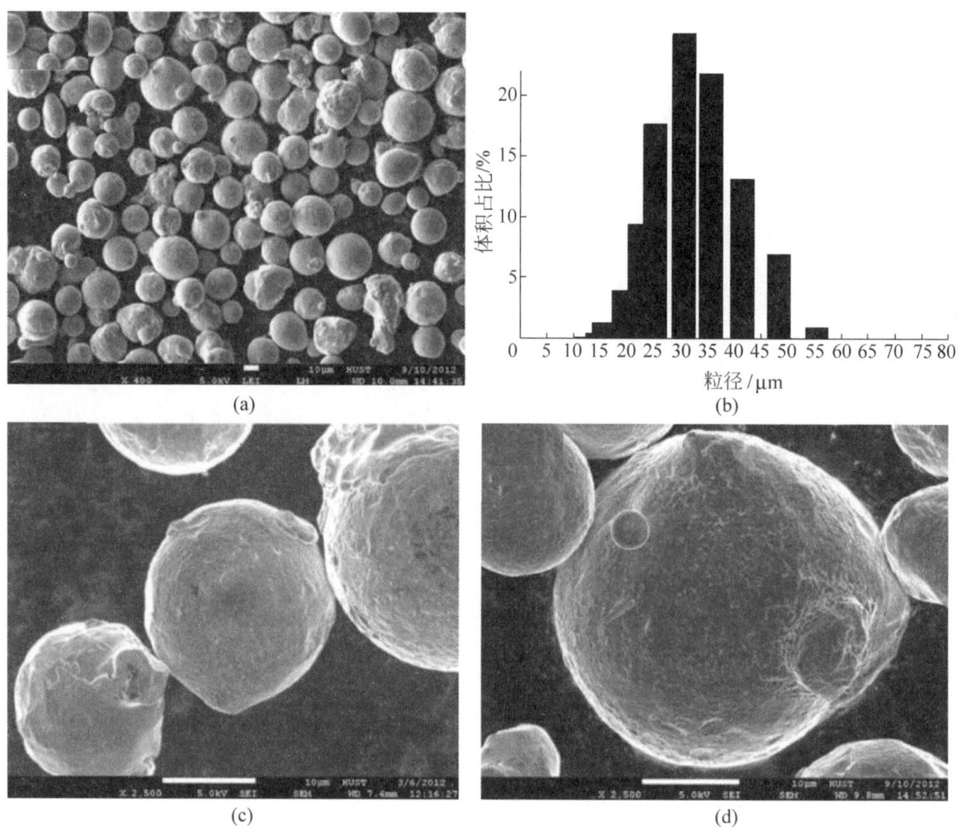

图 4-61　Inconel 625 合金粉末

(a) 粉末宏观形貌；(b) 粉末粒径分布；(c) 粉末颗粒表面形貌；(d) 单颗粉末表面特征

单道形貌，使用不同的参数粉末表面熔融显示出不同的形态。图 4-62(a)、(b)中，激光能量不够，粉末和激光接触时间太短，粉末并没有完全熔化成连续的线条，而是形成断续的点状结构，在激光能量密度较低时，仅有小尺寸粉末熔化且无法润湿合并成连续的微熔池。图 4-62(c)中，单道熔化良好，轮廓清晰连续，没有明显的球化颗粒，为实验所采用的熔池特征。当激光能量充足时，不仅粉末颗粒熔化，基体也会发生熔化，有足够的高温液相形成连续的微熔池。在此区域内采用不同的成形工艺参数也会影响熔池的铺展效果：扫描速度较快时，熔池润湿铺展时间短，形成高且窄的单道形貌；激光能量较高时，熔池液相增多，同时润湿铺展时间增加，形成较宽的单道形貌。图 4-62(d)中，单道熔池表面发黑，表明激光能量过多，熔池温度远超过材料的熔点，在短时间内即发生了氧化，同时熔池在高温下沸腾，飞溅出细小的颗粒，凝固后在熔池附近发生了球化，属于过烧现象。

依据图 4-62 中的分类标准，将不同激光功率和扫描速度对应的结果划分成 3 个区域：成形差、成形较好、成形好。将观察的数据表达如图 4-63 所示。

图 4-63(a)是 Inconel 625 合金激光选区熔化工艺窗口图，右下角区域激光能

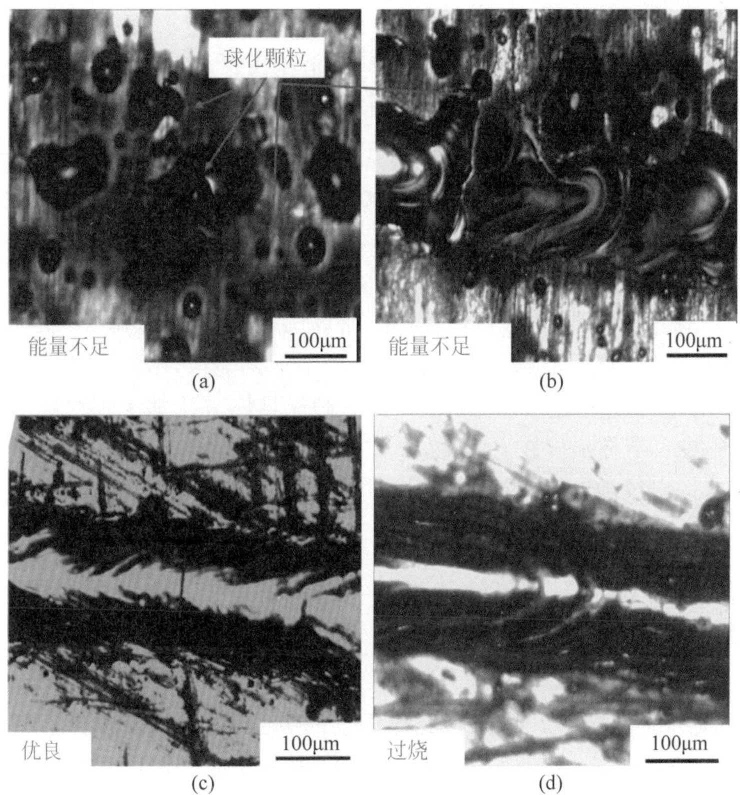

(a)　(b)

(c)　(d)

图 4-62　不同工艺下单道形貌

(a) $P=120\text{W}, v=500\text{mm/s}$; (b) $P=140\text{W}, v=300\text{mm/s}$;
(c) $P=150\text{W}, v=400\text{mm/s}$; (d) $P=170\text{W}, v=350\text{mm/s}$

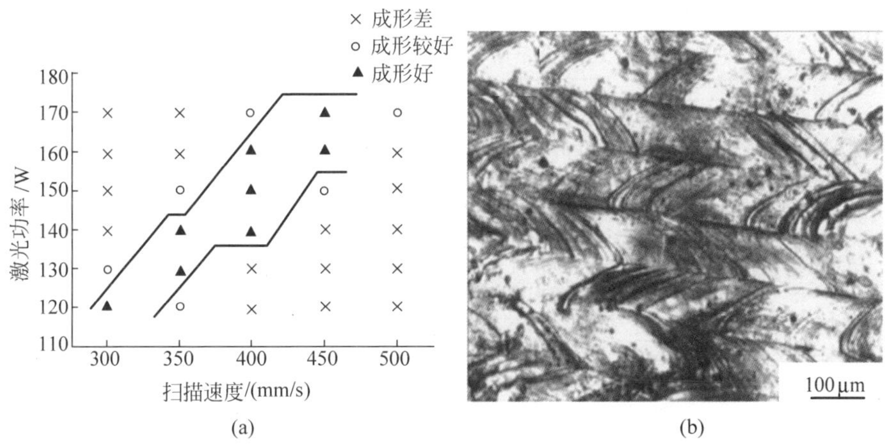

(a)　(b)

图 4-63　工艺窗口图及面扫描形貌

(a) Inconel 625 镍基合金 SLM 单道工艺窗口；(b) 较好单道参数下的面扫描形貌($P=150\text{W}, v=400\text{mm/s}$)

量太弱，不能熔化粉末；左上角区域激光能量密度较大，熔池会出现过烧发黑现象；中间区域粉末在激光作用下熔化良好，单道熔池连续光滑。图4-63(b)是从窗口中选取较好单道参数下的熔化单层粉末的形貌，可以看到该工艺参数下成形效果都比较好，激光道与道之间轮廓清晰，相邻熔化道搭接良好，无空隙出现。由于激光束是来回“之”字扫描的方式，从一道熔池中还可以看到激光束扫描的轨迹，相邻的熔化道扫描方向相反。

b）致密度分析

为了进一步分析工艺参数对成形体致密度的影响，此处选取15组不同的工艺参数组合成形块体，将成形以后的块体从基板下切割下来，用丙酮洗净并烘干后用排水法测量块体的致密度，具体数据见表4-20。具体方法如下：测量试件质量记为m_1；烧杯装入半杯水放在天平上，并将其置零；将试样用细线系好，缓慢地放入盛水烧杯中，读出读数，记为m_2。此时，试件的密度即为$=m_1/m_2$，推导过程如下：

$$F=\rho_{水}gV \tag{4-8}$$

$$F/g=\rho_{水}V=m_2 \tag{4-9}$$

$$\rho=m_1/V=m_1\rho_{水}/m_2 \tag{4-10}$$

取水的密度$\rho_{水}=1\text{g/cm}^3$，即得$\rho=m_1/m_2$。

为了更直观地表现工艺参数和成形质量的关系，可以把工艺参数归纳为一个参量：激光能量密度，用字母E来表示。E代表激光能量密度大小，是SLM成形的关键因素[20]，单位为J/mm³。激光功率P、扫描速度v、扫描间距h、层厚u与E的关系为

$$E=\frac{P}{huv} \tag{4-11}$$

表4-20　Inconel 625合金不同参数块体相对致密度与能量密度的关系

序号	功率/W	速度/(mm/s)	能量密度/(J/mm³)	m_1/g	m_2/g	密度/(g/cm³)	相对致密度/%
1	120	400	214.29	5.169	0.635	8.14	96.4
2	130	500	185.71	5.350	0.673	7.95	94.2
3	140	300	333.33	5.115	0.623	8.21	97.3
4	140	350	285.71	5.100	0.613	8.32	98.6
5	140	400	250.00	4.885	0.585	8.35	99.0
6	140	450	222.22	4.886	0.593	8.24	97.6
7	140	500	200.00	5.426	0.665	8.01	94.9
8	150	300	357.14	5.188	0.635	8.17	97.0
9	150	350	306.12	4.857	0.588	8.26	97.9
10	150	400	267.85	5.504	0.656	8.39	99.4
11	150	450	255.10	5.469	0.655	8.35	98.9

续表

序号	功率/W	速度/(mm/s)	能量密度/(J/mm^3)	m_1/g	m_2/g	密度/(g/cm^3)	相对致密度/%
12	160	350	326.53	4.767	0.575	8.29	98.2
13	160	400	285.71	4.929	0.591	8.34	98.8
14	160	450	253.97	5.202	0.623	8.35	99.0
15	170	350	346.94	5.451	0.664	8.21	97.3

注：Inconel 625 的理论密度为 8.44g/cm^3。

不同工艺参数下 SLM 成形 Inconel 625 高温合金块体致密度 ρ 与激光能量密度 E 有一定关系，对数据点进行数学拟合进一步得到 E 与 ρ 的关系，如图 4-64 所示，表达式为

$$\rho = -4.985 \times 10^{-4} E^2 + 0.283E + 58.75 \tag{4-12}$$

由上述方程可知，$E=284.3J/mm^3$ 时相对致密度取得最大值。因实验过程会有一定误差，所以此数值与实际情况的 267.85J/mm^3 并不完全吻合，拟合方程的结果可以对工艺参数选择提供指导。

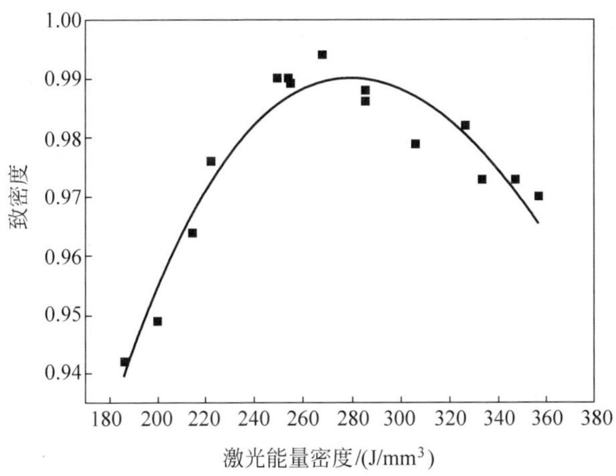

图 4-64 Inconel 625 合金构件致密度与能量密度关系拟合图

2. 激光选区熔化成形 Inconel 718 组织与性能

1）原材料及粉末

实验材料用的镍基高温合金是气雾化 Inconel 718 合金(Hega-nars，比利时)球形粉末。理论密度为 8.44g/cm^3，熔点为 1290～1350℃。Inconel 718(国内牌号 GH4169)是以体心四方的 γ'' 和面心立方的 γ' 相沉淀强化的镍基高温合金，在−253～700℃温度范围内具有良好的综合性能，650℃以下的屈服强度居变形高温合金的首位，并具有良好的抗疲劳、抗辐射、抗氧化、耐腐蚀性能，以及良好的加工性能、焊接性能和长期组织稳定性。化学组分见表 4-21。在 JSM-7600F 场发射

扫描电子显微镜下观察粉末微观形貌，如图 4-65 所示。图中可以看到，粉末多成为球形或者近球形，流动性很好，实验所用粉末在烘箱中烘干 10h，目的是去除水分，便于激光选区熔化成形。采用激光粒度分析仪（Mastersizer 3000，MALVERN，英国）检测粉末的粒度，$D_{v10\text{-}50\text{-}90}$ 分别为 20.4、30.63、45.6μm，粉末的粒度大小整体呈正态分布，符合激光选区熔化成形材料粒径的要求。

表 4-21　Inconel 718 的化学成分

元素		镍	铬	铁	钼	铌	钴	碳	锰	硅	铜	铝	钛
质量分数/%	最小	50	17	余量	2.8	4.75	—	—	—	—	0.2	02	0.7
	最大	55	21		3.3	5.5	1	0.08	0.35	0.35	0.3	0.8	1.15

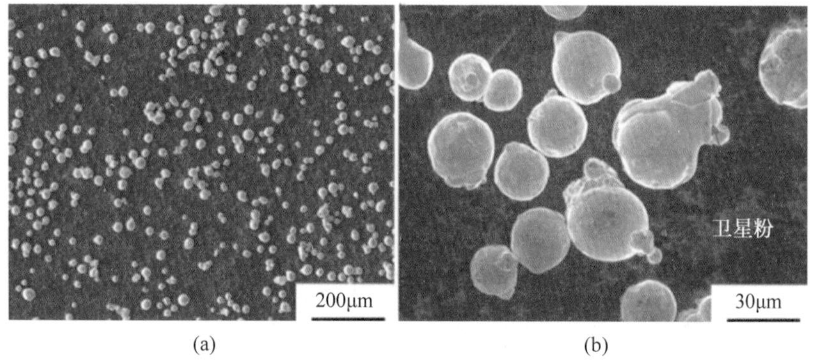

图 4-65　Inconel 718 合金粉末

（a）粉末微观形貌；（b）单颗粉末表面特征

2）微观组织及相组成分析

由图 4-66 可以看出，SLM 成形 Inconel 718 和 Inconel 625 合金基本表现出相同的宏观形貌，在横截面上可以清晰地看到互相平行的熔池形貌，相邻熔池的间距与扫描采用的工艺参数一致，熔池之间相互搭接，无间隙产生。在纵截面上，可以观察到非常明显的熔化道截面轮廓，轮廓呈现高斯形态，与激光的高斯光斑能量分布一致，上下相邻熔池间距与扫描参数中的铺粉层厚一致。从金相图图 4-66（a）、（b）可以看到，SLM 成形的 Inconel 718 合金几乎没有发现裂纹等缺陷，而前面分析过的 Inconel 625 合金，由于热应力等作用，很容易导致微观裂纹等缺陷，造成性能的严重下降，这说明固溶强化的镍基合金和析出强化的镍基合金具有明显不同的特点，具体的解释将在后面展开。对熔池边界进行放大分析，可以看出不同取向及尺寸的亚晶粒结构，这些亚晶粒的尺寸与凝固时的传热密切相关，对于 FCC 结构的晶体，总是沿着最有利的生长方向延伸，熔池中传热复杂，获得的晶粒的取向也各不相同。在纵截面的高倍放大图可以看到，熔池边界其实为激光的热影响区导致的亚晶粒的变化。在晶体生长中往往会贯穿晶界，获得连续的长条状晶体。枝晶之间互相平行，形成非常有规则的排列。在一般的慢速凝固中，二次枝晶非常明显，但在SLM快速凝固中，二次枝晶来不及生长，几乎被完全抑制，只有主干得以保留。

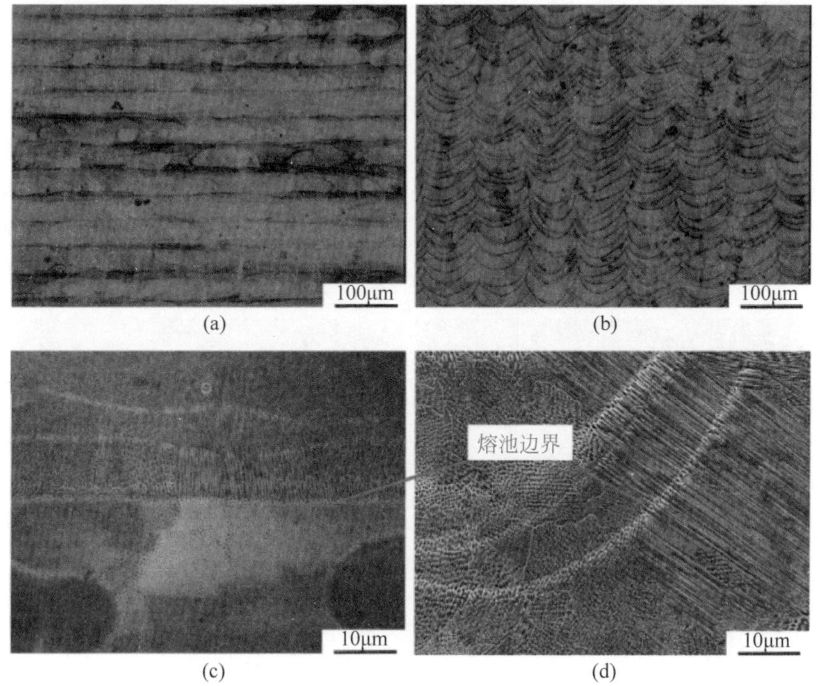

图4-66 Inconel 718合金横纵截面LOM图及高倍下的SEM图

(a) 横截面LOM图；(b) 纵截面LOM图；(c) 横截面熔池边界放大图；(d) 纵截面熔池边界放大图

SLM成形Inconel 718合金在快速凝固和层层叠加条件下形成独特的组织形貌，可以将不同形貌的分界线归结为以下3种：

(1) 凝固亚晶界：凝固亚晶粒是一种精细的组织，只能在SEM电子显微镜下观察到。这些亚晶粒通常以晶格或枝状晶形态存在。因为这些界面的化学成分与大部分显微组织的成分并不相同，所以它们在显微组织中是明显可见的。实际上由于亚晶界的非方向性，错密度一般比较低。亚晶界通常是成分偏析的结果。

(2) 凝固晶界：多束或多组的亚晶粒相交成为凝固晶界。因为每一束亚晶粒有不同的生长方向和方位，它们的相交导致高角度非方向性的边界，常被称作"高角度"晶界。这些部位的位错密度通常比较高。

(3) 熔池边界：熔池边界是金属增材制造独有的特点，是指层层叠加引起的明显的一层层的分界线。这些部位往往容易形成杂质如碳化物、氧化物等缺陷。同时，作为冷热界面的交界面，这里经历了高温极端条件。两侧的晶粒方向有可能因为外延生长的影响而相同，也可能因为热流方向导致生长方向不同，是成形组织中最复杂的位置。该处界面能量比较高，位错多。

4.3.5 金属基复合材料及其成形工艺

1. 激光选区熔化制备 TiN/AISI 420 不锈钢复合材料组织与性能

1) 原材料粉末及复合粉末制备

选用的金属基体材料为 420 不锈钢粉末，由长沙骅骝粉末冶金有限公司生产，制造工艺为氩气雾化。该粉末形貌如图 4-67(a)所示，具有较窄的粒径范围(5～70μm)，平均粒径为 20μm。选用的陶瓷增强颗粒为微米级 TiN 颗粒，由中诺新材北京科技有限责任公司提供，名义粒径小于 2μm。如图 4-67(b)所示，TiN 颗粒呈不规则形状，由微米级的大尺寸颗粒和亚微米级的小颗粒共同组成。

图 4-67 原始粉末形貌

(a) 420 不锈钢粉末；(b) TiN 粉末

将原始的 420 不锈钢粉末和 TiN 粉末按照质量比 99∶1、97∶3 和 95∶5 3 种比例混合，将混合的 3 种粉末先后置于球磨机(QM-3SP4 型行星式球磨机，南京南大仪器厂)中进行高能球磨，使不锈钢粉末和陶瓷增强体均匀混合。在保证两种粉末均匀混合的同时，需要使制备的混合粉末具有较好的流动性，具体的球磨工艺设置如下：球料质量比为 10∶1，转速为 160r/min，球磨时间为 4h。根据 TiN 添加量的不同，将制备的混合粉末命名为 P1、P2 和 P3。

2) 混合粉末的形貌与相组成

图 4-68 为 420 不锈钢和 TiN 混合粉末的低倍形貌。可以看出，采用上述球磨工艺制备的 3 种粉末仍保持球形或近球形，TiN 颗粒的加入和高能球磨并未使不锈钢颗粒发生明显的塑性变形和破碎，因此粉末的流动性不会大幅下降，保证 SLM 过程中的铺粉效果。

图 4-69 为 420 不锈钢和 TiN 混合粉末的高倍形貌。如图 4-69(a)所示，混合粉末中可以清晰地分辨出微米级 TiN 颗粒和不锈钢粉末颗粒，由于球磨时间和转速的限制，微米级 TiN 颗粒并未完全被碾碎变为亚微米或纳米级颗粒，微米级的 TiN 颗粒粒径小于 5μm，仍为不规则形状。从图 4-69(b)～(d)可以看出亚微米和纳米级 TiN 颗粒在不锈钢粉末颗粒表面的分布情况，TiN 颗粒如黑色箭头所示，

图 4-68　混合粉末低倍形貌

(a) P1；(b) P2；(c) P3

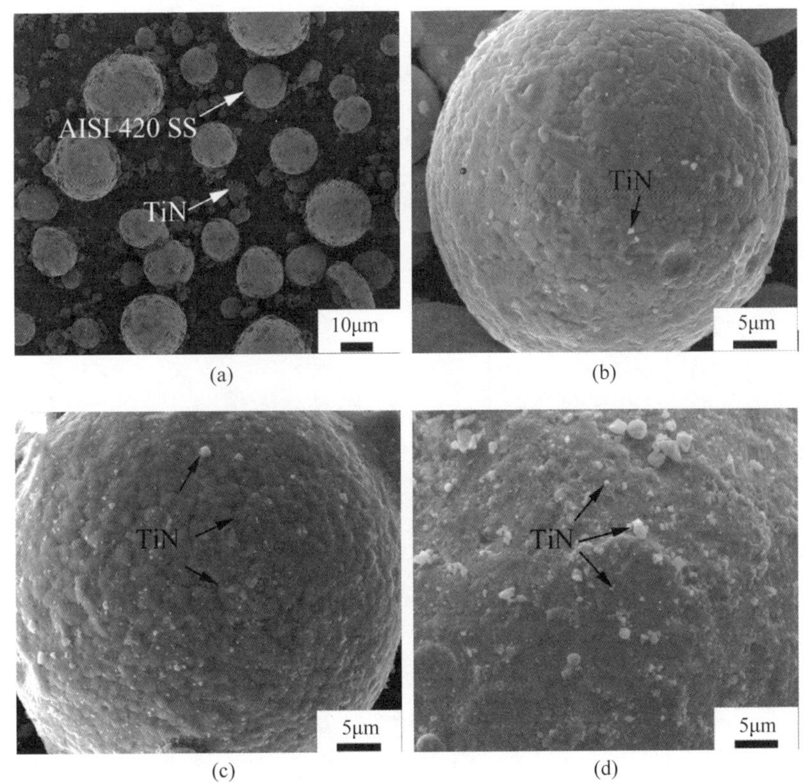

图 4-69　混合粉末高倍形貌

(a)、(c) P2；(b) P1；(d) P3

随着 TiN 粉末添加量的增加，黏附在 420 不锈钢粉末颗粒表面的 TiN 颗粒明显增多。

图 4-70 为 420 不锈钢和 TiN 粉末的能谱分析图。由于使用能谱测量元素时误差较大，因此通过对比 Ti 元素的分布来确定 TiN 颗粒的粉末情况。其中，

图 4-70(a)、(b)为混合粉末 P1 的点能谱测试结果，而图 4-70(c)、(d)和图 4-70(e)、(f)分别为混合粉末 P2 和混合粉末 P3 的点能谱测试结果。从图中可以看出，白色颗粒物处 Ti、N 元素含量相比于其他深色区域明显高出许多，可以判断白色颗粒为 TiN 颗粒。由于 420 不锈钢和 TiN 材料导电性差异很大，因此在扫描电镜下两者存在明显的衬度差异，其中白色颗粒处为 TiN，而灰色区域为 420 不锈钢。从图中可以看出，不锈钢粉末颗粒表面黏附着微米级和纳米级的 TiN 颗粒。同时可以看到随着初始 TiN 颗粒添加量的增加，不锈钢颗粒表面测量的 Ti 元素的峰值明显升高，说明随着 TiN 添加量的增加，混合粉末中纳米 TiN 颗粒在不锈钢表面分布更加均匀。

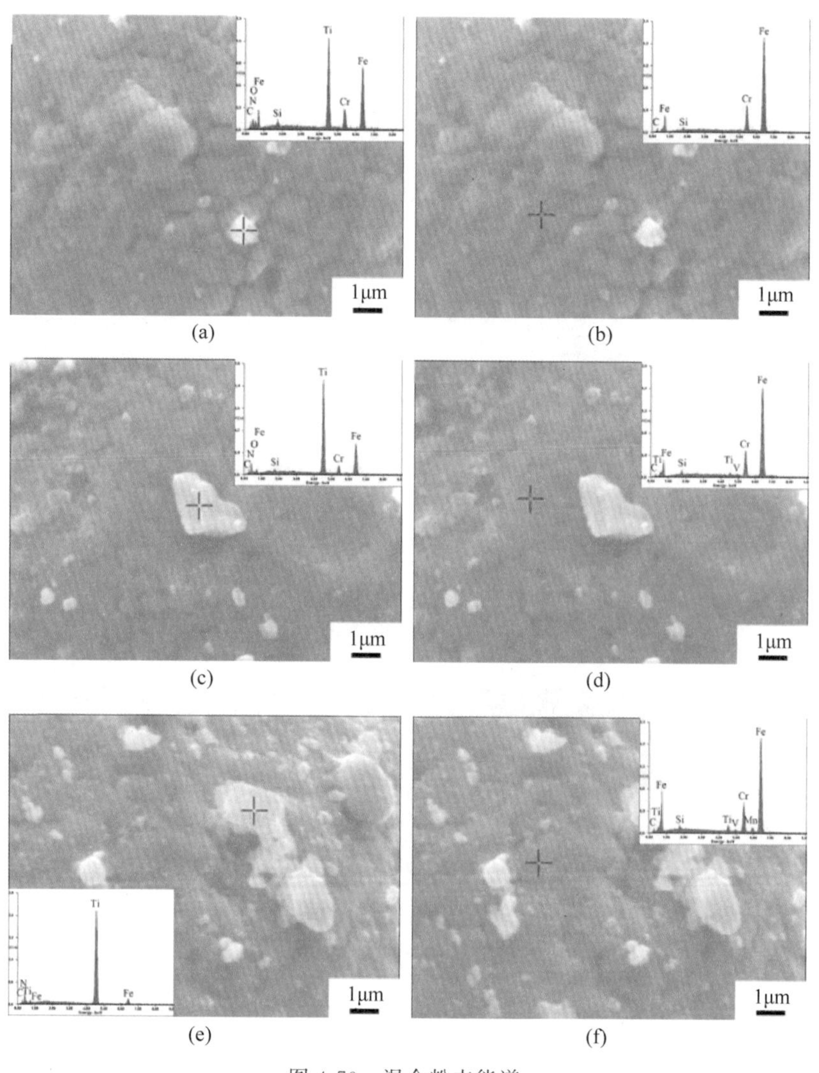

图 4-70　混合粉末能谱

(a)、(b) P1；(c)、(d) P2；(e)、(f) P3

对原始不锈钢粉末和混合粉末进行 XRD 测试，使用装备见第 2 章，扫描角度 $2\theta=30°\sim100°$，扫描速度为 5°/min，结果如图 4-71 所示。原始粉末中检测出 Fe-Cr 相和 CrFe7C0.45 相，而在混合粉末中仅增加了 TiN 相的峰位，未发现其他新物质的明显的峰值，证实在混合粉末制备过程中两种粉末并未反应生成新的相。随着初始 TiN 含量的增加，测出的 TiN 峰更加明显。

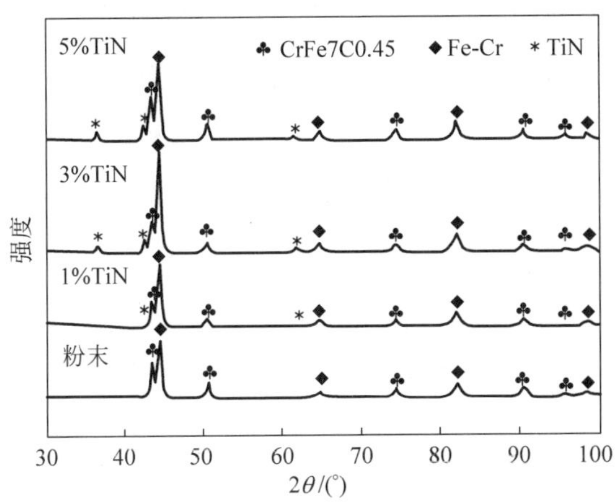

图 4-71　420 不锈钢粉末和 TiN 混合粉末的 XRD 图谱

3) TiN 添加量对复合材料相对密度的影响

图 4-72(a)～(c)为 SLM 成形的 420 SS/TiN 复合材料试样的水平截面 SEM 图片。可以看出，3 种添加了不同 TiN 含量的构件致密度较低，存在较多的孔隙缺陷。按照孔隙的形貌特征，可以将这些缺陷分为两类：大尺寸不规则孔(large pore)和狭长链状孔(pore chain)。其中，大尺寸不规则孔隙尺寸在 50μm 以上，并且在构件中的分布没有明显的规律，此类缺陷常见于 SLM 熔化不足的构件中；狭长链状孔为一系列窄而长的小孔造成的孔链，孔链的方向与激光扫描的方向平行(图 4-72(a))，分布在熔化道边缘附近。在使用粉末 P1 制造的复合材料中可以观察到大量的链状孔，而在使用粉末 P2 和 P3 制造的复合材料中缺陷主要为不规则孔(图 4-72(b)和(c))，并且随着原材料中 TiN 颗粒的增多，粉末熔化和润湿效果变差，从而出现了更多不规则的孔隙。从图 4-72(c)右上角的放大图中可以看到大量的 TiN 颗粒聚集在孔隙缺陷附近，少部分颗粒与金属基体结合紧密。图 4-72(d)为 SLM 成形的复合材料的相对致密度，含有 1%TiN 构件的致密度为 95.5%，含有 3%TiN 构件的致密度降低为 81.8%，当 TiN 含量升高至 5%时，致密度降低为 66.5%。致密度下降的趋势与电镜观察到的一致，同时该结果远远低于未添加 TiN 颗粒的构件。可见，TiN 颗粒的添加极大地降低了 420 SS/TiN 复合材料 SLM 构件的致密化程度。

图 4-73 为 SLM 制造的复合材料(使用粉末 P2)缺陷处的高倍 SEM 图片。从图 4-73(a)中可以看到大尺寸孔具有不规则的形貌，并且在孔隙内可以找到未熔化

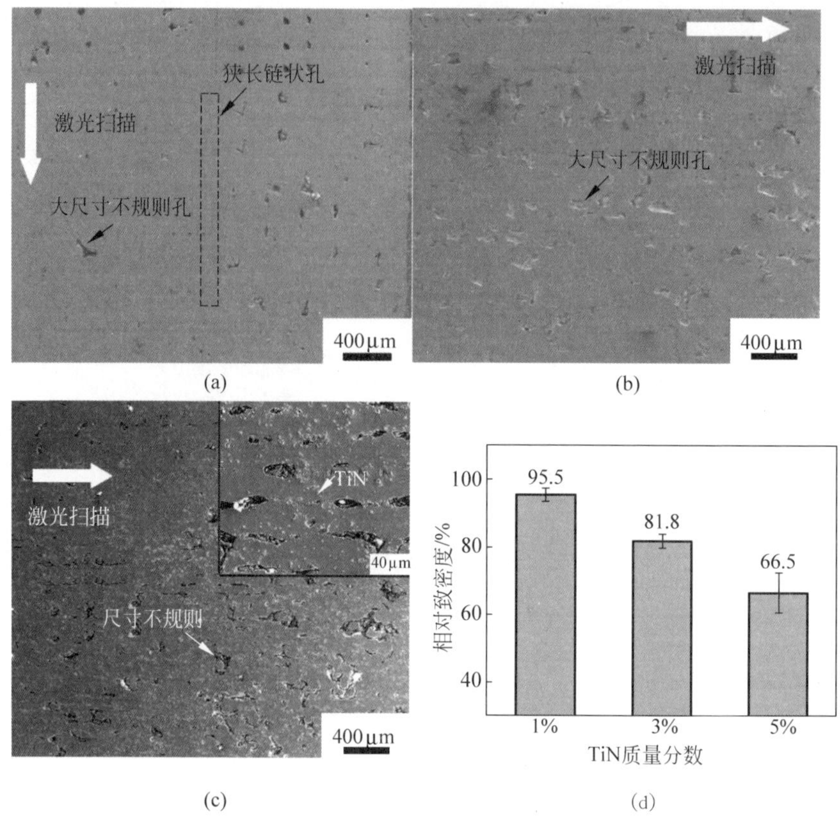

图 4-72　SLM 成形的 TiN/420 不锈钢复合材料试样的水平截面 SEM 图片

(a) P1；(b) P2；(c) P3；(d) 复合材料试样的相对致密度

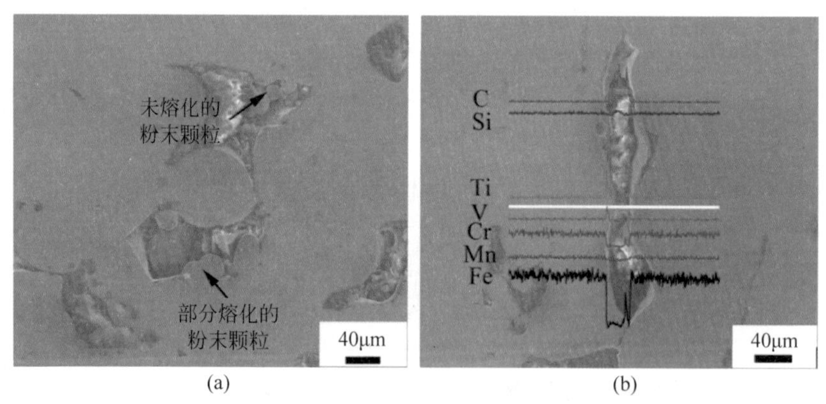

图 4-73　缺陷处的高倍 SEM 图片(使用 P2 制备的试样)

(a) 不规则孔；(b) 链状孔

的微小金属球和尺寸较大的部分熔化的金属粉末颗粒。在第 2 章的研究中，当使用优化的 SLM 成形工艺参数制造 420 不锈钢时，金属粉末颗粒可以完全熔化，并且构件接近全致密。增材制造中不锈钢粉末对光纤激光的吸收率大概为 0.6，粉末颗粒表面的 TiN 颗粒降低了混合粉末对激光的吸收率，因此添加 TiN 颗粒后造成粉末颗粒熔化不充分，形成了不规则孔隙缺陷。随着 TiN 含量的增加，原始粉末材料对激光吸收率逐渐减小，使用相同的 SLM 成形工艺参数时，更少的激光能量被吸收来熔化粉末材料。因此，一些不锈钢颗粒未吸收足够的能量，出现了部分熔化甚至是未熔化的现象，从而造成大尺寸不规则孔隙。对链状孔处进行 EDS 线扫描，可以观察到元素波动趋势。从图 4-73(b)中可以看到 Ti 元素在链状孔边缘急剧增加，说明 TiN 颗粒聚集在孔隙边缘。

图 4-74 为 3 种 TiN 含量构件链状孔处的 EDS 线扫描结果，当 TiN 含量增加时，链状孔确实有所增加，同时宽度和长度也增加。

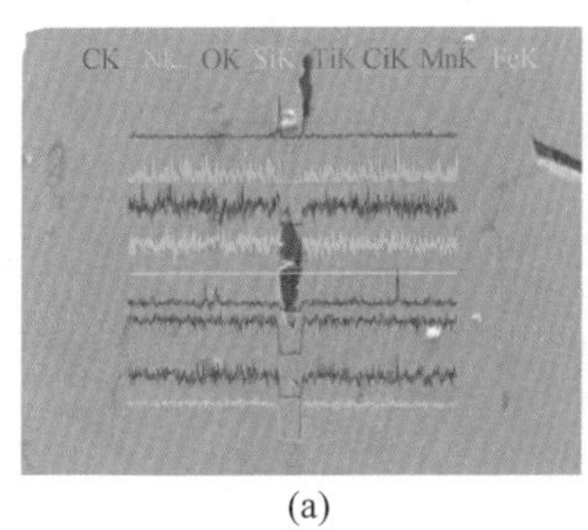

(a)

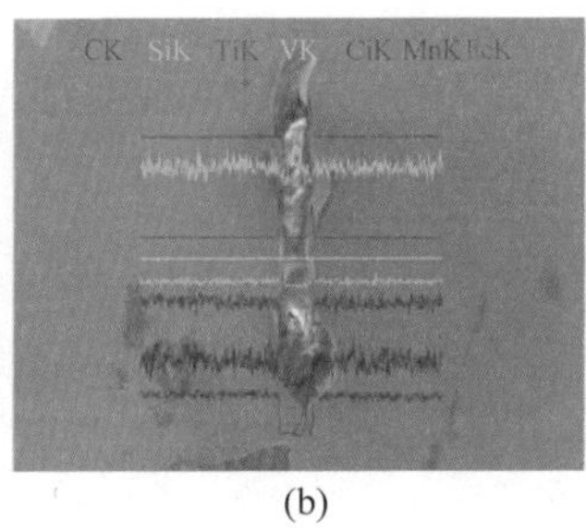

(b)

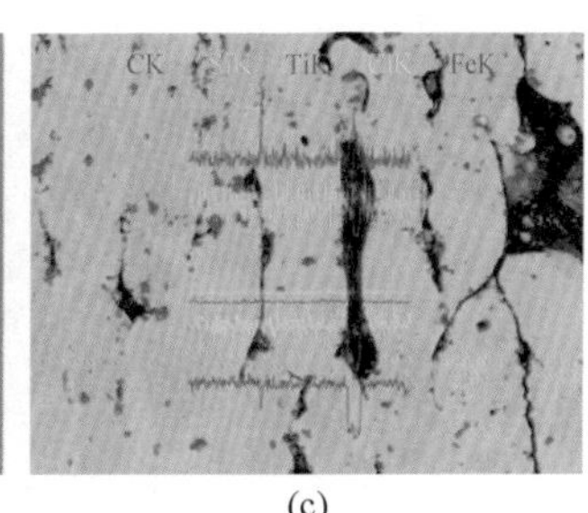

(c)

图 4-74　使用三种粉末制造的构件 EDS 线扫描结果

(a) P1；(b) P2；(c) P3

陶瓷/金属界面是成形 MMCs 的关键问题之一，根据陶瓷与金属基体的润湿是否发生化学反应分为：反应界面系统和非反应界面系统。TiN 颗粒与不锈钢熔体的润湿属于非反应界面系统。非反应界面系统具有极快的润湿动力学，并且润湿角和附着功受温度影响较弱[2]。金属/陶瓷界面的附着功 W 通常是两相界面之间各种影响的总和，可用式(4-13)表示：

$$W = W_{\text{equil}} + W_{\text{non-equil}} \tag{4-13}$$

式中，$W_{\text{non-equil}}$ 为金属/陶瓷界面间发生化学反应对附着功的非平衡影响；W_{equil} 表示排除化学反应后对界面附着功的平衡影响。非反应界面系统的附着功明显小于反应界面系统的附着功。例如，从 Ti/TiB_2 粉末 SLM 可以成形出很致密化的构件[3]，Ti 与 TiB_2 反应增加了 Ti 基体与反应产物 TiB 的界面润湿程度和界面强度。与之相比，TiN 与不锈钢熔体之间附着功较小，两者之间润湿情况较差，同时由于温度的升高对界面附着功提升有限，因此 SLM 微熔池内的高温熔体也很难改善两者界面润湿情况，实现全致密构件的制造。另外，SLM 成形工艺是一种无压力的成形方法，不能提升复合材料成形过程中的致密化程度。最终，TiN 陶瓷与不锈钢熔体之间较差的润湿情况造成了链状孔缺陷，限制了复合材料中 TiN 含量的继续增加。

2. 激光选区熔化原位制备 Ti-HA 复合材料组织与性能

1) 实验原材料

本次实验所使用的商用纯钛粉末(ASTM Grade 1)由加拿大 AP&C 公司提供，粉末形貌如图 4-75(a)所示，呈近球形，平均粒径为 30.8μm。纳米羟基磷灰石(Nano-HA，nHA)粉末形貌如图 4-75(b)所示，平均尺寸为 50nm，有利于均匀分散在 Ti 颗粒表面。将质量分数为 2%和 5%的 nHA 粉末加入 Ti 基体中，分别命名为 Ti/2%HA 和 Ti/5%HA，并以 Ti 作为对照组。复合粉末在南京南大仪器厂生产的 QM-3SP4 型行星式球磨机中进行机械混合，以 Ti/2%HA 复合粉末为对象针对球磨工艺参数(球料比、转速和时间)进行优化，如表 4-22 所示。粉末流动性是 SLM 工艺中的重要因素之一，需要粉末具有均匀的形状和粒度分布。

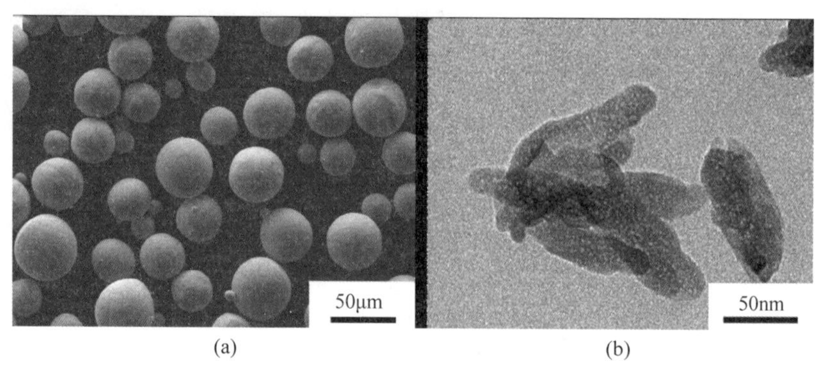

图 4-75 实验用粉末特征

(a) 纯钛粉末 SEM 形貌；(b) 纳米羟基磷灰石粉末的 TEM 形貌

表 4-22 Ti/2%HA 复合粉末的球磨工艺参数和平均粒径

编号	球料比	球磨转速/(r/min)	球磨时间/h	平均粒径/μm
P1	1∶1	120	3	10.3
P2	1∶1	150	7	31.4
P3	1∶1	180	12	29.9
P4	5∶1	120	3	17.9
P5	5∶1	150	7	25.4
P6	5∶1	180	12	27.8
P7	10∶1	120	3	9.84
P8	10∶1	150	7	22.4
P9	10∶1	180	12	18.3

图 4-76 为不同球磨工艺下 Ti/2%HA 粉末形貌，红色箭头表示 HA 粉末，经过球磨后 HA 颗粒被分散在纯钛粉末的表面。从图中可以看出，金属粉末没有显著变形，选择平均粒径为 22.4μm 的复合粉末以获得良好的流动性(SLM 铺粉层厚为 20μm)。复合粉末的 XRD 结果如图 4-77 所示，加入了 Ti 和 HA 的粉末作为

对比。结果表明，与原始材料相比，球磨后的复合粉末物相发生显著改变，有相对较弱的 HA 峰存在(红色虚线所示)。因此，复合粉末中不止有 α-Ti(密排六方结构)，也有 HA 相存在。综上所述，优化后的球磨工艺参数为：球料比为 10∶1，转速为 150r/min，时间为 7h。

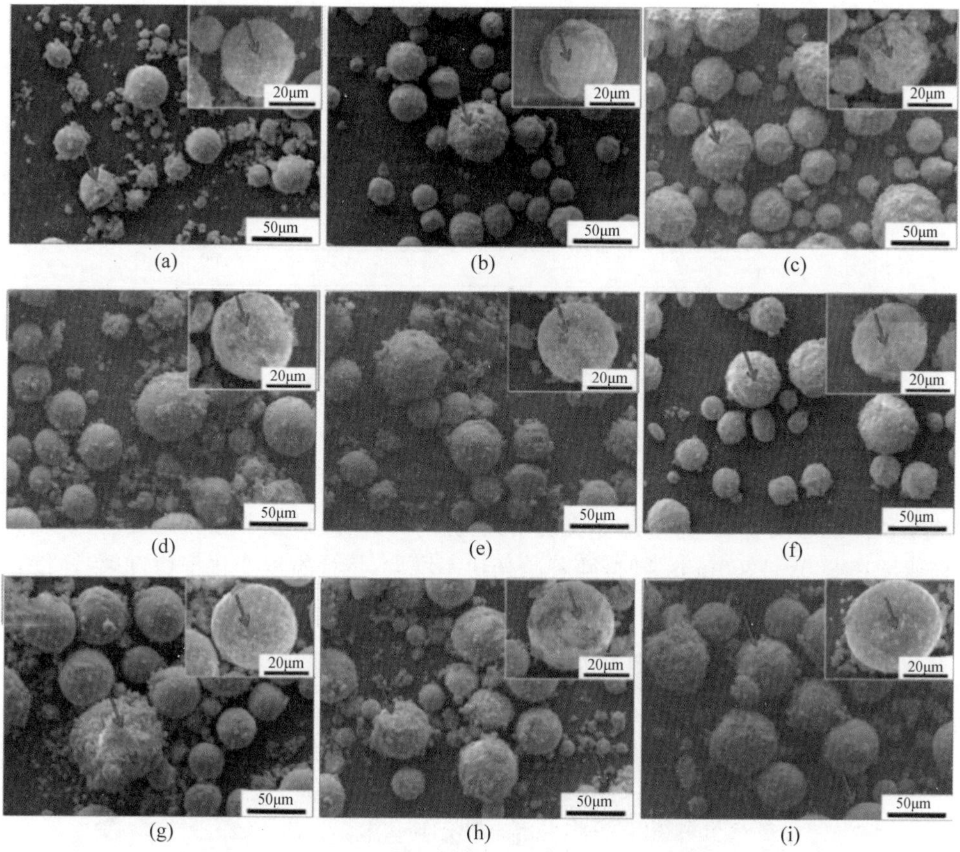

图 4-76　不同球磨工艺下 Ti/2%HA 复合粉末形貌

(a) P1；(b) P2；(c) P3；(d) P4；(e) P5；(f) P6；(g) P7；(h) P8；(i) P9

2) SLM 工艺优化

本实验采用 EOS M280 SLM 装备进行成形。如前所述，该装备配备了 400W 单模光纤激光器(IPG，美国)，其波长为 1064nm，激光光斑尺寸为 100μm。SLM 过程在高纯氩气环境下进行，以避免氧化现象。实施了单道、单层实验以优化工艺参数。

a) 单道扫描

设置不同激光功率和扫描速度组合进行单道扫描实验，通过观察熔池的连续性，确定合适的激光功率和扫描速度的工艺窗口。图 4-78 为单道扫描的典型熔池形貌。当激光功率较小而扫描速度较快时，粉末单位时间吸收的激光能量较少，熔

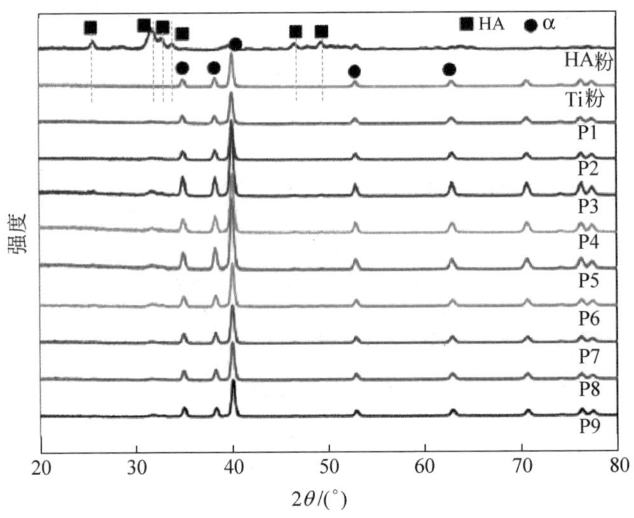

图 4-77 不同球磨工艺下 Ti/2%HA 复合粉末 XRD 结果

化粉末量少，不能形成连续熔池；当激光功率较高而扫描速度较慢时，粉末单位时间吸收的激光能量多，局部熔化金属过多，造成熔池宽度不均匀、不连续；当激光功率和扫描速度合适时，熔池形貌规则且宽度均匀。通过光学显微镜观测，发现扫描速度在 800～1200mm/s 时，随着激光功率增大，熔池宽度变化平稳，形貌连续且均匀。

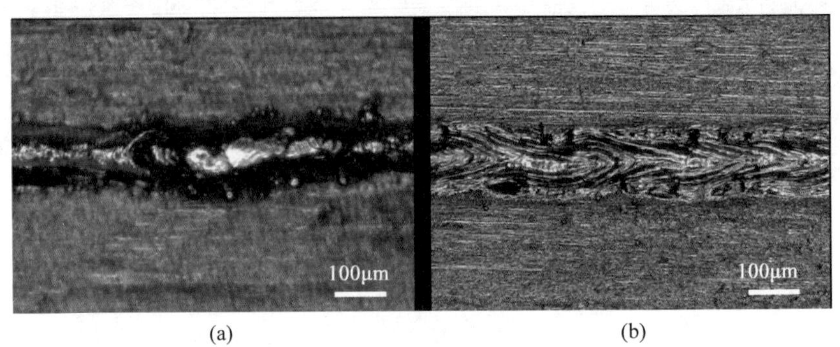

图 4-78 单道扫描的典型熔池形貌

(a) 不连续熔池；(b) 连续熔池

b）单层面扫描

在单道扫描的基础上进行单层面扫描。选取扫描速度为 1000mm/s，激光功率分别设置为 160、200、240、280、320W，保持恒定的扫描间距 0.08mm 及铺粉层厚 20μm。通过超景深光学显微镜观察表面形貌。图 4-79 描述了激光功率对熔池宽度和搭接率的影响。当扫描速度保持不变时，熔池宽度和搭接率随激光功率增加而增加。从图中可以看出，当功率为 200、240、280W 时，熔池连续且无球化现象产生。已有针对熔池形成特征进行模型的研究，在 SLM 过程中，每个铺展的颗粒在激光高能束作用下被加热熔化。能量平衡方程可以用下式进行描述：

$$Q_a = Q_h + Q_1 \tag{4-14}$$

式中，Q_a 是每个粉末颗粒吸收的能量，J；Q_h 是加热粉末至熔点所需要的能量，J；Q_1 是粉床散失的能量，J。此外，若 Q_a 保持恒定，粉末颗粒尺寸越小，需要的加热温度就越高。当激光功率较低时（160W），较小的粉末颗粒熔化但是大颗粒未熔；而激光功率在 200～280W 之间时，粉末颗粒全部熔化，液态金属凝固形成连续熔化道；然而当激光功率过高时（320W），会产生过烧现象，同时伴随着裂纹和高残余应力。

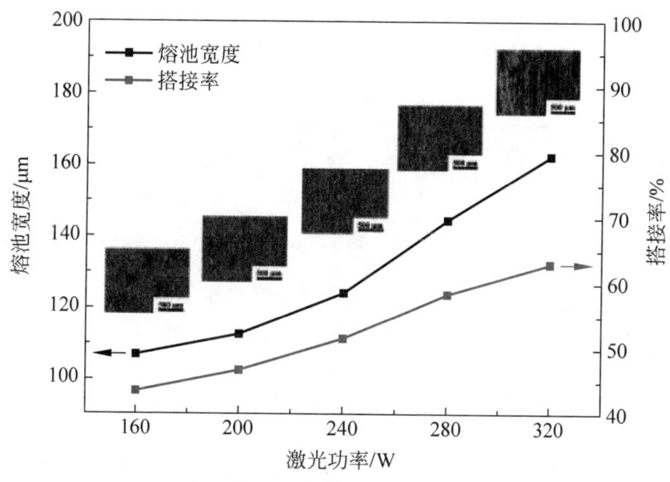

图 4-79　不同激光功率下单层面扫描结果

c）块体成形

在单层面扫描的基础上成形块体，设定激光功率为 200、240、280W，扫描速度为 1000mm/s。图 4-80 是成形块体在不同激光功率下的致密度。结果表明，SLM 成形 Ti/2%HA 试样的致密度高于 95%。在激光功率为 240W 时，复合材料致密度最高，达到 97%。通过前期系列工艺优化，得到复合材料的制造参数为：激光功率 240W，扫描速度 1000mm/s。

3）复合粉末表征

Ti/2%HA 和 Ti/5%HA 复合粉末形貌和元素分布如图 4-81 所示。较大尺寸的 Ti 颗粒被均匀的 nHA 粉末所包裹。图 4-81(c)显示了 Ti、Ca、O 元素的分布，Ca 和 O 元素作为 HA 的组成成分，表明了棉花状的 nHA 粉末均匀覆盖在了 Ti 颗粒上。此外，HA 产生了团聚现象，这是由于其表面活性高导致的，这种团聚程度随 HA 含量的增加而更加明显。

4）微观组织演变

图 4-82 显示了 HA 的添加对 SLM 制备 Ti/nHA 复合材料的横截面微观组织

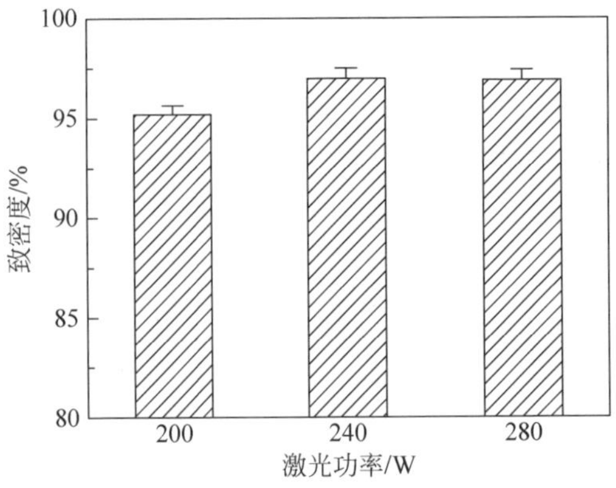

图 4-80　不同激光功率下成形 Ti/2％HA 复合材料的致密度

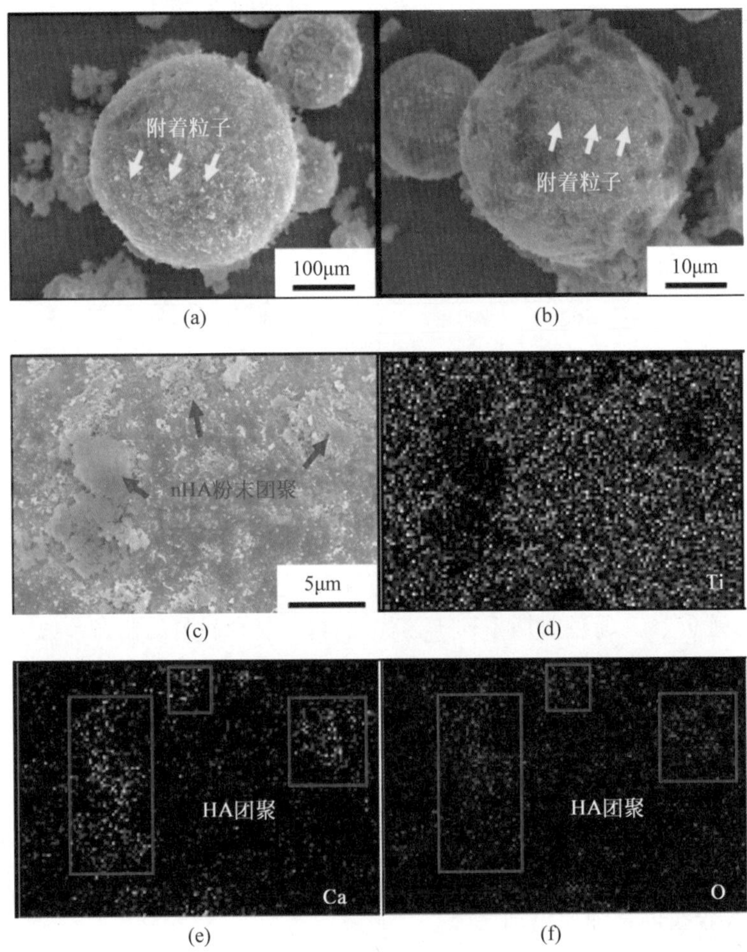

图 4-81　复合粉末的 SEM 结果

(a) Ti/2％HA；(b) Ti/5％HA；(c) Ti/5％HA 的 EDS 面能谱

的影响。在 Ti 中观察到了长板条状晶粒，为 α 结构；而在 Ti/2%HA 中，产生了短针状晶粒，但是由于 HA 添加的含量太少，晶粒的形貌和尺寸没有显著改变，如图 4-82(c)、(d)所示。当 HA 添加至 5%时，非均匀的针状晶粒逐渐互相连接，演变成准连续环状晶粒，如图 4-82(e)、(f)所示。因此，SLM 制备 Ti/nHA 复合材料的微观组织随 HA 的添加逐渐细化，晶粒特征经历了一个新的演变过程：相对长板条状晶粒→短针状晶粒→准连续环状晶粒。

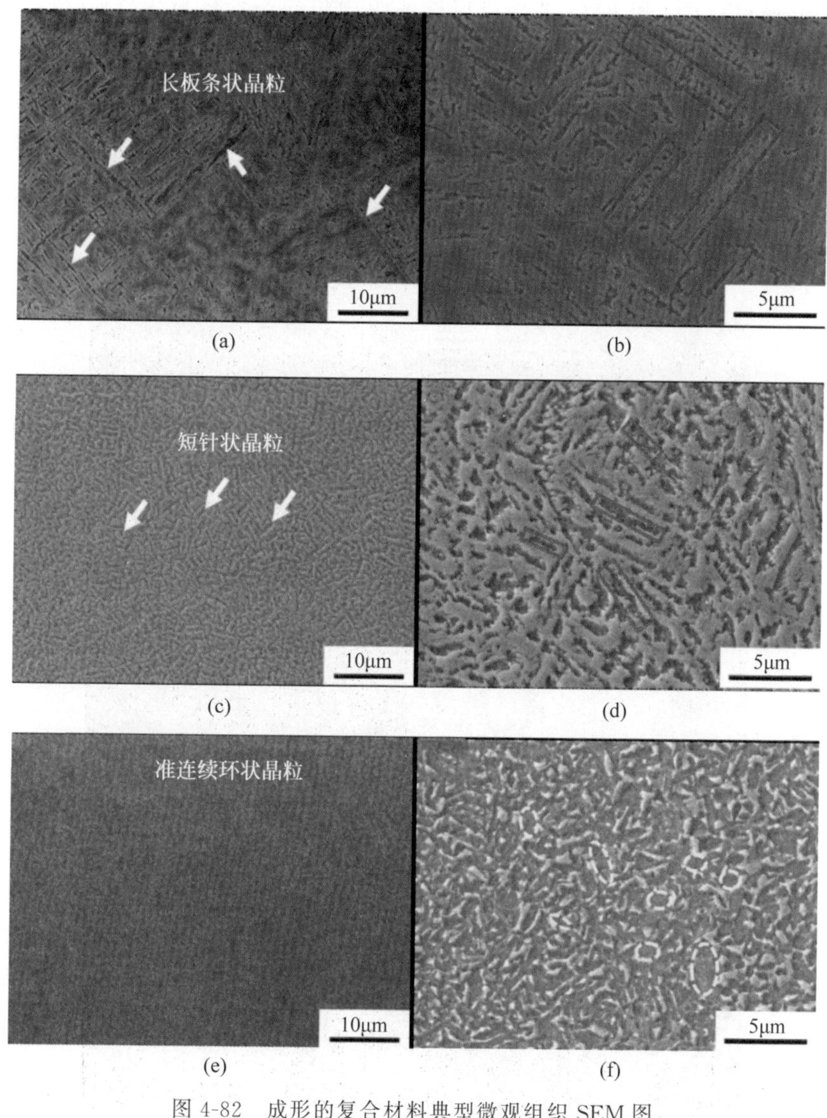

图 4-82　成形的复合材料典型微观组织 SEM 图

(a)、(b) Ti；(c)、(d) Ti/2%HA；(e)、(f) Ti/5%HA

图 4-83 通过 EDS 分析定性描述了 SLM 制备 Ti/nHA 复合材料微观组织的

元素。在图 4-83(a)中,可以发现基体富含 Ti(99.85%),还有非常少量的 P 和 Ca 元素扩散进了基体(表 4-23)。然而,在能谱 1 的位置 O 元素含量比较高,以钛的氧化物形式存在。在图 4-83(b)中,P 和 O 元素发生富集,没有 Ca 元素,这可能是在磨抛的过程中造成了 Ti 和 Ca 的部分丢失。另一方面,在 SLM 过程中 P 作为溶质元素,由于其更小的半径和低活化能,会快速迁移到 Ti 基体中。根据 XRD 结果,可以推测在 Ti-nHA 的微观组织中形成了钛磷化合物(Ti_5P_3)和钛的氧化物(Ti_xO)。通过 XRD 和 EDS 结果可以证明组织中的白色区域由 Ti_xO、Ti_5P_3 和 α-Ti 共同组成。

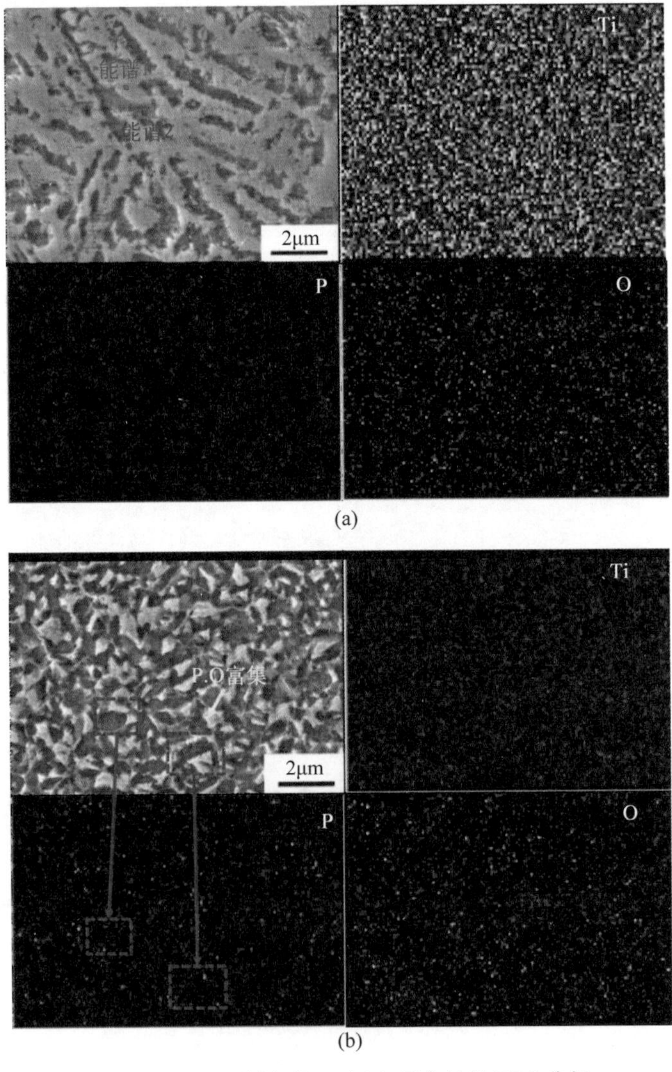

图 4-83　SLM 制备的 Ti/HA 复合材料 EDS 分析

(a) Ti/2%HA; (b) Ti/5%HA

表 4-23　Ti/nHA 复合材料组织元素分析　%

编号	Ti	P	O	Ca
试样 1	91.03	0.05	8.84	0.08
试样 2	99.34	0.36	—	0.30

3. 激光选区熔化制备 Ti/HA 准连续成分梯度复合材料组织与性能

1）实验原材料

本次实验用纯钛(Ti)和纳米羟基磷灰石(nHA)粉末。采用之前优化的球磨工艺分别制备 HA 质量分数从 0～5%的 Ti/HA 粉末，并以 1%为单位变化。

2）SLM 制备 Ti/HA 梯度材料

SLM 制备 Ti/HA FGM 的示意图如图 4-84 所示。每一层梯度层高度为 2mm。根据每层的成分比例，沿制造方向(BD)分别将各梯度层命名为 Ti/0HA、Ti/1%HA、Ti/2%HA、Ti/3%HA、Ti/4%HA 和 Ti/5%HA。经过前期工艺优化，SLM 成形工艺参数如下：激光功率为 240W，扫描速度为 1000mm/s，扫描间距为 0.07mm，铺粉层厚为 30μm。成形过程在高纯氩气氛中进行，成形完成后，试样依次通过丙酮、无水乙醇进行超声清洗。

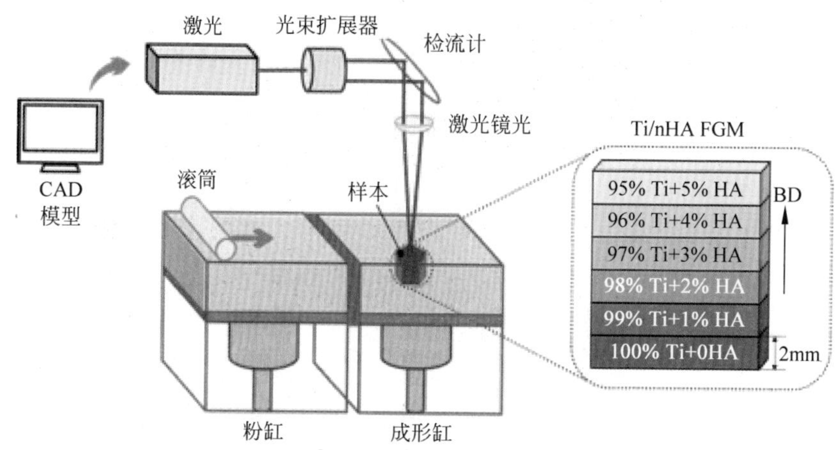

图 4-84　SLM 制备 Ti/HA FGM 的示意图

3）孔隙分析

图 4-85 显示了 SLM 制备 Ti/HA FGM 块体的 Micro-CT 三维重建结果。不同的梯度层表面都存在微裂纹和孔隙，在图中红色的区域表示孔洞。每一梯度层中的孔都呈现出不规则的形状和随机空间分布。在 SLM 过程中，一般将孔隙的形成归因于熔池周围粉末剥蚀作用的累积效应、熔池中的小孔效应、激光辐射和飞溅强度波动的相互作用等。

图 4-86 描述了孔隙率和梯度成分之间的定量关系。随着 HA 含量从 0 增加到 5%，孔隙率从 0.01%逐渐增加至 3.18%。通过观察，发现在 HA 含量高的梯度

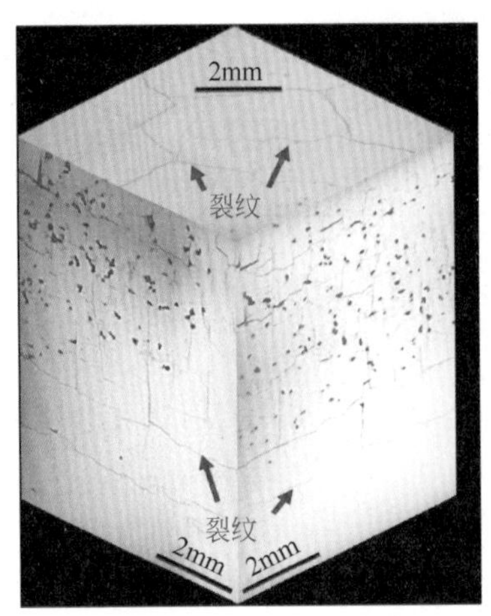

图 4-85　通过 Micro-CT 测得的 Ti/HA FGM 表面孔隙分布结果(红色区域表示孔洞)

层存在更明显的大尺寸孔隙。这些沿梯度方向较大孔隙的形成原因是气孔形核和元素蒸发的共同作用。首先,由于 SLM 的熔池冷却速度非常快($10^6 \sim 10^8$K/s),Ti 和 HA 反应生成的氧气和氢气难以全部从基体中逸出,从而形成了孔隙的形核之处。其次,HA 的元素蒸发导致熔池表面快速冷却,减少了熔池的表层和次表层的对流,同时引起反冲压力和气相毛细管的产生。反冲压力对熔体飞溅提供了驱动力,而气相毛细管产生热毛细力,两者作用干扰熔体的流动,因此熔池中的对流变得不稳定、不充分,从而导致了大尺寸孔隙的形成。随着 Ti/HA FGM 中 HA 含量的增加,产生气孔的数量和元素蒸发程度也增加,这也解释了图 4-86 中孔隙率增加的趋势。另一方面,这种孔隙率的渐变能通过增加生物活性提高 FGM 的细胞增殖能力。也有研究发现通过烧结的 HA/316L FGMs 中存在类似的孔隙变化趋势[24]。这些结果均证明了 HA 的添加对 FGM 的致密化有着显著影响。

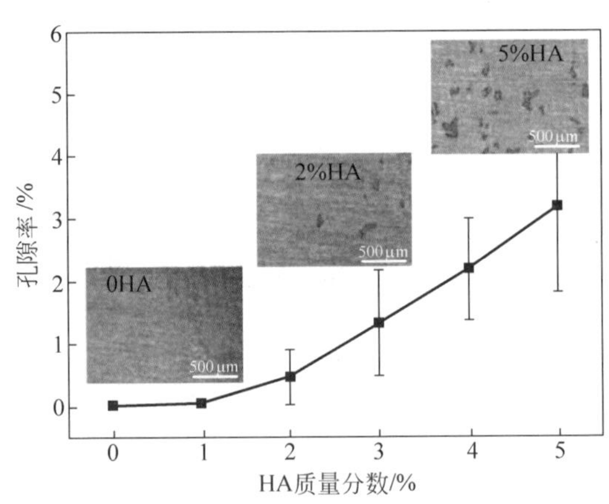

图 4-86　通过 Micro-CT 测得的 Ti/HA FGM 表面微孔百分比

4）界面特征

图 4-87 显示了 SLM 制备 Ti/HA FGM 在相邻梯度层边界区域的界面特征与各梯度层的典型组织。从图 4-87(a)中可以看出,相邻梯度层的界面可以被清晰识别,但不是像设计模型那样的平整界面。分别在 Ti/0%HA 层和 Ti/1%HA 层的界面两边进行点能谱分析,其结果如表 4-24 所示。由于有微量的 HA 添加,在 Ti/1%HA 层中发现了微量的 Ca、P,而相对高含量的 O 则可能是在 SLM 过程中 Ti

结合了成形气氛中的 O。在界面处没有发现明显的宏观层间裂纹，这可能是因为成分变化梯度非常小，也体现了这种准连续成分 FGM 设计的优势。

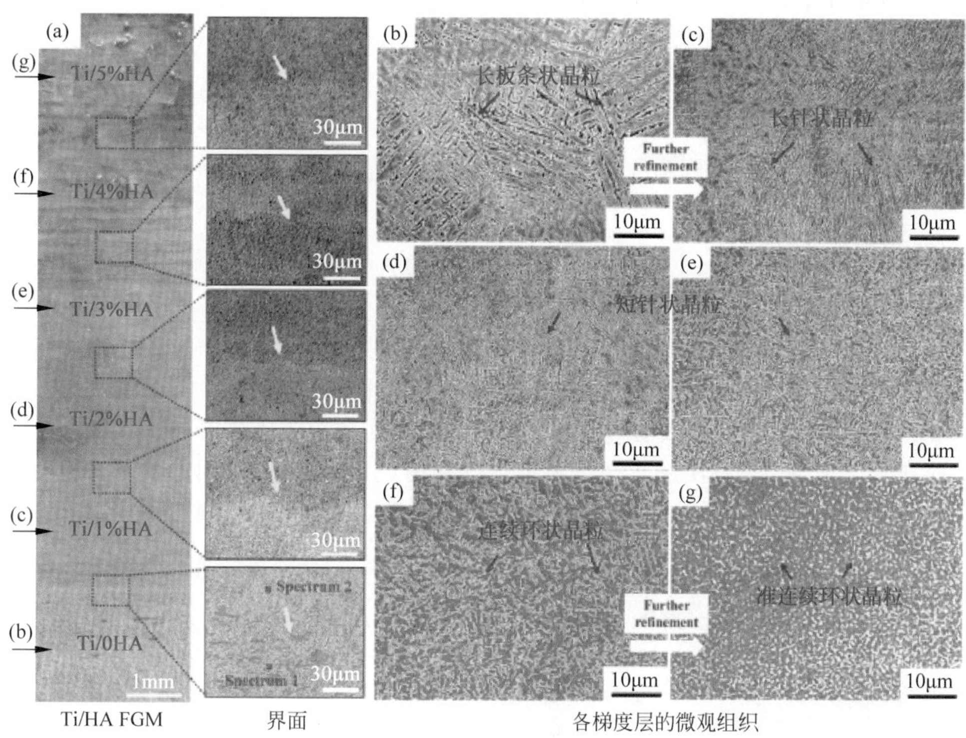

图 4-87　SLM 制备 Ti/HA FGM 的界面特征

(a) 相邻梯度层之间的典型界面形貌；(b)～(g) 每一梯度层的典型微观组织形貌(黄色箭头所指位置为界面)

表 4-24　Ti/HA FGM 在 HA 质量分数为 0 和 1%梯度层的化学元素分析　　%

编号	Ti	P	O	Ca
试样 1	100	—	—	—
试样 2	76.53	0.87	22.47	0.12

图 4-87(b)～(g)呈现了 Ti/HA FGM 各梯度层的典型微观组织形貌。Ti/0HA 层主要是长板条状晶粒(α 相结构)；Ti/1%HA 层的组织由于 HA 的添加变为长针状晶粒；与 Ti/1%HA 层相比，Ti/2%HA 层和 Ti/3%HA 层均表现出类似的短针状晶粒形貌；Ti/4%HA 层和 Ti/5%HA 层由于 HA 含量差异，分别表现出连续环状晶粒和准连续环状晶粒形貌。因此，从 Ti/0HA 层到 Ti/5%HA 层的组织演变为：长板条状晶粒(long lath-shaped grains)→长针状晶粒(long acicular-shaped grains)→短针状晶粒(short acicular-shaped grains)→连续环状晶粒(continuous circle-shaped grains)→准连续环状晶粒(quasi-continuous circle-shaped grains)。这种组织演变机制归结于熔池的扰动和 HA 添加对晶粒生长的

阻碍综合造成的。当熔池中存在大的温度梯度时，会引起熔体表面张力从而产生热-毛细作用力；同时，形成的相在熔池中作为异质形核点，毛细力促进了这些相在凝固 Ti 基体中的重新排列，使它们趋向均匀分布。原始的晶粒生长被此扰动所阻碍，随着 HA 的增加，更多的 Ca、P 和 O 原子在形核点沉积，导致更多枝晶的形成和生长。可以推测，Ti/HA FGM 由于 HA 成分的骨生成能力，可以促进骨整合，有利于在骨植入体领域的应用。

4. 激光选区熔化制备 TiAl/TiB2 复合材料组织与性能

1）原材料粉末

本次实验所使用的金属基体材料依然采用北京航空材料研究院（621 所）所提供的 Ti-45Al-2Cr-5Nb 原始粉末材料，粉末的制备工艺采用 Ti-45Al-2Cr-5Nb 铸锭高纯氩气雾法制备而成，粉末形貌如图 4-88(a) 所示，呈球形或近球形；粉末粒径分布如图 4-88(b) 所示，具有较窄的粒径范围（11.7～49.8μm），其平均粒径为 D_{v50}=27.6μm。在实验之前首先将原始粉末放置于恒温干燥箱内，经过 50℃ 烘干 24h 的干燥处理，然后使用 200 目筛子筛分备用，以减少粉末之间的黏结，提高流动性。

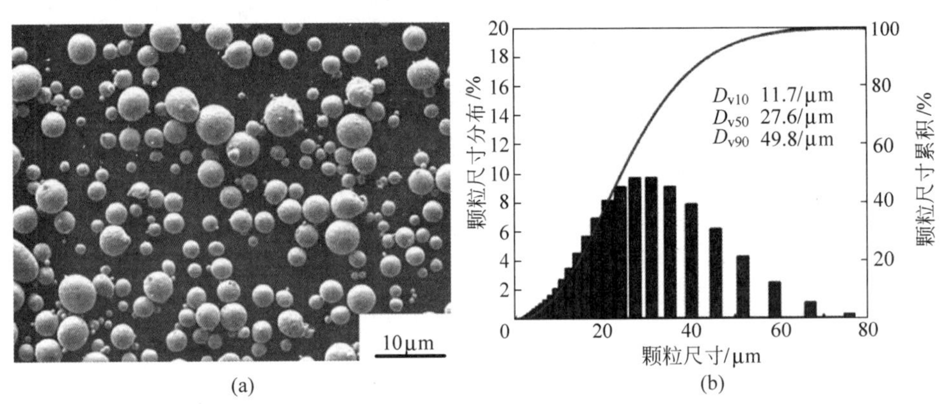

图 4-88 原始 Ti-45Al-2Cr-5Nb 粉末

（a）粉末形貌；（b）粉末粒径分布

本次实验所选用的陶瓷增强颗粒为微米级 TiB_2 颗粒，由阿拉丁上海晶纯生化科技股份有限公司提供，名义平均粒径为 2～4μm。如图 4-89(a) 所示，TiB_2 粉末颗粒呈不规则形状，由微米级的大尺寸颗粒和亚微米级的小颗粒共同组成。

将金属基体 Ti-45Al-2Cr-5Nb 粉末和 TiB_2 粉末按照质量比 99∶1、98∶2 和 97∶3 的 3 种比例混合，将混合的 3 种粉末先后置于南京南大仪器厂生产的 QM-3SP4 型行星式球磨机中进行高能球磨，使 Ti-45Al-2Cr-5Nb 粉末和 TiB_2 陶瓷增强体均匀混合。在保证两种粉末均匀混合的同时，需要使制备的复合粉末具有较好的流动性，具体的球磨工艺设置如下：球料质量比为 4∶1，转速为 200r/min，球磨时间为 4h。根据 TiB_2 粉末添加量的不同，将制备的复合粉末命名为 P1、P2 和

P3。图 4-89(b)即为复合粉末 P1 的微观形貌，可以看出，TiB_2 粉末颗粒均匀地包覆在 Ti-45Al-2Cr-5Nb 基体表面，同时复合粉末 P1 依然呈球形或近球形。

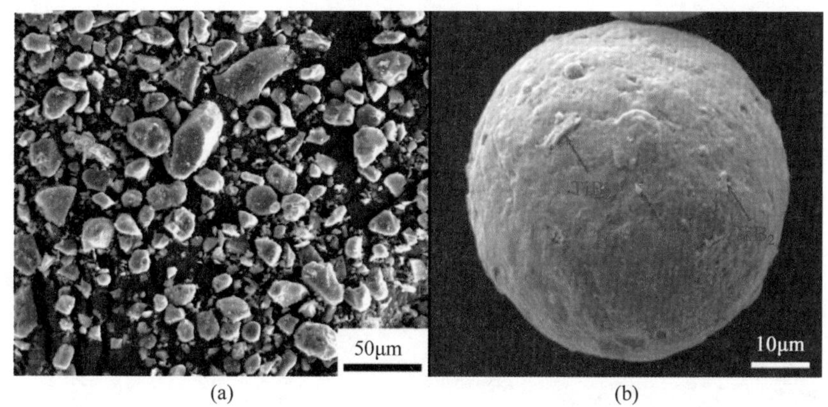

图 4-89　TiB_2 陶瓷增强颗粒和混合粉末 P1 的微观形貌

(a) TiB_2 陶瓷增强颗粒的微观形貌；(b) 混合粉末 P1 的微观形貌

2）微观组织与晶粒取向

根据之前的研究分析与文献报道，发现 TiB_2 增强相对 TiAl 基合金的微观组织特征演变有非常大的影响。在本章中，为了具体分析 SLM 成形过程中微米 TiB_2 增强相是如何影响 Ti-45Al-2Cr-5Nb 合金的晶粒特征与晶粒取向的，利用 EBSD 技术分别对试样 P0、P1、P2 和 P3 的上表面进行实验表征，结果如图 4-90 所示。

图 4-90(c)为 EBSD 反极图，代表沿着激光扫描方向的 EBSD 取向成像图晶粒颜色与取向之间的关系。

试样 P0、P1、P2 和 P3 的 EBSD 取向成像图分别如图 4-90(d)、(e)、(f)和(g)所示。从图 4-90(d)中可以发现，Ti-45Al-2Cr-5Nb 合金试样的晶粒基本上由粗大的近等轴晶所组成，并且晶粒边界呈不规则形貌。另外，从图 4-90(d)中也可以看出大部分晶粒呈现红色，从晶粒取向来说，试样 P0 表现出强烈的(0001)取向。当在 Ti-45Al-2Cr-5Nb 合金基体中添加 1%的 TiB_2 增强相时，试样 P1 上表面的晶粒尺寸得到轻微细化，如图 4-90(e)所示，而且晶粒的形状有由近等轴晶转变为等轴晶的趋势。另外从 EBSD 取向成像图中同样可以发现试样 P1 的晶粒颜色红色区域面积略有减少而蓝-绿色区域面积适度增加，这说明试样 P1 上表面的晶粒在(0001)取向强度稍有降低，而在$(01\bar{1}1)$和$(11\bar{2}1)$的混合方向强度略微增强。当 Ti-45Al-2Cr-5Nb/TiB_2 金属基复合粉末中 TiB_2 的含量增加至 2%时，晶粒的细化程度进一步加深，如图 4-90(f)所示，并且大部分晶粒的形貌已由近等轴晶转变为等轴晶。另外从 EBSD 取向成像图中可以发现试样 P2 的晶粒颜色红色区域面积进一步减少，而蓝-绿色区域面积进一步增加，从晶粒取向角度分析，说明试样 P2 的晶粒在(0001)取向强度进一步减弱，而在$(01\bar{1}1)$和$(11\bar{2}1)$的混合方向强度进

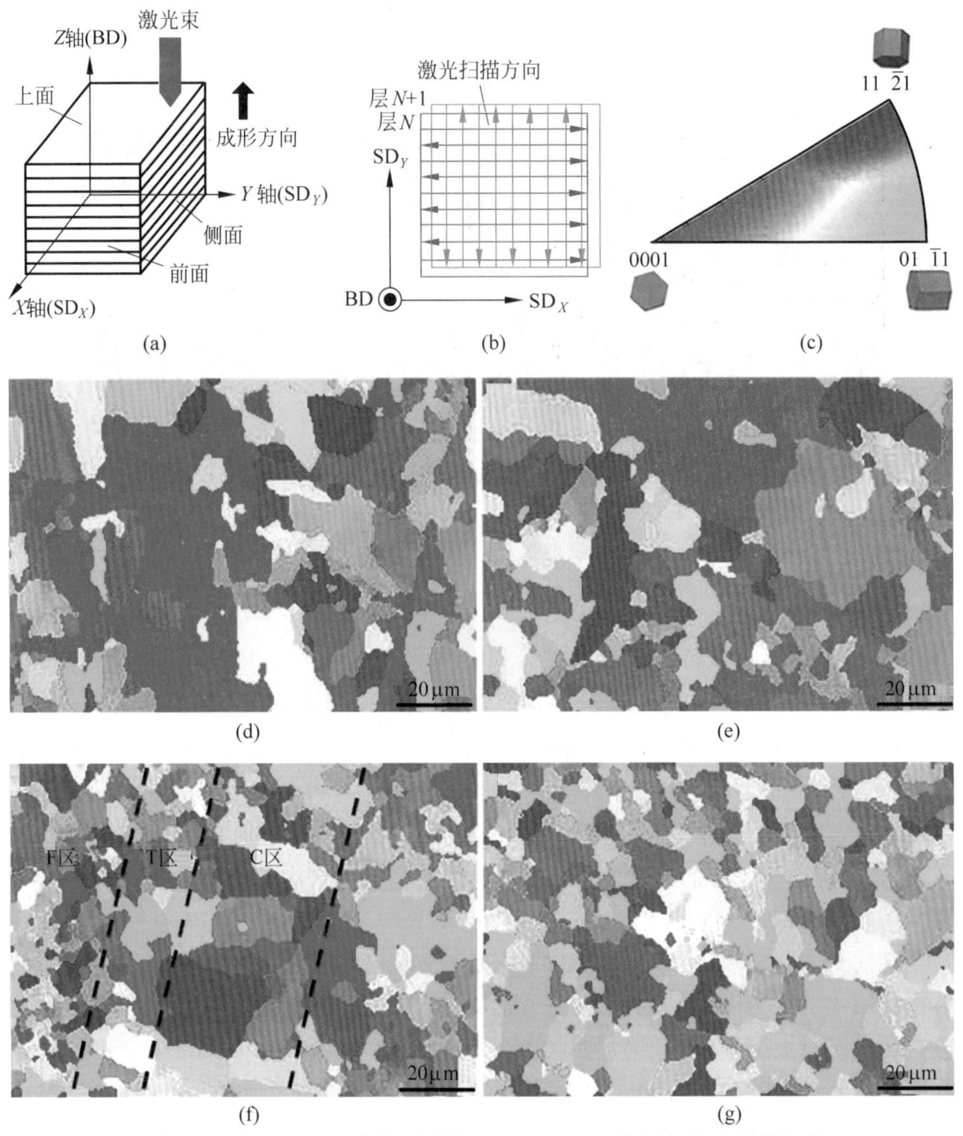

图 4-90　利用 EBSD 技术对试样 P0、P1、P2、P3 进行实验表征的结果

(a) SLM 工艺示意图；(b) 激光扫描策略，试样成形方向和激光扫描方向分别为 BD、SD_X 和 SD_Y，制造层 N 与制造层 $N+1$ 之间，激光扫描方向进行 90°旋转；(c) EBSD 反极图，代表 EBSD 取向成像图晶粒颜色与取向制件的关系；(d) P0 上表面的 EBSD 取向成像图；(e) P1 上表面的 EBSD 取向成像图；(f) P2 上表面的 EBSD 取向成像图；(g) P3 上表面的 EBSD 取向成像图

一步增强。值得注意的是，从图 4-90(f)中还可以发现一个很有趣的现象，试样 P2 上表面的晶粒由 3 个明显的区域组成：粗等轴晶区(coarse equiaxedzone，C 区)、过渡晶区(transitional zone，T 区)和细等轴晶区(fine equiaxed zone，F 区)。事实上，晶粒尺寸大小主要是由温度梯度(G)、材料凝固速率(R)和冷却速率($T=G\times R$)决定的，在 SLM 成形时材料的凝固过程中，冷却速率越大，晶粒越细小，但是由于

激光束能量呈高斯分布，并且在 SLM 成形时激光束快速移动，导致熔敷道/熔池的不同部位冷却速率不一样，冷却速率在熔敷道/熔池的中心达到最大，然后逐渐减小，在熔敷道/熔池的边界降低至最小。从这个角度出发，说明晶粒尺寸在熔敷道/熔池的中心达到最小，然后逐渐增大，在熔敷道/熔池的边界增加至最大，导致试样 P2 上表面的粗等轴晶区（C 区）、过渡晶区（T 区）和细等轴晶区（F 区）的出现。当 Ti-45Al-2Cr-5Nb/TiB_2 金属基复合粉末中 TiB_2 的含量进一步增加至 3%时，晶粒的细化作用达到最大，如图 4-90(g)所示，并且晶粒呈圆形或椭圆形的趋势愈发明显。另外，从图 4-90(g)还可以很明显发现大部分晶粒的颜色转变为蓝-绿色，晶粒的红色区域面积缩减至最小，说明试样 P3 上表面晶粒表现出强烈的$(10\bar{1}1)$和$(11\bar{2}1)$的混合取向。

为了进一步具体量化分析 TiB_2 增强相含量对晶粒细化作用的影响，采用图像分析和统计数据方法分别对图 4-90(d)、(e)、(f)和(g)的 EBSD 取向成像图进行详细的解析，其结果如图 4-91 所示。非常明显，大部分晶粒的粒径小于 10μm，根据软件分析，试样 P0、P1、P2 和 P3 的上表面晶粒尺寸分别为 8.54、8.06、7.23、5.18μm，因此，可以假设通过控制 TiAl/TiB_2 金属基复合材料中 TiB_2 的含量，即可实现 SLM 成形 TiAl/TiB_2 制件的晶粒取向和晶粒尺寸定制，从而控制制件的力学性能。根据上述 EBSD 晶粒取向与晶粒大小的分析，可以得出结论：随着 TiB_2 含量的增加，SLM 成形的 Ti-45Al-2Cr-5Nb/TiB_2 金属基复合材料制件的微观组织发生了有趣的变化——由强烈的$(000\bar{1})$取向的粗大近等轴晶转变为强烈的$(10\bar{1}1)$和$(11\bar{2}1)$混合取向的细小等轴晶。

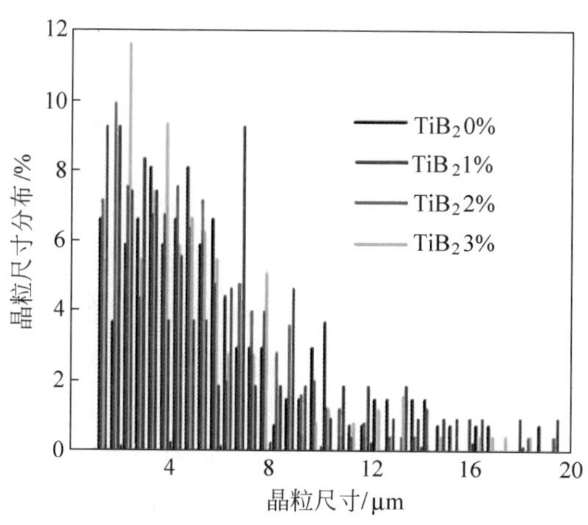

图 4-91　试样 P0、P1、P2 和 P3 的晶粒尺寸分布图

3）结晶织构演变分析

根据前述分析，当激光扫描策略采用长向量扫描，并且扫描方向在制造层 N 与制造层 $N+1$ 之间进行 90°旋转时，成形试样将会沿着其制造方向出现强烈的结

晶织构。从图4-90(d)～(g)的EBSD取向成像图可以看出，随着TiB_2含量的增加，晶粒的取向发生非常大的变化，而结晶织构代表晶粒取向的总和，说明TiB_2对SLM成形的Ti-45Al-2Cr-5Nb/TiB_2金属基复合材料制件织构有着非常大的影响。试样P0、P1、P2和P3的结晶织构分别如图4-92(a)～(d)所示，采用EBSD数据分析极图，$\{000\overline{1}\}$、$\{01\ \overline{1}1\}$和$\{11\ \overline{2}1\}$取向族的结晶织构可以准确地计算出来。很明显，所有试样在沿着其制造方向上均呈现出$\{0001\}$的取向织构。从极图云图中可以看出，随着TiB_2含量的增加，$\{000\overline{1}\}$织构强度减弱而$\{01\ \overline{1}1\}$和$\{11\ \overline{2}1\}$织构强度增强；从试样P0、P1、P2和P3的极图中可以看出，随着TiB_2含量的增加，纤维织构逐渐减弱而再结晶织构逐渐增强；从再结晶织构强度最大的试样P3中可以发现，织构的$\{000\overline{1}\}$轴方向与试样P3制造方向保持平行，而$\{000\overline{1}\}$、$\{01\ \overline{1}1\}$和$\{11\ \overline{2}1\}$的织构结晶方向均匀分布于激光沿着X轴的扫描方向(SD_X)。

为了具体量化TiB_2含量对试样P0、P1、P2和P3的结晶织构的影响规律，引入了织构指数和织构强度的概念。织构指数可以利用取向分布函数(orientation distribution function，ODF)来计算，其定义为

$$\text{Texture}=\int_{\text{Eulerspace}}(f(g))^2\,\mathrm{d}g \tag{4-15}$$

式中，f为织构取向分布，g为欧拉坐标系，$f(g)$为取向分布函数。众所周知，对于各相同性的材料而言，织构指数与织构强度的数值均为1，然而各相异性的材料织构指数和织构强度均大于1。根据式(4-15)，试样P0、P1、P2和P3的织构指数分别为13.88、17.32、21.56和27.50，很明显，试样P3的织构指数数值接近于试样P0的2倍，这说明TiB_2含量可以在很大程度上影响SLM成形的Ti-45Al-2Cr-5Nb/TiB_2金属基复合材料制件的织构，并且随着TiB_2含量的增加，试样的织构指数增强。

织构强度的定义为织构指数的平方根。事实上，在评价试样的织构时，织构强度比织构指数更有意义，因为织构强度与织构的单位一样。因此，根据计算公式，试样P0、P1、P2和P3的织构强度大小分别为2.72、3.16、3.64和4.24。

4) α_2相织构演变分析

根据前面的分析，发现SLM成形的Ti-45Al-2Cr-5Nb/TiB_2金属基复合材料试样的相结构主要由α_2相组成，并且α_2相的体积分数随着TiB_2增强相含量的提高而迅速下降，因此，下面主要研究TiB_2增强相的含量对α_2相织构的演变规律。由于α_2相的单元结构为密排六方(HCP)结构，因此α_2相的织构通常由米勒指数的$\{hkil\}$平面和$\langle uvtw\rangle$方向表示，即由$\{hkil\}\langle uvtw\rangle$表示，这同样也代表$\alpha_2$相的$\{hkil\}$平面与试样的横截面(transversal direction，TD)相平行，而α_2相的$\langle uvtw\rangle$方向与试样的法线方向(normal direction，ND)相平行，但是，从图4-92中的各个极图所获的织构信息并不能完全反映α_2相的织构演变，因为极图代表所有晶粒取向的总和。通过结晶取向分布函数(ODF，$f(g)$)即可解决这一难题，因为结晶取向分布函数可以在三维欧拉空间中精确描述α_2相在特定取向出现的概率，三维欧拉空间可以通过3个欧拉空间角，即φ_1、Φ和φ_2来表示。结晶取向分布函数$f(g)$

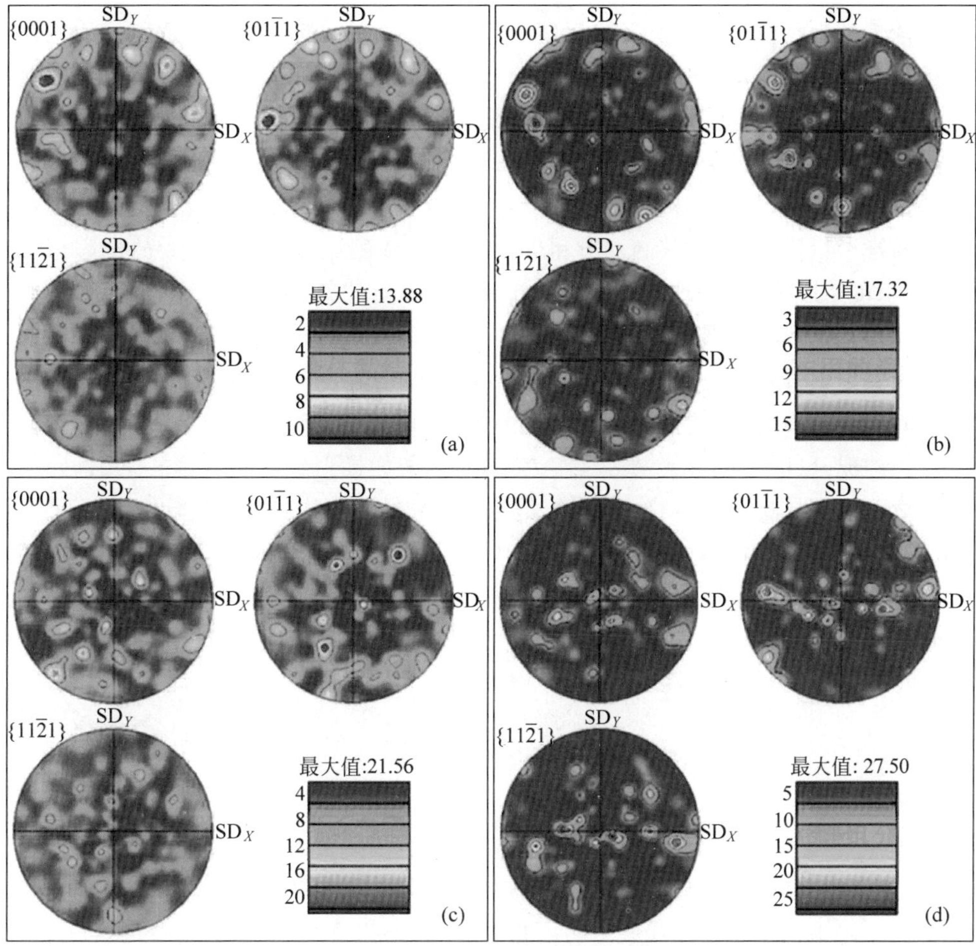

图 4-92　SLM 成形 $TiAl/TiB_2$ 金属基复合材料试样上表面$\{00\overline{01}\}$、$\{01\ \bar{1}1\}$和$\{11\ \bar{2}1\}$取向织构的极图

(a) TiB_2 质量分数 0(P0)；(b) TiB_2 质量分数 1%(P1)；(c) TiB_2 质量分数 2%(P2)；(d) TiB_2 质量分数 3%(P3)

的定义如下：

$$f(g)=f(\varphi_1,\Phi,\varphi_2) \tag{4-16}$$

如果定义 V 为 α_2 相的总体体积织构，dV 为 α_2 相的总体体积织构微分，那么结晶取向分布函数 $f(g)$可以重新定义为[34]

$$f(g)\mathrm{d}g=\frac{\mathrm{d}V}{V} \tag{4-17}$$

式中，$\mathrm{d}g=1/8\pi^2\sin\Phi\ \mathrm{d}\varphi_1\ \mathrm{d}\Phi\ \mathrm{d}\varphi_2$，$\varphi_1$、$\Phi$ 和 φ_2 为欧拉空间的 3 个极坐标。结晶取向分布函数 $f(g)$可以利用欧拉空间中一系列广义球面谐函数进行更加详细的定义[34]，即

$$f(g)=\sum_{l=0}^{\infty}\sum_{m=-l}^{+l}\sum_{n=-l}^{+l}W_{lmn}Z_{lmn}(\xi)\times\exp(-\mathrm{i}m\varphi_1)\exp(-\mathrm{i}n\varphi_2) \tag{4-18}$$

式中，W_{lmn} 为欧拉空间中广义球面谐函数系数；$\xi=\cos\Phi$，$Z_{lmn}(\xi)$是相关的雅各伯函数的确定推广系数。

基于式(4-16)～式(4-18)，α_2 相的织构即可具体量化描述。众所周知。α_2 相的织构主要是由 3 种织构形式组成，即具有$\{10\bar{1}0\}\langle 11\bar{2}0\rangle$取向的棱形织构、具有$\{000\bar{1}\}\langle 11\bar{2}0\rangle$取向的基体织构以及具有$\{10\bar{1}1\}\langle 11\bar{2}0\rangle$和$\{11\bar{2}2\}\langle 11\bar{2}3\rangle$两种取向的锥形织构。图 4-93(a)、(b)和(c)为试样 P0 的 α_2 相织构详细分析图，由于 α_2 相的织构主要分布在取向分布函数 $f(g)$在 $\varphi_2=0°$、30°和 60°截面，因而图 4-93(a)、(b)和(c)分别代表 $\varphi_2=0°$、30°和 60°时的 ODF 截面。很明显，试样 P0 的 α_2 相织构表现出近随机分布的取向，最大织构强度为$\{10\bar{1}0\}\langle 11\bar{2}0\rangle$取向的棱形织构，如图 4-93(a)所示，其强度数值为 4.98×。值得注意的是，$\varphi_2=30°$的 ODF 截面基体织构成分(图 4-93(b))与 $\varphi_2=60°$的 ODF 截面锥形织构成分(图 4-93(c))非常接近，这说明在试样 P0 中，α_2 相的基体织构和锥形织构的分布比较广泛。

为了深入研究 TiB_2 含量对 α_2 相织构的演变规律，采用 EBSD 技术对试样 P1、P2 和 P3 的织构进行详细分析。在试样 P1 的 α_2 相织构中，$\varphi_2=0°$的 ODF 截面棱形织构、$\varphi_2=30°$的 ODF 截面基体织构和 $\varphi_2=60°$的 ODF 截面锥形织构的强度均得到了增强，分别如图 4-93(d)、(e)和(f)所示。3 种织构中，最大织构强度为$\{10\bar{1}0\}\langle 11\bar{2}0\rangle$取向的棱形织构，相比于试样 P0，其强度数值增加至 8.50×。同时，具有$\{0001\}\langle 11\bar{2}0\rangle$取向的基体织构和具有$\{10\bar{1}1\}\langle 11\bar{2}0\rangle$取向的锥形织构的最大强度数值分别为 6.50×和 5.90×。

图 4-93(g)、(h)和(i)分别为试样 P2 的 $\varphi_2=0°$、$\varphi_2=30°$、$\varphi_2=60°$的 ODF 截面图，可以看出，试样 P2 的 α_2 相中，棱形织构、基体织构和锥形织构共存。具有$\{10\bar{1}0\}\langle 11\bar{2}0\rangle$取向的棱形织构强度进一步增大，利用式(4-16)、式(4-17)和式(4-18)，其强度数值在 $\varphi_2=0°$的 ODF 截面时达到最大，为 10.2×(图 4-93(g))，同时，具有$\{0001\}\langle 11\bar{2}0\rangle$取向的基体织构(图 4-93(h))和锥形织构(图 4-93(i))的强度均增强，其强度值分别在 $\varphi_2=30°$的 ODF 截面和 $\varphi_2=60°$的 ODF 截面时达到最大的 8.7×和 7.9×。

图 4-93(j)、(k)和(l)分别为试样 P3 的 $\varphi_2=0°$、$\varphi_2=30°$、$\varphi_2=60°$的 ODF 截面图，可以看出，与试样 P0、P1 和 P2 相比，试样 P3 中的 α_2 相织构强度增加至最大，同时，α_2 相的棱形织构、基体织构和锥形织构共存。具有$\{10\bar{1}0\}\langle 11\bar{2}0\rangle$取向的棱形织构强度增加至最大，利用式(4-16)～式(4-18)，其强度数值在 $\varphi_2=0°$的 ODF 截面时达到最大，为 15.3×(图 4-93(j))；具有$\{0001\}\langle 11\bar{2}0\rangle$取向的基体织构(图 4-93(k))和锥形织构(图 4-93(l))的强度均有所增强，其强度数值分别在 $\varphi_2=30°$的 ODF 截面和 $\varphi_2=60°$的 ODF 截面时达到最大，为 12.8×和 10.1×。值得注意的是，在试样 P_2 的 α_2 相锥形织构中，锥形织构由$\{10\bar{1}1\}\langle 11\bar{2}0\rangle$取向和$\{11\bar{2}2\}\langle 11\bar{2}3\rangle$取向共存。

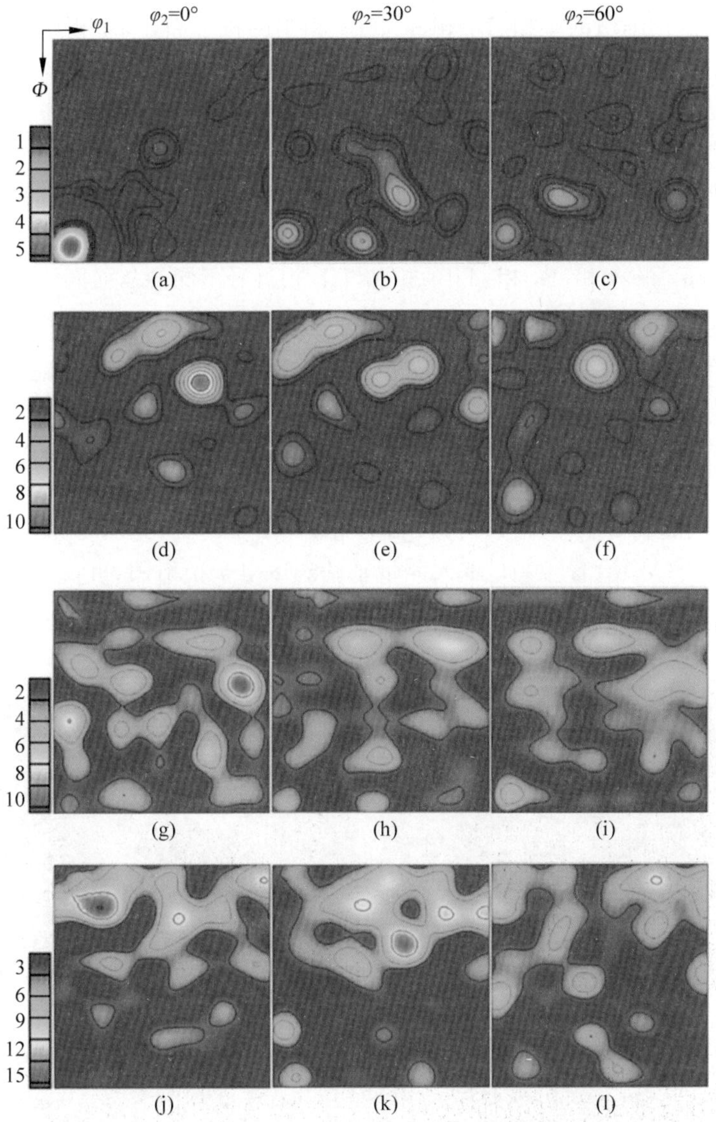

图 4-93　试样 P0、P1、P2 和 P3 的 α_2 相织构分析

(a)～(c) 试样 P0 的 α_2 相织构在 φ_2 分别为 0°、30°和 60°时的三维欧拉取向空间截面图；(d)～(f) 试样 P1 的 α_2 相织构在 φ_2 分别为 0°、30°和 60°时的结晶取向分布函数图；(g)～(i) 试样 P2 的 α_2 相织构在 φ_2 分别为 0°、30°和 60°时的三维欧拉取向空间截面图；(j)～(l) 试样 P3 的 α_2 相织构在 φ_2 分别为 0°、30°和 60°时的结晶取向分布函数

5) α_2 相、γ 相、B_2 相和 TiB_2 相演变机制分析

为了进一步分析 SLM 成形 TiAl/TiB_2 金属基复合材料中 α_2 相、γ 相、B_2 相和 TiB_2 相的具体的演变规律，利用 TEM 技术对试样 P1 进行详细的表征分析，其结果如图 4-94 所示。试样 P1 的 TEM 明场图如图 4-94(a)所示，可以看出 α_2 相为基

体相，同时，少量细微的 γ 相、B_2 相和 TiB_2 相则随机分布于 α_2 相基体表面，事实上，TEM 的明场结果与图 4-92 中的 XRD 和 EBSD 分析结果完全吻合。但是，意料之外的是，在图 4-94(a)的 TEM 明场图中，检测到了痕量的 TiB 相，TiB 相的产生可能是由于相变导致，由于痕量的 TiB 相非常难从 TiB_2 相中区分出来，因此，XRD 和 EBSD 测试并没有检测到 TiB 相。图 4-94(b)为图 4-94(a)的选区电子衍射图(selected area diffraction pattern，SADP)，从选区电子衍射图的不同衍射环中可以检测到 α_2 相、γ 相、B_2 相、TiB_2 相和 TiB 相具有不同的晶面间距和取向，这同时也说明了试样 P1 属于典型的多晶结构。利用 Digital-Micrograph 分析软件，选区电子衍射环的直径比分别为 1(D019)：1.53(bcc)：2.21(bcc)：2.38(L10)：3.07(C32)。另外，基于选区电子衍射图以及 XRD 标准 PDF 卡片(参考代码分别为 14-0451、12-0603、73-2148、65-0458 和 85-0283)，衍射环的直径大小分别计算为 $d_{1011}=0.338\text{nm}$(α_2 相)、$d_{200}=0.211\text{nm}$(B_2 相)、$d_{020}=0.153\text{nm}$(TiB 相)、$d_{202}=0.142\text{nm}$(γ 相)和 $d_{1122}=0.110\text{nm}$(TiB_2 相)。图 4-94(c)为图 4-94(a)中的 TiB_2 相(红色箭头区域)沿着[0001]取向晶带轴的选区电子衍射图，可以明显看出 TiB_2 相是一个有序的 HCP 结构，通过 Digital-Micrograph 分析软件和 XRD 标准 PDF

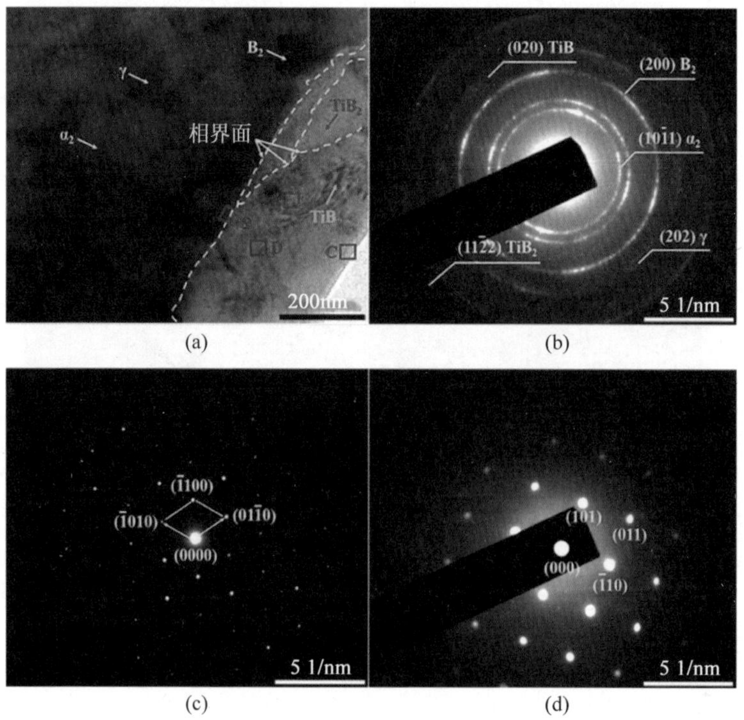

(a) (b) (c) (d)

图 4-94 用 TEM 技术对试样 P1 进行表征分析

(a) 试样 P1 的明场 TEM 图；(b) 图(a)的选区电子衍射图；(c) 图(a)的 TiB_2 相沿着[0001]晶带轴的选区电子衍射图；(d) 图(a)的 TiB 相沿着[001]晶带轴的选区电子衍射图

卡片(参考代码为 85-0283)，可以得出 TiB_2 相的 a 值和 c 值分别为 0.303nm 和 0.322nm。图 4-94(d)为图 4-94(a)中的 TiB 相(绿色箭头区域)沿着[001]取向晶带轴的选区电子衍射图，可以明显看出 TiB 相是一个有序的 BCC 结构，通过 Digital-Micrograph 分析软件和 XRD 标准 PDF 卡片(参考代码为 73-2148)，可以得出 TiB 相的 a 值和 c 值分别为 0.612nm 和 0.456nm。

为了进一步分析 α_2 相、γ 相、B_2 相、TiB_2 相和 TiB 相的相位关系及其演变规律，利用高分辨投射电镜(high resolution transmission electron microscopy，HRTEM)技术对图 4-94(a)中的 A～D 区进行表征分析，其结果如图 4-95 所示。从图 4-95(a)中可以很明显地看到具有不同取向和晶面间距的多相结构，在多相之间存在非常明显的相边界以及相重叠区域。利用 HRTEM 图以及 Digital-Micrograph 分析软件，可以计算出不同的晶面间距大小分别为 0.288、0.244、0.232、0.264nm，通过与 XRD 标准 PDF 卡片(参考代码分别为 14-0451、12-0603、65-0458 和 85-0283)进行比对，其晶面间距分别代表了$(11\bar{2}0)\alpha_2$ 相、(110)B_2 相、(111)γ 和$(10\bar{1}0)TiB_2$ 相，因此，α_2 相、γ 相、B_2 相、TiB_2 相其中之一的相位平行关系可以归纳为$(11\bar{2}0)\alpha_2//(110)B_2//(111)\gamma//(10\bar{1}0)TiB_2$。根据 Ti-Al 二元相图以及 TiAl/$TiB_2$ 金属基复合材料 SLM 成形过程中的凝固路径，多相结构最有可能是由于 $L\longrightarrow L+(10\bar{1}0)TiB_2$、$L\longrightarrow L+(110)\beta$ 和 $(110)\beta\longrightarrow(11\bar{2}0)\alpha+(111)\gamma$ 的相转变导致，随后，γ 相、B_2 相、TiB_2 相在大约几百纳米的范围内沿着 α_2 相基体表面析出，并均匀分布于 α_2 相基体表面。

图 4-95(b)为 α_2 相和 TiB_2 相的另一 HRTEM 图。图中 α_2 相和 TiB_2 相的相界面清晰可辨，通过计算其晶面间距的大小分别为 0.232nm 和 0.320nm，经过与 XRD 标准 PDF 卡片(参考代码分别为 14-0451 和 85-0283)进行比对，可以确定其取向分别为$(0002)\alpha_2$ 相和$(0001)TiB_2$ 相，因此，α_2 相和 TiB_2 相的另一相位平行关系可以概括为$(0002)\alpha_2//(0001)TiB_2$。由于晶面间距的不同，在$(0002)\alpha_2$ 相和$(0001)TiB_2$ 相的相边界会出现不匹配的现象，因此，在$(0002)\alpha_2$ 相和$(0001)TiB_2$ 相的相界区域将会出现位错来减缓这种不匹配的现象。根据面间距的测量大小，$(0002)\alpha_2$ 相和$(0001)TiB_2$ 相的不匹配度为 27.1%，说明在$(0002)\alpha_2$ 相的相界区域，每一条晶带处均会产生位错，与此同时，由于这种规则排列的位错，导致 TiB_2 相的真实取向略微偏离(0001)方向。

图 4-95(c)为典型的单相 TiB_2 相的 HRTEM 图。同样地，根据 Digital-Micrograph 分析软件和 HRTEM 图，间隔条纹间距为 0.215nm，经过与 XRD 标准 PDF 卡片(参考代码分别为 85-0283)进行对比分析，可以发现其取向为$(10\bar{1}1)TiB_2$ 相。很明显，在$(10\bar{1}1)TiB_2$ 相的 HRTEM 图中可以发现少量的原子缺陷，这主要是由于在 SLM 成形的过程中，TiAl/TiB_2 金属基复合材料的熔化与凝固时间非常短，导致没有足够的 Ti 原子从 TiAl/TiB_2 金属基复合材料中析出，最终致使 $Ti+TiB_2\rightarrow 2TiB$ 反应时没有足够的 Ti 原子参与其中，当 Ti 原子的浓度相对较

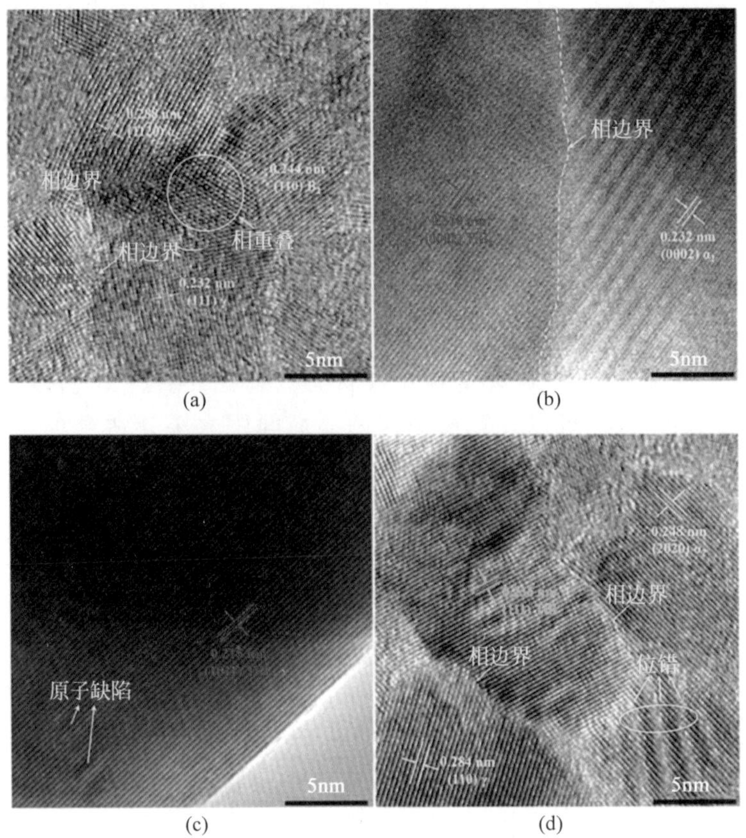

图 4-95 用 HRTEM 技术对图 4-94(a)中的 A、B、C、D 区进行表征分析

(a) A 区的 α_2 相、γ 相、B_2 相、TiB_2 相多相结构的 HRTEM 图；(b) B 区的 α_2 相和 TiB_2 相相界的 HRTEM 图；(c) C 区的单相 TiB_2 相 HRTEM 图；(d) D 区的 α_2 相、γ 相和 TiB 相多相结构的 HRTEM 图

低时，Ti 原子会与 TiB 相的 Ti—B 键有机结合，之后再均匀分布于 TiB_2 相基体表面。值得注意的是，大部分的 Ti—B 键不会与 TiB_2 相基体表面产生黏结力，这种情况将会为 Ti 原子的无序外延生长提供有利的环境，从而阻止 TiB_2 基体相与 Ti 原子之间的吸收、扩散与反应，最终导致$(10\bar{1}1)$ TiB_2 相表面出现少量的原子缺陷。

图 4-95(d)为图 4-94(a)中区域 D 的 HRTEM 图，表示$(20\bar{2}0)\alpha_2$ 相、(111)TiB 相和(110)γ 相的多相结构，其间隔间距大小分别为 0.248、0.236、0.284nm，因此，α_2 相、TiB 相和 γ 相的另一相位平行关系可以归纳为$(20\bar{2}0)\alpha_2$//(111)TiB//(110)γ。另外，从图 4-95(d)中还可以观察到非常明显的位错存在，这主要是由于在 SLM 成形 TiAl/TiB_2 金属基复合材料的过程中，循环往复的快速熔化与快速凝固导致非常大的温度梯度与冷却速率，这反过来将会导致 SLM 成形的 TiAl/TiB_2 金属基复合材料试样中积累大而复杂的残余应力，最终导致高密度的位错产生。

4.4　激光选区熔化应用实例

SLM 技术是目前用于金属增材制造的主要工艺之一。粉床工艺以及高能束微细激光束使其较其他工艺在成形复杂结构、构件精度、表面质量等方面更具优势，在整体化航空航天复杂构件、个性化生物医疗器件以及具有复杂内流道的模具镶块等领域具有广泛应用前景。

1. 轻量化结构

SLM 技术能实现传统方法无法制造的多孔轻量化结构成形。多孔结构的特征在于孔隙率大，能够以实体线或面进行单元的集合。多孔轻量化结构将力学和热力学性能结合，如高刚度与重量比，高能量吸收和低热导率，因此被广泛用在航空航天、汽车结构件、生物植入体、土木结构、减振器及绝热体等领域。传统制造多孔结构有铸造法、气相沉积法、喷涂法和粉末烧结法等(图 4-96)。其中，铸造多孔孔形无法控制，外界影响因素大；气相沉积法沉积速度慢，且成本高；喷涂法工序复杂，且需致密基体；粉末烧结法容易产生裂纹，影响力学性能。特别是，上述传统工艺均无法实现多孔结构尺度和形状的精确调控，更难以实现梯度孔隙等复杂拓扑制造。

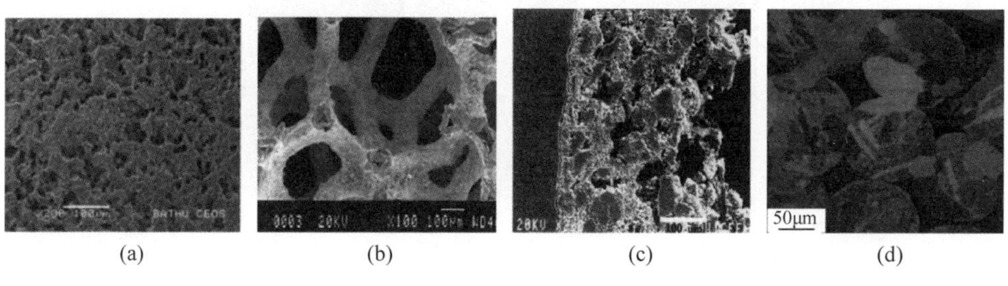

(a)　(b)　(c)　(d)

图 4-96　传统工艺制造多孔结构

(a) 铸造法；(b) 气相沉积法；(c) 喷涂法；(d)粉末烧结法

与传统工艺相比，SLM 可以实现复杂多孔结构的精确可控成形。面向不同领域，SLM 成形多孔轻量化结构的材料主要有钛合金、不锈钢、钴铬合金及纯钛等，根据材料的不同，SLM 的最优成形工艺也有所变化。图 4-97 展示了 SLM 成形的多材料多类型复杂空间多孔构件。

生物支架与修复体要求材料具有良好的生物相容性、匹配人体组织的力学性能，还要求其内部具有一定尺度的孔隙，以利于细胞寄生与生长，促进组织再生与重建。图 4-98 是 SLM 制造的钴铬合金三维多孔结构，内部孔隙保证了良好的连通性，二维截面显示多孔连接区域支柱的尺度均匀性好。压缩实验表明，多孔结构的弹性模量为 11GPa，与人体松质骨力学性能接近。多孔结构中不同的孔形和孔径会显著影响力学性能及生物行为，其中孔径越小，越有利于细胞生长；而孔形影响尖角的数量，在这些区域，细胞分布将更为密集。

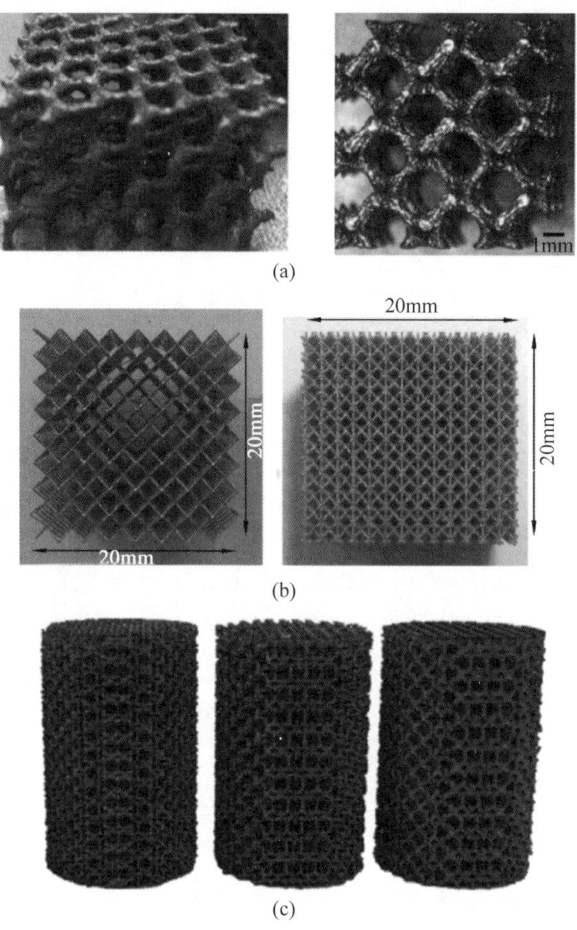

图 4-97　SLM 制造的复杂空间多孔构件

(a) 316L、Ti-6Al-4V 螺旋二十四面体单元多孔结构；(b) 316L 体心立方单元多孔结构；(c) 纯 Ti 笼状单元多孔结构

(a)　　(b)

图 4-98　SLM 制造钴铬合金多孔结构

(a) Micro-CT 检测结构；(b) 二维截面 SEM 形貌

2. 个性化植入体

除了内部复杂多孔结构外，人体组织修复体往往还需个性化外形结构。金属烤瓷修复体(porcelain fused to metal，PFM)具有金属的强度和陶瓷的美观，可再现自然牙齿的形态和色泽。钴铬合金凭借其优异的生物相容性和良好的力学性能广泛用于修复牙体牙列的缺损或缺失。以前通常采用铸造法制造钴铬合金牙齿修复体，但由于体积小，且仅需单件制造，导致材料浪费严重，而铸件缺陷也极大影响合格率。SLM 近年来开始用于口腔修复体制造，制造的义齿金属烤瓷修复体已获临床应用。图 4-99 为 SLM 制造的钴铬合金牙冠、正畸托槽及其临床应用。图 4-100 为 SLM 制造的个性化骨植入体多孔结构。采用 SLM 技术后，可以大大缩短包括口腔植入体在内的各类人体金属植入体和代用器官的制造周期，并且可以针对个体情况，进行个性化优化设计，大大缩短手术周期，提高人们的生活质量。

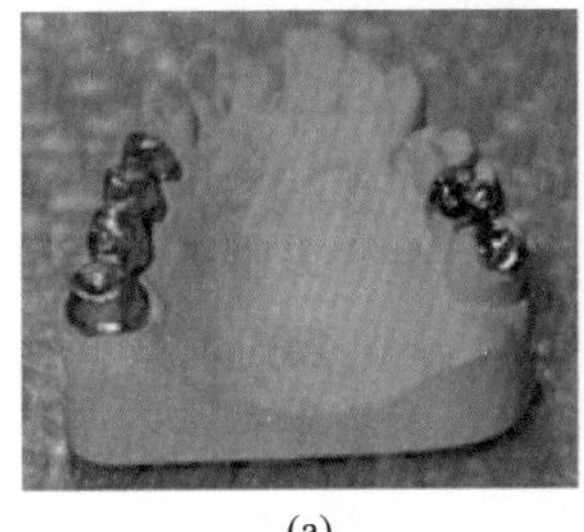
(a)

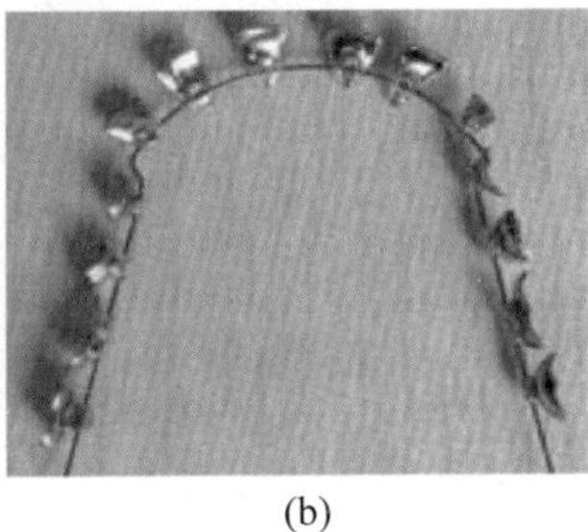
(b)

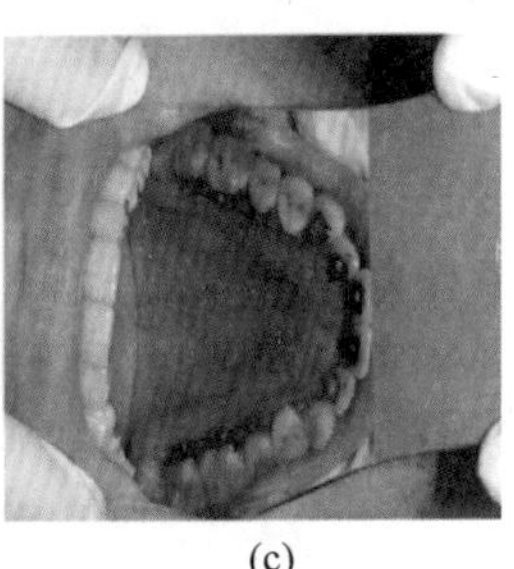
(c)

图 4-99　SLM 制造个性化义齿和个性化舌侧正畸托槽

(a) 牙冠牙桥试装；(b) 个性化舌侧正畸托槽；(c) 临床应用

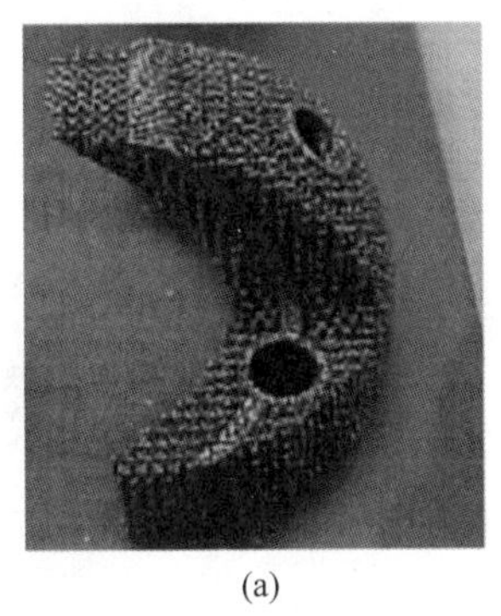
(a)

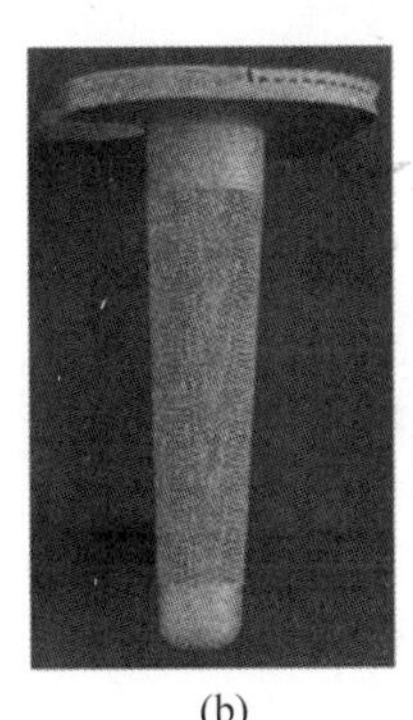
(b)

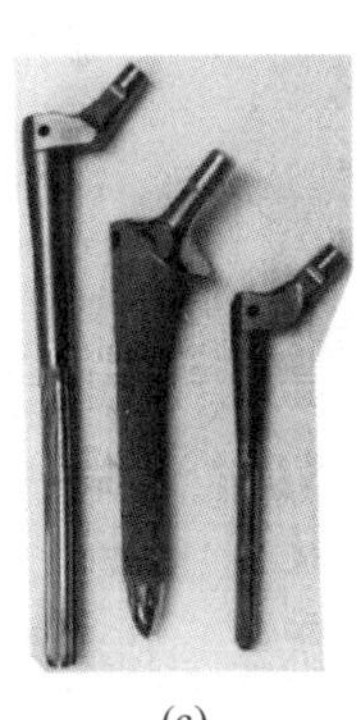
(c)

图 4-100　SLM 制造个性化多孔骨植入体

(a) 臂部植入骨；(b) 膝部胫骨干；(c) 股骨髋部

3. 随形水道模具

模具在汽车、医疗器械、电子产品及航空航天领域应用十分广泛。例如，汽车覆盖件全部采用冲压模具，内饰塑料件采用注塑模具，发动机铸件铸型需模具成形等。模具功能多样化带来了模具结构的复杂化。例如，飞机叶片、模具等构件由于受长期高温作用，往往需要在构件内部设计随形复杂冷却流道，以提高其使用寿命。直流道与型腔几何形状匹配性差，导致温度场不均，易引起制件变形，并降低模具寿命。使冷却水道布置与型腔几何形状基本一致，可提升温度场均匀性。但传统机加工方法难加工甚至无法加工异形水道。SLM 技术逐层堆积成形，在制造复杂模具结构方面较传统工艺具有明显优势，可实现复杂冷却流道的增材制造。主要采用材料有 S136、420 和 H13 等模具钢系列。图 4-101 为德国 EOS 公司用 SLM 制造的具有复杂内部流道的 S136 构件及模具，冷却周期从 24s 减少到 7s，温度梯度由 12℃减少为 4℃，产品缺陷率由 60%降为 0，制造效率增加 3 件/min。图 4-102 为其他厂商制造的随形冷却流道模具。

图 4-101　SLM 制造的具有内部随形冷却水道的模具

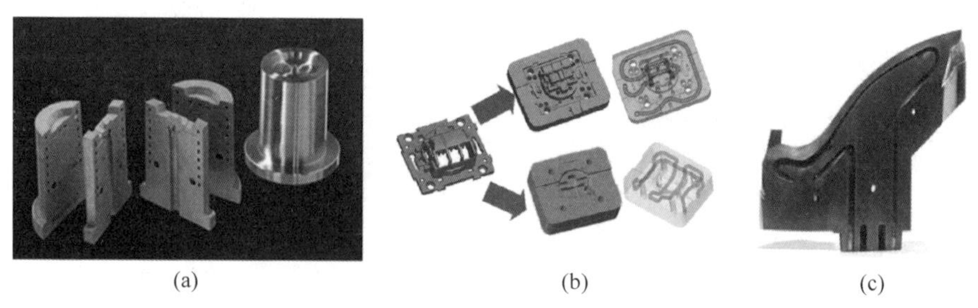

(a)　　(b)　　(c)

图 4-102　SLM 成形的复杂模具制造

(a) 德国弗朗霍夫研究所成形的铜合金模具镶块；(b) 法国 PEP 公司成形的随形冷却通道模具；(c) 意大利 Inglass 公司成形的高复杂回火系统模具

4. 复杂整体结构

钛合金、镍基高温合金等材料适应高强度、高温服役等应用条件，在航空航天等领域应用广泛。但这些材料面临难切削、锻造和铸造工艺复杂的突出问题。SLM属于一种非接触式加工方法，利用高能激光束局部熔化粉末，避免极限压力和温度等苛刻成形条件。目前，SLM已可制造多种类钛合金（如Ti-6Al-4V、Ti55）和镍基高温合金（如Ni718、Ni625）。美国宇航局（NASA）马歇尔太空飞行中心成形了整体结构的高温合金火箭喷嘴构件（图4-103），其过程耗时40h，而传统方法需要花费数月时间，显著节省了时间和成本；经点火测试，燃烧温度达到3315℃。美国著名火箭发动机制造公司普拉特·惠特尼集团公司（Pratt & Whitely Rocketdyne）以SLM技术为基础，对火箭发动机及飞行器中的关键构件现有制造技术进行了重新评估。美国F-35先进战机广泛采用选区激光熔化成形制造复杂功能整体构件，机械加工量减少90%以上，研发成本降低近60%。美国通用电气公司（GE）和英国劳斯莱斯公司也非常重视SLM成形技术，并用其完成了高温合金整体涡轮盘、发动机燃烧室和喷气涡流器等关键构件的制造。图4-104、图4-105为SLM制造的其他不同材料的复杂整体结构构件。

图4-103 NASA成形的高温合金火箭喷嘴

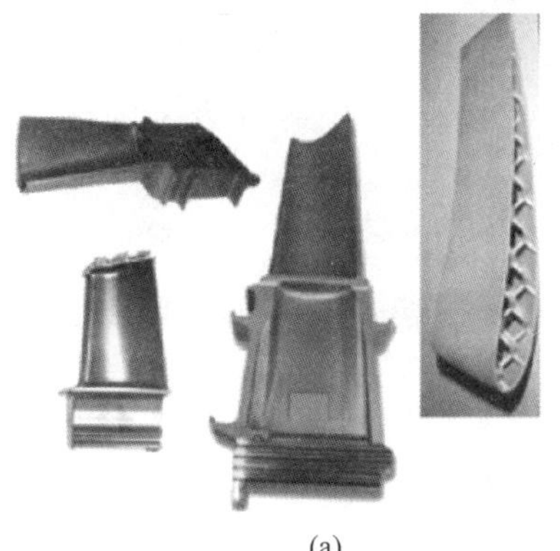

(a)

(b)

图4-104 国外采用SLM技术成形的航空航天整体结构构件
(a) TiAl叶片；(b) 高温合金火焰筒外壁

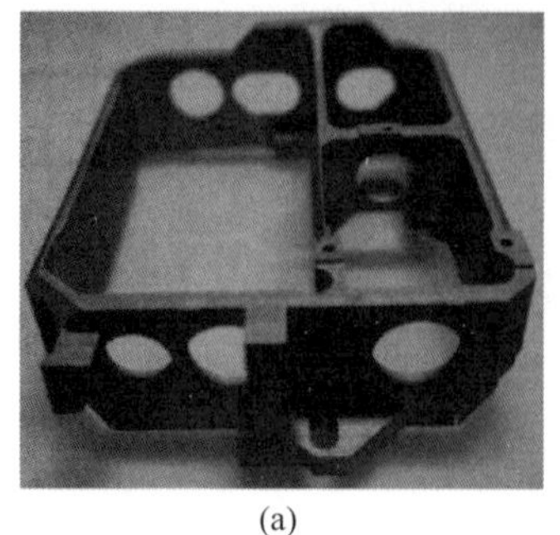

(a)

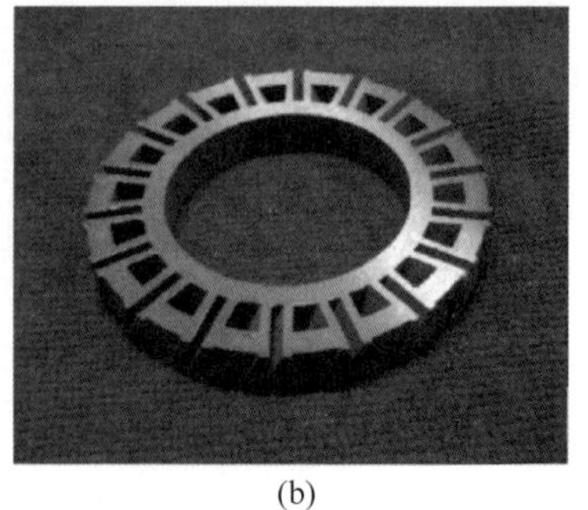

(b)

图 4-105　SLM 制造的复杂整体结构构件

(a) Ai-6Al-4V 薄壁框架结构；(b) Ni625 整体涡轮盘

5. 免组装结构

SLM 技术已开始在金属构件的创新设计方面发挥重要作用。由于 SLM 可以制造很多传统加工方法难以或无法制造的结构，这使得实现功能性优先的免组装机构设计及最优化设计成为可能。免组装机构是一次性制造出来的，但是相互运动的构件仍然通过运动副连接，仍然存在运动属性的约束，需要保证成形后的运动副能够满足机构的运动要求。运动副的间隙特征对免组装机构的性能有直接的影响。间隙尺寸过大会增大离心惯力，导致机构运动不平稳，设计过小则会导致成形后的间隙特征模糊，间隙表面粗糙则会影响机构的运动性能。因此，SLM 直接成形免组装机构的关键问题就是运动副的间隙特征成形。图 4-106～图 4-109 为 SLM 成形的典型免组装结构。

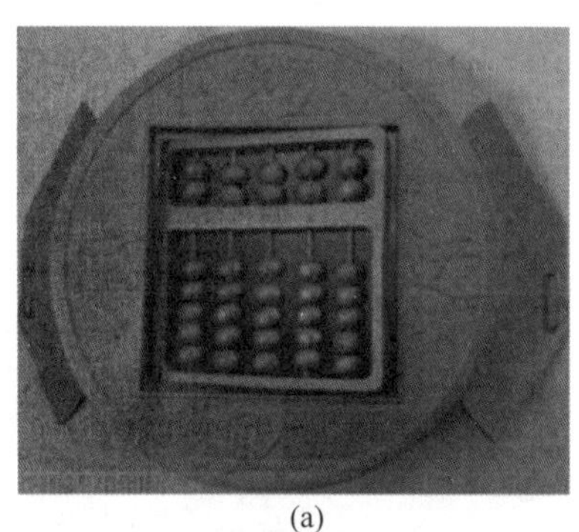

(a)

(b)

图 4-106　采用 SLM 技术成形的珠算算盘和折叠算盘

(a) 珠算算盘；(b) 折叠算盘

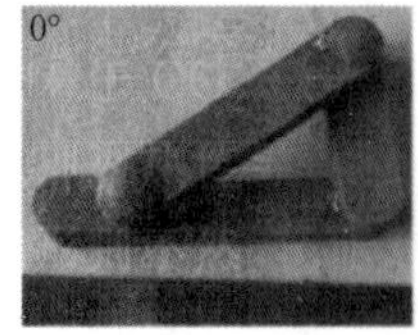

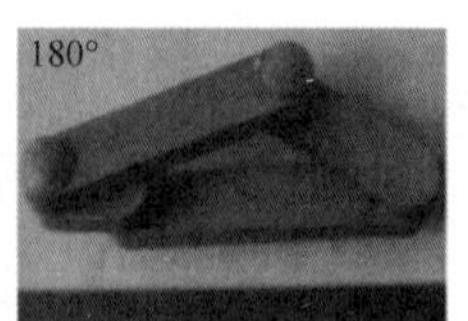

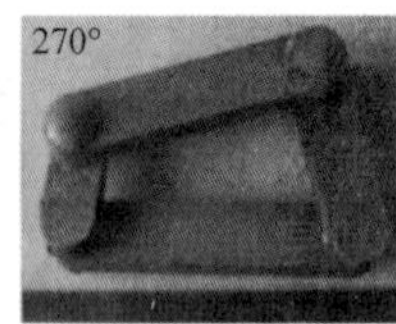

图 4-107　采用 SLM 技术成形的曲柄摇杆机构

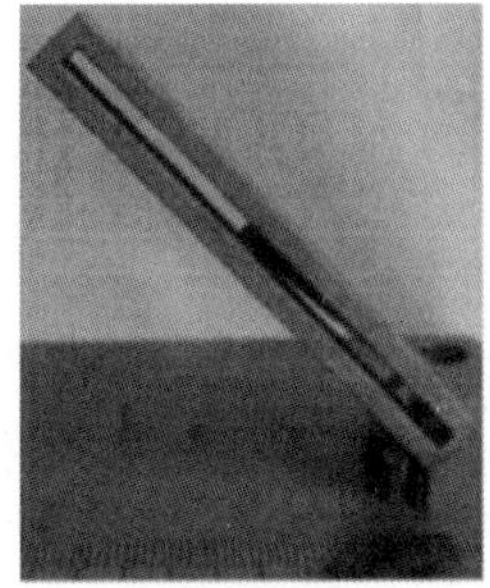
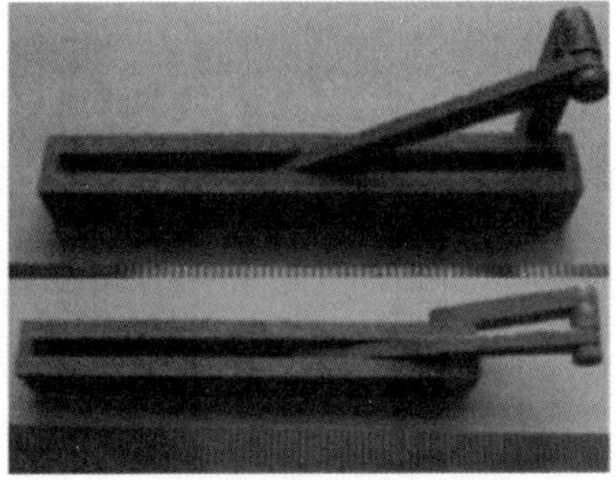

图 4-108　采用 SLM 技术成形的摇杆滑块机构

图 4-109　采用 SLM 技术成形的万向节和自行车模型

参考文献

[1] 中国模具工业协会. 模具行业"十二五"发展规划[J]. 模具工业，2011(1)：1-8.

[2] 陶永亮. 模具制造技术新理念[J]. 模具制造，2012(3)：1-4.

[3] YADROITSEV I，YADROITSAVA I，BERTRAND P，et al. Factor analysis of selective laser melting process parameters and geometrical characteristics of synthesized single tracks [J]. Rapid Prototyping Journal，2012，18(3)：201-208.

[4] YADROITSEV I，GUSAROV A，YADROITSAVA I，et al. Single track formation in selective laser melting of metal powders[J]. Journal of MaterialsProcessing Technology，2010，210(12)：1624-1631.

[5] 刘颖. 激光选区熔化成形 4Cr13 钢工艺优化与性能研究[D]. 武汉：华中科技大学，2014.

[6] SONG B，ZHAO X，LI S，et al. Differences in microstructure and properties between selective laser melting and traditional manufacturing for fabrication of metal parts：a review [J]. Frontiers of Mechanical Engineering，2015，10(2)：111-125.

[7] LIU F，WANG H，SONG S，et al. Competitions correlated with nucleation and growth in non-equilibrium solidification and solid-state transformation[J]. Progress in Physics，2012，32(2)：57-97.

[8] LI X P，KANG C W，HUANG H，et al. Selective laser melting of an Al86Ni6Y4. 5Co2La1. 5 metallic glass：processing，microstructure evolution and mechanical properties[J]. Materials Science and Engineering A-Structural Materials Properties Microstructure and Processing，2014，606：370-379.

[9] SONG B,DONG S J,CODDET C. Rapid in situ fabrication of Fe/SiC bulk nanocomposites by selective laser melting directly from a mixed powder of microsized Fe and SiC[J]. Scripta Materialia,2014,75: 90-93.

[10] TANG H P,YANG G Y,JIA W P,et al. Additive manufacturing of a high niobium-containing titanium aluminide alloy by selective electron beam melting[J]. Materials Science and Engineering A-Structural Materials Properties Microstructure and Processing, 2015,636: 103-107.

[11] ATTAR H,BONISCH M,CALIN M,et al. Selective laser melting of in situ titanium-titanium boride composites: processing, microstructure and mechanical properties[J]. Acta Materialia,2014,76: 13-22.

[12] HARRISON N J, TODD I, MUMTAZ K. Reduction of micro-cracking in nickel superalloys processed by selective laser melting: a fundamental alloy design approach[J]. Acta Materialia,2015,94: 59-68.

[13] ZHAO X,SONG B,ZHANG Y,et al. Decarburization of stainless steel during selective laser melting and its influence on Young's modulus,hardness and tensile strength[J]. Materials Science and Engineering: A,2015,647: 58-61.

[14] 李红梅,雷霆,方树铭,等. 生物医用钛合金的研究进展[J]. 金属功能材料,2011(2): 70-73.

[15] 张升,桂睿智,魏青松,等. 选择性激光熔化成形 TC_4 钛合金开裂行为及其机理研究[J]. 机械工程学报,2013(23): 21-27.

[16] YADROITSEV I,GUSAROV A, YADROITSAVA I,et al. Single track formation in selective laser melting of metal powders[J]. Journal of Materials Processing Technology, 2010,210(12): 1624-1631.

[17] APPEL F,CLEMENS H,FISCHER F D. Modeling concepts for intermetallic titanium aluminides[J]. Progress in Materials Science,2016,81: 55-124.

[18] NIU H Z,KONG F T,KIAO S L,et al. Effect of pack rolling on microstructures and tensile properties of as-forged Ti-44Al-6V-3Nb-0.3Y alloy[J]. Intermetallics, 2012: 97-104.

[19] YANG Z W.,ZHANG L X.,HE P,et al. Interfacial structure and fracture behavior of TiB whisker-reinforced C/SiC composite and TiAljoints brazed with Ti-Ni-B brazing alloy [J]. Materials Science and Engineering: A,2012,532: 471-475.

[20] THIJS L,KEMPEN K, KRUTH J P,et al. Fine-structured aluminium products with controllable texture by selective laser melting of pre-alloyed AlSi10Mg powder[J]. Acta Materialia,2013,61: 1809-1819.

[21] TANG B,CHENG L,KOU H C,et al. Hot forging design and microstructure evolution of a high Nb containing TiAl alloy[J]. Intermetallics,2015,58: 7-14.

[22] NIU H Z,CHEN Y Y,ZHANG Y S,et al. Producing fully-lamellar microstructure for wrought beta-gamma TiAl alloys without single α-phase field[J]. Intermetallics,2015,59: 87-94.

[23] XU W,BRANDT M,SUN S,et al. Additive manufacturing of strong and ductile Ti-6Al-4V by selective laser melting via in situ martensite decomposition[J]. Acta Materialia, 2015,85: 74-84.

[24] CARTER L N, MARTIN C, WITHERS P J, et al. The influence of the laser scan strategy on grain structure and cracking behaviour in SLM powder-bed fabricated nickel superalloy [J]. Journal of Alloys and Compounds, 2014, 615: 338-347.

[25] THIJS L, SISTIAGA M L M, WAUTHLE R, et al. Strong morphological and crystallographic texture and resulting yield strength anisotropy in selective laser melted tantalum[J]. Acta Materialia, 2013, 61: 4657-4668.

[26] KUNZE K, ETTER T, GRÄSSLIN J, et al. Texture, anisotropy in microstructure and mechanical properties of IN738LC alloy processed by selective laser melting(SLM)[J]. Materials Science and Engineering: A, 2015, 620: 213-222.

[27] SIMONELLI M, TSE Y Y, TUCK C. Effect of the build orientation on the mechanical properties and fracture modes of SLM Ti-6Al-4V[J]. Materials Science and Engineering: A, 2014, 616: 1-11.

[28] YANG D Y, GUO S, PENG H X, et al. Size dependent phase transformation in atomized TiAl powders[J]. Intermetallics, 2015, 61: 72-79.

[29] BERAN P, PETRENEC M, HECZKO M, et al. In-situ neutron diffraction study of thermal phase stability in a γ-TiAl based alloy doped with Mo and/or C[J]. Intermetallics, 2014, 54: 28-38.

[30] CLEMENS H, WALLGRAM W, KREMMER S, et al. Design of novel β-solidifying TiAl alloyswith adjustable β/B2-phase fraction and excellent hot workability[J]. Advanced Engineering Materials, 2008, 10: 706-713.

[31] MISHIN Y, HERZIG C. Diffusion in the Ti-Al system[J]. Acta Materialia, 2000, 48: 589-623.

[32] WANG J W, WANG Y, LIU Y, et al. Densification and microstructural evolution of a high niobium containing TiAl alloy consolidated by spark plasma sintering[J]. Intermetallics, 2015, 64: 70-77.

[33] NIU H Z, CHEN Y Y, XIAO S L, et al. Microstructure evolution and mechanical properties of a novel beta γ-TiAl alloy[J]. Intermetallics, 2012, 31: 225-231.

[34] GÖKEN M, KEMPF M, NIX W D. Hardness and modulus of the lamellar microstructure in PST-TiAl studied by nanoindentations and AFM[J]. Acta Materialia, 2001, 49: 903-911.

[35] ZHU D. D., DONG D, NI C. Y, et al. Effect of wheel speed on the microstructure and nanohardness of rapidly solidified Ti-48Al-2Cr alloy[J]. Materials Characterization, 2015, 99: 243-247.

[36] 武恭,姚良均,李震夏.铝及铝合金材料手册[M].北京:科学出版社,1994.

[37] CALIGNANO F. Design optimization of supports for overhanging structures in aluminum and titanium alloys by selective laser melting [J]. Materials and Design, 2014, 64: 203-213.

[38] LI Y, GU D. Parametric analysis of thermal behavior during selective laser melting additive manufacturing of aluminum alloy powder[J]. Materials and Design, 2014, 63: 856-867.

[39] BRANDL E, HECKENBERGER U, HOLZINGER V, et al. Additive manufactured AlSi10Mg samples using selective laser melting (SLM): microstructure, high cycle

fatigue, and fracture behavior[J]. Materials and Design, 2012, 34: 159-169.

[40] GU D, WANG H, DAI D, et al. Densification behavior, microstructure evolution, and wear property of TiC nanoparticle reinforced AlSi10Mg bulk-form nanocomposites prepared by selective laser melting[J]. Journal of Laser Applications, 2015, 27(S1): S17003.

[41] 李瑞迪. 金属粉末选择性激光熔化成形的关键基础问题研究[D]. 武汉：华中科技大学，2010.

[42] ZHANG H, ZHU H, QI T, et al. Selective laser melting of high strength Al-Cu-Mg alloys: processing, microstructure and mechanical properties[J]. Materials Science and Engineering: A, 2016, 656: 47-54.

[43] 袁学兵，魏青松，文世峰，等. 选择性激光熔化 AlSi10Mg 合金粉末研究[J]. 热加工工艺，2014，43(4)：91-94.

[44] 张骁丽，齐欢，魏青松. 铝合金粉末选择性激光熔化成形工艺优化实验研究[J]. 应用激光，2013，33(4)：7.

[45] THIJS L, KEMPEN K, KRUTH J P, et al. Fine-structured aluminium products with controllable texture by selective laser melting of pre-alloyed AlSi10Mg powder[J]. Acta Materialia, 2013, 61(5): 1809-1819.

[46] WEI K, WANG Z, ZENG X. Influence of element vaporization on formability, composition, microstructure, and mechanical performance of the selective laser melted Mg-Zn-Zr components[J]. Materials Letters, 2015, 156: 187-190.

[47] ABOULKHAIR N T, MASKERY I, TUCK C, et al. On the formation of AlSi10Mg single tracks and layers in selective laser melting: microstructure and nano-mechanical properties [J]. Journal of Materials Processing Technology, 2016, 230: 88-98.

[48] LAM L P, ZHANG D Q, LIU Z H, et al. Phase analysis and microstructure characterisation of AlSi10Mg parts produced by selective laser melting[J]. Virtual and Physical Prototyping, 2015, 10(4): 207-215.

[49] LI W, LI S, LIU J, et al. Effect of heat treatment on AlSi10Mg alloy fabricated by selective laser melting: microstructure evolution, mechanical properties and fracture mechanism [J]. Materials Science and Engineering: A, 2016, 663: 116-125.

[50] COLLEY L J, WELLS M A, POOLE W J. Microstructure-yield strength models for heat treatment of Al-Si-Mg casting alloys Ⅱ: modelling microstructure and yield strength evolution[J]. Canadian Metallurgical Quarterly, 2014, 53(2): 138-150.

[51] KEMPEN K, THIJS L, VAN HUMBEECK J, et al. Mechanical properties of AlSi10Mg produced by selective laser melting[J]. Physics Procedia, 2012, 39: 439-446.

[52] DAI D, GU D. Tailoring surface quality through mass and momentum transfer modeling using a volume of fluid method in selective laser melting of TiC/AlSi10Mg powder[J]. International Journal of Machine Tools and Manufacture, 2015, 88: 95-107.

[53] 王会阳，安云岐，李承宇，等. 镍基高温合金材料的研究进展[J]. 材料导报，2011(S2)：482-486.

[54] 侯介山，丛培娟，周兰章，等. Hf 对抗热腐蚀镍基高温合金微观组织和力学性能的影响[J]. 中国有色金属学报，2011，21(5)：945-953.

[55] YU Q J, ZHANG W H, YU L X. Development of thermal processing map and analysis of hot deformation mechanism of cast alloy Inconel 625[J]. Journal of Materials

Engineering, 2014, 1: 30-34.

[56] ZETEK M, ČESÁKOVÁ I, ŠVARC V. Increasing cutting tool life when machining Inconel 718[J]. Procedia Engineering, 2014, 69: 1115-1124.

[57] NING Y, FU M, CHEN X. Hot deformation behavior of GH4169 superalloy associated with stick δ phase dissolution during isothermal compression process[J]. Materials Science and Engineering: A, 2012, 540: 164-173.

[58] ANDERSON M, THIELIN A L, BRIDIER F, et al. δ Phase precipitation in Inconel 718 and associated mechanical properties[J]. Materials Science and Engineering: A, 2017, 679: 48-55.

[59] THIJS L, KEMPEN K, KRUTH J P, et al. Fine-structured aluminium products with controllable texture by selective laser melting of pre-alloyed AlSi10Mg powder[J]. Acta Materialia, 2013, 61(5): 1809-1819.

[60] MA M, WANG Z, GAO M, et al. Layer thickness dependence of performance in highpower selective laser melting of 1Cr18Ni9Ti stainless steel[J]. Journal of Materials Processing Technology, 2015, 215: 142-150.

[61] ATTAR H, CALIN M, ZHANG L, et al. Manufacture by selective laser melting and mechanical behavior of commercially pure titanium[J]. Materials Science and Engineering: A, 2014, 593: 170-177.

[62] KHAIRALLAH S A, ANDERSON A. Mesoscopic simulation model of selective laser melting of stainless steel powder[J]. Journal of Materials Processing Technology, 2014, 214(11): 2627-2636.

[63] YUAN P, GU D. Molten pool behaviour and its physical mechanism during selective laser melting of TiC/AlSi10Mg nanocomposites: simulation and experiments[J]. Journal of Physics D: Applied Physics, 2015, 48(3): 035303.

[64] GU D, WANG Z, SHEN Y, et al. In-situ TiC particle reinforced Ti-Al matrix composites: powder preparation by mechanical alloying and selective laser melting behavior[J]. Applied Surface Science, 2009, 255(22): 9230-9240.

[65] PAULY S, LÖBER L, PETTERS R, et al. Processing metallic glasses by selective laser melting[J]. Materials Today, 2013, 16(1): 37-41.

[66] QIAN M, LIPPOLD J. The effect of annealing twin-generated special grain boundaries on HAZ liquation cracking of nickel-base superalloys[J]. Acta Materialia, 2003, 51(12): 3351-3361.

[67] YANG Y, ZHANG T, SHAO Y, et al. New understanding of the effect of hydrostatic pressure on the corrosion of Ni-Cr-Mo-V high strength steel[J]. Corrosion Science, 2013, 73: 250-261.

[68] LUO X T, YANG G J, LI C J. Multiple strengthening mechanisms of cold-sprayed cBNp/NiCrAl composite coating[J]. Surface and Coatings Technology, 2011, 205(20): 4808-4813.

[69] SONG B, DONG S, DENG S, et al. Microstructure and tensile properties of iron parts fabricated by selective laser melting[J]. Optics and Laser Technology, 2014, 56: 451-460.

[70] SHIFENG W, SHUAI L, QINGSONG W, et al. Effect of molten pool boundaries on the mechanical properties of selective laser melting parts[J]. Journal of Materials Processing

Technology,2014,214(11): 2660-2667.

[71] BOLEY C D,KHAIRALLAH S A,RUBENCHIK A M. Calculation of laser absorption by metal powders in additive manufacturing[J]. Applied Optics,2015,54(9): 2477-2482.

[72] ATTAR H,BONISCH M,CALIN M,et al. Selective laser melting of in situ titanium-titanium boride composites: Processing, microstructure and mechanical properties[J]. Acta Materialia,2014,76: 13-22.

[73] ZHAO X,SONG B,ZHANG Y J,et al. Decarburization of stainless steel during selective laser melting and its influence on Young's modulus, hardness and tensile strength[J]. Materials Science and Engineering A-Structural Materials Properties Microstructure and Processing,2015,647: 58-61.

[74] QIU C L,PANWISAWAS C,WARD M,et al. On the role of melt flow into the surface structure and porosity development during selective laser melting[J]. Acta Materialia, 2015,96: 72-79.

[75] GU D D,WANG H Q,ZHANG G Q. Selective laser melting additive manufacturing of Ti-based nanocomposites: the role of nanopowder[J]. Metallurgical and Materials Transactions A-Physical Metallurgy and Materials Science,2014,45(A1): 464-476.

[76] CASADEI F,TULUI M. Combining thermal spraying and PVD technologies: a new approach of duplex surface engineering for Ti alloys[J]. Surface and Coatings Technology, 2013,237: 415-420.

[77] HAO L,DADBAKHSH S,SEAMAN O,et al. Selective laser melting of a stainless steel and hydroxyapatite composite for load-bearing implant development[J]. Journal of Materials Processing Technology,2009,209: 5793-5801.

[78] DAS M,BALLA V K,BASU D,et al,Bandyopadhyay a laser processing of SiC particle-reinforced coating on titanium[J]. Scripta Materialia,2010,63: 438-441.

[79] YAN A,WANG Z,YANG T,et al. Microstructure,thermal physical property and surface morphology of W-Cu composite fabricated via selective laser melting[J]. Materials and Design,2016,109(5): 79-87.

[80] GU D,MENG G,LI C,et al. Selective laser melting of TiC/Ti bulk nanocomposites: Influence of nanoscale reinforcement[J]. Scripta Materialia,2012,67: 185-188.

[81] PARK J W,KIM Y J,PARK C H,et al. Enhanced osteoblast response to an equal channel angular pressing-processed pure titanium substrate with microrough surface topography [J]. Acta Biomaterialia,2009,5: 3272-3280.

[82] NIESPODZIANA K,JURCZYK K,JAKUBOWICZ J,et al. Fabrication and properties of titanium-hydroxyapatite nanocomposites[J]. Materials Chemistry and Physics,2010,123: 160-165.

[83] LI S,KONDOH K,IMAI H,et al. Strengthening behavior of in situ-synthesized(TiC-TiB)/Ti composites by powder metallurgy and hot extrusion[J]. Materials and Design, 2016,95: 127-132.

[84] BALBINOTTI P,GEMELLI E,BUERGER G,et al. Microstructure development on sintered Ti/HA biocomposites produced by powder metallurgy[J]. Materials Research, 2011,14: 384-393.

[85] ABIDI I H,KHALID F A,FAROOQ M U,et al. Tailoring the pore morphology of porous

nitinol with suitable mechanical properties for biomedical applications[J]. Materials Letters, 2015, 154: 17-20.

[86] AKMAL M, KHALID F A, HUSSAIN M A. Interfacial diffusion reaction and mechanical characterization of 316L stainless steel-hydroxyapatite functionally graded materials for joint prostheses[J]. Ceramics International, 2015, 41: 14458-14467.

[87] WEI Q S, LI S, HAN C J, et al. Selective laser melting of stainless-steel/nano-hydroxyapatite composites for medical applications: Microstructure, element distribution, crack and mechanical properties[J]. Journal of Materials Processing Technology, 2015, 222: 444-453.

[88] YANG J, LI F, WANG Z, et al. Cracking behavior and control of rene 104 superalloy produced by direct laser fabrication[J]. Journal of Materials Processing Technology, 2015, 225: 229-239.

[89] ATTAR H, EHTEMAM-HAGHIGHI S, KENT D, et al. Nanoindentation and wear properties of Ti and Ti-TiB composite materials produced by selective laser melting[J]. Materials Science and Engineering: A, 2017, 688: 20-26.

[90] LI W, LIU J, ZHOU Y, et al. Effect of laser scanning speed on a Ti-45Al-2Cr-5Nb alloy processed by selective laser melting: Microstructure, phase and mechanical properties[J]. Journal of Alloys and Compounds, 2016, 688: 626-636.

[91] MISHINA H, INUMARU Y, KAITOKU K. Fabrication of ZrO_2/AISI316L functionally graded materials for joint prostheses[J]. Materials Science and Engineering: A, 2008, 475: 141-147.

[92] FARNOUSH H, AGHAZADEH MOHANDESI J, ÇIMENOLU H. Micro-scratch and corrosion behavior of functionallygraded HA-TiO_2 nanostructured composite coatings fabricated by electrophoretic deposition[J]. Journal of the Mechanical Behavior of Biomedical Materials, 2015, 46: 31-40.

[93] MURUGAN R, RAMAKRISHNA S. Development of nanocomposites for bone grafting [J]. Composites Science and Technology, 2005, 65: 2385-2406.

[94] SUWAS S, RAY R K, SINGH A K. Evolution of hot rolling textures in a two-phase(alpha (2)+beta) Ti-3Al base alloy[J]. Acta Materialia, 1999, 47: 4585-4598.

[95] LAPEIRE L, SIDOR J, VERLEYSEN P, et al. Texture comparison between room temperature rolled and cryogenically rolled pure copper[J]. Acta Materialia, 2015, 95: 224-235.

[96] SAHA D C, BIRO E, GERLICH A P, et al. Fusion zone microstructure evolution of fiber laser welded press-hardened steels[J]. Scripta Materialia, 2016, 121: 18-22.

[97] CHEN Y Y, YU H B, ZHANG D L, et al. Effect of spark plasma sintering temperature on microstructure and mechanical properties of an ultrafine grained TiAl intermetallic alloy [J]. Materials Science and Engineering: A, 2009, 525: 166-173.

[98] KEMPF J, GOKEN M, VEHOFF H. The mechanicalproperties of different lamellae and domains in PST-TiAl investigated with nanoindentations and atomic force microscopy[J]. Materials Science and Engineering: A, 2002, 329: 184-189.

[99] WAGNER F, BOZZOLO N, VAN L O, et al. Evolution of recrystallisation textureand microstructure in low alloyed titanium sheets[J]. Acta Materialia, 2002, 50: 1245-1259.

第5章

光固化成形

光固化成形

5.1 光固化成形原理

1986 年,Charles Hull 率先提出了光固化成形工艺。同年,他创立了世界上第一家 3D 打印公司——3D Systems 公司,该公司在 1988 年生产出了世界上第一台光固化成形机——SLA-250,这是基于激光扫描的光固化成形机。随着技术的进步,液晶显示器(liquid crystal display,LCD)、数字微镜器件(digital micromirror device,DMD)、硅基液晶(liquid cristal on silicone,LCoS)等技术的发展,光固化成形技术开始应用这些掩膜发生器去固化一层掩膜,极大地提高了生产率。这是光固化成形技术的一个里程碑。

光固化成形(stereo lithography appearance,SLA)工艺是目前应用最广泛,也是最成熟的一种 3D 打印技术。它以液态光敏树脂为原材料,利用激光或者紫外光按规定构件的各切层信息选择性固化液态树脂,从而形成一个固体薄面,加工完一层后,工作台运动,在液槽内重新涂覆一层树脂,进行固化,如此循环,直到整个构件加工完成。

5.1.1 激光扫描光固化

激光扫描光固化(laser scanning stereolithography)利用的光源是由激光器发出的激光束,其基本工艺原理是利用 CAD 对所需要成形的构件进行建模,将建成的模型离散化,得到能够应用于光固化成形机的 STL 文件格式。然后将 STL 文件导入切层软件,按照一定的层厚进行切层,从而形成一系列二维平面图形,利用线性算法对所形成的二维图像进行扫描路径规划,得到包括截面轮廓路径和内部扫描路径两方面的最佳路径。切片信息及所生成的路径信息作为命令文件导入控制成形机,进而由成形机控制激光束进行扫描固化。

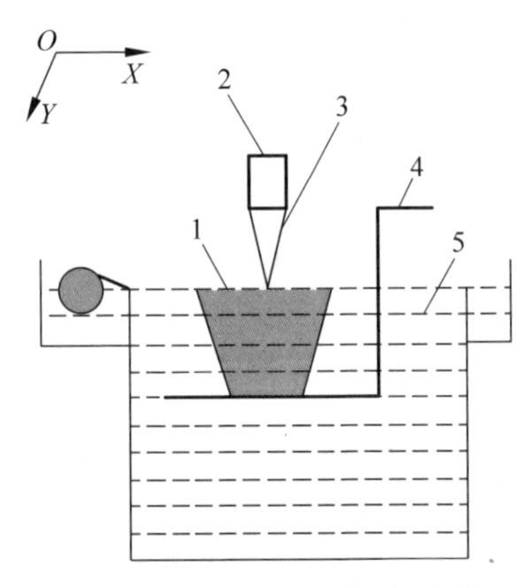

图 5-1 激光扫描光固化成形原理
1—零件;2—扫描镜;3—激光束;4—升降台;5—树脂

激光扫描光固化成形工艺的成形原理如图 5-1

所示。液槽中装满液态光敏性树脂，激光器发出的激光束在成形机的控制下按构件的各截面分层信息在光敏树脂表面进行逐点扫描，被激光扫描的树脂区域产生光聚合反应固化，形成一薄层，一层固化完毕后，工作台向下移动一个层厚，使固化在工作台上的上一固化层上涂覆一层新的树脂，然后激光束根据模型第二层的分层信息进行液态树脂的扫描固化，使新固化的一层牢牢黏结在上一固化层上，如此重复直到整个构件加工完成，得到一个三维实体构件。

5.1.2　面曝光光固化

面曝光光固化(mask image projection stereolithography)采用具有高分辨率的 DMD 投影芯片作为光源。面曝光光固化技术按成形时光源投射方向不同分为顶曝光(自由液面式)光固化和底曝光(限制液面式)光固化，如图 5-2 所示。

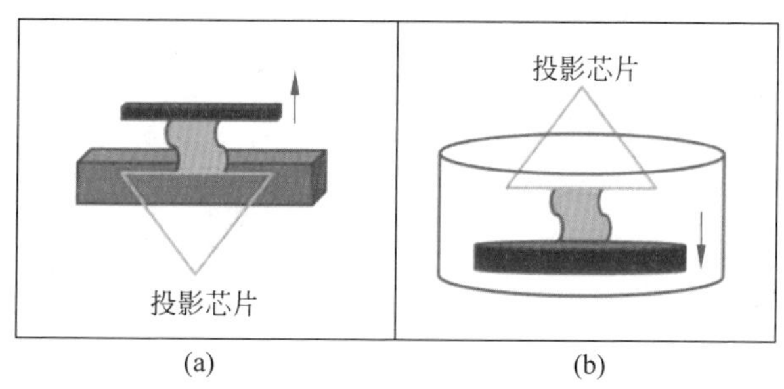

图 5-2　面曝光光固化技术的分类

(a) 底曝光光固化；(b) 顶曝光光固化

面曝光光固化成形原理如图 5-3 所示。液槽中装满液态光敏树脂，打印开始时 Z 轴电机带动工作台运动到距离透明液槽底部一段距离，工控机将模型的分层信息传给光源系统，光源系统通过控制 DMD 投影芯片投影出初始层的图案，光从液槽底部透过照射最底层的光敏树脂，并按 DMD 投影芯片投影出的图案固化第一层树脂，然后先缓慢上升实现已固化层与液槽底部的分离，然后下降到第二层位置，DMD 投影芯片投影出第二层的图案，使第二固化层黏结到上一固化层上，重复进行以上步骤，直到整个切层被打印完，得到三维实体构件。

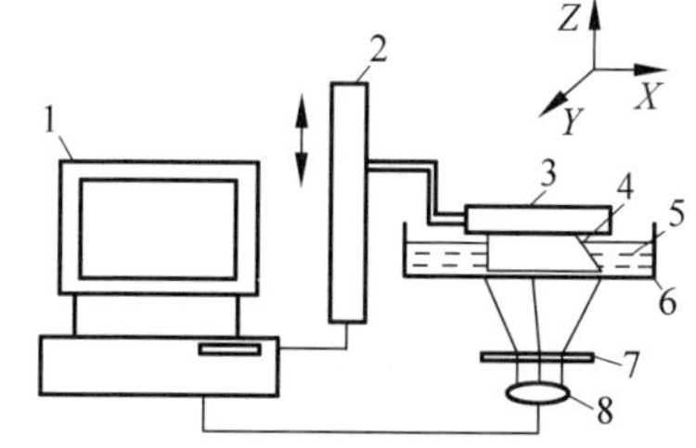

图 5-3　面曝光光固化成形原理示意图

1—工控机；2—Z 轴平移台；3—工作台；4—已成形构件；5—光敏树脂；6—液槽；7—DMD 芯片；8—光源

5.2　光固化成形装备

目前，美国的 3D Systems 公司依旧是光固化装备生产厂商中的领导者。除美国之外，日本、德国、中国分别有部分企业在进行光固化装备的生产及销售。其中，日本SLA装备制造技术同样引人注目，包括登克工程(Denk Engineering)公司、日本三菱公司下属的CMET公司、索尼(Sony)公司、名幸(Meiko)公司、三井(Mitsui Zosen)公司以及帝人制机公司。德国的F&S(Fockele & Schwarze)公司主要生产小型的SLA装备，并以出售设计和打印服务为主。最近一家名为Formlabs的公司通过美国众筹网站Kickstarter生产并销售了一款小型高精度的SLA装备Form 1。

5.2.1 激光扫描光固化装备

图5-4所示为激光扫描光固化成形系统装备组成结构图，包括涂层系统、平台系统、光学系统、Z轴平台升降系统、储液箱及树脂处理系统、树脂铺展系统、工作腔系统、控制系统。

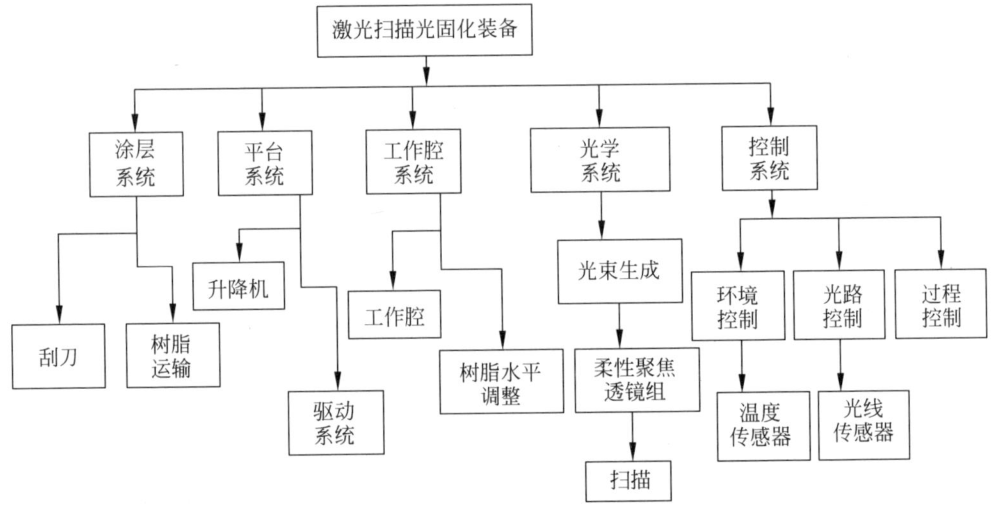

图5-4 激光扫描光固化系统装备组成结构

1. 光学系统

光学系统主要包括激光、聚焦及自适应光路和两片用于改变光路形成扫描路径的高速振镜。现在大多数SLA装备采用固态激光器，相比以前的气态激光器，固态激光器拥有更稳定的性能。3D Systems公司所生产的SLA装备使用的激光器为Nd-YVO_4激光，其波长大约为1062nm(近红外光)。通过添加额外的光路系统使得该种激光器的波长变为原来的1/3，即354nm，从而处于紫外光范围。这种激光器相对于其他增材制造装备所采用的激光器而言具有相对较低的功率(0.1～1W)。

2. Z轴平台升降系统

Z轴平台升降系统包括用于黏结固化层的工作台和用于控制工作台上下运动的平移台。打印时，每打印完一层，Z轴升降平移台带动工作台向下运动，使新的一层树脂涂覆在上一固化层上表面。

3. 储料箱及树脂处理系统

它的结构比较简单，主要包括用于盛放光敏树脂的液槽、工作台调平装置以及装料装置。

4. 控制系统

控制系统包括 3 个子系统：

(1) 过程控制系统，即处理某个待打印构件所生成的打印文件，并执行顺序操作，指令通过过程控制系统进一步控制更多的子系统，如驱动树脂铺展系统中的刮刀运动、调节树脂水平、改变工作平台高度等。同时，过程控制系统还负责监控传感器所返回的树脂高度、刮刀受力等信息以避免刮刀毁坏等。

(2) 光路控制系统，对于激光扫描光固化来说，即为调整激光光斑尺寸、聚焦深度、扫描速度等。

(3) 环境控制系统，即监控储液箱的温度，根据模型打印要求改变打印环境温度及湿度等。

5. 树脂铺展系统

树脂铺展系统是指使用一个下端带有较小倾角的刮刀对光敏树脂进行铺展的系统。铺展过程是 SLA 技术中比较核心的一个过程，具体流程如下：

(1) 当一层光敏树脂被固化之后，工作平台向下下降一个层厚。

(2) 铺展系统的刮刀从整个打印件上端经过，将光敏树脂在工作平面上铺平。刮刀与工作平面之间的间隙是避免刮刀撞坏打印构件的重要参数，当间隙太小时，刮刀极易碰撞打印构件并破坏上一固化层。

5.2.2　面曝光光固化装备

SLA 3D 打印机

图 5-5 为面曝光光固化装备组成结构图，包括涂层系统、移动平台系统、液槽系统、光学系统以及控制系统。

1. 光学系统

对于面曝光光固化来说，光学系统主要包括 DLP 投影仪和投影镜头。DLP 投影仪的核心部件是 DMD 投影芯片，用于产生固化光敏树脂时所需的动态腌膜。奥地利俐陶智(Lithoz)公司开发的可应用于树脂和陶瓷浆料的底曝光光固化成形装备 CeraFab 7500，其所用 DLP 投影系统的横向分辨率为 40μm(635dpi)，XY 平面像素为 1920×1080，所用光源是紫外光，其波长大约为 460nm。

2. 移动平台系统

对于顶曝光来说，打印时，每打印完一层，移动平台系统带动工作台向下运动，然后在已固化层上均匀铺覆一层液态树脂。对于底曝光光固化来说，打印时，每打印完一层，移动平台系统带动工作台向上运动，实现已固化层与液槽底部的分离，工作台上升到一定位置后，在液槽底部重新涂覆一层树脂。

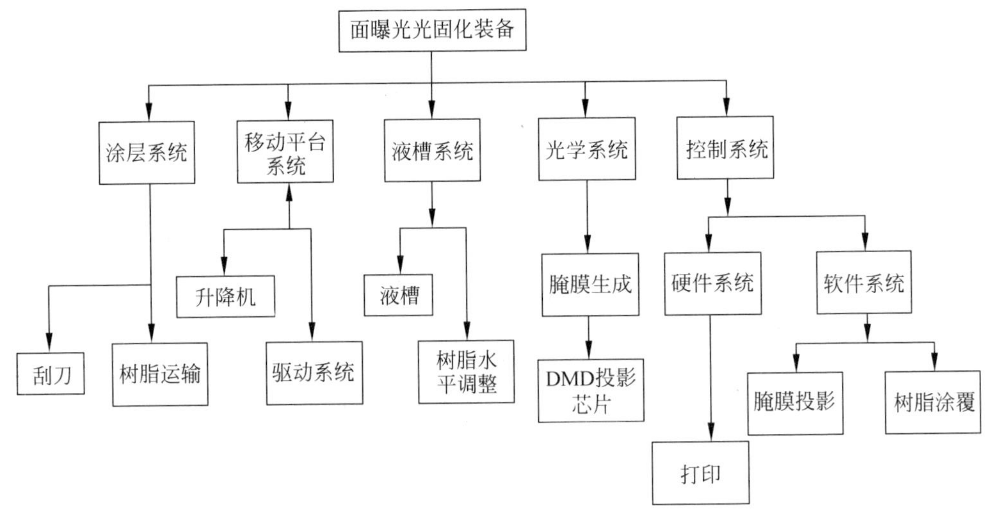

图 5-5　面曝光光固化系统装备组成结构图

3. 涂层系统

涂层系统主要包括用于盛放树脂的树脂槽以及装料、卸料装置。

4. 控制系统

控制系统包括 3 个子系统：

(1) 环境控制系统，即监控储液箱的温度，根据模型打印要求改变打印环境温度及湿度等。

(2) 光路控制系统，对于面曝光光固化来说，即调整 DMD 投影芯片的曝光强度以及曝光时间等。

(3) 过程控制系统，即处理某个待打印构件所生成的打印文件，并执行顺序操作，指令通过过程控制系统进一步控制更多的子系统，如驱动树脂铺展系统中刮刀运动、调节树脂水平、改变工作平台高度等。同时过程控制系统还负责监控传感器所返回的树脂高度、刮刀受力等信息以避免刮刀毁坏等。

5. 液槽系统

树脂铺展系统主要用来打印完一层后，用于在液槽底部涂覆一层液态树脂用于下一次固化。

SLA 技术相比其他的增材制造技术，最主要的优点是构件精度高、表面质量好。对于 SLA 技术而言，尺寸精度一般用单位长度的误差值作为表征。比如，目前 3D Systems 公司的 ProJet600 的精度为每 25.4mm 构件有 0.025～0.05mm 的误差。当然，精度还可能因为构建参数、构件几何结构和尺寸、部件方位和后处理工艺而有所不同。表面质量在上表面 Ra 达到亚微米级，在倾角处 Ra 达到 100μm。

表 5-1 为典型的商业化 SLA 成形装备。

表 5-1 典型的商业化 SLA 成形装备

国内/外	单位	型号	外观图片	成形尺寸/(mm×mm×mm)	激光器	成形效果	针对材料
国外	3D Systems 公司(美国)	Projet 6000 HD		250×250×50	固态三倍频 Nd: YVO_4,波长 354.7nm	分辨率: 4000dpi	光敏树脂 VisiJet 系列材料
		Projet 7000 HD		380×380×250	固态三倍频 Nd: YVO_4,波长 354.7nm		
		ProX 800		650×750×550	单激光器,固态三倍频 Nd: YVO_4,波长 354.7nm	分辨率: 0.00127mm	Accura Xtreme、AccuraPeak、Accura ClearVue、Accura 25 等
		ProX 950		1500×750×550	双激光器,固态三倍频 Nd: YVO_4,波长 354.7nm		

续表

国内/外	单位	型号	外观图片	成形尺寸/（mm×mm×mm）	激光器	成形效果	针对材料
国外	Formlabs公司（美国）	Form 1＋		125×125×165	—	打印精度：0.3mm	丙烯酸光敏树脂系列
		Form 2		145×145×175	—	激光功率：250mW	
	EnvisionTEC公司（德国）	Perfactory4 standard		160×100×180	DMD（数字光处理器）	像素：1920×1200	E-Shell系列
		Perfactory4 standard XL		192×120×180			
国内	北京大璞三维科技有限公司	中瑞660		600×600×300			

续表

国内/外	单位	型号	外观图片	成形尺寸/(mm×mm×mm)	激光器	成形效果	针对材料
国内	北京大璞三维科技有限公司	中瑞 500		500×400×300	二极管泵浦固体激光器 Nd：YVO_4，波长：354.7nm	打印精度：0.1mm；构件扫描度：6～10m/s	光敏树脂
		中瑞 450		450×450×300			
		中瑞 300		300×300×200			
		中瑞 200		200×160×150			

续表

国内/外	单位	型号	外观图片	成形尺寸/(mm×mm×mm)	激光器	成形效果	针对材料
国内	上海联泰科技股份有限公司	Lite 300		300×300×200	—	成形精度：0.1mm；扫描速度：6～10m/s	Somos 系列光敏树脂
		RSPro 450		450×450×350	—		
		RSPro 600		600×600×400	—		
	陕西恒通智能机器有限公司	SPS600		600×600×400	—		

续表

国内/外	单位	型号	外观图片	成形尺寸/(mm×mm×mm)	激光器	成形效果	针对材料
国内	陕西恒通智能机器有限公司	HTQI50		125×125×165	—	成形精度：±0.1mm（L≤100mm） ±0.1%（L>100mm）	液态树脂
		MPS180		192×108×180	—		
		SPS250J		250×250×100	—		
		PS250		800×600×400	—		

5.3 光固化材料及其成形工艺

5.3.1 光固化材料性能要求

用于 SLA 的光敏树脂组成与紫外光固化涂料、油墨组成相同，即由光引发剂(photoinitiator)、预聚物(prepolymer)、单体(monomer)及少量添加剂(additive)等组成，如表 5-2 所示。最早应用于 SLA 工艺的液态树脂是自由基型紫外光敏树脂，主要以丙烯酸酯及聚氨酯丙烯酸酯作为预聚物，固化机制是通过加成反应将双键转化为单键，如汽巴-嘉基(Ciba-Geigy)公司推出的 5081、5131、5149，杜邦(DuPont)公司推出的商业化树脂 2100(2110)和 3100(3110)。这类光敏树脂具有固化速度高、黏度低、韧性好、成本低的优点。其缺点是：在固化时，由于表面氧的干扰作用，使成形构件精度较低；树脂固化时收缩大，成形构件翘曲变形大；反应固化率(固化程度)较环氧系的低，需二次固化；反应后应力变形大。

表 5-2　紫外光固化材料的基本组分及其功能

名称	功　　能	常用含量(质量分数)/%	类　　型
光引发剂	吸收紫外光能，引发聚合反应	≤10	自由基型，阳离子型
预聚物	材料的主体，决定了固化后材料的主要功能	≥40	环氧丙烯酸酯，聚酯丙烯酸酯，聚氨丙烯酸酯，其他
单体	调整黏度并参与固化反应，影响固化膜性能	20～50	单官能度，双官能度，多官能度
少量添加剂	根据不同用途而异	0～30	

后来又开发了阳离子型紫外光敏树脂，主要以环状化合物及乙烯基醚作为预聚物，固化机制为在光引发剂的作用下，预聚物环状化合物的环氧基发生开环聚合反应，树脂由液态变为固态。环氧类光敏树脂的应用时间较长，并仍在不断发展，如 2000 年温太克(Vantico)公司(前身为 Ciba Specialty Chemhemicals 公司)推出的 SLA-5170、SLA-5210、SLA-5240、SLA-5430 等，DSM Somos 公司推出的 SOMOS 6110、7110、8110、6100、7100、9100、6120、8120、9120 等，瑞士某公司推出的 RPCure 100HC、100AR、100ND、200HC、300AR、300ND、550HC 等。以乙烯基醚类为预聚物的阳离子光敏树脂出现较晚。1992 年 3 月，日本成功地开发了以乙烯醚预聚物为主要成分的 Exactomer2201 型树脂，作为 SLA-250 快速成形装备的专用树脂。据报道，Exactomer2201 黏度极低，翘曲变形小。缺点是临界曝光量较高，达 25～50mJ/cm^2，光源扫描速度是丙烯酸树脂的 1/8～1/4；为了提高扫描速度，需增大光源功率。阳离子型树脂的优点是：聚合时体积收缩小；反应固化率高，成形后不需要二次固化处理，与需要二次固化的树脂相比，不发生二次固化时的收缩应力变形；不受氧阻聚；由于成形固化率高，时效影响小，因而成形数月后

也无明显的翘曲及应力变形产生，力学性能好。缺点是：黏度较高，需添加相当量的活性单体或低黏度的预聚物才能达到满意的加工黏度；阳离子聚合通常要求在低温、无水情况下进行，条件比自由基聚合苛刻。

目前，将自由基聚合树脂与阳离子聚合树脂混合聚合的研究较多，这类混合聚合的光敏树脂主要由丙烯酸系列、乙烯基醚系列和环氧系列的预聚物和单体组成。由于自由基聚合具有诱导期短、固化时收缩严重、光熄灭后反应立即停止的特点，而阳离子聚合诱导期较长，固化时体积收缩小，光熄灭后反应可继续进行，因此两者结合可互相补充，使配方设计更为理想，还有可能形成互穿网络结构，使固化树脂的性能得到改善。

光固化成形材料的性能直接影响着成形构件的质量、机械性能、精度以及在光固化过程中是否能够成形，因此开发具有优良性能的光敏树脂材料是研究光固化发展的一个重要方向，决定了成形成本以及构件的机械性能。

工艺对光敏树脂具有以下要求：黏度低、光敏性高(固化速度快)、固化收缩率小、稳定性好、毒性小、成本低、流动性能好、固化后具有良好的机械性能。

1. **黏度低**

SLA工艺构件的加工是一层层叠加而成的，层厚约0.1mm甚至更小。每加工完一层，树脂槽中的树脂就要在短时间内流平，待液面稳定后才可进行扫描固化，这就要求树脂的黏度很低，否则将导致构件加工时间延长、制作精度下降。另外，SLA工艺中固化层厚极小，过高的黏度将很难做到精确控制层厚。

2. **光敏性高**

在光源扫描固化成形中，构件是由光束一条线一条线扫描形成平面，再由一层层平面形成三维实体构件。因此扫描速度越高，构件加工所需的时间越短。而扫描速度的增加，就要求光敏树脂在光束扫描到液面时立刻固化，而当光束离开后聚合反应又必须立即停止，否则会影响精度。这就要求树脂具有很高的光敏性。另外由于光源寿命很有限，光敏性差必然延长固化时间，会大大增加制作成本。

3. **固化收缩率小**

SLA工艺中构件精度是由多种因素引起的复杂问题。这些因素主要有成形材料、构件结构、成形工艺、使用环境等。其中最根本的因素是成形材料——光敏树脂(尤其是自由基引发聚合的光敏树脂)在固化过程中产生的体积收缩。它除了使构件成形精度降低外，还会导致构件的机械性能下降。例如，树脂固化时体积收缩产生的内应力使材料内部出现砂眼和裂痕，容易导致应力集中，使材料的强度降低，导致构件的机械性能下降。因此，树脂的固化收缩率越小越好。目前，各大公司和SLA成形机制造商所用的树脂基本上都是自由基型固化体系，树脂的体积收缩率较大，一般都在5%以上。

4．稳定性好

SLA工艺的特点，使得树脂要长期存放在树脂槽中，这就要求光敏树脂具有很好的储存稳定性，如不发生缓慢聚合反应、不发生因其中组分挥发而导致黏度增大、不被氧化而变色等。

5．毒性小

光敏树脂毒性要低，以利于操作者的健康和不造成环境污染。

6．成本低

光敏树脂的成本要低，以利于商品化。

7．流动性能好

光敏树脂在光固化过程中，打印完一层后工作台向上运动（面曝光光固化）或者工作台向下运动（激光扫描光固化），此时需要在液槽底部涂覆一层薄薄的树脂层，这就需要树脂具有良好的自流平能力，使得树脂易于涂覆。

8．机械性能良好

树脂固化成形为构件后，要使其能够应用，就必须有一定的硬度、拉伸强度等机械性能。

5.3.2 光固化材料的组成成分

紫外光敏树脂由光引发剂、预聚物、单体及少量添加剂等组成。

1．光引发剂

光引发剂在很大程度上决定了光敏树脂的固化速率。光引发剂是指能够吸收辐射能，经过化学变化产生具有引发聚合能力的活性中间体的物质。光引发剂的浓度既不能太高也不能太低，当引发剂浓度较低时，随着引发剂浓度的提高，引发反应的自由基的浓度相应提高，链引发速度加快，因此树脂光固化速度提高。当引发剂浓度超过一定值时，自由基之间的相互碰撞概率将大大提高，自由基更容易通过歧化和碰撞发生链终止反应，使自由基失活。此时，再提高引发剂浓度将不能提高光固化速度，甚至使光固化速度有所下降。当光引发剂浓度较低，低于紫外光源临界曝光量时，将导致光敏树脂不能完全固化，使得固化失效。

2．预聚物

预聚物是含有不饱和官能团的低分子聚合物，多数为丙烯酸酯的预聚物。在辐射固化材料的各组分中，预聚物是光敏树脂的主体，它的性能很大程度上决定了固化后材料的性能。一般而言，预聚物相对分子质量越大，固化时体积收缩越小，固化速度越快；但相对分子质量越大，黏度越高，就需要更多的单体稀释剂。因此预聚物的合成或选择无疑是光敏树脂配方设计中一个重要的环节。环氧丙烯酸酯、聚氨丙烯酸酯、聚酯丙烯酸酯、聚醚丙烯酸酯、不饱和聚酯、丙烯酸树脂是常用的光敏树脂预聚物。

3．单体

单体除了能调节体系的黏度以外，还能影响到固化动力学、聚合程度以及生成聚合物的物理性质等。虽然光敏树脂的性质基本上由所用的预聚物决定，但主要的技术安全问题却必须考虑所用单体的性质。因而其选择是一项重要的工作。在选择时，首先要考虑单体的黏度及溶解性能，另外还要考虑其挥发性、闪点、气味、毒性、官能度和聚合时的收缩率等因素。自由基固化工艺所使用的丙烯酸酯、甲基丙烯酸酯和苯乙烯，以及阳离子聚合所使用的环氧化物以及乙烯基醚等都是辐射固化中常用的单体。由于丙烯酸酯具有非常高的反应活性(丙烯酸酯＞甲基丙烯酸酯＞烯丙基＞乙烯基醚)，工业中一般使用其衍生物作为单体。按照结构中含有不饱和双键的数目，单体分为单、双官能团单体和多官能团单体。单官能团单体分子因其只含有一个双键，因而只能进行线型聚合。多官能团单体分子中含有两个或两个以上双键，因此其活性较高，固化时很易形成交联网络结构。由于光固化工艺要求光敏树脂具有很快的固化速度，因而应用于该类树脂中的单体应具有高的活性。表 5-3 为常见的丙烯酸酯类单体及其性质。

表 5-3　常见的丙烯酸酯类单体及其性质

单体类型	单官能团丙烯酸酯	双官能团丙烯酸酯	多官能团丙烯酸酯
固化速度	低	中	高
黏度	小	中	高
交联密度	低	高	高
特点	挥发性大，毒性大，气味大，易燃	挥发性小，气味较低	挥发性低
常用单体	丙烯酸异冰片酯，月桂酸甲基丙烯酸酯	聚乙二醇双丙烯酸酯	三羟甲基丙烷三(甲基)丙烯酸酯

通过对比可以发现，单官能团丙烯酸酯固化速率最低，多官能团丙烯酸酯固化速率最高，但最终聚合的残留率可能较高，而且官能团越高，参与固化反应的双键就越多，收缩性就越大；双官能团丙烯酸酯作为光固化单体，固化速度适中，固化后残留率小，而且材料的黏度不高。

5.3.3　光固化成形工艺过程

光固化成形工艺一般可以分为前处理、打印和后处理 3 个阶段。前处理是为原型的制作进行数据准备，具体内容主要是对原型的 CAD 模型进行数据转换、确定摆放位置、施加支撑和进行切片分层。光固化成形依赖于专用的光固化成形装备，因此在原型制作前，需要提前启动光固化成形装备系统，使得液态树脂的温度达到合理的预设温度。液体光敏树脂由于光源照射发生聚合反应，固化成截面轮廓，然后工作台运动，铺展一层新的液态树脂再次固化，如此重复直到整个构件成形完毕。后处理主要是针对原型进行清理、去除支撑、后固化以及进行相应的打磨。

1. 激光扫描光固化成形过程

(1) 产品三维模型的构建。首先构建待加工工件的CAD模型。该CAD模型可以利用计算机辅助设计软件直接构建，也可以通过对产品实体进行激光扫描、CT断层扫描，得到点云数据，然后利用反求工程的方法来构造。

(2) 三维模型的近似处理。产品加工前要对模型进行近似处理，STL格式文件目前已经成为快速成形领域的标准接口文件。STL文件由二进制码和ASCII码输出形式的文件所占用的空间小得多，但ASCII码输出形式可以阅读和检查。典型的CAD软件都带有转换和输出STL格式文件的功能。

(3) 三维模型的切片处理。根据被加工模型的特征选择合适的加工方向，在成形高度方向上用一系列一定间隔的平面切割近似后的模型，以便提取截面的轮廓信息。间隔一般取0.05～0.5mm，常用0.1mm。间隔越小，成形精度越高，但成形时间也越长，效率就越低；反之则精度低，但效率高。

(4) 成形加工。根据切片处理的截面轮廓，在计算机控制下，相应的成形头(激光头)按各截面轮廓信息做扫描运动，在工作台上一层一层地堆积材料，然后将各层相黏结，最终得到原型产品。

(5) 成形构件的后处理。从成形系统里取出构件，进行打磨、抛光、涂挂，或放在高温炉中进行后烧结，进一步提高其强度。

激光扫描光固化成形工艺原理见图5-6。

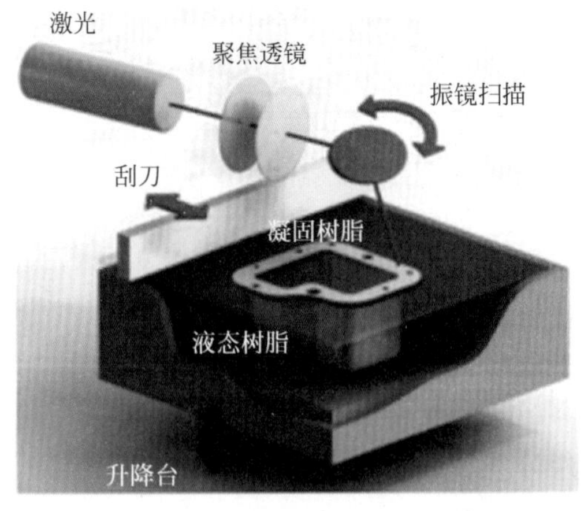

图5-6 激光扫描光固化成形工艺原理

2. 激光扫描光固化智能化工艺研究

激光扫描光固化技术的扫描过程如下：采用高速扫描振镜将激光光束反射到待制作材料的表面，材料吸收激光光束的能量，发生化学反应产生黏接，在激光光斑扫过的区域形成黏接区域，逐层累加，最终形成构件。激光光斑直径作为激光光束的固有物性，经过反射镜、动态聚焦镜及扫描振镜聚焦至扫描平面，在扫描场平面内获得的为光束束腰直径，也即最小光斑直径。激光器的光斑直径越小，可成形的最小特征越小，则光斑的固化区域也越小，也就意味着扫描单线的线宽越小，单线间填充间距越小，则在相同成形面内需要扫描的单线数目就会增多，单位面积的扫描周期就越长；反之，激光器的光斑直径越大，在相同成形面内需要扫描的单线数目就会增多，则单位面积的扫描周期越短，但是随着光斑直径的增大，制件的精度会出现下降。如何在提高制作效率的同时解决这一问题，也是难点之一。

现阶段激光增材制造技术所采用的激光光强满足高斯分布，如图5-7所示。

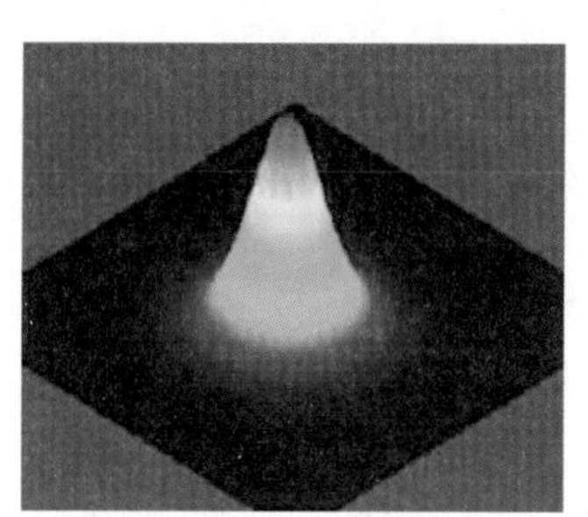

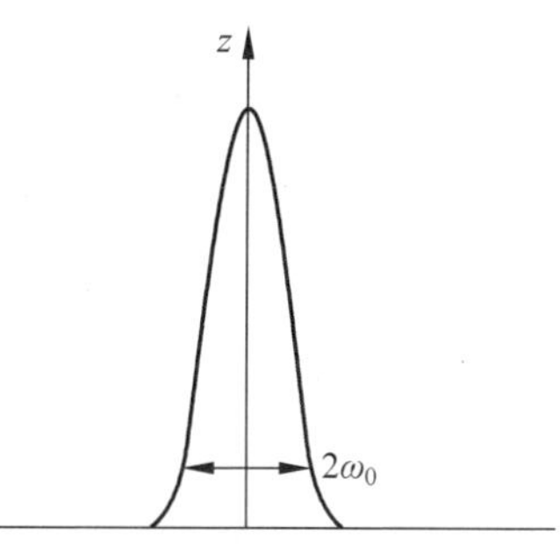

图5-7　激光光束高斯分布

Jacobs根据Beer-Lambert定律，建立了在平面内任意一点光斑处的能量密度$E(y,z)$公式：

$$E(y,z)=\sqrt{\frac{2}{\pi}}(P_L/\omega_0 v)e^{(-2y^2/\omega_0^2)}e^{(-z/D_p)} \tag{5-1}$$

当$z=0$时，有

$$E(y,0)=\sqrt{\frac{2}{\pi}}(P_L/\omega_0 v)e^{(-2y^2/\omega_0^2)} \tag{5-2}$$

当$y=0$时，可得在光斑中心处的能量密度$E(0,0)$：

$$E(0,0)=E_{max}=\sqrt{\frac{2}{\pi}}\frac{P_L}{\omega_0 v} \tag{5-3}$$

式中，P_L为激光功率；D_p为材料的投射深度；ω_0为激光光束束腰半径；v为扫描速度。

从增材制造技术的扫描过程可以看出，光斑直径影响区域是增材制造的最小制作单元，可将扫描过程看作是光斑直径影响区域在XY方向连成的直线，填充间距是这些扫描单线之间的间隔，决定了制作单层内扫描单线的数目，因此扫描单线的线宽和填充间距决定了二维平面内当前层的制作时间；单线的深度是制作构件在三维方向上的最小成形单元，在二维方向上排列的单线构成了单层，单层的层厚决定了三维方向上的成形单元，因此层厚决定了成形工艺在三维方向上的制作时间。因此，在二维和三维成形过程中，扫描单线的线宽和深度是整个成形过程的基本单元，其计算公式如下：

$$C_d = D_p \times \ln(E_{max}/E_C) = D_p \times \ln\left(\sqrt{\frac{2}{\pi}} \times \frac{P_L}{\omega_0 E_c v}\right) \tag{5-4}$$

$$L_w = \sqrt{2}\omega_0 \times \sqrt{\ln(E_{max}/E_c)} = \sqrt{2}\omega_0 \times \sqrt{\ln\left(\frac{2}{\pi}\ \frac{P_L}{\omega_0 E_c v}\right)} \tag{5-5}$$

式中，C_d 为单线固化深度；L_w 为单线固化线宽；E_c 为材料的临界曝光量。

D_p 和 E_c 是材料自身的固有属性，一般无法改变。整体工艺的成形精度和效率由单层的层厚决定，而单层则是由层内按一定顺序排列的单线组成的，因此，单线是决定工艺成形精度和效率的基本单元。由上述式(5-4)和式(5-5)可知，单线的固化深度 C_d 和线宽 L_w 受到激光功率 P_L、扫描速度 v 和光斑半径 ω_0 的影响，其中，激光功率和光斑半径为硬件工艺参数，扫描速度为软件工艺参数。

1) 激光增材制造智能工艺模型的建立

当前的激光增材制造过程往往依靠操作人员的经验确定工艺参数，当出现新工艺和新材料时，需要重新通过大量的实验确定，工作量大，严重浪费制作材料，导致成形效率降低和制作成本增加。目前，激光快速成形装备大都通过与装备相匹配的控制软件进行构件的制作，但是制作工艺参数，如扫描速度、层厚、填充间距等需要操作人员根据经验事先输入到控制程序中，控制软件按照既定工艺参数进行构件的加工和制作。因此，要建立激光增材制造技术工艺模型，精确控制成形过程，兼顾成形精度和效率。

由前文的分析可知，激光增材制造工艺过程中存在共性的工艺参数，为了增加普适应性，需要通过修正工艺因子建立工艺模型。

定义 K 为能量因子：

$$K = \frac{P_L}{\omega_0 \times v} \tag{5-6}$$

将式(5-6)代入式(5-4)和式(5-5)中，可得

$$C_d = D_p \times \ln\left(\sqrt{\frac{2}{\pi}}\ \frac{K}{E_c}\right) = D_p \times \left(\ln\sqrt{\frac{2}{\pi}} + \ln K - \ln E_c\right) \tag{5-7}$$

$$L_w = \sqrt{2}\omega_0 \times \sqrt{\ln\sqrt{\frac{2}{\pi}} + \ln K - \ln E_c} \tag{5-8}$$

由式(5-6)可知，能量因子 K ($\mathrm{mJ/mm^2}$)为光斑在平面内以速度 v 沿光束移动方向的能量密度，如图 5-8 所示。

在式(5-7)和式(5-8)中，除能量因子 K 以外，D_p、E_c 和 ω_0 均为定值，因此，能

量因子 K 的确定实现了对扫描过程基本单元的精确控制，即约束了成形过程的精度和效率。

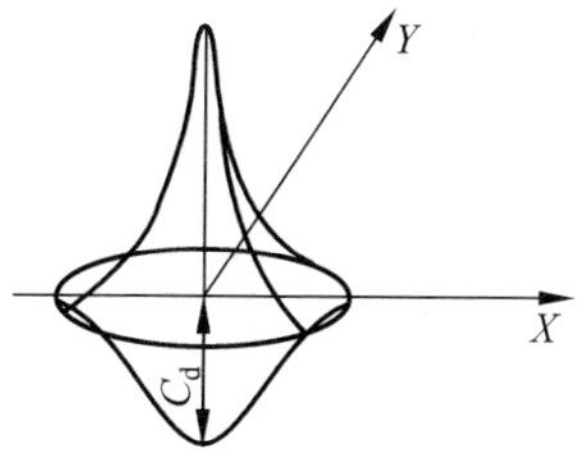

图 5-8　能量因子 K 示意图

激光增材制造过程是一个由二维平面逐层累加成三维实体的过程。二维平面内的几何图形制作由扫描向量以一定的扫描间距并排排列构成，当前层的制作时间 t_i 为

$$t_i = \frac{A_i}{L_w \times H_s \times v} \tag{5-9}$$

式中，A_i 为第 i 层构件的面积；H_s 为填充间距。

在实际制作过程中，光斑按照规划路径以一定速度在制作平面内移动，光斑扫描过的区域吸收激光的能量，形成扫描单线。填充间距是指扫描单线之间的距离，由式(5-9)可知，光斑直径的大小与单线在二维平面内的线宽存在比例关系，也即光斑直径与填充间距存在比例关系。当扫描单线间以合理的填充间距相互黏结，既能保证最优的精度，同时也能获得较高的制作效率。因此，定义 B 为填充因子：

$$H_s = B \times \omega_0 \tag{5-10}$$

因此，将式(5-10)代入式(5-9)中，可得

$$t_i = \frac{A_i}{L_w \times B \times \omega_0 \times v} \tag{5-11}$$

由式(5-11)可知，扫描单层的制作时间取决于构件切层的几何图形、扫描单线的线宽、光斑直径和扫描速度，而光斑直径又影响其他 3 个参数，因此，工艺系统如果能够实现光斑直径的智能化控制，对于效率的提高具有重要意义。

三维实体的制作由二维平面内扫描向量的成形厚度以一定重叠间距垂直排列构成，而制作薄层的厚度 C_d 要大于分层厚度才能保证上下层的充分黏结，精确地控制 C_d 不仅能够有效地提高效率，也能充分地提高能量的利用率，因此分层厚度与成形厚度 C_d 之间存在一定的关系。定义 M 为层厚因子：

$$C_d = M \times L \tag{5-12}$$

式中，L 为分层厚度。

构件整体的扫描制作时间 T 可以表述为

$$T = \sum_{i=1}^{i=\frac{E}{B \times C_d}} \frac{A_i}{L_w \times B \times \omega_0 \times v} \tag{5-13}$$

通过以上分析可知，修正工艺因子 K、B、M 直接影响着成形工艺的精度和效率，而这 3 个比例因子又与材料信息、装备参数和模型信息相关，因此，当这些参数确定之后，则可以建立起与之相对应的工艺模型。

二维平面内的固化单层是由按照一定间距的扫描单线相互黏结构成的，各相邻扫描单线间的间距即为填充间距 H_s，如图 5-9 所示。

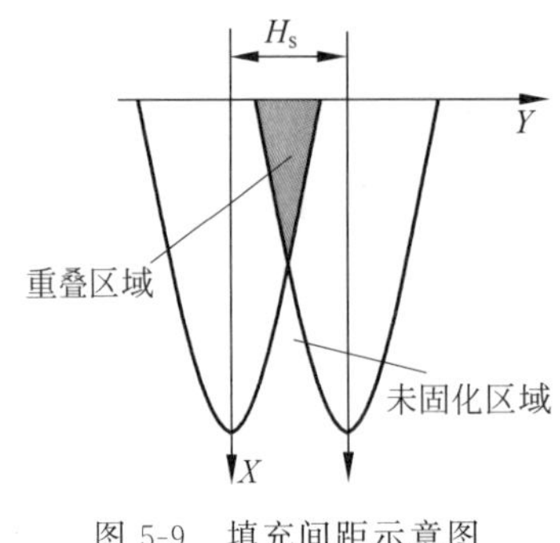

图 5-9 填充间距示意图

填充间距的大小不仅与单层的制作效率有关，还与单层的形貌有关。H_s 的增大可以迅速减少在单层内扫描单线的数量，当填充间距增加1倍时，根据统计，制作时间可以减少 1/2 左右，若填充间距增加 2 倍，制作时间可以减少 60%左右。但是，H_s 不能大于固化单线的线宽，不合理的 H_s 值不仅有可能造成单层内单线无法黏结，而且会改变单层底面的形貌。因此，设定不同比例因子 B 开展实验，实验参数见表 5-4，实验结果如图 5-10 所示。

表 5-4 实验参数

P_L/mW	v/(mm/s)	K/(mJ/mm^2)	B	M/mm	H_s/mm
200	3500	0.71	1	0.08	0.08
200	3500	0.71	1.6	0.08	0.128
200	3500	0.71	2	0.08	0.16

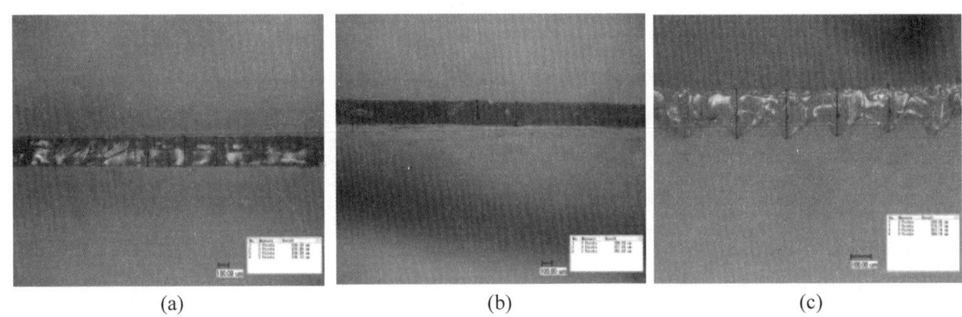

(a) (b) (c)

图 5-10 实验结果

(a) $B=1$; (b) $B=1.6$; (c) $B=2$

由图 5-10 可以看到，当 $B=2$ 时，由于填充间距过大，造成单层下表面未固化区域明显增大，会造成整体成形质量和精度下降；当 $B=1$ 时，单层成形质量较好，单层下表面光滑，但由于填充间距过小，在单位面积内的扫描单线增多，导致成形效率下降，且相邻单线间由于受到彼此光照能量的影响，单层层厚略有增加，多层累积后，会造成构件在 Z 方向的精度下降；当 $B=1.6$ 时，单层成形精度高，同时满足在单位能量密度下最大程度地提高成形效率和光源能量的利用率。因此，在本书中设定 $H_s=1.6\omega_0$。

2）层厚因子的确定

单层的厚度要大于分层厚度，才能保证上下层的充分黏结从而表现出良好的力学性能。但是，当曝光量较大时，实际固化层厚比分层厚度大，使最底层出现过固化量，不仅会影响制作构件在 Z 方向的精度，同时会降低成形效率。所谓最优固化层厚是指在最小的曝光能量下，单层的最小固化层厚仍然能够保证上下层的充分黏结。因此，需要精确控制在一定的激光功率下的单层固化深度，提高成形效率和能量的利用率。

以普通工艺为例，制作、固化单层测试层厚，实验结果如表 5-5 及图 5-11 所示。

表 5-5　单层厚度

P_L/mW	v/(mm/s)	K/(mJ/mm^2)	单层厚度/mm
130	3000	0.54	0.28
130	3200	0.51	0.24
130	3400	0.48	0.20
130	3600	0.45	0.16
130	3800	0.42	0.15
130	4000	0.41	0.14

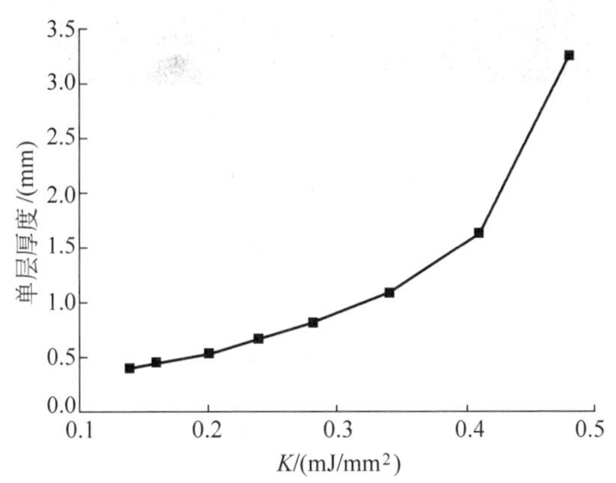

图 5-11　单层厚度与能量因子 K 的关系

为了判断最后单层厚度，以抗弯强度作为最优层厚的判据。采用抗弯强度测试件，如图 5-12 所示。

其中标准测试件长度 $l=80$mm，宽度 $b=10$mm，厚度 $h=4$mm，制作的测试件如图 5-13 所示，抗弯测试件的精度及制作效率如表 5-6 所示。

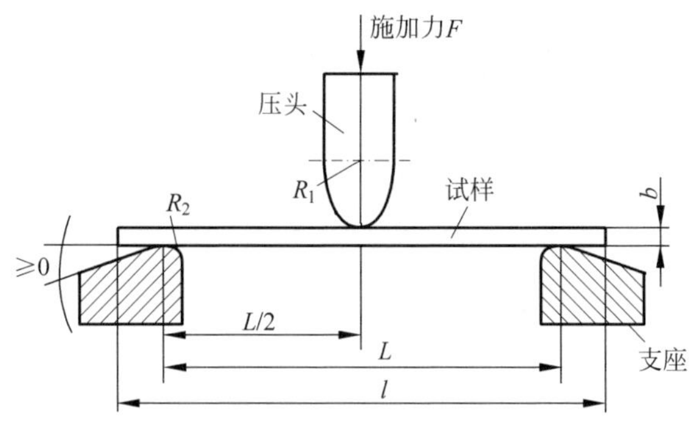

图 5-12　强度标准测试

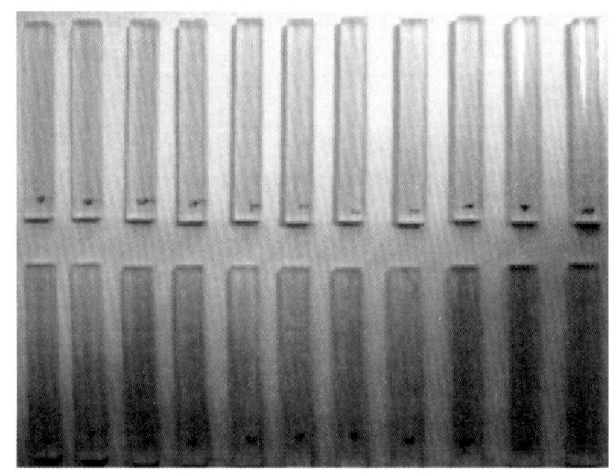

图 5-13　抗弯测试件

表 5-6　构件制作工艺参数

方案	P_L/mW	v/(mm/s)	K/(mJ/mm^2)	单层厚度/mm^2	制件厚度/mm	厚度误差/%	宽度/mm	宽度误差/%	制作时间/s
A	130	3000	0.54	0.28	4.23	7	9.90	1	2007
B	130	3200	0.51	0.24	4.22	6	9.92	0.8	1937
C	130	3400	0.48	0.20	4.21	5.75	9.93	0.7	1894
D	130	3600	0.45	0.16	4.17	5	9.93	0.7	1850
E	130	3800	0.42	0.15	4.10	2.5	9.94	0.6	1804

当 $K=0.42\text{mJ/mm}^2$ 时，制作的构件由于单层过薄，层与层之间的黏结不充分，造成构件偏软，且在制作过程中会出现被刮板刮跑的现象，失败率较高，因此，不作为测试的对象。测试结果如图 5-14 所示。

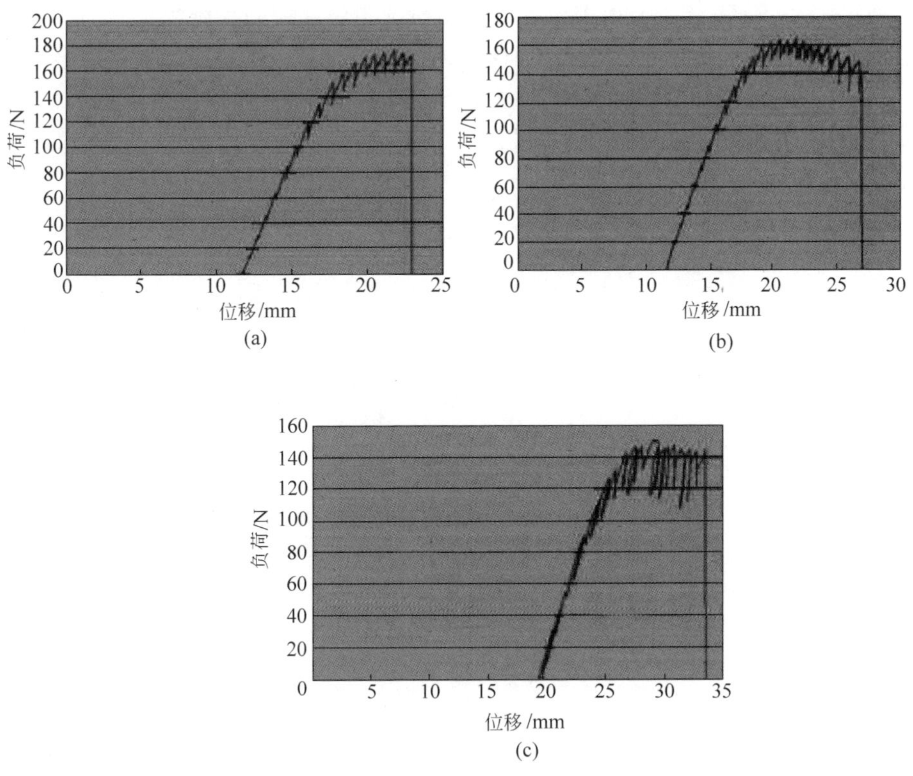

图 5-14　抗弯测试结果

(a) $K=0.54\text{mJ/mm}^2$；(b) $K=0.48\text{mJ/mm}^2$；(c) $K=0.42\text{mJ/mm}^2$

由表 5-7 可知，所有的测试件的弯曲应力均集中在 75～90MPa，最大 K 值与最小 K 值之间的抗弯结果相差不到 10%。从制作时间来看，当激光功率一定时，K 值越小，制作效率越高，其中方案 A 与方案 E 相比，制作效率提高 10%，所需单位能量密度 K 降低 22%，且制件的精度(厚度和宽度)最高，因此，可以确定分层厚度与 C_d 之间的层厚因子 $M=1.5$。

表 5-7　抗弯测试结果

方案	A	B	C	D	E
$K/(\text{mJ/mm}^2)$	0.54	0.51	0.48	0.45	0.42
负荷/N	176	170	164	158	151
弯曲应力 σ/MPa	89.4	86.7	83.8	82.5	79.1

3）智能工艺控制系统的实现

使用已建立的工艺优化模型，针对激光增材制造技术研发了智能工艺控制系统，智能工艺系统控制软件的研发基于西安交通大学研发的增材制造软件 RPBuild 10.0，使用 Visual C++6.0 编程语言，对系统软件进行总体架构设计，如

图 5-15 所示。该系统主要由上位智能控制系统和底层控制系统组成，上位智能控制系统包括智能优化模块、数据处理模块、激光控制模块、运动控制模块、振镜控制模块和辅助工艺控制模块。其中，主控制程序生成的加工数据需要依据智能优化模块进行工艺参数的设定。

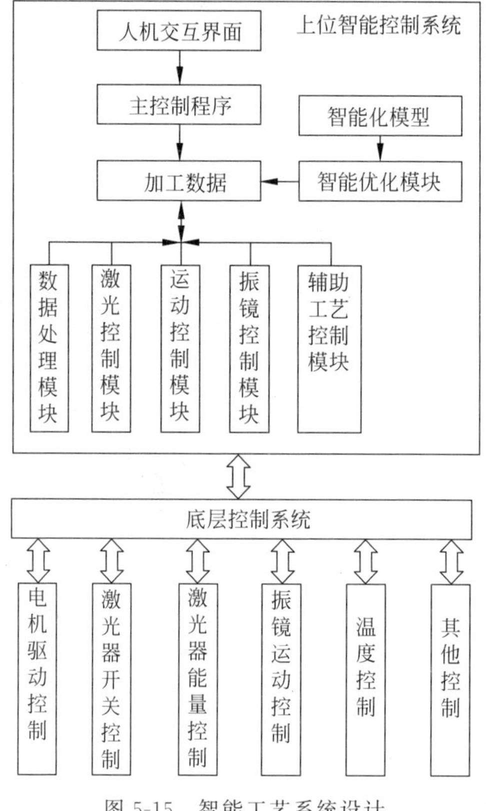

图 5-15　智能工艺系统设计

a）主要功能模块设计

（1）智能优化模块：是智能工艺系统的关键和核心，可以自动修正加工数据文件，使设备按照最优工艺模型设定的智能化因子进行制作。

（2）数据处理模块：主要进行切层数据 SLC 文件的读入。

（3）激光控制模块：取决于激光器的种类。随着激光器技术的不断发展，目前绝大多数激光器都可以通过串口实现激光器开关和功率的调整。目前，大多数振镜控制卡都具有激光器控制的功能。

（4）运动控制模块：包括工作平台的运动和刮平机构的运动等，通过运动控制板卡驱动相应的电机按主控制程序进行运动。

（5）振镜控制模块：对于激光增材制造技术，高速扫描振镜是整个装备的核心部件，振镜的控制通过与之匹配的振镜控制卡实现，振镜控制卡一般都提供了丰富的控制函数，可以通过结构化的编程实现加工要求。

b）智能优化模块的实现

目前的激光增材制造工艺控制系统在开始制作前需要人工设置工艺参数，如图 5-16 所示。

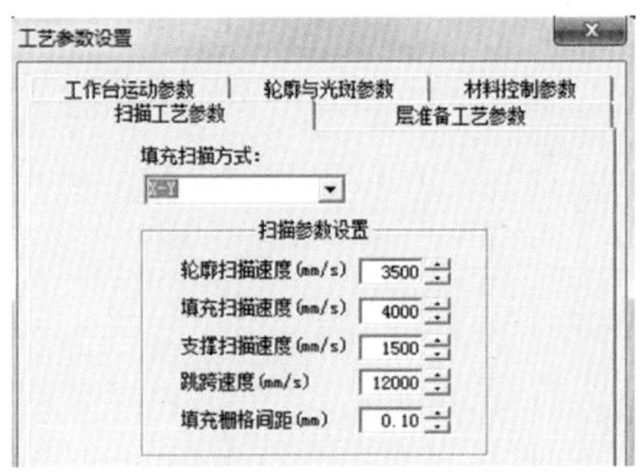

图 5-16　需设置的工艺参数

其中，工作台运动参数、轮廓与光斑参数和材料控制参数一般都为定值，对成形精度和效率的影响较小，根据式(5-6)，扫描速度 v 与能量因子 K 成反比，决定了固化深度 C_d 和固化线宽 L_w 的大小，从而影响工艺的成形精度；又由式(5-13)可知，扫描速度 v 同时也对成形效率具有决定意义。

由前文可得

$$v=\sqrt{\frac{2}{\pi}}\frac{P_L}{e^{\frac{C_d}{D_p}}\times\omega_0\times E_c}=\sqrt{\frac{2}{\pi}}\frac{P_L}{e^{\frac{B\times L}{D_p}}\times\frac{H_s}{B}\times E_c} \tag{5-14}$$

扫描速度 v 不仅是评价修正因子 K 的变量，同时与修正因子 M、B 相关，因此，智能工艺系统具备了面向材料物性和工艺参数的自动决策功能。而功率在线检测功能又能够在层间检测激光功率，实时根据激光功率调整成形特征，实现通过扫描速度实现修正因子工艺模型对成形过程的精确控制，从而提高构件的成形效率和精度。

控制软件依据式(5-14)建立的智能工艺模块判据自动实现扫描速度的计算，主控制程序使用该速度进行模型数据的扫描。智能化工艺系统的制作流程如图 5-17 所示。

研发的智能工艺系统模块如图 5-18 所示。

4）智能工艺模型对于精度和效率的影响

a）智能工艺系统对单层稳定性的影响

由前文可知，激光器功率波动和扫描速度都会影响到单层厚度的稳定性，而单层厚度则会影响到制件在 Z 方向的精度。其中，激光器由于自身的特点，在制作过程中有可能出现功率的衰减和波动。以 Explorer 系列 UV 激光器和 Synrad 系列 CO_2 激光器为例，其功率稳定性如表 5-8 所示。

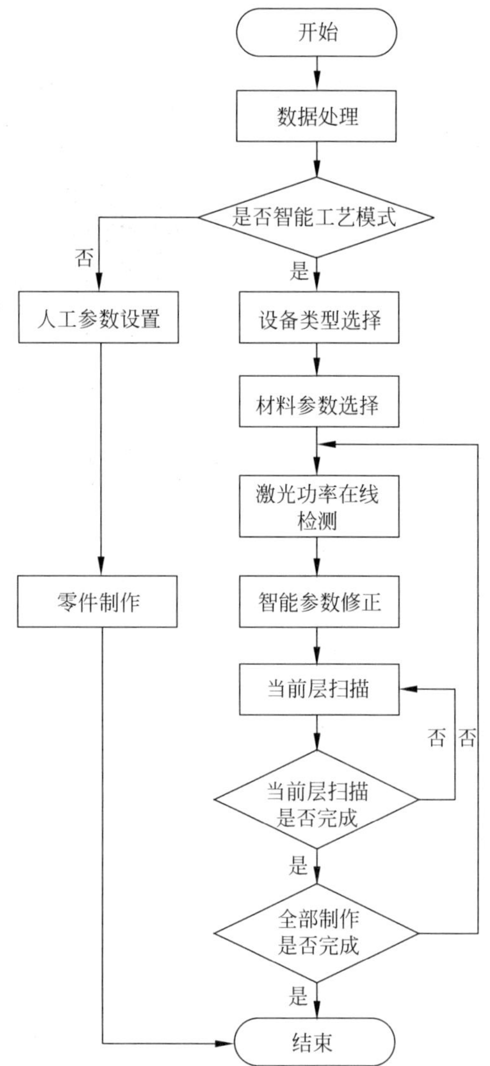

图 5-17 智能工艺系统制作流程

表 5-8 激光器功率稳定性

激光器类型	激光器波长/nm	平均输出功率/W	功率稳定性/%
UV	355	0.5	±5
CO_2	10 640	100	±7

对于 CO_2 激光器来说，虽然功率稳定性为±7%，但是由于选择激光烧结工艺的原理为热传导，因此±7%的功率稳定性对于单层稳定性的影响不大。对于光固化成形则不然，树脂对于光的敏感性较强，±5%的功率稳定性足以使单层厚度产生波动从而影响成形精度。以普通工艺为例，测试在固定的时间间隔下激光器稳

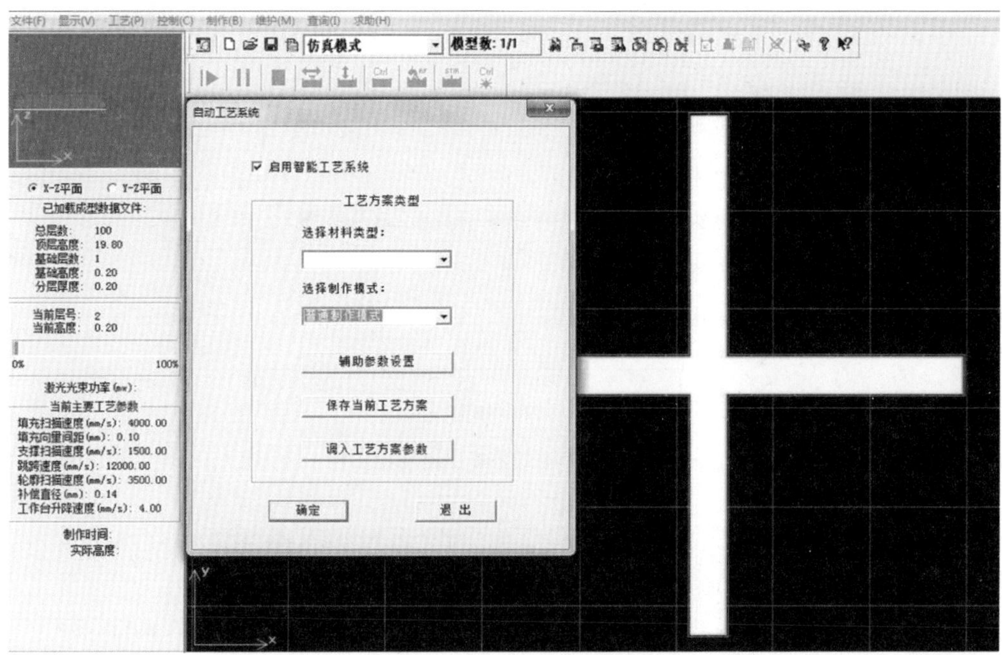

图 5-18　智能工艺系统

定性对单层厚度的影响，设定功率为 130mW，扫描速度为 3400mm/s，测试结果如图 5-19 所示。

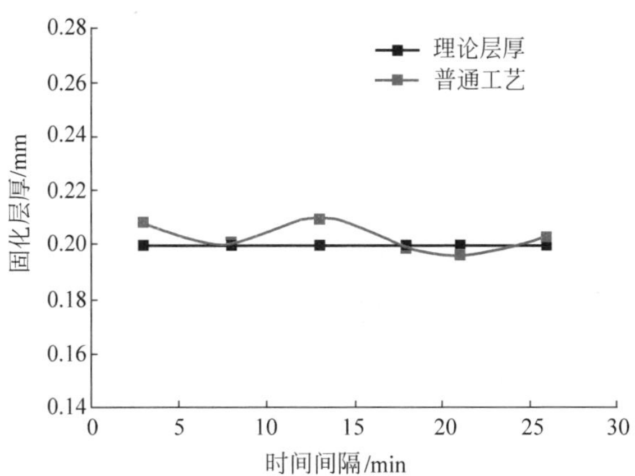

图 5-19　普通工艺单层厚度稳定性

因此，研发的智能工艺系统中使用激光在线检测功能，即在每层扫描开始前通过光敏探头检测激光功率，并根据当前状态的激光功率自动修正制作工艺。使用智能工艺系统制作的单层厚度稳定性如图 5-20 所示。

使用智能工艺系统制作的单层如图 5-21 所示。

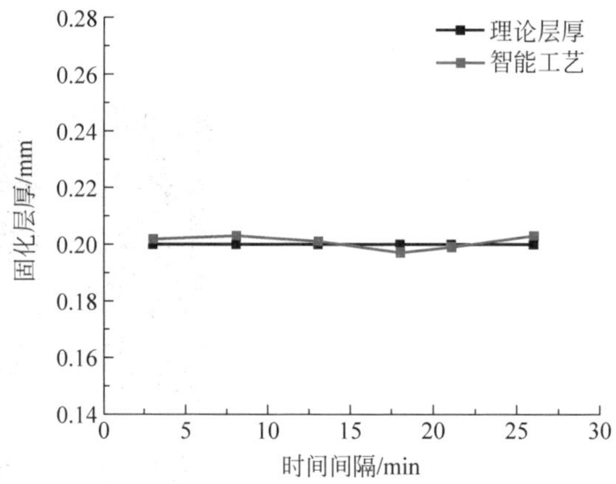

图 5-20　智能工艺单层厚度稳定性

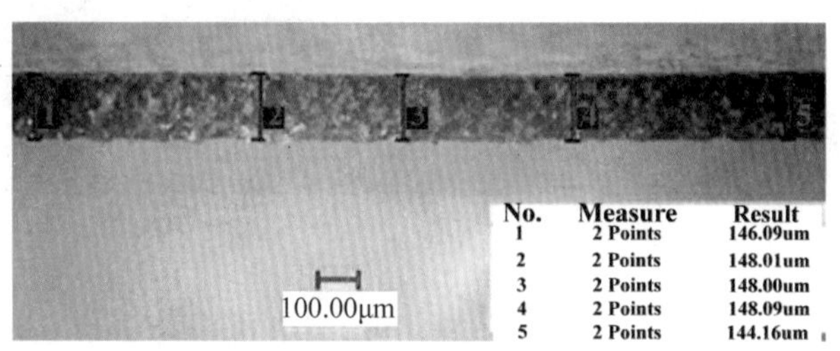

No.	Measure	Result
1	2 Points	146.09um
2	2 Points	148.01um
3	2 Points	148.00um
4	2 Points	148.09um
5	2 Points	144.16um

图 5-21　智能工艺制作的单层

从实验结果可知，智能工艺系统具有较高的单层稳定性，通过激光功率在线检测实现了制作工艺的自校正，弥补了由于激光器功率波动对单层厚度带来的影响。

b）智能工艺系统对多层稳定性的影响

使用智能工艺系统进行制作多层实验，结果如图 5-22 和表 5-9 所示。

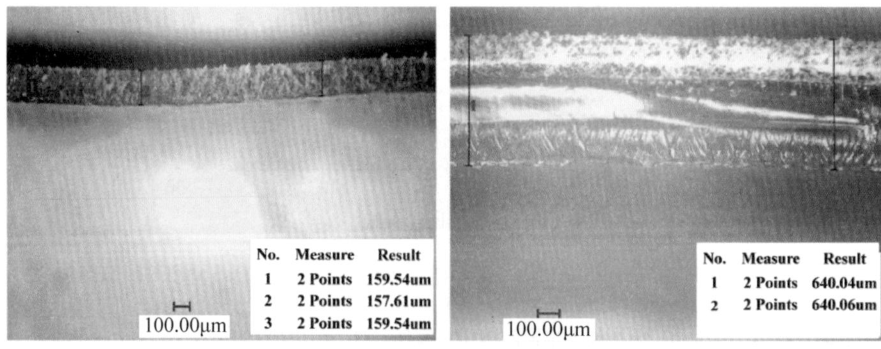

No.	Measure	Result
1	2 Points	159.54um
2	2 Points	157.61um
3	2 Points	159.54um

No.	Measure	Result
1	2 Points	640.04um
2	2 Points	640.06um

图 5-22　扫描多层的截面图

表 5-9　不同速度下的多层厚度

工艺模式	理论单层厚度 C_d/mm	4 层理论厚度 C_d/mm	4 层实际厚度 C_d/mm	误差/%
智能工艺	0.159	0.638	0.643	0.8

由实验结果可知，使用智能工艺系统制作的单层稳定，单层间的黏结紧密，且多层层厚的误差小于 1%，因此智能工艺能够较好地保持多层的稳定性。

c）智能工艺系统对效率的影响

使用智能工艺系统制作如图 5-23 所示的标准测试件。

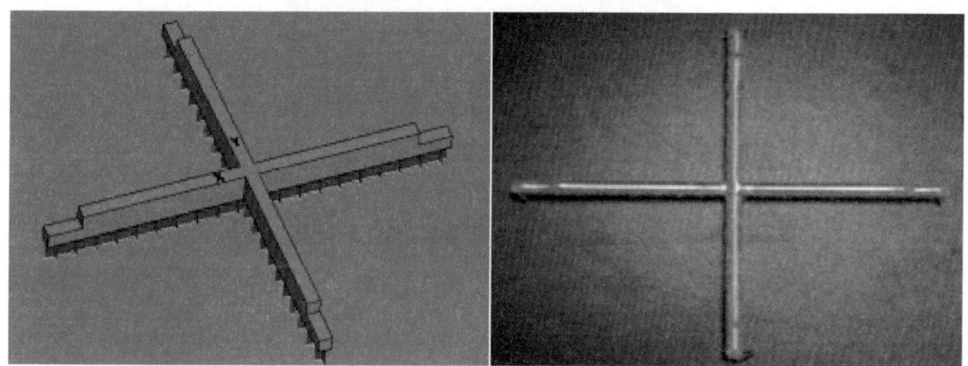

图 5-23　标准测试件

测试件的短轴尺寸为 100mm×4mm×2.5mm，长轴尺寸为 120mm×4mm×2.5mm，测试结果如表 5-10 所示。

表 5-10　智能工艺系统测试结果

工艺模式	激光功率/mW	制作时间/s	尺寸精度误差/%
智能工艺	200	1694	0.07
普通工艺	200	1790	0.1

由实验结果可知，使用智能工艺系统制作的构件，不仅保持了较高的精度，使制作效率提高了 5.6%，而且在提高成形精度的同时，兼顾了成形效率。

5）光固化增材制造效率优化及工艺智能化控制

a）系统构成及工艺原理

变光斑工艺系统的研发基于商业化的光固化成形机 SPS350B（陕西恒通智能机器有限公司），如图 5-24 所示。

其中，光路部分是实现变光斑工艺系统的硬件系统，包括 355nm 的紫外激光器（深圳瑞丰恒激光技术有限公司）、反射镜、高速扫描振镜（Scanlab）以及动态聚焦镜，如图 5-25 所示。

图 5-24　变光斑工艺研发平台 SPS350B

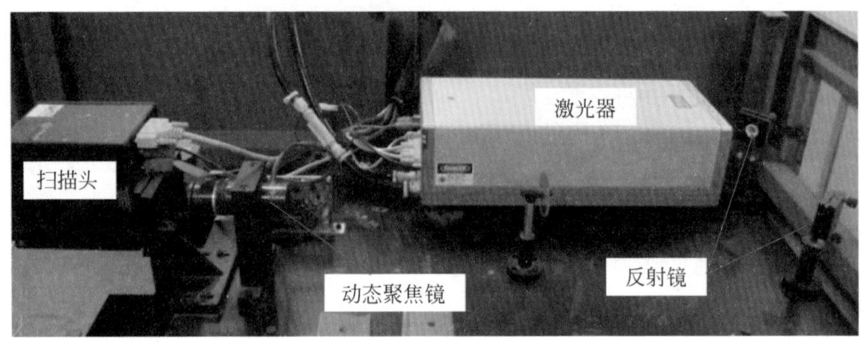

图 5-25　光路系统

现有增材制造制作过程中，动态聚焦镜(图 5-26)的使用是为了在扫描场中获得大小一致的光斑。

图 5-26　动态聚焦镜

激光器的光束经过反射进入到动态聚焦镜中，通过动态聚焦中镜片组的扩束以及二次聚焦光束投射到扫描振镜上。其中，镜片组在电机的带动下相互配合，保证在聚焦扫描场内光斑直径不会由于光束焦距的改变而发生光斑形状的重大差异，其原理如图 5-27 所示。动态聚焦镜的控制通过与之相连的实时控制卡 RTC3 实现，正是由于动态聚焦镜这种改变光束焦距的实时控制能力，为在变光斑工艺中实现光束直径的控制奠定了硬件基础。

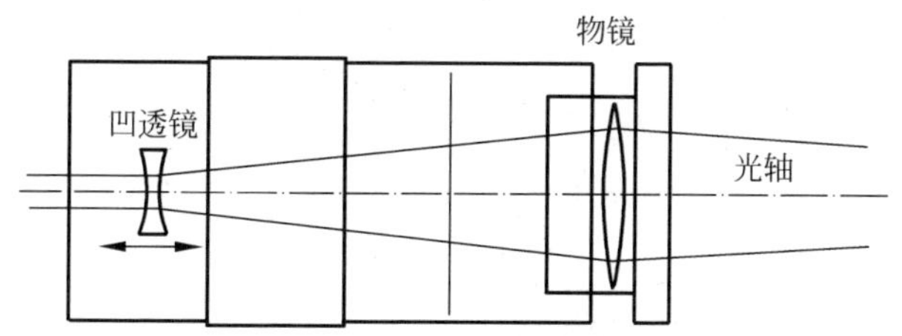

图 5-27　动态聚焦镜原理图

UV 激光器通过动态聚焦镜和扫描振镜汇聚在树脂液面处，在树脂液面处的光斑直径为 UV 光束的束腰直径，也即可获得的最小光斑直径。在接收到控制卡的指令之后，变光斑工艺通过控制动态聚焦镜调整光轴方向透镜组合的相对位置，改变激光光束的焦距，使得初始状态下聚焦于扫描平面的激光光束发生离焦，即光束的束腰与扫描平面分离，因此原本位于扫描平面处的光斑直径由于光束虚焦而增大，可以通过合理控制聚焦距离获得指定液面处的光斑，如图 5-28 所示。

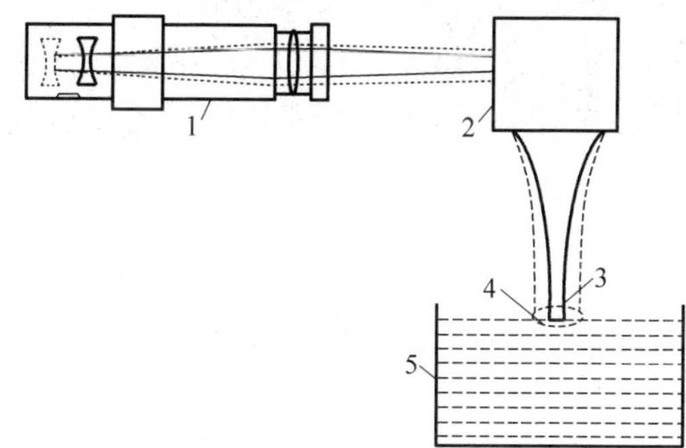

图 5-28　变光斑工艺原理图

1—动态聚焦镜；2—扫描振镜；3—光束束腰处光斑；4—虚焦后的光斑；5—光敏树脂

根据高斯光束在光路传播的特点，光束束腰处的光斑半径 ω_0 为

$$\omega_0 = \frac{\lambda \times f \times M^2 \times K}{2d} \tag{5-15}$$

式中，λ 为激光波长；f 为光束焦距；M^2 为激光光束质量；K 为校正系数(一般在 1.5～2.0 之间)；d 为光束聚焦前的直径。

将已有参数代入到式(5-15)中，可得高斯光束束腰半径，也即聚焦平面的光斑半径为

$$\omega_0 = \frac{355 \times 10^{-6} \times 962 \times 1.3 \times 1.5}{8}\text{mm} = 0.08\text{mm}$$

变光斑工艺使得原有的高斯光束在沿光轴方向传播过程中产生了离焦，根据光学理论，沿光轴方向传播的高斯光束任一点的光斑半径与高斯光束束腰半径的关系为

$$\omega(z)=\omega_0\left[1+\left(\frac{\lambda z}{\pi\omega_0^2}\right)^2\right]^{1/2} \tag{5-16}$$

式中，z 为高斯光束中任一点处光斑与光束束腰处的距离，mm。

根据本书使用的光学系统的设计，在光轴方向可以调整的最大距离为260mm，代入式(5-16)中可得

$$\omega(z)=0.08\times\left[1+\left(\frac{355\times260}{\pi\times0.08^2}\right)^2\right]^{1/2}\text{mm}=0.04\text{mm}$$

即虚焦后在聚焦平面处的光斑半径为 0.4mm。使用 3mm×4mm 的 CCD 相机拍摄虚焦前后的光斑，如图 5-29 所示。

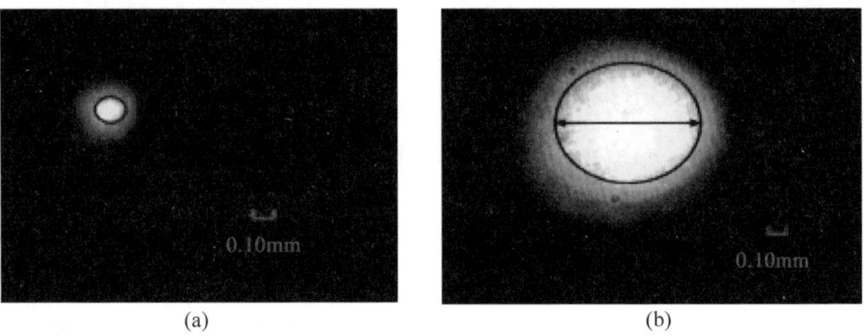

(a) (b)

图 5-29 测量光斑示意图

(a) 光束束腰光斑直径($z=0$)；(b) 离焦后光斑直径($z=260$)

随着光斑直径的增大，曝光面积也增大，在激光功率保持不变的情况下，单位面积内的功率密度随之下降，扫描线所表现出的固化特征必然随之发生改变，如果与现有工艺保持相同的制作参数，在成形过程中待制作材料会出现不完全成形甚至无法成形的现象。为了解决以上问题，通过动态调整激光器的内部参数，并根据光斑直径的变化对固化特征产生的影响自动改变扫描工艺参数。但是，由于在实际制作过程中，环境因素也会对成形过程中的光斑直径及扫描特征产生影响，因此，必须通过工艺实验建立光斑变化与其相对应的扫描特征模型。

b) 工艺流程

变光斑工艺的制作流程如图 5-30 所示。首先进行模型 CAD 数据的加载，并对模型数据进行支撑自动添加以及切层处理。STL 数据文件经过处理之后，模型数据的当前层分为支撑区域、轮廓区域和内部填充区域(图 5-31)。光斑直径的改变应该与这三种区域相适应，因为支撑区域在构件制作完成后，支撑一般位于模型的底部或特定位置，不对构件的整体效率产生决定性影响，而且最终要被去除，光斑较小则支撑与构件接触面积较小，较为容易去除；内部填充区域使用较大光斑提高制作效率；轮廓区域使用直径较小的束腰光斑提高制作精度。

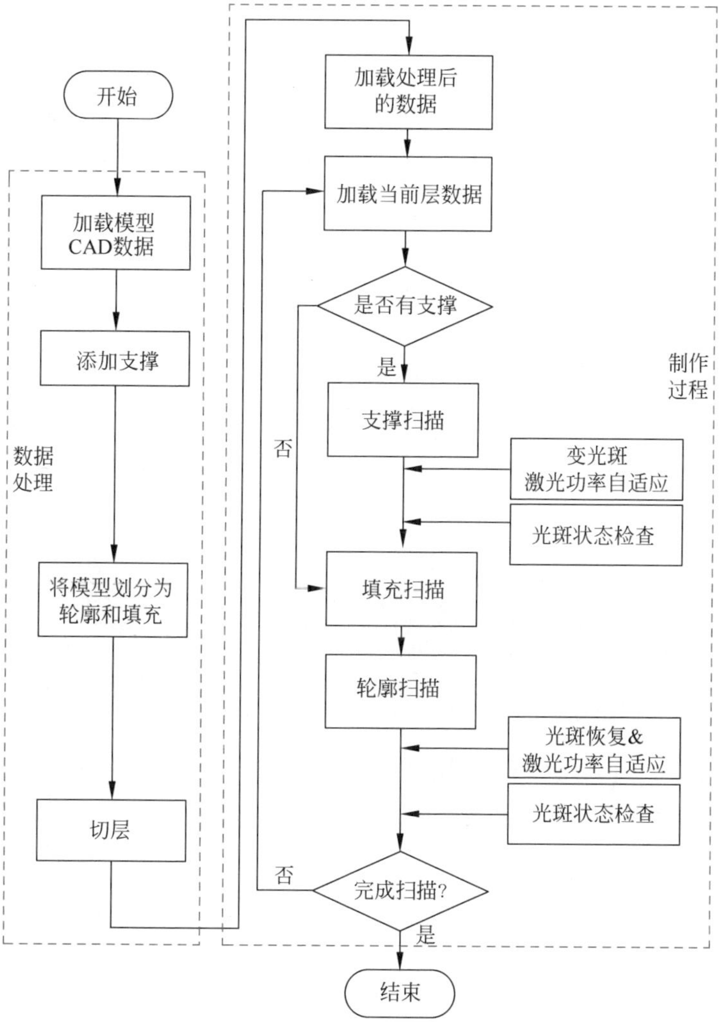

开始

数据处理

加载模型CAD数据

添加支撑

将模型划分为轮廓和填充

切层

制作过程

加载处理后的数据

加载当前层数据

是否有支撑

是

否

支撑扫描

变光斑激光功率自适应

光斑状态检查

填充扫描

轮廓扫描

光斑恢复&激光功率自适应

光斑状态检查

完成扫描?

否

是

结束

图 5-30　工艺流程图

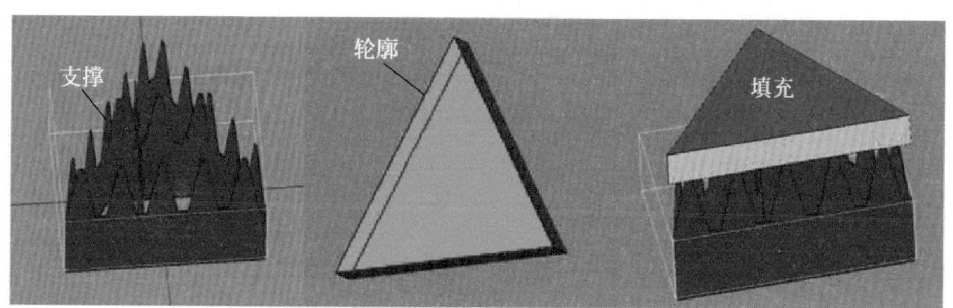

图 5-31　支撑区域、轮廓区域及内部填充区域

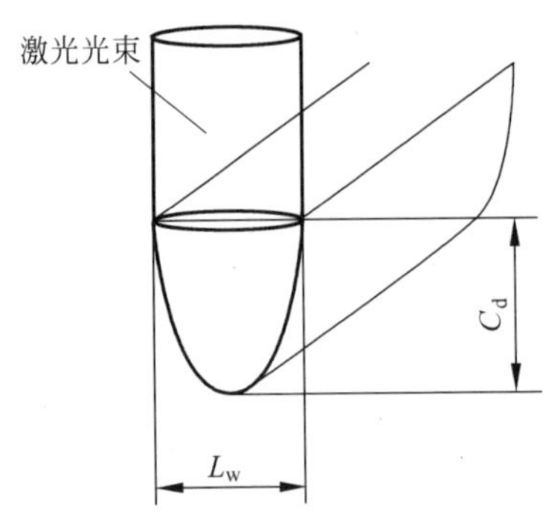

图 5-32　固化单线形态与光斑关系

c) 多光斑固化特征

光固化增材制造工艺是一个由点及线，由线及面，由面及体的过程，固化单线是由无数个固化点连接而成的，是整个成形过程的基本单元。固化单线的形状直接影响光固化的成形精度和效率，而激光光斑的变化直接影响固化单线的特征。固化单线及光斑的相互关系如图 5-32 所示。

在激光功率、扫描速度及固化材料等参数保持一致的情况下，固化单线的固化深度 C_d 随着光斑直径的增大而降低，而线宽 L_w 则会随着光斑的增大而增大。图 5-33 为不同直径光斑的固化单线截面图，扫描工艺参数如表 5-11 所示（其中制作材料 SPS4000 为西安交通大学先进制造技术研究所研发）。

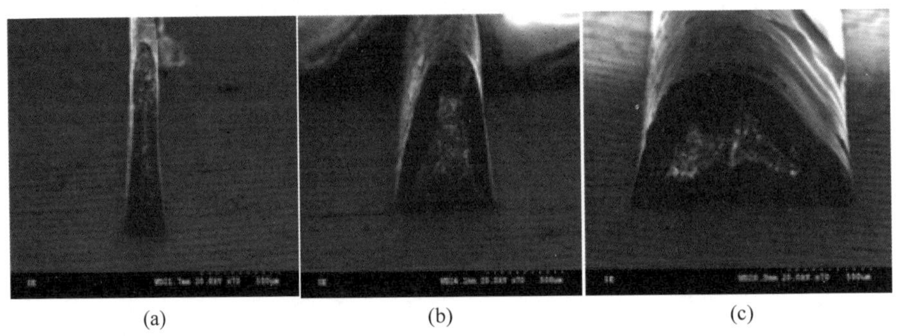

图 5-33　多直径光斑固化单线截面

(a) 光斑直径 0.16mm；(b) 光斑直径 0.36mm；(c) 光斑直径 0.8mm

表 5-11　扫描工艺参数

激光功率/mW	扫描速度/(mm/s)	树脂类型	树脂临界曝光量 E_c/(mJ/cm^2)	投射深度 /D_p/(mm)
300	100	SPS4000	10.39	0.125

由图 5-34 可知，固化单线的形状呈现出高斯分布，与激光光斑的能量分布基本一致，这也恰恰说明了固化单线形状与激光光斑直径的关系：光斑直径越小，固化单线的线宽就越小，则平面内扫描的分辨率也越高。但是光斑并不是唯一改变固化线的因素，扫描速度的变化也是影响固化单线的因素之一。随着扫描速度的不断增加，当树脂液面被 UV 激光扫描过的区域所获得的能量密度 E_{max} 小于树脂的临界曝光量 E_c 时，扫描部分就会发生不完全固化甚至不固化的现象。

随着扫描速度的增高，光斑直径 0.8mm 的功率密度下降很快，当扫描速度大

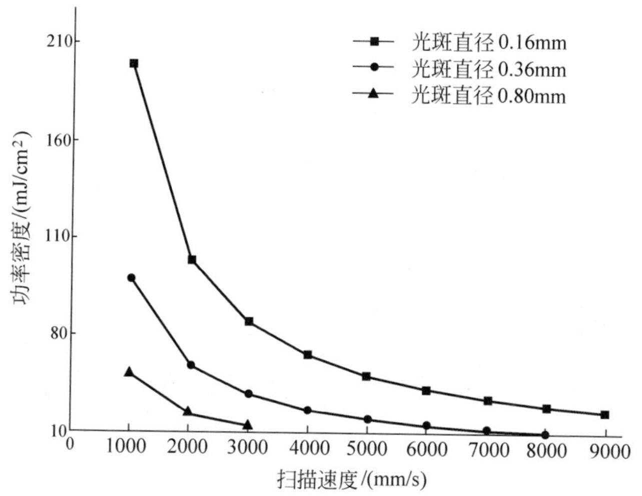

图 5-34　多直径光斑功率密度与扫描速度

于 3000mm/s 时，被该直径光斑曝光液面由于功率密度小于树脂自身的临界曝光量 E_c(SPS4000，10.39mJ/cm^2)而无法完全固化，因此大直径光斑的扫描速度要远远小于直径光斑的扫描速度。

光固化成形的固化单层由二维平面内的单线连接而成，单层的层厚 C_d 随着固化单线的线宽 L_w 的变化而发生改变，除此之外，单层内固化单线之间的线间距 H_s 也会影响固化单层的厚度。在实际制作过程中，H_s 的值一般要小于固化单线的 L_w，这样固化单线才能相互很好地黏结，从而形成较为一致的层厚。在变光斑工艺过程中，H_s 必须根据光斑直径的变化随之调整，光斑直径与填充间距的关系如图 5-35 所示。

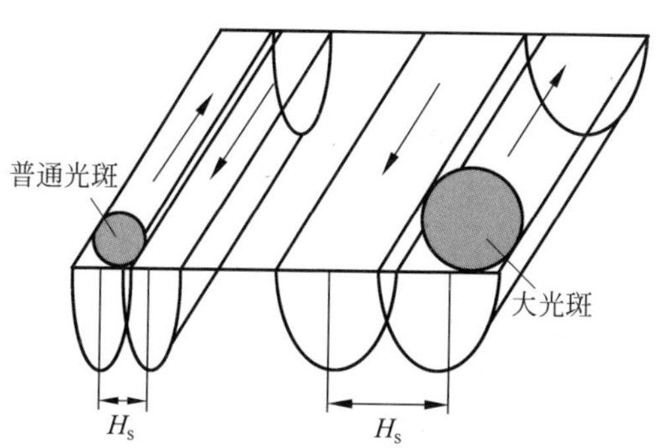

图 5-35　光斑直径与填充间距关系示意图

由图 5-35 可知，光斑直径的增大必然带来 H_s 的改变，而 H_s 的增大可以有效地减少扫描平面内扫描单线的数目，从而减少平面内的扫描时间。但是，光斑直径和 H_s 的变化将导致平面的平均功率密度的改变，而功率密度的变化则会使固化单层的厚度发生改变，因此，本书针对多光斑直径成形过程中的层厚开展了相关实验。由于固化单层的厚度较薄，无法直接取出测量，设计了如图 5-36 所示的单层厚度测试样件。

图 5-36　单层厚度测试样件

分别使用直径为 0.16、0.36、0.8mm 的光斑进行测试，每组实验制作 5 个实验样件，使用 KEYENCE VHX-600E 光学显微镜观察单层的厚度，实验结果如图 5-37 所示。

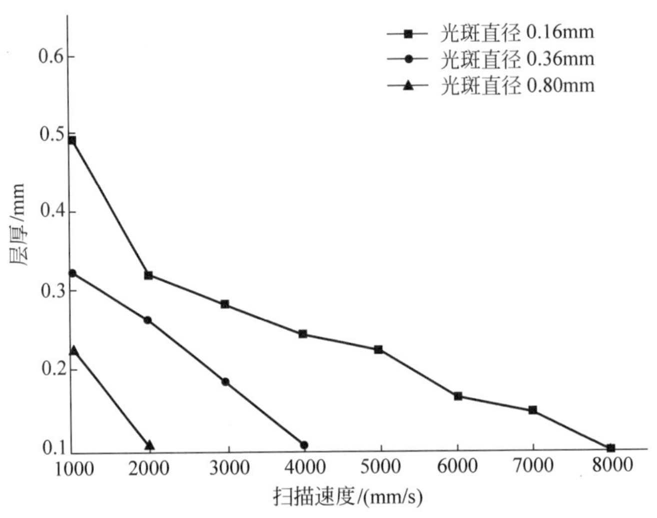

图 5-37　多直径光斑扫描速度与层厚关系

由图 5-37 中结果可知，在相同的激光功率下，随着扫描速度的增大和光斑直径的增大，固化单层的厚度迅速减小，当固化层厚小于 0.1mm 时，相邻层之间就无法黏结在一起。为了确保相邻层之间不会产生脱离现象，在光斑直径变化的同时，必须对固化单层的厚度进行优化，以确保成形的连续性。

d）工艺优化及智能工艺优化

在光固化增材制造过程中，扫描速度、填充间距或者激光功率的改变都会影响固化单层的厚度。通过控制软件可以很方便地更改扫描速度。但是随着扫描速度的降低，虽然可以弥补由于光斑直径增大带来的功率密度下降所引起的层厚降低的现象，但是扫描速度的降低必然带来整体制造效率的下降，而这一点与变光斑的目的所违背；缩短单层内的填充间距也能够有效地增加单层厚度，但是填充间距的缩短带来单层内扫描单线数目的增多，也会降低整体的制作效率。因此，最为有效的方法就是通过激光功率的调节进行变光斑工艺的优化。

随着 UV 激光的不断发展，UV 激光器的功率也在不断提高。因此提出一种激光功率自适应的工艺。研究中采用的 UV 激光器为深圳瑞丰恒激光技术有限公司提供的 Explorer355 激光器，如图 5-38 所示。

图 5-38　Explorer355 激光器

其中，激光器的平均输出功率与激光器的重复频率存在对应关系，如图 5-39 所示。

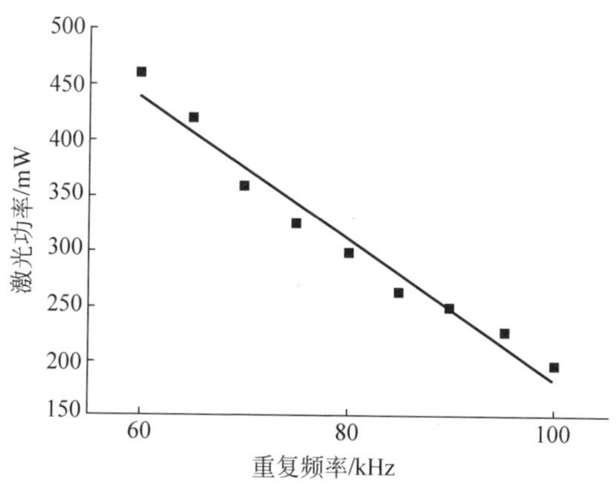

图 5-39　激光功率与重复频率

由图 5-39 可知，激光器的平均输出功率随着重复频率的降低而提高。激光器的重复频率可以通过与之连接的 RS232 串口进行编程实时控制，但是重复频率的调整是在一定范围内的,如果超出可控范围,会对激光器的稳定性产生负面效果,所使用的 UV 激光器的重复频率可控区间为 60~100kHz。因此,在变光斑工艺过程中最大的平均输出功率为 450mW。

在聚焦平面处($1/e^2$)的初始光斑直径为 0.16mm,当光斑直径增大到 0.36mm 和 0.8mm 时,需要提高激光器的功率以保证在聚焦平面内功率密度的一致性,从而获得足够的固化层厚度满足成形需要。需要提高的激光功率按式(5-17)计算:

$$K=\frac{P_{\mathrm{I}}}{\omega_0\times v}=\frac{P_{\mathrm{I1}}}{0.08\times v}=\frac{P_{\mathrm{I2}}}{0.18\times v}=\frac{P_{\mathrm{I2}}}{0.04\times v} \tag{5-17}$$

经过计算可得:

$$P_{\mathrm{I2}}=0.25P_{\mathrm{I1}}$$

$$P_{\mathrm{I2}}=5P_{\mathrm{I1}}$$

式中,P_{I1}、P_{I2}、P_{I3} 分别为光斑直径为 0.16、0.36、0.8mm 时初始光斑所使用的激光功率。

这意味,如果直径为 0.36mm 和 0.8mm 的光斑想要与初始光斑(直径 0.16mm)保持相同的功率密度,需要的功率为 450mW 和 1000mW。但是由图 5-39 可知,激光器的平均输出功率无法满足 P_{I2} 的要求,因此,只能适当地降低光斑直径 0.8mm 的扫描速度以满足固化程度。图 5-40 为不同光斑直径在不同激光功率下的固化层厚度。

由于这里使用的激光器的最大平均输出功率为 450mW,对于直径为 0.8mm 的光斑来说,应该使用 2608mm/s 的扫描速度来保证合理的固化层厚度。当使用大直径的光斑扫描后,应该将激光功率恢复到初始值,并使用初始光斑制作,也即激光功率只有在大直径光斑扫描填充时才会提高。

光固化增材制造中根据光斑直径的大小,通过合理设置光斑补偿量能够有效提高构件的整体成形精度。传统的光固化增材制造过程中光斑直径为定值,但是

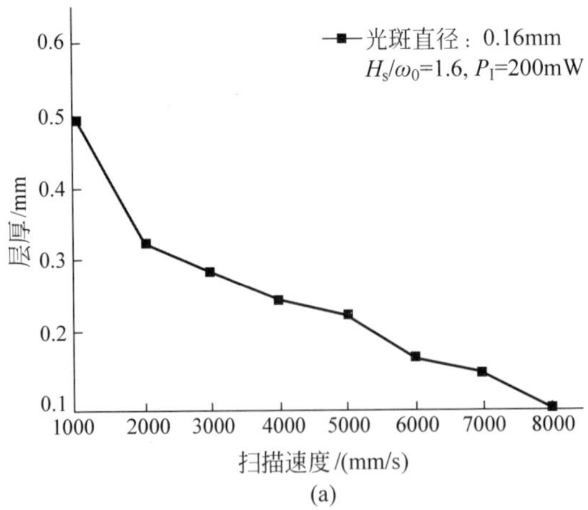

(a)

图 5-40 多直径光斑在不同工艺参数下的层厚

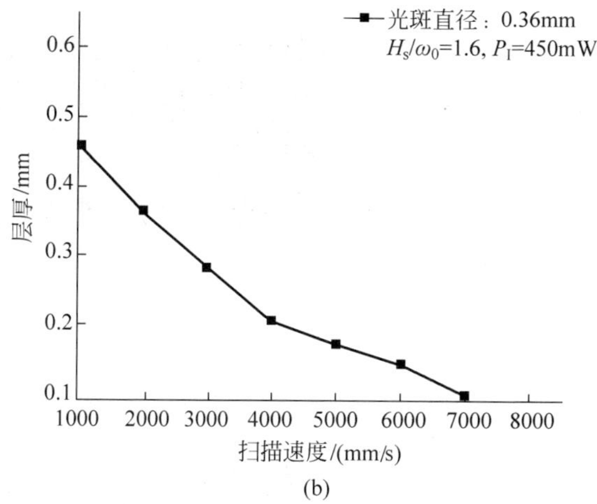

(b)

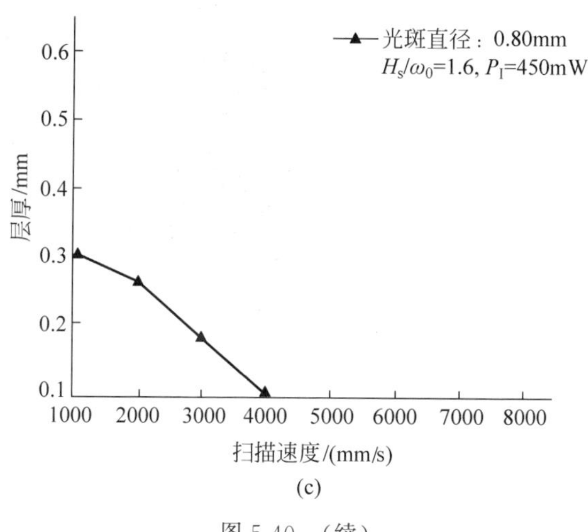

(c)

图 5-40　(续)

在变光斑的工艺过程中,光斑直径是一个变化的值,如果仍然按照初始光斑直径装备光斑补偿量,则填充扫描单线会冲出轮廓,造成构件精度的降低。图 5-41(a)中所示重叠区域即为由于光斑直径增大后的光斑补偿量没有自适应而造成的填充扫描线冲出轮廓的现象。因此,在变光斑工艺过程中,必须根据工艺过程中光斑直径的变化重新设定光斑补偿量。由于变光斑工艺过程中光斑直径是增大的,因此,实际的光斑补偿量大于初始的光斑直径。光斑补偿量的增大不仅能够消除扫描线冲出轮廓的现象,同时也能进一步提高整体的成形效率(光斑补偿量的增大进一步减少了填充单线的长度),如图 5-41(b)所示。

根据变光斑工艺的特点,结合智能工艺已建立的优化工艺模型,研发变光斑智能工艺模式。由前文建立的最优工艺模型,以单层内固化单线 L 建立抛物线方程(图 5-42):

$$2Py = x^2 \tag{5-18}$$

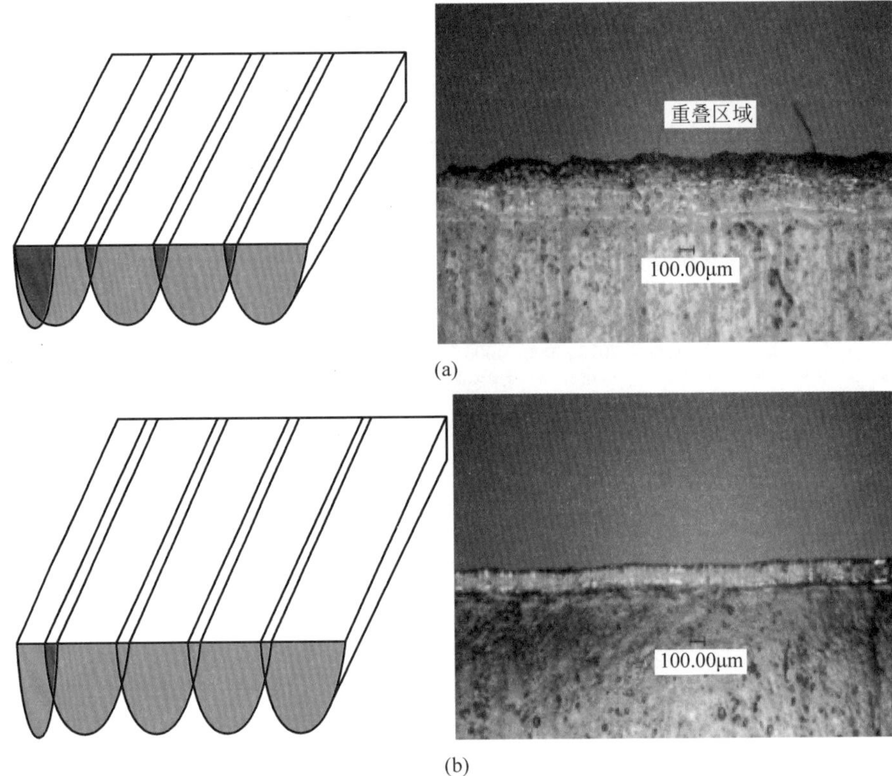

图 5-41　光斑补偿量优化前后的固化效果

(a) 光斑补偿量不变；(b) 光斑补偿量增大

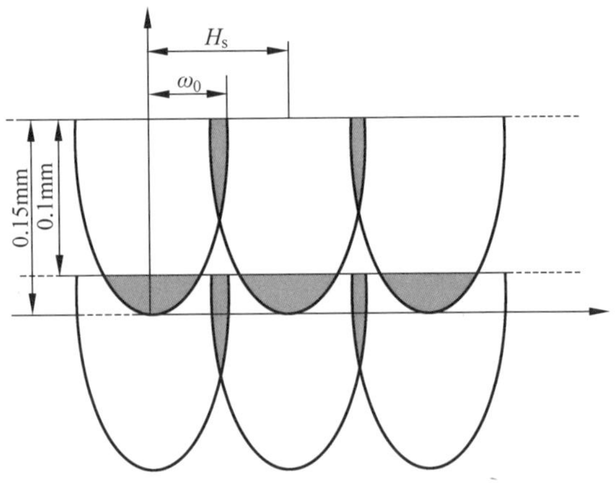

图 5-42　智能工艺模型层间成形图

将已知参数代入可得

$$0.04y = x^2$$

$$y = 0.1024\text{mm}$$

由变光斑工艺的原理可知，变光斑工艺由于光斑直径的增大，在单层内的填充间距需要伴随光斑直径发生改变，因此需要根据已建立的最优工艺模型，验证变光斑的智能工艺模型。变光斑成形工艺的层间成形工艺如图 5-43 所示。

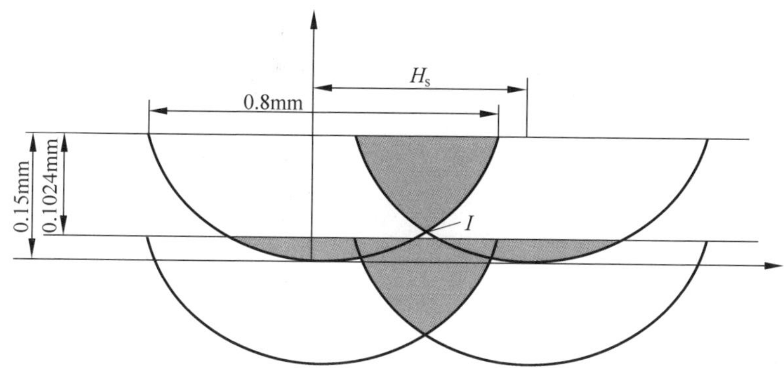

图 5-43　变光斑工艺模型层间成形示意图

根据变光斑工艺模型中的光斑直径，建立抛物线方程：

$$1.06y = x^2$$

已知优化工艺模型在 I 点的 y 坐标为 0.1024，代入上式可得

$$1.06 \times 0.1024 = \left(\frac{H_s}{2}\right)^2$$

$$H_s = 0.65\text{mm}$$

可见，理论计算得到的变光斑工艺 H_s 值与最优工艺模型得到的 $H_s = 1.6\omega_0 = 0.64$ 吻合。研发的变光斑智能工艺系统如图 5-44 所示。

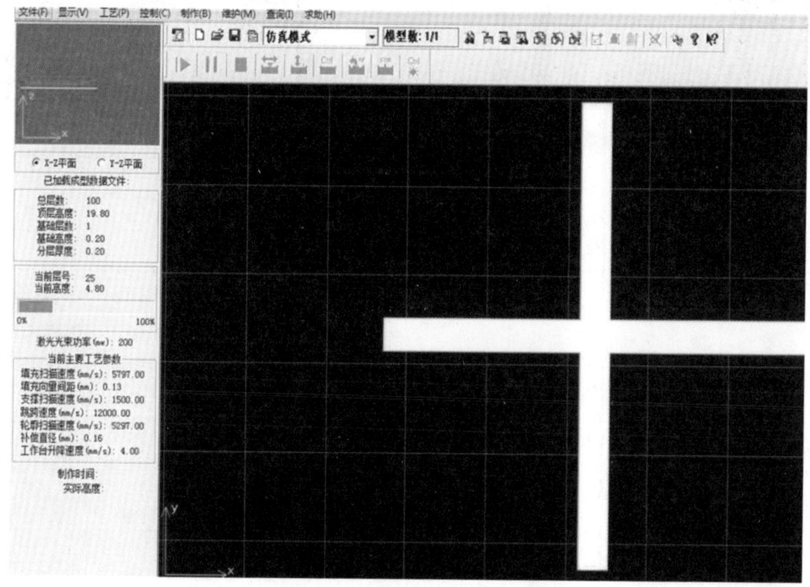

图 5-44　变光斑智能工艺系统

使用该系统制作的固化单线如图 5-45 所示。

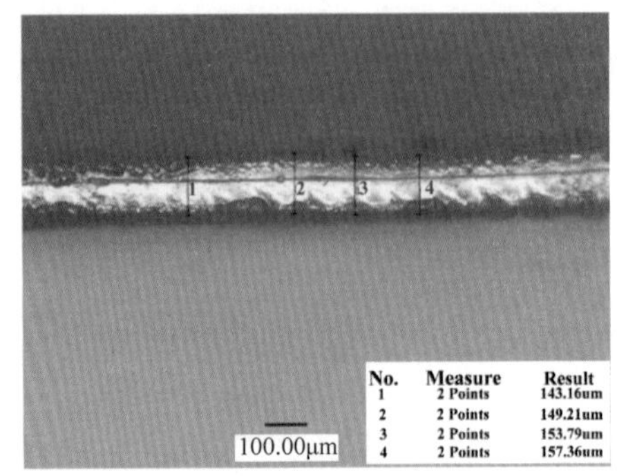

图 5-45　使用变光斑智能工艺系统制作的固化单线

6）效率及精度测试

变光斑工艺的目的是提高工艺的成形效率，因此构件的制作时间是衡量工艺好坏的一个重要指标。由前文可知，光斑的变化仅仅发生在填充扫描阶段，因此效率的提高也主要发生在该阶段。但是，在整体成形过程中，还包括轮廓扫描以及其他非扫描过程，如网板运动时间和树脂涂覆时间等。因此，填充扫描时间在整体制作过程中所占比重越大，效率提升的效果就越明显。制作如图 5-46 所示的 3 个构件，制作时间如表 5-12 所示。

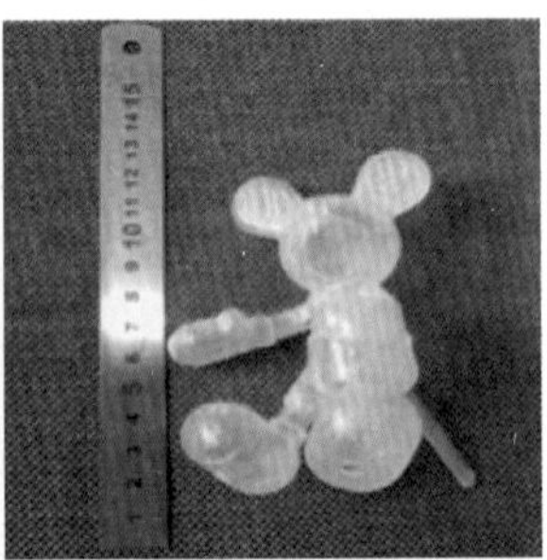

图 5-46　效率测试构件

表 5-12　变光斑智能工艺效率测试结果

模型	光斑直径/mm			激光功率/mW			扫描模式	制作时间/min	制作效率提升百分比/%
	支撑	填充	轮廓	支撑	填充	轮廓			
a	0.16	0.16	0.16	200	200	200	普通工艺	84	—
	0.16	0.36	0.16	200	450	200	智能工艺	62	26
	0.16	0.80	0.16	200	450	200	智能工艺	57	32
b	0.16	0.16	0.16	200	200	200	普通工艺	297	—
	0.16	0.36	0.16	200	450	200	智能工艺	227	24
	0.16	0.80	0.16	200	450	200	智能工艺	211	29

续表

模型	光斑直径/mm			激光功率/mW			扫描模式	制作时间/min	制作效率提升百分比/%
	支撑	填充	轮廓	支撑	填充	轮廓			
c	0.16	0.16	0.16	200	200	200	普通工艺	188	—
	0.16	0.36	0.16	200	450	200	智能工艺	141	25
	0.16	0.80	0.16	200	450	200	智能工艺	124	34

精度也是衡量一种工艺好坏的重要标准之一。光固化成形所使用的精度测试构件如图 5-47 所示，精度测试结果如表 5-13 所示。

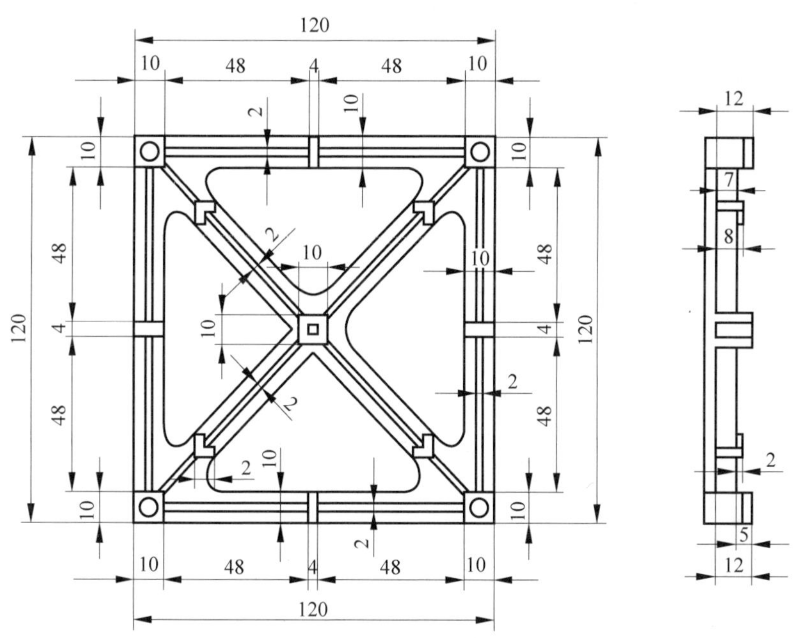

图 5-47 精度测试模型

表 5-13 变光斑智能工艺精度测试结果

模型	工艺模式	光斑直径/mm			精度/mm
		支撑	填充	轮廓	
Userpart	普通工艺	0.16	0.16	0.16	±0.1(模型尺寸≤100mm) 0.1%(模型尺寸>100mm)
	智能工艺	0.16	0.36	0.16	±0.1(模型尺寸≤100mm) 0.1%(模型尺寸>100mm)
	智能工艺	0.16	0.80	0.16	±0.1(模型尺寸≤100mm) 0.1%(模型尺寸>100mm)

从表 5-12 及表 5-13 可以得出，使用变光斑工艺，在保证加工精度的前提下，最

大可以提高成形效率30%。

在实际制作过程中,整体工艺的制作时间由扫描时间和非扫描时间构成。扫描过程中变光斑工艺中光斑的改变也只存在于填充阶段,如果填充阶段在整个制作过程中所占比重越大,则效率的提高就越明显,而这与模型的尺寸有密切关系。

以不同体积的构件为例评价样件尺寸对于变光斑工艺效率的影响,其结果如表5-14和图5-48所示。

表5-14 不同体积的样件变光斑工艺效率对比

样件尺寸/(mm×mm×mm)	变光斑工艺制作时间/s	普通工艺制作时间/s	效率节约/%
260×200×10	6517	9598	32.1
260×200×20	11 399	17 298	35.6
260×200×40	20 828	32 698	36.3
260×200×80	39 750	63 498	37.4
260×200×200	96 501	155 898	38.1

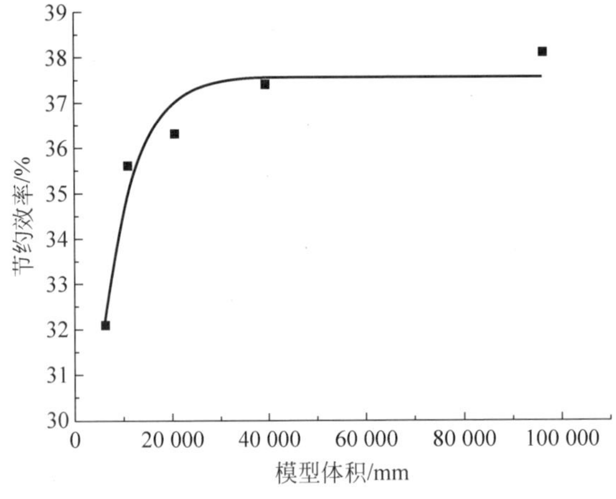

图5-48 不同模型体积制作时间

由表5-14及图5-48可知,随着样件体积的不断增大,填充扫描在制作样件中所占的比重越来越大,相应的使用变光斑工艺节约的效率也越来越明显。但是随着制作样件的体积增大,刮板的往复运动等非扫描时间也在增大,因此,变光斑工艺对于效率的节约并不是线性的,而是随着样件中填充扫描所占的比重发生变化。

3. 面曝光光固化成形过程

(1) 产品三维模型的构建。首先构建待加工工件的CAD模型。该模型可以利用计算机辅助设计软件直接构建,也可以通过对产品实体进行激光扫描、CT断层扫描,得到点云数据,然后利用反求工程的方法来构建。

(2) 三维模型的近似处理。产品加工前要对模型进行近似处理,STL格式文件目前已经成为快速成形领域的标准接口文件。STL 文件由二进制码和 ASCII 码输出形式的文件所占用的空间小得多，但 ASCII 码输出形式可以阅读和检查。典型的 CAD 软件都带有转换和输出 STL 格式文件的功能

（3）三维模型的切片处理。根据被加工模型的特征选择合适的加工方向，在成形高度方向上用一系列一定间隔的平面切割近似后的模型，以便提取截面的轮廓信息。间隔一般取 0.05～0.5mm，常用 0.1mm。间隔越小，成形精度越高，但成形时间也越长，效率就越低；反之则精度低，但效率高

（4）成形加工。根据切片处理的截面轮廓，在计算机控制下，相应的成形头（DMD 投影芯片）投射出整个截面轮廓信息，在工作台上一层一层地堆积材料，然后将各层相黏结，最终得到原型产品。

（5）成形构件的后处理。从成形系统里取出构件，进行打磨、抛光、涂挂，或放在高温炉中进行后烧结，进一步提高其强度（图 5-49）。

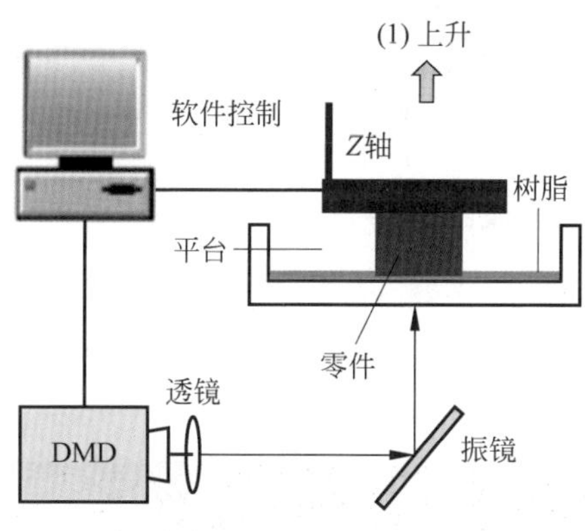

图 5-49　面曝光光固化成形工艺原理

5.4　光固化应用实例

SLA 技术集成度高、应用广泛，一改以往传统的加工模式，大大缩短了生产周期，提高了效率。该技术在制造业、医学、航空航天、材料科学与工程及文化艺术等领域均有广阔的发展前景。在航空航天领域，SLA 模型可直接用于风洞试验，进行可制造性、可装配性检验。通过快速熔模铸造、快速翻砂铸造等辅助技术，可实现对某些复杂特殊构件的单件、小批量生产，并对发动机等部件进行试制和试验，进行流动分析。光固化除了在航空航天领域有重要应用外，在其他制造领域也有广泛的应用，如汽车领域、模具制造、电器等领域，其在铸造领域的应用为快速铸造、小批量铸造、复杂件铸造等问题提供了有效的解决方法（图 5-50）。近年来，微光固化成形的实现，使得光固化成形技术在微机械结构制造和研究方面有了极大的应用前景和经济价值。另外，在军工、建筑、珠宝、家电、轻工等领域也有广泛的应用。

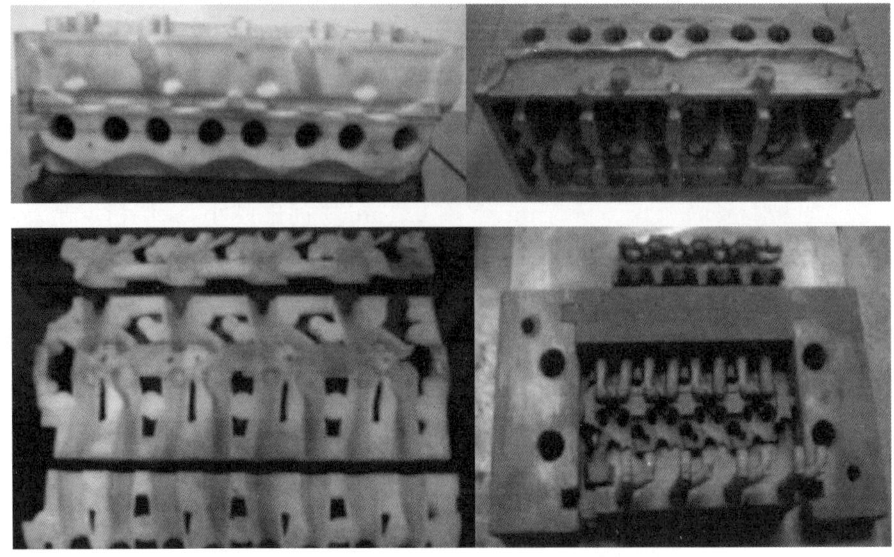

图 5-50　发动机缸盖光固化增材制造

1. 在航空航天军工领域的应用

广泛应用于无人机，风洞试验，方案呈现与市场推广；还可用于成形、装配和功能测试、验证设计、装配验证、功能性测试、空气动力学测试、虚拟生产、飞行测试等(图 5-51)。

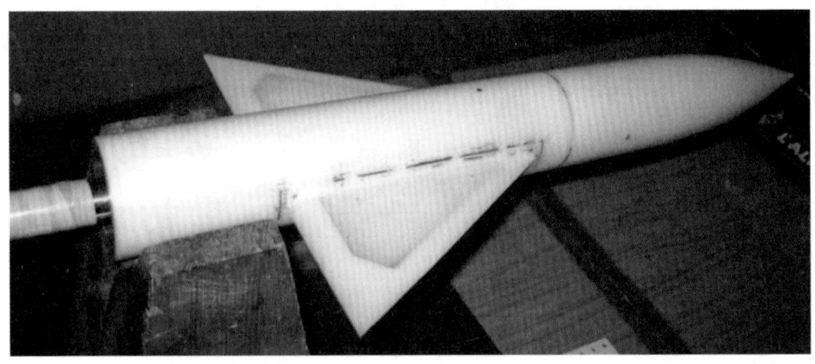

图 5-51　无人机光固化增材制造

2. 在电子构件与光学构件领域的应用

在紫外线的照射下，具有瞬间凝固特性的紫外线固化型树脂，可作为接着剂使用。它具有速干性与透明性，以及干燥后的体积变化少等方便使用的优点，因此被广泛使用在光学构件或精密机构构件的接着上，如液晶面板、生化构件、照相机镜头、电浆等构件，计算机等的硬碟等磁性构件，光碟与 DVD 播放器的读取镜头(撷取从磁碟反射的光资讯部分），扩音器的锥形振动板与线圈，马达的磁铁，回路基板与电子构件，汽车等引擎内部的构件等。

液晶显示屏大致可以看成是两块薄玻璃片中间封装一层液晶组成，由于液晶是不能受热而且不能受污染的，这就只有 UV 胶瞬间固化和无需加热以及紫外线可以透过玻璃的特点能适用这种要求，比如 TFT-LCD 液晶板 FPC 的粘贴封装等。除此之外，通信行业也广泛使用基于 UV 光固化技术生产的产品，如光通信行业元器件（PLC 分路器、波分复用器 WDM、阵列光栅波导 AWG 等各种玻璃封装结构黏结或是灌封，微小元件的固定等），通信光缆中玻璃纤维丝的染色涂料，半导体里面的抗蚀剂、光刻胶等。

3. 在生物制造领域的应用

生物制造工程是指采用现代制造科学与生命科学相结合的原理和方法，通过直接或间接细胞受控组装完成组织和器官的人工制造的科学、技术和工程。以离散-堆积为原理的增材制造技术为制造科学与生命科学交叉结合提供了重要的手段。用增材制造技术辅助外科手术是一个重要的应用方向。

图 5-52 是一个将光固化成形制件用于辅助连体婴儿分离手术的成功案例。图 5-52(a)是这对连体婴儿的照片，图 5-52(b)为用光敏树脂制造的连体婴儿头颅模型，可以看出其中的血管分布状况全部原样成形了出来。2003 年 10 月 13 日，美国达拉斯州儿童医疗中心对两个两岁的埃及连体儿童进行了分离手术。在手术过程中，光固化成形技术发挥了关键作用。

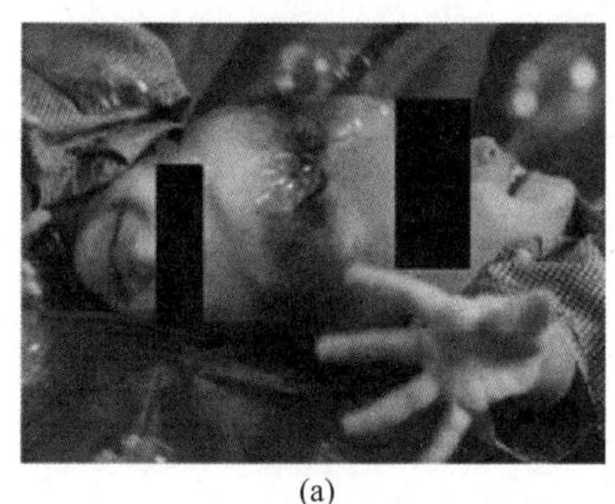
(a)

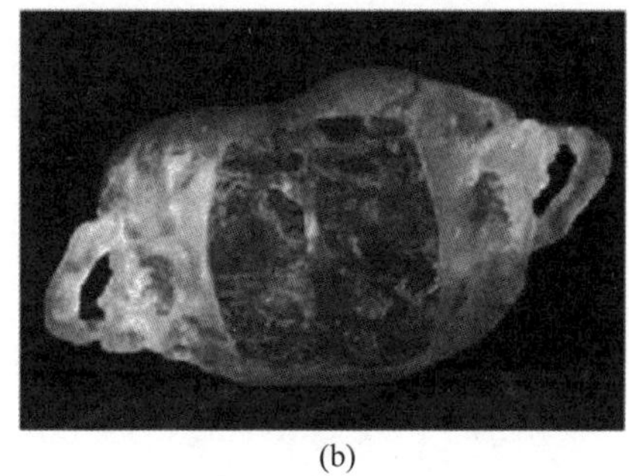
(b)

图 5-52　光固化技术辅助外科手术案例

(a) 手术前照片；(b) 光敏树脂制造的连体头颅内部与周围骨骼相连血管模型

4. 在模具制造领域的应用

在精密铸造中，SLA 工艺制作的立体树脂模可以替代蜡模进行结壳，在型壳焙烧时去除树脂模，获得的中空型壳即可用来浇铸出高精度模型。所获得的具有较好表面光洁度的合金铸件，可直接用做注射模的型腔，缩短制模过程。

参考文献

[1] JACOBS P F. Stereo 1ithogfaphy and other RP and mtechnologies: from rapid tooling[J]. Dearorn(Michigan),SEM,1995.22.

[2] HULL C. Apparatus for Production of Three-Dimensional Objects by Stereolithography [P]. 4.575.330,1986.

[3] BERTSCH A,JIGUET S,BERNHARD P,et al. Microstereolithography: a review[J]. MRS Proceedings,2002,758.

[4] PALERMO E. What is stereolithography?[EB/OL]. [2017-01-27]. http://www.livescience.com/38190-stereolithography.html.

[5] 刘伟军,等.快速成形技术及应用[M].北京:机械工业出版社,2005.

[6] LIAN Q,YANG F,LI D,JIN Z. Ceramics fabrication using bottom-up mask projection stereolithography based on oxygen control process[J]. Journal of Mechanical Engineering, 2017,53(7): 138-140.

[7] DIY high resolution SLA/DLP printer building blog[EB/OL]. [2017-01-28]. http://www.khwelling.nl/3d.dlp_printer.php.

[8] 杨飞,连芩,武向权,等.陶瓷面曝光快速成形工艺研究[J].机械工程学报,2017,53(7): 7-9.

[9] 翟缓萍,侯丽雅,贾红兵.快速成形工艺所用光敏树脂[J].化学世界,2002,43(8): 437.

[10] 陈乐培,王海杰,武志明.光敏树脂及其紫外光固化涂料发展新动向[J].热固性树脂, 2003,18(5): 4.

[11] 王广春,赵国群.快速成形与快速模具制造技术及其应用[M].西安:西安交通大学出版社,2002.

[12] 王秀峰,罗宏杰.快速原型制造技术[M].北京:中国轻工业出版社,2001.

[13] 孙小英,等.低体积收缩率光固化树脂的研究[J].西安交通大学学报,2002,36(7): 3-5.

[14] 陈小文,李建雄,刘安华,等.快速成形技术及光固化树脂研究进展[J].激光杂志,2011, 32(3): 3-7.

[15] 刘吉彪,张建军.立体光固化快速成形工艺过程分析[J].工业设计,2011,174(6): 130-131.

[16] SIM J H,LEE E D,KWEON H J. Effect of the laser beam size on the cure properties of a photopolymer in stereolithography[J]. International Journal of Precision Engineering and Manufacturing,2007,8(4): 50-55.

[17] JACOBS F. Rapid prototyping and manufacturing [J]. Society of Manufacturing Engineers,1992: 79-95.

[18] NAGAMORI S,YOSHIZAWA T. Research on solidification of resin in stereolithography [J]. Optical Engineering,2003,42(7): 2096-2103.

[19] KHORASANI E R,BASERI H. Determination of optimum SLA process parameters of H-shaped parts[J]. Journal of Mechanical Science and Technology,2013,27(3): 857-863.

[20] CAMPANELLI S L,et al. Statistical analysis of the stereolithographic process to improve the accuracy[J]. Computer-Aided Design,2007,39(1): 80-86.

[21] 吴懋亮,方明伦,胡庆夕. 光固化快速成形制造时间的影响因素分析[J]. 机械设计与研究,2004(1): 43-44+57.

[22] XU G,et al. Influences of building parameters on over-cured depth in stereolithography system[C]//2010 International Conference on Measuring Technology and Mechatronics Automation(ICMTMA 2010),2010: 472-475.

[23] 罗声,等. 光固化快速成形工艺中过固化深度的研究[J]. 机械科学与技术,2009(9): 1213-1215.

[24] 脉冲紫外固体激光器[EB/OL]. http://www.rfhlasertech.com/products_detail/&productId=59cff205-811e-4522-88e3-7fb17ec2cba9&comp_stats=comp-FrontProducts_list01-1370741359672.html.

[25] 徐寿泉,聚焦高斯光束焦移特性分析[J]. 株洲师范高等专科学校学报,2003(5): 5-8,15.

[26] GIVENS M P. Focal shifts in diffracted converging spherical waves[J]. Optics Communications,1982,41(3): 145-148.

[27] SUCHA G D,CARTER W H. Focal shift for a gaussian-beam-an experimental-study[J]. applied optics,1984,23(23): 4345-4347.

[28] XU G S,et al. Novel stereolithography system for small size objects[J]. Rapid Prototyping Journal,2006,12(1): 12-17.

[29] CAO Y,LI D C,WU J. Using variable beam spot scanning to improve the efficiency of stereolithography process[J]. Rapid Prototyping Journal,2013,19(2): 100-110.

第6章

熔融沉积成形

熔融沉积成形（fused deposition modeling，FDM）工艺由美国学者 Scott Crump 博士于 1988 年率先研制成功。随后，美国 Stratasys 公司推出了基于 FDM 技术的 3D Modeler 1000、3D Modeler 1100、3D Modeler 1600 三种商品化装备。现在 Stratasys 公司推介的产品有 Genisys、FDM 2000、FDM 8000 和 FDM Quantum 4 种[1]。

FDM 的工作原理是将加工成丝状的热熔性材料（ABS、PLA、蜡等，通常 1.75mm），通过微小的喷嘴（通常 0.4mm）挤出，再堆叠形成三维零件。它们无须采用高能量密度的激光作为热源，只需在喷头内以电加热的方式即可将丝材加热到熔融状态。如果采用高熔点的材料，则会相当困难。材料经过送丝机构送进热熔喷嘴，在喷嘴内丝状材料被加热熔融，同时喷头沿构件层片轮廓和填充轨迹运动，并将熔融的材料挤出，使其沉积在指定的位置后凝固成形，与前一层已经成形的材料黏结，层层堆积最终形成产品模型。

FDM 工艺关键是保持熔融的成形材料刚好在凝固点之上，通常控制在比凝固点高 1℃左右[2]。目前，最常用的熔丝线材主要是 ABS、人造橡胶、铸蜡和聚酯热塑性塑料等。

6.1 熔融沉积成形原理

6.1.1 熔融沉积成形的工艺原理

FDM 系统主要包括喷头、送丝机构、加热工作室、工作台、运动机构等 5 个部分。

1. 喷头

喷头是最复杂的部分，材料在喷头中被加热熔化，喷头底部有一喷嘴供熔融的材料以一定的压力挤出，喷头沿构件截面轮廓和填充轨迹运动时挤出材料，与前一层黏结并在空气中迅速固化，如此反复进行即可得到实体构件。它的工艺过程决定了它在制造悬臂件时需要添加支撑，这点与 LOM 和 SLS 完全不同。支撑材料与模型材料可以用同一种材料建造，利用一个喷头完成支撑生成和零件加工。支撑也可以用牺牲材料如 PVA 等，采用双喷头独立加热，一个用来喷模型材料制造构件，另一个用来喷支撑材料做支撑，两种材料的特性不同，制作完毕后去除支撑相当容易。

2. 送丝机构

送丝机构为喷头输送原料，送丝要求平稳可靠。原料丝一般直径为 1～2mm，而喷嘴直径只有 0.2～0.3mm 左右，这个差别保证了喷头内具有一定的压力和熔融后的原料能以一定的速度（必须与喷头扫描速度相匹配）被挤出成形。送丝机构和喷头采用推-拉相结合的方式，以保证送丝稳定可靠，避免断丝或积瘤。

3. 加热工作室

加热工作室用来给成形过程提供一个恒温环境。熔融状态的丝挤出成形后如果骤然受到冷却，容易造成翘曲和开裂，适当的环境温度可最大限度地减小这种造型缺陷，提高成形质量和精度。

4. 工作台

工作台主要由台面和泡沫垫板组成，每完成一层成形，工作台便下降一层高度。

5. 运动机构

1）*XYZ* 坐标运动机构

运动机构包括 *X*、*Y*、*Z* 3 个轴的运动。快速成形技术的原理是把任意复杂的三维构件转化为平面图形的堆积，因此不再要求机床进行三轴及三轴以上的联动，大大简化了机床的运动控制，只要能完成二轴联动就可以了。*XY* 轴的联动扫描完成 FDM 工艺喷头对截面轮廓的平面扫描，*Z* 轴则带动工作台实现高度方向的进给，如图 6-1 所示[3]。

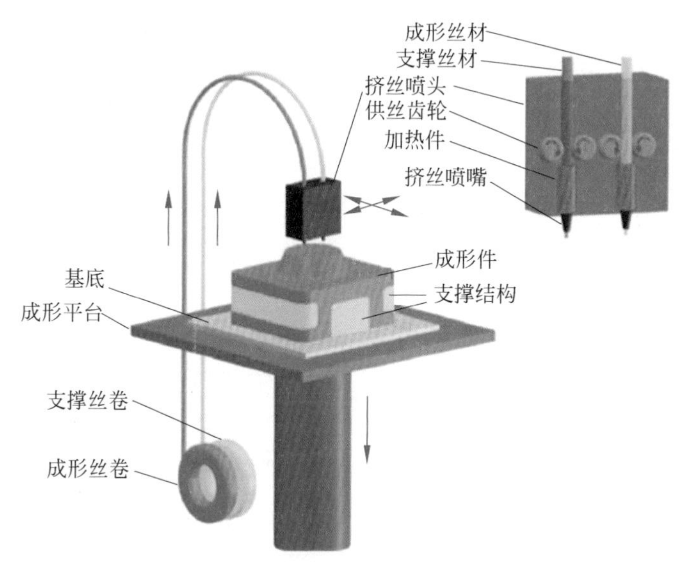

图 6-1　FDM 工艺原理示意图

2）极坐标运动机构

若将水平面内的进给改为极坐标下的进给，即旋转轴 C 轴控制角度和直线轴 X 控制极径方向，同样可以完成工件的加工。极坐标下的 FDM 快速成形机结构如图 6-2 所示，就是将水平面内的直角坐标系进给改为极坐标系下的进给，并且实体内部填充时采用圆弧进行填充。其中，电机 1 带动 Z 轴旋转，构成回转运动即极角方向的运动；电机 2 和电机 3 带动双喷头的直线进给，完成极径方向的运动；电机 4 实现工作台的上下运动，控制成形过程中的逐层累积，这种结构符合水平面内极坐标加工的数学模型[3]。

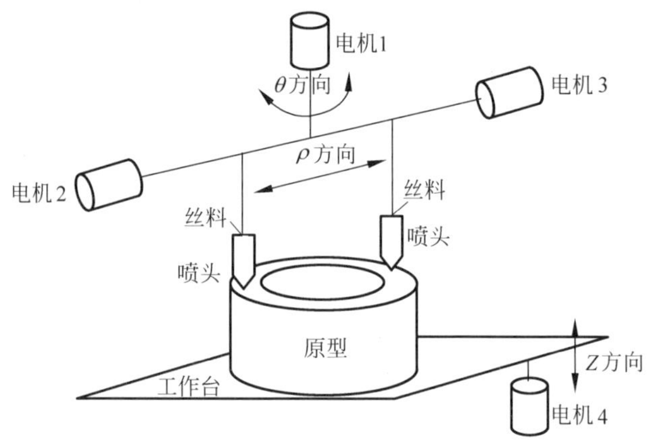

图 6-2 极坐标 FDM 快速成形机结构图

3）笛卡儿坐标运动机构

三臂并联三维成形装置机身为三菱柱体，上下底面和侧边通过连接件连接在一起，3 个侧边内侧均安装有导轨滑块机构，3 个滑车分别与对应的导轨滑块机构接在一起，滑车上设置有可供螺丝拧入的孔，将螺丝拧入孔中后通过旋转螺丝的松紧度改变螺丝伸出的长度来调节滑车与设置的限位开关的距离，如图 6-3 所示。两根连杆一端左右对称地与滑车连接在一起，另一端与喷头部分连接在一起。机器底部的 3 个电机共同控制打印头在 X、Y、Z 3 个坐标轴上的运动，再通过 3 角架侧边两个电机控制成形材料的供给[4]。

4）工业机器臂运动机构

Kuka 公司推出了一款利用 Kuka 机器臂作为打印头，可在空间中沿不同路径曲线打印的机械臂 3D 打印机。其 3D 打印喷头的机械设计灵活可变，共设计了 4 个打印头，位于中间的一个打印头被其他 3 个打印头有规律地环绕着，且这 3 个打印头可以按打印要求一张一合，使线材的截面形状在打印过程中定型，形成类似蛛丝的强硬结构。该款机械臂 3D 打印机的机械载体是 Kuka 机器人，在模型打印过程中，机器人首先按照程序设定好的路径移动，3D 打印喷头则随着机器人的移动不断地吐丝形成一定的空间曲面结构模型。机械手末端的 4 个打印头由附加的电路以及机械装置控制，中间被固定的打印头沿着已经拟合好的曲线移动，而外面 3 个可移动的打印头可沿着打印路径在几个状态间连续摆动，一张一合，形成具有特殊截面的摆动曲线，这样打印出的曲线模型具有非常高的结构强度。Kuka 机器人打印图如图 6-4 所示。

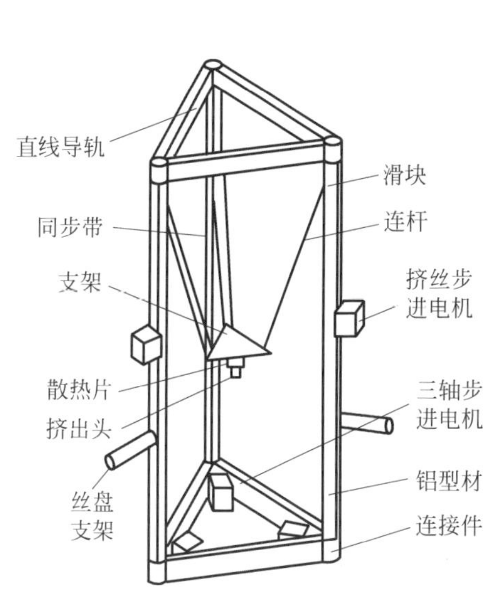

图 6-3　三臂并联式打印机结构模型

图 6-4　Kuka 机器人 3D 打印图

6.1.2　熔融沉积成形系统的喷头

喷头是实现 FDM 工艺的关键部件。喷头结构设计和控制方法是否合理，直接关系到成形过程能否顺利进行，并影响成形的质量，所以喷头设计是 FDM 系统设计的重要组成部分。根据喷头的功能和作用，喷头系统应包括两个基本组成：一是送料部分；二是塑化和喷嘴部分。同时，作为基本机电单元，喷头应包括机械结构和控制系统，二者互相统一，不可分割。

目前，熔融沉积快速成形系统多采用柱塞式喷头，如美国 Stratasys 公司旧型号的产品；另一类则采用螺杆式挤出喷头，如美国 Stratasys 公司新型号的产品、上海富力奇公司的 TSJ 系列快速成形系统及清华大学的 MEM-250FDM 型快速成形系统。华中科技大学和四川大学在 FDM 用螺杆式挤出塑化双喷头的研究领域已经取得较大突破[5]。

1. 柱塞式喷头

柱塞式喷头的工作原理如图 6-5 所示。成形时,控制信号使送丝机构的电机动作,通过齿轮传动驱动两个在圆柱面上带有环形浅凹槽的轮子(简称驱动轮),丝料经牵引到两个驱动轮间而被夹住,依靠两个驱动轮旋转所产生的摩擦力将丝料送往与喷头相连的导向塑料软管,再被送入喷头,喷头中有靠温度传感器控制的加热器,送入的丝料被高温熔化,然后通过丝料的活塞推进作用使其由喷嘴挤出。在设计送丝驱动部分时,需要考虑送丝驱动力的大小,因为该驱动力若有较大波动将直接影响成形质量。

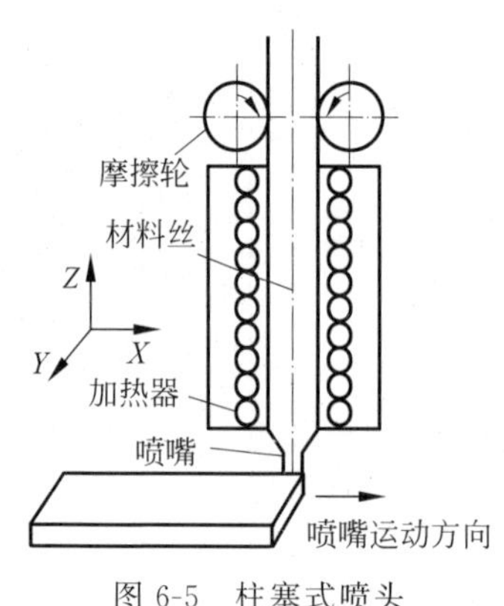

图 6-5　柱塞式喷头

加热器的作用是提供热量,使丝料熔融,因为 FDM 工艺对温度的要求较为严格,必须将喷嘴出丝温度和成形室温度控制在一定范围内,而且一旦设定温度值后必须保证其处于稳定状态,否则将影响成形质量。这就要求加热器温度控制稳定。若温度控制不好,摩擦轮夹住的丝料会受热熔化,引起打滑甚至丝料断裂造成供料失败。另外,由于喷嘴孔径很小,容易堵塞,故以摩擦轮的摩擦力作为推动柱塞的动力需很大。

采用柱塞式喷头的 FDM 快速成形机大多采用丝料,而进料方式要求丝料具有较好的弯曲强度、压缩强度和拉伸强度,这样在驱动摩擦轮的牵引和驱动力作用下才不会发生断丝和弯曲现象。另外,材料还应具有较好的柔韧性,以至在弯曲时不会轻易折断。由于丝料在加热腔内还起到推进活塞的作用,为了提高其抗失稳能力,丝料必须具有足够高的弹性模量。ABS 具有一些优异的性能,应用范围极为广泛,FDM 快速成形机多选用改性 ABS 作为成形材料。

2. 螺杆式喷头

图 6-6 为上海富力奇公司生产的 TSJ 系列快速成形机的螺杆式喷头结构。其喷头内的螺杆与送丝机构由可沿 R 方向旋转的同一步进电机驱动,当外部计算机发出指令后,步进电机驱动螺杆,同时又通过同步齿形带传动与送料辊将丝料送入成形头。在喷头内由于电热棒的作用,丝料呈熔融状态,并在螺杆的推挤下通过喷嘴挤出。

由于喷头内的熔料是在螺杆的作用下被挤出的,因此,能够解决柱塞式喷头挤出压力不足的问题。另外,跟柱塞式喷头一样采用丝料进料。与其他使用粉末和液态材料的工艺相比,丝料较清洁,易于更换、保存,不会在装备内或附近形成粉末

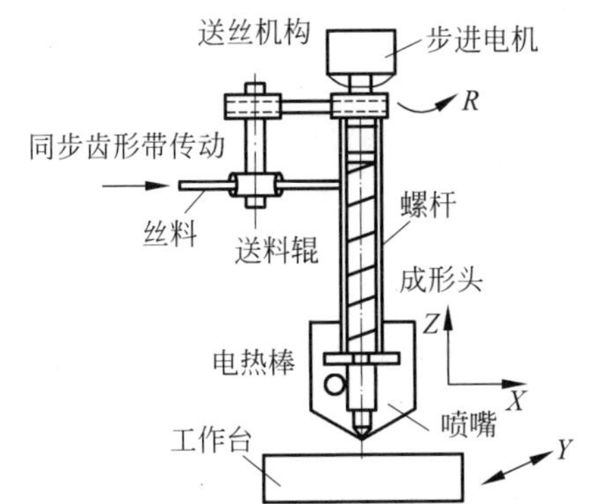

图 6-6　TSJ 系列快速成形机的螺杆式喷头结构

或液体污染。

3. 螺杆式挤出塑化双喷头

华中科技大学和四川大学正在研发螺杆式挤出塑化双喷头。与 TSJ 系列快速成形机的螺杆式喷头相比，其区别在于采用了料斗进料方式及同时存在两个喷头的结构，如图 6-7 所示。颗粒状或粉末状物料通过强制加料装置进入喷头，并在喷头中塑化均匀后送至喷嘴，然后选择性地涂覆在工作面上。两个微型螺杆式挤出喷头一个用于挤出模型材料，另一个用来挤出支撑材料，这样在成形时可选取两种不同特性的材料。该研究构思中的喷头实际上采用了单螺杆挤出方式，如图 6-8 所示。挤出头的主要作用有两个：一是传输、压实、均匀塑化物料；二是为使塑化物料能从喷嘴挤出提供动力。但仅靠物料自重加料很可能导致加料不均匀，进而影响制品质量和精度，为了达到较高的制造精度，必须保证料斗加料的连续性。因此，四川大学的研究拟采用强制加料装置，以保证加料的均匀和定量。

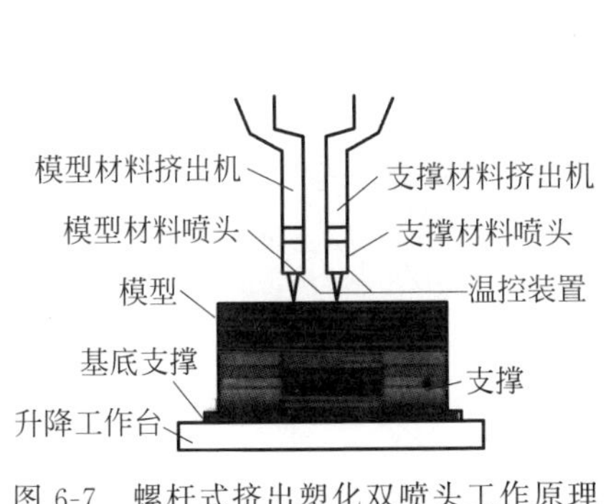

图 6-7　螺杆式挤出塑化双喷头工作原理

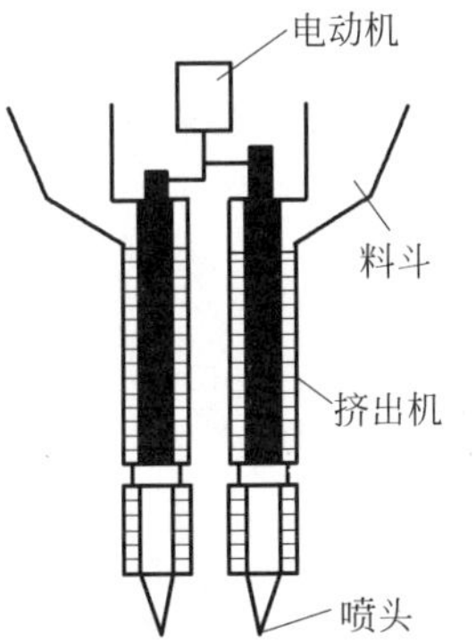

图 6-8　螺杆挤出式双喷头

由于采用的挤出头体积非常小，微型螺杆对物料的剪切塑化能力不够强，如果在设计中有意增加螺杆对物料的剪切力，势必将引起挤出喷嘴的振动，影响制品质量。因此，为达到理想的塑化效果和制得精度较高的原型件，应适当减小螺杆的剪切力，通过提高挤出头料筒温度的方法来增加材料的塑化效果。

因为该成形喷头采用了料斗，从而可以使用不易制成丝料的材料作为成形材料。这类材料选择范围很广，如无机非金属粉末、有机聚合物粉末及其颗粒、金属粉末及其混合物等。但如何实现在室内添加粉料、粒料而又不造成污染且加料方便是需要解决的问题。

6.1.3 熔融沉积成形过程

首先采用设计软件，如 SolidWorks 设计出构件的模型，并保存为 STL 文件格式或 PLY 文件格式。STL 文件由 3D Systems 公司创建，只包含模型表面轮廓数据。PLY 文件由 Stanford Graphics 实验室提出，除了模型轮廓数据外还包括模型的颜色信息。颜色信息在三维打印技术中主要用于多材料打印[6]。

将 STL 文件格式或 PLY 文件格式导入到开源的切片软件（如 Simplify3D），其主界面如图 6-9 所示，包括 *XYZ* 虚拟成形空间以及模型平移、缩放、旋转等控制模块。Simplify3D 是开源软件，其相关参数端口开放较多，主要包括数据传输波特率设置，打印开始文件 start 修改端口，打印结束文件 end 修改端口以及相关运动速度、喷头口径等参数端口。

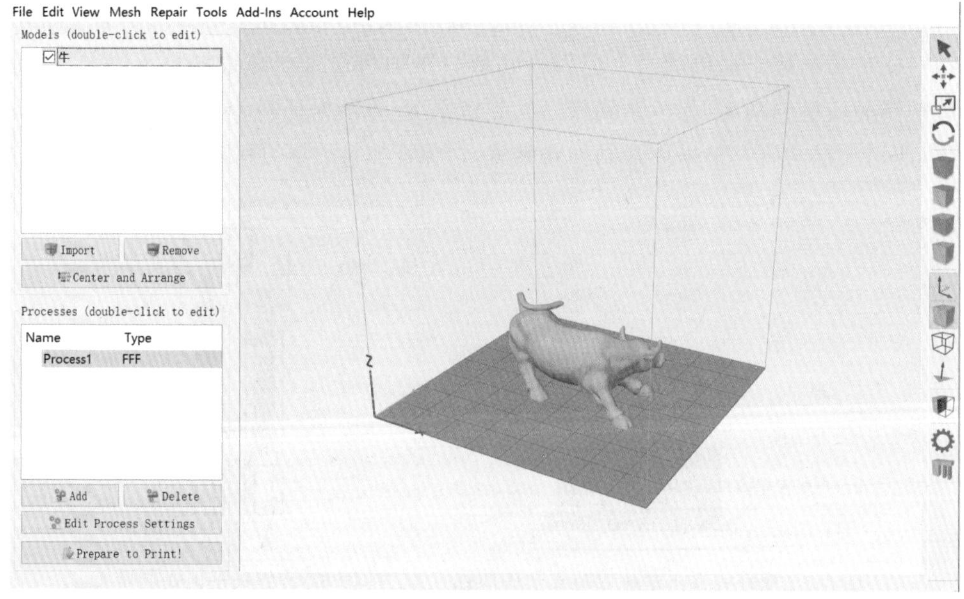

图 6-9　上位机 Simplify3D 切片软件

切片软件的主要功能是基于设定的打印参数,如层厚、温度、速度等,对三维模型进行“切片”处理,以获取由三维模型逐层平面轮廓信息、填充信息、相关运动信息以及温控等共同组成 Gcode 机代码文件,最后将 Gcode 代码导入到打印机中。切片软件生成 Gcode 代码流程如图 6-10 所示。

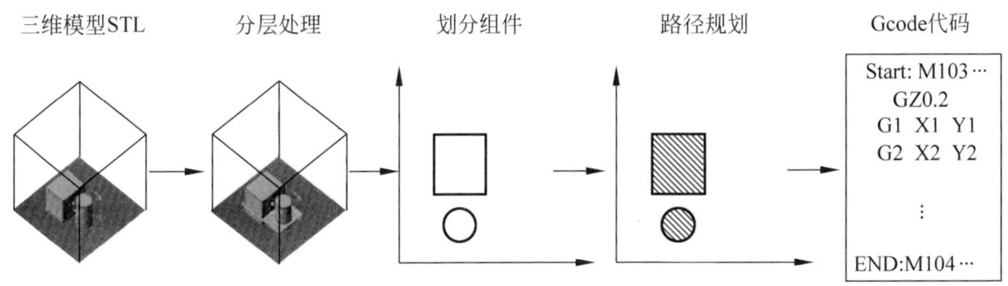

图 6-10　三维模型切片流程图

6.2　熔融沉积成形装备

在打印装备方面,FDM 打印技术经历了 30 多年的发展,技术逐渐成熟,打印装备不断完善。目前,有关打印装备的研究主要集中在降低装备成本、提高打印精度和效率方面。采用 FDM 技术的 3D 打印装备价格由几千元到几十万元不等,而价格与打印精度和效率成正比,只有在保证精度和效率的情况下降低成本,才能被更多人所接受。

伴随着 3D 打印技术的深入发展,FDM 装备得到不断改善与革新,熔融挤出装置逐渐由单一柱塞式发展成为柱塞式、气压式、螺旋挤压式三种结构类型,喷头结构也由单喷头向双喷头结构转变,打印速度更快,产品精度更高。材料方面,工程塑料、高聚物分子、软物质材料、生物活体细胞、金属合金等均可用于打印成形,水溶性支撑材料为更复杂结构制品的高精度成形提供了技术支持,同时制品色彩也已由单一化拓展为多彩化。可以说,熔融沉积制造技术在技术装备、打印速度、制品色彩、成形材料选择等各方面都取得了长足的发展[7]。

熔融挤出装置研究方面,早期的 3D 打印装备主要针对丝状材料类型原料打印成形,挤出装置采用柱塞式结构,该结构面世时间早,发展历程长,结构参数设计成熟,加热、熔融、挤出机制研究方面较为完善。气压式熔融挤出装置多应用于生物组织工程成形方面,也在低黏度材料快速成形方面得到一定的应用,Landers、Mironov、颜永年等学者针对生物组织细胞的制备应用需求研发了相关气压式熔融挤出装置,相关文献专门介绍了该装置的系统组成、结构特点、工艺参数。现有打印机主流装备多以螺旋挤压式为主,该装置成形速度快、加工原料广,Stratasys 公司、ZCrop 公司、Objet 公司等新款产品均采用螺杆挤压式装置。王天明、刘光富等针对螺杆式螺旋挤压装置的塑化熔融机制进行了研究,得到了适合3D打印机熔融挤出装置的结构设计参数;黄江、吴明星等在对熔体流场进行流动性模拟的基础上,优化螺杆结构参数,并进行了挤出性能研究。

6.2.1 国外熔融沉积成形装备

2012年3月,Stratasys公司发布的超大型快速成形系统Fortus 900mc如图6-11所示,成形尺寸高达914.4mm×696mm×914.4mm,打印误差为每毫米增加0.0015~0.089mm,打印层厚度最小仅为0.178mm。

Fortus 900mc专为设计以及工作规模较大的制造业和重工业而打造,具有任何Fortus系统中最大的构建尺寸,旨在满足最苛刻的制造需求。通过将Fortus 900mc加速套件添加到打印系统,可加快大型部件的构建速度,并快速扩大生产规模。通过直接将最常用的CAD文件格式导入到GrabCAD中,可提高部件设计的效率和可视性;借助Insight软件的生产阶段优化,可以即时更改设计、修改生产材料等,而不会延误整体生产进度;通过远程内部摄像机、双材料舱和大容量材料选项,可实现自动生产和监控。生产系统故障较少,这是因为打印系统采用与传统制造工艺相同的众多标准工程级、高性能热塑性塑料制成。具体参数见表6-1。[8]

图6-11 Stratasys公司的Fortus 900mc

表6-1 Fortus 900mc相关参数

参数类别	参数
模型尺寸/(mm×mm×mm)	914×610×914
系统尺寸/(mm×mm×mm)	2772×1683×2027
质量/kg	2869
材料选择	ABS-M30,ABS-M30i,ABSi,ABS-ESD7,PC-ABS,PC-ISO,PC,ULTEM9085,PPSF/PPSU
建模材料盒 支撑材料盒	2个1508cm^{3}自动装载的成形材料盒 2个1508cm^{3}自动装载的支撑材料盒

续表

参数类别	参　　数
成形速度	2.1×
成形精度	0.04～0.07mm
网络连接	TCP/IP 10/100 基础 T 连接
遵从标准	CE

6.2.2 国内熔融沉积成形装备

清华大学的快速成形技术企业——北京殷华激光快速成形与模具技术有限公司(现为北京太尔时代科技有限公司)成功研发了 Inspire 系列的工业级 3D 打印机和 UP 系列的桌面级 3D 打印机，均采用 FDM 技术，其中 UP Plus 2(图 6-12)的成形尺寸为 140mm×140mm×135mm，打印层厚度最小可达到 0.15mm。

南京宝岩自动化有限公司研发的 HOFI X3 桌面 3D 打印机也采用了 FDM 技术，有两个打印头，打印尺寸为 300mm×300mm×350mm，打印层厚度为 0.2～0.4mm(可调)，如图 6-13 所示。

图 6-12　北京太尔时代的 UP Plus 2

图 6-13　HOFI X3 桌面 3D 打印机

6.3 熔融沉积成形材料及其成形工艺

6.3.1 熔融沉积成形材料

1. 熔融沉积成形材料的性能要求

目前，应用于 FDM 工艺的材料基本上是聚合物。成形材料一般为 ABS、石蜡、尼龙、聚碳酸酯(PC)或聚苯砜(PPSF)等；支撑材料有两种类型：一种是剥离性支撑，需要手动剥离构件表面的支撑；另外一种是水溶性支撑，可分解于碱性水溶液中[9]。

由于在进行FDM工艺之前，聚合物材料首先要经过螺杆挤出机制成直径约2mm的单丝，所以需满足挤出成形方面的要求。此外，针对FDM的工艺特点，聚合物材料还应满足以下要求：

(1) 机械性能。丝状进料方式要求料丝具有一定的弯曲强度、压缩强度和拉伸强度，这样在驱动摩擦轮的牵引和驱动力作用下才不会发生断丝现象；支撑材料只要保证不轻易折断即可。

(2) 收缩率。成形材料收缩率大会使FDM工艺中产生内应力，使构件产生变形甚至导致层间剥离和构件翘曲；支撑材料收缩率大会使支撑产生变形而起不到支撑作用。所以，材料的收缩率越小越好。

(3) 对于成形材料，应保证各层之间有足够的黏结强度。对于可剥离性支撑材料，应与成形材料之间形成较弱的黏结力；而对于水溶性支撑材料，要保证良好的水溶性，应能在一定时间内溶于碱性水溶液。

2. 熔融沉积成形材料的国内外研究现状

国内研究FDM材料的单位比较少。北京航空航天大学对短切玻璃纤维增强ABS复合材料进行了一系列的改性研究。加入短切玻璃纤维能提高ABS的强度和硬度，显著降低ABS的收缩率，减小制品的形变，但同时使材料变脆。加入适量增韧剂和增容剂后，能较大幅度提高复合材料丝的韧性及力学性能，从而使制备出的短切玻璃纤维增强复合材料适合于FDM工艺。

北京太尔时代科技有限公司通过和国内外知名的化工产品供应商合作，于2005年正式推出高性能FDM成形材料ABS 04。该材料具有变形小、韧性好的特点，非常适于装配测试，可直接拉丝。该材料性能和美国Stratasys公司的ABS P400成形材料性能相近，可以替代进口材料，降低用户的使用成本。近年来，华中科技大学研究了改性聚苯乙烯支撑材料。

Stratasys公司是世界上最大的FDM生产厂商。1992年该公司开发出了剥离性支撑材料，可以很容易地从成形构件上剥离，成形构件的外形也不会因支撑的剥离而损伤。1998年该公司与MedModeler公司合作开发了专用于医院和医学研究单位的MedModeler机型，使用材料为ABS。1999年该公司推出了可使用热塑性聚酯的Genisys型改进机型Genisys-Xs，其成形体积达305mm×203mm×203mm，熔丝材料主要是ABS、人造橡胶、铸蜡和热塑性聚酯。同年该公司还开发出了水溶性支撑材料(丙烯酸酯共聚物)。因为可通过超声波清洗器或碱水(浓缩洗衣粉)等部分溶解，该支撑材料特别适合制造空心及微细特征构件，并解决了手工不易拆除支撑，或因特征太脆弱而拆破的问题，更可增加支撑接触面的光洁度，这对于成形由多个元件组成的组件十分有利。2001年该公司推出了支持FDM技术的工程材料 PC。用该材料生产的原型可达到并超过 ABS 注射成形的强度，其耐热温度为 125～145℃，该材料的使用量正在迅速增加。2002 年该公司又推出了支持 FDM 技术的工程材料 PPSF，其耐热温度为 207.2～230℃，适合高温的工作环境。在各种快速成形工程材料之中，PPSF 有着最高的耐热性、强韧性以及耐化学品性。随后，Stratasys 公司开发了工程材料 PC/ABS。PC/ABS 结合了 PC 的强度以及 ABS 的韧性，性能明显强于 ABS。

1998 年澳大利亚的斯威本科技大学推出的一种金属-塑料复合材料丝是将铁粉混合到尼龙 P301 中，添加增塑剂和表面活性剂制成的。这种材料可用 FDM 工艺直接快速制模。1998 年美国弗吉尼亚理工大学研究了用于 FDM 的热致液晶聚合物(TLCP)纤维，其拉伸模量和强度大约是 ABS 的 4 倍。

3. 异质材料构件设计与制造流程

异质材料构件设计与制造方法结合了多材料 CAD 模型设计、三维打印工艺、复合材料制备工艺等，其设计与制造流程见图 6-14。该流程包括 3 个部分：异质材料构件的 CAD 模型设计、成形数据处理和异质材料零件的成形制造[10]。

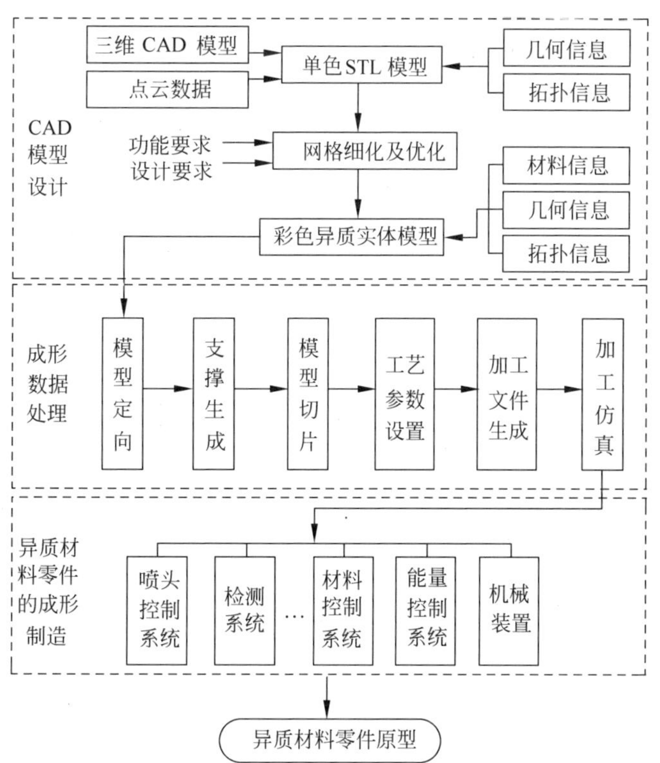

图 6-14　异质材料构件设计与制造流程

4. 异质材料构件建模方法

异质材料构件的建模包括几何建模和材料建模两部分，如图 6-15 所示。几何建模主要基于对象的几何形状表示法；而材料建模的目的是表示在几何区域内定义的材料分布，核心则是将几何结构与材料设计有机结合起来。在几何建模方面，空间点云模型认为空间几何体是由点、线、面、体构成的，而线、面、体均可认为是由点构成的，可以采用点云集合表示模型的几何结构。在材料建模方面，空间点云模型根据“梯度源”的思想，将梯度源视为构件内部材料的起始点，选取某一固定参考如点、线、面为梯度源，计算几何模型内各点到固定参考的距离，将其作为材料组分的分布依据。空间点云模型以距离函数和材料组分的方式实现几何结构和材料设计的并行设计。

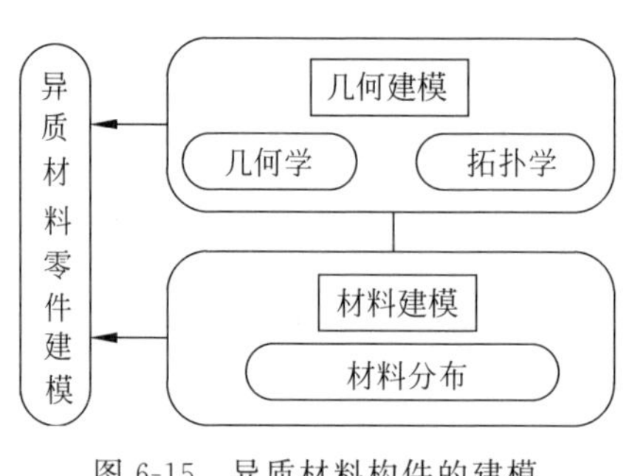

图 6-15 异质材料构件的建模

对于空间中的点，由于涉及材料分布，既要表示空间坐标信息，还要表示材料组成信息。如空间点 P，x、y、z 表示该点的空间坐标信息，m 表示该点的材料组成，则点 P 可以表示为 $P(x,y,z,m)$。对线而言，线上点的信息由控制点信息决定。对于数学模型中的一点 P，不同情形下其位置计算如表 6-2 所示。

表 6-2 不同模型下 P 点的位置计算

直线	$P=(1-t)P_0+tP_1$	P_0 P P_1	P_0、P_1 为材料组成已知的直线端控制点：$t=d/L$，d 为 P 到 P_1 的距离，L 为 P_1、P_2 两点之间的距离，且 $t\in(0,1)$
曲线	$P=(1-t)2P_0+2(1-t)P_1+t_2P_2$	P_1 P P_0 P_2	P_0、P_1、P_2 是材料组分已知的控制点；参数值 $t\in(0,1)$
平面	$D_w:\begin{cases}x:1\to 9\\y:1\to 9\\z=0\end{cases}$	y 9 1 0 1 9 x	几何结构信息用区域积分方法来表示；材料梯度源选取区域内的一点
区域	“包围盒”或“R-function”理论	y P_1 P x	求解离散点集最优包围空间

另外，对于线、面和体，可认为是由低维元素经过拉伸、旋转、扫描等操作形成的。例如：

$$\boldsymbol{T}=\begin{bmatrix}a_{11} & a_{12} & a_{13} & a_{14}\\ a_{21} & a_{22} & a_{23} & a_{24}\\ a_{31} & a_{32} & a_{33} & a_{34}\\ a_{41} & a_{42} & a_{43} & a_{44}\end{bmatrix}=\begin{bmatrix}\boldsymbol{M}_1 & \boldsymbol{M}_2\\ \boldsymbol{M}_3 & \boldsymbol{M}_4\end{bmatrix} \tag{6-1}$$

其中，$\boldsymbol{M}_1$ 实现旋转变换；$\boldsymbol{M}_2$ 实现平移变换；$\boldsymbol{M}_3$ 实现投影变换；$\boldsymbol{M}_4$ 实现整体缩放变换。再如：

$$\mathbf{TR}_1=\begin{bmatrix}1 & 0 & 0 & 0\\ 0 & \cos\theta & -\sin\theta & 0\\ 0 & \sin\theta & \cos\theta & 0\\ 0 & 0 & 0 & 1\end{bmatrix},\quad \mathbf{TR}_2=\begin{bmatrix}1 & 0 & 0 & L\\ 0 & 1 & 0 & S\\ 0 & 0 & 1 & M\\ 0 & 0 & 0 & 1\end{bmatrix},$$

$$\mathbf{TR}_3=\begin{bmatrix}1 & 0 & 0 & 0\\ 0 & 1 & 0 & 0\\ 0 & 0 & 1 & 0\\ 0 & 0 & -\dfrac{1}{Z_e} & 1\end{bmatrix},\quad \mathbf{TR}_4=\begin{bmatrix}1 & 0 & 0 & 0\\ 0 & 1 & 0 & 0\\ 0 & 0 & 1 & 0\\ 0 & 0 & 0 & N\end{bmatrix} \tag{6-2}$$

其中，$\mathbf{TR}_1$ 矩阵的功能是绕 X 轴旋转角度 θ；$\mathbf{TR}_2$ 矩阵为沿 X、Y、Z 轴平移 L、S、M；$\mathbf{TR}_3$ 矩阵基于视点$(0,0,Z_e)$在 Z 轴上进行透视变换；$\mathbf{TR}_4$ 矩阵进行 N 倍缩放。

大多数构件是由多个单一对象经过集合运算如求交、求并等运算而成的。均质材料构件在进行集合运算时无须考虑构件内部材料分布；但是对于异质材料构件来说，在集合运算时，需要考虑其材料分布。对其几何结构的描述通过采用"包围盒"方法并施加不同的约束条件将构件图形区域划分为不同的部分；对其材料分布描述方面，对非重合区域内的点仍保持原来材料组成不变，属于重合区域的点由于隶属于不同的图形，可根据结构件要求，对重合区域的每个点的材料组分施加合适的权因子，使其材料组分实现某种变化，以实现多个图形的集合运算。此外，在求交时，保留非重合区域内各点材料组成不变，便可得到求并运算的结果。

当单一梯度源的异质材料构件满足不了某种功能需求时，异质材料构件必须要包含两个或者多个梯度源。各个梯度源分别控制相应的材料特性，它们之间不是相互独立的，而是相互制约的，在共同约束作用下形成构件的异质性。

5. 聚合物的混合

混合是一种用于减小两相组分不均匀性的操作。其基本过程是：在整个系统中，各组分在其基本性质没有发生变化的前提下进行细化和分布。混合过程中各组分非均匀性的减小和细化只能通过各组分的物理运动来完成。Brodkey 将混合的扩散过程分为 3 种基本的运动形式：分子扩散、涡旋扩散和体积扩散。下面分别介绍这 3 种扩散形式。

1）分子扩散

分子扩散是在浓度梯度驱使下聚合物各组分由浓度较大的区域自发地迁移到浓度较小的区域，以此达到各处组分均化的一种扩散形式。这种扩散形式在气体和低黏度液体中占主导地位。在气体之间的混合中，分子扩散可以自发、快速地进行；而在液体之间或固液之间的混合也较为显著；但是在固体之间的混合中，其作用很小。一般聚合物的混合过程中，熔体与熔体之间分子扩散无实际意义。因为熔体黏度很高，分子扩散极为缓慢，基本起不到作用。也就是说，聚合物之间的熔体混合是靠其他扩散方式而不是靠分子扩散实现的。但是若混合组分之一是低分子物质，那么分子扩散就可能是重要因素。

2）涡旋扩散

涡旋扩散又叫紊流扩散，是系统内部产生紊流而实现流体混合的一种扩散形式，常出现在气体或低黏度液体的混合中。但在聚合物混合中黏度高且流体的流速未达到紊流，所以一般很少发生紊流扩散。

3）体积扩散

体积扩散也叫对流混合，指流体质点、液滴或固体粒子从一个空间位置运动到另一个空间位置，或者是多种组分相互运动以达到各组分的均匀分布。在聚合物的混合过程中，体积扩散占支配地位。对流混合有两种机制：①体积对流混合，通过塞流重新排列物料的体积（可以是无规的，也可以是有序的），而不需要物料连续变形；②层流对流混合，通常发生在熔体之间，通过层流使物料变形，这种方式不会发生在固体粒子之间的混合过程中。因为聚合物熔体的黏度高、分子扩散速度慢，所以通常情况下聚合物在混合过程中主要以层流对流方式混合。

在聚合物的层流混合中，物料会受到剪切、伸长（拉伸）和挤压（捏合）。为方便分析聚合物混合过程中的影响因素以及它们相之间的相互关系，本书将混合要素归结为如图 6-16 所示。

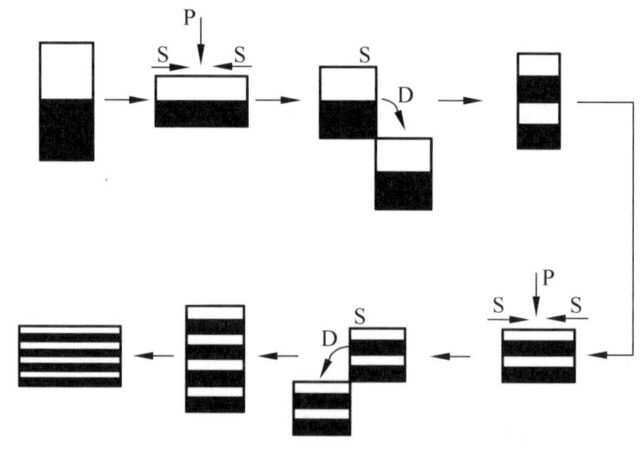

图 6-16　混合要素

P—压缩；S—剪切；D—置换

聚合物混合机制的分类如图6-17所示。一种是通过外力减小材料的粒度，并且将不同组分的原料均一化，既减小了粒子粒度又改变了粒子位置，称为分散混合。另一种是不改变原料粒度大小，通过外力使材料中不同组分的原料均一化，只是增加了原料粒子空间排列的无规则度，并没有改变其结构单元尺寸，称为分布混合。

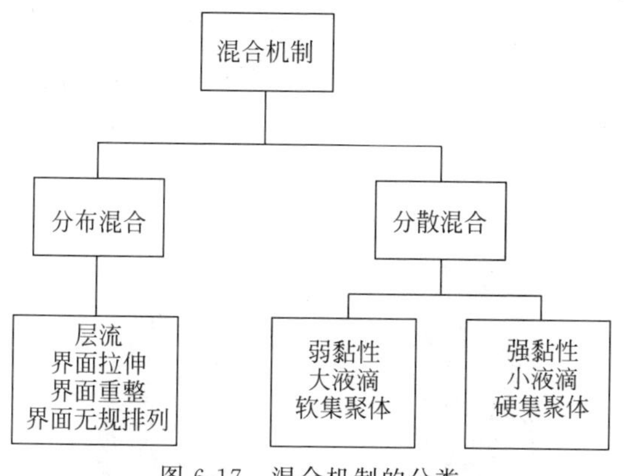

图6-17　混合机制的分类

在分散混合过程中起主要作用的是剪切应力和拉伸应力，剪切速率和拉伸速率越高，越有利于物料的分散；物料通过高应力区的次数越多，对分散液越有利。剪应力的大小受流场黏度的影响，流场黏度越大，其局部应力越大，粒子或结块越容易破裂。而工作温度又影响着流场的黏度，一般温度越高，流场黏度越低。因此分散混合最好在较低温度下进行，一般是在非常接近聚合物软化点（熔点）的温度下进行。而应力的大小则与粒子或结块的尺寸有关，粒子或结块因其粒径的不同而以不同的速率分散。

分布混合是在应变作用下通过置换流动单元空间位置实现的，不破碎分散相粒子，只改变其空间位置和增加它分布的随机性，使分散相的空间分布均匀化。这种混合必须要有界面增长、界面取向和界面元素或组分的无规化。在分布混合过程中，增加分散相物料分布随机性的主要方式是对流作用。此外，拉伸流动比剪切流动更易促进混合。因此，影响分布混合的主要因素是聚合物基体的性质和其流动状态，对流作用越强烈，越有利于物料的分布混合。

分布混合和分散混合是相辅相成的。分布混合均化了分散相的空间分布，为分散混合提供了有利条件。而分散混合除了减小分散相粒径之外，还促进了分散相的空间分布，使之更加均匀。在分布混合和分散混合的共同作用下，物料的混合达到了最好的效果。

6.3.2　熔融沉积成形工艺

1. 工业机器人

1）工业机器人概述

常规三维打印机运动系统的建立通常是采用 XYZ 轴式的笛卡儿坐标系运动

系统，其模型的打印受机械工作空间和构件尺寸约束，很难实现对超出规格的大尺寸物件的一次性打印[11]。

一般的三维打印对大尺寸物件的处理手段依赖于模块拼接。首先通过建模软件，将大尺寸模型分割成很多小份，并保证各份的尺寸小于常规三维打印机机械空间；然后分别将小份模型进行打印，最后使用黏结剂将打印好的小份模型黏结成想要的大尺寸模型。由于模型与底层分离变形以及打印时的翘边等因素，拼接好的模型在接缝处和正常一次性打印出的模型在同一位置相比有很明显的拼接痕迹，如图 6-18 所示，达不到理想的打印效果。

图 6-18　模块拼接三维打印模型

因此，常规三维打印机不能一次性打印超出常规机械空间的大尺寸物件，其打印过程是 Z 轴对于 XY 平面模型的层层叠加，无法实现对模型表面的光滑度修饰，打印过程缺乏灵活性，打印出的成品也欠缺美观性。

2）工业六轴机械臂 FDM 打印机的构成

针对以上问题，基于对大尺寸物件一次性成形制件的特点分析，以及上文对工业机器人工作特点的阐述，可利用工业六轴机械臂进行 FDM 工艺三维打印。该打印方式以六自由度工业机器人为机械运动载体，打印方式不受空间限制，打印物体的尺寸、形状可控。其特殊的路径轨迹能够实现三维模型在空间内多方位、多角度的自由制造，能够一次性成形大尺寸物件，如船舶、建筑物、桥梁、轨道等复杂的大尺寸模型，具有利用简单线材 3D 打印工艺进行复杂几何建筑结构开发的巨大潜力。

工业机器人 3D 打印成形工艺是工业机器人技术与三维打印工艺原理相结合的一种增材制造方法。成形系统主要由机器人、示教器、电控柜、打印喷头、工作台等部分组成。其中，喷头模块由材料丝熔融加热块、温度控制热电偶、吐丝电机、辊轮、散热风扇、喷嘴等部分组成。机器人控制器与喷头的信息交互模块，则通过机器人电控柜的输入输出接口和喷头控制器的外部接口进行数据通信。

基于 FDM 工艺的工业机器人 3D 打印成形原理如下：喷头装配在工业机器人法兰盘末端，工作时由喷头控制器 Arduino 板控制内部加热块的加热、温度测量以及送丝电机的转动。由工业机器人带动喷头运动，根据制件的形状提前规划好机器人运动轨迹，热融喷头将半流动材料挤压沉积在工作台上的指定位置并凝固成形，形成整个制件。其基本原理如图 6-19 所示。

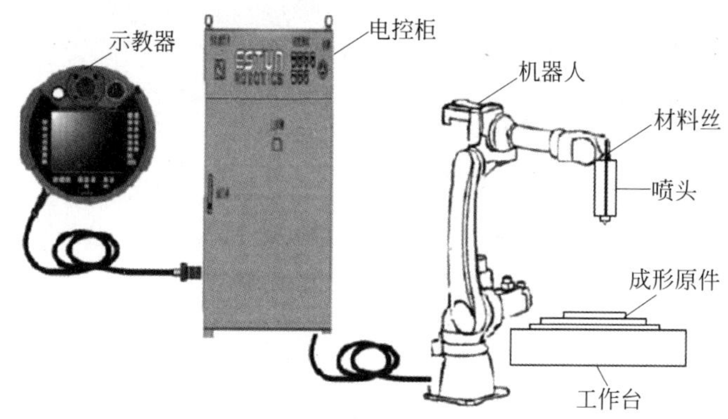

图 6-19　工业机器人三维打印成形原理图

3）机器人运动速度与电机挤出速度对打印质量的影响

将实验中喷头运动变化角度较大的点称为拐点。每一层拐点处打印时，喷头在机械臂带动下，速度逐渐减小至 0。改变运动方向后，再次进入打印过程时，速度由 0 逐渐增加至匀速。虽然在拐点处停留时间短暂，但是仍然会造成明显的堆积现象，而且随着层数增加，同一拐点处堆积现象会越来越明显，对成形精度影响较为严重，如图 6-20(a)所示。

在模型的打印过程中，机器人运动速度至少需要匹配电机丝材的挤出速度，才能保证出丝的均匀性，才能不至于使熔融后的丝材堆积于一点。

为了有效提高成形精度，一方面，在机器人与喷头数据通信程序设计中，通过改变时间变量 t 的大小调节 PWM 波的周期，进而调节步进电机步数的长短和挤出速度；另一方面，通过调节机器人示教器上的速度调节按钮“V＋”和“V－”来控制机器人运动速度变量 v。在研究机器人运动速度与电机挤出速度对成形质量影响的过程中，通过控制系统在不同的参数下分别打印出来的模型的优劣，来确定最优模型打印速度匹配参数。

通过对送丝电机速度与喷头运动速度参数进行调节，使拐点处堆积问题有明显改善，如图 6-20(b)所示。

通过多次实验测试，发现简单地调节送丝电机速度与喷头运动速度参数虽然解决了拐点堆积问题，但也在模型侧面发现了不连续断层现象。

为了解决模型侧面出现的不连续断层问题，经多组实验测试，找到机器人运动速度与电机吐丝速度最为匹配的 5 组实验参数。打印出对应于这 5 组实验数据的

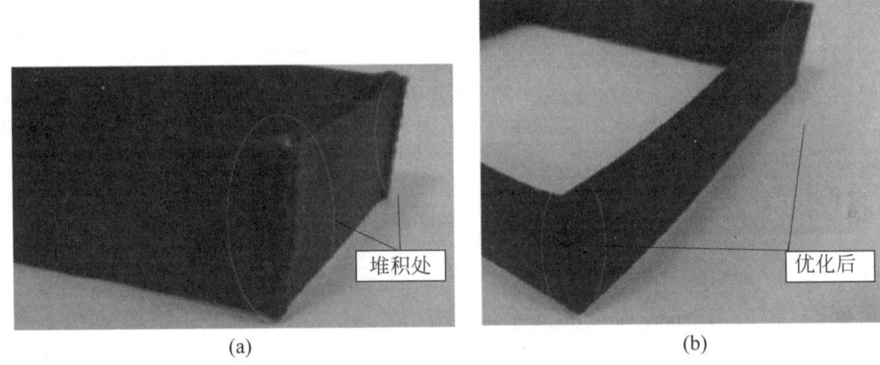

图 6-20　拐点处堆积优化前后对比图

(a) 拐点处堆积优化前；(b) 拐点处堆积优化后

三维模型，并将这 5 组三维模型的侧面放到显微镜下，得到对应的 5 组 35 倍放大图，如表 6-3 所示。

表 6-3　不同匹配速度下的实验模型

实验序号	$(v/v_{固})$/%	t/ms	实验模型	
1	5	18		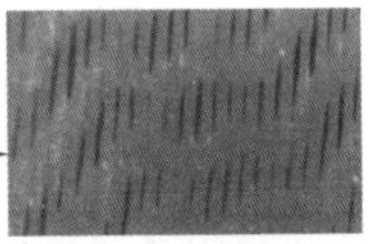
2	7	15		
3	8	10		
4	9	5	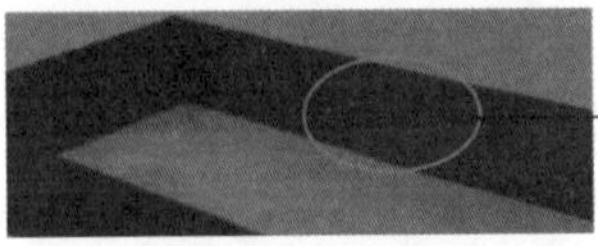	
5	10	1	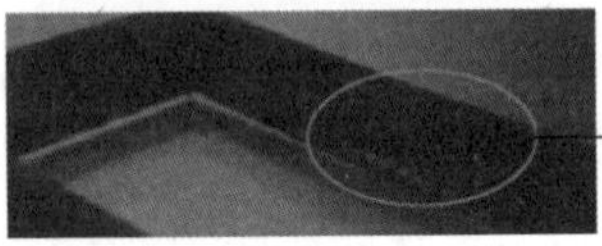	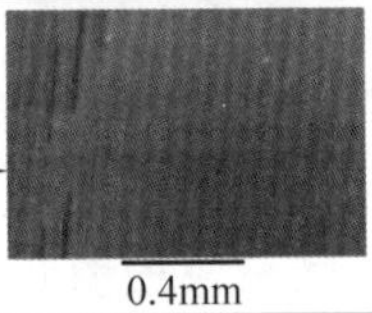 0.4mm

对比表6-3所示实验模型，可以看出第1、2、5组数据得到的模型放大图仍然出现断层现象，而第3和第4组数据得到的模型，其周边模型的放大图连续且均匀美观，通过触摸，其平整度手感更好，且第3组模型的吐丝均匀性高于第4组模型，因此对于系统参数设置，一般选择机器人运动速度为8%（500mm/min），变量t为10ms。总而言之，机器人运动速度需要匹配电机丝材的挤出速度，速度不能太低也不能太高，必须适中，且通过不断的实验才能得到最为合适的模型打印参数。本节测试的机器人运动速度与电机挤出速度的匹配参数值基本适用于所有形状的模型。

4）工业机器人3D打印成形实验

通过实验，打印出的成形制件是底边外直径390mm、高80mm的"空心圆柱"模型和底边长80mm、高500mm的"空心长方体"模型，分别如图6-21(a)和(b)所示。

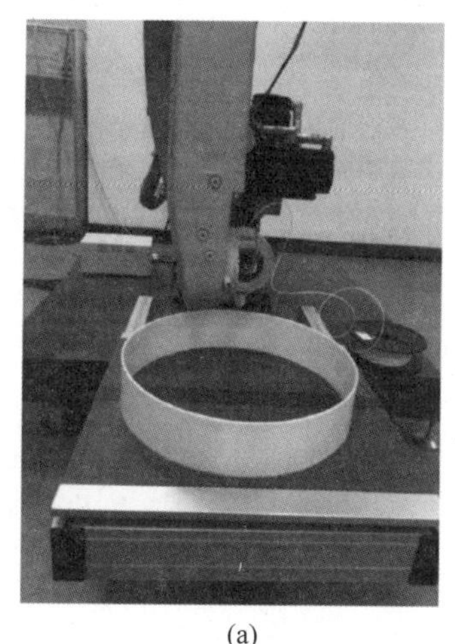

(a)

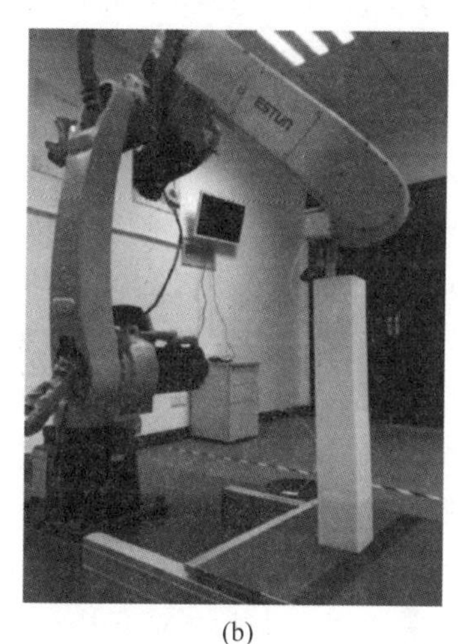

(b)

图6-21　宽幅面3D打印制件实物图

(a) 空心圆柱模型实物图；(b) 空心长方体模型实物图

2. 混色三维打印

1）混色三维打印概述

基于FDM工艺原理的快速成形技术是当前最具有生命力的快速成形技术之一，是目前快速成形诸多工艺中应用最普遍的一种，也是现在国内商业化最高的成形工艺，具有成本低、系统稳定性高、机器体积小、可桌面化、噪声小等优点，且耗材的种类与颜色丰富，应用潜能巨大，市场前景广阔。不过虽然材料的种类和颜色多样，但也只能打印出颜色单一或者几种颜色简单叠加的模型，无法进行打印过程中颜色的转换或颜色的渐变。又因受其机械结构的影响，成形速度较慢，打印精度较低，很大程度上限制了FDM工艺成形装备的发展。南京师范大学研究的基于FDM工艺的混色三维成形装置采用三臂并联结构作为其机械结构，并设计了对应的控制系统，配合上位机软件实现模型的渐变色三维打印。在完成新功能的开发之后依旧能出色地实现目前主流 FDM 工艺的桌面机的单色打印甚至双喷头 FDM 桌面机的多色和组合模型的打印功能，全面升级了 FDM 桌面机，并努力实现其商品化。一旦技术完善，能够实现装备的量产，必将产生一定的经济效益[12]。

2）混色成形装置的构成

成形装置的整体框架是一个由铝型材搭建的正三棱柱，打印机整体尺寸高为 80cm，三棱柱边长为 40cm。三棱柱的三根侧棱上安装有滑轨，依靠铝型材侧棱的加工精度保证滑轨的垂直度与刚度。导轨的下方安装有三台步进电机，步进电机带动轴上的同步带轮做旋转运动。

同步带轮依靠与滑块固定在一起的同步带，将同步带轮的旋转运动转变为滑块的直线运动，并带动滑块在导轨上面上下行进。滑块依靠连杆与打印机喷头相连，当滑块上下运动时，依靠连杆的刚度完成对喷头的牵引，实现对打印头位置的控制。

打印所需的原料通过一根聚乙烯管从打印头的上方送入，送入条料所需的动力由一个步进电机提供。工作平面位于打印机的底层，打印机整体采用开放框架，方便打印机平台的调平以及打印机的扩展和维护。辅助系统和检测系统直接安装在打印机的框架上，实现对打印过程的在线监测。

定位装置是三维打印机最关键的部件之一，其精度和误差将直接反映在打印构件上，其中，导轨滑块和连杆是构成定位装置的主要构件。为实现高速、精确打印，导轨的直线度一般应小于 0.1mm/m，使得滑块在导轨上具备快速移动的能力。本款打印机（图 6-22）采用 MGN 系列直线导轨，导轨的实际直线度在 0.025mm/m 以内，导轨的 V 形槽与滑块之间的间隙控制在 0.03mm 以内。滑块与导轨间采用滚珠接触，摩擦阻力为 0.6kgf，额定动载荷为 200kgf。滑块在导轨上滑动平稳，噪声低，其极限滑动速度可达 50m/s。结合 T2020 铝型材的尺寸，选用 MGN9C 滑块导轨，导轨与铝型材依靠 T 形螺母固定。连杆的作用是连接打印喷头和滑块，牵引喷头动作。连杆的两端与球头轴承相接，依靠球头轴承，其一端与滑块相连，另一端与挤出装置的支座相连。

打印机喷头的质量为 300g，工作时瞬时加速度为 2.7m/s，这些载荷分布在 6 个球头轴承上，工作时球头轴承上所加载的最大动载荷仅为 0.77kgf/cm^2，出于互换性与经济性的考虑，球头轴承的型号选择为 NHS3。与球头配合的连杆选用直径为 3mm 的 304 不锈钢丝杆，工作时连杆上加载的最大弯应力约为 1N·m，经杆件抗弯实验验证，304 低碳钢丝杆在 1N·m 载荷下的形变仅 0.02mm，连杆在受到最大载荷时的形变小于 0.3mm，符合 3D 打印机使用要求，可以保证打印喷头的响应速度和精度。

步进电机在 3D 打印机中作为动力元件，其作用是为滑块提供动力，即通过带动同步带使滑块在导轨上做直线运动。滑块运动时在自身重力和连杆压力的作用下，最大阻力为 0.2N。要使打印喷头可以以 270mm/s 的速度行进，步进电机转速应达到 200r/min。42 步进电机的最大转速为 800r/min，额定扭矩为 0.55N·m，步距精度为 5%，在行进停止时，可以保持最大 5.5N·m 的静扭矩，可以有效防止滑块在自身重力作用下沿滑轨下滑。因此选用 3 个 42 步进电机作为 3D 打印机的定位装置的驱动装置。混色三维打印成形装置如图 6-22 所示。

图 6-22　混色三维打印成形装置

3）影响混色 FDM 工艺构件成形精度的因素

三维打印构件精度包括数据处理精度、机器精度和不同时刻的构件精度。其中，数据处理精度是保证构件精度的前提，机器精度是保证构件精度的基础，同时构件精度还与成形材料性能及成形工艺等有很大关系。影响混色三维打印构件精度的因素详细分类如图 6-23 所示。

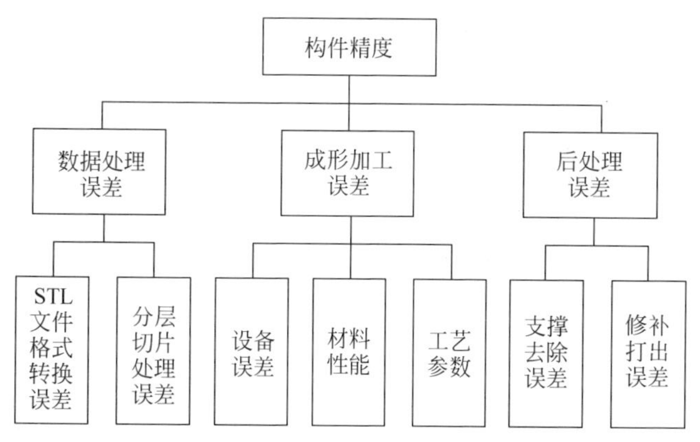

图 6-23　影响混色三维打印构件精度的因素

目前三维打印成形工艺中，由于绝大多数三维打印机只能识别数据模型的外部轮廓信息，所以在三维建模之后、模型打印之前需要进行数据格式的转换。当将三维数据模型转换为 STL 格式的文件后，还需要进行分层切片得到一层层的截面轮廓信息用于打印成形。

三维打印的数据处理主要包含以上所述的两个方面：三维数据模型 STL 格式文件的转换和 STL 文件的切片处理，这两种数据处理导致的误差会影响最终制件的整体精度。

STL 实际上是对三维数据模型进行三角网格化处理后得到的数据文件，将

CAD 模型的连续表面离散成若干个三角面片，用三角面片近似地表示三维实体模型的表面，并通过对三角形顶点坐标和三角形法向量的描述来表示三维模型的几何特征。小三角形数量的多少直接影响着文件转换过程的精度。小三角面片越多，精度越高，所生成的 STL 文件的数据量也就越大。

当实体模型的表面均为平面时，文件的 STL 转换通常是不会产生误差的；但当表面为曲面时，无论精度多高，也无法完全表达出原表面，这种逼近误差是不可避免的。

所以要从根本上消除这种格式转换的误差，最优的方法就是直接从三维数据模型中获取三维成形所需要的数据，但这种方法在现有的技术环境中还无法实现。目前只能在进行 STL 文件转换时尽量选取最优的精度参数来减小这一误差，这个过程往往更依赖于操作者的实践经验。

一般的三维建模软件（如 Pro/E、UG、SolidWorks 等）在输出 STL 文件时都要求确定相关精度参数，也就是通过 STL 文件拟合原三维模型的最大允许误差，用户根据需求导出 STL 文件。以一个简单的圆柱体模型（底面直径 120mm，高 140mm）为例，在三维建模软件 Pro/E 中，弦高（chord height，CH）是控制 STL 文件拟合精度的逼近参数，可以通过选择不同的弦高来改变三角面片数，不同弦高情况下（取 CH=2，1，0.05）三角面片化结构如图 6-24 所示。

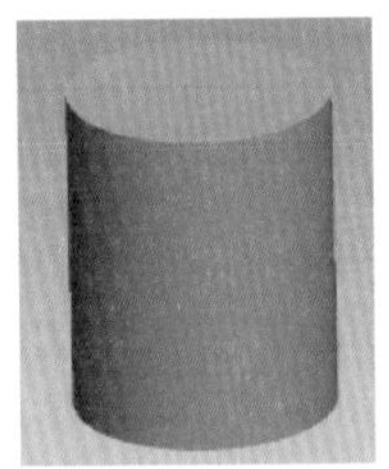

原始三维数据模型

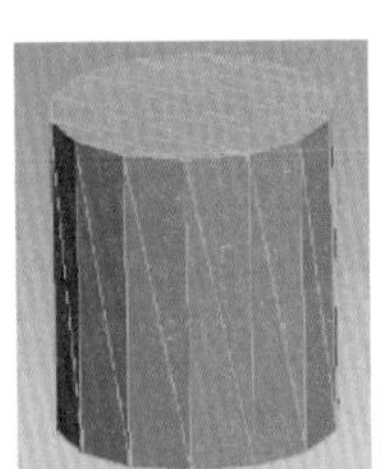

CH=2的STL文件

CH=1的STL文件

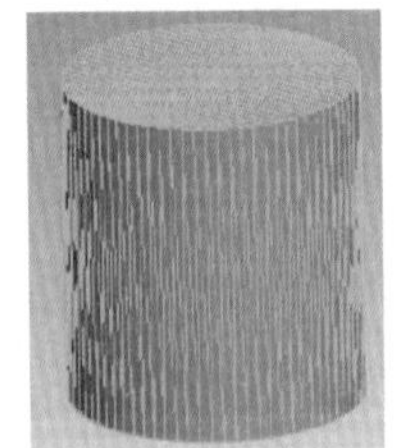

CH=0.05的STL文件

图 6-24　不同弦高下同一三维模型的 STL 文件表现形式

在 STL 文件转换完毕后计算出近似误差（使用 Netfabb 数据处理软件分别计算出各个 STL 文件中圆柱体的表面积和体积），如表 6-4 所示。

从表 6-4 中可以看出，对于同一个三维模型，将其转换成 STL 文件时，弦高参数的不同会导致误差的不同，选取的弦高值越小，则三角面片数越多，误差越小，精度也就越高，但随之产生的问题就是需要更大的存储空间和较强的数据处理能力，这大大地增加了软件的运行负担。然而，有时并不需要高精度的数据，因为过高的精度有可能超出了成形装备的最大成形精度。此外，三角面片数越多，对其进行的切片处理时间就越长，软件的运行速率越低，最终降低生产效率，同时会使制件的表面质量变差。

表 6-4　不同弦高导出的 STL 文件对比

弦高参数	三角面片数	转化后表面积/cm^2	转化后体积/cm^3	有面积误差/%	体积误差/%	数据大小/kB
2	52	742.04	1530.73	1.5340	3.2751	2.62
1	68	746.74	1551.39	0.9103	1.9696	3.4
0.05	308	753.59	1581.63	0.0013	0.0588	15.14

目前，一般的三维打印系统的成形精度都在±0.1～±0.2mm，这是由三维打印技术的发展水平及其自身特点决定的。因此，过于追求 STL 文件数据的高精度反而会增加数据处理的难度，最终达不到获得高精度制件的目的。较好的处理方法是在将三维数据模型转换为 STL 文件时，根据工艺条件、成形装备的加工精度以及期望精度值综合考虑，选取合适的精度转换参数。

4）混色三维打印成形实验

本实验的目的是打印一个底层为一种颜色、顶层为另外一种颜色，整体实现从底层颜色向顶层颜色渐变的埃菲尔铁塔模型，其参数设置如图 6-25 所示。

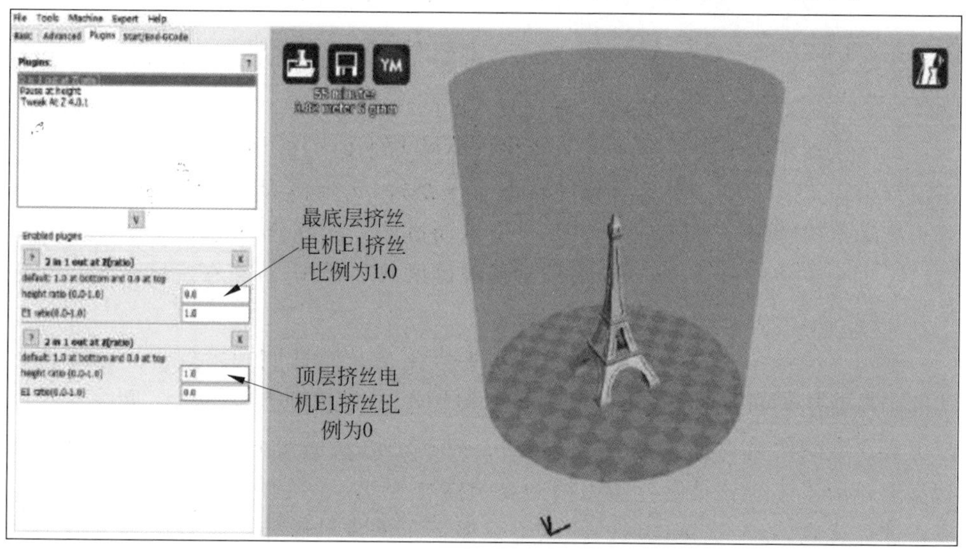

图 6-25　模型参数设置

其实物模型如图 6-26 所示。从图 6-26 可以看出模型底部为黄色材料，顶部为蓝色材料，而在模型成形过程中，由黄色过渡为绿色，再由绿色变成蓝色，实现了模型的混色打印。

3. 生物三维打印

1）血管支架

三维打印技术作为一种新兴的技术，为血管支架的加工成形提供了一个新的方法。舒畅等申请了一项三维打印制备血管支架的专利，并成功制备出由不锈钢粉末、镍钛粉末及硬脂酸混合成的血管支架模型。面对激光切割繁琐的工艺及高昂的价格，三维打印技术能够真正做到精度高、质量好、成本低，同时能够满足可降解血管支架制备的全部要求。研究者提出一种新型的基于熔融沉积成形的可降解血管支架三维打印成形工艺，其基本原理如图 6-27 所示[13]。

图 6-26　颜色渐变的铁塔模型

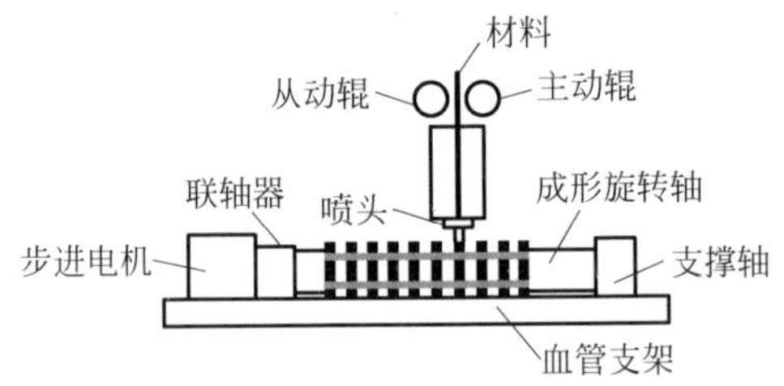

图 6-27　可降解血管支架成形原理示意图

成形原理是将单纯的平面运动转化为旋转与平面运行相结合的复合运动，将平面结构加工成为对应的不对称回转型三维结构，实现血管支撑要求。成形系统分为熔融挤出喷头、成形旋转轴以及三维运动机构等几部分，具体实施方式为：热熔喷头将半流动的材料按 CAD 分层数据控制的路径挤压，沉积在旋转轴上的指定位置并凝固成形，形成整个原型或构件。

利用三维打印技术个性化的特点，可摸索出适合特殊病理生理学的可降解支架的制备方法与相关参数，真正意义上缩短加工周期、降低生产成本，最终实现可降解血管支架的自动化生产。基于复合运动（平面、旋转）的熔融沉积三维打印血管支架成形工艺能够批量打印出结构复杂的血管支架，具有成形精度高、速度快、成本低等优点，其一次性成形的特点不仅保证了支架的整体机械强度和抗疲劳性能，而且避免了激光切割支架所引起的支架表面质量和热影区的影响，为可降解血管支架的制备提供了一个新思路。

a）血管支架成形装置的构成

血管支架成形系统主要包括上位机控制软件，运动控制系统 X、Y、Z 3 轴以及成形旋转轴，打印喷头等，如图 6-28 所示。

图 6-28　血管支架成形系统

b）喷嘴孔径对血管支架成形质量的影响

实验条件：在同一室温下，以图 6-28 所示可降解血管支架成形装置作为实验平台，选择丝状聚乳酸（PLA）作为血管支架成形材料，打印喷嘴出口内径 d 为 0.4mm 和 0.2mm。设置打印喷嘴温度 $T=200$℃，打印速度 $S=400\text{mm/min}$，喷嘴挤丝量 $E=250\text{mm}^3$，制备的血管支架尺寸参数设定如表 6-5 所示。

表 6-5　血管支架尺寸参数

结构	直径 d /mm	筋宽度 b /mm	筋厚度 h /mm	连接体宽度 /mm	环状支撑体宽度/mm	环状支撑体个数
“正弦”型	5	0.5	0.2	5	4	10

分别用孔径为 0.4mm 和 0.2mm 的喷嘴打印出 5 个支架，用前述测试装置分别对应测试这 5 个支架的径向支撑力和柔顺性，记录每个支架测量数据，最后对每组数据取平均值，绘制支架垂直受力与其对应方向所产生的位移关系曲线，如图 6-29 所示。

由图 6-29 可知，在上述实验条件一定的情况下，支架的成形质量受喷嘴几何尺寸影响。在本实验中表现为直径为 0.4mm 的喷嘴的径向支撑力大于直径 0.2mm 喷嘴的，但其柔顺性能低于直径 0.2mm 喷嘴的。上述实验情况可以通过表 6-6 予以解释。

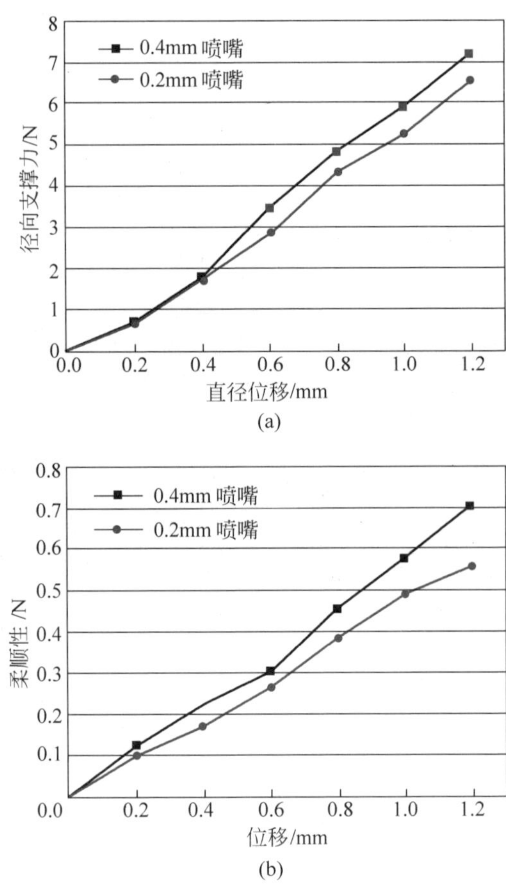

图 6-29 喷嘴孔径对血管支架成形质量的影响

(a) 支架径向支撑力和直径位移关系曲线；(b) 支架柔顺性和位移关系曲线

表 6-6 制备支架尺寸实际测量值 mm

序号	喷嘴几何尺寸					
	0.4			0.2		
	筋宽度 b	筋厚度 h	支架长度 L	筋宽度 b	筋厚度 h	支架长度 L
1	0.53	0.25	46.22	0.52	0.25	46.36
2	0.56	0.28	46.34	0.61	0.37	46.58
3	0.52	0.23	46.29	0.54	0.28	46.39
4	0.64	0.41	46.52	0.57	0.34	46.47
5	0.58	0.38	46.41	0.55	0.31	46.43

表 6-6 为实际测得直径为 0.4mm 和 0.2mm 喷嘴打印出的支架尺寸。由表可知，实际测得支架尺寸都普遍偏大，这和模拟的结果相似，也验证了模拟的正确性。支架环状支撑体拐弯处承受的弯矩即此处的截面惯性矩，由公式 $I=b^3h/12$ 可知，支架筋宽度和筋厚度的大小直接影响支架的力学性能，根据表中的数据可知，直径 0.4mm 的喷嘴制备出的支架筋宽度和筋厚度都大于直径 0.2mm 喷嘴的。

c）血管支架成形实验

本实验选择的对象为巴马小型猪，体重 25～35kg，股动脉血管直径为 3～4mm。根据支架结构和尺寸参数对支架力学性能的影响分析，选择符合医学植入要求的支架参数。血管支架三维打印成形具体步骤如下：

通过三维建模软件 SolidWorks 2012 建立血管支架二维平面展开立体图形，如图 6-30 所示，保存文件为 STL 格式。将保存好的 STL 文件导入切片软件 Slice 中，如图 6-30(a)所示，设置模型的层间距为单层，添加 start、end 和换层代码，剖切后在切片软件中演示运行轨迹，如图 6-30(b)所示。保存剖切文件为二维 Gcode 数据，所述 start、end 和换层代码为三维打印机所识别的 G 代码组成。

根据不同三维打印成形工艺参数对血管支架成形质量的影响，获取血管支架三维打印成形的最优化参数，如表 6-7 所示，打印出结构完整、满足支架力学性能的血管支架，如图 6-31 所示。这也验证了所研究的三维打印可降解血管支架成形系统能够打印出结构复杂且能满足力学性能的降解血管支架。

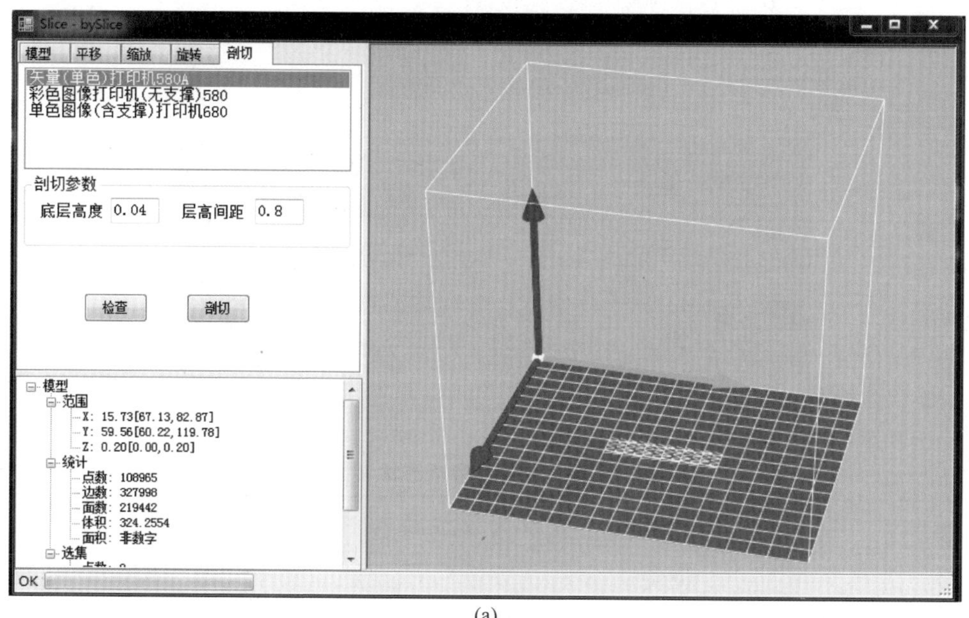

(a)

图 6-30　切片软件导入支架模型

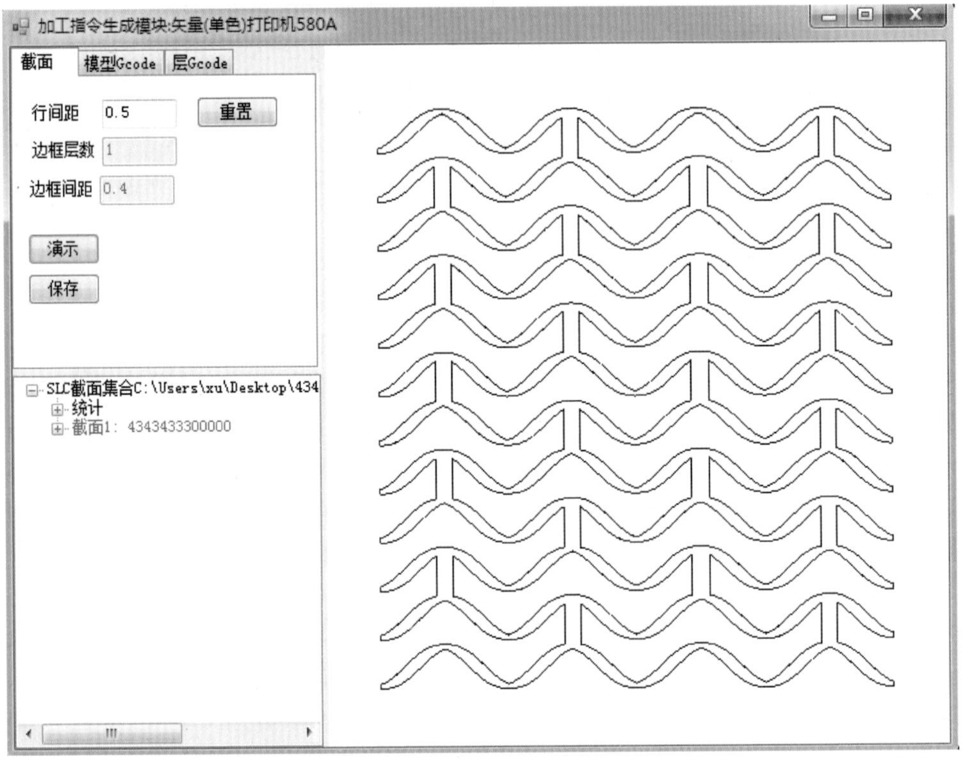

(b)

图 6-30 （续）

图 6-31 血管支架三维打印成形

表 6-7 血管支架三维成形优化参数

三维成形优化工艺参数	数值
喷嘴直径 d	0.2mm
喷嘴温度 T	210℃
打印速度 F	400mm/min
喷嘴挤丝量 E	250

2）牙周骨支架

三维打印技术作为一种新兴制造技术，为牙周骨支架的制备提供了一种新的方法。研究者提出了一种利用可加热螺杆微挤压成形工艺实现牙周骨支架三维成形的方法，其基本原理如图 6-32 所示[14]。

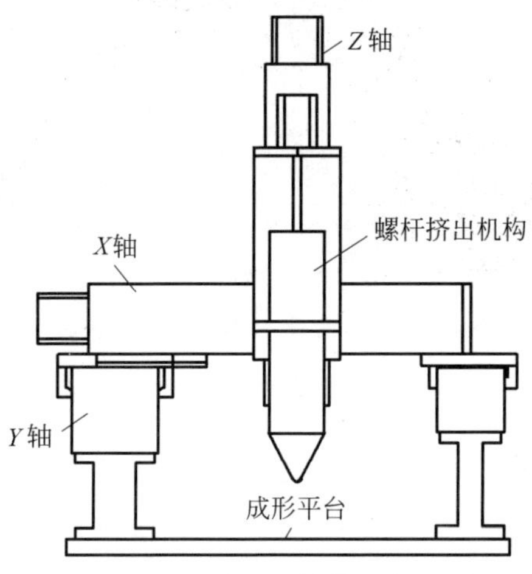

图 6-32　牙周骨支架成形原理示意图

可加热螺杆微挤压成形工艺原理：在材料熔化的前提下，螺杆挤出机构在笛卡儿运动系统的配合下按照 CAD 分层数据挤出材料，材料在成形平台上层层叠加实现牙周骨支架的构建。成形系统主要分为机械框架和控制系统两部分。机械框架由螺杆挤出机构和三维运动机构等部分组成，控制系统主要包括空间轨迹控制、温度控制以及材料挤出控制等。

三维打印技术具有个性化制备的特点，可根据患者牙周骨组织信息“量身定做”组织工程支架，三维打印技术在组织器官上的应用将在真正意义上实现个性化医疗以及精准化医疗。可加热螺杆微挤压成形工艺能够快速构建个性化牙周骨支架，具有成形精度高、速度快、成本低等优点，其一次成形的特点不仅保证了支架整体的机械强度和抗疲劳性能，而且实现了支架内部结构可控化。

a）牙周骨支架成形装置的构成

搭建的牙周骨支架成形系统如图 6-33 所示，主要包括控制系统，以及由 X、Y、Z 3 轴和螺杆挤出机构构成的机械框架等。

b）打印速度对牙周骨支架成形质量的影响

打印速度是支架成形的关键参数之一。在相同的条件下，打印速度越低，支架模型成形质量越高，但完成支架所需要的时间将会大幅度增加；打印速度越高，支架成形质量越低，但能快速地完成支架的构建。牙周骨支架是医疗模型，支架的成形质量是第一要素。医疗领域的实际应用也要求支架可以快速构建。因此，牙周骨支架成形平台应该在满足支架成形质量的前提下，尽量提高支架的打印质量。

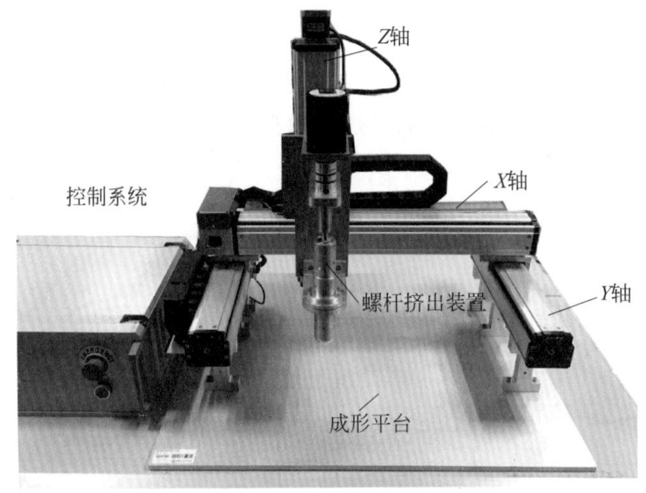

图 6-33　牙周骨支架三维成形平台

在构建 20mm×20mm×20mm 标准样件时，使用 240mm/min 的速度进行模型构建可以使模型具有较好的成形质量。牙周骨支架模型效果如图 6-34 所示。

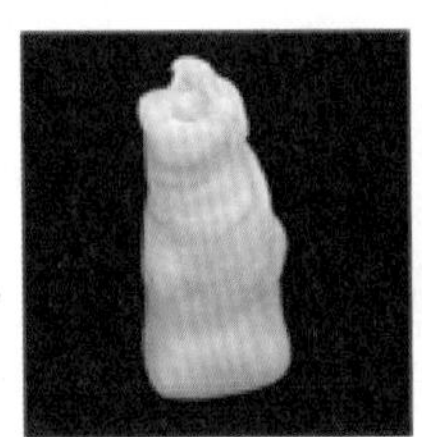
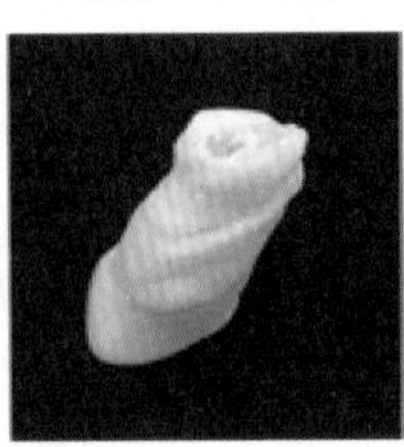
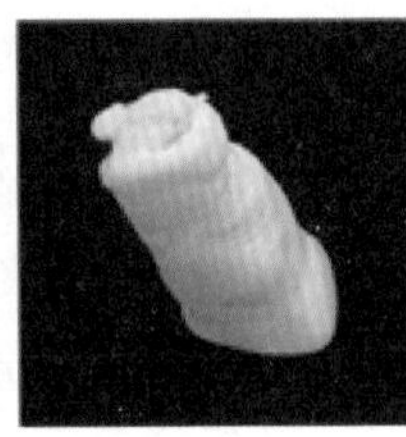
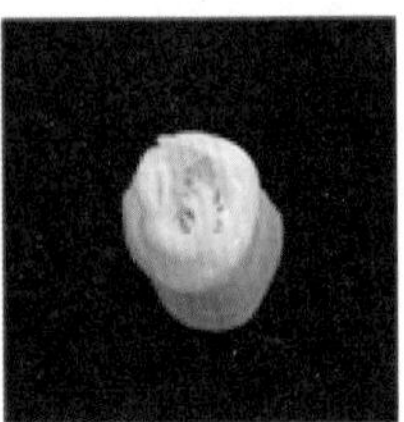

图 6-34　牙周骨支架构建

实验结果表明，在以 240mm/min 匀速打印牙周骨支架时，牙周骨支架无法有效构建。在支架模型的底部区域，支架材料堆积效果较好，成形质量较好；在支架模型顶部区域，支架出现塌陷现象，支架无法成形。分析发现，模型顶部出现塌陷的主要原因是支架顶部区域材料无法有效固化，某一层材料无法固化将导致下一层材料无法有效被承接，层层叠加失败导致了支架模型的最终失败。

支架顶部材料无法固化的主要原因是：支架每一层轮廓区域的面积随高度增加而逐渐减少，在相同的运动速度下，每一层完成时间减少，材料冷却时间的减少导致材料无法有效固化，如图 6-35 所示。因此，在打印小截面区域时应该增加打印层的散热，使得层材料得到有效固化。

针对支架小轮廓层材料固化较差现象，采用了变速打印方式实现支架的构建。变速打印以支架第一层打印速度为基准速度，随着打印层数的增加，逐渐降低每一层的打印速度，使得每一层打印时间基本相同。在变速条件下，小轮廓截面使用慢速打印，可获得较多的冷却时间。

设定牙周骨支架底层打印速度为 240mm/min，顶端打印速度分别为底层速度

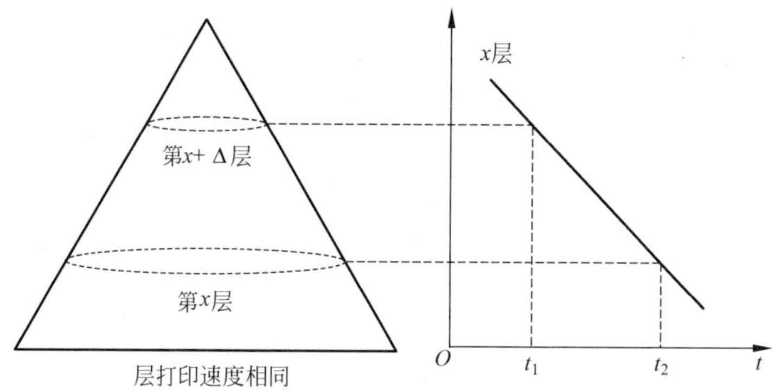

图 6-35　层与打印时间的关系

的 10%、15%、20%、25%、30%、35%、40%、45%、50%。研究分析基于不同衰减比的打印速度对牙周骨支架成形质量的影响。在 simplify3D 软件中，设定底层打印速度为 240mm/min，对不同的衰减比打印过程进行打印仿真，不同的衰减比顶端打印速度不同，仿真效果如图 6-36 所示。

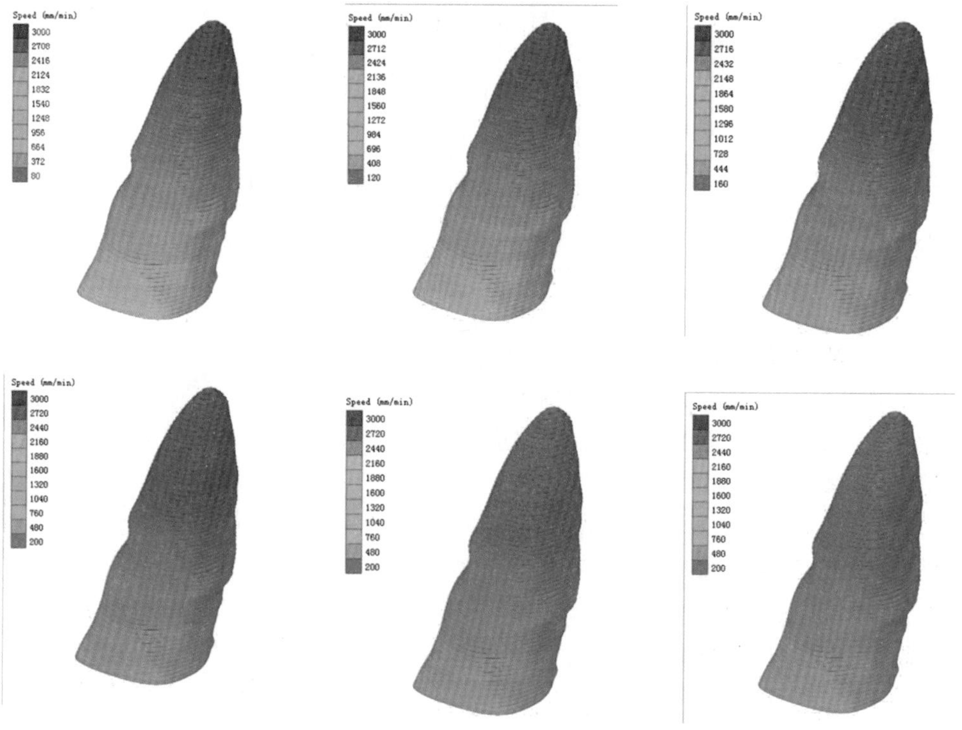

图 6-36　打印速度递减仿真图

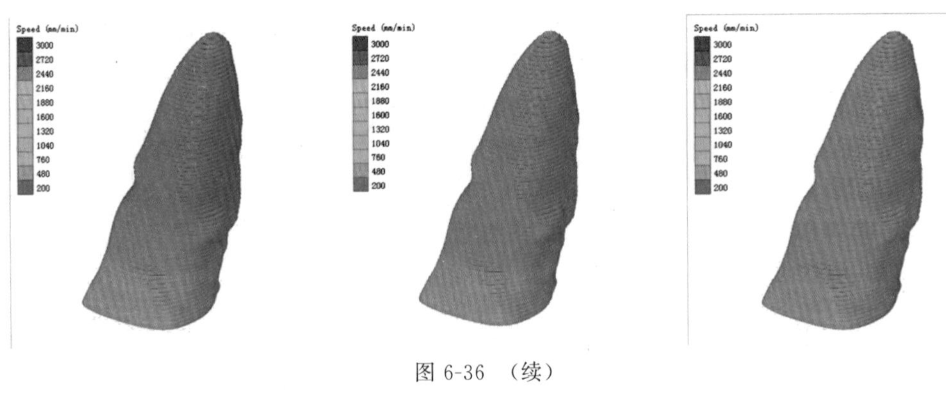

图 6-36 （续）

通过使用牙周骨支架平台实现基于不同线性衰减比的牙周骨支架构建，研究速度衰减对支架成形质量的影响。测试不同的速度衰减比对应的牙周骨支架成形的完整度，实验数据如图 6-37 所示。

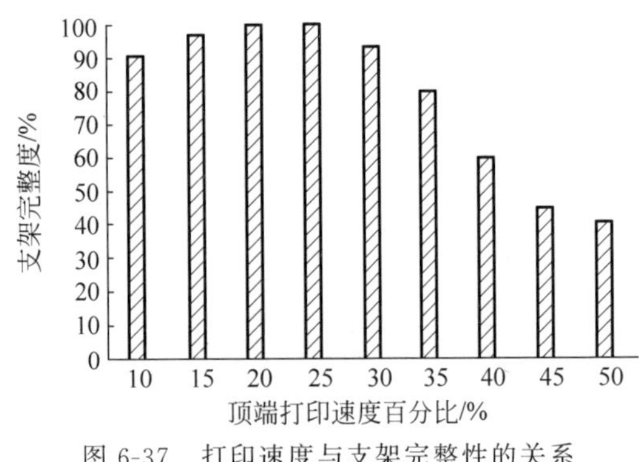

图 6-37 打印速度与支架完整性的关系

实验数据表明，顶端打印速度自 50%衰减到 25%时，构建的支架完整度逐渐增加，塌陷区域逐渐减少；在顶端打印速度为底层速度的 20%～25%时，支架可完整构建，支架表面无坍陷现象；在顶端速度小于底层速度的 20%时，牙周完整度随速度的衰减而降低。在顶端速度为底层速度的 25%～50%区域内，速度逐渐降低，层打印时间增加，材料堆积效果较好。在顶端速度小于底层速度的 20%时，打印速度较慢，低速情况下材料在喷头口表现出较强的流出惯性，材料易从喷头口流出并堆积成一点。此时，螺杆挤出装置对材料挤出控制效果较差，无法实现牙周骨支架的有效构建。因此，在保证牙周骨支架质量的前提下应该尽量增加骨支架的打印速度，缩短构建周期。

c) 牙周骨支架成形实验

牙周骨支架的主体材料为聚己内酯(PCL)，相对分子质量较大，分子之间的作用力较大，流动性较差。下面通过使用不同口径的喷头挤出聚己内酯材料，确定成形平台能挤出聚己内酯材料的最小喷头口径。

实验条件：在同一室温下，以图 6-33 中牙周骨支架成形装置为实验平台，选择 PCL 颗粒作为骨支架成形材料，打印喷头直径 d 为 0.2～0.5mm。设置螺杆挤出装置温度为 $T=80$℃，螺杆转速 $v=60$r/min，挤出电机驱动电流 $I=1.36$A。

根据表 6-8 所示的材料挤出效果可知，0.35mm 是 PCL 材料打印成形的最小喷头口径。利用表 6-9 所示的打印参数进行 20mm×20mm×20mm 的样件打印，验证 PCL 材料在 0.35mm 喷头下的成形效果，标准模型样件成形效果如图 6-38 所示。

表 6-8　基于不同口径喷头 PCL 材料挤出效果数据

温度/℃	喷头口径/mm	实验现象
80	0.20	喷头堵塞
80	0.25	喷头堵塞
80	0.30	挤出困难
80	0.35	顺利挤出
80	0.40	流畅挤出
80	0.45	流畅挤出
80	0.50	流畅挤出

表 6-9　样件成形参数

参　数　项	参　　数
喷头直径/mm	0.35
层厚/mm	0.2
底层、顶端、外壁	0、0、2
填充率/%	50
基准速度/(mm/min)	500
打印速度/(mm/min)	240
X、Y、Z 轴移动速度/(mm/min)	1000
喷头温度/℃	80
底板温度/℃	40
挤出量控制比例	M92/E450
高度/mm	0.3(喷头距离底板)

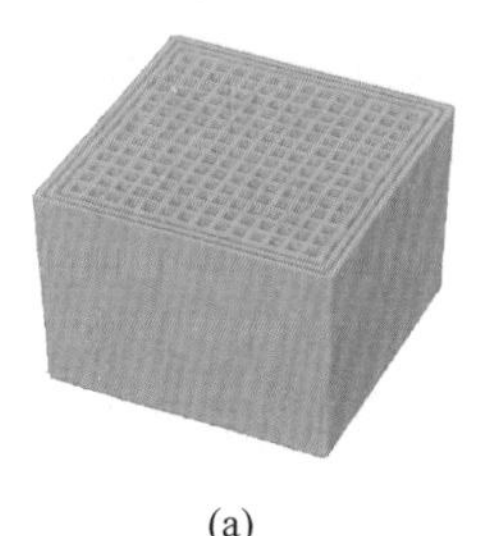

(a)

(b)

(c)

图 6-38　0.35mm 喷头 PCL 材料试验

(a) 样件三维模型；(b) 模型实体轴测图；(c) 模型实体俯视图

6.4 熔融沉积成形应用实例

由于FDM技术适应和满足了现代先进制造业快速发展、产品研发周期急剧缩短的需求，并具有高强度的PC、PPSF等成形材料，其发展十分迅速，成为近年来制造业最为热门的研究与开发课题之一。目前，此项技术已广泛应用于机械、汽车、航空航天、医疗、艺术和建筑等领域，并取得显著的经济效益。

6.4.1 汽车工业领域

随着汽车工业的快速发展，人们对汽车轻量化、缩短设计周期、节约制造成本等方面提出了更高的要求，而3D打印技术的出现为满足这些需求提供了可能。2013年3月1日，世界首款3D打印汽车Urbee 2面世，彻底打开了3D打印技术在汽车制造领域应用的大门。

在汽车生产过程中，大量使用热塑性高分子材料制造装饰部件和部分结构部件。与传统加工方法相比，FDM 3D打印技术可以大大缩短这些部件的制造时间，在制造结构复杂部件方面更是将优势展现得淋漓尽致(图6-39)；同时，FDM 3D打印技术能够一次成形，可以省去大部分传统连接部件(图6-40)，并且所用材料为热塑性工程塑料，密度较低，能够明显减轻车辆的整体质量。

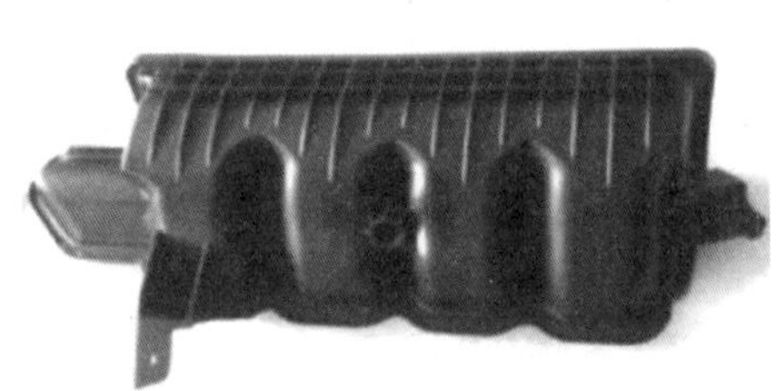

图6-39 FDM 3D打印的汽车空调外壳

图6-40 FDM 3D打印的组合仪表盘结构原件

除图6-39、图6-40示出的采用FDM 3D技术打印的部件外，FDM 3D打印技术在汽车构件生产中的应用还包括后视镜、仪表盘、出口管、卡车挡泥板、车身格栅、门把手、换挡手柄模具型芯、冷却水道等。其中，冷却水道采用传统的制造方法几乎无法实现，而采用FDM 3D打印技术制造的冷却系统，冷却速度快，部件质量明显提高。此外，应用FDM 3D打印技术还可以进行多材料一体制造，如轮毂和轮胎一体成形，轮毂部分采用丙烯腈-丁二烯-苯乙烯塑料(ABS)硬质材料，轮胎部分采用橡胶材料一体打印成形。

目前，在汽车构件制造方面，已经有百余种构件能够采用FDM 3D打印技术进行大规模生产，而且可制造构件种类和制造速度这两个关键数值仍在继续上升。在赛车等特殊用途汽车制造方面，个性化设计以及车体和部件结构快速更新的需求也将进一步推进 FDM 3D 打印技术在汽车制造领域的发展和应用。

6.4.2　航空航天领域

随着人类对天空以及地球外空间的逐步探索，进一步减轻飞行器的质量就成为装备改进与研发的重中之重。采用 FDM 3D 打印技术制造的构件由于所使用的热塑性工程塑料密度较低，与使用其他材料的传统加工方法相比，所制得的构件质量更轻，符合飞行器改进与研发的需求。在飞机制造方面，波音公司和空客公司已经应用 FDM 3D 打印技术制造构件。例如，波音公司应用 FDM 3D 打印技术制造了包括冷空气导管在内的 300 余种不同的飞机构件；空客公司应用 FDM 3D 打印技术制造了 A380 客舱使用的行李架。

在航天领域，所需装备和部件均需从地面运输至太空，一方面限制了其尺寸，另一方面运输过程中的苛刻环境也会对其使用性能产生不良影响。因此，如果能在太空中直接采用 FDM 3D 打印技术制造所需装备或部件，在降低成本和保证性能方面都具有极大的优势。2014 年 11 月 24 日，利用 FDM 3D 打印技术，国际空间站的航天员们制造出了第一把“太空扳手”。这把太空扳手仅仅是 FDM 3D 打印技术在航天领域应用的案例之一，随着相关技术的进步，更多舱内装备的打印制造，甚至是舱外大尺寸结构部件的打印制造都有可能成为现实。

无论是在天空还是在太空，无论是飞行器构件还是太空工具，FDM 3D 打印技术都以其独有的制造优势获得了实际应用。而且，由于 FDM 3D 打印技术使用的材料为热塑性工程塑料，有望在太空中实现“制品打印—材料回收—材料再次打印利用”这一循环过程，实现太空中废弃材料的回收再利用。

6.4.3　医疗卫生领域

在医疗领域中，由于患者在身体结构、组织器官等方面存在一定差异，医生需要采用不同的治疗方法、使用不同的药物和装备才能达到最佳的治疗效果，而这导致治疗过程中往往不能使用传统的量产化产品。FDM 3D 打印技术个性化制造这一特点则符合了医疗卫生领域的要求。目前，FDM 3D 打印技术在医疗卫生领域的应用以人体模型制造和人造骨移植材料为主。

某些精密手术要想取得预期的治疗效果，就必须采取最佳的手术方式，但通常情况下不允许医生通过多次实践得出结论，这给手术带来了一定的难度和风险。FDM 3D 打印技术可以和 CT、核磁共振等扫描方法相结合，在手术前通过精确打印所需治疗部位的器官模型，大大提高一些高难度手术的成功几率，增强手术治疗效果。

精确打印器官等人体模型的作用并不只局限于提高手术效果。在当今供体越发稀少且潜在供体不匹配等情况下，通过 FDM 3D 打印技术制造的外植体为解决这一紧急问题提供了一种全新的方法。例如，2013 年 3 月，美国 OPM 公司打印出了聚醚醚酮(PEEK)材料的骨移植物，并首次成功地替换了一名患者病损的骨组织；荷兰乌特勒支药学研究所利用羟甲基乙交酯(HMG)与 ε-CL 的共聚物(PHMGCL)，通过纤维熔体沉积技术得到了 3D 组织工程支架，其宏观图如图 6-41 所示；而新加坡南洋理工大学仅用聚 ε-己内酯(PCL)也制造出了可降解 3D 组织工程支架。

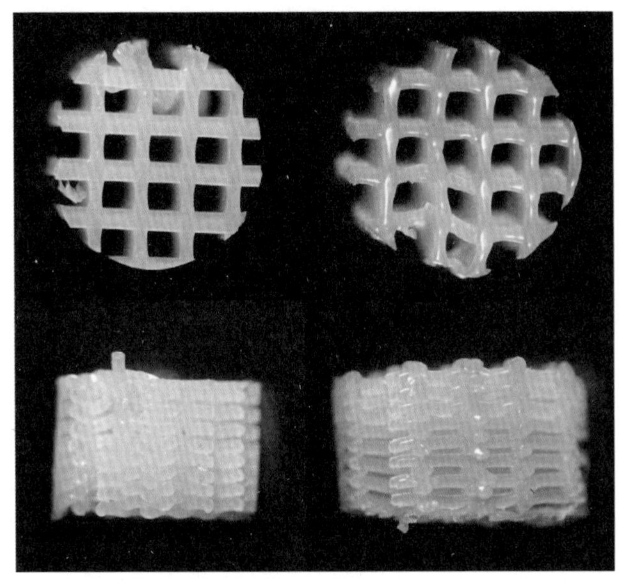

图 6-41　3D 打印支架植入前宏观图

6.4.4　教育教学领域

在课堂上，教具与模型可以让学生更清楚地理解一些抽象的理论原理，对于提升教学效果具有显著的作用。不同学科所需教具种类繁多，且随着课本内容的改进，教具的形式也在不断变化，通过传统成形技术生产更新换代较快的教具成本较高，而能够做到快速个性化生产的 FDM 3D 打印技术，使这些问题迎刃而解。

目前 FDM 3D 打印技术更多的是作为教学使用，英国 21 个试点学校、美国的北卡罗来纳州立大学以及我国上海市静安区多所学校中，FDM 3D 打印技术已经在具体课堂上体现了其作为教学使用的价值和作用。同时，美国许多学校正在推广的 TI 公司的“3D 投影机领航项目”，也将进一步推动 FMD 3D 打印技术融入教学环境。此外，一些国家和组织正在探索 3D 打印应用于 STEM 课程(指科学、技术、工程、数学课程总称)，以推动技术驱动的教学创新，使技术工程教育和艺术人文教育融合成为学校文化的一部分，这无疑有助于 FDM 3D 打印技术更好地融入教学环境中。

在目前教学环境中，FDM 3D 打印技术主要用于制作立体教具、辅助学生进行创新设计、强化互动和协作学习。随着 3D 打印热的持续升温和打印技术的继续发展，FDM 3D 打印技术极有可能作为一项独立的科目跻身于教学内容中，包括设计图纸、建模以及使用 3D 打印机实现打印成形。

6.4.5 食品加工领域

与使用其他热塑性材料相似，FDM 3D 打印技术可以使用巧克力、糖浆等能够加热熔化、冷却凝固的食材进行加工，在无须使用模具的条件下制出形状奇特的食品，使得产品在外观上更加诱人。因此，许多公司都在努力尝试将 FDM 3D 打印技术应用于食品制造领域，例如 3D Systems 公司在 CES2014 上展出的 Chefjet 和 Chefjet Pro 两款 3D 打印机，巴塞罗那自然机器（Natural Machines）公司推出的一款消费级的福迪尼（Foodini）3D 食品打印机。除了传统打印食材，FDM 3D 打印技术还可以从人类目前不食用的物质中提取出需要的营养成分，加工成食品。例如，食用昆虫对于大部分人来讲是件不太容易接受的事情，英国科学家经过欧盟和世界粮食组织同意，开发了一种可以把食用昆虫转换成面粉的方法，再通过 FDM 3D 打印技术将食物打印出来，这个项目被称为“昆虫焗”。目前，FDM 3D 打印技术主要还是用于制作具有奇特外形的食物，这主要是由于大部分食材不能直接用于 FDM 3D 打印。如果通过提取食材内部本身具有的营养物质并制成线材的形状，实现熔融挤出，FDM 3D 打印技术在食品加工中的应用将会更加广泛。随着可打印食材的丰富，通过调节打印食材的配比，可以加工出更加符合人类营养需求的食物，如果应用在航天领域，将进一步丰富宇航员的食谱。

6.4.6 其他领域

除了上述介绍的 5 个应用领域，FDM 3D 打印技术在其他领域中同样具有实用价值，也有许多应用案例。譬如，在建筑领域，FDM 3D 打印技术能够制作出符合设计需求的建筑物模型，从而验证楼宇结构设计是否符合要求；在机器人制造领域，FDM 3D 打印技术能够一次成形连接件，从而将舵机连接在一起，完成双足机器人的组装；在模具制造领域，由于 FDM 3D 打印技术具有诸多优点，对于生产内部结构复杂的模具具有无与伦比的速度优势。

参考文献

[1] 刘峰. FDM 成形关键装备及工艺实验研究[D]. 青岛：青岛科技大学，2017.

[2] 刘洋子健，夏春蕾，张均，等. 熔融沉积成形 3D 打印技术应用进展及展望[J]. 工程塑料应用，2017，45(3)：130-133.

[3] 石云珊,许燕,周建平.基于极坐标下的FDM快速成形机的插补算法的设计[J].机床与液压,2016,44(15):50-54.

[4] 唐通鸣,张政,邓佳文,等.基于FDM的3D打印技术研究现状与发展趋势[J].化工新型材料,2015,43(6):228-230,234.

[5] 刘斌,谢毅.熔融沉积快速成形系统喷头应用现状分析[J].工程塑料应用,2008,36(12):68-71.

[6] 吴涛,倪荣华,王广春.熔融沉积快速成形技术研究进展[J].科技视界,2013(34):94.

[7] 余东满,李晓静,王笛.熔融沉积快速成形工艺过程分析及应用[J].机械设计与制造,2011(8):65-67.

[8] 张树哲,许燕,周建平,等.极坐标下FDM快速成形机中分层算法与实现[J].机械设计与研究,2015,31(2):113-115,124.

[9] 汪洋,叶春生,黄树槐.熔融沉积成形材料的研究与应用进展[J].塑料工业,2005(11):4-6.

[10] 施建平.基于FDM工艺的多材料数字化制造技术研究[D].南京:南京师范大学,2013.

[11] 陈丽.基于FDM工艺的工业机器人3D打印系统设计与工艺测试[D].南京:南京师范大学,2017.

[12] 王森.基于FDM工艺的混色三维成形装置设计与实验研究[D].南京:南京师范大学,2016.

[13] 姜杰.基于三维打印的组织工程支架成形工艺及其性能研究[D].南京:南京师范大学,2016.

[14] 李客楼.复合PCL牙周骨支架MC建模及3D打印成形研究[D].南京:南京师范大学,2018.

第7章

三维印刷成形

7.1 三维印刷成形原理

三维喷印技术

7.1.1 三维印刷成形的原理

三维印刷成形(three dimensional printing,3DP),又称为喷墨黏粉式技术、黏结剂喷射成形,美国材料与测试协会增材制造技术委员会(ASTMF42)将3DP的学名定为Binder Jetting(黏结剂喷射)。

三维印刷成形的发明要追溯到20世纪80年代末和90年代初,主要归功于麻省理工学院(MIT)的两个教授Emanuel Sachs和Michael Cima。起初这项技术的专利名称叫做Three-dimensional Printing,可能由于黏结剂喷射的过程与普通家用喷墨打印机的过程极为相似,只是打印材料由纸变为了粉末,才有了这样一个名字。由于3D打印这个名字后来被广泛用于其他增材制造技术,更多人选择使用ASTM标准所定制的名字——Binder Jetting,但这也导致一些人对这个名字感到陌生。然而,很快这种黏接塑料粉末的技术就不流行了,取而代之的是黏接砂子和金属。

三维印刷成形技术顾名思义是一种通过喷射黏结剂使粉末成形的增材制造技术。和许多激光烧结技术类似,Binder Jetting也使用粉床(powder bed)作为基础;但不同的是,该技术使用喷墨打印头将黏结剂喷到粉末里,从而将一层粉末在选择的区域内黏合,每一层粉末又会同之前的粉层通过黏结剂的渗透而结合为一体,如此层层叠加制造出三维结构的物体。也就是说,首先铺粉机构在加工平台上精确地铺上一薄层粉末材料,然后喷墨打印头根据这一层的截面形状在粉末上喷出一层特殊的胶水,喷到胶水的薄层粉末发生固化;接着在这一层上再铺上一层一定厚度的粉末,打印头按下一截面的形状喷胶水。如此层层叠加,从下到上,直到把一个构件的所有层打印完毕;最后把未固化的粉末清理掉,即可得到一个三维实物原型,成形精度可达0.09mm。具体打印过程及原理如图7-1及图7-2所示。

打印机打出的截面的厚度(即Z方向)以及平面方向(即X-Y方向)的分辨率是以dpi(像素每英寸)或者微米来计算的。一般的厚度为100μm,即0.1mm,也有

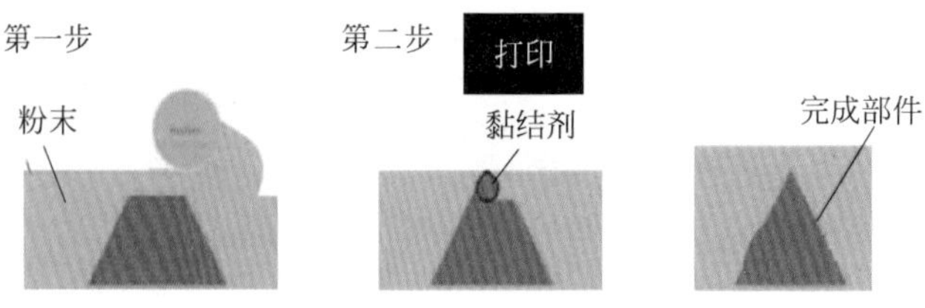

图 7-1 三维印刷成形打印过程

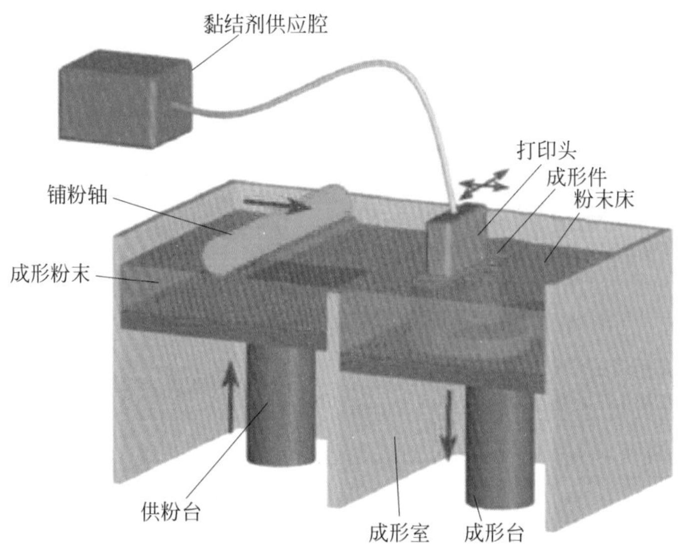

图 7-2 三维印刷成形打印原理

部分打印机(如 Stratasys 公司的 Objet 系列和 3D Systems 公司的 Project 系列)可以打印出 16μm 薄的一层。而平面方向则可以打印出跟激光打印机相近的分辨率。打印出来的黏结剂材料的直径通常为 50～100μm。用传统方法制造出一个模型通常需要数小时到数天,根据模型的尺寸以及复杂程度而定。而用三维打印技术则可以将时间缩短为数个小时,当然这将由打印机的性能以及模型的尺寸和复杂程度而定。

三维印刷成形技术可以用于高分子材料、金属、陶瓷材料的制造,当用于金属和陶瓷材料时,通过喷墨打印(inkjet printing)成形的原型件(green part)需要通过高温烧结(sintering)将黏结剂去除并实现粉末颗粒之间的融合与连接,从而得到有一定密度与强度的成品。这种技术将原本只能在成形车间才能进行的工艺搬到了普通办公室,扩大了应用面。

7.1.2 三维印刷成形的成形过程

三维印刷成形技术制作模型的过程与其他三维快速成形技术类似。下面以三维黏结剂喷射快速成形技术在陶瓷制品中的应用为例，介绍三维印刷成形技术的设计过程。

（1）利用 CAD 系统（如 UG、Pro/E、I-DEAS、SolidWorks 等）完成所需要生产的构件的模型设计；或将已有产品的二维三视图转换成三维模型；或在逆向工程中，用测量仪对已有的产品实体进行扫描，得到数据点云，进行三维重构。

（2）设计完成后，在计算机中将模型生成 STL 文件，并利用专用软件将其切成薄片（由于产品上往往有一些不规则的自由曲面，加工前必须对其进行近似处理。经过近似处理获得的三维模型文件称为 STL 格式文件，它由一系列相连的空间三角形组成）。每层的厚度由操作者决定，在需要高精度的区域通常切得很薄。典型的 CAD 软件都有转换和输出 STL 格式文件的接口，但有时输出的三角形会有少量错误，需要进行局部修改。

（3）计算机将每一层分成适量数据，用以控制黏结剂喷头移动的走向和速度。由于 RP 工艺是按一层层截面轮廓来进行加工的，因此加工前须将三维模型上沿成形高度方向离散成一系列有序的二维层片，即每隔一定的间距分一层片，以便提取截面的轮廓。间隔的大小按精度和生产率要求选定。间隔越小，精度越高，但成形时间越长。间隔范围为 0.05～0.5mm，常用 0.1mm，能得到相当光滑的成形曲面。层片间隔选定后，成形时每层叠加的材料厚度应与其相适应。各种成形系统都带有 Slicing 处理软件，能自动提取模型的截面轮廓。

（4）用专用铺粉装置将陶瓷粉末铺在活塞台面上。

（5）用校平鼓将粉末铺平，粉末的厚度应等于计算机切片处理中片层的厚度。

（6）计算机控制的喷射头按照步骤（3）的要求进行扫描喷涂黏接，有黏结剂的部位，陶瓷粉末黏结成实体的陶瓷体，周围无黏结的粉末则起支撑黏结层的作用。

（7）计算机控制活塞使之下降一定的高度（等于片层厚度），打印过程如图 7-3 所示。

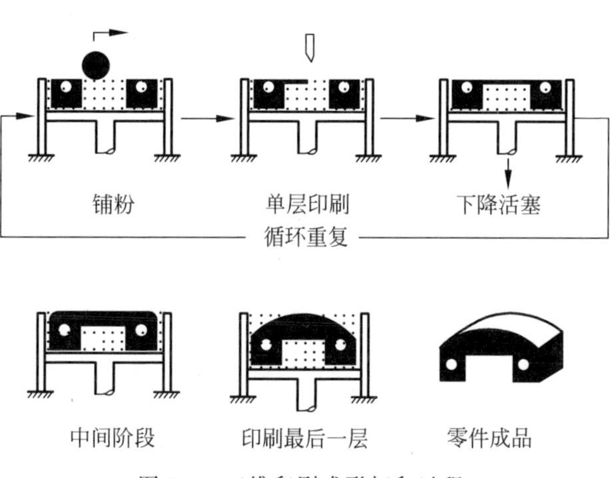

图 7-3　三维印刷成形打印过程

重复步骤(4)～步骤(7),一层层地将整个构件胚体制作出来。

(8) 取出构件胚体,去除黏结剂的粉末,并将这些粉末回收。

(9) 对构件胚体进行后续处理,在温控炉中进行焙烧,焙烧温度按要求随时间变化,目的是保证构件有足够的机械强度和耐热强度。

7.2 三维印刷成形装备

装备演示

7.2.1 三维印刷成形装备的构成

彩色三维印刷成形装置设计开发应考虑以下因素:

(1) 基于3DP工艺,研发具有商用功能的、能制作彩色三维原型样件的成形系统;

(2) 3DP样机的性能要稳定、可靠,采取模块化设计,有利于后续产品的换代升级;

(3) 拥有关键技术的知识产权,所有关键技术尽可能国产化,并考虑关键技术的延展性、扩充性。

图7-4所示为制作彩色三维模型的工作流程。在计算机中建立三维CAD实体模型,对其进行切片分层,得到一系列的二维切片,取出每层的成形信息;计算机根据每一层的成形信息分别控制各机构做协调运动。具体来说,制作开始时,计算机通过供粉槽控制器控制供粉槽导轨,使得供粉槽中的推料板上升一段距离,推出一部分成形粉末;同时,计算机通过成形槽控制器控制成形槽导轨,使得成形槽中的推料板下降一段距离;接着计算机通过滑辊控制器控制旋转滑辊把推料板上升一段距离,而推出的成形粉末铺在成形槽的上方,在铺成形粉末的时候,旋转滑辊做逆时针运动把粉末铺平;之后,计算机通过喷头XY位置控制电路控制喷头托架做XY平面运动;与此同时,计算机通过喷头控制电路控制打印喷头盒内的多个喷头做喷射动作,打印出该层图像;如此反复,一层层地打印并黏结,从而快速制作出三维物体。

1. 3DP软件系统总体构成

3DP系统软件设计的指导思想是易用、实用、稳定、先进。据此指导思想,把3DP软件系统分成CAD模型数据处理和成形工艺数据处理两大部分,共包括8个模块:文件输入/输出模块、视图模块、测量模块、编辑模块、工具模块、修复模块、切片模块和加工模块。图7-5是软件的运行过程。

快速成形软件的运行过程可分为两个阶段:CAD模型的数据处理阶段和成形工艺的数据处理阶段。

在CAD模型的数据处理阶段,三维CAD模型的产生主要有3种途径:CAD软件人工建模生成三维模型、利用反求装备进行实物的三维点数据测量而生成三

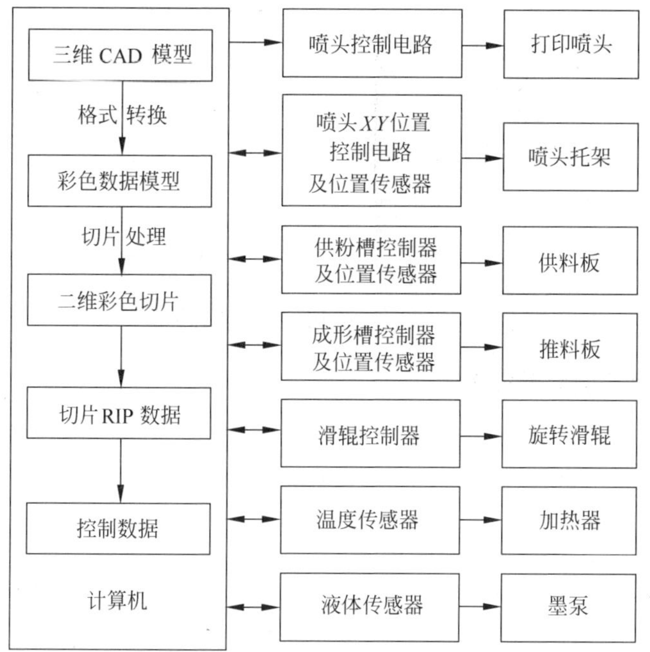

图 7-4　彩色三维成形系统的工作流程

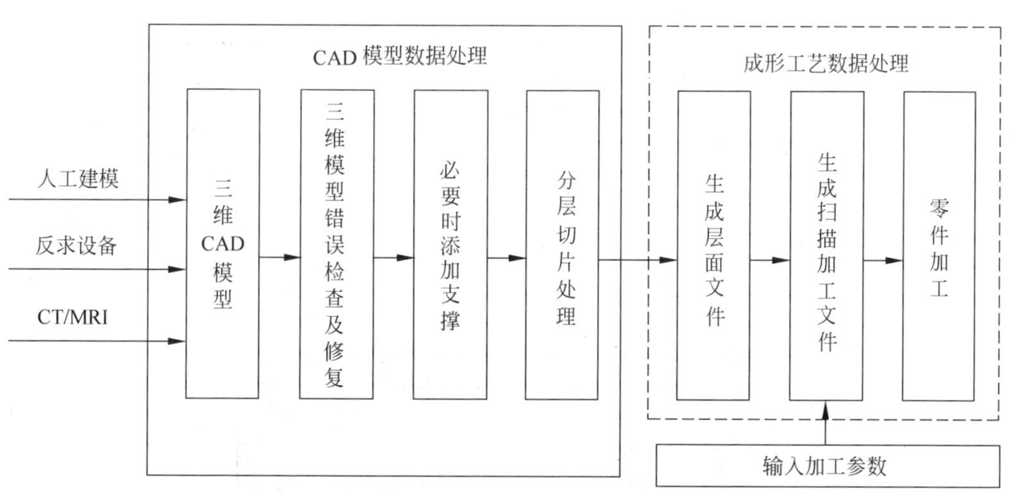

图 7-5　3DP 系统软件的运行过程

维模型、利用计算机断层扫描(CT)及核磁共振(MRI)等方法生成三维实物的层面数据而生成三维模型。

在已设计的三维 CAD 实体模型的基础上，将其转化为 3DP 系统能处理的数据格式。3DP 系统的软件能接受多种数据格式，如 STL、VRML、ZCP、PLY 等，其他商业化的 RP 系统大都只能接受 STL 格式，且是单色的 STL 格式，而江苏省三

图 7-6　三维印刷成形装置外观图

维打印装备与制造重点实验室开发的数字微喷彩色三维打印成形装置能接受彩色的数据格式。

2. 3DP 机械系统总体构成

典型成形装置的机械结构包括供粉槽、成形槽、旋转滑辊、打印喷头托架、打印喷头盒、打印喷头托架导轨、打印喷头清洗槽、废液槽、回收管、回收槽、推料板、供料板、供墨盒、供墨泵、供墨管、供粉槽导轨、成形槽导轨等。图 7-6 是三维印刷成形装置外观图，图 7-7 是该成形装置的整体机械结构框架示意图，图 7-8 是该成形装置内部成形结构图。

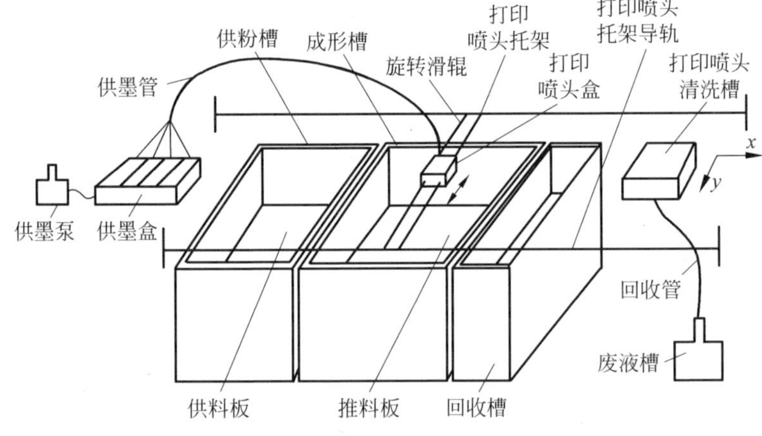

图 7-7　系统整体机械结构框架示意图

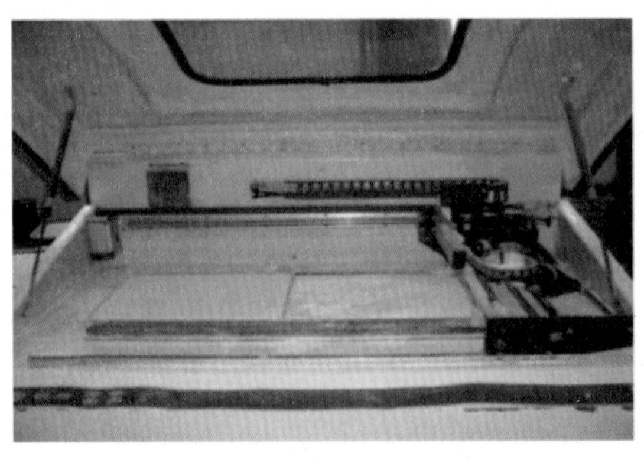

图 7-8　系统成形装置内部成形结构图

旋转滑辊和打印喷头托架沿着打印喷头托架导轨做 X 方向直线运动；打印喷头盒在 XY 平面内沿着打印喷头托架导轨、打印喷头托架做平面运动；两推料板做垂直方向的上下运动；旋转滑辊做旋转运动。当旋转滑辊把成形粉末在成形槽上方铺平时，多余的成形粉末被推入回收槽中，等累积到一定量时，把回收槽中的粉末再倒入供粉槽中。每打印一段时间，打印喷头盒在打印喷头托架的带动下，在打印喷头清洗槽中进行清洗，以确保喷头不被堵塞。

3. 3DP 控制系统总体构成

3DP 控制系统由 5 个模块组成：喷头驱动方法以及喷头驱动模块、运动控制及辅助控制模块、接口及数据传输模块、RIP 处理模块、上位机控制台总控模块。

图 7-9 是典型 3DP 控制系统的总体框架示意图。从图中可以看出，控制系统各个模块之间有着直接或间接的联系。喷墨控制板负责接收计算机处理过的二维点阵数据，并对 Y 轴电机增量型编码器的反馈信号做光栅解码，从而获得电机的当前位置和运动状态。运动控制卡 EURO205X 负责接收控制面板的指令并控制 5 个电机的协调运动和执行计算机发送过来的清洗指令。喷墨控制和电机控制是在计算机上的上位机喷墨控制软件协调下工作的，主要通过 USB 接口和 RS232 接口进行通信。

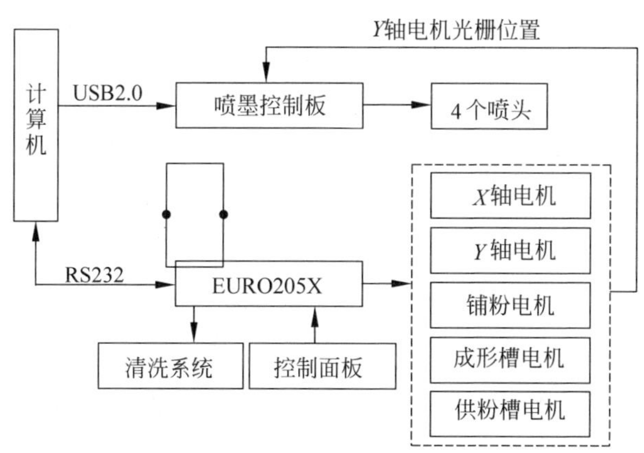

图 7-9　控制系统总体框架示意图

控制系统中各个模块的功能划分如图 7-10 所示。计算机中运行喷墨控制软件和分层切片软件，光栅解码模块、USB2.0 接口模块等集成在 FPGA 主控芯片中，该主控芯片还负责对外部传感器获得的信号进行处理，依次做出下一步的指令动作。

7.2.2　三维印刷成形系统的关键部件——喷嘴

喷嘴的作用就是把黏结剂以微粒的形式准确地喷在铺平的粉末表面上。成形

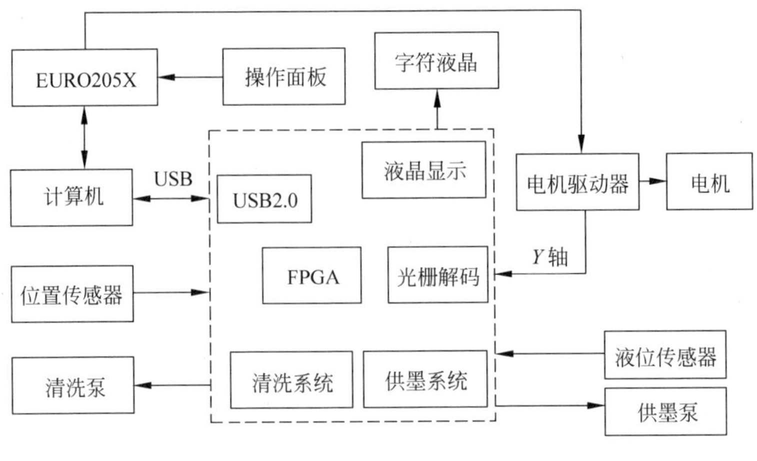

图 7-10　模块功能划分

过程中的成形速度、成形物体的尺寸、误差控制、成形物体的表面质量等各方面都与喷嘴有很大的关系。喷嘴的喷射效率由喷嘴的数量决定。成形的速度、喷嘴内径的大小影响喷射出的黏结剂微粒的大小，从而影响"基本体"的尺寸。喷嘴的状况决定着黏结剂微粒喷射出时的方向，影响黏结剂微粒在粉末材料表面的定位精度。

目前，数字微喷技术主要分为连续喷墨技术(continuous ink jet，CIJ)和按需喷墨技术(drop-on-demand ink jet，DOD)。连续喷墨技术按照偏转的形式分为等距离偏转与不等距离偏转，按需喷墨技术根据驱动方式分为热发泡式、机械驱动式、电磁驱动式、气动膜片式、压电式和超声聚焦式等。具体分类如图 7-11 所示。

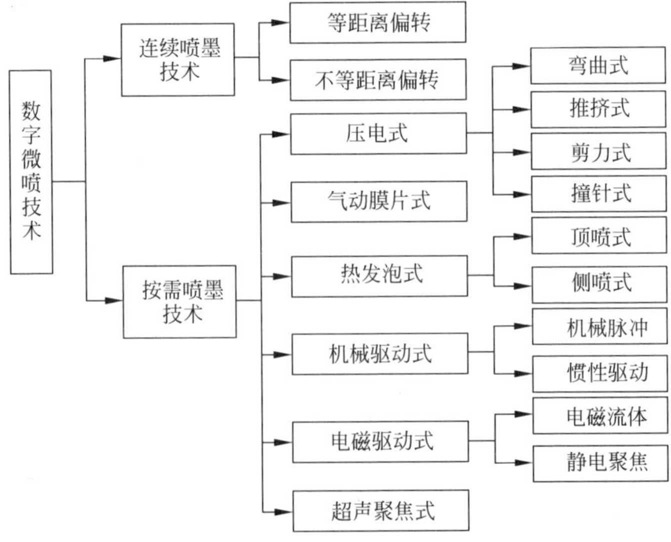

图 7-11　数字微喷技术的分类

连续喷射技术(图 7-12)是在液体腔里施加恒定的压力,使液体从喷嘴处喷出并以较高的速度形成射流,同时液滴发生器中的振荡器发出振荡信号在液体腔内产生扰动,在扰动或液体表面张力作用下使射流断裂生成均匀的液滴,液滴在充电电场获得电荷,经过偏转电场改变液滴偏移方向,精确控制液滴轨迹,落在预定的位置。连续喷射技术的优点是能够产生高速液滴,工作频率高,在彩色打印领域应用范围广;但是该技术产生的液滴直径较大,难以细化,分辨率较低,材料利用率低,需要集液槽对废液进行回收。

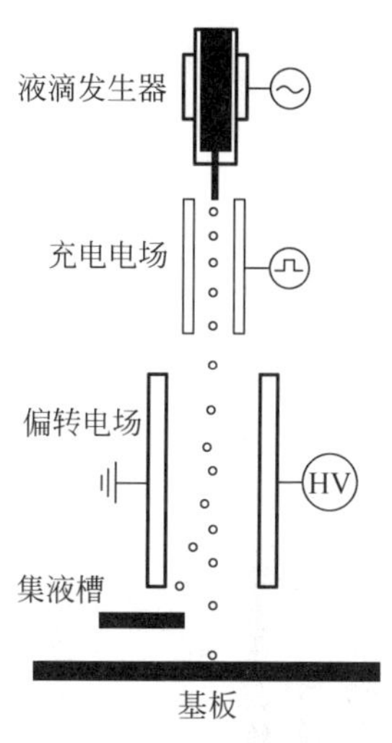

图 7-12　连续喷射技术

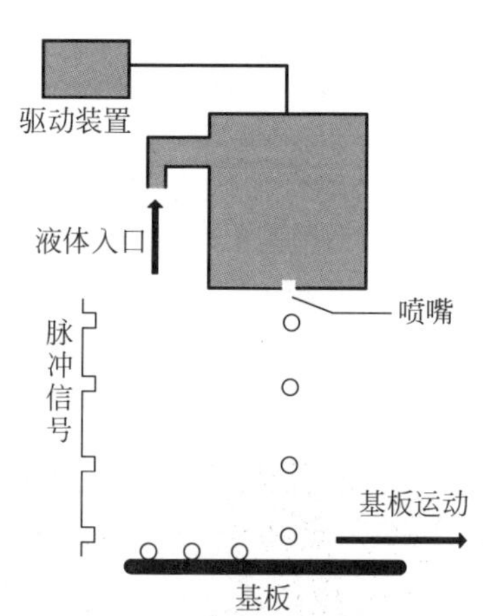

图 7-13　按需喷射技术

按需喷射技术(图 7-13)是根据需求有选择性地喷射微滴,即系统驱动装置给出一个开关信号,喷射系统接收到信号后产生相应的压力和位移变化,使液滴从喷嘴喷出落在指定位置。由于开关时间与开关频率是可调节参数,因此液滴的大小是可以控制的。对比连续喷射技术,按需喷射装置结构简单,没有集液槽和偏转电场,成本较低,对微滴产生的时间可以精确控制。按需喷墨的方式较多,由于工作原理不同,各有优缺点,如表 7-1 所示。

表 7-1　按需微滴喷射方式比较

工作方式	优　　点	缺　　点
压电式	可以实现连续喷射与按需喷射,适用于黏度较低的液体以及金属溶液	不适用于高温环境和高黏度液体,驱动电路复杂,成本高
气动膜片式	适用于多种金属与非金属液体	气体压力驱动时间难以精确控制,稳定性较差
热发泡式	适用于低黏度、加热易产生气泡液体	不能用于高黏度液体和金属液体
机械驱动式	适用于高黏度液体	机械磨损,使用寿命短

续表

工作方式	优　点	缺　点
电磁驱动式	适用于液态的导电材料	不适用于非导电材料
超声聚焦式	依靠超声波能量破坏液面平衡，产生较小液滴	喷头高温问题难以解决，系统复杂，成本高

相较于其他类型的数字微喷技术，压电式数字微喷更适用于三维打印，对低黏度的液体不需要加热，如果液体黏度较高则可以低温加热，因此适用的材料范围广，能够精确控制液滴大小，提高三维打印精度，提高材料的利用率。

7.2.3 三维印刷成形的工业装备

三维印刷成形技术由美国麻省理工学院 1989 年提交专利申请，1993 年被授权专利。1995 年，麻省理工学院把黏结剂喷射技术授权给 ZCorp 公司进行商业应用。ZCorp 公司在得到黏结剂喷射技术的授权后，自 1997 年以来陆续推出了一系列黏结剂喷射打印机，后来该公司被 3D Systems 公司收购，并开发了 Color Jet 系列打印机。三维印刷成形技术打印装备的内部构造如图 7-14 所示。

图 7-14　三维印刷成形技术打印机的内部构造

三维印刷成形技术使用的原材料主要是粉末材料，如陶瓷、金属、石膏、塑料粉末等。利用黏结剂将每一层粉末黏合到一起，通过层层叠加而成形。与普通的平面喷墨打印机类似，在黏结粉末材料的同时，加上有颜色的颜料，就可以打印出彩色成形件了。ZCorp 公司于 2005 年推出了世界上第一台彩色 3D 打印机 Spectrum Z510，如图 7-15 所示。三维印刷成形技术是目前比较成熟的彩色 3D 打印技术，其他技术一般难以做到彩色打印[7-8]。和许多激光烧结技术类似，三维印刷成形也使用粉床作为基础，但不同的是，三维印刷成形使用喷墨打印头将黏结剂喷到粉末里，而不是利用高能量激光来熔化烧结。

三维印刷成形装备根据打印材料的不同，也有很多种类。图 7-16 所示三维印刷成形装备是 ZCorp 公司的一款产品，它以淀粉掺蜡或环氧树脂为粉末原料进行打印。

图 7-15　ZCorp 公司彩色 3D 打印机 Spectrum Z510

图 7-16　ZCorp 公司的三维印刷成形装备及产品

7.3　三维印刷成形数据处理技术

三维成形系统是将计算机三维 CAD 软件生成的三维实体模型或表面模型加工成真实的实物模型，因此三维成形系统应该能够接受全部造型软件生成的三维 CAD 模型数据文件。目前，存储三维实体模型的数据文件格式主要有 STL、DXF、3DS、IGES、CLI 等。本成形系统中的三维实体模型是基于 Magics RP 软件输出的彩色 STL 模型。

STL 文件格式标准是美国 3D Systems 公司 1988 年制定的一个接口标准，最早出现于 1989 年生产的 SLA 快速成形系统中。该文件格式标准是目前快速成形系统中最常见的一种文件格式，用于将三维模型近似成小三角形平面的组合。图 7-17 所示为一烟灰缸的 STL 模型，图 7-18 所示为放大的该 STL 模型中任意一个三角形面片，每一面片用三个顶点坐标及其法向量唯一表示。在文件中，三角形平面的向量信息用于表达物体内外指向，每个小平面必须有一个向量从实体内指向实体外。"右手法则"用于规定的内腔，它确定每个小平面的顶点次序，检查法向量的指向。

STL 文件有 ASCII 码和二进制两种形式。二进制码输出形式所占用的文件空间比 ASCII 码输出的小得多(前者的大小一般是后者的 1/6)，但是，ASCII 码输出形式可以直接由程序员或用户阅读，检查及纠错也较容易。

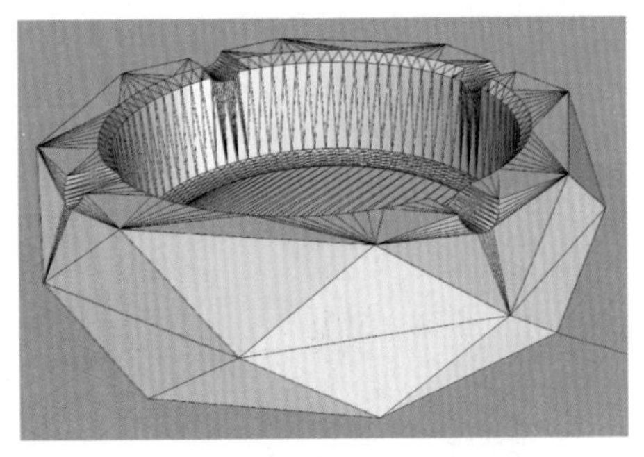

图 7-17　烟灰缸的 STL 模型

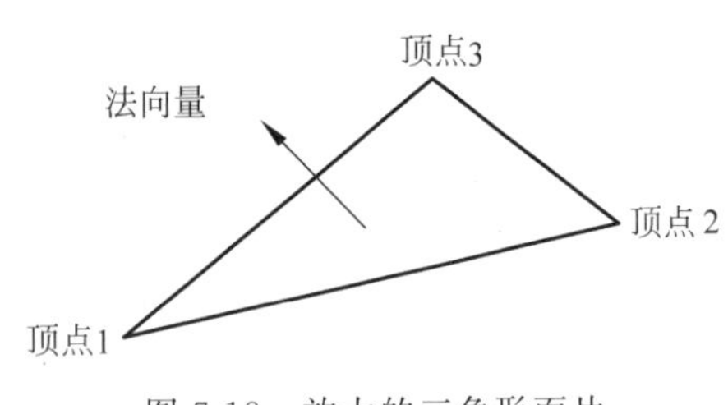

图 7-18　放大的三角形面片

STL 文件二进制码输出形式的结构如下：由 84 个字节组成的题头，其中，前面 80 个字节用于表示有关文件、作者姓名和注释的信息，后面 4 个字节用于表示小三角形平面的数目；对于每个小三角形平面，有 48 个字节用于表示其法向量的 X、Y 和 Z 分量，以及三角形每个顶点的 X、Y 和 Z 的坐标，其中，每个坐标用 4 个字节表示；二进制文件的最后有两个未用或备用的字节。

STL 文件 ASCII 格式结构如下（下段中的符号“//”表示注释）：

```
solid   entityname
    facet   normal   ni   nj   nk                //三角形面法向量数据
        outer   loop
                 vertex   v1x    v1y    v1z      //三角形三个顶点数据，三个顶点与法向
                                                   量满足右旋规则
                 vertex   v2x    v2y    v2z
                 vertex   v3x    v3y    v3z
        endloop
    endfacet
endsolid   entityname
```

STL 文件 ASCII 格式中有 7 个关键词，分别是 solid、facet normal、outer loop、vertex、endloop、endfacet、endsolid。solid 后面的 entityname 是三维 CAD 实体模型的文件名；facet normal 表示三角形面描述的开始，并给出三角形法向量值 ni、nj、nk；outer loop 表示三角形 3 个顶点描述开始；vertex 后面分别给出的是 3 个顶点的三维坐标值；endloop 表示 3 个顶点坐标值描述完毕；endfacet 表示三角形面描述完毕；endsolid 表示实体信息描述完毕。

7.3.1　三维印刷成形数据处理格式文件选择

目前存在的公认的标准格式不多，包括 STL 格式文件、AMF 格式文件、PLY 格式文件和 OBJ 格式文件。下面对其进行对比分析，并加以选择。

（1）STL 格式文件：自三维打印技术发展以来，由 3D Systems 公司提出的

STL(stereo lithographic)文件已成为商业化三维打印成形机标准化输入文件。STL 文件以三角面片逼近成形实体的表面,文件存储三角面片的 3 个顶点坐标以及三角面片的法线向量,顶点与法线向量之间的关系满足"右手法则"。STL 文件三角面片存储数据冗余且杂乱无章,精度较差且无法表示物体色彩信息和材料信息。

(2) AMF 格式文件:随着三维打印技术的不断成熟和发展,只能表示单一均质几何信息的 STL 文件已逐渐不能满足快速成形系统在速度和精度及材料表达方面的需要。出于标准化文件的考虑,美国材料与实验协会(American Society for Testing and Materials,ASTM)于 2011 年正式提出了 AMF 异质材料增材制造文件格式(additive manufacturing file format)。该文件格式采用二次 Hermite 插值曲线近似表示弯曲的三角面片,采用 XLM 汇编语言格式易于扩充新的功能,支持材料信息表达,包含 object、materia、texture、constellation、metadata 等 5 个顶级元素。AMF 文件的优点是采用曲面三角形逼近物体表面几何形状,删除了冗余点并极大减少了文件数据量。但是 AMF 文件在分层处理环节,曲面三角形仍需递归细分成平面三角形,一方面增加了分层数据处理的负担,另一方面在曲面转换成平面三角形的过程中会产生二次几何误差。目前,AMF 文件仍处于理论设计阶段,并未切实应用到三维打印快速成形系统中。

(3) PLY 格式文件:由 Stanford Graphics Lab 提出,在现存适用于快速成形系统的诸多格式中,PLY 文件格式不仅可以表示实体的几何信息,还可以保存实体颜色信息。PLY 文件格式采用一系列顶点、多边形平面、法向量和色彩描述三维实体表面,分为纯文本(ASCII)和二进制(binary)两种格式,简单灵活、易于理解。纯文本格式便于读取、解析和修改。

(4) OBJ 格式文件:与 PLY 格式文件类似,不仅可以表示实体的几何信息,还可以保存实体颜色信息。所不同的是 OBJ 主要支持多边形模型,并且包含了自由形态曲线,会给后期的分层数据处理带来一定的困难。

目前对于异质材料实体的建模设计、数据处理和成形研究各自独立,缺乏设计制造一体化和集成性。异质材料三维打印成形实体不仅需要准确表达构件的材料特征,还需建立完整的开发范本,能够精确进行分层数据处理和制造规划,快速对接快速成形硬件系统。表 7-2 为标准化数据格式对比。总结上述文件格式的优缺点,本书采用颜色信息映射三维构件的材料信息,选用与 STL 格式最为接近但可扩展性更高的 PLY 文件为标准数据文件。

表 7-2　标准化数据格式对比表

文件格式	STL 格式	AMF 格式	PLY 格式	OBJ 格式
开发公司	3D Systems	ASTM	Stanford Graphics Lab	Alias/Wavefront
表示形式	三角面片、顶点	曲面片	顶点、三角面片	直线、自由形态曲线、多边形面

续表

文件格式	STL 格式	AMF 格式	PLY 格式	OBJ 格式
数据存储	大	小	居中	居中
色彩信息	无	有	有	有
是否应用于快速成形	是	否	是	是

PLY 文件格式是一种多边形或斯坦福三角形的计算机文件格式，其文件存储信息包括头文件和数据区域两部分。根据数据的存储方式不同，PLY 文件分为纯文本（ASCII）和二进制（binary）两种格式。PLY 格式文件可以存储各种属性数据，包括三角面片顶点坐标值及表面法向量、颜色、纹理坐标和顶点索引构成的三角面片，具体结构如图 7-19 所示。在 PLY 文件数据列表中，多边形平面片的各个顶点的坐标只在顶点列表中出现一次，在平面片列表中只出现相应顶点的坐标值索引，较 STL 文件精简了数据结构，减少了数据冗余。

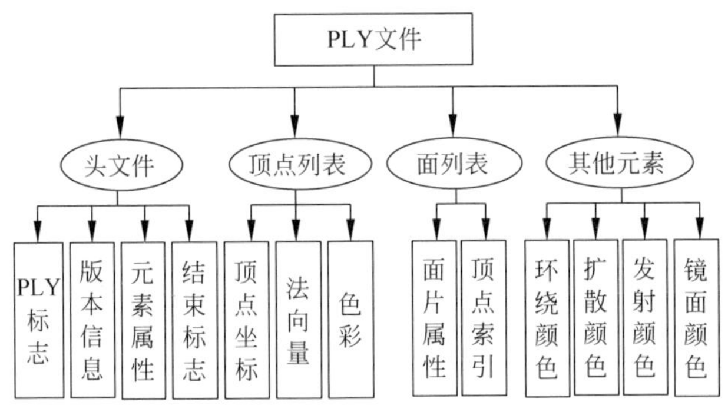

图 7-19　PLY 文件数据结构

典型的 PLY 格式头文件包括 PLY 格式标志、版本信息、元素与属性和头文件结束标志 4 个部分。头文件结构如表 7-3 所示。

表 7-3　PLY 头文件结构

ply	格式标志
format ascii 1.0/format binary 1.0	版本信息
element <element name> <number in file> property <data_type> <property name 1> property <data_type> <property name 2> property <data_type> <property name 3>	描述元素与属性
end_header	结尾

PLY 文件存储信息包括头文件和数据区域两部分。数据区域由顶点列表和面列表以及其他元素列表构成。规定最先读取的顶点记为 p_0，p_0 的顶点编号赋

值为 0，其余的顶点以此类推。PLY 格式文件存储形式见表 7-4。

表 7-4　PLY 格式文件存储形式

三角面片编号	三角面片名称	三角面片索引	顶点编号	顶点名称	顶点坐标值	顶点颜色值
r_1	F_n	0,1,2	0	p_0	x_0, y_0, z_0	R_0, G_0, B_0
			1	p_1	x_1, y_1, z_1	R_1, G_1, B_1
			2	p_2	x_2, y_2, z_2	R_2, G_2, B_2

7.3.2　三维印刷成形工艺的三维 CAD 建模

1. 建模技术概述

当前，三维建模按设计流程可分为正向建模和逆向建模两大类。相对于三维打印市场个性化的特点，正向建模设计流程对市场个性化反应滞后；逆向建模可快速实现复杂特征构件的快速修改，市场前景广阔。

随着三维逆向建模需求和技术的发展，出现了基于光学、声学、电磁学以及机械接触原理的各种测量方法。划分测量方法的依据很多，根据测量方法中测量数据是否仅仅为物体表面轮廓数据，将方法分为面数据采集法和体数据采集法两大类。

体数据采集法通过获取被测物体的截面轮廓图像，进而实现复杂物体内部结构表面信息，不受物体形状的影响。该类方法能同时获得物体表面和内部结构的三维数据，能充分体现三维打印的优越性能。面数据采集法仅能实现物体表面轮廓数据的获取，不能得到内腔或物体内部的三维数据，该类数据的完备性限制了其在三维打印中的应用范围。

同一数据源通过不同的采集方式获得的数据结构各不相同，为提高构件的几何精度，本书采用体数据和面数据融合的方式。具体异质材料构件几何建模数字化设计流程如图 7-20 所示。

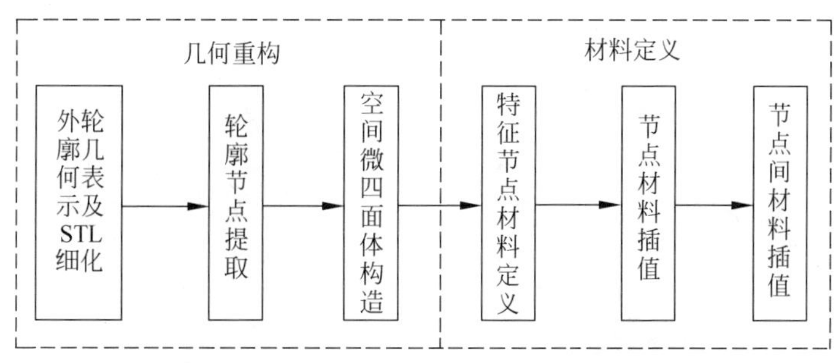

图 7-20　异质材料构件 CAD 几何模型设计流程

2. 基于CT的CAD建模流程

1）CT重建

计算机断层扫描(CT)技术最具代表性的应用是基于X射线的CT扫描机，它以测量物体对X射线的衰减系数为基础，用数学方法经过电子计算机处理而重建断层图像。这种方法最早用于医学上，是目前最先进的非接触处理方法，可对物体的内部性质、壁厚，尤其是内部结构进行处理。但是它的空间分辨率较低，获得数据需要较长的积分时间，重建图像计算量大，造价高。图7-21为基于CT图像的磨牙三维重建。

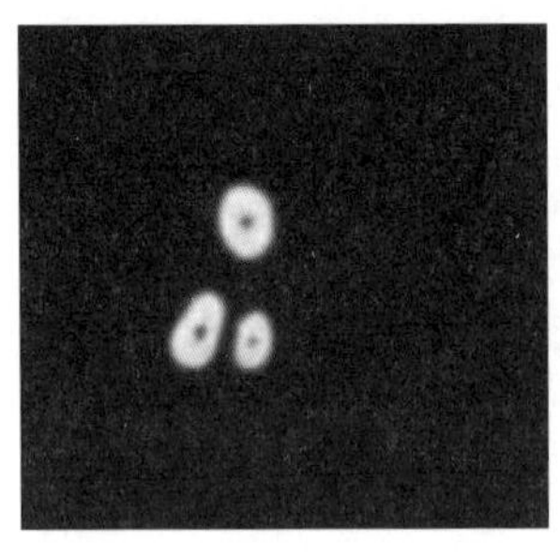
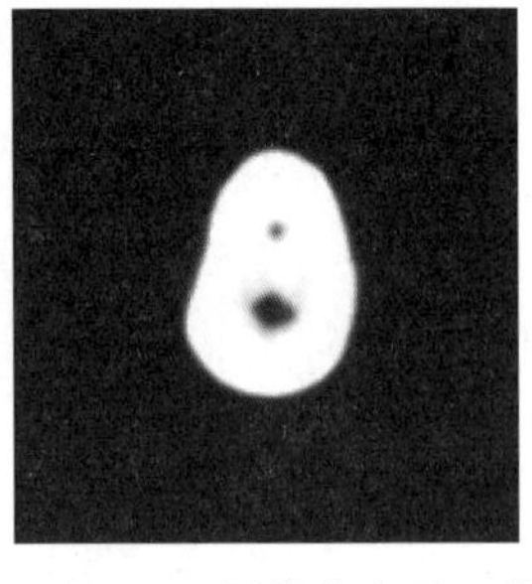
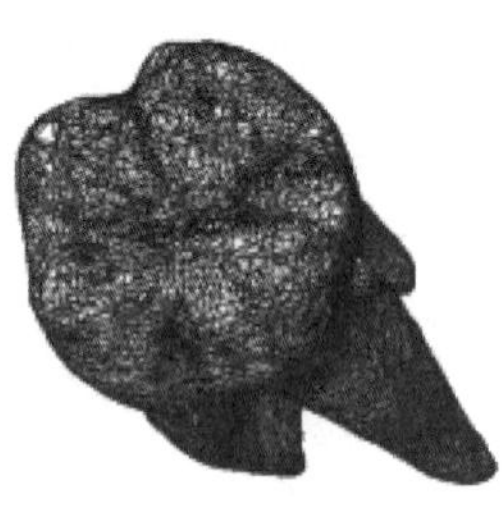

图7-21　基于CT图像的磨牙三维重建

2）点云重建

在发达国家的制造业中，三维扫描仪作为一种快速的立体测量装备，因其测量速度快、精度高、非接触、使用方便等优点而得到越来越多的应用。用三维扫描仪对样品、模型进行扫描，可以得到其立体尺寸数据，然后在CAD系统中对数据进行调整、修补，再送到加工中心或快速成形装备上制造，可以极大地缩短产品制造周期。由三维扫描获取的三维点云数据在借助光学生成过程中，由于信号噪声、光线干扰、多视角交叠等不可避免地会有很多噪声、空洞等数据不规则、奇异的复杂情况，需要对不同测量原理产生的离散数据进行数据去噪、数据简化、数据孔洞修复、数据一致性优化、数据拼接等一系列预处理，为后续的面向三维打印的逆向设计提供高质量的数据源。图7-22为基于空间点云数据的三维扫描重建。

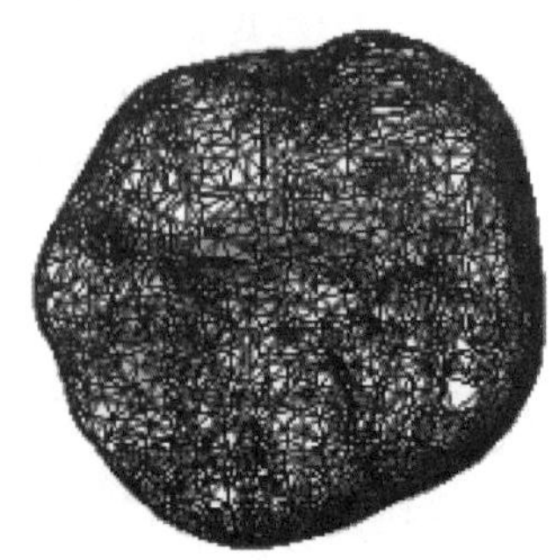

图7-22　基于空间点云数据的三维扫描重建

3）体数据和面数据融合

同一数据源通过不同的采集方式获得的数据结构各不相同，为提高构件的几何精度，本书采用体数据和面数据融合的方式，将两种方式获得的数据融合在一起。目前已有许多学者在逆向三维重建数据融合方向进行了研究，下面介绍两种数据源配准算法。

a）基于交互拾取点云粗略配准算法

三维数据配准技术的实质是把在不同坐标系中测量得到的数据点云进行坐标变换，问题的关键是坐标变换参数 $\boldsymbol{R}$（旋转矩阵）和 $\boldsymbol{T}$（平移矩阵）的求取。假设在两个视角下获得的曲面测量三维数据点云具有部分重叠区域，那么重叠区域中的标志点在两个视角下的三维坐标显然也符合上面的转换关系。

假设已经得到在两个不同视角下获得的标志点匹配点对 $P=\{\boldsymbol{p}_i \mid \boldsymbol{p}_i \in P, i=1,2,\cdots,n\}$ 和 $Q=\{\boldsymbol{q}_i \mid \boldsymbol{q}_i \in Q, i=1,2,\cdots,n\}$，$\boldsymbol{p}_i$ 和 $\boldsymbol{q}_i$ 都是 3×1 的向量，则在两视角下测得的三维数据点之间的坐标转换关系 $\boldsymbol{R}$ 和 $\boldsymbol{T}$ 应该使下面的目标函数最小：

$$E=\sum_{i=1}^{n}\|\boldsymbol{q}_i-(\boldsymbol{R}\boldsymbol{p}_i+\boldsymbol{T})\|^2 \tag{7-1}$$

对于式(7-1)，使用四元数法、SVD 矩阵分解算法等都能求解。SVD 算法的步骤如下：

步骤 1　对于空间点集 $\{\boldsymbol{p}_i \mid \boldsymbol{p}_i \in P, i=1,2,\cdots,n\}$ 和 $\{\boldsymbol{q}_i \mid \boldsymbol{q}_i \in Q, i=1,2,\cdots,n\}$，分别计算 $\boldsymbol{p}$ 和 $\boldsymbol{q}$，其中：

$$\boldsymbol{p}=\frac{1}{n}\sum_{i=1}^{n}\boldsymbol{p}_i, \quad \boldsymbol{q}=\frac{1}{n}\sum_{i=1}^{n}\boldsymbol{q}_i \tag{7-2}$$

步骤 2　计算 $\boldsymbol{p}_i'$ 和 $\boldsymbol{q}_i'$，$i=1,2,\cdots,n$：

$$\boldsymbol{p}_i'=\boldsymbol{p}_i-\boldsymbol{p}, \quad \boldsymbol{q}_i'=\boldsymbol{q}_i-\boldsymbol{q} \tag{7-3}$$

将式(7-3)代入式(7-1)，消去 $\boldsymbol{T}$，就可以得到

$$E=\sum_{i=1}^{n}\|\boldsymbol{q}'_i-\boldsymbol{R}\boldsymbol{p}'_i\|^2 \tag{7-4}$$

（1）对于式(7-4)采用 SVD 矩阵分解算法得到 $\boldsymbol{R}$。

（2）计算平移向量 $\boldsymbol{T}$：

$$\boldsymbol{T}=\boldsymbol{q}-\boldsymbol{R}\boldsymbol{p} \tag{7-5}$$

得到旋转矩阵 $\boldsymbol{R}$ 和平移向量 $\boldsymbol{T}$ 后，对于点集 $\boldsymbol{Q}$ 中的任意一点 $\boldsymbol{q}$，都可以通过下式实现数据的配准：

$$\boldsymbol{p}=\boldsymbol{R}^{-1}(\boldsymbol{q}-\boldsymbol{T}) \tag{7-6}$$

b）基于 ICP 的数据精确配准

ICP(iterative closest point)算法是目前研究和使用最为广泛的拼接算法之一。该算法由 Besl 和 Mckay 于 1992 年提出，不仅可以处理点云数据，也适合于其

他几何对象的对齐问题,包括点集对多边形和曲面对齐等。方法是:首先从一个点集、一条曲线或一个曲面中找到与一点对应的最近点,再用这个结果去找出两个对应的点集,最后采用单位四元数法找出两个点集的变换矩阵。该方法是一种迭代收敛算法,迭代计算两视角三维点云数据的相似程度,逐渐使两片数据精确地拼接在一起。以经典的点到点为距离度量模式,经典 ICP 算法的步骤如下:

步骤 1 给出两个点集,第一个点集$\{\boldsymbol{p}_i \mid \boldsymbol{p}_i \in R^3, i=1,2,\cdots,N_p\}$用 P 表示,第二个点集$\{\boldsymbol{x}_i \mid \boldsymbol{x}_i \in R^3, i=1,2,\cdots,N_x\}$用 X 表示。

步骤 2 迭代初始化,设 $P_0=P$,$\boldsymbol{q}_0=[1,0,0,0,0,0,0]^{\mathrm{T}}$ 和 $k=0$;对齐向量相对初始点集 P_0 被定义,以便最终的对齐代表完整的变换。

第 1 步,最近点计算:$Y_k=C(P_k,X)$。点 $r_1=(x_1,y_1,z_1)$到点 $r_2=(x_2,y_2,z_2)$的距离是欧几里得距离,$d(r_1,r_2)=\|r_1-r_2\|=\sqrt{(x_2-x_1)^2+(y_2-y_1)^2+(z_2-z_1)^2}$。

设 X 表示一个具有 N_a 个点的数据点集 $X=\{a_i\}$,$i=1,2,\cdots,N_a$,点 p 到点集 X 的距离为 $d(p,X)=\min\limits_{i\in\{1,2,\cdots,N_a\}} d(p,a_i)$,$X$ 中最近的点 a_j 满足等式 $d(p,a_j)=d(p,X)$。

第 2 步,对齐计算:$(q_k,d_k)=Q(p_0,Y_k)$。

第 3 步,运用对齐:$P_{k+1}=q_k(P_0)$。

第 4 步,重复步骤 2 的第 1～3 步,当最小二乘误差小于事先设定的阈值,即 $d_k-d_{k+1}<\tau$,$\tau<0$ 时,迭代终止。

7.3.3 三维 CAD 模型分层切片

1. 三维 CAD 模型的分层切片过程

快速成形制造技术实质上是三维 CAD 模型的分层处理及实际成形的叠层制造的过程,其中对已知的三维 CAD 实体数据模型求某方向的连续截面,即对实体进行切片处理的过程就成为必不可少的步骤。切片模块在系统中起着承上启下的作用,它的准确性直接影响着加工构件的规模、精度和复杂程度,它的效率也关系到整个系统的效率。

切片处理的数据对象是大量的小三角形平面片,因此,切片的问题实质上是平面与平面的求交问题。由于合法的 STL 三角形面化模型代表的是一个有序的、正确的、唯一的 CAD 实体数据模型,因此,对其进行切片处理后,其每一个切片截面应该由一组封闭的轮廓线组成。如果截面上的某条封闭轮廓线成为一条线段,则说明切片平面切到一条边上;如果截面上的某条封闭轮廓线成为一个点,则说明切片平面切到一个顶点上;这些情况都将影响后续软件的处理和原型加工,因此有必要对其进行修正。在不影响精度的前提下,可以采用切片微动的方法(即向上或向下移动一个极小的位移量,如取 0.000 01)来解决这个问题。图 7-23 是彩色三维模型被切片分层时的情形。

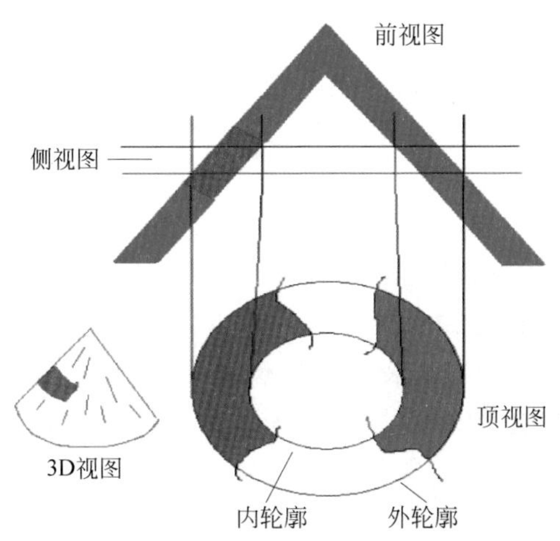

图 7-23　彩色三维模型的分层切片

Magics RP 软件能够接受 STL、VRML、PLY、ZCP、DXF 等格式的输入文件，能够产生 STL、VRML、PLY、ZCP、DXF、IGS 等格式的输出。该软件输出的层片数据为 TIFF、JPG、BMP 的 CMYK 格式的彩色图像，在喷墨控制软件中处理的文件格式为 TIFF 格式。图 7-24 是该软件的总界面，采用菜单加立体图示的操作方式。

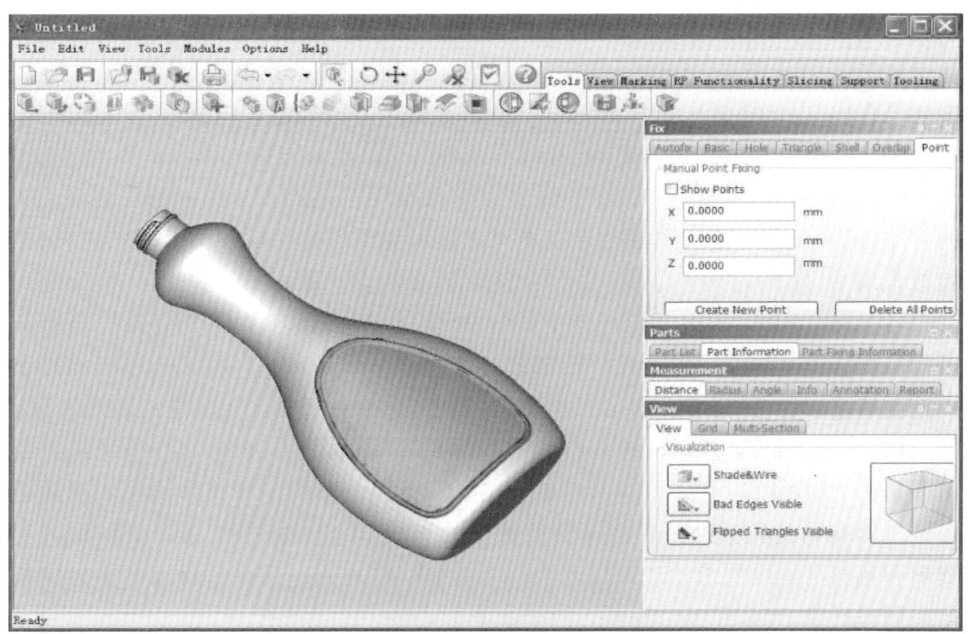

图 7-24　软件总界面

2. 二维切片数据处理

对二维切片的数据处理包括RIP处理和抖动算法两个重要的方面。RIP是数字化印前处理系统的核心，抖动算法则是实现RIP的主要算法之一。

1）RIP简介

a）RIP的作用

RIP即光栅图像处理器(raster image processor)，它的主要作用是将由计算机制得的数字化图文页面信息中的各种图像、图形和文字转化为打印机、照排机、直接制版装备、数字印刷机等输出装备能够记录的高分辨率图像点阵信息，然后控制输出装备将图像点阵信息记录在胶片、纸张以及其他介质上。

b）RIP的工作流程

首先，输入(input)数字化图文页面信息(由桌面软件制得的PostScript及兼容格式)，经由输入渠道(最常见的有AppleTalk、TCP/IP、NT、pipe、Hotfolder等)输入到RIP工作站。随后，RIP根据页面上对象性质的不同作不同的解释和处理(processing)，生成对应的页面点阵信息，在这一步不同的厂商可能会做不同的设计。最后，RIP控制输出(output)转化成页面实体，同样，不同的RIP厂商会为其RIP设计不同的输出行为。

c）页面描述语言PDL

就数字化的图文页面信息描述方式来讲，如果市面上的每种应用程序都采用自己独特的页面描述方式，那么用户可能就要为每个应用程序购买相应的RIP(QuarkXpress RIP、Illustrator RIP、CorelDraw RIP等)了。正因为有了标准页面描述语言(standardized page description language)，这种混乱的局面才没有出现。

最常用的页面描述语言PDL有以下几种。

(1) PostScript语言：PostScript语言是Adobe公司开发出的一种与装备无关的打印机语言，它在定义图像时可以不考虑输出装备的特性，而且它对文本和图形实行同样的处理过程，在输出到特定的装备时，PostScript通过打印机描述(PostScript printer description，PPD)文件来实现各种打印机的不同特性。当打印机控制器将PostScript转换成位图格式时，由于PostScript十分复杂，一般的打印机控制器难以胜任，通常由打印机中专门的光栅图像处理器来完成这一转换过程。

(2) PCL语言：打印机控制语言(printer command language，PCL)是惠普公司最初于20世纪70年代针对自身激光打印机产品推出的一种打印机页面描述语言。PCL语言比较适合一些普通的商务办公应用，而PostScript语言更加适合对图形和色彩准确度要求比较高的专业(如印刷领域)应用。这也是目前许多打印机产品同时提供PCL和PostScript两个版本驱动的一个重要原因。

(3) HPGL语言：HPGL语言是惠普公司为绘图机开发的绘图命令解释程序。HPGL几乎已经成为绘图机的规范语言，因此主要应用于计算机辅助绘图设计中。

d) RIP 原理

RIP 位于印刷之前、生产工作流程的末端，以描述性的语言或向量图像的形式接收印刷数据。例如，PostScript 页面描述语言包含印刷目的和在页面上什么地方印刷的指令。根据指定坐标，RIP 将 PostScript 命令 linedraw 转换成线形网点放置在页面上。此外，用于彩色印刷装备的 RIP 负责精确的颜色再现。首先，RIP 必须翻译页面上的每一个元素的颜色，然后，将与颜色相关的信息转换成色彩图案，并发送给打印机用于打印。

下面以普通的黑白针式打印机能打出灰度图的原理来说明 RIP 的原理。从针式打印机的打印原理来分析，打印灰度图似乎是不可能的，因为针式打印机是靠撞针击打色带在纸上形成黑点的，不可能打出灰色的点来。

如果用放大镜观察打印出来的所谓灰色图像，就会发现这些灰色图像都是由一些黑点组成的，黑点多一些，图像就暗一些；黑点少一些，图像就亮一些。

图 7-25(a)所示原图是一幅真正的灰度图，另外 3 张图都是黑白二值图。容易看出，图 7-25(b)和原图最接近。由二值图像显示出灰度效果的方法，就是半影调(halftone)技术，它的一个主要用途就是在只有二值输出的打印机上打印图像。该技术有多种实现方法，数字微喷彩色三维打印成形装置采用抖动算法来实现。

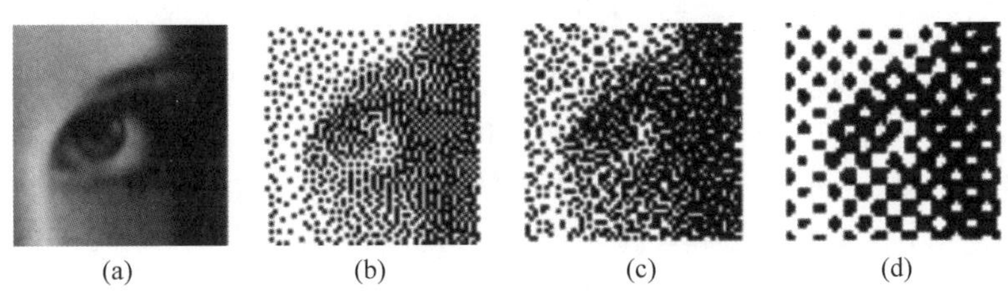

图 7-25　用黑白两种颜色打印出灰度效果

(a) 原图；(b)～(d) 黑白二值图

2) 抖动算法

现在假设有一幅 600bit×450bit×8bit 的灰度图，当用分辨率为 300dpi×300dpi 的激光打印机将其打印到 8in×6in 的纸上时，每个像素可以用(2400/600)×(1800/450)=4×4 个点大小的图案来表示，最多能表示 17 级灰度，无法满足 256 级灰度的要求。可有两种解决方案：

(1) 减小图像尺寸，由 600×450 变为 150×113。

(2) 降低图像灰度级，由 256 级变成 16 级。

这两种方案都不理想。这时，就可以采用“抖动算法”(dithering)的技术来解决这个问题。下面介绍误差扩散算法中的 Floyd-Steinberg 抖动算法。

假设灰度级别的范围从 b(black)到 w(white)，中间值 t 为$(b+w)/2$，对应 256 级灰度，$b=0$，$w=255$，$t=127.5$。设原图中像素的灰度为 g，误差值为 e，则新图中对应像素的值用如下的方法得到：

if $g > t$ then
打印白点
$e = g - w$
else
打印黑点
$e = g - b$
$3/8 \times e$ 加到右边的像素
$3/8 \times e$ 加到下边的像素
$1/4 \times e$ 加到右下方的像素

算法的原理是：以256级灰度为例，假设一个点的灰度为130，在灰度图中应该是一个灰点。由于一般图像中灰度是连续变化的，相邻像素的灰度值很可能与本像素非常接近，所以该点及周围应该是一片灰色区域。在新图中，130大于128，所以打了白点，但130离真正的白点255还差得比较远，误差 $e=130-255=-125$ 比较大，将 $3/8\times(-125)$ 加到相邻像素后，使得相邻像素的值接近0而打黑点。下一次，e 又变成正的，使得相邻像素的相邻像素打白点，这样一白一黑一白，表现出来刚好就是灰色。如果不传递误差，就是一片白色了。再举个例子，如果一个点的灰度为250，在灰度图中应该是一个白点，该点及周围应该是一片白色区域。在新图中，虽然 $e=-5$ 也是负的，但其值很小，对相邻像素的影响不大，所以还是能够打出一片白色区域来。这样就验证了算法的正确性。

要注意的是，误差传播有时会引起流水效应，即误差不断向下，向右累加传播。解决的办法是：奇数行从左到右传播，偶数行从右到左传播。

3）RIP处理模块

前面介绍的RIP原理和抖动算法是RIP处理模块的核心，该模块的功能包括能正确地打开TIF、JPG文件（CMYK模式），并根据图像的二值显示原理，将256级灰度的计算机点阵图像数据转换成打印机能喷印的二值灰度点阵数据，并尽可能地反映原图所要显示的信息，期间需要进行抖动算法处理。图7-26是RIP处理模块原理框图。

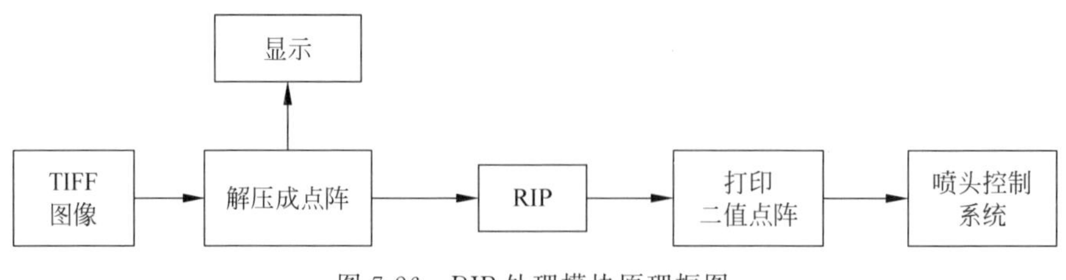

图7-26　RIP处理模块原理框图

7.4　三维印刷成形材料及其成形工艺

7.4.1　三维印刷成形材料

1. 三维印刷成形材料的选择

用于打印头喷射的黏结剂要求性能稳定，能长期储存，对喷头无腐蚀作用，黏度低，表面张力适宜，以便按预期的流量从喷头中挤出，且不易干涸，能延长喷头抗堵塞时间，低毒环保等。液体黏结剂分为几种类型：本身不起黏结作用的液体，本身会与粉末反应的液体及本身有部分黏结作用的液体。本身不起黏结作用的黏结剂只起到为粉末相互结合提供介质的作用，其本身在模具制作完毕之后会挥发到几乎不剩下任何物质。对于本身就可以通过自反应硬化的粉末适用，此液体可以为氯仿、乙醇等。对于本身会参与粉末成形的黏结剂，如粉末与液体黏结剂的酸碱性的不同，可以通过液体黏结剂与粉末的反应达到凝固成形的目的。

目前最常用的是以水为主要成分的水基黏结剂，这对于石膏和水泥等粉末同样使用，因为可以利用水中氢键作用相互连接。黏结剂一方面为粉末相互结合提供介质和氢键作用力，成形之后挥发。另一方面，黏结剂与粉末之间可以相互反应，可通过酸性黏结剂的喷射反应固化，这类粉末以氧化铝为主要代表。对于金属粉末之间的黏结，可以通过在黏结剂中加入一些金属盐来诱发其反应。而对于本身不与粉末反应的黏结剂，则是通过液体挥发，剩下起黏结作用的关键组分，进而将粉末彼此连接起来。其中可添加的黏结组分包括缩丁醛树脂、聚氯乙烯、聚碳硅烷、聚乙烯吡咯烷酮以及一些其他高分子树脂等。在上述所有的黏结剂中，可以根据粉末种类不同选用水、丙酮、乙酸、乙酰乙酸乙酯等作为黏结剂溶剂，但目前报道较多的均为水基黏结剂。

要达到液体黏结剂所需条件，除了主体介质和黏结剂外，还需要加入保湿剂、快干剂、润滑剂、促凝剂、增流剂、pH调节剂及其他添加剂(如染料、消泡剂)等，所选液体均不能与打印头材质发生反应。加入的保湿剂如聚乙二醇、丙三醇等可以起到很好的保持水分的作用，便于黏结剂长期稳定储存。可加入一些沸点较低的溶液如乙醇、甲醇等来增加黏结剂多余部分的挥发速度。另外，丙三醇的加入还可以起到润滑作用，减少打印头的堵塞。对于一些以胶体二氧化硅或类似物质为凝胶物质的粉末，可加入柠檬酸等促凝剂强化其凝固效果。添加少量其他溶剂(如甲醇等)或者通过加入相对分子质量不同的有机物可调节其表面张力和黏度，以满足打印头所需条件。

表面张力和黏度对打印时液滴成形有很大影响，合适的形状和液滴大小直接影响打印过程成形精度的好坏。为提高液体黏结剂流动性，可加入二乙二醇丁醚、聚乙二醇、硫酸铝钾、异丙酮、聚丙烯酸钠等作为增流剂，加快打印速度。另外，对于那些对溶液 pH 有特殊要求的黏结剂，可通过加入三乙醇胺、四甲基氢氧化氨、柠檬酸等调节 pH 为最优值。加入百里酚蓝指示剂，以保持黏结剂条件的最优化。黏结剂对打印头液滴的形状也有影响，挥发剩下的物质还可以起到一定的固化作用。出于美观或者产品需求，有时还需要加入能分散均匀的染料等。要注意的是，添加助剂的用量不宜太多，一般小于 10%(质量分数)，助剂太多会影响粉末打印后的效果及打印头的机械性能。

2. 三维印刷成形石膏材料

使用石膏(plaster)作为主要材料，依靠石膏和以水为主要成分的黏结剂之间的反应而成形。与 2D 平面打印机在打印头下送纸不同，3D 黏结剂喷射打印机是在一层粉末的上方移动打印头，并打印横截面数据。彩色 3D 黏结剂喷射打印机打印成形的样品模型与实际产品同样具有丰富的色彩，如图 7-27 所示。因为石膏成形品十分易碎，因此后期还可采用"浸渍"处理，比如采用盐水或加固胶水，使之变得坚硬。

图 7-27　三维印刷成形彩色石膏打印

三维印刷成形石膏打印的优点有：

(1) 无须激光器等高成本元器件。成形速度非常快(相比于 FDM 和 SLA)，耗材很便宜，一般的石膏粉都可以。

(2) 成形过程不需要支撑，多余粉末的去除比较方便，特别适合于做内腔复杂的原型。

(3) 能直接打印彩色，无须后期上色。目前市面上打印彩色人像基本采用此技术。

黏结剂喷射石膏打印的缺点有：

(1) 石膏强度较低，只能做概念型模型，而不能做功能性实验。

(2) 因为是粉末黏结在一起，所以表面手感稍有些粗糙。

3. 三维印刷成形陶瓷材料

这项技术是将黏结剂通过打印喷头喷射到陶瓷粉末上，用来将粉末颗粒黏结在一起，打印的成品如图 7-28 所示。然而，根据有限的文献报道，这种技术产生的陶瓷致密度并不高。可能的解释是其受到了粉末铺设密度的限制。黏结剂喷射技术成形的陶瓷坯体由松散的粉末黏结在一起，密度比较低，很难直接烧结，一般采用后处理工艺使其致密化烧结[9-10]。

(a)

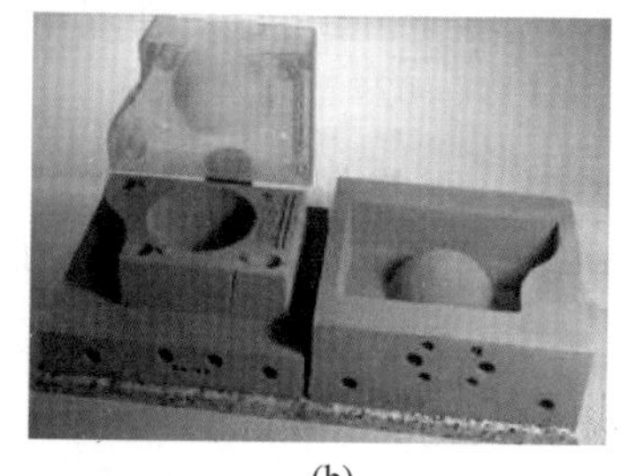

(b)

图 7-28　采用三维印刷成形制作的结构陶瓷制品和注射模具

(a) 结构陶瓷制品；(b) 注射模具

1993 年，Yoo 等最早采用三维印刷成形的方法成形陶瓷坯体，成形后陶瓷坯体的相对密度只有 33%～36%，通过对陶瓷坯体进行等静压处理，可获得致密度达到 99.2%的氧化铝陶瓷件，其抗弯强度为 324MPa。翁作海等以硅粉为原料、糊精为黏结剂制备了多孔氮化硅陶瓷，该工艺首先采用 3DP 技术制备出多孔硅坯体，然后经氮化烧结处理后，获得了孔隙率高达 74%、抗弯强度为 5.1MPa 的多孔氮化硅陶瓷，烧结后陶瓷件的线收缩率比较小，不到 2%，打印时的情景如图 7-29 所示。

图 7-29　三维印刷成形陶瓷制品打印

美国麻省理工学院 Teng 等采用 3DP 技术制备了 ZTA 陶瓷件，通过将 ZrO_2 颗粒选择性添加到 Al_2O_3 的基体上，得到成分梯度变化的试样，烧结后 t-ZTA 陶瓷的抗弯强度为 670MPa，断裂韧性为 $4MPa \cdot m^{1/2}$，陶瓷部件的性能与传统方法制得的 ZTA 陶瓷性能类似。W. Sun 等采用 3DP 技术制备的 Ti_3SiC_2 陶瓷件，孔隙率高达50%的AETi_3SiC_2陶瓷件。Nahum Travitzky等以Al_2O_3为原料、糊精为黏结剂，采用三维印刷成形技术制备了多孔Al_2O_3预制体，可通过调整浆料的固相含量控制孔隙率，料浆的固相含量为33%～44%时，成形坯体弯曲强度的范围为4～55MPa，1600℃烧结后Al_2O_3陶瓷的收缩率为17%，通过对烧结后坯体与Cu-O合金在1300℃进行浸渗处理，复合材料的断裂韧性可达到(5.5±0.3)MPa·$m^{1/2}$，弯曲强度为(236±32)MPa。

4. 三维印刷成形新型材料

尽管三维印刷成形技术已经获得广泛应用，但目前还不是非常成熟，存在装备成本高、生产效率较低、成形产品综合质量较差等不足。其中，黏结剂喷射打印材料的稀缺是制约黏结剂喷射技术应用和发展的最主要瓶颈之一。

目前适合三维印刷成形打印的材料种类非常有限，多为具备某些特殊性质的塑料、金属、石膏以及光敏树脂等材料。它们的成本不仅比较高昂，而且制造精度、复合强度以及质感都有所欠缺，严重制约了三维印刷成形技术的应用和发展。三维印刷成形打印材料一般包括实体成形的粉末材料和黏结材料(黏结材料一般是胶黏作用的黏结溶液)。现有用于三维印刷成形打印实体成形的塑料一般是经过化学结构改性的丙烯腈-丁二烯-苯乙烯塑料、聚乳酸树脂以及聚对苯二甲酸乙二酯等，由它们经三维印刷成形技术打印成形的产品不仅硬度较高，容易破损，而且黏结强度较低，比较容易发生脱层的现象，同时成形精度不高，微小构造难以被高清晰地打印出来，所以研发新型的三维印刷成形打印材料已经迫在眉睫。

德国Additive Elements公司于2017年6月推出了一款适用于三维印刷成形的新材料AE12。该材料是以丙烯酸为主要成分的塑料，最大亮点就是打印件孔隙率很低，十分坚固耐用，可以直接使用。

虽然不奢望AE12的三维快速构件能用于极端的机械应用，但我们仍认为这种质密的材料是三维印刷成形技术的一大进步。Additive Elements公司表示，它还能被回收再利用从而减少浪费，最大限度地帮助企业降低成本。同时还表示，虽然AE12是他们专为Voxeljet公司的三维印刷成形打印机开发的，但它也能用于其他同类型装备。AE12的Beta测试已经于2017年中旬开始，现已正式上市。用新材料AE12三维印刷成形打印的制作件如图7-30以及图7-31所示。

图7-30　三维印刷成形新材料打印制品(一)

图 7-31　三维印刷成形新材料打印制品(二)

除了三维印刷成形石膏打印、陶瓷打印，还有其他的三维印刷成形打印，比如砂型铸造、金属打印(图 7-32)、高分子化合物(如橡胶、塑料等)打印、玻璃打印等，采用的都是类似的原理，只不过选择的原材料不同。

图 7-32　三维印刷成形金属制品打印

7.4.2　三维印刷成形工艺

1. 三维印刷成形技术的工艺流程

喷墨打印头将黏结剂喷到粉末里，从而将一层粉末在选择的区域内黏合，每一层粉末又会同之前的粉层通过黏结剂的渗透而结合为一体。上一层黏结完毕后，成形缸下降一个距离(等于层厚，约为 0.013～0.1mm)，供粉缸上升一高度，推出若干粉末，并被铺粉辊推到成形缸，铺平并被压实。喷头在计算机控制下，按下一建造截面的成形数据有选择地喷射黏结剂建造层面。铺粉辊铺粉时多余的粉末被集粉装置收集。如此周而复始地送粉、铺粉和喷射黏结剂，最终完成一个三维粉体的黏结。三维印刷成形 3D 打印技术工艺流程如图 7-33 所示。未被喷射黏结剂的地方为干粉，在成形过程中起支撑作用，且成形结束后，比较容易去除。

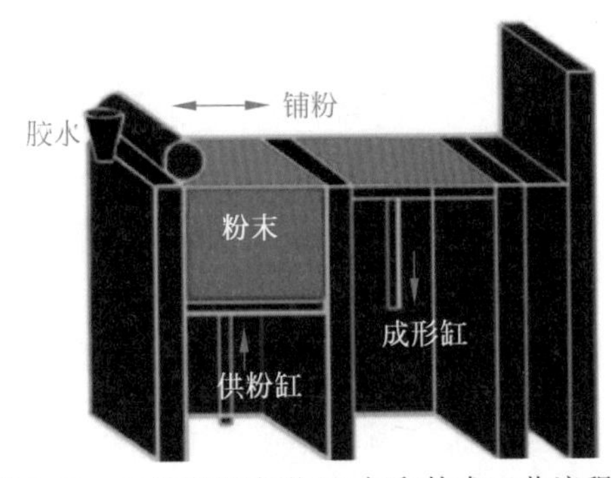

图 7-33　三维印刷成形 3D 打印技术工艺流程图

三维印刷成形技术是最早出现的可以用于金属和陶瓷材料增材制造的技术之一。如今在众多金属激光或电子束烧结的 3D 打印机主导市场的情况下，Binder Jetting 虽然占有市场份额较小，但却依然在金属增材制造中扮演着重要的角色。然而也经常有声音质疑，在激光烧结等技术越发成熟的情况下，三维印刷成形技术是否还有竞争力。三维印刷成形技术的特点导致这项技术很好地弥补了其他技术的一些不足，并填补了金属增材制造的一些空白，因此很有价值。

2. 系统调试流程介绍

系统调试的目的是要保证整个系统能完成设计的每一个细节。彩色三维成形系统调试的内容包括硬件系统调试、软件系统调试、整机调试和系统综合调试。

(1) 硬件系统调试，包括机械装置调试、喷头控制驱动部分调试、USB 接口调试、电机运动调试、数据传输调试等。

(2) 软件系统调试，包括图像处理和 RIP 调试、FPGA 代码调试、与上游图形软件集成的综合软件调试等。

(3) 整机调试，指软件系统和硬件系统联合调试。

(4) 系统综合调试，指本成形系统利用多种成形材料进行实际成形加工的各种测试。

图 7-34 是装备的成形空间，图 7-35 是装置的控制系统部分。

图 7-34　装备的成形空间

图 7-35　装置的控制系统

3. 系统工艺参数的确定

1）彩色三维印刷工艺

为了提高3DP成形系统的成形精度和速度，保证成形的可靠性，需要对系统的工艺参数进行整体优化。这些参数包括：喷头到粉末层的距离、每层粉末的厚度、喷射和扫描速度、辊轮运动参数等。

a）喷头到粉末层的距离

喷头到粉末层的距离太远会导致液滴的发散，影响成形精度；反之则容易导致粉末溅射到喷头上，造成堵塞，影响喷头的寿命。经反复比较，该距离在1～2mm之间效果最好。

b）每层粉末的厚度

每层粉末的厚度是指工作平面下降一层的高度。在成形过程中，水膏比对构件的硬度和强度影响最大。水膏比的增加可以提高构件的强度，但是会导致变形的增加。层厚与水膏比成反比，层厚越小，水膏比越大，层与层黏结强度越高，但是会导致成形的总时间成倍增加。在系统中，根据所开发的材料特点，层厚在0.08～0.2mm之间效果较好，一般小型模型层厚取0.1mm，大型取0.16mm。此外，由于是在工作平面上开始成形，在成形前几层时，层厚可取稍大一点，便于构件取出。

c）喷射和扫描速度

喷头的喷射和扫描速度直接影响制件的精度和强度。低的喷射速度和扫描速度对成形精度的提高，是以成形时间增加为代价的，在3DP成形的参数选择中需要综合考虑。

d）辊轮运动参数

铺覆均匀的粉末在辊子作用下流动。粉末在受到辊轮的推动时，粉末层受到剪切力作用而相对滑动，一部分粉末在辊子推动下继续向前运动，另一部分在辊子底部受到压缩变为密度较高、平整的粉末层。粉末层的密度和平整效果除了与粉末本身的性能有关，还与辊子表面质量、辊子转动方向，以及辊子半径 R、转动角速度 ω、平动速度 v 有关。经过理论分析和实验验证可知：

（1）辊轮表面与粉末的摩擦因数越小，粉末流动性越好，已铺平的粉末层越平整，密度越高；辊轮表面还要求耐磨损、耐腐蚀和防锈蚀。系统采用铝质空心辊筒表面喷涂聚四氟乙烯的方法，很好地满足了上述要求。

（2）辊轮的转动有两种方式，即顺转和逆转。逆转方式是辊轮从铺覆好的粉末层切入，从堆积粉末中切出；顺转则与之相反。辊子采用逆转的方式有利于粉末中的空气从松散粉末中排出，而顺转则使空气从已铺平的粉末层中排出，造成其平整度和致密度的破坏，所以，本系统采用辊子逆转的形式。

（3）辊轮的运动对粉末层产生两个作用力，一个是垂直于粉末层的法向力 P_n，另一个是与粉末层摩擦产生的水平方向力 P_t。辊轮半径 R、转动角速度 ω、平

动速度 v 是辊轮外表面一点运动轨迹方程的参数，它们对粉末层密度和致密度有着重要的影响。目前系统辊轮半径 $R=10\text{mm}$，转动角速度 ω、平动速度 v 可根据粉末状态进行调整。

(4) 每层成形时间的增加，容易导致黏结层翘曲变形，并随着辊轮的运动而产生移动，造成 Y 方向尺寸变化，同时成形的总时间增加，所以，需要有效地提高每层成形速度。由于高的喷射扫描速度会影响成形的精度，过高的辊轮平动速度则易导致成形 Y 方向尺寸的增加，因此，每层成形速度的提高需要较大的加速度，并有效地减少辅助时间。目前系统每层成形时间为 30～60s，这相比其他快速成形的方式要快很多。

(5) 环境温度对液滴喷射和粉末的黏结固化都会产生影响。温度降低会延长固化时间，导致变形增加，一般环境温度控制为 10～40℃是较为适宜的。清洁喷头间隔时间根据粉末性能有所区别，一般喷射 20 层后需要清洁一次，以减少喷头堵塞的可能性。

在系统调试完成和成形工艺参数确定后，用该成形系统制作了一些三维实体模型。下面以一个彩色模型的制作过程为例，介绍系统的工作过程。

第 1 步：Magics RP 软件调入一个由三维造型软件制作的 STL 格式文件。

图 7-36 所示为调入的一个单色平台模型(也可以调入彩色模型)从不同角度观察的结果。

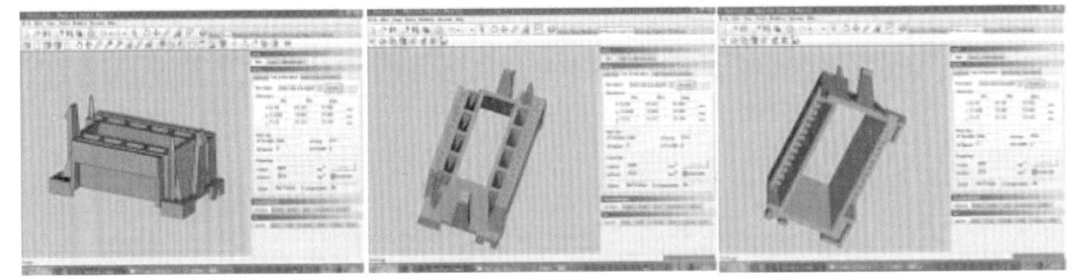

图 7-36　单色平台模型正视图及底视图

第 2 步：对单色模型的表面进行着色。

图 7-37 是着色过程中模型的状态，图 7-38 是着色完成后的彩色模型。

第 3 步：设置模型参数。图 7-39 所示的界面可以对模型的大小等进行调整，图 7-40 所示为该模型的一些信息。可以看到，模型名称是 plat，体积为 27 241mm^3，表面积为 19 780mm^3，X、Y、Z 方向的长度分别为 102.800、55.200、25.100mm。

第 4 步：对模型进行错误检查和修复。图 7-41 是对模型的错误检查界面，图 7-42 是检查完成界面。如果全部显示绿色的对号，说明模型没有错误；如果有红色叉号，则要根据出错信息对模型进行修复。本例中模型没有错误，所以全部显示绿色的对号。

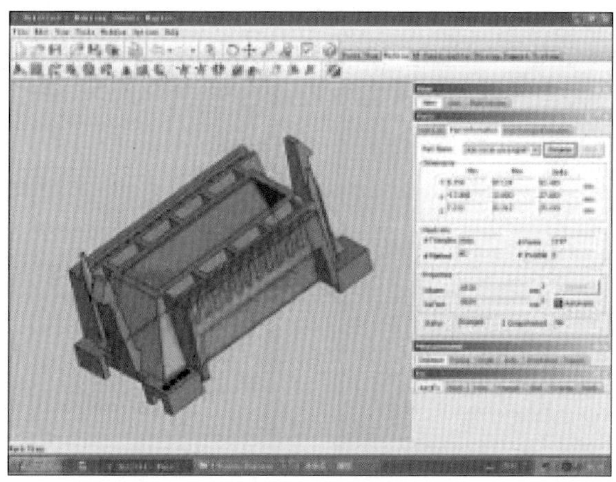

图 7-37　着色过程中模型的状态

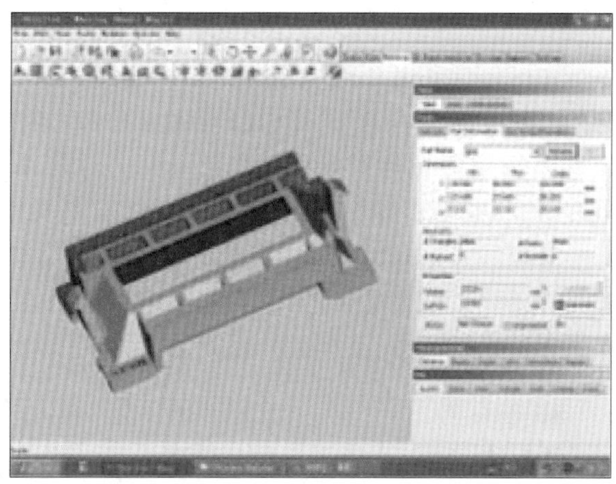

图 7-38　着色后的彩色模型

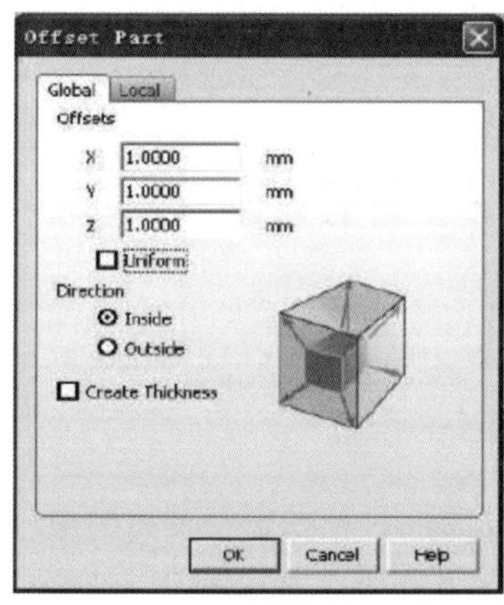

图 7-39　模型大小调整界面

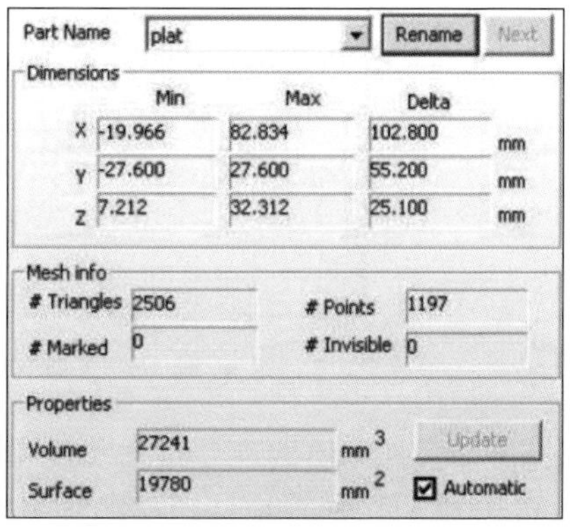

图 7-40　模型的一些信息

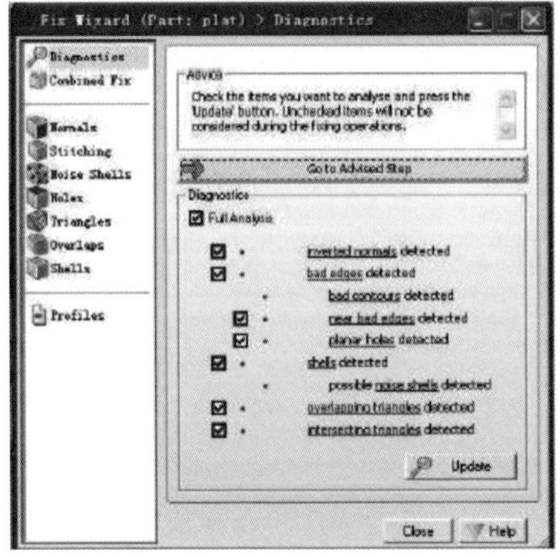

图 7-41　错误检查界面

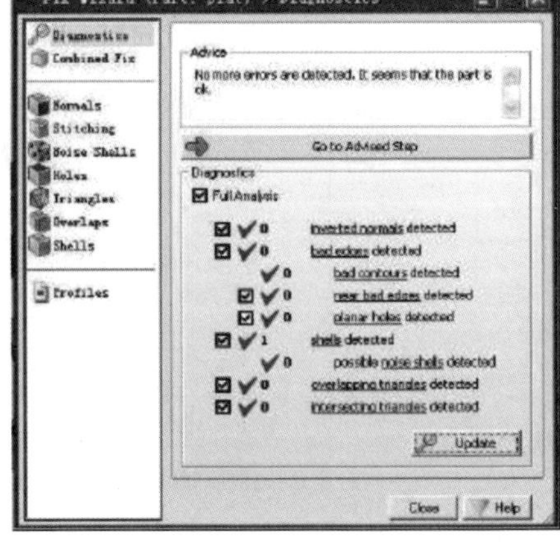

图 7-42　检查完成界面

第 5 步：对模型进行分层切片。图 7-43 是对模型分层切片时的参数设置界面，可以看到，输出的二维切片格式有 BMP、JPEG 和 TIFF 三种格式，还可以设置层厚、分辨率、边缘颜色宽度等。这里设置层厚 0.1mm、分辨率 72dpi、边缘宽度 5mm。图 7-44 是切片的状态显示界面，图 7-45 为切片完成后的一些层片图像。

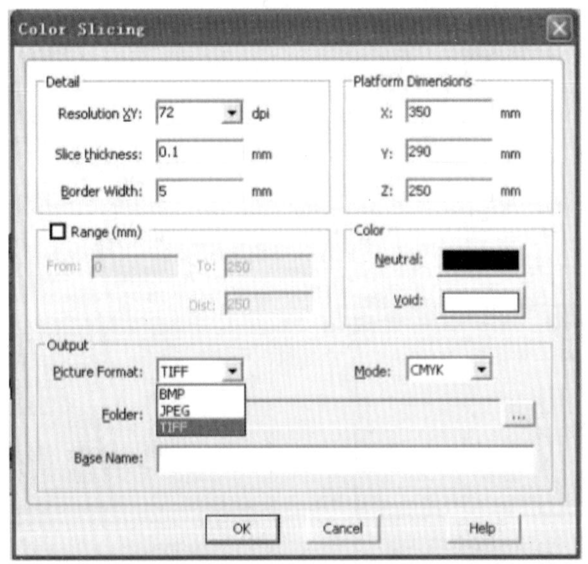

图 7-43　分层切片参数设置界面

第 6 步：打印前的准备工作。在系统开始打印前，需要做一系列的准备工作。图 7-46～图 7-49 是系统打印前的准备工作提示和指导界面。对于每一个提示界面，都有一幅图片或者一段视频指导装备使用者如何进行操作。

第 7 步：成形打印。图 7-50 是上位机软件工作时的界面，图中显示当前正在

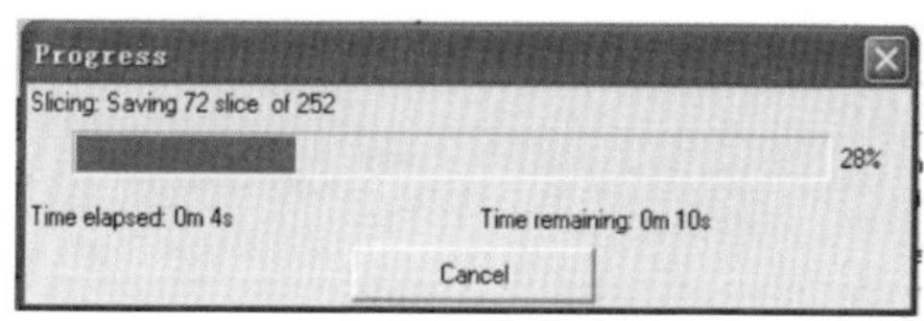

图 7-44　切片状态显示

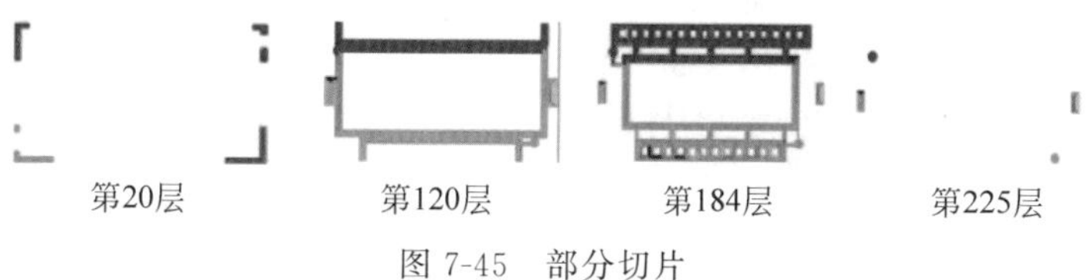

图 7-45　部分切片

打印第 85 层；图 7-51 是彩色三维成形装置工作时喷射在成形粉末上面的切片图像；图 7-52 是最后取出的彩色平台模型；图 7-53 为加渗透剂后的实体模型。

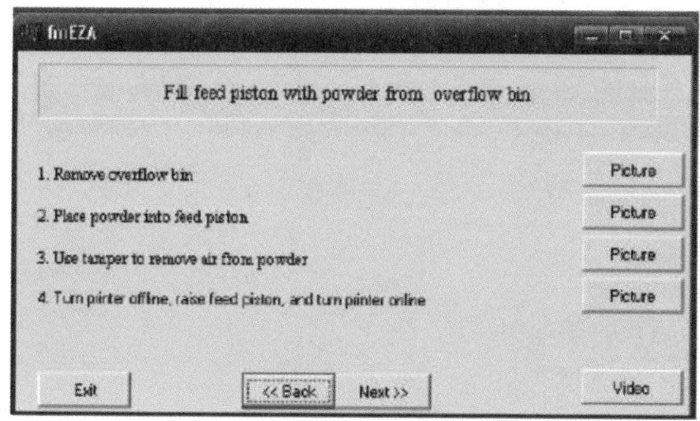

图 7-46　准备成形材料的各个步骤

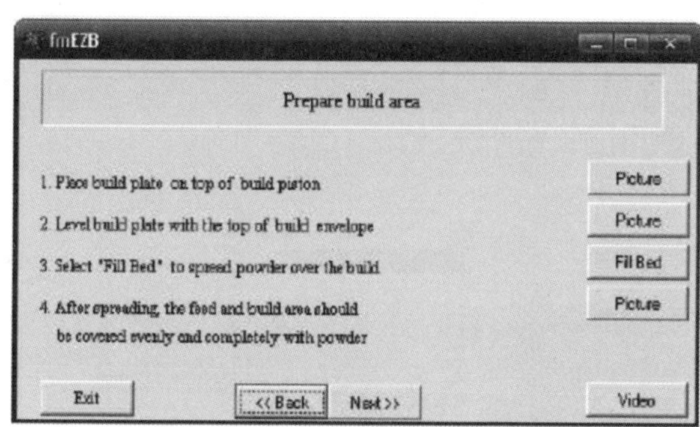

图 7-47　手动铺粉的各个步骤

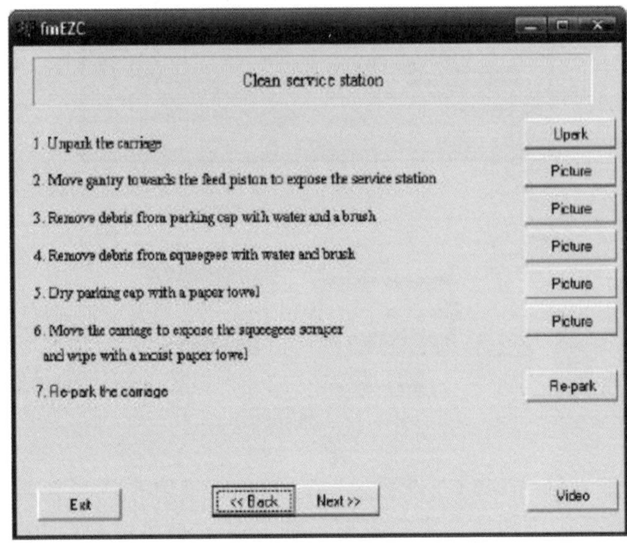

图 7-48　打印前喷头的清洗工作步骤

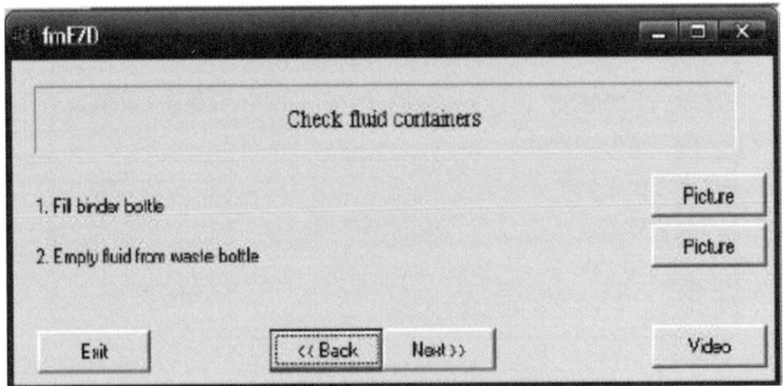

图 7-49　检查黏结剂容器

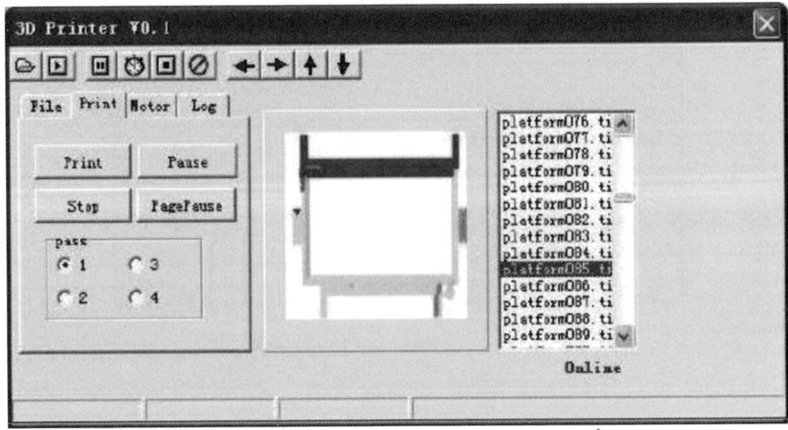

图 7-50　上位机软件工作时的界面

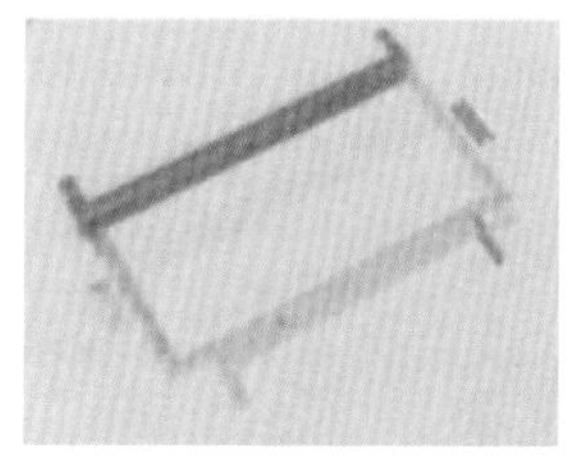

图 7-51　粉末上的切片

图 7-52　成形完毕的模型

2）金属三维印刷打印工艺

根据液滴渗透粉床表面过程的理论，分析单喷头装备的工艺参数。影响金属模型成形质量的参数主要为喷头温度、打印间距 L、铺粉厚度 H、打印速度 S 与喷头工作频率 f 等。

图 7-53　加渗透剂后的模型

a）喷头温度对金属模型成形质量的影响

VeroWhitePlus™ RGD835 材料，黏度在 20mPa·s 以上时，喷嘴处容易挂胶；喷头加热温度达到 60℃以上时，喷射效果较好且不会挂胶。打印测试过程中，喷头距离粉床的垂直距离 h 保持在 2mm 左右，目的是减小外界因素对液滴下落轨迹的干扰。打印前先将喷头温度加热到 75℃，此时该材料的黏度 μ、表面张力 σ、密度 ρ 值分别为 12mPa·s、19.6mN/m、1.1064g/cm^3，打印过程中维持 75℃不变。

b）打印间距 L 对金属模型成形质量的影响

打印间距 L 决定了液滴与液滴之间的搭接率 K，液滴之间有效搭接可以保证每层的打印精度。图 7-54 所示为当搭接率 K 为<0、10%、30%、50%、70%时的图像。

根据图 7-55 所示，当打印间距 $L=\frac{\sqrt{2}D_{\mathrm{Pmax}}}{2}$时，刚好保证每层打印区域都能喷射到黏结剂。由于液滴完全渗透粉床后并不是规则的半球体，因此打印间距 L 应该小于$\frac{\sqrt{2}D_{\mathrm{Pmax}}}{2}$。

图 7-54　不同搭接率的液滴图像

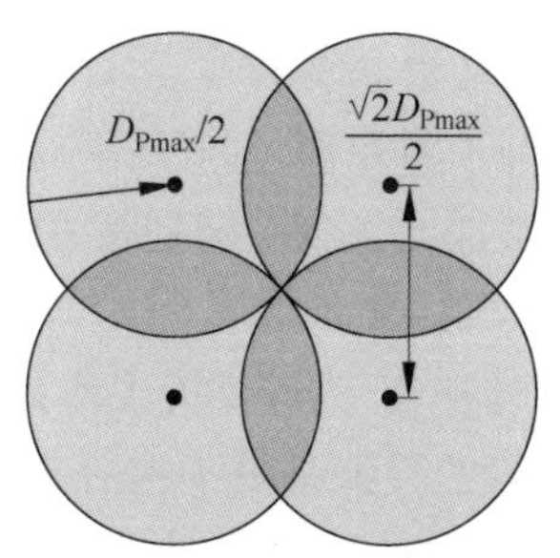

图 7-55　临界情况下液滴的搭接示意图

搭接率并非越小越好。若搭接率过大，$L<\frac{D_{\text{Pmax}}}{2}$时，会出现过渗透现象，导致模型的表面和边缘粗糙。$L>\frac{\sqrt{2}D_{\text{Pmax}}}{2}$时，如图7-56(a)所示，表面会出现未喷到黏结剂的粉末线条，通过显微镜放大200倍显示出该层粉末孔隙率较大。图7-56(b)显示球形粉末颗粒基本没有喷射到UV树脂，表现出明显的缝隙。

(a)

(b)

图7-56　打印间距$L>\frac{\sqrt{2}D_{\text{Pmax}}}{2}$的示意图

(a) 搭接率$K=0$；(b) 未喷到UV树脂的间隙

c) 铺粉厚度H对金属模型成形质量的影响

铺粉厚度H决定了模型相邻两层之间能否可靠黏结，因此，铺粉厚度H必须要小于液滴的渗透深度h_{Pmax}。图7-57所示为打印断层模型的截面图，白线框出的区域是由于铺粉厚度过大导致每层之间有粉末没有渗透黏结剂。此外，成形槽的活塞要保证水平度，保证成形槽内铺粉厚度均匀一致，使层与层之间更好地黏结。

d) 打印速度S与喷头工作频率f对金属模型成形质量的影响

打印速度S就是喷头在XY平面的移动速度。由于单喷头装备是走线喷墨方式(连续喷墨)打印，与阵列式喷头装备的位置控制方式(按需喷墨)打印不同，需要将打印速度与喷头的工作频率f配合才能提高打印精度。若打印速度过快，液滴

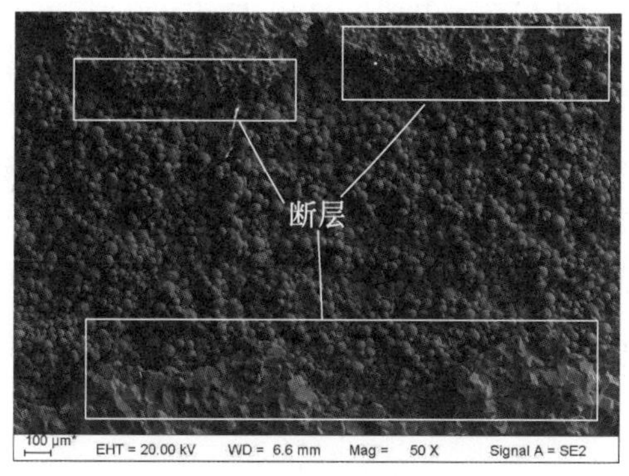

图 7-57　打印断层示意图

在下落的过程中容易产生漂移，影响喷头在指定位置的喷墨量和液滴搭接率，部分位置甚至没有喷到黏结剂。图 7-58 所示为由于打印速度过快导致液滴喷射不均匀，模型边缘不光滑，有很多散射的卫星滴，中间粗糙的部分没有均匀地喷到黏结剂，使打印出来的模型孔隙率较大，致密度低，容易破碎。

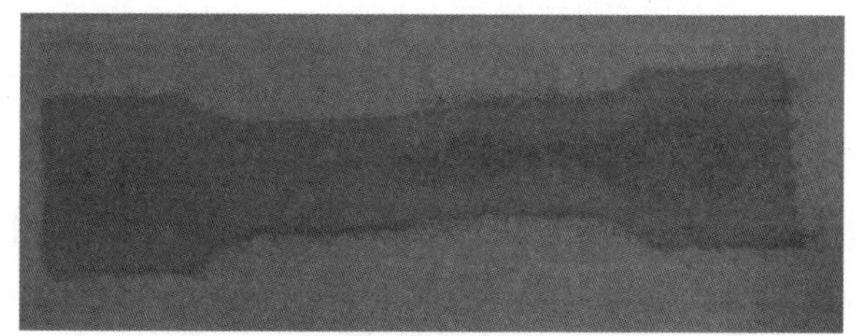

图 7-58　打印速度过快导致液滴漂移

低速也会影响喷墨效果，同时降低装备的工作效率。单喷头装备在实际测试中打印速度没有参考值设定，因此需要调试者反复测试优化该工艺参数，并且在保证打印精度的基础上尽可能提高打印速度以提高成形效率。一般打印速度与喷头的工作频率设定后就不再改变。

e）其他参数对金属模型成形质量的影响

还有一些其他参数包括紫外灯光照强度、喷头的驱动电压等也会影响金属模型的成形质量。紫外灯的最大功率为 654W，分成 10 挡可调。在最低功率 65.4W 的紫外线照射下，UV 树脂能够瞬间固化，固化时间小于 1s。喷头驱动电压在能够满足喷头正常喷墨的情况下越小越好，以免因液滴冲击过大而破坏粉床表面。在打印过程中这些参数保持不变。

f）实验结果分析

根据分析计算得到的结果来设置工艺参数。打印前先将喷头温度加热到 75℃，根据公式计算得到液滴的直径 $D=0.933\text{mm}$，实际测量的值为 0.88～1.02mm，误差在 9.3%以内。调节喷头的驱动电压控制驱动压力 F_q，改变液滴落

到粉床表面的速度 U_0，当 $h=2\text{mm}$ 时，算出 $F_q \leqslant 19.624\text{m}\cdot\text{N}$ 时，可以使 $W_e \leqslant 13$，保证液滴冲击粉床表面时不破坏其平整度。粉床的孔隙率 ε 通过刻度量筒和数字秤测量值为 0.412，经计算得到液滴最大渗透直径 $D_{\text{Pmax}}=1.054\text{mm}$，渗透深度 $h_{\text{Pmax}}=0.548\text{mm}$。由于实际液滴不是规则的球状体且液滴的体积会略有偏差，因此需要对工艺参数进行微调。通过单喷头装备打印 9 组不同参数的测试件并且测量测试件的致密度 K_m，比较打印效果。致密度的测量方法为由 MH-300A 密度测试仪测得 9 组测试件的密度 ρ_n 与 316L 不锈钢的理论密度 $\rho_{316\text{L}}$（8g/cm^3）的比值，即

$$K_m = \frac{\rho_n}{\rho_{316\text{L}}} \tag{7-7}$$

设置工艺参数。如图 7-59 所示，设置层高间距等于铺粉厚度 H，其目的是为了使测试件打印出来的实际高度与理论高度尽可能相同。设置打印间距 L 并通过编辑开始和结束 G 代码设置打印速度和铺粉厚度 H。由于软件显示比例的原因，窗口预览区的效果图与实际不同，但并不影响数据的正确性。

在图 7-59(c)中，打印前会将成形槽下降 0.5mm 以保证喷头的安全距离，G 代码为 G1 Z-0.5；当打印结束后成形槽会上升 0.2mm，同时供粉槽也会上升准备铺粉，G 代码为 G1 Z0.2，则实际的铺粉厚度 $H=0.3\text{mm}$。打印速度可以通过改变 G1 F80 的数值来改变。按照上述设置方法打印 9 组测试件，如表 7-5 所示。

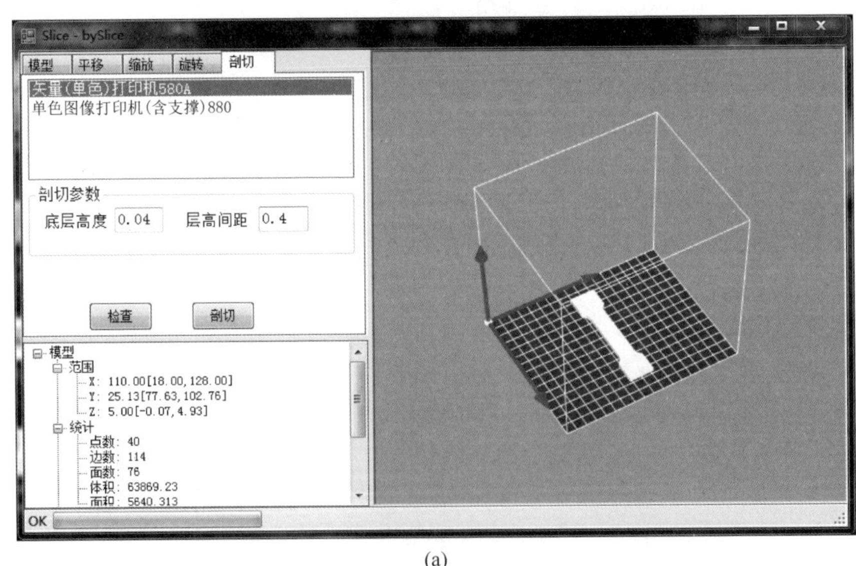

(a)

图 7-59　设置工艺参数

(a) 设置层高间距；(b) 设置打印间距；(c) 编写打印开始和结束 G 代码

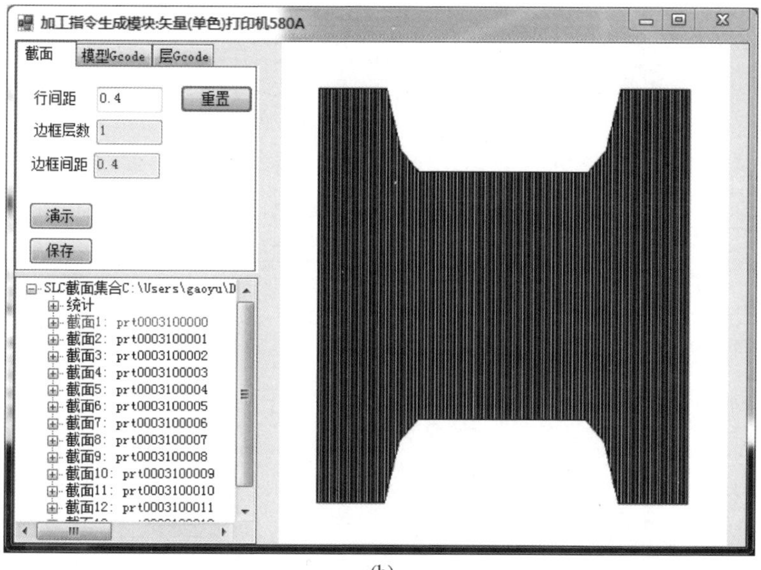

(b)

(c)

图 7-59 （续）

表 7-5　不同工艺参数下测试件的致密度

序号	紫外灯功率/W	打印速度/(mm/s)	铺粉厚度/mm	打印间距/mm	致密度/%
1	65.4	80	0.4	0.2	62.71
2	65.4	80	0.4	0.3	60.42
3	65.4	80	0.4	0.4	51.52
4	65.4	80	0.3	0.4	63.11
5	65.4	80	0.3	0.3	69.26

续表

序号	紫外灯功率/W	打印速度/(mm/s)	铺粉厚度/mm	打印间距/mm	致密度/%
6	65.4	80	0.3	0.2	71.13
7	65.4	80	0.2	0.3	74.84
8	65.4	80	0.2	0.4	63.75
9	65.4	80	0.2	0.2	75.22

本实验优先确定了打印间距 L，由数学模型得到 $L<\frac{\sqrt{2}D_{\mathrm{Pmax}}}{2}$，当 $L>0.45\mathrm{mm}$ 时，液滴之间没有充分搭接，粉床表面部分区域没有黏结剂，导致无法打印成形。表 7-5 中 1 号、9 号测试件的打印间距 L、打印速度 S、紫外灯功率相同，铺粉厚度 H 越小，致密度 K_{m} 越大；同理，由 4 号、6 号工艺参数可知，打印间距 L 越小，致密度 K_{m} 越大。图 7-60(a)是由 3 号参数打印的测试件，由于铺粉厚度与打印间距较大，导致测试件表面粗糙，中间部分断裂。图 7-60(b)显示了测试件断裂处金属粉末上的 UV 树脂较少，粉末颗粒之间没有很好黏结，孔隙较多。

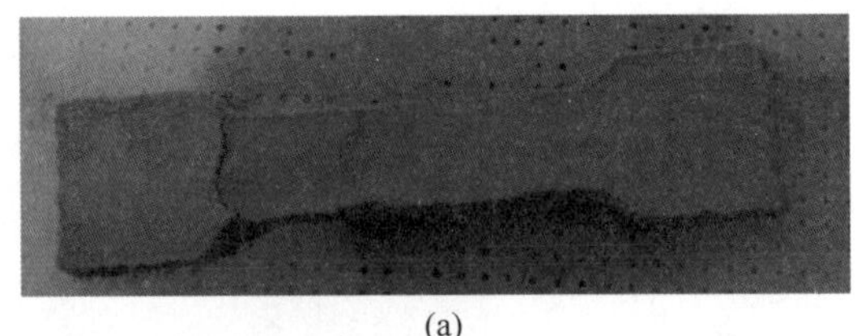

(a)

(b)

图 7-60　3 号测试件示意图

(a) 3 号测试件毛坯图；(b) 断裂处示意图

表 7-4 中 7 号测试件的参数打印效果较好，如图 7-61(a)所示，测试件表面与边缘光滑。图 7-61(b)与图 7-60(b)比较显示出 7 号测试件粉末颗粒之间黏结较

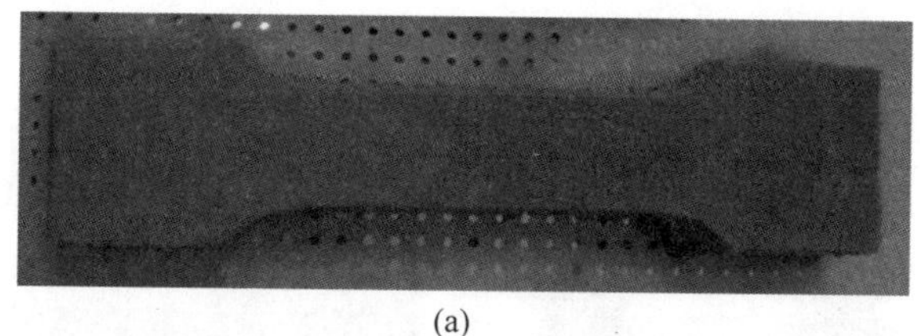

(a)

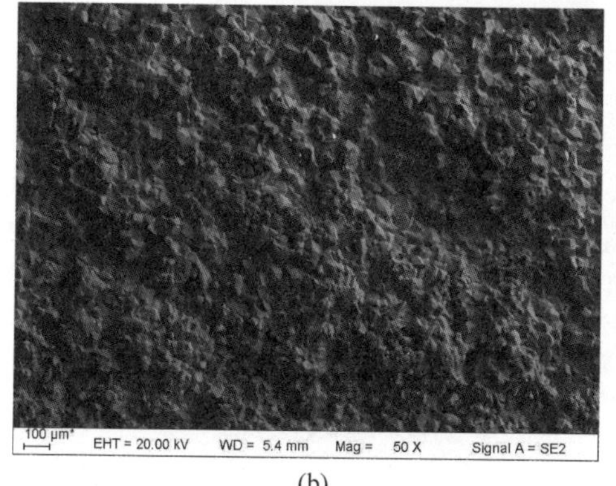

(b)

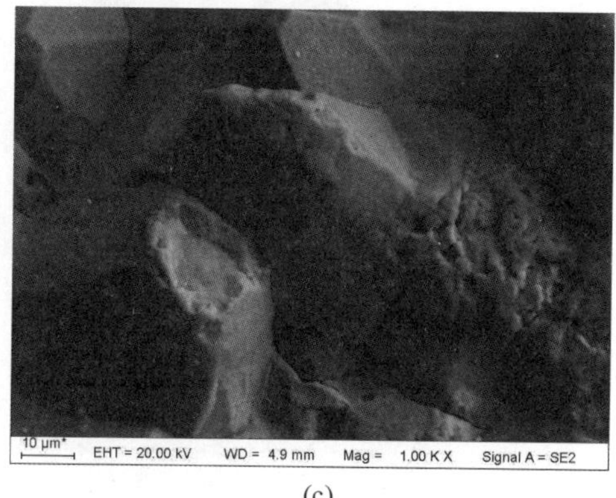

(c)

图 7-61　7 号测试件示意图

(a) 7 号测试件毛坯图；(b) 7 号测试件截面图(放大 50 倍)；(c) 7 号测试件截面图(放大 1000 倍)

好，UV 树脂充分黏结粉末，测试件孔隙少。

当然铺粉厚度 H 与打印间距 L 也不是越小越好，如 9 号测试件，铺粉厚度与打印间距都为 0.2mm，模型致密度高，倘若这两个参数过小，就会导致液滴过渗透使得模型边缘粗糙，如图 7-62 所示。

图 7-62　9 号测试件示意图

以上是单喷头装备的工艺参数测试。而阵列式喷头装备则是以位置控制方式(按需喷墨)打印，因此打印速度 S、打印间距 L 不影响装备的打印效果。阵列式喷头装备使用 Galaxy JA256/80 AAA 喷头，有 256 个喷嘴，分辨率达到 450dpi，影响装备打印效果的主要参数为 PASS 数、波形脉冲、气压、铺粉厚度 H 与温度。PASS 数为喷头在同一位置喷墨次数，该值一般为图片的分辨率与喷头的分辨率之比并取整数倍；波形脉冲的频率、幅值、脉宽影响液滴的大小与速度，该参数一般设为喷头默认值即可；装备正常打印时气压一般为 −2.1～−1.8kPa；而铺粉厚度 H 和温度参数与单喷头装备相同。阵列式喷头装备打印的齿轮模型效果如

图 7-63 所示。

图 7-63 齿轮模型打印示意图

(a) 3DPSlice 切片效果图；(b) 打印一层的效果图；(c) 齿轮模型

4. 三维印刷成形的后处理过程

打印过程完成之后，需要一些后续处理措施来达到加强模具成形强度及延长保存时间的目的，其中主要包括静置、强制固化、去粉、包覆等。

1）静置

打印过程结束之后，需要将打印的模具静置一段时间，使得成形的粉末和黏结剂之间通过交联反应、分子间作用力等作用固化完全，尤其是对于以石膏或者水泥为主要成分的粉末。成形的首要条件是粉末与水之间作用硬化，之后才是黏结剂部分的加强作用，一定时间的静置对最后的成形效果有重要影响。

2）强制固化

当模具具有初步硬度时，可根据不同类别用外加措施进一步强化作用力，如通过加热、真空干燥、紫外光照射等方式。

3）去粉

强制固化工序完成之后，所制备的模具具备较高硬度，需要将表面其他粉末除去，用刷子将周围大部分粉末扫去，剩余较少粉末可通过机械振动、微波振动、不同方向风吹等除去。也有报道将模具浸入特制溶剂中，此溶剂能溶解散落的粉末，但不能溶解固化成形的模具，可达到除去多余粉末的目的。

4）包覆

对于去粉完毕的模具，特别是石膏基、陶瓷基等易吸水材料制成的模具，还需要考虑其长久保存问题。常见的方法是在模具外面刷一层防水固化胶，增加其强度，防止因吸水而减弱强度。或者将模具浸入能起保护作用的聚合物中，比如环氧树脂、氰基丙烯酸酯、熔融石蜡等，最后的模具可兼具防水、坚固、美观、不易变形等特点。

5. 三维印刷成形工艺的技术优势

（1）三维印刷成形技术可选择的材料种类很多，并且开发新材料的过程相对简单。由于三维印刷成形技术的成形过程主要依靠黏结剂和粉末之间的黏结，因此众多材料都可以被黏结剂黏结成形。同时，在传统粉末冶金中可以烧结的金属和陶瓷材料又有很多，因此很多材料都具备可以使用三维印刷成形技术制造的潜力。三维印刷成形的打印机具有很大的材料选择灵活性，不需要为材料而改变装备或者主要参数。目前可以使用三维印刷成形技术直接制造的金属材料包括多种不锈钢、铜合金、镍合金、钛合金等。

（2）三维印刷成形技术适合制造一些使用激光或电子束烧结（或熔融）有难度的材料。例如，一些材料有很强的表面反射性，从而很难吸收激光能量或对激光波长有严格的要求；再如，一些材料导热性极强，很难控制熔融区域的形成，从而影响成品的品质。而这些材料在 Binder Jetting 的应用中都成功避免了这些问题。

（3）与激光烧结等属于粉床熔融（powder bed fusion）范畴的金属制造技术相比，三维印刷成形技术虽然具有粉床但却没有粉床熔融的过程，而是将粉末的三维成形过程与金属烧结的过程相剥离。由此带来的最大好处就是三维印刷成形技术的成形过程中不会产生任何残余应力，因此，三维印刷成形技术便可完全通过粉床来支撑悬空结构，而不需要任何额外的支撑结构，也不需要在打印过程中将整个构件固定（anchor）在粉末底部的基座上，这一点和 SLS 很相似。这就意味着三维印刷成形技术中的结构设计具备了更大的自由度，不受其他金属增材制造中常见的支撑材料去除对结构复杂度的限制。打印完成后的结构也省去了去除支撑材料这个复杂的过程。

（4）三维印刷成形技术非常适用于大尺寸的制造和大批量的构件生产。由于三维印刷成形技术的打印机不需要放置于一个密封空间中，而且喷头相对便宜，从而在不大幅增加成本的基础上可以制造具有非常大尺寸的粉床和大尺寸的喷头。外加喷头可以进行阵列式（2D array）扫描而非激光点到点的扫描（raster scan），因此进行大尺寸构件打印时打印速度也是可以接受的，并且可以通过使用多个喷头而进一步提高速度。例如，ExOne 公司用于铸造模具打印的 Exerial 打印机就具有 2.2m×1.2m×0.7m 的制造尺寸。Voxeljet 公司甚至通过一种倾斜式粉床的设计可以制造出在一个维度上无限延伸的构件。Voxeljet VXC 800 连续成形过程如图 7-64 所示。

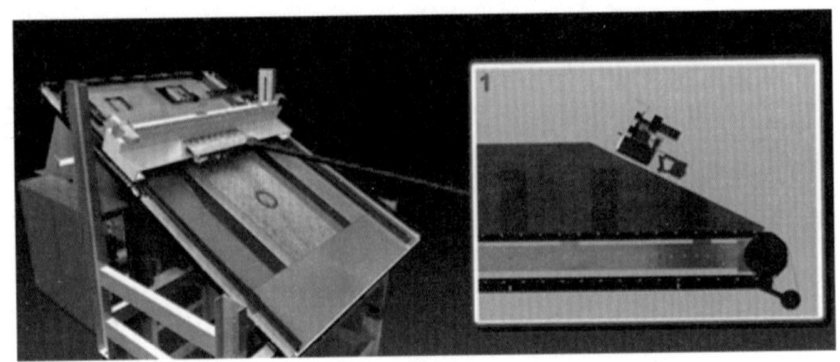

图 7-64　Voxeljet VXC 800 连续成形过程

(5) 三维印刷成形技术可以制造出高精度的构件。例如，Hoganas 公司的产品具有很高的精度和光滑度(经过处理后)，可以做非常精致的首饰。使用三维印刷成形技术打印出的首饰如图 7-65 所示。

图 7-65　三维印刷成形的首饰

(6) 三维印刷成形技术的装备成本相对低廉，比起动辄百万美元级的金属 3D 打印机，三维印刷成形技术的打印机售价低得多。

6. 三维印刷成形工艺的技术限制

以上介绍了三维印刷成形技术的优势所在，当然这项技术也存在一些不足。其中最主要的当属直接制造金属或陶瓷材料时的低密度问题。与金属喷射铸模(metal injection molding)或挤压成形(die pressing)等粉末冶金工艺相比，三维印刷成形技术的成形初始密度(green density)较低，因此最终产品经过烧结后密度也很难达到 100%。尽管这种特性对于一些需要疏松结构的应用有益处(如人造骨骼等)，但对于多数要求高强度的应用却是不令人满意的。在借助一些后处理手段的情况下，很多金属材料还是可以达到 100%的密度的。

此外，三维印刷成形技术中先打印成形之后再烧结的繁琐过程与很多直接成形的金属增材制造技术相比，整个流程耗时较长。当制造小批量的构件时，三维印刷成形技术在耗时上与其他技术相比就没有优势。

总之，三维印刷成形技术作为一项虽然目前不是很主流的金属增材制造技术，因为其具有以上提到的特点而在一些领域极具竞争力，但这项技术的一些不足也限制了其更广泛的应用。世界上没有所谓的最好的增材制造技术，关键是如何将各项技术各取所长并应用在最合适的领域上。

7.5　三维印刷成形应用实例

三维印刷成形技术除了在快速设计方面有很大好处之外，还可用于工业生产(如自行车、小型机械制造等)和医学等方面，结合生物细胞学可应用于人工骨头打印、器官打印等。而在材料的品种方面，可根据所要制备的模具特点用石膏、陶瓷、淀粉、聚合物等多种打印成形材料，并且可以根据材料所需特点开发更多材料，适用性强，前景广大。但该技术目前在国内未受重视，国外产品价格较贵，需进一步探索，降低成形材料所需成本以及三维打印机的成本，改进材料性能，加快模具硬化干燥速度，简化后处理过程，进一步体现“快”的特点，并将此技术向更大规模的产品生产发展，充分发挥其作用。

7.5.1　三维印刷成形在考古与古生物学方面的应用

众所周知，很多文物非常珍贵，不可能经常搬动，使用三维印刷成形技术则可以复制这些文物，比如陶瓷器、青铜器等，用户可以知道其准确的三维形状，这对于提高文物的鉴赏水平是有帮助的。在古生物学领域，可以通过黏结剂喷射打印来复制整个古生物的骨架和造型，让研究工作更立体。

中国是文物大国，但大量的中国文物流失到了国外，尤其是佛教的造像，很多身体部位还在国内，但是头首却要么被抢劫，要么被盗卖到了国外。通过黏结剂喷射打印技术，则可对两部分分别进行三维扫描，通过计算机技术拼接成一整个佛教造像，再通过三维印刷成形技术打印出来，形成完整的形状，还原其历史的原貌，如图 7-66 所示。

图 7-66　三维印刷成形技术打印文物

7.5.2　三维印刷成形在医学方面的应用

三维印刷成形技术在医学方面的应用很多，主要用于复杂的手术和牙科。人体本身结构的复杂性往往超出我们的想象，对一些复杂的手术，外科医生往往只能通过CT、核磁共振等医学影像学资料进行可能的判断，进而进行手术。但有的时候，复杂程度超出想象，手术成功率低。三维印刷成形技术，可以利用已有的医学影像资料，使用石膏等材料先打印一个三维的病人模型出来，通过在模型上进行模拟，进而确定可行的手术方案。

牙科也是另外一个三维印刷成形技术应用的热门领域。在欧美，牙医之所以收入高，是因为这是一个需要凭借经验的工作，很多人在镶牙的时候都咬过齿模，牙医再凭借经验进行修正。但是如果对患者的口腔进行三维扫描和三维建模，再通过对制作假牙的材料进行三维印刷成形技术的打印，就能够高精度地打印出病人的口腔结构，进而帮助牙医制造出适合的假牙，如图7-67所示。

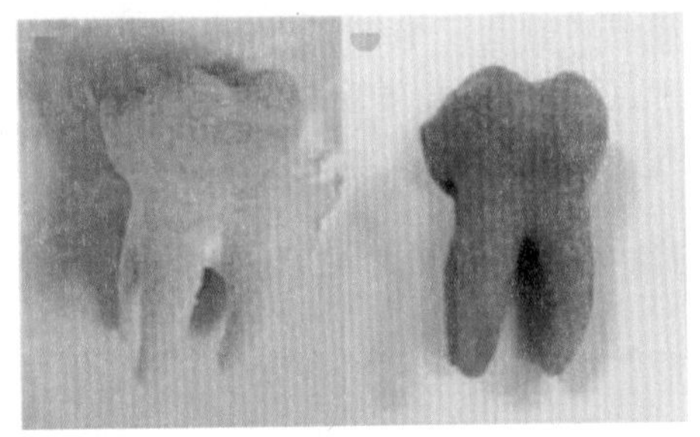

图7-67　黏结剂喷射技术打印的假牙

7.5.3　三维印刷成形在建筑、工业等方面的应用

如果不是建筑学专业的人，恐怕没有几个人能够在看建筑图纸时就在头脑中构想出建筑物的三维立体形状。通过人手工制作建筑模型往往成本很高，而黏结剂喷射打印技术，通过使用石膏、塑料等材料则可以很容易地在短时间内打印出一个建筑模型，对客户的意见也可以在短时间内完成修改，提高设计阶段的效率。通过三维印刷成形技术完成的某街区规划模型如图7-68所示。

工业是三维印刷成形技术打印应用的核心领域。现如今工业设计非常重要，往往是一款产品成败的关键。在从设计到产品化的过程中，三维快速成形打印技术的参与加速了工业设计的步伐，因为三维快速成形打印技术能够快速实现工业设计的实物化，尤其是汽车等领域，现在已经可以打印出很大的实物，而实物化是设计必不可少的一步，可以让无论是设计师还是企业的决策者非常直观地看到产品的形状，进而做出是否量产的决策。当然，由于激光选区烧结等技术的存在，还能够进行小批量的生产，因为这一技术可以成形金属，有些时候小批量的黏结剂喷射技术打印，在成本上是优于数字机床切削或是开模铸造、冲压的。先利用3D打印制作一个等比缩小的实物再生产，已经是很多家具企业的标准流程。图7-69所示为一把利用三维印刷成形技术打印的等比缩小的椅子。

图 7-68　三维印刷成形技术打印的某街区规划模型

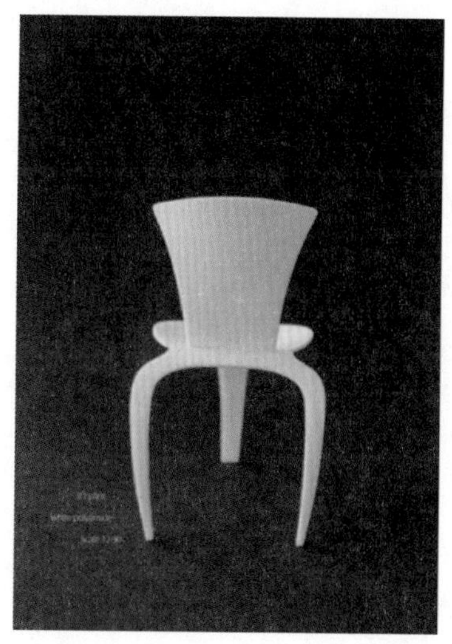

图 7-69　三维印刷成形技术打印的等比缩小的椅子

7.5.4　三维印刷成形在娱乐方面的应用

在电影中，我们看到过很多演员扮演的类人形的怪物。传统上，诸如好莱坞这样的制片基地，都是通过手工技术来制作这些特殊的模型，但现如今基本上都已是三维打印的天下，利用三维印刷成形技术能很方便地打印出个性化的怪物头套和全身装备。图 7-70 所示就是利用三维印刷成形技术打印出来的《蜘蛛侠 2》的手部道具，效果可以乱真，装备的材质还可以根据我们的喜好而改变。

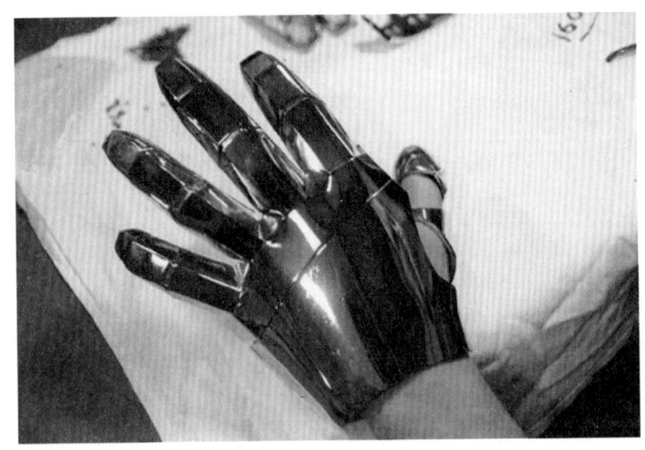

图 7-70　三维印刷成形技术打印的电影道具

参考文献

[1] 刘进,马海,范细秋,等.喷射黏接快速成形技术的原理、成形特性及关键部件[J].机械设计与制造,1998(1):39-40.

[2] 梁建海.黏接成形三维打印技术研究[D].西安:西安电子科技大学,2014.

[3] 杨伟东,贾鹏飞,马媛媛,等.3D打印工艺中黏结剂渗透建模与仿真[J].纳米技术与精密工程,2017,15(4):246-253.

[4] 肖翔.微喷射黏结快速成形系统控制软件的研究与实现[D].武汉:华中科技大学,2015.

[5] 吴皎皎.三维打印快速成形石膏聚氨酯基粉末材料及后处理研究[D].武汉:华南理工大学,2015.

[6] 王位.三维快速成形打印技术成形材料及黏结剂研制[D].武汉:华南理工大学,2012.

[7] 聂建华,李洲祥,林跃华.SLS工艺三维打印用高性能快速成形粉末材料和黏接溶液的研制[J].塑料工业,2014,42(2):60-64.

[8] GONZALEZ J A, MIRELES J, LIN Y, et al. Characterization of ceramic components fabricated using binder jetting additive manufacturing technology[J]. Ceramics International, 2016,42(9):10559-10564.

[9] 赵火平,叶春生,樊自田,等.黏结剂体系对微喷射黏结成形砂型精度和性能的影响[J].铸造,2017,66(3):223-227.

[10] 邢金龙,何龙,韩文,等.3D砂型打印用无机黏结剂的合成及其使用性能研究[J].铸造,2016,65(9):851-854.

[11] 董苹,赵寒涛,李麒,等.粉末黏结式彩色3D打印机的研究与应用[J].自动化技术与应用,2017,36(2):92-95.

[12] 李飞.三维喷射打印技术(3DP)在铸造行业的应用[C]//2016重庆市铸造年会论文集,2016.

[13] 赵火平.微喷射黏结快速成形铸造型芯关键技术研究[D].武汉:华中科技大学,2015.

[14] 杨伟东,徐宵伟,贾鹏飞.3DP工艺中黏结剂渗透过程的仿真与研究[J].制造技术与机

床，2016(10)：102-106.

[15] NANDWANA P，ELLIOTT A M，SIDDEL D，et al. Powder bed binder jet 3D printing of Inconel 718：Densification，microstructural evolution and challenges[J]. Current Opinion in Solid State and Materials Science，2017，21(4)：207-218.

[16] DO T，KWON P，CHANG S S. Process development toward full-density stainless steel parts with binder jetting printing[J]. International Journal of Machine Tools and Manufacture，2017，121：50-60.

第8章

激光近净成形

激光近净成形(laser engineered net shaping,LENS)是把粉末状或丝状金属材料同步地送进到激光辐照在基材上形成的移动熔池中,随着熔池移出高能束辐照区域而凝固,把所送进的金属材料以冶金结合方式添加到基材上,实现增材制造的过程。同步送进材料的金属增材制造技术不能像粉末床技术那样制造极端复杂结构的金属构件,但却有其他一些粉末床技术不具备的优点,包括：①可制造构件的尺寸范围极宽,可以从毫米级到数米级以至更大,实际上在大尺寸制造方面没有原则性的限制；②可以采用万瓦级大功率激光,因而成形效率比粉末床技术高得多,可以达到每小时数千克或更高；③成形构件可以达到100%致密,因此可以达到比粉末床技术所制造构件更高的动载力学性能；④可以用多个材料送进装置按任意设定的方式送进不同的材料,实现多材料任意复合制造；⑤可以方便地应用于金属构件的成形修复,而且修复件的力学性能可以非常优越,一般非常接近锻件的性能；⑥制造成本显著低于粉末床技术。

8.1 激光近净成形原理及其成形工艺

激光近净成形技术采用多道多层同步送粉激光熔覆的方法进行金属构件的增材制造,其成形原理如图8-1所示。

高功率激光束(通常数百瓦～数万瓦)聚焦成直径很小的焦斑(通常0.1～5mm)辐照到金属基板上,形成一个液态熔池；一个与激光束保持同步移动的喷嘴将金属粉末或丝材连续地送进熔池中,金属粉末或丝材在熔池中熔化,当激光辐照区域移出后,不再受到激光辐照的原熔池中的液态金属将快速地凝固,而与下方的金属基板以冶金结合的方式牢固地结合在一起；点状的熔池在基板上移动,把金属成线状堆积到基板上,下一道熔覆线与前一道熔覆线之间保持一定宽度的搭接,使新熔覆上的金属线不但与基材冶金结合,还同前一道熔覆线冶金结合在一起,如此逐线叠加熔覆而覆盖一个选定的二维平面区域(即对构件CAD模型分层切片所获得的第一层截面形状)；完成一层金属的熔覆之后,成形工件相对于激光焦斑下移一层的高度,重复以上过程进行构件第二层截面形状的熔覆制造；如此逐层熔覆制造,形成一个在三维空间中完全以冶金方式牢固结合的金属构件。激光束相

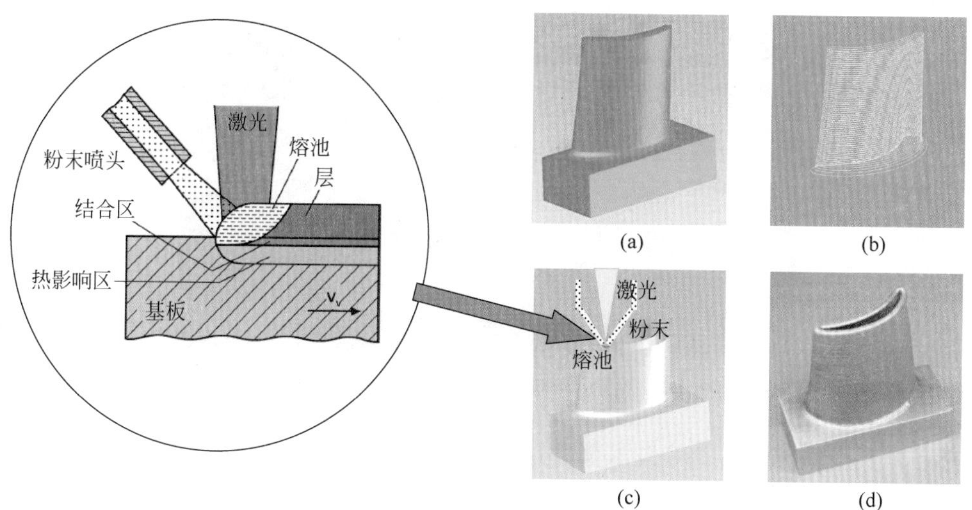

图 8-1　LENS 技术成形原理示意图(西北工业大学)
(a) 三维 CAD 模型；(b) 分层切片；(c) 逐层堆积；(d) 近净构件

对于成形工件的移动,一般通过 CNC 数控机床或机械手来实现。

LENS 工艺可通过制造时间、可制造构件的最大尺寸、制造复杂构件的能力和产品质量进行表征。相比于采用丝材的 LENS 工艺,采用粉末的 LENS 工艺的制造时间受限于送粉率、扫描速度和单层层高,其加工精度明显高于采用丝材的加工工艺。对于大尺寸的构件,尤其是质量超过 10kg 的构件,采用丝材的 LENS 工艺制造效率更高,而未来两类材料的复合制造装备或成为可能。

LENS 技术可以用于高效率地制造构件毛坯(图 8-2),留下很大的加工余量。但也可以实现精密成形(图 8-3),尺寸精度达到±0.05mm,表面粗糙度达到 $Ra4.2$(西北工业大学)。

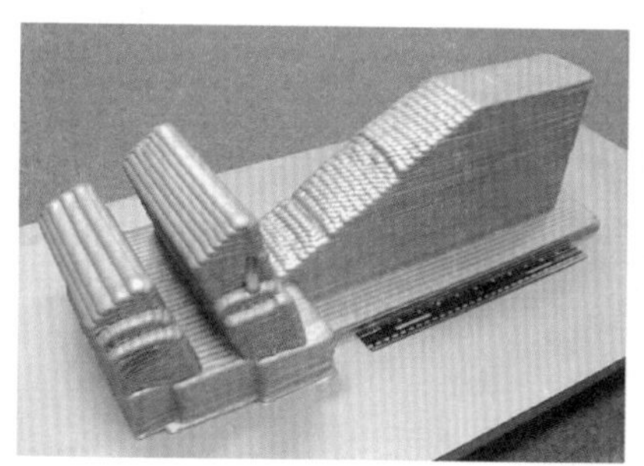
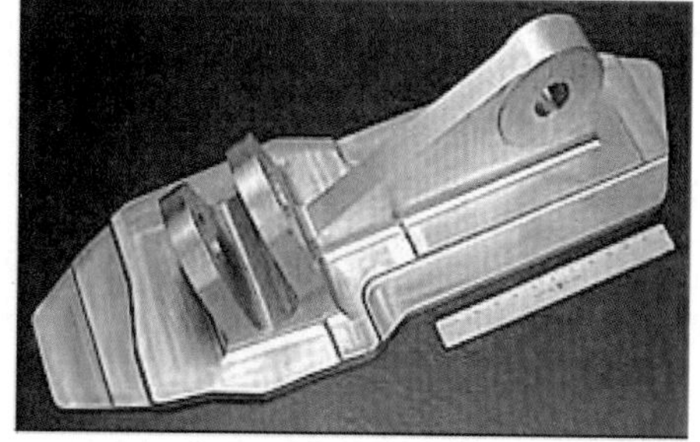

图 8-2　LENS 技术高效率制造构件毛坯(美国 AeroMet 公司)

LENS 技术以直接成形高性能致密金属构件为主要技术目标,已成为制造领域一个众所瞩目的研究热点,在全世界很多地方在很短的时间内很快发展起来。由于这是一个全新的技术领域,许多机构是独立进行研究并发展起来的,因此,虽

图 8-3 LENS 技术制造精密构件(西北工业大学)

然各家机构发展的 LENS 技术都具有如本书所述的同样的技术原理，但命名却各不相同，如：

(1) 英国利物浦大学和美国密西根大学——金属直接沉积(direct metal deposit，DMD)；

(2) 加拿大国家研究委员会集成制造技术研究所——激光固化(laser consolidation，LC)；

(3) 瑞士洛桑理工学院——激光金属成形(laser metal forming，LMF)；

(4) 美国桑迪亚国家实验室和 Optomec 公司——激光近净成形制造(laser engineered net shaping，LENS)；

(5) 美国洛斯·阿拉莫斯国家实验室——光控制造(directed light fabrication，DLF)；

(6) 美国 AeroMet 公司——激光成形(laser forming，LF)；

(7) 美国宾夕法尼亚州立大学——激光实体自由成形制造(laser solid free-form fabrication，LSFFF)；

(8) 英国伯明翰大学——直接激光制造(direct laser fabrication，DLF)；

(9) 国内首先发展 LENS 技术的西北工业大学——激光立体成形(laser solid forming，LSF)。

这些名称中，影响最广泛的当属“LENS”，这可能与美国桑迪亚国家实验室的影响力和 Optomec 公司很早就推出了以“LENS”作为其注册商标名称的非常有名的系列装备有关。

金属 3D 打印

8.2 激光近净成形装备

图 8-4(a)是西北工业大学凝固技术国家重点实验室自主研发的激光近净成形系统。该系统由最大输出功率为 6kW 的半导体激光器、五轴四联动数控工作台、

DPSF-2 型送粉器、同轴送粉喷嘴、惰性气体保护室组成。图 8-4(b)是 LENS 联盟的主要成员之一——Optomec Design 公司研制的 850-R 型 LENSTM 装备，由千瓦 IPG 光纤激光器、5 轴数控工作台、充满惰性气体的手套箱和送粉系统等组成。这些系统能够实现钛合金、工具钢、不锈钢、铜及铝等金属材料大尺寸的 LENS 成形和修复。

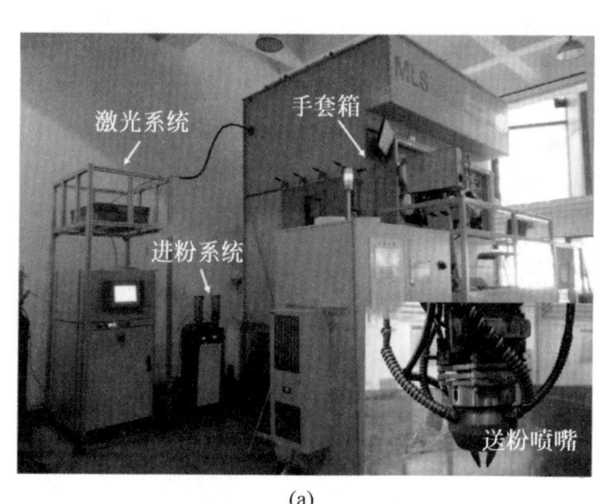

(a)

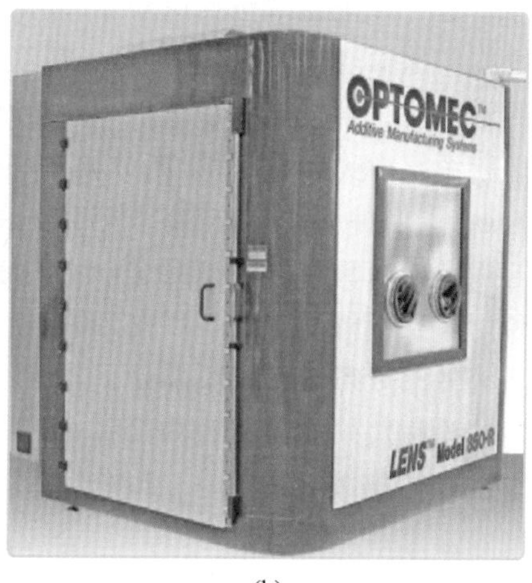

(b)

图 8-4　激光近净成形装备

(a) 西北工业大学凝固技术国家重点实验室自主研发的激光近净成形系统；(b) 850-R 型 LENSTM 装备(Optomec Design)

对 LENS 装备系统而言，以下 3 部分系统是必需的：

(1) 激光器和光路系统：其作用是产生并传导激光束到加工区域。激光器作为熔化金属粉末的高能量密度热源，是 LENS 系统的核心部分，其性能直接影响成形效果。目前较为常用的主要是 YAG 激光器、CO_2 激光器和光纤激光器。其中，光纤激光器因其光束质量非常好，在 10^2 W 量级时已接近了理论极限。250W 光纤激光器的 M_2 值(M_2 值是描述光束质量的一个特征参数，通常在 1～10 之间，较小的 M_2 值对应更好的光束质量)达到了 1.04，远远优于 CO_2 激光器和 YAG 激光器，因此能够获得更小的光斑，加工更加精细的结构。光纤激光器的波长与 YAG 激光器非常接近(1.07μm)，因此金属材料对它的吸收率也较高，且其光束也是通过光纤进行传输的，加工的灵活性与 YAG 激光器相同。由于光纤激光器具有以上突出的优点，一些公司的快速成形装备开始使用光纤激光器作为光源，如图 8-4(b)展示的 850-R 系统。目前 IPG Photonics 公司生产的光纤激光器的输出功率已经达到 10^5 W 量级，其光束质量远远优于同级别的 CO_2 激光器。

(2) 多坐标数控机床：其功能是按照事先编制的数控程序实现激光束与构件之间的相对运动。它是 LENS 系统的另一个必备部分，除了对数控系统的速度、精度等最基本的要求之外，数控系统的坐标数也是主要要求。从理论上讲，LENS 加工只需要一个3轴(X、Y、Z)的数控系统即可满足“离散+堆积”的加工要求,但对于实际情况而言,实现任意复杂形状的成形还是需要至少5轴的数控系统(X、Y、Z、转动、摆动)。

(3) 送粉系统:其作用是将粉末传输到熔池。它是整个成形系统中最为关键和核心的部分,其性能好坏直接决定了成形构件的最终质量,包括成形精度和性能。送粉系统通常包括送粉器、粉末传输通道和喷嘴三部分。送粉器要求能够连续均匀地输送粉末,这一点对于精度要求较高的LENS过程尤为重要,因为不稳定的粉末流将直接导致粉末堆积厚度的差异,继而影响成形过程的稳定性。喷嘴是送粉系统中另一核心部件,分同轴喷嘴和侧向喷嘴两种。同轴喷嘴基本上包含粉末通道、保护气体、冷却水等部分。由于粉末流呈对称形状,在整个粉末流分布均匀以及粉末流与激光束完全同心的前提下,沿平面内各个方向堆积粉末时粉末的利用率是保持不变的。因此,同轴喷嘴是没有方向性问题的,因而能够完成复杂形状构件的成形。侧向喷嘴是指其轴线与激光束轴线之间存在夹角的喷嘴。这一类型的喷嘴使用和控制较为简单,特别是对粉末流约束和定向较为容易,因而多应用于激光熔覆领域。

除上述必备的装置外,LENS装备还可配有以下辅助装置:

(1) 气氛控制系统:其作用是保证加工区域的气氛达到一定的要求。该系统在进行一些活泼材料的成形时是必需的,如某些易氧化的金属/合金(钛合金、铝合金等)。

(2) 监测与反馈控制系统:其作用是对成形过程进行实时监测,并根据监测结果对成形过程进行反馈控制,以保证成形工艺的稳定性,这对成形精度有至关重要的影响。

8.3 激光近净成形材料

LENS技术采用的原材料有粉末和丝材两种。

通常预合金粉末因其易输送和熔点可控而被广泛使用,而混合元素粉末则可通过改变合金的比例和成分为制造成分或功能梯度材料提供便利。高质量粉末具有高比表面和易于氧化等特点,因此,粉末的制造方法及其在成形过程中的特点是关注的重点。粉末质量是影响LENS制造构件的关键参数之一,包括粉末形貌、尺寸分布、表面形貌、成分和流动性。粉末主要有4种制造方法:气雾化法、等离子旋转雾化法、水雾化法和等离子旋转电极法。等离子旋转电极法生产的粉末球形度高且表面光滑;等离子旋转雾化法制造的粉末表面光滑,但球形度不高;气雾化法制造的粉末呈球形,表面或有微孔或卫星颗粒存在而增加了表面粗糙度;水雾化法制造的粉末颗粒呈不规则形状,故与其他三种工艺获得的粉末相比流动性差。

具有一致的粉末尺寸分布和平滑表面的高质量粉末能够保证制造过程粉末流动的稳定性继而成形高质量构件，因而备受欢迎。但是高质量粉末的价格也相对较高。因此原材料的选择要结合工艺特点并考虑产品的质量要求和花费。LENS 制造所采用的丝材一般直径大于 0.8mm，其制造过程光斑大，构件的表面粗糙度高，但成形效率得到了大幅提高。

钛合金、高温合金及钢的 LENS 加工获得广泛研究，对各材料体系的力学性能和 LENS 加工工艺参数及微观组织的关系有大量报道。LENS 技术的特点决定了影响微观组织和力学性能的关键参数是加工热历史、冷却速率和残余应力。表 8-1～表 8-3 分别给出了 LENS 制造典型钛合金、高温合金及钢的室温拉伸力学性能。其中，TC4(Ti-6Al-4V)钛合金、Inconel 718 镍基高温合金以及 316L 不锈钢作为目前应用最为广泛的金属合金，对其的研究比其他合金更为成熟。

表 8-1　LENS 制造钛合金的室温拉伸力学性能

材料	成形工艺及状态	σ_b/MPa	$\sigma_{0.2}$/MPa	δ/%
TC4(Ti-6Al-4V)	激光近净成形沉积态	955～1000	890～955	10～18
	激光近净成形热处理态	1050～1130	920～1080	13～15
	锻造退火态标准	≥895	≥825	≥8～10
	美国 AeroMet 公司激光成形	896～999	827～896	9～12
TA15	激光近净成形沉积态	1030～1190	955～1150	10～14
	激光近净成形热处理态	1160～1330	1040～1140	8～9.5
	锻造退火态标准	930～1130	≥855	≥8～10
TC6	激光近净成形沉积态	1140～1220	1100～1180	7.5～17
	锻造标准	≥950	≥910	≥8
TC11	激光近净成形沉积态	1220～1310	1180～1260	3.2～7.5
	锻造标准	≥1030	≥910	≥8
TC17	激光近净成形沉积态	1030～1230	1010～1220	4～16
	锻造标准	≥1120	≥1030	≥5

表 8-2　LENS 制造高温合金的室温拉伸力学性能

材料	成形工艺及状态	σ_b/MPa	$\sigma_{0.2}$/MPa	δ/%
Inconel 718	激光近净成形热处理态	1350～1380	1100～1170	17.5～33.5
	锻造标准	≥1240	≥1030	≥6～12
FGH95	激光近净成形热处理态	1311～1400	1070～1204	12～18
	粉末冶金 C 级标准	≥1430	≥1145	≥10
Rene88DT	激光近净成形热处理态	1440～1450	1060～1080	20～23
	粉末冶金标准	1520～1600	1080～1210	17～25

表 8-3 LENS 制造钢的室温拉伸力学性能

材料	成形工艺及状态	σ_b/MPa	$\sigma_{0.2}$/MPa	δ/%
316L	激光近净成形热处理态	605	400	53
	锻造退火态标准	≥586	≥241	≥50
38CrMnSiA	激光近净成形热处理态	1100～1130	1020～1050	10.5～17
	锻造标准	≥980～1080	≥735～835	≥6～10
38CrSi	激光近净成形热处理态	1020～1030	900～915	12
	锻造标准	≥950	≥800	≥12
17-4PH (Cr-17Ni-4Cu-4Nb)	激光近净成形热处理态	1081～1102	949～983	14.6～16.1
	锻造标准	≥930～1310	≥725～1180	≥10～16
300M	激光近净成形热处理态	1460～1770	1400～1540	5～7.5
	锻造标准	≥1862	≥1517	≥8
40CrMnSiMoVA	激光近净成形热处理态	1750～1820	1520～1600	1～2.5
	锻造标准	≥1943		≥13.7

表 8-4 给出了 LENS 制造钛合金在 400～500℃下的高温拉伸力学性能。所有钛合金在沉积态下的力学性能就已经达到了锻件标准。至于动载力学性能，以 TC4(Ti-6Al-4V)合金为例，其经固溶时效处理后，断裂韧性值 KIC 为 86.3～103.1MPa·$m^{1/2}$，同样满足锻件退火态的标准(>50MPa·$m^{1/2}$)。

表 8-4 LENS 制造钛合金的高温拉伸力学性能

材料	成形工艺及状态	σ_b/MPa	$\sigma_{0.2}$/MPa	δ/%
TC4(Ti-6Al-4V) (400℃)	激光近净成形沉积态	605～635	485～515	17～20.5
	锻造标准	≥600		
TA15(500℃)	激光近净成形沉积态	670～775	525～670	17～21
	激光近净成形热处理态	805～1020	630～825	13.5～18
	锻造标准	≥635		
TC6(400℃)	激光近净成形沉积态	815～900	650～745	12.5～19
	锻造标准	≥720		≥14
TC11(400℃)	激光近净成形沉积态	875～900	765～780	15.5～16.5
	锻造标准	≥715		≥12
TC17(400℃)	激光近净成形沉积态	940～990	850～880	8～10
	锻造标准	≥905	≥800	

图 8-5 给出了 LENS 制造 TC4 合金的低周疲劳曲线。LENS 构件的疲劳性能与退火态锻件的性能基本相当。

表 8-5 给出了粉末冶金高温合金 Rene88DT LENS 构件在 750℃下的高温拉伸力学性能。Rene88DT LENS 构件在高温下静载力学性能表现较为出色，已经基本达到了粉末冶金(加热等静压)的技术标准。表 8-6 列出了 Inconel 718 LENS 成形的高温持久性能。可见，LENS 构件的持久寿命远高于锻件和铸件标准，仅是

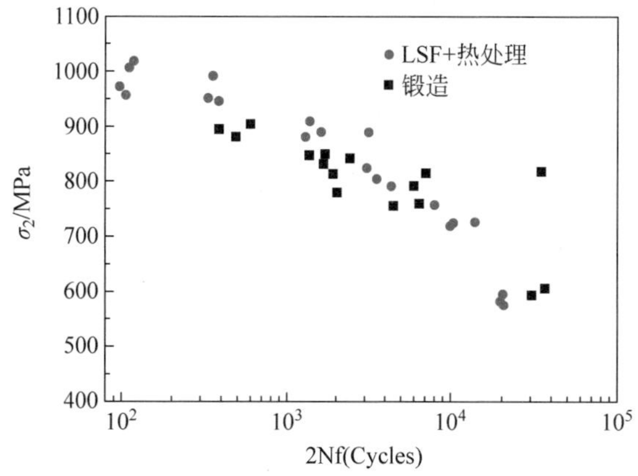

图 8-5　固溶时效处理的 LENS 制造 TC4 合金光滑试样的低周疲劳曲线

应力断裂的塑性略低。高温合金 LENS 构件的疲劳性能目前仍然较低。同样以 Inconel 718 合金为例，其在 500MPa、500℃下的高周疲劳寿命仅为 5.8×10^4h，低于锻件标准（退火态锻件在 495MPa、650℃下的高周疲劳寿命为 5.0×10^5h）。

表 8-5　激光近净成形 Rene88DT 高温合金的 750℃高温拉伸力学性能

成形工艺及状态	σ_b/MPa	$\sigma_{0.2}$/MPa	δ/%
激光近净成形热处理态	1220	815	10.5
粉末冶金标准	1120～1200	970～1030	10～20

表 8-6　激光近净成形 IN718 高温合金试样的高温持久性能

试样状态	测试条件	t/h	δ/%
激光近净成形热处理态	650℃/620MPa	186	1.2
激光近净成形热处理态	650℃/690MPa	42	1.6
锻造标准（高强）	650℃/690MPa	≥25	≥5
铸造合金持久	650℃/620MPa	≥23	≥3

从表 8-1～表 8-3 可以看出，目前金属增材制造所采用的合金大多是传统的铸造合金或锻造合金，所采用的热处理制度大多数是沿用传统铸件和锻件的热处理制度。之所以把这些合金称为铸造合金和锻造合金，是因为这些合金的成分设计、热处理制度制定都是针对着合金在铸造和锻造过程的工艺特征、组织及合金化特征和强韧化机制，而金属增材制造的工艺特性决定了其组织和合金化特征必然与传统的铸件和锻件具有较大差别，使得这些合金的设计及热处理制度通常无法充分发挥金属增材制造构件的力学性能。因此，发展金属增材制造专用合金势在必行。

8.4 激光近净成形应用实例

8.4.1 激光近净成形技术的航空应用

金属构件直接增材制造的技术构思，是由美国联合技术研究中心(United Technologies Research Center，UTRC)在1979年首先提出的，其应用对象就是针对航空制造领域，并且是航空核心部件——航空发动机涡轮盘(图8-6)。20世纪90年代中期以来，美国波音公司、GE航空集团、美国桑迪亚国家实验室和洛斯·阿拉莫斯国家实验室，欧洲空中客车公司、英国劳斯莱斯公司、法国赛峰公司、意大利Avio公司等航空航天领域大型公司和国家研究机构都对金属增材制造技术及其在航空航天领域的应用进行了大量研究。参与这项研究的世界著名大学更是数不胜数。

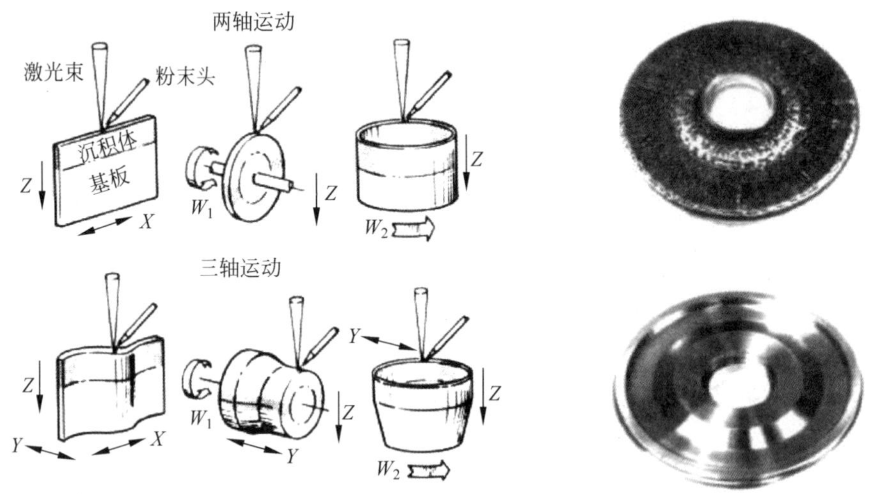

图8-6 LENS技术概念示意及采用此技术成形的航空发动机涡轮盘模拟件(UTRC)

2000年，美国波音公司首先宣布采用激光近净成形增材制造技术制造的3个钛合金构件在F-22和F/A-18E/F军用飞机上获得应用(图8-7)。这在全球掀起了金属构件直接增材制造的第一次热潮。在增材制造技术发展的早期，LENS技术的应用对象多为军用飞机的钛合金构件如钛合金支架、吊耳、框、梁等，以及航空发动机构件如镍基高温合金单晶叶片。

在中国航空制造领域，开展LENS技术和应用研究最具代表性的单位主要是北京航空航天大学和西北工业大学。北京航空航天大学针对我国军用飞机大型钛合金结构件的LENS制造开展了大量研发工作，并已经在多个型号中获得应用(图8-8)。在民用飞机应用方面，西北工业大学采用LENS技术制造了长达近

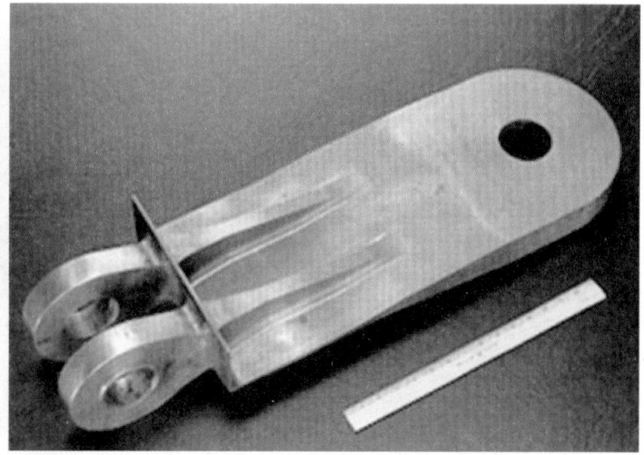

图 8-7　波音公司采用 LENS 技术制造的飞机钛合金结构件

3010mm 的 C919 飞机钛合金中央翼 1#肋缘条(图 8-9)。目前,装备这些激光近净成形增材制造缘条的 C919 飞机翼身组合体已通过了静强度研究偏航机动 100%限制载荷试验测试。

图 8-8　北京航空航天大学采用 LENS 技术制造的飞机加强框

除了直接制造航空构件外,采用增材制造技术对航空构件进行成形修复,以及将增材制造与传统的铸造、锻造和机械加工相结合形成组合制造技术以提高构件的成形精度和效率也是目前航空制造领域的一个发展亮点和未来的重要发展趋势之一。目前,欧美以及我国都已将增材制造成形修复技术应用于飞机构件加工和服役损伤的修复,取得了显著的时间和经济效益。在组合制造方面,国内外都在探

图 8-9 西北工业大学采用 LENS 技术制造的 C919 大型客机中央翼肋上、下缘条

索将金属增材制造技术与传统的铸造、锻造、机械加工和电解加工相结合，以克服增材制造固有的精度/效率矛盾，实现航空复杂构件的低成本高效高精度制造和加工。

8.4.2 激光近净成形技术制造 C919 飞机机翼缘条案例解析

C919 大型客机中央翼肋缘条是飞机机翼与机身连接处的关键主承力构件，如图 8-10 所示。由于机翼翼型流线、承载性能、装配要求和轻量化设计等多方面因素的综合考量，缘条结构往往被设计为空间异型结构，加之尺寸较大，给后续的制造加工带来了很大的难度。

图 8-10 C919 中央翼肋缘条

缘条构件通常使用的材料为钛合金、铝合金。传统的加工制造方法为：首先采用自由锻造的方法制备毛坯，然后采用数控铣进行粗加工，之后热处理消除加工应力，最后完成数控铣精加工到位。采用这一制造方法，通常自由锻料相对于最终缘条有着很大的余量，因此，需要去除的材料往往高达 95%以上，造成极大的材料

浪费和加工时间成本。为了减小加工余量，人们采用模锻代替自由锻，虽然使加工余量大大减小，但余量仍然在 15mm 以上。除此之外，缘条模锻还存在两大难题：第一，大型客机缘条长度一般在 3m 以上，需要 4 万 t 以上液压锻机才能实现模锻，然而，国内满足需求的装备较少；第二，模锻件模具的设计与制造成本很高，模具的加工周期也很长。如果飞机处在研制阶段，如此时间及成本的投入对于新机研制来说难以想象。实际上，在大型客机的研制中，有很多类似的复杂构件都存在同样的问题，即采用传统加工技术成本高、时间周期长、原材料的利用率较低，进而对民机的研制进度产生重要的影响。LENS 制造技术能够实现高性能复杂结构致密金属构件的无模、快速、近净成形，给民用飞机大型复杂结构件的高效制造提供了一种解决途径。

C919 钛合金中央翼肋缘条 LENS 制造方案主要包括以下几个方面的工作：对构件结构特点进行分析；建立毛坯构件三维 CAD 实体工艺模型；制定 LENS 制造工艺方案；激光扫描路径生成及优化；工艺参数选取与优化；LENS 制造构件毛坯；后续处理。

1. 缘条结构特点分析

C919 飞机的中央翼上下缘条长近 3m，为类十字和丁字双弯曲板筋结构(图 8-10)，弯曲最大倾斜度约 20°，同时筋板主要为变壁厚结构，各部分主要板厚 6～18mm，采用 Ti-6Al-4V 合金进行制造，设计构件的净重为 50kg 左右。

2. LENS 实施方案

根据 C919 飞机缘条的结构特点，拟采用整体激光熔覆成形制造方案。从变形最小化和工艺最简化的角度考虑，由于缘条整体结构的弯曲曲率不大，拟沿缘条长度方向进行立式整体成形，如图 8-11 所示。成形制造的总体流程如图 8-12 所示。

3. 近形件三维 CAD 实体模型建立

从经济适用性的角度，考虑制造效率和成形精度的平衡，以及后续无损检测的需求，LENS 成形的缘条相比原设计构件需要单边设计 3mm 余量。同时考虑后续的数控加工要求，在构件的 CAD 建模时，需要同时考虑成形基材的装夹和数控加工的定位，明确成形基准和加工基准的转换策略，确定工艺模型，如图 8-13 所示。

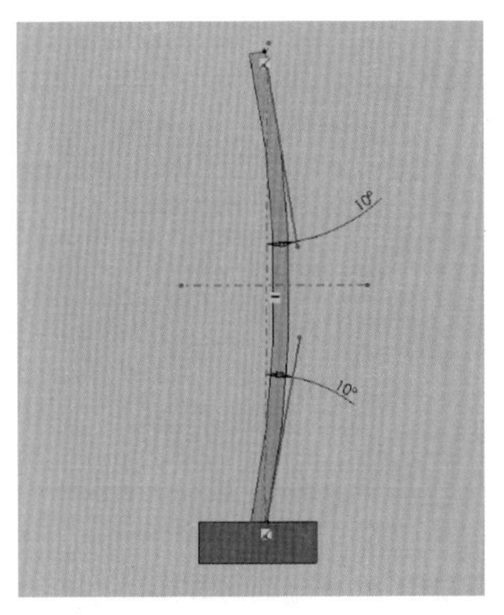

图 8-11 C919 飞机缘条 LENS 方案示意图

4. 工艺过程控制

1）激光扫描路径生成

根据缘条的结构特点，为了保证外部轮廓以提供准确的加工余量，以及减轻局部过

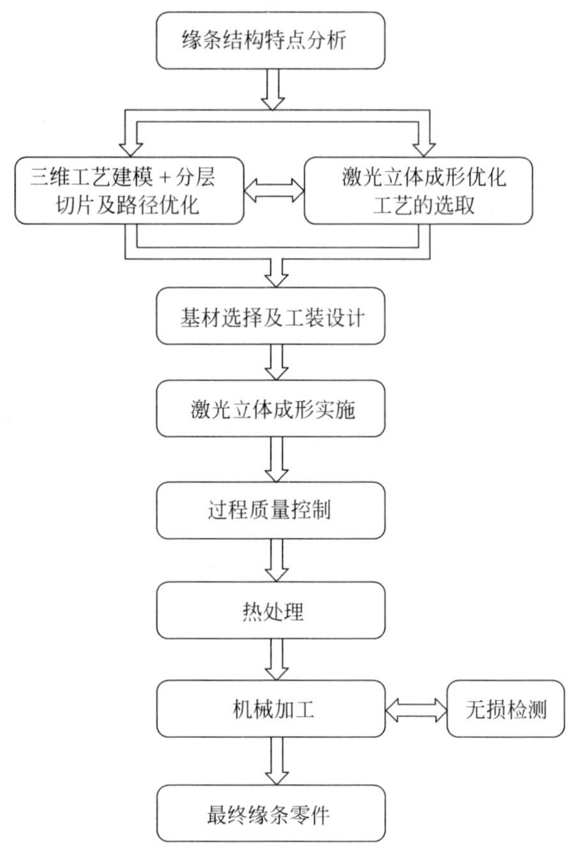

图 8-12 缘条整体 LENS 制造流程

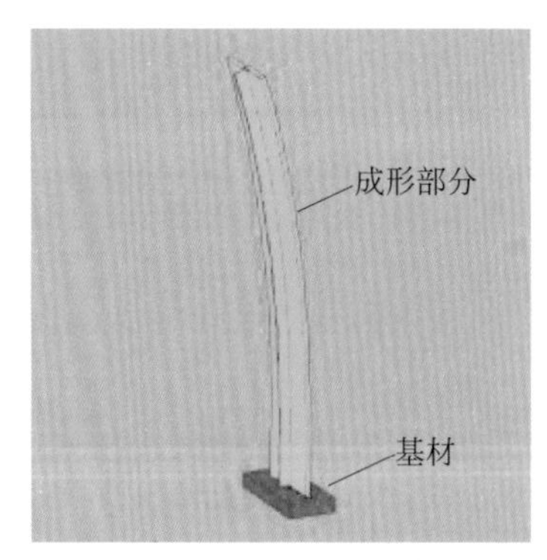

图 8-13 缘条整体 LENS 工艺模型

热的影响，剖分工艺模型时采用轮廓偏置路径和起始位置随机的填充方式。

缘条 LENS 成形过程中，为了保证制造效率和适当的精度，通常需要采用大光斑和厚熔覆沉积层的方式进行成形制造。在立式熔覆沉积过程中，熔池凝固收缩易沿高度方向发生，为此，采用沉积高度监控系统同步调控构件高度和沉积层厚度。

2）后续处理

由于成形过程中构件经历了巨大的温差变化，缘条经 LENS 成形后，后续需要采用适当的热处理工艺来优化微观组织结构和去除残余应力。针对缘条所采用的 Ti-6Al-4V 合金，基本热处理工艺包括固溶时效和去应力退火。

成形过程的质量控制是 LENS 制造满足缘条设计要求的重要环节，包括几何性能的控制、冶金质量的控制以及应力变形的控制 3 个方面。

5. 几何性能控制

对于大型构件的成形，微观的表面精度并不是主要关注的问题。构件形位尺寸是决定能否最终加工出构件的关键。为此需要通过两方面来确保形位尺寸：

（1）沉积高度控制。可结合沉积高度的实时检测系统及离线高度测量，采用优化的工艺参数组合，确保沉积高度均匀稳定。

（2）成形过程中关键位置和结构设计尺寸保证。成形过程中需要对关键位置和关键结构设计尺寸进行在线和离线监测，确定其与构件工艺模型的形位偏差，并以此为参考修正成形工艺参数。

6. 冶金质量控制

对于大型构件成形来说，如何在长时间的成形过程中保证整个构件内部的冶金质量是一个必须考虑的问题。需要从以下几方面来解决这一问题：

（1）优化工艺，保证单道沉积冶金质量；

（2）根据熔覆沉积层的宽高比严格控制搭接率，确保搭接部分冶金质量；

（3）尽可能配置加工区域激光功率、熔池温度或熔池尺寸的实时监测系统，实时调整优化工艺，保证成形过程的稳定性。

7. 应力变形模拟及控制

对于大型构件的 LENS 成形来说，构件的应力变形控制是一个不可忽视的问题。它关系到构件与设计尺寸的形位偏差，影响到工艺模型的余量设计及后续能否机械加工出最终构件。而对成形过程的应力变形情况进行适当的模拟仿真，是优化工艺策略、调控成形过程应变分布和变形的一个重要手段。

图 8-14 为采用有限元分析仿真的轮廓偏置、长光栅、短光栅和交叉光栅 4 种沉积路径 LENS 的 Ti-6Al-4V 合金 T 形缘条和基板的最终变形情况。可以看到，4 种沉积路径下基板的最大变形量发生在基板长边的两侧，产生向上的变形，基板中心位置变形最小。采用轮廓偏置路径沉积的 T 形缘条最大变形量发生在熔覆层顶端横向缘条尾部，最大变形量为 2.1mm，其次是纵向缘条尾部，变形量约为 1.67mm，基板上最大变形量为 1.4mm。采用长光栅和短光栅路径沉积时，最大变形都发生在熔覆层顶端横向缘条头部，其最大变形量分别为 2.429mm 和 2.424mm，基板两侧最大变形量分别为 0.16mm 和 0.1mm。采用交叉光栅路径沉积的 T 形缘条，沉积结束后最大变形量发生在基板上，基板上最大变形量为 1.9mm；T 形缘条上最大变形量在熔覆层顶端横向缘条头部，最大变形量为 1.653mm。相对其他路径，采用交叉光栅路径沉积的 T 形缘条上变形量最小，这是由于采用交叉光栅路径沉积时，相邻熔覆层冷却时凝固收缩方向发生了改变，使得收缩引起的内应力的方向分散，相应的翘曲变形减小。

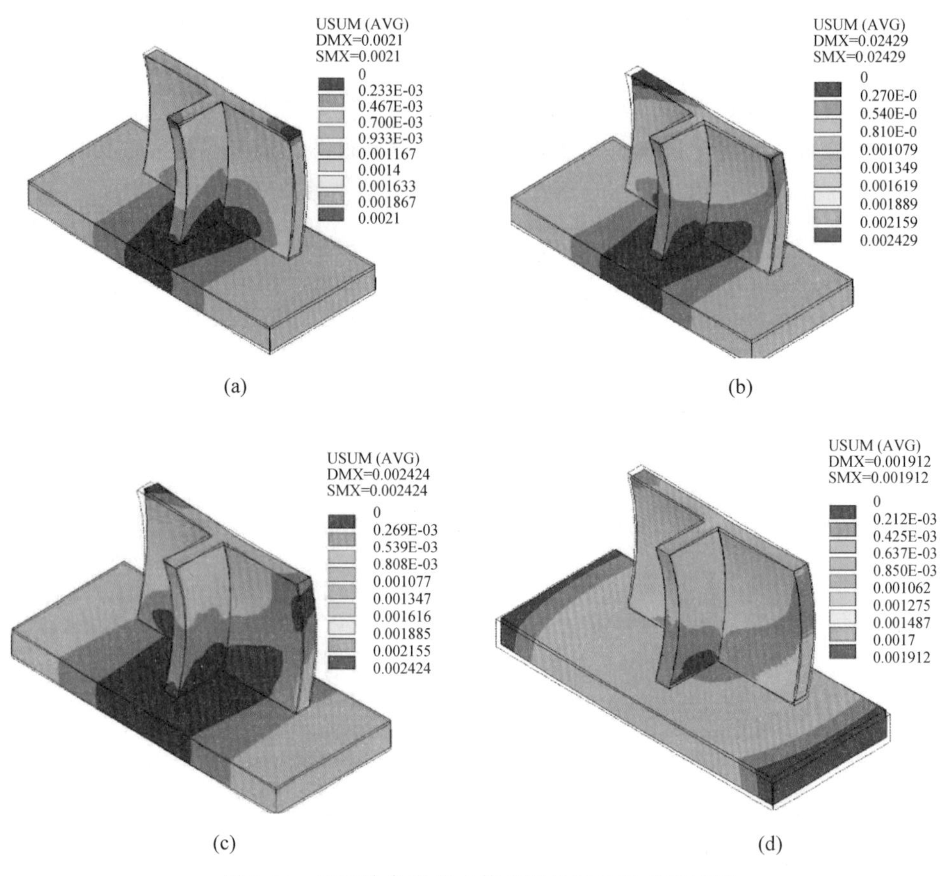

图 8-14　T 形缘条激光立体成形后的最终变形情况

(a) 轮廓偏置；(b) 长光栅；(c) 短光栅；(d) 交叉光栅

图 8-15 为沉积结束及冷却后，采用 4 种沉积路径沉积所得 Ti-6Al-4V 合金 T 形缘条等效应力场分布图。沉积结束后，T 形缘条的最大残余应力都分布在横向缘条两端靠近根部位置，且由外向内应力迅速减小；基板上应力值较小，主要集中在缘条轮廓周围。采用轮廓偏置沉积路径，缘条端部应力从下到上呈 V 字形分布，且最大等效应力达 779MPa，位于横向缘条背面端部与基板连接处。横、纵缘条连接处的背面底部也存在明显的应力集中，最大应力值达 690MPa，随着高度的增加，应力值逐渐减小至 300MPa。除去端部和背部应力集中位置，缘条整体所受应力水平较低。采用长光栅路径沉积的缘条端部则存在更大范围的应力集中，且最大等效应力高达 818MPa，横、纵缘条连接处的背面最大应力约为 450MPa。除去端部位置，采用轮廓偏置和长光栅路径沉积时，缘条底部与基板连接位置也产生较大拉应力，熔覆结束后缘条顶部应力变大。相比前两种沉积路径，采用短光栅沉积的缘条整体应力分布最均匀，只有缘条端部与基底连接的根部出现应力集中但范围非常小，最大等效应力为 776MPa，背面应力也更均匀，应力水平维持在

250MP左右。采用交叉光栅沉积路径的缘条上整体应力分布也比较均匀,但是端部应力比短光栅略大,最大等效应力为783MPa。

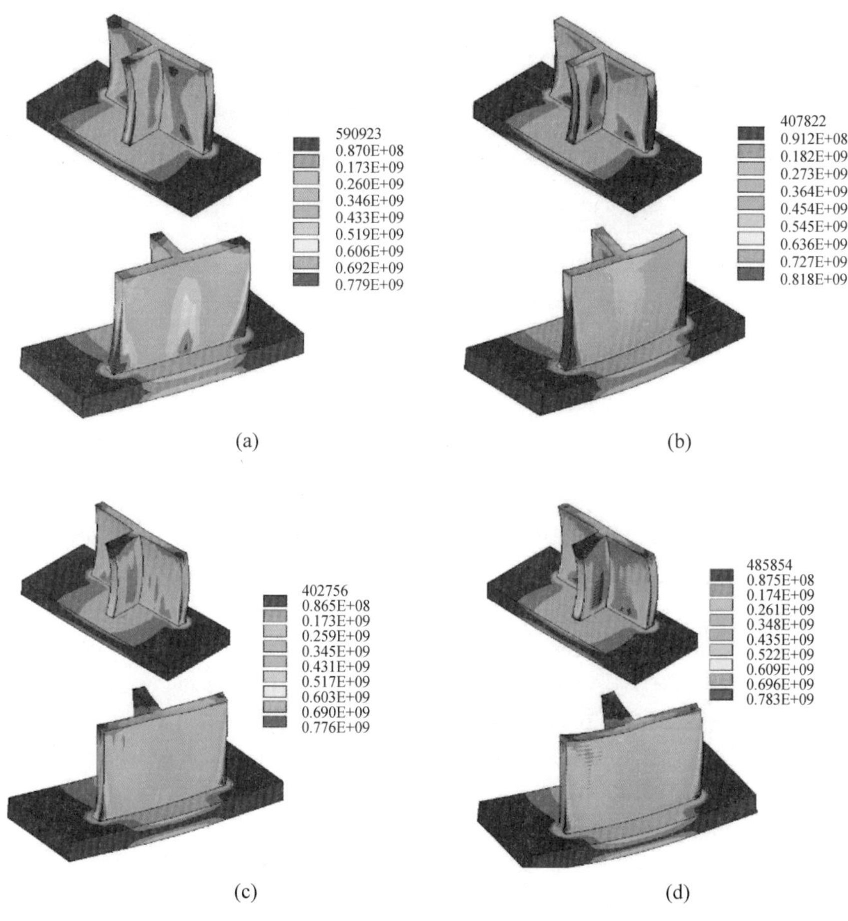

图8-15 T形缘条沉积结束及冷却后等效残余应力分布

(a) 轮廓偏置;(b) 长光栅;(c) 短光栅;(d) 交叉光栅

8. 缘条的LENS制造

基于前述分析,最终C919飞机中央翼肋缘条构件采用轮廓偏置+光栅混合路径进行扫描沉积,最终LENS制造的构件如图8-16所示。超声检测表明无孔洞、熔化不良缺陷,满足设计要求。同时,抽样拉伸测试结果表明,增材制造件不同部位强度性能波动小于2%。图8-16为采用LENS增材制造的上、下缘条组装的C919中机身翼身组合体部段。该部段已完成了载荷考核,最终测试的承载能力超过设计要求。

图 8-16　装配了 LENS 制造上、下缘条的 C919 中机身翼身组合

参考文献

[1] WILLIAMS S W, MARTINA F, ADDISON A C, et al. Wire plus arc additive manufacturing[J]. Materials Science and Technology,2016; 32(7): 641-647.

[2] KOCH J L,MAZUMDER J. Rapid prototyping by laser cladding[C]//MCCAY T D, MATSUNAWA A,HUGEL H. Laser Material Processing,ICALEO'1993,Orlando FL: Laser Institute of America,1993: 556-557.

[3] MURPHY M,LEE C,STEEN W M. Studies in rapid prototyping by laser surface cladding [C]//MCCAY T D, MATSUNAWA A, HUGEL H. Proceeding of ICALEO'1993, Orlando FL: Laser Institute of America,1993: 882-891.

[4] XUE L, ISLAM M. Free-form laser consolidation for production functional metallic components[C]//DULEY W,SHIBATA K,POPRAWE R. Proceeding of ICALEO'1998, Orlando FL: Laser Institute of America,1998: E15-E24.

[5] XUE L,PURCELL C J,THERIALUIT A,et al. Laser consolidation for the manufacturing of complex flextensional transducer shells[C]//CHEN X,FUJIOKA T,MATSUNAWA A. Proceeding of ICALEO'2001,Orlando FL: Laser Institute of America,2001: 701-711.

[6] GREMAUD M, WAGMIERE J D, ZRYD A, et al. Laser metal forming: process fundamentals[J]. Surface Engineering,1996,12(3): 251-259.

[7] GRIFFITH M L,KEICHER D M,ATWOOD C L,et al. Freeform fabrication of metallic components using laser engineered net shaping LENS[C]//MARCUS H L,BEAMAN J J, BARLOW J W,et al. Solid Freeform Fabrication Symposium Proceedings, Austin, TX: University of Texas at Austin,1996: 125-132.

[8] GRIFFITH M L,SCHLIENGER M E, HARWELL L D,et al. Understanding thermal behavior in the LENS process[J]. Materials and Design,1999,20: 107-113.

[9] RICHARD M. Directed light fabrication[J]. Advanced Materials and Processes, 1997, 151(3): 31-33.

[10] ARCELLA F G. Laser forming of near shapes [C]//Titanium'92: Science and Technology,Vol. 2,Frose F H,Caplan I L,(Eds.) Warrendale,PA: TMS,1992: A1-A5.

[11] WHITNEY E. Advances in rapid prototyping and manufacturing using laser-based solid

free-form fabrication[C]//WESSEL J K. Handbook of Advanced Materials, Hoboken, New Jersey: John Wiley and Sons, Inc., 2004: 611-631.

[12] WU X, SHARMAN R, MEI J, et al. Direct laser fabrication and microstructure of a burn-resistant Ti alloy[J]. Materials and Design, 2002, 23: 239-247.

[13] 李延民. 激光立体成形工艺特性与显微组织研究[D]. 西安：西北工业大学，2001.

[14] 黄卫东，等. 激光立体成形[M]. 西安：西北工业大学出版社，2007.

[15] STECKER S, LACHENBERG K, WANG H, et al. Advanced electron beam free form fabrication methods and technology[C]//AWS welding show. Atlanta(GA), 2006: 35-46.

[16] SYED W U H, PINKERTON A J, LI L. Combining wire and coaxial powder feeding in laser direct metal deposition for rapid prototyping[J]. Applied Surface Science, 2006, 252(13): 4803-4808.

[17] SNOW D B, BREINAN E M, KEAR B H. Rapid solidification processing of superalloys using high power lasers[C]//TIEN J K, WLODEK S T, MORROW Ⅲ H, et al. Superalloys 1980: Proceedings of the Fourth International Symposium on Superalloys. Ohio: ASM Metals Park, 1980: 183-203.

[18] WILLIAMS S W, MARTINA F, ADDISON A C, et al. Wire + arc additive manufacturing[J]. Materials Science and Technology, 2016, 32(7): 641-647.

[19] 王华明. 高性能大型金属构件激光增材制造：若干材料基础问题[J]. 航空学报，2014，35(10)：2690-2698.

[20] 林鑫，黄卫东. 应用于航空领域的金属高性能增材制造技术[J]. 中国材料进展，2015(9)：21-25.

[21] 黄卫东，陈保国，张卫红，等. 民用飞机构件先进成形技术[M]. 上海：上海交通大学出版社，2016.

[22] 姜亚琼，林鑫，马良，等. 沉积路径对激光立体成形钛合金 T 型缘条热/应力场的影响[J]. 中国激光，2014，41(7)：0703003.

第9章

电子束选区熔化

电子束选区熔化(electron beam melting,EBM)是一种粉末床金属增材制造技术,1997年瑞典的Arcam AB公司首先推出了EBM商业化装备。长期以来,全世界也只有这家公司生产并销售EBM装备,直到2018年,天津清研智束科技有限公司推出了Qbeam Lab型EBM装备。一直以来,科研人员采用Arcam AB的装备或者自行设计制造装备进行EBM工艺的研究工作,取得了很多成果。但是该项技术尚未完全产业化,很多问题亟待解决。

EBM工艺类似于SLM工艺,同属粉末床增材制造技术,通过高能束熔化粉末床上的金属粉末逐层成形构件。但两者也有着巨大差别,EBM工艺使用电子束作为能量源,电子束是通过强电场加速由热阴极释放的电子产生的,与光子相比,电子更重,所以在接触材料时,电子可以进入更深的位置,深度为微米量级,而光子只能穿透到纳米量级的深度;同时材料表面基本不会反射电子束,所以电子束的能量能够更多地传递到材料,铜一类的反射激光比较强的材料也能够通过EBM高效成形。同时,产生电子束的过程中电能直接转化为电子束的动能,相对于电能转换为光能,能量转换率更高,因此EBM装备比SLM装备更节能。常见的EBM装备利用60kV的加工电压,可以产生0~50mA的束流,功率为3kW;结合更高的能量吸收率,EBM工艺中常使用50~200μm的粉层厚度,远高于SLM工艺常用的30μm。电子束的聚焦和偏转是通过电磁透镜实现的,没有反射镜片机械惯性的阻碍,可以实现极高的扫描速度,最高可以达到104m/s(Qbeam Lab)的扫描速度,赋予了EBM技术实现更加复杂扫描工艺的能力。同时更高的能束功率及能量吸收率,更厚的粉层和更快的扫描速度使得EBM的成形效率显著高于SLM工艺。

由于电子束是由大量电子构成的,电子束作用到粉末床时,会使粉末床带上负电,同种电荷的相互排斥严重时会使得粉末床瞬间吹散,成形就不得不中断,因此EBM过程稳定性较差。材料良好的导电性可以将过量的电子快速中和,降低粉末间的排斥力,EBM工艺一般只能成形金属等导电材料。对粉末床进行预热,使得粉末床上相邻粉末间发生微熔合,在提高粉末床的导电性的同时,增加粉末床强度,可以有效避免吹粉现象的发生。

由于采用电子束作为热源,EBM只能在真空室内进行,以避免成形过程中气体的混入和材料氧化。因此EBM工艺可以获得致密度更高、质量更好的构件。

9.1　电子束选区熔化原理

1. EBM 技术流程

EBM 工艺由铺粉、预热、选区熔化、平台下降 4 个过程构成，如图 9-1 所示。

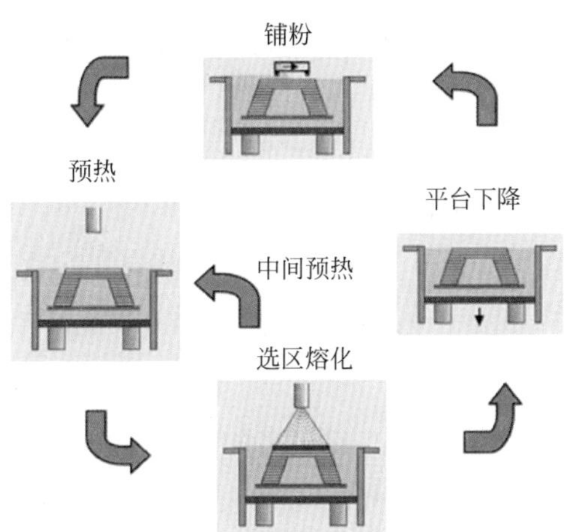

图 9-1　电子束选区熔化技术流程

1）铺粉

铺粉是将由粉箱释放的金属粉用刷子均匀地铺展到粉末床上的过程。新粉末层的均匀性会影响 EBM 过程中粉末熔化和凝固过程，不均匀的粉末分布会造成表面过热或者熔合失败。

粉末的流动性是影响铺粉质量的最重要因素，使用流动性好的粉末容易获得分布均匀且紧实的粉层，能够增强粉末层的导电性，降低吹粉的风险。常用的金属粉末是通过气雾化或者旋转电极法制造的球形粉末，但是完美的球形粉末的制造难以实现，目前运用到 EBM 工艺中的粉末——球形粉末表面多黏结有卫星球（图 9-2(a)），降低了粉末的流动性。

EBM 工艺推荐使用 45～105μm 的粉末（图 9-2(b)）。尺寸过小的粉末相对于大颗粒粉末更容易被吹走，可能降低成形过程的稳定性；同时微细粉末难以被过滤网拦截，会损害真空泵，降低装备的使用寿命。由于 EBM 工艺具有更高的功率和能量吸收率，所以尺寸偏大的粉末也可以被成形。

2）预热

EBM 装备通常具备更高的功率和极高的扫描速度，这使通过高速扫描均匀加热粉末床成为可能，且预热有助于提高成形过程的稳定性，因此预热是 EBM 过程的一个必需环节。

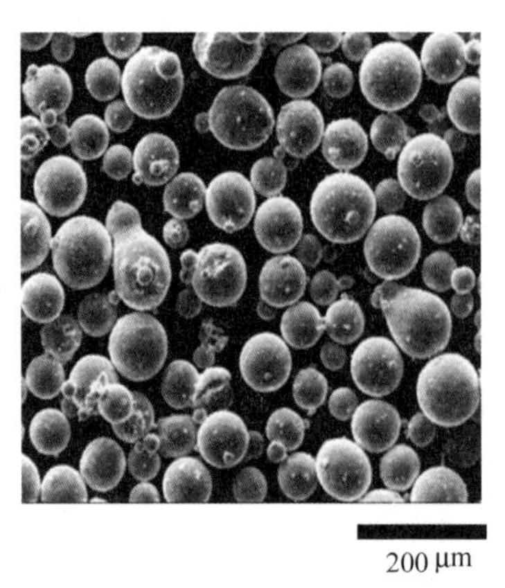

(a)

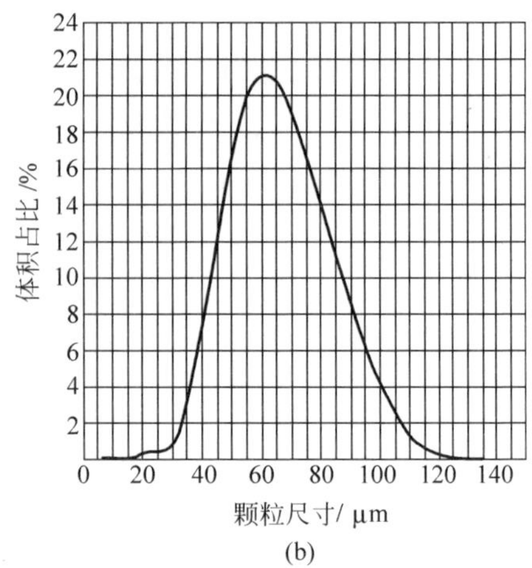

(b)

图 9-2　EBM 工艺常用的金属粉末信息

(a) 粉末的显微图片；(b) 尺寸的分布曲线

预热是指采用弱聚焦的电子束，以极高的速度(35m/s，Qbeam Lab)在粉末床表面扫描多次到指定温度。预热温度是由所加工材料的性能决定的，钛合金 Ti-6Al-4V 为 650℃，Inconel 718 合金为 975℃，而一些镍基高温合金需要预热到 1000℃左右。在此预热温度下，所加工的金属粉末会发生微熔合，粉末之间形成一种弱连接，赋予粉末床一定的强度，能够为悬空的构件结构提供支撑(图 9-3(a))，因此 EBM 工艺一般无须为制件打印支撑结构；同时粉末件的微熔合可以提高粉末床的导电性，进一步降低吹粉的风险。当粉末被固定在粉床上后，成形过程中飞溅会显著减少。为了保证预热的均匀性，利用电子束极高的偏转速度，常采用分区扫描的扫描方式。通过电子束在预划分的几个区域上快速扫描和跳转，工作时会观察到多条扫描线在同时加热粉末床(图 9-3(b))。

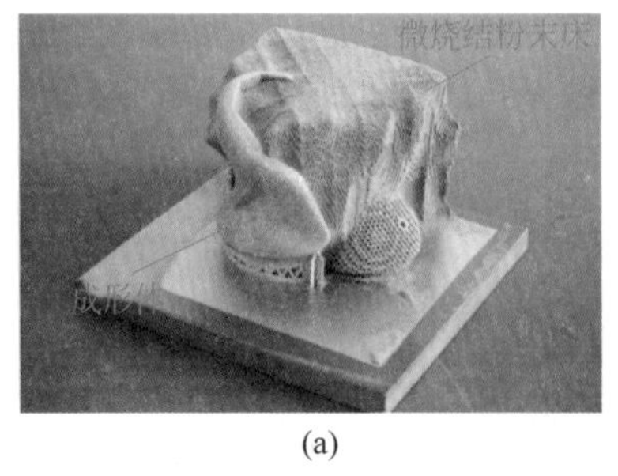

(a)

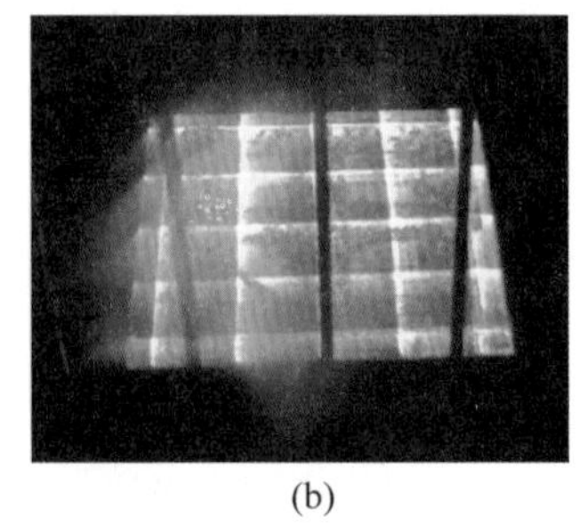

(b)

图 9-3　EBM 预热过程和获得的粉床构件混合体

(a) 构件和粉末床的实物图；(b) 智束科技 Qbeam 系列预热纹路

过高的温度梯度引起的热应力是构件发生变形和产生裂纹的重要原因。预热提高了粉末床温度，降低了温度梯度，可以减小成形过程的热应力，降低变形和开裂风险。因此 EBM 工艺能够胜任一些难焊易裂材料的增材制造，例如航空航天领域常用的铸造镍基高温合金，包括 K4002、CM247、Rene142、Inconel 738 等，以及单晶高温合金如 CMSX-4、DD5、DD6。

预热时粉末间的微熔合使得粉末床具有一定的强度，所以在成形完成之后，可以通过专用吹沙机剥离构件外的粉末，当吹沙机采用的沙料为同种金属粉末时，粉末可以回收再利用，粉末的回收和再利用次数与材料的性质相关，可以通过使用前的检测来确定粉末是否能够继续使用。

3）选区熔化

预热完成之后，根据构件的三维模型，使用强聚焦的电子束熔化金属粉末。熔化过程是一个深孔焊接过程，受熔池表面张力和金属蒸气反冲力的相互作用，形成一个很深的匙孔，深入到粉末层下 2～3 层的厚度。图 9-4 是利用流体力学模拟方法获得的熔池，可以看到明显的匙孔效应。由于熔深是粉层厚度的 3～4 倍，所以层与层之间的连接紧密。但是过大的蒸气反冲力会引起熔池向后堆积，不利于成形表面的平整，因此需要控制成形参数和扫描策略，减少材料向后堆积的趋势，以获得平整的构件表面。

图 9-4　粉床熔化的流体力学模拟结果

选区熔化过程是构件的成形过程。选区熔化过程中的主要控制参数是电子束功率、扫描速度、扫描线间距和扫描路径，通过对扫描参数的控制可以对构件的晶粒组织乃至最终的力学性能产生影响。

为了提高构件侧表面的质量，EBM 装备在构件内部和边缘常采用不同的成形参数和扫描策略：Arcam AB 的装备在构件内部采用电子束连续扫描，而在进行边缘的成形时，采用分束的方式，利用电子束极高的偏转速度，跳跃扫描多个边缘点，可以在一定程度上提高侧表面的粗糙度。

4）平台下降

根据预设的层厚下降成形平台。粉末层的厚度由粉末的尺寸决定，对于常用的 45～105μm 的球形金属粉末，粉层厚度常为 50μm 或 75μm；对于较粗的粉末，粉层厚度可以增加到 100μm 以上，相应地需要增加电子束预热和熔化的功率，以实现指定的预热温度，保证材料的完全熔化和层间的紧密连接。

循环执行上述操作，直至构件成形完成。构件完成之后，去除包裹构件的微熔合粉末，即可获得构件。

2. 组织与原位热处理

EBM 工艺在熔化粉末层的同时会将粉末层下 2～3 层材料重熔，这种连续的熔化和凝固过程不仅可以保证层间连接紧密,还使得晶粒可以跨层生长,因此跨越多层的柱状晶常见于 EBM 构件。在铝合金、Inconel 718 等材料的成形中,实现了跨越多层的柱状晶生长,如图 9-5 所示。而通过适当的扫描参数,EBM 工艺可以模拟镍基航空叶片的定向凝固过程,制造高度各向异性的构件。德国和法国的研究团队甚至在 EBM 工艺中复现了单晶叶片制造的选晶过程,实现了长度 5cm 的单晶棒的制造,如图 9-6 所示。

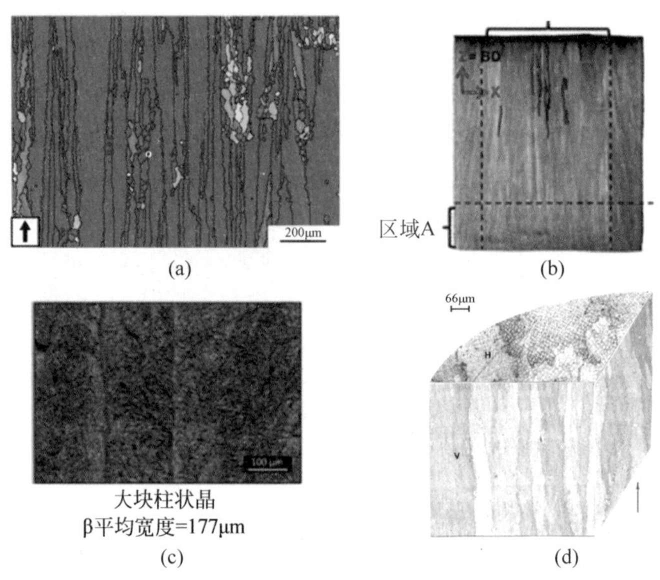

图 9-5　EBM 工艺获得的柱状晶

(a) Helmer 获得的 Inconel 718 柱状晶; (b) Chauvet 团队获得的高温合金柱状晶; (c) Narra 获得的 Ti-6Al-4V 柱状晶; (d) Murr 等获得的 Rene142 柱状晶

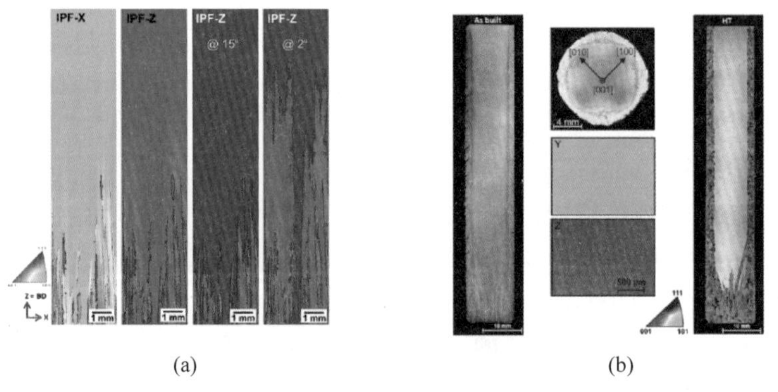

图 9-6　EBM 工艺制造的单晶棒材及其选晶过程

(a) 选晶过程; (b) 单晶棒截面图

除了航空叶片由于长期承受单向载荷需要高度各向异性的材料外,大部分构件在使用过程中需要具有各向均匀的力学性能，因此实现等轴晶或者尺寸很小的柱状晶为主的致密晶粒组织是 EBM 工艺研究的重点。研究发现，较高的扫描速度、较小的扫描线间距和较低的预热温度可以促进致密晶粒的产生。同时，扫描路径也会对晶粒组织的演化造成重要影响，例如交叉扫描方式，即扫描方向每层旋转 90°，可以改变凝固过程中温度梯度方向，改变晶粒生长的方向，破坏柱状晶的跨层生长趋势，促进致密晶粒组织的形成。

与 SLM 工艺不同，EBM 工艺通过预热将粉末床加热到指定温度（铝合金 300℃，铜合金 600℃，钛合金 800℃，部分镍基高温合金 1000℃），并且通过每层的预热过程将粉末床的温度维持在指定温度，持续整个成形过程。成形过程结束后，随炉冷却（图 9-7（a））。而研究者对成形过程的连续观测和模拟都发现，构件中的每一点在成形过程中会经历多次的加热和冷却，最后温度稳定在粉末床温度，在随炉冷却中逐渐降低到室温（图 9-7（b））。持续较高的温度使得金属容易发生成分的固态相变。

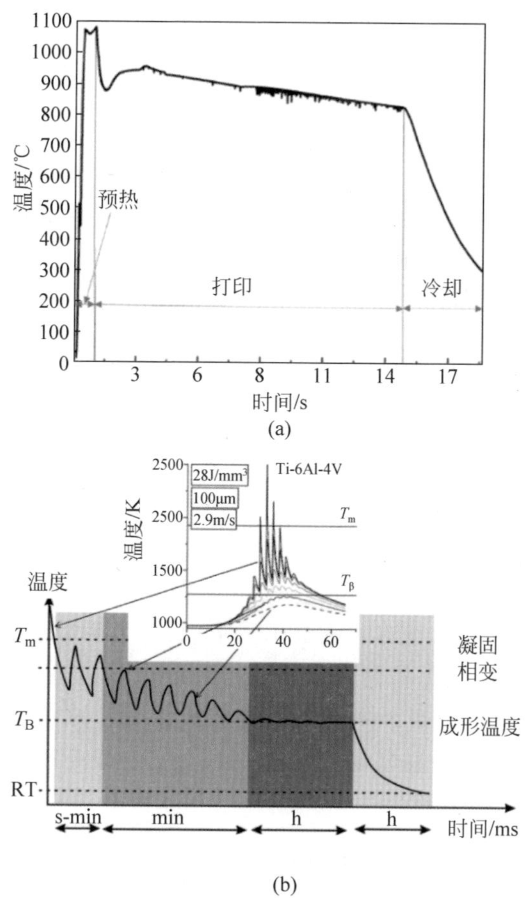

图 9-7　粉床温度测量结果

（a）EBM 全过程粉末床温度曲线；（b）粉末床某一点的温度曲线

对镍基高温合金 CMSX-4 的成形实验发现,沿着沉积方向,从底部到表面 γ' 沉淀相逐渐变小,反映了随着打印的进行,γ' 沉淀相在逐渐长大。类似的现象还有 Inconel 718 中 δ 相的长大。而由于粉末床的高温特性,EBM 成形的 Ti-6Al-4V 中出现了 β 相到 α 相的相变过程。在钛铝基材料的打印中,热影响区的温度会多次超过 α 相的相变温度,从而在成形完成之后获得 α-γ 双相组织,对材料的组织有一定的优化作用。

3. 缺陷

EBM 工艺是在真空环境下进行的,因此基本上没有由环境中气体导致的缺陷,如熔池卷入气体形成的气孔。但也会存在一些气孔,这是因为粉末在制备过程中有可能卷入气体,然后在熔化过程中固定到构件内。对于一些难焊材料,当预热温度不够高时,还会出现变形、热裂纹等缺陷。通过工艺参数的优化,这些缺陷都是可以被消除的。

9.2 电子束选区熔化装备

成形技术对比

目前全球只有瑞典 Arcam AB 和天津清研智束两家 EBM 商用装备制造和销售企业,他们的装备被众多 EBM 研究团队采用。同时仍有多个研究机构通过完全自主建造或者改装电子束焊接机器的方式制造自己的实验用 EBM 装备。

9.2.1 电子束选区熔化装备的结构

图 9-8 为 EBM 装备的结构,由真空系统、电子枪系统、成形平台和铺储粉系统构成。

1. 真空系统

真空系统由密封的成形室、枪室、多级真空泵、惰性气体回填装置及其控制系统构成,其作用是构建并维持真空环境。真空系统在成形过程开始前启动,首先通过机械泵抽出成形室、枪室的空气至气压到 10Pa 左右,之后启动分子泵或者扩散泵,进一步降低成形室和枪室的气压至 10^{-3} Pa 以下。随后通过回填惰性气体,并控制气体流量将成形室压力控制在一定值,常为 0.1Pa 左右。回填惰性气体的主要目的是抑制金属气化,降低吹粉风险。在完成打印后,回填部分惰性气体,加快构件的冷却,当冷却到较低温度时,真空解除。之后可以打开成形室取出构件。

2. 电子枪系统

电子枪系统由电子枪和高压电源构成,如图 9-8(a)所示。电子枪由产生电子的阴极、与阴极一起构成加速电场的阳极、控制束流的栅极、聚焦线圈和偏转线圈构成。阴极需要加热到非常高的温度才能发射电子。根据加热方式的不同,电子

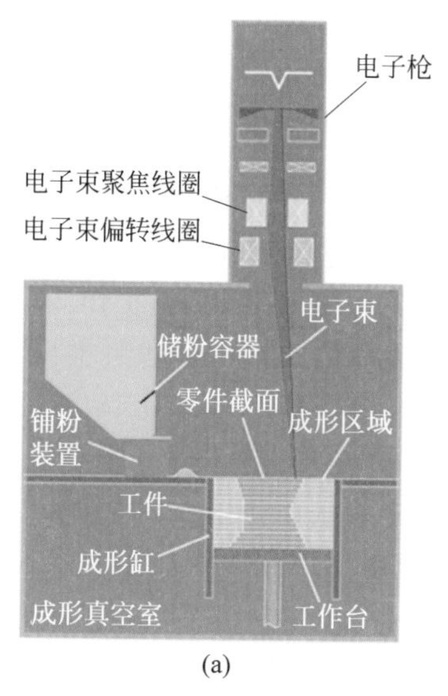

(a)

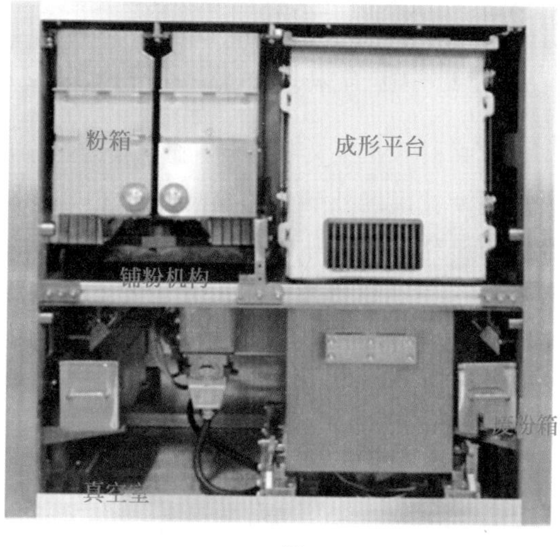

(b)

图 9-8　EBM 装备结构

(a) 原理简图；(b) Qbeam Lab 成形室实物图

枪分为①直热式电子枪，在灯丝上施加大电流，产生电阻热加热灯丝；②间热式电子枪，通过在电子枪上层增加一个小型直热式电子枪，发射电子束加热阴极材料；③激光加热阴极电子枪，利用低功率激光加热阴极到指定温度。

高压电源是 EBM 装备的能量源，它通过内部的逆变和升压系统，将 380V/50Hz 的普通工业用交流电转变为 60kV 高压直流电。同时高压电源能够提供 0～2000V 的控制电压，加在栅极和阴极之间，控制电子束束流大小。用于 EBM 装备的高压电源能够提供束流的反馈控制，用以维持束流稳定并快速响应束流变化。

聚焦线圈和偏转线圈是打印过程控制电子束聚焦和扫描的部件，由工控机中的信号发生卡控制，根据打印需要改变磁场大小，控制电子穿过磁场时受到的洛伦兹力，带来电子束偏转方向的变化。理论上磁场的变化无需时间，但在实际使用中，磁场变化的响应速度会受到信号放大器和信号发生卡的响应速度约束，二者的响应时间越短，不发生失真的扫描最大速度越高。

3. 成形平台和铺储粉系统

成形平台是一个垂直运动台，在完成一层打印后，成形平台下降指定高度。部分 EBM 装备为了加速构件的冷却，在成形平台底部会设水冷块。在打印完成后，将成形平台降到最低，使平台底部接触水冷块，使构件的热量被冷却水快速带走。

铺储粉系统由粉箱、铺粉机构、废粉箱构成。成形平台下降之后，粉箱释放一定质量的粉末，由铺粉机构将粉末均匀地铺展在粉末床上。常用的铺粉机构是粉刷，粉刷在电机的驱动下做直线运动。粉刷刮过成形区域后，剩余粉末将掉入废粉箱，下次打印时取出倒入粉箱可以继续使用。

9.2.2 电子束选区熔化装备的发展概况

近年来，EBM 工艺在医疗、航空航天等领域被广泛认可和应用，EBM 装备的开发也逐渐被国内外研究机构高度关注，瑞典的 Arcam AB 公司、清华大学、西北有色金属研究院和上海交通大学都先后开始了 EBM 装备的研发和制造工作，但目前仅有 Arcam AB 公司和依托清华大学机械工程系建立的天津清研智束推出了 EBM 商业化装备。

作为首家将 EBM 装备商业化的公司，瑞典 Arcam AB 公司在 2001 年申请了利用电子束在粉末床上逐层制造三维构件的专利，并于 2002 年发展出原型机，2003 年推出首台商业化装备 EBM-S12，之后又陆续推出 A1、A2、A2X、A2XX、Q10、Q20 等多个型号的 EBM 装备（图 9-9），同时向用户提供配套球形金属粉末，主要应用在医疗植入体和航空航天领域。

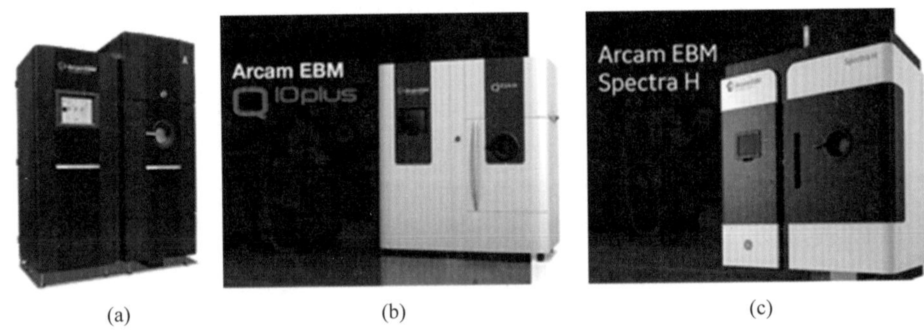

(a) (b) (c)

图 9-9 Arcam AB 公司在售产品型号

(a) Arcam A2X；(b) Arcam Q10plus；(c) Arcam Q20plus

清华大学机械工程系从 2004 年开始开展对 EBM 装备的研究，在粉末铺设系统、电子束扫描控制系统等关键技术上取得了进展，并在国内率先取得 EBM 装备专利，先后研制出 EBM-150、EBM-250 原型机（图 9-10）。2015 年在实验研究成果的基础上，依托清华大学天津高端装备研究院，成立了天津清研智束科技有限公司，着手 EBM 装备的产业化。2018 年年初，智束科技 Qbeam Lab200 正式发布（图 9-11(a)），针对研究领域用户研发，采用模块化设计，支持多材料快速替换和工艺参数自由修改，非常适合实验室、研究所进行新材料的研发及其 EBM 工艺的开发。2018 年年底，智束科技发布专为医疗植入体领域研发的 Qbeam Med200（图 9-11(b)），采用单晶电子枪阴极，改善了电子束的质量和稳定性，具有更高的制造精度和效率，适合植入体常用钛合金、Co-Cr 合金、钽合金的打印。Qbeam Areo350（图 9-11(c)）是智束科技瞄准航空航天领域开发的 EBM 装备，具有

350mm×350mm 成形平台，能够完成更大构件的直接成形。

(a)

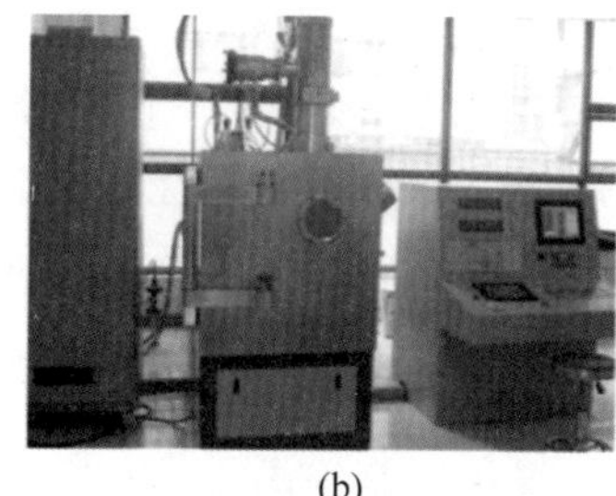

(b)

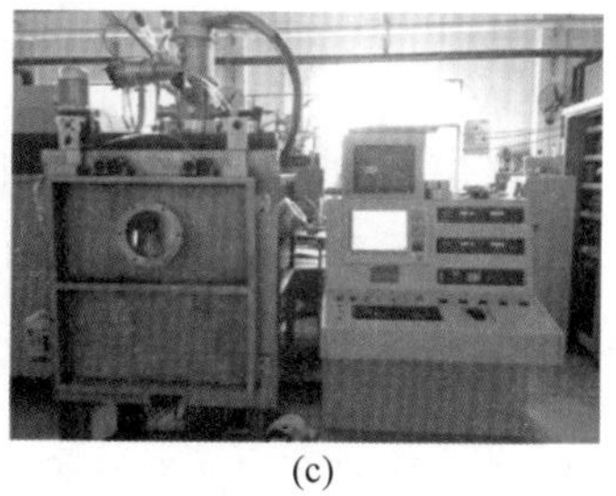

(c)

图 9-10　清华大学自主研制的双金属 EBM 实验系统

(a) EBM-150(2004)；(b) EBM-250(2009)；(c) EBM-250-Ⅲ(2015)

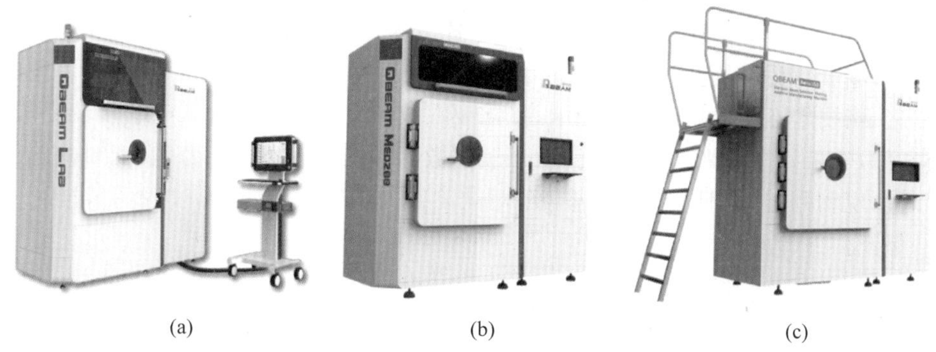

(a)　(b)　(c)

图 9-11　智束科技公司在售型号

(a) Qbeam Lab200；(b) Qbeam Med200；(c) Qbeam Areo350

尽管多型商业化 EBM 装备被两家公司推出，EBM 装备的工作稳定性和构件的质量也在逐步提高，但是 EBM 装备依旧存在许多不足，主要有：①自动化程度不高，操作复杂；②打印过程智能化程度低，不能有效应对打印过程中出现的质量问题；③对于大尺寸构件的打印支持不够；④EBM 构件的质量普遍低于 SLM 构件，难以应对学界和产业界对于 EBM 研究和应用不断提高的要求。未来的 EBM 装备的研发趋势将是着眼解决上述 4 个不足。

1. 自动化

目前 EBM 装备在使用时，基板的安装和调平、电子束的校准、粉末材料的添加和回收处理都需要专业人员的操作，成本高、效率低、可靠性不足。未来 EBM 装备将不是一台独立的机器，通过完善 EBM 装备的电路、气路、粉末通道的接口设计和引入新的检测技术，将其融入一个集合多种辅助装备的制造中心，通过制造中心内各子装备的配合，提高 EBM 装备操作的自动化水平，让 EBM 工艺的一键操作成为可能。

2. 智能化

目前EBM成形过程是一种开环的控制模式，操作员将材料的成形参数包输入EBM装备，然后开始打印。打印过程中，人工干预比较困难。而成形参数包的获得需要通过工艺研发工程师对于各种参数的无数次实验，成本高、耗时长，且在打印标准试样实验中获得的成形参数包难以胜任实际构件生产中面临的各种复杂结构的需要，打印失败风险极高，因此引入智能化的打印过程控制极其重要。

实现打印过程的即时控制，需要依靠对打印过程的实时监控。研究团队尝试利用热成像装备对成形过程中表面温度场进行分析，以判断表面平整度，发现聚球、裂纹等缺陷，但是受EBM打印过程中金属蒸镀的影响，无法实现热成像仪的长时间持续监测。清华大学机械工程系的研究团队将电子显微镜的成像原理引入EBM系统之中，熔化粉末的电子枪同时也能发射小束流电子束，打在构件表面，发出二次电子、背散射电子，通过收集二次电子信号和背散射电子信号，获得表面的形态。该技术不受金属蒸镀的影响，仅需要在成形室内部增加收集电子用的铜板，成本低，效果好。未来要通过增强对于监测数据和图像的处理能力，实现对缺陷的即时发现和判定，及时调整工艺参数，对缺陷及时修复，提高成形过程的智能化水平，保证构件的质量。

3. 大尺寸成形系统

目前Arcam AB公司的Q20plus最大成形尺寸达到ϕ350mm×380mm，清研智束公司的Qbeam Aero成形尺寸为350mm×350mm×400mm，这是目前EBM装备实现的最大的成形尺寸。由于电子束的束斑质量随着偏转角度的增加快速下降，而受厂房和真空泵功率限制成形室高度不能过高，因此依靠单一固定电子枪无法继续增大成形尺寸，多枪和可移动电子枪成为两种可能的解决方案。在EBM工艺中，预热是一个非常重要的环节，当成形尺寸增大时，在较短时间内将粉床均匀预热到指定温度也是一个棘手的问题。未来，为了满足对航空航天领域所需要的大尺寸构件的直接成形，各厂家势必会在大尺寸成形系统上加大研发。

4. 构件表面质量的提高

由于电子束束斑和使用的金属粉的尺寸更大，故EBM工艺构件表面粗糙度显著高于SLM工艺构件。在解决这个问题上，有两种研发方向：一是缩小电子束的束斑大小，但是目前有报道的EBM装备的电子束束斑直径为140μm，仍然是常用激光光斑直径的2倍以上；另一种方案是将激光引入EBM装备，使用电子束完成构件内部的成形，而利用激光束处理构件的轮廓，EBM成形效率高，SLM具有更好的表面光洁度，将两种工艺复合，发挥各自优势。

9.3　电子束选区熔化材料及其成形工艺

由于纯金属应用比较局限，所以目前 EBM 工艺的主要研究对象为合金材料。钛合金、镍基高温合金、钴铬合金因其在航空航天、医疗行业的广泛使用，被研究得最多；而具有极佳的导电导热性的铜和铜合金、有超导电性的铌也常被研究；此外，利用 EBM 工艺进行梯度材料开发也是 EBM 的一个研究热点。

9.3.1　钛合金材料及其成形工艺

钛合金具有比强度高、工作温度范围广、抗蚀能力强、生物相容性好等特性，在航空航天和医疗领域应用广泛。Ti-6Al-4V 是目前 EBM 成形研究使用最多的金属材料之一。

在成形 Ti-6Al-4V 时，粉末床预热温度 650～700℃。EBM 工艺中温度梯度主要沿着构件成形方向，因此 EBM 成形的 Ti-6Al-4V 中可见沿沉积方向生长的比较粗大的柱状晶，内部有非常细小的微观组织。图 9-12 所示为细针状的 α 相和 β 相组成的网篮组织。由于扫描过程的快速凝固，β 相转变为马氏体，但是在后续的沉积过程中，材料被多次加热，马氏体分解为 α/β 相，虽然如此，在试样顶部较薄的区域还可以看到最初形成的马氏体组织。Antonysamy 等研究发现，β 柱状晶的生长方向还受构件形状的影响。Harbe 等发现构件尺寸、摆放方向、摆放位置、能量输入、与底板之间的距离等都会对微观组织产生显著影响。这些研究工作表明，

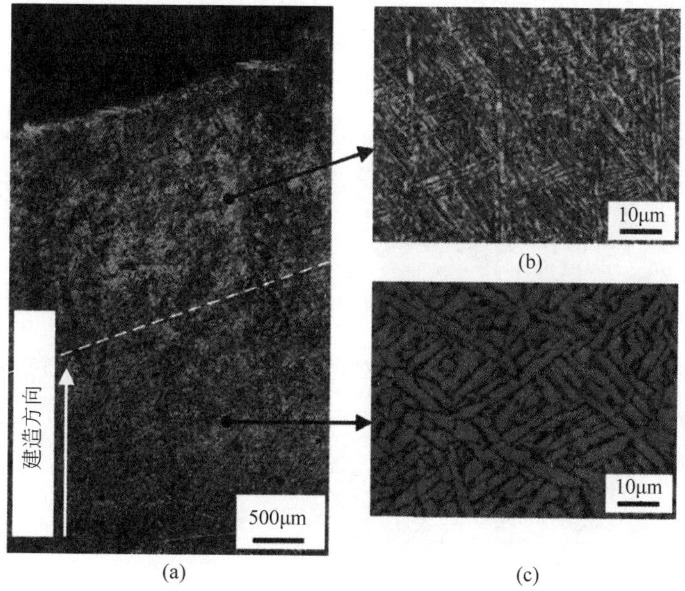

图 9-12　EBM 成形 Ti-6Al-4V 的微观组织

EBM 在制造 Ti-6Al-4V 宏观构件的同时，有条件通过改变成形参数达到微观组织控制的目标，从而获得特定的性能，实现宏观成形、微观组织调控和性能控制相统一。

Ti-6Al-4V 的 EBM 构件的拉伸性能可达 0.9～1.45GPa，延伸率 12%～14%，与锻件标准相当。由于存在沿沉积方向的柱状晶，其性能存在一定的各向异性。热等静压后处理可以使构件内部的孔隙闭合、组织均匀化，虽然构件的拉伸强度有所降低，但疲劳性能得到明显提高。

9.3.2 镍基高温合金材料及其成形工艺

镍基高温合金因为在高温环境下的极佳力学性能、蠕变性能、抗腐蚀和抗氧化能力，主要用于制造包括航空发动机在内的高端燃气轮机的高温部件，因此引起了增材制造领域学界和产业界的高度重视。镍基高温合金可以分为两类。一类是难焊高温合金，如 CM247、Inconel 738、CMSX-4、DD5、DD6，这类合金由于具有大量 γ'强化相，因此容易在制造中产生裂纹，一直以铸造的方式进行成形。EBM 工艺由于具有很高的预热温度，可以降低成形过程中构件受到的热应力，因此在一定工艺参数下可以实现此类高温合金的成形。纽伦堡-埃尔朗根大学的研究团队在预热温度为 1000℃的条件下实现了无裂纹 CMSX-4 试样(图 9-12(c))的制造，并通过适当的扫描策略成功制造出长 5cm 的 CMSX-4 单晶棒。显微组织观察发现，受 EBM 工艺原位热处理的作用，沿着成形方向，从试样表面到试样底部，γ'强化相的尺寸逐渐增大。

另一类是以 Inconel 718 为代表的可焊高温合金，预热到 700℃就能够获得无裂纹的 Inconel 718 制件，工艺参数范围相对于难焊高温合金宽很多。EBM 工艺制造的 Inconel 718 制件内部主要为柱状晶粒(图 9-13)，晶粒取向与沉积方向一

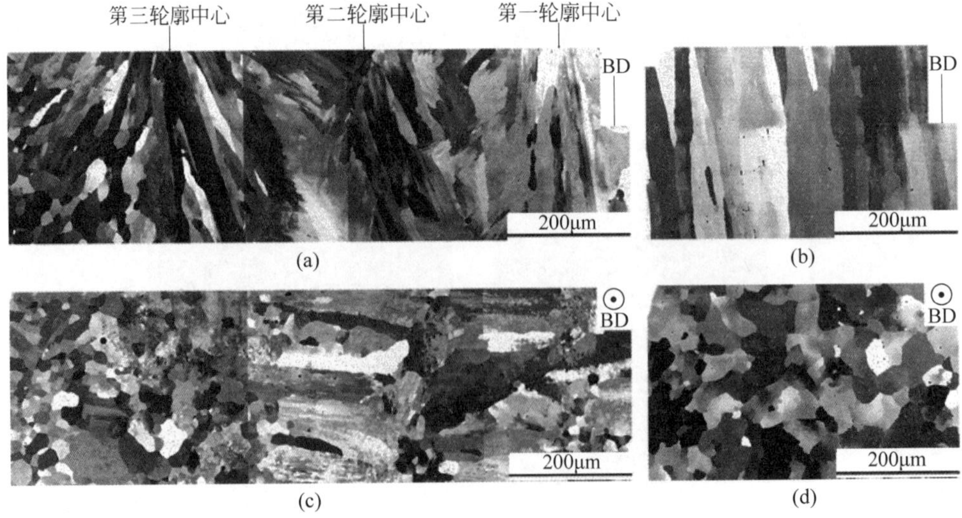

图 9-13 Inconel 718 合金的 EBM 成形组织图

致，因此在力学性能上表现出各向异性。研究表明，通过调整成形参数，可以有效控制构件内部组织，进而对材料性能进行有效控制。经过测试，经过热处理的 Inconel 718 EBM 构件可以获得很好的力学性能。

9.3.3　铜和铜合金材料及其成形工艺

铜和铜合金由于具有极佳的导电导热性而成为制造电流和热流传导结构的最佳材料。增材制造因为可以实现复杂结构的直接制造，对于复杂换热结构的巨大需求使得铜及铜合金的增材制造受到重视。

由于铜对于激光有很高的反射率，EBM 成为铜和铜合金增材制造的最合适的工艺。由于铜具有极佳的导热性，预热过程将会变得更短；但是由于铜非常容易熔合，所以当预热过度时，粉末床强度过高，难以从构件上剥离。

由于铜极易氧化，所以在粉末保存和运输过程中需要做好保护。铜粉含氧量的上升会造成构件导热性下降，对应地，如果使用循环粉末，预热参数和熔化参数需要进行增强才能达到与新粉同等的粉末床温度和成形质量。图 9-14(b)是 EBM 成形的网格结构铜制件。

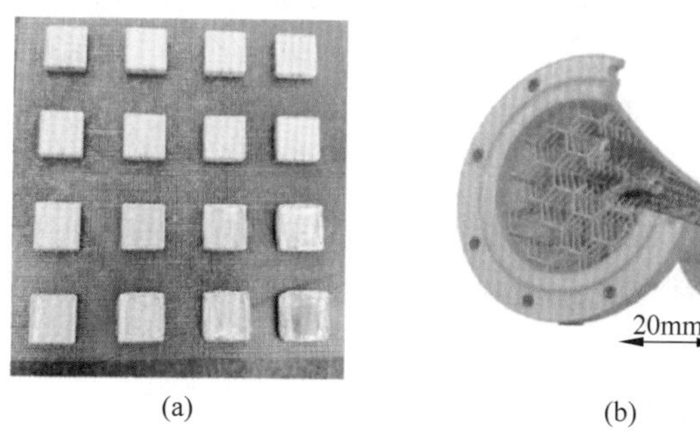

(a)　　(b)

图 9-14　EBM 成形的网格结构铜制件

(a) EBM 的铜试样；(b) 纽伦堡大学 EBM 成形的复杂结构

9.3.4　钛铝基金属化合物材料及其成形工艺

钛铝基合金，或称钛铝基金属间化合物，是一种新型轻质的高温结构材料，被认为是最有希望代替镍基高温合金的备用材料之一。由于钛铝基合金室温脆性大，采用传统的制造工艺成形钛铝基合金比较困难。EBM 通过预热获得了极高的成形温度，降低了成形过程的热应力，具有成形钛铝基合金的潜力。

Biamino 等的研究工作表明，EBM 成形的 Ti-48Al-2Cr-2Nb 钛铝基合金在经过热处理后获得双态组织，在经过热等静压后获得等轴组织，材料具有与铸件相当的力学性能。相比于传统工艺成形的 TiAl 合金，EBM 成形的 Ti-48Al-2Cr-2Nb 微观组织非常细小，呈现明显的快速熔凝特征。作者团队采用多遍扫描工艺制备 Ti-48Al-2Cr-2Nb 钛铝基合金，得到细小的片层组织，片层团尺寸 10～30μm。在多遍扫描工艺中，电子束扫描熔化截面后，会重复扫描截面 1～2 遍，起到热处理的作用。钛铝基合金的微观组织受热处理和冷却速率的影响，同时也受 Al 元素含量的影响。EBM 在高真空环境下进行，钛铝基合金中元素 Al 由于熔点低，在成形时会大量蒸发，造成材料的化学成分快速变化，影响制件的最终性能，因此为了实现制造合格钛铝基合金制件，需要根据 Al 元素的蒸发情况特殊制造原材料粉末。虽然这一要求给钛铝基材料的成形造成不便，但是也提供了一种梯度材料制造的思路——依靠调整工艺参数诱导材料中特定元素比例下降来调控材料成分，进而实现材料性能的调节。

9.3.5 其他金属材料及其成形工艺

1. 钴铬合金

在 EBM 工艺中常用的钴铬合金是 Co-26Cr-6Mo-0.2C。它具有很高的强度和硬度，是一种耐磨损、耐高温的材料，主要用于人造关节、牙体修复、切削刀具和燃料喷嘴等易磨损器件的制造。铸造和锻造是此种材料的传统成形方式。钴铬合金的 SLM 工艺制造已经取得相当进展，但是 EBM 研究报道还比较少。Sun 等对钴铬合金的 EBM 有系统的研究，发现钴铬合金构件的质量强烈依赖于成形参数和热处理工艺，经过适当的热处理，钴铬合金的力学性能接近或者略微优于铸件和锻件。

2. 铌

铌由于其潜在的超导特性而备受关注。Martinez 等通过 EBM 工艺制造了铌的试样，发现它与其他材料一致，其显微组织也表现为与沉积方向平行的柱状晶结构，受成形过程中热应力的影响，铌制件中存在显著高于锻件的位错密度。

9.4 电子束选区熔化应用实例

9.4.1 航空航天领域

EBM 不仅可以大大缩短成形时间，降低成本，还可以一次整体制造传统工艺难以实现或无法实现的复杂几何构造和复杂曲面特征，因此 EBM 系统被越来越多的航空航天企业应用。

美国航空航天中心的马歇尔空间飞行中心、从事快速制造行业的 CalRAM 公司、波音公司先后购买 Arcam AB 公司的 EBM 成形系统用于相关航空航天构件的制造。图 9-15(a)是 CalRAM 公司利用 Ti-6Al-4V 粉末通过 EBM 工艺为美国海军无人空战系统项目制造的火箭发动机叶轮。该叶轮具有复杂的内流道，尺寸为 ϕ140mm×80mm，制造时间仅为 16h。而莫斯科 Chernyshev 公司利用 EBM 技术制造的火箭汽轮机压缩机承重体，尺寸为 ϕ267mm×75mm，制造时间为 30h（图 9-15(b)）。叶片是航空发动机的主要做功部件，GE 旗下的意大利航空航天引擎制造商 Avio Aero 利用 EBM 技术制造的尺寸为 8mm×12mm×325mm 的

γ-TiAl 材料的涡轮叶片(图 9-15(c)),质量为 0.5kg,比传统镍基高温合金叶片轻 20%,平均每片叶片的制造时间仅需 7h。近期,该公司从 Arcam AB 订购了 10 台最新 EBM 系统 Q20,将航空涡轮叶片的增材制造能力提高了 1 倍。

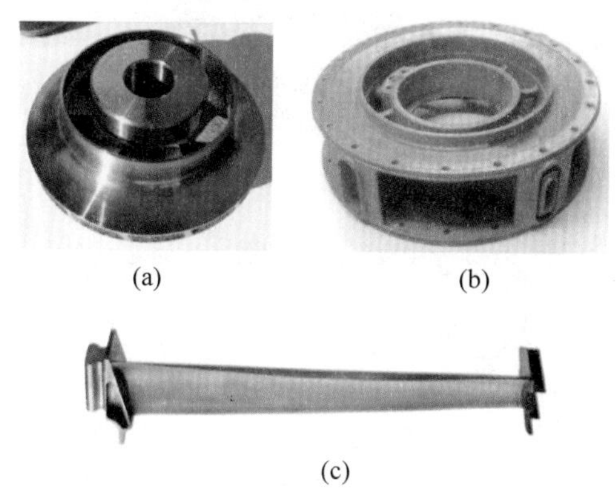

图 9-15　EBM 工艺制造的航空航天部件

(a) EBM 技术制造的火箭发动机叶轮;(b) EBM 技术制造的火箭汽轮机部件;(c) EBM 技术制造的涡轮发动机叶片

2016 年,德国纽伦堡大学(University of Erlangen-Nuremberg)的研究团队报道了他们利用 EBM 制备出了致密无裂纹的第二代镍基单晶材料 CMSX-4 的单晶试样(图 9-16(c))。与此同时,法国的研究团队也在他们的 EBM 实验中实现了单晶的打印。他们的研究成果证明 EBM 工艺具有制造单晶叶片的潜力。

上述的工业应用和研究成果表明,作为一种先进的金属直接制造技术,EBM 工艺能够完成航空航天领域关键、复杂构件的制造。但是由于目前 EBM 装备和工艺还不够成熟,一些应用还局限在实验阶段。随着技术的发展,EBM 工艺在航空航天领域的应用前景会更加广阔。

9.4.2　医疗植入体

医疗植入体是一种高度定制化的医疗产品,需要根据每位患者的骨骼结构和缺陷形态进行定制生产,如果依靠传统制造方式进行生产,成本高,周期长,患者需要忍受高额的医疗费用和漫长的等待时间。EBM 等增材制造工艺可以根据医学影像分析获得的三维模型直接利用金属粉末成形具有复杂结构的植入体,效率高,成本低,因此被认为是医疗植入体制造最具前景的方式。

钛合金具有良好的生物相容性,在医疗领域应用广泛。国内外学者通过对 EBM 工艺成形的实体或多孔钛合金植入体的生物相容性、力学性能、耐蚀性等性能的大量研究,证明利用 EBM 工艺成形的钛合金植入体具有应用可行性。目前,世界上已有多例 EBM 成形的钛合金植入体在人体上临床应用,包括颅骨、踝关节、髋关节、骶骨等(图 9-16)。

在国外,EBM 成形的具有多孔外表面的髋臼杯钛合金植入体产品(图 9-17)目

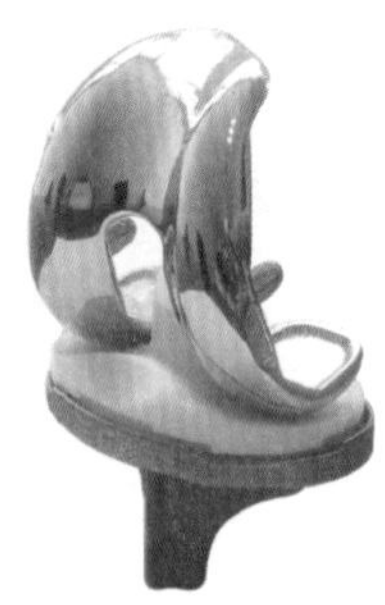

图 9-16　常见医疗植入体(EBM 制造)

前已经进入了临床应用。2007 年,该产品通过 CE 认证;2010 年,获美国 FDA 批准;截至 2014 年,已有超过 4 万例植入手术。而在国内,北京爱康宜诚医疗器材股份有限公司在 2015 年利用 EBM 系统制造的髋臼杯获得国家食品药品监督管理局(CFDA)批准,得到 CFDA 三类医疗器械上市许可。未来,相信有越来越多的 EBM 医疗产品如膝关节、腰椎融合器等将进入临床应用。

图 9-17　EBM 技术制造的髋臼杯医疗植入体

9.4.3　材料研发

EBM 逐层熔化沉积的制造方式也使得梯度材料的开发成为可能。梯度材料的开发主要有两种路径。

1. 获取梯度分布的组织

在不同区域采用不同的扫描参数可以获得不同的晶粒组织。由于组织决定材料的性能,通过实现控制组织的分布可以获得具有梯度力学性能的材料(图 9-18)。例如在航空叶片的制造中,在叶片根部需要各向同性的区域采用促进等轴晶或者细小柱状晶生长的扫描参数,获得各向同性的组织;而在叶片上采用适当的扫描参数,模拟定向凝固过程,实现长、大柱状晶组织的产生,以满足单向载荷的需要。

2. 实现材料成分梯度分布

通过多种粉末在成形过程中按照一定比例混合可以实现材料成分的梯度分布。清华大学机械系的团队开发了双金属 EBM 装备,通过 Ti-6Al-4V 和 Ti-47Al-2Cr-2Nb 粉末制造了梯度材料(图 9-19)。这种工艺的主要缺点是:两种粉末材料

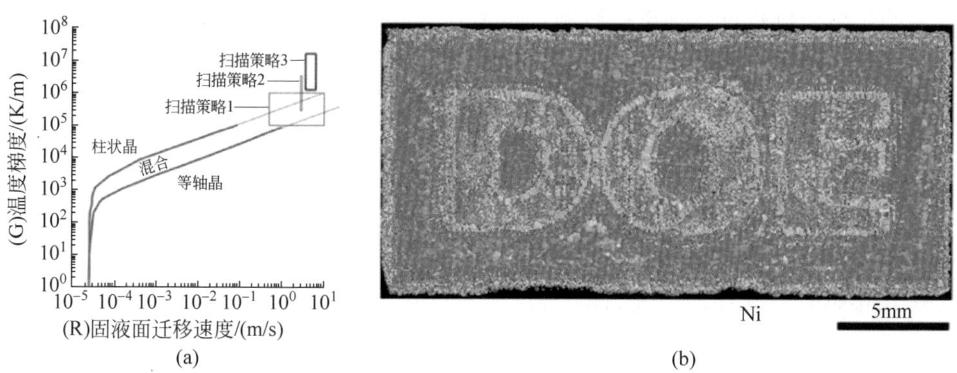

图 9-18　Dehoff 的区域组织控制实验

(a) 实验中使用的 3 种扫描策略与晶粒组织；(b) 获得的组织图

在打印完成后处于混合状态，难以回收利用，因此造成很大的材料浪费；此种技术只能实现沿着成形方向的材料成分分布。

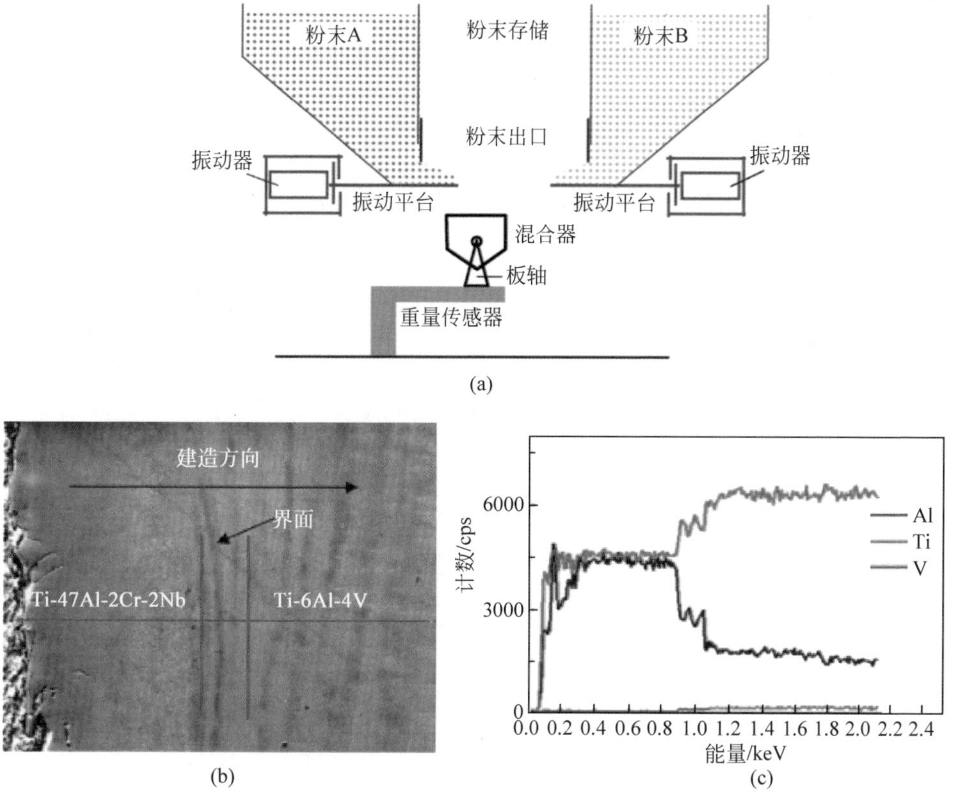

图 9-19　清华大学开发的双金属 EBM 成形装备示意图与制造的钛合金梯度材料

(a) EBM 成形装备原理；(b) 钛合金梯度材料 SEM 图；(c) 图(b)水平线扫描的 EDS 能谱图

利用单一材料进行梯度材料的打印是另一种极具发展潜力的技术。通过成形参数和成形环境的调整,使得单一材料粉末中某种元素的含量降低,可以实现平行和垂直于成形方向的材料成分的梯度分布。因此可以避免前一种方案的两种缺点,更具有经济性。

参考文献

[1] KÖRNER,C. Additive manufacturing of metallic components by selective electron beam melting-a review[J]. International Materials Reviews,2016,61(5): 361-377.

[2] KIRKA M M, MEDINA F, DEHOFF R O A. Mechanical behavior of post-processed Inconel 718 manufactured through the electron beam melting process[J]. Materials Science and Engineering: A,2017,680: 338-346.

[3] RAMSPERGER M, SINGER R F, KÖRNER C. Microstructure of the nickel-base superalloy CMSX-4 fabricated by selective electron beam melting[J]. Metallurgical and Materials Transactions A,2016,47(3): 1469-1480.

[4] KÖRNER C,RAMSPERGER M,MEID C,et al. Microstructure and mechanical properties of CMSX-4 single crystals prepared by additive manufacturing[J]. Metallurgical and Materials Transactions A,2018,49(9): 3781-3792.

[5] CHAUVET E,TASSIN C, BLANDIN J J, et al. Producing Ni-base superalloys single crystal by selective electron beam melting[J]. Scripta Materialia,2018,152: 15-19.

[6] HELMER H,BAUEREIB A,SINGER R F,et al. Grain structure evolution in Inconel 718 during selective electron beam melting[J]. Materials Science and Engineering: A,2016, 668: 180-187.

[7] NARRA S P, CUNNINGHAM R, BEUTH J, et al. Location specific solidification microstructure control in electron beam melting of Ti-6Al-4V[J]. Additive Manufacturing, 2018,19: 160-166.

[8] MURR L E,MARTINEZ E,PAN X M,et al. Microstructures of Rene 142 nickel-based superalloy fabricated by electron beam melting [J]. Acta Materialia, 2013, 61 (11): 4289-4296.

[9] SAMES W J,UNOCIC K A, DEHOFF R R,et al. Thermal effects on microstructural heterogeneity of Inconel 718 materials fabricated by electron beam melting[J]. Journal of Materials Research,2014,29(17): 1920-1930.

[10] AL-BERMANI S S,BLACKMORE M L,ZHANG W,et al. The origin of microstructural diversity, texture, and mechanical properties in electron beam melted Ti-6Al-4V[J]. Metallurgical and Materials Transactions A,2010,41(13): 3422-3434.

[11] SCHWERDTFEGER J,KÖRNER C. Selective electron beam melting of Ti-48Al-2Nb-2Cr: microstructure and aluminium loss[J]. Intermetallics,2014,49: 29-35.

[12] GUO C,GE W J,LIN F. Effects of scanning parameters on materials deposition during electron beam selective melting of Ti-6Al-4V powder[J]. Journal of Materials Processing Technology,2015,217: 148-157.

[13] ANTONYSAMY A A,MEYER J,PRANGNELL P B. Effect of build geometry on the-

grain structure and texture in additive manufacture of Ti-6Al-4V by selective electron beam melting[J]. Materials Characterization,2013,84: 153-168.

[14] HRABE N,QUINN T. Effects of processing on microstructure and mechanical properties of a titanium alloy(Ti-6Al-4V) fabricated using electron beam melting(EBM),Part 1: Distance from build plate and part size[J]. Materials Science and Engineering: A,2013, 573: 264-270.

[15] HRABE N,QUINN T. Effects of processing on microstructure and mechanical properties of a titanium alloy(Ti-6Al-4V) fabricated using electron beam melting(EBM),Part 2: Energy input,orientation,and location[J]. Materials Science and Engineering: A,2013, 573: 271-277.

[16] MURR L E,ESQUIVEL E V,QUINONES S A,et al. Microstructures and mechanical properties of electron beam-rapid manufactured Ti-6Al-4V biomedical prototypes compared to wrought Ti-6Al-4V[J]. Materials Characterization,2009,60(2): 96-105.

[17] FACCHINI L, MAGALINI E, ROBOTTI P, et al. Microstructureand mechanical properties of Ti-6Al-4V produced by electron beam melting of pre-alloyed powders[J]. Rapid Prototyping Journal,2009,15(3): 171-178.

[18] DENG D,MOVERARE J,PENG R L,et al. Microstructure and anisotropic mechanical properties of EBM manufactured Inconel 718 and effects of post heat treatments[J]. Materials Science and Engineering A,2017,693: 151-163.

[19] CAKMAK E,KIRKA M M,WATKINS T R,et al. Microstructural and micromechanical characterization of IN718 theta shaped specimens built with electron beam melting[J]. Acta Materialia,2016,108: 161-175.

[20] GOEL S,OLSSON J,AHLFORS M,et al. The effect of location and post-treatment on the microstructure of EBM-built Alloy 718[C]//Proceedings of the 9th International Symposium on Superalloy 718 and Derivatives: Energy, Aerospace, and Industrial Applications,2018: 115-129.

[21] BIAMINO S,PENNA A,ACKELID U,et al. Electron beam melting of Ti-48Al-2Cr-2Nb alloy: microstructure and mechanical properties investigation[J]. Intermetallics,2011,19 (6): 776-781.

[22] SUN S H,KOIZUMI Y,KUROSU S,et al. Build direction dependence of microstructure and high-temperature tensile property of Co-Cr-Mo alloy fabricated by electron beam melting[J]. Acta Materialia,2014,64: 154-168.

[23] MARTINEZ E, MURR L E, HERNANDEZ J, et al. Microstructures of niobium components fabricated by electron beam melting[J]. Metallography, Microstructure, and Analysis,2013,2(3): 183-189.

[24] HALCHAK J,WOOTEN J,MCENERNEY B. Layer build of titanium alloy components for complex-geometry rocket engine components[R/OL]. (2008-05-20)[2013-10-11]. http://www.calraminc.com/newsletters/Impeler_Paper.pdf.

[25] 天工社. GE考虑3D打印波音最新777X客机发动机部件[EB/OL]. (2014-08-07)[2014-10-25]. http://maker8.com/article-1615-1.html.

[26] MURR L E,GAYTAN S M,QUINONES S A,et al. Microstructure and mechanical properties of Ti-6Al-4V for biomedical and related applications involving rapid-layer

powder manufacturing[C]//2008 Materials Science and Technology Conference. Pittsburgh: American Ceramic Society,2008: 71-82.

[27] MURR L E,QUINONES S A, GAYTAN S M, et al. Microstructure and mechanical behavior of Ti-6Al-4V produced by rapid-layer manufacturing,for biomedical applications [J]. Journal of the Mechanical Behavior of Biomedical Materials,2009,2(1): 20-32.

[28] CANSIZOGLU O,HARRYSON O,CORMIER D, et al. Properties of Ti-6Al-4V non-stochastic lattice structures fabricated via electron beam melting[J]. Materials Science and Engineering: A,2008,492(1-2): 468-474.

[29] LI X,WANG C T,ZHANG W G,et al. Fabrication and compressive properties of Ti-6Al-4V implant with honeycomb-like structure for biomedical applications[J]. Rapid Prototyping Journal,2010,16(1): 44-49.

[30] GUO C,GE W,LIN F. Dual-material electron beam selective melting: hardware development and validation studies[J]. Engineering,2015,1(1),124-130.

[31] DEHOFF R R,KIRKA M M,SAMES W J,et al. Site specific control of crystallographic grain orientation through electron beam additive manufacturing[J]. Materials Science and Technology,2015,31(8): 931-938.

第10章

电弧熔丝增材制造

10.1 电弧熔丝增材制造原理

电弧熔丝增材制造(wire and arc additive manufacture,WAAM)技术是一种利用逐层熔覆原理,采用熔化极惰性气体保护(MIG)电弧、钨极惰性气体保护(TIG)电弧、CO_2 气体保护电弧、等离子电弧等为热源,通过熔化金属丝材,在程序的控制下,根据三维数字模型由线—面—体逐渐成形出金属实体构件的先进数字化制造技术,该技术主要基于 TIG、MIG、CO_2 等离子电弧等焊接技术发展而来。

WAAM 技术所使用的电弧具有能量密度低、加热半径大、热源强度高等特征,且成形过程中往复移动的瞬时点热源与成形环境强烈相互作用,其热边界条件具有非线性时变特征,故成形过程稳定性控制是获得连续一致成形形貌的难点。电弧越稳定,越有利于成形过程控制,越有利于成形形貌的尺寸精度控制。

WAAM 技术与其他增材制造的原理相同。首先进行切片处理;通过 STL 点云数据模型沿某一坐标方向进行切片,生成离散开来的虚拟片层;而后通过金属丝材熔化出的熔滴由点及线、由线及面地进行堆积,将实体片层打印出来,片片堆砌形成最终构件。

除了具有增材制造技术所共有的优点,如无需传统刀具即可成形,减少工序和缩短产品周期外,WAAM 技术还具有以下优点:

(1) 制造成本低。丝材的 90%以上都能利用,材料利用率高,且 WAAM 技术可大量采用通用焊接装备,制造成本较同类型的增材制造技术要低得多,所以该技术有望成为大规模应用的新型制造技术。

(2) 堆积速度高效,且无需支撑。WAAM 技术的送丝速度快,堆积效率高,在大尺寸构件成形时优势明显,成形速率可达 4~8kg/h 以上。

(3) 制造尺寸和形状自由。开放的成形环境对构件尺寸无限制。在增材制造领域,WAAM 技术的成形构件不受模具限制,制造尺寸和形状灵活。

(4) 对金属材质不敏感,适用于任何金属材料。

(5) 构件组织致密且力学性能好。WAAM 技术采用的是金属丝材熔融的方法堆积材料,基于的是焊接冶金的金属堆积方式。成形金属化学成分均匀,致密度高。

但 WAAM 技术的构件表面波动较大，表面成形精度较低，一般需要二次表面机加工。

10.2 电弧熔丝增材制造装备

增材制造装备是增材制造技术的载体和硬件支撑，是在利用增材制造技术进行构件制造过程中所使用的装备的总称。因此，增材制造装备的产生必然伴随着新的增材制造技术的发展，而新的增材制造技术又促进人们探索新的增材制造装备，二者相互依存。下面对电弧熔丝增材制造装备的发展进行概略性介绍。

早在 20 世纪 20 年代，Baker 创造性地利用手工电弧焊装备制造装饰品并在美国申请了专利。手工电弧焊方法不属于数字化制造，但这却是 WAAM 技术第一次亮世。图 10-1 是利用该技术制造的容器。

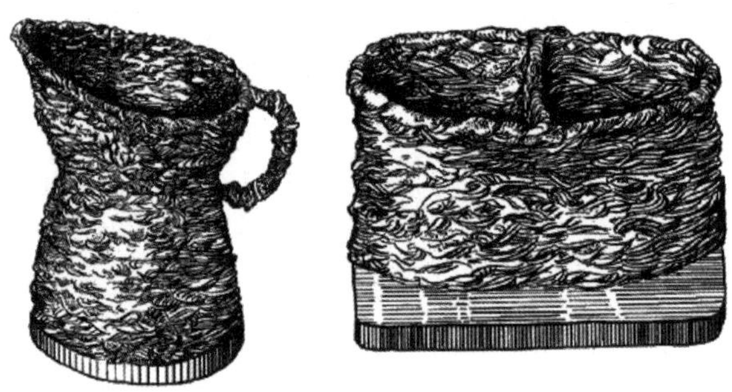

图 10-1　Baker 使用 WAAM 技术手工制造的容器

1947 年，巴布科克·威尔科克斯(Babcock & Wilcox，B&W)公司的 Carpenter 和 Kerr 采用埋弧堆焊装备制造出不锈钢蒸馏塔，将电弧堆焊制造技术应用到了化工业，这也是首次将 WAAM 技术应用于大型构件的实例(图 10-2)。

1992 年，英国劳斯莱斯公司联合克兰菲尔德大学搭建了由型号为 IRb 2000 的 ABB 六轴机器人、Migatronic BDH 320 的焊接电源、装有 CAD 的计算机、宾采尔焊枪、带紫外线过滤器的玻璃防护罩组成的电弧丝材 3D 打印系统，图 10-3 所示为其采用的整套焊接成形硬件系统。该系统主要用于制造航空发动机部件和飞机结构件，其制件主要是镍基高温合金和钛合金结构件。

2004 年韩国 Yong-Ak Song 教授团队的研究人员提出使用双枪电弧同时制造的方式以提高制造速率。他们用两个电焊枪以及旋转盘的方式研制了最简易的装备，见图 10-4，左侧的激光焊单元是为了测试另一种丝材沉积方法。遗憾的是，双枪温度场更加难以控制，同时带来了很多精度方面的问题。

近些年来，为解决电弧熔丝 3D 打印制件精度低的问题，也有不少专家学者提

图 10-2　Carpenter 和 Kerr 埋弧增材制造的装备与产品

图 10-3　焊接成形硬件系统

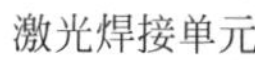

图 10-4　双枪增材制造装备

出利用增材制造和铣削技术相结合的方式。同样是韩国科技研究中心的 Song 等，结合双枪电弧装备和三轴铣削机器，提出将熔化极气体保护焊(gas metal arc welding,GMAW)成形与铣削技术相结合，以 GMAW 增材制造作为加法，以铣削机械加工作为减法，两者同时进行，既可保证 GMAW 的高效率，又可保证制件的高精度，满足了金属构件快速制造、精度高的要求。该方法的成形过程原理如图 10-5 所示。

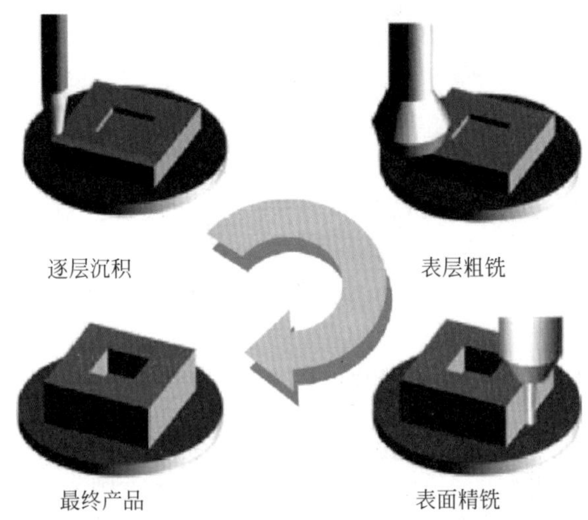

图 10-5 焊接-铣削方法制造金属构件

中国装甲兵工程学院的朱胜等同样做了相关的工作。他们将铣削中心和六轴机器人结合起来，有效地解决了制件精度低的问题，并减短了构件的制作周期(图 10-6 和图 10-7)。

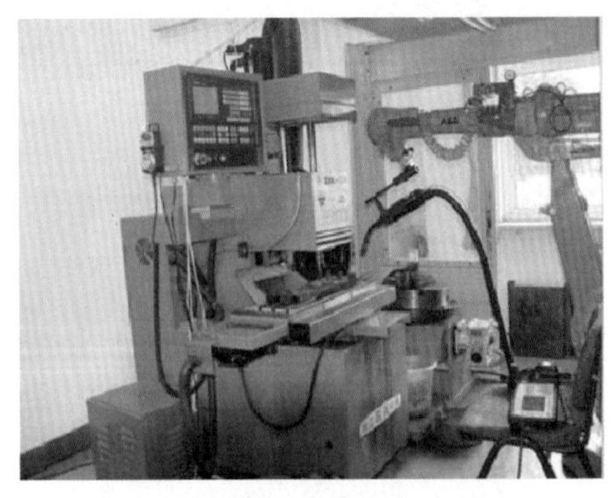

图 10-6 朱胜团队复合再制造系统

华中科技大学的史玉升团队搭建了以 8 轴 Kuka 机器人、福尼斯 CMT 焊机和二次开发的 STL 切片软件为核心的 WAAM 平台，充分利用 CMT 冷金属过渡实

图 10-7　朱胜团队的修复制件

现小热输入、高电弧稳定性，并达到高精度要求。此外，该团队还搭建了以多电弧装置、高温三维测量装备为核心的多电弧增材/机加减材复合成形平台，在大幅提高 WAAM 效率的同时，可在 WAAM 过程中对构件进行机加减材处理，有效克服了 WAAM 构件尺寸精度低、表面粗糙度波动大的问题，成形后的构件可直接满足使用需求。与此同时，通过高温三维测量装备，可实时监测并反馈 WAAM 过程以及机加减材制造过程构件三维轮廓与几何尺寸信息，并根据监测数据在线调控增/减材工艺参数，实现成形过程工艺参数在线调控，有效提升构件整体成形质量及成形效率(图 10-8～图 10-10)。

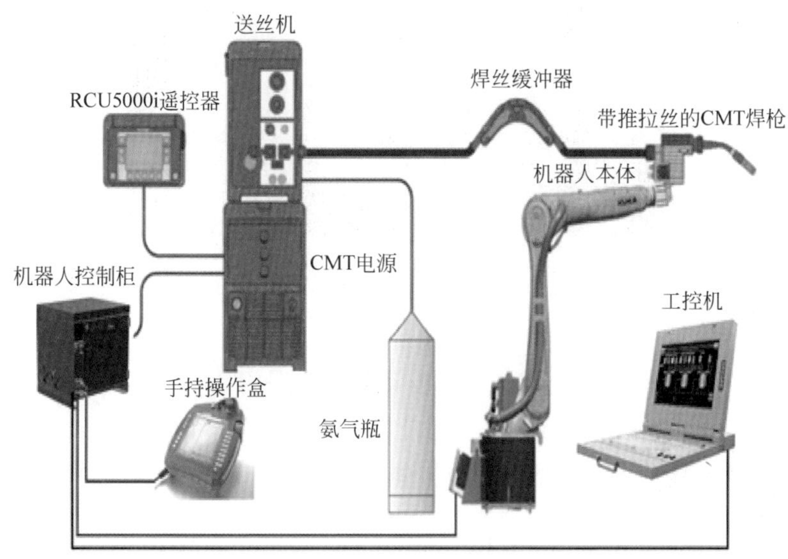

图 10-8　平台技术连接图

图 10-9 平台实物图

图 10-10 平台实物图

10.3 电弧熔丝增材制造材料及其成形工艺

10.3.1 电弧熔丝增材制造材料

虽然 WAAM 技术是基于 TIG、MIG、CO_2、等离子电弧等焊接技术发展而来的，但是 WAAM 的本质是连续多道多层电弧熔丝打印。WAAM 工艺的特殊性，使得专用于熔丝打印的金属丝材也与传统焊接用丝材有很大区别。WAAM 对金属丝材有如下五点要求：

（1）丝材要有良好的工艺性能，主要包括电弧稳定性好、飞溅小，适宜全位置堆积成形。

（2）丝材有良好的连续送丝性能。丝材应具有适宜的挺度，且接头处应适当加工，保证能均匀连续送丝。

（3）丝材的表面质量良好。丝材表面应光滑，无毛刺、划痕、锈蚀、氧化皮等缺陷，不应有其他不利于焊接操作或对成形金属有不良影响的杂质。镀铜丝材应均匀牢靠，不应出现起鳞与剥离。

（4）丝材的尺寸符合要求。丝材尺寸和极限偏差应符合相关要求，不圆度不大于直径公差的 1/2。

（5）丝材成形金属满足使用要求。在一定的工艺条件下，丝材成形金属要达到组织和性能要求。

WAAM 使用的丝材是 WAAM 技术的关键，对打印构件的组织和性能有重要影响。目前，WAAM 使用的丝材主要有奥氏体不锈钢、低碳钢丝材、铝合金丝材、钛合金丝材等。

20 世纪 80 年代中期，美国 B&W 公司投入了大量财力开发电弧丝材 3D 打印技术，并努力开发相关的装置和装备。该公司使用等离子弧-MIG 混合焊技术，生产出了具有很高耐腐蚀性的奥氏体不锈钢制件，可用于医用器材等耐蚀场合（图 10-11）。

2010 年，中国装甲兵工程学院的李超等针对打印成形对材料的要求，研制了钛、硼微合金化低碳金属芯药芯焊丝，并研究了受连续热循环影响的成形金属组织性能。在堆积方向上，微观组织有明显的分层现象，铁素体的含量逐渐增加，珠光体的含量逐渐减少，且堆焊件中部和底部的显微硬度显著高于表层（图 10-12）。

图 10-11　B&W 公司早期不锈钢样件

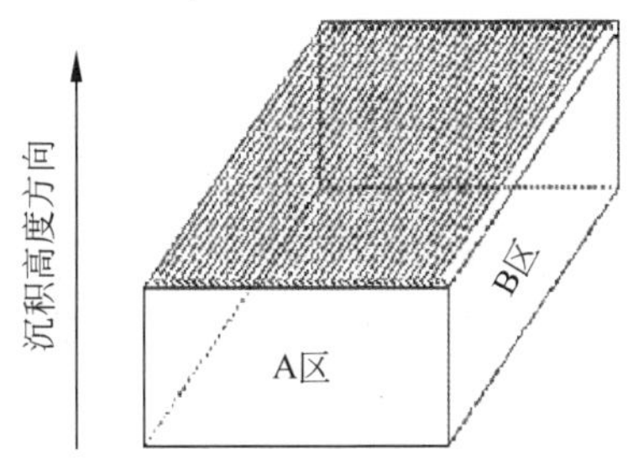

图 10-12　构件示意图

气孔是影响铝合金增材制造构件性能的主要缺陷之一。从保强等研究了工艺参数对内部气孔的影响，在优化出的工艺参数下，采用 HPVP-GTAW 电弧，使用

2319 和 5356 铝焊丝成形构件，成功消除了内部气孔(图 10-13 和图 10-14)。

图 10-13　5356 锥形筒体构件

图 10-14　2319 柱型筒体构件

比利时鲁汶大学对钛合金件增材制造进行了研究，基材为工业常用的钛合金 Ti-6Al-4V。研究结果表明，构件在平行成形方向的力学性能和垂直于成形方向的力学性能不尽相同。图 10-15 为其实验系统成形的构件。

图 10-15　TIG 成形的钛合金件

华中科技大学的史玉升团队针对热锻模制造/再制造对材料的需求，研发出满足“基底层+过渡层+硬面层”要求的多种材料锻模电弧熔丝增材制造/再制造系列硬面合金粉芯丝材(MGY281、MGY381、MDY501)。基底层硬面合金粉芯丝材 MGY281 的硬度为 28HRC，止裂性良好，高压下具有良好的退让性，可防止高压下模具基体发生断裂失效；过渡层硬面合金粉芯丝材 MGY381 的硬度为 38HRC，具有较高的强度、硬度和韧性，与基底层和基体都有良好的结合性，在硬度、强度上有很好的过渡作用；硬面层硬面合金粉芯丝材 MDY501 的硬度为 54HRC，高温下具有较高的硬度、强度、热稳定性、抗疲劳性和耐磨性，且与过渡层有良好的结合性。利用上述系列硬面合金粉芯丝材，实现了多种材料锻模电弧熔丝增材制造(图 10-16)，所成形的多材料锻模具有良好的强硬度梯度过渡，基体与工作层具有优异结合性。该锻模性能明显优于传统单一材料(5CrNiMo)锻模，使用寿命提高 4～5 倍。

图 10-16　用 WAAM 技术制造的多种材料锻模
(a) 示意图；(b) 实物图

10.3.2　电弧熔丝增材成形工艺

目前针对成形工艺，国内外主要研究了工艺参数（电流、电弧电压、层间温度、成形速度）、切片技术、铣削加工或者微铸微轧与 WAAM 相结合的方式方法。

2003 年肯塔基大学的 Zhang Yuming 等对熔化极气体保护焊快速成形技术进行了一些研究。根据熔焊堆积的特点，提出了一套堆积层厚自适应的切片算法，根据所需的切片高度不同，可自适应调节高度。图 10-17 所示为自适应切片工艺下成形的锥形件。

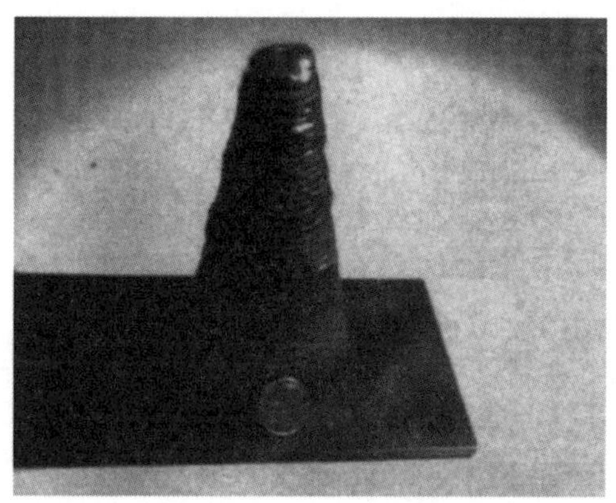

图 10-17　Zhang Yuming 堆积的锥形件

韩国在电弧丝材 3D 打印技术研究方面走在亚洲前列，他们设计的系统兼顾了成形效率和精度。其设计装备集成了闭环反馈控制系统。通过切片设计以及严格的层间温度控制，所得的制件具有很高的精度且效率不俗。图 10-18 为其制作的品脱杯制件和汽车排气管。此外，制件通过机械加工的方式提高了精度，减小了在尺寸上的误差。

葡萄牙米尼奥大学的 Fernando Riberio 博士研究了构件打印过程中的熔敷成形过程。他们利用机器人熔化焊接工艺以及 Autolisp 语言二次开发的切片软件实

图 10-18　韩国电弧丝材 3D 打印制件
(a) 品脱杯；(b) 汽车排气管

现了三维焊接熔敷成形。将构件的三维模型输入切片软件后，软件进行切片处理并直接生成机器人的运动路径，与此同时编辑入焊接工艺参数；最后通过串口将机器人路径代码和工艺参数下载到机器人控制模块，以此来控制整个打印过程的进行。

Fernando Riberio 博士设计的机器人 GMAW 快速成形制造系统的构件如图 10-19 所示。他们所设计的红外测温装置可对打印过程的热输入量进行监测。通过严格控制热输入，可降低制件的表面粗糙度。他们的方法是设定温度阈值，在温度超过设定的上阈值时停止堆积，待降温至下阈值时再继续。

图 10-19　Fernando Ribeiro 制作的制件

美国的欧阳采用变极性钨极惰性气体保护焊(gas tungsten arc welding，GTAW)工艺堆积了铝合金构件，如图 10-20 所示。他们对铝合金堆积过程中的易变形问题进行了探究。研究结果表明，基板的预热、焊接弧长的监控及焊接热输入的精确控制可以有效防止构件的受热变形。他们采取的控制措施是在堆积时，每堆积一层，电流减小 1A。通过逐步减小热输入量的方式来保证构件打印的稳定性。遗憾的是，对于不同形状、不同散热速率的制件难以用简单的热输入变化加以衡量，同组工艺对于多种制件也不具有可重复性。

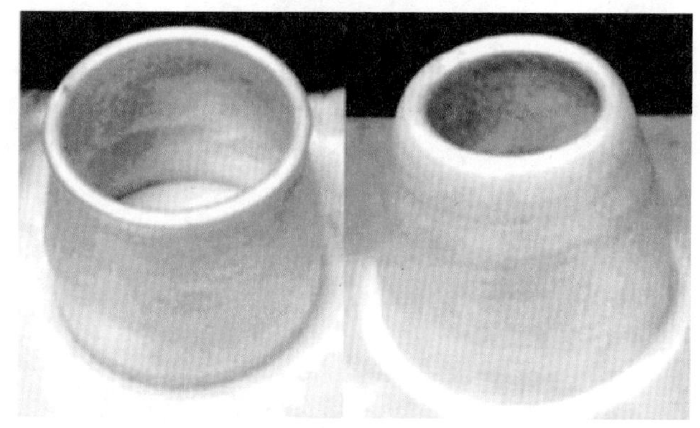

图 10-20　递减热输入增材制造的构件

由于传统的 STL 切片技术存在一定的缺陷，早在 2004 年，华中科技大学的周龙早、丁冬平等采用基于 UG 二次开发的方式对三维实体模型进行直接切片，由 STL 模型直接获取加工路径，并进行了相关加工路径规划的研究和优化，经过实验验证，效果较好。图 10-21 为其制造的花瓶制件。

英国克兰菲尔德大学焊接与激光中心在射频技术方面成绩斐然，其研究重点主要是用 GMAW 技术和 GTAW 技术成形钛合金。该课题组研究了焊接工艺参数和构件性能之间的相互关系，并建立了相关参数与熔敷层高度及宽度的相关模型。创造性地提出在打印过程中加入轧制的方法，通过轧制消除连续堆焊状态下构件的焊接残余应力和变形。该中心的学者在 2012 年还采用基于 CMT 冷金属过渡的焊接方法成功制造了倾斜结构件，改变了传统电弧丝材 3D 打印过程中焊枪始终沿垂直方向运动的堆积方式。他们通过全位置、多角度的焊接方式来实现不同倾斜度和封闭薄壁件的成形，其成形的构件如图 10-22 所示。

图 10-21　电弧丝材 3D 打印的花瓶

同样地，中国装甲兵工程学院柳建、朱胜等采用逐层偏移焊枪的方式成形了倾斜壁，探究了工艺参数（主要是电流和电压）与无支撑堆焊直壁极限倾斜角的关系。研究结果表明，极限倾角主要由电流决定，与焊缝成形形状有一定的非线性相关，成形的极限角度为 45°（图 10-23）。

为实现电弧丝材 3D 打印技术过程的精确控制，通过堆积状态的实时检测、反馈与在线监测，可以有效控制焊接的熔滴过渡形式和热循环过程。从目前研究方向上来看，视觉传感技术以其非接触、信息丰富、灵敏度和精度高的优点成为目前

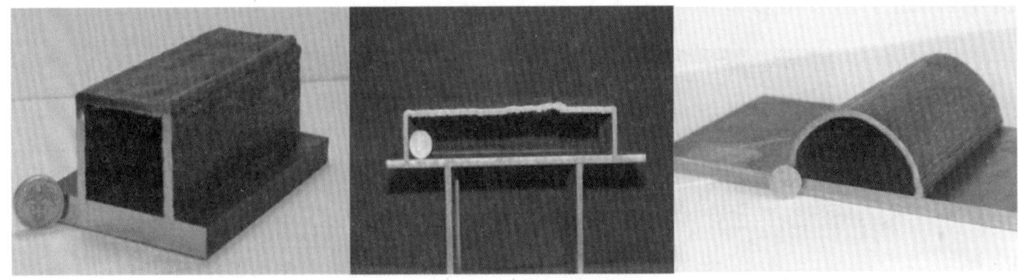

图 10-22　基于 CMT 成形的倾斜结构构件

图 10-23　斜壁极限堆焊成形

最有发展前景的传感技术。哈尔滨工业大学的罗勇等即采用激光光源的视觉传感技术检测多层单道直壁件的堆积高度，开发了相关的特征提取算法和软件界面，但是由于检测过程未考虑电弧的干扰，图像的扰动较大，高度提取的精度不高。图 10-24 为软件捕捉图像。

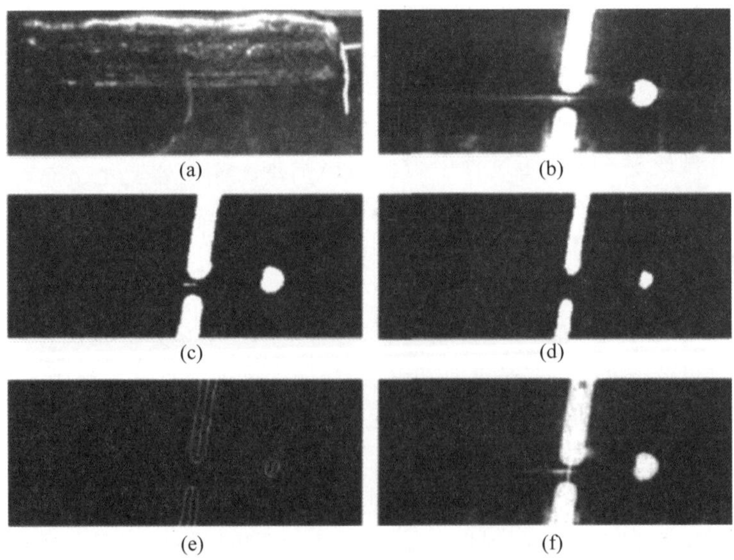

图 10-24　软件捕捉图像

10.4　电弧熔丝增材制造应用实例

华中科技大学史玉升团队自 1991 年以来，一直从事增材制造装备及关键技术研究，是国内最早从事增材制造装备与关键技术研究的科研团队之一。该团队具备扎实的丝材开发理论和应用基础，拥有丰富的电弧增材制造经验。以下为该团队 WAAM 三项应用实例。

10.4.1　电弧熔丝增材制造应用实例 1

WAAM 技术主要是针对构件的无模直接制造和受损失效的机械构件修复。根据构件使用场合不同，选定不同的金属丝材和工艺参数，借助 3D 反求技术、原型设计技术得到所需的加工模型以及相关的点云数据，从而实现对失效废旧构件的智能修复。以下为该团队具有代表性的构件增材制造修复。

案例中的样件采用自研制的高合金钢药芯金属丝材，此配方在实验过程中电弧稳定，飞溅率低于 2%，成形良好，焊接工艺性良好，成分见表 10-1。成形装备为该团队搭建的 Kuka 机器人和福尼斯 CMT 焊机增材制造平台；选取工艺参数为：电流 140A，电压 14V，打印速度 45cm/min。

表 10-1　高合金钢药芯金属丝材成形金属的化学成分(质量分数)

成分	C	Mn	Si	P	S	Cr	V
含量/%	0.22	0.85	0.19	0.010	0.012	7.90	0.25

1. 超大型(薄壁)构件打印

为验证所使用材料和参数在大型构件打印过程中的稳定性，设计总长为 1200mm、总宽为 1000mm、总高为 720mm 的超大型椭圆形薄壁构件，构件带有一个角度为 5°的拔模斜度，其连续打印结果如图 10-25 所示，实际尺寸如表 10-2 所示。

应用实例

图 10-25　超大型构件打印结果

表 10-2 超大型(薄壁)构件成形尺寸 mm

参数	打印构件
总高度	719.6
总宽度	1001.8
总长度	1201.5
厚度	5.2

由图 10-25 可以看到,超大型构件的侧壁分层均匀无混层,壁厚均一,说明整个打印过程热过程均匀无变化。实验结果证明,所使用材料和参数在超大型构件制作上是稳定的。

2. 从动轮构件直接制造和分块打印

由于从动轮上大下小,整体呈“耳形”,在直接制造过程中,中间“颈部”的截面呈现增大的趋势,因此在进行上层制造的过程中,会出现铁水下淌的情况。由图 10-26 和图 10-27 不难看出,在高度方向上原始构件与打印成形制件相差甚远,这是由于铁水在无支撑的时候下塌,从而导致高度方向上不一致,使得所得到的制件与所需的制件相去甚远。众所周知,焊接的电弧中心温度在 6000～10 000℃,而整个熔池反应温度也在 2000℃以上,因此寻找到合适的支撑是极其不易的。故将从动轮构件分成左、中、右三个部分,拟通过分块制造实现构件的成形。分割后的构件模型如图 10-28 所示。直接制造和分块制造的从动轮原始尺寸与成形尺寸如表 10-3 所示。

图 10-29 即为打印出的制件与原始构件的对比。同时由表 10-3 不难看出,打印成形的齿轮件与原始齿轮件的各项数据相差不大,其形状也基本完整,耳状部位收缩明显,过渡弧线清晰。试验证明了分块制造从动齿轮的可行性。

图 10-26 原始构件

图 10-27 直接制造从动轮图

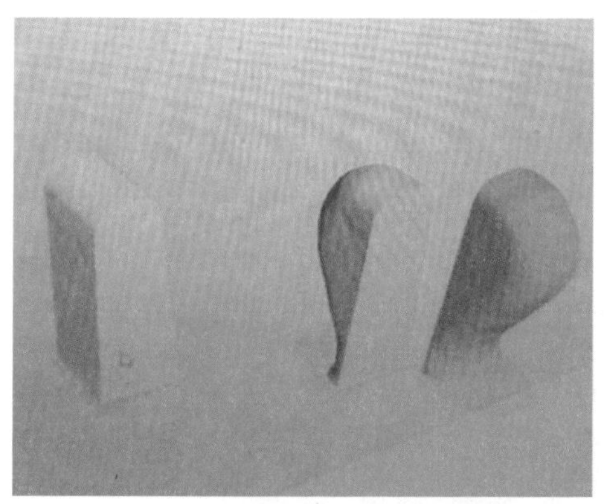

图 10-28　分割后的从动轮模型

图 10-29　打印出的制件与原始构件的对比

表 10-3　从动轮原始尺寸与成形尺寸　mm

参　　数	原始齿轮件	直接制造齿轮件	分块打印成形齿轮件
总高度	64.75	50.90	66.90
颈部最小宽度	30.70	29.42	31.42
制件最小厚度	11.00	13.42	12.42
制件最大厚度	22.60	17.30	23.30
耳部最大宽度	53.16	51.88	54.88

3. 主动轮上齿轮修复成形

坦克主动轮为易磨损件，其尺寸巨大，拆卸难度高，在野外战场环境下对后勤补给提出了巨大的挑战，本次实验拟修复此类构件。采用三维反求的方式得到原始构件的点云数据，而后通过差减法得到修复部位的构件参数，主动轮实物如图 10-30 所示(图中的白色圆点为反求用特征提取点)。实验中采用的道次搭接量为 1.8mm，采用每层旋转 90°逐层制造的方式进行修复，图 10-31 为主动轮修复部分 STL 模型，成形尺寸如表 10-4 所示。

图 10-30　主动轮整体扫描

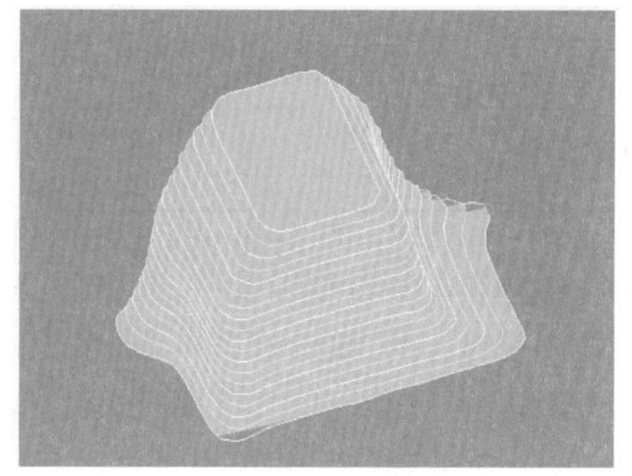

图 10-31　主动轮修复部分 STL 模型

表 10-4　主动轮上齿轮与打印成形齿轮成形尺寸　mm

参　　数	原始齿轮件	打印成形齿轮件
高度	38.35	35.22
厚度	21.61	23.94

实际修复后的齿轮如图 10-32 所示。由图片不难看出，整个齿轮与原形状啮合良好，没有间隙和偏移。整个齿轮弧度圆整光滑，达到了齿轮啮合的基本要求。齿轮表面圆整光滑，没有明显的气孔、裂纹等缺陷。

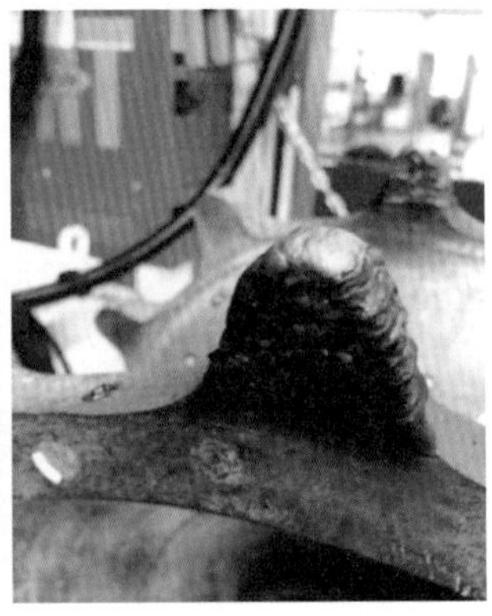

图 10-32　主动轮上齿轮实际修复

4. 斜齿修复成形

由于破损件的破损截面形态各异、犬牙差互，程序的切片和规划变得异常复杂。因此考虑使用过量破坏的方式使得破坏截面变成一个整齐的斜面，这即涉及齿轮的斜齿修复问题，因此设计倾斜角 30°、斜坡长度 36.7mm 的倾斜面修复缺损模型。修复实验结果如图 10-33 所示，成形尺寸如表 10-5。

表 10-5　斜齿打印成形齿轮件成形尺寸

参　　数	原始齿轮件	打印成形齿轮件
总高度/mm	67.61	67.4
总宽度/mm	59.58	60.2
最大厚度/mm	21.78	23.4
斜坡斜度/(°)	无	30

斜壁修复实验结果表明，在构件破损的情况下，适当地使用过量破坏的方式进行修复是可行的，实验过程中，铁水无明显塌陷或填充不均匀的情况发生，整体成形分层清晰，形状与原件无明显差距，修复效果较好。

通过检测构件尺寸和测试性能，以上构件均可满足使用要求。

图10-33　斜齿修复件与修复实物

10.4.2　电弧熔丝增材制造应用实例2

本样件采用研制的低合金高强钢金属丝材，牌号为YHJ507M，化学成分见表10-6。使用本团队搭建的Kuka机器人和福尼斯CMT焊机增材制造平台，3D打印出建筑用多向管接头，如图10-34、图10-35所示。3D打印工艺参数见表10-7，经实验验证，在此参数下堆积熔高、熔宽变化幅度最小，尺寸均匀性最好。

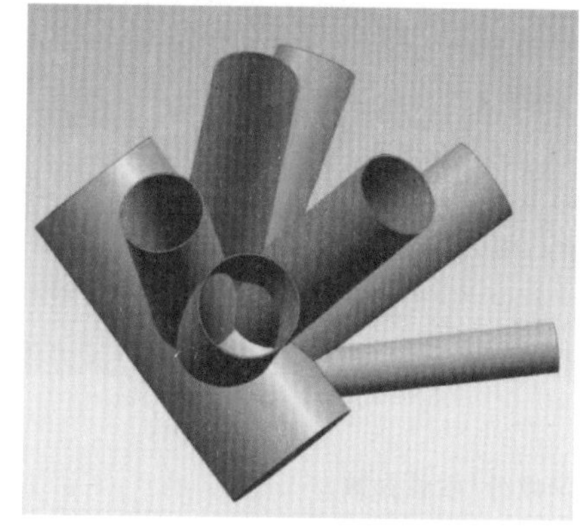

图10-34　多向管接头模拟图

图10-35　打印的多向管接头

表10-6　金属丝材YHJ507M成形金属的化学成分(质量分数)

成分	C	Mn	Si	S	P	Cu	Cr
含量/%	0.05～0.08	1.10～1.20	0.40～0.45	≤0.030	≤0.030	≤0.50	≤0.20

表 10-7　工艺参数

电流/A	电压/V	弧焊枪行走速度/(mm/s)	保护气体及流量/(L/min)	送丝速度/(mm/s)
115～125	20～22	6～9	富氩/20	70

多向管接头广泛应用于高层建筑、桥梁、大型海洋平台等工程结构中，目前主要采用整体铸造的方法来制造，因各管相贯部分壁厚大，易产生缩孔、缩松等缺陷。本样件成形采用冷金属过渡，逐层堆积直接成形，为传统铸造的成本高、效率低、多缺陷等不足提供了新的解决方案。

实验显示，多向管接头的组织为大量细小均匀的铁素体和少量珠光体；断口形貌为大量均匀分布的较大较深的韧窝，韧窝大小、均匀性和深度较传统制造的管接头有质的飞跃；抗拉强度 563MPa，在标准范围内；屈服强度 437MPa 左右，高出标准值 46%；平均伸长率 27.65%，高出标准值 25.7%。为了确保实验结果的准确性，做 3 组冲击实验试样，平均冲击吸收功 147J，且各个试样的冲击吸收功均在 120J 以上，高出标准值 145%；通过探伤实验，未发现裂纹和气孔。

实验数据表明，用 WAAM 技术制造的多向管接头，其组织和性能满足建筑用钢的要求，且尺寸精度较高。

10.4.3　电弧熔丝增材制造应用实例 3

本样件采用研制的低合金高强钢金属丝材，牌号为 YHZ921A，化学成分见表 10-8，使用本团队搭建的 Kuka 机器人和福尼斯 CMT 焊机增材制造平台，打印出大型舰船双臂艉轴架，双臂间夹角 52°，如图 10-36 所示。工艺参数见表 10-9。

图 10-36　大型舰船双臂艉轴架

表 10-8　成形金属的化学成分(质量分数)

成分	C	Mn	Si	S	P	Ni	Cr	Mo	V
含量/%	0.10	0.69	0.11	0.00	0.02	2.71	0.97	0.36	0.10

表 10-9　工艺参数

电流/A	电压/V	弧焊枪行走速度/(mm/s)	保护气体及流量/(L/min)	送丝速度/(mm/s)
220～230	28～29	7	富氩/20	75

艉轴架用于支撑高速旋转的螺旋推进器，保证螺旋桨可靠地工作，并减少螺旋桨工作时产生的振动。传统艉轴架的制造方法是将艉轴毂、支撑臂和横臂三个部分分别铸出，再通过拼焊的方式将三者连接起来，这样焊接接头就成为薄弱环节，且生产周期较长。我国目前设计的艉轴架一般外形粗大，比较笨重。由于壁厚大，使用铸造的方法易产生成分不均匀、缩孔、缩松和气孔等缺陷。而通过 3D 打印方法制造出的艉轴架，不仅性能完全满足使用要求，且内部无缩孔、缩松等缺陷。

通过实验，金属丝材堆积金属的屈服强度 530MPa，高于标准值 370MPa；抗拉强度 600MPa，高于标准值 470MPa；－20℃冲击吸收功 70J，高于标准值 47J。

参考文献

[1] RIBEIRO A F. 3D printing with metals[J]. Computing and Control Engineering Journal, 1998,9(1): 31-38.

[2] RIBEIRO A F, NORRISH J. Making components with controlled metal deposition[J]. International Symposium on Industrial Electronics,1997,3: 831-835.

[3] SONG Y A,PARK S. Experimental investigations into rapid prototyping of composites by novel hybrid deposition process[J]. Journal of Materials Processing Technology,2006,171(1): 35-40.

[4] SONG Y A,PARK S,CHOI D,et al. 3D Welding and milling: part Ⅰ-A direct approach for freeform fabrication of metallic prototypes[J]. International Journal of Machine Tools and Manufacture,2005,45(9): 1057-1062 .

[5] SONG Y A, PARK S, CHAE S W. Nanofluidic concentration devices for biomolecules utilizing ion concentration polarization: theory, fabrication, and applications[J]. Chemical Society Reviews,2010,39(3): 912-922.

[6] ZHU S,LI C,SHEN C,et al. Microstructure and micro mechanical property of part formed by GMAW surfacing rapid prototyping[J]. Key Engineering Materials, 2010, 419-420: 853-856.

[7] ZHU S,Meng F,DEMA B A. The remanufacturing system based on robot MAG surfacing [J]. Key Engineering Materials,2008(373-374): 400-403.

[8] IRVING B. How those million-dollar research projects are improving the state of the arc of welding[J]. Welding Journal,1993,72(6): 41-45.

[9] DORLE T E. Shape melting technology. 3rd Int. Conf[J]. Desktop Manufacturing, 1991, 15(8): 1-9.

[10] 李超，朱胜，沈灿铎，等. 堆焊快速成形低碳钢件的组织与微观力学性能[J]. 材料热处理学报，2010，31(4): 45-49.

[11] 从保强，苏勇，齐铂金，等. 铝合金电弧填丝增材制造技术研究[J]. 航天制造技术，2016，3: 29-32.

[12] BAUFELD B,BIEST O V,GAULT R. Additive Manufacturing of Ti-6Al-4V Components by Shaped RWFSDV: Microstructure and Mechanical Properties [J]. Materials and Design,2010,31(1): 106-111.

[13] BAUFELD B, BRANDL E, BIESTA O V. Wire based additive layer manufacturing: Comparison of microstructure and mechanical properties of Ti-6Al-4V components fabricated by laser-beam deposition and shaped RWFSDV[J]. Journal of Materials Processing Technology, 2011, 211(6): 1146-1158.

[14] ZHANG Y M, CHEN Y, LI P. Weld Deposition-based rapid prototyping: a preliminary study[J]. Journal of Materials Processing Technology, 2003, 135(2-3): 347-357.

[15] SONG Y, PARK S, CHOI D, et al. 3D welding and milling: Part I-a direct approach for freeform fabrication of metallic prototypes[J]. International Journal of Machine Tools and Manufacture, 2005, 45(9): 1057-1062.

[16] SONG Y, PARK S, CHAE S. 3D welding and milling: part II-optimization of the 3Dwelding process using an experimental design approach[J]. International Journal of Machine Tools and Manufacture, 2005, 45(9): 1063-1069.

[17] RIBEIRO F, NORRISH J. Making components with controlled metal deposition[J]. Proceedings of the IEEE International Symposiumon, 1997, 3: 831-835.

[18] WANG H J, JIANG W H, OUYANG J H, et al. Rapid prototyping of 4043 Al-alloy parts by VP-GTAW[J]. Journal of Materials Processing Technology, 2004, 148(1): 93-102.

[19] 周龙早，刘顺洪，丁冬平. 基于三维焊接的金属构件直接快速制造研究[J]. 中国机械工程，2006，17(24)：2622-2627.

[20] MARTINA F, MEHNEN J, et al. Investigation of the benefits of plasma deposition for the additive layer manufacture of Ti-6Al-4V[J]. Journal of Materials Processing Technology, 2012, 212(6): 177-186.

[21] COLEGROVE P A, COULES H E, et al. Microstructure and residual stress improvement in wire and arc additively manufactured parts through high-pressure rolling[J]. Journal of Materials Processing Technology, 2013, 213(10): 1782-1791.

[22] KAZANAS P, DEHERKAR P, ALMEIDA P, et al. Fabrication of geometrical features using wire and arc additive manufacture[J]. Proceedings of the Institution of Mechanical Engineers, Part B: Journal of Engineering Manufacture, 2012, 226(6): 1042-1051.

[23] 柳建，朱胜，殷凤良. 工艺参数对堆焊熔敷成形极限倾角的影响规律[J]. 沈阳工业大学学报，2012，34(5)：515-519.

[24] 罗勇，张华，李月华. TIG焊快速制造激光视觉检测系统的研究[J]. 激光技术，2007，31(4)：367-369.

第11章

电子束熔丝增材制造数值模拟

增材制造过程中，材料受到激光、电子束等能束的作用，同时发生熔化、流动、凝固、蒸发等物理现象，机制极为复杂。材料的熔化、流动、凝固等行为对增材制造稳定性和成形质量具有关键性影响。目前，单纯采用实验方法难以对增材过程的熔化、流动、凝固等行为形成全面理解。因此，基于有效的增材制造数学模型，对增材制造过程进行定量的数值仿真分析，将增进对增材制造物理过程的理解，指导实际增材制造工艺过程。

目前，针对基于粉床的增材制造传热与流动行为的数值仿真方面已有较多研究，而针对熔丝增材传热与流动行为的数值仿真工作还鲜有报道。本章以电子束熔丝增材制造为研究对象，基于前期实验观测结果，结合数学、流体力学、传热学、电磁学和计算机科学等学科知识，建立电子束熔丝增材制造流动与传热数学模型。基于所建立的数学模型，对典型的电子束熔丝增材制造过程进行数值仿真，分析送丝条件下材料过渡过程中的流动与传热行为。较为系统地分析了不同物理因素(物性参数、工艺参数)对增材制造过程中材料过渡行为的影响，可为实际工艺优化提供重要参考。

11.1 电子束熔丝增材制造

电子束熔丝增材制造(electron beam additive manufacturing，EBAM)技术是在电子束焊接技术基础上发展起来的一种快速成形技术[1]。图 11-1 所示为 EBAM 示意图。EBAM 技术以电子束为热源，金属丝材为原料，利用高能电子束在真空环境中的基材或前一层基材上产生高温熔池，金属丝材由送丝机构送入，受热熔化，形成熔滴。熔滴随着工作台的移动在相应位置进入熔池，熔滴紧密相连，迅速凝固堆积，层层叠加，最终堆积出构件整体。电子束熔丝沉积快速成形技术可以通过控制电子束的束流大小和偏转，较精确地控制熔池的大小，并且使得丝材在到达熔池后才熔化，因而可以大幅提高原材料和能量的利用率。EBAM 技术具有成形速度快、保护效果好、材料使用率高、能量利用率高等特点，目前在大中型钛合金、铝合金等活性金属构件的加工制造方面得到了较多应用。

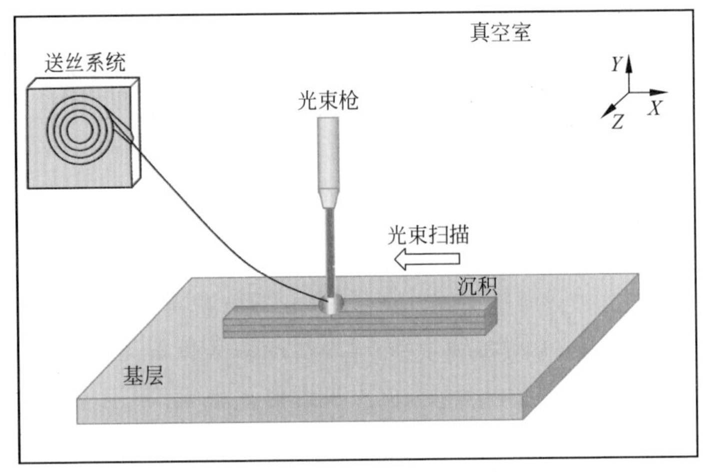

图 11-1　EBAM 示意图

11.2　电子束熔丝增材制造流动与传热数学模型

11.2.1　传热与流动方程

假设电子束熔丝增材制造中金属液是不可压缩牛顿流体，固液相转变时金属液的密度不变。熔化的金属液流动应满足质量守恒方程：

$$\nabla \cdot \boldsymbol{U}_{\mathrm{L}} = 0 \tag{11-1}$$

式中，$\boldsymbol{U}_{\mathrm{L}}$ 表示金属液的三维速度向量。

电子束熔丝过程中，熔池内金属液流动会受到黏性力、固液相区间达西摩擦力等因素影响，涉及较多的动力学因素，但是流动始终满足动量守恒方程[1-2]，即

$$\rho_{\mathrm{L}}\left(\frac{\partial \boldsymbol{U}_{\mathrm{L}}}{\partial t} + ((\boldsymbol{U}_{\mathrm{L}} - \boldsymbol{U}_{\mathrm{move}}) \cdot \nabla)\boldsymbol{U}_{\mathrm{L}}\right) = \nabla \cdot (\mu_{\mathrm{L}} \nabla \boldsymbol{U}_{\mathrm{L}}) - \nabla p_{\mathrm{L}} - \frac{\mu_{\mathrm{L}}}{K}(\boldsymbol{U}_{\mathrm{L}} - \boldsymbol{U}_{\mathrm{move}}) + \rho_{\mathrm{L}}\boldsymbol{g} \tag{11-2}$$

式中，ρ_{L}、μ_{L}、p_{L} 分别为液体的密度、动力黏度、压力；$\boldsymbol{U}_{\mathrm{move}}$ 为电子束扫描速度向量；K 是渗流系数[3]；C 为常数，取 1.6×10^4。

从能量输运的角度看，在电子束熔丝增材过程中，基材与丝材熔化形成的熔池中存在着强烈、复杂的流动，对流换热不可忽略，因而熔池中的传热行为不仅包括热传导，还包括对流换热。耦合考虑熔池内部的对流与传导传热及电子束对材料的加热作用，电子束熔丝增材过程满足的能量守恒方程为

$$\rho_{\mathrm{L}} C_p \left(\frac{\partial T}{\partial t} + ((\boldsymbol{U}_{\mathrm{L}} - \boldsymbol{U}_{\mathrm{move}}) \cdot \nabla) T\right) = \nabla \cdot (k \nabla T) + Q \tag{11-3}$$

式中，C_p、k、T、Q 分别是比热、导热系数、温度和热源。

11.2.2　热源模型

在成形中，电子束枪发射的高速电子束轰击在基材与丝材表面，电子的动能转换成热能，对基材与丝材产生加热的效果。考虑电子束在电子束熔丝沉积快速成形过程中的作用机制和特点，采用如图 11-2 所示的旋转高斯体热源模型来表征电子束对材料的加热作用。旋转高斯体热源模型分布函数为

$$q(r,z)=\frac{9\eta UI_{\mathrm{b}}}{\pi R^2 H}\frac{\mathrm{e}^3-1}{\mathrm{e}^3}\exp\left(-\frac{9r^2}{R\ln(H/z)}\right) \tag{11-4}$$

式中，η 是热效率系数；U 是加速电压；I_{b} 是束流；H 是热源高度；R 是热源开口端面半径。

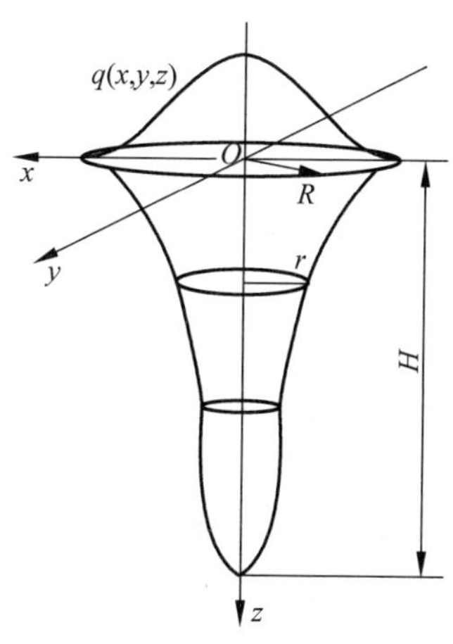

图 11-2　旋转高斯体热源模型

11.2.3　自由界面追踪

在熔丝过程中，丝材形貌、熔池形貌和堆积体形貌处于不断变化过程中，为了描述液桥和熔池的形貌，这里使用 VOF(volume of fluid)方法[4]来捕捉熔池和液桥表面的动态变化以及凝固形貌：

$$\frac{\partial F}{\partial t}+\boldsymbol{U}\cdot\nabla F=0 \tag{11-5}$$

式中，F 为网格内液体的体积分数。

11.2.4　边界条件

成形中，丝材和熔池表面受到反冲压力、热毛细力和表面张力等的作用。其中，反冲压力是金属受到电子束的加热发生蒸发引起的。钛合金材料的反冲压力[5-6]计算公式为

$$p_{\mathrm{r}}=AB_0(T)^{-1/2}\exp\left(-\frac{U_{\mathrm{atom}}}{k_{\mathrm{B}}T}\right) \tag{11-6}$$

式中，A、B_0 是与材料相关的常数；U_{atom} 为每个原子的蒸发潜热；k_{B} 为玻尔兹曼常数。

熔池表面存在表面张力，表面张力使金属液的表面积趋向于最小。同时成形过程中，熔化区域温度分布不均，表面还存在与温度梯度相关的热毛细力。表面张力的计算公式为

$$F_{\mathrm{s}}=\sigma\kappa\boldsymbol{n}+\frac{\partial\sigma}{\partial T}(\nabla T-\boldsymbol{n}(\boldsymbol{n}\cdot\nabla T)) \tag{11-7}$$

式中，σ、κ、$\boldsymbol{n}$ 分别为表面张力系数、曲率和界面法向量。

11.3 电子束熔丝增材流动与传热耦合动力学行为

为研究电子束增材过程中的传热与流动动力学行为，这里对 TC_4 钛合金的增材过程进行数值模拟研究。图 11-3 是在 60kV 加速电压、35mA 电子束流、820mA 聚焦电流、35mm/min 送丝速度、1.2m/min 扫描速度工艺条件下，120、150、1500ms 时刻熔池的温度场与堆积形貌。表 11-1 为计算所采用的材料物性参数。由图 11-3 可知，在电子束熔丝增材成形初期，丝材端部和基材发生熔化，同时丝材端部存在多个分散的高温区域，温度接近沸点(3310K)。随着丝材逐渐送进，丝材端部与基材之间形成了液桥。随着时间推移，液桥得以保持，丝材端部熔化的金属液持续流向基材，逐渐在基材上堆积，并且冷却凝固后形成一道堆积体。从这一结果可知，形成液桥过渡形式时，丝材端部熔化的金属液可以持续地流向基材，并在基材上逐渐堆积凝固，形成堆积体。

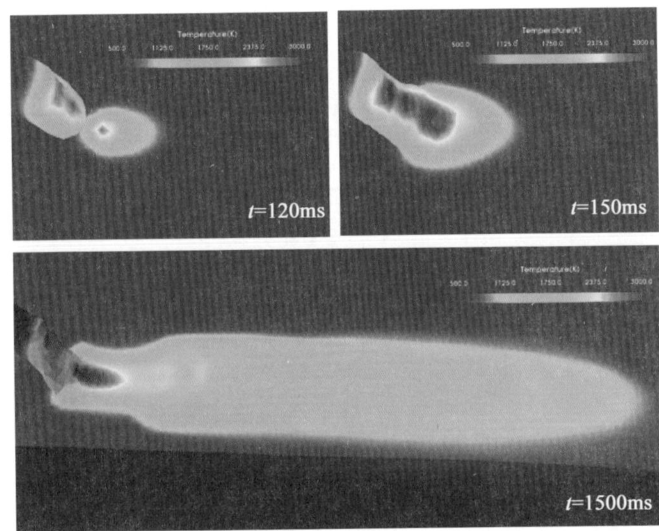

图 11-3 电子束熔丝增材成形温度场与形貌

表 11-1 TC_4 钛合金物性参数

物 性 参 数	数　　值
密度 $\rho/(\mathrm{kg}\cdot\mathrm{m}^{-3})$	4000
导热系数 $k/(\mathrm{W}\cdot(\mathrm{m}\cdot\mathrm{K})^{-1})$	4.4(297K)
比热 $C_p/(\mathrm{J}\cdot(\mathrm{kg}\cdot\mathrm{K})^{-1})$	550(297K)
运动黏度 $\nu/(\mathrm{m}^2\cdot\mathrm{s}^{-1})$	2.52×10^{-6}(1928K)
表面张力系数 $\sigma/(\mathrm{N}\cdot\mathrm{m}^{-1})$	1.63(1928K)
熔化潜热 $L_f/(\mathrm{J}\cdot\mathrm{kg}^{-1})$	2.92×10^5

续表

物性参数	数　值
蒸发潜热 $L_v/(J \cdot kg^{-1})$	0.89×10^7
固相线温度 T_s/K	1878
液相线温度 T_L/K	1928
蒸发温度 T_v/K	3310
能量吸收效率 ε_r	0.8
玻尔兹曼常数 $k_B/(W \cdot m^{-2} \cdot K^{-4})$	5.67×10^{-8}
材料常数 A	0.55
材料常数 B_0	2.0×10^{12}

进一步,对液桥形成时的金属液的流动和传热行为进行分析。图 11-4 给出了同时刻金属液的流动场和温度场。由图 11-4 可知,在 160、1140、1445ms 时刻,丝材端部都存在局部高温区域,温度在 3000K 以上,并且这种高温区多发生在丝材端部的上半部分;而在 480ms 时刻丝材端部却没有高温区。可见,电子束熔丝增材成形时,丝材的受热是非均匀的,并且时间上存在一定的周期性。从熔池的流动特征来看,丝材端部金属液持续流到基材上,逐渐在熔池后方堆积。480ms 时,熔池后方堆积形成的坡阻碍了金属液向熔池后部流动,金属液转而向两侧流动,形成了漩涡。这种流动形式使得金属液向两侧的铺展趋势增强,堆积体的宽度增加。在 1445ms 时,由于液桥中金属液存在成股向熔池后方的流动,并且速度接近

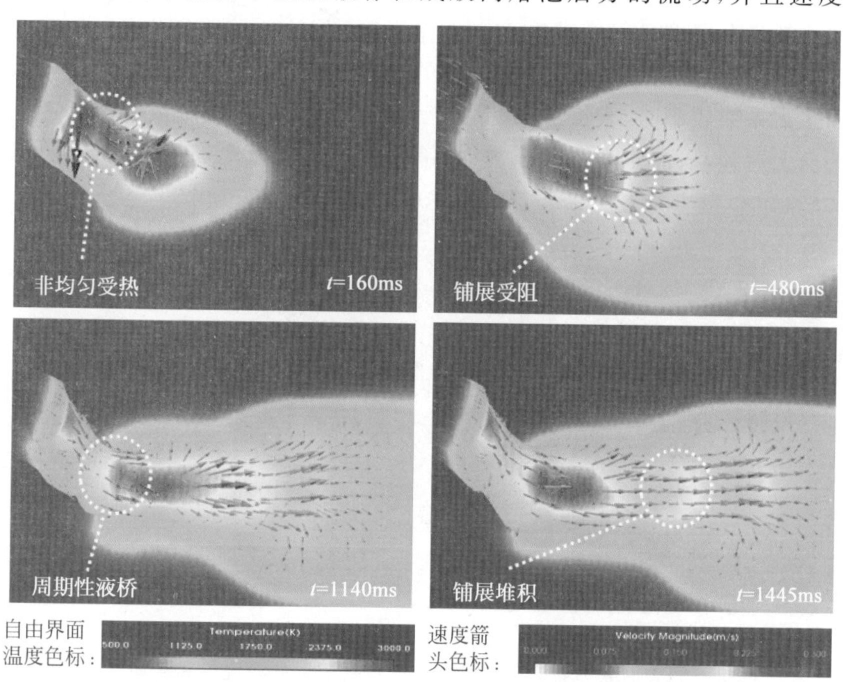

图 11-4　电子束熔丝增材成形时的流动场与温度场

0.2m/s，金属液越过熔池后部堆积形成的凸起，继续向熔池后部流动，逐渐在离熔池中心更远的位置向两侧铺展开来。由此可见，电子束熔丝增材成形中发生液桥过渡时，流动与传热的行为存在一定的周期性特征，并且流动的形式复杂，这会导致不同的铺展堆积效果，对成形的形貌有直接影响。

11.4 物理因素对电子束熔丝增材材料过渡行为的影响

11.4.1 动力学因素

1. 表面张力的影响

考虑到表面张力对液桥的形成及稳定有重要影响，模拟不同的表面张力系数时成形的过程。图 11-5 为表面张力系数为 0.50N/m 和 1.68N/m 条件下，电子束熔丝增材成形时液桥的形貌及流动传热特征。由图 11-5 可知，两组条件下，电子束熔丝增材成形都形成了液桥，但是液桥的流动形式、温度分布和形貌有明显差异。在 160ms 和 300ms 时，两组条件下液桥区域金属液都存在较大的流动速度，最大速度都达到了 0.3m/s，并且这些流动的金属液大都位于液桥的高温区域附近，这一点与上述液桥形成的过程相吻合。伴随着这种瞬时较大速度的流动，表面张力系数为 0.50N/m 时，在 160ms 和 300ms 时刻可以直接观察到飞溅；而在表面张力系数为 1.68N/m 时，则没有飞溅。因为表面张力系数较小时，液桥区域部分高速流动的金属液足以克服表面张力作用，发生变形而形成飞溅。从液桥形貌上可以看出，表面张力系数较小时，液桥的表面积较大，并且表面变形比较大。因为表面张力系数较小时，表面张力驱使液体表面积最小的作用被削弱了。从液桥形貌特点上可知，表面张力系数较大时，液桥较宽的区域更加接近基材表面，因而

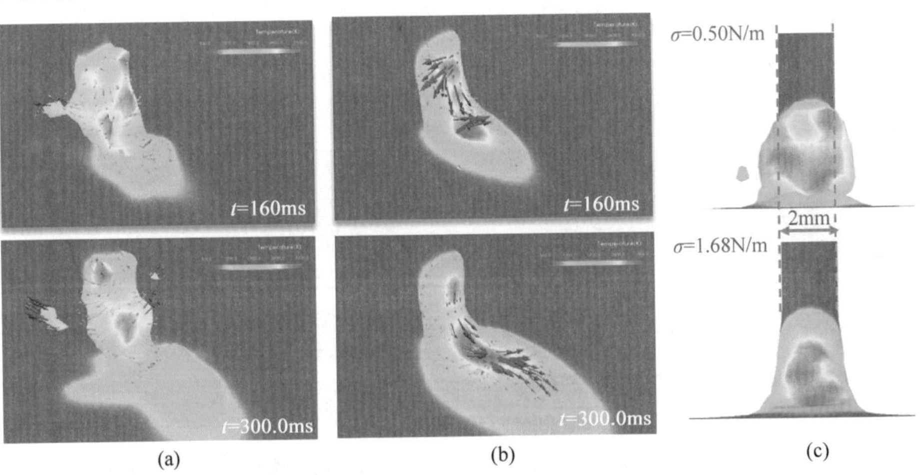

图 11-5　两组不同表面张力系数下电子束熔丝增材成形的温度场和流动场及液桥形貌

(a) $\sigma=0.50$N/m；(b) $\sigma=1.68$N/m；(c) 液桥形貌对比(16ms)

这部分金属液可以更好地被束缚在基材表面。相对而言,表面张力较小时,液桥中部比较宽大,靠近基材表面的较窄,金属液被束缚在基材表面的作用被削弱了,金属液更加容易铺展。

从流动特征来看,表面张力系数减小时,液桥区域金属液流动更加紊乱,进而导致金属液在流向基材时不均匀,铺展的形貌不够规则,如图 11-5 所示。这种流动特点的变化与温度场分布变化相符,表面张力系数较小时,由于金属液在基材上的铺展更加容易,电子束作用的中心区域金属液得以迅速向四周流动,进而带走大量热量,使得中心区域瞬时温度较表面张力较大时低。表面张力系数为 0.5N/m 时,在 300ms 时熔池中心温度仅为 2500K。综上可知,在一定范围内减小表面张力系数,电子束熔丝增材成形过程中,液桥和熔池区域表面张力减小,金属液的流动更加紊乱,液桥的稳定性变差。

2. 黏性力的影响

为了研究黏性力对电子束熔丝增材成形的影响,模拟了不同黏度条件下电子束熔丝增材的成形过程。图 11-6 给出了动力黏度为 $0.0108\text{N}\cdot\text{s/m}^2$ 和 $0.005\text{N}\cdot\text{s/m}^2$ 两种情形下电子束熔丝增材成形过程的温度分布和流动形式。由图可知,从熔池的温度分布来看,黏度变化时,熔池的宽度变化较小,而在长度方向上存在着明显的变化。在 370ms 时,黏度为 $0.005\text{N}\cdot\text{s/m}^2$ 情形下,熔池更长,温度向熔池后方扩散的范围更远,该时刻两组条件下对应的 1100K 等温线在成形路径方向上相差达到 0.3mm。考虑到黏性力直接影响金属液的流动,说明黏度改变会使金属液的对流换热受到重要影响,黏性减小,对流换热增强。

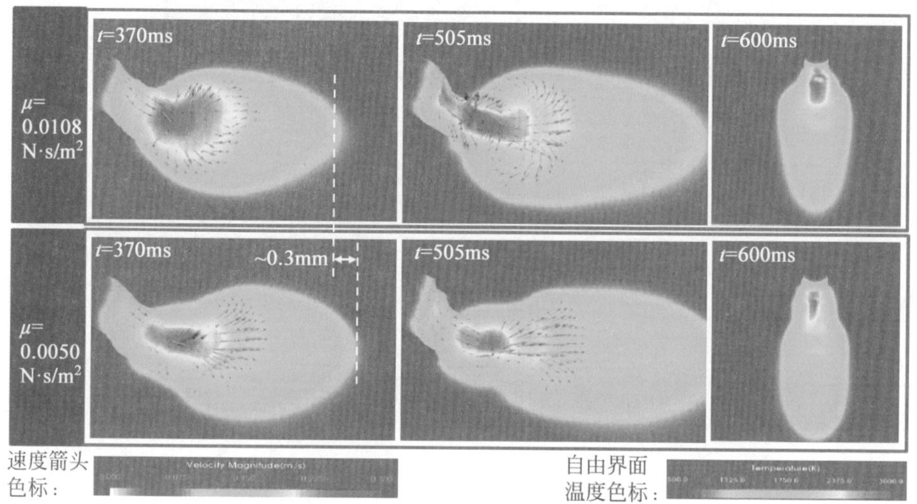

图 11-6　两组不同动力黏度下电子束熔丝增材成形的温度场和流动场

从流动特征上来看,370ms 时刻,黏度为 $0.005\text{N}\cdot\text{s/m}^2$ 时金属液流动铺展过程中没有漩涡,而在黏度较大时却有明显的漩涡,流动的形式有明显的不同。这里黏度减小，旋涡的消失与熔池后部的堆积形貌有直接关系，即与金属液的铺展有关。黏度减小时，熔池形貌在宽度上改变不大，长度增大，说明黏度减小，金属液的流动更远。从图11-6看出，黏度较小时，金属液更容易向后方流动并铺展开来，熔池后部形成的堆积区域离熔池中心较远，因而金属液向后流动受到的阻碍较小，不足以形成明显的旋涡。并且黏度较小时，熔池金属液向熔池后方的流动更加均匀，长度更长，这与上述温度扩散更远相契合。对应着金属液更多地向后流动这种情形，黏度减小时熔池内的对流换热作用增强，因此熔池中心高温区域面积有所减小。

综上可知，黏度减小，电子束熔丝增材成形时，金属液从熔池中心向熔池后部的流动更加容易，金属液更易向后铺展。反之，黏度增大，金属液的铺展更困难，相应的堆积高度更高。因此，根据成形的需求不同以及要保证成形的稳定性，黏度应当选择在合适的范围内。

3. 重力的影响

为了对比重力对电子束熔丝增材成形的影响，分别模拟微重力和重力环境下电子束熔丝增材成形过程。图11-7为微重力和重力条件下，电子束熔丝增材成形时的流动特征及堆积形貌。由图可知，570ms时刻，在堆积形貌上，微重力条件下电子束熔丝增材堆积的高度较重力条件下高，并且堆积的宽度较宽，相应的堆积长度较短。而在重力条件下，金属液堆积的高度较低，并且堆积明显的区域离熔池较远。

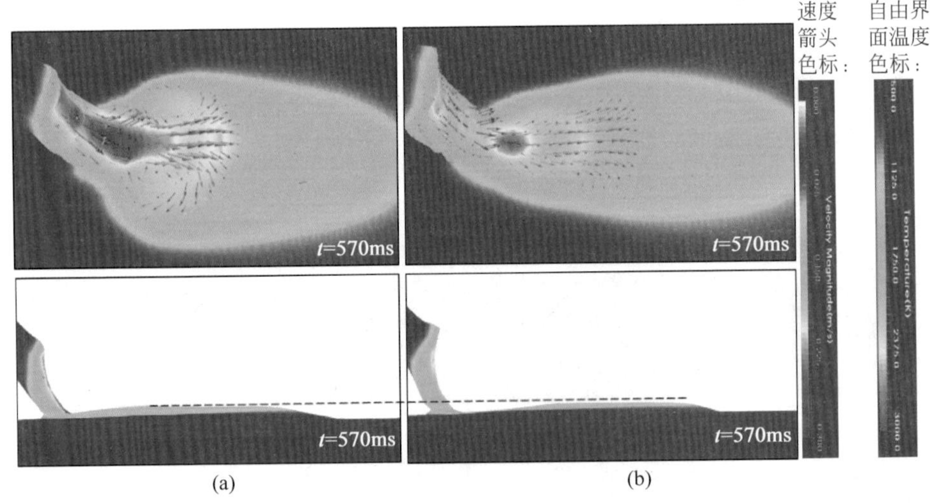

图11-7　微重力和重力环境下的流动特征及堆积形貌

(a) $g=0$；(b) $g=9.8\mathrm{m/s^2}$

从流动特征上可以看出，570ms时及微重力环境下，由于熔池后部的金属液堆积，阻碍了液桥中的金属液持续向熔池后部流动，形成了漩涡。在这种流动形式下，金属液向两侧的铺展趋势增强，堆积的宽度变宽，向后部的流动受阻，相同时间里堆积的长度更短。而在重力条件下，由于重力向下的作用，金属液堆积高度更低，金属液更容易向后方流动，该时刻下流动比较平稳。如图 11-7 所示，液桥位置的金属液，在重力和微重力条件下，都存在成股的向下流动，流动方向比较一致，该时刻最大速度都在 0.2m/s 以下，液桥的流动特征相似。从形貌上看，两种条件下，液桥都比较稳定；重力条件下，液桥的倾角更加接近垂直于基材表面。由此可知，在黏度为 0.0108N・s/m^2、表面张力系数为 1.68N/m 时，重力对电子束熔丝增材成形时液桥过渡的稳定性影响有限。从温度场分布特征上来看，重力条件下熔池中心的高温区域较微重力条件下更小。这主要是因为重力条件下金属液向后方的流动更加顺畅，对流带走了大量的热量；而在微重力条件下，金属液的流动基本集中在中心区域，向周围的对流换热作用较弱。因此，重力会对电子束熔丝增材成形过程的传热行为造成一定影响。

综上分析，重力环境下电子束熔丝增材成形时，金属液受到重力作用，铺展更加容易，堆积高度减小，进而影响熔池的流动特征和传热行为。但是从液桥的流动和形貌上来看，重力对液桥的稳定性影响有限。

11.4.2　工艺参数

为分析工艺参数对电子束熔丝增材成形的影响，模拟不同扫描速度、送丝速度、电子束流下成形过程的传热与流动行为。具体的工艺如表 11-2 所示。

表 11-2　电子束熔丝快速成形工艺参数

序号	加速电压/kV	电子束流/mA	聚焦电流/mA	送丝速度/(mm/min)	扫描速度/(m/min)
1	60	35	820	35	1.2
2	60	35	820	35	0.6
3	60	35	820	35	0.3
4	60	25	820	35	0.6
5	60	45	820	35	0.6
6	60	35	820	50	0.6
7	60	35	820	20	0.6
8	40	35	820	35	0.6
9	80	35	820	35	0.6

1. 扫描速度的影响

为分析扫描速度对电子束熔丝增材成形的影响，这里对比了 3 组不同扫描速度下的成形过程。图 11-8 为扫描速度 0.3、0.6、1.2m/min 条件下，1.0s 时刻的温度场分布，其中黑色线条代表熔池的边界。可以看出，熔池中心由于受到电子束的直接加热作用，温度可达 3000K。同时丝材的端部温度也存在一定的熔化区域，最高温度可达 2900K。但是，相较于熔池中心持续受到电子束的作用，可长时间保持在 2700K 以上，丝材端部的温度随时间变化较大，如图 11-8(b)中端部的最高温度只有 2400K。

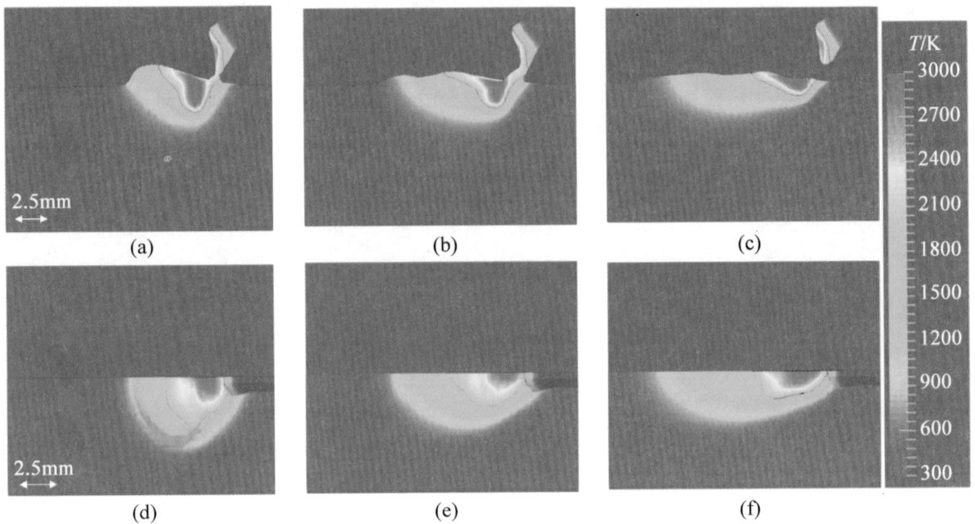

图 11-8　不同扫描速度下，1.0s 时刻熔池形貌对比

(a) 0.3mm/min 速度下熔池的侧视图；(b) 0.6mm/min 速度下熔池的侧视图；(c) 1.2mm/min 速度下熔池的侧视图；(d) 0.3mm/min 速度下熔池的俯视图；(e) 0.6mm/min 速度下熔池的俯视图；(f) 1.2mm/min 速度下熔池的俯视图

对比图 11-8 可知，随着扫描速度的增加，成形中熔池的深度明显减小。0.3m/min 扫描速度下，熔池的深度约为 2.82mm；而在 1.2m/min 速度下，熔池的深度为 1.24mm。相对而言，熔池的宽度在焊速为 0.3m/min 时为 6.41mm，到 0.6m/min 时为 4.23mm，具有明显的减小，但是到 1.2m/min 时为 3.45mm，减小的幅度明显减缓。另外，对比不同工艺下熔池的长度，发现 3 种工艺条件下熔池的长度存在一定变化，但是幅值较小。

图 11-9 为 3 种扫描速度下的熔池深度、长度与宽度对比。对于扫描速度的增大，熔池的深度、长度减小，主要是由于线能量的减少所致，这种因素导致的熔深、熔宽的变化在激光填丝焊接中已经得到了证实。线能量的表达式为 P/U_{move}，表明单位长度材料吸收的热源能量。功率相同时，扫描速度越慢，线能量越大，穿透性很强的电子束使得金属熔化得更多，形成更深和更宽的熔池。而导致熔池长度变化的因素较为复杂。线能量减少会使得熔化的金属液体减少，熔池更小。但是由于扫描速度的增加，熔化的金属液迅速远离能束的作用中心，同时由于金属液温度较高，这部分金属液并不会完全凝固，进而形成拉长的熔池。综合两种因素，由图 11-9 可知，扫描速度增加时，熔池的宽度变化先增加后减小。

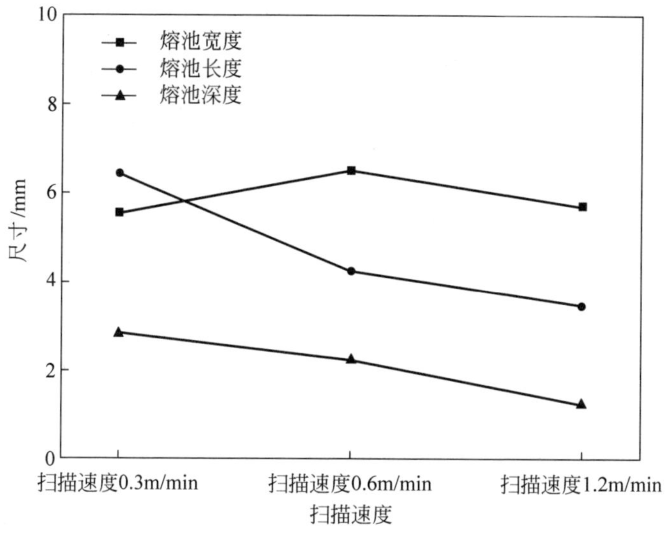

图 11-9　不同扫描速度下熔池形貌对比

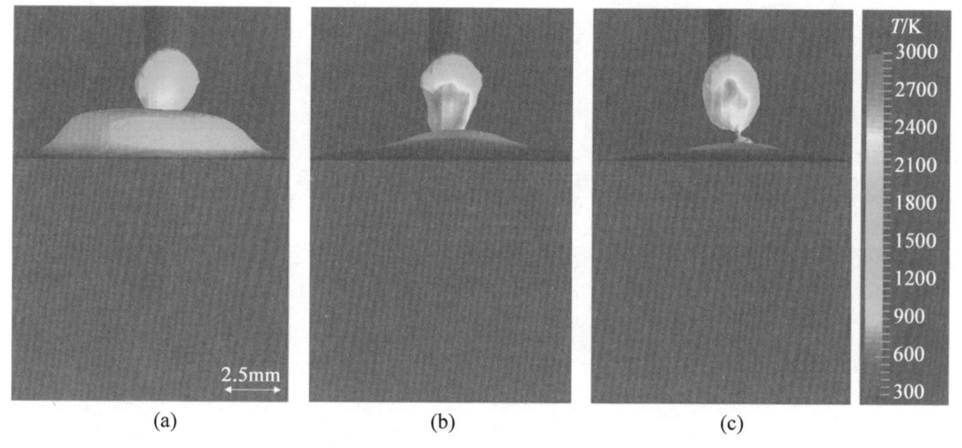

图 11-10　不同扫描速度下，1s 时刻堆积体形貌对比

(a) 扫描速度 0.3m/min；(b) 扫描速度 0.6m/min；(c) 扫描速度 1.2m/min

进一步分析不同扫描速度下，单道堆积成形形貌的变化。如图 11-10 所示，随着扫描速度的增加，堆积的形貌发生了明显的改变。扫描速度为 0.3m/min 时，1s 时堆积体的高度可达 1.98mm，而为 1.2m/min 时的高度只有 0.98mm。对比堆积体的宽度可知，3 种条件下宽度的差异相对高度较小，0.3m/min 时的宽度为 12.5mm，1.2m/min 时的宽度为 11.2mm。这表明一定范围内，扫描速度的增加对于金属液在基材上的横向铺展影响较小，而对其堆积效应具有明显的削弱作用。究其原因，送丝速度不变且丝材可以得到良好的熔化与过渡时，电子束熔丝增材成形中金属蒸发损失较少，送入的金属丝材质量与在基材上铺展的量大致相等，因此单位时间内满足如下公式：

$$U_{\text{wire}} \cdot A_{\text{wire}} = U_{\text{move}} \cdot H \cdot W \cdot \alpha \tag{11-8}$$

其中，α 为形状相关系数；W 为堆积体宽度；H 为堆积体高度；A_{wire} 为丝材的截面积。因此，在堆积高度已经有大幅的变化后，堆积体的宽度不会发生明显的变化。综合以上分析，扫描速度对于堆积体的形貌具有重要的影响。

另外一个值得注意的是，扫描速度的增大可能会导致丝材金属液向熔池的过渡形式发生改变。如图 11-11 所示，成形初期 0.1s 时刻，两种扫描速度下都可以形成液桥过渡形式，但两种情形下液桥的稳定性存在差异。扫描速度为 0.3m/min 时，1.0s 时刻液桥依然可以保持，而在焊接增大到 1.2m/min 时，1.0s 时刻液桥已经发生了断裂，表明该过程液桥过渡形式难以长期保持。这种情况下，虽然丝材可以在后续的持续送入中再次与熔池相连或者发生熔滴过渡形式，使得过渡可以继续，但是这将导致过渡过程的不稳定，尤其是形成较大的熔滴过渡时，将会引起熔池流动的极大波动，导致凝固形貌起伏，影响后续的堆积和成形质量。

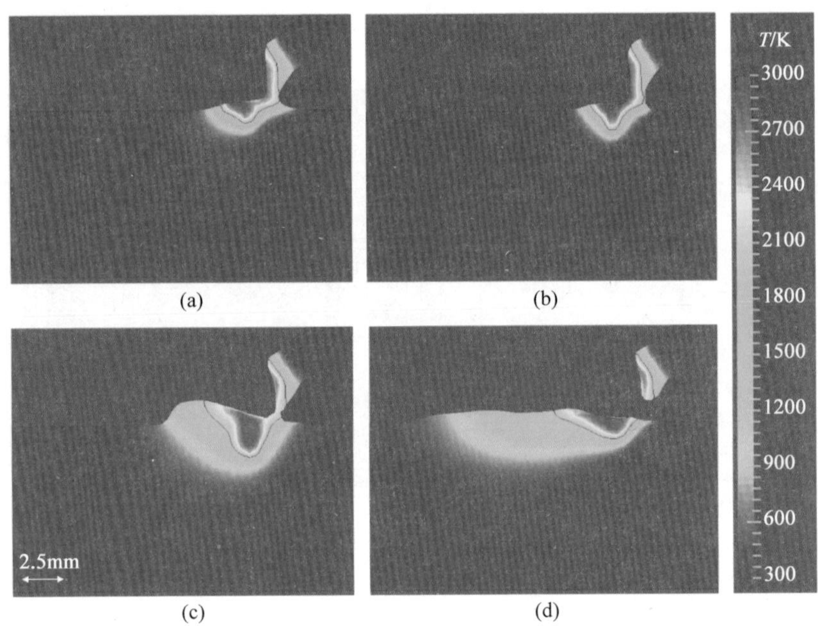

图 11-11　两组扫描速度下，0.1s 和 1.0s 时刻熔池与过渡形貌对比

(a) 0.3mm/min 速度下 0.1s 熔池形貌；(b) 0.3mm/min 速度下 1s 熔池形貌；(c) 1.2mm/min 速度下 0.1s 熔池形貌；(d) 1.2mm/min 速度下 1s 熔池形貌

2. 送丝速度的影响

为分析送丝速度对电子束熔丝增材成形的影响，这里对比了不同送丝速度下的成形过程。图 11-12 表示送丝速度分别为 3.0m/min 和 1.2m/min 的条件下，0.85s 时刻的堆积形貌。由图可知，送丝速度为 1.2m/min 时，相同成形时间，送入的丝材较 3.0m/min 时刻减少 60%，堆积的高度和宽度因而发生了十分明显的改

变。0.85s 时刻，1.2m/min 送丝速度条件下，堆积高度为 0.7mm，堆积宽度只有 6.89mm；而送丝速度为 3m/min 时，到 0.85s 时刻堆积的高度可达 1.92mm，堆积的宽度为 11.24mm。同时，在 0.85 时刻，送丝速度为 1.2m/min 时，丝材端部形成了较大体积的熔滴，其宽度约为 6.32mm，高度为 7.41mm。可以推断相同时间内，送丝速度小导致的堆积截面积较小不仅与送入金属少有关，还与液桥断裂使得较多的金属液在丝材端部聚集有关。从图 11-12 可知，当丝材端部形成液滴时，其表面温度较高，有较大的区域温度在 2700K 以上。相对而言，送丝速度较快使得丝材端部金属液迅速熔入熔池，丝材上温度较高的范围较小。

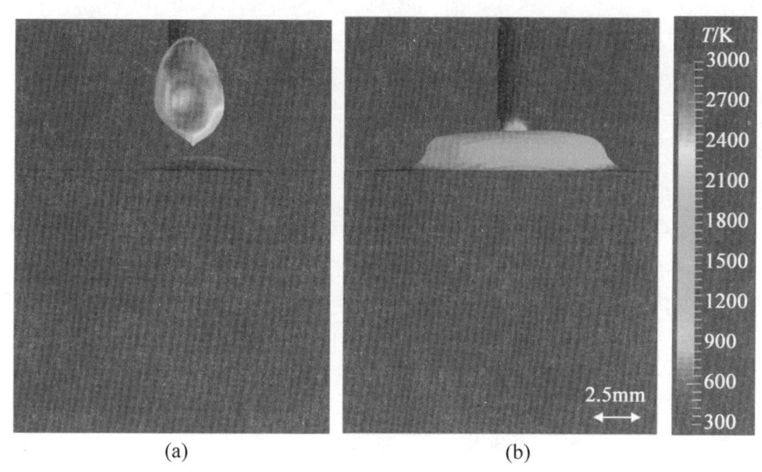

图 11-12　第 7 组工艺和第 6 组工艺 0.85s 时堆积形貌对比

(a) 送丝速度 0.3mm/min 下 0.85s 熔池形貌；(b) 送丝速度 1.2mm/min 下 0.85s 熔池形貌

进一步研究发现，送丝速度较小与扫描速度过快时有类似的现象，都会发生过渡形式的间歇性变化。如图 11-13 所示，在 0.5s 时刻丝材端部与熔池分离，但是基材上已经堆积了一部分，说明开始阶段已经发生了金属液的过渡，但不是持续的液桥过渡。而在 1.0s 时刻丝材再次送入热源中心位置，丝材端部与基材上的熔池形成了液桥。接着在后续 1.2s 时刻液桥再次断裂。随着送丝持续进行，1.5s 时刻丝材端部熔化的金属液逐渐增加，下端与熔池更加接近。可以预期在后续的成形中，丝材端部的金属液可再次与熔池接触或是发生液滴过渡形式。与扫描速度过快的效应类似，这种送丝速度过慢的工艺带来的不稳定的过渡状态，会引起熔池流动产生较大的波动，进而影响成形形貌和后续上部的堆积。因此，成形中应当避免送丝速度过小的状态。

另外，送丝速度过大时，容易发现丝材相对更多地靠近电子束作用中心，吸收大量的能量。相对而言，基材上分布的能量会在一定程度上减少。这种状况预示着送丝速度过大会导致堆积体上的熔池较小，可能会导致多层多道堆积时发生熔

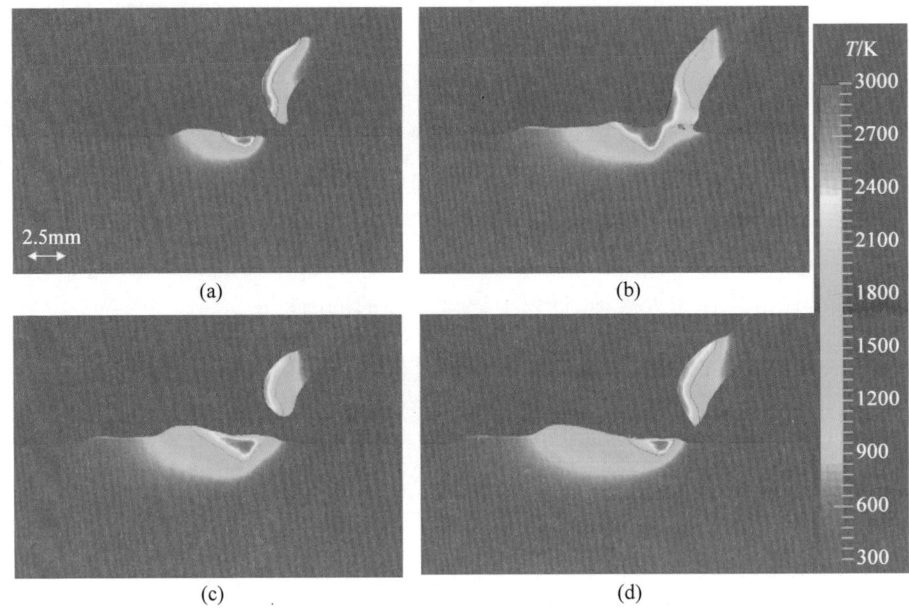

图 11-13　第 7 组工艺条件下不同时刻熔池及过渡形态

(a) 0.5s；(b) 1.0s；(c) 1.2s；(d) 1.5s

合不良的问题。更严重的是，送丝速度过快极可能导致顶丝问题的出现，使得丝材发生弯曲，造成金属液飞溅，严重影响成形质量。

3. 电子束流的影响

为分析电子束流对电子束熔丝增材成形的影响，这里对比了不同电子束流下的成形过程。图 11-14 为电子束流 25mA 和 45mA 条件下，1.0s 时刻的温度场分布。随着电子束流的增加，功率增加，成形中熔池的深度明显加深。25mA 时，熔池的深度约为 2.82mm；而 45mA 时，熔池的深度为 1.24mm。相对而言，熔池的宽度也具有明显的增加。在 25mA 时为 3.45mm，45mA 时为 6.41mm。然而，对比熔池的长度，发现电子束流增加却使得熔池的长度减小。进一步对比堆积的形貌可知，功率的改变使堆积形貌也发生了显著变化。如图 11-15 所示，45mA 时，堆积体的宽度为 10.97mm，高度为 1.58mm；而 25mA 时，宽度为 12.37mm，高度为 1.41mm。可见，功率的增加对堆积的高度影响较小，而对其形貌有较为显著的影响，堆积形貌随着功率的增加从近似三角形转变为近似梯形。由此可知，功率增加导致熔池深度和宽度增加的效应非常明显，而熔池长度缩减与后方堆积体较大的截面积导致的阻碍作用有关。

进一步分析束流较大时，单道堆积金属过渡行为的变化。如图 11-16 所示，束流为 45mA 的成形过程也存在液桥断裂的状态。0.1s 时刻，成形刚开始，丝材与熔池接触形成液桥。随后堆积过程发生，至 0.5s 时刻基材上已经具有了明显的堆

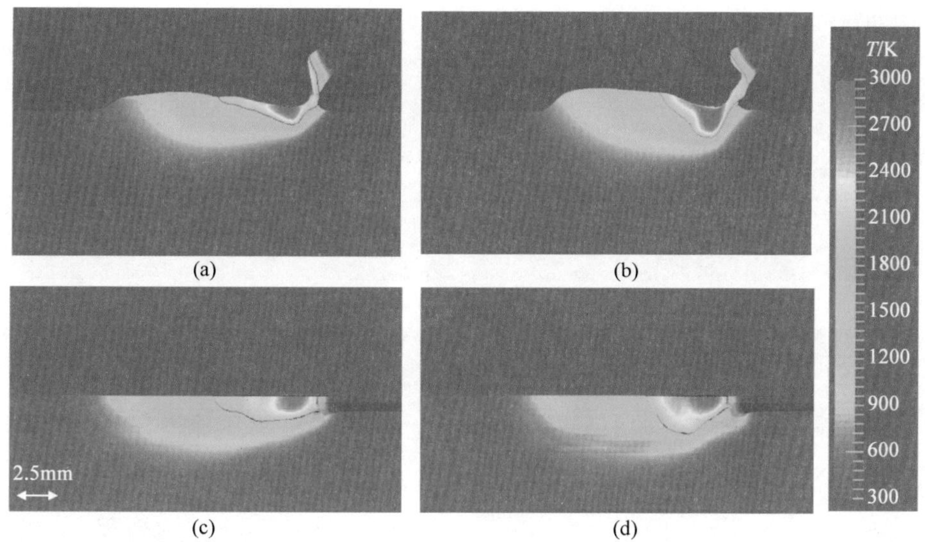

图 11-14 第 4 组和第 5 组工艺 1.0s 时刻熔池形貌对比

(a) 扫描速度 25mA 下 1s 时刻熔池的侧视图；(b) 扫描速度 45mA 下 1s 时刻熔池的侧视图；(c) 扫描速度 25mA 下 1s 时刻熔池的俯视图；(d) 扫描速度 45mA 下 1s 时刻熔池的俯视图

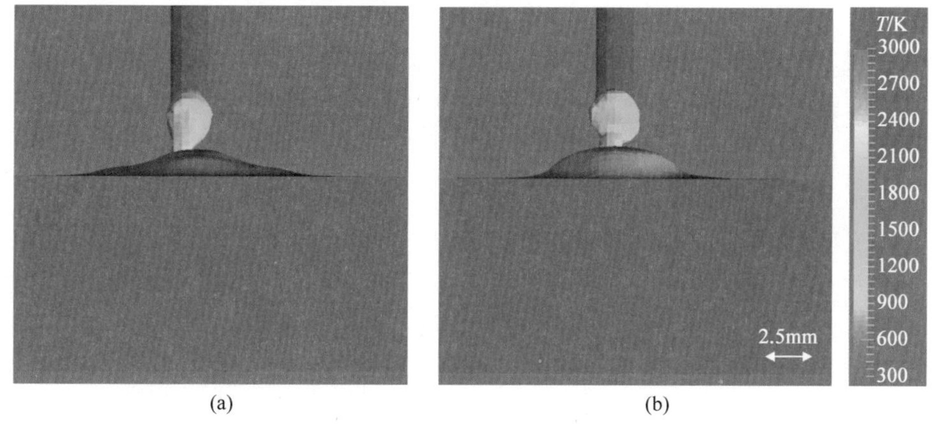

图 11-15 第 4 组和第 5 组工艺 1.0s 时刻堆积形貌对比

(a) 扫描速度 25mA 下 1s 时刻熔池形貌；(b) 扫描速度 45mA 下，1s 时刻熔池形貌

积体产生，但此时丝材端部已经与熔池发生了分离。后续丝材持续送入，端部金属液体逐渐增加并降低，1.0s 时刻与底部熔池再次相连形成液桥。这种间隙式的过渡形式与送丝速度较慢、扫描速度较快时类似。但是，对比几种情形可以发现，功率较高与扫描速度较快导致的分离，并不会使得丝材端部汇集大量的金属液，因此在后续发生接触时，因表面张力使得丝材端部金属液迅速向熔池过渡的情形不会导致熔池发生较大的波动，后续堆积时不会导致较大的形貌波动；一定情况下功率的增加虽然使过渡存在一定的不稳定性，但依然可以得到较好的堆积形貌。而

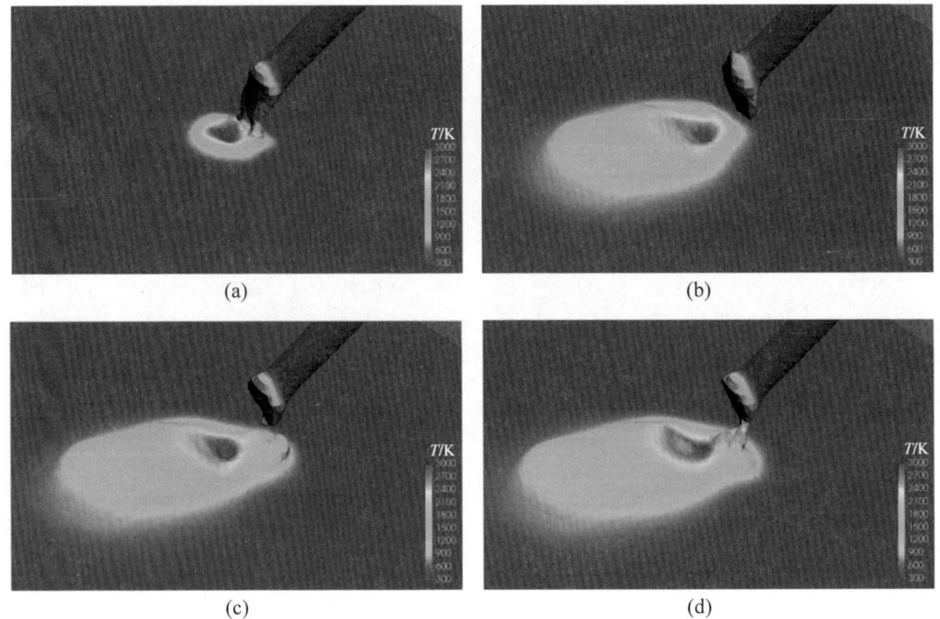

图 11-16　第 5 组工艺条件下过渡形态演化

(a) 0.1s; (b) 0.5s; (c) 0.9s; (d) 1.0s

送丝速度较小导致的瞬时较大液滴与熔池接触，则会严重影响成形形貌。

11.5　小结

（1）建立了电子束熔丝增材制造流动与传热耦合数学模型，通过数值模拟的方式首次可视化地再现了增材制造中送丝条件下，材料过渡过程中的流动与传热行为，预测堆积体表面形貌。仿真发现，液桥过渡时，金属从丝材表面持续向基板熔池流动，在基板上逐渐铺展开来，堆积体的形貌与液桥过渡时熔滴的大小有很大关系。

（2）表面张力较小时，液桥形貌不规则，金属液流动紊乱，金属液流向基材的过程不稳定，导致铺展的形貌不规则。黏度减小时，金属液从熔池中心向熔池后部的流动更加容易，金属液更易向后铺展。重力使得堆积体高度较微重力时有所减小，重力对液桥的稳定性影响有限。

（3）功率不变，扫描速度增加，线能量减小，熔化的深度减小，熔宽减小。因为线能量减小，可熔化的金属质量减少。在线能量减少导致熔池减小和扫描速度加快导致熔池增长的综合作用下，随扫描速度增加，熔池的宽度先增加后减小。扫描速度过大、送丝速度过小和电子束流较大均会使得金属液难以持续以液桥形式过渡，导致堆积体高低起伏，表面质量不良。

参考文献

[1] 张喜燕，赵永庆，白晨光. 钛合金及应用[M]. 北京：化学工业出版社，2005.

[2] LÜTJERING G，WILLIAMSJ C. Titanium[M]. 2nd edition. New York：Springer Berlin Heidelberg，2003.

[3] LEYENS C，PETERS M. Titanium and titanium alloys-fundamentals and applications[M]. New York：Wiley Online Library，2003.

[4] ZHOU J，TSAI H. Effects of electromagnetic force on melt flow and porosity prevention in pulsed laser keyhole welding[J]. International Journal of Heat and Mass Transfer，2007，50(11)：2217-2235.

[5] 罗怡，许惠斌，李春天，等. 真空电子束焊接热源建模及功率密度分析[J]. 焊接学报，2010(9)：73-76.

[6] VOLLER V R，PRAKASH C. A fixed grid numerical modellingmethodology for convection-diffusion mushy region phase-change problems[J]. International Journal of Heat and Mass Transfer，1987，30(8)：1709-1719.

[7] PANG S，CHEN L，ZHOU J，et al. A three-dimensional sharp interface model for self-consistent keyhole and weld pool dynamics in deep penetration laser welding[J]. Journal of Physics D：Applied Physics，2011，44(2)：25301.

[8] 庞盛永，陈立亮，殷亚军，等. 激光焊接瞬态小孔与运动熔池行为模拟[J]. 焊接学报，2010(2)：71-74.

[9] ZHOU J，LIU R，CHEN L. The latent heat treatment approaches in solidification simulation[J]. Foundry Technology，2000，21(7)：404-407.

[10] SEMAK V，MATSUNAWA A. The role of recoil pressure in energy balance during laser materials processing[J]. Journal of Physics D：Applied Physics，1997，30(18)：2541.

[11] MATSUNAWA A，SEMAK V. The simulation of front keyhole wall dynamics during laser welding[J]. Journal of physics D：Applied Physics，1997，30(5)：798.

[12] PANG S. A study on the transient keyhole and moving weld pool behaviors and mechanisms of deep penetration laser welding[D]. 武汉：华中科技大学，2011.

[13] 庞盛永. 激光深熔焊接瞬态小孔和运动熔池行为及相关机理研究[D]. 武汉：华中科技大学，2011.

[14] ADALSTEINSSON D，SETHIAN J A. The fast construction of extension velocities in level set methods[J]. Journal of Computational Physics，1999，148(1)：2-22.

[15] OSHER S，FEDKIW R. Level set methods and dynamic implicit surfaces[M]. Berlin：Springer，2003.

[16] ZHOU J，TSAI H，LEHNHOFF T F. Investigation of transport phenomena and defect formation in pulsed laser keyhole welding of zinc-coated steels[J]. Journal of Physics D：Applied Physics，2006，39(24)：5338.

[17] 陈哲源，锁红波，李晋炜. 电子束熔丝沉积快速制造成形技术与组织特征[J]. 航天制造技术，2010(1)：40-43.

第12章

增材制造数据处理及工艺规划软件

软件是增材制造(additive manufacturing,AM)的灵魂。我们知道,增材制造是一种数字模型直接驱动、计算机控制下的全自动加工技术,从CAD模型到生成最终数控代码的全过程都是由计算机软件完成的,因此软件在增材制造系统中占据了极重要的地位,软件的好坏对增材制造的效率与制件质量有很大影响。

12.1 STL文件——增材制造的主流数据输入格式

随着增材制造技术的不断发展,出现了大量的表示3D的数据格式作为AM的输入格式。一种鲁棒的数据格式应该具有格式简单性,且不依赖于任何CAD软件以及AM系统。

由于STL(stereo lithography)文件格式简单,对三维模型建模方法无特定要求,因而在AM系统中得到广泛的应用,成为AM系统中事实上(de facto)的标准数据输入格式。所有的AM系统都能接受STL文件进行加工制造,而几乎所有的CAD系统也都能把CAD模型从自己专有的文件格式导出为STL文件。

12.1.1 STL模型的表示方法

STL文件最重要的特点是它的简单性:它不依赖于任何一种三维建模方式,它所做的仅仅只是存放CAD模型表面的离散化三角形面片信息,并且对这些三角形面片的存储顺序无任何要求。

如图12-1所示,STL模型的精度直接取决于离散化时三角形的数目。一般而言,在CAD系统中输出STL文件时,设置的精度越高,STL模型的三角形数目越多,文件体积越大。

12.1.2 STL文件的存储格式

STL文件有两种格式,即二进制和文本格式。二进制STL文件将三角形面片数据的三个顶点坐标(x,y,z)和外法矢(l_x,l_y,l_z)均以32bit的单精度浮点数(IEEE754标准)存储,每个面片占用50B的存储空间。而ASCII STL文件则将数

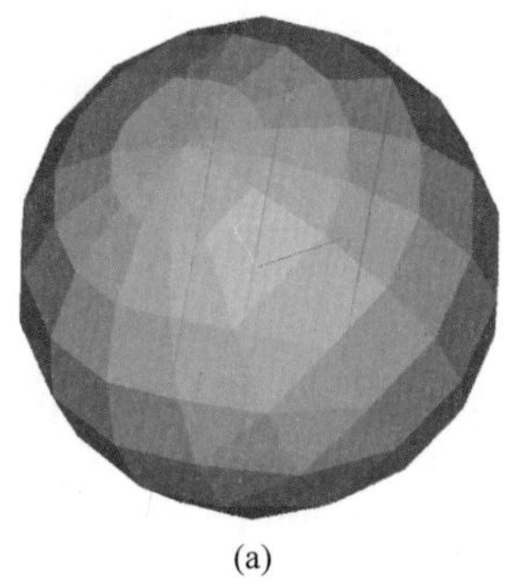
(a)

(b)

图 12-1　三维模型及其三角化表示

(a) 原始三维模型；(b) 三角化表示

据以数字字符串的形式存储，并且中间用关键词分隔开来，平均一个面片需要 150B 的存储空间，是二进制的 3 倍。

二进制 STL 文件格式如下：

```
偏移地址          长度/B          类型              描述
   0               80           字符型            文件头信息
   80              4            无符号长整数       模型面片数
第一个面的定义:
   法向向量
   84              4            浮点数            法向的 x 分量
   88              4            浮点数            法向的 y 分量
   92              4            浮点数            法向的 z 分量
   第一点的坐标
   96              4            浮点数              x 分量
   100             4            浮点数              y 分量
   104             4            浮点数              z 分量
   第二点的坐标 ……
   第三点的坐标 ……
第二个面的定义
……
……
```

文本 STL 文件格式如下：

```
solid <part name>(实体名称)
    facet               (第一个面片信息开始)
        normal <float> <float> <float>      (第一个面的法向向量)
        outer loop
            vertex <float> <float> <float> (第一个面的第一点的坐标)
```

```
            vertex <float> <float> <float> (第一个面的第二点的坐标)
            vertex <float> <float> <float> (第一个面的第三点的坐标)
        endloop
    endfacet        (第一个面片信息结束)
    ......          (其他面片的信息)
endsolid <part name>
```

一个简单的文本格式 STL 文件内容如下所示：

```
solid XXX
  facet normal +1.950524e-001 -9.805961e-001 +1.964489e-002
    outer loop
      vertex +6.173165e+000 +1.923880e+001 +9.848071e+000
      vertex +6.837070e+000 +1.939693e+001 +1.114948e+001
      vertex +1.000000e+001 +2.000000e+001 +9.848071e+000
    endloop
  endfacet
  facet normal +1.473414e-001 -9.842197e-001 -9.799081e-002
    outer loop
      vertex +7.576808e+000 +1.939693e+001 +1.226177e+001
      vertex +1.000000e+001 +2.000000e+001 +9.848071e+000
      vertex +6.837070e+000 +1.939693e+001 +1.114948e+001
    endloop
  endfacet
  ...
endsolid XXX
```

由上述两种格式可以看出，二进制和文本格式的 STL 文件存储的信息基本上是完全相同的，只是二进制 STL 文件中为每个面片保留了一个 16 位整型数属性字，一般规定为 0，没有特别含义；而文本格式 STL 文件则可以描述实体名称(solid <part name>)，但一般 AM 系统均忽略该信息。

文本格式主要是为了满足人机友好性的要求，它可以让用户通过任何一种文本编辑器来阅读和修改模型数据，但在 STL 模型动辄包含数十万个三角形面片的今天，已经没有什么实际意义，显示和编辑 STL 文件通过专门的三维可视化 STL 工具软件更加合适。文本格式的另一个优点是它的跨平台性能很好，二进制文件在表达多字节数据时在不同的平台上有潜在的字节顺序问题，但只要 STL 处理软件严格地遵循 STL 文件规范，完全可以避免这个问题的发生。由于二进制 STL 文件只有相应文本 STL 文件的 1/3 大小，现在主要应用的是二进制 STL 文件。

STL 文件

12.1.3 STL 文件的一致性规则及错误

虽然 STL 文件是一些离散的三角形网格描述，但它的正确性却依赖于其内部隐含的拓扑关系。按照 3D Systems 公司的 STL 文件格式规范，正确的数据模型必须满足如下一致性规则：

(1) 相邻两个三角形之间只有一条公共边，即相邻三角形必须共享两个顶点。

(2) 每一条组成三角形的边有且只有两个三角形面片与之相连。

此外，三角形面片的法向向量要求指向实体的外部，其三顶点排列顺序与外法矢之间的关系要符合右手法则。

由于三角形网格拟合实体表面算法本身固有的复杂性，一般 CAD 造型系统输出复杂 STL 文件时都有可能出现或多或少的错误(即不满足上述一致性规则)，出错 STL 文件的比例可高达 1/7。STL 文件的错误种类很多，比较常见的有无效法矢、重叠三角形、裂缝、漏洞、非正则形体等，如图 12-2 所示。

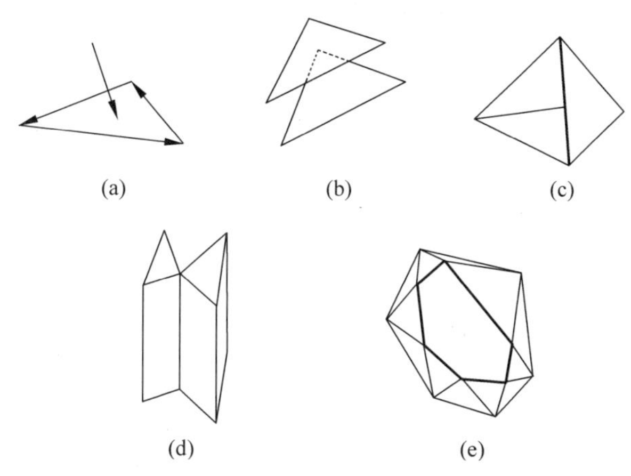

图 12-2　典型的 STL 文件错误

(a) 无效法矢；(b) 重叠三角形；(c) 裂缝；(d) 非正则形体；(e) 漏洞

对无效法矢、重叠三角形等简单错误已经有成熟的处理方法，比较容易识别和纠正。当前 STL 文件中难以修复的错误主要有裂缝、漏洞和非正则形体。

1. 裂缝、漏洞

STL 文件的绝大多数错误均属于裂缝、漏洞。该类错误源于两种情况：一种是由于构成边界表示(B-Rep)模型的几块表面之间会有边界拼接误差，表现在三角化网格上就是裂缝；另一种情况是 CAD 系统在划分表面三角形网格时，由于遍历算法不完善，在某一区域丢失了一个或相邻的一组三角形，从而形成漏洞。裂缝在表现形式上与漏洞一样，即在 STL 模型上漏洞(裂缝)边界轮廓所包括的边均只有一个三角形面片与之相连，都违反了 STL 文件的一致性规则。

对于某些基于表面造型的 CAD 系统而言(如 Catia)，设计人员在造型时有时并没有把模型的几块表面精确地拼接在一起，而是留有一个微小的缝隙，或者是两块表面之间有一个微小的重叠区域，这些情况用肉眼在显示器上往往无法观察出来，甚至能够符合数控加工的要求，但一旦输出成 STL 文件，就会形成贯穿全局的裂缝，如图 12-3 所示的飞机底部细长深色区域。由于在 Catia 中精确拼合几块曲面非常困难，需要设计人员耗费很长时间去调整，因此 Catia 生成的复杂 STL 模型一般都含有大量贯穿全局的裂缝错误。

图 12-3　Catia 生成的飞机 STL 模型

2. 非正则形体

与上一种情况相反，在划分三角形网格时，有时一条公共边上也会有多于两个的三角形与之相连，这种情况称为多重邻接边。如图 12-4 所示，造型系统（Pro/E）在分别生成模型的部件 1 和部件 2 的三角形网格时，其网格划分都是符合 STL 文件一致性规则的，但造型系统并没有意识到部件 1 和部件 2 在粗白线处是相切的，而此线恰好是部件 1 和部件 2 的三角形公共边，故在粗白线处会出现 4 个三角形共用一条边的情况，即多重邻接边。从几何造型学的角度来说，合法的 STL 文件所表示的三维形体都应该是正则形体，即形体上任意一点的足够小的邻域在拓扑

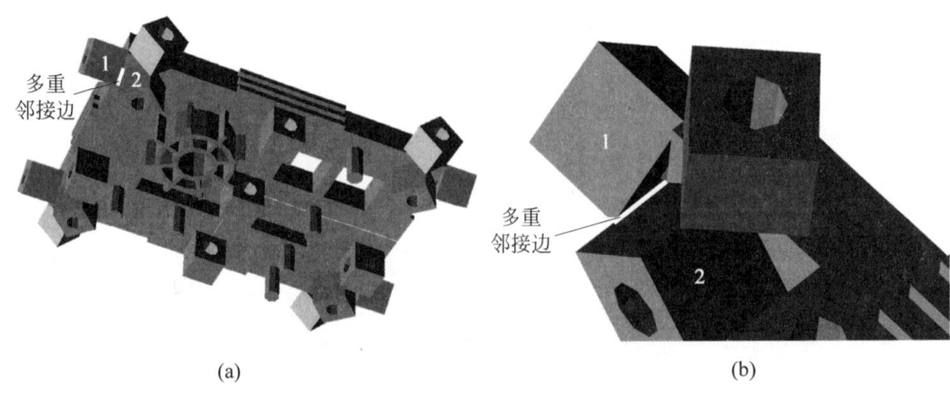

图 12-4　多重邻接边示例

（a）模型全图；（b）模型局部

上应是一个等价的封闭圆，围绕该点的形体邻域在二维空间中可构成一个单连通域。含有多重邻接边的 STL 文件所表示的形体为非正则形体。

非正则形体的生成有一定的普遍性，特别是 Pro/E 之类基于特征建模的 CAD 系统，在输出含有相切特征的模型的 STL 文件时，一般都会出现这种 STL 文件局部正确，但整体不符合一致性规则的错误。

12.1.4　STL 文件的错误处理方法

对于 STL 模型的显示而言，小的局部漏洞、裂缝并不影响视觉效果，多重邻接边也不会导致视觉外观的任何变化。但快速成形系统的基本任务是将 STL 模型离散为一层层的二维轮廓切片，再以各种方式填充这些轮廓，生成加工扫描路径。若不能正确处理这些 STL 错误，在切片时就会出现轮廓错误、混乱等异常情况，甚至会导致系统崩溃。图 12-5 为 Pro/E 生成的一个含 14 万个三角形面片的 STL 文件的常规切片实例。

目前业界已经推出了一系列 STL 文件修复程序，多数通用 AM 模型处理软件，如 Magics、PowerShape 等，也具有强大的 STL 纠错功能。但由于技术上的限制，目前多数 STL 纠错程序并不能将 STL 文件所描述的三维拓扑信息还原出一个整体、全局意义上的实体信息模型，也不具有对物理实体领域相关的完备知识和经验，因而纠错只能停留在比较简单的层次上，无法对复杂错误（如上文所述的由于操作人员在 Catia 中未能连接几个表面而造成的人为错误）进行自动纠错；或者虽然能将有错 STL 文件修复纠正成一个“文法”上正确的 STL 文件，但其描述的三维模型却与原始模型大相径庭。对复杂的模型一般只有采用人工交互式的纠错方法，即在三角形级别进行手工添加、删除或者修改，这是一个冗长、繁琐的过程，失去了快速成形的意义。

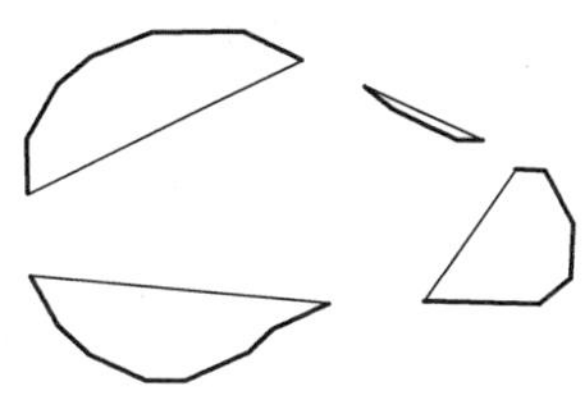

图 12-5　多处漏洞的常规切片输出实例

PowerRP 使用了另外一种思路，它采用降维的思想，基本避开了在复杂三维层次上的纠错，但在模型拓扑重构过程中对复杂的 STL 文件错误（如裂缝、漏洞及非正则形体等）建模，再对 STL 模型直接切片，利用已建立的错误模型信息可在最大程度上恢复原始正确模型的切片轮廓信息，对切出来的仍然包含错误的切片轮廓，则在二维层次上进行修复。由于二维轮廓信息十分简单，并有闭合性、不相交性等简单的约束条件，特别是对于一般机械构件实体模型而言，其切片轮廓均为简单的直线、圆弧、低次曲线组合而成，因而能很容易地在二维轮廓信息层次上发现错误，并依照以上多种条件、信息及经验进行去除多余轮廓、在轮廓断点处进行插补等操作，从而得到最终的正确（或接近正确）切片轮廓。该容错切片算法已经在实践中得到检验，能在无人干预的情况下处理 90%以上的有错 STL 文件。

对于一般 STL 纠错软件难以处理的漏洞、裂缝、非正则形体等错误，该算法效果非常明显。由于一般有错 STL 文件错误不多，为进行高强度测试，将若干个不同类型的 STL 模型随机删除了 20%的三角形面片之后，再进行容错切片，切片结果仍与原始切片观察不出区别。如图 12-6 所示，模型 Superman 原包括约 6 万个三角形面片，随机删除 20%的三角形之后，形成约 5000 多个漏洞(漏洞已经用深色线标识出来)，其中 3000 多个为简单的单三角形漏洞，被自动更正，还剩下 2000 个一般漏洞(漏洞包含 3～12 条边)和 162 个复杂漏洞(漏洞包含 12 条以上的边，极难为一般纠错软件所处理)，此时切片算法仍能正常进行切片操作，并且结果与原始切片轮廓基本保持一致。

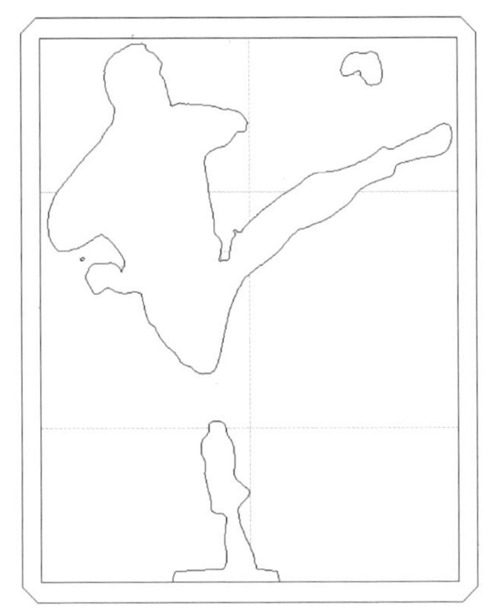

图 12-6　容错切片算法切片实例

容错切片最大的优点是它无需人为干预，甚至操作人员不需要知道他所加工的 STL 文件是包含错误的，更不需要启动一个 STL 纠错软件进行各种复杂的纠错操作，这大大降低了操作人员的劳动强度和对 CAD 领域知识的要求。从实际切片效果来看，容错切片输出的实体切片轮廓一般没有失真，和正确 STL 文件切片输出的结果是一致的。该算法在 HRP 系列增材制造装备上得到了长期应用，经受住了实践的考验。

12.1.5　STL 格式的优缺点及其改进格式

STL 文件能成为增材制造领域事实上标准格式的原因主要在于它具有如下优点：

(1) 格式简单。STL 文件只存放 CAD 模型表面的离散三角形面片信息，并且对这些三角形面片的存储顺序不作要求，从“语法”的角度来看，STL 文件只有一种构成元素,那就是三角形面片,三角形面片由其三个顶点和外法矢构成,不涉及复杂的数据结构,表述上也没有二义性,因而 STL 文件的读写都非常简单。

(2) 与 CAD 建模方法无关。在当前的商用 CAD 造型系统中,主要存在特征表示法(feature representation)、构造实体几何法(constructive solid geometry, CSG)、边界表示法(boundary representation, B-Rep)等主要形体表示方法,以及参量表示法(parametric representation)、单元表示法(cell representation)等辅助形体表示方法。当前的商用 CAD 软件系统一般根据应用的要求和计算机技术条件采用上述几种表示法的混合方式,其模型的内部表示格式都非常复杂,但无论 CAD 系统采用何种表示方法及何种内部数据结构,它表达的三维模型表面都可以离散成三角形面片并输出 STL 文件。

但 STL 文件的缺点也是很明显的,主要有如下几点:

(1) 数据冗余,文件庞大。高精度的 STL 文件比原始 CAD 数据文件大许多倍,具有大量数据冗余,网络传输效率很低。

(2) 使用小三角形平面来近似三维曲面,存在曲面误差。由于各系统网格化算法不同,误差产生的原因与趋势也各不一样,要想减少误差,一般只能采用通过增大 STL 文件精度等级的方法,这会导致文件长度增加,结构更加庞大。

(3) 缺乏拓扑信息,容易产生错误,切片算法复杂。由于各种 CAD 系统的 STL 转换器不尽相同,在生成 STL 文件时,容易产生多种错误,诊断规则复杂,并且修复非常困难,从而增加了快速成形加工的技术难度与制造成本。由于 STL 文件本身并不显式包含三维模型的拓扑信息,AM 软件在处理 STL 文件时需要花费很长时间来重构模型拓扑结构,然后才能进行离散分层制造,这对处理超大型 STL 文件在系统时间和空间资源上都提出了非常高的要求,增加了软件开发的技术难度与成本。

总的来说,STL 的缺点主要集中在文件尺寸大和缺乏拓扑信息上,AM 领域中的模型精度问题可以通过增加 STL 文件三角形面片数目(即增加文件尺寸)的方法来解决。由此,PowerRP 支持一种改进的接口格式 CS(compressed STL,压缩 STL),它可以较好地满足上述要求,其文件尺寸只有相应二进制 STL 文件的 1/4 以下,并且具有一定的拓扑结构信息,易于重构模型的拓扑结构。最重要的一点是它完全满足"兼容性"要求,能和 STL 文件进行信息无损的双向转换,能够在 AM 领域得到一定程度的利用。

随着 AM 技术的不断发展,出现了面向 AM 的专用数据格式,如 AMF、3MF。AMF(additive manufacturing file format)文件格式是由美国材料与试验协会提出的新一代 3D 打印交换文件格式。它可以表示模型的颜色、表面纹理、材料等信息,采用空间域函数来表述功能梯度材料和微观工艺结构,且支持曲面三角形等高精度的模型描述方法,能以一种低冗余、高效率的方式组织模型的几何数据。AMF 文件格式是由 STL 2.0 发展而来的。STL 2.0 由美国的乔纳森·D.希勒等提出,以应对新一代 3D 打印技术对文件格式提出的挑战。2009 年美国材料与试验协会组建了 F42 增材制造技术委员会，制定 3D 打印技术的相关标准，随后采纳了 STL 2.0 的文件格式架构，并在该文件格式上不断细化和修改。之后该组织陆续推出了几个版本的草稿，最终在 2013 年，AMF 版本 1.1 被国际标准化组织收录。

3MF(3D manufacturing format)文件格式是由 3MF 联盟于 2015 年 4 月推出的一种新的 3D 打印格式。3MF 克服了当前主流 3D 打印文件格式(STL)的缺陷与不足，为 3D 打印服务供应商、3D 打印装备商、3D 打印平台提供了一种全保真的实体信息交互载体，进一步缩短了 3D 设计与 3D 打印之间的差距。目前，3MF 文件格式是一个行业标准，由 3MF 行业联盟负责维护。截至 2018 年 9 月 1 日，3MF 联盟创始成员有 3D Systems、AutoDesk、Dassault Systemes、FIT AG、Netfabb GmbH、General Electric、HP、Materialise、Microsoft、PTC、Shapeways、SIEMENS、SLM Solutions Group AG、Stratasys、UltiMaker 等。

12.2 增材制造的信息处理流程

目前所有的 AM 技术都基于离散分层制造原理实现，因而其软件都遵循一个基本一致的信息处理流程(图 12-7)，它可以分成两个主要部分：二维层面数据的生成和加工路径的生成。

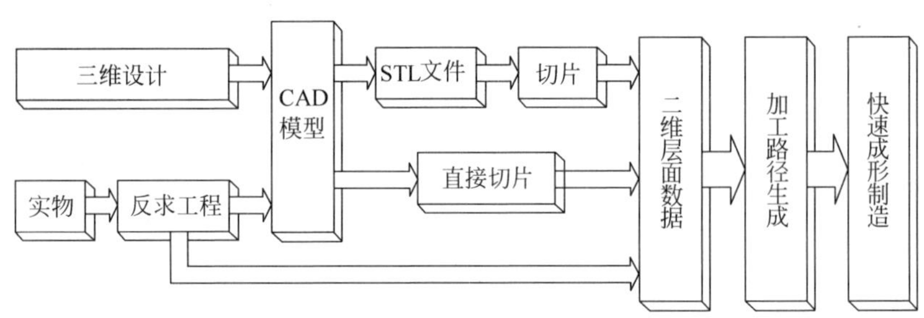

图 12-7　AM 软件的信息处理流程

二维层面数据即实体模型的切片轮廓，是 AM 数据处理流程的核心，任何一种来源的实体模型都要转换为二维切片轮廓才可能进行分层实体制造(LOM)，而不同的 AM 技术将把二维层面数据转换为不同的加工路径，然后才可以驱动 AM 装备进行制造。下面将分别叙述切片方法和各种 AM 加工方式的路径生成算法。

12.2.1 二维层面数据生成方法

二维层面数据是 AM 加工的基础，它可以通过如下 3 种途径获得。

1. 基于 STL 文件的切片

虽然目前有多种文件格式能够充当 CAD 与 AM 系统之间的接口界面，但如前文所述，STL格式由于其简单性和与CAD建模方法无关性而成为AM领域事实上的标准，得到绝大多数AM和CAD厂商的支持，使得基于STL文件的切片技术成为AM二维层面数据的主要来源。STL文件切片算法主要可分为两种类型：基于模型拓扑信息的切片算法和基于模型层间连续性的快速分层算法。

1）基于模型拓扑信息的切片算法

首先重构模型的拓扑信息，使STL模型中的各个三角形面片在逻辑上联结起来；然后通过依次追踪与给定切平面相交的相邻三角形面片的方法来快速获得切片轮廓。它的优点是一旦建立好了拓扑模型，切任意高度的切片的时间复杂度都是$O(F)$（F为模型面片数），速度很快，可以达到实时切片，这个特征对于增材制造系统是非常有意义的。

2）基于模型连续性的分层算法

与基于模型拓扑信息的切片算法不同，基于模型连续性的分层算法首先建立STL模型的分层面新相交三角形面片表，提取模型的活性拓扑结构；再利用相邻层之间的连续性，用增量式求解分层轮廓线的方式代替层间独立的求解方式来连续获得各层的切片轮廓。其原理类似于计算机图形学中经典的活性边表轮廓填充算法，效率较高。这种方法的优点是占用的内存量与STL模型面片总数的多少基本无关，有利于处理大STL文件，但算法中切片层厚是预先设置好的，只能进行离线切片，无法完成对任意层高的实时切片处理，因而应用领域受到限制。

2. 直接切片(direct slicing)

获取切片信息的另一种方法是绕开STL文件，直接从CAD模型上得到二维层面，由于不涉及三角化过程，一般认为它可减少XY平面误差。英国的Ron Jamieson和Herbert Hacker在UG的实体造型内核Parasolid(B-Rep表示的实体建模器)上进行了直接切片研究，并将切片描述数据转换成CLI、HPGL和SLC文件。Guduri等在CSG(constructive solid geometry)表示上进行了直接切片研究，可以提供准确的激光路径。Vuyyuru等在I-DEAS造型软件基础上得到以NURBS曲线(non-uniform rational B-spline)表示的直接切片轮廓。德国一个软件公司推出的CENIT软件能直接从Catia上切片，得到线段、弧与曲线综合表示的轮廓，并对曲线系列排序，转换成正确的切片格式。

直接切片技术的应用具有一定的局限性，这主要是由于在CAD系统和AM系统之间缺乏一种被广泛接受的二维层面信息接口方式造成的：如果一种AM系统需要通过直接切片技术接受所有种类的CAD模型数据，它必须为每一种CAD系统单独开发一套直接切片软件接口，并且由于各种CAD系统的造型方法和数据表示方式都不相同，开发将十分复杂。目前多数直接切片引擎都是在特定CAD平台上二次开发而来的，对于AM系统而言，支持直接切片必须购买相应的CAD系统，这将大幅提高系统成本。因此直接切片技术一般只用于满足某些特定需求之用。

3. 由反求工程直接获得加工路径

通过反求工程(reverse engineering)获取描述模型的数据云,可以不将其重构为CAD模型,而直接转换为二维层面数据进行快速成形加工,这种方式适应了某些特定领域的需要。

很多AM制造方式(如SLA、SLS)的切片层厚是可以变化的,由此产生了一种自适应切片(adaptive slicing)技术,如图12-8所示。自适应切片根据制件的几何特征来决定切片的层厚,在轮廓变化频繁的地方采用小厚度切片。在轮廓变化平缓的地方采用大厚度切片。与统一层厚切片方法比较,自适应切片可以减小 Z 轴误差、阶梯效应、制件时间与数据文件尺寸。也有一些研究人员综合直接切片和自适应切片技术,试图同时减小 Z 轴和 XY 平面方向的误差。自适应切片是一种优化的切片层厚选择策略,它可以在保证制件精度的前提下减少加工次数,提高计算和加工效率。

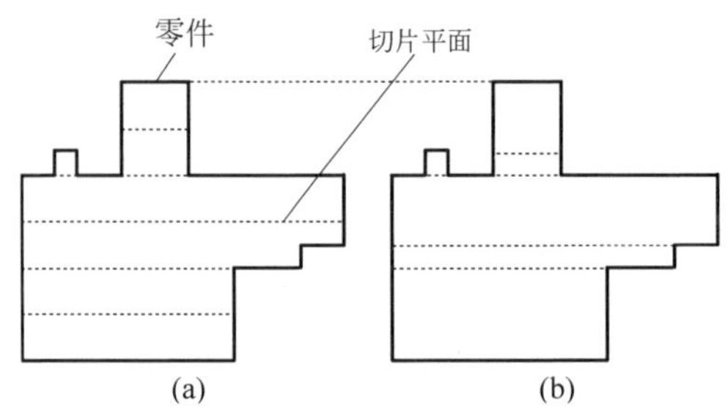

图12-8 自适应切片示例
(a) 常规切片;(b) 自适应切片

12.2.2 STL文件的切片技术

如12.2.1节所述,基于STL文件的切片是目前AM领域的主流层面数据来源。STL文件的切片算法很多,本节介绍的是PowerRP采用的快速容错算法,它基于模型拓扑信息,采用遍历与切平面相交的所有三角形的方法来获得切片轮廓,其基本算法如下:

(1) 建立STL模型的拓扑信息,即建立三角形面片的邻接边表,从而对每一个三角形面片,都能立刻找到它的三个邻接三角形面片。

(2) 根据切片的 Z 值首先找到一个与切平面相交的三角形 F_1,算出交点的坐标值;再根据拓扑邻接表找到相邻三角形面片并求出交点。依次追踪下去,直至最终回到 F_1,从而得到一条封闭的有向轮廓环。

(3) 重复步骤(2),直至遍历完所有与 Z 平面相交的面片。如此生成的轮廓环集合即为切片轮廓。

为了保证切片算法在遇到STL文件错误的时候仍然能切出正确或接近正确

的轮廓，首先需要设法保留原 STL 文件的全部信息，特别是关于错误的信息，因为这类信息在模型拓扑重构时往往被忽略了。对于裂缝而言，即需要建立裂缝的边界轮廓环模型，它由裂缝处的三角形面片中没有邻接三角形的边组成，遍历该轮廓环即可依次找到该裂缝上的所有边。该轮廓环可在 STL 拓扑信息重构后通过如下方法建立：

(1) 在三角形面片邻接边表找出所有孤边，即没有相应邻接三角形的边，对各边分别记录下它的两端点坐标和所属三角形等信息，构成孤边表。

(2) 在孤边表中取出一条边，把它放到新建的裂缝轮廓环数组中，然后再在孤边表中搜索首端点与裂缝轮廓尾端点相连的边，也将它移到裂缝轮廓环数组中，反复搜索直至该裂缝轮廓闭合为止。由此形成一个裂缝的轮廓环模型，然后建立它的各边与邻接边表之间的双向索引。

(3) 重复步骤(2)，直至所有孤边都处理完毕。

建立了裂缝模型后，切片时遇到裂缝时就不必强行中止了，而可以采用裂缝跟踪技术将切片进程继续下去，如图 12-9 所示。在上文所述的切片算法步骤(2)中的切片轮廓追踪过程中，若遇到裂缝轮廓上的某一边，由于该边在邻接边表上没有相应的邻接边，将无法继续追踪下去，但根据该孤边到裂缝轮廓环模型的索引，就可以找到它所在的裂缝轮廓环，并在该轮廓环上继续跟踪下去，直至找到该轮廓环与切平面相交的另一条孤边，即可计算该孤边与切平面的交点并加到切片轮廓数组中，然后又可以由该孤边到邻接边表的索引追踪到正常的模型表面上，继续进行步骤(2)的切片进程，直至轮廓闭合。

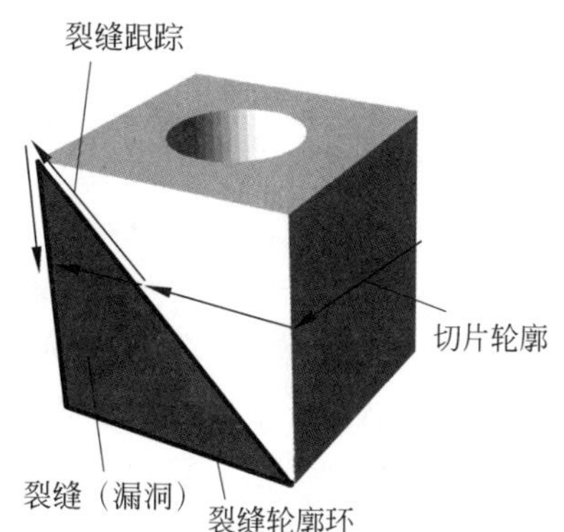

图 12-9　裂缝跟踪技术

随着快速成形技术的逐渐普及，客户提交加工的 STL 文件也在多样化，采用的造型系统和造型方法都各有不同，其中有一些模型根本不符合加工规范，主要是构成模型的各个曲面之间没有完全连接在一起，而是存在一个微小尺寸的缝隙，反映在 STL 文件上就是存在贯穿模型全局的裂缝，即各曲面之间仍然是分离的，没有形成一个闭合表面。对这种模型如果直接采用裂缝跟踪方法将会失效，因为裂缝是贯穿全局的，沿裂缝跟踪将达到曲面的另一边，而不是与该曲面相邻的另一个曲面。这时最有效的方法就是保留轮廓片断，在二维层次上进行修整。具体的方法如下：

在裂缝跟踪生成轮廓环时，对由裂缝跟踪生成的轮廓点作特殊标记，待所有的切片轮廓环都生成完毕后，再将所有裂缝跟踪生成的轮廓线段两端点间的距离及端点处的切线向量夹角分别与预定门限值进行比较，如果超出，则说明该裂缝跟踪可能是错误的，这时需要将该裂缝跟踪线段删除，将原轮廓环拆分成数个轮廓片断。然后将整个切片轮廓中的所有片断 $C_1,C_2,\cdots,C_n$ 集中起来,依次计算任意两个片断 C_i 和 $C_j(i\neq j)$之间不同端点间的联结度评价函数,按联结度高的两片断应联结在一起的原则,再对轮廓片断重新组合。联结度评价函数根据实体模型的特征不同可有多种不同的形式,一般应遵循以下原则:

(1) 不自交原则:若两片断联结在一起生成自交环,则联结度为 0。

(2) 距离原则:一般情况下,两片断端点间距离小则联结度大,因为该处通常对应于实体模型裂缝。

(3) 切矢原则:两片断端点间切线向量夹角小则联结度大。

由于通过裂缝跟踪,绝大多数断裂轮廓已经被正确联结,剩下的数目比较少,并且一般是被上文所述的全局细微裂缝所分隔,十分容易识别,因此其评价函数比较容易实现,可作出一个基本适用所有实体类型的评价函数,实现了完全自动化容错切片。

为保证切片轮廓接近原始正确轮廓,当两片断端点间距较大时,不宜直接用一条直线连接,而应根据两不封闭线端点间距、切线向量夹角等参数来中间内插 1～3 个顶点。经过上述二维层次上的修整,即可生成最终的切片轮廓。

12.2.3 增材制造中的曲面分层技术

AM 技术中的切片策略会直接影响后续路径规划,从而对最终构件的加工质量起关键作用。现如今 AM 系统大多采用平面分层,虽然有许多自适应切片分层研究,但也只是变化每层的层厚,并未脱离平面分层范畴,避免不了平面分层的台阶效应。平面分层对实体的形貌要求较高,局限于打印缩截面实体或微悬臂结构实体。缩截面实体能够实现自支撑效果,微悬臂结构能够借助表面张力的作用在无支撑的条件下直接堆积成形。对于形状复杂的曲面实体,往往有较大悬臂结构,在平面分层时必须添加支撑结构,这将会产生更多问题:支撑设计缺乏统一标准,复杂结构支撑设计困难;支撑制造会提高材料成本,降低成形效率;支撑移除是一个耗时的后处理过程,同时会降低表面质量。

针对 WAAM 增材制造工艺,提出了曲面分层技术。曲面分层技术可依据构件形貌分为规则曲面分层技术和自由曲面分层技术。

1. 规则曲面分层

对于具有规则曲面的构件,比如外表面包含球面、椭球面、圆管面的构件,可采用规则曲面分层方法。首先构建规则的曲面作为刀具曲面,对刀具曲面按照一定的方向或者规则偏置,与构件模型求交得到各曲面层,完成规则曲面分层。如图 12-10 所示,对于空心球状的构件,将其按照球面刀具分为多层球面曲面。

2. 自由曲面分层

表面形貌复杂且不规则的曲面称为“自由曲面”。大多数构件的表面为不规则

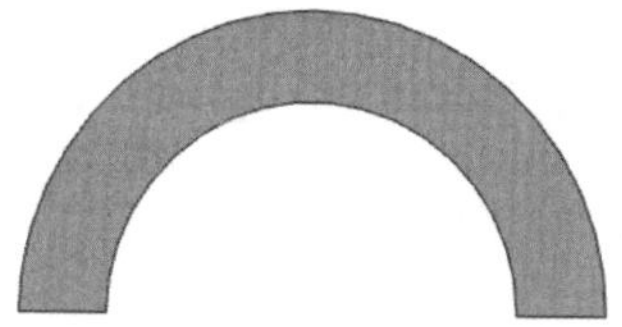
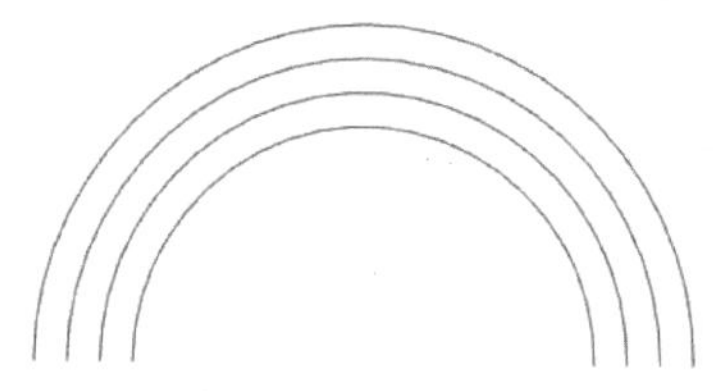

图 12-10　空心球状构件曲面分层截面示意图

曲面，因此采用自由曲面分层技术。自由曲面分层同样可以采用刀具曲面分层的思路。即构建一个合适的曲面作为刀具，用该曲面切实体模型，形成曲面切片。

第 1 步：构建刀具曲面。可简单地选择实体的上表面或者下表面作为刀具曲面，前提是上表面或者下表面在 XY 平面的投影区域等同于整个实体在 XY 平面的投影，否则须将上表面或者下表面拓展拟合为可用的刀具曲面。采用的拟合方法为 B 样条曲面，寻找到合适的点作为拓展点，拓展曲面至该曲面在 XY 平面的投影区域等同于整个实体在 XY 平面的投影。

第 2 步：将刀具曲面沿着 Z 向按一定距离阵列，距离为层高，阵列的数量跟三维模型的高度有关。

第 3 步：将阵列的刀具曲面与三维模型求布尔交运算，得到多层曲面，完成曲面分层。将图 12-1 所示的实体模型采用此方法进行曲面分层的效果如图 12-11 所示。

图 12-11　自由曲面分层示意图

此外还有其他的自由曲面分层技术，比如基于生长线的曲面分层技术。该方法的核心是，依据构件的力学性能要求选定合适的生长线方向，比如 Z 向生长线，形成立方体形的具备一定密度的生长线，求出各生长线与构件表面的交线段，将线段划分为若干点，确定每一点所在的曲面层数，同一层数的点云构成该层的曲面层，从而完成曲面分层。图 12-12 所示为棱形构件的曲面分层，可以看出，曲面分层有效避免了平面分层所导致的台阶效应。

3. 路径填充

曲面层的路径填充方法可参照平面分层的路径填充方法，如光栅路径、Z 字形路径、轮廓路径、螺旋路径、中轴变换路径等，但具体的实现方法有所区别。因为对于平面路径填充来说，只需要依据平面二维几何形状进行路径规划，而曲面层是三维的，不能只考虑边界形状，还要考虑曲面内的曲率，变得复杂很多。然而，在三维层面规划路径使得需要计算的数据量增大 n 倍（n 的大小跟实体尺寸和体素精度有关），相比二维路径规划大大增加了时间复杂度和空间复杂度。因此采用曲面平

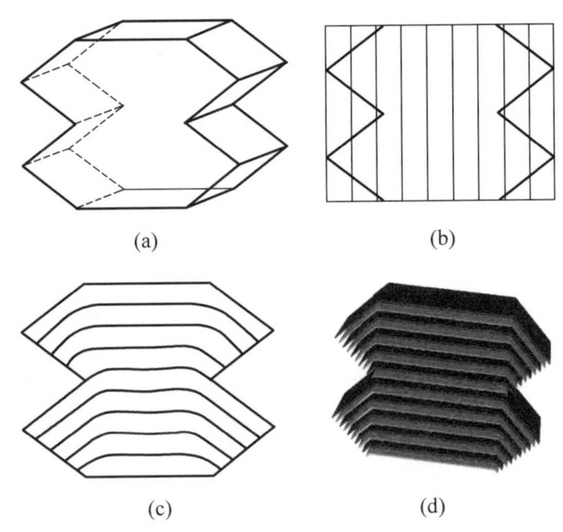

图 12-12　棱形构件曲面分层

(a) 棱形构件示意图；(b) 构件生长线；(c) 曲面分层示意图；(d) 曲面分层效果图

面化的思路，考虑到曲面在 Z 向只有一个值，可以把该值保存在平面二维数组里，然后只需要在平面二维数组里作路径规划即可。

第 1 步：曲面平面化。构建一个大小为 XY 乘积的数组，数组的元素为 Z 值（如果 $Z>0$，表明该位置在实体的内部）。这个过程类似于投影，将三维体素模型变为二维光栅结构。每个光栅值里存储该位置的 Z 值。该方法的好处是将数组的大小缩小了 Z 倍，可大大提高运算速度和效率。

第 2 步：确定打印的起止点。用 Y 向扫描线平行扫描，且扫描方向为 Z 字形。确定起始点的方法是：若该点的 $Z>0$，下一点的 $Z>0$，上一点的 $Z=0$，则该点为起始点；若该点的 $Z>0$，下一点的 $Z=0$，上一点的 $Z>0$，则点为终止点。

第 3 步：按一定间隔生成路径点。设定间隔为 d，从起始点开始，检测下一个点离该点的距离，以及下下一个点的距离，如果符合下一个点的距离小于 d，下下个点的距离大于 d，则认为下一个点为目标点。以此检测，直到终止点。在检测到终止点的时候，要保证终止点与上一个目标点的间距小于 d。设定间隔 d 的目的是将曲面曲率的因素考虑在内，对于曲率比较大的区域，路经点会更加密集；对于曲率小的区域，路经点更加疏松，以此保证实体增材制造时的制造精度符合要求。

12.2.4　增材制造中的支撑生成技术

在增材制造过程中，加工制件经常出现变形、翘曲、坍塌等问题，这些缺陷对于成形精度有巨大的影响。因此，在增材制造工艺中，需要通过添加支撑结构辅助加工，约束构件的变形，确保加工过程顺利进行。在不同的制造工艺中，支撑的作用不同。

对于 SLM 工艺，支撑结构的作用有：

(1) 大悬垂构件成形时，如果没有支撑结构，激光扫描时会直接照到金属粉末上，使构件出现塌陷，下层铺粉时刮板将直接把成形部分刮走；

(2) 在加工过程中，由于粉末的热胀冷缩，构件会因内应力出现翘曲变形，支撑结构有连接的作用，把构件与已成形和未成形部分连接起来；

(3) SLM 成形过程中，如果没有支撑结构，构件会直接成形在基板上，并采用线切割的方法将构件取出，影响构件尺寸精度；

(4) SLM 成形过程中会产生较高的热量，由于粉末导热性差，支撑结构可以在防止过热、快速导热方面发挥重要作用，减少残余应力的影响。

对 FDM 工艺，支撑结构对悬挂区域起到定位和支撑的作用。FDM 工艺制件由塑料熔融堆积而成，若制件截面形状发生较大变化，例如悬臂结构或大倾斜面，上下层之间不能提供足够的定位、支撑时，就需要添加一些辅助结构进行支撑。

在 SLA 工艺成形过程中，计算机控制激光束在工作台面上扫描，被扫到的树脂薄层发生光聚合反应，固化形成薄层截面。加工时，固化层对当前层起到定位和支撑的作用，当制件截面形状发生较大变化时，则需要支撑结构辅助加工。支撑结构除了支撑制件悬臂部位外，还应该便于液态树脂流出，保证制件精度，避免制件直接在工作平台成形，否则会影响最终成形效果和精度。

由此可见，支撑结构对于 3D 打印成形工艺至关重要。一般，在进行模型的支撑结构设计时，需要充分考虑以下因素：

(1) 工艺的区别。不同的 3D 打印工艺，对支撑的要求不同。有些工艺因成形方式不同，根本不需要支撑，如 SLS；有些工艺，对于模型的悬空部位必须添加支撑，如 FDM；有些工艺，添加支撑的目的是为了防止模型出现应力变形，如 SLM。

(2) 材料的性能。目前 3D 打印的材料主要有 ABS 等塑料、树脂、陶瓷、石蜡、金属等。材料性能(力学性能、导热性能等)不同，对支撑结构也将产生不同的影响。

(3) 构件的成形精度要求。由于支撑结构最终将被去除，去除过程必定对构件的表面精度造成影响。故对于一些表面精度要求比较高的构件，设计支撑结构时应尽量减少支撑体与构件的接触面积。

(4) 支撑结构的自支撑性。支撑结构的建立是为了给 3D 打印过程中制件的悬空部分提供支撑，因此，支撑结构必须自身具有自支撑性。

(5) 支撑结构的强度和稳定性。支撑结构本身需满足一定的强度和稳定性，才能保证在成形过程中支撑结构及构件不会发生变形和垮塌。

在工艺规划软件中创建支撑部分的具体生成步骤为：以三维模型文件(主要是 STL 文件)为输入，识别待支撑区域，基于待支撑区域添加支撑结构，输出带支撑结构的模型文件。

目前对支撑结构的主要研究内容是：

(1) 如何寻找添加支撑结构的部位；

(2) 如何生成支撑结构。

对于内容(1)，主要有两种研究方法：一种是 Meshmixer、Magics 等常用软件采用的通过判断三角面外法矢与 Z 轴正向夹角大小来确定是否需要添加支撑结构；另一种是通过分析模型切片的布尔运算来判断待支撑区域。对于内容(2)，目前研究工作较多，支撑形状设计也越来越多，有块状、柱状、网状、树状、脚手架形等。根据支撑形状特征，可将支撑结构分为两类：一类是投影支撑，如块状、柱状、网状等；另一类是多层级支撑，如树状、脚手架形等，参见图 2-13。

图 12-13　支撑结构预览

(a) 网状支撑；(b) 柱状支撑；(c) 树状支撑

12.2.5　不同增材制造工艺的加工路径生成方法

不同的 AM 加工方式需要的加工路径是各不相同的，这是因为各种 AM 加工方式制造单个层面和层面间的黏接方法及原材料都不相同。LOM 采用激光切割的原理将薄材划分出轮廓和废料区域，而 SLS、SLA 和 FDM 则分别采用激光光固化、激光烧结、熔丝凝结的方法将树脂、粉末、细丝转变为连续的实体层面区域，并且在 SLA 和 FDM 中由于没有物体可以支持正在制造的层面，还需要对制件的悬空区域添加支撑。如图 12-14 所示，在原始模型的底部切片(图 12-14(a))，生成的二维层面数据(图 12-14(b))是两个简单的同心圆，但对于 SLA 和 FDM，还需要添加相应的工艺支撑(图 12-14(c)、(d))，由图 12-14(e)～(h)可以看到这四种主流成形方法的加工路径是千差万别的。

本节将重点叙述 LOM 的工艺特点及其对加工路径的影响，以便读者对一种 AM 制造方式的数据处理全过程有一个清晰的了解，然后在后续各节中分别叙述 AM 路径生成中常用的一些重要算法。

LOM 的成形材料为热敏感类薄材(如涂胶纸等)，成形开始时，激光器先按最

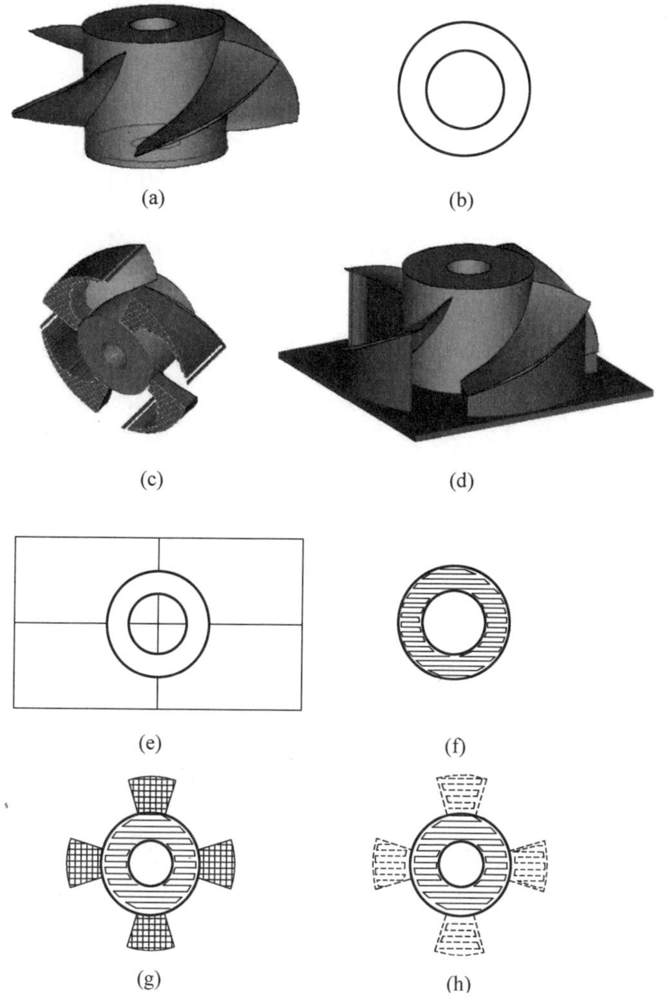

图 12-14　不同 AM 加工方式对加工路径的影响

(a) 原始模型；(b) 二维层面数据；(c) 模型及其 SLA 支撑；(d) 模型及其 FDM 支撑；(e) LOM 加工路径；(f) SLS 加工路径；(g) SLA 加工路径；(h) FDM 加工路径

底层的 CAD 三维实体模型的切片平面几何信息数据，对铺在工作台上的薄材作轮廓切割，然后工作台下降一层高度，重新送入一层(铺在底层之上)材料，并用加热辊滚压，与底层粘牢，激光器按对应数据作轮廓切割，如此反复直至整个三维构件制作完成。

LOM 的一个重要特点是成形后的模型完全被埋在废料中，如图 12-15 所示，需要将废料划分成碎块才能与制件分离。这需要将成形过程中的每一加工层面用激光将废料部分划分网格，在高度方向上废料网格保持位置和大小一致，加工完成后废料就成为可分离的小碎块。网格的划分方式直接影响到模型的加工效率和废料的可剥离性。过密的网格虽然易于废料剥离，但激光切割网格将花费相当长的时间；稀疏的网格将导致废料很难剥离，甚至会损坏制件的细节部分。

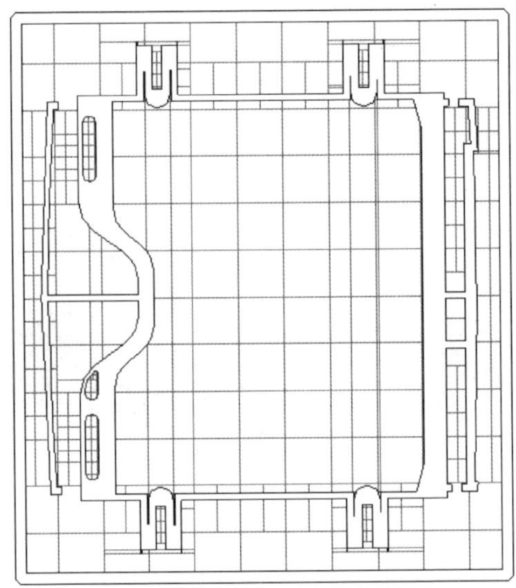

图 12-15　LOM 网格示例

LOM 的另一个特点是其 X、Y 轴通过滚轴丝杆传动，加工速度慢，一般在 500mm/s 左右，并且由于惯性大，加速度一般在 $1500\mathrm{mm/s^2}$ 以下。在实际运动过程中，轮廓和网格线切割时间一般受制于装备性能，不可能提高，而空行程（即将激光头从一个轮廓环移动到另一个轮廓环，或者从一条网格线移动到另一条网格线的过程，这时激光没有开启，对制件没有影响）的运行时间是直接依赖于软件设置的加工顺序的。如图 12-16 所示（图中实线表示轮廓环，黑点为轮廓环加工起点，虚线表示空行程），路径优化后的空行程时间显然要少得多，对网格线的加工也可以进行类似的优化。因此，对轮廓和网格的路径与加工顺序进行优化，能显著提高 LOM 的加工速度。

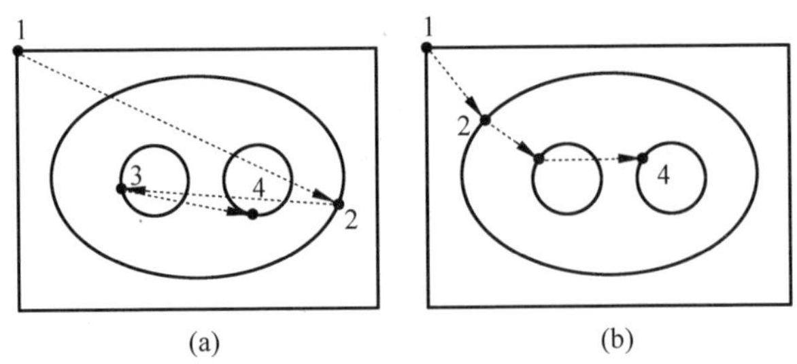

图 12-16　空行程优化

(a) 未作路径优化的空行程；(b) 路径优化后的空行程

根据上述分析，就可得出 LOM 的后端数据处理流程，如图 12-17 所示。

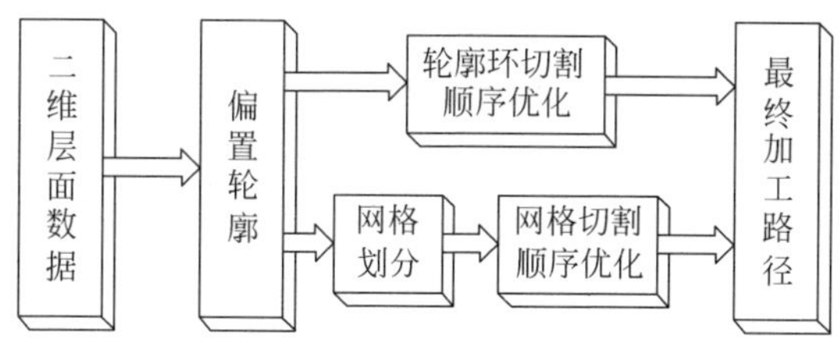

图 12-17　LOM 的后端数据处理流程

12.2.6　切片轮廓的偏置算法

切片轮廓的偏置算法也是 AM 数据处理中的一个重要环节，绝大多数 AM 制造方式都需要将切片轮廓进行偏置后再进行下一步的处理。轮廓偏置对保证 AM 最终制件的尺寸精度具有非常重要的意义。LOM 方式的快速成形系统要求将切片轮廓向外偏置一个激光光斑半径的宽度，以保证激光切割出来的切片尺寸与原始轮廓一致(因为 LOM 激光照射切割的区域属于废料部分，不属于制件实体)；而 SLS 属于烧结成形，则刚刚相反，需要将轮廓向内偏置一个激光光斑半径的宽度(因为 SLS 的激光照射区域将烧结为制件实体)；SLA 和 FDM 则与 SLS 基本类似。这与一般数控加工系统的刀具半径偏置有一定的相似性，但快速成形系统的切片轮廓与一般数控机床的刀具加工轨迹有着明显差异，主要表现在以下两个方面：

(1) 快速成形系统在分层制造时，对于球体、圆锥等形状会依次生成由接近一个点的小轮廓到最大轮廓之间的各个切片，其中，小尺寸(小于激光光斑半径)的内轮廓环是无法加工到的，需要删除。

(2) 快速成形系统一般使用 STL 文件作为模型接口文件格式，它描述的是模型表面的三角形逼近，其切片轮廓为一系列由折线段组成的轮廓环，其中会包括大量不规则的凹部细节，这些凹部细节在尺度上与激光光斑半径(约 0.1mm)相比也是非常小的，由反求工程生成的 STL 文件的切片轮廓在这方面表现得尤为明显。对这些轮廓若按常规的数控刀具半径偏置算法来处理，就会出现剧烈的过刀补现象，产生不可接受的轮廓失真，如图 12-18 中的轮廓线段②和③。

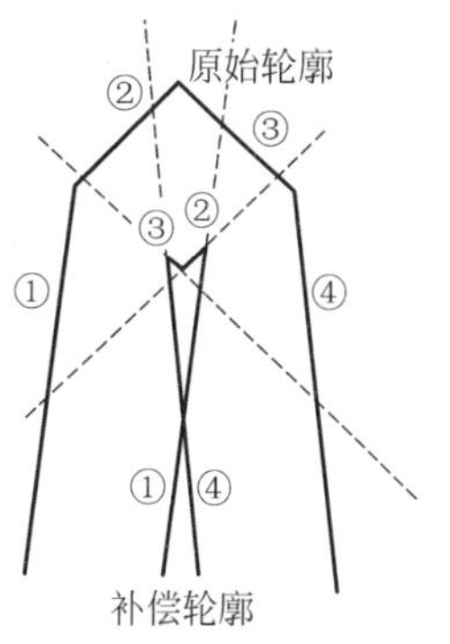

图 12-18　过刀补失真

理想的轮廓偏置算法可以用物理模拟的方法实现：用一个指定半径的刚性小圆圈在待偏置的刚性轮廓一侧作物理滚动，则小圆圈圆心的运动轨迹就是偏置后的轮廓。由于小圆圈始终紧贴着轮廓滚动，并且不会陷入小于圆圈直径的凹部细节之中，因此这个方法可以保证偏置轮廓与原始轮廓的绝对一致性，对任何形状的轮廓都不会产生大于圆圈半径的偏差，用它实现的完备算法可自动排除极小的轮廓环及不可能达到的轮廓凹部细节，对于轮廓偏置后可能会出现干涉的情况它也能识别出来并自动合并/分割产生新的轮廓环。但小圆圈每滚动一步，就要与轮廓上所有线段作碰撞检测，也就是说，它的算法时间复杂度是 $O(n^2)$级的(n 为轮廓顶点数目)，对于快速成形系统的切片轮廓来说，复杂轮廓可含有数万个顶点，使用这种物理模拟方法速度将极慢，达不到实用化要求。

在 PowerRP 中使用了一种新的半径偏置算法，它可以与“刚性小圆圈”法一样保证偏置轮廓与原始轮廓的一致性，同时效率相当高，其算法原理如下：

(1) 对原始轮廓进行修整，剔除激光光斑不可能达到的凹部细节轮廓，再对修整过的轮廓进行传统的刀具半径偏置，这样就不会出现过刀补现象。

(2) 对一个轮廓线段的偏置后线段是否正确的判据在于，正确的偏置后线段的方向与原始轮廓线段的方向应该是相同的(如图 12-18 中的轮廓线段①和④)。若相反，则说明该段轮廓属于激光光斑不可能达到的凹部细节轮廓(如图 2-18 中的轮廓线段②和③)，应该被剔除。

一般的轮廓偏置算法在判断轮廓环偏置方向上的处理方法比较复杂，需要经过如下几个步骤：

(1) 识别内外轮廓。可采用射线法，通过在轮廓环上一点作射线，判断它与其他轮廓环交点的奇偶性来识别。

(2) 判断轮廓环的顶点排列顺序的走向是顺时针方向还是逆时针方向，即平面多边形的定向问题。可采用计算机图形学中的面积法或特征顶点法来识别。

由此可以确定环的正方向，即对于外轮廓环而言，逆时针是正方向，内轮廓环则反之。如图 12-19 所示，当沿着轮廓环的正方向前进时，实体的外部始终处在轮廓环的右方。对于需要将外轮廓扩大、内轮廓缩小的 LOM 系统，只需进行相当于数控加工系统的右刀补处理；而对 SLS 等系统，则进行左刀补。

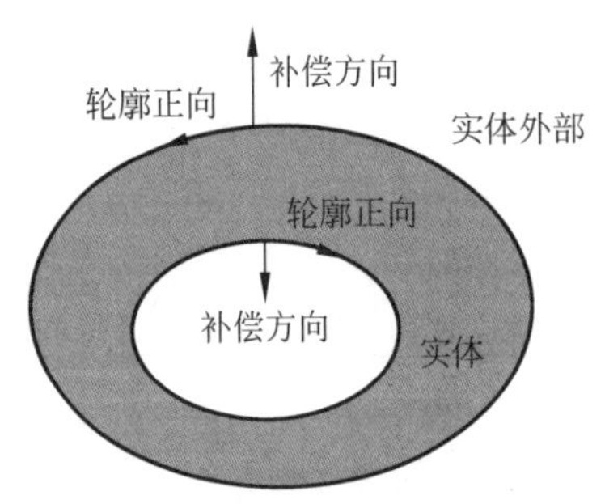

图 12-19　轮廓环的正方向

由于 STL 文件中的三角形面片信息中包括面片的外法向向量，因而在 RP 切片过程中很容易确定切片中每个轮廓环的正方向，而不需要在二维轮廓层次上通过上述方法判定。如图 12-20 所示，切片算法中开始确定切片起点时，要保证对该三角形面片而言，其切片轮廓终止交点所在边与起始交点所在边向量叉乘的结果向量方向相同，这样切出的轮廓必然是正方向的。不用再判断一个轮廓环是内环还是外环，而只需沿着环的正方向依次进行处理即可，简化了算法实现，提高了处理速度。

修整轮廓环是该算法中最关键的部分，即剔除激光光斑不可能达到的凹部细节轮廓，这样在进行偏置时就不会再出现过刀补现象。凹部细节包括上文所述的

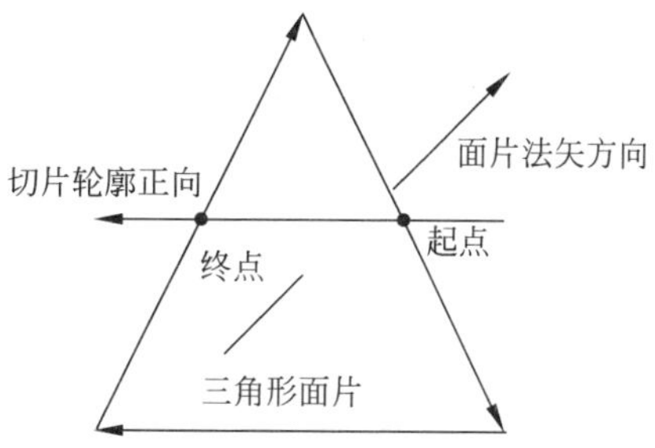

小尺寸(小于激光光斑半径)内轮廓环和由于 CAD 模型三角化成 STL 文件时产生的误差所造成的切片轮廓中不规则小尺寸凹折线段,也包括三维模型本身所包括的凹细节表面(如未加处理的反求模型和设计不良的 CAD 模型)形成的切片轮廓。这些轮廓细节具有一定的普遍性,在快速成形制造中经常会遇到。

图 12-20　切片起点的确定

修整轮廓环首先需要对每一轮廓线段计算出相应的偏置线段。将该轮廓线段按轮廓环正方向逆时针旋转 90°,即可获得半径偏置方向;再将轮廓线沿此方向平移偏置半径的长度,即可得到偏置直线,它与前后相邻偏置直线相交即相应的偏置线段。

然后再用上述方向判据来比较偏置线段和原始轮廓线段的方向是否吻合,以决定这段轮廓线段是否应该被删除。将一整段凹部细节轮廓剔除后,再根据被删除轮廓的特征决定是否需要添加新的轮廓点,以保证该修整轮廓半径偏置后形状与原始轮廓一致,如图 12-21(a)所示。这里添加的轮廓点本身可能会导致修整轮廓与原始轮廓有较大的出入,但形状不一致的地方都在半径偏置不可能达到的凹部细节部分,最终偏置后的轮廓与原始轮廓是一致的,如图 12-21(b)所示。

值得注意的是,该方向一致性判据具有很强的局部性,它只涉及被评判轮廓点及它之前、之后的一个轮廓点,而与轮廓全局信息无关,这在保证算法能快速处理的同时也有可能导致不会一次检查出所有的凹部细节轮廓。若一段连续的凹部细节轮廓中含有多个轮廓点,则中间有一些轮廓点可能会受到两边凹部细节轮廓点的干扰,不被识别出来,而只有在剔除了两边已经识别出的凹部细节后,才会被识别。因此,该轮廓修整过程是一个迭代过程,需要用该方向判据对轮廓环反复评判并及时剔除已经发现的凹部细节,直至在一次循环中所有轮廓点都不属于凹部细节时,该迭代过程才算结束。对一个小尺寸内轮廓环(尺度小于偏置半径,应该整体删除)来说,在每次迭代过程中都会有一部分轮廓被识别为凹部细节,最终整个轮廓环将被全部删除(见图 12-21(a)左部的小轮廓环)。

在每次进行方向判据测试时,都需要计算对应轮廓线段的偏置线段,这是一个比较花费时间的计算过程。其实,根据该判据的局部性可知,只有在一个轮廓点两边的轮廓点发生变化时,该点的测试结果才有可能改变。因此,在算法实现时,可对每个轮廓点都设置一个更新属性,指示该点在下一次迭代中是否需要再次测试,只在一个轮廓点被删除或被插入的情况下,才设置该点的相邻点的更新属性为真,由此可以消除重复计算,大大提高处理速度。

轮廓修整完毕后就可按照标准的数控系统刀具半径偏置算法对修整后的轮廓进行半径偏置,根据相邻轮廓线段的夹角和偏置方向来确定相邻偏置线之间的转接

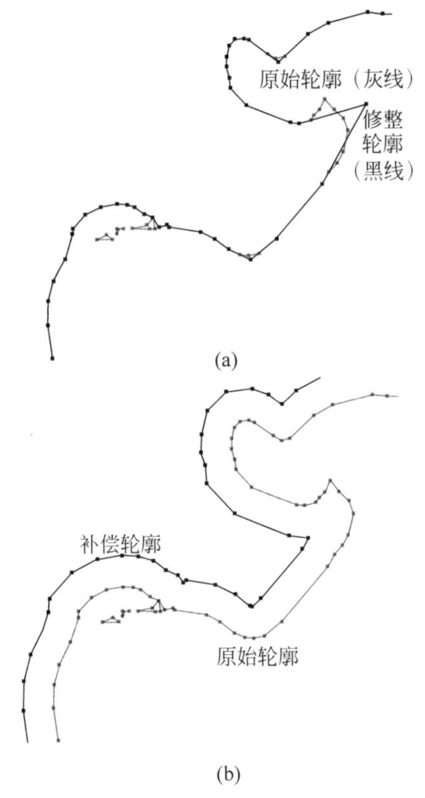

图 12-21 修整轮廓与偏置轮廓

(a) 修整轮廓；(b) 偏置轮廓

方式：缩短型、伸长型和插入型，并由此生成最终偏置轮廓，其结果见图 12-21(b)。

该算法没有考虑偏置后的轮廓会发生干涉的问题，这是因为判断轮廓干涉的算法时间复杂度太高，速度慢，不利于轮廓数据的实时处理。由于激光光斑很细(约0.1mm)，发生该问题的概率很小，并且即使发生干涉，对最终制件质量的影响也很轻微(因为光斑太小)，因此，对 AM 系统而言，忽略该问题是可以接受的。

12.2.7 变网格划分算法

大量的实践表明，好的 LOM 网格划分必须满足如下要求：

(1) 网格层间一致性，只有网格线在层与层之间的位置和间距一致的情况下，才能保证形成有效的切口，废料被划分成碎块。

(2) 对制件的凹洞等地方，需要根据凹洞的窄小程度，划分致密的细网格，否则凹洞将难以掏空。

(3) 制件的细小部分，如尖角、薄壁等位置的旁边，也要专门划分网格，否则在剥离废料时会损伤制件。

(4) 若制件在加工方向(通常是 Z 方向)有突变,则需要在突变处划分致密的细网格,否则废料会跟制件粘连在一起。

在此基础上更多的网格不会显著提高废料的可剥离性,反而会导致废料碎块太小而延长剥离时间,并且激光切割时间大大延长,降低了生产效率。网格划分方法可分为如下几类: ①固定网格划分。该方法网格效率不高,一般要通过截面轮廓特征点添加辅助网格线,容易造成层间网格线不一致。②基于模型拓扑结构的变网格划分。该方法的模型特征识别算法比较复杂,计算速度比较慢。③基于层面信息的变网格划分。它的网格效率比较高,但在三角形凹洞等处的网格线还可进一步优化,并且未提供 Z 方向的突变网格。

目前在 PowerRP 上使用的是一种基于点网模型的变网格划分算法,它综合了上述几种网格划分算法的优点,同时网格计算速度非常快,可达到实时处理的要求。该算法的基本思想如下:

(1) 与传统的变网格划分算法先划分主网格,再针对模型截面局部特征划分细网格的思路相反,基于点网模型的变网格划分首先划分最致密的网格(基础网格),然后在此基础上根据一定的评判原则决定哪些网格是应该保留的。这样能保证对每一个截面层只划分一次网格,以后不用重复划分,从而提高了速度,同时也可保证每一层网格划分的位置,间距必然是一致的,因为它们都源于同一个基础网格。

(2) 创建关于轮廓截面废料可剥离性的离散场。该离散场使用一个尺寸与截面大小相同的点网来表示,每个节点对应于基础网格中的一个交点,包括如下信息: 一是此处是否属于凹洞、薄壁。基础网格不仅提供了基本的网格数据,同时也提供了制件截面轮廓形状的一种基本度量方法,通过衡量基本网格在各个地方网格线长度和空白区域(即制件)长度,可知在截面轮廓上哪里属于凹洞,哪里是薄壁等。二是此处是否属于层间突变。通过将当前加工层的基础网格与上、下相邻层的基础网格比较,可以确定截面哪些位置属于层间突变。三是此处是否属于截面轮廓的特征点。这些信息直接从截面轮廓处识别。

(3) 为实现最终网格疏密程度随截面轮廓特征而均匀变化,要将变网格的疏密程度分成很多级。该算法中提出了网格线的权的概念,如图 12-22 所示,每条网格线都有自己的权重,在数值上等于 2 的整数次幂,它们的排列规则如下: 将主网格细分 n 级,即一个主网格在一个扫描方向上(x 或 y)要分为 2^n 个细网格,其网格线编号分别为 $0,1,2,\cdots,2^n-1,2^n$,则第 k 条网格线的权值为

$$\text{weight}(k)=\begin{cases}2^n, & k \bmod 2^n = 0\\ 2^{n-1}, & k \bmod 2^{n-1} = 0\\ \vdots & \\ 1, & \text{其他}\end{cases}$$

这种排列方式的特点在于: 权重每降低 1 级,它的数目就增加 1 倍,并且各种权重的网格线的分布是均匀的。其中,权重为 2^n 的是主网格线,只要它在基础网格中

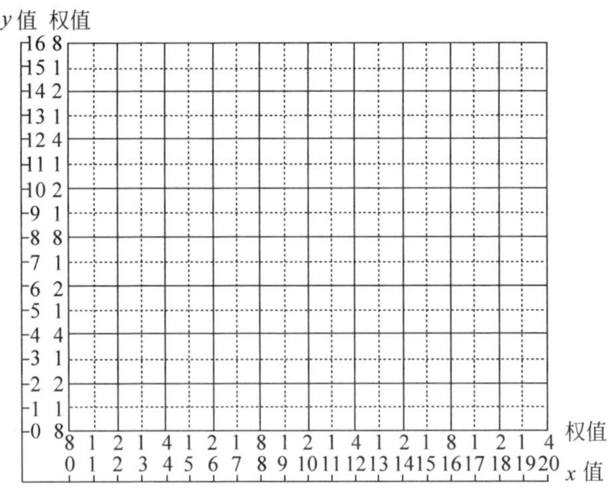

图 12-22　网格线的权值设置

存在,就一定会输出到最终网格中去;其他的为副网格,对应的基础网格线是否输出到最终网格中去,取决于该处可剥离性场的值和该网格线权的大小。由此可获得一个疏密程度随截面轮廓特征而均匀变化的最终网格。

图 12-23 为该网格划分算法在若干典型实体上的网格划分实例。可以看出,该算法对多种典型实体形状均表现出比较好的适应性,在模型所有废料难以剥离的部分都依据其难以剥离的程度划分了不同的细分网格,而在其他部分不必要的额外细网格比较少,网格划分效率高。

该网格划分方法在实践中得到了广泛应用。与以前的网格划分算法相比,制件在凹洞、薄壁、Z 方向缓坡度斜面处的可剥离性有很大提高,并且能保证制件细节部分的完整性,而网格加工时间基本不变。此外,网格生成速度很快,对复杂实体(包含 60 万个三角形面片)的网格生成时间低于 0.1s,不会给制造过程带来额外的时间开销。

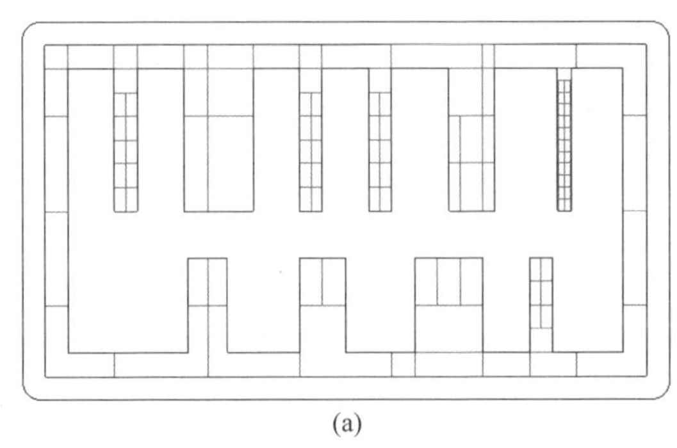

(a)

图 12-23　网格输出示例

(a) 凹洞网格;(b) Z 轴突变网格;(c) Z 轴大幅度渐变网格

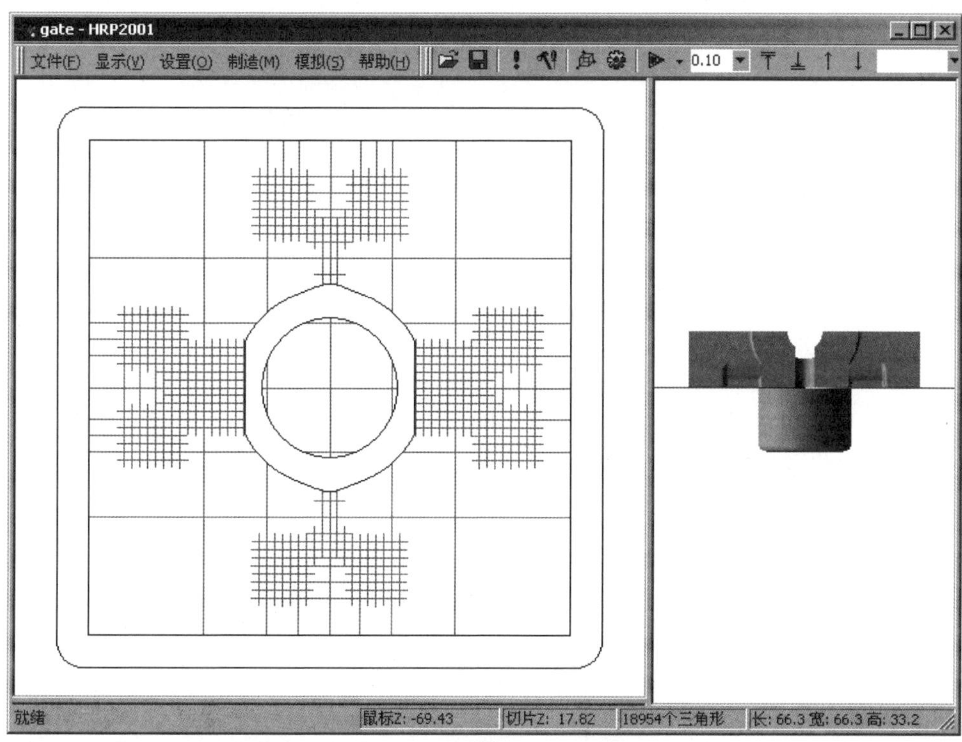
gate - HRP2001
文件(F) 显示(V) 设置(O) 制造(M) 模拟(S) 帮助(H)
0.10
就绪
鼠标Z: -69.43
切片Z: 17.82
18954个三角形
长: 66.3 宽: 66.3 高: 33.2

(b)

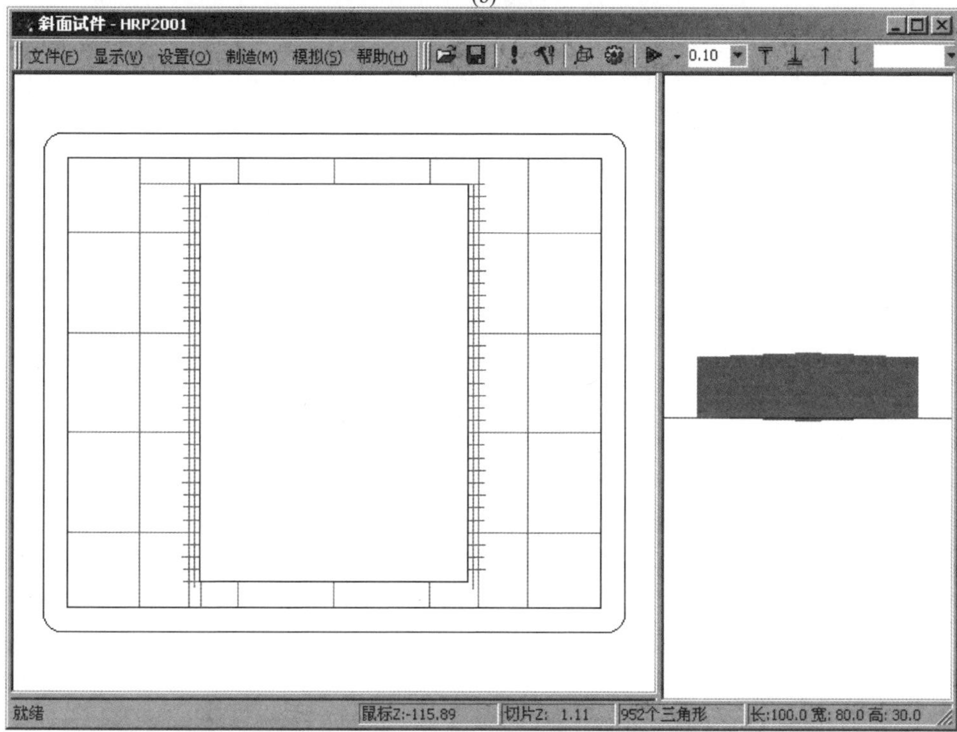
斜面试件 - HRP2001
文件(F) 显示(V) 设置(O) 制造(M) 模拟(S) 帮助(H)
0.10
就绪
鼠标Z:-115.89
切片Z: 1.11
952个三角形
长:100.0 宽: 80.0 高: 30.0

(c)

图 12-23　（续）

该变网格划分算法的一种特例形式——固定网格划分算法也是AM领域常用的算法，只要修改一下参数，就可以转变为一种高效的轮廓填充算法，可广泛应用于SLS、SLA和FDM等这类轮廓内部需要全部填充的加工类型中。

12.2.8 增材制造路径优化中的便宜算法

轮廓环和网格线的加工顺序优化一般采用图论中的便宜算法实现。例如，对轮廓环可采用如下步骤决定加工顺序：

步骤1 定义一个结构，其数据成员包括轮廓环的起始点。

步骤2 创建结构数组S（初始数组），将当前层面中的所有轮廓环信息赋予其中。创建另一新的结构数组T（新数组），并将S数组中离机械原点最近的轮廓环信息赋予该数组，同时删去S中该轮廓环的信息。

步骤3 找出T与S中的点之间距离最小的$T(j)$和$S(i)$。如果T中只有一个元素，则$S(i)$为T中的第二个元素，同时在S中删去$S(i)$。否则对于T中的边$(T(j-1),T(j))$和$(T(j),T(j+1))$，当$T(j)$为第一个元素时，$T(j-1)$为最后一个元素；当$T(j)$为最后一个元素时，$T(j+1)$为第一个元素。

若$D(S(i),T(j-1))-D(T(j-1),T(j))\leqslant D(S(i),T(j+1))-D(T(j+1),T(j))$，其中$D$表示两点之间的距离，则$S(i)$插入到$T(j-1)$与$T(j)$之间，否则$S(i)$插入到$T(j)$与$T(j+1)$之间，同时将元素$i$从$S$中删去。若$S=0$，结束。否则转到步骤3。

对网格线也可采用类似算法进行加工顺序优化。在LOM的实际制造中，该优化方法与以往使用的一些优化算法相比，大约可以缩短复杂构件加工时间10%，对于LOM这类潜能已经被充分挖掘的成熟装备而言，这是一个非常大的提高。

便宜算法也可应用在其他类型的AM装备上，只要这些装备也要加工分离的实体轮廓环或轮廓填充线段，就必然存在空行程，使用便宜算法都可以显著降低空行程的运动时间，提高制造效率。

12.2.9 增材制造路径规划策略

AM系统中常用的路径规划策略主要有光栅扫描和螺旋扫描这两类。其中，光栅扫描具体可以归纳为两种：如图12-24(a)所示，相邻扫描线的起始点在不同的两端，虽然扫描线之间也是通过空跳连接，但是这样可以减少空跳的距离；如图12-24(b)所示，扫描线的起点始终在同一端，相邻扫描线之间通过空跳连接，所以需要跳转较大的距离。

连贯的光栅扫描在遇到孔洞的截面时，需要关闭激光，因而存在空跳，从而影响加工效率。为了解决这个问题，出现了一种改进的光栅分区扫描方式。如图12-25(a)所示，在扫描过程中遇到孔洞时，会存在大量的空跳（图中虚线为空跳）；但在图12-25(b)中，扫描线避开了孔洞，通过对截面进行分区扫描，每一个分

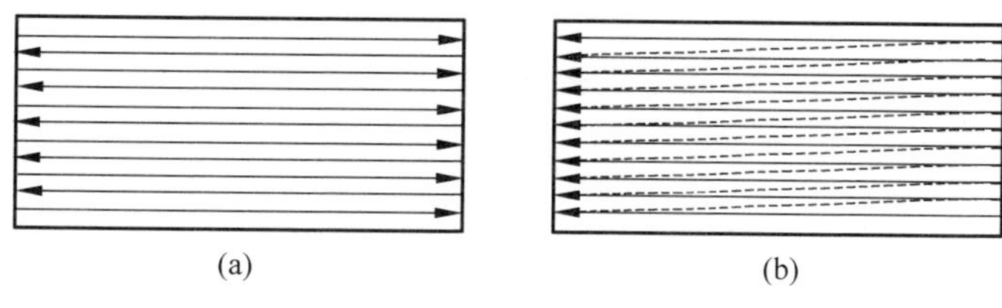

图 12-24　光栅扫描

区内部除可以减少空跳外，具有和连贯扫描相同的其他优缺点，这种扫描方式在光固化加工中应用最广泛。

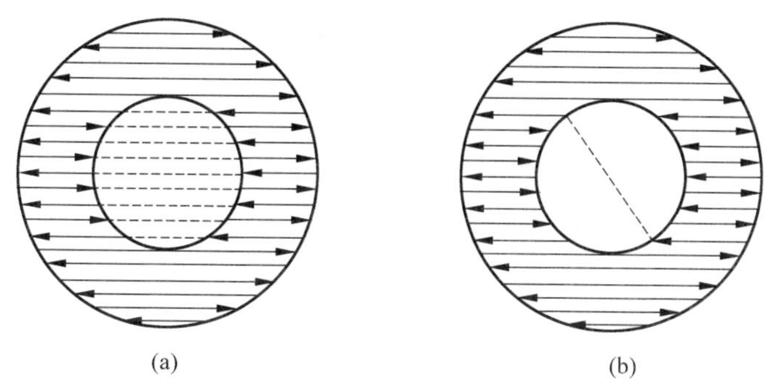

图 12-25　光栅分区扫描

(a) 连贯式光栅扫描；(b) 分区优化光栅扫描

螺旋扫描如图 12-26 所示，扫描线是轮廓环的一系列等距偏置线。

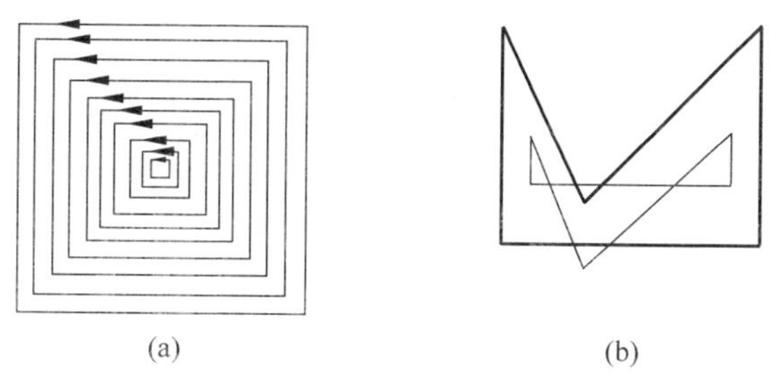

图 12-26　螺旋扫描

(a) 螺旋扫描策略；(b) 螺旋扫描自相交轮廓线

由于轮廓线在偏置过程中是逐渐向内等距收缩的，对于不规则的图形可能会出现图 12-26(b)所示的自交现象。这种扫描方式需要对轮廓环进行多次复杂的偏置处理，如除去偏置产生的多余环、轮廓环的自相交等问题。

国内外学者针对偏置处理进行了大量的研究。基于 Voronoi 图的扫描偏置，Bala R. Vatti 提出了 Vatti 算法，罗恒等提出了一种基于直骨架原理的轮廓偏置算法等。其中，罗恒等的算法是采用多边形单调链分解的方法来提高直骨架的计算速度，并在求取偏置多边形前，标记偏置分裂以及退化的偏置点，用栈的数据结构提取偏置多边形顶点，在一定程度上解决了偏置算法效率低、轮廓自相交和互相交问题。但在实际应用中，偏置扫描算法相比光栅扫描路径算法，算法结构较为复杂，并且工作量大，效率不高。

实际的光固化 3D 打印软件中，为了保证成形精度和成形速度，会综合光栅扫描方式和轮廓偏置扫描两者，即采用多重轮廓光栅扫描方式进行加工。多重轮廓扫描是指将轮廓向实体部分偏置若干个激光扫描直径形成扫描路径，并在偏置的最里层轮廓基础上生成扫描填充线（图 12-27），然后对模型截面进行填充，从而逐层堆积成形，完成构件加工。

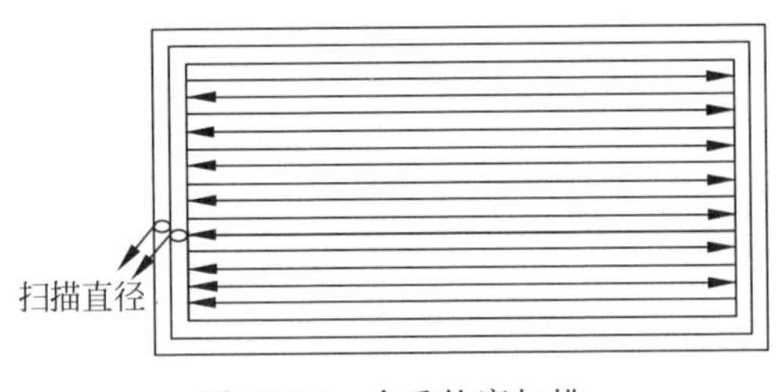

图 12-27　多重轮廓扫描

现有的扫描方式通常采用单一大小的尺寸光斑进行加工成形，这样就使得填充间距不能过大，从而导致完成实体填充扫描线数量较多，而且相邻扫描线之间空跳时间和激光开关延时也会很多，加工效率受到影响。由于在光斑尺寸固定的情况下激光功率不能过高，否则会引起过固化，所以高功率的激光器不能得到最大限度的使用。

成形效率一直是光固化打印最为关注的问题。如今 SLA 打印装置通过在结构上增加一个光学扩束镜组，并增加该光学模组的控制系统，通过改变扩束镜组之间的距离，即可完成不同光斑大小的调节。在打印过程中，所打印的模型壁厚大于最小光斑的直径时，使用变光斑进行打印，可以大幅度提高加工效率。图 12-28 所示为 SLA 变光斑的路径。

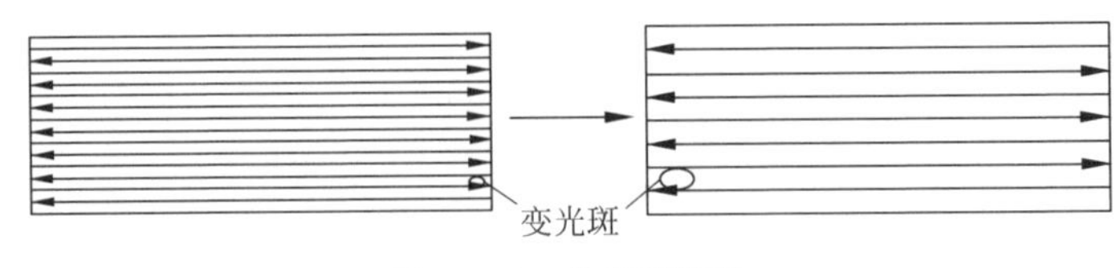

图 12-28　变光斑路径

变光斑的路径除了扫描间距增大外，具有和定光斑扫描路径相同的其他优缺点。由于大光斑在填充时会因为直径过大而导致扫描填充部分往外突出，从而造成加工物件表面凹凸不平，所以往往会有多种方式进行优化，如通过多重轮廓扫描。其具体的路径工艺和光斑直径紧密关联，需要在实际打印中通过测试，得出对应装置的光斑直径和所对应的优化参数。

12.3　增材制造软件介绍

AM 软件从开发厂商和功能侧重点上来看主要可分为两种：独立的第三方 AM 软件和 AM 系统制造商开发的专用 AM 软件。

12.3.1　通用增材制造软件

国外涌现了很多作为 CAD 与 AM 系统之间的桥梁的第三方软件，它们一般都以常用的数据文件格式作为输入输出接口。输入的数据文件格式有 STL、IGES、DXF、HPGL、CT 层片文件等。以下是国外比较著名的一些第三方接口软件：

（1）Bridge Works。由美国固体概念（Solid Concept）公司在 1992 年推出，经不断改进，现已发展到 4.0 版本以上。该软件可通过对 STL 文件特征的分析，自动添加各种支撑。

（2）SolidView。由美国固体概念公司在 1994 年推出，可以在 Windows 3.1、Windows 95、Windows NT 操作系统下进行 STL 文件的线框和着色显示，以及 STL 文件的旋转、缩放等操作。

（3）STL Manager。由美国 POGO 公司于 1994 年推出，主要用于 STL 文件的显示和支撑的添加。

（4）STLView。这是一个由美国软件工程师 Igor Tebelev 在业余时间所写的软件，现已发展到 9.0 版本。它可以从网上免费下载并使用两周。同 SolidView 类似，这个软件可用于 STL 文件的显示和变换，同时它还有错误修复、添加支撑等功能。

（5）Surfacer-RPM。这是美国 Imageware 公司在 1994 年为其 Surfacer 软件增加的用于快速原型制造数据处理的模块。

（6）Magics。这是由比利时 Materialise N. V. 公司推出的一个基于 STL 文件的通用 AM 数据处理软件，广泛应用在 AM 领域，是当今最具影响力的第三方 AM 软件。

12.3.2　专用增材制造软件

另一种开发模式是针对特定的 AM 装备开发专用 AM 处理和 NC 加工软件。这类软件整合了 AM 加工所需要的全部功能，针对 AM 装备操作人员进行开发，因而操作非常简单，并且能针对硬件装备的特点对 AM 加工数据和控制流程进行优化，确保装备的加工效率。

国外的主要大型AM系统生产商一般都会开发自己的数据处理软件,如3D Systems公司的ACES、QuickCast,Hellisys公司的LOMSlice,DTM公司的Rapid Tool,Stratasys公司的QuickSlice、SupportWorks、AutoGen,Cubital公司的SoliderDFE,Sander Prototype公司的ProtoBuild、ProtoSupport等。

开发专有软件的主要缺点在于:由于AM软件的开发需要很高的专业水平,要耗费大量的财力和时间,并不是每一家AM硬件厂家都有足够的能力和资源来开发符合自己要求的高质量AM软件。现在国外出现了AM装备生产商购买第三方数据接口软件的趋势。如3D Systems公司与Imageware公司达成协议,采用Imageware公司的AM系列模块作为3D Systems SL Toolkit的接口软件,而Sanders Prototype公司也采用了STL-Manager作为自己的数据接口软件,另外,德国的F&S公司也购买了Magics软件的部分模块。

12.3.3 专用增材制造软件——PowerRP简介

华中科技大学独立研发的PowerRP是一个基于HRP系列快速成形机的AM数据处理及NC加工软件,它具有如下特点:

(1)采用"虚拟机"机制。PowerRP支持HRP全系列快速成形装备,包括LOM、SLS、SLA和FDM等4种制造方式的10余种硬件型号,并且根据不同硬件装备在具体界面、数据处理和NC加工方面都分别做了优化。从用户的角度看,PowerRP是一个HRP专用的系列软件,但实质上这一系列软件都共享一个通用的AM软件内核和用户界面框架,所不同的是外挂的"虚拟机"模块。可以说,PowerRP是一个通用软件,理论上通过定制开发"虚拟机"的方式可支持业界所有的AM装备。

(2)独有"容错"切片功能。以往的AM软件一般不能直接处理有错的STL模型文件,必须通过STL纠错软件修复STL模型之后才可进行加工制造,手工纠错过程非常繁琐,并且需要操作人员具有丰富的纠错经验。PowerRP内置了容错切片功能,对目前90%以上的有错STL模型都可以直接处理,不需要另行纠错,这大大减轻了操作人员的负担。

(3)功能完备。该软件包括STL模型的浏览、变换、切片、轮廓数据优化、加工时间预估、模型复杂度评估、远程监控等功能,同时提供客户可选的一系列增值模块,如STL文件剖分、少硅橡胶模CAD、SLA/FDM支撑生成等。PowerRP的主要功能如图12-29所示。

(4)操作简单,可用性强。全系列PowerRP软件在整体软件界面和操作风格(图12-30)上完全一致,易于学习。并且根据AM装备操作人员的实际情况设计了简洁的用户界面,用户完成一项指定任务时,一般只需非常少的几步操作就可完成,不需要操作人员的手在键盘和鼠标之间切换,视线也不需要频繁移动,操作非常舒适。

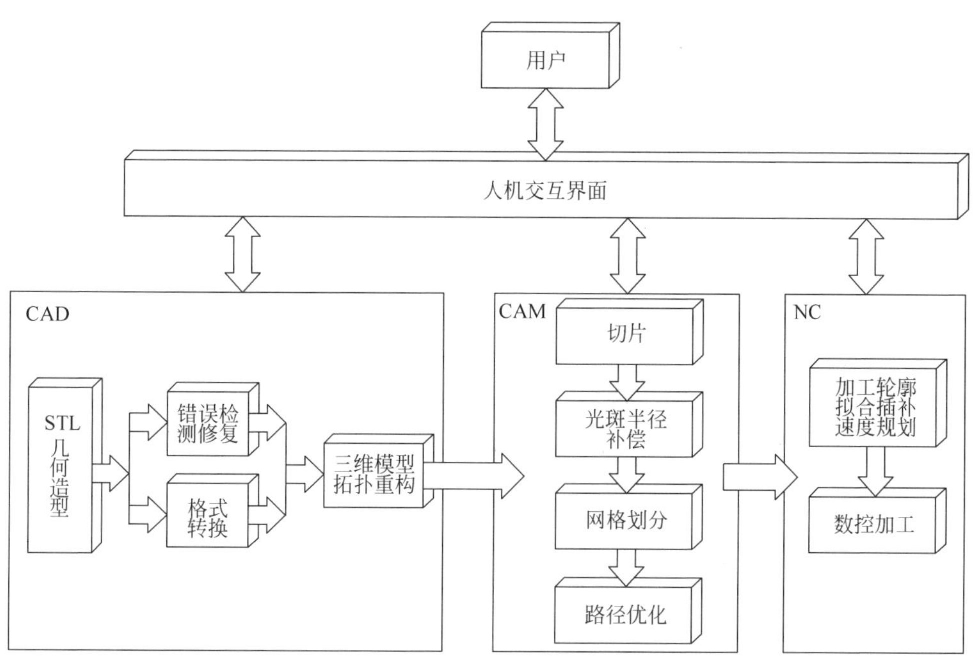

图 12-29　PowerRP 功能示意图

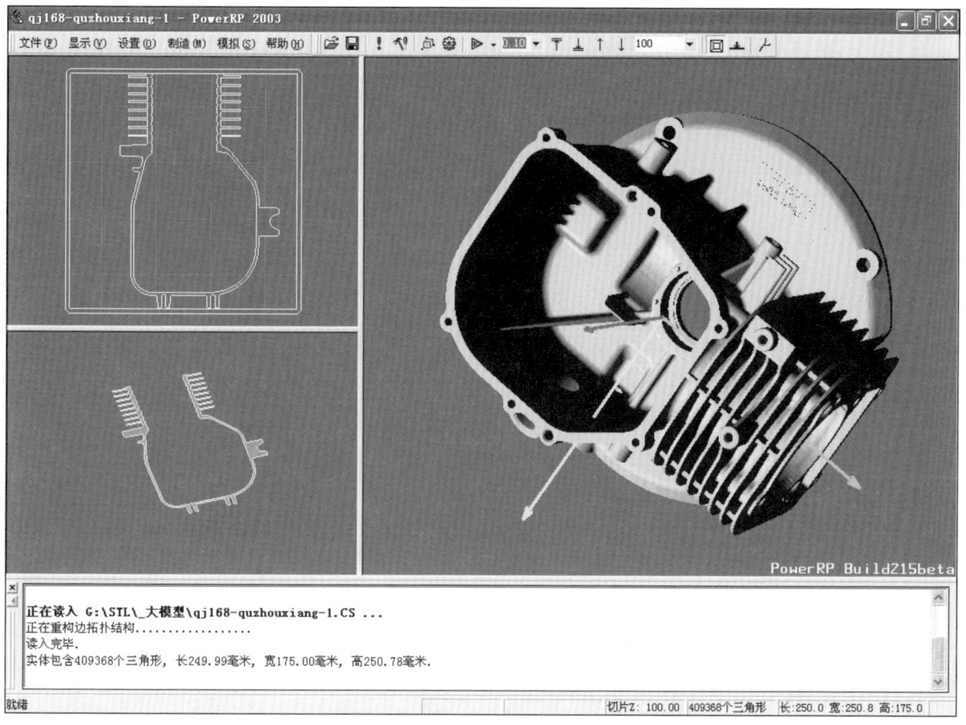

图 12-30　PowerRP 的用户界面

参考文献

[1] SZILVASI N, MATYASI M G. Analysis of STL files[J]. Mathematical and Computer Modelling,2003,38(7/8/9):945-960.

[2] 纪小刚. RP系统中STL模型的分割与拼接研究[D]. 南京:南京理工大学,2003.

[3] 施珂奕. 面向增材制造的三维模型分割与拼合算法的研究与应用[D]. 成都:电子科技大学,2017.

[4] 马淑梅,刘彩霞,李爱平. STL文件错误的自动检测与修复技术[J]. 现代制造工程,2009(12):109-111.

[5] ZHANG L C, HAN M, HUANG S H. An effective error-tolerance slicing algorithm for STL files[J]. The International Journal of Advanced Manufacturing Technology,2002(9):363-367

[6] HU C, YANG L, ZHANG Y. Research on repair algorithms for hole and cracks errors of STL models[J]. Communications in Computer and Information Science,2011:42-47.

[7] 张李超,韩明,黄树槐. 基于裂缝跟踪技术的STL文件容错切片[J]. 锻压机械,2002(2):52-54.

[8] 史玉升,张李超,白宇,等. 3D打印技术的发展及其软件实现[J]. 中国科学:信息科学,2015,45(2):197-203.

[9] 陈之佳,王丛军,张李超. 基于直线扫描的FDM支撑自动生成算法[J]. 华中科技大学学报(自然科学版),2004(6):60-62.

[10] 王燕宁,张李超,陈森昌,等. 基于伞形搜索的树形支撑结构生成算法[J]. 计算机集成制造系统,2018,24(11):2819-2826.

[11] 董学珍,莫健华,张李超. 光固化快速成形中柱形支撑生成算法的研究[J]. 华中科技大学学报(自然科学版),2004(8):16-18.

[12] 韩明,等. LOM系统的CNC技术[C]//中国模具工业协会. 第一届国际模具技术会议论文集. 2000:157-162.

[13] 肖跃加,周爱新,韩明,等. 基于层面信息的可变网格划分[J]. 中国机械工程,2000(10):24-26,4.

[14] 张李超,韩明,俞红,等. 基于点网模型的变网格划分算法[J]. 华中科技大学学报(自然科学版),2002(6):19-21.

[15] QIAN B, ZHANG L C, SHI Y S, et al. New voronoi diagram algorithm of multiply-connected planar areas in the selective laser melting[J]. Tsinghua Science and Technology,2009,14(S1):137-143.

第13章

增材制造中的光学三维测量技术

13.1 光学三维测量技术在增材制造中的应用

13.1.1 光学三维测量技术的应用

光学三维测量技术能够测得物体表面点的三维空间坐标，从这个意义上说，它实质上属于一种立体测量技术。与传统测量技术相比，它能完成复杂形面的非接触式三维测量，同时具有测量速度快和精度高的优点。这些特性决定了它在许多领域可以发挥重要作用，而且其测量结果能直接导入工业分析软件进行处理，因此已经被广泛应用在增材制造领域。

1. 基于三维测量技术的快速制造系统

快速制造系统是目前国际上机械行业的研究热点之一，其中一个重要环节就是所谓的逆向工程(reverse engineering，RE)，即从实物到数字模型，而这正是三维扫描技术研究的内容。CGI公司的三维扫描装备甚至能获得物体内腔的结构。将三维扫描装备与3D打印机相结合，可以构成快速制造系统，实现样件、试制件的快速设计与制造。

2. 三维模型设计

三维激光扫描技术可用于各个行业的产品设计当中，包括飞机制造、航空航天、汽车、模具制造、铸造、玩具制造、制鞋业等；特别是在汽车、飞机、玩具等领域，并非所有的产品都能由CAD设计出来，尤其是具有非标准曲面的产品，在某些情况下常采用"直觉设计"，即设计师直接用胶泥、石膏等做出手工模型，或者需要按工艺品的样品加工，该模型和样品一般具有复杂曲面特征。采用三维扫描仪，可对这些样品、模型进行扫描，得到其立体尺寸数据，并直接与各种CAD/CAM软件接口，完成建模、修改、优化和快速制造。同时，由于三维激光扫描仪采用非接触式技术，对易碎、易变形物体，也能实现好的测量，有利于产品的优化设计，最终设计出的三维模型可用于增材制造过程中的数据输入。

3. 增材制造过程中的在线检测

增材制造系统在打印构件时，不可避免地会出现一些缺陷如翘曲、裂纹、空隙等，导致打印后的完整构件性能降低甚至无法使用。目前通过改进增材制造机器、优化工艺参数的方法来提升构件的质量，但是效果已经十分有限。此时可采用三维测量技术对增材制造的过程进行监控，在打印构件的过程中对其打印状态做出实时质量评价，将结果反馈给机器，使其调整工艺参数，保证打印构件的性能，即在粉床增材制造过程中对构件进行质量控制与质量保证。

13.1.2 增材制造过程中的在线检测应用实例

图 13-1 是在线测量技术在粉床增材制造过程中的工作周期示意图。在构件打印的过程中，当刮粉装置将一层粉末铺好后，在线测量系统中的投影仪会向铺粉层（刮粉装置将粉末铺在基板上的该层）投射出一系列光栅图像，在线测量系统中的两个 CCD 相机会同步采集这些带有光栅的图片；随后激光会根据计算机提供的切片模型熔化相应区域的粉末使之成形，此时投影仪向成形层（激光在基板上加工完的该层）投射出一系列光栅图像，两个 CCD 相机同步采集这些带有光栅的图片，此即为在线测量系统的一个测量周期。在线测量过程同打印过程相匹配，如此循环直到整个构件加工完毕。

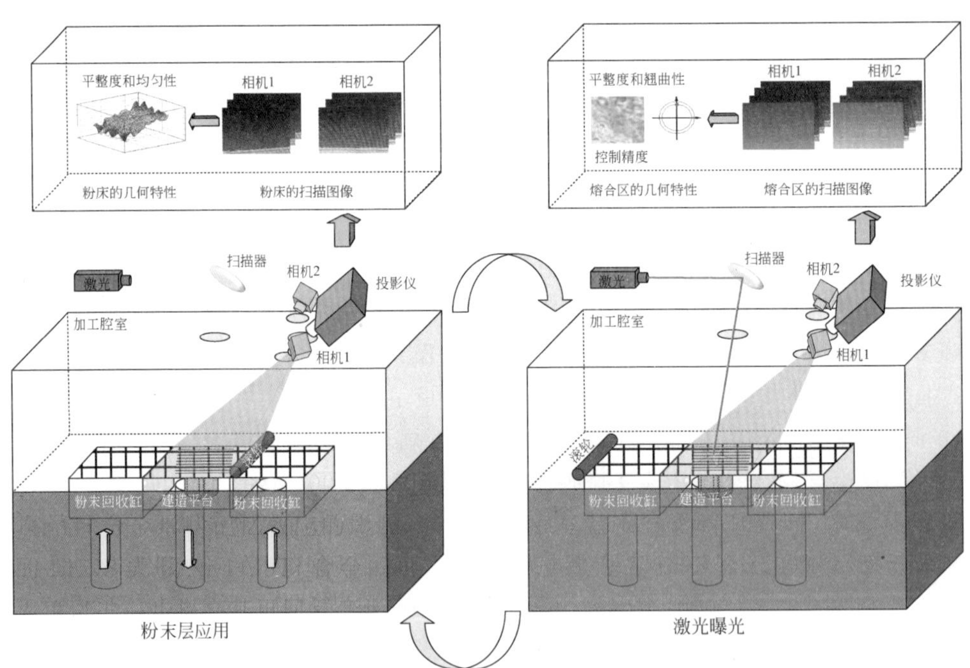

图 13-1 在线测量系统工作周期示意图

1. 铺粉层平面度的测量

通过处理采集的粉末沉积后的光栅图像，可以获得粉床的三维表面数据。图 13-2 分别显示了铺粉正常和铺粉发生缺陷时的平面度数据。如图 13-2 所示，缺陷的三维高度图具有不同的标准差值。图 13-2(a)～(c)为基板铺上新的一层粉末后的正常情况。高度图提供了关于铺粉过程的丰富信息。可以发现粉末床不是理想的平面，整个粉末床面上有一些小条纹。这些模糊的缺陷很难从二维的数字图像中提取出来，它可能有助于改善粉末沉积过程的机制。通过图 13-2(d)～(l)所示的图片，对 3 种不同的缺陷进行了表征，包括严重缺粉、刮粉装置的铺粉缺陷和粉床孔缺陷。图 13-2(d)～(f)显示了粉末不足产生的缺陷。三维高度图的标准差 STD(the standard deviation)为 0.2334mm，是正常情况的 4 倍。缺陷区域的面积和位置也可以通过实测数据进行定量计算。图 13-2(g)～(i)是由于刮粉装置再次铺粉引起的粉末扩散缺陷，通常会在粉末床表面产生意想不到的沟槽。测量结果可以给出如图 13-2(i)所示的凹槽深度、宽度，标准偏差约为正常情况的 2 倍。图 13-2(j)～(l)显示了由于小孔造成的缺陷。这些孔可以在三维高度图中清晰地表示出来。通过以上这些结果，可以认为当铺粉后产生缺陷时，整个粉末床平面高度图的标准差会是正常标准差的 2～6 倍，整个粉床平面高度图的标准差将是粉床平面度信息中的一个重要数值。因此可以直接从测量的三维高度图中计算缺陷区

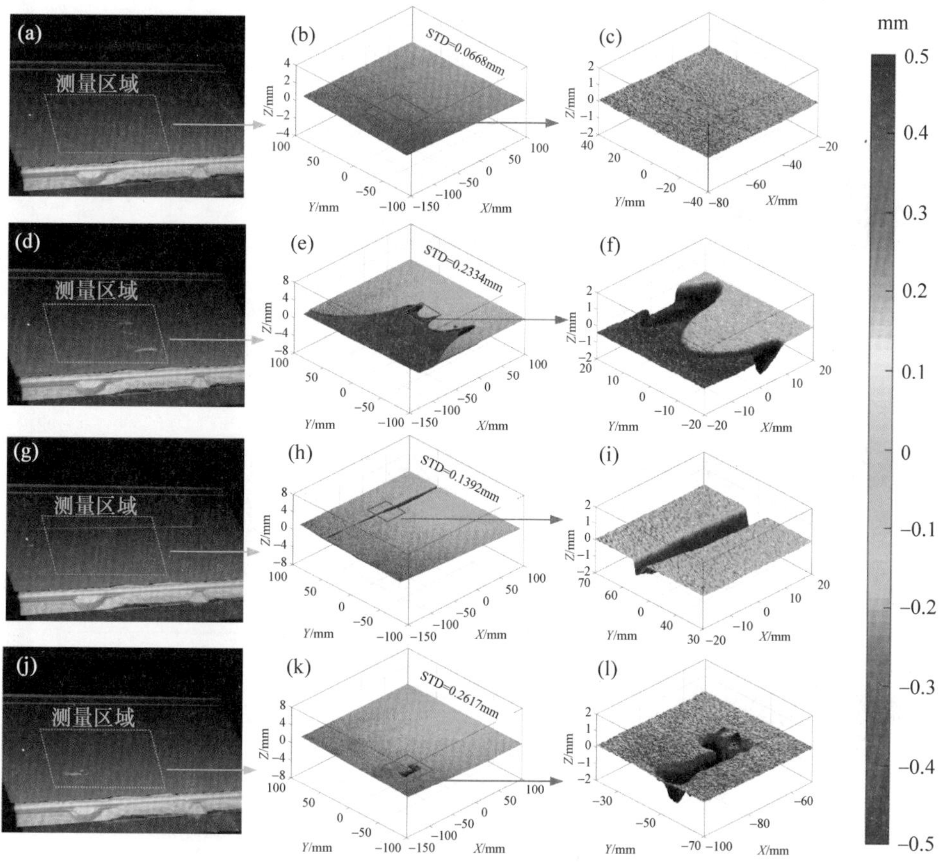

图 13-2　铺粉层测量的平面度

域的位置、大小和等级。利用该测量方法，可以检测出粉床的各种几何特征。

2. 成形层平面度的测量

图 13-3 分别显示了在功率为 28、30、32W 下，各层的平面度数据。28W 是实验中粉末配置的最优参数。图 13-3(a)～(c)是功率在 28W 下所成形的平面度数据。所选区域的高度变化幅度小于 0.1mm，而在熔融和未熔合的区域中，标准差是 0.0682mm。而一旦提高了激光功率，高度变化值和标准差都相应增加了。如图 13-3(d)～(f)和图 13-3(g)～(i)所示，高度变化值和标准差分别为 0.3、0.0729 和 0.4、0.1014mm 左右。这些值得注意的数据都可以用所提出的方法进行定量测量。此外，还可以获得关于熔融过程的丰富信息。首先，熔合区平均高度低于未熔合的粉末表面。下沉现象主要是由于粉末的凝固过程造成的。其次，随着激光功

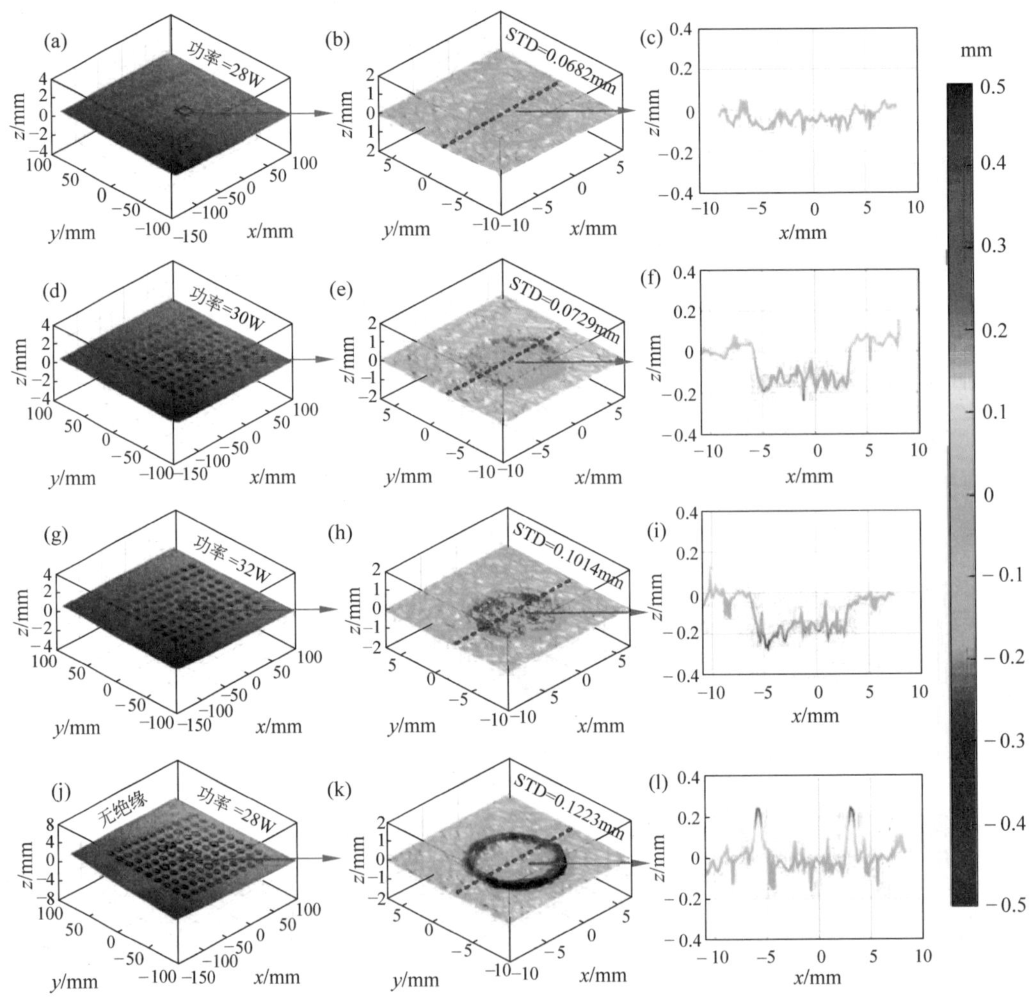

图 13-3　成形层测量的平面度

率的增加,表面下沉量增加,这与文献[17]是一致的。再次,可以计算熔合区表面粗糙度,熔合区边界可由熔合区与未熔合区之间的沟槽来界定。为了展示在熔合过程中观察缺陷的能力,典型的缺陷是通过降低室温(关闭保温模块)来产生翘曲,如图 13-3(j)~(l)所示。从整个三维高度图中可以清晰地观察到翘曲现象。此外,所选的翘曲区域的高度变化大于 0.3mm。从直线剖面中,通过计算剖面的峰谷值可以很容易地得到翘曲的定量表征,如图 13-3(l)所示。

3. 成形层轮廓度的测量

如图 13-4(a)~(c)所示,轮廓检测结果为:左相机的图像掩模(图 13-4(a));水平集法的初始轮廓(图 13-4(b));经过 20 次迭代后的最终轮廓(图 13-4(c))。在切片模型的帮助下,图像掩模会在图像中生成一个合适的区域对图像进行处理,这将有助于提高水平集方法的准确性和有效性。图 13-4(b)是一个好的初始轮廓,该方法可以使其快速收敛于实际轮廓,并且能达到亚像素精度。传统的方法没有切片模型的辅助,会需要数百次的迭代,而本实验只需要 10~20 次迭代,是传统方法的 1/10。

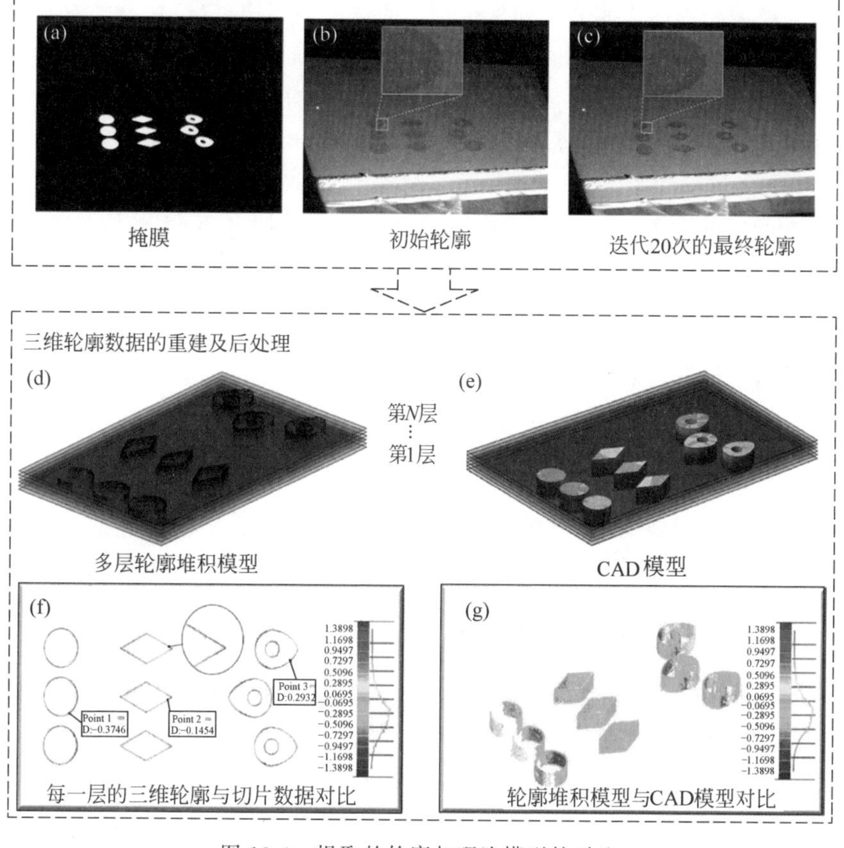

图 13-4 提取的轮廓与理论模型的对比

然后采用一种清晰的重构方法获取该层的三维轮廓数据，如图 13-4(d)～(g)所示。将逐层的三维轮廓数据堆叠起来组成一个实体，如图 13-4(d)所示。该实体包含我们认为制作的一些缺陷。图 13-4(e)是测得的每一层真实的切片轮廓数据模型。基于上述收集到的数据，可以计算轮廓精度，如图 13-4(f)所示，它在粉末床增材制造过程中是一种重要的几何特征。根据轮廓精度的结果，可以得出平台中心的加工精度高于边缘的结论。这可能是由于激光电流扫描系统的畸变所致。

在线测量方法能够实时监测整个加工过程，发现成形过程中的缺陷；可以通过反馈控制调节参数来修复缺陷或者中止加工过程。此外，还可以借助在线测量方法进一步研究工艺参数、成形特性和构件质量之间的关系。

13.2 结构光三维测量原理

13.2.1 引言

结构光三维测量技术采用不同的投射装置向被测物体投射不同种类的结构光，并拍摄经被测物体表面调制而发生变形的结构光图像，然后从携带有被测物体表面三维形貌信息的图像中计算出被测物体的三维形貌数据。在主动三维测量技术中，面结构光三维测量技术发展最为迅速，目前已出现多个分支，包括：激光扫描法(laser scanning，LS)；傅里叶变换轮廓术(Fourier transform profilometry，FTP)；相位测量轮廓术(phase measuring profilometry，PMP)，也被称为相移测量轮廓术(phase shifting profilometry，PSP)；彩色编码条纹投影法(color-coded fringe projection，CFP)等。在上述众多面结构光测量方法中，PMP 使用最为广泛，其基本思想是通过有一定相位差的多幅光栅条纹图像计算图像中每个像素的相位值，然后根据相位值计算物体的高度信息。本节将详细介绍基于 PMP 的面结构光三维测量技术原理。

13.2.2 面结构光测量原理简介

典型的基于面结构光三维测量系统的结构如图 13-5 所示。此系统由一个数字光栅投影装置和一个(或多个)CCD 相机组成，测量时使用数字光栅投影装置向被测物体投射一组光强呈正旋分布的光栅图像，并使用 CCD 相机同时拍摄经被测物体表面调制而变形的光栅图像；然后利用拍摄到的光栅图像，根据相位计算方法得到光栅图像的绝对相位值；最后根据预先标定的系统参数或相位-高度映射关系从绝对相位值计算出被测物体表面的三维点云数据。此系统涉及相位计算、系统参数标定和三维重建等多个关键技术。

1. 相位移原理

相位移的基本思想是：通过采集多帧有一定相移的条纹图像来计算包含有被

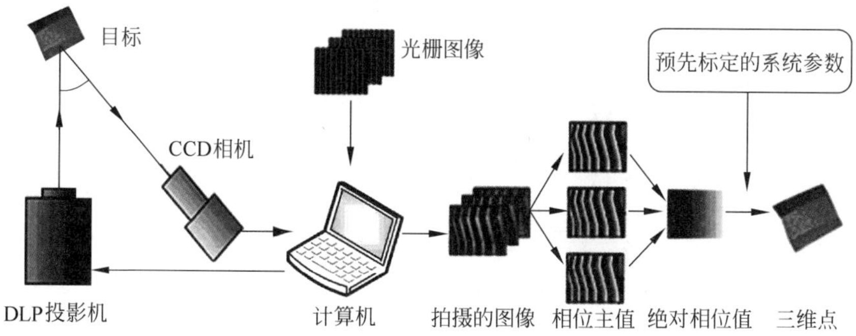

图 13-5　典型的基于数字光栅投影的结构光三维测量系统结构简图

测物体表面三维信息的相位初值。假设条纹图像光强是标准正弦分布，则其光强分布函数为

$$I_i(x,y)=I'(x,y)+I''(x,y)\cos[\varphi(x,y)+\delta_i] \tag{13-1}$$

式中，$I'(x,y)$为图像的平均灰度；$I''(x,y)$为图像的灰度调制；δ_i 为图像的相位移；$\varphi(x,y)$为待计算的相对相位值（也被称为相位主值）。其中，$I'(x,y)$、$I''(x,y)$和 $\varphi(x,y)$为 3 个未知量，因此要计算 $\varphi(x,y)$至少需要使用 3 张图像。

目前已有多种相位移算法，每种算法的稳定性和误差响应均不相同，因此相位移算法的选取对相位计算及后续三维重建精度有重要的影响。目前相位移算法主要有：标准 N 步相位移法或等间距满周期法、N 帧平均算法、$N+1$ 步相位移算法和任意等步长相位移算法等。其中，标准 N 帧相位移算法对系统的随机噪声具有最佳的抑制作用，且对 $N-1$ 次以下谐波误差不敏感，目前已成为面结构光三维测量技术中使用最为广泛的一种相位移算法。本书以标准的四步相位移算法为例，介绍相位计算的基本原理。

在标准的四步相位移算法中，四幅光栅图像的相位移分别为：0、π/2、π 和 3π/2，其光强表达式分别为

$$\begin{cases} I_1(x,y)=I'(x,y)+I''(x,y)\cos[\varphi(x,y)] \\ I_2(x,y)=I'(x,y)+I''(x,y)\cos[\varphi(x,y)+\pi/2] \\ I_3(x,y)=I'(x,y)+I''(x,y)\cos[\varphi(x,y)+\pi] \\ I_4(x,y)=I'(x,y)+I''(x,y)\cos[\varphi(x,y)+3\pi/2] \end{cases} \tag{13-2}$$

根据式(13-2)可计算出光栅图像的相位主值：

$$\varphi(x,y)=\arctan\left(\frac{I_4-I_2}{I_1-I_3}\right) \tag{13-3}$$

其计算过程如图 13-6 所示。

通过标准四步相位移算法计算出的相位主值 $\varphi(x,y)$在一个相位周期内是唯一的，但是由于在整个测量空间内有多个光栅条纹，$\varphi(x,y)$呈锯齿状分布，必须对空间点的相位主值进行相位展开得到连续的绝对相位值 $\varphi(x,y)$，如图 13-7 所示。

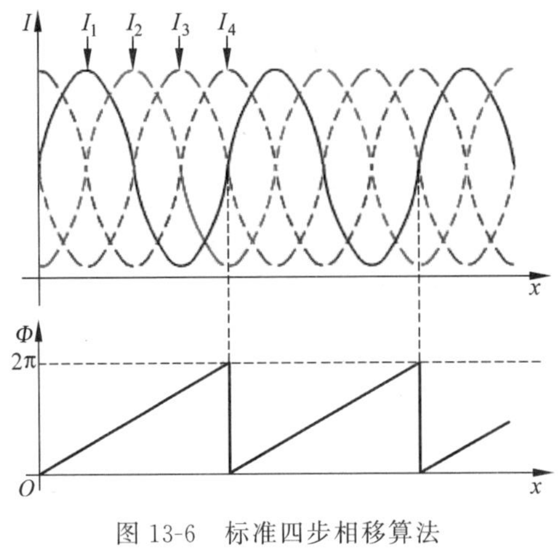

图 13-6　标准四步相移算法

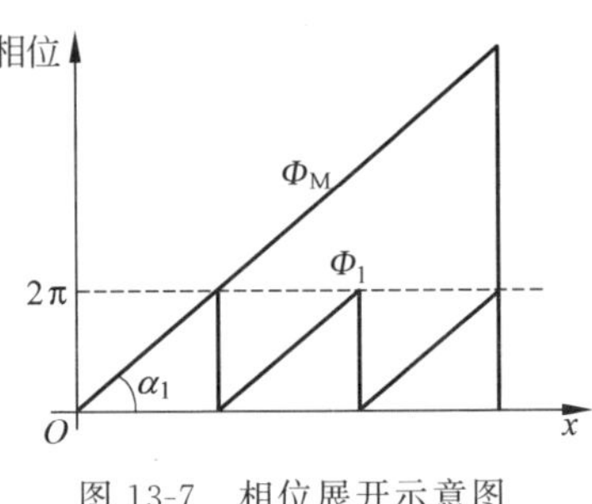

图 13-7　相位展开示意图

2. 相位展开算法

相位展开技术是相位测量领域的一个热点问题，经过多年的发展，目前已有非常多的相位展开算法，这些算法大体上可分为两大类：空间相位展开和时间相位展开。目前，在现有的商品化装备中，大多采用时间相位展开算法。下面以多频外差原理这一典型的时间相位展开算法为例，介绍相位展开的基本过程。

外差原理是指将两种不同频率的相位函数 $\varphi_1(x)$ 和 $\varphi_2(x)$ 叠加得到一种频率更低的相位函数 $\Phi_b(x)$，如图 13-8 所示。其中，λ_1、λ_2、λ_b 分别为相位函数 $\varphi_1(x)$、$\varphi_2(x)$、$\Phi_b(x)$ 对应的频率。$\Phi_b(x)$ 的频率 λ_b 经过计算可表示为

$$\lambda_b = \frac{\lambda_1 \lambda_2}{\lambda_1 - \lambda_2} \tag{13-4}$$

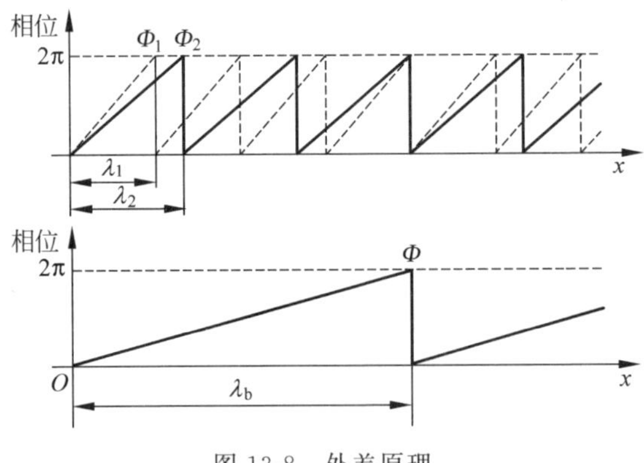

图 13-8　外差原理

外差原理可以用来对空间点的相对相位值进行展开。为了在全场范围内无歧义地进行相位展开，必须选择合适的 λ_1 和 λ_2 值，使得 $\lambda_b=1$。如图 13-9 所示，在

图像的全场范围内，$\tan\alpha_1$ 和 $\tan\alpha_b$ 的比值等于投影图像的周期数比（设为 R_1，是个常量），可采用式(13-5)对 $\varphi_1(x)$ 进行相位展开：

$$\Phi_M = \varphi_1 + O_1(x) \times 2\pi \tag{13-5}$$

式中，$O_1(x)=\mathrm{INT}\left(\frac{\Phi(x)\times R_1-\varphi_1(x)}{2\pi}\right)$。

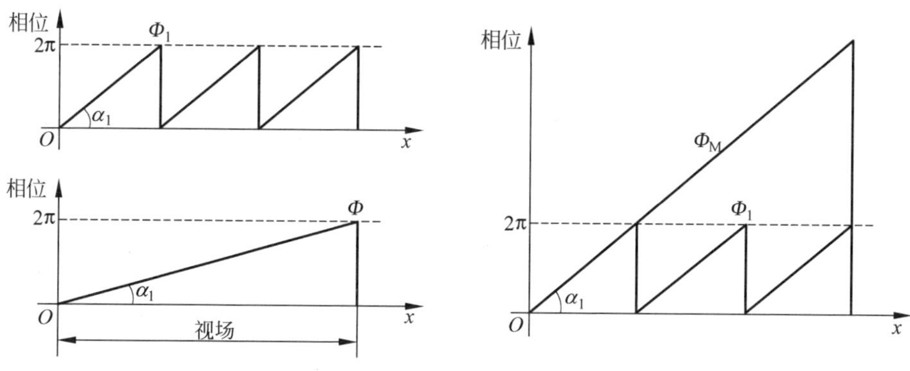

图 13-9　相位展开

根据外差相位解相的原理可知，全场相位展开是以相位主值为基础的，根据相关研究，解相过程中的参数必须满足式(13-6)：

$$V_0 < \frac{1}{2(\Delta\varphi + \Delta\Phi)} \tag{13-6}$$

式中，V_0 表示初始相位主值的频率与外差后相位的频率的比值；$\Delta\varphi$ 表示相位主值的误差；$\Delta\Phi$ 表示外差后相位的误差。按照上述不等式，假设 $V_0=1/64$ 时（即投射的条纹频率为 1/64），则要求相位主值的误差小于 1/384，才能成功完成相位展开计算。这对相位主值计算的精度要求太高，实际测量过程中无法完成。

为了解决上述问题，华中科技大学的研究团队采用 3 种频率的光栅来进行外差相位解相，3 种光栅的频率分别为：

$$\lambda_1=1/70,\quad \lambda_2=1/64,\quad \lambda_3=1/59 \tag{13-7}$$

其对应的相位主值分别为 φ_1、φ_2 和 φ_3。使用外差原理分别叠加 φ_1、φ_2 和 φ_2、φ_3，得到频率为 λ_{12}、λ_{23} 的相位 Φ_{12} 和 Φ_{23}。由式(13-4)可知

$$\lambda_{12}=1/6,\quad \lambda_{23}=1/5 \tag{13-8}$$

然后再将频率为 λ_{12}、λ_{23} 的相位叠加，得到在全场范围内只有一个周期的相位 Φ_{123}，该相位的频率为 $\lambda_{123}=1$，上述计算过程如图 13-10 所示。最后由 Φ_{123} 反向计算出 φ_1、φ_2 和 φ_3 的连续相位。上述过程中包括了 3 个外差过程，3 次外差过程中 V_0 的最小值为 6/70，因此要求相位主值的误差小于 1/70，与仅用两种频率的光栅图像进行外差计算的方法相比，三频外差解相对相位主值的精度要求大大降低，解相过程更加稳定。

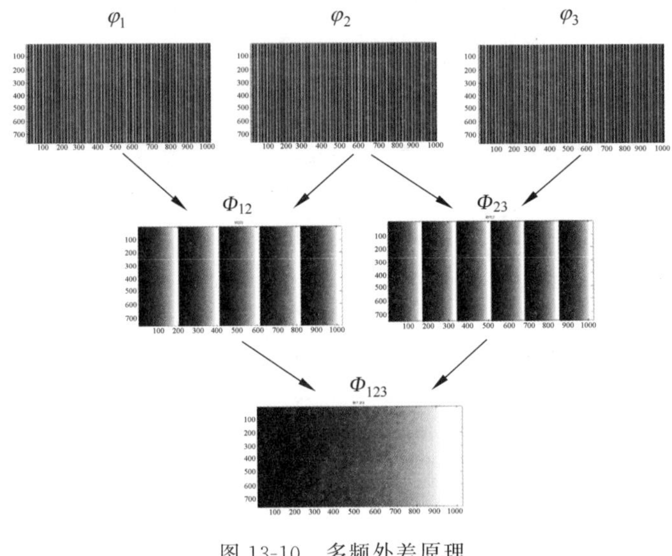

图 13-10　多频外差原理

3. 相机的数学模型

1）小孔成像模型

相机模型是光学成像几何关系的简化，小孔模型（pinhole model）是最简单的相机成像模型，是相机标定算法的基本模型。图 13-11 是一个典型的小孔成像模型示意图。

图 13-11 中包括 4 个坐标系，分别为：世界坐标系（X_w，Y_w，Z_w）、相机坐标系（X_c，Y_c，Z_c）、图像像素坐标系（u，v）和图像物体坐标系（x，y）。假设空间内任意一点 p 的三维坐标在世界坐标系和相机坐标系下分别为（x_w，y_w，z_w）和（x_c，y_c，z_c），它在相机成像平面上的投影点为（u，v），则它们的透视投影几何关系可表示为

$$\begin{bmatrix} u \\ v \\ 1 \end{bmatrix} = \begin{bmatrix} s_x & 0 & u_0 \\ 0 & s_y & v_0 \\ 0 & 0 & 1 \end{bmatrix} \begin{bmatrix} x_c \\ y_c \\ 1 \end{bmatrix} \tag{13-9}$$

式中，（s_x，s_y）为图像平面单位距离上的像素数，pixels/mm；（u_0，v_0）为相机光轴与图像平面的交点，即计算机图像中心的坐标。

假设空间点在相机坐标系与世界坐标系的转换关系为

$$\begin{bmatrix} x_c \\ y_c \\ z_c \\ 1 \end{bmatrix} = \begin{bmatrix} \boldsymbol{R} & \boldsymbol{T} \\ 0 & 1 \end{bmatrix} \begin{bmatrix} x_w \\ y_w \\ z_w \\ 1 \end{bmatrix} \tag{13-10}$$

式中，$\boldsymbol{R}$ 和 $\boldsymbol{T}$ 分别为从世界坐标系到相机坐标系的旋转和平移变换，$\boldsymbol{R}$ 是一个 3×

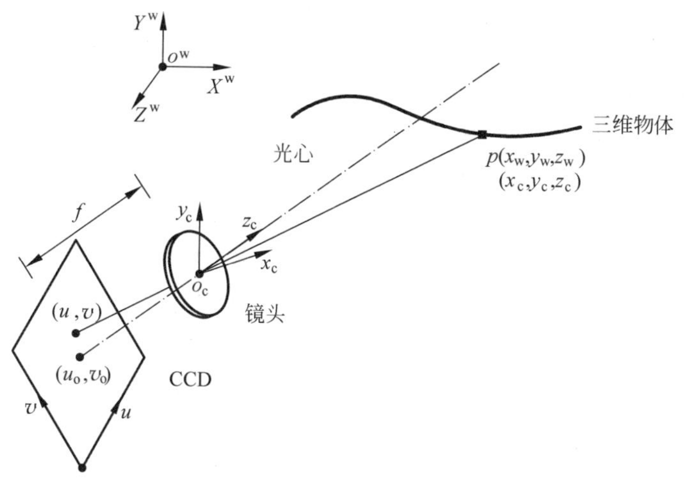

图 13-11　小孔摄像机模型

3 的正交矩阵，$\boldsymbol{T}$ 是一个 3×1 的平移向量。

于是，将式(13-10)代入式(13-9)可得到 p 点在世界坐标系下的坐标 (x_w,y_w,z_w) 与其投影点坐标 (u,v) 的投影关系：

$$z_c\begin{bmatrix}u\\v\\1\end{bmatrix}=\begin{bmatrix}a_x&0&u_0&0\\0&a_y&v_0&0\\0&0&1&0\end{bmatrix}\begin{bmatrix}\boldsymbol{R}&\boldsymbol{T}\\0&1\end{bmatrix}\begin{bmatrix}x_w\\y_w\\z_w\\1\end{bmatrix}\tag{13-11}$$

式中，$a_x=f\times s_x$，$a_y=f\times s_y$。式(13-11)可简写为

$$s\boldsymbol{m}=\boldsymbol{K}[\boldsymbol{R}\quad \boldsymbol{t}]\boldsymbol{M}=\boldsymbol{P}\boldsymbol{M}\tag{13-12}$$

式中，s 为尺度因子；$\boldsymbol{M}=[X_w,Y_w,Z_w,1]^{\mathrm{T}}$ 和 $\boldsymbol{m}=[u,v,1]^{\mathrm{T}}$ 分别为空间点 p 和其像点的齐次坐标；$[\boldsymbol{R}\quad \boldsymbol{t}]$ 为外部参数矩阵；$\boldsymbol{P}=\boldsymbol{K}[\boldsymbol{R}\quad \boldsymbol{t}]$ 为投影矩阵；$\boldsymbol{K}$ 为内部参数矩阵，按下式计算：

$$\boldsymbol{K}=\begin{bmatrix}a_x&0&u_0\\0&a_y&v_0\\0&0&1\end{bmatrix}\tag{13-13}$$

由式(13-12)可见，如果已知相机的内部参数和外部参数，则可确定出投影矩阵 $\boldsymbol{P}$。对任何空间点 $\boldsymbol{M}$，如果已知空间三维坐标 (X_w,Y_w,Z_w)，就可以求出其图像坐标点 (u,v)。反之，如果已知空间内某点的图像坐标 (u,v)，即使已知相机的内外部参数，也不能确定出空间点的三维坐标。这是因为投影矩阵 $\boldsymbol{P}$ 不可逆，当已知 $\boldsymbol{m}$ 和 $\boldsymbol{P}$ 时，由式(13-12)只能得到关于 X_w、Y_w、Z_w 的两个线性方程，这两个线性方程即为由光心和像点构成的射线方程，即：根据一幅图像中的图像坐标只能计算出空间内对应的一条线，无法唯一确定空间点的位置。

2）镜头畸变

由于实际的相机光学系统中存在装配误差和加工误差，使得物体点在相机图像平面上实际所成的像与理想成像之间存在偏差，这种偏差即为光学畸变误差。畸变误差主要分为径向畸变、偏心畸变和薄棱镜畸变3类。第一类只产生径向位置的偏差，后两类则既产生径向偏差，又产生切向偏差。对于大多数工业镜头，镜头畸变主要是由径向畸变和切向畸变引起的，故本书中主要讲述这两种畸变。

为了得到较好的标定和测量精度，本书中采用三阶径向畸变和二阶切向畸变模型。设(x,y)和(x',y')分别为理想的和实际的归一化图像坐标，此时径向畸变模型可表述为式(13-14)：

$$\begin{cases} x' = x(1 + k_1 r^2 + k_2 r^4 + k_3 r^6) \\ y' = y(1 + k_1 r^2 + k_2 r^4 + k_3 r^6) \end{cases} \tag{13-14}$$

式中，k_1、k_2、k_3 分别为一阶、二阶和三阶径向畸变参数。切向畸变可表示为

$$\begin{cases} x' = x + [2p_1 y + p_2(r^2 + 2x^2)] \\ y' = y + [p_1(r^2 + 2y^2) + 2p_2 x] \end{cases} \tag{13-15}$$

由上述相机模型可见，待标定的相机参数包括外部参数$(\boldsymbol{R},\boldsymbol{t})$和内部参数$(a_x,a_y,u_0,v_0,k_1,k_2,k_3,p_1,p_2)$。

4. 相机的参数标定

数字相机是计算机视觉系统获得图像信息的主要工具，要从图像计算世界坐标系下的三维信息，或从空间三维信息计算拍摄后的二维图像坐标，均需建立图像中像点位置和空间点之间的相互对应关系，即确定相机在世界坐标系中的空间位置和方向(外部参数)，以及相机本身的几何模型和光学参数(内部参数)。这种对应关系由相机的成像模型来决定，需要通过实验与计算来确定上述内外部参数，测定这些参数的过程即为相机的参数标定。下面以基于平面标靶的相机标定为例，阐述相机的参数标定。

根据相机的小孔成像模型，假设空间中任意一个三维点 $\boldsymbol{M} = [X \quad Y \quad Z \quad 1]^{\mathrm{T}}$，它对应的二维图像点的像素坐标为 $\boldsymbol{m} = [u \quad v \quad 1]^{\mathrm{T}}$，根据前述理论，它们之间的映射关系可以用小孔成像原理表示为

$$s\boldsymbol{m} = \boldsymbol{K}[\boldsymbol{R} \quad \boldsymbol{t}]\boldsymbol{M} \tag{13-16}$$

由于标靶为平面，因此 $Z=0$，则式(13-16)可表示为

$$s\begin{bmatrix} u \\ v \\ 1 \end{bmatrix} = \boldsymbol{K}[\boldsymbol{r}_1 \quad \boldsymbol{r}_2 \quad \boldsymbol{r}_3 \quad \boldsymbol{t}]\begin{bmatrix} X \\ Y \\ 0 \\ 1 \end{bmatrix} = \boldsymbol{K}[\boldsymbol{r}_1 \quad \boldsymbol{r}_2 \quad \boldsymbol{t}]\begin{bmatrix} X \\ Y \\ 1 \end{bmatrix} = \boldsymbol{H}\begin{bmatrix} X \\ Y \\ 1 \end{bmatrix} \tag{13-17}$$

式中，$\boldsymbol{r}_1$、$\boldsymbol{r}_2$、$\boldsymbol{r}_3$ 分别为旋转矩阵 $\boldsymbol{R}$ 的列向量。式(13-17)中建立从平面到平面的单应关系，$\boldsymbol{H}$ 为单应矩阵。单应矩阵可以通过至少4个标靶三维点与对应的图像

点进行求解。令 $\boldsymbol{H}=[\boldsymbol{h}_1 \quad \boldsymbol{h}_2 \quad \boldsymbol{h}_3]$，由式(13-17)可知

$$[\boldsymbol{h}_1 \quad \boldsymbol{h}_2 \quad \boldsymbol{h}_3]=\lambda \boldsymbol{K}[\boldsymbol{r}_1 \quad \boldsymbol{r}_2 \quad \boldsymbol{t}] \tag{13-18}$$

式中，λ 是比例因子。由于 $\boldsymbol{R}$ 是单位正交矩阵，则有

$$\begin{cases}\boldsymbol{h}_1^{\mathrm{T}}\boldsymbol{K}^{-\mathrm{T}}\boldsymbol{K}^{-1}\boldsymbol{h}_2=0\\ \boldsymbol{h}_1^{\mathrm{T}}\boldsymbol{K}^{-\mathrm{T}}\boldsymbol{K}^{-1}\boldsymbol{h}_1=\boldsymbol{h}_2^{\mathrm{T}}\boldsymbol{K}^{-\mathrm{T}}\boldsymbol{K}^{-1}\boldsymbol{h}_2\end{cases} \tag{13-19}$$

式中，$\boldsymbol{K}^{-\mathrm{T}}=(\boldsymbol{K}^{-1})^{\mathrm{T}}=(\boldsymbol{K}^{\mathrm{T}})^{-1}$。一般单应矩阵 $\boldsymbol{H}$ 有 8 个自由度，包括 3 个平移自由度和 3 个旋转自由度，故只能得到关于内部参数的两个方程。因此，要求解全部的内部参数，标靶至少在测量空间中摆 3 个位姿。令 $\boldsymbol{B}=\boldsymbol{K}^{-\mathrm{T}}\boldsymbol{K}^{-1}$，由于 $\boldsymbol{B}$ 为对称矩阵，因此可以用 6 维列向量表示为

$$\boldsymbol{b}=[\boldsymbol{B}_{11} \quad \boldsymbol{B}_{12} \quad \boldsymbol{B}_{22} \quad \boldsymbol{B}_{13} \quad \boldsymbol{B}_{23} \quad \boldsymbol{B}_{33}]^{\mathrm{T}} \tag{13-20}$$

可得

$$\boldsymbol{h}_i^{\mathrm{T}}\boldsymbol{B}\boldsymbol{h}_j=\boldsymbol{v}_{ij}^{\mathrm{T}}\boldsymbol{b} \tag{13-21}$$

式中，

$$\begin{cases}\boldsymbol{h}_i=[h_{i1} \quad h_{i2} \quad h_{i3}]^{\mathrm{T}}\\ \boldsymbol{v}_{ij}=[h_{i1}h_{j1},h_{i1}h_{j2}+h_{i2}h_{j1},h_{i2}h_{j2},h_{i3}h_{j1}+h_{i1}h_{j3},h_{i3}h_{j2}+h_{i2}h_{j3},h_{i3}h_{j3}]^{\mathrm{T}}\end{cases} \tag{13-22}$$

那么式(13-19)可改写为

$$\begin{bmatrix}\boldsymbol{v}_{12}^{\mathrm{T}}\\ (\boldsymbol{v}_{11}-\boldsymbol{v}_{22})^{\mathrm{T}}\end{bmatrix}\boldsymbol{b}=0 \tag{13-23}$$

假设标定过程中，相机获取了标靶 n 个姿态下的图像，每个姿态都可以相应地列出式(13-23)，将这些方程合并可得

$$\begin{bmatrix}\boldsymbol{v}_{12}^{1\,\mathrm{T}}\\ (\boldsymbol{v}_{12}^{1}-\boldsymbol{v}_{22}^{1})^{\mathrm{T}}\\ \vdots\\ \boldsymbol{v}_{12}^{n\,\mathrm{T}}\\ (\boldsymbol{v}_{12}^{n\,\mathrm{T}}-\boldsymbol{v}_{22}^{n\,\mathrm{T}})^{\mathrm{T}}\end{bmatrix}\boldsymbol{b}=\boldsymbol{V}\boldsymbol{b}=0 \tag{13-24}$$

对式(13-24)求解，即可计算出相机的内外部参数。需要指出的是，由于计算过程中主要用到了旋转矩阵 $\boldsymbol{R}$ 中向量间是正交的约束，因此平面标靶在空间中的任意两个姿态下不能相互平行。

上述求解过程是代数求解，需要对标定出的各参数进一步优化，以获得更高精度的结果。一般采用逆向投影误差作为误差模型，假设标靶上第 j 个点在第 i 个姿态下在相机图像上的投影坐标为 $\hat{\boldsymbol{m}}$，则目标方程有

$$E=\sum_{i=1}^{n}\sum_{j=1}^{m}\|\boldsymbol{m}_{ij}-\hat{\boldsymbol{m}}(\boldsymbol{K},\boldsymbol{R}_i,\boldsymbol{t}_i,\boldsymbol{M}_j)\|^2 \tag{13-25}$$

对于目标方程(13-25),可通过非线性最小二乘优化求解。

以上的标定过程是以理想小孔成像模型为基础,未考虑镜头畸变。镜头畸变会使实际图像点位置与理想图像点位置存在差别。所谓理想图像点,是指遵循小孔成像原理所成的像点。镜头畸变会影响标定精度,因此上文阐述的畸变模型,考虑了三阶径向畸变与二阶切向畸变:

$$\begin{cases}\hat{x}=x+x(k_1r^2+k_2r^4+k_3r^6)+2p_1xy+p_2(r^2+2x^2)\\ \hat{y}=y+y(k_1r^2+k_2r^4+k_3r^6)+2p_2xy+p_1(r^2+2y^2)\end{cases}\tag{13-26}$$

式中,$(\hat{x},\hat{y})$为实际图像点的物理尺寸坐标;(x,y)为理想图像点的物理尺寸坐标;$r^2=x^2+y^2$;k_1、k_2、k_3分别为一阶、二阶和三阶径向畸变参数;p_1、p_2分别为一阶和二阶切向畸变。由于实际图像点像素坐标值为$\hat{u}=u_0+a_x\hat{x}+\gamma\hat{y}$,$\hat{v}=v_0+a_y\hat{y}$,理想图像点像素坐标值为$u=u_0+a_xx+\gamma y$,$v=v_0+a_yy$,根据式(13-26)则有

$$\begin{bmatrix}(u-u_0)r^2 & (u-u_0)r^4 & (u-u_0)r^6 & 2a_xxy+\gamma(r^2+2y^2) & 2\gamma xy+a_x(r^2+2x^2)\\ (v-v_0)r^2 & (u-u_0)r^4 & (u-u_0)r^6 & a_y(r^2+2y^2) & 2a_yxy\end{bmatrix}\begin{bmatrix}k_1\\ k_2\\ k_3\\ p_1\\ p_2\end{bmatrix}$$

$$=\begin{bmatrix}\hat{u}-u\\ \hat{v}-v\end{bmatrix}\tag{13-27}$$

假设每个姿态下有m个图像点,拍摄n个姿态后,联立式(13-27)可得$2mn$个方程组,可求得畸变参数的最小二乘解。因此,可以将畸变参数引入目标方程(13-25)中,进行统一优化,进而求得精确的相机内外部参数。

5. 三维重建

在面结构光三维测量系统中,通过相位计算得到绝对相位灰度图后,每个CCD图像像素均可根据其绝对相位值,计算出对应的投影仪图像中的一条直线。如图13-12所示,假设空间三维点P的坐标为(X_w,Y_w,Z_w),其在相机图像中的图像坐标为(u_c,v_c),通过前面所述的相位获取算法计算出该点的绝对相位值为$\Phi(u_c,v_c)$,则其对应的DMD图像坐标为一条线(如果投射的光栅图像是垂直的,这对应为垂线,反之为水平线),其坐标为

$$u_p=\frac{\Phi(u_c,v_c)}{N\times 2\pi}\times W\tag{13-28}$$

式中,N为光栅图像的条纹周期数;W为投影仪在水平方向的分辨率;$\Phi(u_c,v_c)$为该点的绝对相位值。一旦建立起相机图像与投影仪图像的对应关系,则可使用成熟的三角测量原理计算出该点的三维坐标。可以使用成熟的相机标定算法对相

机和投影仪进行标定。

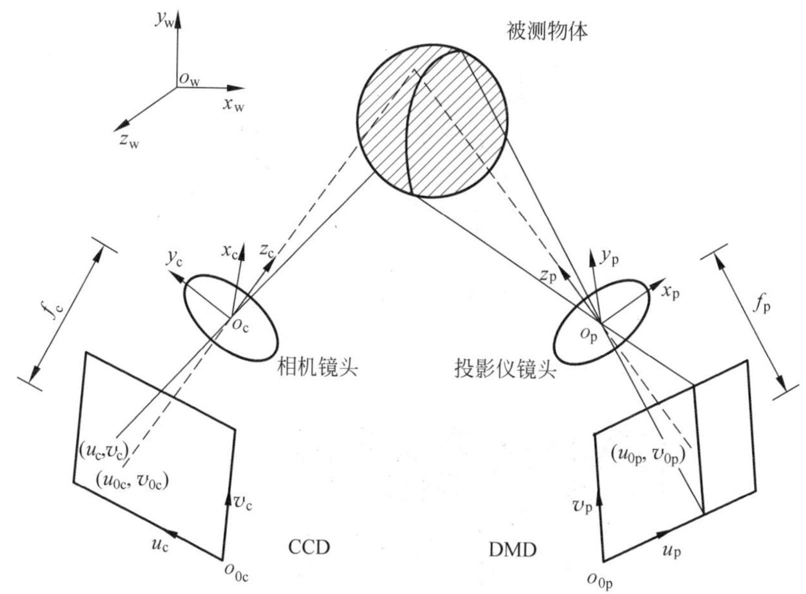

图 13-12　面结构光三维测量系统原理示意图

假设相机和投影仪的内部参数分别为 A_c 和 A_p，外部参数分别为 M_c 和 M_p。一旦标定出相机的内外部参数，则可根据式(13-29)进行三维坐标计算：

$$\begin{cases} s_c[u_c, v_c, 1]^T = A_c M_c [X_w, Y_w, Z_w, 1]^T \\ s_p[u_p, v_p, 1]^T = A_p M_p [X_w, Y_w, Z_w, 1]^T \end{cases} \tag{13-29}$$

式中，s_c、s_p 分别是相机和投影仪的比例因子；(u_c, v_c)和(u_p, v_p)分别是相机和投影仪的图像坐标，两者均使用预先标定出的系统畸变参数对其进行矫正。式(13-29)中的(X_w, Y_w, Z_w)和 s_c、s_p、u_p、v_p 是未知的，而两个公式中有 7 个线性无关的方程，因此联立两式可以唯一确定出被测点的三维坐标(X_w, Y_w, Z_w)。

13.3　结构光三维测量实例

华中科技大学材料学院快速制造中心自主研发的 PowerScan 系列三维扫描仪，采用光栅扫描技术，标志点全自动拼接，具有高效率、高精度、高寿命、高解析度等优点，特别适用于复杂自由曲面的逆向建模，主要应用于产品研发设计(RD)、逆向工程(RE)及三维检测(CAV)，是产品开发、质量检测的必备工具。

图 13-13 所示为 PowerScan-Ⅱ 三维扫描仪的外形和三维扫描系统软件主界面。软件主界面包括标题栏、菜单栏、工具栏和视窗栏，视窗栏主要包括文件名视窗、显示视窗和场景视窗。

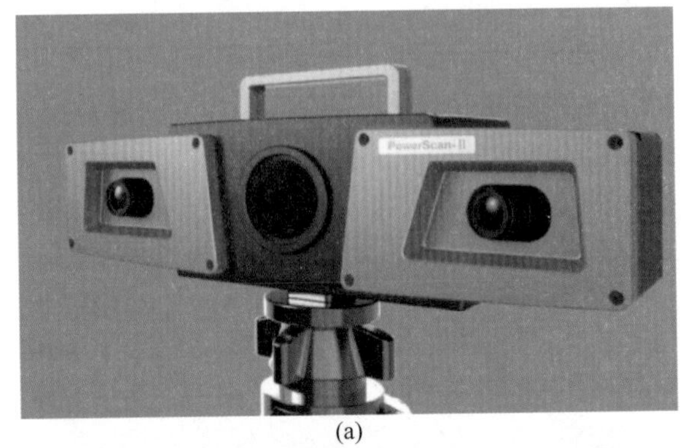

(a)

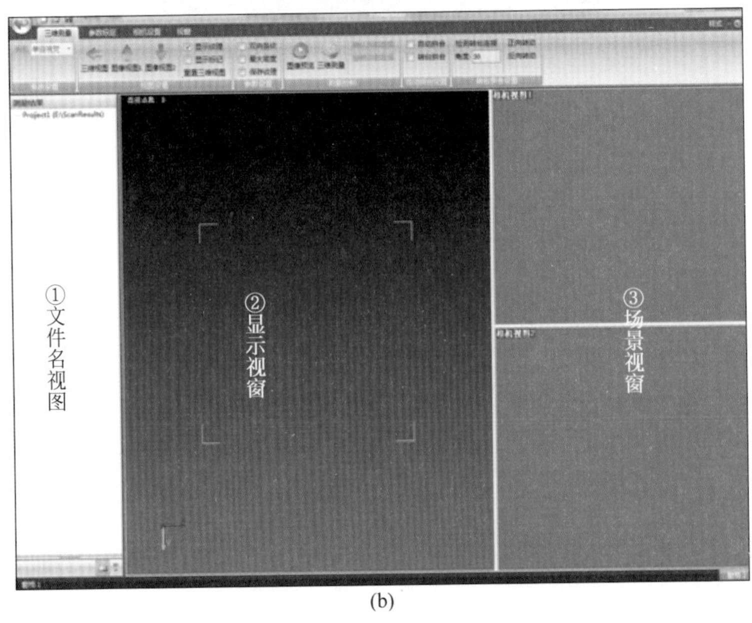

(b)

图 13-13　PowerScan-Ⅱ三维扫描仪

(a) 三维扫描仪外形；(b) 三维扫描系统软件主界面

本节介绍基于 PowerScan 的模型测量流程，以高尔基头像模型和陶瓷骏马模型为例介绍三维测量过程及数据处理流程。具体扫描测量流程如图 13-14 所示。

案例一：高尔基头像测量，观察模型特点，确定基本的测量方法。

第 1 步：调试装备，标定摄像机。

第 2 步：观察被测量物体的特点和表面材质。如果表面较亮，有反光现象，或是过暗，有吸光现象，就要在被测量物体表面喷涂白色的显影剂，使表面具有均匀的漫反射，这样更有利于模型测量，获取的点云数据精度高。高尔基头像的材质具有均匀的漫反射，故不用在其表面喷涂显影剂，可直接进行测量。

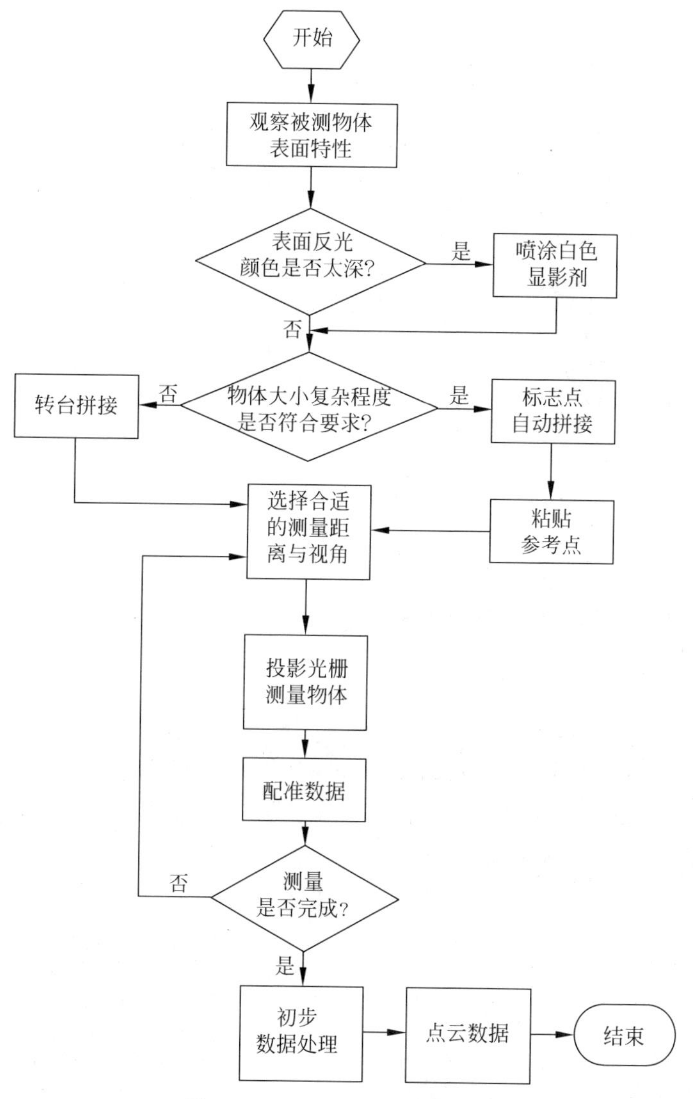

图 13-14　PowerScan 测量流程

第 3 步：为了能够测量完整的模型点云数据，向被测量模型粘贴标志点。标志点粘贴效果如图 13-15 所示。

第 4 步：打开测量软件，新建工程，按照自己的要求、习惯命名。比如命名为“高尔基”。

第 5 步：调整摄像机的光圈等参数，设定拼接方式。这里设定为自动拼合。

第 6 步：开始测量。投射光栅到被测物体上，效果如图 13-16 所示。第 1～4、8、12 次测量结果分别如图 13-17～图 13-22 所示。

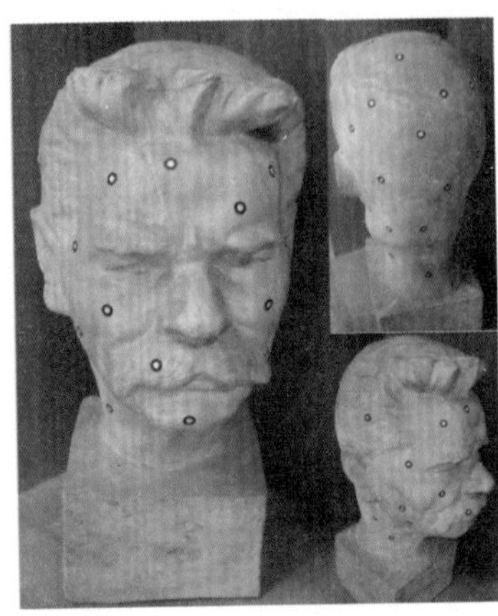

图 13-15　标志点粘贴示意图

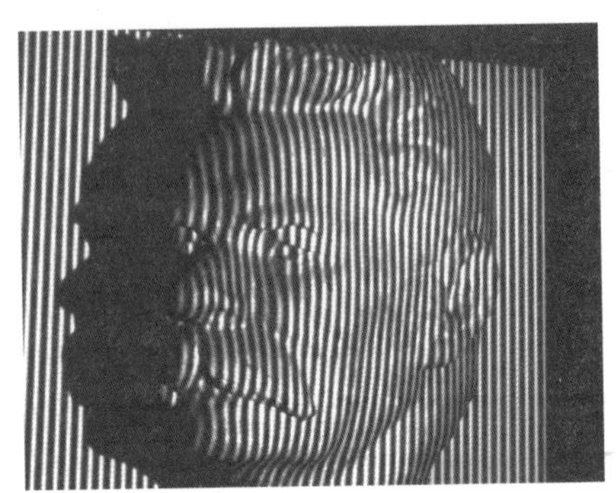

图 13-16　投射光栅效果图

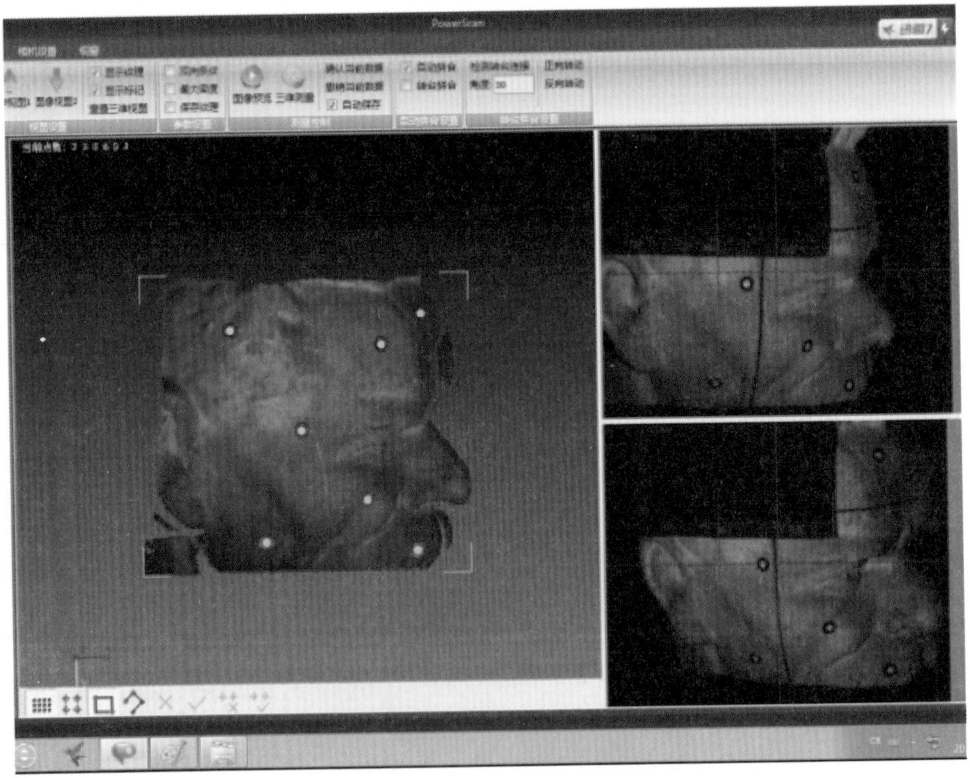

图 13-17　第 1 次测量结果

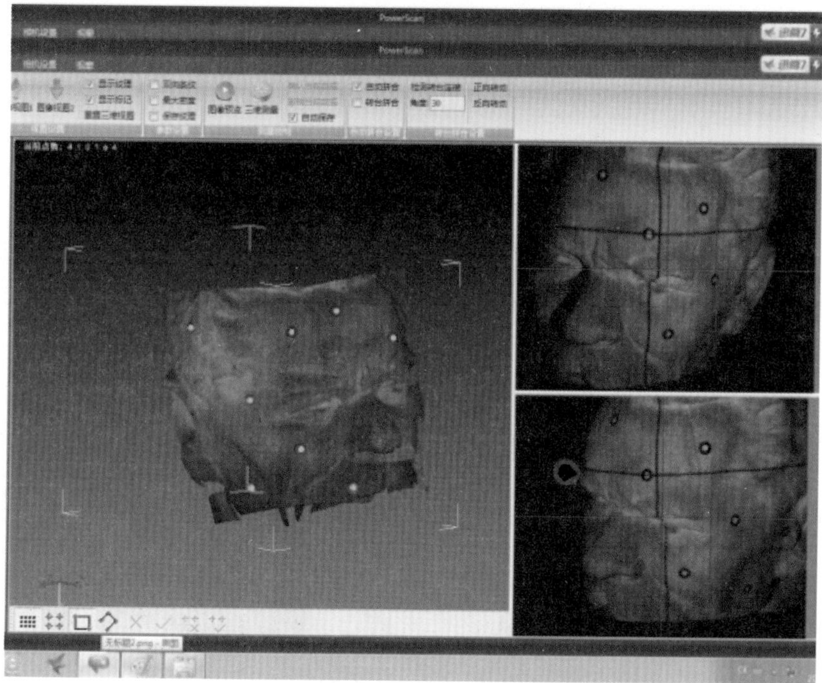

图 13-18　第 2 次测量结果

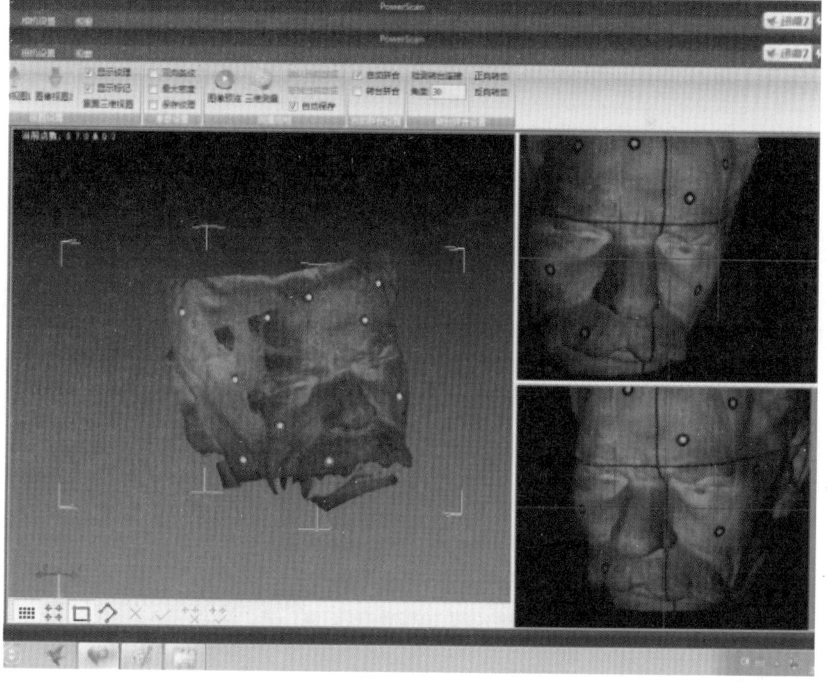

图 13-19　第 3 次测量结果

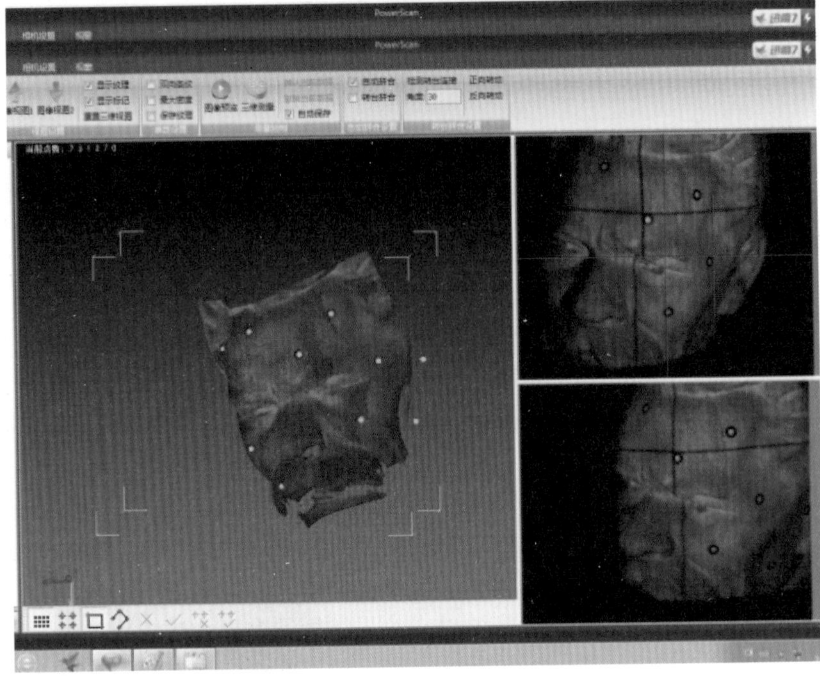

图 13-20　第 4 次测量结果

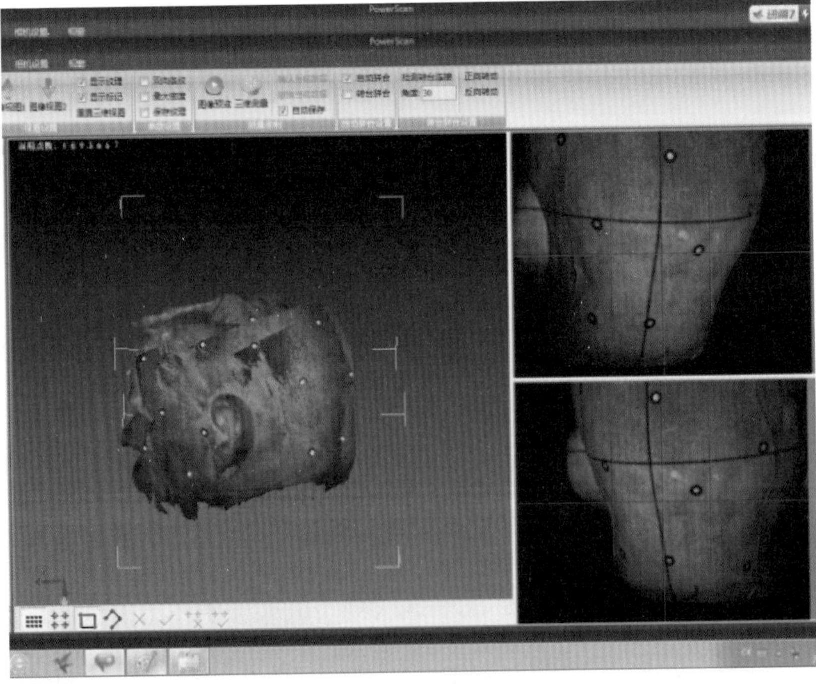

图 13-21　第 8 次测量结果

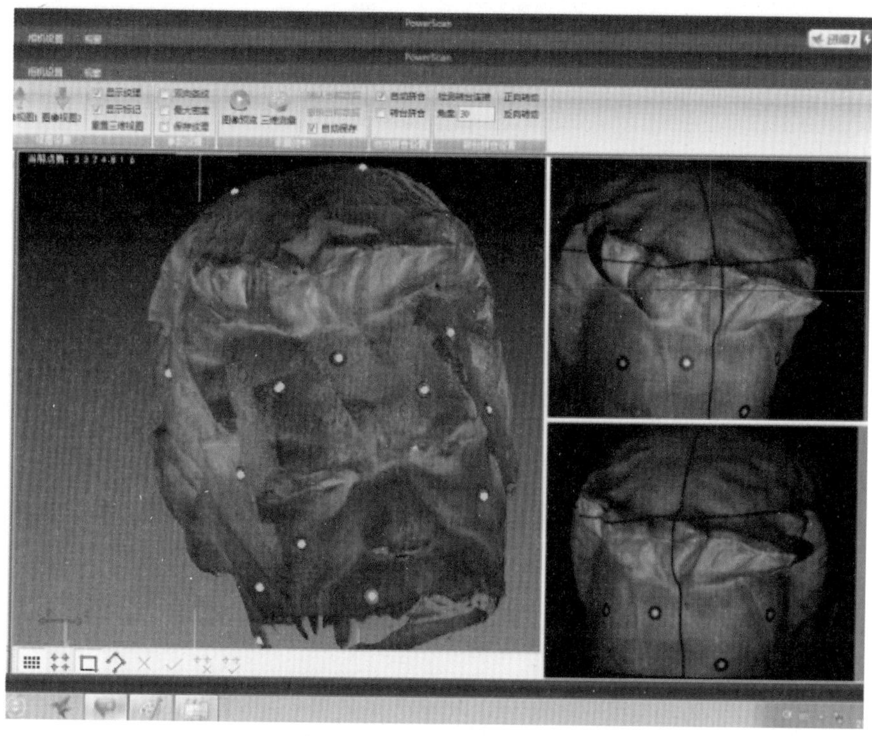

图 13-22　第 12 次测量结果

由于本测量实例的高尔基头像尺寸较大，型面复杂，采用 PowerScan 自动拼接的方式经过 16 次测量获得了完整的点云数据，最终测量结果如图 13-23 和图 13-24 所示。

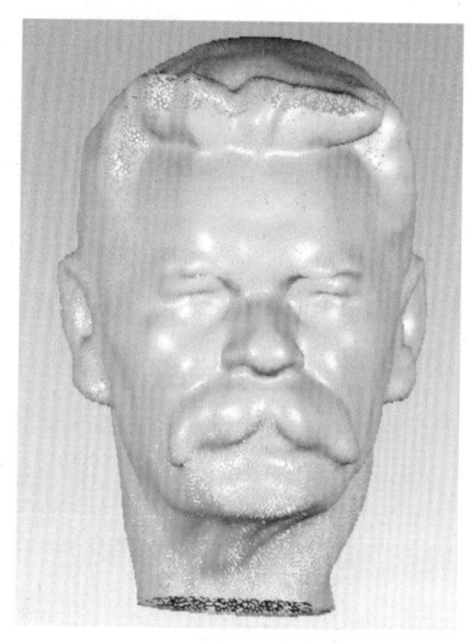

图 13-23　最终测量结果点云图

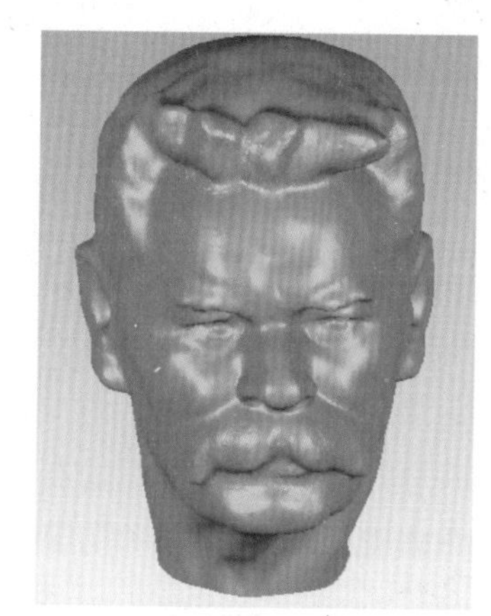

图 13-24　最终测量结果三角网格图

案例二：唐三彩骏马测量。由于骏马尺寸较小，不适合粘贴标志点，采用转台拼接结合标志点拼接的方式进行测量。测量步骤如案例一，选择转台拼接模式，标定过程见 13.2 节，测量实物如图 13-25 所示。

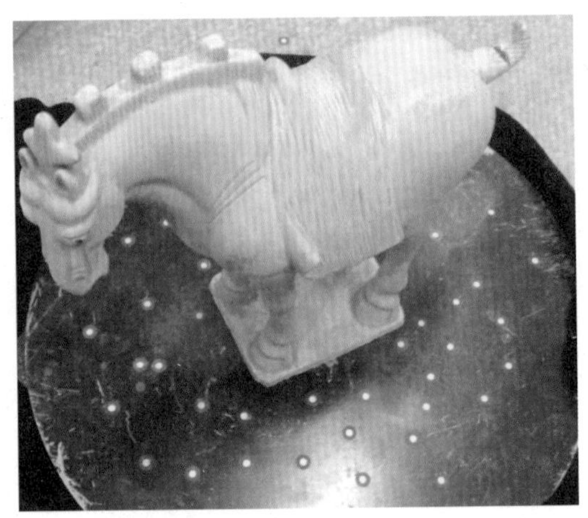

图 13-25　测量实物图

第 1～3、6、10 次测量结果分别如图 13-26～图 13-30 所示。

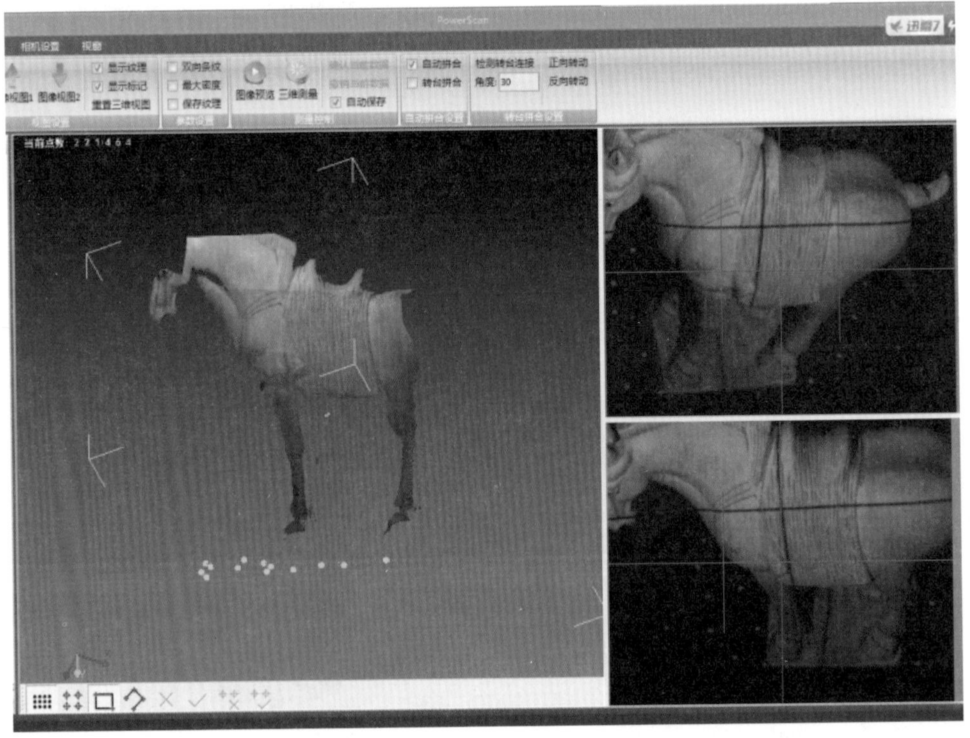

图 13-26　第 1 个角度测量结果

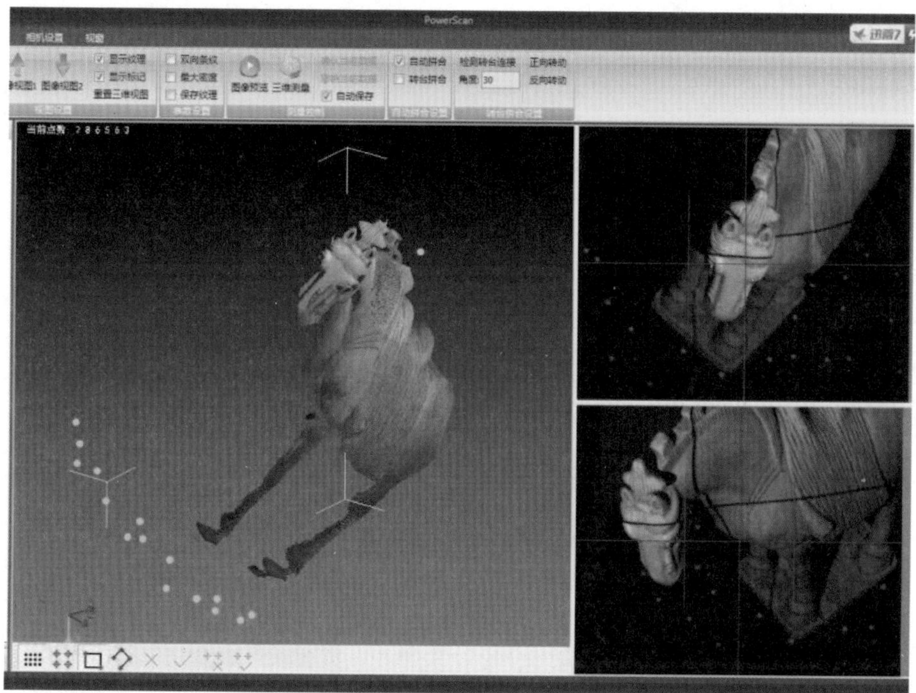

图 13-27　第 2 个角度测量结果

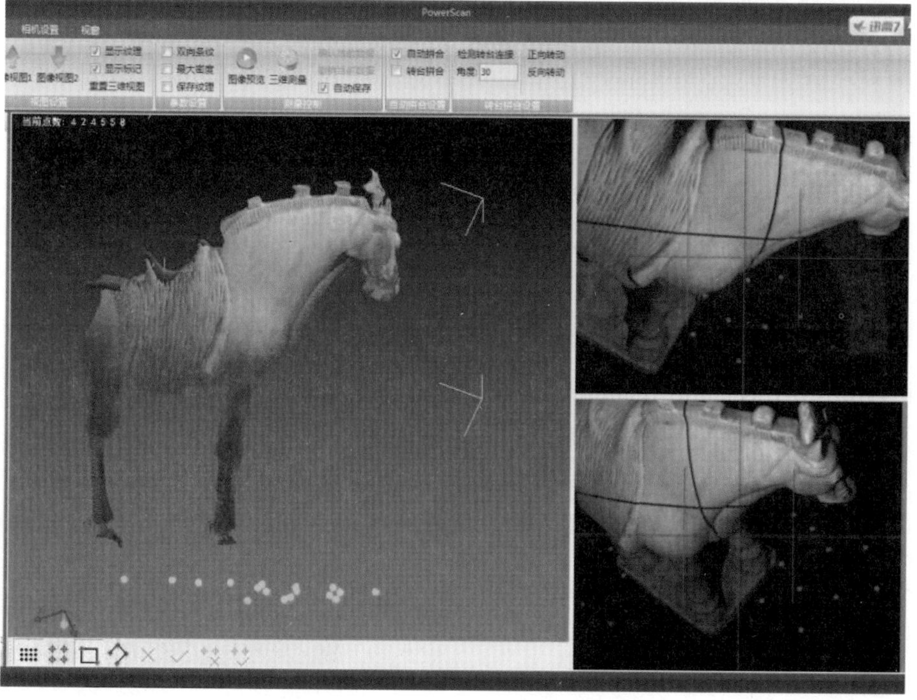

图 13-28　第 3 个角度测量结果

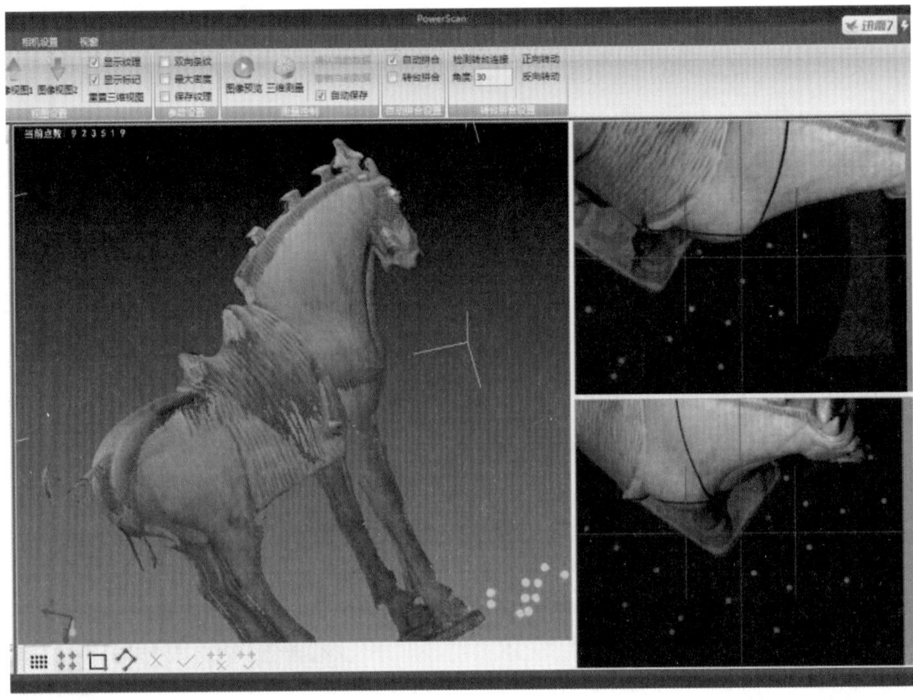

图 13-29　第 6 个角度测量结果

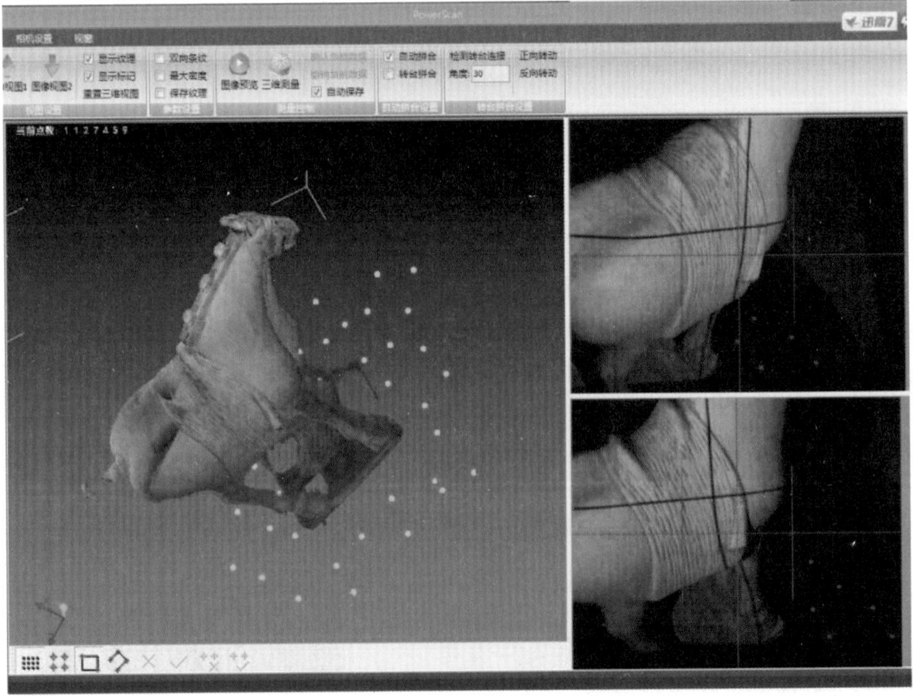

图 13-30　第 10 个角度测量结果

由于骏马的尺寸比较小，曲面复杂，在表面粘贴标志点会影响测量精度，而且会在模型表面上留下一些标志点形成的空洞，曲面曲率比较大的时候，修补空洞会带来较大的误差。所以，采用转台与标志点结合的测量方式来完成模型的测量。通过转台旋转 10 次，每次旋转 36°，测量模型的主体数据。再结合标志点拼接，测得在转台旋转时无法测量到的部位的数据，最终获得骏马的完整点云数据模型，测量结果分别如图 13-31 和图 13-32 所示。

图 13-31　最终测量结果点云图

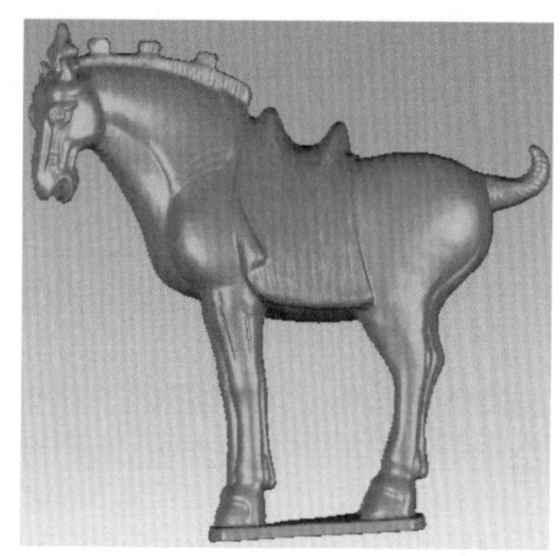

图 13-32　最终测量结果三角网格图

将上述模型保存成 STL 模型后，就可以用于 3D 打印的数据输入。

参考文献

[1]　叶声华，郑继贵．视觉检测技术及应用[J]．中国工程科学，1999，1(1)：49-52.

[2]　苏显渝．信息光学[M]．北京：科学出版社，1999.

[3]　孙劼．3D 打印机/AutoCAD/UG/Creo/SolidWorks 产品模型制作完全自学教程[M]．北京：人民邮电出版社，2015.

[4]　吴怀宇．3D 打印三维智能数字化创造[M]．北京：电子工业出版社，2015.

[5]　成思源，杨雪荣．Geomagic Design Direct 逆向设计技术及应用[M]．北京：清华大学出版社，2015.

[6]　GIOVANNA S，MARCO T，FRANCO D. State-of-the-art and applications of 3D imaging sensors in industry，cultural heritage，medicine，and criminal investigation[J]. Sensors，2009，9(1)：568-601.

[7]　潘伟．反向工程中光栅投影测量系统关键技术的研究[D]．上海：上海交通大学，2004.

[8]　张广军．机器视觉[M]．北京：科学出版社，2005.

[9]　柯映林．反求工程 CAD 建模理论方法和系统[M]．北京：机械工业出版社，2006.

[10]　李江雄，柯映林．基于特征的复杂曲面反求建模技术研究[J]．机械工程学报，2000，36(5)：18-22.

[11]　柯映林，肖尧先．反求工程 CAD 建模技术研究[J]．计算机辅助设计与图形学学报，2001，

13(6)：570-575.

[12] 叶声华，郗继贵. 视觉检测技术及应用[J]. 中国工程科学，1999，1(1)：49-52.

[13] 段发阶. 计算机视觉检测基础理论及应用技术研究[D]. 天津：天津大学，1994.

[14] 段峰，王耀南，雷晓峰，等. 机器视觉技术及其应用综述[J]. 自动化博览，2002(3)：59-62.

[15] 孙双花. 视觉测量关键技术及在自动检测中的应用[D]. 天津：天津大学，2007.

[16] 李江雄. 反求工程中的曲面建模技术及相关软件(模块)分析[J]. 计算机辅助设计与制造，1999(10)：14-16.

[17] 俞芙芳，王志鑫. 基于三坐标测量的产品自由曲面反求[J]. 工程塑料应用，2005，33(5)：52-55.

[18] 管永刚. 基于 Geomagic Studio 的逆向工程数据处理技巧[J]. 科技创新导报，2012(33)：73-73.

[19] 高晓芳. 基于 Geomagic 的复杂曲面的反求设计及 NC 仿真加工[J]. 现代制造技术与装备，2010(2)：58-59.

[20] 王伟，孙文磊. 汽车整车外形曲面逆向反求的研究[J]. 机床与液压，2010，38(21)：124-126.

[21] 张畅，张祥林. 快速造型技术中的反求工程[J]. 中国机械工程，1997，8(5)：60-62.

[22] 陈志杨，李江雄. 反求工程中的曲面重构技术[J]. 汽车工程，2000，22(6)：365-367.

[23] 成思源，刘俊，张湘伟. 基于手持式激光扫描的反求设计实验[J]. 实验室研究与探索，2011，30(8)：153-155.

[24] 陈飞，李新华，易春峰. 自由曲面反求技术及其 CAD/CAM 一体化实现[J]. 机床与液压，2010(1)：104-106.

[25] 李西兵，范彦斌. 计算机图像处理技术在基于非接触测量反求建模中的应用[J]. 佛山科学技术学院学报(自然科学版)，2002，20(3)：14-18.

[26] 陈君梅，邓学雄，周敏，基于 UG 软件的反求数据处理[J]. 工程图学学报，2005，26(4)：24-30.

[27] 李中伟. 基于数字光栅投影的结构光三维测量技术与系统研究[D]. 武汉：华中科技大学，2009.

[28] 钟凯. 基于多视相移框架的动态物体三维面形测量技术与系统研究[D]. 武汉：华中科技大学，2013.

第14章

4D打印技术

14.1 4D 打印的内涵

4D 打印技术

14.1.1 智能构件与 4D 打印技术

智能构件具备智能特性,即构件的形状、性能或功能能够在外界特定环境的刺激下随时间或空间发生预定的可控变化,智能构件即为具备这种“智能”特性的构件。以飞行器为例,传统的以机械构件为主的飞行器的机动性能,因主要依赖全机减重、气动优化和机电加强而逐渐发挥至极限,但以智能构件为主的飞行器是一个飞行机器人,具备智能化的特点,能够根据飞行需要,自适应外界环境的不断变化,实现自驱动的形状改变、性能改变和功能改变。

智能构件的前瞻性价值高,涉及领域广,能实现构件形状、性能和功能的可控变化,但其结构往往具有复杂化、精细化、轻量化等特点。在智能构件领域,目前缺乏结构设计的基础理论和有效的制造方法,缺少满足应用需求的材料体系,尚未建立科学体系框架。正因为如此,传统的制造工艺很难甚至无法制造结构复杂、精细的智能构件。

增材制造技术是近 40 年来,由新材料技术、制造技术、信息技术等多学科交叉融合发展的先进制造技术,它基于构件的 CAD 模型,通过“逐点成面”“逐面成体”的方式,能够实现任意复杂结构的成形。因此,增材制造技术尤其适用于结构复杂的智能构件的成形。智能构件的增材制造技术赋予传统增材制造构件以“智能”特性,给传统的 3D 打印工艺增加了时间和空间的维度。所以,智能构件的增材制造技术即是 4D 打印技术。

14.1.2 4D 打印技术的产生

4D 打印技术的概念最初是由美国麻省理工学院的 Tibbits 教授在 2013 年的 TED 大会上提出的。他将一个软质长圆柱体放入水中,该物体能自动折成“MIT”的形状,这一演示即为 4D 打印技术的开端,随后掀起了研究 4D 打印技术的热潮。4D 打印技术在刚提出的时候被定义为“3D 打印＋时间”,即 3D 打印的构件,随着时间的推移,在外界环境的刺激(如热能、磁场、电场、湿度和 pH 等)下,能够自适应地发生形状的改变。由此可见,最初的 4D 打印技术概念注重的是构件形状的改变,并且认为 4D 打印是智能材料的 3D 打印,关键要在 3D 打印中应用智能材料。

随着研究的深入,4D 打印技术的内涵也在不断演变和深化。2016 年,华中科技大学史玉升教授组织国内有关专家举办了第一届 4D 打印技术会议,提出 4D 打印技术的内涵是 3D 打印构件的形状、性能和功能能够在外界预定的刺激(热能、水、光、pH 等)下,随时间发生变化。相比于最初的 4D 打印技术的内涵,表明 4D 打印构件随外界刺激的变化不仅仅是形状,还包括构件的性能和功能,这使得 4D 打印技术的内涵更丰富,从而推动了 4D 打印的研究从形状变化走向形状、性能和功能的变化。只有性能和功能发生了变化,才具有智能化的意义,才具备应用价值。

截至目前,4D 打印技术会议已举办了 4 届,通过持续不断地交流和论证,专家们认为,4D 打印不仅是应用智能材料,还有非智能材料,也应当包括智能结构,即能在构件的特定位置预置应力或者其他信号;4D 打印构件的形状、性能和功能不仅随时间维度发生变化,而且还能随空间维度发生变化,并且这些变化是可控的。因此,进一步深化的 4D 打印技术内涵注重在光、电、磁和热等外部因素的激励诱导下,4D 打印构件的形状、性能和功能随时空能自主调控,从而满足“变形”“变性”和“变功能”的应用需求。因此,4D 打印技术是增材制造技术的一个分支,它和 3D 打印技术都属于增材制造技术。

14.1.3 对 4D 打印构件“三变”的进一步理解

4D 打印构件能实现形状、性能和功能的可控变化,简称为“变形”“变性”和“变功能”。这“三变”中只要实现了其中一个,就认为是实现了 4D 打印。图 14-1 列举了“三变”的实例。

如图 14-1(a)所示,麻省理工学院的赵选贺教授团队制备了多种具有可编程磁畴的二维平面结构,在外界磁场中,这些平面结构可以发生复杂的变形。如图 14-1(b)所示,西安交通大学的李涤尘教授团队研究了离子聚合物-金属复合材料(ionic polymer-metal composites,IPMC)的 4D 打印技术,通过控制不同电极电压的加载方式,可以使柱状的 IPMC 发生多自由度弯曲,同时材料的刚度也发生了变化。如图 14-1(c)所示,以色列耶路撒冷希伯来大学的 Matt Zarek 等制备了形状记忆材料的电子器件,电子器件接入到电路中,通过温度控制器件的变形,进而控制电路的导通与断开。需要注意的是,这“三变”并非相互独立,变功能是变形和变性所导致的结果,具体可分为变形和变性共同导致变功能,以及变形、变性两者其一导致变功能。图 14-1(a)所展示的磁性构件在磁场中的结构变化即是典型的“变形”;图 14-1(b)中 4D 打印的 IPMC 构件在变形后刚度发生了变化,即为“变性”;图 14-1(c)中通过形状记忆材料变形控制电路的通断,实现了“变功能”。

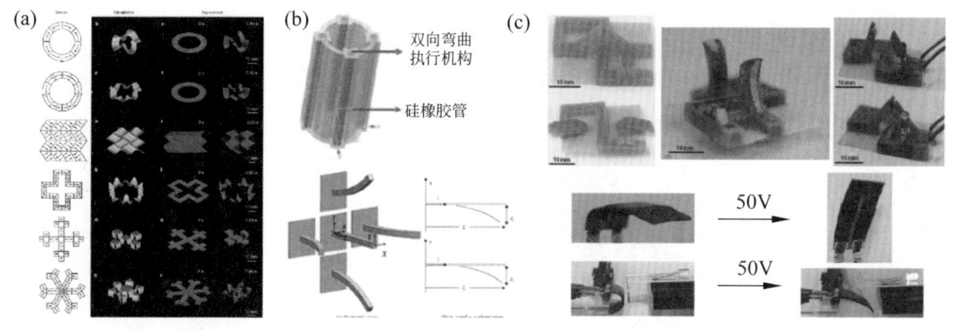

图 14-1　4D 打印构件变形、变性和变功能实例

(a) 变形：通过控制构件的磁性分布，使其在磁场中发生可控变形；(b) 变性：通过变化温度改变材料的刚度，实现操作臂的弯曲与固定；(c) 变功能：利用温度控制电路的通断，实现导电与断电的功能变化

14.2　4D 打印技术的研究现状

4D 打印技术的概念已提出近十年，图 14-2 是 Web of Science 关于 4D 打印技术研究论文发表情况的统计(统计时间段是 2013 年到 2019 年 12 月)。由图 14-2(a)可以看出，4D 打印技术的论文发表数量逐年增多；图 14-2(b)表明 4D 打印技术的论文引用量也在逐年增多；图 14-2(c)说明 4D 打印技术的研究主阵地在美国，中国紧随其后，但是中国的论文发表数量大约只有美国的一半；图 14-2(d)显示目前研究 4D 打印的工艺以现有常见的 3D 打印工艺为主，主要有熔融沉积成形(FDM)、光固化成形(SLA)、墨水直写(direct ink writing，DIW)、喷墨打印(inkjet)、数字光处理(digital light processing，DLP)、激光选区烧结(SLS)和激光选区熔化(SLM)。

4D 打印材料按属性不同，可分为聚合物、形状记忆合金和陶瓷材料。

1. 聚合物

聚合物又包括形状记忆聚合物、电活性聚合物、水驱动型聚合物等。

1) 形状记忆聚合物

4D 打印形状记忆聚合物(shap memory polymer，SMP)的成形工艺有 FDM 技术、SLA 技术、聚合物喷射技术、DIW 技术等。香港大学的 Yang 等研究了 FDM 过程中工艺参数对于构件强度、密度、粗糙度等性能的影响，并打印出了火箭、花瓣、机械手等模型，花瓣在加热到 T_g 温度以上会发生闭合，而机械手在加热到 T_g 温度以上可以抓取笔帽。新加坡南洋理工大学的 Choong 等用光固化双组分光敏聚合物的方法打印了高性能形状记忆构件，构件的力学性能与商用的形状记忆聚

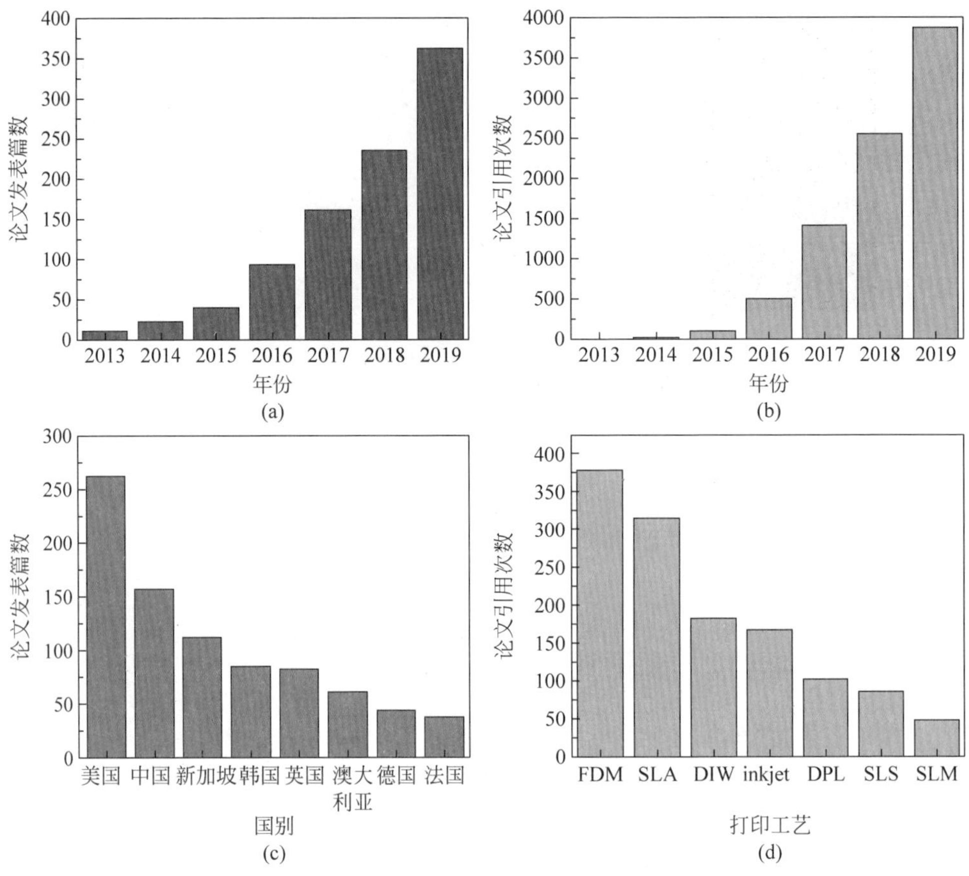

图 14-2 Web of Science 关于 4D 打印技术或形状记忆聚合物的 3D 打印技术论文的统计数据
(a) 发表数量；(b) 每年的引用数量；(c) 不同国家/地区的发表数量；(d) 使用不同打印工艺的 4D 打印技术发表数量(数据统计时间段为 2013 年至 2019 年 12 月)

合物相当，并且能够进行 20 次以上的形状记忆循环，如图 14-3 所示。佐治亚理工大学的 Ge 等利用喷射技术打印了一种由聚合物纤维和弹性体组成的复合材料，该聚合物纤维作为增强相且具有良好的形状记忆效应(shape memory effect，SME)，通过对聚合物纤维排布方式的设计并进行适当的热机械处理，使得该种复合材料能够进行折叠/缠绕/弯曲以形成更为复杂的三维结构。西安交通大学的 Mu 等利用直写技术打印银导线，发现通过调整固化时间和固化温度可以既满足导电率又满足可伸缩特性，在 80℃下固化 10～30min 的导线在应变高达 300％的条件上仍能保持导电，通过喷墨技术打印基底，制备了电缆、柔性传感器，如图 14-4 所示，这项研究对于可伸缩电极以及柔性传感器的发展具有重要意义。

图 14-3　光固化成形的足球烯结构在不同温度下的变形图

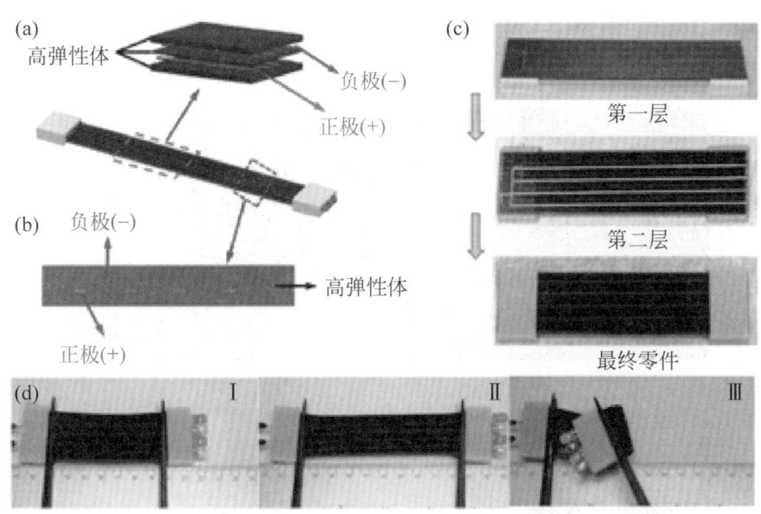

图 14-4　直写技术制备的柔性电缆结构及演示图

2）电活性聚合物

电活性聚合物(electroactive polymer，EAP)是一类在电场的刺激下可以产生大幅度形状变化的新型柔性功能材料，包括离子聚合物-金属复合材料(ionic polymer-metal composites，IPMC)、介电弹性材料(dielectric elastomers，DE)和巴克凝胶(bucky gel)，这三者都是 EAP 的典型代表。2013 年，Landgraf 等提出了采用喷雾打印的方式制造 DE 材料，基体采用硅胶材料，电极采用硅胶与碳纳米管混合物，通过逐层固化电极—基体—电极的方式实现三明治结构 DE 材料的 4D 打印。R. Shepherd 和 S. Robinson 在 2013 年提出了用紫外光固化硅胶 3D 打印技术制造 DE 材料，基体采用可紫外光固化的硅胶材料，电极采用混有炭黑等导电颗粒的水凝胶，通过改变硅胶的黏度来增强硅胶的可打印性，采用 4D 打印技术逐层固化实现三维结构 DE 材料。

3）水驱动型聚合物

水驱动材料主要根据材料吸水特性进行设计，最终达到需要的变形结构。2013 年 4D 打印的提出者 Tibbits 教授展示的 4D 打印绳状结构就是利用水刺激细绳的芯材，这是一种遇水能够发生弯曲或膨胀的亲水性材料，芯材的外层包裹着一种硬质材料，不同的厚度将产生大小不同的阻力，设计好的细绳在遇水时芯材发生弯曲，而外层不同部位的材料根据厚度的差异产生不同的阻力，由此使整个细绳弯曲成预设的形状。哈佛大学的 Sydney 等研究出一种新的混有纤维的水凝胶墨水，用该墨水打印出的花朵在水的刺激下能够从二维扁平状“生长”成三维形状，二维卷曲的花朵还可以变成三维风车状，如图 14-5 所示。通过改变纤维为导电纤维，还可将该工艺应用到智能电子装备的开发上。华中科技大学的 Song 等制备了碳纳米管(CNTs)增强的聚乙烯醇(PVA)/聚乙二醇(PEG)双网络水凝胶复合材料，该材料在经过外力变形与冻融处理后，水凝胶因受力而产生的形变能够被固定下来，然后在高温水的刺激下恢复初始形状；并发现 CNTs 的加入既能保持双网络水凝胶的记忆性能，又能够提高该材料的黏弹性，即提高了材料的可打印性，如

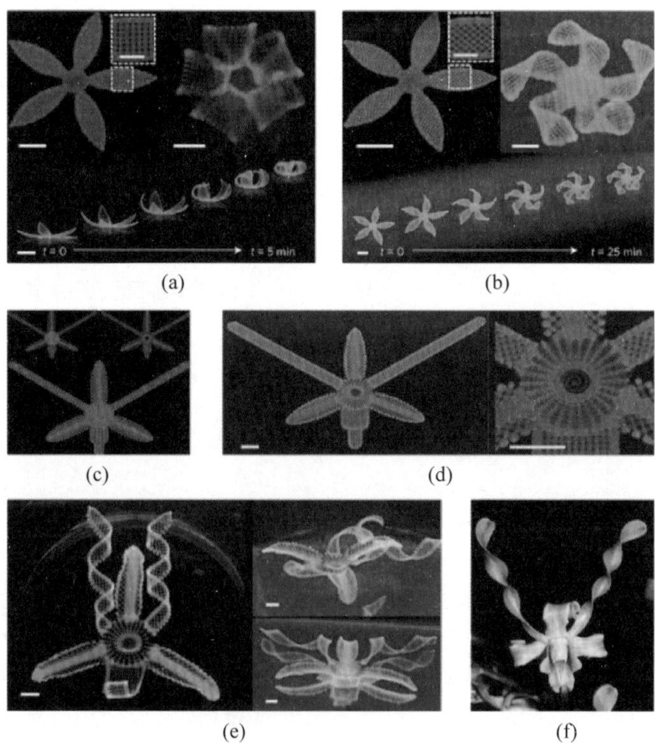

图 14-5 直写技术制备的不同结构的水凝胶花朵变形图

图 14-6 所示。

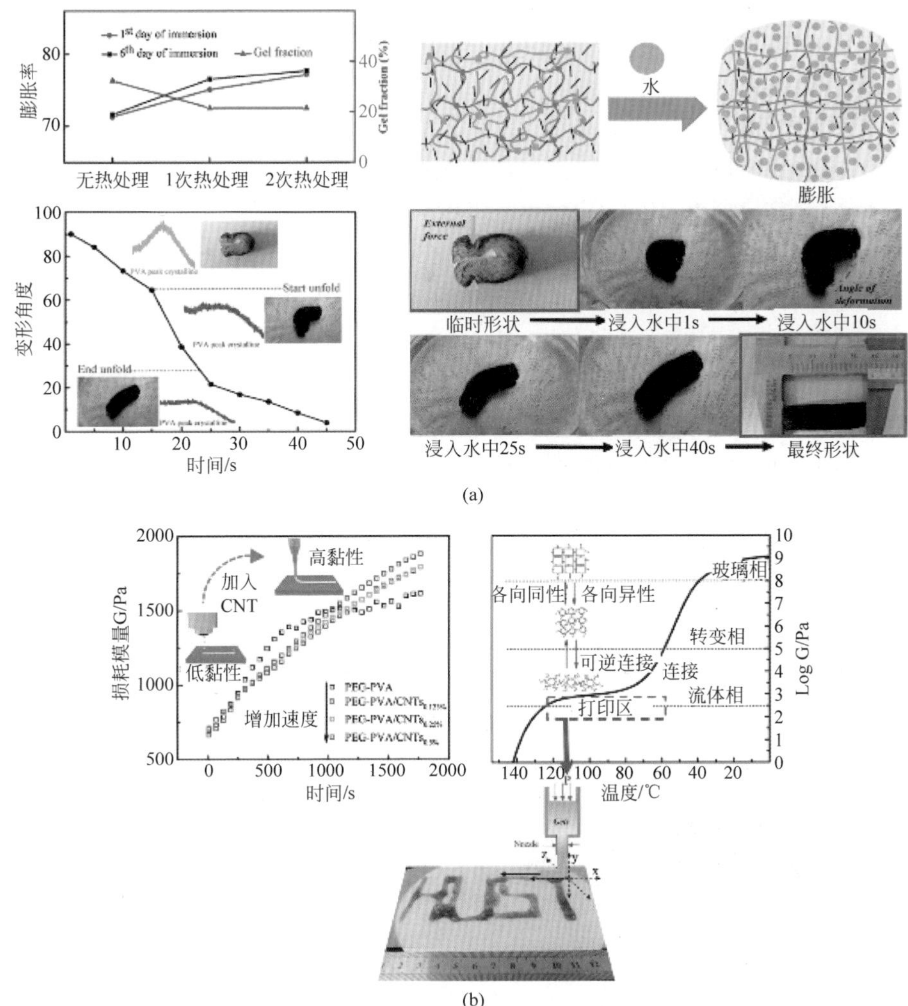

图 14-6　直写技术制备的碳纳米管增强双网络水凝胶变形图及打印性能图

2. 形状记忆合金

相较于高分子及其复合材料而言,金属及其复合材料一般具有更为优良的力学性能,可实现承载和变形、变性、变功能等智能变化的多功能集成。目前 4D 打印用的金属及其复合材料主要包括各类形状记忆合金及其复合材料。

形状记忆合金(shape memory alloy,SMA)是一类变形后可在外界激励(温度或磁场)作用下恢复初始形状的智能材料。这种现象被称为形状记忆效应。根据激励类型,形状记忆合金的形状记忆效应主要分为温控形状记忆效应和磁控形状记忆效应。温控形状记忆效应的产生机制主要有两种:①应力诱发马氏体相变及其逆相变——处于母相奥氏体态的合金在外加应力作用下发生应力诱发马氏体相变而产生宏观变形；卸载后应力诱发马氏体保留，合金保持在新的形状；加热时，应力诱发马氏体逆转变为母相奥氏体，形状恢复。②应力诱发热马氏体的再取向——处于马氏体态的合金在外加应力作用下发生热诱发马氏体的再取向（产生孪晶马氏体）而发生宏观变形；卸载后应力诱发孪晶马氏体保留，合金保持在新的形状；加热时，应力诱发孪晶马氏体逆转变为母相奥氏体，形状恢复。与温控形状记忆效应类似，磁控形状记忆效应的产生机制也主要包括磁诱发马氏体相变及其逆相变和磁诱发热马氏体的再取向。

此外，在一定温度下，形状记忆合金还可以呈现另一种形状记忆行为，即超弹性。超弹性是材料在外加应力下变形，当外加应力去除时变形恢复（无需外界激励）的现象。超弹性的产生机制是：当温度高于马氏体逆转变的结束温度 A_f 但低于应力诱发马氏体相变发生的最高温度 M_d 时，形状记忆合金在外力作用下将发生应力诱发马氏体相变而产生宏观变形。卸载时，应力诱发马氏体是不稳定的，将逆转变为母相奥氏体，因此合金恢复初始形状。

形状记忆合金因其独特的形状记忆效应和超弹性，可实现传感、驱动和换能等多种功能，在 4D 打印智能变形件、智能传感器、智能驱动件等智能构件中具有广阔的应用前景。目前形状记忆合金的 4D 打印主要是采用基于粉末的增材制造技术，如 SLM 和激光近净成形（LENS）等。形状记忆合金粉末的制备方法主要有气体雾化法、等离子旋转电极法等。

在现有形状记忆合金中，Ni-Ti 形状记忆合金的形状记忆效应和超弹性最好，且具有高的回复应力和驱动能量密度、优良的耐蚀性能和生物相容性，因此已成为目前 4D 打印领域研究最广、应用最多的形状记忆合金。美国肯塔基大学的 Saedi 等通过 SLM 成形出致密度接近 99%，在 A_f +10℃ 压缩变形时可回复变形量为 5.77%的 Ni-49.2Ti 合金。随后，他们系统研究了固溶处理和时效处理对 SLM 成形 Ni-49.2Ti 合金超弹性的影响，结果表明：固溶处理可以显著提高 SLM 成形 Ni-Ti 合金的超弹性；350℃×18h 和 450℃×10h 时效处理可以进一步提高固溶态 SLM 成形 Ni-Ti 合金的超弹性。印度卡纳塔克邦国家技术研究所的 Marattukalam 等研究了 500℃×30min 和 1000℃×30min 退火对 LENS 成形 Ni-44.8Ti 合金形状记忆效应的影响，结果表明：室温压缩变形 10%时，未经热处理的 LENS 成形 Ni-44.8Ti 合金的可回复变形量约为 7%～8%；500℃×30min 退火可以进一步提高其可回复变形量至 8.6%～10%；但 1000℃×30min 退火处理反而降低其可回复变形量至 3.8%～6.6%。华中科技大学的史玉升等通过气雾化法制备了三种不同成分的 Ni-Ti 形状记忆合金粉末，研究了 Ni 含量（50.73%、50.93%和 51.27%）对 SLM 成形 Ni-Ti 形状记忆合金马氏体相变温度、力学性能、微观组织的影响，结果表明：随着 Ni 含量的增加，SLM 成形 Ni-Ti 合金试样的马氏体相变温度显著降低，晶粒尺寸略微增加，结构强度先增大后减小，硬度逐渐增加。

相较于 Ni-Ti 形状记忆合金，Cu 基形状记忆合金价格低廉。同时，Cu 基形状记忆合金还具有较好的形状记忆效应和超弹性、优良的导热和导电性。因此，学者们就 Cu 基形状记忆合金的 4D 打印技术也展开了一些研究。2014 年，巴西圣卡洛斯联邦大学的 Mazzer 等利用 SLM 成形出致密度接近 97%、无裂纹的 Cu-Al-Ni-Mn 合金。德国复合材料研究所的 Gustmann 等也通过 SLM 成形出致密度接近 99%的 Cu-Al-Ni-Mn 形状记忆合金。2019 年，华中科技大学的史玉升等设计并采用气雾化法制备了适用于 SLM 成形的 Cu-13.5Al-4Ni-0.5Ti 形状记忆合金粉末，利用该粉末 SLM 成形的 U 形件在外力作用下变形后，可在加热过程中回复初始形状，如图 14-7 所示。

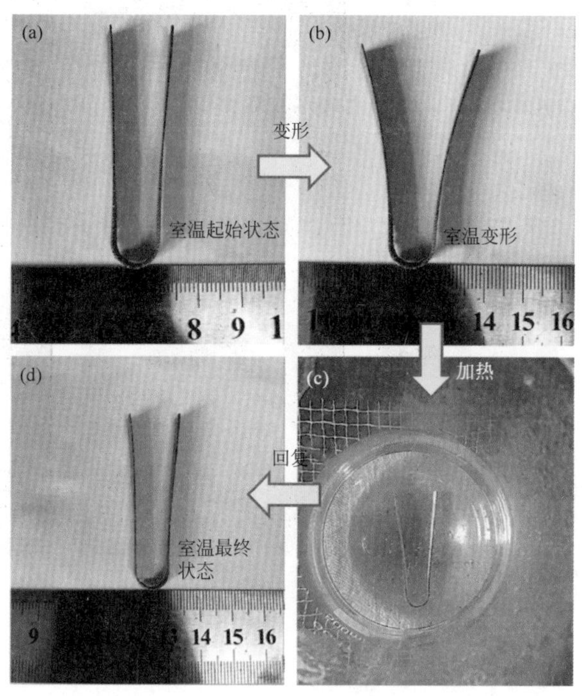

图 14-7　SLM 成形 Cu-13.5Al-4Ni-0.5Ti 形状记忆合金 U 形件的形状回复过程

3. 陶瓷材料

传统方法打印出的陶瓷前驱体难以变形，而香港城市大学的吕坚教授团队利用一种复合弹性体陶瓷材料，实现了陶瓷折纸结构的 4D 打印，这是世界上第一例陶瓷 4D 打印的案例。陶瓷折纸结构通过前期设计，4D 打印出陶瓷前驱体，这是一种弹性体陶瓷，然后用金属丝辅助陶瓷前驱体折叠变形成复杂的折纸结构，最后热处理前驱体转变成陶瓷，如图 14-8 所示。而另一种 4D 打印陶瓷则是通过在预拉伸的 3D 弹性体结构上打印主结构，弹性体结构预拉伸会产生预应力，当预应力释放后，其上的主结构就会发生变形，形成 4D 打印所需的结构，最后通过热处理后转化为陶瓷，如图 14-9 所示。

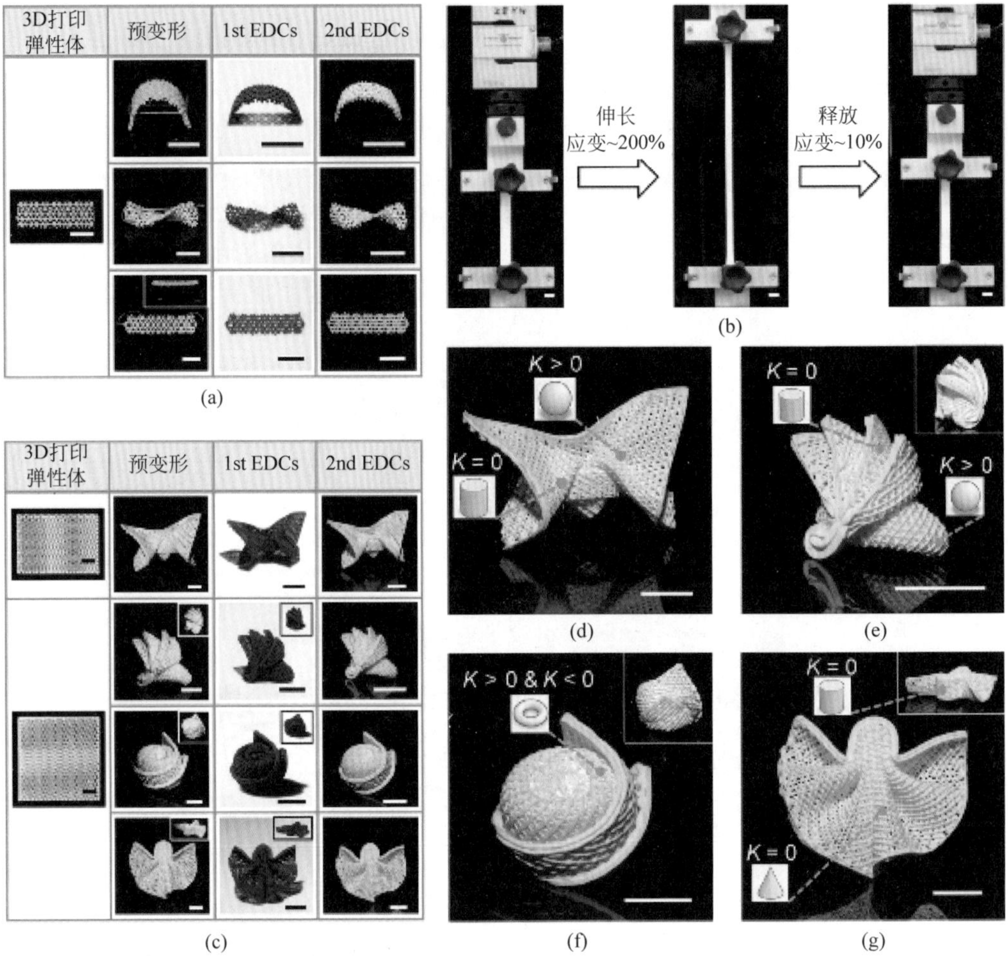

图 14-8　4D 打印具有混合高斯曲率的陶瓷折纸

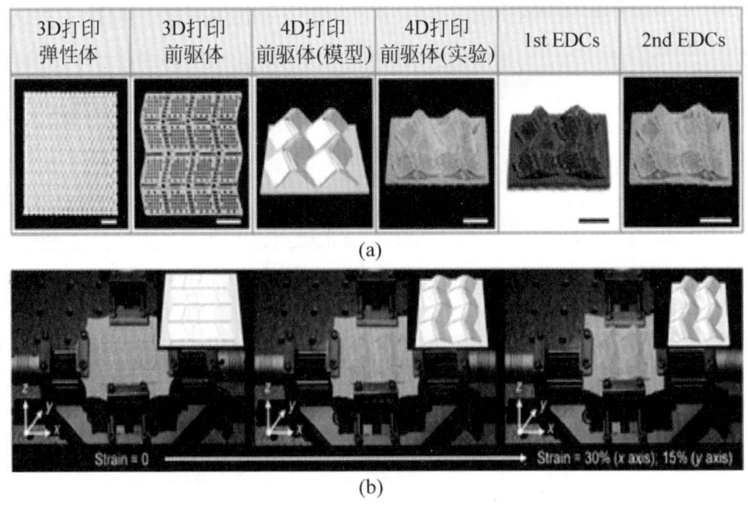

图 14-9　4D 打印三浦折叠结构的陶瓷结构

14.3 4D打印技术的应用领域

4D打印技术在航空航天、生物医疗、汽车、柔性机器人等领域都具有广泛的应用前景。

1. 航空航天领域

在航空航天领域，单一的机翼形状并不能满足飞机在各种飞行状态下的需求，而变形机翼飞机可以随着外界环境变化，柔顺、平滑、自主地不断改变外形，以适应不同飞行状态的空气动力学需求，保持飞行过程中的性能最优。2017年，欧盟委员会资助了一项为期3年、总投资近4亿欧元的“智能变形与传感技术”项目，该项目由法国国家理工学院、法国宇航院、意大利米兰理工大学、希腊雅典国家技术大学等10多家大学、研究机构联合承担，目前该研究团队建造了一个近乎全尺寸且结合形状记忆合金和压电作动器的“电活性”机翼翼段，对智能变形机翼的进展起到了重大推动作用。美国NASA推进了一个名为“翼展自适应机翼”的项目，放弃了传统液压驱动变形的方式，采用通电加热记忆合金以驱动机翼变形，在飞行过程中，该机翼两端可以在向上和向下70°的范围内折叠，且质量比传统的液压系统轻80%。

智能变形构件在航空航天领域的另一个典型应用就是可变形卫星天线，利用4D打印形状记忆合金天线，在发射人造卫星之前，将抛物面天线折叠起来装进卫星体内，火箭升空把人造卫星送到预定轨道后，利用太阳辐射使其升温，折叠的卫星天线自动展开，这样可以大大减少所需的机械构件数量和质量，降低卫星发射的体积和质量。

利用4D打印太阳能阵列面板，在发射之前是占用空间小的折叠状态，发射到太空中后受热再自动展开，从而降低占用空间，节约能耗。

2. 生物医疗领域

在生物医疗领域，利用4D打印技术成形医疗支架，在植入前对其进行变形处理，使之体积最小，在植入人体后，通过施加一定的刺激使其恢复设定的形状以发挥功能，这样可以最大限度地减小患者的伤口面积。美国乔治·华盛顿大学的Miao等利用新型可再生大豆油环氧丙烯酸酯，光固化成形了具有高生物相容性的支架，该支架能够促进髓间充质干细胞的生长，并且能够在−18℃下维持折叠的形态，在人体正常体温(37℃)下恢复到初始状态，如图14-10所示。哈尔滨工业大学的Wei等通过直写技术打印了Fe_3O_4/PLA形状记忆纳米复合材料支架，这种支架可在使用前进行折叠以减小尺寸，当其置于交变磁场中时，折叠支架可以自行扩张，整个过程仅需10s。俄罗斯国立大学的Senatov等利用热塑性的羟基磷灰石(HA)/聚乳酸(PLA)形状记忆复合材料，4D打印出了能够用于骨缺损的自适应性支架。荷兰特温特大学的Hendrikson等利用形状记忆聚氨酯，4D打印出了不同孔隙结构的支架，如图 14-11 所示。该支架在恢复初始形状的过程中，会带动接种在上面的细胞发生形态的改变，进一步诱导细胞的生长，这样的支架在人体骨、肌肉、心血管等组织再生中具有很大的应用潜力。此外，利用 4D 打印 Ni-Ti 形状记忆合金也可以用于接骨器。Ni-Ti 形状记忆合金接骨器在手术时无需外加螺丝固定，减轻了对患者的二次损伤，不仅可以将两段断骨固定，而且在恢复原形状的过程中会产生压缩力，迫使断骨接合在一起。

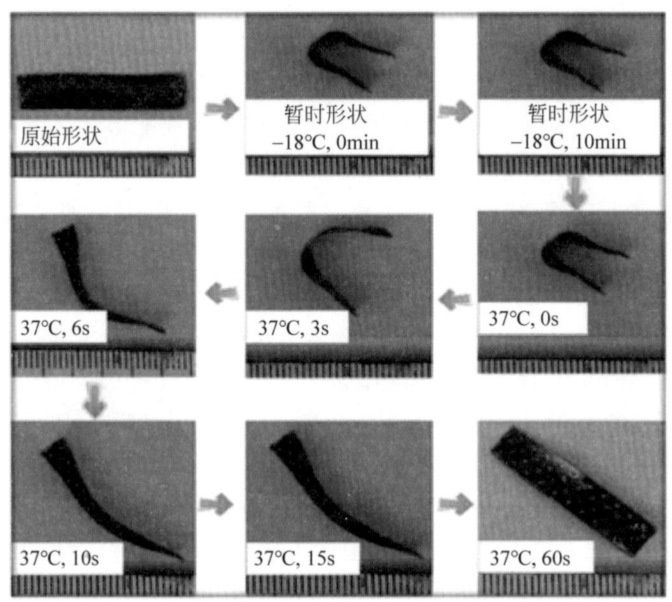

图 14-10　光固化成形的大豆油支架在不同温度下的变形图

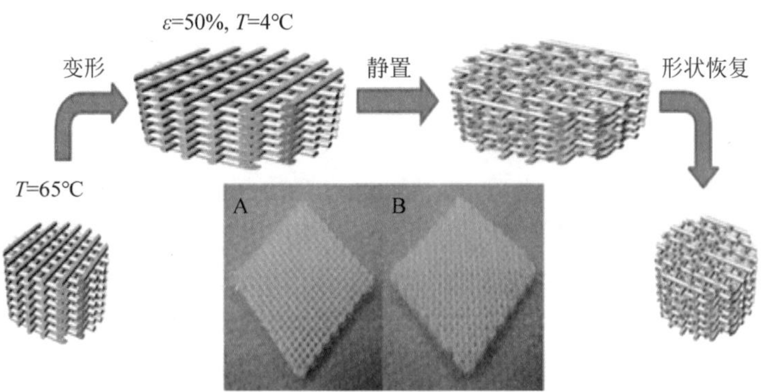

图 14-11　FDM 成形的不同孔隙结构的培养支架

3. 汽车领域

在汽车领域，智能自修复材料可以大显身手。汽车凭借智能材料，可以“记住”自身原来的形状，甚至可以在汽车发生事故后实现“自我修复”的功能，还可以改变汽车的外观和颜色。4D 打印构件组成的汽车具有可变的外形，比如可调节的天窗和扰流板，汽车可以根据气流改进其空气动力学结构，提升操纵性能。丰田公司采用 Ti-Ni 基形状记忆合金成形了散热器面罩活门，当发动机的温度低于形状记忆合金的响应温度时，形状记忆合金弹簧处于压缩状态，活门关闭；当发动机温度升高至响应温度以上时，弹簧为伸长状态，从而活门打开，冷空气可以进入发动机室内。

4. 柔性机器人领域

柔性机器人相比于传统的由电机、活塞、关节、铰链等组成的机器人来说更加轻便灵活，可以根据实际需要改变自身的尺寸和形状，可用于更加复杂的作业中，具有更高的安全性和环境相容性，因此柔性机器人有着巨大的应用价值和前景。新加坡科技设计大学的 Ge 等通过多重形状记忆聚合物 4D 打印成形出了多种仿生机械手结构，在热驱动下，机械手可成功实现螺丝钉的抓取和释放，如图 14-12 所示。他们还利用形状记忆聚合物纤维和弹性基体 4D 打印成形出了热驱动的折纸结构，聚合物纤维在一定的温度范围内具有形状记忆效应，受热刺激带动整个结构发生折叠，该研究成果对于 4D 打印自组装系统具有重要的意义。西班牙萨拉戈萨大学的 López-Valdeolivas 等利用液晶弹性体 4D 打印成形出了热驱动的具有软体机器人功能的驱动器，能够在温度刺激下进行快速响应（图 14-13），相对于常规的薄片形液晶弹性体驱动力更大，形状结构更为复杂。

(a)　(b)

(c)

图 14-12　光固化成形的仿生机械手抓取螺丝钉的演示图

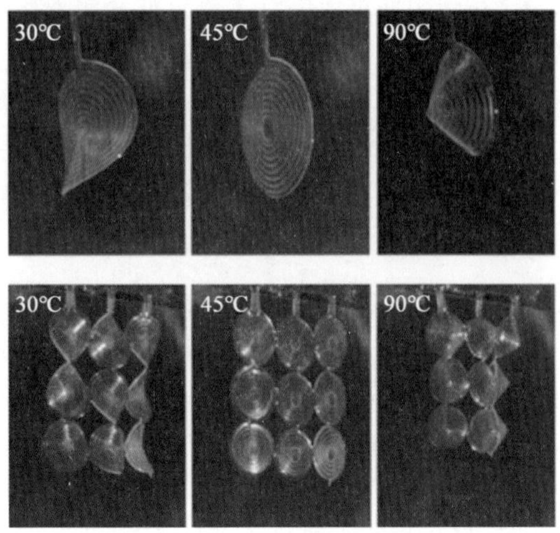

图 14-13　直写技术成形的液晶弹性体在不同温度下的变形图

14.4　4D 打印关键技术

总的来说，4D 打印技术虽然取得了一定的进步，但仍然存在以下几个问题：第一，目前 4D 打印智能构件尚处于演示阶段，大多数结构只能用于实验室展示，缺乏智能构件的设计理论与方法体系，未能将微观变形与宏观性能改变相结合，未能建立 4D 打印智能构件形状-性能-功能一体化可控/自主变化的方法。第二，4D 打印智能构件形状/性能/功能的时空变化缺乏理论模拟、仿真与预测等技术手段。第三，4D 打印材料体系匮乏，缺乏满足应用需求的 4D 打印材料体系；材料工艺匹配性研究欠缺，尚无复杂智能构件的有效制造方法。最后，目前 4D 打印构件变形量小、响应速度慢，尚无法满足功能构件可控/自主变化需求，且常规的构件评价方法大都注重力学性能，而智能构件具有自适应变化特性，其验证方法区别于常规构件，尚无有效的评价方法与集成验证体系。

针对上述 4D 打印中存在的问题，我们提出未来将要着重研究的几项 4D 打印关键技术，具体如下。

(1) 智能构件的建模、功能预测及优化调控。建立智能构件的设计与理论体系，实现宏观性能、功能变化的调控，将智能构件基础设计理论应用于模拟仿真软件，实现对智能构件形状、性能、功能时空变化的预测。

(2) 4D 打印材料与成形装备。目前能用于 4D 打印的材料还较少，急需开发一系列适用于 4D 打印技术的材料体系，使激励响应的形式多样化，同时提高现有 4D 打印材料的性能。此外，需要研发适用于 4D 打印的装备，单一材料的变形能力往往有限，未来将发展多种材料协调变形的 4D 打印结构。

(3) 4D打印材料与工艺的匹配性。4D打印材料成形为构件后,其变形、变性、变功能特性有可能无法达到预期值,在4D打印过程中其性能可能有所损耗。比如形状记忆合金在SLM成形过后是否还具有记忆性能,记忆性能与传统制造方法相比有无变化,是否需要进行后处理才能够获得记忆性能,SLM成形的各向异性、孔隙率等是否对形状记忆性能产生影响,这些都是有待解决的问题。

(4) 智能构件的功能实现与评价方法。智能构件具有自适应变化特性,其验证方法区别于常规构件,而目前尚无有效的评价方法与集成验证体系。评价智能构件的质量需要通过尺寸精度、功能特性、力学性能等多方面因素的考量,应当建立起针对智能构件的有效评价体系。

14.5　4D打印材料及其成形工艺

14.5.1　Cu-Al-Ni形状记忆合金及其成形工艺

形状记忆合金比强度高,具有优异的耐腐蚀性、良好的耐磨性和抗疲劳性,还具有超弹性、形状记忆效应、生物相容性等特殊性能。其中,Ni-Ti形状记忆合金和Cu基形状记忆合金是使用最为广泛的两种。尽管Ni-Ti形状记忆合金比Cu基形状记忆合金具有更好的形状记忆性和超弹性,但其相变温度低,只能在低于100℃的工作温度下使用,且Ni-Ti形状记忆合金是金属间化合物,可加工性较差。相反,Cu基形状记忆合金可以达到较高的相变温度,并且由于其具有超弹性、双向记忆性能以及高阻尼性,可以作为高温应用(如热致动器、热传感器)的优选材料,最高使用温度可达240℃。此外,Cu基形状记忆合金良好的可加工性为复杂形状构件的制造提供了可行性。Cu基形状记忆合金主要分为Cu-Al-Ni和Cu-Zn-Al两个系列,其马氏体相变温度可以在很大范围内进行调整。由于Cu基形状记忆合金的相变温度对组分的变化敏感,因此可以通过调整合金中元素的比例来满足不同应用环境中的各种温度要求。相比较而言,Cu-Al-Ni比Cu-Zn-Al合金具有更高的马氏体相变温度。然而,由于Cu-Al-Ni合金本身的脆性,所以在加工过程中容易引起晶间开裂。目前,细化晶粒和提高塑性是改善Cu基形状记忆合金脆性和提高力学性能的主要途径。研究人员发现,添加B、V和Ce元素可以使Cu-Al-Ni合金和Cu-Zn-Al合金的晶粒细化,添加Ti和Zr元素也会使Cu-Al-Ni合金的晶粒得到细化。此外,通过快速凝固的方法,如熔体纺丝、熔体提取、喷射成形、SLM成形,可以提高Cu-Al-Ni合金的性能。

SLM作为增材制造技术之一,通过逐层熔化粉床特定区域的粉末来整体成形构件。SLM加工过程中,在基板上加工一层薄的粉末层(20~50μm),并结合小的激光光斑直径(约100μm),其冷却速率为$2.13\times10^6\sim2.97\times10^6$℃/s,可以获得约1μm以内的细小晶粒组织,其力学性能可与锻件性能相当。近期,形状记忆合金的

SLM 成形研究集中在 Ni-Ti 合金，Cu 基形状记忆合金的研究鲜有报道。德国德累斯顿复合材料研究所的 Gustmann 等研究了 SLM 工艺参数对 Cu-11.85Al-3.2Ni-3Mn 合金的显微组织和力学性能的影响规律，获得了近全致密的试样，其室温下的平均抗拉伸强度为(620±50)MPa，延伸率为(8.2±0.9)%，维氏硬度为(245±20)HV。然而，Cu 基形状记忆合金的力学性能仍有待提高，高温性能的研究更有待开发。

根据 Cu-Al-Ni 三元合金相图，Ni、Al 的质量分数分别为 4%和 13.5%时具有良好的形状记忆效应，为此笔者团队初步设计了 Cu 基形状记忆合金成分为 Cu-13.5Al-4Ni。另外，添加 Ti 元素会细化晶粒从而提高 Cu 基形状记忆合金材料的力学性能。因此，向 Cu 基形状记忆合金中添加质量分数为 0.5%的 Ti，以提升合金的力学性能。在此基础上研究 SLM 的成形工艺，分析合金的相组成、微观组织结构以及测试常温和高温下的力学性能，并与传统铸造性能进行对比。

1. 实验材料及装备

实验材料采用气雾化定制的 Cu-Al-Ni-Ti 球形粉末，由中南大学粉末冶金研究院提供，其化学组分见表 14-1。通过美国 AccuPyc 1330 型全自动致密度分析仪测定合金粉末材料的真实密度为 7.11g/cm^3。图 14-14 所示为粉末的微观形貌，其形貌呈球形或近球形，表面光滑且流动性好。图 14-15 所示为粉末粒径分布，其粒径呈正态分布，F_x 表示粉末粒径不超过某体积分数(x%)的最大值，因此，粉末粒径不超过 19.8μm 的体积分数为 10%，粉末粒径不超过 46.7μm 的体积分数为 90%，平均粒径为 30.5μm，符合 SLM 成形的粉末粒径要求。

表 14-1　Cu-Al-Ni-Ti 球形粉末的元素含量(质量分数)

元素	Cu	Al	Ni	Ti	其他
元素含量/%	>81.9	13.5	4	0.5	<0.1

图 14-14　Cu-13.5Al-4Ni-0.5Ti 合金粉末

(a) 粉末的微观形貌；(b) 单颗粒表面形貌

实验装备为德国 SLM Solutions 公司生产的 SLM125 增材制造系统，成形工作台面尺寸为 125mm×125mm×200mm，最大输出功率为 400W，最大扫描速度可达 5m/s。实验方法包括单道扫描、单层成形和多层成形。单道扫描实验主要用来优化成形工艺参数，确定单道成形工艺窗口，研究工艺参数对熔化道宽度的影响规律。在单道扫描的基础上进行单层成形，确定合适的扫描间距。最后，选用合适的工艺参数进行多层成形。

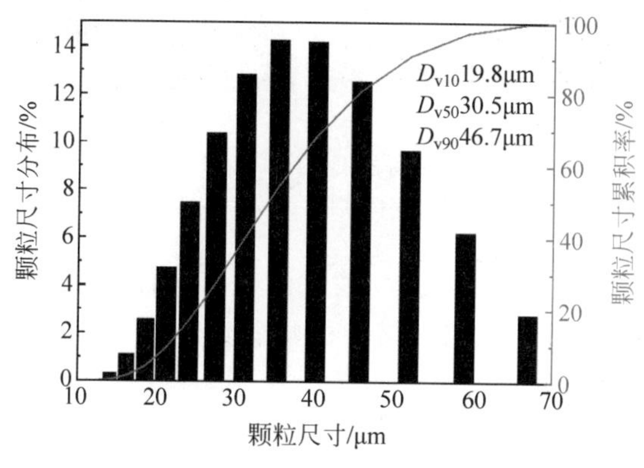

图 14-15　粉末粒径分布

2. 实验方法

SLM 成形实验选择激光功率和扫描速度作为工艺优化的实验变量。由于粉末的平均粒径为 30.5μm，铺粉层厚要略微大于粉末平均粒径，选择固定的层厚(0.04mm)和扫描间距(0.09mm)以及变化的激光功率和扫描速度作为实验参数。为了减少 SLM 期间的残余热应力，设置两个连续层 N 和 $N+1$ 之间扫描方向旋转 67°，加工前将基材预热至 200℃。图 14-16(a)显示了各种加工参数下由 SLM 成形的 Cu-13.5Al-4Ni-0.5Ti 合金立方体(8mm×8mm×5mm)。另外，图 14-16 中的硬度测试样品(8mm×8mm×5mm 的立方体)和拉伸样品均利用优化的工艺参数(功率 P 为 310W，扫描速度 v 为 800mm/s，层厚 D 为 0.04mm，扫描间距 H 为 0.09mm)成形。

采用阿基米德排水法测量块体试样的体积密度；利用日本岛津公司生产的 XRD-7000S 型 X 射线衍射仪进行物相分析，靶材为 Cu 靶，角度为 0°～90°；成形块体试样用美国 Buehler 公司生产的 Ecomet 300/Automet 300 型自动研磨抛光机粗磨、精磨和抛光，然后用体积分数为 50%的 HNO_3 溶液进行腐蚀，腐蚀时间大约 10s；通过基恩士(KEYENCE)公司生产的 VHX-1000C 型光学显微镜和日本电子株式会社生产的 JSM-7600F 型场发射扫描电子显微镜观察试样的微观结构；采用美国威尔逊公司生产的 430SVD 型数显维氏硬度计测试试样的硬度，负载为 5kg，保压时间为 30s，每个试样表面选择 5 个点测量并求平均值；在室温和 300℃下用日本岛津公司生产的 AG-100KN 型力学实验机进行拉伸实验，以 0.5mm/min 的

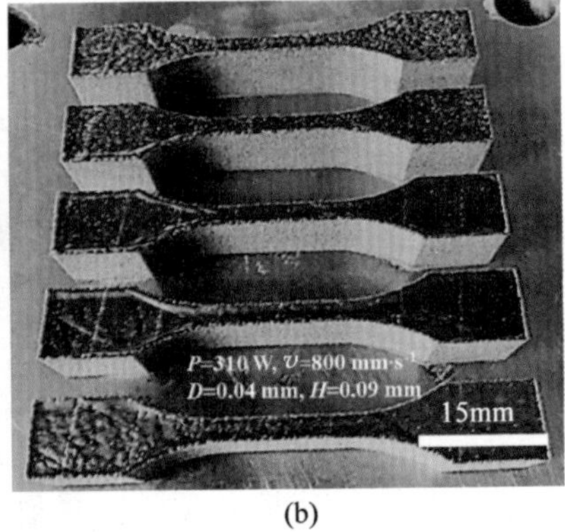

(a) (b)

图 14-16　SLM 制备的 Cu-13.5Al-4Ni-0.5Ti 合金试样

(a) 块体试样；(b) 拉伸试样

拉伸速度和恒定载荷进行测试，应变通过激光引伸计记录；通过日本电子株式会社生产的 JSM-7600F 型场发射扫描电子显微镜观察拉伸断口的形貌。

3. 实验结果及分析

1) 工艺优化

为了优化 SLM 成形的工艺参数，采用不同的激光功率和扫描速度组合进行单道扫描实验，通过观察熔化道的连续性和平展性，缩小了激光功率和扫描速度的工艺窗口。图 14-17 所示为较好连续的熔化道形貌，但是通过超景深光学显微镜观察，发现这些熔化道并未完全铺展开来，存在较为严重的球化现象。首先，这跟材料本身有关，铜合金散热速度快，易球化，成形困难；其次，单道单层扫描由于没有粉末包围而且与基板直接接触，散热更快，存在较大误差。再通过超景深光学显微镜观测，发现激光功率在 250～340W、扫描速度在 600～900mm/s 时，熔化道较为连续，宽度较为平稳。

在单层单道面扫描的基础上，设定激光功率为 250、280、310、340W，扫描速度为 600、700、800、900mm/s，利用 SLM 成形块体。输入能量密度 E(单位：J/mm^3)通常用于评估工艺参数对 SLM 成形试样密度的影响，公式为

$$E=\frac{P}{HDv} \tag{14-1}$$

式中，P 为功率，W；v 为扫描速度，mm/s；H 为扫描间距，mm；D 为层厚，mm。图 14-18 所示为输入能量密度和 SLM 成形试样相对密度之间的关系。当输入能量密度为 77～110J/mm^3 时，相对密度大于 99%，随着能量密度的增加而略有增加。然而，当输入能量密度超过 110J/mm^3 时，相对密度随着能量密度的增加而显著降低。

为了从微观角度揭示激光能量密度与相对密度之间的关系，选取了 A、B、C 3 个能量密度下的试样，通过光镜观察了试样内部的微观形貌，如图 14-19 所示。

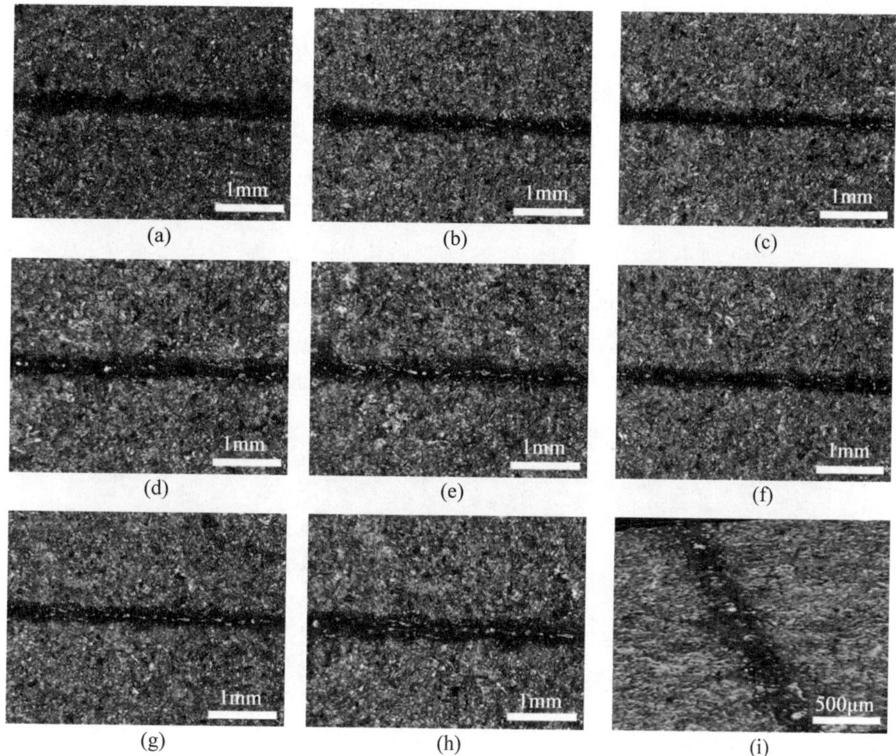

图 14-17　不同工艺参数下连续的熔化道及超景深三维立体图片

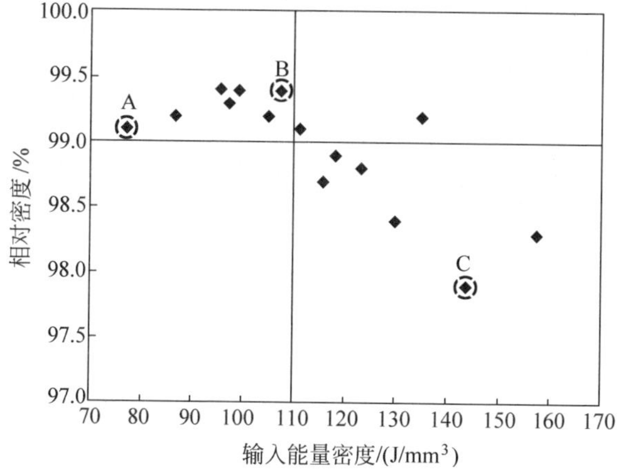

图 14-18　激光能量密度与相对密度之间的关系

当输入能量密度较低($77J/mm^3$)时，由于粉末材料未完全熔化，形成不连续的熔化轨道。同时，产生不规则的熔池边界，甚至熔化道之间没有熔合重叠，如图 14-19(a)所示。因此，由于熔体不足产生了不规则的微孔，所以试样密度降低。随着输入能量密度的增加($107J/mm^3$),熔化道变得连续,并且彼此重叠得更加充分,在重叠的边界上没有发现孔隙,如图 14-19(b)所示。图 14-19(c)所示为高能量密度($147J/mm^3$)成形的块体试样,具有几乎线性的重叠边界。同时,试样内部有较大的裂纹产生,裂纹从熔化道中间产生并向四周扩展,这是由于高的激光能量密度导致熔池在冷却过程中残余应力过大,超过材料的屈服极限,裂纹从熔池内部产生。图 14-19(d)所示为试样内部出现了大量的微小金属球,这是由于高的激光能量密度导致熔池温度过高而沸腾,飞溅出细小颗粒,凝固后在熔池附近发生球化,属于过烧现象,从而导致试样密度显著下降。因此,通过测试不同参数下试样的相对密度,发现当激光能量密度约为 $110J/mm^3$(功率为 310W,扫描速度为 800mm/s,层厚为 0.04mm,扫描间距为 0.09mm)时,试样具有最高的密度和最佳的可成形性。

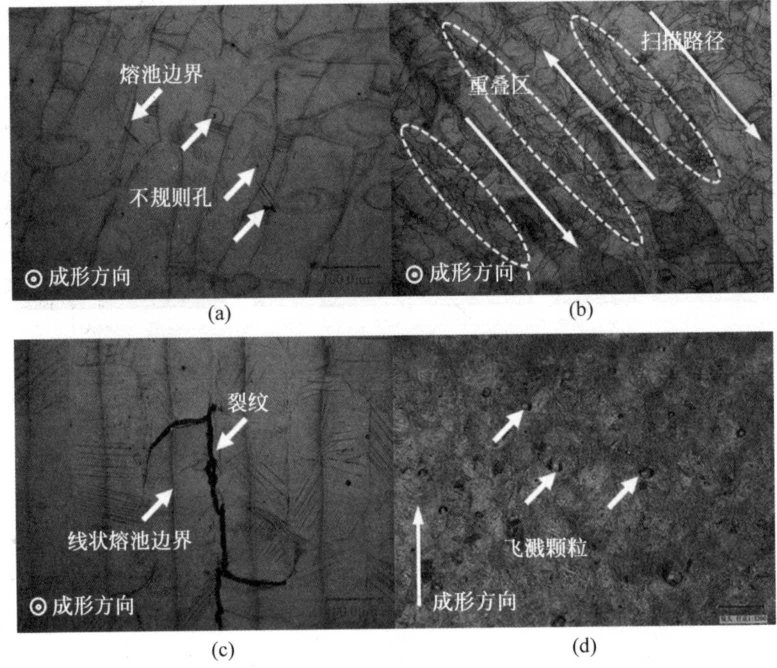

图 14-19 光镜下的微观形貌

(a) A 试样的 *X-Y* 面($77J/mm^3$,250W,900mm/s);(b) B 试样的 *X-Y* 面($107J/mm^3$,310W,800mm/s);(c) C 试样的 *X-Y* 面;(d) C 试样的 *X-Z* 面($147J/mm^3$,310W,600mm/s)

2) 物相分析

图 14-20(a)所示为 Cu-Al-Ni 合金在 Ni 的质量分数为 4%时的三元相图,横坐标为 Al 的质量分数,纵坐标为温度,红色箭头表示 Cu-13.5Al-4Ni 的凝固路径和相变。通过相图分析可知,Cu-13.5Al-4Ni 合金的理论凝固路径为:$L \longrightarrow L+\beta_1 \longrightarrow \beta_1 \longrightarrow \alpha+NiAl+\gamma_2$。这表明 Cu-13.5Al-4Ni 合金在室温下由 α、AlNi 和 γ_2 相组成,其中 α 相为 Al 溶入 Cu 中形成的 FCC(face center cubic,面心立方)结构固溶

体，AlNi 为金属间化合物，γ_2 是以电子化合物为基的固溶体。图 14-20(b)所示为 SLM 成形 Cu-13.5Al-4Ni-0.5Ti 块体试样的 X 射线衍射图，其中 2θ 为 X 射线扫描的角度。通过分析发现试样中仅存在 β_1' 相，这是由于 SLM 成形过程是非平衡凝固的过程，扫描过程中试样瞬时熔化和快速冷却，β 相向 α 相和 γ_2 相的转变过程被抑制。当冷却速率大于 5～6℃/min 时，这个共析转变会被抑制，而 SLM 冷却速率可达 $2.13\times10^6\sim2.97\times10^6$℃/s。[58] 通常直接铸造 Cu-Al-Ni 系形状记忆合金需要淬火以完成热弹性马氏体相变，使得热弹性马氏体(β_1')在常温下保留。因此，SLM 成形过程的快速凝固能有效改善 Cu-13.5Al-4Ni-0.5Ti 合金的形状记忆性能。然而，XRD 衍射峰表明，SLM 成形 Cu-13.5Al-4Ni-0.5Ti 合金试样中有 β_1' 相，这说明在 SLM 成形 Cu-13.5Al-4Ni 合金中的凝固路径为：$L \longrightarrow L+\beta \longrightarrow \beta \longrightarrow \beta_1 \longrightarrow \beta_1'$。

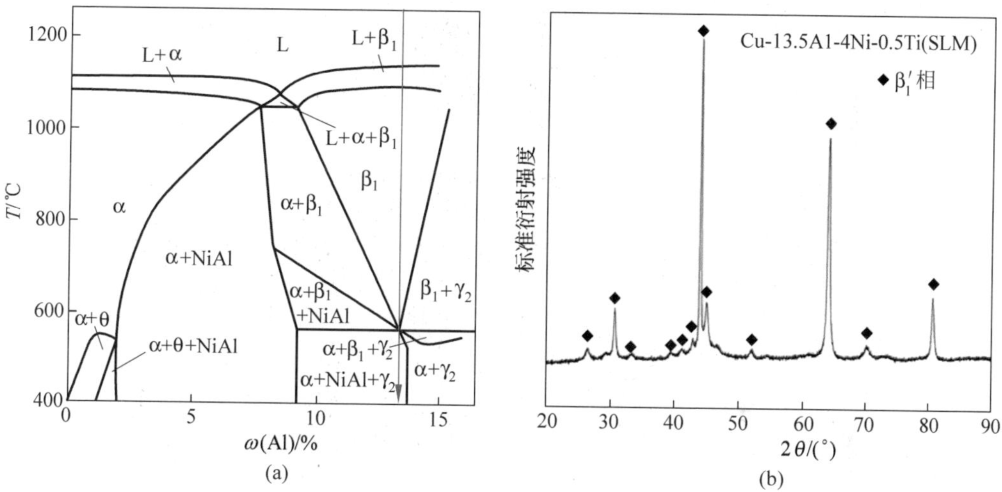

图 14-20　Cu-Al-Ni 合金相组成

(a) Cu-Al-Ni 三元相图在 4%Ni 处的垂直截面；(b) SLM 成形 Cu-13.5Al-4Ni-0.5Ti 试样的 X 射线衍射图(激光功率为 310W，扫描速度为 800mm/s)

3）显微组织分析

图 14-21 所示为激光功率 310W、扫描速度 800mm/s、层厚 0.04mm、扫描间距 0.09mm 时 SLM 成形块体试样的微观组织形貌。图 14-21(a)和(b)所示为垂直于成形方向平面上的晶粒形貌。用下式计算平均晶粒直径[19]：

$$d=\sqrt{\frac{s}{\pi M}} \tag{14-2}$$

式中，s 是某个圆的面积；M 是该圆内的有效晶粒数；d 是晶粒的平均直径。通过图 14-21(a)中红色方框计算可得平均晶粒直径为 43μm，试样中晶粒呈现出“双峰”晶粒尺寸分布，在熔化道轨道重叠的区域中，等轴晶的平均晶粒直径范围在 10～30μm 之间。在熔化轨道的中心，晶粒垂直于扫描方向生长，平均晶粒直径范围在

30～80μm 之间。图 14-21(c)所示为试样微观组织中存在典型的板条状马氏体，而且在晶粒内部交叉生长，这与 XRD 测试结果保持一致。传统铸造方法成形的 Cu-11.9Al-4Ni-0.7Ti 形状记忆合金，其平均晶粒尺寸为 400μm。SLM 成形试样的晶粒尺寸仅为铸件试样的 1/10，这是 SLM 高速冷却速率和 Ti 元素晶粒细化综合因素的结果。图 14-21(d)所示为试样组织中存在直径约 40μm 的气孔，这是因为在 SLM 成形过程中凝固速度过快，熔池中的气体来不及溢出，这些气孔的存在也是 SLM 成形试样不能达到完全致密的主要原因。

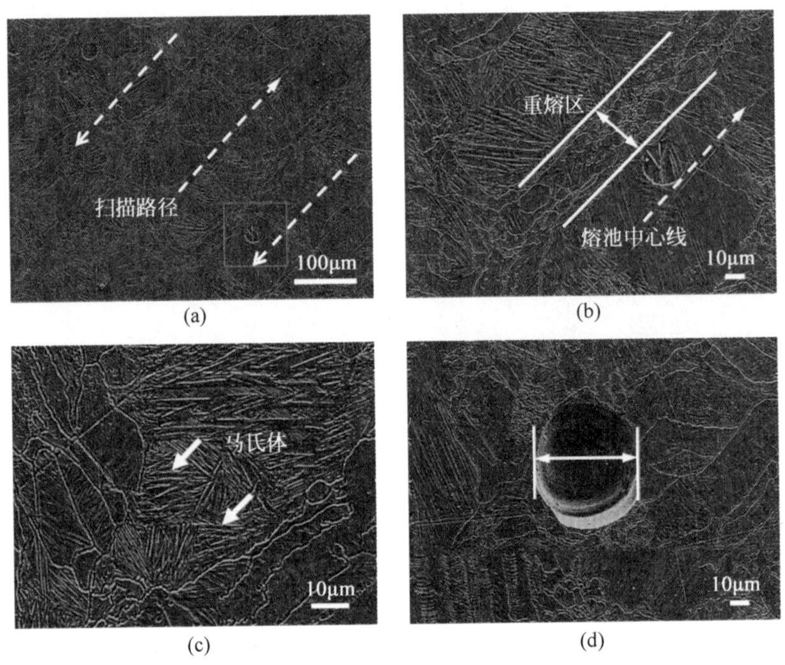

图 14-21 扫描电镜下的微观组织

(a) X-Y 平面；(b) 图(a)中方形区域高倍放大；(c) 马氏体形态；(d) 微孔

4) 硬度分析

图 14-22 所示为 SLM 成形 Cu-13.5Al-4Ni-0.5Ti 合金块体试样在不同方向上的硬度值。*XZ* 平面上的平均硬度(289.1±16.9)HV 略高于 *XY* 平面上的平均硬度(267.1±24.2)HV。这是因为 *XZ* 平面的熔池边界密度略高于 *XY* 平面，但是相组成没有明显的差异。德国德累斯顿复合材料研究所的 Gustmann 等用 SLM 成形 Cu-11.85Al-3.2Ni-3Mn 合金试样，其平均硬度为(245±20)HV，高于传统铸造合金硬度 16.9HV，平均晶粒直径大于 123μm。与本研究相比，硬度值要低，试样平均晶粒直径是本研究的 3 倍，这是由于 Ti 元素的晶粒细化效应有助于 SLM 成形 Cu-13.5Al-4Ni-0.5Ti 合金硬度的提高。此外，SLM 成形过程中的快速凝固抑制了脆性 γ_2 相的析出，加强了合金的硬度。

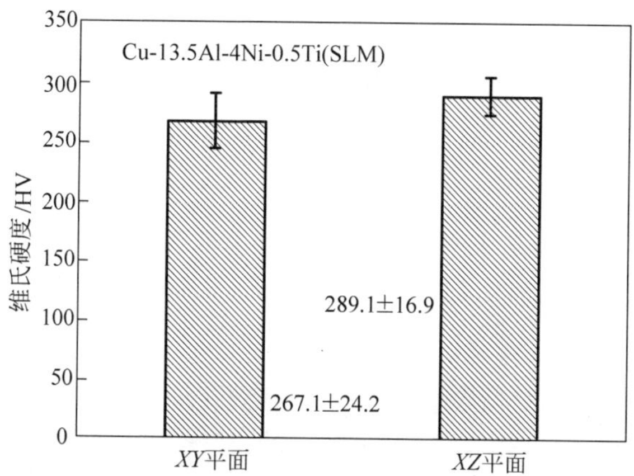

图 14-22　SLM 成形 Cu-13.5A4-4Ni-0.5Ti 合金的 XY 面和 XZ 面的平均硬度

5）常温拉伸性能

图 14-23 所示为 SLM 成形 Cu-13.5Al-4Ni-0.5Ti 合金拉伸试样在室温下的拉伸强度-延伸率曲线。从该图中可以看到，试样的平均极限拉伸强度为(541±26) MPa，延伸率为(7.63±0.39)%。与铸态 Cu-11.9Al-4Ni-0.7Ti 形状记忆合金相比，极限抗拉强度降低了 23%，延伸率提高了 163%。高延伸率与合金中的晶粒细化和相组成有关，铸态 Cu-11.9Al-4Ni-0.7Ti 合金的平均晶粒直径约为 400μm，比本研究中成形试样高约 9～10 倍。另外，SLM 成形试样中不存在 γ_2 脆性相，这有利于试样延展性的提高。然而，本研究中极限抗拉强度比铸态 Cu-11.9Al-4Ni-0.7Ti 形状记忆合金低 84MPa。这可能归因于试样中气孔等缺陷的存在，这些缺陷在拉伸应力或压应力作用下，应力很容易集中发生在这些位置，在拉伸过程中成为优先断裂源，最终导致极限强度值减小。

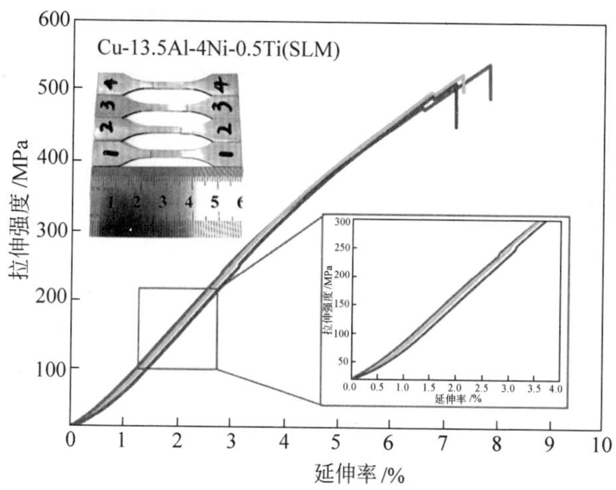

图 14-23　SLM 制备的 Cu-13.5Al-4Ni-0.5Ti 合金在室温下的拉伸强度-延伸率曲线

图 14-24 所示为 SLM 成形 Cu-13.5Al-4Ni-0.5Ti 合金拉伸试样室温下的断口形貌。图 14-24(a)所示为低倍断口形貌,可以看到断口边缘没有发生明显的缩颈现象,且断口由许多不规则取向的小刻面组成;从图 14-24(b)中可以观察到放射状条纹和一些明亮的小面。因此,宏观断裂特征表明,拉伸试样没有明显的塑性变形,呈现脆性断裂。此外,如图 14-24(c)所示,在微观形貌中可以发现许多解离台阶、解离面和河流花样。这表明拉伸试样是解离断裂。图 14-24(d)所示为在拉伸过程中,由于应力集中,裂纹首先出现在孔隙处,然后裂纹传播互连形成台阶,这些台阶在扩展过程中会合并或消失,并最终形成河流状的花样。

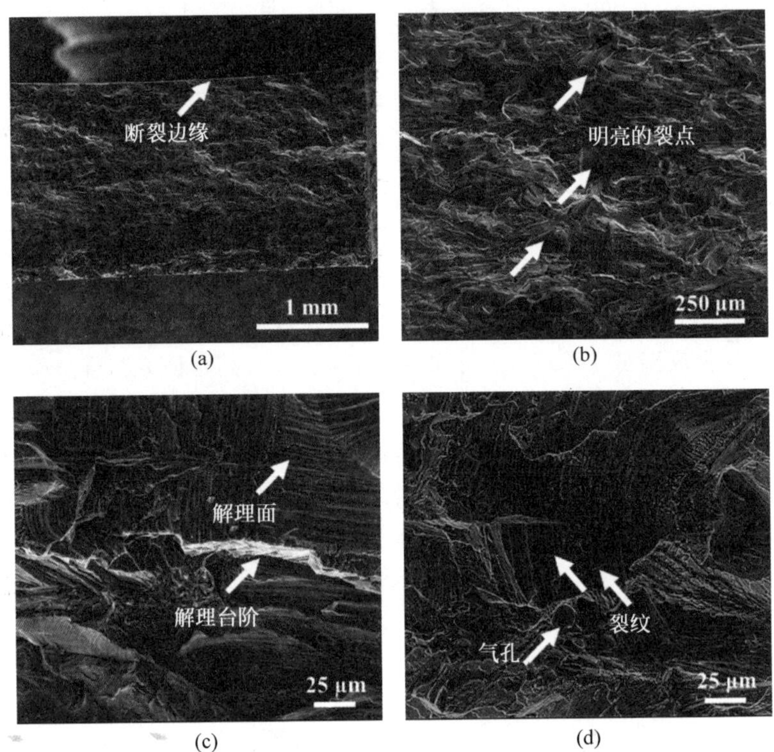

图 14-24 SLM 成形 Cu-13.5Al-4Ni-0.5Ti 合金的室温拉伸断裂形貌

(a) 宏观断口;(b) 微观组织特征;(c) 解离特征;(d) 气孔和裂纹

6) 高温拉伸性能

由于 Cu-Al-Ni 合金在高温下的工作环境主要在 100～300℃,因此在 300℃下对 SLM 试样进行了拉伸实验。图 14-25 所示为 SLM 成形 Cu-13.5Al-4Ni-0.5Ti 合金拉伸试样在 300℃下的拉伸强度-延伸率曲线。从该图中可以看到,试样的平均极限拉伸强度为(611±9)MPa,比常温时高出近 70MPa,而延伸率为(10.78±1.87)%,比常温时高近 3.15%。然而,常温和 300℃的拉伸强度-延伸率曲线的变化趋势有明显不同。300℃时的曲线出现了明显的弯曲现象,这说明 SLM 成形试样在 300℃的拉伸过程中不仅发生了弹性变形,而且发生了明显的屈服现象和塑性变形，屈服强度超过500MPa。试样的拉伸强度和延伸率显著增加，试样的变形状态也在300℃时发生改变。这是因为Cu-Al-Ni形状记忆合金的相变温度通常在−200～170℃之间，拉伸试样在300℃下处于奥氏体状态。当温度高于奥氏体转变终止温度时，在施加的应力下，形状记忆合金中发生应力诱发的马氏体转变。通过形变和相变的相互促进作用，提高了试样的强度和可塑性。然而，在该温度范围内发生的应力诱发马氏体转变是完全不稳定的。一旦施加的应力被移除，马氏体就会重新转变为母相。形状记忆合金的这种变形也称为超弹性。

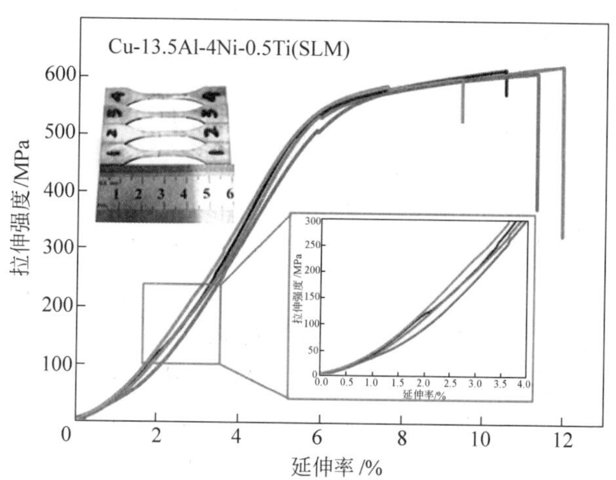

图14-25 SLM成形Cu-13.5Al-4Ni-0.5Ti合金在300℃下的拉伸强度-延伸率曲线

图14-26所示为SLM成形Cu-13.5Al-4Ni-0.5Ti合金拉伸试样高温下(300℃)的断口形貌。从图14-26(a)和(b)中可以看到明显的韧性断裂特征，如韧窝。这说明试样在高温下断裂特征是脆性断裂和韧性断裂的混合断裂形式，这也是300℃时合金在拉伸过程中发生轻微塑性变形的原因。这表明，SLM成形的Cu-13.5Al-4Ni-0.5Ti合金在高温下具有良好的机械性能和应用潜力。

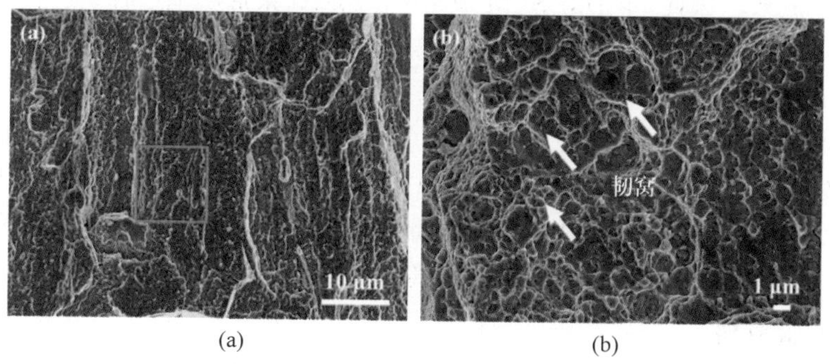

(a) (b)

图14-26 SLM成形Cu-13.5Al-4Ni-0.5Ti合金的高温(300℃)拉伸断裂形貌

(a) 局部微观特征；(b) 局部放大图

4. **结论**

利用单道扫描优化了合金的 SLM 成形工艺；对块体试样的物相组成和显微结构进行了分析表征，测试了其维氏硬度；通过拉伸实验测试了试样在室温和高温下的力学性能，得出结论为：SLM 成形 Cu-13.5Al-4Ni-0.5Ti 合金的最优工艺参数在能量密度为 110J/mm^3(功率 310W，扫描速度 800mm/s，层厚 0.04mm，扫描间距 0.09mm)时，合金致密度最高达 99.5%。激光能量密度过低会导致粉末不能完全熔化，形成连续且搭接良好的熔化道，导致试样内部孔隙较多；高的激光能量密度会导致熔池温度过高产生飞溅而导致球化现象，试样内部形成较多孔隙且表面粗糙。由于 SLM 过程中冷却速度快，在 SLM 成形的 Cu-13.5Al-4Ni-0.5Ti 合金中，α 相和 γ_2 相的析出被抑制，仅产生 β_1' 马氏体相，不需淬火就可以获得热弹性马氏体。细长的带状晶粒横穿熔化轨道生长，大尺寸晶粒位于熔化道的中心，而熔化道重叠区域为细晶区，晶粒平均尺寸约为 43μm，只有铸造的 1/10，晶粒得到明显细化。由于晶粒的细化和脆性，γ_2 相被抑制，SLM 成形 Cu-13.5Al-4Ni-0.5Ti 合金常温下的硬度(267.1～289.1)HV 和延伸率(7.63±0.39)%高于相应的铸造合金。由于内部孔隙等缺陷的存在，合金的拉伸强度(541±26)MPa 略低于铸造。合金 300℃下的力学性能[拉伸强度(611±9)MPa，延伸率(10.78±1.87)%]优于常温，显著提高的机械性能与高温下应力诱发马氏体相变有关，说明 SLM 成形的 Cu-13.5Al-4Ni-0.5Ti 合金在高温领域具有良好的应用潜力。

14.5.2 Cu-Zn-Al 形状记忆合金及其成形工艺

目前应用最广泛的铜基形状记忆合金有 Cu-Al-Ni 系、Cu-Zn-Al 系，但大部分利用 SLM 成形铜基记忆合金的研究是关于 Cu-Al-Ni 系合金的，而对于 SLM 成形 Cu-Zn-Al 系的研究还鲜有报道。Cu-Zn-Al 系形状记忆合金具有良好的形状记忆效应、相变伪弹性、力学性能以及良好的导热性，且相对 Cu-AI-Ni 系有较好的延展性，易加工成形。因此，本书对 SLM 成形 Cu-Zn-Al 系形状记忆合金进行研究。为了避免 Al 含量过高或过低引起的材料脆化和记忆性能降低，以及保证合金的 Zn 当量在 36%～48%之间，将材料的体系选择为 Cu-25.5Zn-4Al。同时，由于在合金中加入 Mn 元素可以细化晶粒，减小合金中的淬火空位，时效过程中能抑制空位的迁移及 Zn、Al 原子的扩散，降低马氏体稳定化的倾向，因此最终设计的粉末成分为 Cu-25.5Zn-4Al-0.6Mn。通过引入激光能量密度(式(14-1))来研究不同激光能量密度对 Cu-Zn-Al 形状记忆合金相组成、微观组织形貌、力学性能的影响规律。

1. **实验材料**

原材料选用气雾化方法制备的球形 Cu-Zn-Al-Mn 预合金粉末，粉末的平均粒径为 34.4μm，粒径分布如图 14-27 所示，粉末的微观形貌如图 14-28 所示，可以看到整体粉末呈近似规则的球形。

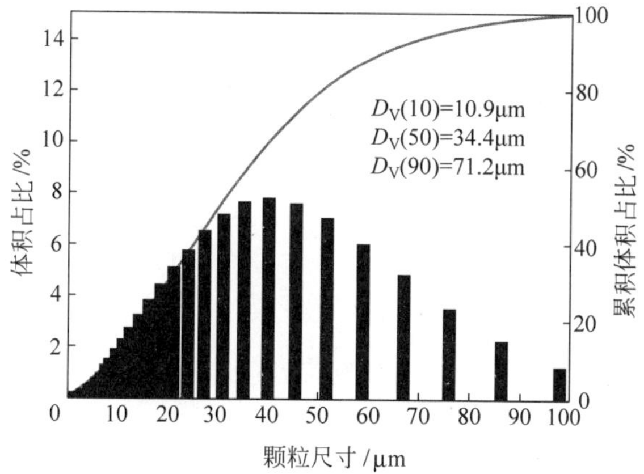

图 14-27　原始粉末粒径分布图

图 14-28　原始粉末微观形貌

2. 试样制备

采用华科三维有限公司生产的 HKM125 装备，如图 14-29 所示。打印之前粉末在 80℃的真空烘箱中干燥 12h，打印过程中成形腔中通入高纯氩气，氧气含量维持在 0.03%以下。打印参数设置如下：基板预热温度为 100℃，层厚为 0.04mm，扫描间距 0.09mm，激光功率设置为 250、300、350W，扫描速度设置为 400、500、600、700、800mm/s。保持层厚与扫描间距恒定，通过采用不同的激光功率与扫描速度组合来获得不同的激光体能量密度，一共 15 组参数。采用分组变向扫描策略，下一层在上一层基础上旋转 67°，如图 14-30 所示。打印完成后，利用线切割将试样从基板上取下来。

3. 试样表征

采用阿基米德排水法测量块体的密度，采用美国麦克仪器公司生产的全自动致密度分析仪测定原始粉末真实密度，将粉末的真实密度认为是 100%致密块体的密度，利用下式进行块体致密度的计算：

图 14-29　SLM 装备

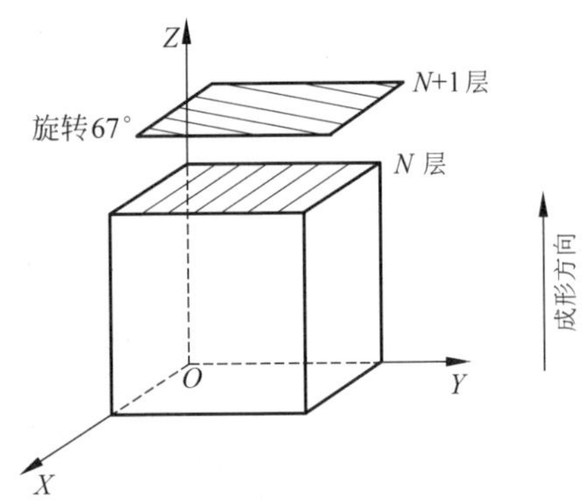

图 14-30　激光扫描方式

$$\rho = \frac{\text{块体密度}}{\text{粉末真实密度}} \times 100\% \tag{14-3}$$

微观组织形貌采用日本电子株式会社生产的 JSM-7600F 场发射电子扫描电镜拍摄，XRD 物相分析采用荷兰帕纳科公司生产的 X'Pert3 Powder 多功能粉末 X 射线衍射仪，靶材为 Cu 靶，扫描角度 20°～90°，采用连续扫描方式，扫描速度为 10°/min。拉伸性能测试采用德国 Zwick/Roell 公司生产的电子万能材料实验机，拉伸速度为 1mm/min。硬度测试采用数显显微维氏硬度计(TMVS-1)，载荷为 200g，保压时间为 10s。

4. 实验结果及分析

1) 工艺参数与致密度

利用致密度仪测得的粉末真实密度为 7.8342g/cm^3。分别将测得的块体密度代入式(14-3)，计算得到不同工艺参数组合下的块体密度，得到块体的最大致密度为 96.96%。整体而言，致密度随着激光能量密度的增加先增加后减小，如图 14-31(a)所示。这是由于激光能量密度较小时，粉末无法得到足够的能量使其熔化，同时由于温度较低，熔化的液相黏度较高，无法顺利地铺展开来，因此很难形成连续的熔化道，从而产生孔隙，导致块体的致密度低。随着激光能量密度提高，粉末得到了足够的能量，同时温度升高使液相的黏度下降，液相与基体的润湿性提升，能够形成连续的熔化道，因此致密度提高。但是，当能量密度达到 200J/mm^3 时，致密度开始下降，打印过程中出现翘曲，使得打印过程无法继续进行。这是由于输入的能量密度太高，导致成形层与基底的温度梯度增大，收缩不一致导致翘曲发生，后一层的粉末不能在前一层上良好地铺展，从而导致孔隙增多，甚至打印失败。图 14-31(b)、(c)、(d)分别为激光体能量密度为 86.8、104.2、194.4J/mm^3 的块体试样在抛光后置于光镜下的金相图，致密度分别为 83.73%、87.18%、96.96%。可以看到，当激光能量密度不超过 200J/mm^3 时，随着激光能量密度的增大，试样中的孔隙尺寸逐渐减小，且数量也逐渐减少。因此，可以通过采用合适的激光体能量密度来提高块体的致密度，降低孔隙率。

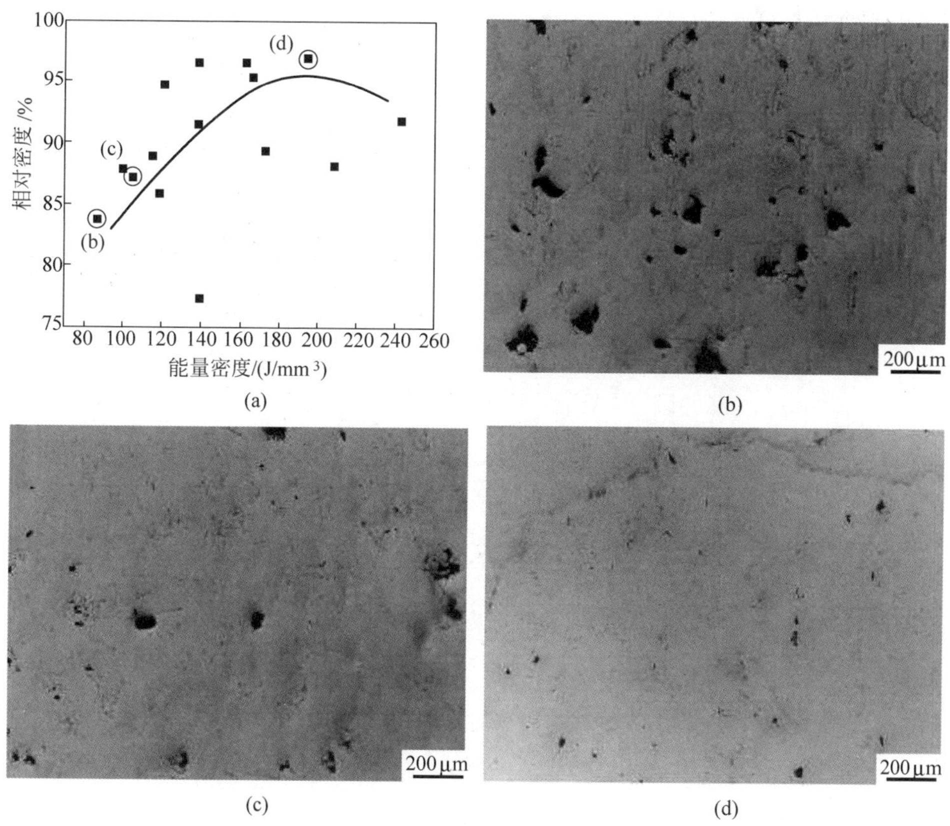

(a)　(b)　(c)　(d)

图 14-31　不同激光能量密度下的致密度与孔隙分布

2）XRD 相组成成分

图 14-32(a)为原始粉末与不同激光能量密度下 SLM 成形试样的 XRD 图谱。可以看到，原始粉末中只有一个马氏体相，SLM 成形试样的 XRD 图谱发生了较大的改变。当激光能量密度为 86.8J/mm^3 时，SLM 成形的块体中主要为 α 相，同时含有少量的 β 相，α 相是 Zn 溶于 Cu 中的固溶体，晶体结构为面心立方结构。随着激光能量密度增大至 104.2J/mm^3，β 相的峰值逐渐降低，当激光能量密度增大至 194.4J/mm^3 时，β 相的峰值完全消失，如图 14-32(b)、(c)所示。β 相又称为母相，是以 CuZn 为基的固溶体，晶体结构为体心立方结构。图 14-33 是 Al 含量为 4% 时 Cu-Zn-Al 三元系的垂直截面图，图中箭头所指为原始设计的粉末成分。从图中可以看到，当发生平衡凝固时会得到大量的 β 相以及少量的 α 相与 γ 相；但是在打印过程中，由于 Zn 的熔点只有 419.5℃，Zn 元素的大量蒸发使得相图严重向左偏移，因此，实际 SLM 成形后，试样中存在大量的 α 相和少量的 β 相，且随着激光能量密度增大，β 相完全消失，只剩下 α 相。同时，随着激光能量密度增大，α 相的峰值整体往右偏移。图 14-32(b)给出了局部的 XRD 衍射图谱。根据 Bragg 定律：

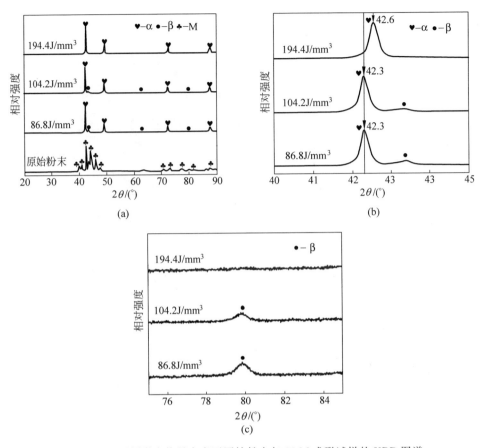

图 14-32　不同激光能量密度下原始粉末与 SLM 成形试样的 XRD 图谱

(a) 原始粉末与 SLM 成形试样的 XRD 图谱；(b) SLM 成形试样局部 XRD 图谱(40°～45°)；(c) SLM 成形试样局部 XRD 图谱(75°～85°)

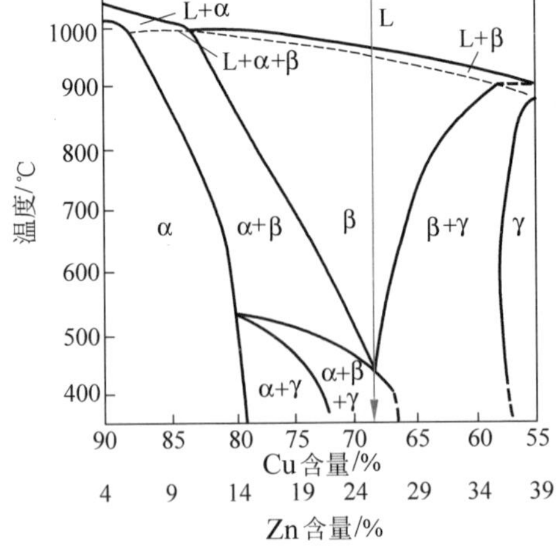

图 14-33　Al 含量为 4％时 Cu-Zn-Al 三元系的垂直截面图

$$2d\sin\theta = n\lambda \tag{14-4}$$

θ 增大，d 减小，说明晶面间距减小。由于 α 相是 Zn 溶于 Cu 中的固溶体，Zn 的原子半径大于 Cu 的原子半径，Zn 固溶于 Cu 中会造成晶面间距的增大，即峰值左移，而随着激光能量密度的增加，Zn 挥发增大，固溶到 Cu 中的 Zn 减少，因此造成了晶面间距的相对减小，即峰值右移。

3）微观组织形貌

将试样在 $FeCl_3$(5g)、HCl(10mL)和酒精(100mL)配成的腐蚀液中进行腐蚀，腐蚀之后置于光镜与电镜下观察微观组织形貌。图 14-34 为体能量密度为 194.4J/mm^3 的 SLM 成形试样侧面（XZ 面）在光学显微镜下的金相图。从图 14-34(a)中可以看到明显的熔池轮廓，以及熔池边界存在的孔隙。图 14-34(b)是单个微熔池的金相图，可以看到晶粒的尺寸大概在 15μm 左右，而铸造的 Cu-Zn-Al 合金晶粒尺寸大约在 500μm 左右。可见 SLM 成形工艺可以极大地细化合金的晶粒。这是由于 SLM 极快的冷却速度造成巨大的过冷度，形核驱动力大，同时大的冷却速度抑制了晶粒长大造成的。

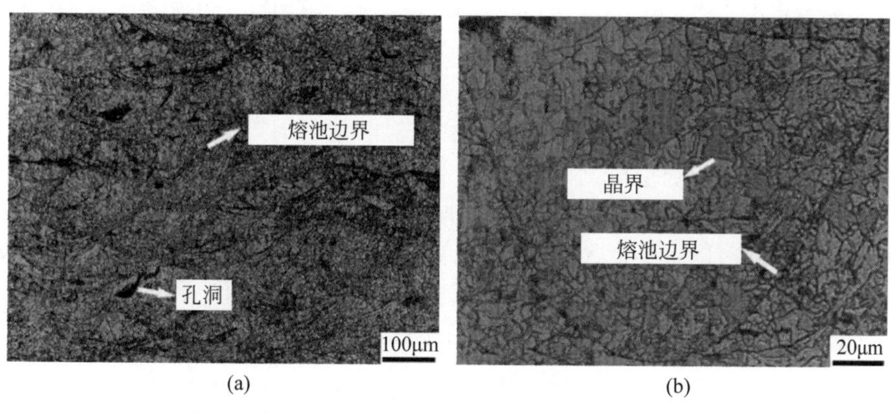

图 14-34　不同放大倍数下 SLM 成形试样的金相图
(a) 放大倍数为 100 倍；(b) 放大倍数为 500 倍

图 14-35 为该试样在扫描电镜下的微观组织形貌背散射图。图中可以看到非常明显的层片状结构，根据 XRD 相成分分析可知，激光体能量密度为 194.4J/mm^3 的 SLM 成形试样中，只存在单一的 α 相，因此该层片状结构为 α 相，背散射图无明显的亮度区别，说明视野中为单一相，与 XRD 测试所得的结果一致。在铸造的 Cu-Zn-Al 合金中，α 相呈现长条状，组织清晰，这是由于铸造的凝固过程中冷却速度较慢，冶金反应较为简单；而 SLM 成形过程中，激光快速加热形成微小熔池，高温微熔池因温度梯度和黏度梯度存在强烈的马兰戈尼对流（Marangoni convection），激光扫过后熔池又快速冷却，且下一层扫描时对上一层已成形层又会有一个加热的作用，整个 SLM 成形过程涉及复杂的热力学与动力学，凝固冷却条件与铸造成形完全不同，因此 SLM 成形组织形貌与铸造组织有显著的差别。

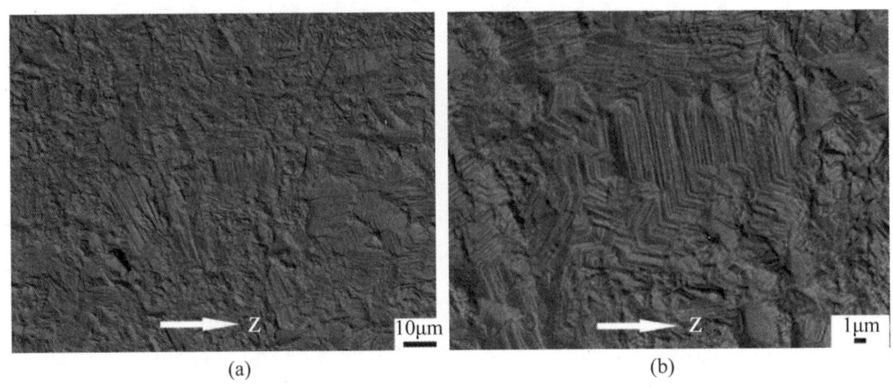

(a) (b)

图 14-35 不同放大倍数下 SLM 成形试样的扫描电镜图

(a) 放大倍数为 1000 倍；(b) 放大倍数为 3000 倍

4）拉伸强度与断口

图 14-36 为不同激光体能量密度下 SLM 构件的拉伸强度。从图中可以看到，当激光能量密度为 86.8J/mm^3 时，拉伸强度仅有 82.2MPa；当激光能量密度增加到 104.2J/mm^3 时，拉伸强度略有增加；当激光能量密度增加到 194.4J/mm^3 时，拉伸强度大幅增加，达到了 328.3MPa。这是因为，当激光能量密度较小时，试样的致密度较低，试样中的孔隙较多，当试样受到拉应力时，容易从孔隙处开始断裂并形成长的裂纹，导致试样的强度大大下降。当激光能量密度增大时，粉末发生充分的熔化并形成连续的熔化道，试样中的孔隙减少，断裂源减少，强度得以提升。致密度最高的试样拉伸强度高于同成分的铸造合金试样，这是由于 SLM 构件的晶粒尺寸相比于铸造成形晶粒尺寸大幅度减小，晶界更多，进一步提高了其拉伸强度。

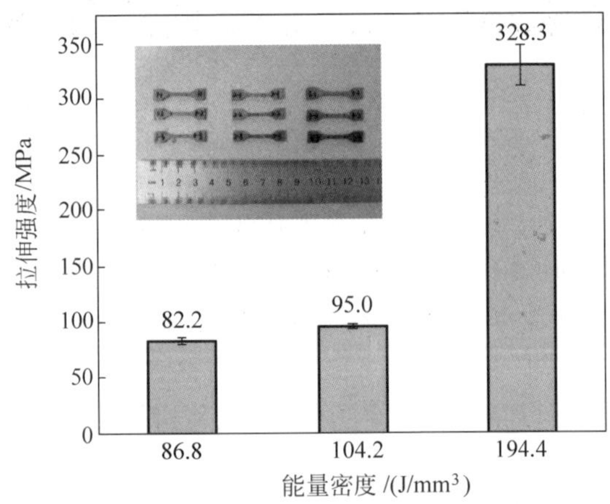

图 14-36 不同激光能量密度下 SLM 构件的拉伸强度

图 14-37 为激光能量密度为 194.4J/mm^3 时拉伸试样的断口形貌，可以看到大量的韧窝，且宏观上看断口处存在颈缩，说明是塑性断裂。虽然此熔化参数下致

密度最高，但仍然未达到 100%，图 14-37(a)中可以看到有未熔化的粉末及孔隙，推测此为断裂源的位置。

图 14-37　激光能量密度为 194.4J/mm^3 时的拉伸断口形貌

(a) 断口中存在未熔化的粉末与韧窝；(b) 放大倍数为 500 倍时断口处的韧窝

5）显微硬度

图 14-38 为不同激光能量密度下 SLM 试样的硬度。从图中可以看出，随着激光能量密度的增大，硬度逐渐降低。这是因为随着激光能量密度增大，β 相逐渐减少甚至消失，而 α 相逐渐占据全部。β 相是硬脆相，硬度较高；而 α 相由于是面心立方结构，滑移系多，塑性好，硬度小，可加工性好。因此，随着激光能量密度增大，β 相减少，α 相增多，试样的硬度逐渐降低。

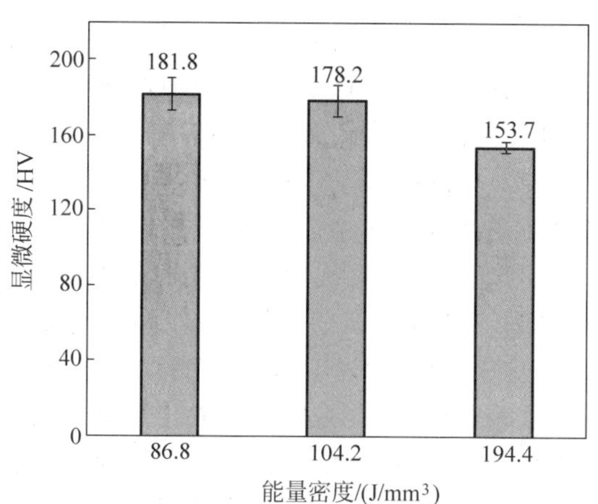

图 14-38　不同激光能量密度下 SLM 试样的显微硬度

5. 结论

(1) 激光能量密度对 SLM 试样有显著的影响。随着激光能量密度的增大，致密度先增加后降低，构件的最高致密度为 96.96%。

(2) SLM 试样的物相与粉末有显著的差异。由于在 SLM 成形过程中，大量的 Zn 蒸发，使得相图偏移，实际 SLM 成形的块体中主要是大量的 α 相和少量的 β 相，且随着激光能量密度的增加，β 相全部消失，块体中变成单一的 α 相。

(3) 显微组织中可以看到相互搭接的熔池形貌。由于 SLM 成形过程的复杂性，SLM 中生成的 α 相为层片状，与铸造组织中生成的长条状 α 相在形貌上差异显著。

(4) 在激光能量密度不超过 $200J/mm^3$ 时，随着激光能量密度的增加，拉伸强度增高，最高可达 328.3MPa；显微硬度下降，由 181.8HV 降到 153.7HV。前者由于孔隙率降低，致密度提高；后者则是受到相组成的影响，在高能量密度下，β 相消失，α 相占据主导，而 α 相较软，因此块体硬度下降。

14.5.3 丙烯酸酯体系形状记忆聚合物及其成形工艺

形状记忆聚合物(SMP)是典型的"刺激-响应"聚合物，在温度、光、电、磁和湿度等外部刺激下，可以从特定的临时形状恢复到其原始形状。这种形状恢复的过程即为形状记忆效应(SME)。与形状记忆合金等其他形状记忆材料相比，SMP 的变形性能更容易控制，且材料成本和加工成本更低。除此之外，SMP 还具有密度低、弹性变形大的特点，部分还具有生物相容性和生物降解性。正是由于这些优异的性能，SMP 在航空航天、医疗等领域具有巨大的应用潜力，如可展开结构、铰链、折叠翼，以及生物医学领域里的自收紧缝合线、紧固件和药物输送载体等。

SMP 的 4D 打印目前主要是通过聚合物喷射(polyjet)和 FDM 成形的。尽管聚合物喷射技术可以打印高精度构件，但它具有装备成本高和强度低等问题；FDM 技术主要用于成形热塑性的丝状材料，而热塑性 SMP 的化学结构是物理交联的，与热固性 SMP 相比，它们的形状恢复性能较差，这显著降低了 4D 打印热塑性 SMP 的形状记忆性能。因此，越来越多的研究人员热衷于研究热固性 SMP，以实现 4D 打印并获得优异的形状记忆性能。光固化技术是一种基于液体光敏树脂紫外光固化的成熟 3D 打印技术，具有优异的表面光洁度和高分辨率。该技术可分为两种：基于激光束的 SLA 技术和基于投影光源的 DLP 技术。与 SLA 相比，因为液体光敏树脂每次固化成一层，所以 DLP 具有更快的成形速率。南洋理工大学的 Choong 等在 DLP 过程中优化了能量密度和固化深度，打印出具有优良形状记忆性能的复杂 SMP 网状球体。浙江大学的 Huang 等通过超快 DLP 打印出了形状变化的水凝胶，打印出的水凝胶显示出优异的形状记忆性能。到目前为止，大多数工作都集中在几种可用光敏 SMP 的形状记忆性能上，而用于可成形的形状记忆光敏树脂仍然缺乏。

因此，我们提出一种新的可 4D 打印的丙烯酸酯体系光敏树脂，该树脂由丙烯酸叔丁酯(tert-butyl acrylate，tBA)和二丙烯酸 1,6-己二醇酯(1,6-hexanediol diacrylate，HDDA)以及作为光引发剂的 2,4,6-三甲基苯甲酰基二苯基氧化膦

(2,4,6-trimethylbenzoyldiphenyl phosphine oxide,TPO)组成。具有 tBA/HDDA 交联网络的 SMP 构件通过在紫外光下的原位聚合合成,并且在“变形-恢复”测试中显示出 SME。通过研究固化和未固化树脂的热稳定性、结晶性能和化学结构,揭示出具有不同交联剂浓度的 DLP 打印构件的形状恢复率、形状固定率和循环寿命方面的形状记忆性能。这项工作拓宽了 4D 打印材料的种类,对优化其他 SMP 的形状记忆性能具有借鉴价值。

1. 材料的制备与成形方法

1）光敏树脂的制备方法

DLP 树脂由 tBA、HDDA 和 TPO 组成,其中,tBA 用于单体,HDDA 用作交联剂。单体(软段)和交联剂(硬段)构成双链段,常存在于 SMP 的结构中。当加热到 T_g 以上时,软组分使高弹性应变成临时形状,并且硬组分能够保持热稳定。TPO 是一种淡黄色粉末,作为紫外光引发剂产生自由基,迅速引发单体和交联剂的聚合。

将 tBA 单体、HDDA 和 TPO 混合,它们不经任何纯化即可直接使用。制备具有质量分数为 5%的 HDDA 光敏树脂,并进一步配比至 10%～50%。制备的这些光敏树脂的质量和组成比例列于表 14-2 中,并将 1g TPO 加入到每 100g tBA/HDDA 溶液中。

表 14-2　5 种光敏树脂的成分及其含量　　g

材料种类	HDDA 的质量分数				
	10/%	20/%	30/%	40/%	50/%
tBA	90	80	70	60	50
HDDA	10	20	30	40	50
TPO	1	1	1	1	1

以 10%HDDA 的制备方法为例,首先将 10g HDDA 缓慢倒入 90g tBA 中得到混合溶液,然后加入 1g TPO,将得到的混合物超声振动 3min,得到均匀、无沉淀、透明的低黏度液体。因此,制备的光敏树脂非常适合紫外光固化。光敏树脂和合成交联网络的制备方法如图 14-39 所示。

2）形状记忆聚合物的成形方法

台式桌面级 Moonray DLP 打印机用于光敏树脂在投影紫外光下固化。紫外光的波长为 405nm、功率密度为 1250～1450$\mu W/cm^2$,这两者都是该打印机的固有参数,无法调节。层厚设定为 50μm,每层的曝光时间设定为 30s。所有的试样都按照此打印参数成形。

2. 试样表征

通过 TG/DSC 同步热分析仪(STA449F3,Netzsch,德国)分析 DLP 成形试样的热稳定性和结晶行为。将从 DLP 成形试样上切下的约 5mg 测试样品置于氧化

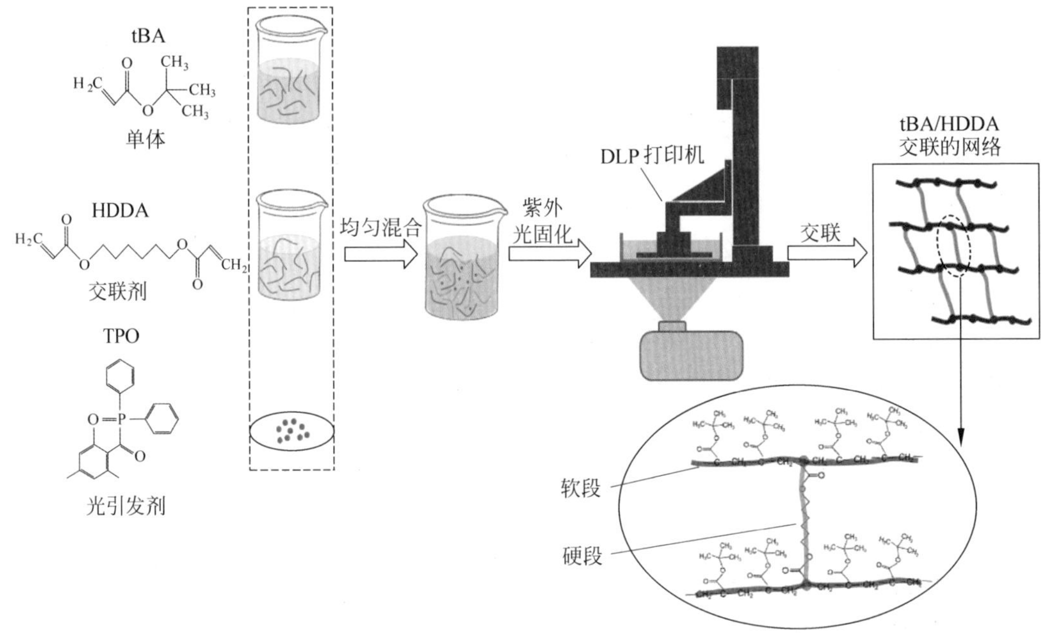

图 14-39　DLP 技术成形的由 tBA 单体(软链段)和 HDDA 交联剂(硬链段)组成的 tBA/HDDA 交联网络示意图

铝坩埚中,并在纯 N_2 气氛中以 10℃/min 的速度从 30℃加热至 600℃。

DLP 打印构件的多晶现象特性通过 X'Pert3 X 射线衍射仪(PANalytical B. V.,荷兰)和 PIXcel 通用矩阵检测器研究,衍射角 2θ 在 10°～70°变化,扫描速率为 3°/min,铜靶。

傅里叶变换红外光谱仪(FTIR,VERTEX 70,Bruker,德国)用于具有不同组成比例的光敏树脂(未固化和固化的)的化学结构分析。

使用 Perkin Elmer Diamond DMA 装备进行动态力学分析,以评估 DLP 打印试样的动态热力学性能。在压力模式下以 1Hz 的频率进行测量,在 30～200℃的温度范围内以 5℃/min 的升温速率进行测量。将测试样品加工成尺寸为 ϕ10mm×2mm 的圆柱形。

形状固定比(R_f)和形状恢复率(R_r)是反映形状记忆特性的两个重要参数。R_f 可以表明 SMP 能够固定在工艺编程中应用的机械变形,而 R_r 表明材料恢复到其原始形状的能力。它们可以由以下两式分别确定:

$$R_f = \frac{\varepsilon_{unload}}{\varepsilon_{load}} \times 100\% \tag{14-5}$$

$$R_r = \frac{\varepsilon_r}{\varepsilon_{unload}} \times 100\% = \frac{\varepsilon_{unload} - \varepsilon_{final}}{\varepsilon_{unload}} \times 100\% \tag{14-6}$$

式中,ε_{load} 是在高于 T_g 温度下施加的应变;ε_{unload} 是在冷却至低于 T_g 温度后除

去外部载荷时测量的应变；ε_{final} 是当 DLP 打印的 SMP 恢复到其原始形状时测量的应变。因此，当再加热 SMP 时恢复过程中的变形率 ε_r 也可以表示为 $\varepsilon_{unload}-\varepsilon_{final}$。

R_f 和 R_r 通过精确的 TA ARES-G2 DMA 仪器进行测试。以力控制模式进行测量，并将试样打印成尺寸为 20mm×10mm×1mm 的矩形条。测试程序按以下 5 个步骤进行：①加热，试样以 3℃/min 的速率从 30℃加热至 T_g 以上 10℃，然后隔热 10min；②变形，其中试样以 0.1N/min 的速率施加外力直至施加应变（ε_{load}）的约 10%；③冷却，外力保持不变，试样以 10℃/min 的速度冷却至 30℃；④固定，去除外力；⑤回复，将试样再加热至 T_g 以上 10℃。记录每个步骤结束时的应变，并应用于式(14-5)和式(14-6)得到 R_f 和 R_r 的值。

"折叠-展开"测试按以下 4 个步骤进行（如图 14-40 所示）：①用 DLP 打印直径为 25mm、厚度为 1mm 的圆形试样，然后切出一个小间隙（原始形状）；②将条带浸入温度超过 T_g 约 20℃的热水浴（温度设定为 T_1）中 5min，并施加外力得到直条（临时形状）；③在室温（约 25℃）下快速浸入冷水（温度设定为 T_2）固定变形试样，然后除去外力；④将其放回热水浴中并恢复到原来的形状。具有不同 HDDA 含量的所有打印的 SMP 经历这 4 个步骤，记录第 4 步花费的时间以表征形状恢复率。

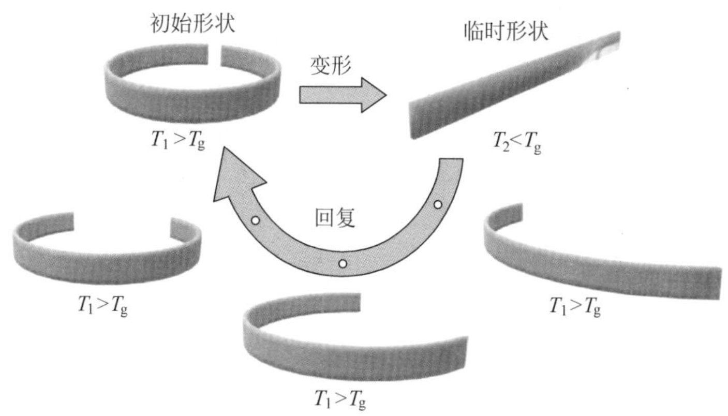

图 14-40　DLP 打印 SMP"折叠-展开"实验中变形和恢复过程示意图

3. 结果分析与讨论

1）热稳定性和结晶行为

DLP 打印的 SMP 热重曲线如图 14-41 所示，可以发现 DLP 打印的 SMP 热稳定性随着 HDDA 质量分数的增加而增强。在 230℃时，DLP 打印的试样开始发生热分解，第二次热分解发生在 400℃。当温度从 100℃升高到 230℃时，由于挥发性组合物的蒸发，质量略有下降，并且显示出 HDDA 含量与蒸发损失之间呈反比关系。鉴于此结果，应当保证整个打印过程和工作条件下环境温度不应超过 200℃，以清除挥发性物质的产生。

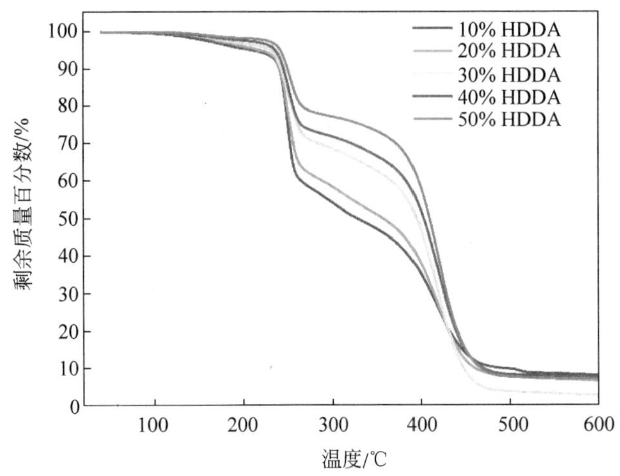

图 14-41　DLP 打印的不同 HDDA 质量分数的形状记忆聚合物的热重曲线

图 14-42 显示了 SMP 的 DSC 曲线，其中 HDDA 的质量分数为 10%～50%。DSC 曲线中没有观察到反映晶体熔化的吸热峰，这清楚地证实了 DLP 打印 SMP 的交联网络不含结晶相。此外，每条曲线上只有一个台阶，这表明 SMP 是非晶态的，其关键特征参数为玻璃化温度 T_g。

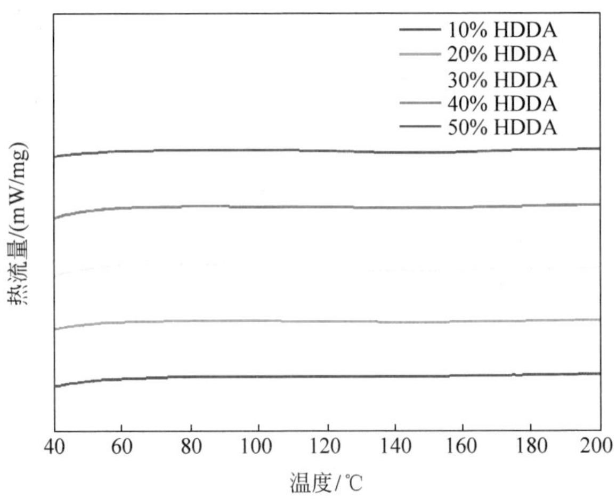

图 14-42　DLP 打印的不同 HDDA 质量分数的形状记忆聚合物的 DSC 曲线

通过图 14-43 的 XRD 曲线分析 DLP 打印 SMP 的相组成，未观察到晶体衍射峰，但在 $2\theta=18°$附近存在非晶扩散峰，这表明这些 DLP 打印的 SMP 是无定形的。该结果与 DSC 曲线的结果是一致的。这种相关性与自由基聚合的快速固化有关，导致 DLP 打印的 SMP 在长范围内不能排列成有序的晶体结构。在图 14-43 所示的 5 条 XRD 曲线中，将每个样品的衍射强度归一化为 0～1 的等级，发现 5 个扩散峰具有大致相同的强度和宽度，因此增加了每个样品的含量。从图 14-43 曲线中得出的最显著的结论是，当 HDDA 的比例增加时，非晶峰的最高点朝向高角度方向略微移动，表明随着 HDDA 含量的增加，原子的有序排列间距逐渐减小，这可归因于更深的交联将带来更紧密的分子链，导致短程有序的分子链之间的距离更短。

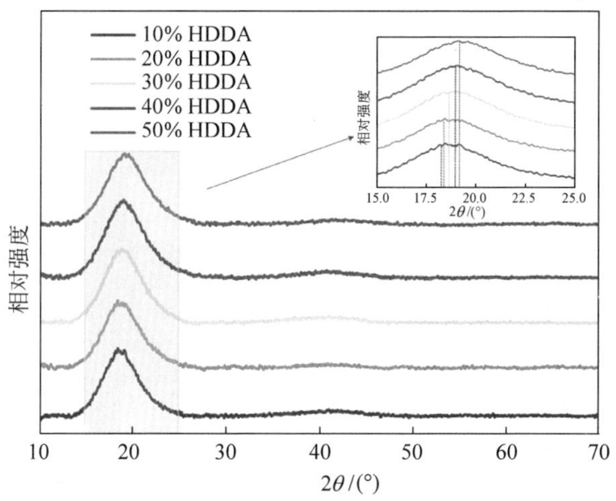

图 14-43　DLP 打印的不同 HDDA 质量分数的形状记忆聚合物的 XRD 曲线

2）化学结构

通过 FTIR 分析验证 DLP 过程中光敏性的转化。未固化树脂的 FTIR 光谱如图 14-44(a)所示，$2940cm^{-1}$ 和 $2863cm^{-1}$ 处的吸收峰由 CH_3 和 CH_2 的对称伸缩振动产生。对应于 $1636cm^{-1}$ 处的 C═C 伸缩振动的吸收峰明显降低，如图 14-44(b)所示，这是由于 tBA 和 HDDA 中包含的双键加成聚合造成的。C═C 的消耗对 C—O—C 的振荡具有显著影响，这导致表示 C—O—C 伸缩振动的峰值从 $1192cm^{-1}$ 变为 $1146cm^{-1}$。出于同样的原因，$2940cm^{-1}$ 处的峰值表明 CH_3 的振荡分裂成位于 $2975cm^{-1}$ 和 $2936cm^{-1}$ 的两个峰。$1724cm^{-1}$ 处的峰值可归因于 C═O 的伸缩振动，可能由于诱导效应而略微变化至 $1722cm^{-1}$，这是由于给电子基团加入到与之相连的 C 原子上。C═O 双键吸收峰的强度随着 HDDA 含量的增加而增强。

3）形状记忆性能

与 DSC 测量相比，DMA 通常用于表征聚合物的玻璃化温度 T_g，因为其具有更高的准确度。这是因为聚合物的热效应不明显，而当发生玻璃化转变时，聚合物的储能模量可以变化几个数量级。T_g 可以根据 DMA 温度测试判断，在该温度下，通过 DMA 获得的损耗因子 $\tan\delta$ 曲线达到峰值，如图 14-45(a)所示。DLP 打印的 SMP 的 T_g 如图 14-45(b)所示，当 HDDA 质量分数为 10%时，SMP 的 T_g 为 48.7℃，并且每增加 10%的 HDDA，T_g 大致线性增加。更确切地说，30%的质量分数似乎是一个分界点。当质量分数小于 30%时，每增加 10%HDDA，T_g 增加约 5℃；而当质量分数超过 30%时，T_g 增加约 10℃。图 14-45(a)中峰值高度随着

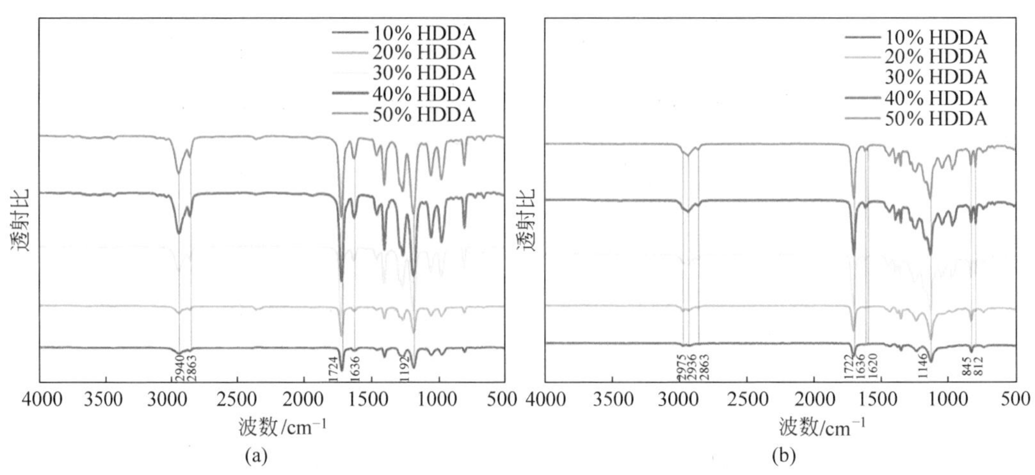

图 14-44 具有不同组成比例的固化树脂的 FTIR 光谱

(a) 树脂未固化；(b) 树脂固化后

HDDA 质量分数的增加而减小，峰值变宽，这是因为 SMP 的交联度随着 HDDA 质量分数的增加而增加，导致储存模量增加和分子网络运动的难度增大。因此，这些 SMP 在更宽的温度范围内显示出相对高的黏度。

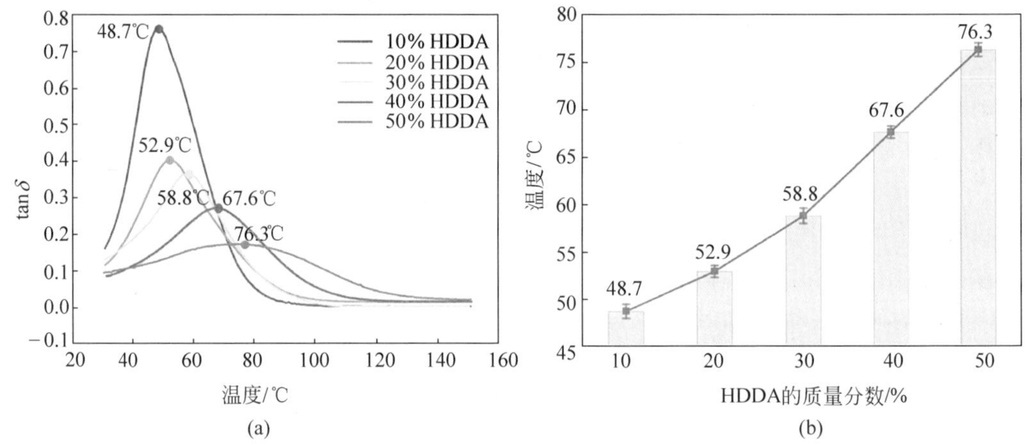

图 14-45 SMP 的损耗因子和玻璃化温度与 HDDA 质量分数之间的关系

(a) SMP 的损耗因子曲线；(b) 玻璃化温度曲线

储能模量(即弹性模量 E)反映了聚合物储备的能量。当 SMP 处于玻璃态时，储能模量为 E_g；当改变为橡胶态时，储能模量定义为 E_r。当 SMP 从低温($<T_g$，玻璃态)加热到高温($>T_g$，橡胶态)时，SMP 的储能模量会经历 2～3 个数量级的下降，下降后达到一个平台值，这些典型特征是 SMP 设计的关键指导原则。弹性模量的下降表明分子链的显著运动，并且橡胶态的平台值是由于在较长的尺度上限制链滑移。具有不同 HDDA 比例的 SMP 的储能模量随温度在 25～130℃之间变化。如图 14-46 所示，DLP 打印试样的储能模量随着温度升高而降低，这与上述 SMP 的判断依据是吻合的。在 25℃下 10% HDDA 样品的 E_g 为 927MPa，当 HDDA 浓度为 50%时，其增加至 1.48×10^3MPa，并且较高的 HDDA 质量分数通常显示较高的储能模量且具有较小的偏差。在具有 30%HDDA 的 SMP 中曲线在衰退阶段是最陡的，表明其模量随温度的升高而降低最快。

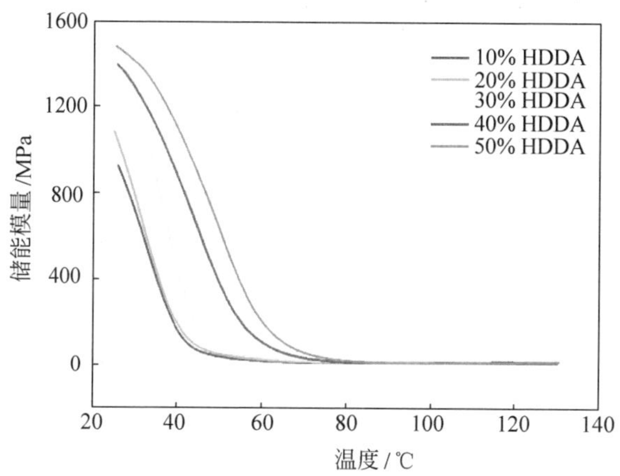

图 14-46　DLP 打印 SMP 的储能模量随温度的变化曲线

图 14-47(a)显示了 DLP 打印 SMP 的形状固定率和热力学循环次数的关系。在第一个热力学循环次数下，HDDA 的质量分数为 10%～50%，形状固定率大于 91%，并且在最初的 4 个循环期间随着循环次数的增加而略微下降。在第一个循环中，具有 10%、20%和 30%HDDA 的 DLP 打印的 SMP 分别显示出 92%、97%和 96%的相对高的形状固定值。显然，具有较高 HDDA 质量分数 DLP 打印的 SMP 表现出较短的循环寿命，并且对于具有 30%、40%和 50%HDDA 的 SMP，7 个循环、5 个循环和 3 个循环后不能连续工作。该结果可以这样解释：较高比例的 HDDA 具有较高的交联度，导致聚合物分子链的较低迁移率。具有 20%HDDA 的 SMP 显示出最高的 R_f，并且其循环寿命(10 个循环)优于具有 30%HDDA(7 个循环)的 SMP，但相对于具有 10% HDDA 的 SMP 的寿命更短。图 14-47(b)显示取决于 tBA/HDDA 网络化学组成的形状恢复性能，具有不同比例 HDDA 的 DLP 打印的 SMP 在经历更多循环时倾向于获得更高的形状恢复率，并且具有更低 HDDA 含量的 SMP 具有更强的形状恢复性能。该结果可归因于以下两个原因：首先，反复循环变形使分子结构更加柔韧，更有利于恢复原始形状；其次，较低浓度的交联剂有利于相对柔性的聚合物网络。综上所述，在 14 个热力学循环后，具有 10%HDDA 的 SMP 的 R_r 高达 100%；除了具有 50%HDDA 的 SMP 的形状恢复率约 93%外，所有 DLP 打印 SMP 的形状恢复率均超过 97%。

关于 SLA 打印 tBA/DEGDA 交联网络以实现 4D 打印的先前研究结果表明，该光敏树脂的形状记忆性能表现出理想的形状记忆性能，100%完全恢复和 22 个

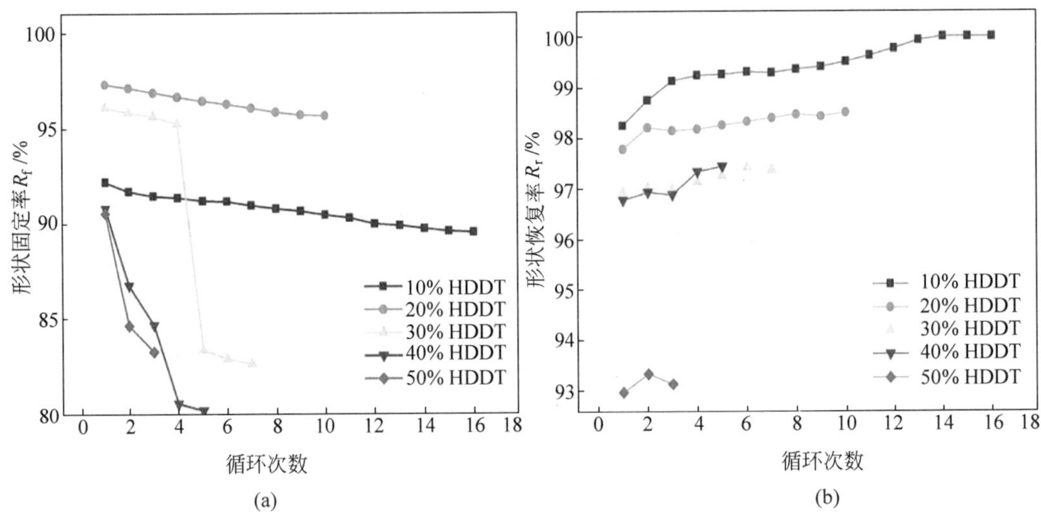

图 14-47 热力学循环次数对 DLP 打印 SMP 的形状固定率(R_f)和与形状恢复率(R_r)的影响规律

(a) 形状固定率的变化；(b) 形状恢复率的变化

循环的出色耐久性。具有 10%、20%和 30%交联剂的 SLA 打印的 SMP 分别具有 85%、95%和 94%的形状固定率，均低于 DLP 打印 SMP 的 92%、97%和 96%。这可能是由于 DEGDA 中存在的 C—O 键具有更强的柔韧性，使得当外力去除时更容易移动，从而产生相对较低的形状固定率。尽管本工作未能实现 22 个热机械循环，但当交联剂的浓度超过 20%时，循环寿命就会超过先前的工作，如表 14-3 所示。

表 14-3 本工作和先前工作的形状记忆聚合物所经历的热力学循环次数比较

类 别	交联剂的质量分数				
	10%	20%	30%	40%	50%
本工作的循环次数	16	10	7	5	3
先前工作的循环次数	22	8	6	1	1

在先前的工作中，通过混合环氧丙烯酸酯和丙烯酸异冰片酯合成聚氨酯丙烯酸酯，并且通过 SLA 使之成形以实现 4D 打印。结果表明，SLA 成形的形状记忆聚氨酯具有优异的耐久性(22 个循环)、形状固定率(96%±1%)和形状恢复率(100%±1%)。本工作中不同循环次数下 R_f 和 R_r 的变化趋势与其工作结果一致，得到了与之相当的循环寿命(16 个循环)和形状恢复率(第 14 个循环后 100%)，在 20%交联剂 SMP 的最初 3 个循环中出现了高形状固定率(97%)，优于 SLA 打印的 SMP。

图 14-48 显示了具有 20% HDDA 的 SMP 的"折叠-展开"测试的整个过程。将试样浸入 73℃(T_g= 52.9℃)的水浴中并在 11s 内完成恢复过程，并且含 50%

的 HDDA 只需 7s 的回复时间，表明其具有相当好的形状恢复率。图 14-49 清楚地显示具有超过 20%HDDA 的 SMP 具有更短的回复时间，即更快的恢复率，因为更多的 HDDA 含量导致更高的储能模量和在形状恢复过程期间释放的更多弹性势能。

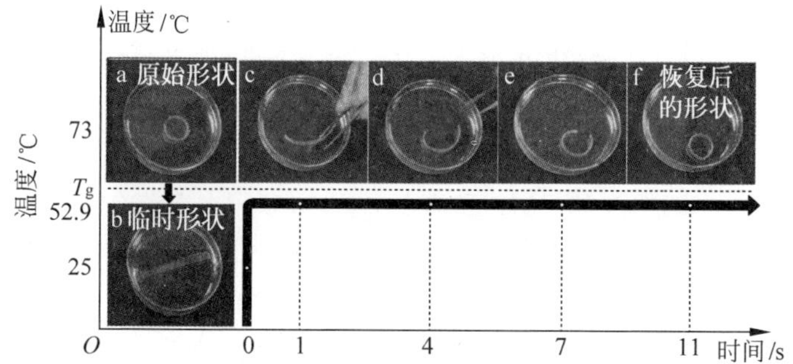

图 14-48 73℃水浴中 HDDA 质量分数为 20%的 SMP 的整个形状恢复过程

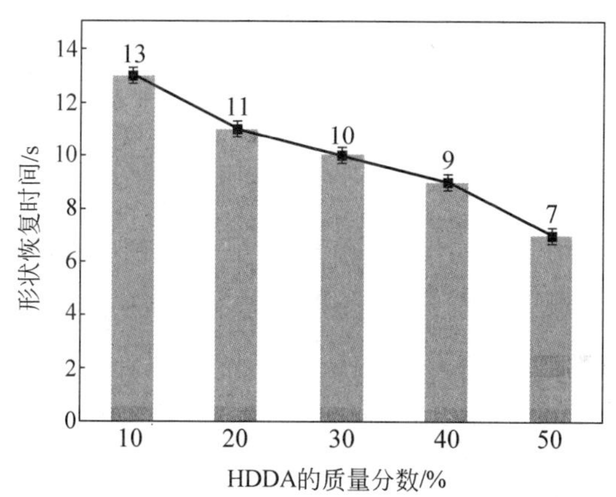

图 14-49 变形试样被再加热至 T_g 以上时，形状恢复时间与 HDDA 质量分数的关系

4. 结论

通过 DLP 技术打印了由 tBA/HDDA 交联网络组成的新型形状记忆聚合物，成功实现了 4D 打印，拓宽了可用于 4D 打印领域的材料范围；系统地研究了不同 HDDA 含量的 DLP 打印试样的热稳定性、结晶行为、固化和未固化的化学结构变化、形状记忆性能。主要结论如下：

(1) 随着交联剂含量的增加，热稳定性略有提高，DLP 打印 SMP 的最佳工作温度不超过 200℃。

(2) DLP 打印的 SMP 是无定形的，DSC 和 XRD 的测试结果一致地证实了这一点。更具体地，在 DSC 曲线中没有出现结晶放热峰，并且在 XRD 图中没有观察到针状结晶峰。随着交联剂浓度的增加，短程有序分子链之间的距离减小，导致

XRD 曲线中的扩散峰向右移动。

(3) tBA 和 HDDA 中双键的加成反应使树脂快速固化，导致 C═C 峰值拉伸振动在 1636cm^{-1} 处明显下降，并且导致了 C—O—C 和 C═O 特征峰移动。上述变化在具有不同 HDDA 含量的 SMP 中是相同的，HDDA 的含量越高，吸收峰越强。

(4) 通过调节交联剂的含量可以调节 SMP 的玻璃化温度 T_g 和模量。具有 50%HDDA 的 DLP 打印 SMP 的 T_g 为 76.3℃，是最高的，并且随着 HDDA 含量的降低，T_g 大致线性降低。当 HDDA 的质量分数为 10%时，T_g 降至 48.7℃。在 25℃的温度下，具有 50%交联剂的 SMP 的储能模量高达 1.48×10^3 MPa。

(5) 具有 10%HDDA 的 SMP 具有最优的循环耐久性(16 个循环)，并且在经历 14 个循环后具有 100%的形状恢复率。具有 20% HDDA 的 SMP 显示出优异的形状固定率(96%±1%)，但循环寿命相对较短(10 个循环)。具有 50%HDDA 的 DLP 打印的 SMP 由于其高储能模量而具有最快的恢复率。因此，DLP 打印的 SMP 具有形状记忆性能。

14.6 展望

4D 打印在 3D 打印的基础上引入了时间和空间的维度，通过对材料和结构的主动设计，使构件的形状、性能和功能在时间和空间维度上实现了可控变化，满足了变形、变性和变功能的应用需求。3D 打印技术要求构件的形状、性能和功能稳定，而 4D 打印技术要求构件的形状、性能和功能可控变化。4D 打印这种极具颠覆性的新兴制造技术在航空航天、汽车、生物医疗和软体机器人等领域具有广阔的应用前景。由此可知，4D 打印不只是目前的"能看"，而且将来逐步"能用"。对 4D 打印的深入研究必将推动材料、机械、力学、信息等学科的进步，为智能材料、非智能材料和智能结构的进一步发展提供新的契机。4D 打印研究尚处于增材制造构件形状变化的现象演示阶段，对构件性能和功能的可控变化应当成为今后 4D 打印研究的重点。今后需要研究的内容有：4D 打印智能构件的设计理论与方法，4D 打印过程及其智能构件服役过程的模拟仿真技术，4D 打印数据处理与工艺规划技术，4D 打印材料以及材料-工艺-性能-功能的关联模型，4D 打印的工艺与装备，智能构件的有效评测方法和集成验证体系。总之，4D 打印技术尽管处在起步阶段，但在广大科研工作者的不懈努力攻关下，一定能迎来璀璨的明天!

参考文献

[1] TIBBITS S. 4D printing: multi-material shape change[J]. Architectural Design, 2014, 84(1): 116-121.

[2] KUANG X, ROACH D J, WU J, et al. Advances in 4D printing: materials and applications

[J]. Advanced Functional Materials,2019,29(2): 1805290.

[3] MOMENI F,LIU X,NI J. A review of 4D printing[J]. Materials and Design,2017,122: 42-79.

[4] LI X,SHANG J,WANG Z. Intelligent materials: a review of applications in 4D printing [J]. Assembly Automation,2017,37(2): 170-85.

[5] 魏洪秋,万雪,刘彦菊,等. 4D 打印形状记忆聚合物材料的研究现状与应用前景[J]. 中国科学: 技术科学,2018,48(1): 2-16.

[6] 宋波,卓林蓉,温银堂,等. 4D 打印技术的现状与未来[J]. 电加工与模具,2018(6): 1-7.

[7] TIAN J,ZHU W Z,WEI Q S,et al. Process optimization,microstructures and mechanical properties of the Cu-13. 5Al-4Ni-0. 5Ti copper-based shape memory alloy produced by selective laser melting[J]. Journal of Alloys and Compounds,2019,785(15): 754-764.

[8] MARATTUKALAM J J. BALLA V K, DAS M, et al. Effect of heat treatment on microstructure, corrosion, and shape memory characteristics of laser deposited NiTi alloy [J]. Journal of Alloys and Compounds,2018,744: 337-346.

[9] MAZZER E M,KIMINAMI C S,GARGARELLA P,et al. Atomization and selective laser melting of a Cu-Al-Ni-Mn shape memory alloy[C]//Materials Science Forum Trans Tech Publications Ltd,2014,802: 343-348.

[10] 田健,魏青松,朱文志,等. Cu-Al-Ni-Ti 合金激光选区成形工艺及其力学性能[J]. 中国激光. 2019,46(3): 26-35.

[11] WU H Z,CHEN P,Yan C Z,et al. Four-dimensional printing of a novel acrylate-based shape memory polymer using digital light processing[J]. Materials and Design,2019,171: 107704.

[12] YANG Y,CHEN Y,WEI Y,et al. 3D printing of shape memory polymer for functional part fabrication[J]. The International Journal of Advanced Manufacturing Technology, 2016,84(9/10/11/12): 2079-2095.

[13] GE Q,QI H J,DUNN M L. Active materials by four-dimension printing[J]. Applied Physics Letters,2013,103: 131901.

[14] LANDGRAF M,et al. Aerosol jet printing and lightweight power electronics for dielectric elastomer actuators. Electric Drives Production Conference(ED-PC)[C]. 2013,3rd International. IEEE,2013.

[15] MU Q,DUNN C K,WANG L,et al. Thermal cure effects onelectromechanical properties of conductive wires by direct ink write for 4D printing and soft machines[J]. Smart Materials and Structures,2017,26(4): 45008.

[16] CARRICO J D,TRAEDEN N W,AURELI M,et al. Fused filament 3D printing of ionic polymer-metal composites(IPMCs)[J]. Smart Materials and Structures,2015,24(12): 125021.

[17] SYDNEY G A,MATSUMOTO E A,NUZZO R G,et al. Biomimetic 4D printing[J]. Nature Materials,2017,15(4): 413-418.

[18] NURLY H,YAN Q,SONG B,et al. Effect of carbon nanotubes reinforcement on the polyvinyl alcohol-polyethylene glycol double-network hydrogel composites: a general approach to shape memory and printability[J]. European Polymer Journal,2019,110: 114-122.

[19] SAEDI S,TURABI A S,ANDANI M T,et al. Thermomechanical characterization of Ni-

rich NiTi fabricated by selective laser melting[J]. Smart Materials and Structures, 2016, 25(3): 35005.

[20] SAEDI S, TURABI A S, TAHERI A M, et al. The influence of heat treatment on the thermomechanical response of Ni-rich NiTi alloys manufactured by selective laser melting [J]. Journal of Alloys and Compounds, 2016, 677: 204-210.

[21] SAEDI S, TURABI A S, ANDANI M T, et al. Texture, aging, and superelasticity of selective laser melting fabricated Ni-rich NiTi alloys[J]. Materials Science and Engineering A, 2017, 686: 1-10.

[22] DADBAKHSH S, SPEIRS M, KRUTH J, et al. Effect of SLM parameters on transformation temperatures of shape memory nickel titanium parts[J]. Advanced Engineering Materials, 2014, 16(9): 1140-1146.

[23] DADBAKHSH S, SPEIRS M, KRUTH J, et al. Influence of SLM on shape memory and compression behaviour of NiTi scaffolds[J]. CIRP Annals, 2015, 64(1): 209-212.

[24] KHOO Z X, LIU Y, LOW Z H, et al. Fabrication of SLM NiTi shape memory alloy via repetitive laser scanning[J]. Shape Memory and Superelasticity, 2018, 4(1): 112-120.

[25] GARGARELLA P, KIMINAMI C S, MAZZER E M, et al. Phase formation, thermal stability and mechanical properties of a Cu-Al-Ni-Mn shape memory alloy prepared by selective laser melting[J]. Materials Research, 2015, 18(2): 35-38.

[26] GUSTMANN T, NEVES A, KÜHN U, et al. Influence of processing parameters on the fabrication of a Cu-Al-Ni-Mn shape-memory alloy by selective laser melting[J]. Additive Manufacturing, 2016, 11: 23-31.

[27] GUSTMANN T, SCHWAB H, KÜHN U, et al. Selective laser remelting of an additively manufactured Cu-Al-Ni-Mn shape-memory alloy[J]. Materials and Design, 2018, 153: 129-138.

[28] HENDRIKSON W J, ROUWKEMA J, CLEMENTI F, et al. Towards 4D printed scaffolds for tissue engineering: exploiting 3D shape memory polymers to deliver time-controlled stimulus on cultured cells[J]. Biofabrication, 2017, 9(3): 031001.

[29] MA J, FRANCO B, TAPIA G, et al. Spatial control of functional response in 4D-printed active metallic structures[J]. Scientific Reports, 2017, 7: 46707.

[30] LIU G, ZHAO Y, WU G, et al. Origami and 4D printing of elastomer-derived ceramic structures[J]. Science Advances, 2018, 4(8): 641.

[31] MIAO S, ZHU W, CASTRO N J, et al. 4D printing smart biomedical scaffolds with novel soybean oil epoxidized acrylate[J]. Scientific Reports, 2016, 6: 27226.

[32] WEI H, ZHANG Q, YAO Y, et al. Direct-write fabrication of 4D active shape-changing structures based on a shape memory polymer and its nanocomposite[J]. ACS Applied Materials and Interfaces, 2017, 9(1): 876-883.

[33] SENATOV F S, NIAZA K V, ZADOROZHNYY M Y, et al. Mechanical properties and shape memory effect of 3D-printed PLA-based porous scaffolds[J]. Journal of the Mechanical Behavior of Biomedical Materials, 2016, 57: 139-148.

[34] HENIKSON W J, ROUWKEMA J, CLEMENTI F, et al. Towards 4D printed scaffolds for tissue engineering: Exploiting 3D shape memory polymers to deliver time-controlled stimulus on cultured cells[J]. Biofabrication, 2017, 9(3): 31001.

[35] 关凯. 激光选区熔化成形 NiTi 形状记忆合金技术基础研究[D]. 武汉：华中科技大

学，2017.

[36] GE Q，SAKHAEI A H，LEE H，et al. Multimaterial 4D printing with tailorable shape memory polymers[J]. Scientific Reports，2016，6：31110.

[37] GE Q，DUNN C K，QI H J，et al. Active origami by 4D printing[J]. Smart Materials and Structures，2017，23(9)：94007.

[38] LI Y L，GU D D. Parametric analysis of thermal behavior during selective laser melting additive manufacturing of aluminum alloy powder[J]. Materials and Design，2014，63：856-867.

[39] HABERLAND C，ELAHINIA M，WALKER J M，et al. On the development of high quality NiTi shape memory and pseudoelastic parts by additive manufacturing[J]. Smart Materials and Structures，2014，23(10)：104002.

[40] ANDANI M T，SAEDI S，TURABI A S，et al. Mechanical and shape memory properties of porous Ni50. 1Ti49. 9 alloys manufactured by selective laser melting[J]. Journal of the Mechanical Behavior of Biomedical Materials，2017，68：224-231.

[41] GUSTMANN T，NEVES A，KÜHN U，et al. Influence of processing parameters on the fabrication of a Cu-Al-Ni-Mn shape-memory alloy by selective laser melting[J]. Additive Manufacturing，2016，11：23-31.

[42] LIU G，ZHAO Y，WU G，et al. Origami and 4D printing of elastomer-derived ceramic structures[J]. Science Advances，2018，4(8)：0641.

[43] XU W，BRANDT M，SUN S，et al. Additive manufacturing of strong and ductile Ti-6Al-4V by selective laser melting via in situ martensite decomposition[J]. Acta Materialia，2015，85：74-84.

[44] 周如. CuZnAl 双程记忆合金的制备方法研究[D]. 合肥：合肥工业大学，2014.

[45] 赵晓. 激光选区熔化成形模具钢材料的组织与性能演变基础研究[D]. 武汉：华中科技大学，2016.

[46] CHOI E J，SHIN J，KHALEEL Z H. Synthesis of electroconductive hydrogel films by an electro-controlled click reaction and their applicationto drug delivery systems[J]. Polymer Chemistry，2015，24(6)：4473-4478.

[47] BODAGHI M，DAMANPACK A R，LIAO W H. Adaptive metamaterials by functionally graded 4D printing[J]. Materials and Design，2017，135：26-36.

[48] CHOONG Y Y C，MALEKSAEEDI S，ENG H，et al. Curing characteristics of shape memory polymers in 3D projection and laser stereolithography[J]. Virtual and Physical Prototyping，2017，12(1)：77-84.

[49] CHOONG Y Y C，MALEKSAEEDI S，ENG H，et al. 4D printing of high performance shape memory polymer using stereolithography[J]. Materials and Design，2017，126：219-225.

[50] HUANG L，JIANG R，WU J，et al. Ultrafast digital printing toward 4D shape changing materials[J]. Advanced Materials，2017，29(7)：1605390.

[51] LAYANI M，WANG X，MAGDASSI S. Novel materials for 3D printing by photopolymerization [J]. Advanced Materials，2018：1706344.

[52] MIAO S D，ZHU W，CASTRO N J，et al. 4D printing smart biomedical scaffolds with novel soybean oil epoxidized acrylate[J]. Scientific Reports，2016，6：27226.

[53] ZHAO T，YU R，LI X，et al. 4D printing of shape memory polyurethane via stereolithography[J]. European Polymer Journal，2018，101：120-126.